ISBN 978-0-282-62244-2
PIBN 10471663

FB &c Ltd, Dalton House, 60 Windsor Avenue, London, SW19 2RR.
Company number 08720141. Registered in England and Wales.

For support please visit www.forgottenbooks.com

Zoologischer Anzeiger

herausgegeben

von

Prof. **J. Victor Carus**
in Leipzig.

X. Jahrgang. 1887
No. 241—268.

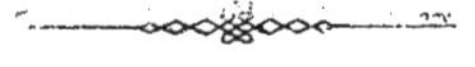

Leipzig,
Verlag von Wilhelm Engelmann.
1887.

Inhaltsübersicht.

I. Litteratur.

Geschichte und Litteratur 1. 25. 249. 277. 301. 325. 565. 589. 661.
Hilfsmittel und Methode 2. 25. 250. 277. 302. 325. 566. 589. 661.
Sammlungen, Stationen, Gärten 3. 25. 251. 278. 566. 589. 661.
Zeit- und Gesellschaftsschriften 3. 25. 105. 251. 278. 302. 325. 567. 589. 662.
Zoologie: Allgemeines und Vermischtes 7. 26. 255. 278. 302. 326. 573. 663.
Biologie, vergl. Anatomie etc. 8. 26. 256. 278. 302. 327. 590. 663.
Descendenztheorie 28. 280. 303. 327. 592. 664.
Faunen 29. 281. 303. 327. 349. 593. 665.
Invertebrata 30. 282. 304. 328. 596. 666.
Protozoa 31. 283. 304. 328. 596. 613. 666.
Spongiae 49. 305. 332. 667.
Coelenterata 50. 306. 332. 615. 668.
Echinodermata 52. 308. 332. 617. 669.
Vermes 53. 73. 309. 333. 349. 619. 637. 670.
Arthropoda 74. 352. 638. 672.
Crustacea 75. 352. 639. 672.
Myriapoda 77. 357. 373. 643. 673.
Arachnida 78. 374. 644. 673.
Insecta 80. 376.
Hemiptera 82. 380. 397.
Orthoptera 83. 398.
Pseudo-Neuroptera 83. 399.
Neuroptera 84. 105. 399.
Strepsiptera 105.
Diptera 105. 400.
Lepidoptera 107. 129. 403. 421.
Hymenoptera 130. 428.
Coleoptera 131. 431. 445.
Molluscoidea 136. 153. 454.
Bryozoa 136. 153. 454.
Brachiopoda 153. 455.
Tunicata 153. 455.
Mollusca 154. 455. 469.
Vertebrata 161. 479. 493.
Pisces 162. 177. 495.
Amphibia 182. 502.
Reptilia 183. 201. 504. 517.
Aves 201. 225. 520. 541.
Mammalia 230. 546.
Anthropologie 235. 555.
Palaeontologie 236. 556.

II. Wissenschaftliche Mittheilungen.

Baur, G., Osteologische Notizen über Reptilien 96.
—— Erwiederung an Herrn Dr. A. Günther 120.
Beddard, F. E., On the so called prostate glands of the Oligochaeta 675.
—— Note on the Reproductive organs of Moniligaster 678.
Bell, F. J., The nervous system of Sponges 241.
Bemmelen, J. F. van, Die Halsgegend der Reptilien 88.
Beneden, Ed. van, Les Tuniciers sont-ils des Poissons dégénérés? 407. 433.
Bergendal, D., Zur Kenntnis der Landplanarien 218.
Böhmig, L., Planaria Iheringii, eine neue Triclade aus Brasilien 482.
—— Zur Kenntnis der Sinnesorgane der Turbellarien 484.

Boettger, O., Diagnoses Reptilium Novorum a. P. Hesse in finibus fl. Congo repertorum 649.
Brauer, Fr., Beitrag zur Kenntnis der Verwandlung der Mantispiden-Gattung Symphrasis Hg. 212.
Camerano, Lor., Nuove osservazioni intorno ai caratteri diagnostici dei Gordius 602.
Carpenter, P. Herb., Professor Perrier's historical criticisms 57. 84.
—— Further remarks upon Prof. Perrier's historical errors 262.
Cholodkovsky, N., Über die Prothoracalanhänge bei den Lepidopteren 102.
Chun, C., Zur Morphologie der Siphonophoren 511. 529. 557. 574.
Chworostansky, C., Entwicklungsgeschichte des Eies bei den Hirudineen 365.
Croneberg, A., Vorläufige Mittheilung über den Bau der Pseudoscorpione 147.
—— Über ein Entwicklungsstadium von Galeodes 163.
Cunningham, J. T., Herr M. Weber and the Genital Organs of Myxine 241.
—— The Reproduction of Myxine 390.
Döderlein, L., Über schwanzlose Katzen 606.
Dohrn, Ant., Erwiederung an E. van Beneden 582.
Emery, C., Über die Beziehungen des Cheiropterygiums zum Ichthyopterygium 185.
Engelmann, W., Über die Function der Otolithen 439.
Faussek, V., Zur Histologie des Darmcanals der Insecten 322.
Fiedler, K., Über die Entwicklung der Geschlechtsproducte bei Spongilla 631.
Fritsch, Ant., Berichtigung betreffend die Wirbelsäule von Sphenodon (Hatteria) 115.
Garbini, Adr., Intorno ad un nuovo organo dell' Anodonta 114.
Giglioli, Enr. H., Nota intorno ad una nuova specie di Cercopiteco dal Kaffa (Afr. centrale) 509.
Göldi, E. A., Araneologisches aus Brasilien 224.
Graber, V., Zu Dr. P. F. Breithaupt's Dissertationsschrift über die Bienenzunge 166.
Grobben, C., Die Péricardialdrüse der Opistobranchier und Anneliden, so wie Bemerkungen über die perienterische Flüssigkeit der letzteren 479.
Grosglik, S., Schizocoel oder Enterocoel? 116.
Gruber, A., Über künstliche Theilung bei Actinosphaerium 346.
Haase, E., Die Stigmen der Scolopendriden 140.
Haller, B., Erwiederung an Herrn Dr. L. Boutan 207.
Hartlaub, Cl., Zur Kenntnis der Cladonemiden 651.
Heckert, G., Zur Naturgeschichte des Leucochloridium paradoxum 456.
Imhof, O. E., Über die microscopische Thierwelt hochalpiner Seen 13. 33.
—— Notizen über die pelagische Fauna der Süßwasserbecken 577. 604.
Kaiser, J., Über die Entwicklung des Echinorhynchus gigas 414. 437.
Keller, C., Die Wirkung des Nahrungsentzuges auf Phylloxera vastatrix 583.
Korotneff, A., Zur Entwicklung der Alcyonella fungosa 193.
—— Zur Anatomie und Histologie des Veretillum 387.
Landsberg, B., Über die Wimpergrübchen der Rhabdocoeliden-Gattung Stenostoma 169.
Lataste, F., Étude de la dent canine 265. 284.
Leichmann, G., Über Bildung von Richtungskörpern bei Isopoden 533.
Lendenfeld, R. v., Synocils, Sinnesorgane der Spongien 142.
—— Errata in my paper on the Systematic Position and Classification of Sponges 335.
Leydig, F., Das Parietalorgan der Wirbelthiere 534.
—— Zur Kenntnis des thierischen Eies 608. 624.

Ludwig, H., Über die angeblichen neuen Parasiten der Firoliden: Trichoelina paradoxa Barrois 296.
Mayer, P., Über »Stielneubildung« bei Tubularia 365.
Meinert, Fr., Die Unterlippe der Käfer-Gattung Stenus 136.
Mortensen, Chr. C., Die Begattung der Lacerta vivipara Jacq. 461. 563.
Nathusius, W. v., Die Kalkkörperchen der Eischalen-Überzüge und ihre Beziehungen zu den Harting'schen Calcosphaeriten 292. 311.
Nordqvist, Osc., Die pelagische und Tiefsee-Fauna der größeren finnischen Seen 339. 358.
Nusbaum, Jos., Zur Abwehr 261.
Nussbaum, M., Über die Lebenszähigkeit eingekapselter Organismen 173.
Osborn, H. Lesl., Osphradium in Crepidula 118.
Ostroumoff, A., Erwiederung auf den Artikel Herrn Reinhard's »Zur Kenntnis der Süßwasserbryozoen« 168.
Patten, W., On the eyes of Molluscs and Arthropods 256.
Perényi, J., Die ectoblastische Anlage des Urogenitalsystems bei Rana esculenta und Lacerta viridis 66.
Perrier, Edm., Réponse à M. Herb. Carpenter 145.
Raschke, W., Zur Anatomie und Histologie der Larve von Culex nemorosus 18.
vom Rath, O., Über die Hautsinnesorgane der Insecten 627. 645.
Reichel, L., Über das Byssusorgan der Lamellibranchiaten 488.
Reichenow, Ant., Neue Wirbelthiere des Zoologischen Museums in Berlin 369.
Reinhard, W., Zur Ontogenie des Porcellio scaber 9.
—— Zur Kenntnis der Süßwasser-Bryozoen 19.
—— Antwort auf die Notiz des Herrn Ostroumoff in No. 247 der vorlieg. Zeitschrift 382.
Rywosch, D., Über die Geschlechtsverhältnisse und den Bau der Geschlechtsorgane der Microstomiden 66.
Sarasin, P., u. F. Sarasin, Einige Puncte aus der Entwicklungsgeschichte von Ichthyophis glutinosus 194.
—— —— Aus der Entwicklungsgeschichte der ceylonesischen Helix Waltoni Reeve 599.
—— —— Knospenbildung bei Seesternen 674.
Schauinsland, H., Zur Anatomie der Priapuliden 171.
Schill, J. F., Antony van Leeuwenhoek's Entdeckung der Microorganismen 685.
Schimkéwitsch, Wl., Sur les Pantopodes de l'expédition du »Vettor Pisani« 271.
Schlosser, M., Berichtigung (Nehring) 69.
Schneider, Ant., Über den Darm der Arthropoden besonders der Insecten 139.
Selvatico, S., Die Aorta im Brustkasten und im Kopfe des Schmetterlings von Bombyx mori 562.
Strubell, Ad., Über den Bau und die Entwicklung von Heterodera Schachtii Schmdt. 42.
Thiele, Joh., Ein neues Sinnesorgan bei Lamellibranchiern 413.
Vejdovský, Frz., Das larvale und defintive Excretionssystem 681.
Verson, E., Der Bau der Stigmen bei Bombyx mori 561.
Vialleton, L., Développement de la Seiche 383.
Vigelius, W. J., Zur Morphologie der marinen Bryozoen 237.
Villot, A., Sur le développement et la détermination spécifique des Gordiens vivant à l'état libre 505.
Wagner, Fr. v., Myzostoma Bucchichii (nova species) 363.
Weber, M., Erwiederung an H. Cunningham 318.
Weliky, N., Über die Lymphherzen bei Triton taeniatus 529.
Wierzejski, A., Bemerkungen über Süßwasser-Schwämme 122.

Witlaczil, Em., Zur Kenntnis der Gattung Halobates 336.
Wolff, G., Einiges über die Niere einheimischer Prosobranchiaten 317.
Wolterstorff, W., Triton palmatus am Harz 321.
Zacharias, Otto, Über die feineren Vorgänge bei der Befruchtung des Eies von Ascaris megalocephala 164.
—— Zur Kenntnis der Entomostrakenfauna holsteinischer und mecklenburgischer Seen 189.
Zelinka, C., Studien über Räderthiere. II. Discopus Synaptae 465.
—— Über eine in der Harnblase von Salamandra maculosa gefundene Larve derselben Species 515.

III. Mittheilungen aus Museen, Instituten, Gesellschaften etc.

Dewitz, H., Filz-Eiweißplatten 392.
Köhler, R., Sucht Helminthen 300.
Semper, C., Anzeige betr. Assistenten 245.
Società Entomologica Italiana in Firenze 419.
Société Zoologique de France 72.
Society, Linnean, of London 47. 103. 127. 152. 246. 273. 298.
Society, Linnean, of New South Wales 21. 70. 127. 247. 274. 347. 419. 491. 539. 563. 612. 636. 659. 687.
Society, Zoological, of London 20. 47. 70. 126. 151. 176. 245. 272. 299. 323. 347. 395. 658. 686.
Versammlung deutscher Naturforscher und Ärzte 324. 444.
Vescovi, P. de, Sul modo d'indicare l'ingrandimento etc. 197.
Weismann, Über Ziegler's Wachsmodelle 244.
Wrasse, Bl., Neue Methode, Fische und Reptilien auszustopfen 175.

IV. Personal-Notizen.

a. Städte-Namen.

Berlin 396.
Bloomington 372.
Bonn 300.
Bremen 300.
Dundee 24.
Gießen 300.
Göttingen 372.
Graz 540.
Paris 564.
Straßburg 48.
Tübingen 48.
Würzburg 48. 300.

b. Personen-Namen.

†Baird 540.
Baur, G. 104.
†Becher, Ed. 152.
Benecke, Ernst 48.
Bignon, F. 72.
Blanchard, R. 72.
†Bland, Th. 72.
Böhmig, L. 540.
Brandt, Al. 348.
Braun, M. 48.
†Brisout de Barneville 348.
†Bruce, Ad. 276.
Carrière, J. 48.
Certes, A. 72.
†Cienkowsky 564.
Cotteau, G. 72.
Cox, H. 24.
Dahl, Fr. 348.
Döderlein, L. 48.
†Dupuy, D. 72.
†Ecker, Al. 300.
Eimer, Th. 48.
†Elliot, W. 564.
Endres, N. 48.
Fickert, K. 48.
†Fischer, A. 276.
Förster, W. 48.
Frenzel, J. 348.
†Gatcombe, J. 348.
Gazagnaire, J. 72.
Giard, Alfr. 564.
†Glover, Th. 688.
Goette, Al. 48.
Graff, L. 540.
†Gray, R. 276.
de Guerne, J. 72.
Haug, Em. 48.
†Harger, Osc. 636.
Heider 540.
†Hellins, J. 348.
†Hering, W. 152.
Héron-Royer 72.
†Hornig, J. 104.
Hyades 72.
Julien, J. 72.
Karsch, F. 396.
Kennel, J. 48.
Kingsley, S. 372.

† Kirchenpauer, H. 276.
† Knox, A. 276.
Kölliker, Alb. v. 48.
Korschelt, E. 276.
Künckel d'Herculais 72.
† Lea, Is. 72.
Lehmann, C. 396.
† Lichtenstein, J. 152.
† Lieberkühn, N. 276.
† Liénard, V. 152.
Linstow 372.
List, H. 348. 540.
† Logan, Fr. 564.
Ludwig, H. 300.
Manouvrier, L. 72.
† Millière, P. 564.
Möbius, K. 248.
Mojsisovics, A. 540.
† Mützell, M. 564.
Nehring, Alfr. 396.
Ortman, A. 48.
Oustalet, E. 72.
Pierson, H. 72.
Pintner, Th. 540.
† Poljakow, J. 248.
† Pollen, Fr. 276.
Quenstedt, A. 48.
† de Raincourt, Pr. 72.
Sandberger, Fr. 48.
† Sang, J. 276.
Schäff, E. 396.
Schauinsland, H. 300.
Schlumberger 72.
Schneider 48.
† Schödler, E. 152.
Schulze, Osc. 48.
Semper, C. 48.
Spengel, J. W. 300.
Stuhlmann, Fr. 300.
† Tiberi, N. 72.
† Trail, W. 276.
† Villa, Ant. 72.
Voigt, W. 48.
Vosseler, J. 48.
† Wagner, M. 348.
† Werneburg, Ad. 152.
† Wheaton, J. 276.
† Wilson, Th. 348.
Zelinka, K., 540.
Ziegler, Ernst 48.
Zuntz, N. 396.

Zoologischer Anzeiger

herausgegeben

von Prof. **J. Victor Carus** in Leipzig.

Verlag von Wilhelm Engelmann in Leipzig.

X. Jahrg. | 3. Januar 1887. | No. 241.

Inhalt: I. **Litteratur.** p. 1—9. II. **Wissensch. Mittheilungen.** 1. **Reinhard,** Zur Ontogenie des *Porcellio scaber.* 2. **Imhof,** Uber die microscopische Thierwelt hochalpiner Seen (600—2780 m ü. M.). 3. **Raschke,** Zur Anatomie und Histologie der Larve von *Culex nemorosus.* 4. **Reinhard,** Zur Kenntnis der Süßwasser-Bryozoen. III. **Mittheil. aus Museen, Instituten etc.** 1. **Zoological Society of London.** 2. **Linnean Society of New South Wales.** IV. **Personal-Notizen.** Mittheilung. Bemerkung.

I. Litteratur.

1. Geschichte und Litteratur.

Gill, Theod., Record of Scientific Progress, 1884. Zoology. in: Smithson. Report for 1884. p. 583—675.

Haga, H., De continuiteit in den ontwikkelingsgang der Natuurkunde. Redevoering bij de aanvaarding van het hoogleeraarsambt aan de rijksuniv. te Groningen, d. 24. Sept. 1886. Groningen, P. Noordhoff, 1886. 8⁰. (31 p.)

Jahresbericht, Zoologischer, für 1885. Hrsg. von der Zoologischen Station zu Neapel. II. Abth. Arthropoda. Mit Register. Redig. von Paul Mayer und Wilh. Giesbrecht. Berlin, R. Friedländer & Sohn, 1886. (Novbr.) 8⁰. (619 p.) *M* 13,—.

Nicholson, H. All., Natural History: its Rise and Progress in Britain, as developed in the Life and Labours of Leading Naturalists. Edinburgh, Chambers, 1886. 8⁰. (318 p.) 5 s.

Christy, Miller, A Christmas Bill of Fare in 1800. in: The Zoologist, (3.) Vol. 10. Decbr. p. 491—492.

(Prizes of Animals.)

Edlinger, Aug. von, Erklärung der Thier-Namen aus allen Sprachgebieten. Landshut, Ph. Krüll'sche Universit.-Buchhdlg., 1886. 8⁰. (117 p.) *M* 2,—.

Agassiz, Louis, Sa vie et sa correspondance, par Elisab. C. Agassiz. Trad. par A. Mayer, Neuchatel, A. G. Berthoud, 1887. 8⁰. (XI, 617 p., avec Portr.) *M* 6,50.

Shufeldt, R. W., An old Portrait of Audubon, painted by himself, and a Word about some of his Early Drawings. With 1 pl. in: The Auk, Vol. 3. No. 4. p. 416—420.

The late Charles Robert Bree, M. D. in: The Zoologist, (3.) Vol. 10. Decbr. p. 482—483.

Bompas, Geo. C., Life of Frank Buckland. By his Brother-in-law. New edit. London, Smith, Elder & Co., 1886. 8⁰. (426 p.) 6 s.

Allen, Grant, Charles Darwin. Trad. franç. par P. L. Le Monnier, Paris, Guillaumin & Co., 1886. 18. (VIII, 263 p.)

The late Arthur Edward Knox. in: The Zoologist, (3.) Vol. 10. Nov. p. 453—456.
(Ornithologist, died 23. Sept.)

Plateau, F., Notice nécrologique sur Valère Liénard. in: Soc. Entomol. Belg. Compt. rend. (3.) No. 76. p. CXLIX—CLI.

Hertwig, Rich., Gedächtnisrede auf Carl Theodor von Siebold gehalten in der öffentl. Sitzung der k. b. Akademie d. Wiss. zu München zur Feier ihres 127. Stiftungstages am 29. März 1886. Franz'sche Verlagsh. München, 1886. 4⁰. (33 p.) ℳ 1,20.

Ball, V., Memoir of the Life and Work of Ferdinand Stoliczka, Palaeontologist of the Geological Survey of India from 1862 to 1874. Calcutta, 1886. 4⁰. (Scientif. Results of the 2. Yarkand Mission.) (36 p.)

Bibliotheca Zoologica, II. Verzeichnis der Schriften über Zoologie, welche in den periodischen Werken enthalten und vom Jahre 1861—1880 selbstständig erschienen sind. Mit Einschluß der allgemein-naturgeschichtlichen, periodischen und palaeontologischen Schriften. Bearbeitet von O. Taschenberg. 1./2. Lief. Leipzig, Engelmann, 1886. 8⁰. (p. 1—640.) à Lfg. ℳ 7,—.

Göldi, Em. A., Bericht über zwei ältere, unbekannt gebliebene illustrirte Manuscripte portugiesisch-brasilianischer Naturforscher. in: Zoolog. Jahrbüch. Spengel, 2. Bd. 1. Hft. p. 175—184.

2. Hilfsmittel und Methode.

Frenzel, Joh., Glycerinpraeparate von ganzen Thieren und deren Theilen. in: Zool. Anz. 9. Jahrg. No. 238. p. 690.

Francotte, P., Manuel de Technique microscopique applicable à l'histologie, l'anatomie comparée, l'embryologie et la botanique. Bruxelles, Lebègue et Co., 1886. 8⁰. (VII, 433 p., figg.)

Garbini, A., Manuale per la tecnica moderna del Microscopio nelle osservazioni istiologiche — embriologiche — anatomiche — zoologiche. 2. ed. notevolmente ampliata con 109 incisioni. Verona, Firenze, Münster, 1887. (Oct. 1886.) 8⁰. (XXIV, 432 p.)

Lee, Arth. Bolles, et F. Henneguy, Traité des méthodes techniques de l'anatomie microscopique, histologie, embryologie et zoologie. Avec une préface de M. Ranvier, Paris, O. Doin, 1887. (Nov. 1886.) 8⁰. (IX, 488 p.) Frcs. 12,—.

Castellarnau y de Lleopart, J. M. de, Procédés pour l'examen microscopique et la conservation des animaux à la station zoologique de Naples (Suite). in: Journ. de Micrographie. T. 10. Oct. p. 447—453.
(s. Z. A. No. 233. p. 558.)

Hilgendorf, F., Apparat zur Entwässerung microscopischer Praeparate. in: Sitzgsber. Ges. Nat. Fr. Berlin, 1886. No. 9. p. 133—135.

Microtome, Revolving Automatic. Embryograph for Use with Zeiß Microscopes. With 2 cuts. in: Stud. Biolog. Labor. Johns Hopkins Univ. Vol. 3. No. 8. p. 477—481.

Pelletan, J., Microtome à levier (Hansen). Avec figg. in: Journ. de Micrographie. T. 10. Nov. p. 507—512.

Abeille de Perrin, Elzéar, Priorité absolue ou prescription? in: Ann. Soc. Entomol. France, (6.) T. 6. 2. Trim. p. 273—282.

3. Sammlungen, Stationen, Gärten etc.

Guttstadt, Alb., Die naturwissenschaftlichen und medicinischen Staatsanstalten Berlins. Festschrift für die 59. Versammlung deutscher Naturforscher u. Ärzte. Im Auftrage Sr. Excellenz des Ministers der geistlichen, Unterrichts- und Medicinal-Angelegenheiten Herrn Dr. von Goßler bearbeitet. (Mit 1 Lichtdr. u. zahlreich. Plänen in Holzschn.) Berlin, Hirschwald, 1886. 8⁰. (VII, 570, XXV p.) ℳ 14,—.

Museum, Australian. New South Wales. 1885—86. [Parliamentary Paper.] Report for 1885. Sydney, 1886. Fol. (47 p.)

His, W., Die Entwicklung der Zoologischen Station in Neapel und das wachsende Bedürfnis nach wissenschaftlichen Centralanstalten. in: Biolog. Centralbl. 6. Bd. No. 18. p. 545—554.

Bericht des Verwaltungsrathes derneuen Zoologischen Gesellschaft zu Frankfurt a/M. an die Generalversammlung der Actionäre vom 24. Juni 1886. in: Zoolog. Garten, 27. Jahrg. No. 10. p. 319—323.

Bolau, H., Aus dem Zoologischen Garten in Hamburg. in: Zoolog. Garten, 27. Jahrg. No. 9. p. 294.

Lockington, W. N., Notes on the Zoological Gardens at Antwerp and London. in: Amer. Naturalist, Vol. 20. Oct. p. 900—901.

Schoepf, Adf., 1861—1886. Gedenkblätter zum 25jährigen Stiftungsfest des zoologischen Gartens zu Dresden. Dresden, Warnatz & Lehmann, 1886. 4⁰. (36 p., mit Fig. u. 6 Taf.) ℳ 1,20.

Anleitung zur Anlage von Süßwasseraquarien sowie zur Pflege und Wartung deren Bewohner und Pflanzen etc. Mit Preisangabe und Abbildungen von Julius Huhndorf, Breslau. (Breslau, Preuß & Jünger.) 8⁰. (18 p., Inhalt.) ℳ —,50.

Seal, Will. P., The Aqua-Vivarium as an Aid to Biological Research. With 3 pl. in: U. S. Fish Comm. P. XI. Rep. for 1886. p. 965—969.

4. Zeit- und Gesellschaftsschriften.

Abhandlungen herausgegeben von der Senckenbergischen naturforschenden Gesellschaft. 14. Bd. 2. u. 3. Hft. Mit 4 und 2 Taf. Frankfurt a/M., Diesterweg in Comm., 1886. 4⁰. (2.: Tit., 444 p.; 3.: Tit., 84 p., 3 p. Inh.) 2.: ℳ 20,—; 3.: ℳ 6,—.

Anales de la Sociedad Española de Historia Natural. T. 15. Cuad. 2. Madrid, Setiembre, 1886. 8⁰.

Annales de la Société d'émulation du département des Vosges. 1886. (Epinal), Paris, Doin, 1886. 8⁰. (482 p.)

Annales de la Société Linnéenne de Lyon. Année 1885. (Nouv. Série.) T. 32. Lyon, Georg; Paris, J. B. Baillière et fils, 1886. 8⁰. (XI, 323 p.)

Archiv für Naturgeschichte. Hrsg. von E. von Martens. 51. Jahrg. 5. Hft. Berlin, Nicolai, 1885. (Nov. 1886.) 8⁰. ℳ 14,—.

Archives de Zoologie expérimentale et générale. Publ. sous la dir. de H. de Lacaze-Duthiers. 2. Sér. T. 4. No. 3. 1886. Paris, Reinwald. 8⁰.

Archives du Musée Teyler. 2. Série. Vol. 2. P. 1—4. Haarlem, 1884—1886. 4⁰.

Archives Italiennes de Biologie. [publ. par] C. Emery et A. Mosso. T. 7. Fasc. 3. Rome, Turin et Florence, 1886. 8⁰.
(s. Z. A. No. 223. p. 302.)

Archives Slaves de Biologie dirigées par Maur. Mendelssohn et Ch. Richet. T. 2. Fasc. 1. Paris, 1886. 8⁰.

Archives, Nouvelles, du Muséum d'Histoire Naturelle, publ. par MM. les professeurs-administrateurs de cet établissement. 2. Série. T. 9. Fasc. 1. Avec 10 pl. Paris, G. Masson, 1886. 4⁰. (200 p.)
(Le Vol. complet Frcs. 40, —.)

Association française pour l'avancement des sciences. Compte rendu de la 14. session, Grenoble 1885. 2 parties. Avec 20 pl. Paris, 1886. 8⁰. (415, 820 p.) ℳ 21, —.
(P. 1. Documents officiels. Procès verbaux. P. 2. Notes et Mémoires.)

Atti della Società Veneto-Trentina di Scienze Naturali residente in Padova. Anno 1886. Vol. 10. Fasc. 1. Padova, 1887. (Dicbre. 1886.) 8⁰.

Bericht, XXXII. und XXXIII., des Vereines für Naturkunde zu Cassel über die Vereinsjahre vom 18. April 1884 bis dahin 1886 erstattet vom zeitigen Director Dr. E. Gerland. Cassel, Ferd. Ressler in Comm., 1886. 8⁰. (Tit., Inh., 99 p.) ℳ 1,20.

Bericht über die Senckenbergische Naturforschende Gesellschaft in Frankfurt a/M. 1886. Mit 3 Taf. Frankfurt a/M., Diesterweg in Comm. 1886. 8⁰. (90 u. 181 p., Inh.) ℳ 4, —.

Berichte des naturwissenschaftlich-medicinischen Vereines in Innsbruck. XV. Jahrg. 1884/85 und 1885/86. Innsbruck, Wagner'sche Univers.-Buchhdlg., 1886. 8⁰. (XXXIX, 88 p.) ℳ 1,80.

Boletin de la Academia Nacional de Ciencias en Cordoba (República Argentina). Marzo 1886. T. 8. Entr. 4. Buenos Aires, 1886. 8⁰.

Bollettino dei Musei di Zoologia ed Anatomia comparata della R. Università di Torino. Vol. 1. No. 9—16, 18.
(s. Z. A. No. 223. p. 302.)

Bulletin de la Société académique de Brest. 2. Sér. T. 11. (1885—1886.) Brest, 1886. 8⁰. (488 p.)

Bulletin de la Société académique de l'arrondissement de Boulogne-sur-Mer. T. 3. (1879—1884.) Boulogne-sur-Mer, 1886. 8⁰. (578 p.)

Bulletin de la Société d'agriculture, sciences et arts du département de la Haute-Saône. 3. Série, T. 16. Vesoul, 1885. 8⁰. (340 p., pls.)

Bulletin de la Société Vaudoise des Sciences Naturelles. 3. Sér. Vol. 22. No. 94. Avec 4 pl. et 6 tabl. météorol. Lausanne, F. Rouge, 1886. 8⁰.

Bulletin des procès-verbaux de la Société d'émulation d'Abeville, avec une table analytique des séances. Année 1885. Abbeville, 1886. 8⁰. (107 p.)

Bulletin du Musée Royal d'Histoire Naturelle de Belgique. T. 4. No. 3 (Oct. 1886.)

Bulletin of the California Academy of Sciences. No. 4. Jan. 1886. San Francisco, 1886. 8⁰. (Title of Vol. 1, IV p., p. 179—392 ; 5 pl.)

Bulletin of the Essex Institute. Vol. 17. 1885. Salem, Mass. 1886. 8⁰. No. 1/3. 1885. No. 4/6. 1885. No. 7/9. 1886. No. 10/12. 1886.

Bulletin of the Museum of Comparative Zoology, at Harvard College. Vol. 12. No. 6. Vol. 13. No. 1. With 1 pl. Cambridge, Mass., 1886. Oct. 8⁰.

Compte rendu de la vingt-quatrième réunion des délegués des sociétés savantes à la Sorbonne (1886) (Sciences naturelles); par Henri Gadeau de Kerville. Rouen, 1886. 8⁰. (24 p.)
(Extr. du Bull. Soc. d. Amis Sc. Natur. Rouen, 1. sem. 1886.)

Jahrbuch, Morphologisches. Eine Zeitschrift für Anatomie und Entwicklungsgeschichte. Hrsg. von C. Gegenbaur. 12. Bd. 3. Hft. Mit 6 Taf. und 6 Fig. im Text. Leipzig, Engelmann, 1886. 8⁰. ℳ 10,—.

Jahrbücher, Zoologische. Zeitschrift für Systematik, Geographie und Biologie der Thiere. Hrsg. von J. W. Spengel. 1. Bd. Mit 16 Taf. u. 39 Holzschnitten. Jena, G. Fischer, 1886. 8⁰. complt. ℳ 31,—. 2. Bd. 1. Hft. ibid. 1886. 8⁰. ℳ 9,—.

Jahresbericht der Gesellschaft für Natur- und Heilkunde in Dresden. Sitzungsber. 1885—1886. (Oct. 1885 bis Apr. 1886.) Dresden, G. A. Kaufmann, Sortim., 1886. 8⁰. (IV, 170 p.) ℳ 3,—.

Jahresbericht, 63., der schlesischen Gesellschaft für vaterländische Cultur. Enth. den Generalbericht über die Arbeiten und Veränderungen der Gesellschaft im J. 1885. Nebst einem Ergänzungsheft: Rhizodendron Oppoliense Göpp., beschr. von K. Gst. Stenzel. Breslau, Aderholz, 1886. 8⁰. (VII, XLVI, 444, 30 p., 3 Taf.) ℳ 7,—.

Jahresbericht, VII., des Annaberg-Buchholzer Vereins für Naturkunde [1883—1885]. Hrsg. von d. Directorium d. Ver. Annaberg, Graser in Comm., 1886. 8⁰. (127 p., 1 chromolith. Taf.) ℳ 2,40.

Jornal de Sciencias mathematicas physicas e naturales publicado sob os auspicios da Academia Real das Sciencias de Lisboa. No. XXXIV. (Dezembro de 1882.) — No. XLII. (Junho de 1886.) Lisboa, 1883—1886. 8⁰. (eingeg. 24. Nov. 1886.)

(s. Z. A. No. 123. p. 539.)

Journal, The, of the Linnean Society, Zoology. Vol. 19. No. 13. (April), No. 15. (July), No. 14. (Sept.) London, Longmans, 1886. 8⁰. (Vol. 19. complet.)

Journal, The Quarterly, of Microscopical Science. Ed. by E. Ray Lankester, W. T. Thiselton Dyer, E. Klein, H. N. Moseley and A. Sedgwick. Vol. 27. P. 2. London, Churchill, 1886. 8⁰. (p. 123—292, 12 pl.)

Lotos. Jahrbuch für Naturwissenschaft im Auftrage des Vereines »Lotos« hrsg. von F. Lippich u. Sigm. Mayer. Neue Folge. 7. Bd. Der ganzen Reihe 35. Bd. Mit mehreren Holzstichen. Prag, F. Tempsky, 1886. 8⁰. (268 p.) ℳ 6,—.

Meddelanden af Societas pro Fauna et Flora Fennica. 13. Hft. Helsingfors, 1886. 8⁰. (295 p.)

Mélanges biologiques tirés du Bulletin de l'Académie impériale des sciences de St. Pétersbourg. T. 12. Livr. 3 et 4. St. Pétersbourg; Leipzig, Voß's Sortim., 1886. 8⁰. (p. 217—575.) ℳ 3,50.

Mémoires de l'Académie des Sciences, belles-lettres et arts de Lyon. Classe des Sciences. T. 28. Paris, J. B. Baillière & fils, 1886. 8⁰. (439 p.)

Mémoires de l'Académie des Sciences de l'Institut de France. T. 42. (2. Sér.) Avec 27 pl. Paris, Gauthier-Villars, 1886. 4⁰. (CIV, 708 p.)

Mémoires de l'Académie des sciences, lettres et arts d'Arras. 2. Sér. T. 17. Arras, 1886. 8⁰. (294 p.)

Mémoires de l'Académie des Stanislas. 1885. (136. Année, 5. Sér. T. 3.) Nancy, Berger-Levrault et Co., 1886. 8⁰. (CXXIV, 276 p.)

Mémoires de la Société académique d'archéologie, sciences et arts du département de l'Oise. T. 12. Beauvais, 1885. 8⁰. (885 p.)

Mémoires de la Société académique de l'arrondissement de Boulogne-sur-Mer. T. 13. (1882—1886.) Boulogne-sur-Mer, 1886. 8⁰. (493 p.)

Mémoires de la Société académique des sciences, arts, belles-lettres, agriculture et industrie de Saint-Quentin pour l'année 1883. (58. Année.) 4. Série. T. 6. Avec figg. et pls. Saint-Quentin, 1886. 8⁰. (535 p.)

Mémoires de la Société d'agriculture, commerce, sciences et arts du département de la Marne. (Année 1884—1885.) Châlons-sur-Marne, 1886. 8⁰. (255 p.)

Mémoires de la Société d'archéologie, littérature, sciences et arts des arrondissement d'Avranches et de Mortain. T. 6. Avranches, 1886. 8⁰. (323 p., 1 pl.)

Mémoires de la Société des lettres, des sciences, des arts, de l'agriculture et de l'industrie de Saint-Dizier. T. 3. (Année 1884.) Saint-Dizier, 1886. 8⁰. (562 p.)

Mémoires de la Société éduenne. Nouv. Série. T. 14. Autun, 1886. 8⁰. (XXIX, 515 p., pls.)

Memoirs of the Boston Society of Natural History, Vol. 3. No. 12, 13. With 8, 4 pl. Boston, June, Sept. 1886. 4⁰.

Mittheilungen, mathematisch-naturwissenschaftliche, hrsg. von Otto Böklen. 3. Jahrg. Tübingen, Fues, 1886. 8⁰. (110 p., 1 Taf., 1 Portr.) ℳ 2,—.

Naturalista, il, Siciliano. Giornale di Scienze Naturali. Red. E. Ragusa. Anno VI. Ott. 1886 — Sett. 1887. Palermo, 1886/1887. 4⁰. ℳ 10,—.

Proceedings of the American Philosophical Society, held at Philadelphia, for promoting useful knowledge. Vol. 23. No. 123. Philadelphia, July, 1886. 8⁰.

Proceedings of the Boston Society of Natural History. Vol. 23. P. II. March 1884 — Febr. 1886. Boston, June 1886. 8⁰.

Proceedings of the Davenport Academy of Natural Sciences. Vol. 4. 1882—1884. Davenport, Jowa, 1886. 8⁰. (X, 347 p., portr., 2 pl.)

Report, Annual, of the Curator of the Museum of Comparative Zoölogy at Harvard College to the President and Fellows of Harvard College, for 1885—1886. Cambridge, 1886. 8⁰. (32 p.)

Записки Новороссійскаго Общества Естествоиспытателей. Т. 11. Вып. 1. Odessa, 1886. 8⁰. (Schriften der Neurussischen Naturforscher-Gesellschaft.) — Приложеніе къ 10. Тому. (Beilage zum 10. Bd.) Odessa, 1886. 4⁰.

Schriften des Naturwissenschaftlichen Vereins für Schleswig-Holstein. 6. Bd. 2. Hft. Mit 1 Karte. Kiel, E. Homann in Comm., 1886. 8⁰. (123 p., Inh.) ℳ 2,40.

Sitzungsberichte der Gesellschaft für Morphologie und Physiologie in München. II. 1886. 1. Hft. München, J. A. Finsterlin, 1886. 8⁰. (41 p.) ℳ 1,60.

Sitzungsberichte der naturforschenden Gesellschaft in Leipzig. 12. Jahrg. 1885. Leipzig, Engelmann, 1886. 8⁰. (III, 32 p.) ℳ —,80.

Société agricole, scientifique et littéraire des Pyrénées-Orientales. 27. Vol. 2. Sér. Perpignan, 1886. 8⁰. (352 p., pls.)

Johns Hopkins University, Baltimore. Studies from the Biological Laboratory. Ed. H. Newell Martin, Ass. Ed. W. K. Brooks. Vol. 3. No. 8. Baltimore, Oct. 1886. 8⁰.

Transactions and Proceedings and Report of the Royal Society of South Australia. Vol. 8. (for 1884—1885.) Adelaide, 1886. 8⁰.

Transactions of the Zoological Society of London. Vol. 12, P. 2. 3. London, 1886. (Febr., Apr.) 4⁰.

Travaux de l'Académie nationale de Reims. 77. Vol. Année 1884—1885. T. 1. Reims, lib. Michaud, 1886. 8/407 p.) Frcs. 7, —.

Verhandlungen der naturforschenden Gesellschaft in Basel. 8. Th. 1. Hft. Basel, H. Georg, 1886. 8⁰. (248 p.) ℳ 3, 60.

Kastan, J., Die erste Versammlung deutscher Naturforscher und Ärzte zu Berlin im Jahre 1828. Eine Gedenkschrift. Berlin, Elw. Staude, 1886. kl. 8⁰. (31 p.) ℳ —, 60.

Katalog zur wissenschaftlichen Ausstellung der 59. Versammlung deutscher Naturforscher und Ärzte zu Berlin. Unter Mitwirkung der Gruppenvorstände hrsg. von Osc. Lassar. (Mit 1 Plan.) Berlin, Hirschwald, 1886. 8⁰. (4 Bl. Inh., 198 p.) ℳ 1, —.

Zeitschrift für wissenschaftliche Zoologie. Hrsg. von A. von Kölliker und E. Ehlers. 44. Bd. 1./2. Hft. Mit 21 Taf. 3. Hft. Mit 8 Taf. u. 1 Holzschn. 4. Hft. Mit 10 Taf. u. 9 Holzschn. Leipzig, Engelmann, 1886. 8⁰. (1./2.: ℳ 24, —; 3.: ℳ 13, —; 4.: ℳ 15, —.) ℳ 52, —.

Zeitschrift, Jenaische, für Naturwissenschaft. 20. Bd. (N. F. 13. Bd.) Supplement, Hft. II. Jena, G. Fischer, 1886. 8⁰. ℳ 1, —.

5. Zoologie: Allgemeines und Vermischtes.

Bronn's Classen und Ordnungen des Thier-Reichs. 6. Bd. 3. Abth. Reptilien, von C. K. Hoffmann. 54./55. Lief. Leipzig und Heidelberg, C. F. Winter'sche Verlagshandlg., 1886. 8⁰. à ℳ 1, 50.

Dawson, W., Handbook of Zoology, with Examples of Canadian Species. 3. edit. revis. and enlarg. With 300 illustr. Montreal, 1886. 8⁰. (304 p.)

Encyklopädie der Naturwissenschaften. Hrsg. von W. Förster, A. Kenngott etc. 1. Abth. 49. Lief. Handwörterbuch der Zoologie, Anthropologie und Ethnologie. 19. Lief. Hrsg. von A. Reichenow. (Tit. zum 4. Bd., 5. Bd. p. 1—128.) 2. Abth. 40. Lief. Handwörterbuch der Mineralogie etc. 13. (Schluß-) Lief. Breslau, Trewendt, 1886. 8⁰. à ℳ 3, —.

Girard, M., Zoologie. T. II. Oiseaux, Reptiles, Amphibiens, Poissons. Avec 250 grav. Paris. 1886. 12. ℳ 6, 80.

Leonhardt, Carl, Vergleichende Zoologie für Schulen. Mit Berücksichtigung der formalen Stufen bearbeitet. 2. Aufl. Mit 208 Holzschn. Jena, Fr. Mauke's Verlag, 1887. (Oct. 1886.) 8⁰. (XVI, 295 p.) ℳ 2, 50.

Naturgeschichte des Thierreichs für Schule und Haus. 91 Großfoliotafeln mit über 850 naturgetreuen Abbildungen u. 120 Seiten erläuterndem Text nebst zahlreichen Holzschn. Hrsg. von namhaften Fachgelehrten und Thierzeichnern. Mit einer Vorrede von Ghlf. Heinr. von Schubert. 8. Aufl. Eßlingen, Schreiber, (1886). Fol. ℳ 20, —.

Perez Arcas, L., Elementos de Zoologia. Edic. 6. Madrid, 1886. 4⁰. (575 p., 570 grav.) ℳ 14, —.

Leuckart, Rud., und Hnr. Nitsche, Zoologische Wandtafeln zum Gebrauche an Universitäten und auf Schulen. 14.—16. Lief. Taf. 34 u. 39 à 4 Blatt. Lith. u. color. Imp.-Fol. Cassel, Fischer, 1886. 4⁰. (11 p.) à ℳ 6, —.

Brocchi, P., Traité de Zoologie agricole, comprenant des éléments de pisciculture, d'apiculture, de sériciculture, d'ostréiculture etc. Paris, J. B. Baillière et fils, 1886. 8⁰. (VIII, 984 p., 603 fig.)

Buckland, Frk., Notes and Jottings from Animal Life. With illustr. New edit. London, Smith, Elder & Co., 1886. 8⁰. (402 p.) 6 s.

Kingsley, C., Glaucus; or, the Wonders of the shore. With col. illustr. London, Macmillan, 1886. 8⁰. (254 p.) 7 s 6 d.

Knauer, Frdr. K., Aus der Thierwelt. Schilderungen und allgemeine Überblicke. Ein naturhistorisches Lesebuch für Schüler der Mittelschulen und für jeden Naturfreund. Mit vielen Abbildungen. Freiburg i/Br., Herdersche Verlagshdlg., 1886. 8⁰. (Tit., Inh., 186 p.) ℳ 2,—.

Ludwig, Hub., G. Chierchia's Bericht über die von der Kgl. Ital. Corvette »Vettor Pisani« in den Jahren 1882—1885 ausgeführte Fahrt um die Erde, im Auszuge mitgetheilt. in: Zoolog. Jahrbüch. Spengel, 2. Bd. 1. Hft. p. 184—189.

Report on the Scientific Results of the Voyage of H. M. S. Challenger. Zoology. Vol. 15. 16. London, Longmans, 1886. 4⁰. ℳ 93,—.

Müller, L. E. Edw., Welche Bedeutung hat im Allgemeinen bei zoologischen Sammlungsobjecten die Bezeichnung »selten«? in: Die Insecten-Welt, 3. Jahrg. No. 1. p. 1—4.

Tribolet, .. de, Les Animaux disparus depuis l'apparition de l'homme. Annecy, 1886. 8⁰. (37 p.) (Extr. de la Revue savoisienne.)

6. Biologie, Vergl. Anatomie etc.

Jahresberichte über die Fortschritte der Anatomie und Physiologie. Hrsg. von Fr. Hofmann und G. Schwalbe. 14. Bd. Litteratur. 1885. I. Abth. Anatomie u. Entwicklungsgeschichte. Leipzig, F. C. W. Vogel, 1886. 8⁰. (IV, 630 p.) ℳ 16,—.

Brühl, K. B., Zootomie aller Thierclassen für Lernende nach Autopsien skizzirt. Atlas in 50 Lief. zu 4 Taf. Lief. 34, 35, 36. Wien, Alfr. Hölder, 1886. 4⁰. à ℳ 4,—.
(Schädel, Geruchsorgan der Reptilien.)

Gautier, A., L'origine de l'énergie chez les êtres vivants. in: Revue Scientif (3.) T. 38. No. 24. p. 737—742.

Ranvier, L., Les membranes muqueuses et le système glandulaire. Le Foie. (Suite et fin.) in: Journ. de Micrógr. T. 10. Oct. p. 443—447.
(s. Z. A. No. 234. p. 584.)

Marey, E. L., Étude de la locomotion animale par la chrono-photographie. Avec figg. in: Revue Scientif. (3.) T. 38. No. 22. p. 673—688.

Fuchs, K., Dr. Karl Müllenhoff's Arbeiten über den Flug der Thiere. in: Kosmos (Vetter), 19. Bd. 1886. 2. Hft. p. 136—144.

Sanderval, .. de, Recherches sur le vol plané. in: Compt. rend. Ac. Sc. Paris, T. 103. No. 15. p. 648—650.

Sarasin, C. F., and P. B. Sarasin, Direct Communication of the Blood with the surrounding Medium. Abstr. in: Journ. R. Microsc. Soc. London, (2.) Vol. 6. P. 6. p. 948.

Haller, B., Über die sogenannte Leydig'sche Punctsubstanz im Centralnervensystem. in: Morpholog. Jahrb. 12. Bd. 3. Hft. p. 325—332.

Tiebe, .., Über den Helligkeits- und Farbensinn der Thiere, vorzugsweise nach den Untersuchungen V. Graber's. in: Biolog. Centralbl. 6. Bd. No. 16. p. 489—503.

Hanstein, Johs. von, Das Protoplasma als Träger der pflanzlichen und thierischen Lebensverrichtungen. Mit 6 Holzsch. 2. unveränd. Ausg. Heidelberg, C. Winter's Univers. Buchhdlg. 1887 (Nov. 1886). 8⁰. (187 p., [p. 127—311, Samml. von Vorträgen, II.]) ℳ 3,—.

Hyatt, A., Larval Theory of the Origin of Tissue. Abstr. in: Journ. R. Microsc. Soc. London, (2.) Vol. 6. P. 6. p. 943.
(Proc. Boston Soc. Nat. Hist.) — s. Z. A. No. 214. p. 35.

La Cellule. Recueil de Cytologie et d'Histologie générale publié par J. B. Carnoy, G. Gilson et J. Denys. Avec la collaboration de leurs élèves et des Savants étrangers. T. 2. Fasc. 1. Louvain, Peeters; Gand, Engelcke; Lierre, Jos. van In & Co., 1886. gr. 8⁰. (239 p., 11 pl.) Frcs. 25,—.

Carnoy, J. B., Réponse à la note de M. Flemming, insérée dans le »Zool. Anz.« No. 216. 1886. in: Zool. Anz. 9. Jahrg. No. 230. p. 500—502.

Errera, Léon, Sur une condition fondamentale d'équilibre des cellules vivantes. in: Bull. Soc. Microsc. Belg. 13. Ann. No. 1. p. 12—16.

Frenzel. J., Idioplasm and Nuclear Substance, Abstr. in: Journ. R. Microsc. Soc. London, (2.) Vol. 6. P. 6. p. 934.
(Arch. f. mikrosk. Anat.) — s. Z. A. No. 224. p. 328.

Kölliker, A., Das Karyoplasma und die Vererbung, eine Kritik der Weismann'schen Theorie von der Continuität des Keimplasma. in: Zeitschr. f. wiss. Zool. 44. Bd. 1./2. Hft. p. 228—238.

II. Wissenschaftliche Mittheilungen.

1. Zur Ontogenie des Porcellio scaber.

Von Dr. W. Reinhard, Privatdocent in Charkow.

eingeg. 3. December 1886.

Mich seit einiger Zeit mit der Entwicklung des *Porcellio scaber* beschäftigend, hatte ich die Absicht in der nächsten Zeit mich an die Herausgabe meiner Arbeit zu machen; unterdessen ist eine vorläufige Mittheilung von Herrn Nusbaum über *Oniscus murarius* erschienen [1], welche ich nach meiner Rückkehr von einer Ferienreise durchgelesen habe. Im Hinblick auf das Erscheinen dieser Arbeit, und ebenfalls, weil ich noch einige Fragen specieller zu studiren wünsche, muß ich die Herausgabe meiner Arbeit etwas zurückhalten, und habe meinerseits beschlossen, zu folgender Mittheilung meine Zuflucht zu nehmen.

Ich beabsichtige auf einige Widersprüche hinzuweisen, welche sich zwischen den von mir erhaltenen Resultaten und Schlüssen, und denjenigen, zu welchen Prof. Bobretzky in seiner bekannten Arbeit »Zur Embryologie des *Oniscus murarius*« [2] gelangt ist, so wie ebenfalls zwischen denen des Herrn Nusbaum in seiner oben erwähnten Mittheilung herausgestellt haben.

---

[1] L'Embryologie d'*Oniscus murarius*. Par J. Nusbaum. Zoolog. Anz. No. 228.

[2] Zur Embryologie des *Oniscus murarius* von N. Bobretzky. Zeitschr. f. wiss. Zool. 24. Bd. 1874.

Ich werde hier hauptsächlich zwei sehr wichtige Fragen berühren, — nämlich die Bildungsart der Keimblätter und die Entwicklung des Mitteldarmes.

Die ersten Phasen der Entwicklung hat Prof. Bobretzky nicht beobachtet und die erste der von ihm gesehenen (auf seiner Fig. 1 dargestellt) stellt die Anhäufung einer durchsichtigen Masse dar, welche aus »hellen Bläschen nebst Körnchen an einer Stelle der Eioberfläche« besteht. Die weitere Phase (Fig. 2, 3) stellt die Erscheinung dar »einer runden Scheibe, welche uhrglasförmige Gestalt hat und aus einer Schicht von großen Furchungskugeln zusammengesetzt ist. Bei weiterer Vermehrung der Embryonalzellen wächst die Scheibe immer mehr ... wobei die Zellen nur eine Schicht bilden«. Durch die Theilung dieser Zellen, welche das obere Keimblatt darstellen, wird der Keimhügel gebildet, welcher die gemeinsame Anlage des mittleren und unteren Blattes vorstellt. Einige von diesen Zellen bleiben unter dem oberen Keimblatt, d. h. die Zellen des mittleren Keimblattes, — die anderen versenken sich in den Nahrungsdotter, saugen den letzteren in sich ein und stellen »die erste Anlage des unteren Keimblattes dar. Die mit den Dotterkörnchen gefüllten großen Zellen, welche bald den ganzen Nahrungsdotter in sich einsaugen, stellen das Darmdrüsenblatt, oder besser den Darmdrüsenkeim dar«.

Herr Nusbaum hat ebenfalls die ersten Phasen der Entwicklung nicht gesehen. Die Bildung der Keimblättter beschreibt er ganz ebenso, nur mit dem Unterschiede, daß das Entoderm sich seiner Meinung nach ebenfalls aus dem Keimhügel entwickelt.

Die Resultate meiner Beobachtungen über die Bildung der Keimblätter unterscheiden sich wesentlich von den oben angeführten. Ich hatte die Möglichkeit sehr frühe Entwicklungs-Phasen zu beobachten, in welchen das Entoblast sich noch nicht ausgebildet hatte und in welchen ich im Ganzen nur einige Zellen fand. Ich kam zu dem Schlusse, daß der Kern der Eizelle sich theilt und, mit einem Theile des Protoplasma, amoebenähnliche Zellen bildet. Die letzteren kriechen, indem sie sich vermehren, an die Peripherie des Eies. Sobald sie dessen Oberfläche erreicht haben, nehmen sie in Folge des gegenseitigen Druckes eine vielseitige Form an und verwandeln sich in die Zellen des Ectoblasts. Das Ectoblast bildet sich jedoch anfangs nicht in Form einer dichten Decke, im Gegentheil bildet es einige so zu sagen Inselchen (2, 4, 6). Unter diesen Inselchen können sich an verschiedenen Stellen mehrere Lagen von Zellen befinden und Zeichnung 7 des Prof. Bobretzky ist meiner Ansicht gemacht nach dem Durchschnitte, welcher durch einen ähnlichen Hügel gieng, während die Zeichnung 3 einen Durchschnitt vorstellt, welcher durch eine Stelle geht, wo ihm unter den Zellen des Entoblasts keine anderen Zellen begegneten. Diese beiden Durchschnitte hat Prof. Bobretzky als verschiedene Entwicklungsphasen angenommen. Der Raum zwischen den Inselchen füllt sich allmählich an, und bald zeigt sich ein Theil der Eioberfläche mit einer dichten Lage des Ectoblasts bedeckt. Die unter dem Ectoblast liegenden noch indifferenten Zellen stellen das primäre Entoderm dar. Nur allmählich differenziren sich dieselben in Mesoderm- und Entoderm-Zellen. Auf diese Weise geht die ursprüngliche Verbreitung der Zellen nicht aus der Peripherie nach innen, sondern in vollkommen entgegengesetzter Richtung.

Diese Entwicklungsart ist sehr leicht zu beobachten, wenn man die fixirten und gefärbten Eierchen eine gewisse Zeit in 40 % ige Essigsäure legt (oder in 40 % ige Essigsäure, in welcher Karmin aufgelöst ist). Sie werden dabei vollkommen durchsichtig und die amoebenartig gefärbten Zellen, welche zur Peripherie kriechen, sind vollkommen sichtbar.

In den späteren Phasen sind die Zellenhügel unter den entstandenen Inselchen des Ectoblast ebenso wie die zerstreuten amoebenartigen Zellen sichtbar. Dasselbe Resultat habe ich auch bei den vielfältigen von mir mit Hilfe des Microtoms angefertigten Durchschnittserien erhalten.

Zu wesentlich verschiedenen Resultaten gelangte ich auch hinsichtlich der Entwicklung des Mitteldarmes. Prof. Bobretzky kam zu dem Schlusse, daß »der in die Schollen zerfallende Dotter als Darmdrüsenkeim, die Dotterschollen selbst aber als Darmdrüsenzellen zu betrachten seien«. Die Leber entsteht in Form zweier Zellenstreifen, welche an beiden Seiten des Eikörpers hinaufwachsen. Diese Zellen bilden sich aus den Dotterzellen (Darmdrüsenzellen), »indem sich dabei die mit dem Kern versehenen Protoplasmaklumpen von dem Dotter absondern und mit einander verbinden«. Beide Anlagen vereinigen sich auf der Bauchseite und wachsen »als zwei schlauchförmige Ausstülpungen nach hinten«. Der Darmdrüsenkeim vermindert sich allmählich. Der sehr früh entstandene Hinterdarm wächst, und »wenn er sich weiter auf Kosten des Darmdrüsenkeimes verlängert, so muß man diesen aus den Dotterschollen seinen Ursprung nehmenden Theil als nicht mehr dem Hinterdarme, sondern dem Mitteldarme angehörend betrachten«. Später theilen sich beide Lebersäckchen von einander und vereinigen sich mit demjenigen Theile des Verdauungscanales, welcher unmittelbar auf den Magen folgt.

Auf diese Weise entsteht die Bildung der Leber, welche einen Auswuchs des Mitteldarmes darstellt, hier früher als dieser selbst, welcher sich somit gar nicht als selbständiger Theil entwickelt. Nach den Beobachtungen des Herrn Nusbaum bilden sich aus den beiden Anhäufungen der Entodermzellen die Lebersäckchen, »leur couche la plus externe, appliquée contre l'ectoblaste, se différencie, devienne cubique et forme de chaque côté une paroi semicylindrique d'une tube hepatique, tournée par sa surface concave en dedans, par sa surface convexe en dehors«. Der weitere Entwicklungsgang dieser Säckchen findet nach seiner Meinung so statt, wie Prof. Bobretzky es beschrieben hat. Der Mitteldarm bildet sich auch nach den Beobachtungen des Herrn Nusbaum eigentlich durchaus nicht, da er sagt: »l'entoblaste forme outre l'épithelium des tubes hepatiques encore l'épithelium d'une très petite partie du tube digestife, c'est à dire d'une partie centrale de celui-ci, où les tubes hépatiques se réunissent avec le canal digestif«.

Diese Behauptungen erregten in mir Zweifel, und ich verwandte besondere Aufmerksamkeit auf die Entscheidung dieser Frage. Auf vielen Serien von Längen- und Querschnitten habe ich mich überzeugt, daß der Mitteldarm sich als ein selbständiger Theil aus den Entoderm-Zellen im Vordertheile des Keimes bildet. Die Wand desselben bildet zwei nach vorn gerichtete Ausstülpungen, welche sich in der Folge wieder abplatten und verschwinden, und diese wächst auf beiden Seiten des Körpers in die Höhe. Diese Seitenwände wachsen im Vordertheile schneller, und bald bilden sie sich eben so wie auch die ganze vordere Seite vollkommen aus. Aber bevor sich diese obere Seite ganz schließt, bilden sich von unten und hinten am Mitteldarm zwei Lebersäckchen. Die letzteren schließen sich völlig, und haben das Ansehen geschlossener Röhren noch dann, wenn die obere Seite des Mitteldarmes auf einer engen Mittelstrecke noch geöffnet bleibt. Die hintere Fläche schließt sich zum Theil von den Seiten, aber der mittlere Theil derselben bleibt noch geöffnet und stößt an den Nahrungsdotter. Die vordere Seite des Hinterdarmes liegt unterdeß schon sehr nahe an dem entstandenen Mitteldarm. Dieser letztere nimmt also in einer bestimmten Phase der Entwicklung einen bedeutenden Theil des Keimes ein und übertrifft bedeutend die Lebersäckchen an Größe. Und so bildet sich denn der Mitteldarm früher als die Lebersäckchen, welche Auswüchse dieses Theiles darstellen.

Ich muß noch bemerken, daß ich an meinen Praeparaten nirgends die sogenannten »Dotterzellen« finde. Die Zellen des primären Entoderms liegen nicht innerhalb der Dotterkügelchen, sondern befinden sich überall zwischen ihnen. Die bemerkbare Aufsaugung des Dotters entsteht nur durch die sich differenzirenden Zellen des Entoderms, welche den Mitteldarm und die Lebersäckchen bilden.

Was die Bildung des zweiten Paares der Lebersäckchen anlangt, so kann ich in dieser Beziehung vollständig die Beobachtungen des Herrn Nusbaum über den *Oniscus* bestätigen: beim *Porcellio* bilden sie sich auch durch Längstheilung der Auswüchse des ersten Paares.

Charkow, 27. November 1886.

2. Über die microscopische Thierwelt hochalpiner Seen (600—2780 m ü. M.).

Von Dr. Othm. Em. Imhof.

(Auszug aus einem am 22. Nov. in der naturf. Gesellschaft in Zürich gehaltenen Vortrag.)

eingeg. 6. December 1886.

Die geographische Verbreitung der microscopischen Organismen repräsentirt ein Gebiet, wo ausdauernde Arbeit noch reichlich fruchtbaren Boden findet. Da die microscopischen Thiere zum größeren Theile Wasserbewohner sind, so haben wir die Fundgruben namentlich in den kleineren und größeren Wasserbecken zu suchen. Wir können diese Wasserbecken in die temporären und die permanenten gruppiren. Die ersteren sind die in Folge stärkerer Niederschläge entstehenden Ansammlungen, die aber bei trockener Witterung wieder verschwinden. Die anderen bilden die ständigen Tümpel, Weiher, Seen und Meere. Nicht nur die der letzteren Gruppe, sondern auch diejenigen der ersteren, beherbergen zur Zeit ihrer Existenz thierisches Leben und gerade in dieser Richtung wären umfassendere Untersuchungen sehr erwünscht, denn dieselben würden uns zeigen, welche Thiere, sei es im ausgebildeten Zustande oder als Eier, die Zeit der Austrocknung überdauern oder welche Thiere durch die Strömungen der Atmosphäre von einem Ort zum andern transportirt werden können etc. Ich sehe heute von der geographischen Verbreitung der microscopischen Thierwelt in den Meeren ab und beschränke mich auf die Süßwasserbecken. Beiläufig möge erwähnt sein, daß die microscopische Thierwelt der Meere ebenfalls noch ein ergiebiges Forschungsgebiet darstellt, das eigentlich erst in neuerer Zeit wieder intensiver in Untersuchung gezogen wurde. Namentlich die Verbesserung der Apparate und die Vervollkommnung der Untersuchungsmethoden sind von Bedeutung. Ich habe Gelegenheit gehabt marines Material nach meinen verbesserten Methoden zu sammeln und sammeln zu lassen und zwar stets mit Erfolg. So zeigten sich in Materialien aus der Ostsee eine Anzahl microscopischer Organismen, deren Vorkommen bisher nicht bekannt war. (Von pflanzlichen Gebilden: Anabaena und Asterionella.) Besonderen Werth dürfte der Nachweis beanspruchen, daß microscopische Thier- und Pflanzenformen in der Ostsee vorkommen, die in unseren Süßwasserbecken ziemlich allgemein verbreitet sind. Als Beispiele nenne ich zwei meiner neuen Flagellatenarten: *Dinobryon divergens* und *elongatum*. Diese beiden Formen kommen auch im Zürichsee vor, wo sie namentlich im Frühjahr und Sommer zuweilen in ganz ungeheuren Mengen auftreten, während ihre Zahl im Winter ganz bedeutend reducirt ist.

Unter den permanenten Süßwasserbecken finden wir solche von ganz verschiedenem Character. So sind z. B. die Torfmoore hervorzuheben, die ein reiches microscopisches Thierleben aufweisen. Solche Torfmoore treffen wir in der Schweiz an verschiedenen Orten, z. B. in der Nähe von Zürich beim Katzensee, dann bei den Hüttwylerseen in der Nähe des Untersees, das Bünzermoos im Aargau, die Torfmoore bei Einsiedeln etc. Eine reiche von mir früher gelegentlich hervorgehobene Localität dürften die weit ausgedehnten Torfmoore beim Lago di Varese in Ober-Italien sein.

Einen besonderen Character besitzen dann die unterirdischen Wasserbecken, wie wir sie namentlich in der Krain, in Dalmatien und Nordafrica antreffen. Im Anschluß daran ist die Fauna der Pumpbrunnen zu erwähnen.

Speciellere Untersuchungen über die Fauna der Torfmoore und Pumpbrunnen habe ich bereits begonnen und gedenke im nächsten Jahre darüber zu berichten.

Seit 4 Jahren (October 1882) beschäftige ich mich hauptsächlich mit der Erforschung der microscopischen Thierwelt der kleineren und größeren Seen bezüglich der pelagischen und Tiefsee-Fauna. Die Gesammtzahl der von mir bisher besuchten Seen beläuft sich auf ca. 130.

In meinem heutigen Vortrage werde ich eine Lücke etwas ausfüllen, nämlich über das microscopische Thierleben in hochgelegenen Seen.

In dieser Richtung finden wir in der Litteratur nur vereinzelte Angaben. Wohl die älteste diesbezügliche Publication treffen wir in den Denkschriften der schweiz. naturforsch. Gesellschaft aus dem Jahre 1845: Vogt, *Cyclopsine alpestris* am Aargletscher in einer Höhe von 8500 Fuß = 2552 m über Meer gesammelt. Die ausgedehntesten Beobachtungen über microscopische Organismen enthält das Werk Perty's: Kleinste Lebensformen der Schweiz, 1852. Von Räderthierchen nennt Perty 24 Arten, die er hauptsächlich auf dem St. Gotthard, der Grimsel, der Gemmi, dem Simplon, dem Faulhorn, dem Stockhorn und dem Sidelhorn angetroffen hat. Auch zahlreiche Infusorien führt er als Bewohner der höher gelegenen Wasserbecken auf. Bezüglich meiner vorliegenden Studien ist das Vorkommen des *Dinobryon sertularia* auf dem St. Gotthard und der Grimsel besonders hervorzuheben. In der berühmten Microgeologie von Ehrenberg

(1854) begegnen wir auf Tafel XXXV *B* Abbildungen von hochalpinen Thierformen, über die Ehrenberg schon im Jahre vorher (1853) in den Monatsberichten der Berliner Academie Mittheilung gemacht hatte. Diese Organismen stammten vom Weißthorpasse am Monte Rosa. Es sind 6 Bärenthierchen, 3 Rotatorien und eine Anguillulide aus einer Höhe von 11 138 Fuß = 3344 m über Meer.

Der erste Naturforscher, der dann speciell die pelagische Fauna der Schweizerseen, darunter den hochgelegenen St. Morizersee, untersuchte, war P. E. Müller aus Dänemark, welcher sich mit der Entomostrakenabtheilung der *Cladocera* befaßte. In diesem Engadinersee fand er bloß eine Art, die *Bosmina longispina.* Diese Gruppe der *Cladocera* wurde in der Schweiz im Jahre 1877 von Lutz in Bern auf ihre Vertreter geprüft. Die untersuchten Wasserbecken liegen im Umkreise von Bern (500—600 m ü. M.); doch giebt Lutz auch einige Daten über Formen, die er in bedeutenderen Höhen beobachtet hat. In Seen des Gotthardpasses bei 1800 m ü. M.: *Sida crystallina*, *Bosmina longispina* und *B. laevis* Leydig, *Chydorus sphaericus*; auf dem Giacomopass bei 2400 m ü. M. noch *Alona lineata* und *Chydorus sphaericus.*

Außerordentlich reiche Materialien hat Pavesi aus 32 vorwiegend italienischen Seen über die pelagische Fauna zusammengetragen. Von diesen 32 Seen liegen 3 mehr als 600 m ü. M.: Lago di Ledro (669), *Ceratium longicorne*, *Bosmina longispina* und *Cyclops brevicornis*; Lago di Alleghe (976), *Simocephalus vetulus*, *Daphnia pulex*, *D. longispina*, *Cyclops brevicornis*, *C. serrulatus*, *C. gigas*; Lago di Ritom, *Vorticella* spec., *Simocephalus vetulus*, *Daphnia pulex*, *Cyclops brevicornis*, *C. serrulatus*, *Diaptomus castor*.

Endlich hat Asper in seinen Publicationen über die pelagische und Tiefsee-Fauna einige Angaben über microscopische Thierformen geliefert. So fand er im Klönthalersee (804 m ü. M.) eine *Daphnia* und eine Calanide, im Silsersee eine *Daphnia* und eine Cyclopide, in den Seen beim Gotthardhospiz (2114 m ü. M.) eine *Daphnia* und Calaniden.

Von ähnlichen Untersuchungen außerhalb der Schweiz sind folgende hervorzuheben:

von Brandt in den armenischen Alpenseen:

Goktschai (1904 m ü. M.), mehrere Arten von *Cyclops*,

Tschaldyr (1958 m ü. M.), *Daphnia hyalina*, *Bythotrephes longimanus*, *Leptodora hyalina*;

von Wierzejski in den Tatraseen und

von Zacharias in den beiden Koppenteichen (1168 und 1218 m ü. M.).

Untersuchungsmethoden Da in den höher gelegenen Süßwasserbecken meist ein Nachen fehlt, so müssen wir uns, weil es zu kostspielig wäre einen Nachen überall hin in eine größere Anzahl von Seen mit sich zu führen, vorausgesetzt daß derselbe nicht sehr leicht und zerlegbar ist, mit anderen Methoden behelfen. Die einfachste Methode ist die, daß man das Netz hinausschleudert, was mit einiger Übung bis zu 10 und mehr Meter erreicht werden kann, doch läuft man hierbei immer Gefahr, daß das Netz, wenn es mehr in die Tiefe gelassen wird, hängen bleibt. Vor dem Verlieren des Netzes ist man gesichert, wenn dasselbe an einer zerlegbaren Stange angeschraubt wird. So verwende ich meinen Bergstock, an den noch zwei etwas dünnere Stangen von gleicher Länge angesetzt werden können. Eine andere Methode ist die, die ich schon früher[1] mitgetheilt habe, mittels eines Schwimmers, an den das Netz mit beliebig langer Schnur befestigt wird, wodurch man im Stande ist, ein Wasserbecken in seiner ganzen Ausdehnung abzufischen. Auf dieser Methode beruht eine weitere Art der Untersuchung, mit der man befähigt wird, mitten in einem Wasserbecken ohne Nachen Schlammproben aus genau messbaren Tiefen mit ihren Bewohnern heraufzuholen. Es wird nämlich ein kleines Floß an der über das Wasserbecken gespannten Schnur in die Mitte desselben oder an eine beliebige zu untersuchende Stelle hinausgezogen. Dann wird die Schnur von beiden Ufern aus straff angezogen und befestigt. Das Floß besitzt in der Mitte eine Öffnung, etwas größer als der Quermesser meines früher[2] beschriebenen Schlammschöpfers. Über der Öffnung ist an einem Ständer eine Rolle befestigt, über die die Schnur, an welcher der Apparat befestigt ist, läuft. Hat der vom Ufer aus in die Tiefe versenkte Schlammschöpfer den Grund berührt, so wird er wieder heraufgezogen und hierauf das Floß mit dem Apparat ans Ufer befördert, indem man gleichzeitig auf dem entgegengesetzten Ufer genügend Schnur nachlaufen läßt.

Ich gehe nun zu einem Auszuge aus den in 73 mehr als 600 m ü. M. gelegenen Süßwasserbecken gewonnenen Resultaten über, im Osten meines Untersuchungsgebietes beginnend. Über folgende hochgelegene Seen in Österreich: Offensee (646 m ü. M.), Fuschlsee (661), Krotensee (?), vorderer Langbathsee (675), Grundlsee (700), Altaußeersee (709), Schwarzsee (720), Zellersee (754), vorderer Gosausee (909) und Plansee (977), habe ich schon berichtet.

In Ober-Bayern untersuchte ich im August—September 1884 und August 1885 16 höher gelegene Seen. In diesem an Seen reichen Gebiete haben bisher nur Leydig und Weismann Beiträge zur

---

[1] Zool. Anz. No. 224.

[2] Sitzb. der kais. Acad. d. Wissensch. in Wien. 1885. April-Heft.

Kenntnis der verticalen Vertheilung microscopischer Organismen geliefert und zwar über die Cladoceren. Meine Resultate sind:

1. Staffelsee. 601 m ü. M.

Pelagische Fauna: Protozoa: *Peridinium* spec., *Ceratium hirundinella* O. F. Müller.
Rotatoria: *Anuraea intermedia* Imh.
Cladocera: *Daphnella brachyura* Liév., *Daphnia* 2 Species, *Bosmina* spec., *Leptodora hyalina* Lillj.
Copepoda: *Cyclops* spec., *Diaptomus* spec.

2. Königssee. 603 m ü. M.

Pelagische Fauna: Protozoa: *Dinobryon divergens* Imh., *Ceratium hirundinella* O. F. Müller, *Epistylis lacustris* Imh.
Rotatoria: *Anuraea cochlearis* Gosse, *An. longispina* Kellicott, *An. aculeata* var. *regalis* Imh., *Asplanchna helvetica* Imh.
Cladocera: *Daphnia* 2 Species, *Bosmina* spec.
Copepoda: *Cyclops* spec., *Diaptomus* spec.

3. Obersee. 603 m ü. M.

Pelagische Fauna: Cladocera: *Daphnia* spec.

4. Nieder-Sonthofersee. ? m ü. M.

Pelagische Fauna: Protozoa: *Ceratium hirundinella* O. F. Müller, *Vorticella* spec.
Rotatoria: *Polyarthra platyptera* Ehrbg., *Anuraea longispina* Kell., *Asplanchna helvetica* Imh.
Cladocera: *Daphnella brachyura* Liév., *Daphnia* spec., *Leptodora hyalina* Lillj.
Copepoda: *Cyclops* 2 Species, *Diaptomus* spec.

5. Alpsee. 664 m ü. M. (bei Immenstadt).

Pelagische Fauna: Protozoa: *Dinobryon divergens* Imh., *Din. elongatum* Imh., *Peridinium privum* Imh., *Ceratium hirundinella* O. F. Müller.
Rotatoria: *Anuraea cochlearis* Gosse, *An. longispina* Kellicott, *Asplanchna helvetica* Imh.
Cladocera: *Daphnella brachyura* Liév., *Daphnia hyalina* Leyd., *Bosmina* spec., *Leptodora hyalina* Lillj.
Copepoda: *Cyclops* spec., *Diaptomus* spec.
Insecta: Corethralarven.

(Fortsetzung folgt.)

3. Zur Anatomie und Histologie der Larve von Culex nemorosus.

Von W. Raschke aus Leipzig.

eingeg. 8. December 1886.

Als ich mich im Wintersemester 84/85 im Zool. Institut der Universität Leipzig mit der Insekten-Anatomie näher befaßte, wurde ich durch den Leiter genannten Instituts, meinen verehrten Lehrer Herrn Geheimrath Prof. R. Leuckart auf die hoch interessanten Culicinenlarven (*Culicidae* Schin.) aufmerksam gemacht, von denen in hiesiger Gegend besonders die Gattungen *Culex*, *Anopheles* und *Corethra* in einigen Arten vertreten sind. Da *Corethra plumicornis* bereits von Leydig und Weismann genau untersucht worden ist, und *Anopheles maculipennis* nicht eben häufig angetroffen wurde, richtete ich mein Augenmerk besonders auf *Culex*, wovon ich *annulatus* und *nemorosus* in großen Mengen und zwar fast regelmäßig an denselben Territorien zusammen antraf. Die Larven von *Culex annulatus* und *nemorosus* unterscheiden sich nur wenig in ihrer äußeren Gestalt. Diese ist elegant gebaut, besitzt einen etwas längeren Halstheil, ziemlich breiten Kopf, einen schlanken Sipho und ist von heller Farbe, während jene einen mehr gedrungeneren Bau aufweist, im Besitz eines kürzeren Halstheiles, eines kleineren weniger breiten Kopfes und eines kürzeren aber dickeren Athemrohrs ist, so wie eine schwärzliche Färbung zeigt.

Ich unterzog *Culex nemorosus* einer genauen anatomischen und histologischen Untersuchung, und hoffe die eingehenden Resultate dieser Untersuchungen in kürzester Zeit veröffentlichen zu können.

Vorläufig diese kurzen Notizen.

Im Gesammthabitus schließt sich *Culex nemorosus* den im Wasser lebenden Nemocerenlarven an. Der hornige mehr breite als lange Kopf ist mit dem Thorax durch einen engen Halstheil verbunden. Der cylindrische Leib besteht aus zwölf Leibesringen von denen die ersten drei zum Thorax verwachsen sind. Besonders in's Auge fallend ist die stark chitinöse Röhre, die sich vom Rücken des vorletzten Leibesgliedes im stumpfen Winkel nach oben abhebt und unter dem Namen Athemrohr (Sipho) bekannt ist. Mit Hilfe dieses Sipho, der an seinem Ende ein Stigma hat, ist die Larve in der Lage atmosphärische Luft zu athmen. Ein sinnreicher Klappenapparat ermöglicht es der Larve sich an der Oberfläche des Wassers aufzuhängen. Dieser Klappenapparat dient andererseits als Verschluss der Tracheenendigungen im Sipho, die kurz vorher bereits durch eine eigenthümliche Einschnürung, deren Mechanik mit der der Klappen zusammenhängt, einen zweiten Verschluss bilden können. Außer dieser Art der Athmung besitzt unsere Larve noch eine ausgeprägte Afterathmung, eine solche durch vier afterständige Kiemenblättchen und einen Gasaustausch durch die äußere Haut. Die typischen Mundwerkzeuge sind sämmtlich vorhanden, und zwar nimmt die Oberlippe durch ihren Bau und durch die mit diesem verbundene Function als nahrungszuführendes Organ eine wichtige Stellung als Larvenorgan ein. Die Unterlippe zeigt eine sonderbare Lagerung der einzelnen Theile und ist reich an accessorischen Bestandtheilen.

Epipharynx und Hypopharynx finden sich vor, und zwar ist der erstere als Träger von vier Sinneshaaren besonders hervorzuheben. Der Pharynx ist ein Reusenapparat. Der sich anschließende Verdauungsapparat ist mit zwei Speicheldrüsen ausgestattet und zeigt im Thorax acht gewaltige, die resorbirende Fläche vergrößernde Ausstülpungen. Der Enddarm zeigt nach dem Typus der Oberflächenvergrößerung gebaute modificirte Partien der sonst auch vorhandenen Längsfalten, auf denen sich eine große Summe von Tracheenästchen entfalten.

Der Circulationsapparat schließt sich im Allgemeinen dem von *Corethra* beschriebenen an.

Der Orientirungsapparat ist stark entwickelt. Außer den doppelten Augenpaaren ist die Larve im Besitz von verschiedenwerthigen Sinneshaaren, die außer am Epipharynx an den Antennen und dem ganzen Körper in besonderer Anordnung ihren Platz haben.

4. Zur Kenntnis der Süſswasser-Bryozoen.

(Aus Anlass einer Bemerkung des Herrn Ostroumoff. [Zoolog. Anz. No. 232.])

Von Dr. W. Reinhard, Privatdocent in Charkow.

eingeg. 8. December 1886.

In einer kleinen Notiz im Z. A. sagt Herr Ostroumoff, daß ich bezüglich der Metamorphose der *Alcyonella fungosa* nur pathologische Processe beschreibe. Dies ist durchaus falsch. Was die Bildung aus der Larve des primären Zooecium anbetrifft, so habe ich in dieser Hinsicht vollständig die Behauptungen des Herrn Nitsche bestätigt[1]. In der oben beregten Anmerkung ist der Metamorphose der Larve nur ein Satz gewidmet: »Meine eigene Durchforschung der Schnittserien rechtfertigt die Angaben Nitsche's.« Auf diese Weise stellt sich der Autor in Widerspruch mit sich selbst. Indem ich wie gesagt die Beobachtungen des Herrn Nitsche bestätigte, sagte ich noch einige Worte bezüglich eines Anhangs, der sich aus der abgestülpten und noch nicht

[1] W. Reinhard, Umriß des Baues und der Entwicklung der Süßwasser-Bryozoen. Charkow, 1882. — Zur Kenntnis der Süßwasser-Bryozoen. Zoolog. Anz. No. 54. 1880.

eingezogenen Haut bildet. Wenn die Bemerkung des Herrn Ostroumoff namentlich diesen Anhang im Auge hatte, so hat er erstens ganz unpassend allgemeine Ausdrücke gebraucht und zweitens keinerlei Beweise für seine Behauptung beigebracht. In meiner Arbeit habe ich bezüglich dieses Anhanges gesagt: gewöhnlich vermindert er sich nach einer bekannten Vergrößerungsperiode und wird in's Innere eingezogen. Manchmal ist, vielleicht in Folge ungünstiger Umstände, das ganze Zooecium zu Grunde gegangen. Somit hat die weitere Entwicklung des Zooeciums einen ganz normalen Verlauf genommen, und von pathologischen Processen kann hier keine Rede sein. Es wäre interessant einen Durchschnitt dieses Theiles zu machen, aber Herr Ostroumoff hat dies nicht gethan und aus seiner Arbeit geht nicht hervor, ob er diesen Anhang überhaupt gesehen hat. Ein paar Worte bezüglich seiner Notiz. Die Vergrößerung der Zellen des hinteren Theiles der Larvenhaut kann man an optischen Durchschnitten sehen, ohne dazu zu Seriendurchschnitten seine Zuflucht zu nehmen. Die Vergrößerung der Zellen geht so allmählich, daß ich keinen Grund sehe zur Vergleichung dieses Theiles mit dem Saugnapfe anderer Bryozoen.

Obwohl Herr Ostroumoff sagt, daß er Serienschnitte aus der Larve angefertigt habe (und dabei kein Wort über die von mir in Beziehung auf die Structur der Larve erhaltenen Resultate mittheilt), theilt er jedoch diesmal zum größten Bedauern mit: »Jetzt bin ich nicht Willens mich auf die Einzelnheiten der feinsten histologischen Structur einzulassen.« Dies ist um so bedauerlicher, als bei den jetzt bekannten Hilfsmitteln man bedeutend unsere Kenntnis der Süßwasser-Bryozoen bereichern kann[2].

Die Abstülpung der Larvenhaut und deren Einziehen als zwei verschiedene Phasen kann man nur dann beobachten, wenn die Einziehung nicht mit einem Male geschieht und wenn folglich sich ein derartiger Anhang, wie oben dargestellt, bildet. Gewöhnlich geht dieser Proceß sehr rasch vor sich und die abgestülpte Haut wird momentan eingezogen.

III. Mittheilungen aus Museen, Instituten etc.

1. Zoological Society of London.

7th December, 1886. — Prof. Bell exhibited and made remarks on a specimen of a rare Entozoon (*Tænia nana*) from the human subject. — Mr.

---

[2] In seiner russisch geschriebenen Notiz beschreibt er nur Thatsachen, die ich schon fast sechs Jahre vorher mittheilte.

Tegetmeier exhibited and made remarks on a pair of antlers of a Deer, said to have been recently obtained in the Galtee Mountains in Ireland. They appeared to be those of the Elk (*Alces machlis*). — Mr. Frank E. Beddard read a paper on the development and structure of the ovum in the Dipnoan fishes. The present communication was a continuation of a research into the structure of the ovary in *Protopterus*. The author, besides being able to give a more complete account of the ovarian ova of *Protopterus*, was also able to supplement this account with some further notes respecting the structures observed in the ovary of *Ceratodus*. — Mr. A. Smith-Woodward read a paper on the anatomy and systematic position of the Liassic Selachian, *Squaloraja polyspondyla*. After a brief notice of previous researches, the author attempted an almost complete description of the skeletal parts of *Squaloraja*, as revealed by a fine series of fossils in the British Museum. He confirmed Davies's determination of the absence of the cephalic spine in certain individuals (presumably females), and added further evidence of its prehensile character, suggesting also that the various detached examples afforded indications of one or more new species. The author concluded with some general remarks on the affinities of the genus, and proposed to institute a new family, »Squalorajidæ«, which might be placed near the Pristiophoridæ and Rhinobatidæ. — Mr. Sclater, F.R.S., pointed out the characters of an apparently new Parrot of the genus *Conurus*, from a specimen living in the Society's Gardens. The species was proposed to be called *Conurus rubritorquis*. — Mr. F. Day, F.Z.S., communicated (on the part of Mr. J. Douglas Ogilby, of the Australian Museum, Sydney) a paper on an undescribed fish of the genus *Pimelopterus* from Port Jackson, N.S.W., proposed to be named *P. meridionalis*. — Mr. G. A. Boulenger read a paper on the South-African Tortoises allied to *Testudo geometrica*, and pointed out the characters of three new species of this group, which he proposed to call *Testudo Trimeni*, *T. Smithii*, and *T. Fiski*. — A second paper by Mr. Boulenger contained some criticisms on Prof. W. K. Parker's paper »On the Skull of the Chameleons«, read at a previous meeting of the Society. — Mr. Oldfield Thomas read a paper on the Wallaby commonly known as *Lagorchestes fasciatus*, and showed that the dentition of this animal was entirely different in character, not only to that of the typical species of *Lagorchestes*, but even to that of all the other members of the subfamily Macropodinæ. He therefore proposed to form a new genus for its reception, to which he gave the name of *Lagostrophus*. — A communication was read from Prof. R. Collett, C.M.Z.S., containing the description of a new Pouched Mouse from Northern Queensland, which he proposed to name *Antechinus Thomasi*. — P. L. Sclater, Secretary.

2. Linnean Society of New South Wales.

27th October, 1886. — 1) Catalogue of the described *Coleoptera* of Australia. By George Masters. Part VI. The present part contains all the known *Scolytidæ*, *Brenthidæ*, *Anthribidæ*, *Bruchidæ* and *Cerambycidæ* of Australia, making the total number of species catalogued up to the present time, 6231. The next part, which will be published early in next year, will complete the *Coleoptera*. — 2) Descriptions of new *Lepidoptera*. By E. Meyrick, B.A., F.E.S. In this paper descriptions are given of sixteen new species of Australian *Lepidoptera* belonging to fourteen genera, of which six are new. Among them is *Thalpochares coccophaga*, of which, at the December Meeting of the Society, Mr. Masters exhibited specimens of both moths and larvæ, and called attention to the singular habits of the latter, which feed on a species of *Coccus* infesting a *Macrozamia*, living concealed in a cocoon-like shelter formed of the exuviæ of the *Coccus*, and finally pupating therein. — 3) and 4) Botanical. — 5) On a probably new species of Tree-Kangaroo from North Queensland. By C. W. De Vis, M.A. — The name of *Dendrolagus Bennettianus* is proposed for a supposed new species of Tree-Kangaroo of which one specimen was obtained in the Daintree River District. It lived in captivity for a time, but was subsequently killed, and its skin, unfortunately deprived of everything else but the bones of the hands and feet, was subsequently submitted to Mr. De Vis, who after comparing it with two skins of *Dendrolagus Lumholtzi*, Collett, has no doubt that it is distinct from its compatriot, and is more nearly allied to *D. Dorianus*, Ramsay. As full a description as is possible under the circumstances, is given in the paper. — The following note was read for Mr. John Mitchell, in correction of some remarks made in our Proceedings for June, in reference to some fossils from Bowning exhibited by him. »The late Rev. W. Clarke, F.R.S., had declared the geological formation of Bowning to be of Devonian age, having been led to this conclusion chiefly by the occurrence of *Calceola sandalina*, which European geologists recognise as a typical Devonian fossil. But above the series of rocks from which this fossil has been obtained, as well as in conjuction with it, I have collected a number of Trilobites that are typical of the Upper Silurian, particularly several species of *Acidaspis* (a genus not hitherto recorded from Devonian strata), *Harpes ungula*, *Staurocephalus Murchisonii*, *Encrinurus punctatus*, several species of *Calymene* and others, all Silurian types, whereas from the remarks referred to it would appear that these fossils were from beds underlying the supposed Devonian strata. Hence from the evidence furnished by these fossils I am of the opinion that the formation is decidedly Upper Silurian. I may also add that in so far as it applies to the geology of Yass, the error was pointed out some time ago by Mr. Jenkins, L.S.« — Dr. Ramsay exhibited a specimen of an apparently new Species of *Monacanthus*, presented to the Australian Museum by Mr. G. R. Eastway. He also exhibited eggs of *Ptilonorhynchus violaceus*, and *Rhynchæa australis*, and read the following notes on the subject: — (1) *Ptilonorhynchus violaceus*, Vieill. (*P. holosericeus*, Kuhl.) »In the Proceedings of the Zoological Society of London for 1875, March 2nd, p. 112, when I first described the egg of this species, I laid stress on the peculiar *short wavy* and *irregular markings*, drawing attention to the somewhat similar characters exhibited on the eggs of *Chlamydodera maculata*; at that time I had only two perfect specimens from nests taken in the Wollongong district. Since then however, I have received two well authenticated sets, which show that the eggs previously described were not of the normal form, hence the necessity for describing the most common variety, in which irregular blotches and spots, form the characteristic markings. The eggs vary in proportionate length, but are usually long ovals, seldom even slightly swollen towards the thicker end; the ground color is of a rich cream or light stone color, spotted and blotched with irregular patchy markings, and a few dots of umber and sienna brown of different tints, in some almost approaching blackish brown, in others of a yellowish color; the larger markings are as usual on the thicker end, but a few appear with the small dots on the thin end. In this, the usual form, the irregular short wavy lines previously mentioned seldom appear except where the larger spots or blotches are confluent; as if beneath the surface of the shell are a few irregular shaped faint markings of slaty grey or pale lilac. The following are the measurements of two normal sets: —

1	A.	length	1·75	inch,	breadth	1·15 inch,
	B.	-	1· 7	-	-	1·16 -
2	C.	-	1·82	-	-	1·18 -
	D.	-	1·76	-	-	1·15 -

(2) *Rhynchœa australis* (Gould). I have always had grave doubts as to the specific distinction of the Australian painted snipe from the *Rhynchœa* of India, and a study of the eggs of the Australian birds, compared with those from India, does not weaken my conviction. A few weeks ago Mr. George Masters drew my attention to the fact that the egg I had described and figured as that of *Gallinago* (*Scolopax*) *australis* from Mr. Whittell's collection (see P. Linn. Soc. of N. S. W., 1882. Vol. VII., p. 57, pl. III., fig. 15), was not sufficiently authentic. After examining large collections of eggs in Englang during 1883-84 and comparing those of the European, American, and Indian specimens of Gallinago with the Australian specimens, I had come to the same conclusion, but was not then in a position to give a definite opinion on the subject; quite lately however on communicating with Mr. K. H. Bennet of Mossgiel, that gentleman was good enough to send me the set I have the pleasure of exhibiting to-night; these are authentic eggs of the Australian painted snipe *Rhynchœa australis*, and, as will be seen, are identical with the egg I erroneously described as that of *Gallinago* (*Scolopax*) *australis*. Mr. Masters exhibited a beautiful set of the eggs of this *Rhynchœa* at one of our recent meetings; the present set are similar in every respect, and were taken by Mr. K. H. Bennet himself, at Ivanhoe, on October 11th, 1885.« — Mr. A. J. North exhibited eggs of *Menura Victoriæ*, Gould, from S. Gippsland, and of *Geronticus spinicollis*, Jameson, from Hillston, N.S.W. — Dr. Hurst exhibited two specimens of *Sphenœacus gramineus*, together with a nest and three lots of eggs obtained from a mangrove swamp, near Newington, and stated that during the last few weeks he had succeeded in shooting the birds on the nest, thus establishing the identity of the eggs. At the August meeting when he exhibited some of the eggs it was suggested that they were those of *Glyciphila ocularis*. The eggs of the three takings present some differences among themselves, both as to their markings and dimensions. — Mr. Ogilby exhibited a small fish, belonging to the genus *Apogon* of which he had picked out large numbers from among prawns caught in the Parramatta River; it belongs to the subgenus *Apogonichthys*, but seems to be very distinct from any yet described. He proposes to call it *Apogon roseigaster*. Attention was drawn to the curious black lobe on each side of the tongue. — Mr. Masters exhibited some very handsome butterflies from Cairns, Northern Queensland, comprising specimens of the following species: — *Ornithoptera Cassandra*, *Papilio Erectheus*, *P. Polydorus*, and a new species allied to *P. Ambrax*, *Pieris Mysa*, *P. Argenthone*, *P. nigrina*, *Cethosia Cydippe*, *Cynthia Ada*, *Doleschallia Bisaltidæ*, and *Diadema Alimena*.

IV. Personal-Notizen.

Dundee. Am 13. December wurde in Dundee eine Professur für menschliche Anatomie durch die Schenkung des Mr. Thomas H. Cox in Dundee von £ 12000 (240000 ℳ) gegründet.

Mittheilung.

Um vielfachen Anfragen zu begegnen, erlaube ich mir wiederholt zu bemerken, daß den Herren Verfassern der einzelnen im »Zoolog. Anzeiger« erscheinenden Aufsätze resp. Mittheilungen etc. auf Verlangen je 4 Exemplare der betreffenden Nummer gratis zur Verfügung stehen.

Sonderabdrücke werden nur auf Bestellung hergestellt und zu den Herstellungskosten berechnet. Ich bitte daher einen desfalligen Wunsch bei Einsendung des Manuscripts Herrn Prof. Carus mitzutheilen; nach Erscheinen der betr. Nummer ist es jedoch meist unmöglich, solchen Wünschen nachzukommen.

Leipzig. **Wilhelm Engelmann.**

Bemerkung betreffend Figuren im Zoologischen Anzeiger.

Der »Zoologische Anzeiger« bringt bildliche Darstellungen in der Regel nicht. Werden indeß einfache Figuren (Holzschnitte) von den Herren Autoren in einzelnen Fällen für unbedingt nöthig gehalten, so ersuchen die Unterzeichneten entweder, was am zweckmäßigsten, um Zusendung der betreffenden Holzstöcke selbst, oder um die Zeichnungen zu den Figuren auf besonderen Blättern. Den Herren Verfassern werden die Herstellungskosten der Holzschnitte, die sich aber von vorn herein selten einigermaßen genau schätzen lassen, in Rechnung gestellt. Im Interesse des Anzeigers selbst, der Wahrung seines Characters wie der Pünctlichkeit seines Erscheinens, wird ersucht, Figuren nur in den allerdringendsten Fällen den wissenschaftlichen Mittheilungen beizugeben.

Ferner ersuchen die Unterzeichneten, um dem Zwecke des »Zoologischen Anzeigers«, neue Untersuchungen und Entdeckungen sowie namentlich die immer mehr anschwellende Litteratur schnell zur Kenntnis der Fachgenossen zu bringen, entsprechen zu können, die Herren Verfasser von Aufsätzen und Mittheilungen sich in Form und Ausdruck möglichst kurz zu fassen. Der Raum des »Anzeigers« ist ein beschränkter und können daher längere Aufsätze nur ausnahmsweise Aufnahme finden.

Der Herausgeber **J. Victor Carus.** Die Verlagshandlung **Wilhelm Engelmann.**

Druck von Breitkopf & Härtel in Leipzig.

Zoologischer Anzeiger

herausgegeben

von Prof. **J. Victor Carus** in Leipzig.

Verlag von Wilhelm Engelmann in Leipzig.

X. Jahrg. | 17. Januar 1887. | No. 242.

Inhalt: I. **Litteratur.** p. 25—33. II. **Wissensch. Mittheilungen.** 1. **Imhof,** Über die microscopische Thierwelt hochalpiner Seen (600—2780 m u. M.). (Schluß.) 2. **Strubell,** Über den Bau und die Entwicklung von *Heterodera Schachtii* Schmdt. III. **Mittheil. aus Museen, Instituten etc.** 1. **Zoological Society of London.** 2. **Linnean Society of London.** IV. **Personal-Notizen.**

I. Litteratur.

1. Geschichte und Litteratur. (Nachtrag.)

Rivas, Benj., Eugen von Böck, Nekrolog. Aus d. Span. übertragen von Rob. Reinecke. in: Ornis. Internat. Zeitschr. f. d. ges. Ornithol. 2. Jahrg. 2./3. Hft. p. 432—436.

2. Hilfsmittel und Methode. (Nachtrag.)

Schulze, F. E., Über die Mittel, welche zur Lähmung von Thieren dienen können, um dieselben im erschlafften, ausgedehnten Zustande erhärten oder anderweitig conserviren zu können. in: Tagebl. 59. Vers. deutsch. Naturf. p. 411—414.

3. Sammlungen, Stationen, Gärten etc. (Nachtrag.)

Bouvet, Geo., Le Musée d'histoire naturelle et le jardin botanique d'Angers. Angers, 1886. 8⁰. (40 p.)

His, W., Die Entwicklung der zoologischen Station in Neapel und das wachsende Bedürfnis nach wissenschaftlichen Centralanstalten. in: Tagebl. 59. Vers. deutsch. Naturf. p. 258—264. (300.)

Jaarverslag, Elfde, omtrent het Zoölogisch Station der Nederlandsche Dierkundige Vereeniging, uitgebracht door de Commissie voor het Zoölogisch Station op de Vergadering van 14. Nov. 1886. Leiden, Brill, 1886. 8⁰. (19 p.)

Geburten im Zoologischen Garten zu Hamburg im Jahre 1885. in: Zoolog. Garten, 27. Jahrg. No. 11. p. 358.

4. Zeit- und Gesellschaftsschriften. (Nachtrag.)

Arbeiten aus dem Zoologischen Institut zu Graz. 1. Bd. No. 1—4. Leipzig, Engelmann, 1886. 8⁰.
(Sep.-Abdr. aus: Zeitschr. f. wiss. Zool. [besonders verzeichnet].)

Bulletin of the Museum of Comparative Zoology at Harvard College. Vol. 12. No. 5. Cambridge, (Mass.), 1886. 8⁰.

Извѣстія Императорск. Общества Любителей Естествознанія, Антропологіи и Этнографіи. Т. 34. Вып. 2. Т. 49. Вып. 1/2. Sitzungs-Protokolle. T. 3. Lief. 2. Москва, 1886. 4⁰. (1.: 150 p., 2 phot., 2.: 134, 28 p., 11 phototyp.)

T. 34. Lief. 2 Путешествіе въ Туркестанъ (Reise nach Turkestan von A. P. Fedtschenko. T. 2. Zoogeograph. Untersuchungen. 4. Th. Rund- u. Saugwürmer von Dr. von Linstow, übersetzt von A. Tichomiroff (russisch) (41 p., 55 Holzschn.).

T. 49.: Антропологическая Выставка (1879 года). Том. 4. 1./2. Th. (Anthropologische Ausstellung vom J. 1879.) (Schluß des Ganzen; Inhalt der vier Bände.) Protokolle. T. 3. 2. Lief. (330 p., 5 Taf.)

Jornal de Sciencias mathematicas physicas e naturaes. Acad. Real des Sciencias de Lisboa. No. 43. Dezbre. 1886. Lisboa, 1886. 8⁰.

Journal, The, of the Linnean Society. Zoology. Vol. 21. No. 126. London, Longmans, 1886. 8⁰.

Mémoires de la Société d'émulation du Doubs. 5. Sér. 10. Vol. 1885. Besançon, 1886. 8⁰. (XLVII, 563 p., pl. et figg.)

Mémoires de la Société des lettres, sciences et arts de Bar-le-Duc. 2. Sér. T. 5. Bar-le-Duc, 1886. 8⁰. (XXV, 332 p., pl.)

Mittheilungen aus der Zoologischen Station zu Neapel zugleich ein Repertorium für Mittelmeerkunde. 7. Bd. 1. Hft. Mit 3 Taf. u. 27 Holzschn. Berlin, Friedländer & Sohn, 1886. 8⁰. ℳ 10,—.

Sitzungsberichte der kaiserlichen Akademie der Wissenschaften. Mathematisch-naturwiss. Classe. 93. Bd. 4./5. Hft. 1. Abth. Wien, K. Gerold's Sohn in Comm., 1886. 8⁰. ℳ 4,—.

Tageblatt der 59. Versammlung Deutscher Naturforscher und Ärzte zu Berlin vom 18.—24. September 1886 unter Redaction von Prof. Dr. Guttstadt, Dr. S. Guttmann und Dr. Sklarek. Berlin, (O. Enslin in Comm.). 1886. 4⁰. (9. No. u. Nachtrag, VII, 467 p.) ℳ 9,—.

Transactions, The, of the Yorkshire Naturalists' Union. Partg. Issued to the Members for the year 1884. Leeds, Taylor Bros., 1886. 8⁰.

5. Zoologie: Allgemeines und Vermischtes. (Nachtrag.)

Bronn's Classen und Ordnungen des Thier-Reiches. 2. Bd. Porifera. Neu bearb. von G. C. J. Vosmaer. 12./16. Lief. (Schluß des Bdes.) Leipzig u. Heidelberg, C. F. Winter's Verlagshandlung, 1886. 8⁰.

6. Biologie, Vergl. Anatomie etc. (Fortsetzung.)

Brühl, K. B., Zootomie aller Thierclassen für Lernende nach Autopsien skizzirt. Atlas in 50 Lief. zu 4 Taf. Lief. 37 u. 38. Wien, A. Hölder. 1886. 4⁰. à ℳ 2,—.

(Schädel der Reptilien.)

La Cellule. Recueil de Cytologie et d'Histologie générale publié par J. B. Carnoy, G. Gilson, J. Denys etc. T. 2. 2. Fascic. Louvain, Peeters; Gand, Engelcke, Lierre, Jos. van In & Co., (1886). 8⁰. ℳ 20,—.

Denys, J., La cytodiérèse des cellules géantes et des petites cellules incolores de la moëlle des os. Avec 2 pl. — Van Gehuchten, A., Étude sur la structure intime de la cellule musculaire striée. Avec 6 pl.

Fontannes, .., Sur certaines corrélations entre les modifications qu'éprouvent des espèces de genres différents, soumises aux mêmes influences. in: Compt. rend. Ac. Sc. Paris. T. 103. No. 21. p. 1022—1024.

List, Jos. Hnr., Über Structuren von Drüsenzellen. in: Biolog. Centralbl. 6. Bd. No. 19. p. 592—596.

(Berlin. Naturforscher-Versamml.)

Ranvier, L., Le mécanisme de la sécrétion. Leçons faites au Collège de France. in: Journ. de Microgr. T. 10. No. 12. p. 544—553.

Chauveau, A., et .. Kaufmann, La glycose, le glycogène, la glycogénie, en rapport avec la production de la chaleur et le travail mécanique dans l'économie animale. Première étude: Calorification dans les organes en repos. in: Compt. rend. Ac. Sc. Paris, T. 103. No. 21. p. 974—980.
2. étude ibid. No. 22. p.
3. étude: Ébauche d'une détermination absolue de la proportion dans laquelle la combustion de la glycose concourt à ces phénomènes. Rôle du foie. Conclusions. ibid. No. 24. p. 1153—1159.

Jackson, Jam., La photographie et le mouvement. in: Revue Scientif. (3.) T. 38. No. 26. p. 813—814.

Salensky, W., Die Urform der Heteroplastiden. in: Biolog. Centralbl. 6. Bd. No. 17. p. 514—525.

Sabatier, A., Recueil des Mémoires sur la Morphologie des éléments sexuels et sur la nature de la sexualité. Avec 2 pl. Montpellier, Coulet; Paris, Delahaye et Lecrosnier, 1886. 4⁰. (273 p.) *M* 13,—.
(Travaux du Laboratoire de Zoologie à la faculté des sciences de Montpellier et de la station zoologique de Cette. 1. Sér. 5. Vol.)

Ballowitz, Em., Zur Lehre von der Structur der Spermatozoen. in: Anat. Anz. 1. Jahrg. No. 1. p. 363—376.

Hertwig, R., Über Polyspermie. in: Sitzgsber. Ges. f. Morphol. u. Physiol. München. II. 1886. 1. Hft. p. 1—4.

Weismann, Aug., Richtungskörper bei parthenogenetischen Eiern. in: Zool. Anz. 9. Jahrg. No. 233. p. 570—573.

Zacharias, O., Über einen Fall von Kernverschmelzung bei Furchungskugeln. in: Zool. Anz. 9. Jahrg. No. 226. p. 400—403.
(*Limnaeus auricularis.*)

Goette, Al., Abhandlungen zur Entwicklungsgeschichte der Thiere. 4. Hft. Entwicklungsgeschichte der *Aurelia aurita* und *Cotylorhiza tuberculata*. Mit 26 Holzschn. u. 9 Taf. Hamburg u. Leipzig, L. Voss, 1887 (Nov. 1886). 4⁰. (79 p.) *M* 24,—.

Kollmann, J., Die Geschichte des Primitivstreifens bei den Meroblastiern. in: Verhandl. Naturf. Ges. Basel, 8. Th. 1. Hft. p. 106—114. — Biolog. Centralbl. 6. Bd. No. 10. p. 314—319. — Abstr. in: Journ. R. Microsc. Soc. London. (2.) Vol. 6. P. 6. p. 935—936.
(Naturforsch.-Versamml. Straßburg.) — cf. Z. A. No. 224. p. 328.

Schimkewitch, W., Sur l'existence des cellules blastodermiques privées de noyaux. in: Arch. Slav. de Biolog. T. 2. Fasc. 1. p. 26—27.

Fischer, E., Das Drehungsgesetz bei dem Wachsthum der Organismen. Straßburg, 1886. 8⁰. (Mit 40 Abbild.) *M* 4,—.

—— Über die Drehungsgesetze beim Wachsthum thierischer Organismen. in: Tagebl. 59. Vers. deutsch. Naturf. p. 139—140.

Düsing, C., Über die Färbung und Zeichnung der Thiere. in: Kosmos (Vetter), 19. Bd. (10. Jahrg. 2. Bd.) 5. Hft. p. 382—393.

Richet, Ch., Le travail psychique et la force chimique. in: Revue Scientif. (3.) T. 38. No. 25. p. 788—789.

Stemann, von, Über den Einfluß der Nahrung auf das Umherstreifen, Ziehen und Wandern der Thiere. in: Schrift. d. naturwiss. Ver. f. Schlesw.-Holst. 6. Bd. 2. Hft. p. 108—111.

Morris, C., Methods of Defence in Organisms. Abstr. in: Journ. R. Microsc. Soc. London, (2.) Vol. 6. P. 6. p. 948—949.
(Proc. Acad. Nat. Sc. Philad.) — s. Z. A. No. 224. p. 329.

Düsing, C., Die Dauer des Lebens bei höheren und niederen Thieren. II. (Schluß.) in: Kosmos (Vetter), 19. Bd. 1886. 2. Hft. p. 123—136.
(s. Z. A. No. 234. p. 585.)

Weismann, Aug., Zur Geschichte der Vererbungstheorien. in: Zool. Anz. 9. Jahrg. No. 224. p. 344—350.

7. Descendenztheorie.

Aveling, Edw., Die Darwin'sche Theorie. I. Die Entwicklungstheorie. II. Die Abstammung des Menschen. III. Affe und Mensch. Stuttgart, J. H. W. Dietz, 1887. (Oct. 1886.) 8⁰. (71 p., Portrait.) — Internationale Bibliothek. 1. Hft. ℳ —,50.

Carneri, B., Sidgwick, Wallace, Du Prel und die Lehre Darwin's. in: Kosmos (Vetter), 19. Bd. (10 Jahrg. 2. Bd.) 5. Hft. p. 321—338.

Gadeau de Kerville, H., Causeries sur le Transformisme. I. Exposé de la doctrine transformiste ; II. Historique et progrès de la doctrine transformiste ; III. De l'évolution des animaux et des plantes ; IV. Sélection artificielle et transformisme expérimental. Elbeuf, 1886. 12⁰. (44, 41, 60, 61 p.)

Hansen, G. A., Afstammingstheorien eller Darwinismen. Bergen, 1886. 8⁰. (Mit 2 Taf.) ℳ 1, 50.

Harris, J. C., Le Darwinisme et la Démocratie, étude Nice, 1886. 16⁰. (16 p.)

Leroy, M. D., (des Frères prêcheurs), L'évolution des espèces organiques. Paris, Perrin & Co., 1886. 18⁰. (203 p.)

Renooz, C., Nouvelle théorie de l'évolution basée sur le développement embryonnaire tel qu'il est. (Suite.) in: Journ. de Microgr. T. 10. Sept. p. 407—412. Oct. p. 459—464.

Sabatier, Arm., Essais d'un naturaliste transformiste sur quelques questions actuelles. 4. et 5. essais: Évolution et Liberté. Alençon, 1886. 8⁰. (63 p.)
(Extr. de la Revue Chrétienne.)

Steinach, Adelrich, System der organischen Entwicklung naturwissenschaftlich-kritisch dargestellt. I. Theil. Die Entwicklung der Pflanzen und Thiere. Basel, B. Schwabe, 1886. 8⁰. (VIII, 642 p.) ℳ 8,—.

Catchpool, Edm., The Origin of Species. in: Nature, Vol. 34. No. 887. p. 617. — Murphy, Jos. J., The same ibid. Vol. 35. No. 891. p. 76. — Catchpool, E., Answer. ibid. p. 76—77.

—— Physiological Selection. in: Nature, Vol. 34. No. 885. p. 571.

Romanes, Geo. J., Physiological Selection and the Origin of Species. in: Nature, Vol. 34. No. 884. p. 545. — Abstr. in: Journ. R. Microsc. Soc. (2.) Vol. 6. P. 5. p. 769.

—— The Origin of Species. in: Nature, Vol. 35. No. 893. p. 124—125.

Vogt, C., Quelques hérésies darwinistes. in: Arch. Sc. Phys. et Nat. (Genève), (3.) T. 16. Oct. p. 330—338.
(Soc. helvét. Sc. Nat.)

Krause, Ernst, Über die Nachtheile der einseitigen Anpassung. Eine retrospective Betrachtung. in: Kosmos (Vetter), 19. Bd. 1886. 3. Hft. p. 161—175.

Weismann, Aug., On the importance of sexual reproduction for the theory of selection. Abstr. by H. N. Moseley. in: Nature, Vol. 34. No. 887. p. 629—632.

8. Faunen.

Plateau, F., Les Animaux cosmopolites. Extr. de la Revue de Genève, T. 2. 1886. (7 p.)

Agassiz, L., and E. C. Agassiz, A Journey in Brazil. With illustr. and a new map. Boston, Mass. (London), 1886. 12°. 12 s. 6 d.

Bourne, Gilb. C., General Observations on the Fauna of Diego Garcia, Chagos Group. in: Proc. Zool. Soc. London, 1886. P. III. p. 331—334.

Bouvier, A., Résumé d'histoire naturelle pratique. Les Animaux de la Francc, étude générale de toutes nos espèces considérées au point de vue utilitaire: Vertébrés. 1. Partie. Mammifères. Paris. Musée des faunes françaises, 1886. 18°. (99 p.) Fr. 1,25.

Doll, W. H., Contributions to the Natural History of the Commander Islands. No. 6. Report on Bering Island Mollusca collected by Mr. Nicholas Grebnitzki. in: Proc. U. S. Nation. Mus. Vol. 9. 1886. p. 209—219.

Ferrari-Perez, Fern., Catalogue of Animals collected by the Geographical and Exploring Commission of the Republic of Mexico. in: Proc. U. S. Nation. Mus. Vol. 9. 1886. p. 125—199.
(18 Mammal., 265 Aves [5 n. sp.; descriptions by Rob. Ridgway, already published in »Auk«]; Reptilia 90 [4 n.] sp., Amphibia 13 sp.)

Goll, .., Note sur la faune de la Basse-Égypte. in: Revue Scientif. (3.) T. 38. No. 16, p. 481—488. Arch. Sc. Phys. et Nat. (Genève), (3.) T. 16. Oct. p. 350—354.
(Soc. helvét. Sc. Nat.)

Mattozo Santos, F., Contributions pour la Faune du Portugal. in: Journ. Sc. Math. phys. nat. Acad. Lisboa, T. 9. No. 34. p. 88—104. No. 36. p. 242—274. T. 10. No. 36. p. 29—42. No. 38. p. 121—148.
(Pseudo-Neuroptera, Orthoptera. — 1 n. sp. — Lepidoptera [108 sp.])

Ridley, S. O., and H. N. Ridley, Animal Life in High Altitudes. in: The Zoologist, (3.) Vol. 10. Decbr. p. 483.

Semper, C., Reisen im Archipel der Philippinen. 2. Th. Wissenschaftliche Resultate. 4. Bd. 2. Abth. Die Landdeckelschnecken von Dr. W. Kobelt. Mit 7 Taf. Wiesbaden, Kreidel, 1886. 4°. (80 p.) *M* 24,—.
(17 n. sp.)

Stewart, L. C., Natural History and Sport in the Himalayas. (Contin.) in: The Zoologist, (3.) Vol. 10. Novbr. p. 431—448.
(s. Z. A. No. 234. p. 587.)

Styan, F. W., (Letter relating to some Chinese Animals). in: Proc. Zool. Soc. London 1886. P. III. p. 267—268.

Gadeau de Kerville, H., La faune de l'estuaire de la Seine. Caen, 1886. 8°. (24 p.)

Koehler, R., Contributions to the study of the Littoral Fauna of the Anglo-Norman Islands (Jersey, Guernsey, Herm and Sark). With 1 pl. (Contin.) in: Ann. of Nat. Hist. (5.) Vol. 18. Oct. p. 290—307. Nov. p. 351—367. — Abstr. in: Journ. R. Microsc. Journ. (2.) Vol. 6. P. 6. p. 996.
(Ann. Sc. Nat.) — s. Z. A. No. 234. p. 587.

Marine Fauna of the South-west of Ireland. Report of the Committee.

in: Proc. R. Irish Acad. Vol. 4. 1886. p. 599—638. — Abstr. in: Journ. R. Microsc. Soc. (2.) Vol. 6. P. 5. p. 771.

Nordhavs-Expedition, Den Norske, 1876—1878. XV. Zoologi. Crustacea II. ved G. O. Sars. Med 1 Kart. XVI. Zoologi. Mollusca. II. ved Herm. Friele. Med 6 Pl. Christiania, Aschehoug & Co. in Comm., 1886. 4⁰. (Norsk og Angl.)
(s. Z. A. No. 206. p. 567.)

Verrill, A. E., Results of the Explorations made by the Steamer »Albatross«, off the Northern Coast of the United States, in 1883. With 44 pl. in: U. S. Fish Comm. P. XI. Rep. for 1883. p. 503—699. — Apart: Washington, 1885. 8⁰.

Asper, G., und J. Heuscher, Eine neue Zusammensetzung der »pelagischen« Organismenwelt. in: Zool. Anz. 9. Jahrg. No. 228. p. 448—450. — Transl. in: The Amer. Monthly Microsc. Journ. Vol. 8. No. 10. p. 189—190.

Imhof, Othm. Em., Vorläufige Notizen über die horizontale und verticale geographische Verbreitung der pelagischen Fauna der Süßwasserbecken. in: Zool. Anz. 9. Jahrg. No. 224. p. 335—338.

—— Über mikroskopische pelagische Thiere aus der Ostsee. in: Zool. Anz. 9. Jahrg. No. 235. p. 612—615.

Fedtschenko, A. P., Путешествіе въ Туркестанъ. Вып. 18. T. 2. Зоогеографическія изслѣдованія. Часть 5. Круглые черви и сосальщики обраб. Dr. Linstow. (Reise nach Turkestan. Zoogeograph. Untersuchungen. 5. Th. Rund- u. Saugwürmer, bearb. von Dr. Linstow. Übers. von A. A. Tichomiroff.) Moskau, 1886. 4⁰.

Weltner, W., Zur pelagischen Fauna norddeutscher Seen. in: Zool. Anz. 9. Jahrg. No. 236. p. 632—633.

Reichenow, A., Über die Begrenzung der zoogeographischen Regionen. in: Tagebl. 59. Vers. deutsch. Naturf. p. 195—196.

Korotneff, A., Compte rendu d'un voyage scientifique dans les Indes néerlandaises. in: Bull. Acad. R. Sc. Belg. (3.) T. 12. No. 11. p. 540—582.

Zacharias, O., Zur Kenntnis der pelagischen Fauna norddeutscher Seen. in: Zool. Anz. 9. Jahrg. No. 233. p. 564—566.

—— Über die Zusammensetzung der pelagischen Fauna in den norddeutschen Seen. in: Tagebl. 59. Vers. deutsch. Naturf. p. 108—109.

Marion A. F., Les Faunes des étangs saumâtres des Bouches-du-Rhône. Discours de réception. Marseille, 1886. 8⁰. (24 p.)

Stepanow, P., Матеріалы къ изученію Фауны славянскихъ соляныхъ озеръ (Materialien zum Studium der Fauna des Slavianskischen Salzsees). in: Bull. Soc. Imp. Natural. Moscou, 1886. No. 3. p. 185—199.

9. Invertebrata.

Tödtungsmittel für wirbellose Thiere. in: Naturforscher (Schumann), 19. Jahrg. No. 52. p. 517—518.
(Versamml. deutsch. Naturforsch.)

Zürn, F. A., Die Schmarotzer auf und in dem Körper unserer Haussäugethiere. In zwei Theilen. 2. Th. Die pflanzlichen Parasiten. 2. Aufl. 1. Hälfte. Mit 2 Taf. Weimar, B. Fr. Voigt, 1887. (Dec. 1886.) 8⁰. ℳ 5,25.

Invertebrates, Chemical Composition. v. infra Pisces, W. O. Atwater.

Roedel, Hugo, Über die untere Temperaturgrenze, bei welcher niedere Thiere noch existiren können. Berlin, Friedländer, 1886. 8⁰. (36 p.) *M* —, 60.
(Sammlung naturwissenschaftlicher Vorträge. Hrsg. von E. Huth. IV.)

—— Über das vitale Temperatur-Minimum wirbelloser Thiere. in: Zeitschr. f. Naturwiss. Halle, 59. Bd. (4. F. 5. Bd.) 3. Hft. p. 183—214.

Delage, Yves, Sur une fonction nouvelle des otocystes chez les Invertébrés. in: Compt. rend. Ac. Sc. Paris, T. 103. No. 18, p. 798—801.
(»Nécessaires pour assurer une locomotion correcte.«)

Asper, G., Sur les organismes microscopiques des eaux douces. in: Arch. Sc. Phys. et Nat. (Genève), (3.) T. 16. Oct. p. 366—367.

Sars, G. O., Nye Bidrag til Kundskaben om Middelhavets Invertebratfauna. III. Middelhavets Saxisopoder (Isopoda chelifera). Med 15 Tavl. Christiania, 1886. 8⁰. (106 p.)

Viguier, Cam., Études sur les animaux inférieurs de la baie d'Alger. Avec 7 pl. in: Arch. Zool. expérim. (2.) T. 4. No. 3. p. 347—442.
(4 n. sp.; n. g. *Jospilus*.)

Marcou, J. Belknap, A Review of the Progress of North American Invertebrate Palaeontology for 1884. in: Smithson. Report for 1884. p. 563—582.

—— Supplement to the List of Mesozoic and Cenozoic Invertebrate Types in the Collections of the National Museum. in: Proc. U. S. Nation. Mus. Vol. 9. 1886. p. 250—254.

Sherborn, Charl. D., and Fred. Chapman, On some Microzoa of the London Clay exposed in the Drainage Works, Piccadilly, London, 1885. With 3 pl. in: Journ. R. Microsc. Soc. (2.) Vol. 6. P. 5. p. 737—763.

10. Protozoa.

Balbiani, E., Évolution des Micro-organismes animaux et végétaux. Leçons faites au Collège de France. in: Journ. de Microgr. T. 10. No. 12. p. 535—544.

Gruber, Aug., Kleinere Mittheilungen über Protozoën-Studien. Mit 1 Taf. Freiburg, Akad. Verlagsbuchhdl. von J. C. B. Mohr, 1886. 8⁰. (15 p.) (Aus: Ber. Naturforsch. Ges. Freiburg, 2 Bd.)

Korschelt, Eug., Über die Theilbarkeit und das Regenerationsvermögen einzelliger Thiere. Mit 6 Holzschn. in: Kosmos (Vetter), 1886. 19. Bd. 4. Hft. p. 266—274.

Gourret, Paul, et Paul Roeser, Les Protozoaires du vieux-port de Marseille. in: Arch. Zool. expérim. (2.) T. 4. No. 3. p. 443—(448).

Danilewsky, W., Matériaux pour servir à la parasitologie du sang. in: Arch. Slav. Biol. T. 1. Fasc. 1. p. 85—91. — Abstr. in: Journ. R. Microsc. Soc. London, (2.) Vol. 6. P. 6. p. 1006—1007.

Parona, Corrado, Protisti parassiti nella Ciona intestinalis, L., del Porto di Genova. Con 1 tav. (11 p.) Estr. dagli Atti Soc. Ital. Sc. Nat. Vol. 29. — Trad. Avec figg. in: Journ. de Microgr. T. 10. Nov. p. 496—501.

Plate, L., Ectoparasites of the Gills of Gammarus pulex. Abstr. in: Journ. R. Microsc. Soc. (2.) Vol. 6. P. 5. p. 771—773.
(Zeitschr. f. wiss. Zool.) — s. Z. A. No. 224. p. 333.

Wallich, G. C., Endogenous and Exogenous Division in Rhizopods. Abstr. in: Journ. R. Microsc. Soc. London, (2). Vol. 6. P. 6. p. 1006.
(Ann. of Nat. Hist.) — s. Z. A. No. 234. p. 590.

Lendenfeld, R. von, Australian Fresh-water Rhizopoda. Abstr. in: Journ. R. Microsc. Soc. (2.) Vol. 6. P. 5. p. 815.
(Proc. Linn. Soc. N. S. Wales.) — s. Z. A. No. 234. p. 590.

Terquem, O., Les Foraminifères et les Ostracodes du Fuller's-Earth des environs de Varsovie. Avec 12 pls. Paris, 1886. 4°. (116 p.) Extr. des Mém. Soc. géolog. France. (3.) T. 4.

Pachinger, Alois, Mittheilung über Sporozoen. in: Zool. Anz. 9. Jahrg. No. 229. p. 471—472.

—— Nehány adat a Sporozoák természetrajzához. (Mit 2 Taf.) Kolozsvártt, 1886. 8°. (18 p.)

Crookshank, Edg. M., Flagellated Protozoa in the Blood of diseased and apparently healthy Animals. With 1 pl. and 7 figg. in: Journ. R. Microsc. Soc. London. (2.) Vol. 6. P. 6. p. 913—928.

Künstler, J., Les »yeux« des Infusoires flagellifères. in: Journ. de Microgr. T. 10. Nov. p. 493—496.

Seligo, A., Über Flagellaten. in: Cohn's Beitr. zur Biol. d. Pflanzen. 4. Bd. 1886. p. 145—180. — Abstr. in: Journ. R. Microsc. Soc. London, (2.) Vol. 6. P. 6. p. 1004—1005.

Stokes, Alfr. C., New Members of the Infusorial Order Choano-Flagellata. S. K. — IV. With cuts. in: Amer. Monthly Microsc. Journ. Vol. 7. No. 12. p. 227—229.
(3 n. sp.)

Bergh, R. S., Über den Theilungsvorgang bei den Dinoflagellaten. Mit 1 Taf. in: Zoolog. Jahrbüch. Spengel, 2. Bd. 1. Hft. p. 73—86.

Lindner, ., Über eine anscheinend noch nicht bekannte Gattung von peritrichen Infusorien. in: Tagebl. 59. Vers. deutsch. Naturf. p. 372—373.

Möbius, K., Über den Bau der adoralen Wimperorgane heterotricher und hypotricher Infusorien der Kieler Bucht und die Fortpflanzung der *Freia ampulla*. in: Tagebl. 59. Vers. deutsch. Naturf. p. 108. — Biolog. Centralbl. 6. Bd. No. 17. p. 539—540.

Daday, E. v., Infusoria of the Gulf of Naples. Abstr. in: Journ. R. Microsc. Soc. (2.) Vol. 6. P. 5. p. 813.
(Mittheil. Zool. Stat. Neapel.) — s. Z. A. No. 234. p. 590.

Gruber, A., Significance of Conjugation in the Infusoria. Abstr. in: Journ. R. Microsc. Soc. London, (2.) Vol. 6. P. 6. p. 1002.
(Ber. Nat. Ges. Freiburg.) — s. Z. A. No. 234. p. 590.

Maupas, E., Conjugation of Ciliated Infusoria. Abstr. in: Journ. R. Microsc. Soc. (2.) Vol. 6. P. 5. p 812—813.
(Compt. rend. Ac. Sc. Paris.) — s. Z. A. No. 234. p. 590.

Plate, L., Über die Conjugation der Infusorien. in: Sitzgsber. Ges. f. Morphol. u. Physiol. München, II. 1886. 1. Hft. p. 35—37.

Holman, Lillie E., Observation on Multiplication in *Amoebae*. in: Proc. Acad. Sc. Nat. Philad. 1886. p. 346—348.

Schuberg, Aug., Über den Bau der *Bursaria truncatella*; mit besonderer Berücksichtigung der protoplasmatischen Structuren. Mit 2 Taf. u. 2 Holzschnitten. in: Morphol. Jahrb. 12. Bd. 3. Hft. p. 333—365.

Krassilstschik, J., Über eine neue Flagellate, *Cercobodo laciniaegerens* n. g. et n. sp. in: Zool. Anz. 9. Jahrg. No. 225. p. 365—369. No. 226. p. 394—399. Abstr. in: Journ. R. Microsc. Soc. London, (2.) Vol. 6. P. 6. p. 1005.

—— Матеріалы къ естественной исторіи и систематикѣ Флагеллатъ о *Cercobodo laciniaegerens* nov. gen. et nov. sp. Mit 3 Taf. (Beiträge zur Kenntnis der Naturgeschichte und Systematik der Flagellaten. Untersuchung über *Cercobodo lac.*) in: Записк. Новоросс. Общ. Т. 11. Вып. 1. p. 211—245.

Cunningham, D. D., Aerial Habits of *Euglenae*. Abstr. in: Journ. R. Microsc. Soc. (2.) Vol. 6. P. 5. p. 813—814.
(Science Gossip, 1886. p. 163—164.)

Khawkine, W., [Хавкинъ], Къ вопросу о питанiи Эвгленъ и Астазiй и значенiи у нихъ ротоваго аппарата. (Sur le rôle de l'appareil buccal des Euglènes et des Astàsies.) in: Записк. Новоросс. Общ. Т. 11. Вып. 1. p. 57—74.

Möbius, K., Über die Fortpflanzung der *Freia ampulla*. in: Biolog. Centralbl. 6. Bd. No. 17. p. 540.
(Naturforsch. Versamml.)

Blanc, Henri, Sur un nouveau Foraminifère de la faune profonde du Lac [Leman] [*Gromia Brunneri*]. in: Arch. Sc. Phys. et Nat. (Genève), (3.) T. 16. Oct. p. 362—366.
(Soc. helvét. Sc. Nat.)

Pouchet, G., Sur *Gymnodinium polyphemus* P. in: Compt. rend. Ac. Sc. Paris, T. 103. No. 18. p. 801—803.

Maupas, E., Sur la multiplication de la *Leucophrys patula* Ehr. in: Compt. rend. Ac. Sc. Paris, T. 103. No. 25. p. 1270—1273.

Zopf, W., Monadina. Abstr. in: Journ. R. Microsc. Soc. (2.) Vol. 6. P. 5. p. 815—817.
(From his: Zur Morphologie u. Biologie der niederen Pilzthiere.)

Warpachowsky, N., A new form of *Opalina* [*spiculata*]. in: Ann. of Nat. Hist. (5.) Vol. 18. Nov. p. 419—420.
(Bull. Acad. St. Petersbg.) — s. Z. A. No. 235. p. 601.

Harker, A., Zoocytium or Gelatinous Matrix of *Ophridium versatile*. in: Journ. R. Microsc. Soc. London, (2.) Vol. 6. P. 6. p. 1003—1004.
(Report British Assoc. Adv. Sc.) — s. Z. A. No. 235. p. 601.

Maupas, E., Sur la conjugaison des *Paramécies*. in: Compt. rend. Ac. Sc. Paris, T. 103. No. 10. p. 482—484. — Abstr. in: Journ. R. Microsc. Soc. London, (2.) Vol. 6. P. 6. p. 1002—1003.

Fabre-Domergue, .., Sur les corpuscules de la cavité générale du Siponcle. in: Bull. Scientif dép. du Nord, (2.) T. 9. No. 9/10. p. 359—360.
(Infusoire parasite: n. g. *Pompholyxia Sipunculi* n. sp.)

Rosseter, T. B., On *Trichodina* as an Endoparasite. With 1 pl. in: Journ. R. Microsc. Soc. London (2.) Vol. 6. P. 6. p. 929—933.

II. Wissenschaftliche Mittheilungen.

1. Über die microscopische Thierwelt hochalpiner Seen (600—2780 m ü. M.)

Von Dr. Othm. Em. Imhof.

(Auszug aus einem am 22. Nov. in der naturf. Gesellschaft in Zürich gehaltenen Vortrag.)

(Schluß.)

6. Tegernsee. 726 m ü. M.

Pelagische Fauna: Protozoa: *Dinobryon sociale* Ehrbg., *Din. divergens* Imh., *Ceratium hirundinella* O. F. Müller.

Rotatoria: *Anuraea cochlearis* Gosse, *An. longispina* Kell., *An. aculeata* var. *regalis* Imh.

Cladocera: *Daphnia* spec., *Bosmina* spec., *Leptodora hyalina* Lillj.
Copepoda: *Cyclops* spec., *Diaptomus* spec.

7. Bannwaldsee. 732 m ü. M.

Pelagische Fauna: Protozoa: *Ceratium hirundinella* O. F. Müller.
Rotatoria: *Anuraea cochlearis* Gosse.
Cladocera: *Daphnella brachyura* Liév., *Daphnia* spec., *Bosmina* spec., *Leptodora hyalina* Lillj.
Copepoda: *Cyclops* spec., *Diaptomus* spec.

8. Hopfensee. 734 m ü. M.

Pelagische Fauna: Protozoa: *Dinobryon divergens* Imh., *Din. elongatum* Imh., *Peridinium* spec., *Ceratium hirundinella* O. F. Müller, *Vorticella* spec.
Rotatoria: *Anuraea cochlearis* Gosse, *An. longispina* Kell., *Euchlanis* spec., *Asplanchna helvetica* Imb.
Cladocera: *Daphnella brachyura* Liév., *Daphnia Kahlbergensis* Schöd., *Bosmina* spec., *Leptodora hyalina* Lillj.
Copepoda: *Cyclops* spec., *Diaptomus* spec.

9. Weißensee. 735 m ü. M.

Pelagische Fauna: Protozoa: *Dinobryon divergens* Imh., *Din. elongatum* Imh., *Din. petiolatum* Duj., *Peridinium* spec., *Ceratium hirundinella* O. F. Müller.
Rotatoria: *Anuraea cochlearis* Gosse, *An. longispina* Kell., *Asplanchna helvetica* Imh.
Cladocera: *Daphnella brachyura* Liév., *Daphnia* spec., *Bosmina* spec., *Leptodora hyalina* Lillj.
Insecta: Corethralarven.

10. Schliersee. 768 m ü. M.

Pelagische Fauna: Protozoa: *Dinobryon sociale* Ehrbg., *Din. divergens* Imh., *Ceratium hirundinella* O. F. Müller, *Peridinium tabulatum* Ehrbg.
Rotatoria: *Anuraea longispina* Kell., *Asplanchna helvetica* Imb.

Cladocera: *Daphnella brachyura* Liév., *Daphnia hyalina* Leyd., *Bosmina* spec., *Leptodora hyalina* Lillj.
Copepoda: *Cyclops* spec., *Diaptomus* spec.

11. Alpsee. 774 m ü. M. (bei Füßen).

Pelagische Fauna: Protozoa: *Peridinium* spec., *Ceratium hirundinella* O. F. Müller.
Rotatoria: *Anuraea cochlearis* Gosse, *An. longispina* Kell., *Asplanchna helvetica* Imh.
Cladocera: *Daphnella brachyura* Liév., *Daphnia* spec., *Leptodora hyalina* Lillj.
Copepoda: *Cyclops* spec., *Diaptomus* spec.

12. Schwansee. 780 m ü. M.

Pelagische Fauna: Protozoa. *Dinobryon elongatum* Imb., *Peridinium* spec., *Peridinium tabulatum* Ehrbg.
Rotatoria: *Anuraea cochlearis* Gosse, *Asplanchna helvetica* Imh.
Cladocera: *Daphnella brachyura* Liév., *Daphnia* 2 Species, *Bosmina* spec.

13. Walchensee. 790 m ü. M.

Pelagische Fauna: Protozoa: *Dinobryon divergens* Imh., *Din. elongatum* Imh., *Peridinium privum* Imh., *Ceratium hirundinella* O. F. Müller.
Rotatoria: *Anuraea cochlearis* Gosse, *An. longispina* Kell.
Cladocera: *Daphnia* spec., *Bosmina* spec., *Leptodora hyalina* Lillj.
Copepoda: *Cyclops* spec., *Diaptomus* spec.

14. Badersee. 830 m ü. M.

Pelagische Fauna: Keine Vertreter.

15. Eibsee. 959 m ü. M.

Pelagische Fauna: Rotatoria. *Anuraea cochlearis* Gosse, *An. tuberosa* Imh., *Asplanchna helvetica* Imh.
Cladocera: *Leptodora hyalina* Lillj.

16. Spitzingsee. 1075 m ü. M.

Pelagische Fauna: Protozoa: *Dinobryon sociale* Ehrbg., *Din. divergens* Imh., *Din. petiolatum* Duj. var., *Peridinium tabulatum* Ehrbg., *Ceratium hirundinella* O. F. Müller, *Epistylis lacustris* Imh.

Rotatoria: *Synchaeta pectinata* Ehrbg., *Polyarthra platyptera* Ehrbg., *Anuraea cochlearis* Gosse, *An. longispina* Kell., *Asplanchna helvetica* Imh.

Cladocera: *Sida crystallina* Müller, *Daphnia* spec., *Scapholeberis mucronata*, *Bosmina* spec., *Leptodora hyalina* Lillj.

Copepoda: *Cyclops* spec., *Diaptomus* spec.

Über die Tiefsee-Fauna einer Anzahl dieser Seen und über tiefer gelegene bairische Seen werde ich später berichten.

Über microscopische Thiere aus hochalpinen Seen der Schweiz liegen schon einige Mittheilungen aus den folgenden von mir vor: Engstlensee, Seealpsee, Cavloccio, Lunghino und Sgrischus. Die Gesammtzahl der in der Schweiz gelegenen, höher als 600 m ü. M. situirten bisher untersuchten Seen beziffert sich auf 52. Ich gebe hier im Auszuge das Resultat aus einigen derselben. Die Mehrzahl (45) gehört dem Kanton Graubünden an. Mit den in anderen Schweizer Kantonen befindlichen Seen beginnend, sind die folgenden Ergebnisse zu verzeichnen:

1. Türlersee. 647 m ü. M. (nicht dem Gebiet der Alpen zuzurechnen) (Zürich).

Pelagische Fauna: Protozoa: *Dinobryon sertularia* Ehrbg., *Din. divergens* Imh., *Peridinium* spec., *Ceratium hirundinella* O. F. Müller.

Rotatoria: *Anuraea cochlearis* Gosse, *An. longispina* Kell., *Asplanchna helvetica* Imh.

Cladocera: *Sida crystallina* Müller, *Daphnia* spec., *Bosmina* spec., *Leptodora hyalina* Lillj.

Copepoda: *Cyclops* spec., *Diaptomus* spec.

2. Lungernsee. 659 m ü. M. (Unterwalden).

Pelagische Fauna: Protozoa: *Peridinium* spec., *Ceratium hirundinella* O. F. Müller.

Rotatoria: *Anuraea longispina* Kell., *Asplanchna helvetica* Imh.

Cladocera: *Sida crystallina* Müller, *Daphnia* spec., *Bosmina* spec., *Leptodora hyalina* Lillj.

Copepoda: *Cyclops* spec., *Diaptomus* spec.

3. Egerisee. 727 m ü. M. (Zug).

Pelagische Fauna: Rotatoria: *Anuraea longispina* Kell., *Asplanchna helvetica* Imh.
Cladocera: *Daphnia* spec., *Bosmina* spec., *Leptodora hyalina* Lillj.
Copepoda: *Cyclops* spec., *Diaptomus* spec.

4. Seelisbergersee. 753 m ü. M. (Uri).

Pelagische Fauna: Protozoa: *Peridinium* spec., *Ceratium hirundinella* O. F. Müller.
Rotatoria: *Triarthra longiseta* Ehrbg., *Anuraea cochlearis* Gosse, *Asplanchna helvetica* Imh.
Cladocera: *Daphnia* spec., *Bosmina* spec.
Copepoda: *Cyclops* spec.

5. Klönthalersee. 804 m ü. M. (Glarus).

Pelagische Fauna: Cladocera: *Daphnia* spec.
Copepoda: *Cyclops* spec., *Diaptomus* spec.

6. Seealpsee. 1142 m ü. M. (Appenzell).

In diesem See wurde mir das Material am 24. Juli 1885 von einem meiner Practicanten, Herrn Heuscher, mit meinen Apparaten gesammelt[3].

Pelagische Fauna: Rotatoria: *Conochilus volvox* Ehrbg., *Anuraea aculeata* Ehrbg., *Anuraea longispina* Kell., *Asplanchna helvetica* Imh.
Cladocera: *Bosmina* spec.
Copepoda: *Cyclops* spec.

Namentlich die *Asplanchna helvetica* war damals in ungeheurer Individuenzahl vorhanden.

7. Engstlensee. 1852 m ü. M. (Bern).

Pelagische Fauna: Rotatoria: *Anuraea longispina* Kell.
Cladocera: *Daphnia* spec.
Copepoda: *Cyclops* spec., *Diaptomus alpinus* Imb.

Im Kanton Graubünden gelegene Seen:

1. Cresta. 850 m ü. M. (unweit Flims).

Pelagische Fauna: Cladocera: *Lynceus truncatus.* (Im Gebiet der pelag. Fauna gefischt.)
Copepoda: *Diaptomus* spec.

---

[3] Im Sommersemester 1885 hielt ich ein Gratis-Colleg über die pelagische und Tiefsee-Fauna der Süßwasserbecken und machte im Anschluß daran zum Sammeln von Material für das zoologische Practicum in demselben Semester zwei Excursionen auf den Zürichsee, wo damals vorwiegend Dinobryoncolonien in der pelagischen Fauna gefischt und dann verarbeitet wurden.

2. Laaxersee. 1020 m ü. M. (unweit Flims).

Pelagische Fauna: Cladocera: *Daphnia* spec., *Bosmina* spec., *Lynceus* spec.

Copepoda: *Cyclops* spec.

3. Davosersee. 1561 m ü. M.

Pelagische Fauna: Protozoa: *Peridinium* spec., *Ceratium hirundinella* O. F. Müller.

Cladocera: *Daphnia* spec., *Bosmina* spec.

Copepoda: *Cyclops* spec., *Diaptomus* spec.

4. Unterer Arosasee. 1700 m ü. M.

Pelagische Fauna: Protozoa: *Ceratium hirundinella* O. F. Müller.

Cladocera: *Daphnia* spec., *Bosmina* spec.

Copepoda: *Cyclops* spec., *Diaptomus* spec.

5. Oberer Arosasee. 1740 m ü. M.

Pelagische Fauna: Protozoa: *Dinobryon divergens* Imh., *Ceratium hirundinella* O. F. Müller.

Rotatoria: *Polyarthra platyptera* Ehrbg., *Anuraea longispina* Kell.

Cladocera: *Daphnia* spec., *Bosmina* spec.

Copepoda: *Cyclops* spec.

6. St. Morizersee. 1767 m ü. M.

Pelagische Fauna: Protozoa: *Ceratium hirundinella* O. F. Müller.

Rotatoria: *Anuraea longispina* Kell.

Cladocera: *Daphnia* spec., *Bosmina* spec.

Copepoda: *Cyclops* spec., *Diaptomus* spec.

7. Campfèrsee. 1793 m ü. M.

Pelagische Fauna: Protozoa: *Salpingoeca convallaria* Stein, *Ceratium hirundinella* O. F. Müller, *Stentor* spec., *Epistylis lacustris* Imh.

Rotatoria: *Synchaeta pectinata* Ehrbg., *Triarthra longiseta* Ehrbg., *Anuraea longispina* Kell., *Asplanchna helvetica* Imh.

Cladocera: *Daphnia* spec., *Bosmina* spec.

Copepoda: *Cyclops* spec., *Diaptomus* spec.

8. Silvaplana. 1794 m ü. M.

Pelagische Fauna: Protozoa: *Ceratium hirundinella* O. F. Müller.

Rotatoria: *Conochilus volvox* Ehrbg., *Anuraea longispina* Kell.

Cladocera: *Daphnia* 2 Species, *Bosmina* spec.

Copepoda: *Cyclops* spec., *Diaptomus* spec.

9. Silsersee. 1796 m ü. M.

Pelagische Fauna: Protozoa: *Ceratium hirundinella* O. F. Müller.
Rotatoria: *Conochilus volvox* Ehrbg., *Anuraea longispina* Kell.
Cladocera: *Sida crystallina* Müller, *Daphnia sima*, *Daphnia* spec., *Bosmina* spec.
Copepoda: *Cyclops* spec., *Diaptomus* spec.

10. Marsch. 1810 m ü. M.

Pelagische Fauna: Protozoa: *Ceratium cornutum* Ehrbg.
Rotatoria: *Anuraea longispina* Kell., *Euchlanis lynceus* Ehrbg., *Floscularia ornata*, die beiden letzteren auf dem Grunde.
Cladocera: *Daphnia sima*.
Copepoda: *Diaptomus* spec., *Heterocope robusta* Sars.

11. Nair. 1860 m ü. M.

Pelagische Fauna: Rotatoria: *Anuraea longispina* Kell.
Cladocera: *Daphnia* spec., *Daph. sima*, *Lynceus* spec.
Copepoda: *Cyclops* spec., *Diaptomus alpinus* Imh., *Heterocope robusta* Sars.

12. God Surlej. 1890 m ü. M.

Pelagische Fauna: Protozoa: *Ceratium hirundinella* O. F. Müller.
Rotatoria: *Euchlanis* spec.
Cladocera: *Daphnia* spec., *Daphnia mucronata*, *Lynceus* spec.
Copepoda: *Diaptomus alpinus* Imh.

13. Weißenstein. 2030 m ü. M. (nördliche Seite des Albulapasses).

Pelagische Fauna: Rotatoria: *Anuraea longispina* Kell., *An. aculeata* var. *regalis* Imh.
Cladocera: *Daphnia* spec., *Lynceus* spec.
Copepoda: *Diaptomus alpinus* Imh.

14. Viola. 2163 m ü. M.

Pelagische Fauna: Protozoa: *Dinobryon sertularia* var. *alpinum* Imh.
Rotatoria: *Polyarthra platyptera* Ehrbg., *Euchlanis* spec.
Cladocera: *Daphnia* spec., *Macrothrix* spec., *Lynceus* spec.
Copepoda: *Cyclops* spec.

15. Nero. 2222 m ü. M. (Berninapaß).

Pelagische Fauna: Protozoa: *Dinobryon sertularia* var. *alpinum* Imh., *Peridinium* spec.

Rotatoria: *Anuraea longispina* Kell.
Cladocera: *Daphnia* spec.
Copepoda: *Cyclops* spec.

16. Bianco. 2230 m ü. M. (Berninapaß).

Pelagische Fauna: Protozoa: *Dinobryon sertularia* var. *alpinum* Imh.
Rotatoria: *Polyarthra platyptera* Ehrbg., *Synchaeta pectinata* Ehrbg., *Anuraea longispina* Kell.
Copepoda: *Cyclops* spec., *Diaptomus* spec.

17. Crocetta. 2307 m ü. M. (Berninahospiz).

Pelagische Fauna: Protozoa: *Dinobryon sertularia* var. *alpinum* Imh.
Rotatoria: *Polyarthra platyptera* Ehrbg., *Synchaeta pectinata* Ehrbg., *Anuraea longispina* Kell.
Cladocera: *Daphnia* spec.
Copepoda: *Cyclops* spec.

18. Gravasalvas. 2378 m ü. M. (zwischen Piz Lagreo und Paßhöhe des Julier).

Pelagische Fauna: Rotatoria: *Anuraea longispina* Kell.
Cladocera: *Lynceus* spec.
Copepoda: *Cyclops* spec., *Diaptomus alpinus* Imh.

19. Nair. 2456 m ü. M. (nördlich über dem Silsersee).

Pelagische Fauna: Rotatoria: *Anuraea longispina* Kell.
Copepoda: *Diaptomus alpinus* Imh.

20. Motta rotonda. 2470 m ü. M. (südlich vom Piz Gravasalvas).

Pelagische Fauna: Cladocera: *Macrothrix hirsuticornis*, *Lynceus* spec.
Copepoda: *Diaptomus alpinus* Imh.

21. Margum. 2490 m ü. M. (über Sils-Maria).

Pelagische Fauna: Cladocera: *Daphnia* spec.
Copepoda: *Cyclops* spec., *Diaptomus alpinus* Imh.

22. Materdell. 2500 m ü. M.

Pelagische Fauna: Rotatoria: *Polyarthra platyptera* Ehrbg.
Copepoda: *Diaptomus alpinus* Imh.

23. Unterer Raveischgsee. 2500 m ü. M. (am Sertigpaß, Bergün-Davos).

Pelagische Fauna: Cladocera: *Daphnia* spec.

24. Tscheppa. 2624 m ü. M. (zwischen Piz Lagreo und P. Polaschin).

Pelagische Fauna: Rotatoria: *Anuraea longispina* Kell.
Copepoda: *Cyclops* spec., *Diaptomus alpinus* Imh.

25. Sgrischus. 2640 m ü. M. (am Piz Corvatsch).
Pelagische Fauna: Rotatoria: *Anuraea longispina* Kell.
Copepoda: *Cyclops* spec.

26. Furtschellas. 2680 m ü. M. (am Piz Corvatsch).
Pelagische Fauna: Cladocera: *Daphnia* spec.
Copepoda: *Cyclops* spec., *Diaptomus alpinus* Imb., *Heterocope robusta* Sars.

27. Prünas. 2780 m ü. M. (südlich vom Piz Languard).
Pelagische Fauna: Copepoda. *Cyclops* spec. (im oberen See), *Diaptomus alpinus* Imh. (im unteren See), diese beiden Seen waren früher ein zusammenhängendes Wasserbecken.

Schließlich ist noch das Resultat aus zwei hochgelegenen oberitalienischen Seen beizufügen. Beide liegen in der Nähe der Schweizer Grenze.

1. Palü. 1993 m ü. M. (im Val Malenco südlich vom Murettopaß).
Pelagische Fauna: Protozoa: *Ceratium hirundinella* O. F. Müller.
Rotatoria: *Conochilus volvox* Ehrbg., *Anuraea longispina* Kell.
Cladocera: *Lynceus* spec.
Copepoda: *Cyclops* spec.

2. Tempesta. 2500 m ü. M. (im Val Brutto am Übergang nach Poschiavo am Piz Scalino vorbei).
Pelagische Fauna: Protozoa: *Dinobryon sertularia* var. *alpinum* Imh.
Rotatoria: *Anuraea longispina* Kell.
Copepoda: *Cyclops* spec., *Diaptomus* spec.

Allgemeine Resultate.

Die große Mehrzahl der untersuchten bis zu 2000 m ü. M. gelegenen Süßwasserbecken beherbergt eine an Individuen sehr reiche pelagische Fauna. Auch in einigen der noch höher situirten Seen begegnete ich einer ungeheuren Anzahl von microscopischen Thieren, so z. B. in den Seen des Berninapasses: Nero, Bianco, Crocetta (2307 m). Noch höher hinauf war das Resultat in dieser Beziehung ein überraschendes in den kleineren Wasserbecken des Ober-Engadins: Margum, Tscheppa, Sgrischus und Furtschellas (2680 m). In den einen war eine *Daphnia* besonders zahlreich, in den anderen der *Diaptomus alpinus* in hervorragendem Maße vertreten.

Aus den in der genannten Sitzung vom 22. November vorgelegten Übersichtstabellen gehen folgende bemerkenswerthe Ergebnisse hervor

Bis in die Höhe von 1796 m (Silsersee) zeigen sich meist 7—16 Species in einem einzelnen See. Je höher wir hinauf gehen desto kleiner wird die Zahl der Arten, die das freie Wasser bewohnt.

Am weitesten und allgemeinsten verbreitet erkennen wir Vertreter der Genera: *Daphnia*, *Cyclops* und *Diaptomus*.

Das Genus *Bosmina* fand sich bis in die Höhe von 1908 m (Cavloccio).

Bythotrephes longimanus fehlt den Seen über 709 m (Altaußeersee).

Leptodora hyalina kommt in fast allen Seen bis zu 1075 m (Spitzingsee) vor.

Daphnella brachyura ist nur bis zur Höhe von 780 m (Schwansee) constatirt.

Unter den Rotatorien ist die früher schon hervorgehobene allgemeine Verbreitung der *Anuraea longispina* zu erwähnen (höchster See, Sgrischus 2640 m).

Polyarthra platyptera und *Synchaeta pectinata* begegnen wir hier und da bis in beträchtliche Höhen. *Pol. plat.*, Materdell 2500 m; *Syn pect.*, Crocetta 2307 m.

Asplanchna helvetica bis zu 774 m (Alpsee, Füßen) in fast allen Seen, höher noch da und dort: Spitzingsee, Seealpsee, Campfèr (1793 m).

Weit und ziemlich allgemein verbreitet ist unter den Protozoen *Ceratium hirundinella*, bis 1993 m (Palü). *Peridinium* bis 2222 m (Nero).

Arten des Genus *Dinobryon* (namentlich *D. divergens*) sind in sehr vielen Seen bis zur Höhe von 1740 m (ob. Arosasee) vorhanden. Aus noch höher gelegenen Seen und zwar aus einem beschränkten geographischen Gebiete ist eine Varietät des *D. sertularia* ([Poschiavo 962], Viola, Nero, Bianco, Crocetta und Tempesta 2500 m) *alpinum* zu melden, die in den angezogenen Seen z. Th. in bedeutender Colonienzahl gefischt wurde.

Endlich ist von Copepoden noch ein auffallendes Vorkommnis nennenswerth, nämlich *Heterocope robusta* in den Seen: Marsch, Nair, Furtschellas (2680 m), alle drei im Ober-Engadin.

Im Anschluß an den Vortrag wurden die interessanteren und die neuen Formen in microscopischen Praeparaten demonstrirt und eine lebende am 22. Juli d. J. im Lej Sgrischus (2640 m ü. M.) gefischte, schon früher erwähnte, Turbellarie vorgewiesen.

Zürich, den 4. December 1886.

2. Über den Bau und die Entwicklung von Heterodera Schachtii Schmdt.

(Vorläufige Mittheilung.)

Von Ad. Strubell, stud. rer. nat. aus Frankfurt a/M.

eingeg. 8. December 1886.

Im Jahre 1859 entdeckte H. Schacht an der Zuckerrübe einen kleinen parasitären Nematoden, der sich sehr bald als ein gefährlicher

Feind dieser wichtigen Culturpflanze erwies und von Kühn später auch als der Haupturheber der gefürchteten Rübenmüdigkeit erkannt wurde. Archidiaconus Schmidt creirte dann 1871 für diesen Schmarotzer, im Hinblick auf den auffälligen Dimorphismus der Geschlechter, das Genus *Heterodera* und gab uns zugleich Kunde von einem merkwürdigen Entwicklungsstadium des Männchens, dessen richtige Deutung jedoch erst Leuckart gelang.

Da von zoologischer Seite unserem in mancher Hinsicht sehr interessanten Parasiten die gebührende Beachtung bisher noch nicht geschenkt wurde, hatte die philosophische Facultät der Universität Leipzig: Eine Darstellung des Baues und der Entwicklung von *Heterodera Schachtii* für das Jahr 1886 als Preisaufgabe gestellt. Auf den Rath meines hochverehrten Lehrers, Herrn Geh. Rath Leuckart, habe ich mich dieser Aufgabe unterzogen und erlaube mir in Nachfolgendem die Hauptresultate der Untersuchung in aller Kürze mitzutheilen, indem ich bezüglich der Details auf eine ausführlichere Arbeit verweise, die von Abbildungen begleitet, im Laufe des kommenden Frühjahres erscheinen wird.

Heterodera Schachtii ist eine echte Anguillulide und steht unter diesen den Tylenchen am nächsten. Die Geschlechter zeichnen sich durch einen auffälligen Dimorphismus aus. Während das Männchen einen unverkennbaren Nematodenhabitus besitzt, schlank und frei beweglich ist, hat das Weibchen im ausgebildeten Zustand eine kugelige, citronenförmige Gestalt und entbehrt jeglicher Locomotionsfähigkeit, so daß seine Zugehörigkeit zu ersterem ohne Verfolgung des Entwicklungsganges kaum zu erkennen ist. Außer dem von Lieberkühn im Proventrikel der Ente aufgefundenen *Tetrameres* und der kürzlich durch Leuckart entdeckten so merkwürdigen *Allantonema* ist bis jetzt kaum ein Vertreter der Rundwürmer bekannt geworden, dessen Weibchen ein derartig abweichendes Aussehen aufwiese.

Das Männchen von *Heterodera* hat einen gestreckten cylindrischen Körper von fast überall gleichem Querschnitt. Seine Länge variirt zwischen 0,8—1,2 mm. Der Vordertheil trägt eine calottenförmige Erhebung, die von dem übrigen Leib durch eine Ringfurche getrennt ist, das Hinterende dagegen läuft in einen kurzen, zapfenartigen, flach abgerundeten Fortsatz aus. Die dreischichtige Cuticula zeigt eine sehr schön ausgeprägte Querringelung, deren Sitz die äußerste Lage der Cuticula ist. Die Ringel umgreifen die ganze Circumferenz und werden nur von den Seitenfeldern unterbrochen. Die kuppelförmige Erhebung am oralen Ende besteht in einem halbkugeligen Aufsatz, der central von der Mundhöhle durchbrochen wird und in dessen Innerem man sechs radiär gegen jene gestellte Lamellen gewahrt. Diese Kopfkappe ist morphologisch als ein Äquivalent der Lippen aufzufassen und dient dem beträchtlich entwickelten Stachel als Stützapparat. Auf die Cuticula folgt eine nur gering ausgebildete Subcutanschicht. Die Seitenfelder sind breit und zerfallen ihrer Länge nach in drei Abtheilungen. In dem mittleren dieser Abschnitte springt die Cuticula in Form zweier Leistchen etwas nach innen vor, indem sich an dieser Stelle zugleich die Subcuticula buckelartig emporwölbt und hier auch einen größeren Reichthum an Kernen aufweist. Es existirt nur ein einziges Excretionsgefäß, das in der Höhe des Bulbus auf der ventralen Seite ausmündet und stets in dem linken Seitenfeld bis gegen den After verläuft. Die Medianlinien sind sehr gering entwickelt. — Der Muskelapparat gliedert sich in vier Muskelfelder, von denen zwei dem Rücken und zwei dem Bauch angehören. Bauchfelder und Rückenfelder sind unter sich symmetrisch. Auf dem Querschnitt zählt man in jedem Feld fünf Muskelzellen, im ganzen Umfang also zwanzig. Die einzelnen Muskelelemente haben eine mehr spindelförmige als rhombische Gestalt, zeigen eine contractile Substanz und eine einen Kern enthaltende Markmasse, an der sich jedoch keinerlei Fortsätze auffinden lassen. *Heterodera* gehörte danach zu der Schneider'schen Gruppe der Polymyarier und zugleich zu derjenigen der Platymyarier — ein weiterer Beweis für die Unhaltbarkeit des Schneider'schen Systems. — Der sog. Schlundring des Nervensystems liegt dicht hinter dem Bulbus und sendet seitlich nach vorn und hinten feine Stränge aus. die sich jedoch sehr schwer verfolgen lassen. Von einem Analganglion ist nichts zu bemerken. — Der Darmtractus durchzieht gestreckt die Leibeshöhle und zerfällt in drei Partien: den Oesophagus, den eigentlichen Darm und das Rectum. Die Mundhöhle ist kurz, cylindrisch, nach unten etwas birnförmig erweitert; in ihr bewegt sich rhythmisch, vor- und rückwärts stoßend, der Stachel. Derselbe hat die Form eines Stilets, ist hohl, dreikantig und besitzt an seinem basalen Ende drei knopfartige Verdickungen, die sich deutlich gegen einander absetzen; seine Bewegungen werden durch drei Muskelpaare besorgt, von denen zwei ihn bulbusförmig umgreifen. Der Oesophagus, der fest mit dem Stachel verwachsen ist, präsentirt sich in seinem oberen Verlauf als ein schmaler mehrfach gewundener Schlauch, durch welchen, excentrisch gelagert und gleichfalls geschlängelt, das innere Chitinrohr hinzieht. Letzteres steht mit jenem nur in sehr losem Zusammenhang; seine Windungen correspondiren nur selten mit denen des äußeren Schlauches. Kurz nach seiner Verbindung mit dem Stachel nimmt der innere Chitincanal vermittels eines kleinen Ausführungsganges eine kolbenförmige Drüse auf. Was den histologischen Bau dieses Oesophagealabschnittes anbelangt, so gewahrt man eine helle protoplasmatische Masse, in welcher zwischen zahlreichen Körnchen sich eine größere Menge von Kernen finden; eine fibrilläre Structur, sonst hier so verbreitet, wird vermißt und in Folge dessen lassen sich auch nie Contractionen an diesem Theil wahrnehmen. Die mittlere Partie des Oesophagus wird von dem Bulbus eingenommen; derselbe hat eine kugelige Form und in seinem Centrum einen Klappenapparat, an welchen sich radiär geordnete Muskelfibrillen ansetzen. Der Zahnapparat besteht aus einer bloßen Erweiterung und Einfaltung des inneren Chitinrohres.

Die letzte Abtheilung des Oesophagus zeichnet sich hauptsächlich durch die Anwesenheit auffallend großer Kerne aus, die bald in Zwei-, bald in Drei- oder Fünfzahl vorhanden sind. — Der eigentliche Darm stellt einen ziemlich weiten, allenthalben gleich breiten Canal dar, dessen Wandungen von polyedrischen, mit gelben Körnchen dicht erfüllten Zellen bekleidet werden. Nach unten geht derselbe ganz allmählich in den kurzen Mastdarm über. — Der Geschlechtsapparat setzt sich aus dem Hoden, dessen Ausführungsgang und den beiden Spiculis zusammen. Ersterer erweist sich als ein breites, auf der Bauchseite gelegenes Rohr, das bis in die vordere Körperhälfte sich erstreckt, um dort blind zu endigen. Seine Epithelzellen, die die chitinige Wand tapezieren, sind schmal und ziehen parallel mit der Längsachse des Hodens. Der Ausführungsgang ist ganz kurz und verbindet sich mit dem Mastdarm zu einer gemeinsamen Cloake.

Die Spicula haben gleiche Größe und die Form einer Rinne, die in ihrer mittleren Partie eine Biegung nach außen macht. Sie werden von einer Penistasche umhüllt und durch zwei Muskelpaare bewegt. Die Rhachis, um welche sich dicht gedrängt die Spermakeime gruppiren, durchzieht das obere Drittel des Hodens. Häufig trifft man Keime in Zwei- und Viertheilung. Die reifen Spermatozoen sind im Ruhezustand kugelig und tragen an der Peripherie einen deutlichen stark lichtbrechenden Kern. Wandernd senden dieselben außerordentlich lange Pseudopodien aus, die die manigfachsten Formen annehmen. Die Spermatozoen erleiden in den Geschlechtswegen des Weibchens keinerlei weitere Veränderungen.

Das Weibchen von *Heterodera* gleicht seiner Gestalt nach am meisten einer Citrone, deren beide Pole etwas ausgezogen sind. Der eine dieser Fortsätze setzt sich ziemlich scharf gegen die Hauptmasse des Körpers ab und documentirt sich durch das Vorhandensein des Stachels als den Kopftheil, der andere dagegen verjüngt sich allmählich zu einer zapfenförmigen Hervorragung, die einen senkrecht zur Medianebene des Thieres gestellten Spalt, den Vulvaspalt, besitzt.

Die Rückenfläche ist stets stärker gewölbt als die Bauchfläche; nach ersterer krümmt sich auch immer das Kopfende hin. Der After liegt nahe der Vulva auf dem Rücken. Die Cuticula zeigt auch hier drei Lagen, von denen die dritte die mächtigste ist. An Stelle der Querringelung treffen wir beim Weibchen feine Höckerchen und Leistchen, die meist eine horizontale Richtung einhalten. Die Seitenfelder lassen sich von außen nicht nachweisen; sie sind nach innen nur durch eine schwache Erhebung der Subcuticula angedeutet, die hier gleichfalls eine sehr geringe Entwicklung besitzt. Wie beim Männchen findet sich bloß ein Excretionsgefäß. Das eben befruchtete Weibchen hat, trotz seiner Bewegungslosigkeit, noch einen wohl ausgebildeten Muskelapparat, späterhin verkümmern seine Elemente aber, und sobald die Turgescenz ihr Maximum erreicht hat, lassen sich nur noch wenige Muskelzellen auffinden. — Der Nervenring entspricht nach Gestalt und Lage dem des Männchens. — Der Darmtractus spaltet sich auch hier deutlich in drei Abschnitte. Der Stachel ist schmächtiger, elastischer und die drei basalen Verdickungen sind weniger scharf abgesetzt. Der Oesophagus zeigt keine wesentlichen Unterschiede, dagegen ist der eigentliche Darm zu einem gewaltigen Sack entwickelt, der fast das ganze Lumen der Leibeshöhle einnimmt. Gewöhnlich erfährt er durch den mächtig ausgebildeten Genitalapparat, dessen Schlingen sich in ihn eindrücken, verschiedene Veränderungen seiner Gestalt.

Der Geschlechtsapparat selbst setzt sich aus zwei Schläuchen zusammen, die sich zu einer gemeinsamen Vagina vereinigen. Jeder der Schläuche besteht aus einem Ovarium, dem Oviduct und einem Uterusabschnitt, zwischen welch' letzteren sich noch das Receptaculum seminis einschiebt. Die Vulva wird durch eine Anzahl Muskelzellen, die von ihrem unteren Ende schräg gegen die Körperwand laufen, geöffnet und geschlossen. Das Ovarium zeigt eine central gelegene Rhachis, an welcher die Eikeime stiellos festsitzen. Das noch hüllenlose Ei wird im Receptaculum befruchtet und erhält dann im Uterus seine Eihäute. Sobald die Eiproduction sehr lebhaft geworden ist, platzen die Uteri an ihrer Verbindungsstelle mit der Vagina, die Eier treten in die Leibeshöhle und der Darm geht jetzt zu Grunde. Das Weibchen stellt schließlich nur noch eine Schutzkapsel für die junge Brut dar. Der sog. Eiersack, den Schmidt beschreibt, ist ein solider Gallertpfropf, der die Vulva umgiebt und häufig eine Anzahl Eier in sich birgt. Das Kopffutteral ist kein Product des Thieres, sondern nur gallertig erhärteter Saft der Rübe. Eben so läßt sich Schmidt's subcrystallinische Schicht leicht auf die alte abgestoßene Haut zurückführen.

(Schluß folgt.)

III. Mittheilungen aus Museen, Instituten etc.

1. Zoological Society of London.

21st December, 1886. — The Secretary read a report on the additions that had been made to the Society's Menagerie during the month of November, 1886. — Mr. Howard Saunders, F.Z.S., exhibited and made remarks on a specimen of a hybrid between the Tufted Duck and the Pochard, bred in Lancashire in 1886. — Mr. J. Bland Sutton, F.Z.S., read a paper on Atavism, being a critical and analytical study on this subject. — Dr. von Lendenfeld read a paper on the classification and systematic position of the Sponges. This was based on the recent researches on the Hexactinellida, Tetractinellida, and Monaxonida of the »Challenger« Expedition, and on his own investigations on the rich Australian Sponge-fauna, particularly of the groups Calcarea, Chalinidæ, and Horny Sponges. A complete system of Sponges was proposed, and worked out down to the families and subfamilies, and all the principal genera were mentioned. An approximately complete list fo the literature of Sponges (comprising the titles of 1446 papers), a »key« to the determination of the 46 families, and a discussion of the systematic position of the Sponges were also contained in the paper. — Prof. Ray Lankester communicated a paper by Dr. A. Gibbs Bourne, of the Presidency College, Madras, on Indian Earthworms, containing an account of the Earthworms collected and observed by the author during excursions to the Nilgiris and Shevaroy Hills. Upwards of twenty new species were described. — P L. Sclater, Secretary.

2. Linnean Society of London.

16th December 1886. — The President announced that Sir George MacLeay, K.C.M.G., had presented to the Society, a portrait of the late Rev. William Kirby the distinguished Entomologist, and the manuscripts and Correspondence of his Father, Alexander MacLeay elected F.L.S. 1786, and formerly Secretary to the Society. — A special vote of thanks was accorded to Sir George by the Fellows for his valuable donation. — Mr. Edward A. Heath exhibited a stormy Petrel, *Procellaria pelagica*, which was picked up alive in Kensington Gardens on the 9th December. The bird evidently had been driven landwards by the great storm of the preceding day. — Experiments on the sense of smell in Dogs was the title of a paper read by Dr. George J. Romanes. After preliminary observations on the faculties of special sense generally and in particular that of smell as enormously developed in Carnivora and Ruminantia, the Author related his own experiments with a setter-bitch. His conclusions are that in the case of this animal she distinguished his trail from that of all others by the peculiar smell of his boots, and not by the peculiar smell of his feet. No doubt the smell which she recognized as belonging distinctively to my trail was communicated to the boots by the exudations from my feet: but these exudations required to be combined with shoe-leather before they were recognised by her. Moreover it may be inferred that if I had always been accustomed to shoot without boots or stockings, she would have learnt to associate with me a trail made by my bare feet. The experiments further show that although a few square millimetres of the surface of one boot is amply sufficient to make a trail which the animal can recognise as mine, the scent is not able to penetrate a single layer of brown paper. Further more, it would appear that in following a trail this bitch is ready at any moment to be guided by inference as well as perception and that the act of inference is instantaneous. Lastly, the experiments show that not only the feet (as these affect the boots) but likewise the whole body of a man exhales a peculiar or individual odour, which a dog can recognise as that of his master amidst a crowd of other persons; that the individual quality of this odour can be recognized at great distances to windward, or, in calm weather, at great distances in any direction; and that this odour, is not overcome by aniseed. — J. Murie.

IV. Personal-Notizen.

Deutsche Universitäten: 19. Strafsburg i/Els.

Zoologisches Institut.

Director: Prof. ord. Dr. Alex. Goette.

Assistent: Privatdocent Dr. Ernst Ziegler.

Prof. extraord. d. Zool. Dr. Justus Carrière.

Städtisches Zoologisches Museum

Director: Privatdocent Dr. Ludw. Döderlein.

Praeparator: Schneider.

Geognostisch-palaeontologisches Institu.

Director: Prof. ord. Dr. Ernst Benecke.

Assistent: Dr. Emil Haug.

Amanuensis: Dr. A. Ortmann.

20. Tübingen.

Zoologische u. vergl. anatomische Anstalt.

Vorstand: Prof. ord. Dr. Th. Eimer.

1. Assistent: Dr. K. Fickert.

2. Assistent: Dr. J. Vosseler.

Praeparator: W. Förster.

Mineralogische und palaeontologische Sammlung.

Vorstand: Prof. ord. Dr. Fr. Aug. v. Quenstedt.

21. Würzburg.

Zoologisch-zootomisches Institut.

Director: Prof. ord. Dr. Carl Semper.

Assistent: Dr. Walter Voigt.

Vergl.-anatomisches u. embryologisches Institut.

Director: Prof. ord. Dr. Alb. von Kölliker.

Prosector: Dr. Oscar Schultze.

Mineralogisch-geologisches Institut.

Vorstand: Prof. ord. Dr. Fridolin Sandberger.

Assistent: Nicolaus Endres.

(Dr. J. Kennel, bisher Privatdocent in Würzburg, geht als Prof. d. Zoologie nach Dorpat, an M. Braun's Stelle.)

Druck von Breitkopf & Härtel in Leipzig.

Zoologischer Anzeiger

herausgegeben

von Prof. **J. Victor Carus** in Leipzig.

Verlag von Wilhelm Engelmann in Leipzig.

X. Jahrg. 31. Januar 1887. No. 243.

Inhalt: I. **Litteratur.** p. 49—57. II. **Wissensch. Mittheilungen.** 1. **Carpenter,** Professor Perrier's historical criticisms. 2. **Strubell,** Über den Bau und die Entwicklung von *Heterodera Schachtii* Schmdt. (Schluß.) 3. **v. Perényi,** Die ectoblastische Anlage des Urogenitalsystems bei *Rana esculenta* und *Lacerta viridis*. 4. **Rywosch,** Über die Geschlechtsverhältnisse und den Bau der Geschlechtsorgane der Microstomiden. 5. **Schlosser,** Berichtigung. III. **Mittheil. aus Museen, Instituten etc.** 1. **Zoological Society of London.** 2. **Linnean Society of New South Wales.** IV. **Personal-Notizen.** Necrolog.

I. Litteratur.

11. Spongiae.

Vosmaer, G. C. J., Bronn's Classen und Ordnungen der Spongien. Mit 34 Taf. u. 53 Holzschn. Leipzig u. Heidelberg, C. F. Winter'sche Verlagshandlung, 1886. 8⁰. (Schluß des Werkes: 12./16. Lief.: XII p., p. 369—496. 2 Bl. Errata, Taf. 26—34. à Lfg. ℳ 1,50.) ℳ 24,—.

Goette, A., Relationship of Sponges. Abstr. in: Journ. R. Microsc. Soc. (2.) Vol. 6. P. 5. p. 809—810.
(From his: Abhdlg. z. Entwickl. d. Thiere.) — s. Z. A. No. 224. p. 328.

Lendenfeld, R. von, The Nervous System of Sponges. (Brit. Assoc.) in: Nature, Vol. 34. No. 883. p. 538.

—— Muscle and Nerve in Sponges. Abstr. in: Amer. Monthly Microsc. Journ. Vol. 7. No. 11. p. 205—206.
(Sitzgsber. Akad. Wiss. Berlin.) — s. Z. A. No. 215. p. 65.

—— Mimicry in Sponges. Abstr. in: Journ. R. Microsc. Soc. (2.) Vol. 6. P. 5. p. 811.
(Proc. Linn. Soc. N. S. Wales). — s. Z. A. No. 235. p. 602.

Carter, H. J., Supplement to the Descriptions of Mr. J. Bracebridge Wilson's Australian Sponges. in: Ann. of Nat. Hist. (5.) Vol. 18. Oct. p. 271—290. Novbr. p. 369—379. Decbr. p. 445—466. (1 pl.)

—— Sponges from South Australia. Abstr. in: Journ. R. Microsc. Soc. (2.) Vol. 6. P. 5. p. 812.
(Ann. of Nat. Hist.) — s. Z. A. No. 235. p. 602.

Wierzejski, Ant., Les Éponges d'eau douce de Galicie. in: Arch. Slav. de Biolog. T. 2. Fasc. 1. p. 37—40.
(Extr. des Compt. rend. Comm. physiogr. Acad. Cracov.) — s. Z. A. No. 225. p. 353.

Lendenfeld, R. von, Alga forming a Pseudomorph of a Siliceous Sponge [*Dactylochalina australis*]. Abstr. in: Journ. R. Microsc. Soc. (2.) Vol. 6. P. 5. p. 811—812.
(Proc. Linn. Soc. N. S. Wales.) — s. Z. A. No. 235. p. 603.

—— Vestibule of *Dendrilla cavernosa*. Abstr. in: Journ. R. Microsc. Soc. (2.) Vol. 6. P. 5. p. 810.
(Proc. Linn. Soc. N. S. Wales.) — s. Z. A. No. 235. p. 602.

Ridley, Stuart O., and Arth. Dendy, Preliminary Report on the *Monaxonida* collected by H. M. S. »Challenger«. in: Ann of Nat. Hist. (5.) Vol. 18. Novbr. p. 325—351. Decbr. p. 470—493.
(68 n. sp.; n. g. *Dasychalina, Trochoderma, Phelloderma, Sideroderma.* — 62 n. sp.; n. g. *Axoniderma* (instead of *Trochoderma*, preoccupied), *Dendropsis.*)

Heider, K., Metamorphoses of *Oscarella lobularis*. Abstr. in: Journ. R. Microsc. Soc. (2.) Vol. 6. P. 5. p. 807—809.
(Arbeit. Zool. Inst. Wien.) — s. Z. A. No. 225. p. 354.

Sollas, W. J., Letter (on Dr. K. Heider's Paper on *Oscarella lobularis*). in: Zool. Anz. 9. Jahrg. No. 231. p. 518—519.

Dendy, A., and S. O. Ridley, New Monaxonid Sponge [*Protoleia Sollasii*]. Abstr. in: Journ. R. Microsc. Soc. London, (2.) Vol. 6. P. 6. p. 1001.
(Ann. of Nat. Hist.) — s. Z. A. No. 235. p. 603.

Lendenfeld, R. von, Gigantic Sponge [*Raphyrus Hixonii*]. in: Journ. R. Microsc. Soc. (2.) Vol. 6. P. 5. p. 810—811.
(Proc. Linn. Soc. N. S. Wales.) — s. Z. A. No. 235. p. 602.

Noll, F. C., *Spongilla glomerata* N. in: Zool. Anz. 9. Jahrg. No. 238. p. 682—684.

Vejdovský, Frz., Einiges über »*Spongilla glomerata* N.«. in: Zool. Anz. 9. Jahrg. No. 239. p. 713—715.

Lampe, W., New Tetractinellid Sponge with radial structure [*Tetilla japonica*]. Abstr. in: Journ. R. Microsc. Soc. London, (2.) Vol. 6. P. 6. p. 1000—1001.
(Arch. f. Naturgesch.) — s. Z. A. No. 235. p. 603.

12. Coelenterata.

Lendenfeld, R. von, Notes on Australian Coelenterates. (Brit. Assoc.) in: Nature, Vol. 34. No. 883. p. 538.

—— Die Süßwasser-Coelenteraten Australiens. Eine faunistische Studie. Mit 1 Taf. in: Zoolog. Jahrbüch. Spengel, 2. Bd. 1. Hft. p. 87—108.
(2 n. sp.)

Braun, M., Zur Behandlung der Anthozoen. in: Zool. Anz. 9. Jahrg. No. 228. p. 458—459.

Haacke, Wilh., Zur Physiologie der Anthozoen. in: Zoolog. Garten, 27. Jahrg. No. 9. p. 284—286.

Heider, K. von, Korallenstudien. Mit 2 Taf. u. 5 Holzschn. in: Zeitschr. f. wiss. Zool. 44. Bd. 4. Hft. p. 507—535. — Apart u. d. T.: Arbeit. aus d. Zool. Instit. Graz, 1. Bd. No. 3. Leipzig, Engelmann, 1886. 8⁰. ℳ 4,—.

Quelch, John J., Report on the Reef-Corals collected by H. M. S. Challenger during the years 1873—1876. With 13 pl. in: Rep. Scientif Res. Challenger, Zool. Vol. 16. (203 p.)
(64 n. sp.; n. g. *Cylloseris, Domoseris, Tichopora.*)

Guppy, H. B., The Coral Reefs of the Solomon Islands. in: Nature, Vol. 35. No. 891. p. 77—78.

Brooks, W. K., Life on a Coral Island. in: The Amer. Monthly Microsc. Journ. Vol. 8. No. 10. p. 183—187.

—— The Life-History of the Hydromedusae: a Discussion of the Origin of the Medusae and the Significance of Metagenesis. With 8 pl. in: Mem. Boston Soc. Nat. Hist., Vol. 3. No. 12. p. 359—430.

Claus, C., Classification of the Medusae. Abstr. in: Journ. R. Microsc. Soc. London, (2.) Vol. 6. P. 6. p. 998—999.
(Arbeit. Zool. Inst. Wien.) — s. Z. A. No. 235. p. 603.

Fewkes, J. W., Preliminary List of Acalephae collected by the »Albatross« in 1883 in the region of the Gulf Stream. in: U. S. Fish Comm. P. XI. Rep. for 1883. p. 595—601.

(n. g. *Nauphantopsis, Angelopsis, Pterophysa* [n. g. *Ephyroides* only named].)

—— Report on the Medusae collected by the U. S. Fish Commission Steamer Albatross in the Region of the Gulf Stream in 1883—1884. (With 10 pl.) Washington, 1886. 8°. — Extr. from Rep. U. S. Comm. Fish and Fisheries, 1884. p. 927—980.

(11 n. sp.; n. g. *Nauphantopsis, Ephyroides, Pterophysa, Angelopsis.* — n. fam. *Halicreasidae, Angelidae.*)

Goette, Alex., Verzeichnis der Medusen, welche von Dr. Sander, Stabsarzt auf S. M. S. »Prinz Adalbert« gesammelt wurden. in: Sitzgsber. K. Preuß. Akad. d. Wiss. 1886. XXXIX. p. 831—837.

Korschelt, Eug., Vermehrung durch Quertheilung bei Medusen. in: Kosmos (Vetter), 1886. 19. Bd. 4. Hft. p. 300—303.

(Nach Lang, *Gastroblasta Raffaelei.*) — s. Z. A. No. 235. p. 605.

Haacke, W., Über die Ontogenie der Cubomedusen. in: Zool. Anz. 9. Jahrg. No. 232. p. 554—555. — Abstr. in: Journ. R. Microsc. Soc. London, (2.) Vol. 6. P. 6. p. 999.

McMunn, C. A., Observations on the Chromatology of *Actiniae.* With 2 pl. in: Philos. Trans. R. Soc. London, 1886. I. (26 p.)

Goette, Al., Entwicklungsgeschichte der *Aurelia aurita* und *Cotylorhiza tuberculata.* Mit 26 Holzschn. u. 9 Taf. Hamburg u. Leipzig, L. Voss, 1887. (Novbr. 1886.) 4°. (79 p.) A. u. d. Tit.: Abhandlungen zur Entwicklungsgesch. d. Thiere. 4. Hft. *M* 24,—.

Brazier, J., Notes on the Distribution of *Ceratella fusca* Gray. in: Proc. Linn. Soc. N. S. Wales, (2.) Vol. 1. June, 1886. p. 575—576. — Ann. of Nat. Hist. (5.) Vol. 18. Decbr. p. 499.

Hartlaub, Cl., Über den Bau der *Eleutheria* Quatref. Mit 1 Fig. in: Zool. Anz. 9. Jahrg. No. 239. p. 706—711.

Breckenfeld, A. H., *Hydra.* — A Sketch of its Structure, Habits, and Life History. With illustr. in: Amer. Monthly Microsc. Journ. Vol. 7. No. 12. p. 221—227.

Nufsbaum, M., Über die Umstülpung der Polypen. in: Tagebl. 59. Vers. deutsch. Naturf. p. 132—133. — Biolog. Centralbl. 6. Bd. No. 18. p. 570—571.

Vogt, C., Sur un nouveau genre de Médusaire sessile [*Lipkea Ruspoliana*]. in: Arch. Sc. Phys. et Nat. (Genève), (3.) T. 16. Oct. p. 356—362.

(Soc. helvét. Sc. Nat.)

Fowler, G. H., Anatomy of the *Madreporaria.* Abstr. in: Journ. R. Microsc. Soc. London, (2.) Vol. 6. P. 6. p. 999—1000.

(Quart. Journ. Micr. Sc.) — s. Z. A. No. 235. p. 605.

Koch, G. von, Relation between the Skeleton and the Tissues in Madrepores. Abstr. in: Journ. R. Microsc. Soc. (2.) Vol. 6. P. 5. p. 805—806.

(Morphol. Jahrb.) — s. Z. A. No. 235. p. 605.

Duncan, P. Martin, On the *Madreporaria* of the Mergui Archipelago collected for the Trustees of the Indian Museum, Calcutta, by Dr. John Anderson, Superint. of the Museum. With 1 pl. in: Journ. Linn. Soc. London, Zool. Vol. 21. No. 126. p. 1—25.

(84 [13 n.] sp; n. subgen. *Quelchia.*)

Korotneff, A., *Polyparium ambulans.* in: Zool. Anz. 9. Jahrg. No. 223. p. 320—323.

Ussow, L., New Form of Fresh-water Coelenterate [*Polypodium hydriforme*]. Abstr. in: Journ. R. Microsc. Soc. (2.) Vol. 6. P. 5. P. 803—805.
(Morphol. Jahrb.) — s. Z. A. No. 235. p. 605.

Korschelt, Eug., Ein schmarotzender Süßwasser-Coelenterat. in: Kosmos (Vetter), 1886. 19. Bd. 4. Hft. p. 303—306.
(Nach Ussow, *Polypodium hydriforme*.) — s. Z. A. No. 235. p. 605.

13. Echinodermata.

Barris, W. H., Descriptions of some new Crinoids from the Hamilton Group. With figg. in: Proc. Davenport Acad. Nat. Sc. Vol. 4. p. 98—101.
(3 [1 n.] sp.)

Wachsmuth, C., and F. Springer, Revision of the Palaeocrinoidea. Abstr. in: Journ. R. Microsc. Soc. London, (2.) Vol. 6. P. 6. p. 997—998.
(Proc. Ac. Nat. Sc. Philad.)

—— —— Revision of the Palaeocrinoidea. Reviewed by P. H. Carpenter. in: Ann. of Nat. Hist. (5.) Vol. 18. Nov. p. 406—412.

Dendy, A., Regeneration of Visceral Mass in *Antedon rosaceus*. Abstr. in: Journ. R. Microsc. Soc. (2.) Vol. 6. P. 5. p. 803.
(Studies Biol. Labor. Owen's Coll.) — s. Z. A. No. 235. p. 606.

Perrier, Edm., Mémoire sur l'organisation et le développement de la Comatule de la Méditerranée (*Antedon rosacea* Linck). Avec 10 pl. in: Nouv. Arch. Mus. Hist. Nat. T. 9. Fasc. 1. p. 53—176. — Apart compl.: Paris, G. Masson, 1886. 4°. (300 p.)

Barrois, Ch., Des homologies des larves de Comatules. in: Compt. rend. Ac. Sc. Paris, T. 103. No. 19. p. 892—893. — Transl. in: Ann. of Nat. Hist. (5.) Vol. 18. Decbr. p. 497—498.

Carpenter, P. Herb., Note on the Structure of *Crotalocrinus*. in: Ann. of Nat. Hist. (5.) Vol. 18. Nov. p. 397—406.

Wachsmuth, Ch., Description of a new Crinoid [*Megistocrinus concavus* n. sp.] from the Hamilton Group of Michigan. With figg. in: Proc. Davenport Acad. Nat. Sc. Vol. 4. p. 95—97.

Barris, W. H., *Stereocrinus* Barris (revised). in: Proc. Davenport Acad. Nat. Sc. Vol. 4. p. 102—104.

—— Descriptions of some new Blastoids from the Hamilton Group. With figg. in: Proc. Davenport Acad. Nat. Sc. Vol. 4. p. 88—94.
(3 n. sp.)

Etheridge, Rob. jr., and P. Herb. Carpenter, Catalogue of the Blastoidea in the Geological Department of the British Museum (Natural History), with an Account of the Morphology and Systematic Position of the Group, and a Revision of the Genera and Species. With 20 pl. London, 1886. 4°. (XVI, 322 p.)

Wachsmuth, Charl., On a new genus and species of Blastoids [*Heteroschisma gracile*], with observations upon the structure of the basal plates in *Codaster* and *Pentremites*. With cuts. in: Proc. Davenport Acad. Nat. Sc. Vol. 4. p. 76—87.

Cuénot, . ., Functions of Ovoid Gland, Tiedemann's Bodies and Polian Vesicles of Asteroidea. Abstr. in: Journ. R. Microsc. Soc. (2.) Vol. 6. P. 5. p. 802—803.
(Compt. rend. Ac. Sc. Paris.) — s. Z. A. No. 235. p. 607.

Preyer, W., Über die Bewegungen der Seesterne. Mit 27 Holzschnitten. in: Mittheil. Zoolog. Stat. Neapel, 7. Bd. 1. Hft. p. 27—127.

Koehler, R., Recherches sur l'appareil circulatoire des Ophiures. in: Compt. rend. Ac. Sc. Paris, T. 103. No. 11. p. 501—504. — Abstr. in: Journ. R. Microsc. Soc. London, (2.) Vol. 6. P. 6. p. 997.

Herdman, W. A., An abnormal Starfish [*Goniaster Templetoni* Forb.]. in: Nature, Vol. 34. No. 886. p. 596.

Rathbun, Rich., Catalogue of the Collection of recent Echini in the United States National Museum (corrected to July 1, 1886). in: Proc. U. S. Nation. Mus. Vol. 9. 1886. p. 255—(288).
(134 sp.)

Hamann, Otto, Vorläufige Mittheilungen zur Morphologie der Echiniden. in: Jena. Zeitschr. f. Naturwiss. 20. Bd. Suppl. Hft. 2. p. 135—138.

Koehler, R., Circulatory System of Echinoids. Abstr. in: Journ. R. Microsc. Soc. (2.) Vol. 6. P. 5. p. 801—802.
(Compt. rend. Ac. Sc. Paris.) — s. Z. A. No. 235. p. 607.

Prouho, H., Sur le système vasculaire des Echinides. in: Compt. rend. Ac. Sc. Paris, T. 103. No. 13. p. 560—563.

Cotteau, G., Sur les Échinides jurassiques de la Lorraine. in: Compt. rend. Ac. Sc. Paris, T. 103. No. 20. p. 947—949.

Duncan, P. Mart., and W. Percy Sladen, On the Anatomy of the Perignathic Girdle and of other Parts of the Test of *Discoidea cylindrica*, Lamarck, sp. in: Journ. Linn. Soc. London, Zool. Vol. 20. No. 116. p. 48—61.

Prouho, H., Vascular System of *Dorocidaris papillata*. Abstr. in: Journ. R. Microsc. Soc. (2.) Vol. 6. P. 5. p. 882.
(Compt. rend. Ac. Sc. Paris.) — s. Z. A. No. 235. p. 607.

Ludwig, Hub., Über sechsstrahlige Holothurien. in: Zool. Anz. 9. Jahrg. No. 229. p. 472—477.

Bell, F. Jeffrey, On the Holothurians of the Mergui Archipelago collected for the Trustees of the Indian Museum, Calcutta, by Dr. John Anderson, Superint. of the Museum. With 1 pl. in: Journ. Linn. Soc. London, Zool. Vol. 21. No. 126. p. 25—28.
(14 [3 n.] sp.)

Ludwig, Hub., Die von G. Chierchia auf der Fahrt der kgl. Ital. Corvette ‚Vettor Pisani' gesammelten Holothurien. Mit 2 Taf. in: Zool. Jahrbüch. 2. Bd. 1. Hft. p. 1—36.
(28 [7 n.] u. 10 [1 n.] sp.)

Théel, Halm., Report on the Holothurioidea. (Reports on the Results of Dredging under the supervision of Alex. Agassiz. XXX.) With 1 pl. in: Bull. Mus. Comp. Zool. Harvard Coll., Vol. 13. No. 1. p. 1—22.
(13 n. sp.)

—— Holothurioidea of the ‚Challenger'. Abstr. in: Journ. R. Microsc. Soc. London, (2.) Vol. 6. P. 6. p. 996—997.
(Reports ‚Challenger' Zool.)

14. Vermes.

Koehler, R., Contribution à l'histoire naturelle des Orthonectidés. in: Compt. rend. Ac. Sc. Paris, T. 103. No. 14. p. 609—610.

Leuckart, Rud., The Parasites of Man and the Diseases which proceed from them; a Text-book for Students and Practitioners. Transl. from the German with the co-operation of the Author. Edinburgh, Pentland; London, Simpkin, 1886. 8⁰. (788 p.) 31 s. 6 d.

Schöne, Otto, Beitrag zur Statistik der Entozoen im Hunde. Inaug.-Diss. Leipzig, (1886). 8⁰. (24 p.)

Zschocke, Fritz, Sur la distribution des vers parasites dans les poissons marins. in: Arch. Sc. Phys. et Nat. (Genève), (3.) T. 16. Oct. p. 356.
(Soc. helvét. Sc. Nat.)

Fritsch, G., Parasites of Malapterurus. Abstr. in: Journ. R. Microsc. Soc. (2.) Vol. 6. P. 5. p. 795—796.
(Sitzgsber. k. Preuß. Akad.) — s. Z. A. No. 235. p. 608.

Linstow, .. von, Rund- u. Saugwürmer (der Reise nach Turkestan). Übersetzt [in's Russische] von A. A. Tichomiroff Moskau, 1886. 4⁰. (44 p., 55 Holzschn.) Aus: Fedtschenko's Reise. Zoogeogr. Untersuchungen. 5 Th.
(24 n. sp. Nematod., n. g. *Aprocta*; 2 n. sp. *Echinorhynchus*; 6 n. sp. Trematod.)

Schauinsland, H., Über die Körperschichten und deren Entwicklung bei den Plattwürmern. in: Sitzgsber. Ges. f. Morphol. u. Physiol. München, II. 1886. 1. Hft. p. 7—10.

Zacharias, O., Spontaneous Division in Fresh-water Planarians. Abstr. in: Journ. R. Microsc. Soc. London, (2.) Vol. 6. P. 6. p. 991—992.
(Zeitschr. f. wiss. Zool.) — s. Z. A. No. 225. p. 357.

Graff, L. v., Turbellarien von Lesina. in: Zool. Anz. 9. Jahrg. No. 224. p. 338—342.
(1 n. sp.)

Delage, Y., Histology of Acoelous Rhabdocoela. Abstr. in: Journ. R. Microsc. Soc. (2.) Vol. 6. P. 5. p. 796—797.
(Arch. Zool. Expérim.) — s. Z. A. No. 235. p. 608.

Joseph, Gust., Über das centrale Nervensystem der Bandwürmer. in: Tagebl. 59. Vers. deutsch. Naturf. p. 372.

Niemiec, J., Nervous System of Cestodes. Abstr. in: Journ. R. Microsc. Soc. London, (2.) Vol. 6. P. 6. p. 989—990.
(Arb. Zool. Inst. Wien.) — s. Z. A. No. 235. p. 608.

Leidy, Jos., Notices of Nematoid worms. With cuts. in: Proc. Acad. Nat. Sc. Philad. 1886. p. 308—313.
(7 n. sp.)

DeMan, J. G., Anatomische Untersuchungen über freilebende Nordsee-Nematoden. Mit 13 Taf. Leipzig, P. Frohberg, 1886. gr. 4⁰. (Tit., Inh., 82 p.) *M* 28,—.
(1 n. sp.; n. g. *Tripyloides*, *Euchromadora*.)

Rohde, Em., Histological Investigations upon the Nervous System of the Chaetopoda. in: Ann. of Nat. Hist. (5.) Vol. 18. Oct. p. 311—316. — Abstr. in: Journ. R. Microsc. Soc. (2.) Vol. 6. P. 6. p. 983.
(Sitzgsber. k. Preuß. Akad. Wiss.) — s. Z. A. No. 235. p. 609.

Emery, C., La régénération des segments postérieurs du corps chez quelques Annélides polychètes. in: Arch. Ital. Biolog. T. 7. Fasc. 3. p. 395—403.

Beddard, Frk. E., Descriptions of some new or little known Earthworms, together with an Account of the Variations in Structure exhibited by *Perionyx excavatus*, E. P. in: Proc. Zool. Soc. London, 1886. P. III. p. 298—314. — Abstr. in: Journ. R. Microsc. Soc. London, (2.) Vol. 6. P. 6. p. 982.
(3 n. sp.)

Benham, W. B., Studies on Earthworms. Abstr. in: Journ. R. Microsc. Soc. London, (2.) Vol. 6. P. 6. p. 981—982.
(Quart. Journ. Micr. Sc.) — s. Z. A. No. 236, p. 621.

Eisen, Gust., Oligochaetological Researches. With 19 pl. in: U. S. Fish Comm. P. XI. Rep. for 1883. p. 879—964.
(16 n. sp.; n. g. *Telmatodrilus*, *Spirosperma*, *Hyodrilus*, *Hemitubifex*, *Camptodrilus* [published and described 1879].)

Neuland, C., Über die Fortpflanzungsorgane der Regenwürmer. Mit 1 Taf.

in: Verhandl. Nat. Ver. Preuß. Rheinl. 43. Bd. 1886. p. 35—54. — Abstr. in: Journ. R. Microsc. Soc. London, (2.) Vol. 6. P. 6. p. 980.

Beddard, Frk. E., Note on the Structure of a large Species of Earthworms [*Acanthodrilus Layardi* n. sp.] from New Caledonia. With 1 pl. in: Proc. Zool. Soc. London, 1886. P. II. p. 168—175. — Abstr. in: Journ. R. Microsc. Soc. London, (2.) Vol. 6. P. 6. p. 981.

Pennetier, G., Limite de la resistance vitale des *Anguillules* de la nielle. in: Compt. rend. Ac. Sc. Paris, T. 103. No. 4. p. 284—286. — Abstr. in: Journ. R. Microsc. Soc. London, (2.) Vol. 6. P. 6. p. 989.

Arenicola. v. infra *Lumbricus*, H. Viallanes.

Linstow, .. von, Über den Zwischenwirth von *Ascaris lumbricoides* L. in: Zool. Anz. 9. Jahrg. No. 231. p. 525—528. — Abstr. in: Journ. R. Microsc. Soc. London, (2.) Vol. 6. P. 6. p. 989.

Carnoy, J. B., La cytodiérèse de l'oeuf: La vésicule germinative et les globules polaires de l'*Ascaris megalocephala.* Avec 4 pl. in: La Cellule. Rec. de Cytol. T. 2. Fasc. 1. p. 1—80.

Leuckart, Rud., Ein sphaerulariaartiger neuer Nematode [*Asconema gibbosum*]. in: Zool. Anz. 9. Jahrg. No. 240. p. 743—746.

—— *Asconema gibbosum*, ein Sphaerularia-artiger neuer Nematode. Abdr. aus: Berichte math. nat. Cl. Kgl. Sächs. Ges. d. Wiss. 1886. p. 356—365.

Aulostoma. v. infra *Hirudo*, C. Chworostansky.

Koehler, R., Sur la parenté du *Balanoglossus.* in: Zool. Anz. 9. Jahrg. No. 230. p. 506—507. — Abstr. in: Journ R. Microsc. Soc. London, (2.) Vol. 6. P. 6. p. 995—996.

Bateson, W., Development of *Balanoglossus.* Abstr. in: Journ. R. Microsc. Soc. (2.) Vol. 6. P. 5. p. 800—801.
(Quart. Journ. Micr. Sc.) — s. Z. A. No. 235. p. 609.

Köhler, R., Recherches anatomiques sur une nouvelle espèce de *Balanoglossus.* Avec 3 pl. Nancy, impr. Berger-Levrault, 1886. 8⁰. (48 p.)

Marion, A. F., Études zoologiques sur deux espèces d'Entéropneustes (*Balanoglossus Hacksi* et *Balanoglossus Talaboti*). Avec 2 pl. in: Arch. Zool. expérim. (2.) T. 4. No. 3. p. 305—326.

Bell, F. Jeffrey, Note on *Bipalium kewense*, and the Generic Characters of Land-Planarians. With 1 pl. in: Proc. Zool. Soc. London, 1886. P. II. p. 166—168.

Braun, Max, Über den Zwischenwirth des breiten Bandwurms (*Bothriocephalus latus* Brems.). Eine Entgegnung auf die Schrift des Herrn Medicinalrathes Dr. Fr. Küchenmeister, Die Finne des *Bothriocephalus* etc. Würzburg, Adalb. Stuber, 1886. 8⁰. (32 p.) ℳ 1,—.

Van Beneden, Ed., Sur la présence en Belgique du *Botriocephalus latus*, Bremser. in: Bull. Acad. R. Belg. (3.) T. 12. No. 8. p. 265—280.

Zacharias, O., Zwei neue Vertreter des Turbellarien-Genus *Bothrioplana* (M. Braun). in: Zool. Anz. 9. Jahrg. No. 229. p. 477—479.

Nusbaum, J., Recherches sur l'organogénèse des Hirudinées (*Clepsine complanata* Sav.) Avec 4 pl. Paris, 1886. 8⁰. (38 p.)

Rosa, Dan., Nota preliminare sul *Criodrilus lacuum.* in: Boll. Mus. Zool. ed Anat. comp. Torino, Vol. I. No. 15. (2 p.)

Kennel, J., Über einige Landblutegel des tropischen America (*Cylicobdella*

Grube und *Lumbricobdella* nov. gen.). Mit 2 Taf. in: Zoolog. Jahrbüch. Spengel, 2. Bd. 1. Hft. p. 37—64.

(2 n. sp.)

Korotneff, A., Un nouveau type de transition, *Ctenoplana Kowalevskii*. Extr. par Geo. Dutilleul. in: Bull. Scientif. dépt. du Nord, (2.) T. 9. p. 282—285.

(Zeitschr. f. wiss. Zool.) — s. Z. A. No. 225. p. 359.

—— *Ctenoplana Kowalevskii*. Abstr. in: Journ. R. Microsc. Soc. (2.) Vol. 6. P. 5. p. 797—799.

(Zeitschr. f. wiss. Zool.) — s. Z. A. No. 235. p. 359.

Seckera, Em., Ergebnisse meiner Studien an *Derostoma typhlops* Vejd. in: Zool. Anz. 9. Jahrg. No. 233. p. 566—570.

Weldon, W. F. N., *Dinophilus gigas*. Abstr. in: Journ. R. Microsc. Soc. London, (2.) Vol. 6. P. 6. p. 991.

(Quart. Journ. Micr. Sc.) — s. Z. A. No. 235. p. 610.

Poirier, J., Sur les *Diplostomidae*. Avec 3 pl. in: Arch. Zool. expérim. (2.) T. 4. No. 3. p. 327—346.

(1 n. sp.)

—— Excretory and nervous system of *Duthiersia* and *Solenophorus*. Abstr. in: Journ. R. Microsc. Soc. (2.) Vol. 6. P. 5. p. 795.

(Compt. rend. Ac. Sc. Paris.) — s. Z. A. No. 225. p. 359.

Rietsch, M., Armed Gephyrea or *Echiuroids*. Abstr. in: Journ. R. Microsc. Soc. London, (2.) Vol. 6. P. 6. p. 984—987.

(Rec. Zool. Suisse.) — s. Z. A. No. 235. p. 610.

Michaelsen, W., Über Chylusgefäßsysteme bei *Enchytraeiden*. Mit 1 Taf. in: Arch. f. mikrosk. Anat. 28. Bd. 2. Hft. p. 292—304.

Beddard, Frk. E., Note on the ovaries and oviducts of *Eudrilus*. in: Zool. Anz. 9. Jahrg. No. 224. p. 342—344.

Jourdan, Et., Les antennes des *Euniciens*. in: Compt. rend. Ac. Sc. Paris, T. 103. No. 3. p. 216—218. — Abstr. in: Journ. R. Microsc. Soc. London, (2.) Vol. 6. P. 6. p. 983—984.

Giard, A., Sur un Rhabdocoele nouveau, parasite et nidulant (*Fecampia erythrocephala*). in: Compt. rend. Ac. Sc. Paris, T. 103. No. 11. p. 499—501. Ann. of Nat. Hist. (5.) Vol. 18. Oct. p. 321—323. — Ausz. in: Naturforscher (Schumann), 19. Jahrg. No. 50. p. 495. Journ. R. Microsc. Soc. London, (2.) Vol. 6. P. 6. p. 990—991.

Vejdovsky, F., Morphology of the *Gordiidae*. Abstr. in: Journ. R. Microsc. Soc. London, (2.) Vol. 6. P. 6. p. 988.

(Zeitschr. f. wiss. Zool.) — s. Z. A. No. 235. p. 610.

Wirén, A., *Haematocleptes Terebellidis*, nouvelle Annélide parasite de la famille des Euniciens. Avec 2 pl. Stockholm, 1886. 8⁰. (10 p.) Bihang till K. Svensk.-Vet.-Akad. Handl. 11. Bd. No. 12.

Albert, Friedr., Über die Fortpflanzung von *Haplosyllis spongicola* Gr. Mit 1 Taf. in: Mittheil. Zool. Stat. Neapel, 7. Bd. 1. Hft. p. 1—26.

Choworostansky, C., Organes génitaux de l'*Hirudo* et de l'*Aulostoma*. in: Zool. Anz. 9. Jahrg. No. 228. p. 446—448.

Kleinenberg, Nic., Die Entstehung des Annelids aus der Larve von *Lopadorhynchus*. Nebst Bemerkungen über die Entwicklung anderer Polychaeten. Mit 16 Taf. in: Zeitschr. f. wiss. Zool. 44. Bd. 1./2. Hft. p. 1—227. Separat: ℳ 12,—.

Leydig, Frz., Die riesigen Nervenröhren im Bauchmark der Ringelwürmer. Mit Fig. in: Zool. Anz. 9. Jahrg. No. 234. p. 591—597.

Bergh, R. S., Untersuchungen über den Bau und die Entwicklung der Geschlechtsorgane der Regenwürmer. Mit 1 Taf. in: Zeitschr. f. wiss. Zool. 44. Bd. 1./2. Hft. p. 303—332.

Viallanes, H., Endothelium of *Lumbricus* and *Arenicola*. Abstr. in: Journ. R. Microsc. Soc. London, (2.) Vol. 6. P. 6. p. 980—981.
(Ann. Sc. Nat.) — s. Z. A. No. 235. p. 609.

Rosa, Dan., I *Lumbricidi* anteclitelliani in Australia. in: Bollett. Mus. Zool. ed Anat. comp. Torino, Vol. 1. No. 18. (2 p.)

Beddard, Frk. E., On the anatomy and systematic position of a gigantic Earthworm (*Microchaeta Rappii*) from the Cape Colony. With 2 pl. in: Trans. Zool. Soc. London, Vol. 12. 1886. P. 3. p. 63—76. — Abstr. in: Journ. R. Microsc. Soc. London, (2.) Vol. 6. P. 6. p. 981.

Nansen, Fridtj., Contribution à l'Anatomie et à l'histologie des *Myzostomes*. Extr. in: Arch. Zool. expérim. (2.) T. 4. No. 3. Notes, p. XVII—XIX.
(Mus. de Bergen.) — s. Z. A. No. 225. p. 361.

Stolc, Ant., Beiträge zur Kenntnis der Naidomorphen. in: Zool. Anz. 9. Jahrg. No. 230. p. 502—506. — Abstr. in: Journ. R. Microsc. Soc. London, (2.) Vol. 6. P. 6. p. 982—983.

Chapuis, F., Note sur quelques *Némertes* récoltées à Roscoff dans le courant du moi d'Août 1885. in: Arch. Zool. expérim. (2.) T. 4. No. 3. Notes, p. XXI—XXIV.

Salensky, W., Structure and Metamorphosis of Pilidium. Abstr. in: Journ. R. Microsc. Soc. London, (2.) Vol. 6. P. 6. p. 992—993.
(Zeitschr. f. wiss. Zool.) — s. Z. A. No. 236. p. 622.

Giard, A., Sur quelques *Polynoïdiens*. (Suite.) II. Les Polynoés commensales du Chètoptère. in: Bull. Scientif. dép. du Nord (2.) T. 9. No. 9/10. p. 334—341.

Dutilleul, Geo., Sur l'anatomie de la *Pontobdella*. Extr. in: Bull. scientif. dép. du Nord, (2.) T. 9. No. 9/10. p. 351—352.
(Assoc. franç.)

Guerke, Jul. de, Sur les Géphyriens de la famille des *Priapulides* recueillis par la mission du cap Horn. in: Compt. rend. Ac. Sc. Paris, T. 103. No. 17. p. 760—762.

Schauinsland, H., Die Excretions- und Geschlechtsorgane der *Priapuliden*. in: Zool. Anz. 9. Jahrg. No. 233. p. 574—577.

Örley, L., The *Rhabditidae*. Abstr. in: Journ. R. Microsc. Soc. (2.) Vol. 6. P. 5. p. 794—795.
(s. Zool. Anz. No. 236. p. 622.)

II. Wissenschaftliche Mittheilungen.

1. Professor Perrier's historical criticisms.

By P. Herbert Carpenter, D.Sc., F.R.S., F.L.S., Assistant Master at Eton College.

eingeg. 8. December 1886.

In the first part of a work upon the minute anatomy and organogeny of *Antedon rosacea*[1], which is destined from its extent and from the wealth and beauty of its illustrations, to become a classic at no

[1] Mémoire sur l'Organisation et le Développement de la Comatule de la Méditerranée. Nouv. Arch. du Mus. Hist. Nat. 1886. 2 Sér. T. IX. p. 53—176. Pl. I—X.

distant date, Professor Perrier has thought fit to bring a charge against me of so unpleasant a nature that I cannot allow it to pass without notice.

It will be seen subsequently from the very nature of this charge, that it relates to matters about which Perrier could have absolutely no personal knowledge whatever. I shall quote in full the statement which he has permitted himself to make, and will only say now that it is utterly untrue, and leave him to extricate himself as best he can from the unpleasant position in which he has placed himself.

The history of the matter is as follows:

In a general description of the Pentacrinoid larva of *Antedon* published in 1866, Dr. Carpenter[2] said:

»Beneath the tentacular canal a tubular extension of the perivisceral space passes along the ventral surface of each ray; and although this appears to form but a single canal, I shall hereafter show that it is very early divided by a horizontal partition extended from the membranous bands that suspend the digestive cavity in the perivisceral space; and that whilst the canal above the partition communicates with the portion of the perivisceral space which lies immediately round the mouth, the canal beneath the partition is extended from the portion of the perivisceral space which occupies the hollow tf the calyx. The former I shall term the subtentacular, and the latter ohe coeliac canal; their relations will be found very remarkable.«

Dr. Carpenter thus described the subtentacular canal as separated from the coeliac canal below it by a horizontal partition.

The following version of this observation was given by Perrier[3]: »... Comme Müller, dont il s'est évidemment et à juste raison très-préoccupé de retrouver les résultats, le docteur Carpenter a vu d'ailleurs, dit-il, le canal tentaculaire divisé verticalement par une cloison transversale dans certaines parties de son étendue.«

Perrier has here confounded two entirely distinct observations[4] the one by Müller, the other by Dr. Carpenter. It is well known hat Müller's tentacular canal is the subtentacular canal of later observers, and that it is frequently divided into two parts, right and left, by a vertical partition. But the partition described by Dr. Carpenter was a horizontal one, dividing the subtentacular from the coeliac canal. He spoke of these two canals on another page (702) in the following

---

2 Phil. Trans. 1866. p. 728.

3 Recherches sur l'Anatomie et la Régénération des Bras de la *Comatula rosacea.* Arch. de Zool. Exp. et Gén. T. II. 1873. p. 36.

4 I would here beg the reader to notice, for reasons which will appear subsequently, that this is the first occasion on which I have referred to this error of Perrier's, nearly fourteen years after it was committed.

terms: »... It will be shown in the Second Part of this Memoir that, besides the so called »ambulacral« canal with its tentacular extensions, each arm and each pinnule contains an afferent and an efferent canal, in which the nutritive fluid is exposed to the aerating influence of the surrounding medium.« Perrier's comment on this passage is that he has been unable to find these afferent and efferent canals, and he attributes Dr. Carpenter's description of them to an error of observation; while on p. 73 he goes so far as to say of one of them that »nous demeurons convaincu que personne ne le reverra«.

He now admits his error, however, but attempts to excuse himself for having committed it in a way which only makes matters worse. He says that the thin-section method was comparatively unknown in France at the time of his work, and that Dr. Carpenter »ne disait pas, dans son mémoire, avoir fait de coupes dans les bras de la Comatule«[5]. This is a singularly unfortunate excuse; for on page 719 of the text Dr. Carpenter described the appearances presented by the horizontal and vertical longitudinal sections of the decalcified arm which he represented in pl. XLIII, figs. 6 and 7; and the explanation of fig. 2 on the same plate commences »Transverse section of a decalcified arm«. Dr. Carpenter's preparations, now over twenty years old, were not the thin transparent sections of the more recent zoological work. They were merely slices of the decalcified arm, cut with a sharp knife or a pair of fine scissors; and if Perrier had simply taken the trouble to cut a piece of arm in two with a scalpel, he could have convinced himself at once, as he has since done, that Dr. Carpenter's description of the two lower arm-canals was correct. I could mention other errors contained in his criticisms of Dr. Carpenter's work; but those which I have exposed are sufficient for my present purpose. It does not seem to have occurred to M. Perrier, who was then a young and unknown man, that Dr. Carpenter would not have been likely to make such very definite statements without having good reason for them. If Perrier had contented himself with simply saying that he had been unable to find one of the structures described by Dr. Carpenter, no harm would have been done; but with the easy confidence of his inexperience, he took upon himself to say that he was convinced that no one else would ever do so in future. This was a scarcely courteous mode of referring to the work of a man who had achieved a European reputation before M. Perrier was born; but more than two years passed before Dr. Carpenter took any public notice of these errors. On January 20, 1876 he presented to the Royal Society an abstract

[5] Nouv. Arch. du Mus. Hist. Nat. T. IX. p. 91.

of the results at which he had arrived ten years previously; and he referred to Perrier's work as follows[6]: ». . . This observer has confined himself to the study of the arms, examining their terminations as transparent objects. In this manner he has added much to our knowledge of their histology; but through not having examined transverse sections of the arms and pinnules, he has not only failed to recognise the true tentacular canal[7], but has been led to affirm that there is only one canal system in the brachial apparatus.«

For reasons which I shall explain immediately, I was led at the end of the year 1875 to make some thin sections of the arms of Comatulae; and I now give verbatim Professor Perrier's account[8] of what followed.

»A ce qu'il raconte lui-même dans le préface de son mémoire sur les Crinoïdes du Challenger, il fut conduit à s'occuper des Comatules par le désir bien légitime de démontrer l'exactitude de quelques observations contestées de son père relativement à l'anatomie des bras de ces animaux[9]. Dans le but de se mettre au courant des méthodes nouvelles d'investigation, il alla travailler à Würtzbourg, sous la direction du professeur Semper, qui venait de publier, en réponse à mon mémoire de 1873, les remarques qui ont été précédemment analysées. Comme j'étais encore seul, in 1875, à avoir repris les observations de W. B. Carpenter sur les Comatules, Herbert Carpenter entrait donc dans la carrière scientifique en fourbissant soigneusement ses armes dans l'intention préméditée d'attaquer mon premier travail sur les Crinoïdes; dans ces conditions, il n'est pas très étonnant que je n'aie jamais réussi depuis à m'entendre complètement avec le zoologiste d'Eton, qui est d'ailleurs demeuré l'adversaire de tous les travaux publiés en France sur les Échinodermes. Ces travaux sont toujours pour lui, selon la traduction de M. Joliet, »les travaux de l'École française et de son principal membre, le professeur Perrier,« travaux auxquels sont naturellement opposés par le disciple du laboratoire de Würtzbourg les travaux de l'École allemande. Ce n'est évidemment pas un parti pris, c'est un simple tendance qui se révèle dans les critiques d'Herbert Carpenter.«

---

6 Proc. Roy. Soc. 1876. Vol. XXIV. p. 212.

7 Perrier now says that this statement is incorrect; and it is probable that he is right.

8 Nouv. Arch. du Mus. Nat. T. IX. pp. 130, 131.

9 »Voici ce passage qui met en relief d'une singulière façon, chez son auteur, cet amour-propre et cette tenacité que l'on considère à bon droit comme les qualités maitresses de la race anglaise: ,The researches of my father, Dr. Carpenter, C.B., F.R.S., early led me to take a special interest in *Comatula* and its allies. Some of his statements respecting the anatomy of the arms having been called in question, I was led to reinvestigate the matter towards the end of the year 1875 by methods which were almost unknown during the progress of his researches, nearly fifteen years before; and I had the pleasure of verifying all those points in his descriptions of the arms of the European *Comatulae* which other observers had disputed'. C'est dix ans après ces premiers travaux que le savant anglais éprouve encore une visible satisfaction à en rappeler l'origine!«

On a previous page[10] he speaks of Dr. Carpenter »dont le fils Herbert allait la même année étudier à Würzbourg, les Comatules sous la direction du Professeur Semper«. The above statements of Perrier's can have only one meaning. He asserts that I went to Würzburg in order to work at the Comatulae under Professor Semper, with the deliberate intention of attacking his work on *Antedon rosacea*, which was then two years old.

I have only one reply to make to this charge which Perrier has thought fit to bring against me, and that is to meet it with a direct, absolute, and unqualified denial. His statement is absolutely and entirely untrue. In this case, as in so many others, he has committed himself to a generalisation which will not bear investigation.

When I first went to Germany, nearly twelve years ago, it was without the very slightest intention of taking up the Comatulae as a subject of special study. I had not even read Perrier's memoir of 1873, and knew nothing about his criticisms of my father's work. I knew, as did most zoologists, that my father had accumulated a large amount of unpublished observations on the anatomy of recent Crinoids, and I was advised by those in whose judgement I had confidence to take up some different line of investigation from that to which he had devoted himself. I therefore went to Würzburg in February 1875, with the intention of commencing a research into the minute anatomy of certain parts of the brain, which had been suggested to me by my teachers at Cambridge as a promising field for investigation. When I arrived at Würzburg, however, I found Professor Semper much occupied with the study of the development of the urogenital system in the lower Vertebrates and its relation to that of the Worms. He suggested that I should abandon my proposed subject, and devote myself instead to the minute anatomy of the genital glands in the Crayfish. To this I agreed, and I spent some weeks cutting sections of the testis and ovary of these animals, which I still have. In May, however, I returned to England to accompany Sir George Nares's Arctic expedition as far as Disco Island, for the purpose of assisting in the dredging operations which were carried out there and in the North Atlantic by H. M. S. Valorous. Upon my return to England in September I found that a translation of Professor Semper's »Brief note upon the anatomy of *Comatula*« had been just published in the Annals and Magazine of Natural History, together with an addendum by my father. Semper's observations had been made on a new *Comatula* from the Philippines, my father's on *Antedon rosacea*, and their results were somewhat divergent. As I was about to return to Würzburg for the purpose of continuing my studies on the

10 Ibid. p. 91.

Crayfish, I suggested to my father that it would be a good opportunity for me to try and reconcile the differences between his own observations and those of Professor Semper, who would probably still have in his possession the sections which he had made in the Philippines and had used as the basis of his descriptions. The idea of making a deliberate attack on the work of M. Perrier, with which I was, even then, most imperfectly acquainted, never presented itself to me at all. For I knew that my father was preparing a memoir for the Royal Society, which would at once vindicate the truth of his previous descriptions and expose the errors into which Perrier had fallen.

Upon my arrival in Würzburg, Professor Semper at once acceded to my request for permission to see his sections, which he kindly placed in my hands for re-examination; and he was good enough also to put at my disposal various pieces of the arms of his Philippine *Comatula* which I could cut for myself. I need not go into the whole question again. It is sufficient to say that the differences between my father's results and those of Professor Semper were reconciled in a manner satisfactory to both parties. But the further observations which I was thus enabled to make upon the structure of the arms in the Philippine species seemed to indicate that it presented a most excellent field for inquiry. Professor Semper generously placed at my service all his examples of this particular type, the investigation of which occupied my whole time for many months, and led to the entire abandonment of my original plan of work for the winter of 1875—1876.

(Schluß folgt.)

2. Über den Bau und die Entwicklung von Heterodera Schachtii Schmdt.

(Vorläufige Mittheilung.)

Von Ad. Strubell, stud. rer. nat. aus Frankfurt a/M.

(Schluß.)

Das Ei unserer *Heterodera* besitzt die Gestalt einer Bohne oder Niere und wird von einer zarten Dotterhaut und einer derberen, structurlosen Schale umschlossen. Die Dotterelemente sind sehr groß, was den Einblick in die Umbildungsprocesse beträchtlich erschwert. Die Entwicklung hebt bereits im Uterus an, wo man Eier in den verschiedensten Furchungsstadien antrifft. Hinsichtlich einer genaueren Schilderung der Klüftungsvorgänge, wie auch bezüglich der weiteren embryologischen Details verweise ich auf die ausführlichere Arbeit. Hier sei nur bemerkt, daß ich bei *Heterodera* eine so gesetzmäßige Verlagerung der Blastomeren, die, wie Hallez neuerlich behauptete, bei allen Nematoden die gleiche sein soll, nicht beobachten konnte.

Mit Goette scheint mir die Lagerung der Kugeln abhängig von der Gestalt der Schale zu sein. Das Resultat der unregelmäßigen Segmentation bildet eine durch Umwachsung entstandene Gastrula. Die Ectodermzellen sind klein und umhüllen bis auf einen kleinen auf der Bauchseite gelegenen Spalt, das Prostom, die großen Entodermzellen. Das Prostom schließt sich sehr bald. Kurz darauf stülpen sich in dessen Nähe am vorderen Pol die Ectodermzellen ein und wuchern gegen das Entoderm, indem sie dadurch zur Bildung des Oesophagus führen. Eben so geht der Mastdarm aus einer Invagination des Ectoderms hervor. Der Nervenring nimmt seine Entstehung aus einer Anzahl um den Oesophagus gruppirter Ectodermzellen. Über die Entstehung des Mesoderm und dessen weiteres Schicksal bin ich mir noch nicht ganz klar geworden. Eine Erwähnung verdienen hier zwei große runde Zellen, die, wie schon Goette hervorhebt, symmetrisch an dem Bauche nahe der Körpermitte liegen. Sie erscheinen ziemlich früh und verschwinden sobald die Genitalanlage sichtbar wird. Da ich in dem jüngsten Stadium der Genitalanlage stets zwei Kerne vorfand, möchte ich diese beiden Zellen mit deren Entstehung in Verbindung bringen. Die histologische Differenzirung der einzelnen Organe erfolgt sehr rasch. Der Embryo, anfangs plump walzenförmig, nimmt bald eine mehr keulenähnliche Gestalt an und schlägt seinen Schwanztheil gegen die Ventralseite um. Bereits frühe gewahrt man als äußere Bedeckung eine zarte, biegsame Cuticula, an der allmählich die Querringelung zum Vorschein kommt. Die Kopfkappe setzt sich durch eine seichte Ringfurche ab, der Stachel entsteht durch eine bloße Erweiterung des inneren Oesophagealrohres. Schließlich, wenn der Wurm seine völlige Ausbildung erfahren hat, liegt er in drei bis vier Windungen aufgerollt in der Eischale.

Die postembryonale Entwicklung der *Heterodera* geschieht vermittels einer Metamorphose, die durch das Auftreten eines Puppenstadiums beim Männchen ein ganz besonderes Interesse gewinnt. Die erste Larvenform, der dem Ei entschlüpfte Embryo, stellt ein agiles, ca. 0,3—0,4 mm langes Würmchen vor, dessen Vordertheil die characteristische Kopfkappe trägt, während das Hinterende in eine keulenförmige, etwas abgerundete Schwanzspitze ausläuft. In ihrer Organisation gleicht die Larve sehr dem Männchen. Abgesehen von der Größe und dem Geschlechtsapparat unterscheidet sie sich von diesem nur durch die Structur des Darmes, der hier nur zwei Zellreihen zeigt und durch den Stachel, dessen drei knotenartige Verdickungen hakenförmig nach oben gekrümmt sind. — Hat die Larve, nachdem sie eine Zeit lang im Innern der Mutter verweilt, durch die Vulva oder eine beliebige Bruchstelle der mütterlichen Chitinkapsel einen Ausweg gefunden, so wandert sie in die nächstgelegene Wurzel ein, deren Epidermis durch die Stoßbewegungen des Stachels durchlöchert wird. Mit Vorliebe sucht sie dabei die Zuckerrübe heim, doch bleiben auch andere Pflanzen — Kühn giebt deren 180 an — nicht von derselben verschont. Der Angriff auf die Wurzel geschieht meist in Masse. Die Larven durchsetzen zunächst das saftige Parenchym, lassen aber das centrale Leitbündel unverletzt und kommen dann an irgend einer Stelle dicht unter der Epidermis zur Ruhe, um nun unter einer Häutung in die zweite Larvenform sich umzuwandeln, die im Gegensatz zur ersten sessil ist und ein rein parasitäres Leben führt. Im Allgemeinen hat dieselbe die Gestalt einer Flasche mit einem halsartig verjüngten Vordertheil und einem abgerundeten Boden. Der Flaschenkörper ist gewöhnlich überall gleich breit, indessen hält er nicht immer einen geraden Verlauf ein, sondern zeigt häufig eine Einknickung. Am Kopfende findet sich auch hier ein Stachel mit drei basalen Anschwellungen. Der Darm ist wesentlich erweitert, mehr sackartig geworden, der After liegt jetzt terminal, Muskeln sind zwar noch nachweisbar, haben aber ihre Function verloren. — Der Larvenkörper bauscht sich in Folge reichlicher Nahrungsaufnahme immer mehr auf, so daß die Wurzelepidermis emporgewölbt und das Thier in eine Art Cyste zu liegen kommt. Eine eigentliche Gallenbildung findet nicht statt, da eine Gewebswucherung unterbleibt und die Zellen nur eine starke Spannung erfahren.

Bis dahin sind die Thiere sexuell noch völlig indifferent. Die Genitalanlage hat sich zwar vergrößert, ihre Kerne sind zahlreicher geworden, allein eine wesentliche Umformung ist noch nicht eingetreten. In kurzer Zeit machen sich jedoch diesbezügliche Unterschiede geltend. Während bei einem Theil der Individuen die Turgescenz fortschreitet, sistirt dieselbe bei dem anderen, indem zugleich die Zufuhr von Nahrung aufhört. Bei den ersteren geht die gestreckte bauchige Form jetzt bald in die kugelige des Weibchens über. Es tritt nahe dem After die Vulva auf, welche allmählich gegen das terminale Ende hinrückt. Der Anus folgt dieser Dislocation und kommt zuletzt auf den Rücken zu liegen. Die Geschlechtsanlage wächst nun auch nach und nach in ihrer oberen Partie in zwei Zipfel aus, die zu den paarigen Röhren werden, während der unpaare Theil sich zur Vagina umbildet. Die Cuticula bedeckt sich mit Höckerchen und Leistchen, der Darm erweitert sich außerordentlich und die Muskeln degeneriren schließlich vollkommen. Je mehr das Weibchen seiner definitiven Gestalt sich nähert, um so stärker wird auch der Druck auf die Wurzelepidermis, bis dieselbe endlich platzt und das Thier mit seinem Hinterende frei heraussieht; der Kopftheil dagegen bleibt im Parenchym eingesenkt.

Später, wenn die Organe alle zerfallen sind, und das Innere nur von Larven und Eiern erfüllt ist, fällt das zu einer pelluciden, bräunlichen Schutzkapsel gewordene Mutterthier ganz von der Wurzel ab.

Beim Männchen verläuft der Umwandlungsproceß wesentlich anders. Sobald bei jenen Larven, aus denen die männlichen Individuen hervorgehen, das Wachsthum abgeschlossen hat, zieht sich der Inhalt von der Larvenhaut zurück, nachdem er sich vorher noch mit einer neuen dünnen Membran umgeben. Anfangs besitzt dieses im Inneren liegende Gebilde eine plumpe, keulenartige Gestalt, nach und nach aber formt sich die ganze Masse zu einem cylindrischen Wurm, der in kurzer Zeit sehr bedeutend an Länge zunimmt. Zuerst eine gestreckte Lage einhaltend, krümmt er bald sein Schwanzende und liegt zuletzt in der alten Larvenhaut in drei bis vier Windungen aufgerollt. Unterdessen haben merkliche Neubildungen stattgehabt. Die anfängliche Verdunkelung des Inhaltes durch glänzende Körnchen und fettähnliche Kugeln ist geschwunden. Man gewahrt jetzt deutlich die einzelnen Organe. Die Genitalanlage hat sich auch zu einem Hodenschlauch ausgezogen und die Spicula erscheinen in Form zweier glasheller Lamellen. — Wie das Weibchen, so trifft man dieses Stadium des Männchens, das wir mit Recht als ein Puppenstadium bezeichnen dürfen, in dem Parenchym der Wurzel eingebettet und von deren Epidermis überzogen. Hat das ausgebildete Männchen innerhalb seiner als Schutzmittel dienenden alten Haut noch eine weitere Häutung vollzogen, so durchbricht es diese und die Wurzel mittels seines Stachels und gelangt in die Erde, wo es nun das Weibchen zur Begattung aufsucht. — Schmidt, der Erste, welcher dies Puppenstadium beobachtete, deutete die alte Larvenhaut als eine Art Cyste, wie sie bei vielen Nematoden angetroffen wird, was Leuckart später berichtigte.

Die Dauer der ganzen Entwicklung unserer *Heterodera*, vom Ei bis zum geschlechtsreifen Thier, hängt von den äußeren günstigen Bedingungen ab, hauptsächlich von Wärme und Feuchtigkeit. Sie verläuft meist in vier bis fünf Wochen, so daß im Zeitraum eines Jahres sechs bis sieben Generationen auf einander folgen. — *Heterodera* ist nicht als ein ausschließlicher Entoparasit zu betrachten, da man nicht selten Individuen findet, die nur mit dem Kopfende in das Parenchym eingesenkt, ihre Umbildung außen an der Wurzel durchmachen.

Wie sich aus Vorstehendem ergiebt, haben wir es bei unserem Schmarotzer mit einem Nematoden zu thun, der eine Metamorphose eingeht, wie wir eine solche bis jetzt bei keinem anderen Rundwurm kennen gelernt haben. Auch bei den nächststehenden Acanthocephalen sucht man vergeblich nach einem Analogon. Nur unter den Arthropoden erinnern die Cocciden durch ihren Entwicklungscyclus einigermaßen an den der *Heterodera*. Das Weibchen bleibt dort wie bei *Heterodera* auf einer larvalen Stufe stehen und haftet zeitlebens bewegungslos an seiner Nährpflanze, um später unter dem abgestorbenen Leib die junge Brut zu schützen, während das Männchen gleichfalls ein Puppenstadium durchläuft, aus dem dann ein frei bewegliches Insect hervorgeht.

Leipzig, Zoologisches Institut, 30. November 1886.

3. Die ectoblastische Anlage des Urogenitalsystems bei Rana esculenta und Lacerta viridis.

(Vorläufige Mittheilung.)

Von Dr. J. v. Perényi.

eingeg. 19. December 1886.

Nach den Resultaten, welche Hensen, Graf Spee und Flemming (bei Mammalien), und in neuester Zeit v. Wijhe (bei Selachiern) bezüglich der Entwicklung des Urogenitalsystems erzielten (nämlich daß selbes ectodermalen Ursprunges ist), fühlte ich mich veranlaßt, die Entwicklung des Wolff'schen Ganges bei Amphibien und Reptilien zum Gegenstand meiner Untersuchungen zu machen. Bis die Tafeln zu meinen Praeparaten, welche ich im embryologischen Institute des Herrn Prof. v. Mihalkovics verfertigte — ausgeführt sein werden, will ich hier nur mit einigen Worten die erzielten Resultate erwähnen.

Bei *Rana esculenta* entwickelt sich der Wolff'sche Gang aus einer canalförmigen Abschnürung der inneren Zellschicht (Nervenplatte) des Ectoderms; und zwar nahe der Abschnürungsstelle der werdenden Somiten, lateral vom sog. Grenzstrang (Hensen).

Bei *Lacerta* scheidet er sich als dichte Zellmasse vom verdickten Ectoderm — oberhalb des zu werdenden Grenzstranges ab.

Zu den dichten Zellen des Wolff'schen Ganges gesellen sich nur später die Mesodermalzellen des Grenzstranges.

Budapest, den 12. December 1886.

4. Über die Geschlechtsverhältnisse und den Bau der Geschlechtsorgane der Microstomiden.

Von D. Rywosch, cand. zool., Dorpat.

eingeg. 19. December 1886.

Ich theile hier vorläufig einige Ergebnisse aus meinen Untersuchungen an *Microstoma lineare* Oers. mit.

Von den Geschlechtsverhältnissen dieses Thieres wurde bis jetzt bloß der getrennt geschlechtliche Zustand als sichere Thatsache angenommen, dagegen stellt Graff in seiner Monographie der Rhabdocoelen als offene Fragen folgende auf:

1) Entwickeln sich Geschlechtsorgane an einigen Individuen der Kette (Schultze, Hallez) oder bloß an dem letzten (Duplessis)? und wenn das Erstere der Fall ist, 2) sind die Ketten monöcische oder diöcische?

3) Gelangen die abgelegten Eier noch im Herbst zur Entwicklung oder liegen sie bis zum Frühling?

4) Das Verhältnis der geschlechtlichen zur ungeschlechtlichen (durch Theilung) Vermehrung?

Meine Untersuchungen der Geschlechtsverhältnisse an *Microst. lineare* ergaben folgende Resultate.

Bis zum 29. August (alt. St.)[1] habe ich neben geschlechtslosen Ketten bloß Weibchen (solitär oder in Ketten) angetroffen. Vom 29. August bis zum 13. October waren neben Weibchen (solitär oder in Ketten), Zwitter (solitär oder in Ketten) anzutreffen. Diese Thatsache, die auch mein verehrter Lehrer Prof. Dr. M. Braun (gegenwärtig Professor in Rostock), dem ich die Zwitterexemplare vorzeigte, bestätigen kann, zeigt, daß *Microst. lineare* nicht durchgehend getrennt geschlechtlich ist. Mir scheint sogar eher die Annahme berechtigt, daß *Microst. lineare* durchgehend hermaphroditisch ist. Einige Mal nämlich traf ich Individuen, die man bloß als Weibchen bestimmen konnte, auf Schnitten aber stellte sich heraus, daß hinter dem Ovarium ein Zellhaufen vorhanden war, der sich als reducirter Hoden nachweisen ließ. Als besonders auffallend hebe ich noch hervor, daß ich nie solitäre Männchen gesehen habe. An einer Kette habe ich nur einmal ein hinteres männliches Individuum und ein vorderes weibliches gesehen. Leider habe ich aus diesem Exemplare keine Schnitte angefertigt, vielleicht ließe sich auch ein Ovarium nachweisen. Abgesehen von diesem Exemplare scheinen die Thatsachen für den hermaphroditischen Zustand des *Microst. lineare* zu sprechen. Wir hätten hier einen merkwürdigen Fall des successiven Hermaphroditismus vor uns: zuerst entwickelt sich das weibliche Organ, darauf hin das männliche, welches auch früher einer Reduction unterliegt. — In Bezug auf die Frage über die Vertheilung der Geschlechtsorgane auf die einzelnen Individuen der Kette, kann ich, auf Grund meiner Untersuchungen, die Schultze'sche Angabe bestätigen: an einigen Indi-

---

[1] Die Untersuchungen habe ich am 18. August a. c. begonnen.

viduen der Kette entwickeln sich Geschlechtsorgane und zwar im vorderen Individuum später als im hinteren. Auch habe ich nie im vorderen Individuum männliche Geschlechtsorgane angetroffen.

Die Frage, ob die abgelegten Eier noch im Herbst zur Entwicklung gelangen, glaube ich bejahen zu können: vom 11.—13. October fand ich solitäre geschlechtslose Individuen in verschiedenen Entwicklungsstadien. Auch glaube ich mich überzeugt zu haben, daß die Weibchen (Zwitter?) nach Ablage der Eier nicht zu Grunde gehen, sondern sich nach der Eierablage wieder durch Theilung vermehren und wiederum Geschlechtsorgane ausbilden. Während vom 1.—16. September keine geschlechtslosen Ketten zu sehen waren, traf ich solche vom 16. September bis zum 13. October, an Zahl immer zunehmend. Ziehen wir noch eine andere Erscheinung in Betracht, daß nämlich in dieser Zeit auch solitäre Weibchen (Zwitter?) mit entleerten Ovarien auftreten, und andererseits, daß vom 11. October an auch Ketten mit den ersten Geschlechtsanlagen, was seit dem 6. September fast gar nicht oder sehr selten der Fall war, zu sehen waren, so scheint die obige Annahme ihre Berechtigung zu haben. Was das Verhältnis zwischen der geschlechtlichen und ungeschlechtlichen Vermehrung betrifft, kann ich die Graff'sche Vermuthung, daß wir hier einen Generationswechsel vor uns haben, bestätigen. Zur Zeit, wo die Geschlechtsorgane gut entwickelt sind, sieht man bloß Ketten, bestehend aus zwei Individuen I. Ordnung (Graff's Nomenclatur) und diese Individuen I. Ordnung gar keine Unterabtheilungen in Individuen II., III., und IV. Ordnung besitzen: die Vermehrung durch Quertheilung sistirt zur Zeit der Entwicklung der Geschlechtsorgane. Auch habe ich nie Weibchen an einer Kette mit zwei reifen »orangegelben Eiern« im Ovarium gesehen, dagegen oft solche solitäre, so daß die Geschlechtsorgane zur vollen Reife erst nach der Ablösung von der Kette gelangen. Noch möchte ich Einiges über den Bau der Geschlechtsorgane hinzufügen.

Beide Geschlechtsorgane liegen bauchständig: das weibliche vor dem männlichen. Seit Max Schultze (1849, Arch. f. Nat. 15. Jahrg. 1. Bd.) ist bloß das männliche Geschlechtsorgan eingehend von Vejdovský (Die Brunnenwässer von Prag 1882) beschrieben und abgebildet worden. Meine Untersuchungen, abgesehen von einigen histiologischen Details, weichen insofern von den Vejdovský'schen ab, daß sie den Hoden stets einfach, nie doppelt ergaben. Die Form des Penis ist durchaus keine beständige: zuweilen scheint sie der Graff-schen Beschreibung zu entsprechen, zuweilen der Schultze'schen. — Das weibliche Organ ist seit Schultze überhaupt nicht untersucht worden. Ich finde das Ovarium als einen »keulenförmigen Schlauch«, gebildet von einer structurlosen Membran und einer Anzahl von Eizellen, ohne daß es in Abtheilungen eingeschnürt sein soll. Die Eier entwickeln sich aus den mittleren Zellen. In dem Maße, wie die Eizelle größer wird, nimmt die Zahl der angrenzenden Zellen ab. Auf Schnitten überzeugt man sich leicht, daß sie als Nahrung für das Ei aufgehen. (Van Beneden hat Derartiges bereits bei *Macrost. hystrix* wahrgenommen. Bull. de l'Acad. royale de Belgique T. XXX. 1870.) Auch sieht man oft unter dem Microscop im Ei einige Zellen, die noch nicht vollständig assimilirt worden sind. Wahrscheinlich hat dieses Bild die Veranlassung gegeben, daß Schultze das Vorhandensein von einigen Keimbläschen im Ei annahm. Das Ovarium geht in einen deutlichen Ausführungsgang über. Dieser Ausführungsgang mündet in der Medianlinie auf der Bauchseite mit etwas gewulsteten Lippen. Der Gang ist ausgekleidet von kleinen cubischen Zellen, die stark bewimpert sind. Außerdem ist der Gang ringsum umgeben von schlauchförmigen, körnigen Drüsen. (Vielleicht gehören sie in die Categorie der Graff'schen »Schlauchmuskeln«, die hier die Function hätten, den engen Gang während des Passirens des großen Eies zu erweitern?)

Nachschrift. In den letzten Tagen habe ich geschlechtliche Exemplare von *Microst. lineare* gesehen, während sie sonst bloß im October anzutreffen sind (nach Schultze's Angaben). Es scheint, daß die linde Witterung dieses Jahres ihren Einfluß ausübte, indem das herbstliche Wetter bei uns, in Dorpat, dieses Jahr lange anhielt. Die Vermuthung, daß die klimatischen Verhältnisse einen Einfluß auf die Art der Fortpflanzung bei *Micr. lineare* ausüben, scheint eine Bekräftigung zu finden in der Thatsache, daß Graff trotz seinem sorgfältigen Suchen nur einmal Geschlechtsthiere antraf, während M. Schultze solche Thiere im October sehr häufig gesehen hat: Graff hat seine Untersuchungen »in den Monaten August bis October« in Straßburg angestellt, wo das herbstliche Wetter nicht so ausgebildet ist, wie in Pommern zu dieser Zeit, wo Schultze seine Beobachtungen machte.

5. Berichtigung.

In dem Litteraturbericht für Zoologie 1883 — Archiv für Anthropologie 1886 p. 123 — finden sich in dem Referat über »Nehring, Gebiß und Skelet von *Halichoerus grypus* etc.« zwei Druckfehler, die ich hiermit auf besonderen Wunsch des Herrn Professor A. Nehring berichtigt haben möchte. Der eine Fehler betrifft die Zahnformel und muß dieselbe statt: *Otaria* I $\frac{3}{2}$ C $\frac{1}{2}$ M $\frac{5}{6}$ selbstverständlich lauten: »*Otaria* I $\frac{3}{2}$ C $\frac{1}{1}$ M $\frac{6}{5}$«. Der andere

Fehler »Im System muß *Halichoerus* zwischen die Ohr- und Kegelrobben gestellt werden«, ist dahin zu corrigiren: »Im System muß *Halichoerus* zwischen die Ohrrobben und Phoken gestellt werden.« Der erstere Fehler ist auch in dem betreffenden Aufsatz Prof. Nehring's selbst enthalten.

Max Schlosser, München.

III. Mittheilungen aus Museen, Instituten etc.

1. Zoological Society of London.

18th January 1887. — The Secretary read a report on the additions that had been made to the Society's Menagerie during the month of December, 1886, and called attention to a young male of the true Zebra (*Equus zebra*), purchased Decemher 11th, and to a young male Indian Rhinoceros, presented by H.H. the Maharajah of Cooch Behar, through the kind intervention of Dr. B. Simpson, and received December 25th. — Mr. F. W. Styan, F.Z.S., exhibited and made remarks on a series of Chinese Birds' eggs which he had collected at Kiukiang and Shanghai. — Mr. Howard Saunders, F.Z.S., exhibited and read some notes on a skin of the Mediterranean Black-headed Gull (*Larus melanocephalus*), killed on Breydon Water, near Great Yarmouth, and sent for exhibition by Mr. G. Smith, of that town. This was stated to be the first absolutely authentic occurrence of this southern species on the British coasts. — Mr. Sclater exhibited and made some remarks on an example of a rare Amazon Parrot (*Chrysotis Bodini*) from British Guiana. — Mr. W. B. Tegetmeier, F.Z.S., exhibited and made remarks on three heads of the Sumatran Rhinoceros (*R. sumatrensis*) from Sarawak, Borneo. — Prof. Rupert Jones read a paper by himself, Messrs. H. B. Brady, and W. K. Parker, on the Foraminifera dredged up on the Abrolhos Bank by H.M.S. 'Plumper' in 1857. The series contained examples of 124 species and notable varieties, and furnished results of definite value as regards the distribution of this group of animals. — Prof. G. B. Howes, F.Z.S., read a paper on the skeleton and affinities of the paired fins of *Ceratodus*, and added observations upon the corresponding organs of the Elasmobranchii and other fishes. — A communication was read from Prof. T. Jeffrey Parker, C.M.Z.S., of the University of Otago, New Zealand, containing an account of the anatomy of Rondelet's Shark (*Carcharodon Rondeletii*). — A communication was read from the Rev. N. Abraham, containing an account of the habits of the Trapdoor Spider of Graham's Town (*Moggridgia Dyeri*). — A communication was read from Dr. R. W. Shufeldt, C.M.Z.S., containing notes on the visceral anatomy of certain Auks. — Mr. P. L. Sclater pointed out the characters of eight new species of birds of the family Tyrannidæ. — Mr. Sclater also described a new Ant-Thrush of the genus *Grallaria* from Ecuador, for which he proposed the name *Grallaria Duboisi*. — P. L. Sclater, Secretary.

2. Linnean Society of New South Wales.

24th November, 1886. — 1) Notes on some Australian Fossils. By F. Ratte. (I.) Second Note on *Tribrachiocrinus corrugatus*, Ratte, and on the place of the genus among the Palæocrinoidea. Since the author described a fossil crinoid from the N.S.W. Carboniferous rocks, under the above name, two American writers, Messrs. Wachsmuth and Springer, have completed their important work on the 'Revision of the Palæocrinoidea', in accordance with which Mr. Ratte has here modified the terminology previously used by him. (II.) On two fossil Plants from the Wianamatta Shales. As far as can be made out from a provisional examination, the author refers the two plants to the genera *Jeanpaulia* and *Cycadopteris*, the former being hitherto regarded as Rhætic and the other Jurassic; this does not imply that the Wianamatta Shales are Jurassic, *Cleithrolepis granulatus* having been found with them. The specimens were kindly presented to the Australian Museum by Mr. A. Harber. (III.) Note on some Trilobites new to Australia. A species of *Lichas* from limestone near the Wellington Caves, and *Proetus Ascanius*, and two species of *Ascidaspis* from Bowning, obtained by Mr. J. Mitchell, are here described. — 2) List of, and Notes on two collections of Birds from Western Australia. By E. P. Ramsay, L.L.D., F.R.S.E. In this paper about 100 species of birds are enumerated. They were obtained chiefly from the vicinity of Derby to about 100 miles inland, by Messrs. Cairn and Boyer-Bower. Among them are three new species belonging to the genera *Cisticola*, *Ninox*, and *Philemon*. Unfortunately a large portion of the collections was lost in transit. — 3) Description of a new Australian Fish. By Dr. E. P. Ramsay and J. Douglas-Ogilby. This is a description of the fish *Apogon roseigaster*, exhibited by Mr. Ogilby at the last meeting, and obtained from the Parramatta River. — 4) and 5) Botanical. — 6) Description of a new species of *Hoplocephalus*. By William Macleay, F.L.S. &c. A new species of this very venomous genus of snakes is here described at some length, from a specimen captured some few weeks ago near Bega, by Mr. Charles Anderson. Mr. Macleay stated that 24 distinct species of the genus *Hoplocephalus* have now been recorded from Australia. — 7) Second Note on the Biloela Labyrinthodont. By Professor Stephens, M.A., F.G.S. — Dr. Ramsay exhibited (1) the supposed new species of birds from Derby, recorded in his paper, also from the same district, a new species of *Hapalotis*, with a broad golden yellow dorsal stripe: (2) (Botanical). (3) On behalf of the Government Geologist, Mr. C. S. Wilkinson, F.G.S., a series of fossil remains from some recently discovered deposits at a great depth, the most notable being the skull, atlas vertebra, humerus, and scapula of a gigantic *Echidna* belonging to quite a new form; also portions of the carapace and plastron of a fresh water tortoise; and horned scutes, portions of the outer covering, and some bones of a great horned lizard (*Megalania*) making a third species of these gigantic reptiles now known. — Mr. Whitelegge exhibited specimens of, and read the following note on *Volvox minor*, Stein: —»A few days ago I found in a pool off Bourke-street, Waterloo, a fine gathering of *Volvox minor* a species which I believe has not hitherto been recorded from Australia. I have seen what I thought to be this species many times, but without the ripe spores it is not readily distinguished from *V. globator*. Those I exhibit to-night contain not only mature spores, but the oospheres in various stages of development, and also the form known as *Sphaerosira volvox*, Ehr. This has usually been stated to be a peculiar stage of *V. globator*. After many years of observation, both in this colony and in England, my opinion is that it has nothing to do with that species, but is really the male plant of *V. minor.* In support of this view I may mention that so far I have failed to find any trace of antheridia or any description of such organs except those produced by *Sphaerosira*, and further the last named is always associated with the plants containing oospheres of *V. minor*, and never with the true *V. globator*.«

IV. Personal-Notizen.

1. Société Zoologique de France

7, Rue des Grands Augustins.

Dans sa séance du 28 décembre dernier, la Société Zoologique a renouvelé comme suit son Bureau et le tiers du Conseil:

Président: M. A. Certes.

Viceprésidents: M. Dr. J. Jullien.
M. G. Cotteau.

Secrétaire général: M. Prof. R. Blanchard.

Secrétaires: Melle F. Bignon.
M. J. Gazagnaire.
M. Dr. L. Manouvrier.

Trésorier: M. Héron-Royer.

Archiviste-bibliothécaire: M. H. Pierson.

Membres du Conseil: M. Künckel d'Herculais.
M. J. de Guerne.
M. Dr. Hyades.
M. C. Schlumberger.
M. Dr. E. Oustalet.

Necrolog.

Am 26. Juni 1885 starb in Mailand Antonio Villa, Vicepräsident der Società Italiana di Scienze Naturali, Verfasser vieler zoologischer Arbeiten.

Am 20. August 1885 starb in New York der bekannte Malakozoolog Thomas Bland. Er war am 4. October 1809 in Newark (England) geboren und lebte seit 1855 in New York.

Am 3. September 1885 starb in Resina bei Neapel Nicola Tiberi, welcher mit Ch. Benoit die malakologische Fauna Süd-Italiens zu bearbeiten begonnen hatte und als Malakozoolog bekannt war.

Am 23. September 1885 starb in Lectoure (Gers), seiner Vaterstadt, der Abbé Dominique Dupuy, bekannter Malakozoolog, geb. 16. Mai 1812.

Am 2. December 1885 starb auf Schloß Fallon (Haute-Saône) Jean Bapt. Charl. Prosper Marquis de Raincourt im 76. Jahre, als Conchyliog bekannt.

Am 8. December 1886 starb in Philadelphia Isaac Lea. Er war am 4. März 1792 in Wilmington, Delaware, geboren. Mineralog und Paläontolog, ist er doch am bekanntesten geworden durch seine im Jahre 1825 begonnenen Untersuchungen über Süßwassermuscheln, namentlich Unioniden.

Druck von Breitkopf & Härtel in Leipzig.

Zoologischer Anzeiger

herausgegeben

von Prof. **J. Victor Carus** in Leipzig.

Verlag von Wilhelm Engelmann in Leipzig.

X. Jahrg. **14. Februar 1887.** No. 244.

Inhalt: I. **Litteratur.** p. 73—84. II. **Wissensch. Mittheilungen.** 1. **Carpenter,** Professor Perrier's historical criticisms. (Schluß.) 2. **van Bemmelen,** Die Halsgegend der Reptilien. 3. **Baur,** Osteologische Notizen über Reptilien. Fortsetzung II. 4. **Cholodkovsky,** Über die Prothoracalanhänge bei den Lepidopteren. III. **Mittheil. aus Museen, Instituten etc.** 1. **Linnean Society of London.** IV. **Personal-Notizen.** Necrolog. Notiz.

I. Litteratur.

14. Vermes.

(Fortsetzung.)

Viallanes, H., Branchial Skeleton of *Sabella*. Abstr. in: Journ. R. Microsc. Soc. London, (2.) Vol. 6. P. 6. p. 984.
(Ann. Sc. Nat.) — s. Z. A. No. 236. p. 622.

Zschocke, Fritz, Sur le développement du *Scolex polymorphus*. in: Arch. Sc. Phys. et Nat. (Genève), (3.) T. 16. Oct. p. 354—356.
(Soc. helvét. Sc. Nat.)

Wright, R. Ramsay, Note on an Ectoparasite of the Menobranch [*Sphyranuria Osleri* m.]. in: Proc. Zool. Soc. London, 1886. P. III. p. 343.

Cobbold, T. Spencer, Description of *Strongylus Arnfieldi* (Cobb.), with observations on *Strongylus tetracanthus* (Mehl.). With 1 pl. in: Journ. Linn. Soc. London, Zool. Vol. 19. No. 114. p. 284—293.

François, Ph., Sur le *Syndesmis*, nouveau type de Turbellariés décrit par W. A. Silliman. in: Compt. rend. Ac. Sc. Paris, T. 103. No. 17. p. 752—754.

Walker, H. D., Gapes in Fowls [*Syngamus trachealis*]. in: Amer. Naturalist, Vol. 20. Oct. p. 898. From: Bull. Buffalo Soc. Nat. Sc. Vol. 5. p. 49—71.

Grassi, B., Ulteriori particolari intorno alla *Taenia nana* (5 p.) Estr. dalla Gazzetta degli Ospitali, 1886. No. 78.

Conn, H. W., Life-History of *Thalassema*. Abstr. by J. A. Ryder. in: Amer. Naturalist, Vol. 20. Nov. p. 988—989.
(Johns Hopkins Univ. Stud. Biol. Labor.) — s. Z. A. No. 236. p. 623.

Johne, A., Der Trichinenschauer. Leitfaden für den Unterricht in der Trichinenschau und für die mit Kontrolle und Nachprüfung der Trichinenschauer beauftragten Veterinär- und Medizinalbeamten. Mit 98 Textabbild. Berlin, Parey, 1887. (Nov. 1886.) 8⁰. (VIII, 127 p.) *M* 3,—.

Hudson, C. T., and Ph. H. Gosse, The Rotifera or Wheel Animalcules. P. 6. (last). London, 1886. Roy.-8. (p. 97—144, 5 pl.) *M* 11,—. Now complete, with 30 col. pl. *M* 65,—.
(65 n. sp.; n. g. *Notops, Copeus, Proales, Coelopus, Diaschiza, Diploïs, Cathypna, Mytilla, Notholca.*)

Zelinka, C., Studien über Räderthiere. I. Über die Symbiose und Anatomie von Rotatorien aus dem Genus *Callidina*. Mit 4 Taf. in: Zeitschr. f. wiss. Zool. 44. Bd. 3. Hft. p. 396—507. — Auch u. d. T.: Arbeiten aus d. Zoolog. Instit. zu Graz, 1. Bd. No. 2. Leipzig, Engelmann, 1886. 8⁰. ℳ 6,—.
(2 n. sp.)

Bourne, A. G., Modification of the Trochal Disc of the Rotifera. Abstr. in: Journ. R. Microsc. Soc. London, (2.) Vol. 6. P. 6. p. 993—994.
(Rep. Brit. Assoc. Adv. Sc.) — s. Z. A. No. 236. p. 623.

Tessin, G., Über Eibildung und Entwicklung der Rotatorien. Mit 2 Taf. in: Zeitschr. f. wiss. Zool. 44. Bd. 1./2. Hft. p. 273—302.

Zacharias, O., Revivification of Rotatoria and Tardigrada. Abstr. in: Journ. R. Microsc. Soc. (2.) Vol. 6. P. 5. p. 799—800.
(Biolog. Centralbl.) — s. Z. A. No. 236. p. 623.

Herrick, C. L., Rotifers of America. P. I. With Description and Several New Species. With 3 pl. in: Bull. Scientif. Laborat. Denison Univ. Vol. 1. p. 43—62.
(7 n. sp.; n. g. *Ploesoma*.)

Milne, W., Defectiveness of the Eye-spot as a means of generic distinction in the *Philodinaea*. With 2 pl. in: Proc. Phil. Soc. Glasgow. Vol. 17. (1885—1886.) p. 134—145. — Abstr. in: Journ. R. Microsc. Soc. London, (2.) Vol. 6. P. 6. p. 994—995.

Zacharias, O., Ein neues Räderthier [*Stephanops Leydigii*]. in: Zool. Anz. 9. Jahrg. No. 223. p. 318—320.

15. Arthropoda.

Mayer, Paul, Arthropoda. in: Zoolog. Jahresber. Zool. Stat. Neapel, 1885. Abth. II. p. 1—7.

—— Protracheata. Tracheata im Allgemeinen. in: Zool. Jahresber. Zool. Stat. Neapel, 1885. Abth. II. p. 65—67.

Bertkau, Ph., Zwei Bemerkungen zu E. Ray Lankester's Artikel: Prof. Claus and the Classification of Arthropoda. in: Zool. Anz. 9. Jahrg. No. 227. p. 430—432.

Claus, C., Reply to Prof. E. Ray Lankester's »Rejoinder«. in: Ann. of Nat. Hist. (5.) Vol. 18. Decbr. p. 467—470.

Gabbi, U., Terminations of Motor Nerves in Arthropod Muscle. Abstr. in: Journ. R. Microsc. Soc. London, (2.) Vol. 6. P. 6. p. 961—962.
(Bull. Soc. Entomol. Ital.) — s. Z. A. No. 236. p. 623.

Leydig, Frz., Die Hautsinnesorgane der Arthropoden. (Schluß.) in: Zool. Anz. 9. Jahrg. No. 223. p. 308—314. — Abstr. in: Journ. R. Microsc. Soc. London, (2.) Vol. 6. P. 6. p. 962—963. Ausz. in: Biolog. Centralbl. 6. Bd. No. 15. p. 462—464.
(Zool. Anz. No. 222. p. 284—291. No. 223. p. 308—314.)

Packard, A. S., The organ of Smell in Arthropods. (Abstr. of a study by K. Kraepelin.) in: Amer. Naturalist, Vol. 20. Oct. p. 889—894. Nov. p. 973—975.

Kingsley, J. S., The Arthropod Eye. Illustr. in: Amer. Naturalist. Vol. 20. Oct. p. 862—867.

Gilson, G., Etude comparée de la spermatogénèse chez les Arthropodes. (Suite.) Avec 7 pl. (pl. 9—15.) in: La Cellule, Rec. d. Cytolog. T. 2. p. 81—239.
(s. Z. A. No. 207. p. 590.)

Wielowieyski, H. de, Observations sur la spermatogénèse des Arthropodes. in: Arch. Slav. de Biolog. T. 2. Fasc. 1. p. 28—36.

Stuhlmann, F., Maturation of the Arthropod Ovum. Abstr. in: Journ. R. Microsc. Soc. London, (2.) Vol. 6. P. 6. p. 961.
(Biol. Centralbl.) — s. Z. A. No. 236. p. 623.

Balbiani, E., Études bactériologiques sur les Arthropodes. in: Compt. rend. Ac. Sc. Paris, T. 103. No. 20. p. 952—954.

a) **Crustacea.**

Giesbrecht, W., Crustacea. in: Zool. Jahresber. Zool. Stat. Neapel, 1885. Abth. II. p. 8—60.

Boas, J. E. V., Kleinere carcinologische Mittheilungen. Mit 2 Holzschn. in: Zoolog. Jahrbüch. Spengel, 2. Bd. 1. Hft. p. 109—116.

Herrick, C. L., Limicole, or Mud-living Crustacea. With pl. in: Bull. Scientif. Laborat. Denison Univ. Vol. 1. p. 37—42.

L'autotomie et les amputations spontanées. par D. Oe. in: Revue Scientif. (3.) T. 38. No. 22. p. 701.

Fredericq, Léon, Les mutilations spontanées ou l'autotomie. Avec figg. in: Revue Scientif (3.) T. 38. No. 20. p. 613—620.

Hallez, P., Un mot historique à propos de l'amputation réflexe des pattes chez les Crustacés. in: Bull. Scientif. dép. du Nord, (2.) T. 9. No. 9./10. p. 342—344.

Parize, . ., L'amputation réflexe des pattes chez les Crustacés. Extr. in: Bull. Scientif. dép. du Nord, (2.) T. 9. No. 7/8. p. 306—308.
(Revue Scientif.)

Giard, A., Sur quelques Crustacés des côtes du Boulonnais. in: Bull. Scientif. dép. du Nord, (2.) T. 9. p. 279—281.

Hansen, H. J., Vorläufige Mittheilung über Pycnogoniden und Crustaceen aus dem nördlichen Eismeer, von der Dijmphna-Expedition mitgebracht. in: Zool. Anz. 9. Jahrg. No. 236. p. 638—643.

Sars, G. O., Crustacea. II. (Den Norske Nordhavs-Expedition. Zoologi. XV.) Med 1 Kart. Christiania, 1886. 4⁰. (96 p.)
(s. Z. A. No. 207. p. 590.)

Mayer, Paul, Pantopoda. in: Zool. Jahresber. Zool. Stat. Neapel, 1885. Abth. II. p. 7—8.

Brady, Geo. Stewardson, Notes on Entomostraca collected by Mr. A. Haly in Ceylon. With 4 pl. in: Journ. Linn. Soc. London, Zool., Vol. 19. No. 114. p. 293—317.
(33 n. sp.; n. g. *Cyprinotus*.)

Jones, T. Rup., and Jam. W. Kirkby, Notes on the Palaeozoic Bivalved Entomostraca. No. XXII. On some undescribed Species of British Carboniferous Ostracoda. With 4 pl. in: Ann. of Nat. Hist. (5.) Vol. 18. Oct. p. 249—269.
(44 [19 n.] sp.)

Giard, A., Influence of Rhizocephala on the External Sexual Characters of their Host. Abstr. in: Journ. R. Microsc. Soc. (2.) Vol. 6. P. 5. p. 792.
(Compt. rend. Ac. Sc. Paris.) — s. Z. A. No. 236. p. 624.

Mayer, P., Poecilopoda. Trilobitae. in: Zool. Jahresber. Zool. Stat. Neapel, 1885. Abth. II. p. 60—64.

Packard, A. S., On the class Podostomata, a group embracing the Merostomata and Trilobites. in: Amer. Natur. Vol. 20. Dec. p. 1060—1061.

Herrick, C. L., Metamorphosis of Phyllopod Crustacea. With 5 pl. in: Bull. Scientif Laborat. Denison Univ. Vol. 1. p. 16—24.

Simon, Eug., Étude sur les Crustacés du Sous-ordre des Phyllopodes. Avec 2 pl. in: Ann. Soc. Entom. France, (6.) T. 6. 3. Trim. p. 393—432.
(1 n. sp.; n. subgen. *Siphonophanes, Drepanosorus, Tanymastix Chirocephali* subgen.)

Urbanowicz, Fel., Zur Embryologie der Copepoden. Przyczynek do embryologii raków widłonogich (Copepoda). z. 3 tabl. Lwow, 1885. 8⁰.
(Aus dem ‚Kosmos'.) (36 p.) (Polnisch mit deutscher Tafelerklärung.)

Ostracodes du Fuller's-Earth de Varsovie. v. supra Foraminifera, O. Terquem. Z. A. No. 242. p. 32.

Bovallius, Carl, New or imperfectly known Isopoda. P. II. With 2 pl. Stockholm, 1886. 8⁰. (Bihang k. Svensk. Vet.-Akad. Handl. 11. Bd. No. 17.) (19 p.)
(6 [2 n.] sp.) — s. Z. A. No. 225. p. 364.

—— Amphipoda Synopidea. With 3 pl. Upsala, 1886. 4⁰. (36 p.)

Brooks, W. K., Report on the Stomatopoda collected by H. M. S. Challenger during the years 1873—1876. With 16 pl. in: Rep. Scient. Res. Challenger, Vol. 16. (116 p.)
(8 n. sp.)

Pelseneer, P., Notice sur les Crustacés décapodes du Maestrichtien du Limbourg. in: Bull. Mus. R. Hist. Nat. Belg. T. 4. No. 3. p. 151—176.

Ayers, Howard, On the carapax and sternum of Decapod Crustacea. With 2 pl. in: Bull. Essex Instit. Vol. 17. No. 4/6. p. 49—59.

Smith, Sidney J., Report on the Decapod Crustacea of the Albatross Dredgings off the East Coast of the United States during the summer and autumn of 1884. With 20 pl. Washington, 1886. 8⁰. (101 p.) From: U. S. Fish Comm. Report for 1885.
(3 n. sp.)

Skuse, F. A. A., British Stalk-eyed Crustacea and Spiders. With an Account of their Structure, Classification and Habitats. London, Sonnenschein, 1886. 8⁰. (128 p.) 1 s.

Holder, C. F., Tree-climbing Cray-Fish. Abstr. in: Amer. Monthly Microsc. Journ. Vol. 7. No. 11. p. 210.

Canu, Eug., Sur un genre nouveau de Copépode parasite [*Aplostoma brevicauda* n. g., n. sp.]. in: Compt. rend. Ac. Sc. Paris, T. 103. No. 21. p. 1025—1027.

—— Descriptions de deux Copépodes nouveaux parasites des Synascidies. in: Bull. Scientif. dép. du Nord, (2.) T. 9. No. 9/10. p. 309—320.
(*Aplostoma brevicauda*. — [à suivre.])

Richters, F., Über zwei [1 n.] africanische *Apus*-Arten. in: Bericht Senckenb. Naturf. Ges. Frankf. 1886. p. 31—33.

Leydig, Frz., Der Giftstachel des *Argulus* ein Sinneswerkzeug. in: Zool. Anz. 9. Jahrg. No. 237. p. 660—667.

Brauer, Fr., Über *Artemia* und *Branchipus*. in: Zool. Anz. 9. Jahrg. No. 225. p. 364—365.

Bovallius, Carl, Notes on the Family *Asellidae*. Stockholm, 1886. 8⁰. (Bihang k. Svensk. Vet.-Akad. Handl. 11. Bd. No. 15.) (54 p.)
(1 n. sp.; n. g. *Iamna, Iathrippa, Iais.*)

Morin, J., Къ исторіи развитія рѣчнаго рака (Zur Entwicklgsgesch. d. Flußkrebses). Mit 1 Taf. in: Записк. Новоросс. Общ. T. 11. Вып. 1. p. 1—22.

Lucas, H., (Note sur le *Bopyrus squillarum*). in: Ann. Soc. Entomol. France, (6.) T. 6. 3. Trim. Bull. p. CXLIV.

Claus, C., Development and Structure of Pedunculated Eyes of *Branchipus*. Abstr. in: Journ. R. Microsc. Soc. London, (2.) Vol. 6. P. 6. p. 980.
(Anzeig. k. k. Akad. Wien.) — s. Z. A. No. 236. p. 626.

Giard, A., et J. Bonnier, Sur le genre *Cepon*. in: Compt. rend. Ac. Sc. Paris, T. 103. No. 19. p. 889—892.

Kingsley, J. S., The Development of the Compound Eye of *Crangon*. in: Zool. Anz. 9. Jahrg. No. 234. p. 597—600.

Packard, A. S., Discovery of the Thoracic Feet in a Carboniferous Phyllocaridan [*Cryptozoe problematicus* n. g. sp]. With 1 pl. in: Proc. Amer. Philos. Soc. Philad. Vol. 23. No. 123. p. 380—383.

Garbini, Adr., Contribuzione all' anatomia ed alla istologia delle *Cypridinae*. Con 5 tav. Estr. dal Bull. Soc. Entomol. Ital. 1887. Vol. 19. (Distrib. Nov. 1886.) 8⁰. (17 p.)

Stuhlmann, F., Beiträge zur Anatomie der inneren männlichen Geschlechtsorgane und zur Spermatogenese der *Cypriden*. Mit 1 Taf. in: Zeitschr. f. wiss. Zool. 44. Bd. 4. Hft. p. 536—569.

Bovallius, Carl, Remarks on the genus *Cysteosoma* or *Thaumatops*. With 1 pl. Stockholm, 1886. 8⁰. (Bihang k. Svensk. Vet.-Akad. Handl. 11. Bd. No. 9.) (16 p.) — (4 [2 n.] sp.)

Giard, A., et J. Bonnier, Sur le genre *Eutione* Kossmann. in: Compt. rend. Ac. Sc. Paris, T. 103. No. 15. p. 645—647.

Marshall, C. F., Physiology of Nervous System of Lobster. Abstr. in: Journ. R. Microsc. Soc. (2.) Vol. 6. P. 5. p. 792.
(Stud. Biol. Laborat. Owens Coll.) — s. Z. A. No. 236. p. 626.

Ryder, J. A., Metamorphoses of *Homarus americanus*. Abstr. in: Journ. R. Microsc. Soc. London, (2.) Vol. 6. P. 6. p. 978—979.
—— Monstrosities amongst young Lobsters. Abstr. ibid. p. 979.
(Amer. Naturalist.) — s. Z. A. No. 236. p. 626.

L'élévage des Homards. in: Revue Scientif. (3.) T. 38. No. 24. p. 765.

Forbes, S. A., *Leptodora* in America. in: Amer. Naturalist, Vol. 20. Dec. p. 1057—1058.

Nusbaum, Jos., L'embryologie d'*Oniscus murarius*. in: Zool. Anz. 9. Jahrg. No. 228. p. 454—458. Abstr. in: Journ. R. Microsc. Soc. London, (2.) Vol. 6. P. 6. p. 979.

Delage, Y., Nervous System of *Peltogaster*. Abstr. in: Journ. R. Microsc. Soc. (2.) Vol. 6. P. 5. p. 792—794.
(Arch. Zool. Expérim.) — s. Z. A. No. 226. p. 382.

b) **Myriapoda.**

Karsch, Fr., Myriopoda, Biologie, Systematik etc. in: Zool. Jahresber. Zool. Stat. Neapel, 1885. Abth. II. p. 116—125.

Mayer, P., Myriopoda, Anatomie etc. in: Zoolog. Jahresber. Zool. Stat. Neapel, 1885. Abth. II. p. 115—116.

Haase, Er., Über Verwandtschaftsbeziehungen der Myriapoden. in: Tagebl. 59. Vers. deutsch. Naturf. p. 303.

Saint-Remy, G., Recherches sur la structure du cerveau des Myriapodes. in: Compt. rend. Ac. Sc. Paris, T. 103. No. 4. p. 288—290. — Abstr. in: Journ. R. Microsc. Soc. London, (2.) Vol. 6. P. 6. p. 972.

Plateau, Félix, Recherches sur la perception de la lumière par les Myriapodes aveugles. in: Journ. de l'Anat. et de la Phys. T. 22. p. 431—457.

Maindron, Maur., (Sur les moeurs des Myriopodes). in: Ann. Soc. Entomol. France, (6.) T. 6. 2. Trim. Bull. p. XCV.

Haase, Er., Schlesiens Diplopoden. Ordo quartus Myriopodum. in: Zeitschr. f. Entomol. Breslau, N. F. 11. Hft. p. 7—64.
(2 n. sp.)

Lucas, H., (Sur les mues des Chilopodes). in: Ann. Soc. Entomol. France, (6.) T. 6. 2. Trim. Bull. p. XCIII—XCV.
(*Heterostoma Newporti.*)

Rath, Otto vom, Beiträge zur Kenntnis der Chilognathen. Mit 4 Taf. Inaug.-Diss. (Straßburg.) Bonn, Max Cohen & Sohn, 1886. 8⁰. (38 p. u. p. 419—437.) — Sep.-Abdr. aus: Arch. f. mikrosk. Anat. 27. Bd.

—— Die Sinnesorgane der Antenne und der Unterlippe der Chilognathen. Mit 1 Taf. in: Arch. f. mikrosk. Anat. 27. Bd. p. 419—437. (Auch der Inaug.-Diss. angehängt.) — Abstr. in: Journ. R. Microsc. Soc. London, (2.) Vol. 6. P. 6. p. 972—973.
(Arch. f. mikrosk. Anat.) — s. Z. A. No. 236. p. 627.

Macé, .., Sur la phosphorescence des *Géophiles*. in: Compt. rend. Ac. Sc. Paris, T. 103. No. 25. p. 1273—1274.

Kennell, J., Development of *Peripatus*. Abstr. in: Journ. R. Microsc. Soc. (2.) Vol. 6. P. 5. p. 790—791.
(Arbeit. Zool. Instit. Würzburg.) — s. Z. A. No. 226. p. 383.

Haacke, W., Beobachtungen über Lebensweise und Gliedmaßenbau der Schildassel, *Scutigera Smithii*, Newp. in: Zool. Garten, 27. Jahrg. No. 11. p. 335—340.

Scudder, Sam. H., Note on the supposed Myriapodan Genus *Trichiulus*. in: Mem. Boston Soc. Nat. Hist. Vol. 3. No. 13. p. 438.
(Fern-tips.)

c) **Arachnida.**

Karsch, Fr., Arachnida, Biologie, Systematik etc. in: Zool. Jahresber. Zool. Stat. Neapel, 1885. Abth. II. p. 71—115.

Mayer, P., Arachnida, Anatomie etc. in: Zool. Jahresber. Zool. Stat. Neapel, 1885. Abth. II. p. 67—71.

Plateau, F., De l'absence de mouvements respiratoires perceptibles chez les Arachnides. in: Arch. de Biolog. T. 7. p. 331—348.

Saint-Remy, G., Recherches sur la structure des centres nerveux chez les Arachnides. in: Compt. rend. Ac. Sc. Paris, T. 103. No. 12. p. 525—527. — Abstr. in: Journ. R. Microsc. Soc. London, (2.) Vol. 6. P. 6. p. 973—974.

Simon, E., (Deux Arachnides du Sénégal décrits par A. T. de Rochebrune). in: Ann. Soc. Entomol. France, (6.) T. 6. 2 Trim. Bull. p. LXXXVI.

Koch, L., Die Arachniden Australiens nach der Natur beschrieben und abgebildet. Fortgesetzt von Graf E. Keyserling. 33. 34. Lief. Nürnberg, Bauer & Raspe, 1886. 4⁰. ℳ 9,—. (2. Hälfte, p. 49—112; p. 113—152, Taf. 9—12.
(Opiliones descripsit Will. Sörensen. — Chelifer 2 n. sp.; Opilion.:, 18 n. sp., n. g. *Macropsalis, Triaenonyx, Triaenobunus, Zalmoxis. Mesoceras, Samoa, Badessa, Sadocus.* — Nachträge 10 n. sp.; n. g. *Paraplectanoides.* — 20 n. sp.; n. g. *Ordgarius, Heurodes.*)

Trouessart, E. L., Sur la présence des Ricins dans le tuyau des plumes des Oiseaux. in: Journ. de Microgr. T. 10. Sept. p. 431—432.

Winkler, W., Heart of Acarina. Abstr. in: Journ. R. Microsc. Soc. London, (2.) Vol. 6. P. 6. p. 977—978.
(Arb. Zool. Inst. Wien.) — s. Z. A. No. 236. p. 628.

Bertkau, Ph., Ameisen ähnliche Spinnen. in: Verhandl. Naturhist. Ver.

Preuß. Rheinl. 43. Bd. 1886. p. 66—69. — Abstr. in: Journ. R. Microsc. Soc. London, (2.) Vol. 6. P. 6. p. 977.

Bertkau, Ph., Eyes of Spiders. Abstr. in: Journ. R. Microsc. Soc. London, (2.) Vol. 6. P. 6. p. 975—977.
(Arch. f. mikrosk. Anat.) — s. Z. A. No. 236. p. 629.

Bruce, A. T., Embryology of Spiders. Abstr. in: Journ. R. Microsc. Soc. London, (2.) Vol. 6. P. 6. p. 974—975.
(Amer. Naturalist.) — s. Z. A. No. 236. p. 629.

Dahl, Fr., Psychical Development of Spiders. Abstr. in: Journ. R. Microsc. Soc. London, (2.) Vol. 6. P. 6. p. 975.
(Vierteljahrschr. f. wiss. Philos.) — s. Z. A. No. 198. p. 365.

Skuse, F. A. A., British Spiders. v. Crustacea, F. A. A. Skuse.

Atkinson, Geo. F., Descriptions of some new Trap-Door Spiders; their Nests and Food habits. (Contin.) With 1 pl. in: Entomologic Amer. Vol. 2. No. 8. p. 128—137.
(s. Z. A. No. 236. p. 630. — 6 n. sp.; n. g. *Nidivalvata, Myrmekiaphila.*)

Locy, W. A., Embryologie der Spinnen [*Agelena naevia*]. (Ausz. von Ch. S. Minot.) in: Biolog. Centralbl. 6. Bd. No. 18. p. 559—562.
(Bull. Mus. Comp. Zool.) — s. Z. A. No. 236. p. 629.

Kowalevsky, A., und M. Schulgin, Zur Entwicklungsgeschichte des Skorpions (*Androctonus ornatus*). in: Biolog. Centralbl. 6. Bd. No. 17. p. 525—532.

—— —— Къ исторіи развитія Кавказскаго скорпіона (*Androctonus ornatus*) (Zur Entwicklungsgeschichte des kaukasischen Skorpions.) in: Записк. Новоросс. Общ. Т. 11. 1. Вып. p. 39—55.

Trouessart, E., Sur la présence de Ricins dans le tuyeau des plumes des Oiseaux [*Colpocephalum triseriatum* Piaget, n. sp.]. in: Compt. rend. Ac. Sc. Paris, T. 103. No. 2. p. 165—167.

Simon, E., Note sur le Mico, Araignée venimeuse de Bolivie [*Dendryphantes noxiosus* et *Sacci* nn. spp.]. in: Soc. Entomol. Belg. Compt. rend. (3.) No. 77. p. CLXVIII—CLXXII.
(2 autres esp. nouv.)

Disparipes exhamulatus. v. *Glyciphagus Crameri*, A. D. Michael.

Dahl, Fr., Monographie der *Erigone*-Arten im Thorell'schen Sinne, nebst anderen Beiträgen zur Spinnenfauna Schleswig-Holsteins. in: Schrift. d. naturwiss. Ver. f. Schlesw.-Holst. 6. Bd. 2. Hft. p. 65—102. Nachtrag zur Spinnenfauna Schleswig-Holsteins, ibid. p. 103—105.

Kramer, .., Das Herz der *Gamasiden*. in: Zool. Anz. 9. Jahrg. No. 232. p. 553—554.

Mégnin, P., Nouvelles études anatomiques et physiologiques sur les *Glyciphages*. in: Compt. rend. Ac. Sc. Paris, T. 103. No. 25. p. 1276—1278.

Michael, A. D., The life-history of an Acarus one stage whereof is known as *Labidophorus talpae* (Kramer) [*Glyciphagus Crameri* n.] and upon an unrecorded species of *Disparipes* [*exhamulatus*]. in: Zool. Anz. 9. Jahrg. No. 226. p. 399.

Nalepa, Alfr., Über die Anatomie und Systematik der *Phytopten*. in: Anzeig. kais. Akad. Wiss. Wien, 1886. No. XXIV. p. 220—221.

Humbert, A., Le *Phytoptus vitis*. in: Arch. Sc. Phys. et Natur. (Genève.) (3.) T. 16. No. 12. p. 586.

Houssay, F., Note sur le système artériel des Scorpions. in: Compt. rend. Ac. Sc. Paris, T. 103. No. 5. p. 354—355. — Abstr. in: Journ. R. Microsc. Soc. London, (2.) Vol. 6. P. 6. p. 974.

Saint-Remy, G., Brain of the Scorpion. Abstr. in: Journ. R. Microsc. Soc. (2.) Vol. 6. P. 5. p. 791.
(Compt. rend. Ac. Sc. Paris.) — s. Z. A. No. 236. p. 630.

Thompson, Edw. H., On the effect of Scorpion Stings. in: Proc. Acad. Nat. Sc. Philad. 1886. p. 299—300.

Baer, G. A., Sur le suicide du Scorpion. in: Ann. Soc. Entomol. France, (6.) T. 6. 2. Trim. Bull. p. LXXV—LXXVI.

d) **Insecta.**

Karsch, Fr., Allgemeine Insectenkunde. Practische Entomologie. in: Zool. Jahresber. Zool. Stat. Neapel, 1885. Abth. II. p. 542—559.

Mayer, P., Hexapoda. Anatomie etc. in: Zool. Jahresber. Zool. Stat. Neapel, 1885. Abth. II. p. 125—164.

Annales de la Société Entomologique de France. 6. Sér. T. 6. 1886. 2. Trim. Paris, Bureau de la Soc., Oct. 1886. 8°. (p. 129—304, p. LXV—CXII, p. 217—248, 2 pl.)

Transactions of the Entomological Society of London for the year 1886. P. I. London, Society; Longmans, 1886. 8°.

Zeitschrift für Entomologie. Hrsg. vom Verein für schlesische Insectenkunde zu Breslau. Neue Folge, 11. Hft. Breslau, Maruschke & Berendt in Comm., 1886. 8°. (XXVIII, 148 p.) ℳ 3,—.

Dewitz, H., Die königliche entomologische Sammlung zu Berlin in der Festschrift für die 59. Versammlung deutscher Naturforscher und Ärzte. in: Zool. Anz. 9. Jahrg. No. 237. p. 667—668.

Hiendlmayr, Ant., Das entomologische Nationalmuseum in Berlin. in: Zool. Anz. 9. Jahrg. No. 236. p. 643—644.

Riley, C. V., Miscellaneous Notes on the work of the Division of Entomology for the season of 1885. With illustr. Washington, 1886. 8°. (45 p., 1 pl.) — U. S. Deptmt. of Agricult. Div. of Entomol. Bull. No. 12.

Haase, Er., (Ableitung der niedersten Insecten und Myriopoden). in: Entomol. Nachricht. Karsch, 12. Jahrg. 20. Hft. p. 308—309.
(Naturforsch.-Vers.)

Poulton, E. B., Some Experiments upon the Acquisition of an unpleasant Taste as a Means of Protecting Insects from their Enemies. (Brit. Assoc.) in: Nature, Vol. 34. No. 883. p. 537.

Bath, W. Harcourt, Sunflowers [for catching Insects]. in: The Entomologist, Vol. 19. Oct. p. 258.

Cholodkovsky, N., Zur Morphologie der Insectenflügel. Mit Fig. in: Zool. Anz. 9. Jahrg. No. 235. p. 615—618.

Hagen, H. A., Kurze Bemerkungen über das Flügelgeäder der Insecten. in: Wien. Entomol. Zeit. 5. Jahrg. 9. Hft. p. 311—312.

Bath, W. Harcourt, Humming in the Air caused by Insects. in: Nature, Vol. 34. No. 884. p. 547. — Leon. Blomfield, on the same ibid. No. 885. p. 572.

Poletajewa, Olga, Heart of Insects. Abstr. in: Amer. Naturalist, Vol. 20. Nov. p. 976.
(Zool. Anz. No. 213. p. 13—15.)

Wielowiejski, H. Ritter v., Blood-tissue of Insects. in: Journ. R. Microsc. Soc. London, (2.) Vol. 6. P. 6. p. 964.
(Zeitschr. f. wiss. Zool.) — s. Z. A. No. 236. p. 631.

Packard, A. S., Nature and Origin of the Spiral Thread in Tracheae. Abstr. in: Journ. R. Microsc. Soc. (2.) Vol. 6. P. 5. p. 789—790.
(Amer. Naturalist.) — s. Z. A. No. 225. p. 362.

Nassonow, N., Welche Insecten-Organe dürften homolog den Segmentalorganen der Würmer zu halten sein? Mit 2 Holzschn. in: Biolog. Centralbl. 6. Bd. No. 15. p. 458—462.

Carrière, Just., Kurze Mittheilungen aus fortgesetzten Untersuchungen über die Sehorgane. 6. Die Augen von *Gyrinus natator*, *Bibio* und *Cloë diptera*. in: Zool. Anz. 9. Jahrg. No. 229. p. 479—481. — 7. Die Entwicklung und die verschiedenen Arten der Ocellen. ibid. No. 230. p. 496—500. — Abstr. in: Journ. R. Microsc. Soc. London, (2.) Vol. 6. P. 6. p. 963.

Blochmann, F., Über die Eireifung bei Insecten. in: Biolog. Centralbl. 6. Bd. No. 18. p. 554—559.

Korschelt, E., Origin of Cellular Elements of Ovaries of Insects. Abstr. in: Journ. R. Microsc. Soc. (2.) Vol. 6. P. 5. p. 782.
(Zool. Anz. No. 221. p. 256—263.)

Hallez, P., Loi d'orientation de l'embryon chez les Insects. in: Compt. rend. Ac. Sc. Paris, T. 103. No. 14. p. 606—608.

Gauckler, H., Einfluß hoher Temperaturen auf den Organismus von Insekten. in: Die Insekten-Welt, 3. Jahrg. No. 9. p. 49.

Forbes, S. A., Contagious Diseases of Insects. Abstr. in: Journ. R. Microsc. Soc. London, (2.) Vol. 6. P. 6. p. 971—972.
(Bull. Illinois St. Laborat.) — s. Z. A. No. 236. p. 632.

Krassilstschik, J., О грибныхъ болѣзняхъ у насѣкомыхъ (De insectorum morbis, qui fungis parasitis efficiuntur). in: Записк. Новоросс. Общ. T. 11. Вып. 1. p. 75—171.

Allnaud, Charl., Relation d'un voyage entomologique dans le territoire d'Assinie (possession française de la côte occidentale d'Afrique). in: Ann. Soc. Entomol. France, (6.) T. 6. 3. Trim. p. 363—368.

Arkle, J., Entomology in North Lancashire. in: The Entomologist, Vol. 19. Oct. p. 241—244.

Bergroth, E., Zur nördlichen Verbreitung einiger Insectenarten. in: Entomol. Nachricht. (Karsch), 12. Jahrg. No. 24. p. 378—380.

Coubeaux, .., Liste de quelques Insectes rares recueillis en Belgique et dans le Grand Duché. in: Soc. Entomol. Belg. Compt. rend. (3.) No. 79. p. CXCI—CXCIII.

Oliveira, Man. Paulino de, Études sur les Insectes d'Angola qui se trouvent au Muséum National de Lisbonne. in: Jorn. Sc. Math. Phys. Nat. Acad. Lisboa, T. 10. No. 38. p. 109—117.
(59 sp.)

Poujade, G. A., (Insectes rares de Fontainebleau). in: Ann. Soc. Entomol. France, (6.) T. 6. 3. Trim. Bull. p. CXXXIII—CXXXIV. — (de Paris) ibid. p. CLVII.

Wüstnei, W., Beiträge zur Insektenfauna Schleswig-Holsteins. 2. Stück. in: Schrift. d. naturwiss. Ver. f. Schlesw.-Holst. 6. Bd. 2. Hft. p. 25—45.
(s. Z. A. No. 207. p. 597.)

Brauer, Fr., Palaeozoic Insects. Abstr. in: Journ. R. Microsc. Soc. London, (2.) Vol. 6. P. 6. p. 970—971.
(Ann. Naturhist. Hofmus. Wien.) — s. Z. A. No. 237. p. 645.

Deichmüller, Joh. Vict., Die Insecten aus dem lithographischen Schiefer im Dresdner Museum. Mit 5 Taf. Cassel, Theod. Fischer, 1886. 4°. (X,

84 p.) — Mittheil. aus d. kgl. mineral.-geolog. u. praehist. Museum in Dresden. 7. Hft — *M* 20,—.

(10 n. sp.; n. g. *Pycnophlebia, Protolindenia, Cymatophlebia, Pseudohydrophilus.*)

a) Hemiptera.

Löw, Frz., und **Paul Löw**, Hemiptera. in: Zool. Jahresber. Zool. Stat. Neapel, 1885. Abth. II. p. 367—401.

—— —— Mallophaga. ibid. p. 401—405.

Kraufs, Hrm., Aptera. in: Zool. Jahresber. Zool. Stat. Neapel, 1885. Abth. II. p. 164—167.

Duda, Lad., Beiträge zur Kenntnis der Hemipteren-Fauna Böhmens. (16. Fortsetz. u. Schluß). in: Wien. Entomol. Zeit. 5. Jahrg. 8. Hft. p. 257—262.

(s. Z. A. No. 237. p. 645.)

Künckel, J., Odoriferous Organs of Bed-bug. Abstr. in: Journ. R. Microsc. Soc. (2.) Vol. 6. P. 5. p. 790.

(Compt. rend. Ac. Sc. Paris.) — s. Z. A. No. 237. p. 645.

Douglas, J. W., Note on *Aleurodes vaporariorum*, Westw. in: Entomol. Monthly Mag. Vol. 23. Dec. p. 165—166.

Buckton, G. B., Notes on the recent Swarming of *Aphides*. in: Nature, Vol. 35. No. 888. p. 15.

Sahlberg, Joh., En ny art af Hemipter-slägtet *Aradus* [*angularis*] från Ryska-Karelen. in: Meddel. Soc. Fauna et Flora Fenn. 13. Hft. p. 153—155.

Lemoine, . ., Sur l'organisation et les métamorphoses de l'*Aspidictus* du Laurier-rose. in: Compt. rend. Ac. Sc. Paris, T. 103. No. 24. p. 1200—1203.

Vayssière, A., Étude sur le *Chionaspis Evonymi*, espèce de Cochenille qui ravage les fusains dans le midi de la France. Avignon, 1886. 8⁰. (18 p.)

Then, Frz., Katalog der österreichischen Cicadinen. Wien, A. Hölder, 1886. gr. 8⁰. (59 p.) *M* 1,60.

(4 n. sp.)

Butler, Amos W., The Periodical Cicada in Southeastern Indiana. in: Riley, Miscellan. Notes, Bull. No. 12. Div. of Entomol. p. 24—31.

Douglas, J. W., Note on some British *Coccidae* (No. 5). in: Entomol. Monthly Mag. Vol. 23. Decbr. p. 150—155.

(s. Z. A. No. 237. p. 646.)

Scott, John, Discovery of the female of *Eurybregma nigrolineata*. in: Entomol. Monthly Mag. Vol. 23. Oct. p. 106.

Karsch, F., *Eurydema*-Arten als neue Feinde der Kartoffelpflanze. in: Entomol. Nachricht. Karsch, 12. Jahrg. Hft. 19. p. 301—304.

Gounelle, E., Note sur le *Fulgora laternaria*. in: Ann. Soc. Entomol. France, (6.) T. 6. 2. Trim. Bull. p. C—CI.

Hall, C. G., *Lygaeus equestris*, L., at Dover. in: Entomol. Monthly Mag. Vol. 23. Oct. p. 106.

Butler, E. A., Habitat of *Miridius quadrivirgatus*, Costa. in: Entomol. Monthly Mag. Vol. 23. Oct. p. 107.

List, J. H., Über die Entstehung der Dotter- und Eizellen bei *Orthezia cataphracta* Shaw. in: Biolog. Centralbl. 6. Bd. No. 16. p. 485—488.

Zacharias, O., Das Vorkommen von *Orthezia cataphracta* (Shaw) im Riesengebirge. in: Zool. Anz. 9. Jahrg. No. 225. p. 371—372. Biolog. Centralbl. 6. Bd. No. 16. p. 488—489.

Laborier, .., Nouvelles études sur le *Phylloxera*, son sejour d'hiver à la tête des ceps, moyen de le combattre. Chalons-s. Saone, 1886. 8⁰. (59 p.)

Korschelt, E., Über eine abweichende Bildungsweise des Chitins bei *Ranatra*. in: Tagebl. 59. Vers. deutsch. Naturf. p. 135. — Entomol. Nachricht. Karsch, 12. Jahrg. 20. Hft. p. 306—307.

β) Orthoptera.

Kraufs, Herm., Orthoptera. in: Zool. Jahresber. Zool. Stat. Neapel, 1885. Abth. II. p. 191—203.

Bolivar, J., (Adiciones a la fauna ortopterologica Española). in: Anal. Soc. Españ. Hist. Nat. T. 15. Cuad. 2: Actas, p. 36—39.

Cobelli, R., Gli Ortotteri genuini del Trentino. Con 1 tav. Rovereto, 1886. 8⁰. (99 p.)

Kraufs, Herm., Beitrag zur Kenntnis der alpinen Orthopterenfauna. in: Wien. Entomol. Zeit. 5. Jahrg. 9. Hft. p. 319—326.

Pantel, J., Contribution à l'Orthoptérologie de l'Espagne centrale. Con 1 tav. in: Anal. Soc. Españ. Hist. Nat. T. 15. Cuad. 2. p. 237—287.
(4 n. sp.; n. g. *Scirtobaenus*.)

Scudder, Sam. H., A Review of Mesozoic Cockroaches. With 3 pl. in: Mem. Boston Soc. Nat. Hist. Vol. 3. No. 13. p. 439—485.
(28 n. sp.; n. g. *Ctenoblattina*, *Nannoblattina*, *Dipluroblattina*, *Diechoblattina*, *Aporoblattina*.)

Karsch, F., Eine neue westafrikanische Mekopode [*Mecopoda* (*Euthypoda*) *granulosa* n. sp.]. Aus d. Zoolog. Mus. in Berlin. in: Entomol. Nachricht. 12. Jahrg. 20. Hft. p. 316—318.

Miall, L. C., and **A. Denny**, The Structure and Life-history of the Cockroach (*Periplaneta orientalis*). An Introduction to the Study of Insects. With 125 illustr. London, 1886. 8⁰. ℳ 7,80.

Karsch, F., Über eine neue Höhlen bewohnende Orthoptere Amboinas [*Phalangopsis amboinensis* n. sp]. in: Entomol. Nachricht. 12. Jahrg. No. 22. p. 344—346.

γ) Pseudo-Neuroptera.

Kolbe, H. J., Pseudo-Neuroptera. in: Zool. Jahresber. Zool. Stat. Neapel, 1885. Abth. II. p. 167—184.

Selys-Longchamps, E. de, Odonates nouveaux [5] de Pékin. in: Soc. Entomol. Belg. Compt. rend. (3.) No. 78. p. CLXXVIII—CLXXXV.

Roster, D. A., Respiratory System of Odonati. Abstr. in: Journ. R. Microsc. Soc. London, (2.) Vol. 6. P. 6. p. 970.
(Bull. Soc. Entomol. Ital.) — s. Z. A. No. 217. p. 124.

Kirby, W. F., On a small Collection of Dragonflies from Murree and Campbellpore (N. W. India), received from Major J. W. Yerbury. With 1 pl. in: Proc. Zool. Soc. London, 1886. P. III. p. 325—329.
(19 [4 n.] sp.)

McLachlan, R., *Chloroperla capnoptera* n. sp. ('s Gravenhage, 1886.) 8⁰. (2 p.)

δ) **Neuroptera.**

Kolbe, H. J., Neuroptera. in: Zool. Jahresber. Zool. Stat. Neapel, 1885. Abth. II. p. 184—191.

Mabille, Paul, Les Nevroptères des environs de Paris. in: Ann. Soc. Entomol. France, (6.) T. 6. 3. Trim. Bull. p. CXIII—CXIV.

McLachlan, R., Une excursion névroptérologique dans la Forêt-Noire (Schwarzwald). Extr. de la Revue d'Entomol. Caen, 1886. 8⁰. (13 p.)

Morton, Kenneth J., Notes on some spring-frequenting Trichoptera. in: Entomol. Monthly Mag. Vol. 23. Decbr. p. 146—150.

—— *Agrypnia Pagetana*, Curt., and other Trichoptera in Ireland. in: Entomol. Monthly Mag. Vol. 23. Nov. p. 138.

McLachlan, R., Two new Species of *Corduliina*. in: Entomol. Monthly Mag. Vol. 23. Oct. p. 104—105.

Hagen, H. A., Monograph of the *Hemerobidae*. P. II. in: Proc. Boston Soc. Nat. Hist. Vol. 23. p. 276—292.
(*Micromus* 18 sp. [4 n. sp.])

McLachlan, R., *Micromus aphidivorus*, Schrk. (*angulatus*, Steph.) near London. in: Entomol. Monthly Mag. Vol. 23. Nov. p. 138—139.
(*Hemerobid.*)

II. Wissenschaftliche Mittheilungen.

1. Professor Perrier's historical criticisms.

By P. Herbert Carpenter, D.Sc., F.R.S., F.L.S., Assistant Master at Eton College.

(Schluß.)

eingeg. 8. December 1886.

I have thus stated at some length the causes of my entering the field of Crinoid-research, in order to show how entirely groundless is the degrading charge which Professor Perrier, in his absolute ignorance of the facts, has thought fit to bring against me. If he wishes for any confirmation of my statements, I can refer him to Professor Semper himself, and also to my friends Prof. Max Braun of Rostock, Dr. J. W. Spengel of Bremen, and Dr. C. S. Minot of Boston, U. S., who were occupants of Professor Semper's laboratory in the winter of 1875—1876, and were fully acquainted with the causes and facts of my own work.

Will Professor Perrier name one single passage in the first paper[11] which I published on the Crinoids in April, 1876 which can possibly justify his assertion that I had formed the deliberate intention of attacking his work? Had this been the case I should naturally have noticed his extremely incorrect references to the results of his predecessors, one of which I have now exposed for the first time, nearly

[11] Remarks on the Anatomy of the arms of the Crinoids. Journ. Anat. and Physiol. Vol. X. 1876. p. 571—585.

eleven years after I first began to write on the subject. If he wishes for information respecting the others, I shall be ready to give it to him whenever he likes.

Between April, 1876 and April, 1881, a period of five years, I published eleven papers on recent *Crinoidea*. But in no one of these did I make any reference to Perrier's errors, not even in that »On the Minute Anatomy of the Brachiate Echinoderms« where I might naturally have exposed them in detail, had I so desired. In fact his name is not even mentioned in this paper.

In 1882, however, after a six years interval, I again ventured on some criticisms of Perrier's work. For I attempted to discuss some of the observations upon the vascular system of Echinoderms which had been published by the French school and by the German school respectively.

I used these names because they naturally occurred to me when I found that such apparently contradictory results had been obtained in the laboratories of the two countries. The statements of the French naturalists, led by Perrier, rested mainly on the results of injections, and those of the German authors on the section method. Having myself more faith in the latter than in the former mode of investigation, I ventured to suggest the possibility that the connection of the ovoid gland (or supposed heart) with an oral ring might »have been overlooked by the French naturalists[12]«. Perrier had totally denied the existence of such a connection in *Echinus*[13]. But the later researches of Koehler and Prouho, both members of the French school, have conclusively proved that he was quite wrong, and that there is not only a second oral ring (i. e. one in addition to that of the water-vascular system) which is in connection with the ovoid gland, but also a second set of radial vessels which had entirely escaped Perrier's notice. An important part of my criticisms on Perrier's researches (which were of the mildest character) has thus been abundantly justified, and I may say the same of my remarks on the earlier work of M. Koehler, a fact which will be evident to all who are familiar with the subject. It will not, I trust, be considered as any breach of confidence for me to state that in July last I had the unexpected pleasure of receiving a most courteous letter from M. Koehler, in which he acknowledged the justice of some of my criticisms on his researches on the vascular system of the Urchins. For Teuscher's pharyngeal vessels, of which he formerly denied the existence, have since been injected both by Prouho and by himself,

---

[12] Quart. Journ. Micr. Sc. 1882. Vol. XXII. New Ser. p. 372.
[13] Arch. de Zool. Exp. et Gén. 1875. T. IV. p. 613.

and their results have been confirmed by the section method. But this second system of vessels, with its oral ring and radial extensions had altogether escaped the notice of Prof. Perrier, who had limited himself to the injection method without properly controlling his results by the use of sections.

So much then for Perrier's statement that I have been the opponent of all the works published in France upon the Echinoderms. I will now pass on to explain what he calls the »simple tendance qui se révèle dans les critiques d'Herbert Carpenter«.

I freely confess that (apart altogether from the question of the vascular system of the Urchins) I have published some strong criticism of Perrier's work during the last three years. But I have not done so without good reason. He has frequently committed himself to statements which he would scarcely have made, had he taken the trouble to become sufficiently acquainted with the work of his predecessors. Thus for example, early in 1883, he established a new genus of Crinoids, (*Democrinus*) on the very character which had been pointed out as distinctive of *Rhizocrinus* by Pourtalès in 1868 and 1874, and by myself in 1877 and 1882; though copies of both my own papers were sent to Prof. Perrier. He has since admitted the justice of my criticisms by tacitly withdrawing a generic (and also a specific) name with which zoological literature should never have been burdened.

From his very first essay in 1873 to his latest one in 1886, Perrier's publications on the Crinoids have contained the most remarkably incorrect versions of statements made by his fellow-workers [14]. I have already noticed his confusion of two entirely distinct observations by Müller and my father respectively, in 1873. I published last year a number of corrections of the blunders which he had made in an article on my Report on the Challenger *Crinoidea* [15]; and I now select one of many erroneous references to the writings of Ludwig, myself, and others which have appeared in his latest publication.

On p. 133 when criticising my two papers of 1876, he says of the first: .... »Les corbeilles vibratiles du canal dorsal et les corps sphériques des bras lui paraissent être des organes des sens;« and of the second: .... »Les corps sphériques y sont désignés sans point de doute comme des ‚organes des sens' problématiques.«

Of the three statements contained in these two sentences two are absolutely false, and one greatly exaggerated. I never said a word

[14] A reference to the writings of Bell and of Sladen upon the Starfishes will show that others besides myself have been obliged to comment upon Perrier's inaccuracy.

[15] Ann. and Mag. Nat. Hist. 1885. Ser. 5. Vol. XVI. p. 100—119.

in my first paper about the ciliated cups in the dorsal canal of *Comatula* being organs of sense, and in the second paper I never referred to the »corps sphériques« at all. The sarcasms in which Perrier indulges respecting my supposed views, thus lose all their point, or rather, acquire an entirely new one.

In the January number of the Quarterly Journal of Microscopical Science I have quoted the statements which I really did make, and have explained the marvellous confusion of ideas which has led Perrier to give these totally incorrect and misleading versions of them.

Not only is he quite extraordinarily careless in his references to his fellow-workers, but he has (as I remarked in August 1885[16]) far too strong a tendency »to make a sweeping generalisation upon data which are either altogether inadequate, or even absolutely incorrect«. An excellent instance of the latter kind is afforded by his statement respecting the presence of radiating cavities at the syzygies of the talked Crinoids. I asked him then to name a single recent talked Crinoid in which the syzygial faces are separated by radiating passages as in the *Comatulae*, and there are pores round the outline of the syzygy.

He has given no answer to my question; so I will now repeat it, and add to it another. Can he name a single Blastoid in which there is evidence of a direct communication during life between the body-cavity and the external water? He has recently described a means by which water can penetrate directly into the coelom of a Starfish, while he also believes that in the Urchins and Crinoids its course is regulated by a complex »système de canaux d'irrigation«; and he continues[17]: ... »Cela autorise à diviser l'embranchement des Échinodermes en deux grandes groupes, comprenant les Cystidés, les Blastoïdes, les Stellérides et les Ophiurides d'une part, les Crinoïdes, les Échinides, et les Holothurides d'autre part.« On what observations does he rely for this statement about the Blastoidea? I know of none which can possibly justify this generalisation, and of a great many which directly contradict it.

I cannot but think it a matter for very great regret that a zoologist who is capable of the admirable work expressed in the beautiful illustrations of *Comatula*-anatomy which Professor Perrier has lately published, should be so extraordinarily inaccurate in his references to his fellow-workers as I have shown him to be; and that he should

---

16 Ann. and Mag. Nat. Hist. 1885. Ser. 5. Vol. XVI. p. 117.
17 Comptes rendus. T. CII. 1886. p. 1148.

lend the weight of his official position to the propagation of extensive and far-reaching generalisations which are (as yet) absolutely without any foundation of anatomical fact.

2. Die Halsgegend der Reptilien.

Von Dr. J. F. van Bemmelen in Utrecht.

eingeg. 19. December 1886.

Die Resultate meiner Untersuchung über die Entwicklung der Visceraltaschen und -Bogen bei Reptilien (diese Zeitschrift, No. 231 und 232) machten bei mir den Wunsch rege, *Hatteria punctata* auf den Bau ihrer Halsgegend zu untersuchen.

Durch die Freundlichkeit des Herrn Prof. Hubrecht, der ein Exemplar aus der Sammlung des Utrechter Universitätsmuseums mir zur Verfügung stellte, konnte ich diesen Wunsch befriedigen.

Die Halsgegend der *Hatteria* entspricht in ihrem anatomischen Baue vollständig derjenigen der typischen Saurier, besonders der Ascalaboten, mit denen *Hatteria* ja auch in anderen Hinsichten die meiste Verwandtschaft zeigt.

Die Thymus besteht jederseits aus zwei hinter einander gelegenen Stücken, zur Seite des Oesophagus in der unmittelbaren Nähe von Carotis interna, Vena jugularis, Nervus vagus und sympathicus. Der hintere Lappen ist dreimal länger als der vordere, und erreicht mit seinem Hinterende die Ursprungsstelle der Carotis interna aus dem Carotisbogen. Hier hängt er mit einem runden glänzenden Körperchen zusammen, das der hinteren Wand des Carotisbogens dicht angewachsen ist, an der Stelle wo dieser sich zur Vereinigung mit dem Aortabogen rückwärts wendet. Ein dergleichen rundes Körperchen findet sich auch an der Hinterwand des Aortabogens selbst. Mit Hinsicht auf meine Untersuchungen über die Entwicklung der Thymus und der epithelialen Derivate der Visceralspalten bei *Lacerta*, geht aus diesen Befunden hervor, daß die Thymus der *Hatteria* höchst wahrscheinlich eben so wie die der *Lacerta* aus den Gipfeln der zweiten und dritten Spalte entsteht, während der übrige Theil der dritten Spalte das Carotiskörperchen liefert. Das dem Aortabogen anliegende Körperchen darf wohl als Derivat der vierten Kiementasche betrachtet werden, so daß in dieser Beziehung *Hatteria* ein primitiveres Verhältnis zeigt als *Lacerta*, bei der die vierte Tasche schon während der früheren Stadien des embryonalen Lebens verschwindet. Einen Rest einer fünften Kiementasche konnte ich nicht auffinden, eben so wenig wie einen asymmetrischen suprapericardialen Körper. Damit ist aber das Fehlen eines dergleichen Gebildes noch nicht bewiesen, denn bei einem erwachsenen Exemplar von *Anguis fragilis*, bei dem durch anatomische Untersuchung keine Spur eines solchen Körpers nachzuweisen war, fand ich es auf einer Serie von Querschnitten linkerseits der Trachea sehr deutlich anwesend, als eine Anhäufung von acinösen epithelialen Bläschen, von Bindegewebe umhüllt.

Wie die vorhergehende Beschreibung schon zeigt, ist das aus dem Truncus arteriosus entspringende Arteriensystem der *Hatteria* nach dem Eidechsentypus gebaut. Der Carotisbogen bleibt also zeitlebens durch einen offenen Verbindungszweig mit dem eigentlichen Aortabogen verbunden, und an der Abgangsstelle dieses Zweiges entspringen aus ihm dicht neben einander zwei nach vorn verlaufende Arterien: die Carotis externa und interna. Auch die dritte bei den Eidechsen vorkommende Arterie, die aus dem Verbindungsstück selbst entspringt, und zu den Muskeln der oberen Hals- und Nackengegend aufsteigt, der Muskelast des Carotidenbogens von Rathke, fand ich bei *Hatteria* vorhanden, aber sehr tief abwärts vom Verbindungsstück abgehend.

Auch vom Aortabogen selbst entspringt bei *Hatteria* so wie bei *Platydactylus* eine nach vorn verlaufende Arterie, die der Schlundwand dicht anliegt, und also dorsalwärts vom Carotisbogen verläuft. Sie begiebt sich an die dorsale Oesophagealwand, wo sie sich verästelt.

Es besteht aber außer den bis jetzt genannten Arterien noch ein viertes, oralwärts aufsteigendes Paar, und dieses entspringt merkwürdigerweise links und rechts aus dem Pulmonalisbogen, ganz nahe an der Stelle, wo dieser aus der Gefäßconcrescenz des Truncus arteriosus seitwärts abbiegt Diese Arterien verlaufen unter den vorliegenden Aortenbogen und Carotisbogen hindurch, an den Seiten der Trachea entlang bis zum Larynx, wo sie sich in den dort befindlichen Muskeln verästeln. In ihrem Verlaufe geben sie Äste an den Oesophagus ab und versehen auch die Thyreoidea mit einer Arterie, so daß es also bei Eidechsen zwei Paar Schilddrüsen-Arterien giebt. Sie sind, zu meiner Verwunderung, von Rathke nicht erwähnt, in seiner sonst so genauen und ausführlichen Arbeit über die Aortenbogen der Saurier. Ich fand diese Laryngealarterien sowohl bei *Hatteria*, wie bei *Platydactylus*, *Anguis* und *Lacerta*.

Die Thyreoidea der *Hatteria* liegt wie bei *Lacerta* etc. quer über der Trachea, in der Nähe des Herzens und ist ein unpaarer, schmaler, in transversaler Richtung ausgedehnter Körper.

Der Nervus vagus verläuft unverästelt bis zum Ganglion trunci (Ganglion nodosum), das sich als eine sehr deutliche Anschwellung in der Nähe des oberen Endes des zweiten Thymuslappens findet, also relativ etwas mehr oralwärts als bei *Platydactylus*. Aus diesem Knoten gehen nach hinten drei Nervenstränge hervor, von denen der mittlere viel dünner ist als die zwei seitlichen. Der äußere ist die eigentliche Fortsetzung des Hauptstammes. Der innere verläuft aboralwärts bis zur Umbiegungsstelle des Carotisbogens und schlägt sich um diesen nach vorn herum, wobei er sich zu gleicher Zeit in zwei Äste vertheilt, einen dickeren und einen dünneren. Letzterer verästelt sich an der benachbarten Oesophagealwand, ersterer dagegen steigt an der Seite der Trachea bis zum Larynx hinauf. Da verbindet er sich mit einem anderen Aste des Vagus, der etwas hinter dem Ganglion trunci aus der Fortsetzung des Vagusstammes abgeht, sich in gleicher Weise wie der ebengenannte um den Carotisbogen, um den Aortabogen herumschlägt unter Abgabe eines dünneren Zweiges für den anliegenden Theil der Schlundwand, und darauf neben der Luftröhre bis zum Kehlkopf aufsteigt. Aus der Vereinigung dieser zwei Nerven gehen mehrere Äste für die Larynxmuskeln ab, und außerdem eine ansehnliche Commissur, die quer über die ventrale Larynxwand bis zur Verbindungsstelle der gleichnamigen Nerven der anderen Seite verläuft. An dieser Commissurbildung nimmt bei *Hatteria* der Nervus glossopharyngeus keinen Antheil, im Gegensatz zu dem Befunde bei *Platydactylus*.

Wir finden also bei *Hatteria*, wie bei *Platydactylus*, *Lacerta*, *Anguis* etc., zwei Nervi laryngei, die beide Äste des Vagus sind, und beide recurriren. Dies wird offenbar verursacht durch die Erhaltung der Verbindung des Carotisbogens mit dem Aortabogen. Wir dürfen also den vorderen dieser Nerven als N. laryngeus superior deuten, und sehen aus seinem Verlauf hinter dem Carotisbogen herum, daß dieser Nerv bei Eidechsen den ersten Branchialast des Vagus repräsentirt, der an der Hinterwand der dritten Kiementasche entlang im vierten Visceralbogen verläuft.

Der andere zum Kehlkopf aufsteigende Vagusast ist also wahrscheinlich der Nervus laryngeus inferior. Es erhebt sich jetzt die Frage, ob auch dieser als Branchialast zu betrachten sei und wenn so, welches seine Rangnummer ist. Bei Schildkröten, wo der Ductus Botalli lebenslang erhalten bleibt, schlägt sich der N. laryngeus inferior h i n t e r diesem herum. Ist er also ursprünglich ein Visceralnerv, so gehörte er einem Visceralbogen an, der hinter dem Pulmonalisarterienbogen lag. Zwischen diesem und dem Carotisbogen werden aber, wie ich für Eidechsen, Schlangen und Schildkröten entdeckte, zwei Kiementaschen mit den zugehörigen Aortabogen angelegt, und von diesen Gefäßen wird das vordere zum eigentlichen Arcus Aortae, das hintere obliterirt frühzeitig. Bleibt von den zugehörigen zwei Nerven nichts erhalten? Ich glaube ja, denn wie erwähnt, fand ich bei *Hatteria* zwischen den beiden Laryngei noch einen viel dünneren, aus dem Ganglion trunc hervorgehenden Vagusast auf. Dieser verläuft unverästelt bis hinter den eigentlichen Aortabogen und verbreitet sich in der Gegend zwischen diesem und der Pulmonalis. Bei *Testudo graeca* und *Chelonia midas*, wo schon die während des ganzen Lebens erhalten bleibenden zwei epithelialen Körperchen zwischen Aorta und Pulmonalis zur Annahme von zwei Kiementaschen daselbst berechtigt, fand ich einen gleichartigen Vagusast, der sich bis auf den Truncus arteriosus und das Pericard verfolgen ließ. Auch bei *Alligator sclerops* und *Crocodilus* sp. traf sich ein solcher Herzast hinter der Aorta. Bei *Tropidonotus natrix* dagegen konnte ich weder einen N. laryngeus inferior noch einen davor gelegenen Herzast entdecken. Das der Thymus dicht anliegende Ganglion trunci schien keine Nerven abzugeben.

Den oben beschriebenen feinen Nerven möchte ich als den zweiten Branchialast des Vagus, den Nerven des fünften Visceralbogens deuten. Die frühzeitige Rückbildung des sechsten Visceralbogens zusammen mit der fünften Kiemenspalte und dem fünften Aortabogen macht es leicht verständlich, daß auch der zugehörige dritte Branchialast des Vagus sich nicht entwickelt, und also zwischen Aorta und Pulmonalis nicht noch ein zweiter Vagusast gefunden wird.

Weil wir in der Reihe der Wirbelthiere die Zahl der Kiemenspalten fortwährend kleiner werden sehen, ist es durchaus nicht unwahrscheinlich, daß die zwei Kehlkopfnerven sich als solche ausbildeten zu einer Zeit, wo noch mehr als fünf Kiemenspalten anwesend waren; daß also auch der N. laryngeus inferior als Kiemenspaltennerv zu deuten ist. Warum die Kehlkopfnerven nicht aus zwei einander unmittelbar folgenden Branchialästen des Vagus entstanden, bleibt unaufgeklärt; aber wenn einmal zwischen ihnen andere Branchialäste verschwanden oder zu Nerven für die Herzgegend sich ausbildeten, kann man sich eben so gut vorstellen, daß sie ursprünglich durch mehrere als durch einen Visceralbogen von einander getrennt waren.

Die Untersuchungen des Herrn Eug. Dubois (Zur Morphologie des Larynx. Anatomischer Anzeiger, I. Jahrg. 1886) machen es wahrscheinlich, daß der N. laryngeus superior der Säugethiere aus dem zweiten Branchialast des Vagus hervorgegangen sei. Sollte die Entwicklungsgeschichte diese Meinung bestätigen, so wären die betreffenden Nerven der Reptilien und Säugethiere nicht homolog. Ich muß indessen darauf aufmerksam machen, daß die embryologischen Untersuchungen Froriep's (Archiv f. Anat. u. Phys. Anat. Abth. 1885) die Entstehung des N. laryng. sup. aus dem Nerven des vierten Visceralbogens (also aus dem ersten Vagusast) ergeben.

Das Auffinden eines frühzeitig obliterirenden fünften Aortenbogen zwischen eigentlicher Aorta und Pulmonalis bei Reptilien und Vögeln erhöht die Übereinstimmung des Aortensystems dieser Gruppen mit demjenigen der Amphibien und Dipnoi, und beseitigt vollständig die von Herrn Prof. Fritsch[1] gegen das Rathke'sche Schema gemachte Einwendung: durch dasselbe werde eine »unnatürliche« Trennung zwischen beschuppten Amphibien (Reptilien) und nackten in's Leben gerufen. Dieser Einwand scheint mir aber schon durch Prof. Fritsch selbst bedeutungslos gemacht, weil er in derselben Abhandlung hervorhebt, wie schon in der Abtheilung der nackten Amphibien die Zahl der bleibenden Aortenbogen von vier auf drei zurückgehen kann und es dabei der dritte dieser Bogen ist, der verschwindet. Auch wenn also dieser Bogen bei den Reptilien gar nicht mehr auftrat, war die Vergleichbarkeit ihres Aortensystems mit dem der Amphibien dadurch nicht gestört.

Weil auch bei Dipnoi und Amphibien der Pulmonalisbogen der sechste (vierte bleibende) Aortabogen ist, darf man annehmen, daß, falls der N. laryngeus inferior einen Branchialnerv vorstellt, er als der des siebenten Visceralbogens zu betrachten ist.

Bei Crocodilen, Schildkröten und Schlangen, wo der dorsale Zusammenhang zwischen Carotis- und Aortabogen frühzeitig zu Grunde geht, ist der Nervus laryngeus superior nicht recurrent, sondern findet sich in der Nähe vom Glossopharyngeus und Hypoglossus als der sogenannte Ramus Laryngo-pharyngeus von Bendz[2]. Die von diesem Autor gegebene Beschreibung und Abbildung des Vagusverlaufes bei *Lacerta agilis* sind unvollständig, in so weit, als er den vorderen Larynxnerven, der sich um den Carotisbogen schlägt, übersehen hat, eben so wie ihre Verbindung mit dem hinteren, und die Commissur auf dem Larynx. Diese letztere ist entdeckt von Fischer[3], der auch den vorderen Larynxnerven richtig als einen Ast des Vagus deutet, aber seine Lage in Bezug auf andere Organe, besonders die Aortenbogen, nicht genug in Betracht zieht, und dadurch veranlaßt wird, eine Unterscheidung in der Anordnung dieser Nerven zu machen zwischen *Lacerta ocellata* und *Euprepes Sebae* einerseits, *Platydactylus* und anderen Sauriern andererseits; ein Unterschied, der nicht besteht, als vielleicht in der größeren oder geringeren Dicke des Glossopharyngeusastes, der an der Bildung der Larynxcommissur Theil nimmt.

Auch bei Crocodilen findet sich, wie Fischer entdeckte, eine

---

[1] G. Fritsch, Zur vergleichenden Anatomie der Amphibienherzen. Arch. f. Anat. u. Phys. 1869.

[2] H. Bendz, Bidrag til den sammenlignende Anatomie af Nervus glossopharyngeus, vagus, accessorius Willisii hypoglossus hos Reptilierne; Kong. Danske Vid. Selsk. Naturvid. og Math. Afhandl., Deel X. 1843.

[3] J. G. Fischer, Die Gehirnnerven der Saurier. Abhandl. d. naturwiss. Ver. in Hamburg. 2. Bd. 1852.

Larynxcommissur, welche aus den schon mehr dorsalwärts verschmolzenen Stämmen der beiden Larynxnerven hervorgeht. Dagegen vermißte ich sie bei *Testudo graeca*, wiewohl auch hier die Larynxnerven sich vereinigen. Es kann aber bei Schildkröten der N. laryng. inferior sehr gering entwickelt sein und den superior nicht erreichen, wie es die Abbildungen von Bojanus für *Emys Europaea* sehr schön zeigen. Auch bei Crocodilen steht der inferior in Dicke dem superior sehr nach, und bei Schlangen scheint er, wie gesagt, zu fehlen.

In Bezug auf Vena jugularis, Nervus sympathicus, hypoglossus und glossopharyngeus bietet die Halsgegend der *Hatteria* nichts wesentlich Abweichendes von demjenigen der übrigen Saurier.

Ich möchte hier die Bemerkung anknüpfen, daß die Monitoren in Bau und Lage der Weichtheile, besonders des Herzens, der Lungen und der großen Gefäße, so sehr von den anderen Sauriern abweichen, daß sie meines Erachtens schon deshalb im System weit von diesen entfernt werden müssen, ohne darum den Crocodilen näher gestellt werden zu dürfen, mit denen sie nur scheinbare Übereinstimmung zeigen. Diese letztere Behauptung gilt speciell für ihre Carotiden, die nur eine durch das Zurückweichen des Herzens in aboraler Richtung verursachte Modification des Sauriertypus vorstellen. Dadurch ist, wie Rathke ganz richtig betont, ein gemeinschaftlicher Ursprungsstamm der Carotiden aus dem rechten Aortenbogen »herausgesponnen«. Wahrscheinlich geschah das in der Weise, daß der vordere Theil des Truncus arteriosus lang ausgezogen ward, während in dem hinteren Theil die Längstheilung in drei Gefäße vor sich gieng, also daß der rechte Aortenbogen schließlich mit diesem vorderen Theil in Zusammenhang blieb. Es darf dieses Gefäß meines Erachtens durchaus nicht mit der gleichfalls medianen, aber dorsal vom Oesophagus gelegenen Arterie homologisirt werden, die bei Crocodilen und Vögeln den größten Theil des erforderlichen Blutes dem Kopfe zuführt, und von Rathke Carotis subvertebralis genannt ist. Denn diese Arterie entsteht durch Annäherung und theilweise Verschmelzung der seitlichen Carotiden, wie sich für Vögel embryologisch sehr leicht nachweisen läßt, für Crocodile aber deshalb sehr wahrscheinlich ist, weil, wie Rathke hervorhebt und ich bestätigen konnte, bei älteren Embryonen und einzelnen jungen Thieren nicht nur aus dem linken, sondern auch aus dem rechten Truncus anonymus ein Ursprungsast der Carotis subvertebralis entspringt, der aber dem linken an Volum sehr nachsteht. Durch diese Beobachtung wird die Meinung des Herrn Prof. Fritsch hinfällig, daß es sich bei den Crocodilen wie bei den Varaniden »um ein Ausspinnen eines unpaaren Stammes aus einem Aortenbogen handele, und der Unterschied nur darin bestehe, daß bei den Crocodilen auch die linke Hälfte des obersten Bogens sich etwas ausspinne, um dem entstehenden unpaaren Stamme die Möglichkeit zu geben, die Mittellinie des Halses hinter dem Oesophagus zu erreichen.« (G. Fritsch, a. a. O., p. 705.) Wo Prof. Fritsch also gleich darauf behauptet: »Man habe wohl ein Recht zu verlangen, daß die Carotiden im Stadium der beginnenden Verschmelzung bei den Crocodilen wirklich demonstrirt werden, ehe man sie in einem so wichtigen Puncte von den sämmtlichen verwandten Arten losreißt«, kann man nur antworten, daß schon im Jahre 1853 Rathke die Berechtigung dieser Abtrennung genügend bewiesen hat durch den Nachweis von zwei symmetrischen Ursprungsästen der Carotis subvertebralis. Es scheint mir also unrichtig, die beiden Gefäße mit dem Namen »Carotis primaria« zu bezeichnen.

Eben so wenig kann ich damit einverstanden sein, daß Prof. Fritsch auch bei Schlangen die zum Kopfe verlaufende Arterie mit diesem Namen belegt, denn bei diesen Thieren hat zweifellos eine der seitlichen Carotiden sich rückgebildet und die andere ihre Function übernommen, ohne daß entweder eine Verschmelzung oder die Ausbildung eines medianen Stammes stattfand. Mehrmals finden sich ja beide Carotiden in ihrer ganzen Länge erhalten, wie wohl verschieden im Umfang; ich traf dieses Verhalten bei einem erwachsenen *Tropidonotus natrix*, Jacquart hat es beschrieben für *Python* und *Boa*[4] und Rathke erwähnt es für viele Arten. Hier hat also nichts Anderes stattgefunden als die Verlegung der Ursprungsstelle der linken Carotis auf den Anfang des rechten Aortenbogens.

Die unpaaren Carotidenstämme der Varaniden, Crocodile und Schlangen sind also auf drei verschiedene Weisen entstanden und liegen auch in verschiedener Lage, wir dürfen sie also nicht mit demselben Namen »Carotis primaria« bezeichnen. Es scheint mir deshalb nicht nur nicht »überflüssig«, sondern im Gegentheil sehr richtig, den Rathke'schen Namen Carotis subvertebralis für den unpaaren Stamm der Crocodile so wie der Vögel zu behalten.

Es fragt sich nun aber wie die Arterie zu deuten ist, die bei Crocodilen und Vögeln jederseits aus dem Truncus anonymus entsteht, und neben Vena jugularis und Nervus vagus zum Kopfe verläuft.

Ihrer Lage nach stimmt sie mit der Carotis lateralis communis der Eidechsen und Schildkröten überein, und ist dann auch von Rathke ursprünglich mit dieser homologisirt, später aber hat er eingesehen, daß die Carotis subvertebralis aus der Verschmelzung der lateralen Carotiden entsteht, und deshalb hat er die erwähnten Gefäße der Crocodile und Vögel mit dem Namen Arteriae collaterales colli belegt.

---

[4] H. Jacquart, Organes de la circulation chez le serpent Python. Annales des Sciences naturelles, Zoologie, 4me Série, Pt. 4. 1855.

Diese Unterscheidung ist höchst wahrscheinlich richtig, wie verführerisch es auch sei, aus der gleichen Lage dieser seitlichen Halsarterien auf ihre Homologie mit den lateralen Carotiden zu schließen. Ich will nun darauf aufmerksam machen, daß das wahre Homologon der Collaterales colli bei Eidechsen vielleicht in den zu den Muskeln der Halsgegend aufsteigenden Rami musculares zu sehen ist, die jederseits aus der Verbindung zwischen Carotisbogen und Aortabogen entspringen und ja eben so wie die Carotis interna neben Vagus und Jugularis verlaufen. Bei Crocodilen und Vögeln wird der Zusammenhang dieser beiden Bogen frühzeitig aufgehoben und dabei bleibt der Ursprung dieser Muskelarterie wahrscheinlich an dem Ende des Carotisbogens, eben so wie dies mit der Subclavia der Fall ist. In dieser Weise wäre der Unterschied des Gefäßsystems der Saurier und Crocodile weniger fundamental. Es muß aber die Embryologie der Crocodile über die Richtigkeit dieser Vergleichung entscheiden. Bei Schildkröten sind die sehr schwachen Muskeläste des Carotisbogens schon von Fritsch als Arteriae collaterales colli bezeichnet. —

Ich möchte diese Gelegenheit zu einer Antwort auf den Artikel »Zur Abwehr« benutzen, den Herr Prof. G. Fritsch in No. 235 dieser Zeitschrift gegen mich gerichtet hat. Er sagt darin, daß ich meine Behauptung, »seine Kritik des Rathke'schen Aortenbogenschemas beruhe auf ungenügenden und falschen Beobachtungen«, nicht mit Beweisgründen belegt habe. Ich glaube aber diese Beweisgründe sind sowohl in meiner bezüglichen Mittheilung gegeben, als in allen früheren embryologischen Arbeiten, worin das Auftreten von mehr als drei Paar Aortenbogen erwähnt wird. Außerdem giebt Herr Prof. Fritsch selbst zu, daß »seine Arbeit sich wesentlich auf das Gefäßsystem entwickelter Thiere stützte«, während Rathke sowohl dieses wie die embryologische Entwicklung studirte. Weil nun Herr Prof. Fritsch die embryologischen Folgerungen Rathke's rein auf Grund anatomischer Untersuchungen fertiger Zustände kritisirte, glaubte ich berechtigt zu sein, seine Beobachtungen ungenügend zu nennen. Wo Rathke so bestimmt, und, wie es sich jetzt doch wohl längst herausgestellt hat, so richtig das Auftreten zweier Aortenbogen in den zwei vordersten Visceralbogen der Amnioten beschreibt, sollte doch Prof. Fritsch, bevor er das daraus von Rathke abgeleitete Schema als »pedantisch« und »bedenklich« verwarf, sich an Embryonen über das Fehlen oder Vorhandensein dieser Gefäße überzeugt haben. Denn nicht so sehr auf die Zahl der gleichzeitig vorhandenen Gefäßbogen als auf ihre relative Lage kommt es an. Selbst wenn also niemals mehr als drei Paar Bogen an demselben Embryo zu sehen wären, brauchte man nicht »des Principes halber« eine größere Gesammtzahl »anzunehmen«, denn aus ihrer Lage zu den Visceralbogen und -Spalten läßt sich, wie Rathke dies gethan, ihre Rangnummer mit vollständiger Gewißheit ableiten. Ich kann aber mittheilen, daß ich an den jüngsten der bis jetzt von mir untersuchten Lacertaembryonen fünf Paare Aortenbogen, und zwar die zweiten bis sechsten, wegsam getroffen habe, während der Zusammenhang des ersten Bogens mit dem dorsalen Sammelstamme (Carotis interna) nur auf ganz kurzer Strecke unterbrochen war.

Sind meine Ausdrücke über die Kritik des Herrn Prof. Fritsch vielleicht etwas schroff gewesen, so bedauere ich dieses, muß aber dazu bemerken, daß gerade der Ton, worin diese Kritik der schönen Rathke'schen Arbeiten gehalten ist, mich zu solcher Schroffheit verführt hat.

Die Untersuchung eines dem Ausschlüpfen nahen Embryos von *Rhea americana*, das ich der Freundlichkeit des Herrn Prof. M. Weber in Amsterdam verdanke, lehrte mich, daß die Thymus dieser Art eine von den Carinaten abweichende Form hat, nämlich ein großer, compacter, halbkugeliger Körper auf der Grenze zwischen Hals und Schultergegend ist. An den beiden Hälften der Thyreoidea, die sich etwas unterhalb der Thymus finden, suchte ich vergebens nach anhängenden epithelialen Kiemenspaltenresten, fand aber auf Schnittserien ein solches Körperchen innerhalb der Thymus, genau so wie es bei Schildkröten vorkommt.

Utrecht, 16. December 1886.

3. Osteologische Notizen über Reptilien.

Fortsetzung II.

Von Dr. G. Baur.

eingeg. 20. December 1886.

Testudinata.

Über die Stellung der Trionychidae zu den übrigen Testudinata.

Cope[1] und nach ihm Dollo[2] stellen die Trionychidae zusammen mit den Cheloniidae (mit Ausschluß von *Dermatochelys*), Propleuridae, Chelydridae, und Eurysternidae in eine Gruppe *Dactylosterna* Cope, (*Dactyloplastra* Dollo).

Im Nachfolgenden werde ich zu beweisen suchen, daß diese Anordnung unhaltbar ist, und daß die Trionychidae von allen übrigen

[1] E. D. Cope, The Vertebrate of the Tertiary Formations of the West. Washington 1883.

[2] L. Dollo, Première note sur les Chéloniens du Bruxelliens (Éocène moyen) de la Belgique. Bull. Mus. Roy. Hist. Nat. Belg. Tome IV. 1886. p. 91.

Testudinata getrennt und in einer besonderen Unterordnung allen übrigen gegenüber gestellt werden müssen.

Die Trionychidae unterscheiden sich von allen anderen Testudinata in folgenden drei Puncten.

1) In der Morphologie des Plastrons.

2) In der Morphologie der Sacral- und Caudalwirbel.

3) In der Morphologie der Extremitäten.

1) Die Morphologie des Plastrons der Trionychidae.

Das Entoplastron der Trionychidae ist, so viel man bis jetzt kennt, von dem aller übrigen Testudinata verschieden. Alle Schildkröten mit Ausnahme der Trionychidae besitzen ein T- bis kreuzförmiges, rhomboidales bis stabförmiges Entoplastron. (Bei *Dermatochelys* und *Cinosternon* etc. ist das Entoplastron rudimentär geworden.)

Bei den Trionychidae ist das Entoplastron bogenförmig, der mehr oder weniger lange mediane Stamm, der allen übrigen Testudinata zukommt, fehlt hier vollkommen.

Bei allen Testudinata mit Ausnahme der Trionychidae (bei allen?) steht das Epiplastron mit dem Hyoplastron in Berührung.

Bei den Trionychidae hingegen steht nur das Entoplastron mit dem Hyoplastron in Verbindung, während das Epiplastron davon ausgeschlossen ist.

2) Die Morphologie der Sacral- und Caudalwirbel der Trionychidae.

Bei allen Testudinata mit Ausnahme der Trionychidae stehen die Rippen der Sacral- und Caudalwirbel, sowohl mit dem Körper als mit dem Bogen des Wirbels in Verbindung, und die Para-diapophysen sind mehr oder weniger rudimentär.

Bei den Trionychidae stehen die Sacral- und Caudalrippen nur mit dem oberen Bogen in Verbindung, nicht mit dem Körper.

Während die Sacralrippen wohl entwickelt sind und an kräftigen Diapophysen sitzen, sind die Caudalrippen sehr in Größe zurückgegangen, die Diapophysen der Caudalrippen dagegen haben sich außerordentlich verlängert. Die Caudalrippen der Trionychidae haben das Aussehen von Epiphysen, welche den langen Diapophysen aufsitzen.

3) Die Morphologie der Extremitäten.

Alle Testudinata mit Ausnahme der Trionychidae haben nie mehr als drei Phalangen am 4. und 5. Finger in Hand und Fuß. Bei den Trionychidae wird diese Zahl immer? oder meist überschritten, der 4. Finger in Hand und Fuß zeigt bei vielen fünf, der 5. vier Phalangen.

Es erhebt sich nun die Frage, wie groß ist der Werth dieser Unterschiede?

1) Das Plastron.

Die Form des Plastrons der Trionychidae ist von einer embryonalen Plastronform, z. B. von *Emys* ableitbar. Denkt man sich das mediane Stück des Entoplastron von Emys zurückgebildet, die seitlichen Stücke aber mehr und mehr entwickelt, so daß das Epiplastron aus der Vereinigung mit dem Hyoplastron verdrängt wird, so haben wir das Plastron der Trionychidae vor uns. Wir können uns also das Plastron der Trionychidae durch Specialisation eines ursprünglichen Emyden-Plastrons hervorgegangen vorstellen.

2) Die Sacral- und Caudalwirbel.

Die Morphologie der Sacral- und Caudalwirbel steht nicht nur einzig da in der Gruppe der Testudinata sondern auch in der ganzen Classe der Reptilien. Bei keinem anderen Reptil finden wir die Sacral- und Caudalrippen auf die oberen Bogen beschränkt, immer nimmt der Körper Theil an der Bildung der Articulationsfläche für die Rippen.

Dieses eigenthümliche Verhältnis ist aber wohl kaum als das »ursprüngliche«, sondern als erst secundär erworben zu betrachten. Einen ähnlichen Fall finden wir bei den Ichthyopterygia; hier ist die Rippe immer auf den Körper des Wirbels beschränkt, tritt niemals auf den Bogen über. Der »ursprüngliche« Zustand der Sacral- und Caudalrippe ist der, daß sie sowohl auf Körper wie auf Bogen steht; dieser Zustand findet sich bei allen Reptilien mit Ausnahme der Ichthyopterygia und Trionychidae. Bei den Ichthyopterygia verläßt die Sacral- und Caudalrippe den Bogen um ganz auf den Körper überzugehen; bei den Trionychidae verläßt die Rippe den Körper, um vollkommen dem Bogen anzugehören.

3) Die Extremitäten.

Die Phalangenzahl vier im 5. Finger der Hand bei vielen Trionychidae steht einzig da unter allen Reptilien, mit Ausnahme der an's Wasser vollkommen angepaßten Sauropterygia, Ichthyopterygia und Pythonomorpha. Auch sie ist wohl nur durch Anpassung an das flüssige Element zu erklären.

Die drei Hauptdifferenzen zwischen Trionychidae und allen übrigen Testudinata sind daher offenbar nur Specialisirungen eines mehr allgemeinen dem embryonalen Zustand der übrigen Testudinata entsprechenden Typus[3]. Da wir nach unseren heutigen Kenntnissen nicht annehmen können, daß die Trionychidae sich aus irgend einer der uns bekannten Schildkrötenformen heraus entwickelt haben, so müssen wir sie allen anderen isolirt gegenüber stellen. Wenn die An-

[3] Ein weiterer Beweis für die Specialisirung der Trionychidae ist der rudimentäre Zustand oder die gänzliche Abwesenheit der unteren Bogen (Chevrons).

gabe von Heude[4], daß die chinesischen Species der Trionychidae so zahlreich sind, wie die aller übrigen Schildkröten, lebend wie fossil, zusammengenommen, richtig ist, so dürfte dies eine neue Stütze für meine Anschauung sein.

Ich schlage daher vor die Testudinata in zwei Hauptgruppen einzutheilen:

I. Diacostoidea, mit den Trionychidae,

II. Paradiacostoidea, mit allen übrigen Schildkröten.

Die Diagnosen sind die folgenden:

Testudinata.

I. Diacostoidea.	II. Paradiacostoidea.
Entoplastron bogenförmig ohne mediane Fortsätze.	Entoplastron, wenn vorhanden, rhomben-, spieß-, T- oder kreuzförmig; immer mit medianen Fortsätzen.
Sacral- und Caudalrippen mit wohl entwickelten Diapophysen der oberen Bogen in Verbindung. Caudalrippen rudimentär.	Sacral- und Caudalrippen mit rudimentären Paradiapophysen von Bogen und Körper in Verbindung. Caudalrippen wohl entwickelt.
Mehr als drei Phalangen am 4. (und 5.) Finger von Hand und Fuß.	Nie mehr als drei Phalangen im 4. und 5. Finger von Hand und Fuß.

Das Plastron von *Amyda mutica* Les.

Amyda unterscheidet sich sofort von allen übrigen Trionychiden durch die Configuration des Plastron.

Es sind fünf Plastron-Schwielen (Callostics) vorhanden.

Die Schwielen der Hiphiplastra bedecken dieselben vollkommen, eben so die der Hypo- und Hyoplastra die entsprechenden Elemente.

Außer diesen vier wohlentwickelten Schwielen findet sich eine solche auf dem Entoplastron. Nur die distalen Enden des Entoplastron bleiben von der Callosität frei.

Die Hiphiplastra sind durch eine gezackte Sutur ihrer ganzen Länge nach vereinigt. Die suturös vereinigten Hypo- und Hyoplastra berühren sich beinahe vollkommen in der Medianlinie. Es bleiben daher zwischen den einzelnen Plastron-Elementen nur sehr kleine Fontanellen bestehen. Das Entoplastron ist verhältnismäßig sehr breit in der Mitte.

[4] R. P. Heude, Mémoire sur les *Trionyx*. [Mémoires concernant l'Hist. Nat. de l'emp. Chinois. Premier cahier. Chang-Hai, 1880.]

Von allen Trionychiden kommt *Landemania irrorata* Gray (*Trionyx peroculatus* Günther), in der Bildung des Plastron *Amyda* am nächsten. Bei *Landemania* finden sich aber nicht fünf sondern sechs Plastral-Schwielen; indem auf dem Entoplastron zwei vorhanden sind. Sehr interessant ist, daß auch bei einem alten Exemplar von (*Tyrse nilotica*) *Aspidonectes aegyptiacus* Wagler, Geoffroy, auf dem Entoplastron eine kleine Schwiele vorhanden ist.

Gray[5] hat dies beobachtet und drückt sich darüber folgendermaßen aus.

»The most remarkable peculiarity, because there is no indication of it in the younger specimens, is that it possesses a moderatesized triangular callosity, with a curved hinder side on the middle of the odd anterior sternal bone, showing an alliance in this respect to the *Emydina*, or Mud-Tortoises with valves over their feet, which generally have an odd anterior callosity; but I had never before seen it in a tortoise with exposed hind feet and legs.«

Daß bei *Amyda* die Schwiele des Entoplastron nicht erst beim erwachsenen Thier auftritt, beweist das von mir untersuchte Exemplar, dessen verknöchertes Rückenschild von vorn nach hinten nur 94 mm mißt.

Die Halswirbel der Testudinata.

Vaillant[6] hat über die Halswirbel der Schildkröten eine sehr ausführliche Arbeit geliefert. Ich möchte einige weitere Beobachtungen anschließen.

Testudo graeca L. Nach Vaillant ist der 3. und 8. Wirbel biconvex; ich finde bei einem Exemplar, daß der 4. und 8. diese Eigenschaft besitzt. Es scheinen also hier Variationen vorzukommen.

Testudo gopher (*polyphemus*), welche von Vaillant nicht untersucht wurde, verhält sich wie *Testudo campanulata*, *T. pusilla*, *T. Leithii*, etc. (Vaillant), d. h. der 4. und 8. Halswirbel ist biconvex.

Herobates Agassiz, spec. aus Mexico, verhält sich wie die von mir untersuchte *T. graeca*, d. h. der 3. und 8. Wirbel ist biconvex.

Chrysemys picta und *Malaclemys palustris*, von Vaillant nicht untersucht, hat den 4. und 8. Halswirbel biconvex.

Testudo Leithii Günther, *Peltastes Leithii* Gray. Unter drei Exemplaren, a, b, c, finde ich drei Variationen.

In einem Fall finde ich dieselben Verhältnisse, wie sie Vaillant von zwei Individuen angiebt, d. h. den 4. und 8. Wirbel biconvex.

---

5 F. E. Gray, On an adult Skeleton of *Tyrse nilotica* in the British Museum. Annals and Mag. Nat. Hist. Vol. XI. Fourth Ser. London, 1873. p. 470—471.

6 Léon Vaillant, Mémoire sur la disposition des vertèbres cervicales chez les Chéloniens. Ann. des Sc. nat. sixième Série. Zool. tome X. Paris, 1879—1880. 106 p. Pl. 26—31.

Halswirbel	a.	b.	c. u. 2 Exemplare von Vaillant.
1.	procoel	procoel	opisthocoel
2.	procoel	amphicoel	opisthocoel
3.	procoel	opisthocoel	opisthocoel
4.	procoel	biconvex	biconvex
5.	procoel	procoel	procoel
6.	procoel	procoel	procoel
7.	amphicoel	amphicoel	amphicoel
8.	biconvex	biconvex	biconvex.

Bei den Testudinidae scheinen Variationen ziemlich häufig zu sein. Es ist möglich, daß das einzige Exemplar von *Pyxis arachnoides* Bell, welches von Vaillant untersucht wurde, nicht das normale Verhältnis der Halswirbel, sondern eine Variation zeigt. Hier haben wir nämlich das sonderbare Verhalten, daß alle Halswirbel procoel sind, ein Verhältnis, das bei keiner anderen Schildkrötenform bisher beobachtet worden ist. Leider hatte ich keine Gelegenheit ein Skelet von *Pyxis* untersuchen zu können. Es wäre interessant, nachzuweisen, ob andere Exemplare von *Pyxis* dieselben Verhältnisse zeigen wie das von Vaillant untersuchte.

Pleurodira.

Hier sind zwei Modificationen der Halswirbel zu unterscheiden.

a) Der 2. Halswirbel ist biconvex: *Sternothaerus castaneus*, *Pelomedusa galeata* nach Vaillant, *Podocnemys* nach Baur.

b) Der 5. u. 8. Wirbel ist biconvex: *Chelodina longicollis*, *Platemys Hilarii*, *Elseya latisternum*, *Hydromedusa Maximiliani*, *Chelys fimbriata*; alle nach Vaillant.

Ein Ginglymoid-Gelenk kommt bei *Pleurodira* nie vor.

Es ist interessant zu beobachten, daß bei allen Formen der Categorie a, so weit bis jetzt bekannt, ein Mesoplastron vorkommt, während es bei keinem Repräsentant der Categorie b vorhanden ist.

Ein Mesoplastron kommt vor bei *Podocnemys*, *Pelomedusa* (*Pantonyx*), *Peltocephalus*, nach Rütimeyer[7], so wie bei *Sternothaerus* nach Peters[8]. Nach Peters l. c. p. 6 kommt bei *Pelomedusa* kein Mesoplastron vor.

---

[7] L. Rütimeyer, Über den Bau von Schale und Schädel bei lebenden und fossilen Schildkröten. Verhandl. der naturforsch. Gesellsch. Basel, VI. I. Basel, 1873. p. 23.

[8] W. C. H. Peters, Naturwissenschaftliche Reise nach Mossambique. Zoologie III. Amphibien. Berlin, 1882. p. 7.

Ferner ist die Gruppe a ausgezeichnet durch den wohl entwickelten Schläfenbogen, welcher bei der Gruppe b fehlt oder rückgebildet ist. Hiernach dürfte es berechtigt erscheinen, die Pleurodira in zwei Gruppen zu zerlegen.

Die Gruppe a würde enthalten die Podocnemididae Cope, Pelomedusidae Cope, Sternothaeridae Cope, die Gruppe b die Chelydidae Gray und Hydraspididae Cope.

New Haven, Conn., 5. December 1886.

4. Über die Prothoracalanhänge bei den Lepidopteren.

Von N. Cholodkovsky in St. Petersburg.

eingeg. 29. December 1886.

In No. 239 des »Zoologischen Anzeigers« befindet sich eine Notiz von Herrn Dr. Haase, meine Mittheilung »zur Morphologie der Insectenflügel« betreffend. Herr Haase behauptet erstens, daß die von mir beschriebenen Prothoracalanhänge der Schmetterlinge schon längere Zeit bekannt sind, zweitens, daß die von mir vertretene morphologische Deutung derselben nicht zutreffe.

In erster Beziehung hat wohl Herr Dr. Haase vollkommen Recht. In meiner kurzen Mittheilung habe ich leider nicht den ganzen Apparatus litterarum berücksichtigt, indem ich vor Allem nur auf die mögliche morphologische Bedeutung der Prothoracalanhänge hinweisen wollte. Es ist auch wohl nicht der erste Fall, daß eine schon zuvor beobachtete, beschriebene und wieder vergessene Bildung zum zweiten Male entdeckt und als neu beschrieben wird. Bei der übermäßigen Fülle der entomologischen Litteratur kann dies auch nicht Wunder nehmen. Obschon ich also die Prothoracalanhänge der Lepidopteren ganz unabhängig beobachtet und beschrieben habe, so lasse ich sehr gern zu, daß die Priorität Chabrier und Anderen gebührt.

Was aber die zweite Behauptung des Herrn Dr. Haase betrifft, so kann ich mit derselben nicht übereinstimmen. Indem Herr Haase meine Deutung der Prothoracalanhänge als rudimentäre Prothoraxflügel verwirft, stellt er dieselben den mesothoracalen Tegulae gegenüber und sieht sie als secundäre, accessorische Bildungen an. Deshalb sei es mir zu bemerken erlaubt, daß die Frage, ob eine gewisse anatomische Bildung primär oder secundär sei, zu entscheiden, — gewiß nicht so leicht ist, wie es sich Herr Dr. Haase vorstellt. Das verhältnismäßig späte Auftreten der Prothoracalanhänge in der Entwicklung der Lepidopteren beweist ihre secundäre Natur keineswegs, weil viele Fälle bekannt sind, wo morphologisch ganz gleichwerthige Bildungen in sehr verschiedenen Entwicklungsphasen auftreten. Daß aber auch unzweifelhaft secundäre Bildungen eine hohe morphologische Bedeutung haben können, beweist uns z. B. auf's deutlichste die Entwicklungsgeschichte einiger Crustaceen (*Erichthus*), bei denen gewisse Extremitätenpaare einen entschieden secundären Character tragen, durch welchen ihre morphologische Gleichwerthigkeit mit den übrigen Gliedmaßen nicht im geringsten Grade eingebüßt wird. In der Entwicklung der Squilliden sind nämlich einige Extremitätenpaare in der Protozoeaphase wohl entwickelt, dann atrophiren sie im Stadium der Zoëa, um sich zu Ende der Metamorphose von Neuem zu entwickeln.

Was endlich die Vergleichung der Prothoracalanhänge mit den sogenannten Tegulae oder Scapulae anbelangt, so scheint mir diese Zusammenstellung sehr wenig zuzutreffen.

Ihrer Lage nach entsprechen die Prothoracalanhänge den Flügelanlagen noch besser, als den Tegulae; dem Baue nach sind aber die beiden Bildungen verschieden. Denn während die Tegulae nur harte, solide Chitinplatten vorstellen, sind die Prothoracalanhänge hohle, weiche, mit Blut und Tracheenzweigen gefüllte blasenförmige Bildungen, welche demnach weit mehr den Flügelanlagen als den Tegulae ähnlich gestaltet sind.

Überhaupt bin ich jetzt, wie zuvor überzeugt, daß die einzige morphologische Bildung, mit welcher man die Prothoracalanhänge vergleichen könnte, die prothoracalen Flügelrudimente sind, wie sie z. B. Fr. Müller bei den Termiten beobachtet hat.

St. Petersburg, den 14./26. December 1886.

III. Mittheilungen aus Museen, Instituten etc.

1. Linnean Society of London.

20th January 1887. — W. Carruthers FRS. Pres. in the Chair. — A letter was read from Mr. Benj. T. Lowne referring to an exhibition by him of photographs from microscopical specimens of the retina of Insects. One section represented the retinal layer detached from the opticus, other sections showed the basilar layer: thus practically affording evidence that the nerves terminate in end organs, viz. rods placed in groups beneath the opticus — a view promulgated by Mr. Lowne in his memoir published in the Societys Transactions. (Zool. 2d Ser. Vol. II. p. 389—420.) — Mr. J. W. Waller exhibited a block of wood, part of an Oak grown in Sussex, and which contained an excavated tunnel and large living larva of the longicorn beetle *Prionus corarius*. — A Report was read on the Hydroida and Polyzoa from the Mergui Archipelago by the Rev. Thos. Hincks. The author states that though the material is moderate in amount it nevertheless possesses interest in a fine mass of *Nellia oculata* Busk (preserved in spirit) which proves rich in minute forms of both Polyzoa and Hydroida. A new genus is described (—?) provisionally ranked amongst the Bicellaridae, and probably nearly related to *Bugula*. *Steganoporella Smittii* is noted, the Mergui example being undoubtedly identical with the Cornish species. A variety of Smitt's *Schizoporella spongites* is described, forming a spreading crust, white and silvery, on stone. *Buskia setigera* n. sp. is figured. The occurrence of a second species of *Buskia* has a positive interest as throwing further light on a peculiar type of structure. Hitherto the genus has been represented by *Buskia nitens*, Alder, a smaller form than the present, which is not uncommon on the English coasts and ranges from the Mediterranean to the extreme north (Davis Strait, Barents Sea, White Sea) and to the Queen Charlotte Islands in the North Pacific. *B. setigera* is comparatively large: and from the suberect habit of the cell, the ventral aperture extending from the bottom (or nearly so) to the top, is more apparent and more readily studied. The solid or chitinous portion of the zoœcium forms a kind of carapace closed in below by a membranous wall. The polypide stretches along the upper portions of the cell immediately beneath the chitinous shell and issues at the top of the oral area. The structure, so far as it can be determined in spirit-specimens, is extremely simple; there seems to be no trace of a gizzard. In the setose portion of the tentacular sheath there is an interesting peculiarity. The setæ, before expanding, instead of being packed together so as to form a straight pencil, are seen to be subspirally arranged, some tending to one side, some to the other. and bear some resemblance to loosely twisted strands in a cord. As the tentacular corona moves upward and presses upon the base of the operculum, the setæ disentangle themselves and expand into the usual funnel-shaped figure. The setæ with the reversible portion of the sheath from which they rise equal the cell in length. The four setose appendages placed round the upper portion of the cell-margin form a very conspicuous and striking feature. When the polypide is exserted, they are thrown back and stand out from the cell; when it withdraws they are brought together and project at the summit. The tubular adherent processes given off from the lower part of the cell correspond with the spines round the base of the zoœcium in *B. nitens*. The cells are developed in large numbers on the creeping stem, and the habit of growth is luxuriant. *Membranopora favus*, *M. marginella*, *Lepralia robusta*, *Porella malleolus* with others are among the new species fully diagnosed. Of Hydroids, *Obelia Andersoni*, and *O. bifurca* are new to science; the latter probably allied to *O. bicuspidata*, Clarke, known from the Thimble Islands, coast of New England. — J. Murie.

IV. Personal-Notizen.

Herr Dr. G. Baur, New-Haven, Conn. wird sich im Februar auf eine längere Studienreise nach Europa begeben. Seine Adresse während seines Aufenthaltes in Europa ist: 32 Heß-Str. München.

Necrolog.

Am 29. November 1886 starb in Wien Johann von Hornig. Bekannt als Lepidopterolog hat er namentlich der Biologie der Schmetterlinge eine Anzahl eingehender Artikel gewidmet.

Notiz.

Tropische Landplanarien, bis 30 cm lang (Bipalinen sp. nach Hofrath Bütschli), versendet lebend oder conservirt zu 5—8 ℳ der **botanische Garten** in **Heidelberg.**

Druck von Breitkopf & Härtel in Leipzig.

Zoologischer Anzeiger

herausgegeben

von Prof. **J. Victor Carus** in Leipzig.

Verlag von Wilhelm Engelmann in Leipzig.

X. Jahrg. | 28. Februar 1887. | No. 245.

Inhalt: I. **Litteratur.** p. 105—113. II. **Wissensch. Mittheilungen.** 1. **Garbini,** Intorno ad un nuovo organo dell' Anodonta. 2. **Fritsch,** Berichtigung. 3. **Grosglik,** Schizocoel oder Enterocoel? 4. **Osborn,** Osphradium in *Crepidula.* 5. **Baur,** Erwiederung. 6. **Wierzejsky,** Bemerkungen über Süßwasser-Schwamme. III. **Mittheil. aus Museen, Instituten etc.** 1. **Zoological Society of London.** 2. **Linnean Society of London.** 3. **Linnean Society of New South Wales.** IV. **Personal-Notizen.** Vacat.

I. Litteratur.

4. Zeit- und Gesellschaftsschriften. (Nachtrag.)

Abhandlungen aus dem Gebiete der Naturwissenschaften hrsg. vom Naturwissenschaftlichen Verein in Hamburg. 9. Bd. 1. Hft. Mit 4 Taf. 2. Hft. Mit 7 Tabell. u. 4 Karten. Hamburg, L. Friedrichsen & Co., 1886. 4°. (1.: XVII p. u. Abhandl. [No. 2—6.] besonders pagin.; 2.: XIV p., eine Abhandl. bes. pagin.) à *M* 7,20.

15. Arthropoda.

d) **Insecta.**

δ) **Neuroptera.** (Fortsetzung.)

Scudder, Sam. H., The oldest known Insect-larva, *Mormolucoides articulatus.* from the Connecticut River Rocks. With 1 pl. in: Mem. Boston. Soc. Nat. Hist. Vol. 3. No. 13. p. 431—438.

δ*) **Strepsiptera.**

Kolbe, H. J., Strepsiptera. in: Zool. Jahresber. Zool. Stat. Neapel, 1885. Abth. II. p. 191.

ε) **Diptera.**

Karsch, Fr., Diptera. in: Zool. Jahresber. Zool. Stat. Neapel, 1885. Abth. II. p. 405—442.

—— Siphonaptera. ibid. p. 442.

—— Verzeichnis der im Laufe des Jahres 1885 als neu beschriebenen recenten Insectenarten des Continents Europa. (Fortsetzung I.) (Lepidoptera. Diptera.) in: Entomol. Nachricht. 12. Jahrg. No. 21. p. 328—336.

Bigot, J. M. F., Diptères nouveaux ou peu connus. 29. partie. XXXVII. § 1. Essai d'une classification synoptique du groupe des *Tanypezidi* (mihi). in: Ann. Soc. Entomol. France, (6.) T. 6. 2. Trim. p. 287—302. Suite. ibid. 3. Trim. p. 369—392.
(44 n. sp.)

Bigot, J. M. F., (Notes diptérologiques). in: Ann. Soc. Entomol. France, (6.) T. 6. 2. Trim. Bull. p. LXXVI—LXXVII.

Mik, Jos., Dipterologische Miscellen. II. in: Wien. Entomol. Zeit. 5. Jahrg. 8. Hft. p. 276—279. — III. ibid. 9. Hft. p. 317—318.

Wachtl, Fritz, A., Einige Resultate meiner Zuchten. in: Wien. Entomol. Zeit. 5. Jahrg. 9. Hft. p. 307.
(Diptera, Hymenoptera.)

Ciaccio, G. V., Sur la fine structure des yeux des Diptères. (Suite.) in: Journ. de Micr.gr. T. 10. Sept. p. 401—406. Oct. p. 454—459.
(s. Z. A. No. 237. p. 648.)

Laboulbène, Alex., Note sur les oeufs remarquables d'un Insect Diptère. Avec figg. in: Ann. Soc. Entomol. France, (6.) T. 6. 2. Trim. p. 285—286.

Meinert, F., De eucephale Myggelarver. Sur les larves eucéphales des Diptères, leurs moeurs et leurs métamorphoses. Copenhague, 1886. 4⁰. (140 p., 4 pls.) (Avec un résumé en français.) (V. Dansk. Vid. Selsk. Skrifter.) ℳ 8,30.

Dziedzicki, H., Beitrag zur Fauna der zweiflügeligen Insecten. (4. Fortsetz.) in: Wien. Entomol. Zeit. 5. Jahrg. 8. Hft. p. 265—266. 5. Fortsetz. 9. Hft. p. 326—327. (6. Fortsetz.) 10. Hft. p. 346—347.
(1 n. sp.)

Karsch, F., Dipteren von Pungo-Andongo, gesammelt von Hrn. Major Alex. von Homeyer. 2. Fortsetzung. in: Entomol. Nachricht. 12. Jahrg. No. 22. p. 337—342.
(Sp. No. 19—28; 10 n. sp.) — s. Z. A. No. 237. p. 648.

Mik, Jos., Die Dipteren-Genera Paolo Lioy's. in: Entomol. Nachricht. Karsch, 12. Jahrg. No. 21. p. 321—328.

Lindeman, K., Über *Agromyza lateralis* Macq. und ihre Verwandlungen. Mit Holzschn. in: Bull. Soc. Imp. Natural. Moscou, 1886. No. 3. p. 9—14.

Kiefer, J. J., Beschreibung neuer Gallmücken und ihrer Gallen. in: Zeitschr. f. Naturwiss. (Halle), 59. Bd. (4. F. 5. Bd.) 4. Hft. p. 324—333.
(5 n. sp.)

Ormerod, Eleanor A., The Hessian Fly (*Cecidomyia destructor*) in Great Britain; being Observations and Illustrations from Life, with Means of Protection and Remedy, from the Department of Agriculture, U. S. A. London, Simpkin, 1886. 12⁰. (24 p.) 6 d.

Wachtl, Fritz A., Über ein außergewöhnliches Vorkommen der Larven von *Cephenomyia stimulator* Clk. in: Wien. Entomol. Zeit. 5. Jahrg. 9. Hft. p. 305—306.

Mik, Jos., Eine neue *Drosophila* aus Nieder-Österreich und den Aschanti-Ländern [*Dr. adspersa* n. sp.]. in: Wien. Entomol. Zeit. 5. Jahrg. 9. Hft. p. 328—331.

—— Über *Elliptera omissa* Egg. Mit 1 Taf. ibid. 10. Hft. p. 337—344.

Gazagnaire, J., Sur un prétendu nouveau type de tissu élastique observé chez la larve de l'*Eristalis*. in: Ann. Soc. Entomol. France, (6.) T. 6. 2. Trim. Bull. p. CIV—CVI.

Osten-Sacken, C. R., Some new facts concerning *Eristalis tenax*. in: Entomol. Monthly Mag. Vol. 23. Oct. p. 97—99.

Wachtl, Fritz A., *Lasioptera populnea* Wachtl. Die Erzeugerin der Blattgallen auf Populus alba L. und P. canescens Willd. Mit 1 Taf. in: Wien. Entomol. Zeit. 5. Jahrg. 9. Hft. p. 308—310.

Röder, V. von, Über die nordamerikanischen *Lomatiina* von Mr. Coquillet in dem Canadian Entomologist. in: Wien. Entomol. Zeit. 5. Jahrg. 8. Hft. p. 263—265.

Bigot, J. M. F., Nouvelle espèce du g. *Loxocera* (Dipt., fam. *Agromyzidae*, Rond.) [*L. atriceps*]. in: Ann. Soc. Entomol. France, (6.) T. 6. 2. Trim. Bull. p. LXXXV—LXXXVI.

Sahlberg, John, *Lynchia fumipennis* n. sp., en på Pandion haliaëtus lefvande Hippoboscid. in: Meddel. Soc. Fauna et Flora Fenn. 13. Hft. p. 149—152.

Ritzema Bos, J., La Mouche du Narcisse (*Merodon equestris*, F.), ses métamorphoses, ses moeurs, les dégats causés par ses larves et les moyens proposés pour la détruire. Avec 2 pl. in: Arch. Mus. Teyler, (2.) Vol. 2. P. 2. 1885. p. 45—96.

Brauer, Fr., Über die Oestriden-Gattung *Microcephalus*. in: Wien. Entomol. Zeit. 5. Jahrg. 10. Hft. p. 345.

Osten-Sacken, C. R., Characters of the Larvae of *Mycetophilidae* (Reprinted from the Proc. Entomol. Soc. Philadelphia, 1862). Heidelberg, 1886. 8⁰. (29 p., 1 pl.) *M* 2,—.

Hudson, G. V., A luminous Insect larva in New Zealand. in: Entomol. Monthly Mag. Vol. 23. Oct. p. 99—101.
(s. Z. A. No. 226. p. 388. [E. Meyrick.]) — Dipterous larva.

Osten-Sacken, C. R., A luminous Insect-larva in New-Zealand. in: Entomol. Monthly Mag. Vol. 23. Nov. p. 133—134.
(Belongs to the *Mycetophilidae*.)

Brauer, Friedr., Nachträge zur Monographie der Oestriden. Mit 1 Taf. I. Über die von Frau A. Zugmayer u. Hrn. F. Wolf entdeckte Lebensweise des *Oestrus purpureus*. in: Wien. Entomol. Zeit. 5. Jahrg. 9. Hft. p. 289—304.

—— Vorläufige Mittheilung [über *Oestrus purpureus*]. ibid. 8. Hft. p. 275.

Bigot, J. M. F., Genre et espèce de Diptères [*Peringueyimyia capensis* n. g., n. sp.]. in: Ann. Soc. Entomol. France, (6.) T. 6. 2. Trim. Bull. p. CX—CXI.

Mik, Jos., Erwiderung auf den Artikel »Zur Verständigung« in den Entomol. Nachrichten, 12. Jahrg. p. 251. in: Entomol. Nachricht. 12. Jahrg. No. 22. p. 343—344.
(Gegen: Girschner, üb. *Phaenomyia*.) — s. Z. A. No. 237. p. 649.

Bigot, J. M. F., Genre nouveau et espèce nouvelle de Diptères [*Rhabdopselaphus mus*]. in: Ann. Soc. Entomol. France, (6.) T. 6. 2. Trim. Bull. p. CIII—CIV.

Verrall, G. H., List of British *Tipulidae* etc. with notes (contin.). in: Entomol. Monthly Mag. Vol. 23. Oct. p. 116—120. Nov. p. 121—125. Decbr. p. 156—160.

ζ) Lepidoptera.

Aurivillius, P. O. Chr., Lepidoptera. in: Zool. Jahresber. Zool. Stat. Neapel, Abth. II. p. 442—541.

Karsch, F., Neue Arten d. Lepidopt. v. supra Diptera.

Bau, Alex., Handbuch für Schmetterlingssammler. Beschreibung und Naturgeschichte aller in Deutschland, Österreich-Ungarn und der Schweiz vorkommenden Groß- und der vorzugsweise gesammelten Klein-Schmetterlinge. Mit zahlreichen naturgetreuen in den Text gedr. Abbildungen.

Magdeburg, Creutz'sche Verlagsbuchhandl., 1886. 8°. (IV, 420 p.) ℳ 5,—.

Fielde, Adele M., Fishing Lines and Ligatures from the Silk-glands of Lepidoptera. in: Proc. Acad. Nat. Sc. Philad. 1886. p. 298—299.

Hulst, Geo. D., Lepidopterological Notes. in: Entomologica Amer. Vol. 2. No. 8. p. 162—163.

Carrington, John T., Spurious varieties of Lepidoptera. in: The Entomologist, Vol. 19. Novbr. p. 273—276.

Machin, Will., Notes on Gall Collecting. in: The Entomologist, Vol. 19. Oct. p. 259.

Haase, Er., Die Prothoracalanhänge der Schmetterlinge. in: Zool. Anz. 9. Jahrg. No. 239. p. 711—713.

—— Über besondere Schuppenbildungen bei Schmetterlingen. in: Tagebl. 59. Vers. deutsch. Naturf. p. 197. — Entomol. Nachricht. (Karsch), 12. Jahrg. 20. Hft. p. 312.

Spichardt, C., Development of Male Generative Organs in Lepidoptera. Abstr. in: Journ. R. Microsc. Soc. London, (2.) Vol. 6. P. 6. p. 968—969.

(Verhandl. Nat. Ver. Pr. Rheinl.) — s. Z. A. No. 237. p. 658.

Platner, Gust., Die Karyokinese bei den Lepidopteren als Grundlage für eine Theorie der Zelltheilung. Mit 2 Taf. in: Internat. Monatsschr. f. Anat. u. Hist. 3. Bd. 10. Hft. p. 341—398. — Apart: Leipzig, Geo. Thieme, 1886. 8°. ℳ 4,—.

Geilhof, Gust., Beobachtungen über künstliche Abkürzung des Puppenstadiums bei europäischen Schmetterlingen. in: Die Insekten-Welt, 3. Jahrg. No. 5. p. 27—28.

Hall, A. E., Rapid Hatching of Lepidopterous Ova. in: The Entomologist, Vol. 19. Oct. p. 257.

Hellins, J., External parasites on Lepidopterous larvae. in: Entomol. Monthly Mag. Vol. 23. Nov. p. 142.

Poulton, E. B., On the Artificial Production of a Gilded Appearance in Chrysalides. (Brit. Assoc.) in: Nature, Vol. 34. No. 883. p. 538.

Jefferys, T. B., Second Broods. in: The Entomologist, Vol. 19. Novbr. p. 279.

Lang, Rob., Über das Verhalten der Lepidopteren zum Wasser. in: Die Insekten-Welt, 3. Jahrg. No. 1. p. 4—5.

Bath, W. Harcourt, Lepidoptera and Migration. in: Nature, Vol. 34. No. 887. p. 618.

Adye, J. M., Notes from Hampshire. in: The Entomologist, Vol. 19. Oct. p. 256—257.

Bath, W. Harc., Notes on the Lepidoptera of the Birmingham district: a Retrospect. in: Entomol. Monthly Mag. Vol. 23. Nov. p. 126—130.

Butler, Arth. G., On Lepidoptera collected by Major Yerbury in Western India. With 1 pl. in: Proc. Zool. Soc. London, 1886. P. III. p. 355—395.

(178 [23 n.] sp.; n. g. *Epifidonia.*)

Christ, H., Nachtrag zu der Übersicht der um Basel gefundenen Tagfalter und Sphinges L. in: Verhandl. Naturf. Ges. Basel, 8. Th. 1. Hft. p. 127—132.

Elwes, H. J., Lepidoptera in the Sikkim Himalaya. in: Nature, Vol. 34. No. 886. p. 597—598.

Grahame-Young, A., Notes on Himalayan Lepidoptera. in: Entomol. Monthly Mag. Vol. 23. Oct. p. 102—103.

Harcourt, W., Lepidoptera of the Tame Valley. in: The Entomologist, Vol. 19. Oct. p. 257.

Jordan, K., Die Schmetterlingsfauna Göttingens. Göttingen, 1886. 8⁰. (52 p.)

Krause, .. (Altenburg), Über einige Lepidoptera der Umgegend von Altenburg. in: Die Insekten-Welt, 3. Jahrg. No. 10. p. 57.

Moore, Frdr., List of the Lepidoptera of Mergui and its Archipelago collected for the Trustees of the Indian Museum, Calcutta, by Dr. John Anderson, Superint. of the Museum. With 2 pl. in: Journ. Linn. Soc. London, Zool. Vol. 21. No. 126. p. 29—60.

(272 [12 n.] sp.; n. g. *Paduca, Araminta, Pangerana.*)

Möschler, H. B., Beiträge zur Schmetterlingsfauna von Jamaica. Mit 1 Taf. in: Abhandl. Senckenb. Nat. Ges. 14. Bd. 3. Hft. p. 25—87.

(197 [67 n.] sp.; n. g. *Afrida, Alarodia, Elasmia, Listonia, Algonia, Alibama, Barcita, Ballonicha, Berocynta, Amagoa, Berdura, Basonga, Barisoa.*)

Pagenstecher, A., Georg Semper's Die Schmetterlinge der Philippinischen Inseln. in: Entomol. Nachricht. (Karsch), 12. Jahrg. No. 24. p. 380—381.

Porritt, Geo. T., List of Yorkshire Lepidoptera. in: Trans. Yorksh. Natur. Union, P. 9. (concluding Vol. 2. p. 179—183.) Vol. 2. p. 95—158. in: Part 7, May, 1884.

Riding, W. S., A Month in North Cornwall. in: The Entomologist, Vol. 19. Decbr. p. 291—293.

Rothe, Carl, Vollständiges Verzeichnis der Schmetterlinge Österreich-Ungarns Deutschlands und der Schweiz. Nebst Angabe der Flugzeit, der Nährpflanzen und der Entwicklungszeit der Raupen. Für Schmetterlingssammler zusammengestellt. Wien, Pichler's Wtwe. & Sohn, 1886. 8⁰. (46 p.) *M* —, 80.

Sladen, C. A., Notes from Newbury. in: The Entomologist, Vol. 19. Decbr. p. 289—291.

Druce, Henry, Descriptions of some new Species of Heterocera from Tropical Africa. With 2 pl. in: Proc. Zool. Soc. London, 1886. P. III. p. 409—411.

(7 n. sp.)

Haase, Er., Odoriferous Apparatus of Butterflies. Abstr. in: Journ. R. Microsc. Soc. London, (2.) Vol. 6. P. 6. p. 969—970.

(Sitzgsb. Nat. Ges. Isis.) — s. Z. A. No. 237. p. 649.

Knatz, L., (Addenda zur Liste der Macrolepidopteren von Cassel). in: 32./33. Ber. f. Naturk. Cassel, p. 48—49.

Mathew, Gerv. F., Descriptions of some new Species of Rhopalocera from the Solomon Islands. With 1 pl. in: Proc. Zool. Soc. London, 1886. P. III. p. 343—350.

(6 n. sp.; n. g. *Argyronympha.*)

Poujade, G. A., Descriptions de quatre espèces nouvelles de Lépidoptères-Hétérocères. in: Ann. Soc. Entomol. France, (6.) T. 6. 3. Trim. Bull. p. CXVI—CXVIII.

Thurnall, Alfr., Notes on Micro-Lepidoptera. in: The Entomologist, Vol. 19. Decbr. p. 293—296.

Hodgkinson, J. B., Micro-Lepidoptera in 1886. in: The Entomologist, Vol. 19. Oct. p. 244—246.

Anderson, Jos., Stridulation of *Acherontia atropos.* in: The Entomologist, Vol. 19. Oct. p. 248—249.

Haase, Er., Der Duftapparat von *Acherontia.* in: Zeitschr. f. Entomol. Breslau, N. F. 11. Hft. p. 5—6.

Fetherstonhaugh, S. R., *Acherontia atropos* in Ireland. in: The Entomologist, Vol. 19. Novbr. p. 279—280.

Gardner, Willoughby, *Acherontia atropos* in Shetland. in: The Entomologist, Vol. 19. Novbr. p. 279.

Hellins, J., *Acherontia atropos* in a bee-hive. in: Entomol. Monthly Mag. Vol. 23. Decbr. p. 162—163.

Barrett, Ch. G., Food of *Acidalia luteata.* in: Entomol. Monthly Mag. Vol. 23. Oct. p. 109.

Hilpmann, .., Über »*Agrotis castanea*«. in: Die Insekten-Welt, 3. Jahrg. No. 13. p. 74—75.

Grunack, A., *Agrotis florida* Schmidt — *Agrotis rubi* View. (*bella* Brkh.). in: Die Insekten-Welt, 3. Jahrg. No. 15. p. 85—86.

Pabst, M., Über *Agrotis Rubi* View. (*bella* Fr.) und *Agrotis florida* Schm. in: Die Insekten-Welt, 3. Jahrg. No. 6. p. 33. — cf. ibid. Schilling, Ferd. No. 8. p. 46. No. 13. p. 73—74. No. 14. p. 81. Pabst, M., ibid. No. 15. p. 86—87.

Chappell, Jos., Varieties of *Amphidasys betularia.* in: The Entomologist, Vol. 19. Oct. p. 253—254.

Coubeaux, .., Aberration noire de l'*Amphidasis betularius.* Soc. Entomol. Belg. Compt. rend. (3.) No. 79. p. CXCIII.

Grapes, Geo. J., On Breeding Varieties of *Angerona prunaria.* in: The Entomologist, Vol. 19. Decbr. p. 302.

Jenkin, Alfr. H., *Anosia plexippus* at the Lizard. in: The Entomologist, Vol. 19. Novbr. p. 276. — Stenning, Geo. C., *A. pl.* near Swanage. ibid. p. 277. — McRae, W., *A. pl.* in Bournemouth. ibid. p. 277. — Luff, W. A., *A. pl.* in Guernsey. ibid. p. 278.

Mowlem, J. E., *Anosia plexippus* near Swanage. in: The Entomologist, Vol. 19. Oct. p. 247.

Walker, James J., *Anosia Plexippus*, L. (*Danais Archippus*, F.) at Gibraltar. in: Entomol. Monthly Mag. Vol. 23. Dcbr. p. 162.

Wilkinson, Clennell, *Anosia Plexippus* in Pembrokeshire. in: The Entomologist, Vol. 19. Decbr. p. 298—299.

Anosia plexippus. v. infra *Danais archippus*, G. D. Hulst.

Gauckler, H., *Antheraea Pernyi.* in: Entomolog. Nachricht. (Karsch), 12. Jahrg. No. 23. p. 363—364.

Lowe, Frank E., Larva of *Aporophyla australis.* in: The Entomologist, Vol. 19. Novbr. p. 283.

Wocke, M. F., Über Aberrationen von *Argynnis Selene.* in: Zeitschr. f. Entomol. Breslau, N. F. 11. Hft. p. XV—XVI.

Poujade, G. A., (*Bombyx? flavomarginata* et *Hepialus Davidi* nn. spp.). in: Ann. Soc. Entomol. France, (6.) T. 6. 2. Trim. Bull. p. XCII—XCIII.

Hinchliff, Miss K. M., *Bombyx quercus, callunae,* or *roboris*? in: The Entomologist, Vol. 19. Novbr. p. 272—273.

Lindemann, Will., Abnorme Entwicklung von *Bombyx quercus.* in: Die Insekten-Welt, 3. Jahrg. No. 10. p. 57—58.

Barrett, C. G., Occurrence of *Botys repandalis,* Schiff., in Britain. in: Entomol. Monthly Mag. Vol. 23. Decbr. p. 145.

Murray, H., Breeding *Botys terrealis.* in: The Entomologist, Vol. 19. Oct. p. 255.

Poujade, G. A., *Calligenia carnea* n. sp. in: Ann. Soc. Entomol. France, (6.) T. 6. 3. Trim. Bull. p. CXLIII.

Jager, J., *Callimorpha hera* in South Devon. in: The Entomologist, Vol. 19. Oct. p. 250.

South, Rich., Are *Cerostoma radiatella* and *C. costella* distinct? in: The Entomologist, Vol. 19. Novbr. p. 265—266.

Murray, H., Breeding *Cidaria reticulata* and *Penthinia postremana.* in: The Entomologist, Vol. 19. Oct. p. 251—252.

Jones, Stanley P., *Cirrhoedia xerampelina,* etc. near Welchpool. in: The Entomologist, Vol. 19. Oct. p. 253.

Chrétien, P., Sur les premiers états du *Coenonympha Oedipus.* in: Ann. Soc. Entomol. France, (6.) T. 6. 3. Trim. Bull. p. CLVII—CLVIII.

Demaison, L., Variété intéressante de *Colias edusa.* in: Ann. Soc. Entomol. France, (6.) T. 6. 2. Trim. Bull. p. LXXI.

Fletcher, W. H. B., Occurrence in West Sussex of *Cosmopteryx Schmidiella,* Frey, a species new to Britain. in: Entomol. Monthly Mag. Vol. 23. Oct. p. 111.

Hulst, G. D., An American Butterfly [*Danais archippus* = *Anosia plexippus*]. in: The Entomologist, Vol. 19. Oct. p. 260.

Czeczatke, W., Praktische Winke für die Zucht von *Dasychira abietis.* in: Zeitschr. f. Entomol. Breslau, N. F. 11. Hft. p. 1—4.

Kreye, H., *Deilephila Celerio* in Hannover. in: Die Insekten-Welt, 3. Jahrg. No. 7. p. 38.

Barrett, Ch. G., Erroneous record of *Dichrorampha distinctana* in Britain. in: Entomol. Monthly Mag. Vol. 23. Nov. p. 142.

South, Rich., Is Heinemann's *Dicrorampha* separable from *D. consortana*? in: The Entomologist, Vol. 19. Decbr. p. 296—298.

—— Heinemann's *Dicrorampha.* in: Entomol. Monthly Mag. Vol. 23. Decbr. p. 164. (Barrett, C. G., Remark. ibid.)

Peragallo, .., Sur une chenille utile à l'agriculture [*Erastria scitula*]. in: Ann. Soc. Entomol. France, (6.) T. 6. 3. Trim. Bull. p. CXXXIV—CXXXVI. (Elle se nourrit des Coccides.)

Mason, Phil. B., *Eudorea ulmella,* Dale, and *E. conspicualis,* Hodgkinson. With cut. in: Entomol. Monthly Mag. Vol. 23. Decbr. p. 163.

Littke, H., (*Quercifolia* [*Gastropacha*] mit zwei linksseitigen Unterflügeln). in: Die Insekten-Welt, 3. Jahrg. No. 10. p. 58.

Stainton, H. T., On the pretty new species of *Gelechia* (*Nannodia*) allied to *naeviferella* (*stipella,* Hübner,) which is attached to Silene nutans. in: Entomol. Monthly Mag. Vol. 23. Oct. p. 101—102.

Barrett, Ch. G., Probable food of *Gelechia longicornis.* in: Entomol. Monthly Mag. Vol. 23. Oct. p. 109—110.

Gumppenberg, C. Frhr. von, Systema *Geometrarum* zonae temperatioris septentrionalis. Systematische Bearbeitung der Spanner der nördlichen gemäßigten Zone. Mit 3 Taf. Halle (Leipzig, Engelmann in Comm.), 1887

(Decbr. 1886). 4⁰. Aus: Nova Acta Ac. Leop.-Car. Nat. Cur. 49. Bd. No. 4. p. 231—400. ℳ 12,—.
(n. g. *Vestigifera, Catastictis, Amygdaloptera, Ptygmatophora.*)

Hulst, Geo. D., Notes on some Species of *Geometridae* No. 2. (*Geometrinae*). in: Entomologica Amer. Vol. 2. No. 8. p. 139—142.
(s. Z. A. No. 237. p. 653.)

Teicher, Theod., Über das Vorkommen von *Hadena gemmea*. Die Insekten-Welt, 3. Jahrg. No. 15. p. 85.

Werner, E., Mittheilungen über das Vorkommen und die noch unbekannte Entwicklungsgeschichte von *Hadena gemmea* Fr. in: Die Insekten-Welt, 3. Jahrg. No. 13. p. 73.

Goodhue, Ch. F., Die Raupen von *Hemileuca maja* Drn. Übers. von R. v. Sowa. in: Die Insekten-Welt, 3. Jahrg. No. 6. p. 33—34.
(Canad. Entomolog.)

Hepialus Davidi n. sp. v. supra *Bombyx? flavomarginata*, G. A. Poujade.

Barrett, Ch. G., Singular habit of *Hepialus hectus*. in: Entomol. Monthly Mag. Vol. 23. Oct. p. 110.

Chapman, T. A., On the flight and pairing of *Hepialus humuli*. in: Entomol. Monthly Mag. Vol. 23. Decbr. p. 164—165.

Calvert, Will. Bartl., Plague of Larvae [*Laora* sp.]. in: The Entomologist, Vol. 19. Oct. p. 258—259.

Poujade, G. A., Deux *Lithosides* nouvelles du Thibet. in: Ann. Soc. Entomol. France, (6.) T. 6. 3. Trim. Bull. p. CXXIV—CXXVI. — Trois esp. nouv. ibid. p. CL—CLI. — une esp. nouv. ibid. p. CLIX.

Sabine, E., Variety of *Lycaena bellargus*. in: The Entomologist, Vol. 19. Oct. p. 248.

Tero, C. K., Variety of *Melanippe montanata*. in: The Entomologist, Vol. 19. Novbr. p. 283.

Bignell, G. C., Food-plants of *Melitaea athalia*. in: The Entomologist, Vol. 19. Oct. p. 247.

Hodgkinson, J. B., *Miana captiuncula* (*expolita*) at Arnside. in: The Entomologist, Vol. 19. Oct. p. 253.

Redlich, H., Entwicklung angestochener *Naenia typica* Raupen zu normalen Puppen. in: Die Insekten-Welt, 3. Jahrg. No. 1. p. 6.

Demaison, L., (Note sur la *Nemeophila Metelkana* Ld.). in: Ann. Soc. Entomol. France, (6.) T. 6. 3. Trim. Bull. p. CXV—CXVI.

Knatz, L., Verwandtschaft und relatives Alter der *Noctuae* und *Geometrae*. in: Zool. Anz. 9. Jahrg. No. 235. p. 610—612. Ausz. in: Entomolog. Nachricht. (Karsch), 12. Jahrg. No. 23. p. 364—365.

Putman-Cramer, A. W., Two new Varieties of *Noctuids*. in: Entomologica Amer. Vol. 2. No. 8. p. 142.

Müller, Wilh., Südamerikanische Nymphalidenraupen. Versuch eines natürlichen Systems der *Nymphaliden*. Mit 4 Taf. Sep.-Abdr. aus: Zool. Jahrbüch. v. Spengel, 1. Bd. Jena, G. Fischer, 1886. 8⁰. ℳ 11,—.

—— Schutzvorrichtungen bei Nymphalidenraupen. in: Kosmos (Vetter), 19. Bd. (10. Jahrg. 2. Bd.) 5. Hft. p. 351—361.

Machin, Will., *Ochsenheimeria vacculella*. in: The Entomologist, Vol. 19. Decbr. p. 303—304.

Adkin, Rob., *Ocneria dispar*. in: The Entomologist, Vol. 19. Novbr. p. 281.

Blaber, W. H., *Ocneria dispar*. ibid. p. 281—282.

Hall, A. E., *Ocneria dispar*. ibid. p. 282.

Cambridge, O. P., *Oenectra pilleriana,* Schiff. in: The Entomologist, Vol. 19. Oct. p. 256.

Oberthür, Ch., Descriptions de deux espèces nouvelles de *Papilio.* in: Ann. Soc. Entomol. France, (6.) T. 6. 3. Trim. Bull. p. CXIV—CXV.

Hancock, Jos. L., Migrations of the Ajax Butterfly [*Papilio Ajax*]. in: Amer. Naturalist, Vol. 20. Nov. p. 976—977.

Penthinia postremana. v. supra *Cidaria reticulata,* H. Murray.

Barrett, Ch. G., Habits of *Phycis carbonariella* (*Salebria fusca*). in: Entomol. Monthly Mag. Vol. 23. Oct. p. 108—109.

Blaber, W. H., Unusual abundance of the Larva of *Pieris brassicae.* in: The Entomologist, Vol. 19. Decbr. p. 299—300.

Brêton, A., Zum Verschwinden des *Pieris Crataegi.* in: Die Insekten-Welt, 3. Jahrg. No. 5. p. 26—27.

Fassl, A. H., Über das frühere Vorkommen des Baum-Weißlings (*Pieris Crataegi*) und allmähliche Verschwinden in Nord-Böhmen. in: Die Insekten-Welt, 3. Jahrg. No. 1. p. 5.

Hesse, Rich., Über *Pieris Crataegi* in Thüringen. in: Die Insekten-Welt, 3. Jahrg. No. 9. p. 49—50.

Knatz, L., Aberration von *Polyommatus Hippothoe.* in: 32./33. Ber. Ver. f. Naturk. Cassel, p. 48.

Heylaerts, F. J. M., Quatre *Psychides* nouvelles de l'ile de Sumatra. in: Soc. Entomol. Belg. Compt. rend. (3.) No. 77. p. CLXXII—CLXXV.

Meyrick, E., On the classification of the *Pierophoridae.* in: Trans. Entomol. Soc. London, 1886. P. 1. p. 1—21.

(13 n. sp.; n. g. *Cosmoclostis, Sphenarctes, Doxosteres, Marasmarcha.*)

Porritt, G. T., Description of the larva of *Pterophorus acanthodactylus.* in: Entomol. Monthly Mag. Vol. 23. Nov. p. 132—133.

—— *Pterophorus dichrodactylus* and *P. Bertrami.* in: Entomol. Monthly Mag. Vol. 23. Decbr. p. 163.

—— Description of the larva of *Pterophorus tetradactylus.* in: Entomol. Monthly Mag. Vol. 23. Oct. p. 112.

Bignell, G. C., *Ptochenusa* (*Gelechia*) *subocellea* feeding on Thyme. in: The Entomologist, Vol. 19. Decbr. p. 304.

Stainton, H. T., On the moulting of the larva of *Pygaera bucephala.* in: Entomol. Monthly Mag. Vol. 23. Nov. p. 140—141.

Netz, W., Der japanische und der chinesische Eichenseidenspinner als die naturgemäßen Seidenspinner für Deutschland, ihr Leben und ihre Züchtung. Neuwied, 1886. 8⁰. *M* —,50.

Carvalho Monteiro, A. A. de, Une variété nouvelle de Lépidoptère [*Satyrus Actaea,* var. *Mattozi*]. in: Jorn. Sc. Math. phys. nat. Acad. Lisboa, T. 9. No. 34. p. 107—109.

Edgell, Dover C., *Sphingidae* in Sussex. in: The Entomologist, Vol. 19. Decbr. p. 300—301.

Kirby, W. F., Remarks on four rare Species of Moths of the Family *Sphingidae.* With 1 pl. in: Proc. Zool. Soc. London, 1886, III. p. 269—271.

Sphinx convolvuli, (occurrence of, at different places). in: The Entomologist, Vol. 19. Novbr. p. 280.

Depuiset, A., Note sur une aberration de la »*Spilosoma zatima*«. in: Ann. Soc. Entomol. France, (6.) T. 6. 2. Trim. p. 283—284.

Chappell, Jos., The *Tephrosia* discussion. in: The Entomologist, Vol. 19. Oct. p. 254.

II. Wissenschaftliche Mittheilungen.

1. Intorno ad un nuovo organo dell' Anodonta.

Nota del Dott. Adriano Garbini, Verona.

eingeg. 30. December 1886.

Nel fare speciali osservazioni istiologiche sopra l' Anodonta comune delle nostre acque dolci, ho visto che in alcune di esse vicino all' organo di Bojanus, esiste un fascio di sottilissimi tubetti.

Non avendo trovato cenno di sorta intorno a tali tubetti nella bibliografia di questo mollusco, penso che sieno ancora sconosciuti.

Ond' io presento in breve per ora i risultati delle mie ricerche, che mi riservo ripetere e completare a nuova utile stagione.

Le piccole Anodonte adoperate per tale scopo furono fissate con il bicromato d'ammoniaca (24—48 ore), come quello che fra i fissatori provati (acido cromico, bicromato di potassa, liquido di Erlicki, di Fol, ecc.) mi diede migliori risultati [1]; e tagliate in sezioni trasversali (va da se che le sezioni furono fatte dopo essermi assicurato macroscopicamente della esistenza dei tubetti in parola).

Osservando le sezioni mediane di una fra queste Anodonte, ho visto in mezzo, o un pó sotto, agli organi di Bojanus una massa di sezioni tubulari con intorno un anello muscolare; il che fa supporre un fascio di canaletti correnti tutti al lungo la parte dorsale dell' Anodonta, e circondato da un tubo muscolare.

Tagliando infatti a mano una Anodonta grande in sezioni consecutive non troppo sottili (3 mm di spess. circa) e disponendole con degli spilli sopra un cartone immerso nell' alcool, si può seguire con una lente semplice l'andamento suddetto di questo fascio di tubi nell' animale e vederne la posizione nelle singole sezioni.

Da questo esame si viene a sapere che detti canalini corrono, si può dire, sempre accompagnando l'organo di Bojanus; ma, mentre nella parte posteriore dell' animale terminano a fondo cieco, della parte opposta, all' incontrarsi con la glandula digestiva, si ricurvano sopra se stessi formando delle anse; poi tornano indietro un pó, e quindi si dirigono in basso distribuendosi nel piede. — Il punto nel quale i canalini entrano nel piede si trova circa a metà dell' animale.

Questi canalini finalmente si trovano sparsi, sempre in fascetti più o meno numerosi, anche fra le branchie, fra le anfrattuosità dell' organo di Bojanus, ecc. —; in tal caso però la posizione non è sempre costante nei vari individui.

Il fascio di canalini, come ho già detto, è circondato da una tunica

[1] Per il modo particolareggiato di preparazione v.: Garbini, Manuale per la tecnica moderna del microscopio, Verona, IIa ediz., 1887. p. 368.

muscolare che forma loro intorno una specie di tubo; però, mentre questo nella parte posteriore ha uno spessore molto forte, avvicinandosi alla glandula digestiva si assottiglia sempre più; e nella parte in cui il fascio si piega ed i canalini formano le anse la tunica muscolare diventa sottilissima, per iscomparire del tutto quando il fascio si disperde nel piede. — Questo involucro muscolare è formato tutto di fibre circolari.

Le pareti dei canalini, invece, hanno una struttura più complessa; uno strato esterno muscolare (Fig. 1*a*) ed uno interno epiteliale (Fig. 1*b*). Lo strato muscolare è formato di due tuniche: l'esterna molto spessa ed a fibre circolari (Fig. 1*c*); l'interna a fibre longitudinali e composta da un solo strato di esse, talchè nelle sezioni trasversali si vede come un anello formato da piccoli punti (Fig. 1*d*), più o meno grossi a seconda che rappresentano le sezioni mediane o finali delle cellule stesse.

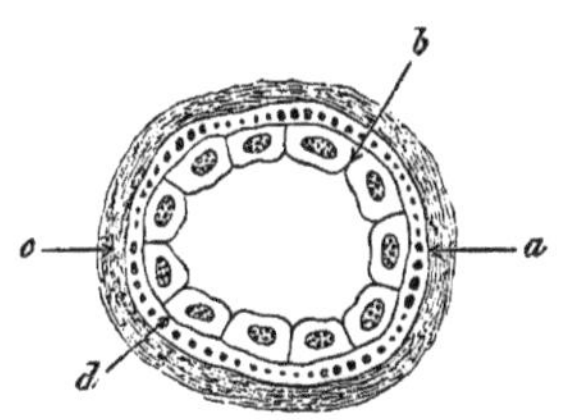

Sezione trasversale di un canalino. (Seibert Imm. acqua. VII. — Oc. II.)

Lo strato epiteliale interno è formato da grosse cellule cilindriche con nucleo molto voluminoso (Fig. 1*b*).

Questi canalini però non si trovano in tutte le Anodonte. A nuovo esame potrò dire piu particolareggiatamente le caratteristiche degli individui in cui essi si trovano.

Quanto poi alla loro funzione mi permetto di pronunziare per ora a mezza voce le ipotesi:

I. che i suddescritti canalini costituiscano una glandula mucosa;

II. che sieno i vasi efferenti della glandula spermatica, i quali, riunitisi in due canalini principali, sbocchino quindi, come è noto, a poca distanza dagli sbocchi dell' Organo di Bojanus;

III. che siano una modificazione della glandula spermatica negli individui ermafroditi.

2. Berichtigung betreffend die Wirbelsäule von Sphenodon (Hatteria).

Von Prof. Anton Fritsch, Prag.

eingeg. 1. Januar 1887.

In meinem Werke Fauna der Gaskohle habe ich auf Taf. 70, Fig. 14, die bei *pl* abgebildete Ossification als Pleurocentrum bezeichnet, da ich aber der Sache nicht ganz sicher war, im Texte p. 52 dies nur als einen Versuch der Auffindung des Pleurocentrum bezeichnet und beigefügt: »Sollte sich diese Ansicht nicht bestätigen etc.«

Die Zeichnung, die mich zu dieser Annahme verleitete, machte ich nach einem früher trockenen dann in Wasser aufgeweichten Praeparat und hielt die von Knorpel umgebene Ossification zuerst für selbstständig. Nachdem ich deren Verbindung mit der Praezygapophyse später erkannte, dachte ich noch an die Verschmelzung einer dem Pleurocentrum angehörigen Ossification mit der Praezygapophyse. Nachdem nun Prof. Baur an macerirten ganz jungen Exemplaren die Unhaltbarkeit meiner Annahme nachgewiesen hat, so sehe ich ein, daß ich mich geirrt habe und werde die Tafelerklärung der betreffenden Figur im nächsten Hefte corrigiren.

Die auf der Zeichnung mit *pl* bezeichneten Partien sind nur die stark ossificirten nach oben umgebogenen Spitzen der Praezygapophyse. Die Correctheit der Zeichnung kann nicht angezweifelt werden, wohl aber mußte die Deutung geändert werden.

Auf die Verdächtigung der Richtigkeit meiner Zeichnungen überhaupt erlaube ich mir zu erwiedern, daß die galvanoplastischen Copien der abgebildeten Originale, welche sich in den Händen vieler Fachgenossen befinden, die beste Gelegenheit geben, sich von der Richtigkeit meiner Darstellungen zu überzeugen.

Prag, den 31. December 1886.

3. Schizocoel oder Enterocoel?

Von S. Grosglik, Warschau.

eingeg. 1. Januar 1887.

In No. 51 einer in Warschau von A. Wiślicki in polnischer Sprache herausgegebenen litterarischen Zeitschrift »Przegląd Tygodniowy« (Wöchentliche Umschau) habe ich ein Referat veröffentlicht über die im Jahre 1885 polnisch von Herrn F. Urbanowicz verfaßte Arbeit: Przyczynek do embryjologii raków widłonogich (Beitrag zur Entwicklungsgeschichte der Copepoden), von der auch eine vorläufige Mittheilung in No. 181 des »Zool. Anzeigers« erschien. In diesem Artikel habe ich der Entwicklung des Mesoderms bei den Copepoden große Aufmerksamkeit gewidmet und nachdem ich beifügte, daß Herr Wasiljeff nach den Angaben Urbanowicz's das Vorhandensein von Mesoblast, im Sinne der Gebr. Hertwig, und Somiten bei *Oniscus* beobachtete, womit Herr Prof. Ganin beistimmte (Herr Wasiljeff hat seine Untersuchungen über *Oniscus* nicht publicirt), sprach ich mich folgendermaßen aus: »Wir sehen also, daß viele Thatsachen dafür sprechen, daß auch andere Crustaceen in Beziehung der Entwicklung des Coeloms von den Copepoden nicht abweichen und der Verfasser (d. h. Herr Urbanowicz) ist der Ansicht, daß die ganze Classe Crustacea als Enterocoelia betrachtet werden dürfe, obwohl die neueren Untersuchungen J. Nusbaum's (L'embryologie d'*Oniscus murarius*, Zool. Anz. No. 223) eine solche Verallgemeinerung nicht zu erlauben scheinen, denn bei der genannten Gattung *Oniscus* konnte Herr Nusbaum kein Mesoblast auffinden (?).«

Diese letzte Bemerkung gründet sich auf folgende Worte J. Nusbaum's: »Ce dernier (d. h. Mesoderm) ne présente pas comme chez les Insectes (warum sagt Herr Nusbaum nicht »comme chez les Copépodes?«) des somites fermés et distincts, mais les cellules mésodermiques sont dès le commencement dispersées et se n'est que plus tard qu'une partie des cellules s'applique contre l'ectoderme et l'autre contre les parois épitheliales des tubes hépatiques et du canal digéstif. De cette manière se differencie le coelome, limité par les deux feuillets: pariétal et viscéral du mésoderme.« Ein so entstehendes Coelom konnte ich nicht für Enterocoel betrachten und das es bildende Mesoderm hielt ich für Mesenchym und ich glaube, daß Jeder, dem diese Mittheilung Nusbaum's bekannt ist, derselben Ansicht sein wird. Dazu muß ich noch beifügen, daß Herr Nusbaum mir und Herrn Wasiljeff mündlich versicherte, daß er bei *Oniscus murarius* nur Mesenchym sah und daß er die Untersuchungen Urbanowicz's, dessen Praeparate er sah und das Vorhandensein von Mesoblast und Somiten constatirte, für *Oniscus* nicht bestätigen konnte. Man wird aber ohne mündliche Versicherung einen vollständigen Unterschied zwischen den Ansichten Nusbaum's und Urbanowicz's über die Natur des Mesoderms und des Coeloms der Copepoden und *Oniscus* wahrnehmen.

Um so mehr wurde ich erstaunt, als Herr Nusbaum durch meine Bemerkung veranlaßt mir einen Brief sandte, in dem er mir auf's Bestimmteste versichert, daß er »keinen Zweifel daran hat, daß das (von ihm bei *Oniscus murarius* beschriebene Mesoderm) Mesoblast (im Sinne der Gebr. Hertwig) ist« und behauptet, daß er »in seiner im Zool. Anz. publicirten Mittheilung nichts über die Entstehung des Coeloms bei *Oniscus murarius* spricht, weil er damals keine vollständigen Untersuchungen darüber gemacht hatte.« Diese Worte stehen aber ganz im Widerspruch mit dem, was ich oben von Nusbaum's Mittheilung wörtlich angeführt habe, und was er mir und Herrn Wasiljeff mündlich communicirte, denn Herr Nusbaum spricht sich in seiner Mittheilung ganz bestimmt dafür aus, daß das Coelom von *Oniscus murarius* kein Enterocoel ist.

Es scheint mir sehr traurig zu sein, wenn man über denselben Gegenstand anders im Zool. Anz., anders mündlich und brieflich je nach dem Bedürfnis in Umlauf bringt. Und nicht nur in dieser Frage spricht sich Herr Nusbaum zweideutig aus. So versichert bezüglich der sogenannten Chorda der Arthropoden Herr Nusbaum deutsch (Zool. Anz. No. 140) und russisch (Матеріалы къ органогеніи насѣкомыхъ и червей, Warschau 1885), daß sie entodermalen Ursprungs, polnisch (Struna i struna Leydiga u owadów, Kosmos, Lemberg 1886), daß dieselbe ento-mesodermalen, französisch (L'embryologie d'*Oniscus murarius*), daß sie mesodermalen Ursprungs sei. Wir hatten noch keine Gelegenheit uns zu erkundigen, welchen Ursprungs sie englisch ist [The Embryonic Development of the Cockroach, in: The structure and life-history of the Cockroach (*Periplaneta orientalis*). An introduction to the study of Insects, by L. C. Miall and Alfred Denny, 1886]. Wir wissen jedoch, daß sie nach den neuen Untersuchungen von A. Korotneff (Die Embryologie der *Gryllotalpa*, Zeitschrift f. wissensch. Zool. 41. Bd. p. 570) ectodermalen Ursprungs ist, und deshalb keineswegs mit der Chorda dorsalis der Vertebraten homologisirt werden kann.

Im Interesse unserer Wissenschaft liegt es, daß Herr Nusbaum endlich mit seiner Ansicht über diese beiden Gegenstände öffentlich auftrete und auf zwei Fragen bestimmt antworte: 1) Ist das Mesoderm bei *Oniscus murarius* Mesenchym oder Mesoblast und das Coelom Schizo- oder Enterocoel? 2) Welchen Ursprungs ist die sog. Chorda der Arthropoden? Ich hoffe, daß Herr Nusbaum, wenn er »die Wahrheit in der Wissenschaft — wie er mir in seinem Briefe versichert — hoch preist, ehrt und liebt«, recht bald seine Antwort darüber mittheilen wird. Giebt aber Herr Nusbaum keine bestimmte Antwort, die endlich alle Mißverständnisse der betreffenden Thatsachen wegschieben wird, so werde ich, und ich glaube, auch Jeder, der nur gewissenhafte Darstellung der Thatsachen in der Wissenschaft sucht, die einander widersprechenden Arbeiten Herrn Nusbaum's als Erzeugnisse seiner eigenen Phantasie betrachten.

Warschau, 30. December 1866.

4. Osphradium in Crepidula.

Henry Leslie Osborn, Ph.D.

eingeg. 4. Januar 1887.

The researches of Spengel[1] have shown that the so called rudimentary gill or accessory gill is not the aborted left gill as taught by Keferstein[2], but a special sense organ of smell. This organ has been noted and figured in many forms of the ctenobranchs. It lies upon the mantle wall to the left of the gill and extends longitudinally parallel wich it. It consists of a central axis crossed at regular intervals by transverse leaves or plates fewer than the gill plates but roughly resembling them in external appearance, whence the idea that they were ab-

1 Geruchsorgan der Mollusken. Zeitschr. f. w. Zool. 35. Bd. p. 333.

2 Bronn, Klassen u. Ordn. Mollusken.

orted gills. The central axis is traversed lengthways by a nerve trunk and branches from the trunk pass out into each one of the lateral plates. This may be readily seen in sections.

In none of the figures or descriptions of *Crepidula* to which I have had access is the *osphradium* noticed. Examination of the creature proves however that the organ is present though in by no means the usual form. My specimens were all of the species *Cr. fornicata* Lam. The gill in this species[3] has been described in a former paper as a series of long blade shaped filaments which stretch across a low broad mantle cavity. It occupies so much of the mantle cavity that but little space remains upon the roof of the cavity. It is in the space remaining which lies upon the left of the gill-ridge from which the filaments arise that the *osphradium* is situated. There stand here 18 or 20 papillae in a longitudinal row upon a low ridge parallel with the gill but much shorten. Each papilla presents a globular expanded head supported upon a short narrowed peduncle. It is light colored except upon the side turned toward the gill where it is occupied by a large very dark spot. The papillae stand somewhat further apart than the gill filaments.

Examination by means of sections showed that the central ridge or longitudinal axis of the organ is traversed by a nerve trunk and that this sends a branch into each papilla. The papilla itself is covered with epithelium which is columnar upon the sides and stands upon a well defined basement membrane. Upon the side looking toward the gill the cells are deeply pigmented. Upon the summit of the papilla the epithelium cells are taller and broader and with a very indefinite outline Furthermore there is no distinct basement membrane upon the summit as on the sides of the papilla the lower ends of the cells being apparently very irregular. The free ends of the cells further are apparently ciliated; there is very little doubt of them being ciliated; the condition of my specimen made satisfactory determination of this point impossible. There seems to be but little room for doubt that these terminal cells are those which are especially sensory.

There is besides this organ an area of peculiarly modified epithelium-which runs along the ridge from which the gill filaments arise and of which no mention has been made hitherto. It forms the covering of the side of the ridge which is turned toward the *osphradium* and runs its whole length. It consists of very tall cells which are entirely unlike any other cells upon the mantle and are so set as to form what appears to be a specialized organ.

Purdue University, Lafayette Indiana, 21. December 1886.

---

[3] Studies Biol. Lab. Johns Hopkins Univ. Vol. III. p. 42.

5. Erwiederung an Herrn Dr. A. Günther.

Von Dr. G. Baur.

eingeg. 27. Januar 1887.

In No. 140 des Zool. Anzeigers macht Herr Dr. A. Günther darauf aufmerksam, daß der osteologische Theil des Artikels Reptilia gar nicht von ihm geschrieben sei, und bemerkt dazu, warum ich mich nicht an seine einzige Abhandlung über *Sphenodon* gehalten habe.

Der anatomische Theil des Artikels ist von St. George Mivart geschrieben, der Rest von Dr. A. Günther. Am Ende des ganzen Artikels finden sich die Buchstaben (A. G.); deshalb nahm ich an, der ganze Artikel wäre von Günther geschrieben; erst nachdem Herr Dr. A. Günther mich brieflich auf meinen Irrthum aufmerksam gemacht hatte (21. Nov. 1886), fand ich, daß hinter der sehr klein gedruckten Bibliographie des anatomischen Theiles die Buchstaben St. G. M. standen. Sofort nachdem ich Dr. A. Günther's Brief erhalten (5. Dec. 1886), schrieb ich an den Zool. Anzeiger und corrigirte meinen Irrthum. Dr. A. Günther hatte unterdessen selbst auf meinen Irrthum im Zool. Anzeiger aufmerksam gemacht.

Ich hielt mich natürlich an die neuere Darstellung von *Sphenodon*, denn ich glaubte ja, Günther hätte sie geschrieben.

Günther sagt nun, seine Darstellung wäre wesentlich verschieden von der in dem Artikel »Reptilia« gegebenen.

Dies ist richtig, aber Günther's Darstellung daselbst ist auch falsch.

In seiner Abhandlung über *Hatteria*, 1869, bezeichnet Günther das Jugale mit *n* und nennt es »Zygomatic«; St. George Mivart, 1886, nennt dieses Element Quadratojugale.

Günther bezeichnet 1869 das Postorbitale mit *m* und nennt es »os quadrato-jugale of Stannius«. St. George Mivart nennt es 1886 Jugale.

Günther hat eben sowohl wie St. George Mivart das eigentliche Quadrato-jugale von *Sphenodon* übersehen.

Er sagt 1869: »The squamosal, as it exists in Crocodilians, belongs to the lower zygomatic bar, and completes the connection between the zygomatic and quadrate bones; this squamosal is absent in Lizards generally, and also in *Hatteria*, where the zygomatic is in immediate connexion with the quadrate. On the other hand, the bone, more or less closely attached to the postfrontal in Lizards, does not exist in the Crocodile as an independent bone, the postfrontal entering into direct sutural connexion with the mastoid (temporal bar) and with the zygomatic: but from the position and form of the Crocodile's postfrontal it is perfectly clear that this bone of Lacertians is nothing but a detached portion of the postfrontal.«

Das »Squamosal«, von dem Günther spricht, ist natürlich das Quadratojugale, welches Günther bei *Sphenodon* übersehen hat.

Das Postorbitale erkannte Günther richtig als »a detached portion of the postfrontal«. Bei *Belodon*, dem ältesten Vertreter der Crocodilia, ist ein isolirtes Postfrontale vorhanden, wie ich gezeigt habe Zool. Anz. No. 140).

Wenn also die Anschauung von St. George Mivart total haltlos ist, so ist die von Günther in so weit richtig, als er die in Frage kommenden Elemente (Jugale [Zygomatic], Postorbitale [detached portion of the postfrontal]) richtig gedeutet, das zwischen Quadratum und Jugale eingekeilte Quadratojugale aber hat er übersehen.

Was endlich die Namen von *Sphenodon* und *Hatteria* betrifft, so steht die Sache folgendermaßen:

1831 beschrieb Gray[1] den Schädel des Thieres unter dem Namen von *Sphenodon*.

1842 beschrieb Gray[2] eine in Alcohol conservirte Eidechse von Neu-Seeland unter dem Namen *Hatteria punctata*.

Näheres hierüber findet man in: J. E. Gray, *Sphenodon*, *Hatteria* and *Rhynchocephalus*. Annals and Mag. Nat. Hist. Vol. III, fourth Series. London 1869. p. 167—168.

Gray sagt dort p. 167: »A second specimen of *Hatteria* arriving at the British Museum, it was made into a skeleton, and then Dr. Günther discovered that the skull at the College of Surgeons and the skull of the Lizard I had named *Hatteria* were most probably the same. It should now be called *Sphenodon punctatum*.«

Günther sagt nun, der Name wäre, wenigstens in der Form von *Sphenodon*, schon lange für zwei andere Thiere zweier verschiedenen Classen verbraucht.

Ich kenne *Sphenodus* und *Sphenodon* je nur einmal, nämlich *Sphenodon* Lund, ein Edentate, cf. Compt. rend. Paris, t. VIII, 1839. p. 574, und *Sphenodus* Agassiz; Poiss. foss. III. 1843.

Sphenodon Gray 1831, ist also älter, als *Sphenodon* Lund 1839 und *Sphenodus* Agass. 1843; muß also beibehalten werden.

Yale College Museum, New Haven, Conn. 13. Januar 1887.

---

[1] J. E. Gray, Note on a peculiar structure in the head of an *Agama*. Zool. Miscell. 1831. p. 13—14.

[2] J. E. Gray, Description of two hitherto unrecorded species of Reptiles from New Zealand. Zool. Miscell. 1842. (May.) p. 72.

6. Bemerkungen über Süſswasser-Schwämme.

Von Dr. A. Wierzejski in Krakau.

eingeg. 4. Januar 1887.

Die neulich im Zool. Anzeiger No. 238 und 239 von F. C. Noll und Dr. Vejdovský veröffentlichten Notizen über Süßwasser-Schwämme veranlassen mich zu nachstehenden Bemerkungen.

Was zunächst die in No. 238 beschriebene neue Art *Spongilla glomerata* Noll anbelangt, so schließe ich mich der Ansicht Dr. Vejdovský's an, der dieselbe für identisch hält mit *Sp. fragilis* Leidy.

Herr Noll giebt ferner an, er habe *Sp. fluviatilis* Lbk. mit glatten und höckerigen Nadeln zugleich, ja sogar mit überwiegend höckerigen gefunden, woraus er schließen zu dürfen glaubt, »daß *Sp. Mülleri* Lbk. nur eine Varietät der *Sp. fluviatilis* Lbk. sein könnte«.

Obgleich ich unter einer sehr großen Anzahl untersuchter Exemplare von *Sp. fluviatilis* Lbk. kein einziges mit höckerigen Nadeln gefunden habe, will ich jedoch die Richtigkeit der Angabe Noll's nicht bezweifeln. Trotzdem aber halte ich seine Vermuthung für unzulässig, da die obgenannten Arten durch wohl ausgeprägte Merkmale, die in ganzen Formenreihen beständig bleiben, sehr gut abgegrenzt sind. Ich erachte sogar die *Sp. Mülleri* aus unten anzuführenden Gründen für generisch verschieden von *Sp. fluviatilis*.

Es mag auch gelegentlich erwähnt werden, daß Dr. Marshall vor drei Jahren die Vermuthung ausgesprochen hat: es könnten Formen mit Belegnadeln in der äußeren Umhüllung der Gemmulae in solche mit Amphidisken in dieser Schicht übergehen. Diese Vermuthung stützte sich hauptsächlich auf den Bau der Gemmulae von *Sp. Jordanensis* var. *druliaeformis* Vejd. Ich habe bereits im Jahre 1884 gegen die Richtigkeit derselben Zweifel erhoben[1]. Nun hat Dr. Vejdovský in seiner neuesten Übersicht der europäischen Spongilliden sowohl seine neue Art *Sp. Jordanensis* wie auch die neue Varietät *druliaeformis* fallen lassen — ein Wink, daß auf isolirte Befunde weitreichende Vermuthungen zu stützen nicht rathsam ist.

Schließlich möchte ich noch Herrn Noll darauf aufmerksam machen, daß er die Entwicklung der Gemmulae-Ballen von *Sp. fragilis* irrthümlich aufgefaßt hat. Es entwickeln sich die einzelnen Gemmulae des Ballens nicht, wie er zugiebt, aus ungewöhnlich großen Anlagen durch Theilung innerhalb der zelligen Rindenschicht, sondern aus besonderen Anlagen, wie ich bereits im Jahre 1884 nachgewiesen habe und wie auch sonst aus dem fertigen Bau des Ballens leicht zu ersehen ist.

---

[1] Vide »O rozwoju pąków gąbek słodowodnych europejskich tucziei o gad. *Sp. fragilis* Leidy«. Kraków, 1884. p. 5.

Auf die Angaben des Dr. Vejdovský übergehend, will ich vor Allem über seine Übersicht der bisher bekannten europäischen Spongilliden mir einige Bemerkungen erlauben.

Dieser Forscher nimmt nur acht Arten als sogenannte gute Arten an, die er auf vier Genera vertheilt. Meinem Ermessen nach dürfte man auch die Artberechtigung der *Euspongilla rhenana* Retzer in Frage stellen. Dieselbe ist zwar durch die ganz glatten, an den Enden geknickten Belegnadeln genügend gekennzeichnet, aber ich hege Verdacht, daß diese Gebilde abnorm sind. Denn ich fand öfters unter den höckerigen Belegnadeln der *Euspongilla lacustris* auch ganz glatte, gekrümmte von verschiedener Länge.

Außerdem besitze ich zwei Formen mit so ungewöhnlich ausgebildeten Kieselelementen in der Gemmula-Schale, daß dieselben ohne Weiteres als neue Arten angesprochen werden könnten, wenn nicht gewisse Rücksichten für eine abnorme Entwicklung sprechen würden.

Die Art *Ephydatia Mülleri* Lieb. habe ich in meinem Verzeichnisse[2] der galizischen Arten unter dem Namen *Meyenia Mülleri* angeführt, hauptsächlich mit Rücksicht auf ihre histologische Structur, in der sie von allen mir bekannten Arten abweicht und deshalb in ein besonderes Genus untergebracht zu werden verdient. Es besteht nämlich der Weichkörper dieses Schwammes aus den, seit Lieberkühn wohlbekannten histologischen Elementen und Organen und aus Blasenzellen. Letztere stimmen in morphologischer Beziehung mit den bei Seeschwämmen längst bekannten Gebilden überein, die O. Schmidt von 2 *Esperia*-Arten beschrieben und ganz zutreffend mit Ballen von Seifenblasen verglichen hat. Gewebstheile, in denen dieselben mehr angehäuft sind, erinnern, wie Vosmaer[3] richtig bemerkt, an die blasigen Bindesubstanzen Leydig's und an das Gewebe des Tunicaten-Mantels. Sie liegen bei *Meyenia Mülleri* besonders in der Hautschicht gedrängt neben einander und in mehreren Schichten gelagert zumal im Umkreis der Oscula, sind aber auch überall im Mesoderm zu finden, wo sie in verschiedenen Lebensperioden des Stockes mehr oder minder zahlreich vorkommen. Im frischen Zustande sind es glashelle Kugeln, an denen man stets ein rundes Bläschen, den Kern, wahrnimmt, ferner winzige, stark glänzende Körnchen in wechselnder Anzahl und verschieden große Portionen einer contractilen Substanz. Sie entstehen aus gekernten Parenchymzellen durch Ausbildung einer riesigen Vacuole, deren Wände chemisch differenzirt sind.

Beachtenswerth ist ihr Verhalten gegen verschiedene Reagentien.

---

[2] Vide »O gąbkach słodkowodnych galicyjskich«. Kraków, 1885. XIX. tom. Spraw. Kom. Fizyogr. Akad. Umiejętn.

[3] Bronn, Klassen u. Ordn. Schwämme.

Eine mittelstarke Essigsäurelösung bringt sie schon nach kurzer Einwirkung zum Platzen, wobei der Inhalt unmerklich verschwindet und nur das Kernbläschen sammt einem Rest des unmessbar feinen Häutchens zurückbleibt. Ein unterbrochener galvanischer Strom ruft dieselbe Erscheinung hervor. Ammoniak, tropfenweise unter das Deckglas zugeführt, bewirkt eine auffallende Veränderung. Es entsteht eine Doppelblase, die innere nimmt eine excentrische Stellung ein, ihre Wände zeigen eine Faltung, ihr Inhalt bleibt hyalin. Dieselbe Veränderung der Blasenzellen merkt man beim langsamen Absterben des Schwammes. Überosmiumsäure- (1%) und Höllensteinlösung bewirken keine sichtbare Veränderung. Werden aber die Praeparate dem Lichte ausgesetzt, so färben sich die mit ersterer Lösung behandelten Blasenzellen leicht bräunlich, die mit der zweiten bleiben wasserklar, es werden nur die an der Oberfläche haftenden Körnchen und Anschwellungen der contractilen Substanz geschwärzt. Nach Behandlung mit starkem Alcohol und 1%iger Chromsäure ist die Veränderung am meisten auffallend. Es entstehen in der Regel Doppelblasen; die innere liefert sehr mannigfaltige Bilder, ihr Inhalt erscheint bald feinkörnig, bald netzartig, bald knollenartig etc. Man sieht oft von der Oberfläche der inneren Blase feine Fäden gegen die innere Fläche der äußeren ausgespannt. Selbstverständlich entspricht die große Mannigfaltigkeit der Bilder den verschiedenen Concentrationsgraden der angewandten Lösungen, sowie hauptsächlich den verschiedenen Entwicklungsstadien der Blasenzellen, desgleichen ihrer wechselnden chemischen Constitution.

Die mit Alcohol und Chromsäure behandelten Blasenzellen imbibiren sich sehr leicht mit Picrocarmin und fallen somit an Praeparaten sofort auf. Dagegen zeigen sie sich gegen wässerige Lösungen von Anilinfarben sehr resistent.

Sehr characteristisch ist ferner ihr Verhalten gegen Lugol'sche Lösung. Behandelt man nämlich getrockneten Exemplaren entnommene Proben, die vorher einige Minuten in Wasser lagen, mit dieser Lösung, so nehmen sofort die geschrumpften Blasenzellen eine hellkastanienbraune Farbe an, während sich die übrigen Elemente gelblich färben. Nach theilweiser Verflüchtigung des Jod ändert sich die Farbe in eine violette bis etwa weinröthliche. Wendet man eine stärkere Lösung an, so erhält man eine dunkelbraune Färbung. Ganz ähnliche Bilder erhält man nach Behandlung der Weingeistpraeparate mit Lugol'scher Lösung, nur ist die Wirkung nicht so rasch, man muß die Proben längere Zeit hindurch im Wasser liegen lassen. Das an der Oberfläche liegende Kernbläschen nimmt die characteristische Jodfärbung nicht an. Nach dieser Reaction auf Jodkali zu urtheilen hätten wir in den Blasenzellen Glycogen zu vermuthen. Da aber nach Erwärmen der mit Lugol'scher Lösung behandelten Praeparate die Farbe nicht verschwindet und der fragliche Stoff im Wasser unlöslich zu sein scheint, dürfte man mit der endgültigen Entscheidung abwarten, bis die Überführung desselben in Zucker gelingt.

Eine Probe auf Amyloid ergab negative Resultate, desgleichen auf Zucker.

Wenn auch das Wesen der in den Blasenzellen enthaltenen Substanz uns vorläufig verborgen bleibt, so giebt ihr Verhalten gegen Jodkali ein Mittel an die Hand, die *Meyenia Mülleri* sogar aus kleinen Bruchstücken an der characteristischen Färbung der Blasenzellen sofort zu erkennen. Der Umstand, daß die Blasenzellen in allen Lebensperioden des Schwammes vorkommen und sich gar an der Ausbildung der Gemmulae betheiligen, ferner daß sie bei der Regeneration der Stöcke aus den Gemmulis gleich nach dem Auskriechen des Inhaltes erscheinen, spricht deutlich dafür, daß ihnen eine nicht unwichtige Rolle zugetheilt ist. Es sei, daß dieselben Reservestoffe aufspeichern oder Nahrungsstoffe an die sie umgebenden Zellen übermitteln oder irgend welche Secrete absondern. Jedenfalls aber weisen sie auf einen speciellen Haushalt der *Meyenia Mülleri* hin, der dieselbe vor allen anderen Arten auszeichnet.

Nach dieser Darstellung der histologischen Eigenthümlichkeiten dieser Art, die ich an dieser Stelle nur flüchtig geben konnte, brauche ich kaum hinzuzufügen, dass ihr eine besondere Stellung im System der Süßwasser-Schwämmegebührt. Außerdem möchte ich noch hervorheben, daß dieselbe auch sonst durch die in der Regel dreifache Lage der Amphidisken in der Gemmulae-Schale, durch äußerst seltene Ausbildung der Geschlechtsproducte, schließlich durch die zumeist höckerigen Skelet-Nadeln von anderen Meyeninen genügend abgegrenzt erscheint.

Es erübrigt mir noch eine kleine Bemerkung über die nachfolgende Angabe des Dr. Vejdovský. Dieser Forscher berichtet nämlich (in No. 239 des Zool. Anz.), er habe den Herrn Petr veranlaßt, den feineren Bau der äußeren Umhüllung der Gemmulae verschiedener Spongilliden zu untersuchen und es wäre dem Letzteren gelungen, nachzuweisen, »daß diese Umhüllung bei den meisten Arten denselben Bau aufweist, wie derselbe bei *Sp. fragilis, nitens* und *Trochospongilla erinaceus* nur viel deutlicher hervortritt«.

Diesen Nachweis des Herrn Petr muß ich als ganz richtig bezeichnen, zumal in meiner bereits im Jahre 1884 erschienenen Arbeit[4]

[4] O rozwoju pąków gąbek słodkowodnych etc. Kraków, 1884. p. 27.

in den Schlußbemerkungen folgender Passus enthalten ist, den ich in wörtlicher Übersetzung wiedergebe: »Die sonderbare Umhüllung der Gemmulae von *Sp. fragilis* (*Lordii*) und *Trochospongilla erinaceus* entspricht genetisch dem unscheinbaren Netz zwischen den Amphidisken der *Meyenia-* (*Ephydatia-*)Arten, desgleichen demjenigen zwischen den Belegnadeln der *Spongilla*-Arten. In beiden Fällen functionirt dieses aus Luftkammern bestehende Gewebe als hydrostatischer Apparat, der bei den zwei europäischen Arten: *Sp. fragilis* und *Trochospongilla erinaceus* zur mächtigsten Entwicklung gelangt ist.«

Ich habe beiden Herren meine Arbeit zugeschickt, sie scheinen aber obige Stelle ganz übersehen zu haben.

III. Mittheilungen aus Museen, Instituten etc.

1. Zoological Society of London.

1st February, 1887. — Mr. F. Day, F.Z.S., exhibited and made remarks on a hybrid fish supposed to be between the Pilchard and the Herring, and a specimen of *Salmo purpuratus* reared in this country. — Mr. W. L. Sclater, F.Z.S., exhibited and made remarks upon some specimens of a species of *Peripatus* which he had obtained in British Guiana during a recent visit to that country, and added some general observations on the distribution and affinities of this singular form of Arthropods. — Mr. A. Thomson read a report on the insects bred in the Society's Insect-house during the past season, and exhibited the insects referred to. — A communication was read from Dr. B. C. A. Windle, containing an account of the anatomy of *Hydromys chrysogaster*. — Mr. Martin Jacoby read a paper containing an account of the Phytophagous Coleoptera obtained by Mr. G. Lewis in Ceylon during the years 1881, 1882. About 150 new species were described and many new generic forms. — Mr. F. E. Beddard read some notes on a specimen of a rare American Monkey, *Brachyurus calvus*, which had died in the Society's Gardens. — Mr. Oldfield Thomas read a note on the Mammals obtained by Mr. H. H. Johnston on the Camaroons Mountain. — A paper was read by Capt. Shelley, containing an account of the birds collected by Mr. H. H. Johnston on the Camaroons Mountain. The collection contained thirty-six specimens referable to eighteen species, and of these four were new to science. — Mr. G. A. Boulenger read a list of the Reptiles collected by Mr. H. H. Johnston during his recent visit to the Camaroons Mountain. — Mr. Edgar A. Smith read a paper on the Mollusca collected at the Camaroons Mountain by Mr. H. H. Johnston, and gave the description of a new species of *Gibbus*, proposed to be called *Gibbus Johnstoni*. of which specimens were in the collection. — A communication was read from Mr. Charles O. Waterhouse, containing a list of some coleopterous insects collected by Mr. H. H. Johnston on the Camaroons Mountain. — P. L. Sclater, Secretary.

2. Linnean Society of London.

3[d] February, 1887. — Brigade Surgeon J. E. T. Aitchison read a paper on the Fauna and Flora of the Afghan Boundary based on the collections made by him in the recent Afghan Delimitation Commission. Of the Zoology of the region transversed the following is a summary. There were obtained 19 species of mammals, belonging to 15 genera, besides 4 other species were seen belonging to 3 genera. Probably the most interesting as least known, is the mole-like Rat *Ellobius fuscicapillus*, the type of which was originally got near Quetta, many years ago. The geographical range of the Tiger (*Felis tigris*) has been fixed as far east and north as Bala Morghab and that of the Cheetah (*Felis jubata*) to the Valley of the Hari-rūd; while the Egyptian Fox (*Vulpes famelica*) has been obtained as far north and east as Kushk-rūd and Kin in the basin of the Harūt river. There were collected in all 123 species of Birds belonging to some 84 genera, while 14 other species were identified though not preserved. There are only 2 new species viz. *Phasianus principalis* and *Gecinus Gorii*. The birds are chiefly migratory. Exceptions occur in the above new pheasant, Raven, Rook, Carrion Crow, Jackdaw, Sparrow, Starling, Sky Lark (*Alauda arvensis*) Crested Lark (*Galerida cristata*), Bokhara Lark (*Melanocorypha bimaculata*), Wall Creeper (*Tichodroma muraria*), Bittern (*Botaurus stellaris*), an owl, several Raptores, Sandgrouse (*Pterocles arenarius*), and Red legged partridge (*Caccabis chukar*). As Spring advances birds are seen to arrive, following each other very rapidly — such as *Aedon familiaris*, *Sylviae*, *Saxicolae*, *Lanius*, *Motacilla*, *Pastor*, *Merops* and *Coracias*. Various Ducks leave, but the Brahmini duck (*Casarca rutila*) nests and remains throughout the year. The largest number of species occur in the genera: *Saxicola* (8), *Lanius* (6), *Sylvia* (5), *Motacilla* (5) and *Emberiza* (4). 35 species of Reptiles were collected, these consisting of 1 Tortoise (*Testudo*), 21 species of Lizards of which 3 are new, and of Ophidians 13 species whereof 1 is new, viz. an adult fine example of *Naia oxiana* which heretofore has only been recognized from young undeveloped specimens. Of Batrachia 2 species were got, viz. *Rana esculenta* and *Bufo viridis*, and on the latter the Leech *Aulostoma gulo* was found. Circumstances prevented more than 7 species of fish from being procured, these belong to 6 genera, two of which prove to be new. *Schizothorax intermedius* is interesting as it was found by Griffith in the Cabul river an affluent of the Indus. In the great eastern drainage of E. Turkestan it was found at Youngsi-Lissar by the second Yarkand mission. The new species of *Schizothorax* was only met with in the Hari-rūd and its tributaries. Over 100 species of Insects were collected, of which 20 are new to science. The mass of the insects seem to be types of Arabian, North African and Mediterranean fauna; a few only seem Indian, and Central Asian in character. It was observed that the Lepidoptera generally appeared when at irregular intervals there was perfect stillness in the air, and only then in small groups.

3. Linnean Society of New South Wales.

29th December, 1886. — 1) On new or rare Vertebrates from the Herbert River, North Queensland. By C. W. De Vis, M.A. The following

Vertebrates are here treated of: — *Halmaturus*, sp. resembling *H. Wilcoxi*, McCoy; *Phalangista vulpina* (perhaps a variety — larger and of a more rufous tint than ordinary Queensland specimens of this species); the »Brill« or Flying Phalanger resembling *Petaurista taguanoides* in its superficial characters, but presenting some differences, as in the length of the ears and in certain cranial characters; *Dromicia frontalis*, n. sp.; *Pseudochirus Mongan*, n. sp.; *Ninox boobook* var. *lurida*; *Ninox rufa*, Gould; and *Varanus* sp., possibly a variety of *V. prasinus*. Mr. De Vis also points out that inhabiting the mountain-top scrubs of the Herbert Gorge, there are two species of *Pseudochirus* to each of which indifferently the local blacks apply the name »Mongan«; and that Mr. Collett (P. Z. S., 1884, p. 384) has described the female of *P. Mongan* as that of *P. Herbertensis*. — 2) Notes on the Egg of the Regent-bird *Sericulus melinus*. By Dr. Ramsay, F.R.S.E. The egg, taken from the oviduct of a bird shot on the Richmond River, is described and figured. — 3) Notes on the Nesting of *Pycnoptilus floccosus* in N. S. Wales. By Dr. Ramsay, F.R.S.E. The nest and eggs are described and figured, and remarks made on its occurrence in the Cambewarra district. — 4) Descriptions of the Eggs of certain Australian Birds. By Dr. Ramsay, F.R.S.E. Some eggs of doubtful authenticity are redescribed from authentic specimens, and several others are described for the first time. — 5) Description of a new species of *Hapalotis*, (*H. Boweri*) from North West Australia. By Dr. E. P. Ramsay, F.R.S.E. This species comes near *H. apicalis* and *H. hemileucura* of Gould — and has been dedicated to its discoverer W. H. Boyer-Bower, Esq. Figures of the fore and hind feet are given. — 6) Notes on the Bower birds (*Scenopœidæ*) of Australia. By A. J. North. All the known species found in Australia are enumerated, with references to, and descriptions of, the eggs of five species. — 7) List of references to authentic descriptions of Australian Birds' Eggs. By A. J. North. References are given to a large number of descriptions and figures. — 8) On a Labyrinthodont fossil, *Platyceps Wilkinsonii*, from Gosford. By Professor Stephens, M.A., F.G.S. The specimen here described is evidently in a very early stage of development, but shows its essential character distinctly enough. The head, thoracic plates, and the spinal column as far as the pelvic girdle are fairly preserved, and the branchial arches are unmistakably present. As it does not seem referable to any described type, it has been provisionally named as above. A description is also given of two other Labyrinthodont remains from Bowral. All belong to the Hawkesbury-Wianamatta formation. — Dr. Ramsay exhibited eggs of *Ptilonorhynchus holosericeus*, *Chlamydodera maculata*, *C. cerviniventris*, *Sericulus melinus*, *Ailurœdus crassirostris* in illustration of Mr. North's Paper; also of *Puffinus brevicaudis*, the Mutton Bird of South Australia. Dr. Ramsay also exhibited a very remarkable Helix-shaped case, probably of a Trichopterous Insect, from Japan. — Mr. Deane exhibited a Spider of the genus *Gastracantha*, and a specimen of *Melaleuca Deanei* from Lane Cove, a species described by Baron von Mueller in a paper read at last month's Meeting of the Society. — Mr. Masters exhibited a specimen of *Ornithoptera Victoriæ* (female) from Guadalcanar, Solomon Islands. He stated that one specimen was taken by Mr. McGillivray thirty years ago, and until very lately it was the only specimen known.

Druck von Breitkopf & Härtel in Leipzig.

Zoologischer Anzeiger

herausgegeben

von Prof. **J. Victor Carus** in Leipzig.

Verlag von Wilhelm Engelmann in Leipzig.

X. Jahrg. | 14. März 1887. | No. 246.

Inhalt: I. **Litteratur.** p. 129—136. II. **Wissensch. Mittheilungen.** 1. **Meinert,** Die Unterlippe der Kafer-Gattung *Stenus.* 2. **Schneider,** Über den Darm der Arthropoden, besonders der Insecten. 3. **Haase,** Die Stigmen der Scolopendriden. 4. **v. Lendenfeld,** Synocils, Sinnesorgane der Spongien. 5. **Perrier,** Réponse à **M.** Herbert Carpenter. 6. **Croneberg,** Vorläufige Mittheilung über den Bau der Pseudoscorpione. III. **Mittheil. aus Museen, Instituten etc.** 1. **Zoological Society of London.** 2. **Linnean Society of London.** IV. **Personal-Notizen.** Vacat. Necrolog.

I. Litteratur.

15. Arthropoda.

d) Insecta.

ζ) Lepidoptera.

(Fortsetzung.)

Robson, John E., On the specific distinctness of *Tephrosia crepuscularia*, W.V., and *biundularia*, Esp. in: Entomol. Monthly Mag. Vol. 23. Oct. p. 111—112.

Smallwood, G. A., The Life-history of *Tephrosia crepuscularia* (or *biundularia*). in: The Entomologist, Vol. 19. Novbr. p. 266—269.

South, Rich., *Tephrosia crepuscularia* and *T. biundularia.* in: The Entomologist, Vol. 19. Novbr. p. 269—272.

Tutt, J., What constitutes a Species? in: The Entomologist, Vol. 19. Decbr. p. 304—305.

(On the *Tephrosia* question.)

Poujade, G. A., *Thyrina elegans* n. sp. in: Ann. Soc. Entomol. France, (6.) T. 6. 3. Trim. Bull. p. CXLIII.

Tutt, J. W., *Timandra amataria* double brooded. in: The Entomologist, Vol. 19. Oct. p. 254—255.

Earl, H. L., Is *Thyatira batis* double-brooded? in: The Entomologist, Vol. 19. Novbr. p. 278. (Remark by R. South, ibid. p. 278—279.)

Koch, Fr. Wilh., Der Heu- und Sauerwurm oder der einbindige Traubenwickler (*Tortrix ambiguella*) und dessen Bekämpfung. Mit 23 Abbild. auf 2 Taf. in lith. Farbendruck. 2. verbess. Aufl. Trier, Heinr. Stephanus, 1886. 8°. (30 p.) *M* —, 75.

Edwards, W. H., Die Entwicklungsstadien von *Vanessa Milberti*, God. (Auszugsweise übersetzt.) in: Die Insekten-Welt, 3. Jahrg. No. 11. p. 61—62.

(Canad. Entomolog.)

Wagner, G., Etwas über *Versicolora* und die Zucht im Allgemeinen. in: Die Insekten-Welt, 3. Jahrg. No. 7. p. 37—38.

η) **Hymenoptera.**

Dalla Torre, K. W. von, Hymenoptera. in: Zool. Jahresber. Zool. Stat. Neapel, 1885. Abth. II. p. 339—367.

Karsch, Fr., Verzeichnis der im Laufe des Jahres 1885 als neu beschriebenen recenten Insectenarten des Continents Europa. Hymenoptera. in: Entomol. Nachricht. (Karsch), 12. Jahrg. No. 24. p. 369—378.

Wachtl, Fr., (Zuchten von Hymenopteren). v. supra Diptera.

Blackburn, T., and P. Cameron, On the Hymenoptera of the Hawaiian Islands. Manchester, 1886. 8⁰. (52 p.)

Perkins, R. C. L., Aculeate Hymenoptera in 1886. in: Entomol. Monthly Mag. Vol. 23. Nov. p. 134—136.

Douglas, J. W., Note on some Bees and the flowers of Snapdragons. in: Entomol. Monthly Mag. Vol. 23. Nov. p. 136—138.

Lucas, H., Sur la var. *nigrita* de l'*Apis mellifica*. in: Ann. Soc. Entomol. France, (6.) T. 6. 3. Trim. Bull. p. CXXXII—CXXXIII.

Schönfeld, .., Über die Speiseröhre der Biene. Mit 1 Fig. in: Arch f. Anat. u. Physiol. (Physiol. Abth.) 1886. p. 451—458. — Abstr. in: Journ. R. Microsc. Soc. London, (2.) Vol. 6. P. 6. p. 965—966.

Müllenhoff, K., Apistische Mittheilungen. in: Biolog. Centralbl. 6. Bd. No. 16. p. 510—512.

Grassi, B., Development of the Bee. Abstr. in: Journ. R. Microsc. Soc. (2.) Vol. 6. P. 5. p. 783—787.
(Arch. Ital. Biolog.) — s. Z. A. No. 227. p. 419.

Konow, Fr. W., Die europäischen *Blennocampen* (soweit dieselben bisher bekannt sind). (Fortsetz. u. Schluß.) in: Wien. Entomol. Zeit. 5. Jahrg. 8. Hft. p. 267—271.

Dittrich, R., Schlesische *Bombus*-Arten. in: Zeitschr. f. Entomol. Breslau, N. F. 11. Hft. p. XII—XIII.

Kirby, W. F., A Synopsis of the Genera of Chalcididae, Subfamily *Eucharinae*; with Descriptions of several new Genera and Species of Chalcididae and Tenthredinidae. With 1 pl. in: Journ. Linn. Soc. London, Zool. Vol. 20. No. 116. p. 28—37.
(Eucharinae: 15 [6 n.] g.: n. g. *Tricoryna, Metagea, Chalcura, Rhipipallus, Tetramelia, Uromelia*; Tenthredin.: 3 n. sp.; Chalcid.: 4 n. sp., n. g. *Saccharissa*.)

Huth, Ernst, Ameisen als Pflanzenschutz. Verzeichnis der bisher bekannten myrmekophilen Pflanzen. Mit 3 Figurentaf. Berlin, Friedländer, 1886. 8⁰. (15 p.) ℳ —, 50.
(Sammlung naturwissenschaftlicher Vorträge hrsg. von E. Huth. III.)

Forel, Aug., Nouvelles Fourmis de Grèce récoltées par M. E. von Oertzen. in: Soc. Entomol. Belg. Compt. rend. (3.) No. 77. p. CLIX—CLXVIII.
(4 n. sp.)

Blochmann, F., Über die Reifung der Eier bei Ameisen und Wespen. Mit 1 Doppeltaf. Heidelberg, Winter'sche Univers.-Buchhdlg., 1886. 8⁰. ℳ 2, 20.
(Aus der Festschrift.) — s. Z. A. No. 237. p. 655.

Forel, Aug., Les Fourmis perçoivent-elles l'ultra-violet avec leurs yeux ou avec leur peau? in: Arch. Sc. Phys. et Nat. (Genève), (3.) T. 16. Oct. p. 346—350. — Revue Scientif. (2.) T. 38. No. 21. p. 660—661.
(Soc. helvét. Sc. nat.)

Lucas, H., (Sur le *Lasius niger*). in: Ann. Soc. Entomol. France, (6.) T. 6. 3. Trim. Bull. p. CLVI—CLVII.

Kirby, W. F., Description of a new Species of Saw-fly [*Macrophya cora*] from Albania. in: Ann. of Nat. Hist. (5.) Vol. 18. Decbr. p. 497.

Wachtl, Fritz A., Beitrag zur Kenntnis der Lebensweise von *Monodontomerus aereus* Walk. in: Wien. Entomol. Zeit. 5. Jahrg. 9. Hft. p. 306.

Kohl, Frz. Friedr., Neue *Pompiliden* in den Sammlungen des k. k. naturhistorischen Hofmuseums. Mit 2 Taf. in: Verhandl. k. k. zool.-bot. Ges. Wien, 1886. p. 307—346.
(39 n. sp.)

Sharp, D., *Sirex gigas* ovipositing. in: Entomol. Monthly Mag. Vol. 23. Oct. p. 108.

δ) **Coleoptera.**

Ganglbauer, Ldw., Coleoptera. in: Zool. Jahresber. Zool. Stat. Neapel, 1885. Abth. II. p. 204—339.

Karsch, F., Verzeichnis der im Laufe des Jahres 1885 als neu beschriebenen recenten Insectenarten des Continents Europa. Fortsetzung 2. 15. Coleoptera (incl. Strepsiptera). in: Entomolog. Nachricht. 12. Jahrg. No. 23. p. 353—363.

Bolivar, J., (Sobre la collecion de Coleópteros de Laureano Perez Arcas donat. al Museo de Hist. Nat. de Madrid). in: Anat. Soc. Españ. Hist. Nat. T. 15. Cuad. 2. Actas, p. 55—60.

Augustin, C. H., Wegweiser für Käfersammler. Anleitung zum zweckmäßigen Bestimmen der Käfer für Lehrer und Lernende. 2. vermehrte und mit 360 Abbild. bereicherte Aufl. von K. Wilh. Augustin. Hamburg, O. Meißner, 1886. 8⁰. (VIII, 228 p.) ℳ 2,—.

Lefèvre, Ed., Quatre nouvelles espèces de Coléoptères. in: Ann. Soc. Entomol. France, (6.) T. 6. 3. Trim. Bull. CXXXVIII—CXXXIX.

Reitter, Edm., Coleopterologische Notizen. XVIII. in: Wien. Entomol. Zeit. 5. Jahrg. 9. Hft. p. 331—332. XIX. ibid. 10. Hft. p. 347—351.
(s. Z. A. No. 237. p. 657.)

Gazagnaire, J., Sur les organes de la gustation chez les Coléoptères. in: Ann. Soc. Entomol. France, (6.) T. 6. 2. Trim. Bull. p. LXXIX—LXXX.

Künckel d'Herculais, J., (L'appareil respiratoire de certaines familles de Coléoptères.) in: Ann. Soc. Entomol. France, (6.) T. 6. 3. Trim. Bull. p. CXXXVI.
(Élatérides et Buprestides.)

Morgan, C. Lloyd, The Beetle in Motion. With cut. in: Nature, Vol. 35. No. 888. p. 7. — cf. No. 889. p. 28.

Pero, Paolo, Nota sui Peli-ventose de' Tarsi de' Coleotteri. in: Boll. Mus. Zool. Anat. Comp. Torino, Vol. 1. No. 13. (3 p.)

Mik, Jos., Einige Worte zu dem Artikel »Parthenogenesis bei Käfern« in den Entomol. Nachrichten 1886. p. 200. Eine dipterologische Notiz. in: Entomol. Nachricht. 12. Jahrg. Hft. 20. p. 315—316.

Baer, G. A., Catalogue des Coléoptères des Iles Philippines (suite et fin) et descriptions d'espèces nouvelles [36]. in: Ann. Soc. Entomol. France, (6.) T. 6. 2. Trim. p. 129—200.

Bedel, L., Faune des Coléoptères du bassin de la Seine et de ses bassins secondaires. (2. partie du 6. Vol.) Rhynchophora. (p. 217—248. p. 249—280.) in: Ann. Soc. Entomol. France, (6.) T. 6. 2. et 3. Trim.

Casey, Thos. L., New Genera and Species of Californian Coleoptera. With 1 pl. in: Bull. Californ. Acad. Sc. Vol. 1. No. 4. p. 283—336.
(37 n. sp.; n. g. *Colusa, Pontomalota, Platyusa, Bryonomus, Vellica, Euscaphurus.*)

Champion, G. C., Notes on the Coleoptera of the Isle of Sheppey. in: Entomol. Monthly Mag. Vol. 23. Nov. p. 130—131.

Fairmaire, Léon, Descriptions de Coléoptères de l'intérieur de la Chine. in: Ann. Soc. Entomol. France, (6.) T. 6. 2. Trim. p. 303—304. 3. Trim. p. 305—356.
(88 n. sp.; n. g. *Hilyotrogus, Laemoglyptus, Telephorops, Asidoblaps, Tagonoides, Peronocnemis.*)

Fowler, W. W., Coleoptera of the Britsh Islands. A descriptive account of the families, genera and species indigenous to Great Britain and Ireland, with notes as to localities, habitats etc. P. I. London, 1886. 8⁰. With 4 pl. ℳ 3,—, colour. ℳ 5,20.

Gillo, Rob., Coleoptera in the neighbourhood of Bath. in: Entomol. Monthly Mag. Vol. 23. Decbr. p. 161.

Hey, W. C., List of the Coleoptera of Yorkshire. in: Trans. Yorksh. Natur. Union, P. 9. (Vol. 3. p. 1—16.)

Kobelt, W., Zusammenstellung der von Herrn Dr. med. W. Kobelt von seiner Reise in den Provinzen Alger und Constantine, sowie von Tunis mitgebrachten Coleopteren. in: Bericht Senckenb. Nat. Ges. Frankf. 1886. p. 35—57.
(1 n. sp.)

Kolbe, H. J., Neue afrikanische Coleoptera des Berliner zoologischen Museums. in: Entomol. Nachricht. Karsch, 12. Jahrg. Hft. 19. p. 289—301.
(13 n. sp.; n. g. *Psammoryssus, Dischidus.*)

Lange, C., Verzeichnis der in der Umgebung Annabergs beobachteten Käfer. in: VII. Jahresber. Annab.-Buchholz.Ver. f. Naturk. p. 76—99.

Leprieur, C. E., (Coléoptères de la Somme). in: Ann. Soc. Entomol. France, (6.) T. 6. 3. Trim. Bull. p. CXLVII—CXLVIII.

Letzner, K., Fortsetzung des Verzeichnisses der Käfer Schlesiens. in: Zeitschr. f. Entomol. Breslau, N. F. 11. Hft. p. 69—148.

Martinez y Saez, Frc., (Sobre los Coleópteros recogidos en España y Norte de África). in: Anal. Soc. Españ. Hist. Nat. T. 15. Cuad. 2. Actas, p. 48—55.

Neervoort van de Poll, J. R. H., Some remarks about Australian Coleoptera. in: Notes Leyden Mus. Vol. 8. No. 4. Note XXXIV. p. 222.

Rey, Cl., Histoire naturelle des Coléoptères de France (suite). Palpicornes. 2. édit. Avec 2 pl. Beaune (Côte-d'Or), libr. André, 1886. 8⁰. (380 p.)

Schwarz, E. A., Note on the secondary sexual characters of some North American Coleoptera. in: Entomologica Amer. Vol. 2. No. 8. p. 137—139.

Jacoby, Mart., Descriptions of new Genera and Species of Phytophagous Coleoptera from the Indo-Malayan and Austro-Malayan subregions, contained in the Genoa Civic Museum. 3. Part. in: Ann. Mus. Civ. Stor. Nat. Genova, (2.) Vol. 4. p. 41—121.
(110 [95 n.] sp.; n. g. *Microlepta, Neodrana, Syoplia, Hemistus, Yulenia, Amandus, Coelocrania.*) — s. Z. A. No. 209. p. 648.

—— Descriptions of some [8] undescribed species of Phytophagous Coleoptera from Abyssinia, contained in the Genoa Civic Museum. ibid. p. 122—128.

Borre, A. Pr. de, Liste des Lamellicornes laparostictiques [72 sp.] recueillis par feu Camille van Volxem pendant son voyage dans le midi de la péninsule hispanique et au Maroc, en 1871. in: Ann. Soc. Entomol. Belg. T. 30. p. 99—102.

—— Liste des Lamellicornes laparostictiques recueillis par feu Camille van Volxem pendant son voyage au Brésil et à La Plata en 1872, suivie de la description de dixhuit espèces nouvelles et un genre nouveaux. ibid. p. 103—120.
(70 sp., 18 n. sp.; n. g. *Metachaetodus*.)

Reitter, Edm., Über die mit *Abraeus* Leach verwandten Coleopteren-Gattungen. in: Wien. Entomol. Zeit. 5. Jahrg. 8. Hft. p. 271—274.
(n. g. *Abraeomorphus*.)

Bourgeois, J., Nouveau genre et espèce nouvelle de Lycides [*Acroleptus Chevrolati*]. in: Ann. Soc. Entomol. France, (6.) T. 6. 2. Trim. Bull. p. LXX —LXXI.

Kew, H. Wallis, Notes on *Adimonia tanaceti*, L. in: Entomol. Monthly Mag. Vol. 23. Oct. p. 107.

Bedel, L., *Agrilus limoniastri* n. sp. in: Ann. Soc. Entomol. France, (6.) T. 6. 3. Trim. Bull. p. CXXX—CXXXI.

Weyers, .., (Sur la capture de l'*Anoxia villosa*). in: Soc. Entomol. Belg. Compt. rend. (3.) No. 79. p. CXCIII—CXCIV.

Bedel, L., (Sur l'*Apion variegatum* Wencker). in: Ann. Soc. Entomol. France, (6.) T. 6. 2. Trim. Bull. p. LXXXIII—LXXXIV.

Neervoort van de Poll, J. R. H., Description of a new Australian Longicorn [*Bimia maculicornis*]. in: Notes Leyden Mus. Vol. 8. No. 4. Note XXXV. p. 223—224.

Bourgeois, J., (Sur deux *Cantharis* de la faune belge). in: Ann. Soc. Entomol. France, (6.) T. 6. 3. Trim. Bull. p. CXLI.

Seydlitz, Geo. v., Verwandtschaftliche Beziehungen der *Carabiden* und *Dytisciden*. in: Entomol. Nachricht. Karsch, 12. Jahrg. 20. Hft. p. 313 —314.
(Naturforsch.-Vers.)

Quedenfeldt, G., *Cerambycidarum* Africae species novae [14]. in: Jorn. Sc. Math. Phys. Nat. Acad. Lisboa, T. 10. No. 40. p. 240—247.

Neervoort van de Poll, J. R. H., Four new *Cetoniidae* from Central- and South-America. in: Notes Leyden Mus. Vol. 8. No. 4. Note XXXIX. p. 231 —237.

Reitter, Edm., Drei neue *Chelonarium*-Arten von Sumatra. in: Notes Leyden Mus. Vol. 8. No. 4. Note XXXIII. p. 219—221.

Weise, J., (Über *Chrysomeliden*). in: Entomol. Nachricht. Karsch, 12. Jahrg. 20. Hft. p. 311—312.
(Naturforsch.-Vers.)

—— Über die Entwicklung der *Chrysomeliden*. in: Tagebl. 59. Vers. deutsch. Naturf. p. 197.

—— Über den Forceps der *Chrysomeliden* und *Coccinelliden*. ibid.

Fleutiaux, Edm., Descriptions de deux espèces de *Cicindélètes*. in: Ann. Soc. Entomol. France, (6.) T. 6. 2. Trim. Bull. p. CXI—CXII.

Neervoort van de Poll, J. R. H., Les *Cicindélides* de l'ile de Curaçao, avec description d'une *Tetracha* nouvelle [*T. curaçaoica*]. in: Notes Leyden Mus. Vol. 8. No. 4. Note XXXVI. p. 225—227.

Weise, J., Forceps der *Coccinelliden*. v. supra *Chrysomelidae*.

Will, L., Oogenetic Studies. I. *Colymbetes fuscus*. Abstr. in: Journ. R. Microsc. Soc. (2.) Vol. 6. P. 5. p. 764.
(Zeitschr. f. wiss. Zool.) — s. Z. A. No. 228. p. 440.

Lucas, H., Sur les moeurs du *Crioceris asparagi*. in: Ann. Soc. Entomol. France, (6.) T. 6. 3. Trim. Bull. p. CXLIX.

Pascoe, Frc. P., List of *Curculionidae* found by Mr. van Volxem in the neighbourhood of Rio Janeiro. in: Soc. Entomol. Belg. Compt. rend. (3.) No. 76. p. CLI—CLVI.
(6 n. sp.; n. g. *Miostictus, Archetus.*)

—— On new African Genera and Species of *Curculionidae*. With 1 pl. in: Journ. Linn. Soc. London, Zool. Vol. 19. No. 114. p. 318—336.
(32 n. sp.; n. g. *Pamphaea, Stiamus, Ectitheis, Straticus, Dicasticus, Ostra, Timola, Neiphagus, Peristhenes, Saphicus, Stenophida.*)

Bourgeois, J., (Remarques sur les *Dascillides*). in: Ann. Soc. Entomol. France, (6.) T. 6. 2. Trim. Bull. p. LXVIII—LXX.

Neervoort van de Poll, J. R. H., On the male of *Demelius semirugosus*, Waterh. in: Notes Leyden Mus. Vol. 8. No. 4. Note XLII. p. 242.

Reitter, Edm., Über die Coleopteren-Gattung *Dendrodipnis* Woll. aus Sumatra. in: Notes Leyden Mus. Vol. 8. No. 4. Note XXXII. p. 215—218.
(5 [4 n.] sp.)

Neervoort van de Poll, J. R. H., Description of a new Gnostid [*Diplocotes niger*]. in: Notes Leyden Mus. Vol. 8. No. 4. Note XL. p. 238.

Dytiscidae. v. supra *Carabidae*, G. v. Seidlitz.

M'Neil, Jerome, A remarkable case of Longevity in a Longicorn Beetle (*Eburia quadrigeminata*). in: Amer. Naturalist, Vol. 20. Dec. p. 1055—1057.

Reitter, Edm., Drei neue *Elmiden* von Sumatra. in: Notes Leyden Mus. Vol. 8. No. 4. Note XXXI. p. 213—214.

Gorham, H. S., On new Genera and Species of *Endomychidae*. With 1 pl. in: Proc. Zool. Soc. London, 1886. P. II. p. 154—163.
(14 n. sp.; n. g. *Stictomela, Cymones, Endocoelus.*)

Neervoort van de Poll, J. R. H., Description d'une espèce nouvelle du genre *Eucamptognathus*, Chaud. [*Eu. fulgidicinctus*]. in: Notes Leyden Mus. Vol. 8. No. 4. Note XXXVIII. p. 229—230.

Baly, Jos., Descriptions of new genera and species of *Galerucidae*. in: Trans. Entomol. Soc. London, 1886. P. 1. p. 27—39.
(32 n. sp.; n. g. *Nacrea, Strumatea.*)

—— Descriptions of a new Genus and of some [16] new Species of *Galerucinae*, also Diagnostic Notes on some of the older described Species of *Aulacophora*. in: Journ. Linn. Soc. London, Zool. Vol. 20. No. 116. p. 1—27.
(45 [16 n.] sp.; n. g. *Paridea.*)

Régimbart, Maur., Essai monographique de la famille des *Gyrinidae*. 1. Suppl. Avec figg. in: Ann. Soc. Entomol. France, (6.) T. 6. 2. Trim. p. 247—272.
(11 n. sp.)

Borre, A. Pr. de, Note sur les genres *Hapalonychus* Westwood et *Trichops* Mannerh. (inédit). in: Ann. Soc. Entomol. Belg., T. 30. p. 121—124.

Kuwert, A., General-Übersicht der *Helophorinen* Europas und der angrenzenden Gebiete. (Fortsetz. u. Schluß). in: Wien. Entomol. Zeit. 5. Jahrg. 8. Hft. p. 281—285.
(s. Z. A. No. 238. p. 673.)

Lewis, Geo., On the Nomenclature of sundry *Histerids*, including a Note on a fourth species of European *Dendrophilus.* in: Wien. Entomol. Zeit. 5. Jahrg. 8. Hft. p. 280.

Gadeau de Kerville, Henri, Évolution et Biologie de l'*Hypera arundinis* Payk. et *Hypera adspersa* Fabr. (*H. Pollux* Fabr.). in: Ann. Soc. Entom. France, (6.) T. 6. 3. Trim. p. 357—362.

Olivier, Ern., Études sur les Lampyrides. II. Avec figg. in: Ann. Soc. Entomol. France, (6.) T. 6. 2. Trim. p. 201—246.
(I. s. Z. A. No. 219. p. 182. — g. *Photuris*; 64 sp. [18 n. sp.])

François, .., Sur une larve de *Lampyris noctiluca*, ayant vécu sans tête. in: Compt. rend. Ac. Sc. Paris, T. 103. No. 8. p. 437—438. — Abstr. in: Journ. R. Microsc. Soc. London, (2.) Vol. 6. P. 6. p. 967.

Fowler, W. W., On a small collection of *Languriidae* from Assam, with descriptions of two new species. in: Trans. Entomol. Soc. London, 1886. P. I. p. 23—25.

Schwarz, E. A., On the reported occurrence of *Leptura variicornis* in North America. in: Entomologica Amer. Vol. 2. No. 8. p. 161—162.

Brunetti, E., Tenacity of life in *Lucanus cervus.* in: Entomol. Monthly Mag. Vol. 23. Oct. p. 107.

Bourgeois, J., (Remarques sur deux *Lycides*). in: Ann. Soc. Entomol. France, (6.) T. 6. 2. Trim. Bull. p. LXXXIV. — (sur quelques *Lycides.*) ibid. p. XC—XCI. p. XCVIII—C.

—— Observations sur quelques espèces de *Lycides* du Brésil. in: Ann. Soc. Entomol. France, (6.) T. 6. 3. Trim. Bull. p. CXXXI—CXXXII, CXXXIX—CXLI, CLIV—CLVI.
(3 n. sp.)

Beauregard, H., Recherches sur les *Méloides.* (Suite.) Avec 4 pl. in: Journ. de l'Anat. et de la Physiol. (Robin et Pouchet), T. 22. 1886. p. 242—284. — Abstr. in: Journ. R. Microsc. Soc. London, (2.) Vol. 6. P. 6. p. 966—967.
(s. Z. A. No. 228. p. 442.)

Gundermann, .., Über den Fang von *Necrophilus subterraneus* Ill. in: Die Insekten-Welt, 3. Jahrg. No. 13. p. 75.

Kessler, F., Entwicklungs- und Lebensweise von *Niptus hololeucus* Fald. in: 32./33. Ber. Ver. f. Naturk. Cassel, p. 39—41.

Raffray, A., Matériaux pour servir à l'étude des Coléoptères de la famille des *Paussides.* (Suite et fin.) in: Nouv. Arch. du Mus. Hist. Nat. T. 9. Fasc. 1. p. 1—52.
(19 n. sp.)

Neervoort van de Poll, J. R. H., Description of a new Paussid from South Africa [*Pentaplatarthrus Van Damii*]. in: Notes Leyden Mus. Vol. 8. No. 4. Note XXXVII. p. 228.

Bourgeois, J., Nouvelle espèce de Lycide [*Plateros subaequalis*]. in: Ann. Soc. Entomol. France, (6.) T. 6. 2. Trim. Bull. p. LXXXIV.

Heinemann, C., Luminous Organs of the Mexican Cucuyos [*Pyrophorus*]. in: Journ. R. Microsc. Soc. (2.) Vol. 6. P. 5. p. 787—789.
(Arch. f. mikr. Anat.) — s. Z. A. No. 238. p. 674.

Lucas, H., Métamorphoses du *Sagra Buqueti* Lesson (*S. Boisduvali* Dupont). in: Ann. Soc. Entomol. France, (6.) T. 6. 2. Trim. Bull. p. LXXXIV—LXXXV.

Champion, Geo. C., *Salpingus mutilatus*, Beck, a British Insect. in: Entomol. Monthly Mag. Vol. 23. Decbr. p. 160.

Smith, John B., Notes on *Scolytus unispinosus*, Lec. With cuts. in: Entomologica Amer. Vol. 2. No. 8. p. 125—127.

Sahlberg, John, En ny finsk art af slägtet *Scymnus* [*fennicus*]. in: Meddel. Soc. Fauna et Flora Fenn. 13. Hft. p. 156—158.

Neervoort van de Poll, J. R. H., A new Buprestid genus and species from the Aru-Islands [*Semnopharus apicalis* n. g., n. sp.]. in: Notes Leyden Mus. Vol. 8. No. 4. Note XLI. p. 239—241.

Reitter, Edm., Beitrag zur Systematik der Grotten-*Silphiden*. in: Wien. Entomol. Zeit. 5. Jahrg. 9. Hft. p. 313—316.

Waterhouse, Ch. O., Description of a new Species of *Sphenophorus* (Coleoptera, Calandridae) [*S. Cumingii*]. in: Ann. of Nat. Hist. (5.) Vol. 18. Oct. p. 318.

Tetracha n. sp. v. supra *Cicindélides*, J. R. H. Neervoort van de Poll.

Trichops v. supra *Hapalonychus* Westw., A. Pr. de Borre.

Borre, Alfr. Pr. de, Catalogue des *Trogides* décrits jusqu' à ce jour, précédé d'un Synopsis de leurs genres et d'une esquisse de leur distribution géographique. Avec 1 carte. Extr. des Ann. Soc. Entomol. Belg. T. 30. p. 54—82.

16. Molluscoidea.

Ostrooumoff, Al., Remarques relatives aux recherches de Mr. L. Joliet sur la blastogénèse [des Bryozoaires]. in: Zool. Anz. 9. Jahrg. No. 235. p. 618—619.

Vigelius, W. J., Development of Polyzoa. Abstr. in: Journ. R. Microsc. Soc. London, (2.) Vol. 6. P. 6. p. 959—960.

(Mittheil. Zool. Stat. Neapel.) — s. Z. A. No. 238. p. 675.

Lorenz, Ldw. von, Bryozoen von Jan Mayen. Mit 1 Taf. Wien, C. Gerold's Sohn in Comm., 1886. 4⁰. (18 p.) aus: Internat. Polarforsch. 1882—1883. Die österr. Polarstat. Jan Mayen. 3. Bd. Zool.

(6 n. sp.; n. g. *Rhamphosternella* [cf. Z. A. No. 238. p. 675].)

Ostrooumoff, A. A., Contribution à l'étude zoologique et morphologique des Bryozoaires du golfe de Sébastopol (Suite). Avec 5 pl. col. in: Arch. Slav. de Biol. T. 2. Fasc. 1. p. 8—25.

Meunier, A., et Ed. Pergens, Les Bryozoaires du système montien. Louvain, 1886. 8⁰. (3 pl.)

Kraepelin, K., Über die Phylogenie und Ontogenie der Süßwasserbryozoen. in: Tagebl. 59. Vers. deutsch. Naturf. p. 133—135. — Biolog. Centralbl. 6. Bd. No. 19. p. 599—602.

II. Wissenschaftliche Mittheilungen.

1. Die Unterlippe der Käfer-Gattung Stenus.

Eine vorläufige Mittheilung.

Von Fr. Meinert, Kopenhagen.

eingeg. 8. Januar 1887.

Erichson hat 1839 in seiner sehr verdienstvollen Arbeit »Die Käfer der Mark Brandenburg«, auch die Staphylinen-Gattung *Stenus* bearbeitet. Seine eigenen Untersuchungen über die Mundtheile dieser Thiere waren indes nicht sehr eindringend und jedenfalls ziemlich unglücklich; zwei Darstellungen aber, die eine von dem Engländer Curtis, Brit. Entomol., die andere von dem Franzosen Thion, Annal. d. l. soc. entom. d. France, lagen vor, von welchen jedoch nur die letztere, wie es scheint, gekannt oder doch berücksichtigt worden ist.

Obschon nun Thion sich nicht als einen gründlichen, noch weniger wissenschaftlichen Untersucher zeigt, so daß Erichson deswegen mit Recht die Zuverlässigkeit seiner Darstellung bezweifeln konnte, waren doch seine Abbildungen, vorzüglich diejenige des ganzen Thieres, von oben und von unten, in aller ihrer Unvollkommenheit so erstaunend, daß Erichson seinen Untersuchungen auf die von ihm erwähnte Weise nachzugehen verpflichtet war, und sich nicht damit genügen lassen sollte, dieselbe ganz bei Seite zu lassen, um sie unter sein Schema zu bringen; woher es, um dieses Ziel zu erreichen, auch nothwendig wurde, zwei Sätze aufzustellen, wie diese, daß die Speiseröhre sich vorschieben ließe (die Möglichkeit einer Umstülpung dieses Organs mag Niemand verneinen), und daß die Ligula, das vorderste Segment der drei oder vier Segmente der Unterlippe, mit dem hintersten, dem Kinn oder Mentum, verbunden sein kann. Außerdem muß man bei Erichson rügen, daß er eine Darstellung, die er so sehr mißgeachtet hat, doch brauchen zu können glaubte, um seine eigene Theorie des Zusammengehörens der Mundtheile zu stützen.

Erichson's Auffassung, die er das folgende Jahr in seinem Werke »Genera et Species Staphylinorum« wiederholte, drang, jedenfalls in Deutschland, Frankreich und Scandinavien, ganz und gar durch, und Thion war vergessen oder nur »als Zierath des Stiles« erwähnt.

Im Herbste 1886 nahm ich die Untersuchung der Mundtheile der Stenen wieder auf, und das Erste, was ich machte, war, nach Thion's Anweisung die Thiere zu zwingen, ihre Unterlippe bis zur Hälfte der Körperlänge vorzuschieben. Durch einen abgemessenen aber starken Druck gelang mir dieses bei allen von mir geprüften Species, und das Manöver konnte wieder und wieder mit demselben Individuum gemacht werden, nachdem die Unterlippe beim Aufhören des Druckes zurückgezogen war. Die Lage und Stellung der Speiseröhre wurde gar nicht verändert, und so habe ich auch den Kopf eines *Stenus* zeichnen können, die Unterlippe beinahe vollständig hervorgeschoben und die Speiseröhre und den Ventrikel in natürlicher Lage hinter dem Hinterrande des Kopfes liegend. Der vorgeschobene Theil der Unterlippe (der hinterste Theil derselben, das Kinn, wurde gar nicht alterirt) bestand, wie es Thion schon dargestellt hat, aus zwei Stücken, von denen das hintere Stück sich unter dem Microscope als eine flach gedrückte, häutige Röhre zeigte, welche Röhre sich aus- und einstülpen ließ. Diese hintere häutige Röhre, die das vordere Stück wie eine Scheide umgeben kann, ist morphologisch nur die bei diesem Thiere sehr verlängerte Bindehaut zwischen dem Kinn und dem vorderen Stück des hervorgeschobenen Theils der Unterlippe. Das vordere Stück, das Hauptstück der Unterlippe ist am Vorderrande des hinteren Stückes befestigt, und in der Ruhe der Mundtheile wird es ganz von der genannten häutigen Röhre umschlossen und unter und hinter das Kinn zurückgezogen, so daß nur das vordere Ende mit den Anhängen sichtbar ist. Dieses Stück ist nicht hohl, wie Thion (»traversée dans toute son étendue par un canal qui donne un libre cours aux sucs nutritifs«) oder Erichson (»Speiseröhre«) meinte, sondern von Nerven, Tracheen, Muskeln mit langen Sehnenleisten durchzogen, und am hinteren Ende sind starke Muskeln, Musculi retractores linguae, befestigt. Von den zwei Paaren Anhängen ist das dreigegliederte Paar sicher die Labialpalpen, während die keulenförmigen Anhänge Zungenladen, Ligulae, sind. Nebenzungen, Paraglossae, fehlen durchaus.

Außerdem habe ich die fünf übrigen Gattungen, welche von Harold und Gemminger, Catalogus Coleopterorum, zu den Steninen gezogen werden, untersucht[1]; und, wenn man auch gestehen muß, daß die meisten dieser Gattungen von der Gattung *Stenus* oder unter sich so verschieden sind, daß man sie in dieselbe Gruppe gar nicht unterbringen darf, so sind jedenfalls die Gattungen *Stenus* und *Dianous* einander so nahe stehend, daß sie in jedem Systeme einander nahe stehen müssen. Nun aber ist es so, daß sie im Bau der Unterlippe sehr verschieden sind, und daß *Dianous* in keinem der Puncte, in welchen *Stenus* so sehr von dem Typischen abweicht, mit *Stenus* übereinstimmt, sondern die gewöhnliche kurze Unterlippe und Zunge ohne Zungenladen aber mit ordinären Nebenzungen hat. Von einem mehr als gewöhnlichen Hervorschieben und Zurückziehen der Zunge oder Unterlippe beim *Dianous* ist gar nicht zu sprechen.

Das Abnorme im Bau der Mundtheile bei der Gattung *Stenus* ist also dies, daß das Hauptstück oder Sternalstück der Unterlippe und die dasselbe Hauptstück mit dem Kinn verbindende Bindehaut außerordentlich verlängert sind, daß das Hauptstück sich so weit hervor- und zurückschieben läßt, und daß die Nebenzungen durchaus fehlen. Die Bildung der keulenförmigen Zungenladen ist auch eine ungewöhnliche, doch man vergleiche hier unter Anderen die Gattung *Megalops*.

Ich bedaure, daß ich Figuren nicht mitgeben kann, aber zwei Tafeln mit den nothwendigen Abbildungen der Mundtheile der Ste-

---

[1] Durch besondere Güte des Herrn Prof. Herm. Hagen in Cambridge, Mass., habe ich die zwei nordamerikanischen Gattungen *Edaphus* und *Stictocranius* untersuchen können.

ninen und einiger anderen nahestehenden Gattungen werden die Abhandlung, wie sie binnen kurzer Zeit in »Videnskabelige Meddelelser fra Naturhistorisk Forening« erscheinen wird, begleiten.

2. Über den Darm der Arthropoden, besonders der Insecten.

Von Prof. Anton Schneider, Breslau.

eingeg. 8. Januar 1887.

Der Mitteldarm der Arthropoden besteht bekanntlich aus einer inneren Lage von Zellen, dem Entoderm. Darauf folgt nach außen eine Tunica propria, welche, wie man bisher nicht beachtet hat, aus Chitin besteht. In kochender Kalilauge ist sie unlöslich. Vorn geht sie über in die innere Cuticula des Vorderdarmes, hinten in die des Hinterdarmes.

Nach außen liegt auf der Tunica propria eine Hypodermisschicht, darauf folgt die Muscularis, welche aus einer inneren Quer- und einer äußeren Längsfaserschicht besteht. Die histiologische Zusammensetzung der dem Entoderm aufliegenden Gewebe ist genau dieselbe, wie die des Vorder- und Hinterdarmes. Man kann sagen, der Vorder- und Hinterdarm ziehen sich in einer dünnen Schicht über den Mitteldarm weg. Eine Anschauung, welche auch mit den Ergebnissen der Entwicklungsgeschichte in Einklang steht.

Die Längsfasern des Vorder- und Hinterdarmes gehen bei den Insecten auf den Mitteldarm über. An der Verbindungsstelle zwischen Vorder- und Hinterdarm findet sich eine bisher übersehene merkwürdige Anordnung der Längsfasern, welche zu weitgreifenden Folgen führt.

Der vordere Theil des Vorderdarmes hat überhaupt nur Querfasern. Wenn dann hinter der Mitte die Längsfasern entstehen, so lösen sie sich vom Darm ab und inseriren sich erst ein Stück hinter dem Anfang des Mitteldarmes. Dadurch wird eine Einstülpung des Vorderdarmes bedingt, welche nach dem Darmlumen vorspringt. Indem die beiden Blätter der Einstülpung verwachsen, bilden sie einen Rüssel, der zu vielfachen Bildungen führt. Er kann einfach, gelappt, mit Borsten und Zähnen besetzt sein etc. Der Rüssel kommt vor ziemlich groß bei den Larven und Imagines der Dipteren, Orthopteren, Forficuliden und *Lepisma*, kleiner bei den Coleopteren und Neuropteren, im Übrigen fehlt er.

Eine andere Bildung entsteht an dieser Stelle bei einem großen Theil der Insecten. An dem Hinterende des Vorderdarmes bildet die Cuticula eine den Ausgang des Vorderdarmes umschließende Falte, welche sich in Gestalt einer Röhre bis zum After verlängert. Ich will sie als Trichter bezeichnen. Der Trichter kommt vor bei allen obengenannten, den Rüssel besitzenden. Bei den Coleopteren fehlt er den Dytisciden und Carabiden. Bei den Dipteren ist er allgemein vorhanden, eben so bei den Thysanuren. Bei den Raupen ist er überall, den Schmetterlingen scheint er zu fehlen. Er fehlt den Hemipteren, bei den Hymenopteren fehlt er den Cynipiden, Ichneumoniden und Tenthrediniden. Die anderen Hymenopteren habe ich nicht untersucht.

Alle den Trichter besitzenden Insecten (und Larven) fressen feste, selbst unverdauliche Stoffe, während die anderen flüssige Nahrung zu sich nehmen. Ist der Trichter in der Larve vorhanden, so kann er bleiben, wenn auch die Imago die Mundtheile und damit die Lebensweise geändert hat, wie z. B. bei den Dipteren.

Wenn ein Trichter vorhanden ist, berühren die in den Darm aufgenommenen Stoffe die Oberfläche des Mittel- und Hinterdarmes nicht. Auch die bei vielen Insecten vorkommende Darmathmung hat auf den Darminhalt keine Wirkung, der Trichter ist elastisch und umschließt den Darminhalt immer fest.

Der Trichter ist bis jetzt nur bei den viviparen Cecidomyienlarven erwähnt. Wagner, der Entdecker derselben, bemerkte in ihrem Magen ein zweites Rohr, welches Nahrung enthielt. Pagenstecher war mehr geneigt, das Rohr für ein Secret der Speicheldrüsen zu halten. Metschnikoff erkannte aber bereits richtig, daß das Rohr aus Chitin bestehe, hielt es aber nur bestimmt zur Abführung von Secreten.

3. Die Stigmen der Scolopendriden.

Von Dr. Erich Haase.

eingeg. 12. Januar 1887.

Die Zahl und der Bau der Stigmata ist für die Systematik der einförmigen Scolopendriden-Familie von hoher Bedeutung. So unterschied schon Newport spaltförmige, siebförmige und sogenannte »branchiforme« Stigmen. Diese »kiemenförmigen« Luftlöcher definirt er[1] als »Spiracula circularia, membrana branchiformi corrugata intus vestita« und noch v. Porath[2] nahm bei Aufstellung der Gattung *Otostigma* (= *Branchiotrema* Kohlr.) diese Definition auf.

Erst Kohlrausch[3] hob hervor, daß er »eine Ähnlichkeit mit Kiemen an diesen Stigmen durchaus nicht finden« könne, behielt aber doch die Ansicht bei, daß die Luftlöcher »innen durch eine kiemenförmige Haut geschlossen« seien.

---

[1] G. Newport, Monograph of the ... *Chilopoda* (Linn. Trans. XIX.) p. 411.
[2] O. v. Porath, Bih. till. K. Sv. Vet.-Ak. Handl. Bd. 4. No. 7. 1876. p. 19.
[3] E. Kohlrausch, Beitr. z. Kenntnis d. Scolopendr. Marburg, 1878. p. 6.

Bei der Bearbeitung der indo-australischen Chilopoden, deren Resultate ich demnächst in einer größeren Arbeit publiciren werde, wurde ich auch auf die Untersuchung des Baues der Stigmata geführt, welchen ich besonders an Flächenschnitten studirte.

Die einfachste Form wird durch das lochförmige Stigma gebildet, welches sich bei *Lithobius* Leach und *Henicops* Newp. findet und von mir genauer[4] beschrieben wurde. Es zeichnet sich aus durch unausgebildetes Peritrema, durch ziemlich kurzen, innen mit einem Stäbchengitter von Borsten ausgekleideten Kelch, dem besondere Schutzapparate fehlen, und durch cylindrische, einfach einmündende Tracheen. Eine ähnliche Form findet sich nun bei den Jungen (Foetus Ltz.) der Scolopendriden, welche nach dem Verlassen des Eies noch längere Zeit fast regungslos liegen bleiben und von dem Leibe der Mutter bedeckt werden, bei *Scolopendra* L. eben sowohl als bei *Heterostoma* Newp.[5].

So bildet diese einfache Form den gemeinsamen Ausgangspunct für das spaltförmige und siebförmige Stigma.

Bei *Cryptops* Leach. ist die Grundform noch deutlich ausgeprägt, während sie bei *Cormocephalus* Newp. durch die mehr schlitzförmige und umrandete äußere Öffnung sowie durch das Hinzutreten einfacher Stachelkränze vor der Tracheenmündung schon zu dem Stigma der echten Scolopendern überleitet. Bei letzteren zerfällt die Stigmenhöhle, in einen äußeren Vorhof und den eigentlichen Kelch, und der Stachelkranz vor der geraden Einmündung der Tracheen erreicht seine höchste Ausbildung.

Von dem lochförmigen läßt sich nun das ohrförmige (= branchiforme) Stigma von *Otostigma* v. Por. und *Branchiostoma* Newp. dadurch ableiten, daß man sich den Stigmenkelch auf einen geringeren Theil seiner Länge schief zusammengeschoben denkt. Auf dem Stigmenboden dieser Formen treten einzelne unregelmäßige, dunkler gefärbte Inseln hervor, welche außen mit den kleinen Häkchen besetzt sind, die im Stigmenkelch der Chilopoden so häufig sind. Diese Inseln sind die stehen gebliebenen Reste des ursprünglichen Stigmenbodens, während die hellen sie umziehenden Bäche durch die allmählich verflachten und erweiterten Ausmündungsflächen der Tracheen gebildet werden. Die äußere Öffnung der ohrförmigen Stigmen ist rund und am Rande fein gezähnelt: ein vorspringender Ring, wie bei *Scolopendra*, fehlt.

---

[4] E. Haase, Das Respirationssystem der Symphylen u. Chilopoden. in: »Zool. Beiträge«. 1. Bd. 2. Hft. p. 76. Breslau, 1884.

[5] Embryonen von *Het. spinulosum* Newp. verdanke ich der Güte der Herren Drr. Sarasin.

Aus diesem ohrförmigen Stigma läßt sich das siebförmige, z. B. von *Heterostoma* Newp., dadurch ableiten, daß man sich die Bodenfläche des Stigmenkelches bedeutend erweitert, die Tracheen verengt und vervielfacht, und die Entfernung zwischen Stigmenrand und Kelchboden allmählich aufgehoben denkt.

Wenn auch das erste Stigmenpaar von *Heterostoma* Newp., das die Größe von 4 mm erreichen kann, selbst über die Körperebene hinaustritt, so zeigen doch die letzten Stigmen eine Vertiefung des Kelches etc., wie sie für *Branchiostoma* Newp. typisch ist, und beweisen als die am meisten unausgebildeten damit klar, daß das ohrförmige dem siebförmigen Stigma vorausgegangen ist.

Ein Bindeglied zwischen dem spalt- und ohrförmigen Stigma habe ich nicht gefunden.

Zu den embryonalen Eigenschaften des Stigma der jungen Scolopendriden kommt noch eine eigenthümliche, ebenfalls bisher unerwähnte, hinzu. Es wird nämlich jedes Stigma von einem starken hakenartigen Chitinfortsatz von ziemlicher Breite (bis 0,2 mm) beschützt, der sich über die Öffnung herüberneigt und als eine Duplicatur der Pleuren anzusehen ist.

Dieser eigenthümliche Schutzapparat, der sich bei den Embryonen von *Lithobius* Leach nicht findet, muß als foetal der durch die Entwicklungsgeschichte bedeutsamen embryonalen Stigmenform gegenüber gestellt werden. Er ist also als secundär, besonderen Lebensbedingungen angepaßt, anzusehen und wohl zugleich mit der eigenthümlichen Brutpflege entstanden, durch die Empfindlichkeit und Wehrlosigkeit der zarten Embryonen bedingt.

Dresden, kgl. zoolog. Museum.

4. Synocils, Sinnesorgane der Spongien.

Von Dr. R. v. Lendenfeld.

eingeg. 12. Januar 1887.

Der Leser wird sich erinnern, daß in dem Referate über meine im Zoologischen Anzeiger No. 186 mitgetheilte Entdeckung eines Nervensystems bei Spongien, in dem Journal of the Royal Microscopical Society, erwähnt wird, daß Stewart in einer Versammlung dieser Gesellschaft Palpocils bei *Grantia* vorgezeigt hätte. Neuerlich hat Stewart in Bell's Textbook of Zoology, London 1886, p. 144 eine Abbildung seiner »Palpocils« veröffentlicht, aus welcher hervorgeht, daß seine Sinneszellen von den von mir beschriebenen abweichen. Aus seiner Figur geht nämlich hervor, daß diese Elemente unregelmäßige multipolare Ganglienzellen mit kugeligem Kern sind, welche in das dicke conische, mit breiter Basis aufsitzende Palpocil einen feinen fadenförmigen Fortsatz entsenden (Fig. 1). Die von mir bei zahlreichen Kalkschwämmen und Corneospongiae aufgefundenen Elemente dagegen sind mehr oder weniger spindel- oder birnförmig, haben einen ovalen Kern und ragen nur sehr wenig über die Oberfläche vor (Zool. Anz. No. 186. p. 49 Fig. 2). Sie sind zuweilen zerstreut, häufiger jedoch zu Gruppen vereint. »Bei den Leuconen . . . . treffen wir Büschel von Sinneszellen an (Fig. 2), die unregelmäßig über die Oberfläche zerstreut sind« (Zool. Anz. No. 186. p. 49).

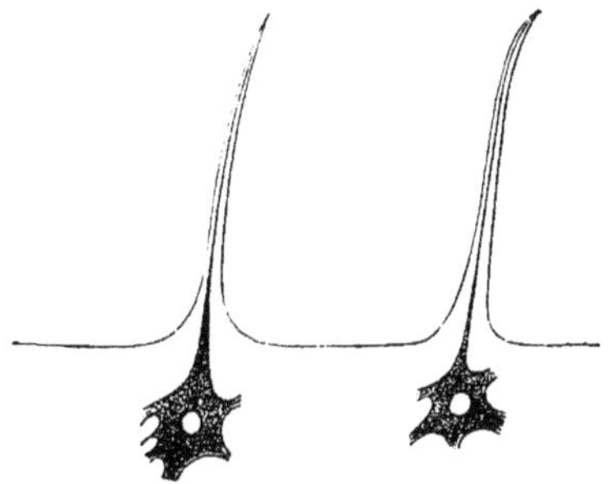

Fig. 1. Synocils nach Stewart (l. c.).

Eine Verbindung dieser Elemente mit tiefer liegenden Ganglienzellen wurde von mir bei *Euspongia canaliculata* (Sitzungsberichte der Berliner Akademie 1886) sowie bei *Dendrilla cavernosa* (Proceedings of the Linnean Society of N. S. W.) aufgefunden.

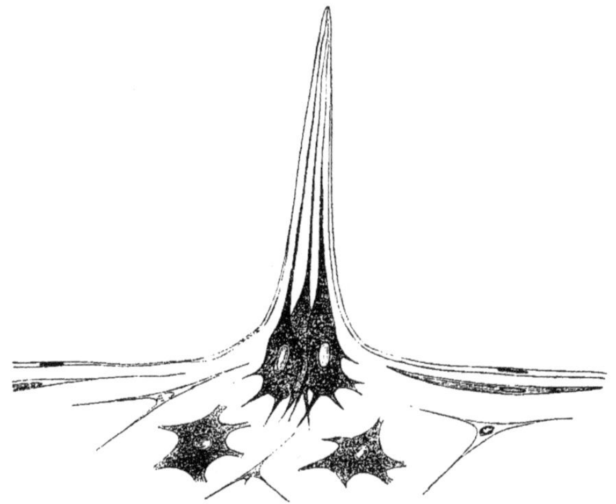

Fig. 2. Synocils. Berichtigte Darstellung.

Eine ähnliche Verbindung kommt auch bei gewissen Kalkschwämmen, wie z. B. bei *Sycandra arborea* (Zool. Anz. No. 186), vor. Bei anderen Kalkschwämmen, wie bei den Leuconidae (Zool. Anz. No. 186) sowie bei den Chalinidae, habe ich jedoch eine solche Verbindung nicht nachweisen können. Bei diesen kommen überhaupt keine Zellen unterhalb der Sinneszellen vor, welche mit Wahrscheinlichkeit als Ganglienzellen angesehen werden könnten.

Unter diesen Umständen war es natürlich für mich sehr wichtig, die Frage zu entscheiden, in welcher Beziehung Stewart's Zellen zu den meinigen stehen. Prof. Stewart war so liebenswürdig mir zu gestatten seine Originalpraeparate, die vor etwa 10 Jahren angefertigt worden sind, im Royal College of Surgeons zu untersuchen und ich bin dabei zu einem ganz neuen und wichtigen Resultat gekommen, welches ich hier mittheilen will.

Die Spongie, von welcher Praeparate mir vorliegen, scheint *Sycandra coronata* H. (*Grantia ciliata* Bow.) zu sein. Stewart hat kleine Exemplare lebend in starke Osmiumsäure gebracht, dann gradatim mit großer Vorsicht in Alcohol gehärtet und gefroren geschnitten. Die Schnitte sind in einer wässerigen Lösung aufbewahrt.

Von der Oberfläche des Schwammes erheben sich überall sehr lange und große kegelförmige Fortsätze, die mit einem trompetenförmig erweiterten Basalstück aufsitzen. Diese sind fast 0,1 mm lang und an der Basis etwa 0,016 mm breit. Sie sind besonders in der Nähe der Einströmungsporen zahlreich. Zwiebelförmige Vestibulumräume am Eingang in die Interradialcanäle, wie ich sie bei *Sycandra arborea* H. (Zool. Anz. No. 186) beschrieben habe, sind in Stewart's Schnitten nicht zu erkennen.

Die Fortsätze sind so außerordentlich lang und dick, daß sie sehr auffallen. Ich gestehe offen, daß ich es anfangs absolut nicht begriff, wie F. E. Schulze und Hæckel, die doch lebende Sycandren untersucht haben, diese Bildungen haben übersehen können. Ich habe selber Sycandren mit aller Sorgfalt untersucht und solche Fortsätze nie gesehen. An Stewart's Praeparaten sind sie jedenfalls vorhanden, und es liegt die Annahme nahe, daß der Schwamm diese Fortsätze gewöhnlich eingezogen hat und nur unter ganz besonders günstigen Verhältnissen dieselben ausstreckt.

Diese Fortsätze bestehen aus einer Substanz, welche mit der mesodermalen Intercellularsubstanz identisch ist. Wahrscheinlich werden sie von einer röhrig gekrümmten Epithelzelle bekleidet. Dicht unter der verbreiterten Basis finden sich (Fig. 2) mehrere ovale Kerne, welche von etwas unregelmäßigen Plasmahüllen umgeben werden, von denen je ein mächtiger Fortsatz mit breiter Basis entspringt und sich als feiner Faden bis in die Spitze des conischen sogenannten »Palpocils« fortsetzt. Dies sind die von Stewart als Sinneszellen in Anspruch genommenen Elemente. Stewart hat jedoch in seiner Figur (l. c.) bloß eine Zelle in jedem Palpocil dargestellt. Bevor ich ihn darauf aufmerksam machte, war ihm diese Mehrzelligkeit der Palpocils, welche von der allergrößten theoretischen Wichtigkeit ist, nicht aufgefallen.

Ehe ich auf die Betrachtung dieser Gebilde eingehe, möchte ich noch auf die große Ähnlichkeit aufmerksam machen, welche dieselben mit den von mir (Zool. Anz. No. 186) abgebildeten Gruppen von birnförmigen Sinneszellen haben (l. c. Fig. 2 *h*). Würde der Fortsatz (Fig. 3) eingezogen, so käme eine solche Gruppe zu Stande. Daß der Fortsatz öfters eingezogen wird, ist nach den obigen Ausführungen wohl hinreichend sicher.

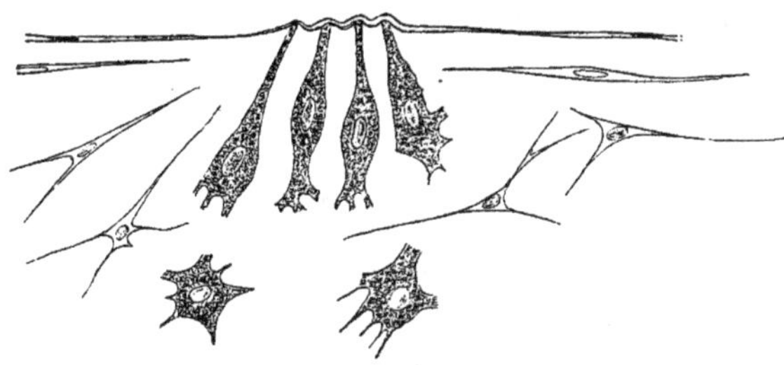

Fig. 3. *Leucaltis Helena.* Gruppe von Sinneszellen; — ein eingezogenes Synocil.

Wir finden also bei gewissen Spongien eigenthümliche Sinnes-Organe, welche mit gar keinen Gebilden der Epithelaria (so nenne ich die höheren Coelenteraten im Gegensatz zu den, als Mesodermale bezeichneten Spongien — British. Assoc. 1886) verglichen werden können und auch bei Coelomaten in ähnlicher Form nicht angetroffen werden.

Es ist hier wohl nicht der Ort, auf die Ähnlichkeit derselben mit gewissen Gebilden in dem Seitenorgan der Fische, mit den Tasthaaren gewisser Arthropoden und Wirbelthiere etc. einzugehen. Ich nenne diese Organe der Spongien, welche bei mehreren Kalkschwämmen vorkommen, Synocils, im Gegensatz zu den einfachen Palpocils.

Ich denke mir, daß diese Synocils eine höhere Stufe der Entwicklung der gewöhnlichen Palpocils mit je einer Sinneszelle darstellen, und in der Weise aus den letzteren hervorgegangen sind, daß mehrere einfache Palpocils verschmelzen und sich mit einer verhältnismäßig mächtigen Schicht von mesodermaler Intercellularsubstanz umgaben. Sie sind natürlich mesodermalen und nicht epithelialen Ursprungs.

Diese birnförmigen Zellen, welche zu Gruppen vereint die Synocils bilden, sind den spindelförmigen Sinneszellen anderer Spongien homolog und anolog. Ihre basalen Ausläufer (Zool. Anz. No. 186, Fig. 2) verbinden sie mit anderen Organen — entweder Ganglienzellen oder direct mit Muskelfasern — im Inneren des Schwammes.

University College, London, 9. Januar 1887.

5. Réponse à M. Herbert Carpenter.

Du Professeur Edmond Perrier, Paris.

eingeg. 10. Februar 1887.

Le numero du 31 Janvier 1887 du Zoologischer Anzeiger contient un article de M. Herbert Carpenter relatif à la partie historique des deux mémoires que j'ai publiés sur l'organisation des Comatules, l'un en 1873, l'autre en 1886. Si j'entrais dans la voie où s'engage mon éminent Collègue d'Eton, nous arriverions bien vite à des personnalités qui n'ont aucun intérèt pour le Zoologiste uniquement soucieux de Science; ceux-ci attendent de nous des faits et des idées, non de vaines disputes. Je serai donc très bref dans ma réponse, je veux dire dans ma réplique; car dans mon mémoire de 1886 je n'ai fait que répondu à la longue série d'attaques que depuis 1883, M. Herbert Carpenter à dirigées contre mes travaux.

M. Herbert Carpenter me reproche:

1. D'avoir dit qu'il était allé à Wurzbourg travailler les Comatules sous la direction du professeur Semper, dans l'intention d'attaquer mon mémoire sur l'anatomie et la régénération des bras de la *Comatule*;

2. D'avoir confondu, dans l'exposé historique de ce mémoire les observations de son père et celles de Johannes Müller;

3. D'avoir dit que le Dr. William Carpenter n'indique pas dans son mémoire sur la *Comatule* publié en 1866 dans les Transactions of the Royal Society que sa description des canaux brachiaux ait été appuyée sur l'observation des coupes.

Voici mes réponses:

1. En ce qui concerne le premier grief, j'ai publié dans mon mémoire le texte même du récit que fait M. Herbert Carpenter de la façon dont il a été conduit à s'occuper des Comatules. J'ai donc mis entièrement mes lecteurs à même de juger de l'exactitude de mes interprétations. M. Herbert Carpenter déclare aujourd'hui que ses attaques répétées contre moi n'avaient rien de prémédité; je ne puis que lui en être profondément reconnaissant.

2. Le deuxième grief repose sur la phrase suivante de mon mémoire de 1873:

»... Comme Müller, dont il s'est évidemment et à juste raison préoccupé de retrouver les résultats, le Dr. Carpenter a vu d'ailleurs le canal tentaculaire divisé verticalement par une cloison transversale dans certaines parties de son étendu.«

Il est malheureux que M. Herbert Carpenter qui se propose de discuter cette phrase n'en soit pas aperçu que l'un des deux mots imprimés en italiques avait été défiguré ä l'impression; un canal ne peut être divisé verticalement, dans certaines parties de son étendue, par une cloison transversale qu'à la condition d'être oblitéré par elle, ce que ni Müller, ni W. Carpenter, ni moi ne pouvions avoir dans l'esprit. Cela suffit pour couper court à la discussion que je reprendrai dans la seconde partie de mon mémoire, si M. H. Carpenter persiste, mais que j'épargnerai aux lecteurs du Zoologischer Anzeiger[1].

3. Quant au 3me point les lecteurs qui voudront bien jeter les yeux sur les figures auxquelles renvoie M. Herbert Carpenter, verront qu'elles sont uniquement relatives à des portions de la partie solide des bras fendus en long et dont la tranche est représentée. M. Herbert Carpenter ne peut l'ignorer, car immédiatement avant de renvoyer ä ces figures, son père renvoie ä une »section verticale« semblable, celle de la Pl. XXXVIII, fig. 11, d'un fragment de bras auquel les pinnules sont demeurées attachées dans toute leur intégrité.

Comment peut-il venir ä l'esprit de comparer ces préparations de parties dures, qu'on peut supposer decalcifiées après coup »aux coupes«, ä travers les parties molles des bras qui sont nécessaires pour la détermination de la forme et des rapports des canaux exclusivement contenus dans ces parties?

Cela suffit ä montrer la nature des critiques et des griefs de M. Herbert Carpenter et pour nous autoriser ä ne pas répondre dans le Zoologischer Anzeiger à la suite de sa note. La seconde partie de notre mémoire sera avant peu publiée; nous laissons aux savants qui voudront bien prendre la peine de la lire le soin de juger, suivant l'expression de M. Herbert Carpenter, quel est celui de nous deux qui s'est mis dans la plus mauvaise position scientifique.

6. Vorläufige Mittheilung über den Bau der Pseudoscorpione.

Von A. Croneberg in Moscau.

eingeg. 21. Januar 1887.

Durch den Umstand veranlaßt, daß bei Moscau ein kleiner Pseudoscorpion, *Chernes Hahnii* C. Koch, ziemlich häufig unter Baumrinde vorkommt, unternahm ich eine möglichst eingehende anatomische Untersuchung dieses Vertreters einer immer noch ungenügend bekannten Thiergruppe. Außer der genannten Art konnte ich noch über ein paar Exemplare einer selteneren, unbestimmten *Chernes*-Species, sowie von *Chelifer granulatus* C. Koch, verfügen. Da meine Arbeit nunmehr dem Abschluß nahe ist, so erlaube ich mir, über einige Ergebnisse derselben eine kurze Mittheilung zu veröffentlichen.

Die Mundöffnung befindet sich an der Unterseite eines die Grundglieder der Maxillen von oben verbindenden Rostrum, dessen Vorder-

---

[1] Tout l'historique de la question se trouve dans mon mémoire de 1886 et M. Herbert Carpenter s'abstient de citer ce qui précède et ce qui suit la phrase incriminée dans mon mémoire de 1873.

theil aus einer. fast durchsichtigen Chitinmembran besteht, die in Gestalt einer länglich-ovalen Oberlippe vorspringt. Die nach unten umgeschlagenen Ränder dieser Lamelle sind vorn in der Mittellinie verwachsen, weiter nach hinten weichen sie aber aus einander und sind hier mit einer feinen Zähnelung versehen. In dem Raum zwischen ihnen wird von unten eine zweite, stark kahnförmig comprimirte Lamelle wie ein Unterkiefer aufgenommen, dessen Ränder ebenfalls fein gezähnelt sind. Das Ganze hat im Profil eine gewisse Ähnlichkeit mit einem Haifischschwanze. Hinten gehen beide Lamellen in die obere resp. untere Wandung des kurzen Pharynx über, der sich gerade unter dem Basaltheil des Rostrum befindet. Die stark chitinisirte Wandung des Pharynx ist in vier flügelartig abstehende Leisten ausgezogen, so daß das enge Lumen einen vierstrahligen Querschnitt hat. Zahlreiche Muskeln, die sich theils zwischen den Leisten des Pharynx, theils zwischen letzterem und den Körperwandungen erstrecken, dienen als Dilatatoren, während die Zusammenziehung dieses Saugapparates der Elasticität seiner Wandungen überlassen zu sein scheint.

Sein hinteres Ende stößt unmittelbar an die Centralmasse des Nervensystems, welches fast in allen Verhältnissen der äußeren und inneren Gliederung dem gewisser Acariden (*Eylaïs*, *Trombidium*) gleicht — ein kugeliges Gehirn, einem breiten, vieleckigen Brustganglion aufsitzend; doch konnte ich nichts von den bei manchen Arachniden vorkommenden accessorischen feinen Extremitäten-Nerven bemerken. Dagegen finden sich bei *Chernes*, der bekanntlich blind ist, an derselben Stelle des Gehirnes, wo bei genannten Acariden die Sehnerven entspringen, ein paar feine Nervenstämme. Auffallend ist auch die Dicke der Nervenzellenschicht um die innere körnig-faserige Substanz am gesammten Kopfbrustganglion. — Das Letztere wird von einem sehr engen Oesophagus durchsetzt, welcher sich unmittelbar hinter dem Gehirn trichterförmig erweitert, um sich sofort wieder zum Darmrohr zu verengern. Diese kleine Erweiterung ist es, die den eigentlichen Magen des Thieres bildet; sie ist, wie der Darm, von einem hellen, kleinzelligen Epithel ausgekleidet und communicirt unmittelbar mit drei mächtigen Lebersäcken, welche die Hauptmasse der Eingeweide bilden, zwei seitlichen und einem unteren, unpaaren. Die beiden seitlichen zerfallen ihrerseits an der Außenseite in je 8 secundäre Lappen, zwischen welchen die verticalen Abdominalmuskeln die Leibeshöhle durchsetzen, während die geraden medialen Ränder in einer seichten Längsfurche zusammenstoßen, in welcher das Herz eingebettet liegt. Die Leberabschnitte werden zusammengehalten durch ein zellig-blasiges Bindegewebe, welches besonders an ihren distalen Abschnitten entwickelt ist, sich aber auch um die übrigen Eingeweide vorfindet. Der unpaare untere Lebersack hat nur leicht wellige Contouren und erstreckt sich unter den Genitalien, von deren Ausführungsgängen er vorn umgriffen wird, bis ins letzte Drittel des Abdomen. Die innere Auskleidung bilden große, von Körnchen und Fetttropfen dicht erfüllte Zellen, von deren bräunlichem Inhalt sich kleine Anhäufungen einer kreideweißen Substanz abheben, die dem gesammten Organe ein dicht weißgesprenkeltes Ansehen verleihen; größere Partien derselben Substanz bilden auch den ausschließlichen Inhalt des Darmes. Es ist interessant zu sehen, wie dieses weiße Excret, welches bei Hydrachniden und Trombididen die ausschließlichen Residuen des Verdauungsprocesses bildet, bei Pseudoscorpionen noch nicht in ein von der Leber abgesondertes, mit eigenen Wandungen versehenes Canalsystem eingeschlossen erscheint, während ein solches sich bei Hydrachniden in allen Übergängen von einem weitverzweigten (*Eylaïs*) bis zu einem massiven unpaaren Excretionsschlauch (*Hydrachna*) vorfindet, welcher der Wandung des Lebermagens aufliegt und, wie ich gezeigt habe, in den After ausmündet, mit dem er in continuo von dem blindgeschlossenen Magen abgelöst werden kann. Bei Pseudoscorpionen bildet der Darm, wie schon Menge richtig angegeben, eine doppelte Schleife und mündet mit einem erweiterten Rectum in den After.

Das Herz finde ich, wie Daday, vom 4. Bauchsegment bis an das Gehirn sich erstreckend, die hintere Hälfte besitzt eine in zahlreiche quere Segmente angeordnete Muskulatur, während das hellere vordere einer Aorta entsprechende Endstück sich dicht hinter dem Gehirn in zwei Äste gabelt. Die Spaltöffnungen befinden sich bei *Chernes* nur am hinteren, leicht verbreiterten Ende des Herzens (vier Paare), an welches sich jederseits eine in mehrere Zweige zerfallende Muskelfaser wie ein Flügelmuskel ansetzt.

Die Genitalien münden bei beiden Geschlechtern nicht mit zwei, wie Menge glaubte, sondern mit einer unpaaren Öffnung an der Basis des Abdomen zwischen zwei queren Chitinplatten, welche dem zweiten und dritten Abdominalsegmente entsprechen. Die Hoden besitzen bei *Chernes*, sowie auch bei *Obisium* eine an die Ovarien des Scorpions oder die Genitalien von *Eylaïs* erinnernde Gestalt, indem sie aus drei Längscanälen, einem medianen und zwei lateralen, bestehen, die unter einander durch Quercanäle verbunden sind; die Maschen des Hodens umgreifen wie bei *Eylaïs* die Ausstülpungen der Leber. Bei *Chelifer* aber hat der Hode, wie Menge ganz richtig dargestellt, die Form eines einfachen, medianen Schlauches. Aus diesem entspringen auch bei *Chernes* zwei nach vorn divergirende, den mittleren Lebersack umfassende Vasa deferentia, die in einen complicirten unpaaren Endabschnitt übergehen. Dieser bildet erst einen stark muskulösen, kugeligen Bulbus, der in ein S-förmig geschwungenes Chitinrohr übergeht, welches durch besondere Muskeln mit einem an der äußeren Genitalplatte befestigtes Gerüst verbunden ist und als Copulationsorgan vorgestoßen werden kann. Den Inhalt des Hodens bilden zahlreiche Ballen von Samenzellen in verschiedenen Entwicklungszuständen, sowie auch vereinzelte Paquete von wirbelartig angeordneten, fadenförmigen Zoospermien. — Das Ovarium von *Chernes* hat die Gestalt eines langen unpaaren Schlauches, der beiderseits mit einer Menge von Eifollikeln besetzt ist; die reifen Eier nehmen je das Ende eines Follikels ein, während der Stiel von einer Menge kleiner Zellen erfüllt ist, und nur bei *Obisium* habe ich früher ein das Ei allseitig umgebendes Epithel beobachtet. Die Follikel scheinen noch einige Zeit nach der Entleerung des Eies zu persistiren, wenigstens fand ich sie mitunter leer und an ihrer Basis die jungen Eier auf ihren zelligen Stielen hervorsprossend. Die Oviducte münden in eine kurze Scheide, welche von einem dichten Haufen einzelliger Drüsen umgeben ist und außerdem zwei lange, vielfach zusammengeknäuelte, röhrenförmige Drüsen aufnimmt. Diesen Anhangsdrüsen entsprechen beim Männchen zwei dichte Paquete von einzelligen Drüsen, die mit ihren feinen, parallelen Ausführungsgängen sich der Genitalöffnung zuwenden, und außerdem noch jederseits zwei sackförmige, von einem flachen Epithel ausgekleidete Anhänge, die mit dem Ductus ejaculatorius in Verbindung stehen und eine körnige Substanz enthalten. Damit wären alle in dieser Leibesgegend gelegenen Drüsenbildungen aufgezählt, während doch nach den bisherigen Anschauungen hier auch die Spinndrüsen ihre Lage haben sollten. Indessen konnte ich wenigstens bei *Chernes* nicht das Geringste von den hier von Menge angegebenen Spinnröhrchen sehen, es waren eben nur gewöhnliche Chitinhaare, die allerdings die von Menge beschriebene Anordnung hatten, aber durchaus mit keinen Drüsen in Verbindung standen. Da ich nun wiederholt die Thiere während der kalten Jahreszeit in ihren kleinen, uhrglasförmigen Gespinsten unter Rinde gefunden und auch das Spinnen von Menge selbst beobachtet worden ist, so mußten die betreffenden Organe an einer anderen Körperstelle gesucht werden; es läßt sich auch nicht leugnen, daß die Lage an der Basis des Bauches ihrer Function nichts weniger als günstig wäre. In der That gelang es mir auch, bei *Chernes* einen Apparat zu entdecken, der den Anforderungen an ein Spinnorgan viel mehr entspricht. Im Cephalothorax liegen nämlich über dem Gehirn und den vorderen Leberlappen zwei ziemlich umfangreiche Drüsenmassen, die median an einander grenzen und mit ihren stark verschmälerten Vorderenden in die Grundglieder der Kieferfühler eintreten. Die Drüsen selbst bestehen jederseits aus 4—5 cylindrischen dicht an einander gelagerten Schläuchen, die um einen hellen Centralcanal gruppirte körnige Zellen enthalten; in die Kieferfühler treten nur die engen, chitinisirten Ausführungsgänge ein, die ein feines Bündel bilden, welches sich durch das Basalglied in den beweglichen Finger der Schere verfolgen läßt, diesen in derselben parallelen Anordnung durchzieht und in einen an der Spitze desselben befindlichen weichhäutigen Fortsatz eintritt, welcher für die Gattungen *Chernes*, *Chelifer* und *Cheiridium* characteristisch ist. Dieser Fortsatz endigt bei *Chernes* in 4 kurzen conischen Spitzen, in welche sich die Gänge einzeln verfolgen lassen und wo sie wohl auch mit einer feinen Öffnung ausmünden, die ich indessen nicht deutlich sehen konnte. Dieselbe Einrichtung fand ich auch bei *Chelifer*. Der Bau des Kieferfühlers selbst scheint meine Deutung ebenfalls zu unterstützen, indem an demselben eine Menge Fortsätze existiren, die am ehesten für das Ziehen und Anordnen der Fäden geeignet wären. Längs der Unterseite des beweglichen Fingers findet sich ein langer Kamm, der bei *Ch. Hahnii* aus 18 platten Zähnen besteht, während an dem unbeweglichen Arm der Schere sich ein sägenartig ausgezackter und gezähnelter Fortsatz inserirt, an dessen Basis sich eine halbkreisförmige Hautfalte erhebt.

III. Mittheilungen aus Museen, Instituten etc.

1. Zoological Society of London.

15th February, 1887. — The Secretary read a report on the additions that had been made to the Society's Menagerie during the month of January, 1887, and called special attention to two Blakiston's Owls (*Bubo Blakistoni*), from Japan, presented by J. H. Leech, Esq., F.Z.S.; three Hooker's Sea-Lions (*Otaria Hookeri*), presented by the Hon. W. J. M. Larnach, C.M.G., Minister of Marine of New Zealand; and a Blue Penguin (*Eudyptula minor*), from Cook's Straits, New Zealand, presented by Bernard Lawson, Esq. — Prof. F. Jeffrey Bell, F.Z.S., read a report on a collection of Echinodermata made in the Andaman Islands by Col. Cadell, V.C. The collection was stated to contain 100 examples referable to 50 species. — Mr. G. A. Boulenger, F.Z.S., read a paper on a collection of Reptiles and Batrachians made by Mr. H. Pryer in the Loo Choo Islands. The author observed that exceptional interest attached to this collection, seeing that it was the first herpetological collection that had reached Europe from that group of islands. Two new species were described, viz. *Tachydromus smaragdinus* and *Tropidonotus Pryeri*. — Mr. Oldfield Thomas read a paper on the small Mammals collected in British Guiana by Mr. W. L. Sclater. The collection contained thirteen specimens belonging to eight species, of which one was new: this the author proposed to describe as *Hesperomys* (*Rhipidomys*) *Sclateri*. — Mr. G. A. Boulenger, F.Z.S., pointed out the characters of a new Geckoid

Lizard from British Guiana. The specimen in question was contained in a small collection of Reptiles made by Mr. W. L. Sclater on the Pomeroon river. The author described it as *Gonatodes annularis.* — A communication was read from Mr. Charles O. Waterhouse, containing an account of a new parasitic Dipterous Insect of the family Hippoboscidæ. The author stated that this insect had been found on a species of Swift (*Cypselus melanoleucus*) by Dr. R. W. Shufeldt, at Fort Wingate, New Mexico. It was closely allied to *Anapera pallida,* a European Dipterous parasite found on *C. apus*, and was proposed to be named *Anapera fimbriata.* — Mr. John H. Ponsonby, F.Z.S., communicated on behalf of Mr. Andrew Garrett the first part of a paper on the Terrestrial Mollusks of the Viti or Fiji Islands. — Mr. F. E. Beddard read a paper on the structure of a new genus of Lumbricidæ (*Thamnodrilus*) discovered by Mr. W. L. Sclater in British Guiana, which he proposed to characterize as *Thamnodrilus Gulielmi.* — P. L. Sclater, Secretary.

2. Linnean Society of London.

17th February, 1887. — The only zoological paper read at this Meeting was by Dr. P. P. C. Hoek, of Leiden, — On *Dichelaspis pellucida* Darwin, from the scales of an Hydrophid, obtained at the Mergui Archipelago by Dr. John Anderson. As far as the author's knowledge goes this species of Cirripede has not been observed since Darwin published his description from specimens got in the Indian Ocean, and also from a sea snake. It seems that although somewhat larger in dimensious, and with other slight differences, which may be due to difference of age, there can be little doubt of the identity of the Mergui specimens with Darwin's *D. pellucida* (Monogr. Cirriped. I, 125). — J. Murie.

IV. Personal-Notizen.

Necrolog.

Am 20. August 1886 starb in Brüssel Valère Liénard. Er war 1856 geboren, studirte in Loewen und Gent, wurde an letzterem Orte Plateau's Assistent und hat mehrere sehr gute vergleichend-anatomische Arbeiten veröffentlicht.

Am 11. November 1886 starb in Wien Dr. Eduard Becher, Assistent am kais. Hof-Museum, durch entomologische Arbeiten rühmlich bekannt.

Am 19. November 1886 starb in Berlin Dr. J. E. Schödler, durch seine Arbeiten über Daphniden bekannt.

Am 30. November 1886 starb in Montpellier Jules Lichtenstein, 68 Jahre alt, der bekannte Forscher in der Biologie der Aphiden.

Am 21. Januar 1887 starb in Erfurt der als Lepidopterolog bekannte Oberforstmeister Adolf Werneburg.

Am 1. Februar 1887 starb in Stettin der geschätzte Lepidopterolog Professor C. W. Hering, 85 Jahre alt.

Druck von Breitkopf & Härtel in Leipzig.

Zoologischer Anzeiger

herausgegeben

von Prof. **J. Victor Carus** in Leipzig.

Verlag von Wilhelm Engelmann in Leipzig.

X. Jahrg. | 28. März 1887. | No. 247.

Inhalt: I. **Litteratur.** p. 153—162. II. **Wissensch. Mittheilungen.** 1. **Croneberg,** Über ei Entwicklungsstadium von *Galeodes*. 2. **Zacharias,** Über die feineren Vorgänge bei der Befruchtung d. Eies von *Ascaris megalocephala*. 3. **Graber,** Zu Dr. P. F. Breithaupt's Dissertationsschrift über d. Bienenzunge. 4. **Ostroumoff,** Erwiederung. 5. **Landsberg,** Über die Wimpergrübchen der Rhabdoc. liden-Gattung *Stenostoma*. 6. **Schauinsland,** Zur Anatomie der Priapuliden. II. 7. **Nussbaum,** Über die Lebenszähigkeit eingekapselter Organismen. III. **Mittheil. aus Museen, Instituten etc.** 1. **Wrasse,** Eine neue Methode, Fische und Reptilien in der Weise auszustopfen, daß sie ihre natürliche Farbe be halten. 2. **Zoological Society of London.** IV. **Personal-Notizen.** Vacat.

I. Litteratur.

16. Molluscoidea.

(Fortsetzung.)

Ostroumoff, A., Einiges über die Metamorphose der Süßwasserbryozoen. in: Zool. Anz. 9. Jahrg. No. 232. p. 547—548. — Abstr. in: Journ. R. Microsc. Soc. London, (2.) Vol. 6. P. 6. p. 960.

Vigelius, W. J., Contributions à la morphologie des Bryozoaires ectoproctes. Avec 1 pl. (Leide), 1886. 8⁰. (16 p.)

Harmer, Sidney F., On the Life-History of *Pedicellina*. With 2 pl. in: Quart. Journ. Microsc. Sc. Vol. 27. P. 2. p. 239—263.

Joubin, L., Recherches sur l'anatomie des Brachiopodes inarticulés. (Thèse. Paris, 1886. Extr.) in: Revue scientif. (3.) T. 38. No. 17. p. 532—535.

—— Anatomy of Brachiopoda Inarticulata. Abstr. in: Journ. R. Microsc. Soc. (2.) Vol. 6. P. 5. p. 778—779.

(Arch. Zool. Expérim.) — s. Z. A. No. 238. p. 676.

Brachiopoda of the Gulf of Mexico. v. infra Mollusca (Faunen), W. H. Dall.

Brachiopoda of the Raritan Clays. v. infra Mollusca (Lamellibranchiata), R. P. Whitfield.

Crane, Agnes, On a Brachiopod of the genus *Atretia*, named in Mscrpt. by the late D. T. Davidson. [*A. Brazieri* n. sp.] in: Proc. Zool. Soc. London, 1886. P. II. p. 181—184.

Ford, S. W., (*Billingsia* proposed June, 1886, changed in *Elkania*). in: Amer. Journ. Sc. (Silliman), (3.) Vol. 32. Oct. p. 325.

Beyer, H. G., Structure of *Lingula pyramidata*. Abstr. in: Journ. R. Microsc. Soc. (2.) Vol. 6. P. 5. p. 780—782.

(Johns Hopkins Univ. Stud. Biolog. Labor.) — s. Z. A. No. 228. p. 444.

Joubin, L., Anatomy of *Discina*. Abstr. in: Journ. R. Microsc. Soc. (2.) Vol. 6. P. 5. p. 779—780.

(Compt. rend. Ac. Sc. Paris.) — s. Z. A. No. 219. p. 185.

Lahille, F., Classification of the Tunicata. in: Compt. rend. Ac. Sc. Paris, T. 102. No. 26. p. 1573—1575. — Abstr. in: Journ. R. Microsc. Soc. (2.) Vol. 6. P. 5. p. 777—778.

Roule, L., Simple Ascidians. Abstr. in: Journ. R. Microsc. Soc. London, (2.) Vol. 6. P. 6. p. 957—958.
(Ann. Sc. Nat.) — s. Z. A. No. 228. p. 444.

—— History of Digestive Tract of Simple Ascidians. in: Compt. rend. Ac. Sc. Paris, T. 102. No. 25. p. 1503—1506. — Abstr. in: Journ. R. Microsc. Soc. (2.) Vol. 6. P. 5. p. 778.

Maurice, Ch., Sur l'appareil branchial, les systèmes nerveux et musculaire de l'*Amaroecium torquatum* (Ascidie composée). in: Compt. rend. Ac. Sc. Paris, T. 103. No. 8. p. 434—436. — Abstr. in: Journ. R. Microsc. Soc. London, (2.) Vol. 6. P. 6. p. 955—956.

—— Sur le coeur, le tube digéstif et les organes genitaux de l'*Amaroecium torquatum*. in: Compt. rend. Acad. Sc. Paris, T. 103. No. 11. p. 504—506. — Transl. Ann. of Nat. Hist. (5.) Vol. 18. Nov. p. 419—420.

—— Notes sur l'*Amaroucium torquatum*. in: Arch. Zool. expérim. (2.) T. 4. No. 3. Notes, p. XXVI—XXXII.

Giard, A., Sur deux Synascidies nouvelles pour les côtes de France (*Diazona hebridica* Forbes et Goodsir et *Distaplia rosea* Della Valle). in: Compt. rend. Ac. Sc. Paris, T. 103. No. 17. p. 755—757.

Lahille, F., Sur la tribu des *Polycliniens*. in: Compt. rend. Ac. Sc. Paris, T. 103. No. 10. p. 485—487. — Abstr. in: Journ. R. Microsc. Soc. London, (2.) Vol. 6. P. 6. p. 956—957.

Brooks, W. K., The Anatomy and Development of the *Salpa*-Chain. With 2 pl. in: Stud. Biolog. Labor. Johns Hopkins Univ. Vol. 3. No. 8. p. 451—475.

17. Mollusca.

Martens, E. von, Bericht über die Leistungen in der Naturgeschichte der Mollusken während des Jahres 1884. in: Arch. f. Naturgesch. 51. Jahrg. 5. Hft. (2. Bd. 3. Hft.) p. 1—94.

Bulletins de la Société Malacologique de France publiés sous la direction de C. T. Ancey, J. R. Bourguignat, P. Fagot, A. Locard, J. Mabille, G. Servain etc. Année 3. (1886.) No. 1. (Juill.) Paris, 1886. 8⁰. (p. 1—192, 6 pl.)

Annales de la Société Royale Malacologique de Belgique. T. 20. (3. Sér. T. 5.) Année 1885. Bruxelles, 1886. 8⁰. (Notic. biogr. 12 p., Mémoires 62 p., Bullet. 171 p., 3 pl.) ℳ 13,—.

Procès-verbaux des Séances de la Société Royale Malacologique. T. 15. Année 1886. Bruxelles, 1886. 8⁰.

Statuts de la Société Royale Malacologique. 2. édit. Bruxelles, 1886. 8⁰. (15 p.)

Journal de Conchyliologie comprenant l'étude des Mollusques vivants et fossiles publié sous la direction de H. Crosse et P. Fischer. (3. Sér. T. 26.) Vol. 34. No. 1. 2. 3. 4. Paris, H. Crosse, 1886. 8⁰.

Furtada, Arruda, Catalogo geral das collecções de Molluscos e Conchas da Secçao zoologica do Museu de Lisboa. in: Jorn. Sc. Math. Phys. e Nat. Acad. Lisboa, No. 43. Dez. p. 105—150.

Martini und Chemnitz, Systematisches Conchylien-Cabinet. Fortgesetzt von W. Kobelt. 340. 341. 342. Lief. Nürnberg, Bauer & Raspe, 1886. 4⁰. à ℳ 9,—.
(340.: IV. 4. *Cancellaria*. p. 33—56; Taf. 11—15. 341.: IV. 3. *Pleurotoma*. p. 137—184; Taf. 31—36. 342.: (Titel zu: Die Gattung *Crassatella* von Th. Löbbecke u. W. Kobelt); p. 129—152; Taf. 37—42. VII, 2. *Pecten*.)

Mabille, Jul., Diagnoses testarum novarum. in: Bull. Soc. Philom. Paris (7.) T. 10. No. 3. p. 123—135.
(21 n. sp.; n. g. *Anceyiella.*)

Frenzel, Johs., Du foie des Mollusques. Extr. in: Arch. Zool. expérim. (2.) T. 4. No. 3. Notes, p. XXIV—XXVI.
(Arch. f. mikrosk. Anat.) — s. Z. A. No. 200. p. 431.

Grobben, C., Die Pericardialdrüse der Lamellibranchiaten und Gastropoden. in: Zool. Anz. 9. Jahrg. No. 225. p. 369—371.

Brusina, Spir., Appunti ed Osservazioni sull' ultimo lavoro di J. Gwyn Jeffreys »on the Mollusca procured during the ‚Porcupine' and ‚Lightning' Expeditions, 1868—1870«. Zagres, 1886. 8⁰. (Soc. hist. natur. Croatica., Glasn. Hrv. naravoslovn. družtva. 1. God. p. 182—221.)

Bush, K. J., List of the Shallow-water Mollusca dredged off Cape Hatteras by the Albatross in 1883. in: U. S. Fish. Comm. P. XI. Rep. for 1883. p. 579—590.
(7 n. sp.)

—— List of Deep-Water Mollusca dredged by the U. S. Fish Commission Steamer Fish Hawk in 1880, 1881 and 1882, with their range in depth. in: U. S. Fish Comm. P. XI. Rep. for 1883. p. 701—727.

Cooke, Alfr. Hands, On the Molluscan Fauna of the Gulf of Suez in its Relation to that of other Seas. in: Ann. of Nat. Hist. (5.) Vol. 18. Nov. p. 380—397.

Crosse, H., Description d'espèces nouvelles de l'Usagara. in: Journ. de Conchyliol. Vol. 34. No. 1. p. 81—86.
(3 [1 n.] sp.)

Dall, W. H., Report on the Mollusca. P. I. Brachiopoda and Pelecypoda. (Reports on the Results of Dredgings, under the supervision of Alexander Agassiz, in the Gulf of Mexico etc. No. XXIX.) With 9 pl. in: Bull. Mus. Compar. Zool. Harvard Coll. Vol. 12. No. 6. p. 171—318. — Abstr. in: Journ. R. Microsc. Soc. 1887. p. 61.
(13 sp. Brachiopod., 214 [81 n.] sp. and var. Pelecypod.; n. subgen. *Vesicomya, Veneriglossa, Cetoconcha, Haliris, Vulcanomya, Rhinoclama, Tropidomya, Halonympha, Myonera, Bushia.*)

—— Report on the Mollusks collected by L. M. Turner at Ungava Bay, North Labrador, and from the adjacent arctic seas. in: Proc. U. S. Nation. Mus. Vol. 9. 1886. p. 202—208.
(1 n. sp.; n. g. *Aquilonaria.*)

Friele, Herm., Mollusca. II. (Nordhavs-Expedition). v. supra Faunen, Z. A. No. 242. p. 30.
(12 n. sp.; n. g. *Asbjørnsenia.*)

Furtado, Arruda, Coquilles terrestres et fluviatiles de l'Exploration Africaine de MM. Capello et Ivens. Avec 2 pl. in: Journ. de Conchyliol. Vol. 34. No. 2. p. 138—152.
(7 n. sp.)

Granger, A., Histoire Naturelle de la France. 7. Partie. Mollusques (Bivalves), Tuniciers, Bryozoaires. Avec 18 pl. Paris, Deyrolle, 1886. 8⁰. (256 p.) ℳ 4,—.
(s. Z. A. No. 209. p. 656.)

Heude, M., Diagnoses Molluscorum novorum, in Sinis collectorum. in: Journ. de Cochyliol. Vol. 34. No. 3. p. 208—215. No. 4. p. 296—302.
(n. g. *Mesostoma.* 21 n. sp.; No. 22—35.)

Hidalgo, J. G., Description d'espèces nouvelles [3] provenant des Philippines. Avec figg. in: Journ. de Conchyliol. Vol. 34. No. 2. p. 154—156.

Hidalgo, J. G., Catálogo de los Moluscos recogidos en Bayona de Galicia y lista de las especias marinas que viven en la Costa Noroeste de España. Madrid, 1886. 8⁰. (52 p.) Extr. de la Revista de Ciencias. T. 21. No. 7.

Kobelt, W., Prodromus Faunae molluscorum Testaceorum maria europaea inhabitantium. Fasc. 1. Nürnberg, Bauer & Raspe, 1886. 8⁰. (128 p.) ℳ 3,—.

—— Iconographie der schalentragenden europäischen Meeresconchylien. 5. Hft. Mit 4 Taf. [105—120.] Cassel, Th. Fischer, 1886. 4⁰. ℳ 6,—.

Mission scientifique au Mexique et dans l'Amérique centrale. Recherches zoologiques publ. sous la direction de M. Milne-Edwards. 7. Partie. Études sur les Mollusques terrestres et fluviatiles par P. Fischer et H. Crosse. 9. Livr. Paris, Impr. Nation., 1886. 4⁰.

(Livr. 8. commence le Vol. 2 des Mollusques (80 p., 5 pl.), Livr. 9. 48 p., 6 pl.)

Mollusca von S. W. Africa. v. infra Reptilia, O. Boettger.

Moragues, Forn., Descripciones de Moluscos de Mallorca. in: Anal. Soc. Españ. Hist. Nat. T. 15. Cuad. 2. p. 233—235.

(4 [1 n.] sp.)

Morlet, L., Diagnoses Molluscorum novorum [3] Cambodgiae. in: Journ. de Conchyliol. Vol. 34. No. 1. p. 74—75.

—— Diagnoses Molluscorum novorum [4] Tonkini. ibid. p. 75—78.

—— Liste des Coquilles recueillies au Tonkin par M. Jourdy, chef d'escadron d'artillerie et description d'espèces nouvelles. Avec 4 pl. in: Journ. de Conchyliol. Vol. 34. No. 4. p. 257—295.

(57 [19 n.] sp.)

Nelson, W., and **John W. Taylor**, Annotated List of the Land and Freshwater Mollusca known to inhabit Yorkshire (*Planorbis vortex* to *P. contortus*). in: Transact. Yorksh. Natur. Union, P. 9. Sect. C. (p. 49—64.)

Nobre, Aug., Faune malacologique des bassins du Tage et du Sado (Portugal). 1. P. Mollusques marins. in: Journ. de Conchyliol. Vol. 34. No. 1. p. 5—54. 2. P. Mollusques terrestres et fluviatiles. ibid. No. 2. p. 121—137.

(190 sp., 96 g., 75 sp., 26 g.)

—— Noticia sobre as Conchas terrestres e fluviaes recolhidas por F. Newton nas Possessões portuguezas da Africa Occidental. Coimbra, 1886. 8⁰. (7 p.) Extr. de l'»Instituto«, Vol. 34. 1886.

Roberts, Geo., Supplementary Remarks on the Mollusca of Pontrefact and neighbourhood. in: The Zoologist, (3.) Vol. 10. Nov. p. 448—453.

Rossmässler's Iconographie der Europäischen Land- und Süßwasser-Mollusken. Fortges. von W. Kobelt. Neue Folge. 2. Bd. 5./6. Lief. Mit 10 Taf. Wiesbaden, Kreidel, 1886. 4⁰. (Schluß des Bandes.) Schwarz: ℳ 9,20; color. ℳ 16,—.

Silva e Castro, José, Contributions à la faune malacologique du Portugal. in: Jorn. Sc. Math. phys. nat. Acad. Lisboa, T. 9. No. 35. p. 121—152.

(17 n. sp. d'Anodontes.)

Tapparone Canefri, C., Fauna malacologica della Nuova Guinea e delle Isole adiacenti. P. 1. Molluschi estramarini. Supplem. I. Con 2 Tav. Genova, 1886. 8⁰. — Estr. dagli Ann. Mus. Civ. Stor. Nat. Genova, (2.) Vol. 4. p. 113—200.

(24 n. sp.; n. g. *Coliolus*.)

Wattebled, G., Description de Mollusques inédits de l'Annam. Récolte du capit. Dorr aux environs de Hué. Avec 3 pl. in: Journ. de Conchyliol. Vol. 34. No. 1. p. 54—71.
(19 n. sp.)

Westerlund, C. Agardh, Fauna der in der paläarctischen Region lebenden Binnenconchylien. VI. Ampullaridae, Paludinidae, Hydrobiidae, Melanidae, Valvatidae und Neritidae. Lund (Berlin, Friedländer), 1886. 8⁰. *M* 5,50.
(s. Z. A. No. 239. p. 634.)

Cooper, J. G., On Fossil and Subfossil Land Shells of the United States, with Notes on Living Species. in: Bull. Californ. Acad. Sc. Vol. 1. No. 4. p. 235—255.

Dollfufs, Gust., et Ph. Dautzenberg, Étude préliminaire des Coquilles fossiles des Faluns de la Touraine. Paris, 1886. 8⁰. (28 p.)
(Extr. de la Feuille des Jeunes Naturalistes, 1886. — 647 sp.)

Cossmann, M., Description d'espèces du terrain tertiaire des environs de Paris. (Suite.) Avec 1 pl. in: Journ. de Conchyliol. Vol. 34. No. 1. p. 86—103. No. 3. p. 224—235.
(Sp. No. 65—75. 76—83.) — v. Z. A. No. 220. p. 211.

Martens, E. von, Subfossile Süßwasser-Conchylien aus Ägypten. in: Sitzgsber. Ges. Nat. Fr. Berlin, 1886. No. 8 p. 126—129.

Mayer-Eymar, C., Description de Coquilles fossiles des terrains tertiaires supérieurs. Avec 1 pl. (Suite.) in: Journ. de Conchyliol. Vol. 34. No. 3. p. 235—239. No. 4. p. 302—312.
(Sp. No. 216—219. 220—227.) — v. Z. A. No. 2. p. 26 (1878).

Roule, Louis, Sur quelques particularités histologiques des Mollusques acéphales. in: Compt. rend. Ac. Sc. Paris, T. 103. No. 20. p. 936—938. — Abstr. in: Journ. R. Microsc. Soc. (2.) 1887. P. 1. p. 60.

Thiele, Johs., Die Mundlappen der Lamellibranchiaten. Mit 2 Taf. in: Zeitschr. f. wiss. Zool. 44. Bd. 1./2. Hft. p. 239—272.

Osborn, H. Leslie, The Byssal Organ in Lamellibranchs [abstr. of Th. Barrois' paper]. in: Amer. Naturalist, Vol. 20. Dec. p. 1059—1060.

Bütschli, O., Notiz zur Morphologie des Auges der Muscheln. Mit 1 Taf. Heidelberg, C. Winter'sche Univ.-Buchhdlg., 1886. 8⁰. (p. 175—180.) *M* —,80.
(Aus der Festschr.) — s. Z. A. No. 239. p. 694.

Cattie, J. T., The Lamellibranchs of the ,Willem Barents' Expedition. (48 p., 4 pl.) in: Bijdr. tot de Dierk. Nat. Art. Mag. 13 Afl. (Onderzoekingstocht van de Willem Barents. 4. Ged.)

Whitfield, Rob. P., Brachiopoda and Lamellibranchiata of the Raritan Clays and Greensand Marls of New Jersey. Vol. 1. With 35 pl. Geolog. Survey of New Jersey. Trenton, 1886. 4⁰. (270 p.)

Haddon, Alfr. C., Report on the Polyplacophora collected by H. M. S. Challenger during the years 1873—1876. With 3 pl. in: Rep. Scient. Res. Challenger, Zool. Vol. 15. (50 p.)

Bergh, Rud., The Nudibranchs of the ,Willem Barents' Expedition. (37 p., 3 pl.) in: Bijdr. tot de Dierk. Nat. Art. Mag. 13. Afl. (Onderzoekingstocht van de Willem Barents. 4. Ged.)
(2 n. sp.)

Furtado, Arruda, Sobre o logar que devem occupar nas respectivas Familias os Molluscos nús. in: Jorn. Sc. Math. Phys. Nat. Acad. Lisboa, T. 11. No. 42. p. 88—94.

Bütschli, O., Symmetry of Gasteropoda. Abstr. in: Journ. R. Microsc. Soc. (2.) Vol. 6. P. 6. p. 953—954.

(Morphol. Jahrb.) — s. Z. A. No. 239. p. 695.

Lacaze-Duthiers, H. de, Considérations sur le système nerveux des Gastéropodes. in: Compt. rend. Ac. Sc. Paris, T. 103. No. 14. p. 583—587. — Abstr. in: Journ. R. Microsc. Soc. (2.) 1887. P. 1. p. 57—58.

Richard, J., Recherches physiologiques sur le coeur des Gastéropodes pulmonés. II. Clermont-Ferrand, 1886. 8⁰. (8 p.)

Watson, Rob. Boog, Report on the Scaphopoda and Gasteropoda collected by H. M. S. Challenger during the years 1873—1876. With 50 pl. in: Rep. Scient. Res. Challenger, Zool. Vol. 15. (V, 756 p.) in: Rep. Scient. Res. Challenger, Zool. Vol. 15.

(Including the *Caecidae*, v. infra.)

Bouvier, E. L., Sur le système nerveux typique des Mollusques cténobranches. in: Compt. rend. Ac. Sc. Paris, T. 103. No. 20. p. 938—939. — Abstr. in: Journ. R. Microsc. Soc. (2.) 1887. P. 1. p. 60.

—— Sur le système nerveux typique des Prosobranches dextres on sénestres. in: Compt. rend. Ac. Sc. Paris, T. 103. No. 25. p. 1274—1276.

McMurrich, J. Playfair, A Contribution to the Embryology of the Prosobranch Gasteropods. With 4 pl. in: Stud. Biolog. Labor. Johns Hopkins Univ. Vol. 3. No. 8. p. 403—450.

Richard, J., Recherches physiologiques sur le coeur des Gastéropodes pulmonés. Clermont-Ferrand, 1886. 8⁰. (8 p.)

(Extr. de la Revue d'Auvergne.)

Brock, J., Die Entwicklung des Geschlechtsapparates der stylommatophoren Pulmonaten nebst Bemerkungen über die Anatomie und Entwicklung einiger anderer Organsysteme. Mit 4 Taf. in: Zeitschr. f. wiss. Zool. 44. Bd. 3. Hft. p. 333—395. — Abstr. in: Journ. R. Microsc. Soc. (2.) 1887. P. 1. p. 58—60.

Dybowski, W., Tooth-plates of some Stylommatophora. Abstr. in: Journ. R. Microsc. Soc. (2.) Vol. 6. P. 5. p. 774—775.

(Bull. Soc. Imp. Nat. Moscou.) — s. Z. A. No. 229. p. 464.

Pelseneer, Paul, Les Ptéropodes recueillis par le ‚Triton' dans le canal de Faroë. in: Bull. Scientif. dép. du Nord, (2). T. 9. No. 9/10. p. 344—347.

Hoyle, Will. Evans, Report on the Cephalopoda collected by H. M. S. Challenger during the years 1873—1876. With 33 pl. in: Rep. Scient. Res. Challenger, Zool. Vol. 16. (VI, 245 p.)

Grobben, C., Morphology and Relationship of Cephalopods. Abstr. in: Journ. R. Microsc. Soc. London (2.) Vol. 6. P. 6. p. 950—951.

Geyer, G., Über die liasischen Cephalopoden des Hierlatz bei Hallstadt. Mit 4 Taf. Abhandl. d. k. k. geolog. Reichsanst. 12. Bd. No. 4. Wien, A. Hölder in Comm., 1886. 4⁰. (p. 213—286.) ℳ 14,—.

(10 n. sp.)

Dautzenberg, Ph., Note sur l'*Addisonia lateralis*, Requien. in: Journ. de Conchyliol. Vol. 34. No. 3. p. 203—208.

Quenstedt, F. A., Die Ammoniten des Schwäbischen Jura. Hft. 13. Mit Atlas. Taf. 73—78. Stuttgart, E. Schweizerbart (E. Koch), 1886. 8⁰. u. Fol. Mit Atl. ℳ 10,—.

Pavlow, Marie, Les *Ammonites* du groupe Olcostephanus versicolor. Avec 2 pl. in: Bull. Soc. Imp. Natural. Moscou, 1886. No. 3. p. 27—43.

(3 n. sp.)

Bouvier, E. L., La loi des connexions appliquée à la morphologie des organes des Mollusques et particulièrement de l'*Ampullaire*. in: Compt. rend. Ac. Sc. Paris, T. 103. No. 2. p. 162—165. — Abstr. in: Journ. R. Microsc. Soc. London (2.) Vol. 6. P. 6. p. 949—950.

Platner, G., Fertilization in *Arion*. Abstr. in: Journ. R. Microsc. Soc. (2.) Vol. 6. P. 5. p. 773—774.
(Arch. f. mikrosk. Anat.) s. Z. A. No. 229. p. 465.

Folin, Mqs. Léop. de, Report on the *Caecidae* collected by H. M. S. Challenger during the years 1873—1876. With 3 pl. in: Rep. Scient. Res. Challenger, Zool. Vol. 15. (Watson, Rep. on the Gasteropoda. p. 681—689.)

Calyptraea, Anatomie. v. infra *Xenophorus*, Bouvier.

Drost, K., Nervous System and Sensory Epithelium of *Cardium*. Abstr. in: Journ. R. Microsc. Soc. London, (2.) Vol. 6. P. 6. p. 954—955.
(Morphol. Jahrb.) — s. Z. A. No. 239. p. 695.

Crosse, H., Description d'une nouvelle espèce de *Cochlostyla* [*Cossmanniana*], provenant des Philippines. Avec fig. in: Journ. de Conchyliol. Vol. 34. No. 2. p. 156—159.

Sacco, Fed., Sopra una nuova specie di *Discohelix* Dunker (Fam. *Solariidae* Chenu) [*D. italica* n. sp.]. Con 1 tav. in: Boll. Mus. Zool. Anat. comp. Torino, Vol. 1. No. 10. (2 p.)

Fischer, P., Nouvelles observations sur le genre *Eucharis*, Recluz. Avec fig. in: Journ. de Conchyliol. Vol. 34. No. 3. p. 193—203.
(12 [1 n.] sp.)

Osborn, H. L., Development of the Gill in *Fasciolaria*. Abstr. in: Journ. R. Microsc. Soc. (2.) Vol. 6. P. 5. p. 775—776.
(Johns Hopkins Univ. Circ.) — s. Z. A. No. 229. p. 465.

Boutan, L., Recherches sur l'anatomie et le développement de la *Fissurella*. Extr. de la Thèse (Fac. Sc. Paris). in: Revue Scientif. (3.) T. 38. No. 24. p. 754—756.

Crosse, H., Description d'une espèce nouvelle de *Geostilbia*, provenant du Para (Brésil). Avec fig. in: Journ. de Conchyliol. Vol. 34. No. 2. p. 137—138.

Trambusti, A., Sur l'innervation du coeur de l'*Helix*. in: Revue Ital. Sc. Nat. T. 2. p. 54—55. — Abstr. in: Journ. R. Microsc. Soc. (2.) Vol. 6. P. 6. p. 954.
(Riv. Internaz. Med. e Chir. T. 2. No. 12.)

Sandford, E., Experiments to test the Strength of Snails [*Helix aspersa*]. in: The Zoologist, (3.) Vol. 10. Decbr. p. 491.

Hidalgo, J. G., Description d'une espèce nouvelle d'*Helix* [*Duroi*], provenant du Maroc. Avec fig. in: Journ. de Conchyliol. Vol. 34. No. 2. p. 152—153.

Furtado, Arruda, Sur la denomination de l'»*Helix torrrefaeta*«, Lowe des Canaries [*H. usurpans* n.]. in: Jorn. Sc. Math. Phys. Nat. Acad. Lisboa, T. 11. No. 42. p. 86—87.

Janthinidae. v. infra *Solaridae*. Bouvier.

Smith, Edg. A., Description of a new Species of *Lamellaria* [*Wilsoni*] from South Australia. in: Ann. of Nat. Hist. (5.) Vol. 18. Oct. p. 270—271.

Marion, A. F., et A. Kowalevsky, Organisation du *Lepidomenia hystrix*, nouveau type de Solénogastre. in: Compt. rend. Ac. Sc. Paris, T. 103. No. 17. p. 757—759.

Ganong, W. F., Is *Littorina litorea* introduced or indigenous? in: Amer. Naturalist, Vol. 20. Nov. p. 931—940.

Bergh, Rud., Report on the *Marseniadae* collected by H. M. S. Challenger during the years 1873—1876. With 1 pl. in: Rep. Scient. Res. Challenger, Zool. Vol. 15. (25 p.)

(11 n. sp.; n. g. *Marseniella*, *Marseniopsis*.)

Woodward, H., On commensals or parasites of *Meleagrina margaritifera*. in: Proc. Zool. Soc. London, 1886. P. II. p. 176—177.

Ford, John, Distribution of *Modiola tulipa*, Lam. in: Proc. Acad. Nat. Sc. Philad. 1886. p. 274—275.

Drost, K., Untersuchungen über den Wasser-, Stickstoff- und Phosphorgehalt der Miesmuschel. in: Schrift. d. naturwiss. Ver. f. Schlesw.-Holst. 6. Bd. 2. Hft. p. 21—24.

Falck, F. A., Ist die Miesmuschel des Kieler Hafens giftig? in: Schrift. d. naturwiss. Ver. f. Schlesw.-Holst. 6. Bd. 2. Hft. p. 13—20.

Möbius, K., Mittheilungen über die giftigen Wilhelmshavener und die nicht giftigen Kieler Miesmuscheln. in: Schrift. Naturwiss. Ver. f. Schlesw.-Holst. 6. Bd. 2. Hft. p. 3—12.

Palliet, A., Glandes oesophagéennes de l'*Octopus*. Avec 1 pl. in: Journ. de l'Anat. et de la Physiol. (Robin & Pouchet). T. 22. p. 398—401. — Abstr. in: Journ. R. Microsc. Soc. London, (2.) Vol. 6. P. 6. p. 951 —952.

Simroth, Heinr., Über localen Rothalbinismus von *Paludina vivipara* (*Vivipara vera*) bei Danzig. in: Zool. Anz. 9. Jahrg. No. 226. p. 403—405.

Servain, G., Étude sur les *Patellidae* des mers d'Europe. Angers, Germain & Grassin, 1886. 8⁰. (110 p.)

Ingersoll, Ern., The Scallop [*Pecten irradians*] and its Fisheries. in: Amer. Naturalist, Vol. 20. Dec. p. 1001—1006.

Crosse, H., Description d'un *Placostylus* inédit [*Pl. Savesi*], provenant de la Nouvelle Calédonie. Avec fig. in: Journ. de Conchyliol. Vol. 34. No. 2. p. 163—165.

Fischer, P., Note sur le genre *Prosodacna*. Avec 1 pl. in: Journ. de Conchyliol. Vol. 34. No. 3. p. 215—224.

(9 sp.)

Warlomont, R., Sur la structure de la *Pterotrachaea*. Avec 1 pl. in: Journ. de l'Anat. et de la Physiol. (Robin et Fouchet). T. 22. p. 331—350. — Abstr. in: Journ. R. Microsc. Soc. London, (2.) Vol. 6. P. 6. p. 952 —953.

Crosse, H., Description d'un nouveau genre *Quadrasia* [*Hidalgoi* n. sp.]. in: Journ. de Conchyliol. Vol. 34. No. 2. p. 159—163.

Fischer, P., Diagnoses d'espèces [2] nouvelles du genre *Scalenostoma*. in: Journ. de Conchyliol. Vol. 34. No. 4. p. 295—296.

Boury, E. de, Monographie des *Scalidae* vivants et fossiles. P. I. Sous-genre *Crisposcala* [n.]. Paris, Comptoir géolog. de Paris, 1886. 4⁰. (92 p., 6 pl.)

(12 n. sp.; n. subg. *Circuloscala*.)

Bouvier, E. L., Observations anatomiques relatives aux *Solaridés* et aux *Janthinidés*. in: Bull. Soc. Philom. Paris, (7.) T. 10. No. 3. p. 151—156.

Poulton, Edw. B., Note upon the Habits of *Testacella*. in: Nature, Vol. 34. No. 887. p. 617—618.

Fischer, P., Description de *Trochidae* nouveaux [2]. Avec fig. in: Journ. de Conchyliol. Vol. 34. No. 1. p. 72—73.
Crosse, H., Notes sur le nouveau genre *Wattebledia*. in: Journ. de Conchyliol. Vol. 34. No. 1. p. 78—80.
Bouvier, E. L., Observations sur l'anatomie du *Xenophore* et de la *Calyptrée*. in: Bull. Soc. Philom. Paris, (7.) T. 10. No. 3. p. 121—123.

18. Vertebrata.

Wiedersheim, Rob., Lehrbuch der vergleichenden Anatomie der Wirbelthiere auf Grundlage der Entwicklungsgeschichte. 2. verm. u. verbess. Aufl. Mit 614 Holzschn. Jena, G. Fischer, 1886. 8⁰. (XIV, 890 p.) ℳ 24,—.
Gruber, Wenz., Beobachtungen aus der menschlichen und vergleichenden Anatomie. 7. Hft. Mit 3 Tab. u. 5 Taf. Berlin, Hirschwald, 1886. 4⁰. (82 p.) ℳ 9,—.
Dohrn, Ant., Studien zur Urgeschichte des Wirbelthierkörpers. XI. Spritzlochkieme der Selachier, Kiemendeckelkieme der Ganoiden, Pseudobranchie der Teleostier. Mit 2 Taf. in: Mittheil. Zool. Stat. Neapel, 7. Bd. 1. Hft. p. 128—176.
Capon, G., Saggio di Anatomia Generale ed Istologica del sistema osseo. in: Atti Soc. Ven. Trent. Sc. Nat. Padova, Vol. 10. Fasc. 1. p. 3—170.
Cunningham, J. T., Dr. Dohrn's Inquiries into the Evolution of Organs in the Chordata. in: Quart. Journ. Microsc. Sc. Vol. 27. P. 2. p. 265—284.
Albrecht, P., Über das vordere Ende der Chorda dorsalis. in: Biolog. Centralbl. 6. Bd. No. 19. p. 606.
Rabl-Rükhard, H., Zur Albrecht-Kölliker'schen Streitfrage über die vordere Endigung der Chorda dorsalis. in: Anat. Anz. 1. Jahrg. No. 8. p. 200—203.
Bugendal, Dav., Gemförande Studier och Undersökningar öfver Benväfnadens Struktur, Utveckling och Tillväxt med särskild hänsyn till förekomsten af Haverska kanaler. Med 6 tafl. Lund, 1886. 4⁰. (XI, 159 p.) — Aftr. ur Lunds Universit. Årsskrift, T. XXII.
(I. Historische Einleitung. II. Das Knochengewebe bei den Amphibien.)
Roux, W., Über eigenartige Canäle in recenten und fossilen Knochen. in: Anat. Anz. 1. Jahrg. No. 11. p. 276—277.
Ficalbi, E., Ossa interparietali e preinterparietali. Nuova breve nota. in: Atti Soc. Tosc. Sc. Nat. Proc. verb. T. 5. p. 103—108.
Albrecht, P., Über den morphologischen Werth der Wirbelgelenke. in: Biolog. Centralbl. 6. Bd. No. 19. p. 603—604.
Anderson, R. J., On the so-called Pelvisternum of certain Vertebrates. in: Proc. Zool. Soc. London, 1886. P. II. p. 163—165.
Leboucq, H., Sur la morphologie du carpe et du tarse. in: Anat. Anz. 1. Jahrg. No. 1. p. 17—21.
Zimmermann, Rich., Untersuchungen über die Wirkung galvanischer Ströme auf das Frosch- und Säugethierherz. in: Pflüger's Arch. f. d. ges. Physiol. 37. Bd. 8./9. Hft. p. 403—413.
Dubois, Eug., Zur Morphologie des Larynx. Mit Holzschn. in: Anat. Anz. 1. Jahrg. No. 7. p. 178—186. No. 9. p. 225—231.
Rauber, A., Nuclear Division in the Spinal Cord. Abstr. in: Journ. R. Microsc. Soc. London, (2.) Vol. 6. P. 6. p. 944—945.
(Arch. f. mikrosk. Anat.) — s. Z. A. No. 229. p. 468.

Osborn, Henry F., Note upon the cerebral commissures in the lower Vertebrata and a probable fornix rudiment in the brain of *Tropidonotus*. in: Zool. Anz. 9. Jahrg. No. 233. p. 577—578.

Parker, T. Jeffery, Notes from the Otago University-Museum. — IX. On the Nomenclature of the Brain and its Cavities. With figg. in: Nature, Vol. 35. No. 896. p. 208—210.

Gaskell, Walter H., The Sympathetic Nervous System. With cut. in: Nature, Vol. 35. No. 895. p. 185—187.

Rabl-Rückhard, H., Zur Deutung der Zirbeldrüse (Epiphysis). in: Zool. Anz. 9. Jahrg. No. 226. p. 405—407.

Korschelt, Eug., Über die Entdeckung eines dritten Auges bei Wirbelthieren. (Mit 4 Holzschn.) in: Kosmos (Vetter), 19. Bd. 1886. 3. Hft. p. 176—185.

Wijhe, J. W. van, Über die Kopfsegmente und die Phylogenie des Geruchsorganes der Wirbelthiere. in: Zool. Anz. 9. Jahrg. No. 238. p. 678—682.

Delage, Y., Sur la fonction des canaux demi-circulaires de l'oreille interne. in: Compt. rend. Ac. Sc. Paris, T. 103. No. 17. p. 749—751.

Hasse, C., Über die Gefäße in der Lamina spiralis membranacea des Gehörorgans der Wirbelthiere. in: Anat. Anz. 1. Jahrg. No. 4. p. 96—98.

Hoffmann, C. K., Zur Entwicklungsgeschichte der Urogenitalorgane bei den Anamnia. Mit 3 Taf. u. 4 Holzschn. in: Zeitschr. f. wiss. Zool. 44. Bd. 4. Hft. p. 570—643.

Wijhe, J. W. van, Die Betheiligung des Ectoderms an der Entwicklung des Vornierenganges. in: Zool. Anz. 9. Jahrg. No. 236. p. 633—635.

Jensen, O. S., Über die Structur der Samenkörper bei Säugethieren, Vögeln und Amphibien. in: Anat. Anz. 1. Jahrg. No. 10. p. 251—257.

Hertwig, Osk., Lehrbuch der Entwicklungsgeschichte des Menschen und der Wirbelthiere. 1. Abth. Mit 129 Abb. in Text u. 2 lith. Taf. Jena, Gust. Fischer, 1886. 8⁰. (VII, 202 p.) ℳ 4,50.

Assaki, G., Origine des feuillets blastodermiques chez les Vertébrés. Avec figg. Paris, 1886. 8⁰. (136 p.)

Fritsch, Gust., Zur Abwehr [gegen J. F. van Bemmelen, Aortenbogen]. in: Zool. Anz. 9. Jahrg. No. 233. p. 573—574.

Dubois, A., Faune illustrée des Vertébrés de la Belgique. Série II.: Oiseaux. Livr. 77—84. Bruxelles, 1886. 8⁰. (p. 609—672, pl. col.)

Kolombatović, Juro, Imenik Kralješnjaka Dalmacije. II. Dio Dvoživci [Reptilia], Gmazovi [Amphibia], i Ribe [Pisces]. — 3. Aggiunte ai Vertebrati della Dalmazia Split, 1886. 8⁰. (12 p.)

a) **Pisces.**

Hilgendorff, F., Bericht über die Leistungen in der Ichthyologie während des Jahres 1884. in: Arch. f. Naturgesch. 51. Jahrg. 5. Hft. (2. Bd. 2. Hft.) p. 328—416.

Günther, A., Handbuch der Ichthyologie. Übers. von G. v. Hayek. Mit 363 Originalholzschn. Wien, A. Hölder, 1886. 8⁰. (XI, 527 p.) ℳ 14,—.

(Vollständig in 7 Liefg.)

II. Wissenschaftliche Mittheilungen.

1. Über ein Entwicklungsstadium von Galeodes.

Von A. Croneberg in Moscau.

eingeg. 21. Januar 1887.

Vor einiger Zeit erhielt ich aus der transcaspischen Steppe eine Sendung von Eiern des daselbst häufigen *Galeodes araneoides*. Die jüngeren Eier, von ca. 2 mm Durchmesser, waren leider sämmtlich nach der Ablage eingetrocknet, dagegen enthielt ein anderes Gläschen einige vollkommen reife Eier von kugeliger Form und 3,5 mm Durchmesser, sowie einige eben ausgeschlüpfte Embryonen, von denen die größten eine Länge von 8 mm erreichten. Obgleich sehr ungenügend in Spiritus conservirt, scheinen mir diese Embryonen doch einer kurzen Beschreibung werth.

Bei den noch nicht ausgeschlüpften Thieren ist es das kugelige Abdomen, welches die Hauptmasse des Eiinhaltes bildet; der breite und abgeflachte Cephalothorax ist sammt den zusammengefalteten Palpen und Beinen der Unterfläche des Bauches angedrückt, die Kieferfühler gegen das Rostrum geneigt, so daß sie unweit der spaltförmigen Afteröffnung zu liegen kommen (Fig. 1). Das Aussehen der eben ausgeschlüpften Jungen macht hingegen den Eindruck, als ob durch eine Contraction des Abdomen ein Theil der in demselben enthaltenen Säfte in den Vordertheil des Thieres eingedrungen und dessen Anhänge prall ausgedehnt hätte (Fig. 2); die Kieferfühler stehen jetzt weit aus einander, die Palpen und Beine sind mehr oder weniger nach hinten zurückgeschlagen; der Bauch ist lang eiförmig geworden und zeigt einige schwache Einschnürungen. Daß die Cuticula eine provisorische ist, zeigt der gänzliche Mangel aller beim Erwachsenen so zahlreichen Borsten und Haare an Körper und Extremitäten; nur längs des Rückens steht eine Doppelreihe von 12 Borsten. Die Körperanhänge entbehren noch jeder deutlichen Segmentirung, sowie der Klauen; doch erheben sich an der Basis des letzten Fußpaares einige Höckerchen als Anlage der künftigen gestielten Anhänge. Von etwaigen Bauchgliedmaßen ist keine Spur zu sehen. Das Rostrum ist kurz und

Fig. 1.

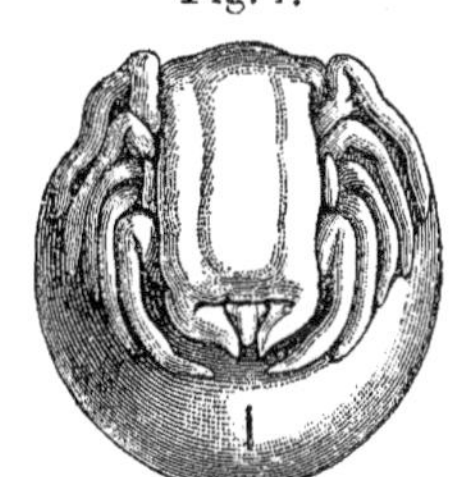

Fig. 2.

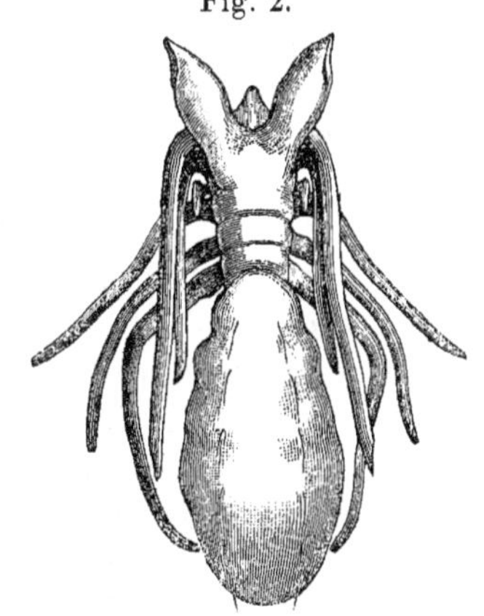

breit und entbehrt völlig des complicirten Borstenapparates an der Spitze, umschließt aber einen stark chitinisirten Pharynx, dessen Bau an die Pseudoscorpione erinnert, da er mit stark vorspringenden Chitinleisten ausgestattet ist. Das Merkwürdigste an dem Thiere ist aber die Anwesenheit eines Paares flacher, flügelförmiger Anhänge von circa 0,5 mm Länge, die sich am Cephalothorax jederseits in dem Raume zwischen erstem und zweitem Fußpaare, jedoch viel höher als diese, inseriren, und von welchen am Erwachsenen nicht die geringste Spur zu bemerken ist. Welche Bedeutung diese provisorischen Organe haben, bleibt vorläufig räthselhaft, das Einzige, woran sie erinnern, wären allenfalls die paarigen Anhänge am Embryo von *Asellus*. Sie werden bei *Galeodes* von einer deutlichen Zellenschicht ausgekleidet, die vollkommen identisch mit der Matrix der allgemeinen Körperdecken ist und durch den Stiel in dieselbe übergeht, enthalten jedoch weder Tracheen, noch Nerven oder Muskeln.

Da unter der Cuticula noch gar keine Andeutung der verschiedenen definitiven Hautanhänge sich erkennen läßt, so wird es wahrscheinlich, daß die Galeoden noch einige Zeit nach dem Ausschlüpfen in diesem puppenartigen Zustande verharren. Hierbei muß ich erwähnen, daß ich mit derselben Sendung auch ein vollkommen ausgebildetes Individuum erhielt, welches nur 5 mm lang war.

2. Über die feineren Vorgänge bei der Befruchtung des Eies von Ascaris megalocephala.

Von Dr. Otto Zacharias, Hirschberg i/Schl.

eingeg. 23. Januar 1887.

Wer Ed. v. Beneden's schönes Werk — Recherches sur la maturation de l'oeuf, la fécondation et la division cellulaire[1] — eingehend studirt hat, wird die Überzeugung gewinnen, daß die Vertiefung in ein einzelnes Object ungemein viel dazu beitragen kann, die Lösung schwieriger wissenschaftlicher Probleme zu fördern. Der bewährte Lütticher Forscher hat es, wie allgemein bekannt ist, unternommen: das Ei des gewöhnlichen Pferdespulwurms von dem Momente ab zu beobachten, wo das Spermatozoon in dasselbe eintritt, um bis ins Speciellste die ganze Reihe jener hochinteressanten Vorgänge zu verfolgen, welche aus der Copulation des Eikörpers mit der männlichen Samenzelle erfahrungsgemäß resultiren. »Neues, Werthvolles und Seltsames« ist — wie W. Flemming in einer Besprechung der v. Beneden'schen Arbeit sagt — bei diesen Untersuchungen herausgekommen, und ich vermag in dieses Urtheil mit einzustimmen, nachdem ich mich fast

[1] Gand und Leipzig, 1883.

ein volles Jahr hindurch mit dem nämlichen Object beschäftigt habe. Wer die Schwierigkeiten nicht unterschätzt, welche bei Arbeiten dieser Art auf Schritt und Tritt zu überwinden sind, der wird von aufrichtiger Bewunderung für v. Beneden's ausgezeichnete Leistung erfüllt sein und sich sagen, daß unermüdlicher Fleiß und hervorragendes Talent sich verbinden mußten, damit so viele neue Ergebnisse gewonnen werden konnten.

Trotz alledem nehme ich mir die Freiheit zu sagen, daß unser deutscher Landsmann, Prof. M. Nußbaum in Bonn, der sich ebenfalls eingehend mit dem Ei von *Ascaris megalocephala* befaßt hat, in manchen Puncten anders, und, wie mir scheint, richtiger beobachtet hat[2], als der Autor der Recherches, so daß es nunmehr darauf ankommt zu entscheiden, welche von den zahlreichen neuen Thatsachen, die uns Prof. v. Beneden berichtet, als völlig gesichert gelten dürfen.

Zu diesem Zwecke bedurfte es einer ganz neuen Praeparationsmethode für das an und für sich sehr werthvolle Object, denn Prof. Nußbaum sowohl als auch Herr v. Beneden haben mit sehr langsam wirkenden Conservirungsflüssigkeiten operirt, bei deren Anwendung der Verdacht aufkommen muß, daß die Eier bereits krank und anormal geworden sind, bevor die Härtung derselben erfolgt.

Nußbaum behandelte die *Ascaris*-Eier 2 Tage lang mit absolutem Alkohol; erst nach Ablauf dieser Zeit war die vollständige Abtödtung zu constatiren. v. Beneden ließ sein Material (um die wichtige Frage der Pronucleus-Bildung zu lösen) 8—10 Tage lang in verdünntem Eisessig liegen, bevor er es verarbeitete. Später (1883) ließ er schwachen Alkohol (von 40—50 %) »monatelang« auf die immer fort sich weiterentwickelnden Eier einwirken, um sie schließlich abzutödten und zu conserviren. Bei solcher Behandlung der Objecte können rasch vorübergehende Stadien schwerlich in großer Anzahl erhalten bleiben. Es liegt hier also eine wirkliche Schwierigkeit vor, insofern die frischen Eier von *A. megalocephala* für Flüssigkeiten nahezu undurchdringlich sind, während sie doch Gase (z. B. Kohlensäure und Sauerstoff) außerordentlich leicht aufnehmen. Dies kann man unschwer experimentell nachweisen. Jene langsame Härtungsmethode, die von allen bisherigen Beobachtern practicirt worden ist, musste durch eine andere, schneller wirkende ersetzt werden, denn nur so konnte man hoffen, Zwischenstadien aufzufinden, die möglicherweise ein anderes Licht auf die Endergebnisse der Beobachtung werfen würden.

---

[2] Vgl. Über die Veränderungen der Geschlechtsproducte bis zur Eifurchung; ein Beitrag zur Lehre der Vererbung. Arch. f. mikrosk. Anat. 23. Bd. p. 155. 1884.

Ich habe mich lange Zeit vergeblich darum bemüht, ein solch rasches Conservirungsverfahren ausfindig zu machen. Schließlich habe ich es gefunden. Es ist mir jetzt möglich, die Eier der frisch aus dem Pferd entnommenen Würmer binnen 2 Stunden zu härten und sie ohne jede Schrumpfung des Dotters zu conserviren. Man erhält auf diesem Wege geradezu prachtvolle Ansichten der mitotischen Figuren. Ich darf dieses Urtheil fällen, weil ich in der Lage bin, die durch das langsame Härtungsverfahren hergestellten Präparate des Herrn Prof. van Beneden mit den meinigen vergleichen zu können.

Durch diese neue Methode habe ich nun aber auch eine Reihe von bisher fehlenden Zwischenstadien erhalten, welche die Pronucleusbildung bei *Ascaris megalocephala* in einem ganz anderen Zusammenhange zeigen, als der ist, in welchem sie Herr v. Beneden jetzt sehen zu sollen glaubt. Ich werde demnächst in einer besonderen Abhandlung zeigen, dass in Ermangelung einer geeigneten Conservationsflüssigkeit jeder der bisherigen Autoren außer Stande gewesen ist, den wirklichen Befruchtungsvorgang des *Ascaris*-Eies zu constatiren. Ich hoffe den befriedigenden Nachweis zu liefern, daß die Verschmelzung der Geschlechtsproducte bei *Ascaris megalocephala* nicht bloß vollkommen mit der von O. Hertwig aufgestellten Theorie übereinstimmt, sondern daß eben diese Theorie an den Vorgängen, die in den Eiern des genannten Nematoden zu beobachten sind, eine neue starke Stütze erhält. Zum Schluß will ich nur noch erwähnen, daß die Gebilde, welche Prof. van Beneden für Pronuclei erklärt, keine solchen sind, sondern bereits conjugirte Kerne. Es hängt mit der eigenthümlichen Art und Weise, wie die Befruchtung bei *Ascaris megalocephala* und *Ascaris suilla* stattfindet, zusammen, daß immer zwei derartige Kerne gleichzeitig entstehen. Ich begnüge mich zunächst mit dieser Anzeige und gestatte mir, die geehrten Leser in Betreff des Speciellen auf die in Bälde erscheinende Abhandlung zu verweisen.

3. Zu Dr. P. F. Breithaupt's Dissertationsschrift über die Bienenzunge.

Von Veit Graber.

eingeg. 23. Jan. 1887.

In seiner Dissertationsarbeit[1] wiederholt Breithaupt (p. 4) den mir zuerst von Schiemenz[2] gemachten Vorwurf, daß ich in

[1] Über die Anatomie und die Functionen der Bienenzunge. Arch. f. Naturgeschichte 1886.

[2] Über das Herkommen des Futtersaftes und die Speicheldrüsen der Biene nebst einem Anhang über das Riechorgan. Zeitschr. f. wiss Zool. 1882.

meinem Buch »Die Insecten« Wolf's Werk[3] »Das Riechorgan der Biene« eine »auf dem Gebiet der Kerfphysiologie wahrhaft epochemachende« Arbeit genannt habe. Nun, heute würde ich dieses Epitheton wohl nicht mehr gebrauchen, trotzdem mir scheinen will, daß Wolf's Werk, dessen von Breithaupt erwähnte Absonderlichkeiten (wie z. B. die Vergleichung der inneren Skeletstücke mit Knochen) ja gerade zuerst von mir hervorgehoben wurden, im Ganzen genommen doch mehr (z. Th. noch gar nicht gewürdigten) Gehalt hat und mehr Selbständigkeit verräth, als die Schriften mancher jener jüngeren Forscher, die in demselben nur Tadelnswerthes finden.

Allein nicht daran stoße ich mich, daß Breithaupt an einer Äußerung meines Buches Kritik übt, sondern daran, daß er andere (ihm offenbar wohlgefällige) Stellen desselben fast oder ganz wörtlich abschreibt, ohne sie mit Anführungszeichen zu versehen oder den Urheber am entsprechenden Orte zu nennen.

Hier nur ein paar Belege.

Graber (Die Insecten, 1877).	Breithaupt (Bienenzunge, 1886).
p. 121. Das Studium der Kerfmundtheile ist nicht bloß von außergewöhnlichem Interesse für den Physiologen, der da ..... eine Reihe der merkwürdigsten und gelungensten Vorrichtungen gewahr wird.	p. 2. Von größtem Interesse sind die Insectenmundwerkzeuge auch für den Physiologen, der in denselben eine Reihe der merkwürdigsten und gelungensten Vorrichtungen erkennt ...
p. 122. Es hat eine eingehendere Betrachtung dieser Werkzeuge noch mehr Anziehendes für den vergleichenden Anatomen, der, in Erwartung, daß so verschiedenen Zwecken dienstbare Apparate auch nach ganz verschiedenen Principien aufgebaut sein müßten, dennoch, bei sorgsamer Vergleichung größerer Bildungsreihen, Alles aus dem gleichen Materiale .... hergestellt findet.	p. 2. Fast eben so viel Anregung bietet die Betrachtung der Insectenmundtheile dem vergleichenden Anatomen, der da findet, daß diese so verschiedenen Zwecken dienenden Apparate nicht nach verschiedenen Principien, sondern alle nach dem gleichen Plan aufgebaut sind.
p. 122. Der uhrfederartige Rollrüssel des Falters, der gelenkige Schnabel der Wanze, der Stechrüssel der Bremse ... sind ... keine Neubildungen ... sondern nichts als Modificationen, als mehr oder minder weitgehende	p. 2. Wer würde wohl bei der ersten Betrachtung des ... uhrfederartigen Rollrüssels der Falter, des ... Saugrüssels der Wanze oder des .. Stechrüssels der Bremse auf den Gedanken kommen, daß all' diese .. keine Neubildungen sind,

[3] Das Riechorgan der Biene. Nova acta Ac. Caes. Leop.-Car. 1876.

Abänderungen und Umgestaltungen des ... Kiefer-Materials der Kaukerfe.

sondern nichts als Modificationen als mehr oder minder weitgehende Umgestaltungen desselben Kiefer-Materiales darstellen ...

Czernowitz, 14. Januar 1887.

4. Erwiederung auf den Artikel Herrn Reinhard's „Zur Kenntnis der Süſswasserbryozoen" (Zool. Anz. No. 241).

Von A. Ostroumoff.

eingeg. 27. Januar 1887.

Es giebt Leute, welche controllirend die schon vorhandenen Beobachtungen, nur gewöhnlich nicht Mehreres drin sehen, als was bevor schon bekannt war. Vor kurzer Zeit bemerkte Herr Reinhard wie leicht die Ectodermverdickung am hinteren Pole der Larve von *Alcyonella* zu beobachten wäre (ein hierauf bezügliches Praeparat wurde von mir vorigen Herbst in einer Sitzung des hiesigen Naturforschervereins an einer unzerschnittenen Larve demonstrirt) ohne daß ihm früher (s. seine Arbeit »Umriß des Baues und der Entwicklung der Süßwasserbryozoen«) eine derartige Verdickung bekannt gewesen wäre, vielleicht weil Nitsche diese Bildung nicht erwähnt[1]. Indessen entspricht Herr Reinhard insofern nicht vollkommen der Categorie obenerwähnter Beobachter, als er die Untersuchungen von Nitsche über die Metamorphose von *Alcyonella* controllirend ein neues Factum anführen konnte, welches Nitsche in seiner Arbeit nicht erwähnt. Sehr oft verliert die Larve, wenn sie zu Anfang ihrer Metamorphose gestört wurde, die Fähigkeit sich weiter zu verwandeln und dann gehen ihre provisorischen Hüllen während des ersten Stadiums zu Grunde, was ich mit »pathologische Processe« bezeichnete[2]. Auf diese Entdeckung Herrn Reinhard's wies ich damals in meiner Anmerkung unter dem Text (Zool. Anz. No. 232) flüchtig hin, was Herrn Reinhard eigenthümlicherweise bewogen hat, mich in dieser Zeitschrift persönlich anzugreifen. Zum Schluß ersuche ich Herrn Reinhard um Aufklärung (und womöglich in einer russischen Zeitschrift, da unsere Arbeiten beide in russischer Sprache gedruckt sind), was das wohl für Resultate seiner Arbeit sein mögen, die von mir neuerdings ausgebeutet wurden? Die mit der russischen Sprache nicht vertrauten Leser dieser

[1] Herrn Reinhard gegenüber erlaube ich mir zu bemerken, daß im Embryonalzustande der anderen Bryozoen das Epithel des Saugnapfes gewöhnlich in die Leibeswand allmählich übergeht.

[2] Bei Nitsche: »Schließlich wird die ganze hintere Hälfte der Larve mitsammt der Falte in das Innere des jungen Stockes hineingestülpt ...« Zeitschr. f. wiss. Zool. 25. Bd. Suppl.

Zeitschrift kann ich nur auf die Zeichnungen der Arbeit Herrn Reinhard's aufmerksam machen, z. B. auf Taf. VII, Fig. 35, wo der Theil der Larve, den ich als amniotischen (oder absteigenden) bezeichne, in Gestalt einer Art Weintraube abgebildet ist, und auf Fig. 31 mit zweischichtigem Endothel!

Kasan, 6. (18.) Januar 1887.

5. Über die Wimpergrübchen der Rhabdocoeliden-Gattung Stenostoma.

Von Bernhard Landsberg, Gymnasiallehrer in Allenstein O.-Pr.

eingeg. 27. Januar 1887.

Beschäftigt mit einer kleinen Arbeit über die Rhabdocoeliden-familie der Microstomeen, welche im Programm des hiesigen Gymnasiums, als wissenschaftliche Beilage, zu Ostern dieses Jahres erscheinen wird, ist es mir gelungen, die Entdeckung Vejdovský's[1], nach welcher sich an der Basis der Wimpergrübchen einiger *Stenostoma*-Arten »birnförmige Ganglien« befinden, zu bestätigen. Der genannte Forscher, dessen Arbeit mir übrigens nur durch den Auszug in der »Monographie der Turbellarien« von L. v. Graff bekannt geworden ist, erwähnt bei *St. leucops* und *unicolor* O. Schm. und *St. ignavum* Vejd. kleine, vom Gehirn abgezweigte, birnförmige Ganglien an der Basis der Wimpergrübchen, die er Riechganglien nennt.

Zuerst wollte es mir nicht gelingen, diese Ganglien auf Schnitten zur Anschauung zu bringen. Eine Serie von Querschnitten jedoch, die nicht ganz senkrecht, sondern in von oben nach unten schräger Richtung durch ein Exemplar von *St. leucops* O. Schm. gelegt wurden, ergab das gewünschte Resultat. Einer der Schnitte zeigte beide Wimpergrübchen, und zwar war das Thier so günstig durch Sublimat conservirt, daß sich beide Gruben als tiefe Becher darstellten und man an ihnen den histiologischen Bau genau studiren konnte.

Der Boden der Gruben wird bedeckt von einer ziemlich dicken Schicht ungefärbter homogener Substanz, die als Schleim aufzufassen ist. Darunter liegt eine dünne Schicht flimmernder Epithelzellen, deren Cilien allerdings durch den Schleim z. Th. verdeckt werden, in denen man aber deutlich Kerne erkennen kann. Darauf folgt eine bedeutend mächtigere Schicht, die zum großen Theil sich aus den von v. Graff erwähnten »birnförmigen Zellen mit rundem Kern und punktförmigen Kernkörperchen« zusammensetzt, außerdem aber auch andere histiologische Elemente enthält, wovon mich Zerzupfungspraeparate überzeugten. Der Basis dieser Zellen liegt eng an — doch so, daß man

[1] F. Vejdovský, Vorläufiger Bericht über die Turbellarien in den Brunnen von Prag etc. Sitzungsber. d. königl. böhm. Ges. d. wissensch. Zoologie 1879.

die Grenze beider klar erkennen kann — ein nach den Wimpergrübchen concaves, nach der Mittellinie des Körpers convexes Gebilde, das also offenbar schalenartig die Basis der Wimpergrübchen umschließt. Dieses Gebilde nun, das wohl bei noch stärkerer Streckung der Wimpergrübchen birnförmig erscheinen mag, ist ohne Frage Vejdovský's Riechganglion. Denn wie man Ganglienzellen bei Zerzupfung eines Wimpergrübchens auffindet, so giebt auch der Schnitt durch das geschilderte Organ genau dasselbe Bild, das man auf Schnitten durch Turbellarienganglien überhaupt findet, und wie es v. Graff und A. Lang[2] wiedergegeben haben.

Auch hier sieht man in einem schwach contourirten Plasmaleib ovale, scharf umgrenzte Kerne mit mehreren Granulationen im Innern. Die Ganglienzellen liegen so dicht an einander, daß man vor der Menge von Kernen nur wenig von dem Plasma bemerkt. Nur ein Nerv zieht bis dicht an die Wimpergruben, theilt sich dort und entsendet je einen Ast an je ein Wimpergrübchen. Als Sinnesnerv erkennt man diesen Strang durch einen — allerdings spärlichen — Belag kleinster Ganglienzellen. Aus welchem Theile des Gehirns aber der Nerv seinen Ursprung nimmt, will ich nicht mit Bestimmtheit angeben, obwohl nach dem zweitnächsten Schnitte der besprochenen Serie, der beide Gehirnganglien mit ihrer Commissur trifft, es mir sehr wahrscheinlich ist, daß er unter der Commissur hinziehend, aus den hinteren größeren Hirnlappen entsteht. Der Nerv zeichnet sich durch bedeutende Größe aus.

Was nun die Resultate der Zerzupfung anbelangt, so fand ich in einem sorgfältig unter dem Microscop isolirten Wimpergrübchen 1) bipolare, wie einige multipolare Ganglienzellen, die mit ihren Fortsätzen wirre Netze bildeten, 2) wimpernde Epithelzellen von verschiedener Größe, 3) theilweise membranöse Zellen, die wohl als Deckzellen fungiren, 4) becherförmige Schleimzellen (wohl die birnförmigen Zellen v. Graff's), 5) sehr regelmäßige Netze sich rechtwinklig schneidender Muskelfasern und endlich 6) eigenthümliche Zellen, die man vielleicht nicht anstehen wird als Sinneszellen zu deuten. Es sind dies nämlich runde oder ovale Zellen mit deutlichem Kern und Kernkörperchen, die nach einer Seite hin in einen stiftförmigen Fortsatz ausgezogen waren, nach der andern Seite aber in eine feine Faser ausliefen, die allerdings nur in einzelnen Fällen ganz klar zu erkennen war. Genaueres denke ich am oben genannten Orte mitzutheilen, wo ich dann auch einige der oben genannten Zellen abbilden werde.

---

[2] A. Lang, Untersuchungen zur vergleichenden Anatomie und Histiologie des Nervensystems der Plathelminthen. IV. Nervensystem der Tricladen.

Das Schnittpraeparat ist aufbewahrt, eben so die Zerzupfungspraeparate, welch letztere sich allerdings in ihrem Glycerineinschluß wenig gut halten.

Es sei mir gestattet, auch an dieser Stelle Herrn Prof. Chun und Herrn Dr. Schauinsland für freundliche Übersendung der einschlägigen Litteratur meinen besten Dank auszusprechen.

6. Zur Anatomie der Priapuliden.

(2. Mittheilung, v. Zool. Anz. 9. Jahrg. No. 233.)

Von Dr. H. Schauinsland, Privatdocent der Zoologie an d. Univ. München.

eingeg. 6. Februar 1887.

Fortgesetzte Studien am *Halicryptus* und *Priapulus* haben mich zu nachstehenden Resultaten geführt, welche wohl nicht allein für die Beurtheilung der Familie der Priapuliden, sondern vielleicht auch aller übrigen Gephyreen Werth besitzen.

Das centrale Nervensystem der Priapuliden, welches aus einem die ganze Länge des Thieres durchziehenden Bauchmark, sowie einem Schlundring besteht, liegt völlig im ectodermalen Epithel. Obwohl es keineswegs eine deutliche Segmentation aufweist, so zeigen sich doch bereits Andeutungen davon darin, daß sich in den regelmäßigen Zwischenräumen, welche zwischen den einzelnen Bündeln der Ringmusculatur vorhanden sind und durch die auch die äußere Ringelung des Körpers bedingt ist, eine stärkere Anhäufung von Ganglienzellen wie in dem übrigen Verlauf an ihm vorfindet. Kurz vor der Abzweigung des Schlundringes kommen in dem oberen Körperabschnitt regelmäßig 3 derartige Ganglienmassen vor, welche sich von den übrigen durch ihre Größe unterscheiden (*Halicryptus*), entsprechend dem unteren Schlundganglion der Anneliden. In dem Schlundring selbst findet sich dagegen keine Anschwellung. In dem ganzen Verlauf des Nervenstranges treten von ihm seitlich periphere Nerven ab; an den eben erwähnten Ganglienzellenanhäufungen zwischen den einzelnen Bündeln der Ringmuskeln entspringt allerdings eine größere Zahl von ihnen wie an den übrigen Stellen, wodurch der Eindruck einer beginnenden Metamerie des Nervensystems noch erhöht wird. Die peripheren Nervenäste bilden keineswegs einen völlig geschlossenen Ring, indem sich die rechts und links abtretenden Stämme mit einander vereinigen, wie es z. B. von *Sipunculus* beschrieben worden ist, sondern sie lösen sich bald in feine, nach verschiedenen Richtungen hinziehende Nervenfasern auf. Letztere werden immer feiner und feiner, und bei geeigneten Macerations- und Tinctionsmethoden gewahrt man, wie aus ihnen schließlich ein Plexus feinster Nervenfäserchen entsteht. In fast ganz regelmäßiger Ausbildung und gleicher Vertheilung findet man unmittelbar der unteren Seite des epidermalen Epithels aufliegend ein ausgezeichnetes, sich über die ganze Körperoberfläche ausbreitendes Flechtwerk, welches aus anastomosirenden Nerven gebildet wird, dessen einzelne Maschen bald groß, bald auch wieder ziemlich eng sind. Hin und wieder sind in dem Verlauf der Nervenfasern Ganglienzellen verschiedener Größe eingeschaltet, namentlich an denjenigen Stellen, wo drei oder mehr Fasern zusammentreffen resp. entspringen. Die ganze Ausbildung dieses Nervenendplexus zeigt eine fast bis in das Detail genaue Übereinstimmung mit dem epidermoidalen Plexus des peripheren Nervensystems von *Sagitta*.

Im Umkreis jener eigenthümlichen Hautgebilde, welche in Gestalt von spitzen, stachelartigen Hervorragungen reichlich die Körperoberfläche bedecken (*Halicryptus*), ist der Plexus besonders dicht; an diesen Stellen ziehen von ihm aus feinste Nervenfäserchen ziemlich reichlich zu jenen Organen und lassen sich bis zu den in der Achse gelegenen Zellen verfolgen. Hierdurch ist wohl definitiv die Natur dieser Hautkörper, welche bis jetzt bald für Drüsen, bald für Sinnesorgane gehalten wurden, als Tastorgane festgestellt, auf welche Funktion auch ihr ganzer übriger Bau in hohem Grade hinweist. — Wirkliche einzellige Drüsen kommen in ganz ähnlicher Weise wie bei den Oligochaeten recht zahlreich zwischen den Epidermiszellen eingestreut vor.

Der Darm besitzt eine dreifache Muskellage: Eine Längs- sowie eine Ringmuskelschicht, und unmittelbar unter dem Epithel eine Lage sehr feiner, sich nach allen Richtungen hin kreuzender Muskelfasern.

Was ihren Bau anbelangt, so weichen diese Darmmuskeln im Grunde nicht von der Körpermuskulatur ab, d. h. sie stellen ebenfalls eine Röhre dar, welche mit Protoplasma angefüllt ist, und deren Wände aus feinen Fibrillen bestehen. In dem inneren protoplasmatischen Theil der Muskelfaser liegt der Kern. Der einzige Unterschied besteht hier nur in dem Überwiegen des protoplasmatischen Theils und einer sehr viel geringeren Ausscheidung von Fibrillen, was namentlich an der innersten Muskellage auffällt. Jedenfalls bildet die contractile Substanz stets eine geschlossene Röhre, und das »Muskelkörperchen« liegt nicht seitlich außerhalb (Apel) derselben.

Die Darmepithelzellen sind ungewöhnlich lang und besitzen an ihrem oberen Ende eine kolbige Anschwellung mit einem Saum sehr kurzer und feiner Flimmerhaare.

Die ganze Darmwand wird nach allen Richtungen hin von einem System feinster Canälchen durchzogen, die vielleicht die Bedeutung von Chylusgefäßen besitzen, und deren Existenz deswegen auffallender ist, weil bei den Priapuliden sonst auch nicht die geringste Spur eines anderen Gefäßsystems vorkommt.

Unter den Leibeshöhlenkörperchen findet man eine kleinere Form mit lebhafter amoeboider Bewegung und eine größere ohne dieselbe. Letztere besitzt oft umfangreiche Vacuolen und ist meistens mit gefärbten Tröpfchen und Körnchen erfüllt. Zwischen beiden Formen kommen aber ganz allmähliche Übergänge vor.

Die Frage nach dem Ursprung der Leibeshöhlenkörperchen war bis jetzt ebenfalls noch eine offene; für die Priapuliden glaube ich dieselbe gelöst zu haben. Es findet sich nämlich zwischen den einzelnen Muskelbündeln im ganzen Körper zerstreut, namentlich aber auch in der Darmwand, im Mesenterium etc. eine reichliche Zahl amoeboider Bindegewebszellen vor, welche nicht nur die Fähigkeit besitzen, in den Geweben umherzukriechen, sondern sogar völlig aus diesen heraus und in die Leibeshöhle hineinzuwandern. Zwischen ihnen und der kleinen amoeboiden Form der Leibeshöhlenkörperchen giebt es mannigfaltige Übergänge, so daß der Schluß sicher ein berechtigter ist, daß sich letztere aus den wandernden Bindegewebszellen rekrutiren.

Eine ganz ähnliche Entstehung hat Kükenthal für die lymphoiden Zellen der Anneliden nachgewiesen; letzteren kann man überhaupt die Leibeshöhlenkörperchen der Gephyreen direct an die Seite stellen und die kleineren Formen mit den gewöhnlichen lymphoiden Annelidenzellen, die größeren, vacuolisirten dagegen vielleicht mit den »Chloragogenzellen« vergleichen. — Im Übrigen, namentlich auf allgemeine Erörterungen, verweise ich auf meine demnächst erscheinende ausführlichere Arbeit.

7. Über die Lebenszähigkeit eingekapselter Organismen.

Von M. Nussbaum.

eingeg. 10. Februar 1887.

Beim Studium der Verdauung einheimischer Süßwasserpolypen beobachtete ich gelegentlich, wie in einer Daphnie, die der Polyp nebst einem anderen ausgesogenen Exemplare derselben Species per os wieder entleert hatte, sich ein lebender Embryo befand.

Wann die Daphnien von der *Hydra fusca*, um die es sich hier handelt, aufgenommen wurden, vermag ich nicht anzugeben. Der Polyp war eben damit beschäftigt, noch eine Daphnie zu verschlingen, als die Beobachtung begann. Nach einer halben Stunde etwa entkam ihm durch eine zufällige Erschütterung das neue Beutestück und bald darauf entleerte er den Mageninhalt, der in einem völlig macerirten

Skelet einer Daphnie und einem nahezu gleichen einer zweiten, trächtigen bestand. In beiden Exemplaren war von Weichtheilen nichts erhalten; die Pigmentflecke des trächtigen Weibchen waren jedoch noch sichtbar, und der in einer derben Cuticula eingeschlossene Embryo machte lebhafte Bewegungen.

Die Beobachtung zeigt, daß die Embryonen der gefangenen Cladoceren durch das Gift der Nesselorgane nicht abgetödtet und wegen des Schutzes durch die Eischale auch weiterhin von dem Verdauungssaft der Polypen nicht angegriffen werden.

Um die Erscheinung einer Nachprüfung zugänglicher zu machen, tödtete ich trächtige Daphnienweibchen durch absoluten Alkohol und hatte die Genugthuung zu sehen, wie sich die Embryonen weiter entwickelten und aus dem Brutraum befreiten. Bis jetzt sind die Versuche auf Embryonen ausgedehnt worden, an denen die Augen noch nicht sichtbar waren und der Dotter noch reichlich vorhanden.

Die Abtödtung der erwachsenen Thiere geschieht in folgender Weise. Ein Tropfen Wasser wird auf dem Objectträger möglichst flach ausgebreitet und von den gefangenen Daphnien ein passendes trächtiges Exemplar unter dem Mikroskop ausgesucht und isolirt. Man entfernt vorsichtig alles Wasser und die übrigen Thiere, setzt einen Tropfen absoluten Alkohol zu und läßt diesen so lange einwirken, bis die Beine der Daphnie zur Ruhe kommen und das Herz nicht mehr pulsirt; saugt den Alcohol vorsichtig ab und bringt das Object in ein flaches Schälchen mit reinem Wasser. Nach einigen Stunden ist das Mutterthier schon in Auflösung begriffen, die Eingeweide quellen vor, und für gewöhnlich wird auch der Embryo aus dem Brutraum entleert, um sich, vorzeitig geboren, weiter zu entwickeln.

Bei der ganz enormen Gefräßigkeit der Hydren ist diese Immunität der Daphnienembryonen nicht allein für ihre Art, sondern auch für die Polypen selbst von großer Wichtigkeit.

Die Widerstandsfähigkeit der Embryonen beruht auf dem Vorhandensein der harten Eischale und ist also anatomisch ähnlich begründet wie das Überleben vieler niederen Organismen, die der Austrocknung durch eine temporäre Einkapselung entgehen.

Im großen Haushalt der Natur ist die Resistenzfähigkeit der Daphnienembryonen mit analogen Einrichtungen an pflanzlichen Embryonen vergleichbar: die Früchte dienen vielen Thieren zur Nahrung; die in den Früchten enthaltenen Samen passiren intact den Verdauungscanal. Man könnte vielleicht diesen Mutualismus als eine temporäre Symbiose bezeichnen im Gegensatz zu solchen Vorkommnissen, wo gleiche passive Schutzwaffen an Embryonen den Parasitismus einer Art begünstigen oder gar erst ermöglichen.

III. Mittheilungen aus Museen, Instituten etc.

1. Eine neue Methode, Fische und Reptilien in der Weise auszustopfen, dafs sie ihre natürliche Farbe behalten.

Von Bl. Wrasse in London.

eingeg. 9. Februar 1887.

Vielfach hat man sich bemüht, Fische oder Reptilien auszustopfen. Die Form ist es nicht, was hierbei die Schwierigkeiten verursacht, sondern die Farbe, welche wenig beständig ist und leicht von ihrer Schönheit verliert. Nach jahrelangen Versuchen glaube ich eine Methode gefunden zu haben, durch welche dieser große Übelstand fast ganz beseitigt wird. Im Folgenden erlaube ich mir dieselbe mit wenigen Worten mitzutheilen.

Der Gedanke, der mich bei meinen Versuchen leitete, war der, daß die Luft auf die Farben der abgezogenen Haut einen nachtheiligen Einfluß habe und daß man daher die Haut vor derselben schützen müsse. Zur Erreichung dieser Absicht verwende ich Firnis. Zunächst werden die eben getödteten Thiere mit einem feuchten Tuche ganz rein getrocknet und dann, wenn es sich um Objecte von geringerer Ausdehnung handelt, in eine Schale mit reinem Krystallfirnis gelegt, worin sie etwa eine Stunde verbleiben. Sind die Thiere zu groß, so hängt man sie auf und bestreicht sie mit Firnis. Man gebe aber stets darauf Acht, daß jede Stelle der Haut von besagter Flüssigkeit bedeckt ist, so daß die Luft nirgends herantreten kann. Die Sorte des Firnis muß häufig nach der Art des Thieres gewählt werden, da nicht jeder Firnis auf jedem Thiere haftet. Nachdem die bestrichenen Exemplare 12 Stunden lang an der Luft getrocknet haben, zieht man ihnen vorsichtig die Haut ab, welche man nun auf der Innenseite mit einer Sublimatlösung bestreicht. Die Concentration derselben muß nach den verschiedenen Thieren deswegen wechseln, weil das Sublimat einerseits nicht die Haut durchdringen darf und andererseits letztere verschieden durchlässig ist. Der Grad der Durchlässigkeit scheint sogar bei ein und derselben Art nach der Jahreszeit (Laichzeit der Fische) sich zu ändern. Darauf füllt man die Haut mit Sand und bestreicht sie von Neuem an der Außenfläche mit Firnis. Nach allen diesen Vorkehrungen wird das Thier 3 Monate lang in einem finsteren Raum gelassen, bis es vollkommen getrocknet ist. Schließlich nimmt man, wenn letzterer Fall eingetreten ist, den Sand heraus, setzt die künstlichen Augen ein, trägt nöthigenfalls noch einmal Firnis auf und stopft in geeigneter Weise aus. Bei zarten Objecten ist es jedoch rathsam, gleich von vorn herein statt des Sandes Sägemehl von Kork anzuwenden. Sägespäne sind deswegen zu vermeiden, weil sie aus der Luft Feuchtigkeit anziehen. Für die ersten Versuche eignet sich am besten von den Schlangen *Python Molurus* und von den Fischen *Esox Lucius*. Jedoch überall ist es ein Haupterfordernis für einen guten Erfolg, daß die Thiere so frisch wie möglich sind.

Im Anschlusse hieran möchte ich auf die künstlichen Augen bei Fischen und Schlangen hinweisen, da dieselben sehr häufig den natürlichen Verhältnissen nicht entsprechen. Die Pupillen der Schlangen bilden einen schmalen Spalt, welcher in dieser Weise ⦶ das Auge durchsetzt, wogegen die Pupille der künstlichen Augen meist derart ⊙ gestaltet ist. Es ist daher zweckmäßig, einfache Glasaugen ohne Pupille und Iris zu nehmen und dieselben auf der Rückseite in der erforderlichen Weise zu bemalen.

2. Zoological Society of London.

1st March, 1887. — Prof. Jeffrey Bell read extracts from a communication sent to him by Mr. Edgar Thurston, Superintendent of the Government Central Museum, Madras, containing observations on two species of Batrachians of the genus *Cacopus*. — Mr. O. Salvin (on behalf of Mr. F. D. Godman) exhibited a pair of a large and rare Butterfly (*Ornithoptera Victoriæ*), the male of which had been hitherto undescribed. These specimens were obtained at the end of May 1886 by Mr. C. M. Woodford, at North-West Bay, Maleita Island, one of the Solomon group. — Mr. E. B. Poulton, F.Z.S., read a paper containing an account of his experiments on the protective value of colour and markings in Insects (especially in Lepidopterous larvæ) in their relation to Vertebrata. It was found that conspicuous insects were nearly always refused by birds and lizards, but that they were eaten in extreme hunger: hence the unpleasant taste failed as a protection under these circumstances. Further, conspicuous and unpalatable insects, although widely separated, tended to converge in colour and pattern, being thus more easily seen and remembered by their enemies. In the insects protected by resembling their surroundings it was observed that mere size might prevent the attacks of small enemies. Some such insects were unpalatable, but could not be distinguished from the others. In tracing the inedibility through the stages, it was found that no inedible imago was edible in the larval stage; in this stage therefore the unpleasant taste arose. — Mr. G. A. Boulenger, F.Z.S., read a paper descriptive of the fishes collected by the late Mr. Clarence Buckley in Ecuador. The set of all the species in the collection acquired by the British Museum in 1880 contained a large number of highly interesting and well-preserved specimens. Amongst them were representatives of ten species described as new to science. — Mr. Richard S. Wray, B.Sc., read a note on a vestigial structure in the adult Ostrich representing the distal phalanges of the third digit. — Mr. John H. Ponsonby, F.Z.S., communicated (on behalf of Mr. Andrew Garrett) the second and concluding part of a paper on the Terrestrial Mollusks of the Viti or Fiji Islands. — Mr. Edgar A. Smith gave an account of a small collection of shells from the Loo-Choo Islands made by Mr. H. Pryer, C.M.Z.S. — P. L. Sclater, Secretary.

Druck von Breitkopf & Härtel in Leipzig.

Zoologischer Anzeiger

herausgegeben

von Prof. **J. Victor Carus** in Leipzig.

Verlag von Wilhelm Engelmann in Leipzig.

X. Jahrg. | 4. April 1887. | No. 248.

Inhalt: I. **Litteratur.** p. 177—185. II. **Wissensch. Mittheilungen.** 1. **Emery,** Über die Beziehungen des Cheiropterygiums zum Ichthyopterygium. 2. **Zacharias,** Zur Kenntnis der Entomostrakenfauna holsteinischer und mecklenburgischer Seen. 3. **Korotneff,** Zur Entwicklung der *Alcyonella fungosa.* 4. **Sarasin,** Einige Puncte aus der Entwicklungsgeschichte von *Ichthyophis glutinosus* (*Epicrium gl.*). III. **Mittheil. aus Museen, Instituten etc.** 1. **De Vescovi,** Sul modo d'indicare e calcolare razionalmente l'ingrandimento degli oggetti microscopici nelle imagini proiettate. IV. **Personal-Notizen.** Vacat.

I. Litteratur.

18. Vertebrata.

a) **Pisces.**

(Fortsetzung.)

Périer, .., Zoologie: les Poissons (1. partie), conférence faite à la faculté de médecine et de pharmacie de Bordeaux, le 4. fevr. 1886. Bordeaux, 1886. 8⁰. (8 p.)

Ryder, John A., On the value of the fin-rays and their characteristics of development in the classification of the Fishes, together with remarks on the theory of degeneration. in: Proc. U. S. Nation. Mus. Vol. 9. 1886. p. 71—82.

The British Sea Fisheries Act, 1883. in: U. S. Fish Comm. P. XI. Rep. for 1883. p. 259—278.

Leuckart, Rud., Ein Gutachten über die Verunreinigung von Fisch- etc. Wassern. Als Manuscript gedruckt. Cassel, 1886. 8⁰. (16 p.) *M* —,10.

Prince, E. E., Development of Food-Fishes. Abstr. in: Journ. R. Microsc. Soc. (2.) Vol. 6. P. 5. p. 767—768.

(Ann. of Nat. Hist.) — s. Z. A. No. 229. p. 469.

Ryder, John A., Why do certain Fish Ova float? in: Amer. Naturalist, Vol. 20. Nov. p. 986—987.

—— The Origin of the Pigment-cells which invest the Oil-drop in pelagic Fish Embryos. ibid. p. 987—988. — Abstr. in: Journ. R. Microsc. Soc. (2.) 1887. P. 1. p. 43.

Tybring, Osc., Poisonous Fish. in: Bull. U. S. Fish Comm. Vol. 6. 1886. p. 148—151.

(From: Norsk Fiskeritidende, Oct. 1885. Transl. by Hrm. Jacobson.)

Vaillant, L., Considérations sur les Poissons des grandes profondeurs, en particulier sur ceux qui appartiennent au sous-ordre des Abdominales. in: Compt. rend. Ac. Sc. Paris, T. 103. No. 25. p. 1237—1239.

(n. g. *Anomalopterus*, *Leptoderma*.)

Atwater, W. O., Contributions to the knowledge of the Chemical Composition and Nutritive Values of American Food-Fishes and Invertebrates. With 2 pl. in: U. S. Fish Comm. P. XI. Rep. for 1883. p. 433—499.

United States Commission of Fish and Fisheries. Part XI. Report of the Commissioner for 1883. A. Inquiry into the Decrease of Food-Fishes. B. The Propagation of Food-Fishes in the Waters of the United States. Washington, 1885. 8⁰. (XCV, 1206 p., 34 figg., 59 pl.)

The Iceland Fresh-water Fisheries. in: Bull. U. S. Fish Comm. Vol. 6. 1886. p. 161—176.

(From Dansk Fiskeritidende, July and Aug. 1885. Transl. by Hrm. Jacobson.)

Goode, G. Brown, and Tarl. H. Bean, Description of thirteen [n.] species and two [n.] genera of Fishes from the ‚Blake' Collection. in: Bull. Mus. Comp. Zool. Harvard Coll. Vol. 12. No. 5. p. 153—170.

(n. g. *Barathronus*, *Benthosaurus*.)

Jordan, Dav. S., and Ch. H. Gilbert, List of Fishes collected in Arkansas, Indian Territory, and Texas, in September, 1884, with Notes and Descriptions. in: Proc. U. S. Nation. Mus. Vol. 9. 1886. p. 1—25.

(2 n. sp.)

Jordan, Dav. S., Notes on Fishes collected at Beaufort, North Carolina, with a revised List of the Species known from that locality. in: Proc. U. S. Nation. Mus. Vol. 9. 1886. p. 25—30.

(114 sp.)

—— List of Fishes collected at Havana, Cuba, in December, 1883, with Notes and Descriptions. ibid. p. 31—55.

(204 [1 n.] sp.)

—— Notes on some Fishes collected at Pensacola by Mr. Silas Stearns, with descriptions of one new species [*Chaetodon aya*]. ibid. p. 225—229.

Marion, A. F., Documents ichthyologiques: Enumération des espèces rares de poissons capturées sur les côtes de Provence, durant les vingt dernières années. in: Zool. Anz. 9. Jahrg. No. 225. p. 375—380.

Pereira Guimaraes, A. R., Diagnoses de trois nouveaux poissons d'Angola. Avec 2 pl. in: Jorn. Sc. Math. phys. nat. Acad. Lisboa, T. 10. No. 36. p. 1—10.

—— Lista dos peixes da Ilha da Madeira, Açores e das possessões portuguezas d'Africa, que existem no Museu de Lisboa. ibid. p. 11—28.

Report, Fourth Annual, of the Fishery Board for Scotland. Abstr. in: Nature, Vol. 35. No. 893. p. 128—131.

Seeley, H. G., The Fresh-Water Fishes of Europe. A History of their Genera, Species, Structures, Habits and Distribution. With 214 illustrations. London, Paris, New-York and Melbourne, 1886. (VI, 444 p.)

Tanner, Z. L., Report on the Work of the United States Fish Commission Steamer Albatross for the year ending December 31, 1883. in: U. S. Fish Comm. P. XI. Report for 1883. p. 117—236.

(With list of 83 Fishes, p. 178—203.)

Washburn, F. L., Mortality of Fish at Lake Mille Lac, Minnesota. in: Amer. Naturalist, Vol. 20. Oct. p. 896—897.

Gorjanović-Kramberger, .., Palaeoichthyologische Beiträge. in: Glasnik hrvatsk. Narav. družtva, G. 1. br. 1—3. p. 123—137.

(n. g. *Mesiteia*.)

Rivière, Ém., Poissons de la grotte de Menton. v. Reptilia, E. Rivière.

Ransom, W. B., and **D'Arcy W. Thompson**, On the Spinal and Visceral Nerves of Cyclostomata. in: Zool. Anz. 9. Jahrg. No. 227. p. 421—426.

Onodi, A. D., Neurologische Untersuchungen an Selachiern. Mit 1 Taf. in: Internat. Monatsschr. f. Anat. u. Hist. 3. Bd. 9. Hft. p. 325—329.

Kollmann, J., Über Furchung an dem Selachier-Ei. in: Verhandl. Naturf. Ges. Basel, 8. Th. 1. Hft. p. 103—105. — Abstr. in: Journ. R. Microsc. Soc. (2.) 1887. P. 1. p. 43—44.

Rückert, . ., Über die Gastrulation der Selachier. in: Tagebl. 59. Vers. deutsch. Naturf. p. 270—271.

Beddard, Frk. E., Note on the ovarian ovum in the Dipnoi. in: Zool. Anz. 9. Jahrg. No. 236. p. 635—637. — Abstr. in: Journ. R. Microsc. Soc. (2.) 1887. P. 1. p. 44.

Vulpian, . ., Sur la persistance des phénomènes instinctifs et des mouvements volontaires chez les Poissons osseux, après l'ablation des lobes cérébraux. in: Compt. rend. Ac. Sc. Paris, T. 103. No. 15. p. 620—622.

Madrid-Moreno, Jose, Über die morphologische Bedeutung der Endknospen in der Riechschleimhaut der Knochenfische. Ausz. von C. Emery. in: Biolog. Centralbl. 6. Bd. No. 19. p. 589—592.

Prince, E. E., Oleaginous Spheres in the Ova of Teleostean Fishes. Abstr. in: Journ. R. Microsc. Soc. London, (2.) Vol. 6. P. 6. p. 937.
(Ann. of Nat. Hist.) — s. Z. A. No. 239. p. 701.

Selenka, E., Über die Gastrulation der Knochenfische. in: Tagebl. 59. Vers. deutsch. Naturf. p. 270.

Ziegler, H. E., Origin of Blood-corpuscles in Teleostean Embryos. Abstr. in: Journ. R. Microsc. Soc. London, (2.) Vol. 6. P. 6. p. 942—943.
(Biol. Centralbl.) — s. Z. A. No. 239. p. 701.

Shufeldt, R. W., The Osteology of *Amia calva*: including certain special references to the Skeleton of Teleosteans. With 14 pl. in: U. S. Fish Comm. P. XI. Rep. for 1883. p. 747—879.

Lundberg, Rud., Eel-fishing with so-called »Hommor« (a species of Fish-pot) on the Baltic Coast of Sweden and in the Sound. With 1 pl. in: U. S. Fish Comm. P. XI. Rep. for 1883. p. 415—430. (From the Swedish, Stockholm, 1881. Transl. by Hrm. Jacobson).

Pavesi, P., Observations on Male Eels. Transl. by Hrm. Jacobson. in: Bull. U. S. Fish Comm. Vol. 6. 1886. p. 222—224.
(R. Istit. Lombard. 1880.) — s. Z. A. No. 65. p. 461.

Vipan, J. A. M., (Letter on the Nesting of *Callichthys littoralis*). in: Proc. Zool. Soc. London, 1886. P. III. p. 330—331.

Parker, T. Jeffery, Notes from the Otago University Museum. VIII. On the Claspers of *Callorhynchus*. in: Nature, Vol. 34. No. 887. p. 635.

Garman, S., On the frilled Shark [*Chlamydoselachus anguineus* Garm.]. Abstr. from: Proc. Amer. Assoc. Adv. Sc. Vol. 33. p. 537—538.

Sagemehl, M., Die accessorischen Branchialorgane von *Citharinus*. Mit 1 Taf. in: Morpholog. Jahrb. 12. Bd. 3. Hft. p. 307—324.

Ljungman, Axel Vilh., The Great Herring Fisheries considered from an economical point of view. in: U. S. Fish Comm. P. XI. Rep. for 1883. p. 341—357.
(Transl. from the Swed. Econ. Soc. Febr. 1886. by Hrm. Jacobson.)

—— Special results of the investigations relating to the Herring and Herring Fisheries on the West Coast of Sweden made during the years 1873—1883. in: U. S. Fish Comm. P. XI. Rep. for 1883. p. 729—745. (Transl. from the Swedish by Hrm. Jacobson.)

Simonsen, Carl, The Herring Fisheries near the Isle of Man. in: Bull. U. S. Fish Comm. Vol. 6. 1886. p. 152—155.
(From: Danske Fiskeritidende, Sept. 1885. Transl. by Hrm. Jacobson.)

Delage, Yves, Sur les relations de parenté du Congre et du Leptocéphale. In: Compt. rend. Ac. Sc. Paris, T. 103. No. 16. p. 698—699.

Emery, C., et L. Simoni, Recherches sur la ceinture scapulaire des *Cyprinoides*. in: Arch. Ital. Biol. T. 7. Fasc. 3. p. 390—394.
(Accad. Linc.)

Pereira Guimarães, Ant. Rob., Description d'un nouveau poisson [*Eutropius Bocagii* n. sp.] de l'intérieur d'Angola. Avec 1 pl. in: Jorn. Sc. Math. phys. nat. Acad. Lisboa, T. 9. No. 34. p. 85—87.

Günther, A., On a small fish of the genus *Fierasfer* imbedded in a Pearl-Oyster. With fig. in: Proc. Zool. Soc. London, 1886. P. III. p. 318—320.

Ryder, J. A., Development of *Fundulus heteroclitus*. Abstr. in: Journ. R. Microsc. Soc. London, (2.) Vol. 6. P. 6. p. 941.
(Amer. Naturalist.) — s. Z. A. No. 239. p. 701.

McIntosh, W., Notes from the St. Andrews Marine Laboratory. No. VI. On the very young Cod and other Food-Fishes. in: Ann. of Nat. Hist. (5.) Vol. 18. Oct. p. 307—311.

Trolle, C., The Iceland Cod Fisheries in 1883. (Transl. by Herm. Jacobson.) in: U. S. Fish Comm. P. XI. Rep. for 1883. p. 359—382.
(From Nationaltidende, Febr. 1884.)

Traquair, R. H., On *Harpacanthus*, a new Genus of Carboniferous Selachian Spines. With 2 cuts. in: Ann. of Nat. Hist. (5.) Vol. 18. Decbr. p. 493—496.

Woodward, A. Smith, On the relations of the Mandibular and Hyoid Arches in a Cretaceous Shark [*Hybodus dubisiensis*, Mackie]. With 1 pl. in: Proc. Zool. Soc. London, 1886. P. II. p. 218—224.

Wright, R. Ramsay, On the skull and Auditory Organ of the Siluroid *Hypophthalmus*. With 3 pl. in: Trans. R. Soc. Canada. Sect. IV. 1885. p. 107—118.

Jordan, Dav. S., and Elizabeth G. Hughes, A Review of the genera and species of *Julidinae* found in American Waters. in: Proc. U. S. Nation. Mus. Vol. 9. 1886. p. 56—70.

Ehlers, Ed., *Lamna cornubica* (L. Gm.) an der ostfriesischen Küste. Sepr.-Abdr. aus: Nachricht. kgl. Ges. d. Wiss. a. d. Geo.-Aug.-Univ. Göttingen, 1886. No. 18. p. 547—550.

Schneider, Ant., Über die Flossen der Dipnoi und die Systematik von *Lepidosiren* und *Protopterus*. in: Zool. Anz. 9. Jahrg. No. 231. p. 521—524.

Beddard, Frk. E., The ovarian ovum of *Lepidosiren* (*Protopterus*). in: Zool. Anz. 9. Jahrg. No. 225. p. 373—375.

—— Observations on the Ovarian Ovum of *Lepidosiren* (*Protopterus*). With 2 pl. in: Proc. Zool. Soc. London, 1886. P. III. p. 272.

Sim, Geo., Occurrence of *Lumpenus lampetriformis* on the North Coast of Scotland; with Notes on its Habits, Food and the Ground it frequents. With cuts. in: Journ. Linn. Soc. London, Zool. Vol. 20. No. 116. p. 38—48.

Nye, Willard, jr., Habits of Whiting or Frost-Fish (*Merlucius bilinearis*, Mitch.). in: Bull. U. S. Fish Comm. Vol. 6. 1886. p. 208.

Cope, E. D., An interesting connecting genus of Chordata [*Mycterops*]. With cut. in: Amer. Naturalist, Vol. 20. Dec. p. 1027—1031.

Cunningham, J. T., Reproductive Elements of *Myxine glutinosa*. Abstr. in Journ. R. Microsc. Soc. London, (2.) Vol. 6. P. 6. p. 941.
(Quart. Journ. Micr. Sc.) — s. Z. A. No. 239. p. 702.

—— On the Mode of Attachment of the Ovum of *Osmerus eperlanus*. With 1 pl. in: Proc. Zool. Soc. London, 1886. P. III. p. 292—295. — Abstr. in: Journ. R. Microsc. Soc. London, (2.) Vol. 6. P. 6. p. 942.

Günther, A., Note on *Pachymetopon* and the Australian Species of *Pimelepterus*. in: Ann. of Nat. Hist. (5.) Vol. 18. Novbr. p. 367—368.

Collett, Rob., On a new Pediculate Fish from the Sea off Madeira. With 1 pl. in: Proc. Zool. Soc. London, 1886. P. II. p. 138—143.

Pimelepterus, Australian Sp. v. supra *Pachymetopon*, A. Günther.

Fulliquet, G., Recherches sur le cerveau du *Protopterus annectens*. Avec 5 pl. Genève, 1886. 8⁰. (130 p.) *M* 6,—.

Parker, T. Jeffery, Studies in New Zealand Ichthyology. I. On the Skeleton of *Regalecus argenteus*. With 5 pl. in: Trans. Zool. Soc. London, Vol. 12. P. 1. p. 5—33.

Smith, Rosa, On the occurrence of a new species of *Rhinoptera* (*R. encenadae*) in Todos Sandos Bay, Lower California. in: Proc. U. S. Nation. Mus. Vol. 9. 1886. p. 220.

Smitt, F. A., Kritisk Förteckning öfver de i Riksmuseum befintliga Salmonider. Med 6 Tafl. Stockholm, 1886. 4⁰. — Kgl. Svensk. Vet. Akad. Handl. 21. Bd. No. 8. (290 p., 13 tab. metr.)

Carpentier, Jul., Étude sur les Saumons, moyens économiques de repeupler nos fleuves. Montreuil-sur-mer, Hesdin, l'auteur, 1886. 8⁰. (12 p.)

Stone, Livingst., Explorations on the Columbia River from the Head of Clarke's Fork to the Pacific Ocean, made in the Summer of 1883, with reference to the Selection of a suitable Place for establishing a Salmon-breeding Station. in: U. S. Fish Comm. P. XI. Rep. for 1883. p. 237—258.

Weber, Max, Die Abdominalporen der *Salmoniden* nebst Bemerkungen über die Geschlechtsorgane der Fische. Mit 1 Taf. u. 2 Holzschn. in: Morphol. Jahrb. 12. Bd. 3. Hft. p. 366—406.

Barfurth, D., Biology of the Trout. Abstr. in: Journ. R. Microsc. Soc. (2). Vol. 6. P. 5. p. 768.
(Arch. f. mikr. Anat.) — s. Z. A. No. 230. p. 487.

Garman, S., and S. F. Denton, Abnormal embryos of Trout and Salmon. With figg. in: Science Observer, Vol. 5. No. 1. (1886.) p. 1—7.

Day, Frc., »*Scopelus Mülleri*«. in: Nature, Vol. 34. No. 885. p. 571.

Jordan, Dav. S., and Charl. L. Edwards, A Review of the American Species of *Tetraodontidae*. in: Proc. U. S. Nation. Mus. Vol. 9. 1886. p. 230—247.
(1 sp. *Lagocephalus*, 9 sp. *Sphaeroides*, 1 sp. *Tetraodon*, 1 sp. *Colomesus*, 2 sp. *Canthigaster*.)

Perényi, Jos., Adatok a gerinczhúr és a gerinczhúr köriil etc. [Beiträge zur Embryologie von *Torpedo marmorata*]. Mit 4 Taf. Aus: Magy. Tud. Akad. Ert. V. Kòt. p. 25—44. (Ungarisch.)

Perenyi, Jos. von, Beiträge zur Embryologie von *Torpedo mormorata* (*Torpedo Galvanii* Risso). in: Zool. Anz. 9. Jahrg. No. 227. p. 433—436.
(Abstr. in: Journ. R. Microsc. Soc. London, (2.) Vol. 6. P. 6. p. 940—941.)

Ryder, J. A., Development of the Mud-minnow [*Umbra limi*]. Abstr. in: Journ. R. Microsc. Soc. London, (2.) Vol. 6. P. 6. p. 941—942.
(Amer. Naturalist.) — s. Z. A. No. 239. p. 703.

b) Amphibia.

Amphibia. Bericht über die Leistungen etc. v. infra Reptilia, O. Boettger.

Boulenger, G. A., First Report on Additions to the Batrachian Collection in the Natural History Museum. With 1 pl. in: Proc. Zool. Soc. London, 1886. P. III. p. 411—416.
(4 n. sp.; n. g. *Geomolge.*)

Lavalette St. George, A. von, Spermatogenesis in Amphibians. Abstr. in: Journ. R. Microsc. Soc. London, (2.) Vol. 6. P. 6. p. 935.
(Arch. f. mikrosk. Anat.) — s. Z. A. No. 234. p. 584.

Schultze, O., Über Reifung und Befruchtung des Amphibieneies. in: Anat. Anz. 1. Jahrg. No. 6. p. 149—152.

Amphibia de St. Thomé. v. infra Reptilia, J. V. Barboza du Bocage.

Amphibia of Rio Grand do Sul, and of the Solomon Islands. v. infra Reptilia, G. A. Boulenger.

Amphibia von den Philippinen. v. infra Reptilia, O. Boettger.

Amphibia von Nias. v. infra Reptilia, J. G. Fischer.

Amphibia von Tanganyka. v. infra Reptilia, L. Dollo.

Stegocephalen, Schädel. v. infra Reptilia, G. Baur.

Wiedersheim, R., (Waldschmidt, ..), Über das Gymnophionen-Gehirn. in: Tagebl. 59. Vers. deutsch. Naturf. p. 196.

Perényi, Jos., A blastoporus állandó megmaradása a békaféléknél [Der Blastoporus als bleibender After bei den Anuren]. Aus: Magy. Tud. Akad. Ert. V. Köt. p. 11—15. (Ungarisch.)

Schulze, Frz. Eilh., Ein lebendes *Amblystoma tigrinum.* in: Sitzgsber. Ges. Nat. Fr. Berlin, 1886. No. 9. p. 133.

Cope, E. D., On the Structure and Affinities of the *Amphiumidae.* With 2 pl. in: Proc. Amer. Philos. Soc. Philad. Vol. 23. No. 123. p. 442—445.

Mattozo Santos, F., Sur le têtard du »*Cynops* (*Pelonectes*) *Boscai*«. in: Jorn. Sc. Math. Phys. Nat. Acad. Lisboa, T. 11. No. 42. p. 99—102.

Ihering, H. von, Oviposition in *Phyllomedusa.* Abstr. in: Journ. R. Microsc. Soc. (2.) Vol. 6. P. 5. p. 766.
(Ann. of Nat. Hist.) — s. Z. A. No. 230. p. 489.

Boulenger, G. A., Remarks on Specimens of *Rana arvalis* exhibited in the Society's Gardens. With 1 pl. in: Proc. Zool. Soc. London, 1886. P. II. p. 242—243.

Borelli, Alfr., Ricerche intorno alle differenze osteologiche delle *Ranae fuscae* Italiane. in: Boll. Mus. Zool. Anat. Comp. Torino, Vol. 1. No. 14. (16 p.)

Howes, G. B., On some abnormalities of the Frog's vertebral column. *Rana temporaria.* With cuts. in: Anat. Anz. 1. Jahrg. No. 11. p. 278—281.

Morgan, C. Lloyd, Abnormalities in the Vertebral Column of the Common Frog. in: Nature, Vol. 35. No. 890. p. 53.

Kato, T., Versuche am Großhirn des Frosches. Inaug.-Diss. Berlin, 1886. 8⁰. (27 p.)

Born, G., Influence of Gravity on the Frog Ovum. Abstr. in: Journ. R. Microsc. Soc. London, (2.) Vol. 6. P. 6. p. 939—940.
(Arch. f. mikrosk. Anat.) — s. Z. A. No. 202. p. 477.

Weliky, Wlad., Über die Anwesenheit vielzähliger Lymphherzen bei den Froschlarven. in: Zool. Anz. 9. Jahrg. No. 231. p. 524—525.

Macallum, A. B., Nerve-endings in the Cutaneous Epithelium of the Tadpole. in: Proc. Canad. Instit. Vol. 3. 1886. p. 276—277. — Abstr. in: Journ. R. Microsc. Soc. London, (2.) Vol. 6. P. 6. p. 947.

Mitrophanow, P., Die Nervenendigungen im Epithel der Kaulquappen und die »Stiftchenzellen« von Professor A. Kölliker. in: Zool. Anz. 9. Jahrg. No. 232. p. 548—553.

Barfurth, D., Experimentelle Untersuchungen über die Verwandlung der Froschlarven. in: Biolog. Centralbl. 6. Bd. No. 20. p. 609—613.
(Naturforscher-Versamml.)

—— Über Versuche zur Verwandlung der Kaulquappen. in: Tagebl. 59 Vers. deutsch. Naturf. p. 139. Anat. Anz. 1. Jahrg. 12. p. 314—317.

—— Die Verwandlung der Kaulquappen. Ausz. in: Der Naturforscher, 19. Jahrg. No. 49. p. 490—491.
(Naturforscher-Versamml.)

Hermann, L., Weitere Untersuchungen über das Verhalten der Froschlarven im galvanischen Strome. in: Pflüger's Arch. f. d. ges. Physiol. 37. Bd. 8./9. Hft. p. 414—419. — Abstr. in: Journ. R. Microsc. Soc. (2.) 1887. P. 1. p. 51—52.

Peracca, Conte Mario G., Sulla bontà specifica del *Triton Blasii* de l'Isle e descrizione di una nuova forma ibrida di Triton francese. Con 1 tav. in: Boll. Mus. Zool. Anat. comp. Torino, Vol. 1. No. 12. (13 p.)

c) **Reptilia.**

Boettger, Osk., Bericht über die Leistungen in der Herpetologie während des Jahres 1884. in: Arch. f. Naturgesch. 51. Jahrg. 5. Hft. (2. Bd. 2. Hft.) p. 252—327.

Hoffmann, C. K., Reptilien (Bronn's Klassen u. Ordnungen). 54./55. Lief. Leipzig & Heidelberg, C. F. Winter'sche Verlagshandl., 1886. 8°. à ℳ 1,50.

Fischer, J. G., Herpetologische Notizen. Mit 2 Taf. in: Abhandl. aus d. Geb. der Naturwiss. Hamburg, 9. Bd. 1. Hft. (19 p.)
(10 [8 n.] sp.; n. g. *Gastropholis*.)

Baur, G., Osteologische Notizen über Reptilien. in: Zool. Anz. 9. Jahrg. No. 238. p. 685—690. — Fortsetzung I. ibid. No. 240. p. 733—743.

—— Über die Homologien einiger Schädelknochen der Stegocephalen und Reptilien. in: Anat. Anz. 1. Jahrg. No. 13. p. 348—350.

Günther, A., Berichtigung einer der »Osteologischen Notizen über Reptilien« des Herrn Dr. G. Baur. in: Zool. Anz. 9. Jahrg. No. 240. p. 746.

Varigny, H. de, Le troisième oeil des Reptiles, d'après Mr. Korschelt. Avec fig. in: Revue Scientif. (3.) T. 38. No. 26. p. 806—809.

Wiedersheim, R., Über das Parietalauge der Saurier. in: Anat. Anz. 1. Jahrg. No. 6. p. 148—149.

Bemmelen, J. F. van, Die Visceraltaschen und Aortenbogen bei Reptilien und Vögeln. in: Zool. Anz. 9. Jahrg. No. 231. p. 528—532. No. 232. p. 543—546.

Barboza du Bocage, J. V., Reptis e Amphibios de S. Thomé. in: Jorn. Sc. Math. Phys. Nat. Acad. Lisboa, T. 11. No. 42. p. 65—70.
(Reptilia: 9 [1 n.] sp.; Amphibia: 4 [2 n.] sp. [1 n. sp. non descripta].)

—— Reptiles et Batraciens nouveaux de l'ile de St. Thomé. ibid. p. 71—75. 103—104.
(Reptilia 1 n. sp.; Amphibia: 2 n. sp.) — [Eaedem species.]

Boettger, O., Diagnoses Reptilium Novorum [3] ab ill. viris O. Herz et Consule Dr. O. Fr. de Moellendorff in Sina meridionali repertorum. in: Zool. Anz. 9. Jahrg. No. 231. p. 519—520.

Boettger, O., Beiträge zur Herpetologie und Malakozoologie Südwest-Afrikas. Mit 2 Taf. in: Bericht Senckenb. Nat. Ges. Frankf. 1886. p. 3—29.
(1 n. sp. Reptil., 5 n. sp. Mollusk.)

—— Aufzählung der von den Philippinen bekannten Reptilien und Batrachier. ibid. p. 91—134.
(140 sp. Reptil., 27 sp. Amphib.)

Boulenger, G. A., A Synopsis of the Reptiles and Batrachians of the Province Rio Grande do Sul, Brazil. in: Ann. of Nat. Hist. (5.) Vol. 18. Decbr. p. 423—445.
(62 Reptil., 27 Amphib.)

—— On the Reptiles and Batrachians of the Solomon Islands. With 7 pl. in: Trans. Zool. Soc. London, Vol. 12. P. 2. p. 35—62.

Dollo, L., Notice sur les Reptiles et les Batraciens recueillis par M. le Capitaine É. Storms dans la région du Tanganyka. in: Bull. Mus. R. Hist. Nat. Belg. T. 4. No. 3. p. 151—160.

Fischer, J. G., Über eine Kollektion Reptilien und Amphibien von der Insel Nias und über eine zweite Art der Gattung *Anniella* Gray. Mit 1 Taf. in: Abhandl. aus d. Geb. d. Naturwiss. Hamburg, 9. Bd. 1. Hft. (10 p.)
(26 [2 n.] sp.)

Rivière, Ém., Des Reptiles et des Poissons trouvés dans la grotte de Menton (Italie). in: Compt. rend. Ac. Sc. Paris, T. 103. No. 24. p. 1211—1213.

Carlsson, Fräul. A., Die Extremitätenreste bei einigen Schlangen. in: Anat. Anz. 1. Jahrg. No. 7. p. 189.
(Christiania, Naturf. Vers.)

Lockington, .., The form of the pupil in Snakes. in: Proc. Acad. Nat. Sc. Philad. 1886. p. 300.

Fischer, Joh. von, Wie zeitigt man Schlangeneier? in: Zoolog. Garten, 27. Jahrg. No. 10. p. 297—303.

Tooke, W. Hammond, Mimicry in Snakes. in: Nature, Vol. 34. No. 884. p. 547.

Vaillant, L., La disposition du tube digestif chez les Chéloniens. in: Bull. Soc. Philom. Paris, (7.) T. 10. No. 3. p. 135—138.

Schaeck, J., Longevity of Turtles. in: Amer. Naturalist, Vol. 20. Oct. p. 897.

Coutinho, J. Martins da Silva, Bedeutung, Fang und Verwerthung der Schildkröten am Amazonas. Frei übersetzt und mit Anmerkungen und Zusätzen versehen von Em. Göldi. in: Zool. Garten, 27. Jahrg. No. 11. p. 329—335. No. 12. p. 366—372.

Cope, E. D., Dollo on extinct Tortoises. in: Amer. Naturalist, Vol. 20. Nov. p. 967—968.

Gardiner, John, Alligators in the Bahamas. in: Nature, Vol. 34. No. 884. p. 546.

Anniella. v. supra: J. G. Fischer, Rept. von Nias.

Wills, T. Wesley, The Rhythm and Innervation of the Heart of the Sea-Turtle [*Chelonia*]. With 1 pl. in: Journ. of Anat. and Physiol. (Humphrey, Turner), Vol. 21. (N. S. Vol. 1.) P. 1. Oct. 1886. p. 1—20.

Mitsukuri, K., and C. Ishikawa, Germinal Layers of *Chelonia*. Abstr. in: Journ. R. Microsc. Soc. London, (2.) Vol. 6. P. 6. p. 936—937.
(Quart. Journ. Micr. Sc.) — s. Z. A. No. 239. p. 706.

Boulenger, G. A., Description of a new Iguanoid Lizard living in the Society's

Gardens [*Ctenosaura erythromelas* n. sp.]. With 1 pl. in: Proc. Zool. Soc. London, 1886. P. II. p. 241.

Peracca, Conte Mario de, Osservazioni intorno alla deposizione ed incubazione artificiale delle ova dell' *Elaphis quaterradiatus* (Latr.). in: Boll. Mus. Zool. ed Anat. comp. Torino, Vol. 1. No. 16. (8 p.)

Gaudry, Alb., Sur un Reptile du terrain permien [*Haptodus Baylei* n. g. et n. sp.]. in: Compt. rend. Ac. Sc. Paris, T. 103. No. 9. p. 453—454.

Baur, G., The Ribs of *Sphenodon* (*Hatteria*). in: Amer. Naturalist, Vol. 20. Nov. p. 979—981.

Schulze, Frz. E., Über ein lebendes Exemplar der *Hatteria punctata* Gray. in: Sitzgsber. Ges. Nat. Fr. Berlin, 1886. No. 8. p. 125.

Woodward, A. Smith, Note on the Presence of a Columella (Epipterygoid) in the Skull of *Ichthyosaurus*. With 4 cuts. in: Proc. Zool. Soc. London, 1886. P. III. p. 405—408.

Spencer, W. Baldw., On the Presence and Structure of the Pineal Eye in Lacertilia. With 7 pl. in: Quart. Journ. Microsc. Sc. Vol. 27. P. 2. p. 165—238.

(cf. supra Anatomie.)

Bedriaga, J. von, Beiträge zur Kenntnis der *Lacertiden*-Familie (*Lacerta, Algiroides, Tropidosauria, Zerzumia* und *Bettaia*). Mit 1 Taf. in: Abhandl. Senckenb. Nat. Ges. Frankf. 14. Bd. 2. Hft. p. 17—444. — Apart: Frankfurt a/M., 1886. 4⁰. (428 p.) *M* 16,—.

(3 n. sp., 1 n. subsp.; n. subgen. *Bettaia*.)

II. Wissenschaftliche Mittheilungen.

1. Über die Beziehungen des Cheiropterygiums zum Ichthyopterygium.

Von Prof. C. Emery in Bologna.

eingeg. 10. Februar 1887.

Die Archipterygium-Theorie des Gliedmaßenskelets von Gegenbaur-Huxley entstand in Folge der Annahme, daß die Gliedmaßen der Wirbelthiere von Kiemenbogen abgeleitet werden könnten: sie erhielt eine kräftige Unterstützung und zugleich ihre definitive Form durch die Entdeckung des *Ceratodus*, dessen Flossenskelet dem modificirten Schema fast vollkommen entsprechend gebaut ist.

Später warfen die vergleichenden Betrachtungen Thacher's und die ontogenetischen Untersuchungen Balfour's ein neues Licht auf diesen Gegenstand. Für die Mehrzahl der unbefangen urtheilenden Zoologen darf heute das Gliedmaßenskelet der Fische weder von Kiemenstrahlen noch von einem Archipterygium abgeleitet werden. Dagegen wird das Skelet des Cheiropterygiums noch allgemein auf eine archipterygiale Grundform zurückgeführt, wobei zwei Hauptfragen in Betracht kommen: 1) durch welche Stücke des Skelets zieht die Axiallinie des Archipterygiums? 2) welcher der drei basalen Abtheilungen des Ichthyopterygiums entspricht die Achse des Archipterygiums? —

Die erstere Frage erhielt bis jetzt die verschiedensten Antworten und gab zu vielen werthvollen Arbeiten Veranlassung. Alle Achsenconstructionen tragen aber nichtsdestoweniger das Gepräge der Künstelei. Die ontogenetische Untersuchung ergab trotz der geschickten Führung Goette's[1] kein sehr befriedigendes Diagramm. Strasser[2] verzichtete auf ein solches und begnügte sich zu schreiben (p. 312): »Die gewonnenen Thatsachen widersprechen nicht direct der Archipterygium-Theorie.« Die zweite der obigen Fragen wurde allgemein in dem Sinne erledigt, daß das Metapterygium als Achse genommen und die pro- und mesopterygialen Elemente als vollkommen reducirt oder abwesend betrachtet wurden.

Ich bin der Ansicht, daß man der Archipterygium-Theorie auch zur Erklärung des Cheiropterygium-Skelets gar nicht bedarf und daß man bei Aufgabe dieser Theorie zu einem klareren Verständnis der Beziehungen des Cheiro- und Ichthyopterygiums gelangen kann als sonst bei Aufrechthaltung derselben. Es verlangt nämlich die archipterygiale Theorie die Annahme einer ganzen Reihe von Zwischenformen, in welchen die pro- und mesopterygialen Elemente des Ichthyopterygiums allmählich der Reduction anheimfielen; von solchen Skeletformen ist uns aber keine einzige bekannt und es wurde bis jetzt in keiner cheiropterygialen Extremität weder ontogenetisch noch teratologisch ein Rudiment der geschwundenen Theile nachgewiesen. — Dagegen scheint mir in der crossopterygialen Flosse von *Polypterus* und *Calamoichthys* der Übergang von der ichthyopterygialen Extremität zur cheiropterygialen angedeutet. Es soll hier nur die Brustflosse in Betracht gezogen werden, da die Bauchflosse bei *Polypterus* und vielen anderen Fischen offenbare Zeichen der Reduction trägt[3].

Gehen wir von der Selachier-Flosse aus, so können wir uns das Flossenskelet des *Polypterus* dadurch entstanden denken, daß bei Ver-

---

[1] A. Goette, Über Entwicklung und Regeneration des Gliedmaßenskelets der Molche. Leipzig, 1879.

[2] H. Strasser, Zur Entwicklung des Extremitätenskelets bei Salamandern und Tritonen. in: Morph. Jahrb. 5. Bd.

[3] Kürzlich hat W. D'Arcy Thompson versucht (On the hind limb of *Ichthyosaurus* and on the morphology of the Vertebrate limbs. in: Journ. Anat. Phys. Vol. 20. p. 532—535) durch Vergleichung der Hinterextremitäten eine nicht-archipterygiale Theorie des Cheiropterygiums aufzubauen. Nach Thompson würde das Femur dem Basipterygium entsprechen; die drei bei *Sauranodon* und einigen *Ichthyosaurus* folgenden Knochen (welche nach Marsh als Tibia, Intermedium und Fibula gedeutet werden), würden drei Basalia der Fischflosse vorstellen. Ich kann diese Theorie nicht acceptiren: zunächst weil sie keine Erklärung giebt für die Vertheilung der distalen Elemente des Skelets; ferner weil es mir sehr unwahrscheinlich vorkommt, daß eine so variable Reihe, wie die der Basalia auf nur drei Elemente reducirt worden sein kann, ohne hier und da deutlich wahrnehmbare Spuren der früheren Mehrzahl zu hinterlassen.

kürzung des gleno-pterygialen Gelenks das Mesopterygium von der Articulation ausgeschlossen wurde. Bei *Calamoichthys* ist nach der Abbildung Parker's[4] das Propterygium allein mit dem Schultergürtel gelenkig verbunden; es könnte hier bereits von einer Articulatio gleno-humeralis die Rede sein, falls nachgewiesen würde, daß der Humerus aus dem Propterygium entstammt. — Ich nehme an, daß bei schlammbewohnenden Fischen zur freieren Beweglichkeit des Schultergelenkes eine Verkleinerung seiner Fläche nützlich wurde. Es wurde zuerst das Mesopterygium, dann noch eines der beiden anderen Elemente des Basipterygiums vom Gelenke ausgeschlossen. Durch Verschiebung des Propterygiums dem Metapterygium entlang (oder umgekehrt) und Abgliederung des mit dem Schultergürtel in Berührung gebliebenen Theiles entstand ein Humerus. Das Propterygium bildete proximal den Radius, distal das Radiale carpi; gleicherweise entstanden aus dem Metapterygium Ulna und Ulnare carpi[5]. Aus dem Mesopterygium leite ich das Intermedium und die Centralia ab. Bei niederen oder durch Anpassung an das Wasserleben einigermaßen indifferent gewordenen Formen des Hand- und Fußskelets, wie bei Urodelen, Cheloniern und manchen Cetaceen[6] schiebt sich das Intermedium mehr oder weniger zwischen die Unterarmknochen; bei *Sauranodon*[7] und an der hinteren Extremität einiger *Ichthyosaurus*[8] kommt jenes Element sogar mit dem Humerus, resp. mit dem Femur in Berührung. Die Carpalia der distalen Reihe sind wahrscheinlich wie die Metacarpalia und die Phalangen auf die Knorpelstrahlen der Flosse (Basalia) zu beziehen und von diesen abgegliedert zu denken. Ähnliche Verhältnisse können per analogiam für die hintere Extremität aufgestellt werden; das Skelet der Bauchflosse von *Polypterus*, welche, wie gesagt, ohne Zweifel bereits stark reducirt ist, eignet sich zu derartigen Vergleichungen nicht. Unter den fossilen Crossopterygiern giebt es aber Formen, deren Bauchflossen einen ähnlichen Bau wie die Brustflossen zeigen und eine ähnliche Skeletbildung vermuthen lassen.

Tabellarisch ausgedrückt würde meine Anschauung folgende Form annehmen:

---

[4] W. K. Parker, A monograph on the structure and development of the shouldergirdle and sternum in the Vertebrata. London, 1868. p. 16. Fig. 1 *C*.

[5] Ich habe in einer anderen Arbeit die Gründe angegeben, weshalb ich den radialen Rand des Cheiropterygiums dem propterygialen und den ulnaren dem metapterygialen Ende der Fischflosse gleichstelle (C. Emery et L. Simoni, Recherches sur la ceinture scapulaire des Cyprinoïdes. in: Arch. ital. de Biol. T. 5. p. 390—394).

[6] W. Turner, The anatomy of a second specimen of Sowerby's Whale (*Mesoplodon bidens*) from Shetland. in: Journ. Anat. Phys. London, Vol. 20. p. 144—188.

[7] O. C. Marsh, The limbs of *Sauranodon* with notice of a new species. in: Amer. Journ. of Sc. Vol. 19. p. 169—171.

[8] W. D'Arcy Thompson l. c.

Cheiropterygium		Ichthyopterygium	
vordere Extremität	hintere Extremität		
Humerus	Femur	Basaler Theil des Pro- oder Metapterygiums	
Radius Radiale carpi	Tibia Tibiale tarsi	Propterygium	mit Ausnahme des zum Humerus gewordenen basalen Theiles eines dieser Stücke.
Ulna Ulnare carpi	Fibula Fibulare tarsi	Metapterygium	
Intermedium Centralia	Intermedium Centralia	Mesopterygium	
Carpalia distalia Metacarpalia Phalanges	Tarsalia distalia Metatarsalia Phalanges	Knorpelstrahlen (Basalia)	

Ich erkenne also im Cheiropterygium weder Achse noch Hauptstrahl: also auch keinen Unterschied von praeaxialen und postaxialen Strahlen. Das einachsige Flossenskelet von *Ceratodus* halte ich nicht für eine primitive Form; sie stammt wahrscheinlich von einem Crossopterygium ab, in welchem der Humerus (resp. das Femur) bereits differenzirt war. Die Variabilität des Knorpelgerüstes scheint mir zu bedeuten, daß wir es als eine in Reduction begriffene Bildung zu betrachten haben. Einen weiteren Grad der Reduction bieten *Lepidosiren* und *Protopterus* dar. Die axiale Reihe im Flossenskelet der Dipnoer entspricht vom zweiten Gliede an wahrscheinlich dem Mesopterygium; Rudimente des Pro- und Metapterygiums existiren sowohl bei *Ceratodus* wie bei *Protopterus*.

Die ontogenetischen Resultate von Strasser und von Goette stimmen mit meiner crossopterygialen Hypothese gut überein und geben derselben eine wesentliche Stütze. Vergleichen wir eine ziemlich junge Anlage des Extremitätenskelets eines Molches (s. Goette's Fig. 5, 7, 11) mit dem Skelet der *Polypterus*-Brustflosse, so erkennen wir in den drei Hauptästen des Knorpels die drei Abtheilungen des Basipterygiums. Distal sind dieselben durch eine ungleichmäßig differenzirte Knorpelbildung verbunden, aus welcher die Strahlen entspringen. Der Hauptunterschied liegt darin, daß dieses Gerüst vom Humerus wie von einem Stiele getragen wird. — Die weitere Gliederung der drei Äste geschieht nach dem in der Tabelle ausgesprochenen Schema, indem der radiale Ast (Propterygium) sich in Radius und Radiale carpi theilt, der ulnare Ast (Metapterygium) in Ulna und Ulnare carpi, der mediale (Mesopterygium) in Intermedium und Centrale[9] (s. Goette,

[9] Die Bemerkung Wiedersheim's (Lehrbuch der vergl. Anatomie der Wirbelthiere. 2. Aufl. p. 207), daß das Vorhandensein mehrerer Centralia im Carpus eher aus der Spaltung eines einzigen Stückes als aus der ursprünglichen Doppelnatur der Centrale selbst zu erklären sei, stimmt viel besser mit meiner Hypothese als mit jenen archipterygialen Constructionen, welche die Anwesenheit zweier Centralia als typisch voraussetzen.

Fig. 9, 10, 13, 19). — Dieselben Vorgänge zeigen sich in der Entwicklung der hinteren Extremität (Goette, Fig. 18, 25, 26).

Folgende schematische Bilder werden die eben besprochenen Homologien und Entwicklungsvorgänge veranschaulichen.

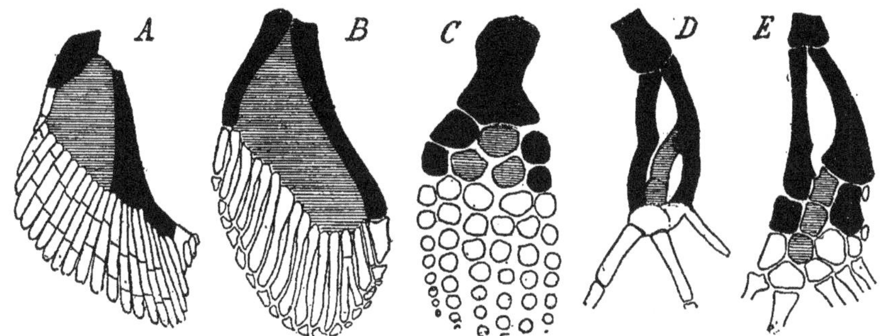

Schematische Darstellung des Gliedmaßenskelets verschiedener Wirbelthiere.
A Brustflosse eines Selachiers (*Acanthias*) nach Gegenbaur.
B Brustflosse von *Polypterus*.
C Hintere Extremität von *Sauranodon discus*, nach Marsh.
D Knorpelanlage der Vorderextremität eines Molches nach Goette.
E Hintere Extremität von *Ranodon sibiricus* nach Wiedersheim.
Pro- und Metapterygium sind schwarz, Mesopterygium schraffirt dargestellt, die Strahlen weiß. In allen Bildern steht das Propterygium links, das Metapterygium rechts.

2. Zur Kenntnis der Entomostrakenfauna holsteinischer und mecklenburgischer Seen.

Von Dr. Otto Zacharias, Hirschberg i/Schl.

eingeg. 13. Februar 1887.

In Gemeinschaft mit Herrn S. A. Poppe zu Vegesack habe ich es im verflossenen Sommer (während der Monate Juni, Juli und August) mir angelegen sein lassen, eine größere Anzahl norddeutscher Seen in Bezug auf ihre niedere Thierwelt zu erforschen. Die Ergebnisse dieser ausgedehnten Untersuchungen, welche sich über ein Areal von 90 deutschen Meilen erstrecken, sind von mir in zwei soeben erschienenen Abhandlungen niedergelegt worden, von denen die eine sich speciell mit den Entomostraken, Hydrachniden, Rotatorien und Turbellarien der westpreußischen Diluvialseen befaßt [1], während die andere [2] eine Schilderung der pelagischen und littoralen Fauna der norddeutschen Wasserbecken im Allgemeinen enthält.

In Betreff der letzterwähnten Abhandlung, welche nicht, wie die gleichzeitig publicirte andere, ausführliche Listen über die einzel-

[1] Faunistische Studien in den westpr. Seen. Schrift. d. naturf. Gesellsch. zu Danzig. 6. Bd. 4. Hft. 1887.

[2] Zur Kenntnis der pelagischen und littoralen Fauna norddeutscher Seen. Zeitschr. f. wiss. Zoologie. 45. Bd. 2. Hft. 1887.

nen Species enthält, ist mir von mehreren Seiten brieflich der Wunsch ausgesprochen worden, daß das Unterlassene in einer verbreiteten Fachzeitschrift nachgeholt werden möchte. Dies soll nun im Nachstehenden bezüglich der niederen Krusterfauna einiger norddeutscher Seen geschehen, um den Fachgenossen in Mittel- und Süddeutschland den specielleren Vergleich mit ihren provinziellen und localen Befunden zu ermöglichen.

Im Norden der Stadt Neumünster in Holstein begann ich mit meinen Studien über die Seenfauna Norddeutschlands. Der 1500 preuß. Morgen große Einfelder See, welcher dicht an der Hamburg-Kieler Bahnstrecke gelegen ist, gelangte zuerst zur Untersuchung. Er enthielt folgende Kruster:

Leptodora Kindtii Focke,
Hyalodaphnia cucullata Sars, var. *Kahlbergiensis* Schdlr.,
Hyalodaphnia cucullata Sars, var. *Cederströmii* Schdlr.,
Ceriodaphnia megops Sars,
Ceriodaphnia reticulata Jur.,
Bosmina coregoni Baird,
Alonopsis elongata Sars,
Diaptomus gracilis Sars,
Cyclops tenuicornis Claus,
Cyclops viridis Jur.,
Cyclops agilis Koch,
Cyclops simplex Pogg.,
Ergasilus sp.

Die Entomostrakenfauna des nahe gelegenen Bordesholmer Sees ist eine ganz ähnliche. Gehen wir von hier nach Ost-Holstein, so treten uns im Großen Eutiner See folgende Species entgegen.

In der pelagischen Region:

Leptodora Kindtii Focke,
Daphnella brachyura Liév.,
Hyalodaphnia cucullata Sars, var. *Kahlbergiensis* Schdlr.,
Bosmina coregoni Baird,
Chydorus sphaericus O. Fr. M.,
Diaptomus gracilis Sars.

In der Uferzone:

Polyphemus pediculus de Geer,
Sida crystallina O. Fr. M.,
Ceriodaphnia pulchella Sars,
Daphnia longispina Leydig,
Scapholeberis mucronata (var. *cornuta*) O. Fr. M.,
Bosmina cornuta Jur.,

Chydorus sphaericus O. Fr. M.,
Alona affinis Leydig,
Alona testudinaria Fischer,
Pleuroxus truncatus O. Fr. M.,
Pleuroxus hastatus Sars,
Eurycercus lamellatus O. Fr. M.,
Acroperus leucocephalus Koch,
Cyclops viridis Jur.,
Cyclops agilis Koch.

Im Plöner See zeigten sich folgende Formen:

Leptodora Kindtii Focke,
Daphnella brachyura Liév.,
Hyalodaphnia cucullata Sars, var. *apicata* Kurz,
Bosmina coregoni Baird,
Bosmina cornuta Jur.,
Acroperus leucocephalus Koch,
Alonopsis elongata Sars,
Alona testudinaria Fischer,
Heterocope appendiculata Sars,
Temorella lacustris Poppe nov. sp.
Diaptomus gracilis Sars,
Cyclops simplex Pogg.,
Ergasilus sp.

Auf Lauenburger Gebiet, im Ratzeburger See, constatirte ich nachstehende Species.

In der pelagischen Region:

Leptodora Kindtii Focke,
Daphnella brachyura Liév.,
Hyalodaphnia cucullata Sars, var. *apicata* Kurz,
Bosmina coregoni Baird,
Bosmina cornuta Jur.,
Diaptomus gracilis Sars,
Cyclops simplex Pogg.

In der Nähe des Ufers:

Polyphemus pediculus de Geer,
Sida crystallina O. Fr. M.,
Simocephalus vetulus O. Fr. M.,
Bosmina cornuta Jur.,
Acroperus leucocephalus Koch,
Chydorus sphaericus O. Fr. M.,
Cyclops agilis Koch,
Cyclops macrourus Sars,
Cyclops viridis Jur.

In Mecklenburg habe ich hauptsächlich den Schweriner See und den Müritzsee berücksichtigt. Der erstgenannte enthält folgende Entomostraceen.

Leptodora Kindtii Focke,
Daphnella brachyura Liév.,
Hyalodaphnia cucullata Sars, var. *Kahlbergiensis* Schdlr.,
Hyalodaphnia cucullata Sars, var. *Cederströmii* Schdlr.,
Simocephalus exspinosus Schdlr.,
Scopholeberis mucronata (*cornuta*) O. Fr. M.,
Ceriodaphnia pulchella Sars,
Bosmina coregoni Baird,
Bosmina cornuta Jur.
Bosmina bohemica Hellich,
Eurycerus lamellatus O. Fr. M.,
Acroperus leucocephalus Koch,
Alona testudinaria Fischer,
Pleuroxus truncatus O. Fr. M.,
Chydorus sphaericus O. Fr. M.,
Heterocope appendiculata Sars,
Diaptomus gracilis Sars,
Cyclops tenuicornis Claus,
Cyclops agilis Koch,
Cyclops simplex Pogg.,
Ergasilus sp.

Im Müritzsee gestaltet sich die Zusammensetzung der Krusterfauna wie folgt:

Leptodora Kindtii Focke,
Daphnella brachyura Liév.,
Hyalodaphnia cucullata Sars, var. *Kahlbergiensis* Schdlr.,
Ceriodaphnia pulchella Sars,
Bosmina cornuta Jur.,
Bosmina bohemica Hellich,
Alona quadrangularis O. Fr. M.,
Bythotrephes longimanus Leydig,
Temorella lacustris Poppe, nov. sp.,
Heterocope appendiculata Sars,
Diaptomus gracilis Sars,
Cyclops viridis Jur.,
Cyclops simplex Pogg.,
Canthocamptus trispinosus Brady,
Ergasilus sp.

Hiermit habe ich den Wunsch derjenigen erfüllt, welche einige specialisirte Angaben über das Vorkommen der einzelnen Arten in den größeren Seen Norddeutschlands verlangten. In Betreff der anderen Wasserbecken, insbesondere der westpreußischen, muß ich auf das neueste Heft des Jahresberichts der naturf. Gesellschaft zu Danzig verweisen, wo ich ganz specielle Listen über 29 große Seen mitgetheilt habe. Im Ganzen wurden 42 norddeutsche Süßwasserbecken von mir durchforscht. Der treuen und bewährten Mitarbeiterschaft des Herrn A. Poppe kann ich nicht umhin, auch an dieser Stelle dankbarst zu gedenken.

3. Zur Entwicklung der Alcyonella fungosa.

Von Dr. A. Korotneff.

eingeg. 14. Februar 1887.

Obschon die Entwicklung der *Alcyonella* sorgfältig studirt worden ist, bleibt demungeachtet bis jetzt eine sonderbare Eigenthümlichkeit dieser Entwicklung unerwähnt und wahrscheinlich unbekannt. Die Arbeiten von Metschnikoff[1] und Reinhard[2] über diesen Gegenstand enthalten einen Widerspruch, der auf diese Eigenthümlichkeit hindeutet. Nach der Ausbildung einer zweischichtigen und ganz typischen Planula, die in einem auch zweischichtigen Ooecium eingeschlossen ist, kommt an der Planula selbst die Entstehung einer ringförmigen Falte vor, die später eine den vorderen Theil bedeckende Kappe bildet. Prof. Metschnikoff meint, daß diese Kappe ziemlich spät anfängt, nämlich wenn am vorderen Theile der Planula zwei Knospen des sich entwickelnden Polypids schon angelegt haben. Reinhard behauptet aber, daß die sich bildende Falte vorher entsteht, wo noch keine Andeutung von inneren Knospen zu finden ist. Ich selbst habe anfänglich die Entstehung der Falte zu verschiedenen Momenten gesehen: einmal später, das andere Mal vor dem Anlegen der Knospen. Dieser Widerspruch deutet, wie gesagt, auf eine unbekannte Thatsache. Wenn die Planula schon zwei abgesonderte Schichten besitzt und eine ausgezogene Form bekommen hat, aber noch keine Knospen enthält, entsteht ringsum und etwas höher als die Mitte der Planula eine ringförmige Falte, die nur aus Ectoderm besteht, deren Zellelemente sich bedeutend ausziehen, ein grobkörniges Aussehen bekommen und sich dicht der inneren Fläche des Ooeciumsackes anschmiegen. An dieser Berührungsstelle werden die Zellen der inneren Ooeciumschicht in derselben Weise verändert und bald kommt eine innige ringförmige Zusammenwachsung der Planula mit dem Ooecium vor. Diese Zusam-

[1] Metschnikoff, Bull. de l'Acad. de St. Petersb. XV. 1871.

[2] Reinhard, Zur Kenntnis der Süßwasser-Bryozoen (russisch). Charkow, 1883.

menwachsung gewinnt bald eine bedeutende Breite, eine Gürtelform behaltend; sie besteht aus saftigen, cylindrischen Zellen, unter denen die Elemente der Planula von denen des Ooeciums nicht zu unterscheiden sind. In dieser Weise entsteht also eine wahre gürtelförmige Placenta. Den Anfang der Entstehung der Placenta hat Reinhard für die Bildung der Kappe genommen, die eigentliche Kappe entsteht aber, wie es Metschnikoff richtig betont, viel später: nämlich nach dem Zusammenwachsen der Planula mit dem Ooecium kommen am oberen Pole der Planula zwei erwähnte Knospen vor, die, wie bekannt, als fingerförmige Vertiefungen der Wand anzusehen sind und aus einem äußeren Entoderm und einem inneren Ectoderm bestehen; dabei entsteht eine Knospe am apicalen Pole der Planula, die andere aber etwas nieder. Nach der Entstehung der Knospen gerade in der Mitte, also etwas nach unten von der gürtelförmigen Placenta kommt eine andere Falte vor, die aber von der ersten dadurch sich unterscheidet, daß sie zweischichtig ist und also Ectoderm und Entoderm einschließt. Diese zweite Falte wächst und schiebt die vor ihr entstandene Placenta nach oben. Zu derselben Zeit wird diese einer Degeneration unterworfen: die Zellgrenzen verlieren sich, es kommen lichtglänzende Körner vor; dabei schiebt sich die ganze Bildung zusammen, verliert die Gürtelform, sich in eine gemeinsame Masse, die den ganzen oberen Theil des Ooeciums einnimmt, verwandelnd. Diese Erscheinung wird auch dadurch verursacht, daß der knospentragende Theil ins Innere der Planula sinkt. Daß die degenerirte Placenta zur Ernährung der entstandenen Polypide dient, scheint plausibel zu sein, obschon ich es ganz sicher kaum bestätigen darf.

Die Planula der Alcyonella den Annelidenlarven vergleichend können wir vielleicht die beiden Falten als zwei metamorphosirte Wimperreifen anschauen.

10. Februar 1887.

4. Einige Puncte aus der Entwicklungsgeschichte von Ichthyophis glutinosus (Epicrium gl.).

Von P. u. F. Sarasin.

eingeg. 25. Februar 1887.

1) Die Nervenhügel und Nebenohren.

In der Haut der Larven und der ältesten Embryonen von *Ichthyophis* sind zwei Arten von Hautsinnesorganen zu finden; erstlich erscheinen hier in schöner Ausbildung die von anderen Amphibien her wohlbekannten Nervenhügel mit allen ihren specifischen Eigenthümlichkeiten, als Sinneszellen mit Endborsten, lang ausgezogenen Stützzellen, zutretendem Nerv u. s. f. Der Nerv bildet unterhalb jedes Organs eine kleine, nur wenige Kerne enthaltende gangliöse Anschwellung. Die Hügel sitzen auf einer Cutispapille, welche einen beträchtlichen Blutsinus einschließt, durch dessen Mitte der Nerv hindurchstrahlt. An den Stützzellen sind basale Fortsätze zu erkennen, die wir früher für nervös gehalten haben, jetzt aber aus mehreren Gründen für Bindegewebsfasern anzusehen geneigt sind.

Neben diesen Nervenhügeln liegen in der Kopfhaut zerstreut noch Organe anderer Art, flaschenartige Gebilde mit einem engen, nach außen offenen Hals und breiterer Basis (siehe nachstehende Figur). In der Regel bestehen diese Organe bloß aus zwei Zelllagen, von denen die innere, den Hohlraum des Organs zunächst umschließende, aus echten Sinneszellen, die äußere aus Stützzellen sich zusammensetzt, welche mit ihren Fortsätzen zwischen die Sinneszellen sich hineinkeilen. Eine Lage großer blasiger Mantelzellen umschließt das Ganze.

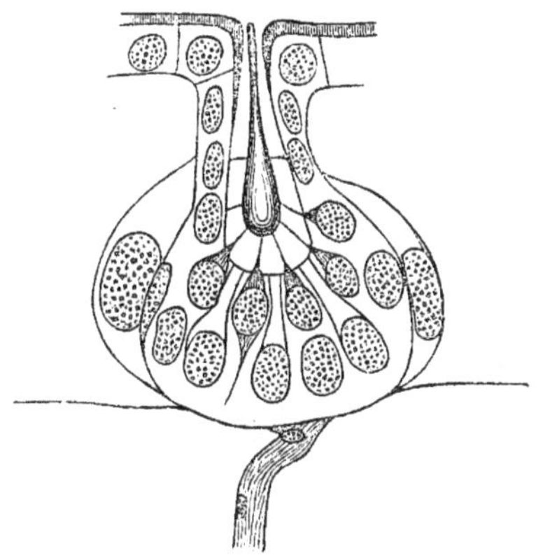

Die Sinneszellen tragen lange starre Haare, die in den Hohlraum des Organs hineinragen. Auf diesen Sinneshaaren schwebt ein ziemlich stark lichtbrechender keulenförmiger Körper, und zwar wird derselbe von den Haaren so gehalten, daß er nirgends die Wände des Organs berührt. Das Organ selbst wird von einem beträchtlichen Nervenaste versorgt. Wir denken nicht irre zu gehen, wenn wir das Keulchen als Otolithen, die Haare der Sinneszellen als Hörhaare und das ganze Organ somit als ein echtes Hautgehörorgan deuten. Wichtig ist für diese Auffassung die vollständige Übereinstimmung der Hörzellen dieses Hautorgans mit den im eigentlichen Ohr von *Ichthyophis* vorkommenden Sinneszellen.

Das Hörkeulchen ist von sehr wenig resistenter Natur; Kalilauge macht es quellen und löst es, und selbst schwächere Reagentien können leicht seine Form etwas alteriren; auch scheint ihm Kalk gänzlich zu fehlen. Wir halten diesen Otolithen für entstanden als Sekret der Stützzellen des Organs, in gleicher Weise wie die Schulze'sche Röhre der Hügelorgane oder die Cupula terminalis im eigentlichen Gehörorgan gebildet werden.

Die Ähnlichkeit der Organe der Seitenlinie mit Gehörorganen ist bereits von manchen Forschern betont worden; hier bei *Ichthyophis* hat sich daraus ein echtes Gehörorgan entwickelt, dessen Function aus seinem Bau ohne Weiteres erhellt. In Übereinstimmung mit der Bezeichnung der augenähnlichen Organe von *Chauliodus* als Nebenaugen, schlagen wir für diese Organe den Namen »Nebenohren« vor.

Am schönsten ausgebildet trafen wir diese Nebenohren bei eben zum Ausschlüpfen reifen Embryonen an; auch bei den Larven sind sie meist in recht guter Ausbildung nachzuweisen, doch scheint das Organ schließlich einer drüsigen Degeneration anheimzufallen.

2) Hautgefäßsystem.

In einer früheren Notiz (Arb. aus d. Zool. Inst. Würzburg, Bd. 8) haben wir darauf aufmerksam gemacht, daß von den unterhalb der Epidermis laufenden Blutcapillaren feinste, für Blutkörperchen unpassirbare Seitenzweige, von uns Communicationsröhrchen genannt, abgehen und zu den Epidermiszellen aufsteigen. Dort angekommen, verzweigen sie sich oft in der Art eines Kronleuchters, und die kleinen Theilästchen treten dann in die Intercellularräume hinein, um sich schließlich in denselben aufzulösen. Das Intercellularsystem steht durch feine Poren mit der Außenwelt in Verbindung, und somit haben wir eine freie Communication des Blutes mit dem äußeren Wasser gegeben. Diese Beobachtungen sind noch einmal einer genauen Prüfung unterzogen worden, welche uns erlaubt, mit Bestimmtheit die Existenz dieser Einrichtung behaupten zu können.

Aus der Epidermis der Larven verdienen noch die zahlreichen Leydig'schen Zellen der Erwähnung, welche bei *Ichthyophis* sammt und sonders mit schönem Ausführgang nach außen sich öffnen. Bemerkenswerth sind ferner Büschel starrer glasheller Borsten, welche auf kleinen, der Cuticula gewöhnlicher Epidermiszellen eingelagerten Knöpfchen ruhen, ganz ähnlich wie dies Langerhans von einzelnen Borsten auf der Epidermis des *Ammocoetes* beschrieben hat.

3) Spuren von Extremitäten bei Embryonen.

In einem im siebenten Bande der Würzburger Arbeiten publicirten Berichte über die Entwicklung von *Epicrium glutinosum* haben wir hervorgehoben, daß es unrichtig sei, die Gruppe der Gymnophionen von den übrigen Amphibien als gesonderte Classe zu trennen, daß dieselbe vielmehr zu den Urodelen und zwar speciell in die Nähe der Salamandrinen gestellt werden müsse. Es wurden damals als Belege für diese Auffassung die Kiemenbüschel der Embryonen, die starke Schwanzflosse der Embryonen und Larven, das Persistiren eines deutlichen Schwanzendes auch beim ausgewachsenen Thiere und andere anatomische Details angeführt. Nicht unwesentlich mag als fernere

Stütze die Anwesenheit zweier kleiner Extremitätenstummel erscheinen, welche in einer gewissen Periode des Embryonallebens auftreten und sehr rasch wieder zu Grunde gehen. Bis jetzt haben wir mit Sicherheit nur die Anlagen der hinteren Extremitäten constatiren können; es erscheinen dieselben als kleine Wülste zu beiden Seiten des Afters und verschwinden wieder in ganz kurzer Zeit. Von den vorderen Extremitäten haben wir unzweifelhafte Anlagen noch nicht entdecken können.

Für alles Nähere verweisen wir auf die definitiven Arbeiten, welche demnächst in unseren bei C. W. Kreidel in Wiesbaden erscheinenden »Ergebnissen naturwissenschaftlicher Forschungen auf Ceylon« in die Öffentlichkeit gelangen sollen.

III. Mittheilungen aus Museen, Instituten etc.

1. Sul modo d'indicare e calcolare razionalmente l'ingrandimento degli oggetti microscopici nelle imagini proiettate.

Del Dr. Pietro De Vescovi.
(Roma, Istituto d'Anatomia comparata.)

»Lorsqu'un dessin a été exécuté, il est important d'en determiner le grossissement.«
Ranvier (Traité technique d'histologie).

»Un dessin pour être bon doit réunir plusieurs qualités: il doit être vrai, clair et riguoreusement mesuré.«
Carnoy (Biologie cellulaire).

eingeg. 11. Februar 1887.

Raziocinio ed esperienza dimostrano che un mezzo potente d'illustrare un fatto biologico si è quello dei disegni. Una figura ben fatta dice, spesse volte, molto più che parecchie pagine di una memoria: frequentemente completa ciò che l'autore vuol dire, e sempre rischiara con maggior precisione un concetto, una dimostrazione, una verità. Il disegno perciò deve essere vero, chiaro ed indicare su quali proporzioni si rappresenta un fatto; altrimenti non possono mancare i concetti erronei.

I disegni o varie serie di figure anatomiche, embriologiche, o d'altra specie, molte volte debbono confrontarsi fra loro; spesso si ha bisogno di controllare qualche fatto e di ripetere alcune ricerche: ebbene, non di rado sorgono dubbi, controversie e forse anche errori appunto perchè manca il fattore dell' esattezza, fornito dalle dimensioni.

Il rapporto d'ingrandimento per una data figura non corrisponde quasi mai al vero, e d'ordinario ne va molto lontano, perchè i sistemi generalmente usati per calcolare ed indicare gl' ingrandimenti sono diffettosi o per lo meno mancanti di qualche cosa.

A tutti è noto che gl' ingrandimenti notati nelle tabelle che accompagnano i microscopi si ottengono moltiplicando la potenza d'ingrandimento dell' oculare per quella dell' obbiettivo; ma la potenza del primo è dipendente dalla potenza visiva individuale (che varia non solo da un individuo all' altro, ma pure nella stessa persona a piccoli intervalli di tempo col variare delle circostanze); sicchè gl'ingrandimenti notati sulle tabelle non sono, nè possono essere rigorosamente esatti o meglio reali[1].

Si osservi poi che le dimensioni dell' imagine ottenuta con un dato sistema di lenti e riportata[2] per mezzo di una camera chiara dipendono:

I. Dal sistema di lenti (Oc. ed Obb.) impiegato.

II. Dalla distanza fra le lenti obbiettive e le oculari, determinata:

a) dalla lunghezza del tubo propriamente detto;

b) dalla protrazione variabile del tubo interno (Auszug) scorrevole entro al primo;

c) dall' applicazione del revolver;

d) dall' armatura più o meno lunga dell' obbiettivo e dell' oculare.

III. Dalla distanza fra l'apparato di proiezione dell' imagine ed il piano da disegno.

NB. Questa distanza può aumentare sia allontanando la carta da disegno verticalmente dal sommo del microscopio, sia spostandola lateralmente.

Da tutto ciò si viene chiaramente a comprendere che il sistema adoperato da taluni di segnare e computare l'ingrandimento di un oggetto disegnato basandosi sulle tabelle degli ottici costruttori è fallace, e le indicazioni date non possono fornire un' idea esatta della cosa in se stessa, nè si possono stabilire confronti senza tema di venir tratti in errore.

Più rigorosi sono coloro che notano senz' altro il sistema di lenti usato, non omettendo d'indicare il costruttore del microscopio. Ma pure in questo caso se si riflette ai fattori (II a, b, c, d; III) che fanno variare la grandezza dell' imagine, l'indicazione è mancante di esattezza; poichè risulta chiaro che col medesimo Oc. ed Obb. sullo stesso microscopio si possono ottenere ingrandimenti diversi sia dell' imagine reale, sia di quella proiettata.

---

[1] Gl' ingrandimenti segnati dagli ottici costruttori di microscopi sono quasi sempre troppo alti. Alcuni poi li esagerano fuormisura adottando il metodo della proiezione dell' imagine.

[2] La camera chiara proietta sulla carta da disegno un' imagine virtuale.

Per soddisfare a tutte l'esigenze della scienza che ha per base la realtà si dovrebbe ancora notare:

A. La distanza alla quale si è proiettato l'imagine disegnata, partendo dal prisma o specchietto di riflessione della camera lucida.

NB. Questo dato non ha bisogno di una speciale indicazione quando si notino gli altri particolari, segnati in fine.

B. La lunghezza del tubo del microscopio (v.: II a, b, c, d) misurandola dal sommo dell' oculare al punto d'invitamento dell' obbiettivo.

C. Altra cosa quanto mai importante, perchè dà il massimo valore a tutte le altre indicazioni, si è quella di notare le dimensioni reali dell' oggetto disegnato. Il Carnoy non esita a dichiarare che »la chose la plus importante ä déterminer, c'est le diamètre réal des objets microscopiques«[3], e poi a domandare: »Comment du reste voudrait-on donner aux lecteurs une idée exacte de la cellule qu'on dessine si on lui laisse ignorer ses dimensions réelles?«[4].

NB. Vari sono i metodi indicatisi per trovare le dimensioni reali degli oggetti; ma il più semplice, molto facile e corretto è il seguente[5]: sottoposto l'oggetto al microscopio, si mette l'oculare micrometrico e si nota quante divisioni dello stesso occorrono per abbracciare l'imagine dell' oggetto; il numero di queste lo si divide pel potere d'ingrandimento dell' obbiettivo[6] e il quoziente darà le dimensioni reali dell'oggetto.

— Qui mi viene in acconcio di far osservare che gli ottici costruttori dovrebbero sempre, fornendo un microscopio, mandare una tabella che indichi il potere d'ingrandimento degli obbiettivi[7]: il solo che abbia un valore di massima importanza pel microscopista. —

In ogni caso si può sempre con tutta facilità calcolare il potere dei propri obbiettivi posando sul piattino del microscopio il micrometro obbiettivo ed osservando col micrometro oculare quante divisioni di questo richiedonsi per coprire tutte o un dato numero di divisioni del primo micrometro. Ciò fatto, si divide il numero delle divisioni, prese a considerare, del micrometro oculare per quelle del micrometro obbi-

---

[3] J. B. Carnoy, La biologie cellulaire. Fasc. I. p. 68. Lierre 1884.

[4] Op. cit. p. 163.

[5] Vd. ad es.: Ch. Robin, Du microscope et des injections. p. 151. Paris, 1849. — Traité du microscope. p. 200 e 215. Paris, 1871. — M. G. Bardet, De quelques causes d'erreur dans l'emploi du microscope. Revue internat. des Scienc. T. IV. p. 535. Paris, 1879.

[6] Tale ingrandimento non riguarda proprio soltanto l'obbiettivo per se stesso; poichè in questa determinazione c'entra la modificazione che porta nella dimensioni dell' imagine la lente collettrice dell' oculare micrometrico.

[7] S'intende che per formare una tabella servibile bisogna indicare esattamente la lunghezza che si è dato al tubo del microscopio (Vd. II*a*, *b*, *c*, *d*).

ettivo — ridotte allo stesso denominatore — e si ha il potere d'ingrandimento (Vd. nota 6) dell' obbiettivo adoperato [8].

D. Soltanto colla conoscenza delle dimensioni reali dell' oggetto si può determinare rigorosamente l'ingrandimento nel disegno. E ciò si ottiene osservando quante volte il diametro dell' oggetto sta a quello dell' imagine disegnata.

— Questo dato nella spiegazione di una figura potrebbe indicarsi a se, oppure unitamente alle dimensioni dell' oggetto mediante un rapporto. —

Tutto considerato, si può stabilire che:

1. I segni ad libitum senza alcuna indicazione non dovrebbero assolutamente farsi.

2. La sola indicazione dell' ingrandimento come lo danno gli ottici (per es. Ing. = 200, o Diam. = 200) non ha alcun valore.

3. Gl' ingrandimenti segnati coll' Obb. ed Ocul., non omettendo l'indicazione del fabbricatore del microscopio, sono pure mancanti di qualche dato per necessità di circostanze.

»Le dessin etant fait pour aider l'intelligence du lecteur tout doit concourir ä ce but« [9] e quindi concluderò che a facilitare lo studio, l'intelligenza e le comparazioni, a togliere tutte l'incertezze ed i possibili imbarazzi bisognerebbe che la spiegazione di ogni figura, oltre alle note illustrative, portasse le seguenti indicazioni:

1º L'oculare [10] e l'obbiettivo usati.

2º Il fabricatore del microscopio.

3º La lunghezza del tubo (v. B).

4º Le dimensioni reali dell' oggetto (v. C).

5º Il rapporto fra le dimensioni dell' oggetto e quelle della sua imagine proiettata [11] ossia l'ingrandimento nel disegno (v. D).

Esempio: Fig. 14.

Oc. 3, Obb. AA, Zeiss.
Lung. tubo = 17 cm.
D. m. ogg. = 0,026 mm (Diametro maggiore dell' oggetto).
Ing. d. = 95 (Ingrandimento nel disegno).

---

[8] NB. Aequistando un microscopio non bisognerebbe omettere d'ordinare il micrometro oculare, e buonissima cosa sarebbe provvedersi anche di un micrometro obbiettivo.

[9] Ch. Robin, Traité du microscope. p. 494. Paris, 1871.

[10] Quando si adopera una camera lucida con oculare proprio si dovrà indicarlo.

[11] Veramente, come si accennò in *D*, potrebbe anche bastare, per le dimensioni, questa sola indicazione, oppure quella del 4.; ma per risparmiar tempo, all' occasione, a coloro che esaminano un lavoro, e per mettere sott' occhio tutti questi interessanti particolari sarà bene fare ambe due le note; cosa di un momento per l'autore.

Druck von Breitkopf & Hartel in Leipzig.

Zoologischer Anzeiger

herausgegeben

von Prof. **J. Victor Carus** in Leipzig.

Verlag von Wilhelm Engelmann in Leipzig.

X. Jahrg. | 18. April 1887. | No. 249.

Inhalt: I. **Litteratur.** p. 201—207. II. **Wissensch. Mittheilungen.** 1. **Haller,** Erwiederung an Herrn Dr. L. Boutan. 2. **Brauer,** Beitrag zur Kenntnis der Verwandlung der Mantispiden-Gattung *Symphrasis* Hg. 3. **Bergendal,** Zur Kenntnis der Landplanarien. 4. **Göldi,** Araneologisches aus Brasilien. III. **Mittheil. aus Museen, Instituten etc.** Vacat. IV. **Personal-Notizen.** Vacat.

I. Litteratur.

18. Vertebrata.

c) Reptilia.

(Fortsetzung.)

Braun, M., Bemerkungen über *Lacerta melisellensis.* in: Zool. Anz. 9. Jahrg. No. 227. p. 426—429.

Leydig, Frz., Muthmaßliche Lymphherzen bei *Pseudopus.* in: Zool. Anz. 9. Jahrg. No. 223. p. 317—318.

Fischer, Joh. v., Zum Feoktistow'schen Aufsatz über die Treppennatter (*Rhinechis scalaris*). in: Zoolog. Garten, 27. Jahrg. No. 9. p. 286—288.
(s. Z. A. No. 240. p. 717.)

Barboza du Bocage, J.V., *Typhlopiens* nouveaux de la Faune africaine. in: Jorn. Sc. Math. Phys. e Nat. Acad. Lisboa, No. 43. Dez. p. 171—174.
(4 n. sp.)

Tropidonotus, fornix rudiment. v. supra Vertebrata, H. F. Osborn.

Feoktistow, A. von, Beobachtungen an dem Schleuderschwanze (*Uromastix acanthinurus*). in: Zoolog. Garten, 27. Jahrg. No. 11. p. 348—350.

Notthaft, J., Die Verbreitung der Kreuzotter in Deutschland. in: Zool. Anz. 9. Jahrg. No. 228. p. 450—454. — Kosmos (Vetter), 19. Bd. 3. Hft. p. 219—221.

d) Aves.

Reichenow, A., Bericht über die Leistungen in der Naturgeschichte der Vögel während des Jahres 1884. in: Arch. f. Naturgesch. 51. Jahrg. 5. Hft. (2. Bd. 2. Hft.) p. 154—251. — Apart: Berlin, Nicolai, 1886. 8⁰. (99 p.) ℳ 3,—.

Ibis, The, A Quarterly Journal of Ornithology. Edited by Phil. Lutley Sclater and Howard Saunders. 5. Ser. Vol. 4. No. 14. 15. Apr. July. London, van Voorst, 1886. 8⁰.

Journal für Ornithologie. Deutsches Centralorgan für die gesammte Ornithologie .. hrsg. von J. Cabanis. 34. Jahrg (4. Folge, 14. Bd.) 2. Hft. April [November] 1886. Mit 1 col. Taf. Leipzig, Kittler, 1886. 8⁰.

Memoir of the Nuttall Ornithological Club. No. 1. Cambridge, Mass., March, 1886. 8⁰. (22 p.)

Ornis. Internationale Zeitschrift für die gesammte Ornithologie. Organ des permanenten internationalen ornithologischen Comité's. Hrsg. von Rud. Blasius und G. von Hayek. 2. Jahrg. 1886. 1., 2. u. 3. Hft. Wien, C. Gerold's Sohn, 1886. 8⁰. ℳ 8,—.

Natural History, The Standard Ed. by John Sterling Kingsley. Vol. 4. Birds. Illustr. by 273 woodcuts and 25 pl. Boston, Casino, 1885. 8⁰. (VIII, 550 p.)

Sundevall, Carl J., Einleitung zu seinem Versuch einer natürlichen Eintheilung der Vogelclasse, aus d. Schwed. übersetzt u. mit Zusätzen versehen von W. Mewes. in: Ornis, Internat. Zeitschr. f. d. ges. Ornithol. 2. Jahrg. 2./3. Hft. p. 302—354.

Allen, J. A., Three Interesting Birds in the American Museum of Natural History: *Ammodramus Lecontei*, *Helinaia Swainsonii*, and *Saxicola oenanthe*. in: The Auk, Vol. 3. No. 4. p. 489—490.

Pelzeln, Aug. von, und Ldw. von Lorenz, Typen der ornithologischen Sammlung des k. k. naturhistorischen Hofmuseums. 1. Theil. Wien, A. Hölder, 1886. 8⁰. Aus: Ann. k. k. naturhistor. Hofmuseums. Bd. 1. p. 249—270.

Saunders, How., Ornithology in the Colonial and Indian Exhibition. in: The Ibis, (5.) Vol. 4. No. 16. Oct. p. 468—471.

Sharpe, R. Bowdl., Notes on Specimens in the Hume Collection of Birds. (Contin.) in: Proc. Zool. Soc. London, 1886. P. III. p. 353—354.
(s. Z. A. No. 240. p. 723.)

Čapek, V., Kleine Episoden aus dem Vogelleben. in: Mittheil. Ornithol. Ver. Wien, 10. Jahrg. No. 25. p. 293—294.

Gressner, Heinr., Ornithologische Miscellen. in: Journ. f. Ornithol. 34. Jahrg. 2. Hft. p. 402—405.
(Krallen am Flügel bei Hühnern. Fälle von Albinismus.)

Krüdener, A. von, (Ornithologische Notizen). in: Zoolog. Garten, 27. Jahrg. No. 9. p. 290—292.

Oettel, Rob., Der Hühner- oder Geflügelhof, enthaltend praktische Anleitung zur Zucht der Hühner, Truthühner etc. 7. Aufl. von W. Liebeskind. Mit 45 Illustr. und 1 Titelkpfr. Weimar, B. Fr. Voigt, 1887. 8⁰. (VIII, 161 p.) ℳ 4, 50.

Rufs, K., L'Elevage des oiseaux étrangers, monographie des oiseaux de chambre exotiques. Trad. par Faucheux. Paris, bureaux de l'Acclimatation, 23, rue de la Monnaie, 1886. 8⁰. (239 p.)

Schuster, M. J., Das Wassergeflügel im Dienste der Land- und Volkswirthschaft, sowie als Zierde, enthaltend gründliche Anleitung zur rationellen Zucht der Gänse, Enten und Schwäne. 2. Aufl. Ilmenau, Aug. Schröter's Verlag, 1886. 8⁰. (Schwan, Gans, Ente besonders paginirt, zusammengeheftet.) ℳ 2,—.

Kerschner, L., Zur Zeichnung der Vogelfeder. in: Zeitschr. f. wiss. Zool. 44. Bd. 4. Hft. p. 681—698. — Auch u. d. T.: Arbeit. aus d. Zool. Inst. zu Graz, 1. Bd. No. 4. Leipzig, Engelmann, 1886. 8⁰. ℳ —, 60. — Tagebl. 59. Vers. deutsch. Naturf. p. 303—304.

Klee, R., Structure and Development of Feathers. Abstr. in: Journ. R. Microsc. Soc. London (2.) Vol. 6. P. 6. p. 937—939.
(Zeitschr. f. Naturwiss.) — s. Z. A. No. 240. p. 718.

Goodchild, J. G., Observations on the Disposition of the Cubital Coverts in Birds. With 37 cuts. in: Proc. Zool. Soc. London, 1886. P. II. p. 184—203.

Flower, H. L., The Wings of Birds. (Abstr. of a Lecture.) in: The Ibis, (5.) Vol. 4. No. 14. Apr. p. 212—213.

Sundevall, C. J., On the Wings of Birds. With 2 pl. (Transl. from the Kgl. Vet.-Akad. Handl. 1843, by W. S. Dallas.) in: The Ibis, (5.) Vol. 4. No. 16. Oct. p. 389—457.

Sclater, Ph. L., On the Claws and Spurs of Birds' Wings. With cuts. in: The Ibis, (5.) Vol. 4. No. 14. Apr. p. 147—151. No. 15. July, p. 300—301.

Canfield, W. B., Über den Bau der Vogeliris. Inaug.-Diss. Berlin, 1886. 8⁰. (31 p.)

Tarchanoff, J., Weitere Beiträge zur Frage von den Verschiedenheiten zwischen dem Eiereiweiße der Nesthocker und der Nestflüchter. in: Pflüger's Arch. f. d. ges. Physiol. 39. Bd. 10./12. Hft. p. 485—490.

Wijhe, J. W. van, Über Somiten und Nerven im Kopfe von Vögel- und Reptilienembryonen. in: Zool. Anz. 9. Jahrg. No. 237. p. 657—660.

Erdmann, .. (Guben), Briefliches über Eierlegen. in: Journ. f. Ornithol. 34. Jahrg. 2. Hft. p. 405—406.

Dalla Torre, K. W. von, Bio-psychologisches aus der Vogelwelt. in: Kosmos (Vetter), 19. Bd. (10. Jahrg. 2. Bd.) 5. Hft. p. 379—382.

Flemyng, Will. W., Birds which Sing at Night. in: The Zoologist, (3.) Vol. 10. Decbr. p. 486.

Vogelschutzgesetz, das Isländische, von dem Althinge gegeben und von Sr. Majestät dem Könige unterzeichnet am 16. December 1885. in: Ornis, Internat. Zeitschr. f. d. ges. Ornithol. 2. Jahrg. 2./3. Hft. p. 375.

Alléon, le comte A., Mémoire sur les Oiseaux observés .. dans la Dobrodja et la Bulgarie. in: Ornis, Internat. Zeitschr. f. d. ges. Ornithol. 2. Jahrg. 2./3. Hft. p. 397—428.

Ayres, Thom., Additional Notes on the Ornithology of Transvaal. in: The Ibis, (5.) Vol. 4. No. 15. July, p. 282—298.

Barboza du Bocage, J. V., Observações ácerca de algumas [9] aves d'Angola. in: Jorn. Sc. Math. phys. nat. Acad. Lisboa, T. 9. No. 34. p. 65—79.

—— Aves das possessões portuguezas da Africa occidental. ibid. p. 80—84.

(50 sp.)

Babington, Churchill, Catalogue of the Birds of Suffolk, with an Introduction and Remarks on their Distribution. Reprinted from the Proceedings of the Suffolk Institute of Archaeology and Natural History. London, Van Voorst, 1884—1886. 8⁰. (281 p., map and 7 pl.)

Becher, E. F., A Sind Lake [chiefly Ornithological]. in: The Zoologist, (3.) Vol. 10. Novbr. p. 425—431.

Beobachtungen über den Zug der Vögel im Kaukasus. in: Mittheil. Ornithol. Ver. Wien, 10. Jahrg. No. 23. p. 271—272.

Blanford, W. T., On Seebohm's speculations on the genesis and distribution of species of Birds. in: The Ibis, (5.) T. 4. No. 16. Oct. p. 525—528.

Blasius, R., und G. v. Hayek, II. Bericht über das permanente internationale ornithologische Comité und ähnliche Einrichtungen in einzelnen Ländern. in: Ornis, 2. Jahrg. 1. Hft. p. 1—48.

Brewster, Will., Bird Migration. P. I. Observations on Nocturnal Bird Flights at the Lighthouse at Point Lepreaux, Bay of Fundy, New Brunswick. P. II. Facts and Theories respecting the general subject of Bird Migration (22 p.) in: Mem. Nuttall Ornith. Club, No. 1.

Brooks, W. E., (Winter in Ontario, Canada). in: The Ibis, (5.) Vol. 4. No. 14. Apr. p. 209—210.

Büttikofer, J., Zoological researches in Liberia. A List of Birds collected by Mr. F. X. Stampfli near Monrovia, on the Mensurado River, and on the Junk River with its tributaries. in: Notes Leyden Mus. Vol. 8. No. 4. Note XLIII. p. 243—268.
(126 [1 n] sp.)

Buxbaum, L., Die Rückkehr unserer Zugvögel im Frühjahre 1886. in: Zoolog. Garten, 27. Jahrg. No. 9. p. 288.

Capen, E. A., Oology of New England. Accurate description of the Eggs, Nests and Breeding Habits of all the Birds of New England. With 25 col. plates, cont. 323 figg. Canton, Mass., 1886. Fol.

Clarke, W. Eagle, The Birds of Yorkshire (The Dipper and Thrushes). in: Transact. Yorksh. Natur. Union, P. 9. Ser. 13. p. 65—80.

Cory, Ch. B., On a Collection of Birds from several little-known Islands of the West Indies. in: The Ibis, (5.) Vol. 4. No. 16. Oct. p. 471—475.

—— The Birds of the West Indies, including the Bahama Islands, the Greater and the Lesser Antilles, excepting the Islands of Tobago and Trinidad. (Contin.) in: The Auk, Vol. 3. No. 4. p. 454—472.
(s. Z. A. No. 240. p. 720.)

—— Descriptions of thirteen new Species of Birds from the Island of Grand Cayman, West Indies. in: The Auk, Vol. 3. No. 4. p. 497—501.

—— A List of the Birds collected in the Island of Grand Cayman, West Indies, by W. B. Richardson, during the summer of 1886. in: The Auk, Vol. 3. No. 4. p. 501—502.

Des Murs, O., Musée Ornithologique illustré. T. 3. les Oiseaux des champs et des bois; classification, synonymie, description, moeurs des Oiseaux d'Europe, leurs oeufs, leurs nids; avec 150 chromotypographies. T. 4. les Oiseaux de proie; classification etc. Avec 150 chromotyp. Paris, Rothschild, 1886. 8°. (T. 3.: XV, 315 p.; T. 4.: VIII, 214 p.) T. 3.: Frcs. 80,— T. 4. Frcs. 40,—. (1887.)

Drummond Hay, H. M., Report on the Ornithology of the East of Scotland, from Fife to Aberdeenshire inclusive. in: The Scott. Naturalist, N. S. Vol. 2. (Vol. 8.) Oct. p. 355—380.

Dubois, A., Liste des Oiseaux recueillis par Mr. le capitaine É. Storms dans la région du lac Tanganyka (1882—1884). in: Bull. Mus. R. Hist. Nat. Belg. T. 4. No. 3. p. 147—150.

Dutcher, Will., Bird Notes from Long Island, N. Y. in: The Auk, Vol. 3. No. 4. p. 432—444.

Gastman, E. A., Birds killed by Electric Light Towers at Decatur, Ill. in: Amer. Naturalist, Vol 20. Nov. p. 981.

Gätke, H., II. Jahresbericht (1885) über den Vogelzug auf Helgoland. in: Ornis, 2. Jahrg. 1. Hft. p. 101—148.

Gröndal, Bened., Verzeichnis der bisher in Island beobachteten Vögel (1886). in: Ornis, Internat. Zeitschr. f. d. ges. Ornithol. 2. Jahrg. 2./3. Hft. p. 355—374.

Gunn, T. E., Ornithological Notes from Norfolk and Suffolk for 1885. in: The Zoologist, (3.) Vol. 10. Decbr. p. 471—481.

Hanf, Blas., Ornithologische Beobachtungen aus Mariahof. in: Mittheil. Ornithol. Ver. Wien, 10. Jahrg. No. 27. p. 313—314.

Hartlaub, G., Description de trois nouvelles espèces d'oiseaux rapportées des environs du lac Tanganyka (Afrique centrale) par le capitaine É. Storms. Avec 2 pl. in: Bull. Mus. R. Hist. Nat. Belg. T. 4. No. 3. p. 143—146.

Jahresbericht, IX., (1884) des Ausschusses für Beobachtungsstationen der Vögel Deutschlands. in: Journ. f. Ornithol. 34. Jahrg. 2. Hft. p. 129—388.

Lilford, Lord, Notes on the Ornithology of Northamptonshire and Neighbourhood. in: The Zoologist, (3.) Vol. 10. Decbr. p. 465—471.

Löwis, Osk. von, Aus meinem ornithologischen Notizbuch. in: Zoolog. Garten, 27. Jahrg. No. 8. p. 251—256.

Lütken, Ch. Fr., II. Jahresbericht (1884) über die ornithologischen Beobachtungsstationen in Dänemark. in: Ornis, 2. Jahrg. 1. Hft. p. 49—100.

Marschall, Graf, Arten der Ornis Austriaco-hungarica im Persischen Golf. in: Mittheil. Ornithol. Ver. Wien, 10. Jahrg. No. 26. p. 304—305.

Mewes, W., Ornithologische Beobachtungen größtentheils im Sommer 1869 auf einer Reise im nordwestlichen Rußland gesammelt etc. In's Deutsche übertragen von Frau Mewes geb. Lappe. Bearbeitet u. mit Anmerkungen versehen von E. F. von Homeyer. in: Ornis, Internat. Zeitschr. f. d. ges. Ornithol. 2. Jahrg. 2./3. Hft. p. 181—288.

Middendorff, E. von, Ornithologischer Jahresbericht (1885) aus dem Gouvernement Livland (Rußland).. bearbeitet von Dr. Seidel in Braunschweig. in: Ornis. Internat. Zeitschr. f. d. ges. Ornithol. 2. Jahrg. 2./3. Hft. p. 376—396.

Nehrling, H., Die Vögel von Texas. (Fortsetz.) in: Zoolog. Garten, 27. Jahrg. No. 8. p. 244—251. (Schluß.) No. 10. p. 303—312.

Nielsen, P., Ornithologische Beobachtungen zu Eyrarbakki in Island. in: Ornis. Internat. Zeitschr. f. d. ges. Ornithol. 2. Jahrg. 2./3. Hft. p. 429—431.

Palacky, .., Über die Selbständigkeit der australischen Ornis. in: Mittheil. Ornithol. Ver. Wien, 10. Jahrg. No. 25. p. 289—293.

Parker, H., Notes from Ceylon. in: The Ibis, (5.) Vol. 4. No. 14. Apr. p. 182—188.

Pelzeln, Aug. v., und Ludw. v. Lorenz, Über eine an das k. k. naturhistorische Hofmuseum gelangte Sendung von Vogelbälgen aus Japan. in: Mittheil. Ornithol. Ver. Wien, 10. Jahrg. No. 23. p. 267—269.

Pleske, Theod., Übersicht der Säugethiere und Vögel der Kola-Halbinsel. II. Th. Vögel u. Nachträge. in: Beitr. z. Kenntn. d. Russ. Reichs, (2). 9. Bd. (VI, 515 p.) — Apart: ℳ 6, 60.

Ramsay, E. P., Notizen über den Zug der Vögel in Australien. in: Mittheil. Ornithol. Ver. Wien, 10. Jahrg. No. 22. p. 257—258.

Ramsay, G. Wardlaw, Contributions to the Ornithology of the Philippine Islands. — No. 2. On Additional Collections of Birds. in: The Ibis, (5.) Vol. 4. No. 14. Apr. p. 155—162.
(30 [3 n.] sp.) — s. Z. A. No. 192. p. 208.

Report on the Migration of Birds in the Spring and Autumn of 1885. By a Committee appointed by the British Association. Edinburgh, McFarlane & Erskine, 1886. 8⁰. (173 p.)

Reyes y Prosper, C. de los, Catálogo de las Aves de España, Portugal é Islas Baleares. Madrid, 1886. 8⁰. (109 p.) ℳ 6,—.

Ridgway, Rob., Descriptions of some [2] new species of Birds, supposed to be from the interior of Venezuela. in: Proc. U. S. Nation. Mus. Vol. 9. 1886. p. 92—94.

Rufs, Karl, Vögel der Heimat. Unsere Vogelwelt in Lebensbildern geschildert. Mit 120 Abbild. in Farbendruck. 1. Halbband. Prag, Tempsky; Leipzig, G. Freytag. 1886. 8⁰. (272 p., 20 Taf.) ℳ 9,—.

Salvadori, T., On some [12] Papuan, Moluccan, and Sulu Birds. in: The Ibis, (5.) Vol. 4. No. 14. Apr. p. 151—155.

Salvin, Osb., A List of the Birds obtained by Mr. Henry Whitely in British Guiana. in: The Ibis, (5.) Vol. 4. No. 14. Apr. p. 168—181. No. 16. Oct. p. 499—510.

(Sp. No. 521—616. — 1 n. sp.) — s. Z. A. No. 231. p. 509.

Saunders, How., On the Birds obtained by Mr. G. C. Bourne on the Island of Diego Guarcia, Chagos Group. in: Proc. Zool. Soc. London, 1886. P. III. p. 335—337.

Sclater, Ph. L., List of a Collection of Birds from the Province of Tarapacá, Northern Chili. With 1 pl. in: Proc. Zool. Soc. London, 1886. P. III. p. 395—404.

(53 [1 n.] sp.)

Scott, W. E. D., On the Avi-fauna of Pinal County, with Remarks on some Birds of Pima and Gila Counties, Arizona. (Contin.) in: The Auk, Vol. 3. No. 4. p. 421—432.

(s. Z. A. No. 231. p. 510.)

Sharpe, R. Bowdl., On a Collection of Birds from the vicinity of Muscat. With 1 pl. in: The Ibis, (5.) Vol. 4. No. 14. Apr. p. 162—168.

(1 n. sp.)

—— On a Collection of Birds from Fao, in the Persian Gulf. With Notes by the Collector. ibid. No. 16. Oct. p. 475—493.

(99 sp.)

—— On a Collection of Birds from Bushire, in the Persian Gulf. ibid. p. 493—499.

(53 sp.)

—— Notes on some Birds from Perak. in: Proc. Zool. Soc. London, 1886. P. III. p. 350—353.

Smart, Greg., Birds on the British List, their title to enrolment considered, especially with reference to the British Ornithological [rect. Ornithologists'!] Union List of British Birds, with a few Remarks on Evolution and Notes upon the rarer eggs. London, R. H. Porter, 1886. 8⁰.

Sousa, José Aug. de, Lista das Aves colligidas em Afrcia de 1884 a 1885 pelos Srs. Capello e Ivens. in: Jorn. Sc. Math. Phys. Nat. Acad. Lisboa, T. 11. No. 42. p. 76—81.

(32 sp.)

—— Additamento á lista das aves colligidas em Africa de 1884 a 1885 pelos Srs. Capello e Ivens. ibid. No. 43. Dez. p. 151—153.

(11 sp.)

—— Lista das Aves colligidas pelo br. Serpa Pinto no Ibo em 1885. ibid. No. 42. p. 82—85.

(23 sp.)

Sousa, José Aug. de, Aves d'Angola. ibid. No. 43. Dez. p. 154—170.
(92 sp.)

Stejneger, Leonh., Review of Japanese Birds. in: Proc. U. S. Nation. Mus. Vol. 9. 1886. p. 99—124.
(2 n. sp.)

Sundström, C. Rud., Verzeichnis der Vögel Schwedens. in: Ornis, Internat. Zeitschr. f. d. ges. Ornithol. 2. Jahrg. 2./3. Hft. p. 289—301.

Taczanowski, Lad., Ornithologie du Pérou. Tables. Rennes, Oberthür, 1886. 8⁰. (222 p.)

Taylor, E. Cavendish, (Ornithological Letter from Egypt and Athens). in: The Ibis, (5.) Vol. 4. No. 15. July, p. 378—380.

Thompson, Ern. E., The Birds of Western Manitoba — Addenda. in: The Auk, Vol. 3. No. 4. p. 453.
(Hitherto the Author has written under the assumed name »E. E. T. Seton«.) — s. Z. A. No. 203. p. 499, 503; No. 211. p. 710, 733; No. 222. p. 267; No. 231. p. 510.)

Townsend, Ch. H., Four rare Birds in Northern California: Yellow Rail, Emperor Goose, European Widgeon, and Sabine's Ruffed Grouse. in: The Auk, Vol. 3. No. 4. p. 490—491.

Tschusi zu Schmidhoffen, Vict. Ritter von, und Eug. Ferd. von Homeyer, Verzeichnis der bis jetzt in Österreich-Ungarn beobachteten Vögel. in: Ornis, 2. Jahrg. 1. Hft. p. 149—179. — Apart: Wien, C. Gerold's Sohn, 1886. 8⁰. ℳ —,80.

Washington, Stef. Frhr. von, Deutsche Vulgarnamen der Vögel Steiermarks. in: Mittheil. Ornithol. Ver. Wien, 10. Jahrg. No. 24. p. 278—283.

Rivière, Ém., Faune des oiseaux trouvés dans les grottes de Menton (Italie). in: Compt. rend. Ac. Sc. Paris, T. 103. No. 20. p. 944—946.

Widhalm, J., Die fossilen Vogel-Knochen der Odessaer-Steppen-Kalk-Steinbrüche an der neuen Slobodka bei Odessa. Mit 1 lith. Taf. Odessa, 1886. 4⁰. (9 p.) — Beilage zum 10. Bd. der Записк. Новоросс. Общ.

Shufeldt, R. W., The Classification of the Macrochires. [Second Letter]. in: The Auk, Vol. 3. No. 4. p. 491—495.
(s. Z. A. No. 231. p. 511.)

Brooks, Edwin, Additional Notes on the Genus *Acanthis*. in: The Ibis, (5.) Vol. 4. No. 15. July, p. 359—364.

Besant, F., A Nest of the Long-tailed Titmouse [*Acredula caudata*]. in: The Zoologist, (3.) Vol. 10. Decbr. p. 485—486.

Allen, J. A., *Aegialitis meloda circumcincta* on the Atlantic Coast. in: The Auk, Vol. 3. No. 4. p. 482—483.

Ridgway, Rob., On *Aestrelata sandwichensis* Ridgw. in: Proc. U. S. Nation. Mus. Vol. 9. 1886. p. 95—96.

II. Wissenschaftliche Mittheilungen.

1. Erwiederung an Herrn Dr. L. Boutan.

Von B. Haller.

eingeg. 2. März 1887.

In seiner Arbeit über *Fissurella* (Arch. de Zoologie Expér. et Génér. 2. série. T. III. bis. Suppl.) macht mir Herr Boutan den bittern Vorwurf, daß ich als »savant étranger« mit Ähnlichen meiner Verbündeten wie er es meint, gleichfalls ein Attentat gegen die »savants français« begangen habe, indem ich seine, durch Prof. de Lacaze-Duthiers der Académie française vorgelegte und in den Comptes rendus 1885 veröffentlichte vorläufige Mittheilung in meiner Arbeit über Rhipidoglossen, II. Theil, erschienen im 11. Bande des Morphologischen Jahrbuchs, nicht erwähnt habe, wobei ja meine Resultate im Wesentlichen nichts Anderes seien, wie was Herr Boutan dort schon mitgetheilt habe. Das betreffende Heft der Comptes rendus erschien im Februar 1885, während meine erwähnte Arbeit vom April desselben Jahres datirt ist; somit hätte ich also Zeit genug gehabt, jene vorläufige Mittheilung durchzulesen. Ich glaube fast Herr Boutan fühlt sich sogar verletzt wegen meines begangenen Fehlers, was mir allerdings, da ich den Fehler wirklich begangen habe, sehr leid thun soll; er scheint aber zugleich darauf hinzuweisen, daß ich ihm vielleicht etwas abgelauscht hätte. Nur so kann ich mir den folgenden Satz erklären. »Un jeune naturaliste, n'ayant encore à son actif que fort peu de travaux, n'a pas à s'indigner bien fort de ne pas être cité par un savant étranger, quand on voit, dans certains ouvrages anglais la découverte de Neptune, ce beau titre de gloire de Le Verrier, attribuée à un astronome allemand.«

Ich habe hier in der persönlichen Frage nur mit zwei Sätzen zu erwiedern, ohne Herrn Boutan, dessen Verdienst ich anerkenne, nahe treten zu wollen, wobei ich es mir für eine spätere Gelegenheit, mit einziger Ausnahme der Pedalstränge, die ich hier erörtern will, vorbehalte, auf die einzelnen Puncte der Boutan'schen Arbeit einzugehen. Erstens möchte ich sagen, daß ich zwischen »savants étrangers« und »savants français« keinen solchen Unterschied zu bilden weiß, wie es Herrn Boutan geläufig scheint, denn in der Wissenschaft und zwischen ihren Pflegern anerkenne ich keinen nationalen Unterschied.

Zweitens erwiedere ich, daß mir die Boutan'sche Notiz allerdings zu spät zu Gesichte kam, wofür ich ihn um Vergebung bitten will, mit der Bemerkung jedoch, daß der erste Theil meiner Arbeit über Rhipidoglossen in demselben Jahrbuche 9. Bd. erschienen und vom Herbste 1882 datirt ist. Im II. Theil habe ich aber Betreff des äußeren Verhaltens der Pedalstränge nichts Neues hinzugefügt, wie sich davon Jedermann vergewissern kann, und das dort Mitgetheilte bloß durch die Histologie gestützt. Somit könnte ich also sagen, Herr Boutan hätte meine, drei Jahre vor seiner Notiz und vier Jahre vor seiner Arbeit erschienene Abhandlung nicht gelesen und nicht citirt. Ich könnte aber noch weiter gehen und sagen, daß Herr Boutan meiner Arbeit über die Niere der Prosobranchier, die doch im Interesse der Sache hätte erwähnt werden sollen, bei Gelegenheit der Beschreibung der Niere der *Fissurella* mit keinem Worte gedenkt, obgleich diese vom October 1884 datirt und ein Jahr früher als seine Arbeit erschienen ist (Morpholog. Jahrbuch 9. Bd.); allerdings kann ich nicht behaupten, daß Herr Boutan etwas gebracht hätte, was ich schon vor ihm beschrieben habe, denn seine Angaben sind von den meinigen verschieden. Es ist also der »savant français«, der die Arbeiten des »savant étranger« nicht gelesen und citirt hat.

Um eine Prioritätsfrage handelt es sich hier durchaus nicht, denn wenn es sich um so etwas handeln würde, würde ich keine Zeile geschrieben haben; es handelt sich vielmehr darum, zu zeigen, daß ich von Herrn Boutan nichts ablauschen konnte.

Schließlich soll hier noch die Beurtheilung der Pedalstränge durch Herrn Boutan zur Sprache kommen. Um mich kurz zu fassen, so ist es bekannt, daß zuerst Prof. Lacaze-Duthiers den Fußstrang von *Haliotis* als aus zwei Längsnerven gebildet auffaßt, wovon der eine der »grand nerf palléal inférieur« das sog. Epipodium oder »manteau inférieur« zu innerviren hat, das nach Lacaze-Duthiers einen Theil des Mantels vorstellen soll. Spengel, der dieser Ansicht entgegentritt, argumentirt auf folgende Weise. Der Querschnitt zeigt, daß der Fußstrang ein einheitliches Gebilde ist, und nicht aus zwei über einander gelegten Nerven besteht, vielmehr einen einheitlichen Ganglienstrang vorstellt. Da nun dieser Strang dem späteren Fußganglion entspricht, und dabei jenes Gebilde, welches Lacaze-Duthiers als einen Theil des Mantels (äußerliche Ähnlichkeit!) auffaßt, gleichfalls innervirt, so meint Spengel, daß jenes Gebilde auch dem Fuße angehöre. Unlängst vertritt H. Wegmann abermals die Lacaze-Duthiers'sche Auffassung, ohne freilich den I. Theil meiner erwähnten Arbeit gekannt zu haben, was ich daraus schließe, daß er sie nicht citirt. Er macht es somit Herrn Boutan vor!

Somit sammeln sich die Schüler Lacaze-Duthiers' um ihn herum und schwören auf seine Ansichten, ohne zuvor eine kritische Beobachtung des Gegenstandes vorzunehmen, oder was vielleicht richtiger gesprochen ist, sie untersuchen den Gegenstand, sind jedoch vom Vorurtheile zu sehr befangen, als daß sie die Wahrheit erkennen könnten und selbst als Herr Boutan die Einheitlichkeit des Pedalstranges auf seinen Querschnitten erkennen mußte, davon nichts wissen will; Herr Boutan ist es somit, dem der Thatbestand »ne lui a pas ouvert les yeux«.

Ohne auf die Frage nach der Einheitlichkeit des Pedalstranges der Rhipidoglossen mich hier tiefer einzulassen, welche Frage ich nach dem Erscheinen meiner zweiten Rhipidoglossenstudie zu Gunsten der Spengel'schen Ansicht als eine ein für allemal abgemachte betrachte, will ich nur kurz auf Herrn Boutan's Angaben reflectiren. Herr Boutan findet sogar, daß ich, der ich ja den Thatbestand um so richtiger angeben mußte, da ich ja in meiner Arbeit II. Theil »a observé les faits antérieurement notés par M. de Lacaze-Duthiers et par moi-même« wie Herr Boutan sagt, trotz meiner Befangenheit den Pedalstrang als ein einheitliches Ganzes aufzufassen, durch mehrere unfreiwillige Zugeständnisse das Gegentheil beweise und somit Herrn Boutan noch Wasser auf seine Mühle treibe. Darum werden mehrere meiner diesbezüglichen Sätze citirt. Es wäre also hier zu untersuchen in wie fern ich unbewußt die Lacaze-Duthiers'sche Ansicht stütze.

Vor Allem möchte ich bloß sagen, daß Herr Boutan die Sätze, die er anführt, geradezu aus dem Texte herausreißt und nach Gutdünken so verwerthen möchte, um für ihn beweiskräftig zu werden, was ihm aber durchaus nicht gelingt.

Ich habe jene Lateralfurche, die Herr Boutan für so wichtig erachtet, auch gesehen und ausführlich beschrieben, habe aber nirgends gesagt, daß sie den Pedalstrang jeder Seite in zwei Hälften theilt, sondern ihre oberflächliche Lage, auch durch Querschnitte, die in diesem Falle allein beweiskräftig sind, direct nachgewiesen. Der Satz aber, den er anführt, spricht ganz gegen und nicht für seine Auffassung; er lautet wie folgt: »Durch diese Furche (nämlich die Lateralfurche) können wir der besseren Übersicht und des Verständnisses halber den jederseitigen Pedalstrang in einen oberen und unteren Abschnitt trennen. Diese Trennung ist aber, wie ich nochmals erwähnen will, eine bloß aus Utilitätsrücksichten gebotene, da ja der Pedalstrang ein einheitliches Ganzes vorstellt und die Lateralfurche bloß einen kleinen Einschnitt in denselben bewirkt.« Herr Boutan sagt von mir, trotzdem daß er ja meine eigenen Worte anführt: »il reconnait l'existence du sillon qui divise la masse en deux portions parallèles«!!

Ferner stützt er sich weiter darauf, daß ich einen Lateralnerven, den Pedalnerven gegenüber unterscheide und durch die Ursprungsweise dieser Nerven gewissermaßen gezwungen werde, dies zu thun, wie ich dieses selbst zugestehe. Was beweist aber dies Alles? — daß aus dem Pedalstrange Nerven zu verschiedenen Districten des Fußes abtreten, und, da sie dieses thun, auch innerhalb des Fußstranges einen bestimmten Bezirk zu ihrem Ursprunge angewiesen haben, weiter aber nichts. Im Gegentheil betone ich ja die oberflächliche Lage jener Furche und gerade jene Abbildungen sind es, die Herr Boutan unglücklicherweise für seine Annahme, aus meiner Arbeit anführt, welche am beweiskräftigsten für die einheitliche Natur der Pedalstränge auftreten. Denn was könnte diese Einheitlichkeit schlagender beweisen, als Figur 40 meiner genannten Arbeit!! Wenn aber Jemandem diese Abbildung für die einheitliche Natur der Pedalstränge nicht beweiskräftig genug ist, so will ich mich mit dem nicht weiter streiten, denn es wäre an einem solchen alle Mühe verloren. Dann mag Herr Boutan nur weiter für seine Ansicht plaidiren, er mag an seine Annahme glauben so lange er wolle, und auch diejenigen, welche dieses alte Vorurtheil auf eine unerklärliche, nicht zu stützende Weise festhalten wollen, mögen ihm beistimmen; viele Anhänger wird er sich aber kaum erringen dürfen.

Ich möchte hier nun weiter mich in keine Erörterungen einlassen und verweise den Leser auf die Originalarbeiten beider Parteien, er wird sich, wenn er vorurtheilsfrei an die Lectüre sich begiebt, gewiss das richtige Urtheil bilden!

Herr Boutan hatte die Güte mich darüber zu belehren, wie man zu untersuchen hat. »Je ne puis m'empêcher, sagt er, de croire que M. Béla Haller aurait fait une étude plus profitable, si, au lieu de se borner à l'étude du système nerveux, il avait, selon le conseil de M. de Lacaze-Duthiers, »»fait des recherches basées sur les comparaisons et les relations clairment établies, d'une part, entre les nerfs et les cordons qui les fournissent, et d'autre part entre les nerfs et les parties auxquelles ils se distribuent.«« Ich bedanke mich hier dieser Belehrung halber, und erwiedere Herrn Boutan, daß ich seinen Wunsch bereits vier Jahre bevor er ihn ausgesprochen hatte, in dem I. Theil der genannten Arbeit erfüllt habe. Er findet diese Arbeit, wenn er vielleicht das Morphologische Jahrbuch, in dessen 9. Bande sie sich befindet, ansehen wollte. Dort wird er finden, daß ich getreu der Lacaze-Duthiers'schen Weisung, welchen Forscher ich hochschätze, die Nerven bis in ihr Endgebiet verfolgt und den unteren Ast des Lateralnerven sogar zu einem Sinnesorgan, dem Seitenorgane verfolgte. Ich habe mich aber trotz alledem nicht überzeugen können, daß die Stelle, wo die Seitenorgane liegen und welche Gegend dem sog. Epipodium der Haliotis entspricht, nicht dem Fuße, sondern dem Mantel angehören sollte! Ich vermisse auch in Herrn Boutan's Arbeit den directen Beweis dafür und auch seine Abbildung in Figur 6, Taf. XLIII scheint mir nicht dafür zu sprechen, daß auf embryologischem Wege je dieser Beweis sich erbringen läßt. Oder glaubt vielleicht Herr Boutan, daß ihm dieser Nachweis gelungen ist? Durch was beweist er also, daß der Pedalstrang aus zwei neben einander liegenden Theilen besteht? Dadurch, daß er eine seichte Furche zeigt, die, wie ja Herr Boutan selber angiebt, den Pedalstrang nicht ganz durchtrennt und daß aus dem histologisch innigen Ganzen des Pedalstranges Nerven an das sog. Epipodium abtreten? Ich glaube fast, daß die ganze Annahme, der Pedalstrang bestehe aus zwei über einander lagernden Theilen, darauf basirt, daß Nerven aus ihm zum sogenannten Epipodium treten und so wird, indem man die Zugehörigkeit des sogenannten Epipodiums zum Mantel voraussetzt, ohne dafür auch den geringsten Beweis erbracht zu haben, ein Rückschluß erlaubt. Spengel aber sagt, der Pedalstrang sei einheitlich, beweist dann das Gesagte, und da Nerven zum sogenannten Epipodium davon treten, so schließt er daraus, daß letzteres zum Fuße gehöre.

Übrigens ist die ganze Lateralfurche eine secundäre Bildung, da sie bei den Patellen und den Chitonen gänzlich fehlt.

Zum Schlusse noch möchte ich bemerken, daß Herr Boutan, der allerdings durch das Lesen des II. Theiles meiner Arbeit hätte auf deren I. Theil aufmerksam werden können, — da im Anfange desselben Capitels, woraus er Sätze anführt (Morphol. Jahrb. 11. Bd. p. 361), gesagt wird: »Bevor wir uns mit diesem Capitel beschäftigen, erübrigt uns das äußere Verhalten der Pedalstränge, was bereits im ersten Theile dieser Arbeit ausführlicher beschrieben wurde, in Kürze zu recapituliren«, ferner »wie wir im ersten Theile gesehen haben, wohin bezüglich der Einzelnheiten ein für allemal verwiesen werden soll, etc.«, — dort hätte finden können, daß ich von der systematischen Stellung der *Fissurella* bereits eine Ahnung hatte, indem ich sagte, »*Fissurella* steht in vieler Beziehung als Ausgangsform zu *Haliotis* und den Trochiden da, doch zeigt sich ein eigenartiges Verhalten in Betreff der Pedalstränge, das zur Annahme zwingt, daß *Fissurella* mit Beibehalt mehrerer ursprünglicher Charactere von der Gruppe etwas abgezweigt ist«.

Es freut mich nun, daß in Herrn Boutan's Arbeit durch die Entwicklungsgeschichte meine Behauptung eine Bestätigung findet.

Retesdorf bei Schäßburg in Siebenbürgen, im Februar 1887.

2. Beitrag zur Kenntnis der Verwandlung der Mantispiden-Gattung Symphrasis Hg.

Von Prof. Dr. Friedrich Brauer, Wien.

eingeg. 7. März 1887.

Schon White giebt in seiner Beschreibung der Gattung *Myrapetra* (= *Polybia* Lepel.) bei *M. scutellaris* sibi an (Ann. Mag. of Nat. Hist.

1841. 7. Bd. p. 322), daß sich in deren Neste zwei parasitische Insecten fanden und zwar eine Fliege, welche einer rothen *Bibio*-Art gleicht, und ein Neuropteron, welches dem *Hemerobius nervosus* ähnlich ist.

Walker sagt (im Catalogue of the specim. of Neuropt. Insects of the British Museum, P. II. 1853. p. 213) bei *Raphidia varia* sibi: from the nest of *Myrapetra scutellaris*. — Von der *Raphidia varia* selbst glaubt er, daß sie diese Gattung mit *Hemerobius* verbinde.

Um die Mitte der siebziger Jahre (? 1876) erhielt das British Museum ein Nest von *Myrapetra scutellaris* W., aus welchem sich im Zimmer zahlreiche Exemplare des Netzflüglers entwickelten und als eine Art der Gattung *Trichoscelia* Westw. erkannt wurden, *T. myrapetrella* Westw. (Trans. Ent. Soc. Ser. 3. V. p. 505). MacLachlan wies zugleich nach, daß diese Art identisch sei mit dem fraglichen Hemerobiden von White und der *Raphidia varia* von Walker (Hagen, Stettin. Entomol. Zeit. 1877. p. 210).

Hagen erwähnt daselbst eines Briefes von M'Lachlan, in welchem es heißt: »Das Nest von der honigbereitenden Vespide (*M. scutellaris*) aus Montevideo enthielt eine Menge kleiner eiförmiger Cocons mit Puppen (der *Mantispidae*). Sie kamen hier aus, einige Zeit vor der letzten Verwandlung, und blieben ziemlich träge außen sitzen, bis zur Häutung. Larven waren keine vorhanden. Das Insect ist identisch mit *R. varia* Wlk. und offenbar ein Parasit der Wespe.« Auch der Verfasser erhielt von derselben Quelle ein Exemplar dieses Insectes. —

Im Herbste des vorigen Jahres (November 1886) erfreute mich Herr Dr. Kraepelin mit einer Sendung aus Hamburg, in welcher dieselbe *Mantispide* enthalten war. Dieselbe war in großer Zahl in Hamburg aus dem Neste einer dunkelfarbigen *Polybia* Lep. (= *Myrapetra*), fraglich *P. rejecta* Möbius, ausgekrochen.

Mit einer zweiten Sendung langten etwa 20 lebende Thiere, ferner zahlreiche Puppen in den Cocons in Alcohol und bereits aus dem Cocon gekrochene Nymphen an. Dr. Kraepelin schrieb: »Beifolgend übersende ich Ihnen eine flüchtige Skizze des fraglichen Wespennestes. Von Larven der Wespen war nichts mehr zu entdecken, auch nicht von Larven der *Trichoscelia*. Die Cocons der letzteren sitzen zerstreut in den Zellen der Waben, dieselben fast ausfüllend. Von der Wespe selbst habe ich nur 3 todte Exemplare aus dem Neste geklopft, deren eines ich ebenfalls flüchtig skizzirt habe.«

Bevor ich nun meine weitere Untersuchung dieser Sendung bespreche, will ich noch bemerken, daß Dr. Hagen sich in dem oben citirten Aufsatze (St. Ent. Z. 1877) veranlaßt sah für die *Tricho-*

scelia varia (= *T. myrapetrella* Wst.) und mehrere andere Arten dieser Gattung (*virorata* Hg. *chilensis* Hg. St. Ent. Z. XX. p. 408, *Hagenella* Westw., *cognatella* Westw. aus Südamerica, und eine neue Art, *signata* Hg. aus Süd-Californien), die neue Gattung *Symphrasis* aufzustellen.

Von *Mantispa* soll sich die Gattung durch die lange Legeröhre, von *Trichoscelia notha* Er. und *fenella* West. durch den unten geschlossenen Prothorax, ohne untere Naht abtrennen, wodurch kein abgesondertes Prosternum zu sehen ist. Ich habe mich von diesem Unterschied zwischen *Symphrasis* und *Trichoscelia* nicht überzeugen können und halte für alle Fälle dafür, daß beide einander durch das Flügelgeäder und den Bau viel näher stehen, als erstere und *Mantispa*. Ich sehe bei *Symphrasis* das Pronotum deutlich seitlich von der Unterseite durch eine Kante getrennt.

Die Gattung *Trichoscelia* wurde von Westwood in den Trans. Ent. Soc. London, 2. Ser. T. I. p. 269 errichtet.

Da ich *Trichoscelia notha* Er. und *fenella* West. nicht in natura kenne, so läßt sich diese Frage nicht entscheiden. Für diese beiden Arten liegt der Gattungscharacter in dem kurzen Prothorax, den spindelförmig erweiterten behaarten Schienen und im Flügelbau. Bei der chilenischen Gattung *Drepanicus* Gay ist der Prothorax unten hinter den Beinen tubaartig geschlossen, wie bei *Mantispa*, von der sie sich, sowie *Ditaxis* M'L. durch die doppelte Reihe Treppenadern im Flügel unterscheiden.

Die Auffindung der *Symphrasis*-Arten in Hymenopteren-Nestern gab anfangs keinen Beleg für die Lebensweise dieser Insecten ab, vielmehr erklärte Hagen die fragmentarische Erhaltung des Exemplares, welches Walker als *Raphidia varia* beschrieb, durch die irrthümliche Annahme, daß es von den Hymenopteren (Ameisen?) als Beute eingetragen worden (Stett. Ent. Z. XX. p. 408). Erst der oben erwähnte Fall in London klärte darüber auf, daß man es mit einem Feinde der Wespe zu thun habe. — Da zwischen die Mittheilung Hagen's und die Beobachtung von McLachlan die vollständige Entdeckung der Lebensweise der Gattung *Mantispa* fällt (1869, Verh. d. k. k. zool. bot. Ges. Wien, p. 831. Taf. XII), so konnte Ersterer kaum auf eine so merkwürdige Lebensweise bei *Trichoscelia* schließen, die man jedoch streng genommen keine parasitische nennen kann. *Trichoscelia* (*Symphrasis*) und *Mantispa* sind im Larvenzustande räuberische Einmiether, erstere im Neste von *Myrapetra*, letztere im Eiersack von Spinnen (Lycosen). Nur die eine Thatsache, daß sie dabei, gleich wahren Parasiten, einer Rückbildung ihrer Bewegungsorgane unterliegen, würde ihnen noch ein Recht auf diesen Namen geben; denn hierdurch sind sie auch nicht im Stande ihren Ort zu verlassen, bis sie, durch die weitere Verwandlung, als Nymphen wieder entwickelte Gliedmaßen erlangen.

Vergleichen wir die beiden Gattungen, so zeigen sich schon bei der Imago Unterschiede, welche besondere Schlüsse auf die Vorgänge bei der Verwandlung erlauben. Das *Mantispa*-Weibchen besitzt keine Legeröhre und legt seine Eier auf Stielen, die aus erstarrendem Schleim gebildet werden, wie bei *Chrysopa*. Die aus den Eiern kommenden Larven sind sehr bewegliche mit 6 Gliedmaßen versehene Thiere, welche nach einer siebenmonatlichen Fastenzeit selbständig die Eiersäcke der Wolfsspinnen aufsuchen und in diese einbohren, und je eine solche Larve macht in dem Sacke, dessen Eier sie aussaugt, ihre ganze weitere Verwandlung durch. Erst die zum Auskriechen reife Nymphe durchbeißt zuerst ihren eigenen Cocon, dann den Eiercocon der Spinne, und kriecht ins Freie, um sich nach einiger Zeit zur Imago zu häuten.

Bei *Trichoscelia* (*Symphrasis*) zeigt das Weibchen eine gegen den Rücken geschlagene Legeröhre, welche nicht schließen läßt, daß deren Eier auf Stielen befestigt werden, sondern die Annahme Hagen's rechtfertigen würde, daß die Legeröhre sehr geeignet sei, die Eier in die Zellen der Wespenwaben abzulegen (Stett. Ent. Z. 1877. Jahrg. 38. p. 210). — (Wir sehen hier davon ab, daß es noch Arten giebt, welche Hagen zu *Symphrasis* ziehen will, welche aber nach ihm keine Legeröhre besitzen und vielleicht eine besondere Gruppe bilden [*M. irrorata* Hg., *M. chilensis* Hg.], da bei beiden das erste Tarsenglied der Vorderbeine keine Klaue oder keinen Haken am Ende besitzt.) Dafür spricht auch das massenhafte Vorkommen des Einmiethers in einem Neste, welches bei einer Einwanderung von Seite der Larven nicht so leicht erklärbar wäre. Selbst einwandernde oder dorthin übertragene Schmarotzer (*Meloe*) finden sich stets vereinzelt.

Wäre eine solche Eiablage die richtige, und würde es also die Aufgabe des Weibchens sein, in das Wespennest einzuwandern, so wären die Larven ihrer Wanderung überhoben und es wäre dadurch auch wahrscheinlich, daß die schon vom Anbeginn stationär lebenden Larven auch in einer weniger beweglichen Form das Ei verlassen, als die jungen *Mantispa*-Larven.

Diese Frage kann fast nur in loco entschieden werden, aber eine andere war ich im Stande zu lösen, und zwar diejenige, ob die erwachsene Larve etwas mit jener von *Mantispa* gemeinsam hat. Diese Frage ist aus dem im Cocon der *Symphrasis* zurückbleibenden Larvenbalg zu beantworten. Da mir durch Dr. Kraepelin eine Anzahl Nymphen noch im Cocon eingeschlossen, in Alcohol übersendet wurden, so fand ich in jedem Cocon hinter der Nymphe die abgeworfene Larvenhaut zusammengeballt liegen. Längeres Liegen derselben in Wasser, Behandlung mit Kalilauge und Glycerin ließen daran so viel erkennen um zu behaupten, daß die erwachsene *Symphrasis*-Larve ganz ähnlich jener der *Mantispa* sei, wie ich sie l. c. abgebildet habe. Bei der sonstigen Ähnlichkeit von *Symphrasis* mit *Hemerobius* ist mir dieser gegentheilige Befund sehr interessant.

An der rothbraunen Larvenhaut, welche meist vier seitliche Lappen und ein dünnes Schwanzende zeigt, habe ich keine Spur von entwickelten Gliedmaßen entdecken können, wohl aber erscheinen warzenartige Erhebungen, welche man als die rudimentär gewordenen Beine annehmen könnte. Das Schwanzende zeigt 4 Ringe, die in eine zweigliedrige, fernrohrartige Spindel enden, wie das Analende der *Mantispa*-Larve. Der ganze Balg ist ziemlich dicht mit borstigen Haaren besetzt, deren Basis sich zu einem rundlichen Füßchen erweitert, womit sie aufsitzen. Denkt man sich den Balg gefüllt, so dürften diese Haare weiter aus einander gerückt sein, wie das auch bei *Mantispa* der Fall ist, deren Balg eben so behaart ist, während die lebende Larve doch fast nackt erscheint.

Die abgeworfene Schale des Kopfes erscheint (bei 200mal. Vergr.) quer vierseitig, breiter als lang. Vorn erheben sich mit breiter Basis die Saugzangen und bleiben von einander etwa um den fünften Theil der Kopfbreite getrennt. Ober- und Unterkiefer decken sich jederseits und bilden eine glatte breite Saugzange von der Länge des Kopfes. Der Unterkiefer ist schmäler und dessen äußerste Spitze etwas einwärts gebogen, dann der Innenrand dahinter etwas eckig erweitert, ohne aber einen Zahn zu bilden. Der Oberkiefer ist feinspitziger und gerade. Am Grunde erweitert sich der Unterkiefer und bildet eine rundliche dicke Basis, der Oberkiefer wird daselbst sehr breit und trägt außen eine zweigliedrige pfriemenförmige Borste (Fühler?). Unterkiefertaster fehlen, wie bei allen Hemerobiden-Larven. Hinter den Kiefern sieht man innerhalb eines Chitinrahmens einen rothbraunen Pigmentfleck (? Auge) und an der Unterseite warzenartige kugelige Wülste, welche vielleicht als Lippentaster aufzufassen sind, da sie bei einigen Praeparaten auch zwischen die Saugzangen reichen.

Wie bei *Mantispa* haben wir hier daher fast gerade nach vorn stehende, bei der reifen Larve am Grunde breiter getrennte flache dreieckige Saugzangen und rudimentäre Gliedmaßen. Eben so ist die Larvenhaut äußerst dünn und zart und außer der Kopfkapsel kein härterer Chitintheil zu entdecken[1], während man bei *Hemerobius*, *Chrysopa* u. a. Hemerobiden im Nymphencocon eine ziemlich feste dicke Larvenhaut mit deutlichen festen Gliedmaßen findet.

Die Nymphe gleicht nahe der Entwicklung ganz der Imago, nur die Flügelscheiden unterscheiden sie, und die Bezahnung der Kiefer, sie liegt ganz kugelig zusammengekrümmt im Cocon, und da der Prothorax bei der Imago ebenfalls nicht sehr lang wird, so ist hier die Ähnlichkeit zwischen Nymphe und Imago größer als bei *Mantispa* (cf. Verh. d. zool. bot. Ges. Wien, 1855. p. 482 und 713. Nymphe).

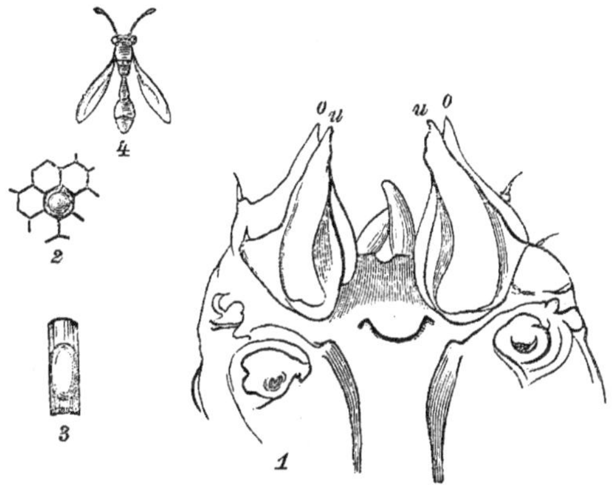

Fig. 1. Kopfskelet der Larve ca. 200mal vergrößert von unten. *o* Oberkiefer mit der Spitze nach außen geschoben; *u* Unterkiefer.
Fig. 2. Zellen des Wespennestes in natürl. Größe nach Kraepelin, in der mittleren Zelle der Cocon von *Symphrasis*.
Fig. 3. Zelle mit dem Cocon von *Symphrasis* im Profile nach Kraepelin's Zeichnung.
Fig. 4. Skizze der Wespe (*Polybia*) in natürl. Größe nach K.

Schließlich muß ich noch erwähnen, daß meine Angabe über die Verpuppung (l. c. 1869. p. 835): »Man sieht deutlich die großen braunen Augen (der Nymphe) an der Rückenseite des ersten Brustringes der Larve« mißverstanden und dahin gedeutet wurde, als würde die Larvenhaut bei der Verpuppung niemals abgestreift, während doch nachher gesagt wird: — »lange bevor die Larvenhaut abgeworfen wird«. — Ich habe diesen Vorgang dort nur darum hervorgehoben, weil es wichtig scheint zu wissen, daß der Übergang der rückgebildeten Larve zur Nymphe eine bedeutende Änderung der Lagerungsverhältnisse der Organe im Körper bedinge, und ausge-

---

[1] Cf. Verh. d. zool. bot. Ges. 1869. p. 835.

dehntere Processe vor sich gehen müssen, als bei einer gewöhnlichen Häutung einer Larve zu einer ihr ähnlicheren Nymphe; dort liegen Wachsthum und Nahrungsaufnahme von der Weiterentwicklung getrennt, hier halten sie ganz oder fast ganz gleichen Schritt.

3. Zur Kenntnis der Landplanarien.

(Vorläufige Mittheilung.)

Von Dr. D. Bergendal aus Lund.

eingeg. 8. März 1887.

Im Orchideenhause des Botanischen Gartens zu Berlin wurden im letzten Herbst Bipalien beobachtet, die sich seitdem stark vermehrt haben, und über welche ich im zoologischen Institut daselbst eine nähere Untersuchung vorgenommen habe. 1878 beschrieb Moseley *Bipalium kewense* von den Warmhäusern des Kew Garden. Die hier beobachtete Form scheint mit demselben identisch zu sein, obgleich die Grundfarbe des Rückens gewöhnlich mehr olivengrün ist, und die Streifen fast ganz schwarz sind. Der Kopf ist verhältnismäßig klein, auf der Oberseite mit einem dunklen Halbmond versehen. Der Mund liegt weiter nach vorn als bei den meisten übrigen Bipalien, am vorderen Ende des zweiten Drittels der Körperlänge. Die aufgefundenen Thiere sind sämmtlich ohne ausgebildete Geschlechtsorgane gewesen. Nur bei einem Thiere habe ich an den Schnitten kleine Zellenhaufen als Hodenanlagen deuten können. Von den Oviducten und den Vasa deferentia habe ich niemals Spuren bemerkt. Bei anderen Bipalien kann man auch an kleinen Individuen eine äußere Geschlechtsöffnung leicht auffinden, was mir hier auch bei größeren Thieren nicht sicher gelungen ist. Ungefähr 1 cm hinter dem Munde sieht man zuweilen eine leichte Eindrückung, die vielleicht als eine Andeutung dieser Öffnung aufzufassen wäre.

Die kriechende Bewegung der Würmer geschieht fast ausschließlich durch die langen und starken Cilien, welche die Seiten der Kriechsohle bekleiden. Der mediane Rand derselben ist mit kurzen, starken, aber sehr schwach sich bewegenden Cilien besetzt. Beim Kriechen sind die Würmer fast drehrund, ja die dorsoventrale Achse ist sogar länger als die transversale.

Vermehrung durch Quertheilung.

Die Anzahl der nicht geschlechtsreifen Thiere hat sich im Gewächshause stark vergrößert. Man konnte schon im Herbst eine sehr große Menge von kleinen Würmern beobachten. Die nähere Untersuchung ergab, daß viele von diesen keine Köpfe zeigten, und daß bei den anderen die Ausbildung der Köpfe sehr ungleichmäßig war.

Thiere, welche mit einer Schere in mehrere Stücke zerlegt wurden, starben nicht, sondern jedes Stück bildete einen neuen Kopf und Mund aus. Bei der Neubildung der Köpfe kommt erst eine weiße Spitze zur Entwicklung, die sich nachher allmählich vergrößert. Im Anfange können gewöhnlich die Streifen des Körpers auf dem jungen Kopflappen verfolgt werden. Mit der Ausbildung der Papillen und Augen kommt auch die typische Pigmentirung zur Ausbildung. Die vor sich gehende Neubildung des Pharynx kann von außen dadurch bemerkt werden, daß der mittlere Rückenstreifen eine Verbreiterung über der Stelle des werdenden Mundes erfährt.

Eine selbständige Quertheilung habe ich auch beobachtet. Dreimal haben Thiere, von welchen ich ziemlich große Kopfstücke abgeschnitten hatte, entsprechend lange Stücke von den hinteren Enden abgeschnürt, nachher haben sich alle drei Theilstücke regenerirt. Einmal sind unter solchen Umständen zwei hintere Stücke abgeschnürt worden. Nach Abschneidung eines kleineren Vorderstückes habe ich keine hintere Abschnürung beobachtet. Auch tritt eine solche nicht immer ein, wenn größere Theile abgeschnitten worden sind. Es scheint als ob dabei in Betracht käme, ob die Thiere vorher sich unter guten Nahrungsverhältnissen befunden haben. Auch ohne alle äußere Verletzung theilen sich diese Würmer.

Diese Bipalien werden gewöhnlich in den umgekehrten Töpfen, auf welchen die Pflanzentöpfe ruhen, gefunden, und einmal habe ich in einem solchen Topf drei zusammengehörende Stücke gefunden, welche durch Quertheilungen von einem Wurme hervorgegangen waren. Die Pflanzen waren in 14 Tagen bis 3 Wochen nicht umgestellt worden, und die Theilungsnarben und der Verlauf der Streifen zeigten, daß die Theilung höchstens vor zwei Tagen geschehen war. Daß alle drei Stücke zusammen in demselben Topf lagen, spricht außerdem schon genügend sicher dafür, daß die Theilung vor Kurzem, und freiwillig vor sich gegangen war. Die Länge des Kopfstückes und des Hinterstückes war gleich. Bei diesen Theilungen dürfte also die bestimmte Lage des Mundes eine große Bedeutung haben. Allerdings sind bei Abscheidungen von hinteren Stücken keine vorderen Abschnürungen eingetreten. Auf die histologischen Regenerationserscheinungen kann hier nicht eingegangen werden.

Die große Menge von kleineren Wurmstücken, die in den Gewächshäusern beobachtet worden sind, zeigen wohl, wenn auch natürlicherweise einige von diesen durch Verletzungen gebildet sind, daß diese Erscheinungen nicht gerade selten sind; und finden wir also bei den Landplanarien dieselbe ungeschlechtliche Vermehrungsweise, die neulich für die Süßwasserplanarien bestätigt worden ist.

Der Excretionsgefäßapparat.

Metschnikoff hat schon bei *Geodesmus* zwei Längsstämme beschrieben. Dagegen hat v. Kennel später dasselbe Thier untersucht und glaubt, daß die Excretionscanäle nur Lücken im Parenchym sind, daher er es natürlich findet, daß an Schnitten gar nichts von den wenigen geißeltragenden Zellen gesehen werden kann. Die Bemerkungen v. Kennel's schienen zwar hauptsächlich die Süßwasserplanarien zu betreffen. Bei diesen haben Lang und Iijima seitdem selbständige Excretionscanäle gefunden.

Die Pigmentirung und die zahlreichen Stäbchen der Landplanarien haben bisher das Studium dieses Apparates an den lebenden Thieren verhindert. Die sich regenerirenden, noch unpigmentirten Köpfe geben aber eine ziemlich gute Gelegenheit zu solchen Beobachtungen, die auch an der Bauchfläche von Würmern, welche schnell mit einer scharfen Schere durch einen horizontalen Schnitt zerlegt worden sind, angestellt werden können. Zerquetschungspraeparate, die man in schwachen Chlornatriumlösungen beobachten kann, geben auch in glücklichen Fällen sehr gute Aufschlüsse.

Bisher habe ich folgende Thatsachen feststellen können. Der Apparat zeigt 1) Wimpertrichter mit einer sehr starken Wimperflamme, 2) unregelmäßig oder netzförmig verlaufende Canäle und 3) Längsstämme. Die letztgenannten sind schwach wellenförmig geschlängelt und liegen gewöhnlich in einer Anzahl von zwei oder mehreren jederseits dorsal und lateral von den Darmverzweigungen. Auch ventrale Längsstämme sind beobachtet worden. Die Längsstämme bestehen aus großen durchbohrten Zellen, und zeigen dicke Cilien, deren höckerartige Basaltheile den Wänden ein netzartiges Aussehen verleihen. Von den Längsstämmen gehen quere, gerade Canäle ab, die zum Theil Ausmündungscanäle, zum Theil Sammelcanäle sein dürften. Nach den von Lang bei *Gunda* gefundenen Verhältnissen sollte man eine regelmäßige Anordnung von diesen erwarten. Bisher habe ich es jedoch nicht auffinden können, obgleich die geringe Zahl von solchen Querstämmen entschieden dafür spricht. — Die Längsstämme liegen so tief im Parenchym, daß sie fast nur an Schnitten beobachtet werden können. Die netzförmigen Canäle und die Wimpertrichter müssen dagegen am lebenden Gewebe studirt werden. Am Kopfe sieht man sowohl auf der dorsalen wie auf der ventralen Seite eine große Menge von nahe der Oberfläche gelegenen Canälen, die bogenförmig oder netzartig verlaufend, zuweilen fast knäuelförmige Schlingen bilden. In diesen Canälen habe ich mehrmals Bildungen gesehen, die ich vorläufig als starke Wimperungen deuten muß. Sie gleichen den »flammes vibratiles« welche Francotte von *Derostomum* und *Monocoelis* beschrieben hat. Metschnikoff giebt auch schon etwas Ähnliches für die Längscanäle bei *Geodesmus* an. Als durch die Cilienbewegung hervorgebrachte Trugbilder kann ich sie nicht deuten, weil sie nur stellenweise zu sehen sind, und weil ich an Zerquetschungspraeparaten in frei gelegten Wassergefäßen sehr lange, an beiden Enden zugespitzte Protoplasmazungen gesehen zu haben glaube. Sie scheinen zuweilen mehr membranartig und sind dann mit der einen Kante an der Gefäßwand befestigt. Sie entsprechen doch kaum den von Francotte bei *Polycelis* beschriebenen.

Mit diesen netzbildenden Canälen stehen die Wimpertrichter durch sehr schmale längere oder kürzere Canäle in Verbindung, in welchen gewöhnlich keine Bewegungserscheinungen vorkommen. Die Wimpertrichter liegen oft in Gruppen zu 3 oder 4 zusammen und zeigen eine große gerundete Excretionszelle, in der ich mehrmals Vacuolen, welche sich in die Trichter entleerten, beobachtet habe. Fast regelmäßig liegen Wimpertrichter in den Randpapillen des Kopfes. Ich hoffe diese überaus anstrengenden Beobachtungen später vervollständigen zu können.

Das Nervensystem und die Sinnesorgane.

Moseley hatte die Nervenstämme als »primitive vascular system« aufgefaßt, glaubt aber doch, daß in diesem die Nerven verlaufen. Graff, v. Kennel, Lang und Iijima haben gezeigt, daß es wirklich Nervenstränge sind. Bei unserem *Bipalium kewense* sind die unter den Darmzweigen gelegenen Durchschnitte der Nervenstämme an Querschnitten oval und zeigen an verschiedenen Stellen eine verschiedene Structur. An einigen Stellen sieht man die so viel besprochene Balkenbildung, an anderen sind die längslaufenden und quer durchschnittenen Nervenfibrillen sehr deutlich. Zwischen diesen Längsstämmen treten Quercommissuren auf, die nur ganz dünn sind, und sich oft verzweigen, was wohl die Schuld davon gewesen ist, daß Moseley und v. Kennel sie nicht gesehen haben. An älteren in Alcohol conservirten Exemplaren von *Bipalium Diana* aus dem Zoologischen Museum zu Berlin habe ich auch diese Commissuren gefunden. Nahe am Kopfe sind solche Commissuren besonders zahlreich. Außerdem gehen nach außen starke bogenförmige Nerven ab, welche einen Nervenplexus unter der Haut bilden. Nicht überall kann dieser Plexus gefunden werden. Besonders gut ausgebildet ist er am Kopf und am vorderen Körpertheil. Oft gehen solche peripherische Zweige von denselben Stellen wie die Quercommissuren ab, und an einigen von diesen Verzweigungsstellen werden die Punctsubstanz und die Ganglienzellen so zahlreich, daß man fast von einer Ganglienbildung sprechen kann[1]. Eine Verdickung der Längsstämme wurde allerdings nicht beobachtet. Die Ganglienzellen sind groß, haben sehr große Kerne, die sich verhältnismäßig schwach färben, und zeigen zwei oder drei Ausläufer. Die Längsnerven verjüngen sich im Schwanzende sehr stark, biegen sich bogenförmig zusammen und verbinden sich mit einander. Im Kopftheile befindet sich das flache sehr ausgedehnte Gehirn, dessen Entstehung durch Verbindung und Verstärkung von zwei Längsstämmen besonders am hinteren Gehirntheil deutlich kenntlich ist. In den lateralen Gehirntheilen sieht man an Querschnitten große Massen von Punctsubstanz. Auch kommen im Gehirn zahlreiche Ganglienzellen vor, deren Anordnung in den verschiedenen Gehirntheilen hier nicht ohne Abbildungen besprochen werden kann.

Moseley hat schon angegeben, daß am Vorderrande des Kopfes sich Papillen befinden, zwischen welchen mit Cilien versehene Grübchen vorkommen. Diese Papillen, welche in einer Rinne liegen, sind bei *B. kewense* an Querschnitten quadratisch, und zeigen ein Epithel von ziemlich niedrigen Zellen. Die Vorderfläche der Papillen ist nicht mit beweglichen Cilien besetzt. Die Seitenflächen begrenzen die zu den Gruben leitenden Gänge und zeigen sehr starke Cilien. Das Gewebe der Papillen besteht zum größten Theil aus Muskelfasern, welche eine große Beweglichkeit der Papillen ermöglichen. Merkwürdig genug sieht man in den Papillen keine größeren Nervenstämme und eben so wenig eine besondere auf Sinnesorgane deutende Structur des Epithels. Weil die Epithelzellen sich gewöhnlich sehr stark färben, kann man sie nicht gut studiren. Dagegen stellt die Beobachtung der lebenden Thiere die Bedeutung dieser Papillen als Tastorgane vollständig fest.

In den genannten Gruben, die fast sphärisch sind, werden die Epithelzellen noch viel niedriger, aber färben sich auch stark und lassen sich kaum auswaschen. Von den vorderen mehr einen Nervenplexus bildenden Theilen des Gehirns gehen starke Nervenzweige zu den Gruben. Die Nervenfibrillen werden dicker und unmittelbar unter der Grube sieht man ein keulenförmiges Bündel von langen spindel- und stäbchenförmigen Faserenden. Von diesen gehen kleine, auch bei sehr starker Vergrößerung haarfeine Verlängerungen nach außen zwischen die Epidermiszellen. Wie sie sich dort verhalten, kann ich noch nicht sagen. Sie stehen nicht mit den ziemlich starken schlagenden Cilien, welche den Boden der Gruben einnehmen, in Verbindung. — Um diese Nervenmasse legen sich bogenförmig größere, faserähnliche

---

[1] Iijima will schon bei den Süßwasserplanarien Ganglien gefunden haben, die »allerdings wenige Ganglienzellen besitzen«.

körnige Bildungen, die zu den seitlichen Epithelzellen der Gänge, welche zu den Gruben führen, gehen, und mit den Secretionsproducten der Drüsen in Reactionen und Aussehen übereinstimmen. Sich bewegende Cilien können wohl kaum als Nervenendigungen gedeutet werden und daher scheint es wohl wahrscheinlich, daß im Boden der Gruben zwischen den Cilien Sinneshaare sich befinden. Iijima hat die von v. Kennel entdeckten Gruppen von starken beweglichen Cilien der Süßwasserplanarien als Tastorgane gedeutet, was wohl kaum richtig sein kann. Sie scheinen aber mit diesen Gruben bei *Bipalium* übereinzustimmen und dürften wohl mehr als Riech- oder Geschmacksorgane zu deuten sein.

Augen kommen bei dieser Art in ungeheurer Menge vor. Sie bilden eine 3—4 reihige Zone nahe am Kopfrande und liegen auch an den Seiten (nicht am Rücken) des ganzen Körpers bis zu dem hintersten Ende. Die größten Augen liegen gleich hinter dem Kopfe. Der Bau der Augen stimmt nahe mit dem der übrigen Tricladen überein. Der Krystallkegel wird eben so von mehreren kernführenden keulenförmigen Zellen gebildet. Der von Moseley im hintersten Theil des Auges gesehene Kern gehört der pigmentführenden Zelle zu. Von dem oberflächlichen Nervenplexus gehen Nerven zu den Augen. Zuweilen habe ich zu den Seiten oder vor den Augen eine ganglienartige Anschwellung bemerkt.

Die übrigen Organe und Structurverhältnisse betreffend gebe ich hier nur folgende Bemerkungen. Der ganze Körper ist mit Cilien versehen. Zwischen den gewöhnlichen Epithelzellen sieht man hier und da Gruppen von schmäleren, stäbchenähnlichen, die möglicherweise Sinnesorgane sein könnten. Die Rhabditen sind von zwei Arten, wie ich gegen Iijima bemerken will. Die meisten sind kleiner und spindelförmig, aber nicht wenige sind auch fadenförmig, mehr oder weniger zusammengerollt. Man findet die beiden Arten in denselben Zellen zusammen, und beide Arten werden auch ausgestoßen, daher ich sie nicht als Entwicklungsstadien ansehen kann. Wie schon gesagt, werden die Stäbchen auf stärkere Reizungen ausgestoßen, so z. B. wenn die Thiere in Müller'sche Lösung, Picrinsäure, Picrinschwefelsäure oder Chromsäure gelegt werden. Bei Härtungen in Sublimat, heißem Alcohol oder Osmiumsäure kommen gewöhnlich nur die Spitzen einiger Stäbchen zum Vorschein.

Die Musculatur besteht aus einer äußeren Ringmuskellage, äußeren Längsmuskelbündeln, und einer großen Menge von inneren Längsmuskelfasern, zu welchen dorsoventrale und transversale Fasern kommen.

Beiläufig theile ich hier mit, daß ich bei *Bipalium Diana* einen encystirten Nematoden beobachtet habe. Im unpaaren Darmschenkel befand sich weit nach vorn eine Gastropodenradula. v. Kennel's Angaben über das Vorkommen und die Einmündungsweise der Dotterdrüsen kann ich bestätigen.

Über das hier Mitgetheilte werde ich hoffentlich im Laufe des Jahres eine mit Abbildungen versehene ausführliche Abhandlung veröffentlichen, wo ich auch mehr eingehende Mittheilungen über die histologischen Verhältnisse des Nervensystems und der Sinnesorgane liefern werde, was sich hier ohne Abbildungen nicht gut machen ließ. Auch werde ich daselbst die nöthigen Litteraturangaben und Vergleichungen geben. Ich habe nämlich vor Kurzem von einigen anderen Landplanarien gut conservirtes Material erhalten.

Berlin, den 4. März 1887.

4. Araneologisches aus Brasilien.

Von Dr. Emil A. Göldi in Rio de Janeiro.

eingeg. 9. März 1887.

Neuerliche Beobachtungen über hiesige Spinnen haben bei einer Anzahl von Arten, zu denen die ♂ der Wissenschaft bisher unbekannt geblieben waren, dieses Desideratum beseitigt. Ausführlicherer Bericht steht in Vorbereitung sowohl von Seiten der Herren Specialisten, mit denen ich in Verkehr stehe, als auch von meiner Seite hinsichtlich der Biologie.

Einstweilen die Nachricht, daß mit Sicherheit die ♂ zu *Nephila brasiliensis* (Baxt.) = *azarra* W.[1], zu *Argiope argentata* Fabr., zu einer *Acrosoma*-Species[2] gefunden wurden; die Bestimmungen einiger anderer ♀ müssen erst noch abgewartet werden. Meine Beobachtungen wurden vollauf bestätigt durch neuerliche Mittheilungen der Herren Dr. F. Karsch in Berlin (vom 4. Sept. 1886) und Graf Eugen von Keyserling (vom 21. Januar 1877) in Groß-Glogau.

Unter den zahlreichen Spinnen, die ich in der Provinz Rio de Janeiro gesammelt habe und die gegenwärtig in Bearbeitung stehen, haben sich bisher neue Arten gefunden aus den Genera: *Tmarus* — *Ischnocolus* — *Lithyphantes* — *Epeïra*[3].

13. Februar 1887.

---

[1] »Das ♂ von *Nephila azarra* ist immer noch unbekannt.« (Briefl. Mittheil. des Grafen E. v. Keyserling vom 4. Juni 1886.

[2] »Eben so sind unbekannt die ♂ zu allen den in Brasilien häufig vorkommenden Arten der Gattung *Acrosoma*.« (B. M. des Graf. Keyserling, 4. Juni 1886.)

[3] Berliner Entomolog. Zeitschr. 30. Bd. 1886. 1. Hft. p. 92.

Druck von Breitkopf & Härtel in Leipzig.

Zoologischer Anzeiger

herausgegeben

von Prof. **J. Victor Carus** in Leipzig.

Verlag von Wilhelm Engelmann in Leipzig.

X. Jahrg. | **6. Mai 1887.** | No. 250.

Inhalt: I. **Litteratur.** p. 225—237. II. **Wissensch. Mittheilungen.** 1. **Vigelius,** Zur Morphologie der marinen Bryozoen. 2. **Bell,** The Nervous System of Sponges. 3. **Cunningham,** Herr Max Weber and the General Organs of Myxine. III. **Mittheil. aus Museen, Instituten etc.** 1. **Weismann,** Notiz. 2. Anzeige. 3. **Zoological Society of London.** 4. **Linnean Society of London.** 5. **Linnean Society of New South Wales.** IV. **Personal-Notizen.** Necrolog.

I. Litteratur.

18. Vertebrata.

d) Aves.

(Fortsetzung.)

Gronen, Dam., Ist der Eisvogel (*Alcedo ispida*) ein für die Fischerei schädlicher Vogel? in: Zoolog. Garten, 27. Jahrg. No. 8. p. 261—262.

Henshaw, H. W., Occurrence of *Ammodramus caudacutus Nelsoni* in Massachusetts. in: The Auk, Vol. 3. No. 4. p. 486.

Loomis, Leverett M., On the Absence of *Ammodramus Lecontei* from Chester County, South Carolina, during the Winter of 1885—1886. in: The Auk, Vol. 3. No. 4. p. 486.

(v. etiam supra: J. A. Allen, Amer. Mus.)

Schuster, M. J., Die Gans im Dienste der Land- und Volkswirthschaft, sowie als Ziervogel. 2. Aufl. Ilmenau, Aug. Schröter's Verlag, 1886. 8⁰. (VIII, 74 p.) *M* 1,—.

—— Die Eule im Dienste der Land- und Volkswirthschaft sowie als Ziervogel. 2. [Titel-] Aufl. Ilmenau, Aug. Schröter's Verlag, 1886. 8⁰. (56 p.) *M* —,75.

Wolschke, Osc., *Anas mergoides,* Kjarbölling. Mit 1 col. Taf. in: VII. Jhsber. Annab.-Buchholz. Ver. f. Naturk. p. 112—127.

Osató, Joh. von, Über *Anthus cervinus* Pall. und über den in diesem Jahre beobachteten *Gypaëtus barbatus* L. in: Mittheil. Ornithol. Ver. Wien, 10. Jahrg. No. 24. p. 277.

Tschusi zu Schmidhoffen, Vict. Ritter v., Der rothkehlige Pieper (*Anthus cervinus,* Pall.) und sein erstes Vorkommen im Salzburgischen, mit Angabe seiner Kennzeichen und seiner Verbreitung in Österreich-Ungarn. in: Mittheil. Ornithol. Ver. Wien, 10. Jahrg. No. 23. p. 265—267.

Henshaw, H. W., Description of a new Jay from California [*Aphelocoma insularis*]. in: The Auk, Vol. 3. No. 4. p. 452—453.

Beckwith, Will. E., Montagu's Record of the White-tailed Eagle in Shropshire [*Aquila chrysaëtos*]. in: The Zoologist, (3.) Vol. 10. Decbr. p. 487—488.

Washington, Stef. Frhr. von, Über das Vorkommen des Zwergadlers *Aquila pennata* Gm., in Steiermark. in: Mittheil. Ornith. Ver. Wien, 10. Jahrg. No. 22. p. 253—254.

Eckstein, C., Der graue Reiher (*Ardea cinerea*, Linn.). in: Zoolog. Garten, 27. Jahrg. No. 9. p. 279—281.

Loomis, Leverett M., *Bonasa umbellus* in the Alpine Region of South Carolina. in: The Auk, Vol. 3. No. 4. p. 483.

Pindar, L. O., The Breeding of *Branta canadensis* at Reelfoot Lake, Tenn. in: The Auk, Vol. 3. No. 4. p. 481.

Sousa, José Aug., Notes sur le *Bucorax pyrrhops*, Elliot. Avec 1 pl. in: Jorn. Sc. Math. Phys. Nat. Acad. Lisboa, T. 10. No. 38. p. 118—120.

Ridgway, Rob., Description of a melanistic specimen of *Buteo latissimus* (Wils). in: Proc. U. S. Nation. Mus. Vol. 9. 1886. p. 248—249.

Beddard, Frk. E., On the Syrinx and other Points in the Anatomy of the *Caprimulgidae*. With cuts. in: Proc. Zool. Soc. London, 1886. P. II. p. 147—153.

Ellison, Allan, The Siskin [*Carduelis spinus*] a Resident in Co. Wicklow. in: The Zoologist, (3.) Vol. 10. Decbr. p. 489—490.

Beddard, Frk. E., Note on the air-sacs of the Cassowary. in: Proc. Zool. Soc. London, 1886. P. II. p. 145—146.

Brewster, W., A Red-headed Black Vulture [*Cathartes atratus*]. in: The Auk, Vol. 3. No. 4. p. 483—484.

Lucas, Fred. A., The Affinities of *Chaetura*. in: The Auk, Vol. 3. No. 4. p. 444—451.

Stockbridge, H. E., Protracted flight of a Golden Plover [*Charadrius virginicus*]. in: Amer. Naturalist, Vol. 20. Oct. p. 898—899.

Beddard, Frk. E., On some points in the Anatomy of *Chauna chavaria*. With cuts. in: Proc. Zool. Soc. London, 1886. P. II. p. 178—181.

Henshaw, H. W., Occurrence of *Chondestes grammacus* about Washington, D. C. in: The Auk, Vol. 3. No. 4. p. 487.

Barboza du Bocage, J. V., Sur l'identité de »*Cinnyris Erikssonii*«, Trimen, et »*Nectarinia Ludovicensis*«, Bocage. in: Jorn. Sc. Math. phys. nat. Acad. Lisboa, T. 9. No. 34. p. 105—106.

Allen, J. A., The Type Specimen of *Colinus Ridgwayi*. in: The Auk, Vol. 3. No. 4. p. 483.

Lorentz, B., Die Taube im Alterthume. Leipzig, G. Fock, 1886. 4°. (43 p.) *M* 1,50.

Charbonnel-Salle, .., et .. Phisalix, Sur la sécrétion lactée du jabot des Pigeons en incubation. in: Compt. rend. Ac. Sc. Paris, T. 103. No. 4. p. 286—288.

Wachteln und Schnepfen in Griechenland. in: Mittheil. Ornithol. Ver. Wien, 10. Jahrg. No. 22. p. 257.

Langdon, F. W., Carnivorous Propensities of the Crow (*Corvus americanus*). in: The Auk, Vol. 3. No. 4. p. 485.

Smith, Hugh M., The Red Phalarope [*Crymophilus fulicarius*] in the District of Columbia. — A Correction. in: The Auk, Vol. 3. No. 4. p. 482.

Möbius, K., Ein Beitrag zur Fortpflanzungsgeschichte des Kuckuks. in: Schrift. d. naturwiss. Ver. f. Schlesw.-Holst. 6. Bd. 2. Hft. p. 107.

Wetzel, G., (Kuckuksweibchen brütend). in: Zoolog. Garten, 27. Jahrg. No. 11. p. 355.

Seebohm, Henry, A Review of the Species of the Genus *Cursorius*. in: The Ibis, (5.) Vol. 4. No. 14. Apr. p. 115—121.
(10 [1 n.] sp.)

Schuster, M. J., Der Schwan als Zier- und Nutzvogel. 2. Aufl. Ilmenau, Aug. Schröter's Verlag, 1886. 8⁰. (21 p.) *M* —,30.

Owen, Sir Rich., On *Dinornis* (P. XXV), containing a description of the Sternum of *Dinornis elephantopus*. With 1 pl. in: Trans. Zool. Soc. London, Vol. 12. P. 1. p. 1—3.

Park, Austin F., The Swallow-tailed Kite [*Elanoides forficatus*] in Rensselaer County, New York. in: The Auk, Vol. 3. No. 4. p. 484—485.

Ridgway, Rob., Description of a new Species of the Genus *Empidonax* [*Salvini*] from Guatemala. in: The Ibis, (5.) Vol. 4. No. 16. Oct. p. 459—460.

—— On *Empidonax fuscatus* (Max.) and *Empidonax brunneus*, Ridgw. ibid. p. 460—461.

—— On the Species of the Genus *Empidonax*. ibid. p. 461—468.

Macpherson, H. A., The Plumage of the Red-crested Pochard [*Fuligula rufina*]. in: The Zoologist, (3.) Vol. 10. Decbr. p. 489.

Göldi, Em. A., Der Lehmhans (João de barro) [*Furnarius*], ein brasilianischer Nestkünstler. Mit 2 Abbild. in: Zoolog. Garten, 27. Jahrg. No. 9. p. 265—274.

Tarchanoff, J., Über Hühnereier mit durchsichtigem Eiweiß. in: Pflüger's Arch. f. d. ges. Physiol. 39. Bd. 10./12. Hft. p. 476—484.

Türstig, John, Mittheilungen über die Entwicklung der primitiven Aorten nach Untersuchungen an Hühnerembryonen. Mit 2 Taf. Inaug.-Diss. Dorpat, 1886. 8⁰. (21 p.)

Dareste, C., Nouvellés recherches sur la production des monstruosités dans l'oeuf de la poule par une modification du germe antérieure à la mise en incubation. in: Compt. rend. Ac. Sc. Paris, T. 103. No. 5. p. 355—356. — Abstr. in: Journ. R. Microsc. Soc. London, (2.) Vol. 6. P. 6. p. 939.

—— Recherches sur l'évolution de l'embryon de la poule lorsque les oeufs sont soumis à l'incubation dans la position verticale. ibid. No. 16. p. 696—697. — Abstr. in: Journ. R. Microsc. Soc. London, 1887. P. 1. p. 42.

Völschau, Jul., Die Hühnerzucht. Ein Leitfaden für angehende Züchter. Mit Abbild. 3. verm. u. verbess. Aufl. Hamburg, J. F. Richter, 1887. (Oct. 1886.) 8⁰. (Tit., Ded., Vorw., Inh., 54 p.) *M* 1,50.

Shufeldt, R. W., Osteological Note upon the young of *Geococcyx californianus*. in: Journ. of Anat. and Physiol. (Humphrey, Turner), Vol. 21. (N. S. Vol. 1.) P. 1. Oct. 1886. p. 101—102.

Kutter, .., Nochmals über das Ei des Bartgeiers. in: Mittheil. Ornithol. Ver. Wien, 10. Jahrg. No. 27. p. 315—316.

Gypaetus. v. supra *Anthus cervinus*, J. von Csató.

Gurney, J. Henry, Note on the Nestling Plumage of *Gypoictinia melanosternon* (Gould). in: The Ibis, (5.) Vol. 4. No. 16. Oct. p. 457—458.

Sclater, Ph. L., Description of a new Ground-finch from Western Peru [*Haemophila pulchra*]. in: The Ibis, (5.) Vol. 4. No. 15. July, p. 258—259.

Herrick, C. L., Osteology of the Evening Grosbeak — *Hesperiphona vespertina* Bonap. With 2 pl. in: Bull. Scientif. Laborat. Denison Univ. Vol. 1. p. 5—15.

Seebohm, Henry, A Review of the Species of the genus *Himantopus*. in: The Ibis, (5.) Vol. 4. No. 15. July, p. 224—237.

Besant, F., Swallow nesting in a Tree. in: The Zoologist, (3.) Vol. 10. Decbr. p. 486.

Wirth, Ferd., Die Schwalben und die eßbaren Vogelnester. in: Mittheil. Ornithol. Ver. Wien, 10. Jahrg. No. 23. p. 269—270.

Reichenow, Ant., Über den Blutschnabelweber, *Hyphantica sanguinirostris*, und Verwandte. in: Journ. f. Ornithol. 34. Jahrg. 2. Hft. p. 391—394.

Collett, Rob., On the Hybrid between *Lagopus albus* and *Tetrao tetrix*. With 2 pl. in: Proc. Zool. Soc. London, 1886. P. II. p. 224—240.

Chapman, Abel, Little Gull in Co. Durham. in: The Zoologist, (3.) Vol. 10. Nov. p. 457.

(Probably Sabine's Gull.)

Aplin, Ol. V., Derivation of »Cob«, a name for *Larus marinus*. in: The Zoologist, (3.) Vol. 10. Decbr. p. 488.

Fászl, Stef., Beiträge zur Kenntnis der Schwirrsänger. I. *Locustella luscinioides* (der Nachtigallenrohrsänger) am Neusiedlersee. in: Mittheil. Ornithol. Ver. Wien, 10. Jahrg. No. 26. p. 303—304.

Fournes, Herm., Beiträge zur Kenntnis der Schwirrsänger. II. *Locustella fluviatilis*, der Flußrohrsänger, und *Locustella naevia*, der Heuschreckensänger in der Umgebung von Wien. in: Mittheil. Ornithol. Ver. Wien, 10. Jahrg. No. 27. p. 316—318.

Bligh, Sam., Note on Kiener's Hawk-eagle [*Lophotriorchis Kieneri*]. in: The Ibis, (5.) Vol. 4. No. 15. July, p. 299.

Zecha, Arth., Versuche mit der Truthühnerzucht auf Racebildung. in: Mittheil. Ornithol. Ver. Wien, 10. Jahrg. No. 24. p. 284—287.

Merula erythrotis n. sp. v. infra *Trochalopterum cinnamomeum* W. Davison.

Madarász, Jul. von, Descriptions of two new Birds from Tibet [*Myiophoneus tibetanus*, *Pucrasia Meyeri*]. in: The Ibis, (5.) Vol. 4. No. 14. Apr. p. 145—147.

Nectarinia Ludovicensis. v. supra *Cinnyris Erikssonii*, J. V. Barboza du Bocage.

Kermenić, A., *Nestor. notabilis* (Kea), der »Fleischfresser«. in: Mittheil. Ornithol. Ver. Wien, 10. Jahrg. No. 24. p. 283—284.

Beddard, Frk. E., Notes on the Convoluted Trachea of a Curassow (*Nothocrax urumutum*), and on the Syrinx in certain Storks. With 3 fig. in: Proc. Zool. Soc. London, 1886. P. III. p. 321—324.

Reiser, O., Über Nutzen und Schaden unserer beiden Heherarten [*Nucifraga*]. in: Mittheil. Ornithol. Ver. Wien, 10. Jahrg. No. 26. p. 305—307.

Heyrovsky, C., Nahrung des Nußhähers, *Nucifraga caryocatactes*. in: Zoolog. Garten, 27. Jahrg. No. 10. p. 325.

Tschusi zu Schmidhoffen, Vict. Ritter v., Bemerkung über den Gesang des Tannenhehers (*Nucifraga caryocatactes*, Linn.). in: Mittheil. Ornith. Ver. Wien, 10. Jahrg. No. 24. p. 278.

Finsch, O., and A. B. Meyer, On some new Paradise-birds. With 1 pl. in: The Ibis, (5.) Vol. 4. No. 15. July, p. 237—258.

(Transl. Zeitschr. f. d. ges. Ornithol.) — s. Z. A. No. 222. p. 266.

Meyer, A. B., On a fourth Male Specimen of King William the Third's Paradise-bird. in: Proc. Zool. Soc. London, 1886. P. III. p. 297—298.

Schacht, H., Schwanzmeise [*Parus caudatus*] am Neste. in: Zoolog. Garten, 27. Jahrg. No. 11. p. 358.

Stejneger, Leonh., The British-Marsh-Tit [*Parus palustris Dresseri* subsp. n.]. in: Proc. U. S. Nation. Mus. Vol. 9. 1886. p. 200—201.

Ausrottung, die, der Spatzen in Steiermark vor mehr als hundert Jahren. in: Mittheil. Ornithol. Ver. Wien, 10. Jahrg. No. 23. p. 272—273.

Langkavel, B., Die Sperlinge in der Hamburger Börse. in: Zoolog. Garten, 27. Jahrg. No. 8. p. 263.

Brewster, Will., Occurrence of the Yellow-billed Tropic Bird in Florida [*Phaethon*]. in: The Auk, Vol. 3. No. 4. p. 481.

Creagh, E. Fitzgerald, Reeves's Pheasant at Home [*Phasianus Reevesii*]. (Extr. from a letter). in: The Ibis, (5.) Vol. 4. No. 15. July, p. 382—384.

Collett, Rob., Further Notes on *Phylloscopus borealis* in Norway. in: The Ibis, (5.) Vol. 4. No. 15. July, p. 217—223.

Hargitt, Edw., Notes on Woodpeekers. — No. XI. On a new Species from Arizona [*Picus Arizonae*]. in: The Ibis, (5.) Vol. 4. No. 14. Apr. p. 112—115. — No. XII. On the genus *Chrysophlegma*. ibid. No. 15. p. 260—281.

(s. Z. A. No. 212. p. 731.)

Beckham, Ch. Wickliff, First Plumage of the Summer Tanager (*Piranga rubra*). in: The Auk, Vol. 3. No. 4. p. 487.

Brewster, W., Breeding of the White-faced Glossy Ibis in Florida [*Plegadis guarauna*]. in: The Auk, Vol. 3. No. 4. p. 481—482.

Shelley, G. E., A Review of the Species of the Family *Ploceidae* of the Ethiopian Region. P. I. *Viduinae.* With 1 pl. in: The Ibis, (5.) Vol. 4. No. 15. July, p. 301—359.

Macpherson, H. A., Storm Petrel at Skomer Island. in: The Zoologist, (3.) Vol. 10. Nov. p. 457—458.

Marsden, H. W., Storm Petrel in Gloucestershire [*Procellaria pelagica*]. in: The Zoologist, (3.) Vol. 10. Decbr. p. 488—489.

Brewster, W., Two additional Massachusetts Specimens of the Prothonotary Warbler (*Protonotaria citrea*). in: The Auk, Vol. 3. No. 4. p. 487—488.

Purdie, H. A., An Earlier Occurrence of the Prothonotary Warbler [*Protonotaria citrea*] in Massachusetts. in: The Auk, Vol. 3. No. 4. p. 488—489.

Everett, A., (*Ptilopus melanocephalus* in Borneo). in: The Ibis, (5.) Vol. 4. No. 16. Oct. p. 524—525.

Pucrasia Meyeri n. sp. v. supra *Myiophoneus tibetanus*, J. von Madarász.

Rüdiger, Ed., Bülbülzucht [*Pycnonotus*]. in: Zoolog. Garten, 27. Jahrg. No. 8. p. 256—259.

Sharpe, R. Bowdl., New Species of Bullfinch from the Kurile Islands [*Pyrrhula kurilensis* n. sp.]. in: The Zoologist, (3.) Vol. 10. Decbr. p. 485.

Rüdiger, Ed., Gimpelweisheit. in: Zoolog. Garten, 27. Jahrg. No. 9. p. 289—290.

Seebohm, Henry, A Review of the Species of the Genus *Scolopax*. in: The Ibis, (5.) Vol. 4. No. 14. Apr. p. 122—144.

(28 sp. and subsp.)

Scolopax. v. supra *Coturnix*, Wachteln.

Karlsberger, Rud. O., Ein Brutplatz der Zwergohreule, *Scops Aldrovandi* Willughby, in Niederösterreich. in: Mittheil. Ornithol. Ver. Wien, 10. Jahrg. No. 25. p. 294.

Henshaw, H. W., Habits of the Rufous-backed Humming-bird (*Selasphorus rufus*). in: The Ibis, (5.) Vol. 4. No. 14. Apr. p. 215—216.
(From the Auk, p. 76—77.)

Thome, P. M., The Eastern Blue bird at Fort Lyon, Colorado [*Sialia sialis*]. in: The Auk, Vol. 3. No. 4. p. 489.

Sclater, Ph. L., The Generic Term *Simorhynchus*. in: The Ibis, (5.) Vol. 4. No. 14. Apr. p. 211.

Beckham, C. W., The Red-breasted Nuthatch [*Sitta canadensis*] in Kentucky in Summer. in: The Auk, Vol. 3. No. 4. p. 489.

Labonne, H., Les Eiders de l'Islande [*Somateria mollissima*]. in: Revue Scientif. (3.) T. 38. No. 22. p. 693—694.

Chapman, Frk. M., The Barn Owl [*Strix pratincola*] at Englewood, N. J. in: The Auk, Vol. 3. No. 4. p. 485.

Ellison, Allan, Blackcap [*Sylvia atricapilla*] and Grasshopper Warbler in Wicklow. in: The Zoologist, (3.) Vol. 10. Decbr. p. 490.

Das Birkhuhn (*Tetrao tetrix* L.). in: Mittheil. Ornithol. Ver. Wien, 10. Jahrg. No. 22. p. 254—256.

Tetrao tetrix. v. supra *Lagopus albus.*

Hartlaub, G., On a new Species of Barbet of the Genus *Trachyphonus* [*Tr. Shelleyi* n. sp.]. With 1 pl. in: The Ibis, (5.) Vol. 4. No. 14. Apr. p. 105—112. No. 15. July, p. 378.

Davison, Wm., (Two n. sp. of Birds from Southern India: *Trochalopterum cinnamomeum* and *Merula erythrotis*). in: The Ibis, (5.) Vol. 4. No. 14. Apr. p. 203—205.

Bailey, H. B., Singular nesting site of Wilson's Thrush [*Turdus fuscescens*]. in: The Auk, Vol. 3. No. 4. p. 489.

Homeyer, Alex. von, Antikritik gegen Hrn. E. F. von Homeyer's Aufsatz »Über *Turdus pilaris*«. in: Mittheil. Ornithol. Ver. Wien, 10. Jahrg. No. 26. p. 301—303.

Hadfield, Henry, Ring Ouzel [*Turdus torquatus*] Breeding on the Malvern Hills. in: The Zoologist, (3.) Vol. 10. Decbr. p. 490.

e) Mammalia.

Reichenow, A., Bericht über die Leistungen in der Naturgeschichte der Säugethiere während des Jahres 1884. in: Arch. f. Naturgesch. 51. Jahrg. 5. Hft. (2. Bd. 2. Hft.) p. 95—153.

Nehring, Alfr., Katalog der Säugethiere. — Zoologische Sammlung der kgl. landwirthschaftlichen Hochschule in Berlin. Mit 52 Textabbild. Berlin, Parey, 1886. 8⁰. (VII, 100 p.) *M* 1,50.

Schmidt, Osk., Les Mammifères dans leur rapports avec leurs ancêtres géologiques. Paris, 1886. 8⁰. Avec 51 fig. *M* 5,—.

Albrecht, P., Über die cetoide Natur der Promammalia. in: Anat. Anz. 1. Jahrg. No. 13. p. 338—348.

Howes, G. B., On the Morphology of the Mammalian Coracoid. (Brit. Assoc.) in: Nature, Vol. 34. No. 883. p. 537.

Tornier, Gust., Fortbildung und Umbildung des Ellbogengelenks während der Phylogenesis der einzelnen Säugethiergruppen. Mit 2 Holzschn. in: Morpholog. Jahrb. 12. Bd. 3. Hft. p. 407—413.

Albrecht, P., Nachweis, daß von einem vorderen und hinteren Zwischenkiefer im Sinne Biondi's nicht die Rede sein kann. in: Biolog. Centralbl. 6. Bd. No. 19. p. 606—607.

Albrecht, P., Über den morphologischen Werth der einzelnen Abschnitte des Canalis Fallopiae der Säugethiere. ibid. p. 604—606.

Baur, G., Über das Quadratum der Säugethiere. in: Sitzgsber. d. Ges. f. Morphol. u. Physiol. München, 1886. p. 45—57.

Bardeleben, Karl, Hand und Fuß. in: Tagebl. 59. Vers. deutsch. Naturf. p. 96—102.

Gruber, W., Monographie über den Musculus extensor proprius digiti medii bei dem Menschen und bei den Säugethieren. Mit 1 Tab. u. 1 Taf. in: Dessen Beobacht. aus d. menschl. u. vergl. Anat. 7. Hft. p. 17—34.

—— Monographie über den Musculus peroneus digiti V. und seine Reduction bis auf die vom Musculus peroneus brevis abgegebene Fußrückensehne bei dem Menschen; und über den homologen Musculus peroneus digiti V. und seine Reduction auf die vom Musculus peroneus brevis abgegebene Fußrückensehne und über andere Musculi peronei digitorum bei den Säugethieren. Mit 3 Taf. ibid. p. 35—82.

Canalis, Pietro, Sullo sviluppo dei denti nei Mammiferi. in: Anat. Anz. 1. Jahrg. No. 7. p. 187—188.

Rosenberg, Ludw., Über Nervenendigungen in der Schleimhaut und im Epithel der Säugethierzunge. Mit 2 Taf. aus: Sitzgsber. k. Akad. d. Wiss. Wien, Math. nat. Cl. (36 p.) *M* 1,—.

Gottschau, .., Zur Entwicklung der Säugethierlinse. in: Anat. Anz. 1. Jahrg. No. 14. p. 381—382.

Van Beneden, Ed., Erste Entwicklungsstadien von Säugethieren. in: Tagebl. 59. Vers. deutsch. Naturf. p. 374—375.

Ihering, H. von, Über »Generationswechsel« bei Säugethieren. in: Biolog. Centralbl. 6. Bd. No. 17. p. 532—539. — Abstr. in: Journ. R. Microsc. Soc. (2.) 1887. P. 1. p. 44.

Goûts carnivores de certains herbivores (d'après ‚Science'). in: Revue Scientif. (3.) T. 38. No. 20. p. 636.

Sutton, J. Bland, On some Specimens of Disease from Mammals in the Society's Gardens. in: Proc. Zool. Soc. London, 1886. P. II. p. 206—217.

Wilckens, M., Untersuchung über das Geschlechtsverhältnis und die Ursachen der Geschlechtsbildung bei Hausthieren. in: Biolog. Centralbl. 6. Bd. No. 16. p. 503—510.
(Landwirthsch. Jahrbb. 15. Bd. p. 607—651.)

Herrick, C. L., Notes on the Mammals of Big Stone Lake and Vicinity. in: 13. Ann. Rep. State Geologist, p. 178—186.

Kobelt, W., Die Säugethiere Nordafrikas. (Schluß.) in: Zoolog. Garten, 27. Jahrg. No. 8. p. 237—243. — Nachtrag. ibid. No. 10. p. 312—316.

True, Fred. W., An annotated List of the Mammals collected by the late Mr. Charles L. McKay in the vicinity of Bristol Bay, Alaska. in: Proc. U. S. Nation. Mus. Vol. 9. 1886. p. 221—224.
(23 sp.)

Depéret, Ch., Nouveaux documents pour la faune de Mammifères pliocènes du bassin du Roussillon. in: Compt. rend. Ac. Sc. Paris, T. 103. No. 24. p. 1208—1210.

Gegenbaur, K., Zur Kenntnis der Mammarorgane der Monotremen. Mit

1 Taf. und 2 Fig. im Text. Leipzig, Engelmann, 1886. 4⁰. (39 p.) ℳ 4,—.

Guldberg, G. A., Bidrag til Cetaceernes Biologi. Om Fortplantninger og Draegdigheder hos de Nordatlantiske Bardehvaler. Christiania, 1886. 8⁰. (56 p.) ℳ 1,50.

Korschelt, Eug., Zur Phylogenie der Cetaceen. in: Kosmos (Vetter), 19. Bd. 1886. 3. Hft. p. 210—219.
(Nach M. Weber.) — s. Z. A. No. 240. p. 728.

Cope, E. D., Schlosser on Creodonta and *Phenacodus*. in: Amer. Naturalist, Vol. 20. Nov. p. 965—967.

Thomas, Oldf., Note intorno ad alcuni Chirotteri appartenenti al Museo Civico di Genova e descrizione di due nuove specie del genere *Phyllorhina*. in: Ann. Mus. Civ. Stor. Nat. Genova (2.) Vol. 4. p. 201—207.

Coster, C., Fliegen der Fledermäuse bei Sonnenlicht. in: Zoolog. Garten, 27. Jahrg. No. 8. p. 260.

Cunningham, J., The Lumbar Curve in Man and Apes. ‚Cunningham Memoir' publ. by the R. Irish Acad. With 13 pl. Dublin, 1886. 4⁰.

Stewart, W. H., Monkeys Swimming [*Macacus* sp.]. in: The Zoologist, (3.) Vol. 10. Decbr. p. 483.

Rochebrune, A. T. de, Du platyrhinisme chez un groupe de Singes africains. in: Compt. rend. Ac. Sc. Paris, T. 103. No. 20. p. 940—941.

Schäff, Ernst, Maße und Farbe eines zwei Tage alten weiblichen Lamas. in: Zoolog. Garten, 27. Jahrg. No. 9. p. 292.

Gronen, Dam., Die geographische Verbreitung des amerikanischen Büffels (*Bison americanus*). in: Zoolog. Garten, 27. Jahrg. No. 11. p. 353—355.

Guldberg, Gust. A., Zur Biologie der nordatlantischen Finwalarten. in: Zoolog. Jahrbüch. Spengel, 2. Bd. 1. Hft. p. 127—174.

Collett, Rob., On the external characters of Rudolphi's Rorqual (*Balaenoptera borealis*). With 2 pl. in: Proc. Zool. Soc. London, 1886. P. II. p. 243—265.

—— Parasites of *Balaenoptera borealis*. in: Proc. Zool. Soc. London, 1886. P. II. p. 255—259. — Abstr. in: Journ. R. Microsc. Soc. London, (2.) Vol. 6. P. 6. p. 949.

Herd-Book de la race bretonne pie-noire. I. Composition de la commission; II. Avantages du Herd-book breton; III. Statuts; IV. Caractères que doivent présenter les animaux à inscrire; V. Animaux inscrits au 1. fevr. 1886; VI. Tables des propriétaires, avec les numéros de leurs animaux inscrits. 1. Bulletin. Inscriptions d'origine. Vannes, 1886. 8⁰. (109 p., avec tableaux.) Fr. 1,—.

Noack, Th., Ein neuer Canide des Somalilandes. Mit 1 Abbild. in: Zool. Garten, 27. Jahrg. No. 8. p. 233—237.

Vulpian, .., Sur l'origine des nerfs moteurs du voile du palais chez le chien. in: Compt. rend. Ac. Sc. Paris, T. 103. No. 16. p. 671—674.

Drömer, Ernst, Der Schweißhund und seine Arbeit. Mit 1 Abbild. Oranienburg, Ed. Freyhoff, 1887. (Nov. 1886.) 8⁰. (VIII, 104 p.) ℳ 3,—.

Oswald, Friedr., Der Vorsteh-Hund in seinem vollen Werthe: dessen neueste Parforce-Dressur ohne Schläge; seine Behandlung in guten und bösen Tagen. Mit ergänzender und lehrreicher Vorrede von Hegewald. 6. Aufl. Rudolstadt, Hartung & Sohn, 1886. 8⁰. (XX, 299 p.) ℳ 4,—.

Sclater, Ph. L., Remarks on the various Species of Wild Goats. With 2 pl. in: Proc. Zool. Soc. London, 1886. P. III. p. 314—318.

Cope, E. D., A giant Armadillo [*Caryoderma snovianum* n. g., n. sp.] from the Miocene of Kansas. in: Amer. Naturalist, Vol. 20. Dec. p. 1044—1046.

Douglass, G. N., Present Distribution of the Beaver in Europe. in: The Zoologist, (3.) Vol. 10. p. 484.

Garbini, Adr., Note istologiche sopra alcune parti dell' apparecchio digerente nella *Cavia* e nel gatto. Con 3 tav. Verona, 1886. 8⁰. (21 p.) Estr. dal Vol. 63. Ser. 3. Accad. Agricolt. Arti e Commercio di Verona.

Mattozo Santos, F., On a new or critical species of Monkey [*Cercopithecus picturatus* n.] and a systematical arrangement of a group of *Cercopithecus*. in: Jorn. Sc. Math. Phys. Nat. Acad. Lisboa, T. 11. No. 42. p. 95—98.

Dombrowski, Ernst Ritt. von, Die Lehre von den Zeichen des Rothhirsches in ihrer stufenweisen Entwicklung bis zum Ausgange des 16. Jahrhunderts. Blasewitz-Dresden, P. Wolff, 1886. 8⁰. (35 p.) ℳ 2,—.

Nehring, A., Der Sumpfhirsch Süd-Americas (*Cervus paludosus* Desm.). in: Deutsch. Jägerzeit. 8. Bd. No. 11. p. 261—266.

Coelodon. v. infra *Oracanthus*, Fl. Ameghino.

Ernst, A., Ein zweites Beispiel eines pathologischen Paca-Schädels. in: Zoolog. Jahrbüch. Spengel, 2. Bd. 1. Hft. p. 189—192.

MacCormick, Alex., Myology of the Limbs of *Dasyurus viverrinus*. With 1 pl. in: Journ. of Anat. and Physiol. (Humphrey, Turner), Vol. 21. (N. S. Vol. 1.) P. 1. Oct. 1886. p. 103—137.

Selenka, E., Embryology of the Opossum. Abstr. in: Journ. R. Microsc. Soc. London, (2.) Vol. 6. P. 6. p. 937.
(Biol. Centralbl.) — s. Z. A. No. 240. p. 729.

True, Fred. W., Description of a new genus and species of Mole, *Dymecodon pilirostris*, from Japan. in: Proc. U. S. Nation. Mus. Vol. 9. 1886. p. 97—98.

Haacke, Wilh., Über den Brutbeutel der *Echidna*. in: Zool. Anz. 9. Jahrg. No. 229. p. 471.

Trotter, Spencer, The Mammary gland of the Elephant. in: Amer. Naturalist, Vol. 20. Nov. p. 927—931.

Kinkelin, Friedr., Über sehr junge Unterkiefer von *Elephas primigenius* und *Elephas africanus*. in: Ber. Senckenb. Nat. Ges. Frankf. 1886. p. 145—160.

Langkavel, B., Der Sumatra-Elefant, *Elephas sumatranus*. in: Zoolog. Garten, 27. Jahrg. No. 11. p. 350—353.

Cope, E. D., On Two New Species of Three-toed Horses from the Upper Miocene, with Notes on the Fauna of the Ticholeptus Beds. in: Proc. Amer. Philos. Soc. Philad. Vol. 23. No. 123. p. 357—361.

Trouessart, E. L., La phylogénie du Cheval et la théorie de la convergence, à propos du récent discours de M. Carl Vogt. in: Revue Scientif. (3.) T. 38. No. 18. p. 557—559.

Marey, Ch., Analyse cinématique de la locomotion du cheval (en commun avec Mr. Pagès). Avec figg. in: Compt. rend. Ac. Sc. Paris, T. 103. No. 13. p. 538—547.
(cf. Z. A. No. 222. p. 277.)

Langkavel, B., Tigerpferde. in: Zoolog. Jahrbüch. Spengel, 2. Bd. 1. Hft. p. 117—126.

Schäff, Ernst, (Über ein Hengstfohlen von *Equus hemionus*). in: Zoolog. Garten, 27. Jahrg. No. 8. p. 259—260.

Benson, Henry, Hedgehog attacking Chickens. in: The Zoologist, (3.) Vol. 10. Nov. p. 457.

Schacht, H., Ein Igel im Eichhörnchennest. in: Zoolog. Garten, 27. Jahrg. No. 9. p. 293—294.

Hodd, J. Herb., Abnormality in Cats' Paws. in: Nature, Vol. 35. No. 890. p. 53.

Poulton, Edw. B., Observations on Heredity in Cats with an abnormal number of toes. With figg. in: Nature, Vol. 35. No. 889. p. 38—41.

White, Will., Heredity in Abnormal-toed Cats. in: Nature, Vol. 35. No. 893. p. 125—126.

Felis catus, appar. digest. v. supra *Cavia*, A. Garbini.

Stowell, T. B., The Trigeminus Nerve in the Domestic Cat (*Felis domestica*). With cut. From: Proc. Amer. Philos. Soc. 1886. May, p. 459—478.

Bolau, H., Thiermord im Zoologischen Garten in Hamburg [*Felis concolor*]. in: Zoolog. Garten, 27. Jahrg. No. 11. p. 357—358.

On Lion — Breeding- (from V. Ball, Observations etc.). in: Nature, Vol. 34. No. 886. p. 601.

Günther, A., Second Note on the Melanotic Variety of the South-African Leopard. in: Proc. Zool. Soc. London, 1886. P. II. p. 203—205.

Löwis, Osk. von, Nochmals mein Nörz [*Foetorius lutreola*]. in: Zoolog. Garten, 27. Jahrg. No. 10. p. 316—319.
(s. Z. A. No. 232. p. 537.)

Leche, Wilh., Über die Säugethiergattung *Galeopithecus*. Eine morphologische Untersuchung. Mit 5 Taf. (92 p.) 4°. aus: Kgl. Vet. Akad. Handl. Stockholm, 21. Bd. No. 11. (1886.)

Nehring, A., Der große Grison (*Galictis crassidens* Nrg., resp. *G. Allamandi* Bell). in: Zoolog. Garten, 27. Jahrg. No. 9. p. 274—279.

Kohl, Frz., A new *Gazella* from the Somali-land [*G. Pelzelnii*]. in: Ann. of Nat. Hist. (5.) Vol. 18. Nov. p. 420.
(Verhdlg. k. k. Zool. bot. Ges. Wien.) — s. Z. A. No. 240. p. 730.

Thomas, Oldf., Note on *Hesperomys pyrrhorhinus*, Pr. Max. in: Ann. of Nat. Hist. (5.) Vol. 18. Decbr. p. 421—423.

Schlosser, M., Erklärung [über *Hyracotherium*]. in: Zool. Anz. 9. Jahrg. No. 227. p. 432—433.

Lataste, F., Sur la dentition des Damans. in: Bull. Scientif. dép. du Nord, (2.) Vol. 9. No. 9/10. p. 348—349.
(Assoc. franç.)

—— De l'existence de dents canines à la machoire supérieure des Damans; formule dentaire de ces petits Pachydermes. ibid. No. 7/8. p. 275—278.

Jentink, F. A., On a new species of *Hyrax* (*Hyrax Stampflii*) from Liberia. in: Notes Leyden Mus. Vol. 8. No. 4. Note XXX. p. 209—212.

Schäff, Ernst, Über *Lagomys rutilus* Severzoff. Mit 6 Holzschn. in: Zoolog. Jahrbüch. Spengel, 2. Bd. 1. Hft. p. 65—72.

Landois, H., Die westfälischen fossilen und lebenden Dachse. in: Zoolog. Garten, 27. Jahrg. No. 9. p. 281—283.

Larken, E. P., Do Stoats and Weasels kill Moles? in: The Zoologist, (3.) Vol. 10. Nov. p. 456.

Parker, T. Jeffery, On the bloodvessels of *Mustelus antarcticus*. in: Proc. R. Soc. London, No. 245. p. 472—474.

Albrecht, P., Spalte des Brustbeinhandgriffes der Brüllaffen. in: Biolog. Centralbl. 6. Bd. No. 19. p. 602—603.

Ameghino, Florentino, *Oracanthus* y *Coelodon*. Géneros distintos de una misma familia. in: Bolet. Acad. Nac. Cienc. Cordoba, T. 8. Entr. 4. p. 394—398.

Sterndale, R. A., On a case of hybridism between *Ovis Hodgsoni* and *O. Vignei*. in: Proc. Zool. Soc. London, 1886. P. II. p. 205—206.

Thomas, Oldf., Diagnosis of a new species of *Phascologale* [*Doriae* n. sp.]. Estr. dagli Ann. Mus. Civ. Stor. Nat. Genova (2.) Vol. 4.

Nehring, A., Über die Robben der Ostsee, namentlich über die Ringelrobbe. in: Sitzgsber. Ges. Nat. Fr. Berlin, 1886. No. 8. p. 119—124.

Les nouveaus Cachalots du Muséum. in: Revue Scientif. (3.) T. 38. No. 24. p. 763—764.

Anderson, J., (Letter on a young male *Rhinoceros lasiotis*). in: Proc. Zool. Soc. London, 1886. III. p. 266.

Sclater, Ph. L., Note on the external characters of *Rhinoceros simus*. With 1 pl. in: Proc. Zool. Soc. London, 1886. P. II. p. 143—144.

Rhynchocyon Reichardi n. sp. v. infra *Sciurus Boehmi*, A. Reichenow.

Douglass, G. N., Variation of Colour in the European Squirrel. in: The Zoologist, (3.) Vol. 10. Nov. p. 456.

Reichenow, A., Zwei neue Säugethiere aus Inner-Africa [*Sciurus Boehmi* n. sp., *Rhynchocyon Reichardi* n. sp.]. in: Zool. Anz. 9. Jahrg. No. 223. p. 315—317.

Nehring, A., Über halbdomesticirte Schweine in Neu-Guinea. in: Tagebl. 59. Vers. deutsch. Naturf. p. 371.

Finsch, O., On a new Species of Wild Pig from New Guinea [*Sus niger* n.]. in: Proc. Zool. Soc. London, 1886. P. II. p. 217—218.

Heape, Walt., The Development of the Mole (*Talpa europaea*). Stages E to J. With 3. pl. in: Quart. Journ. Microsc. Sc. Vol. 27. P. 2. p. 123—163. — Abstr. in: Journ. R. Microsc. Soc. London, 1887. P. 1. p. 41—42.

Leidy, Jos., *Toxodon* and other remains from Nicaragua, C. A. With 3 cuts. in: Proc. Acad. Nat. Sc. Philad. 1886. p. 275—277.

19. Anthropologie.

Archiv für Anthropologie. Zeitschrift für Naturgeschichte und Urgeschichte des Menschen. Hrsgeg. von A. Ecker, L. Lindenschmidt und J. Ranke. 16. Bd. 4. Vierteljahrsheft. (Ausgeg. Nov. 1886.) Mit 1 Karte. Braunschweig, Vieweg, 1886. 4⁰. *M* 25,—.

Выставка, Антропологическая (1879 года). Томъ 4. Часть 2. Подъ Ред. А. П. Богданова. (Anthropologische Ausstellung vom J. 1879. 4. Bd. 2. Th. Unter Red. von A. P. Bogdanow.) Moskau, 1886. 4⁰. (134 gespaltne p. u. 28 p. Inhalt, 11 phototyp.)
(Schluß des Ganzen, mit Inhalt aller vier Bände.)

Albrecht, Paul, Sur la place morphologique de l'homme dans la série des Mammifères suivi d'un essai sur la criminalité de l'homme au point de vue de l'anatomie comparée. Conférence donnée à Rome dans la 2. séance du premier congrès d'Anthropologie criminelle. Extr. des Actes du Congrès. Rome, 1886. 8⁰. (13 p.) *M* 1,—.

Sutton, J. Bland, On the Intervertebral Disk between the Odontoid Process and the Centrum of the Axis in Man. in: Proc. Zool. Soc. London, 1886. P. III. p. 337—342.

Turner, Sir Will., Report on the Human Crania and other Bones of the Skeletons collected during the Voyage of H. M. S. Challenger in the years 1873—1876. With 3 pl. in: Rept. Scient. Res. Challenger, Zool. Vol. 16. (136 p.)

Bennett, E. H., On the Ossicle occasionally found on the posterior border of the Astragalus. in: Journ. of Anat. and Physiol. (Humphry, Turner), Vol. 21. (N. S. Vol. 1.) P. 1. Oct. 1886. p. 59—65.

Cope, E. D., On Lemurine Reversion in Human Dentition. in: Amer. Naturalist, Vol. 20. Nov. p. 941—947.
(Tritubercular superior molars.)

Windle, Bertr. C. A., and J. Humphreys, Man's Lost Incisors. in: Journ. of Anat. and Physiol. (Humphrey, Turner), Vol. 21. (N. S. Vol. 1.) P. 1. Oct. 1886. p. 84—96.

Steenstrup, J. Jap. Sm., Kjøkken-Møddinger. Eine gedrängte Darstellung dieser Monumente sehr alter Kulturstadien. Mit 3 Holzschn. in 8⁰ und 1 Kupfertaf. in 4⁰. Kopenhagen, Hagerup, 1886. 8⁰. (47 p.)

20. Palaeontologie.

Abhandlungen, Palaeontologische. Hrsg. von W. Dames und E. Kayser. 3. Bd. 4. Hft. Mit 9 Taf. u. 28 Holzschn. Berlin, G. Reimer, 1886. 4⁰. (73 p., p. 237—307.) *M* 15,—.
(Sterzel, J. T., Die Flora des Rothliegenden im nordwestl Sachsen.)

Haas, Hippolyt, Katechismus der Versteinerungskunde (Petrefaktenkunde, Paläontologie). Mit 178 in den Text gedruckten Abbildungen. Leipzig, J. J. Weber, 1887 (Oct. 1886). 8⁰. (VIII, 240 p.) *M* 3,—.

Handwörterbuch der Mineralogie, Geologie und Palaeontologie. Hrsg. von A. Kenngott, unter Mitwirkung von R. Hörnes, A. von Lasaulx und Fr. Rolle. 3. Bd. Mit 103 Holzschn. Breslau, Trewendt, 1886. 8⁰. *M* 18,—.

Hoernes, R., Manuel de Paléontologie. Trad. par L. Dollo. Paris, Savy, 1886. 8⁰. (741 p., 672 gravures intercalées dans le texte, et une table alphabétique des espèces éteintes.)

Zittel, K. A., und K. Haushofer, Palaeontologische Wandtafeln und geologische Landschaften zum Gebrauch an Universitäten und Mittelschulen. 6. Lief. [Taf. 21—26. à 4 Bl.] Kassel, Fischer, 1886. Imp.-Fol., Text gr. 8⁰. (7 p.) *M* 13,—.

Gratacap, L. P., Zoic Maxima, or Periods of Numerical Variations in Animals. in: Amer. Naturalist, Vol. 20. Dec. p. 1009—1016.

Bornemann, Joh. Geo., Die Versteinerungen des Cambrischen Schichtensystems der Insel Sardinien, nebst vergleichenden Untersuchungen über analoge Vorkommnisse aus anderen Ländern. 1. Abth. Mit 33 Taf. Halle. (Leipzig, Engelmann in Comm.) 1886. 4⁰. (148 p.) Aus: Nova Acta Acad. Leop.-Car. Nat. Cur. 49. Bd. *M* 20,—.

Gilliéron, V., La faune des conches à Mytilus considérée comme phase méconnue de la transformation de formes animales. in: Verhandl. Naturf. Ges. Basel, 8. Th. 1. Hft. p. 133—164.

Lorié, J., Contributions à la géologie des Pays-Bas. Résultats géologiques et paléontologiques des forages de puits à Utrecht, Goes et Gorkum. Avec 5 pl. in: Arch. Mus. Teyler, (2.) Vol. 2. P. 3. 1885. p. 109—240.

Niedźwiedzki, J., Zur Kenntnis der Fossilien des Miocäns bei Wieliezka und Bochnia. Mit 1 Taf. (8 p.) Aus: Sitzgsber. k. Akad. Wiss. Wien, 93. Bd. 1. Abth. p. 14—21. — *M* —, 40.
(2 n. sp.)

Bureau, Ed., Sur la formation de Bilobites à l'époque actuelle. in: Compt. rend. Ac. Sc. Paris, T. 103. No. 24. p. 1164—1167.
(Pistes du *Crangor.*)

Winkler, T. C., Étude ichnologique sur les empreintes de pas d'animaux fossiles suivie de la description des plaques à impression d'animaux qui se trouvent au Musée Teyler. Avec 12 pl. in: Arch. Mus. Teyler, (2.) Vol. 2. P. 4. 1886. p. 241—440, IV p.

II. Wissenschaftliche Mittheilungen.

1. Zur Morphologie der marinen Bryozoen.

Von Dr. W. J. Vigelius, Haag, Holland.

eingeg. 15. März 1887.

Als vorläufige Resultate meiner fortgesetzten Untersuchungen über die Morphologie der ectoprocten marinen Bryozoen, welche sich in der letzten Zeit auch über die Gruppen der Cteno- und Cyclostomen ausdehnten, kann ich folgende Notizen mittheilen.

Untersuchungsmaterial: Chilostomen: verschiedene *Bugula* spec.; *Bicellaria ciliata* L., *Membranipora pilosa* L., *Flustra carbasea* Ell. Sol.; Ctenostomen: *Alcyonidium mytili* Dalyell, *Mimosella gracilis* Hincks, *Zoobotryon pellucidus* Ehrenb.; Cyclostomen: *Crisia* spec.

Das Ectodermalepithel, welches ich an Silberpraeparaten von *Bugula*, *Membranipora*, *Flustra* und *Mimosella* studiren konnte, besitzt bei allen Formen im Allgemeinen dieselben Charactere, welche neulich von Ostroumoff und mir für andere Arten angegeben worden sind. Es ist im erwachsenen Thiere aus großen stark abgeplatteten Zellen zusammengesetzt und besteht in der Knospenanlage (besonders am distalen Rande bei *Bugula*, *Membranipora* und *Flustra*) aus kleineren polygonalen Zellen, welche meistens noch der später auftretenden stark undulirten Contour entbehren. In den Stammgliedern von *Mimosella* sind die Ectodermzellen schmal und ziemlich in die Länge gezogen. Es kommt mir sehr wahrscheinlich vor, daß in den meisten Fällen das Material des Hautskelets innerhalb der Ectodermzellen abgesetzt wird. Ist dies der Fall, so wird es erklärlich, warum die Zellkerne so schwer aufzufinden sind.

Innerhalb des Hautskelets von *Alcyonidium mytili* habe ich dieselben sanduhrförmigen Vertiefungen beobachtet, welche von Kohlwey bei *A. gelatinosum* beschrieben wurden. Diesem Forscher gegenüber glaube ich, daß die feinen Scheidewände, wodurch an diesen Stellen die Individuen von einander getrennt werden, durchlöchert sind und demnach den bei Ectoprocten so weit verbreiteten Communicationsplatten entsprechen. Bei *Crisia* kommen innerhalb des stark verdickten Hautskelets an beiden Enden etwa trichterförmig erweiterte Canälchen vor, welche Fortsetzungen des Parenchymgewebes enthalten und gleichfalls als Communicationsgebilde zu deuten sind. Waters und Longe haben schon auf deren Vorkommen bei recenten und fossilen Cyclostomen hingewiesen.

Das Parenchymgewebe ist bei allen untersuchten Formen, mit Ausnahme von *Alcyonidium*, nach ein und demselben Typus gebaut, welcher sich den früher von mir bei *Flustra membranaceo-truncata* Smitt und *Bugula calathus* Norm. geschilderten Verhältnissen sehr eng anschließt. Es betheiligen sich daran: 1) eine zellige mesenchymatöse Parietalschicht, welche der Innenseite des Hautskelets sowohl der Individuen wie der eventuell vorkommenden Stammglieder (*Zoobotryon, Mimosella*) anliegt; 2) eine meistens spärlich entwickelte, den Darmcanal ungebende Darmschicht, welche, eben so wenig wie die erstere, einen epithelialen Character besitzt und 3) ein aus spindelförmigen Zellen zusammengesetztes Strangsystem, welches die Leibeshöhle durchsetzt und die Parietal- und Darmschicht in verschiedener Weise mit einander verbindet. Diese Stränge sind bei Chilostomen (*Bugula, Membranipora*) in größerer Zahl vorhanden und stärker ausgebildet als bei den Cteno- und Cyclostomen, wo sie manchmal in sehr geringer Zahl auftreten und die Gestalt vereinzelter dünner Fäden annehmen können. Das sogenannte »communale Bewegungsorgan« (Reichert) von *Zoobotryon pellucidus* ist nichts weiter wie dieses mesenchymatöse Strangsystem.

Das Parenchymgewebe hat bei allen Formen sowohl in den Knospen wie in den Vegetationspuncten der Stammglieder und deren Verzweigungen eine epithelartige Anlage, welche aber durchweg bald verloren geht und sich in ein Mesenchymgewebe umwandelt. Doch kann dasselbe an gewissen vereinzelten Stellen seinen epithelialen Character beibehalten oder resp. einen solchen annehmen. Sein Verhalten ist also wenig geeignet, den öfters betonten scharfen Unterschied zwischen Epithel und Mesenchym zu bestätigen.

Alcyonidium mytili verdient in Bezug auf das Parenchymgewebe besondere Berücksichtigung, weil hier die epitheliale Anlage nicht nur einen abweichenden Character besitzt, sondern auch, wenigstens als Parietalschicht, längere Zeit hindurch erhalten bleibt. Letztere bildet, besonders bei jungen vollkommenen Thieren, eine Schicht großer körniger, etwa cylindrischer Epithelzellen, welche von der Außenseite des Hautskelets betrachtet, eine polygonale Gestalt besitzen und sowohl von den Ectodermzellen, als von der Parenchymanlage anderer Formen erheblich abweichen. Dieses Epithel hat übrigens auch einen vorübergehenden Character und wandelt sich gegen die Geschlechtsreife in eine Gewebsschicht um, welche in mancherlei Beziehung mit der Parietalschicht anderer Formen übereinstimmt. Das Parenchymgewebe besitzt eine große Bildungsfähigkeit und liefert an der Innenseite zahlreiche Zellderivate, unter welchen die Keimzellen eine hervorragende Rolle spielen. Ohne Zweifel stellt es ein hochwichtiges Gewebe dar. Sowohl bei den Gymnolaemen wie bei den Entoprocten scheint es in der Knospe alle inneren Organe zu liefern und daselbst die combinirte Rolle eines Hypoblasts + Mesoblasts zu spielen. Für die erstere Gruppe wurde dies u. A. von mir schon öfters hervorgehoben; für die letztere Abtheilung (*Pedicellina*) wurde neuerdings von Harmer dargethan, daß auch hier der Vegetationspunct des Stolo lediglich aus ecto- und mesodermalem Gewebe besteht und daß also eine Hypoblastanlage in derselben absolut fehlt (gegen Hatschek). Daß übrigens das Parenchymgewebe der Gymnolaemen und das unzweifelhaft mesodermale Gewebe der Entoprocten homologe Gebilde darstellen, ist, glaube ich, wohl kaum zu bezweifeln; ich habe hierauf schon früher hingewiesen.

Der Ernährungsapparat (Tentakel + Darmkanal) bietet bei allen Formen große Übereinstimmung. Die Cilien der Tentakel finde ich an conservirten Thieren immer in derselben Weise angeordnet wie bei *Flustra membranaceo-truncata*. Der Darmtractus ist sowohl in seinem gröberen wie feineren Baue der Hauptsache nach überall gleich gebaut und besteht aus Pharynx, Magen, Blindsack und Darm; bei *Zoobotryon* und *Mimosella* kommt außerdem noch ein Kaumagen hinzu. — Der Ringcanal ist überall vorhanden und wird von der Fortsetzung der die Tentakelcanäle auskleidenden Mesenchymschicht ausgekleidet. Nur bei *Alcyonidium mytili* konnte ich bis jetzt innerhalb des Ringcanals auf der Analseite ein scharf begrenztes Organ auffinden, welches einem Ganglion sehr ähnlich scheint; bei den anderen Formen liegen die Verhältnisse, was diesen Punct betrifft, viel weniger klar vor. — Die Histolysis des Ernährungsapparates ist bei allen eine sehr verbreitete Erscheinung. Bei *Crisia* gehen aus dessen Restanten mehrere braune Körper hervor. Auch sprechen meine Beobachtungen sehr dafür, daß die letzteren Gebilde, theilweise wenigstens, von den regenerirenden Ernährungsorganen assimilirt werden.

Die Geschlechtsorgane sind immer Producte des Parenchymgewebes. Bei *Alcyonidium* entstehen sie aus der epithelartigen Parietalschicht. Die Größe des Eierstocks und der denselben zusammensetzenden Keimzellen resp. Eier ist sehr verschieden. Bei *Alcyonidium* und *Membranipora pilosa* ist das Ovarium groß und besteht aus zahlreichen viereckigen oder polygonalen Eizellen; bei *Flustra carbasea*, *Bicellaria ciliata* und *Zoobotryon*, wo der größere Theil der Keimzellen einen Follikel bildet, ist es klein und enthält nur wenige Eier. Das reife Ei der mit Ovizellen ausgestatteten *Flustra carbasea* ist, gerade wie bei *Fl. membranaceo-truncata*, sehr groß und füllt einen guten Theil der Leibeshöhle aus.

Die männlichen Geschlechtszellen bilden nach wiederholter Theilung deutliche Spermatoplastenkugeln, welche vorzugsweise den proximalen Theil der Leibeshöhle einnehmen; bei *Flustra carbasea* treten diese Kugeln weniger klar hervor und bildet der mächtig entwickelte Testis eine mehr compacte Zellenmasse. Bei *Crisia* scheint die Bildung der Geschlechtszellen ausschließlich in den Brutkapseln vor sich zu gehen, da ich auf meinen zahlreichen Schnittpraeparaten innerhalb der Nährthiere niemals eine Spur von Eiern oder Spermatozoen habe entdecken können. Die Ovizellen haben hier also voraussichtlich eine andere Bedeutung als diejenigen der Chilostomen (Hincks u. A.), doch kann ich für diese Ansicht noch keinen absolut sicheren Beweis beibringen, da es mir bis jetzt (vermuthlich wegen des zu hohen Alters der untersuchten Brutkapseln) noch nicht gelungen ist, die Entstehung der Eier und Spermatosporen innerhalb derselben entscheidend nachzuweisen. Die zahlreichen von mir in Schnittserien zerlegten Ovizellen von *Crisia* enthalten immer eine große Anzahl von Embryonen sehr verschiedenen Alters, welche dicht an einander liegen und von einer gemeinschaftlichen sackartigen Parenchymhülle umgeben sind. Ich konnte an diesen Embryonen einige der kürzlich von Ostroumoff gemachten entwicklungsgeschichtlichen Angaben (Blastulabildung, Entstehung des Saugnapfes und der Mantelhöhle, Character des Füllgewebes etc.) bestätigen.

Das Intertentacularorgan von *Alcyonidium mytili* ist nicht bei allen functionirenden Individuen des Stockes vorhanden. Es liegt innerhalb der Tentakelscheide, besitzt eine epitheliale Auskleidung und ist über eine große Strecke seines Verlaufs beiderseits mit den anliegenden Tentakeln verwachsen.

Die Resultate meiner Arbeit, welche ich noch in mancherlei Hinsicht zu ergänzen beabsichtige, werden im Laufe dieses Jahres in einer größeren von zahlreichen Abbildungen begleiteten Abhandlung veröffentlicht werden.

2. The Nervous System of Sponges.

By Professor F. Jeffrey Bell, in London.

eingeg. 28. März 1887.

I have every reason to believe that the text-book referred to on p. 142 of No. 246 of the »Zoologischer Anzeiger« as »Bell's Textbook of Zoology London 1886« is one which bears the title of »Comparative Anatomy and Physiology« and which was published in 1885. Had it been published in the later year I should be justly blamed for referring only to the observations of Prof. Stewart. May I, therefore, correct Dr. von Lendenfeld's wrong date, and point out that his »Vorläufige Mittheilung« on »Das Nervensystem der Spongien« only appeared some time after my work had begun to be printed off.

I acknowledge that Dr. von Lendenfeld brings no charge of ommission against me, but others, incorrectly acquainted with the date of my work might do so.

3. Herr Max Weber and the General Organs of Myxine.

By J. T. Cunningham, Edinburgh.

eingeg. 30. März 1887.

A few days ago Herr Max Weber sent me a copy of a short paper communicated by him on Feb. 26 of the current year to the Nederlandsche Dierkundige Vereeniging, on the subject of the sexual organs of *Myxine glutinosa*. For his courtesy in sending me the paper I thank him sincerely. For the treatment he has bestowed on me in the paper itself I cannot thank him unreservedly. He makes known to me the existence of a publication on the subject which had entirely escaped my notice, and for that I am grateful. But he says that the results of my inquiries published by me in the Quarterly Journal of Microscopical Science, 1886, were already contained, in nuce in the paper I had overlooked, and when I refer to this paper I find that this is very far from an accurate statement.

The paper to which Max Weber refers as having anticipated my discoveries is one by W. Müller on »Das Urogenitalsystem des *Amphioxus* und der Cyclostomen«, contained in Bd. IX of the Jenaische Zeitschrift, 1875. Müller there gives a description of the urogenital system of *Myxine*, including an account of the ovary and ova, and of the testis. His description of the ovary adds nothing to what had been previously known.

The young ova ·6 mm in diameter he describes as surrounded by a single layer of polygonal cells outside which is a layer of fibrillar connective tissue. Round older eggs he says the mesoarium grows out into a diverticulum, so that they come to lie in a stalked pocket-shaped appendage of the mesoarium. No one from reading this could understand the exact relations of the ovum to the mesoarium, which are clearly described in my paper. Müller next describes ovarian eggs of 18 mm length. These are surrounded by two connective tissue envelopes; the outer is thin and only closely connected with the inner: the former is a continuation of the mesoarium. The second or inner is firmly adherent to the testa which lies beneath it. The inner surface of the inner membrane forms a Membrana propria, in contact with which is a layer of cells towards the middle of the ovum single, towards the poles many cells deep. Towards the middle of the ovum the cells of this layer are square or cubical, towards the poles more cylindrical and forming 3 or 4 layers. In the middle of the white pole of the egg this cellular layer shows a conical hollow ·1 mm deep with a funnel shaped opening directed towards the nucleus and surrounding protoplasm, this opening being the micropyle. The only other stage of the ovum which Müller describes is that of the fertilized ova obtained from the Göteborg Museum. These possessed the polar threads, and were fastened together by them. The testa of these eggs showed no trace of the inner or outer connective tissue envelope, which must have disappeared completely like the enamel-organ of teeth when the enamel is completely formed. Müller then describes the blastoderm of these ova.

It is perfectly obvious from the above that Müller considered the follicular epithelium to be the testa, the membrane which surrounds the deposited ovum: the micropyle he describes in the large ovarian ovum is a cavity in the epithelial layer: in the ovarian ovum he did not see the true vitelline membrane or zona radiata at all, and in the deposited ovum he thought the vitelline membrane was the follicular epithelium or cellular layer of the earlier stage, as is evident from his comparison of the egg membrane with the enamel of teeth. Moreover, although Müller states that the outer of his two connective tissue layers was continuous with the mesoarium he evidently considers them as belonging to the ovum, and concludes that they disappear by degeneration. Müller gave no account whatever of the development of the polar threads.

In my paper I have shown that there is only one layer of connective tissue round the egg, and that this belongs to the ovary where it remains after the ovum is shed, forming a corpus luteum. I have also described completely the structure and development of the vitelline membrane which Müller in the ovarian ovum did not see and in the deposited ovum did not understand, and have shown how the polar threads grow as processes of this membrane, Müller having considered them as of cellular nature, parts of the follicular epithelium. The aperture which Müller described as micropyle I have not seen, instead of a hollow at the point he describes there is a process growing out towards the ovum, and producing the micropylar aperture in the vitelline membrane.

As regards the structure of the testis I was anticipated by Müller, his description and mine being practically identical. But the discovery of hermaphroditism in *Myxine*, of the abundance of hermaphrodite individuals and the probability of nearly all females being hermaphrodite when young, was made by me; and the spermatozoa, with stages in their development were also described by me for the first time. Max Weber then must have neglected to read either my paper or W. Müller's or both when he made the unfounded assertion that my results were already contained in W. Müller's account.

I have next to consider Herr Weber's own remarks on the subject. He says the eggs develope in follicles in a manner similar to that which holds for other Vertebrata. This fact was first established by me. He states that it follows from the researches of W. Müller and myself that the shell (egg-membrane) and polar threads are products of the secretion of the follicular epithelium. The micropyle is also due to these cells.

These results follow from my researches and not in any degree from those of W. Müller. Herr Weber then refers to the Göteborg fertilized ova which were known to W. Müller but not to me; he adds nothing at all to the knowledge gained by Müller from these ova. He next discusses the period of oviposition, saying that even less than myself has he attained to definite conclusions on the matter: my investigations led to what appeared to me the certain conclusion that oviposition was limited, in the neigbourhood of St. Abb's Head, to the time of year between the beginning of November and the beginning of April. Herr Weber obtained eggs which had no threads from Alvärströmmen in August and from Gäsö (Bohuslän) in May and concludes, with very little reason, that oviposition takes place at these localities some months later than the times mentioned, that is to say about October and November at Bergen, about August and September on the coast of Bohuslän. The latter supposition is confirmed by the fact that the Göteborg fertilized eggs were taken in August 1884. Now this last fact is of course conclusive, but Herr Weber's own observations give no information as to the period of oviposition, for there is nothing to show how long the ova whose stage of development he so inadequately describes would take to become perfectly mature. Eggs of the kind he mentions can be found in abundance any day of the whole year. From the fact that various stages of the ova are present at all seasons Herr Weber thinks it possible that the period of oviposition is not limited to a special time of year. There is a possibility of this, but he makes no mention of the important fact announced by me, that after examining large numbers of specimens every month in a year I found newly spent specimens only from November till March. The Dutch zoologist has evidently paid no attention to the description I gave of ovaries from which the ova had recently been discharged. He repeats the suggestion of Steenstrup that the ripe females take on another mode of life, but does not consider my suggestion that they cease to feed, like many other fish.

Finally Herr Weber says that my researches do not completely elucidate the relations of the males, and that his results do not completely decide either for or against mine. My results, as Herr Weber will find if he refers to my paper, were absolutely certain as far as they went, and he adds nothing to them. He concludes his remarks by calling attention to the importance of the fact that in *Cyclostomata* not only the female but the male genital products are expelled without the intervention of genital ducts, a condition found otherwise only in worms: as in the Muraenidae and Salmonidae the testis has a duct. I was under the impression, like most other zoologists, that in the Muraenidae vasa deferentia were absent, as in the *Cyclostomata*. On the whole then I think it is proved that my results were not anticipated by W. Müller, and that Max Weber has not made a single observation which modifies my conclusions in the least degree, excepting his statement of the date at which the Göteborg eggs were obtained, and of the accuracy of this date he gives no evidence.

Edinburgh, March 27, 1887.

III. Mittheilungen aus Museen, Instituten etc.

1. Notiz.

Vielleicht ist manchen Fachgenossen ein Dienst damit erwiesen, wenn ich auf die neuen Wachsmodelle der verschiedenen pelagischen Larvenformen aufmerksam mache, welche Herr Dr. Ziegler hier in recht passender Auswahl und in vortrefflicher Ausführung angefertigt hat. Die Serie von acht Typen ist wohl geeignet, eine lebendige Anschauung dieser Entwicklungsformen zu geben, und eignet sich gut, sowohl zur Demonstration in der Vorlesung, als besonders auch zur Aufstellung in einer Instituts-Sammlung.

Freiburg i. Br., 4. April 1887. Weismann.

2. Anzeige.

Die Assistentenstelle am hiesigen Zoologisch-zootomischen Institut ist durch den Weggang des Herrn Dr. Walter Voigt erledigt. Reflectanten wollen sich mit ihrer Bewerbung direct an den Unterzeichneten wenden.

Würzburg, den 24. April 1887.

Prof. Dr. C. Semper,
Director des Zool.-zoot. Instituts in Würzburg.

3. Zoological Society of London.

15th March, 1887. — The Secretary read a report on the additions that had been made to the Society's Menagerie during the month of February 1887, and called attention to a Burmeister's Cariama (*Chunga Burmeisteri*), received in exchange February 24th; a White-fronted Héron (*Ardea novæ-hollandiæ*), from Australia, presented by F. B. Dyas, Esq.; a young specimen of a Black-winged Kite (*Elanus cæruleus*), taken from the nest by Mr. R. Southey, of Southfield, Plumstead, Cape of Good Hope, and received February 28th; and to two Gloved Wallabies (*Halmaturus irma*), received in exchange from the Zoological and Acclimatization Society of Melbourne, February 28th. — Mr. Howard Saunders, F.Z.S., exhibited a young male Harlequin Duck (*Cosmonetta histrionica*), shot off the coast of Northumberland on the 2nd December last, and remarked that it was the second authentic British-killed specimen in existence. — Mr. Oldfield Thomas, F.Z.S., read a paper on the Bats collected by Mr. C. M. Woodford in the Solomon Islands. The localities at which Mr. Woodford collected were chiefly Alu, in the large Shortland Island, and the adjoining small island of Fauro. The collection contained twenty-three specimens belonging to ten species, of which two were new to science. One of these, which represented also a new genus of Pteropine Bats, was proposed to be called *Nesonycteris Woodfordi.* — A communication was read from Mr. W. R. Ogilvie Grant, F.Z.S., containing an account of the birds collected by Mr. C. M. Woodford at Fauro and Shortland Islands, in the Solomon Archipelago, and in other localities of the group. Mr. Grant proposed to name a new Crow of the genus *Macrocorax,* obtained in the island of Guadalcanar, after its discoverer *M. Woodfordi.* — A communication was read from Mr. G. A. Boulenger, F.Z.S., containing a second contribution to the Herpetology of the Solomon Islands. It gave an account of a collection made chiefly at two localities, Fauro Island and Alu, Shortland Island, by Mr. Woodford. Seven species were described as new to science, amongst which was a new genus and species of Batrachians of the family Ranidae, proposed to be called *Batrachylodes vertebralis.* — Mr. Oldfield Thomas, F.Z.S., read a paper describing the milk-dentition of the Koala (*Phascolarctos cinereus*), which was shown to be in the same state of reduction as had been described by Prof. Flower in the case of the Thylacine. — A second communication from Mr. Boulenger contained a description of a new Gecko of the genus *Chondrodactylus* from the Kalahari Desert, South Africa, based on a specimen which had been presented to the Natural History Museum by Mr. J. Jenner Weir, F.Z.S. The author proposed to call it *C. Weiri*. — P. L. Sclater, Secretary.

5th April, 1887. — The Secretary read a report on the additions that had been made to the Society's Menagerie during the month of March 1887, and called special attention to two Long-tailed Grass-Finches (*Poëphila acuticauda*) from N. W. Australia, presented by Mr. Walter Burton, F.Z.S.; and to a Fisk's Snake (*Boodon Fiskii*) and a Narrowheaded Toad (*Bufo angusticeps*) from South Africa, presented by the Rev. G. H. R. Fisk. — Mr. F. Day, F.Z.S., exhibited and made remarks on a specimen of a Mediterranean Fish (*Scorpæna scrofa*), taken by a trawler off Brixham early in March last, and new to the British fauna. — Mr. J. H. Leech, F.Z.S., exhibited some specimens of new Butterflies from Japan and Corea, and gave a short account of his recent journeys to those countries in quest of Lepidoptera. — The Secretary read a letter addressed to him by the Rev. G. H. R. Fisk, C.M.Z.S., of the Cape Colony, respecting the killing and eating, by a Shrew, of a young venomous Snake (*Sepedon hæmachates*). — Prof. Flower, F.R.S., communicated, on behalf of Messrs. John H. Scott and T. Jeffery Parker, of the University of Otago, N.Z., a paper containing an account of a specimen of a young female *Ziphius*, which was cast ashore alive at Warrington, north of Dunedin, New Zealand, in November 1884. — Mr. Richard S. Wray read a paper on the morphology of the wings of birds, in which a description was given of a typical wing, and the main modifications which are found in other forms of wings were pointed out. One of the principal points adverted to was the absence, in nearly half the class of birds, of the fifth cubital remex, its coverts only being developed. The peculiar structure of the wings in the Ratitae and the *Sphenisci* was also commented upon. — A communication was read from the Rev. H. S. Gorham, F.Z.S., on the classification of the Coleoptera of the division Languriides. The author pointed out the characters which, in his opinion, were available for the systematic arrangement of this family of Coleoptera, and for its division into genera. The subject had hitherto not received the attention it deserved, and several errors had gained currency, owing to the hasty and insufficient way in which the structure of these insects had been analyzed. He added an analytical table of about forty genera, many of those proposed being new. Further notice of the American genera would soon appear in Messrs. Godman and Salvin's ‚Biologia Centrali-Americana'. — P. L. Sclater, Secretary.

4. Linnean Society of London.

17th March, 1887. — Mr. Alfred O. Walker read a paper on the Crustacea of Singapore. The collection in question having been made by Surg. Major Archer during 1879—1883. The species were chiefly dredged in 15—20 fathoms, or got on shallow sand banks. A full list is given of all the forms identified and several new species are described; among these are *Doclea tetraptera*, *Xanthe scaberrimus*, *Maii Miersii* and *Gephyra Archeri*. — A paper by George King on the Indian Figs was read, in which it was shown that Insects play a considerable part in the fertilization of certain forms. Dealing with the structural peculiarities of the flowers in the Genus Ficus, he specifies (1) male (2) pseudohermaphrodite (3) neuter, and (4) female fertile flowers. Besides these there occurs a set of flowers originally named by himself »Insect-attacked-females«, but for which he has adopted Count Solms-Laubach's term »Gall Flowers«. (Bot. Zeit. 1885.) The latter botanist having anticipated him in publication, though King's researches had commenced earlier. As to the question of these Gall-Flowers Dr. King states that the pupa of an insect can usually be seen through the coats of the ovary. The pupa when perfected escapes into the cavity of the receptacle by cutting its way through, and fully developed winged insects are often to be found in considerable numbers in the cavity of the fig. The pupa of the insect must become encysted in the ovary of the gall-flower at a very early period, for about the time at which the imago is escaping from the ovary the pollen of the anthers of the male flower is only beginning to shed. Thus Dr. King holds that through the interposition of insects the malformed female flowers doubtless become functionally important in the life history of the fig trees. — J. Murie.

5. Linnean Society of New South Wales.

26th January, 1887. — 1) On an undescribed *Dules* from New Guinea. By E. P. Ramsay, L.L.D., and J. Douglas-Ogilby. Three specimens of the new species, which is named *D. nitens*, were obtained on the S.E. coast of New Guinea, by Mr. Cairns. — 2) Botanical. — 3) Catalogue of the described Coleoptera of Australia. By George Masters. Part VII. This Part completes Mr. Masters's Catalogue of the Coleoptera of Australia. It includes the Families *Phytophagidæ*, *Erotylidæ*, *Endomychidæ* and *Coccinellidæ*, and contains a record of 997 species, bringing the total record up to 7230 species. — 4) Notes on some Trilobites new to Australia. By F. Ratte, M.E. The author makes some remarks on his species *Lichas sinuata* which he thinks may be looked upon as a variety of *Lichas palmata*, Barr. (= *L. hirsuta*, Fletch.); and figures some Trilobites belonging to the genera *Acidaspis* and *Staurocephalus* from Bowning, some of them probably new species. — 5) On the mode of Nidification of *Pachycephala Gilbertii*. By K. H. Bennett. Mr. Bennett records the finding on the 24th of October last at Hilfern Station, West of the Darling River, of a specimen of this bird, sitting on three eggs in the old nest of a *Pomatostomus*. The eggs and nest are now in the Australian Museum. — 6) Botanical. — Mr. Smithurst exhibited the ulna, radius and other bones of a gigantic Kangaroo from a deep deposit at Gulgong. Also, two specimens of Corals also from Gulgong; one, *Favosites Gothlandica*, the other, a species of *Isastræa* evidently foreign to the district. — Mr. Ogilby exhibited a coloured drawing by Mr. Irwin, of the beautiful fish *Girella cyanea*. — Mr. A. Sidney Olliff exhibited a gigantic flea which he identified as *Pulex echidnæ*, Denny. The specimen was found by Mr. Pedley on the Australian Echidna together with the small species recently described in the 'Proceedings' as *Echidnophaga ambulans*. — Mr. McCooey contributed two notes on the burrowing habits of *Chelodina longicollis*, describing the mode in which the female carries water to soften the hard soil which she chooses as the spot for her nidification. — Mr. Masters exhibited a fine collection of Entomogenous Fungi and read the following explanatory note:— »I have put together in the drawer I now exhibit some of the most conspicuous Entomogenous Fungi in the Macleay-

Museum. No. (1) labelled New South Wales, shows some large Lepidopterous larvæ, with the stipes, rising from the tail, as long and as thick as the Caterpillar, and terminating in a double or sometimes single large oblong somewhat compressed club. (2) Specimens of the wellknown New Zealand *Isaria*, the stipes springing from the head and 10 inches in length. (3) Specimens from Ash Island of larvæ of *Rhyssonotus nebulosus* in a similar state, the fungus rising from the head in a thin stipes and terminating in a small round club. (4) Some Cicada pupæ similarly attacked. New South Wales. (5) Larva of an *Elater* with a number of thread-like growths on the sides of the body. New South Wales. (6) An Homopterous Insect, with fine thread-like growths from its tail. N. S. Wales. (7) Two Dipterous Insects from Cairns, with a short thick stipes terminating in a round club, springing from the base of each wing, evidently a *Cordyceps*. (8) Four different species of Hymenoptera from Cairns, but apparently attacked by the same fungus, which springs from all parts of the body in long, very thin, and hair-like filaments. (9) An Homopterous insect from Cairns, completely enveloped beneath in a growth of short barbed-looking spines. (10) In three Spiders, also from Cairns, shortish, thickish, and rather pointed growths, spring from different parts of the body. (11) Two Wasps from Cuba have a longish stipes rising between the anterior legs. I shall endeavour to have some of the most interesting of these exhibits illustrated for our next meeting. — Dr. Ramsay exhibited a number of rare birds from the late Mr. T. H. Boyer-Bower's collection, for comparison with specimens of allied species from New South Wales:—*Astur cruentus*, Gould, W. A.; *Aegotheles leucogaster*, Gould, W. A.; *Calamoherpe australis*, N. S. W.; *C. longirostris*, Gould, W. A.; *Lophophaps ferruginea*, W. A.; *L. leucogaster*, W. A.; *Ephthianura aurifrons*, N. S. W.; *E. crocea*, W. A.; *Myiagra latirostris*, W. A.; *Estrelda bichenovii*, Gould, N. S. W.; *E. annulosa*, Gould, W. A.; *Poëphila acuticauda*, W. A.; *P. atropygialis*, Centr. Aust.; *P. cincta*. Queensland.

IV. Personal-Notizen.

Berlin. Der ord. Professor der Zoologie, K. Möbius in Kiel übernimmt den 1. Mai das Directorium des Zoologischen Museums in Berlin; zweiter Director desselben wird der dortige außerord. Professor der Zoologie E. v. Martens. Das neue Gebäude für das Berliner zoologische Museum ist so weit vollendet, daß nur noch die innere Einrichtung zu beschaffen ist. Diese soll bis zum 1. April 1888 fertiggestellt werden, damit dann die Überführung der Sammlungen aus dem Universitätsgebäude beginnen kann.

Necrolog.

St. Petersburg. Am 5./17. April starb J. S. Poljakow, Conservator am Zoologischen Museum der Kais. Akademie der Wissenschaften, der bekannte Sibirien-Reisende und Zoolog.

Berichtigung.

Der Verfasser der auf p. 161, No. 247 des Zool. Anz. angeführten Arbeit: „Gemforande Studier« etc. ist Dav. Bergendal, nicht Bugendal.

Druck von Breitkopf & Härtel in Leipzig.

Zoologischer Anzeiger

herausgegeben

von Prof. **J. Victor Carus** in Leipzig.

Verlag von Wilhelm Engelmann in Leipzig.

X. Jahrg. | **20. Mai 1887.** | No. 251.

Inhalt: I. **Litteratur.** p. 249—256. II. **Wissensch. Mittheilungen.** 1. **Patten,** On the Eyes of Molluscs and Arthropods. 2. **Nusbaum,** Zur Abwehr. 3. **Carpenter,** Further remarks upon Professor Perrier's historical errors. 4. **Lataste,** Étude de la dent canine appliquée au cas présenté par le genre Daman et complétée par les définitions des catégories de dents communes à plusieurs ordres de la classe des Mammifères. 5. **Schimkewitsch,** Sur les Pantopodes de l'expedition du »Vettor Pisani«. III. **Mittheil. aus Museen, Instituten etc.** 1. **Zoological Society of London.** 2. **Linnean Society of London.** 3. **Linnean Society of New South Wales.** IV. **Personal-Notizen.** Necrolog.

I. Litteratur.

1. Geschichte und Litteratur.

Stricker, W., Sprachwissenschaft und Naturwissenschaft. XVII. in: Zool. Garten, 27. Jahrg. No. 12. p. 376—378.

Zoology, The Mythical, of the far East. in: Nature, Vol. 35. No. 912. p. 591—592.

Jahresbericht, Zoologischer, für 1885. Herausgeg. von der Zoologischen Station zu Neapel. I. Abth. Allgemeines. Protozoa. Porifera. Coelenterata. Echinodermata. Vermes. Bryozoa. Mit Register und dem Register der neuen Gattungen zu allen vier Abtheilungen. Red. von P. Mayer u. Wilh. Giesbrecht. IV. Abth. Tunicata. Vertebrata. Mit Register. Red. von P. Mayer. Berlin, R. Friedländer & Sohn, 1887. 8⁰. I.: ℳ 8,—: IV.: ℳ 9,—.

Agassiz, Elis. C., Louis Agassiz, sa vie et sa correspondance. Trad. de l'Anglais par Aug. Mayor. Avec portr. Paris, Fischbacher, 1887. 8⁰. (XII, 620 p.)

Rosenberg, Em., Festrede am Tage der Enthüllung des in Dorpat errichteten Denkmals für Karl Ernst von Baer in der Aula der Universität am 16. (28.) Nov. 1886 gehalten. Hrsg. von der Kais. Universität Dorpat. Dorpat, 1886. 4⁰. (33 p.)

Vulpian, .., Éloge historique de Flourens. in: Revue Scientif. (3.) T. 39. No. 1. p. 1—11.

Robert Grentzenberg. Nekrolog. in: Berlin. Entomol. Zeitschr. 30. Bd. 2. Hft. p. 330.
(Lepidopterolog.)

Nekrolog. Edgar von Harold. in: Berlin. Entomol. Zeitschr. 30. Jahrg. 2. Hft. p. 149—150.

Trimen, R., Herbert William Oakley. in: Ornis, Internat. Zeitschr. f. d. ges. Ornith. 3. Jahrg. 1. Hft. p. 159—160.

Rosenberg, Baron H. von, In memoriam Dr. François P. L. Pollen. in: Ornis, Internat. Zeitschr. f. d. ges. Ornith. 2. Jahrg. 4. Hft. p. 618—620.

Bartsch, F., Biographischer Entwurf über Carl v. Renard. (2 p.) Aus: Sitzgsber. k. k. zool. bot. Ges. Wien, 36. Bd.

Obituary of John Sang. in: Entomol. Monthly Mag. Vol. 23. May, p. 278—279. — The Entomologist, Vol. 20. Apr. p. 120.

Schmidt, Erich, und L. von Graff, Eduard Oscar Schmidt. Mit einem Lichtdruckbilde. Leipzig, W. Engelmann, 1886. 8⁰. (XXIV p.) Aus: Arbeit. Zool. Instit. Graz. 1. Bd. ℳ 1,—.

Societatum Litterae. Verzeichnis der in den Publicationen der Akademien und Vereine aller Länder erscheinenden Einzelarbeiten auf dem Gebiete der Naturwissenschaften. Hrsg. von E. Huth. Berlin, R. Friedländer & Sohn, 1887. 1. Jahrg. (12 No.) 8⁰. ℳ 2,50.

Dalla Torre, K. W. von, Die zoologische Litteratur von Tirol und Vorarlberg (bis incl. 1885). Innsbruck, 1886. 8⁰. (87 p.)

Saporta, .. de, Notice sur les travaux scientifiques de A. F. Marion. Aix-en-Provence, 1886. 8⁰. (46 p.)

2. Hilfsmittel, Methode etc.

Schulze, F. E., Über die Mittel, welche zur Lähmung von Thieren dienen können, um dieselben im erschlafften, ausgedehnten Zustande erhärten oder anderweitig conserviren zu können. in: Biolog. Centralbl. 6. Bd. No. 24. p. 760—764.
(Berlin. Naturforsch.-Versamml.) — s. Z. A. No. 242. p. 25.

Pouchet, G., Instruction pour la récolte des objets d'histoire naturelle à la mer. Extr. des Arch. Médec. navale, T. 47. Mars, 1886. (18 p.)

Abbe, E., On Improvements of the Microscope with the Aid of new kinds of Optical Glass. Transl. in: Journ. R. Microsc. Soc. London, 1887. P. 1. p. 20—34.

Brun, J., Notes sur la microscopie technique appliquée à l'histoire naturelle. in: Arch. Sc. Phys. Nat. (Genève), (3.) T. 17. Fevr. p. 146—154. — Journ. de Microgr. T. 11. Mai, p. 178—183.

Castellarnau y de Lleopart, J. M. de, Procédés pour l'examen microscopique et l'examen des animaux à la station zoologique de Naples. (Suite.) in: Journ. de Microgr. T. 11. Mai, p. 183—186.
(s. Z. A. No. 241. p. 2.)

Gérard, R., Traité pratique de micrographie appliquée à la Botanique, à la Zoologie, à l'Hygiène et aux recherches cliniques. Avec 40 pls. hors texte et 280 fig. Paris, Doin, 1887. 8⁰. (IV, 545 p.) 18 Frcs.

Vescovi, Pietro D., Sul modo d'indicare e calcolare razionalmente l'ingrandimento degli oggetti microscopici nelle imagini proiettate. in: Zool. Anz. 10. Jahrg. No. 248. p. 197—200.

Stenglein, M., Anleitung zur Ausführung mikrophotographischer Arbeiten. Unter Mitwirkung von Schultz-Heucke. Berlin, Rob. Oppenheim, 1887. 8⁰. (VIII, 131 p., 2 Taf.) ℳ 4,—.

Selenka, Em., Die elektrische Projectionslampe. Aus: Sitzgsber. physik. med. Soc. Erlangen, 19. Hft. Jan. 1887. (8 p.)

Ridgway, R., A Nomenclature of Colours for Naturalists and Compendium of Useful knowledge for Ornithologists. With 10 hand-coloured plates giving numerous representations of the various shades of Colours and 7 plates of Outline Illustrations. Boston; (London). 1887. 8⁰. 21 s.

3. Sammlungen, Stationen, Gärten etc.

Brooks, W. K., The Zoological Work of the Johns Hopkins University, 1878 —1886. in: Johns Hopkins Univ. Circul. Vol. 6. No. 54. p. 37—41.
Hauer, Frz. Ritter von, Jahresbericht für 1886. in: Ann. k. k. naturhist. Hofmuseum, 2. Bd. No. 1. Notizen, p. 1—70. — Apart: Wien, A. Hölder, 1887. 8⁰. ℳ 2,—.
Zoologische Stationen. Von G. T. in: Humboldt, (Dammer), 1887. 1. Hft. p. 25—27.
Pouchet, Geo., Rapport à Mr. le Ministre de l'Instruction publique sur le fonctionnement du laboratoire de Concarneau en 1886. (Paris, 1887.) 4⁰. (6 p.)
Cornely, .., (Mittheilungen aus seinem Thierstande). in: Zool. Garten, 28. Jahrg. No. 1. p. 27—29.
Zipperlen, A., Mittheilungen aus dem Zoologischen Garten in Cincinnati. in: Zool. Garten, 28. Jahrg. No. 2. p. 60—61.

4. Zeit- und Gesellschaftsschriften.

Abhandlungen aus dem Gebiete der Naturwissenschaften hrsg. vom Naturwissenschaftlichen Verein in Hamburg. 9. Bd. 1. u. 2. Hft. Hamburg, Friedrichsen & Co., 1886. 4⁰. (XVII, XIV, 108 p., 7 Tab., 4 Taf. u. 4 Karten) à ℳ 7,20.
Actes de la Société Helvétique des Sciences Naturelles, réunie à Genève le 10 —12 Août 1886. Session 69. Compte-rendu 1885—1886. Genève, 1886. 8⁰. (VI, 203 p., avec 1 pl.)
Anales de la Sociedad Española de Historia Natural. Tom. 15. Cuad. 3. Madrid, 1886. (31. Dicbre.) 8⁰.
Annalen des k. k. naturhistorischen Hofmuseums. Red. von Frz. Ritter von Hauer. 2. Bd. No. 1. Mit 1 Taf. Wien, A. Hölder, 1887. 8⁰. pro cplt. ℳ 20,—.
Annals, The, and Magazine of Natural History. Conducted by A. Günther, W. S. Dallas, W. Carruthers and W. Francis. 5. Ser. Vol. 19 and 20. (12 Nos.) London, Taylor and Francis, 1887. 8⁰.
Archiv des Vereins der Freunde der Naturgeschichte in Mecklenburg. 40. Jahrg. (1886.) Red. vom Secretair. Mit 5 Taf. u. 1 Plan. Güstrow, Opitz & Co. in Comm., 1886. 8⁰. (231, XXVII p.) ℳ 7,—.
Archiv für Anatomie und Physiologie. Hrsg. von W. His u. W. Braune, u. Em. Du Bois-Reymond. Jahrg. 1887. Anatom. Abtheil. (6 Hfte.) Leipzig, Veit & Co., 1887. 8⁰. p. cplt. ℳ 40,—.
Archiv für mikroskopische Anatomie. Hrsg. von A. v. La Valette St. George u. W. Waldeyer. 28. Bd. Mit 27 Taf. Bonn, M. Cohen & Sohn, 1886/87. 8⁰. (IV, 448 p.) ℳ 41,—. Dass. 29. Bd. 1. 2. u. 3. Hft. ibid. 1887. 8⁰. (p. 1—470. 27 Taf.) ℳ 33,—.
Archiv für Naturgeschichte. Gegründet von A. F. Wiegmann. Hrsg. von F. Hilgendorf. 52. Jahrg. 1. Bd. 2. Hft. Mit 6 Taf. Berlin, Nicolai, 1886. (Jan. 1887.) 8⁰. (p. 113—240. 5 Taf.) ℳ 8,—.
Archives de Biologie publ. par Éd. Van Beneden et Ch. Van Bambeke. T. 6. Fasc. 3. Gand et Leipzig, Clemm, 1887. 8⁰.
Archives du Muséum d'Histoire Naturelle de Lyon. T. 4. [Avec 29 pls.] Lyon, H. Georg, 1887. 4⁰. (365 p., pl. I—XXVII, XXVbis, XXV^{ter}]. ℳ 72,—.

Archives Italiennes de Biologie de C. Emery et A. Mosso. Catalogue des travaux biologiques italiens parus en 1885. Rome, Turin et Florence, H. Loescher, 1887. 8⁰.

Atti dell' Accademia Gioenia di Scienze Naturali in Catania. 3. Ser. T. 19. Con 9 tav. Catania, 1886. 4⁰. (286 p.)

Atti della R. Accademia dei Lincei. Anno CCLXXXII. 1884—1885. Serie Quarta. Memorie della Classe di Scienze fisiche, matematiche e naturali. Vol. 1. Roma, Accad., 1885. (ricev. Febr. 1887.) 4⁰. (682 p., 26 tav.)

Bollettino dei Musei di Zoologia ed Anatomia comparata della R. Università di Torino. Vol. 1. 1886. No. 1—18. Torino, (1886). 8⁰.

Bollettino scientifico redatto da Leop. Maggi, Giov. Zoja e Ach. de Giovanni. Anno VIII. Sett. e Dicbre 1886. No. 3 e 4. Pavia, 1887. 8⁰. (Schluß, Register des 2. Bandes, 5.—8. Jahr.) — Anno IX. No. 1. Marzo 1887. Pavia, 1887. 8⁰.

Bulletin de la Société des Sciences historiques et naturelles de Semur (Côte-d'Or). 2. Sér. No. 2. Ann. 1885. Semur, 1887. 8⁰. (246 p.)

Bulletin de la Société d'études scientifiques d'Angers. Nouv. Sér. (15. ann.) 1885. Angers, Germain et Grassin, 1887. 8⁰. (XXIII, 257 p., tabl.)

Bulletin de la Société Impériale des Naturalistes de Moscou. Publié sous la réd. du Prof. Dr. Ch. Lindeman. Année 1886. No. 4. Année 1887. No. 1. Moscou, 1887. 8⁰.

Bulletin de la Société Zoologique de France pour l'année 1887. 12. Vol. (6 Parties.) Paris, 1887. 8⁰.

Bulletin du Musée Royal d'Histoire Naturelle de Belgique. T. 4. No. 4. Bruxelles, F. Hayez, 1886. 8⁰.

Bulletin of the Museum of Comparative Zoology, at Harvard College. Vol. 13. No. 2. 3. Cambridge, Mass., Dec. 1886, Febr. 1887. 8⁰.

Bulletin of the Washburn College Laboratory of Natural History. Publ. by Washburn College. Ed. by F. W. Cragin. Vol. 1. No. 5. 6. 7. Topeka, Kansas, 1886. 8⁰.

(s. Z. A. No. 223. p. 302.)

Denkschriften der kaiserlichen Akademie der Wissenschaften. Math.-naturwiss. Cl. 51. Bd. Mit 1 Karte, 19 Taf., 1 Holzschn. u. 4 Tabell. Wien, C. Gerold's Sohn in Comm., 1886. 4⁰. (105, 576 p.) ℳ 46,—.

Garten, Der, Zoologische. Zeitschrift für Beobachtung, Pflege und Zucht der Thiere. Red. von F. C. Noll. 28. Jahrg. 12 Nrn. Frankfurt a/M., Malau & Waldschmidt, 1887. 8⁰. ℳ 8,—.

Jahrbuch des naturhistorischen Landes-Museums von Kärnten. Hrsg. von J. L. Canaval. 18. Hft. 35. Jahrg. Klagenfurt, v. Kleinmayr, 1886. 8⁰. (IV, 292, 48 p., 1 Tab.) ℳ 8,—.

Jahres-Bericht der Naturforschenden Gesellschaft Graubündens. Neue Folge. XXIX. Jahrg. Vereinsjahr 1884/1885. Chur, Hitz'sche Buchhdlg. in Comm., 1886. (Febr. 1887 erh.) 8⁰. (XXIII, 208 p.) ℳ 3,—.

Jahreshefte des Vereins für vaterländische Naturkunde in Württemberg. Hrsg. von der Redactionscommission O. Fraas, F. v. Krauss, C. v. Marx, P. v. Zech. 43. Jahrg. Mit 5 Taf. Stuttgart, E. Schweizerbart'sche Verlagshdlg. (E. Koch), 1887. 8⁰. (IV, 452 p.)

Jornal de Sciencias mathematicas physicas e naturaes publicado sob os auspicios da Academia Real das Sciencias de Lisboa. No. XLIII—XLIV. (Dez. 1886. — Fever. 1887.) Lisboa, 1886, 1887. 8⁰. (Schluß des 11. Bandes.)

Journal de Micrographie. Histologie humaine et comparée. Anatomie végétale. Botanique. Zoologie etc. Revue mensuelle et publ. sous la direction du Dr. J. Pelletan. 11. Année. [T. 11.] Paris, 1887. 8⁰.

Journal of the College of Science, Imperial University, Japan. Vol. 1. P. I. Tokyo, Japan, 1886. 4⁰.

Journal, The, of the Linnean Society. Zoology. Vol. 21. No. 127/128. London, Longmans; Williams & Norgate, March, 1887. 8⁰.

List of the Linnean Society. Session 1886—1887. Jan. 1887. London, 1887. 8⁰.

Journal of the Royal Microscopical Society; containing its Transactions and Proceedings, and a Summary of current researches etc. Ed. by Frank Crisp. 1887. (6 Parts.) London, Williams & Norgate, 1887. 8⁰.

(The numbering of Volumes and Series has been given up.)

Journal of the Trenton Natural History Society. No. 2. Jan. 1887. Trenton, N. J., 1887. 8⁰. (p. 23—69, 1 pl.)

Journal, The American Monthly Microscopical. Henry Leslie Osborn, Rufus W. Deering. Vol. 8. (12 Nos.) Washington, 1887. 8⁰.

Journal, The Quarterly, of Microscopical Science. Ed. by E. Ray Lankester, W. T. Thiselton Dyer, E. Klein, H. N. Moseley, and Adam Sedgwick. Vol. 27. P. 3. 4. London, J. & A. Churchill, 1887. 8⁰.

Magazin, Nyt, for Naturvidenskaberne. Grundlagt af den Physiographiske Forening i Christiania. Udg. ved. Th. Kjerulf, D. C. Danielssen, H. Mohn, Th. Hiortdahl. 31. Bd. (3. R. 5. Bd.) 1. Hft. Christiania, P. T. Malling, 1887. 8⁰.

Meddelelser, Videnskabelige, fra den Naturhistorik Forening i Kjøbenhavn for aarene 1884—1886. Udg. af Selsk. Bestyrelse. Med 16 Tavl. 4. Aartis. 6. 7. og 8. Aarg. Kjøbenhavn, 1884—1887. 8⁰. (IV, 207 p.)

Mémoires de l'Académie de Nîmes. 8. Sér. T. 8. Année 1885. Avec pls. Nimes, 1887. 8⁰. (LXVI, 476 p., tables décennales).

Mémoires de l'Académie des Sciences, Belles-lettres et Arts de Savoie. 3. Sér. T. 12. Chambéry, 1887. 8⁰. (LXI, 503 p.)

Mémoires de l'Académie des Sciences des Lettres et des Arts de Amiens. T. 31. 4. Sér. T. 1. (Année 1884.) Amiens, 1887. 8⁰. (519 p.)

Mémoires de la Société d'Agriculture, Sciences, Arts et Belles-lettres de Bayeux. T. 10. Bayeux, 1887. 8⁰. (491 p.)

Mémoires de la Société des Lettres, Sciences et Arts de Bar-le-Duc. 2. Sér. T. 6. Bar-le-Duc, impr. Contant-Laguerre, 1887. 8⁰. (XXIV, 272 p.)

Mémoires de la Société des Sciences physiques et naturelles de Bordeaux. 3. Sér. T. 2. Avec fig. Paris, Gauthier-Villars, 1887. 8⁰. (LXX, 424 p.)

Mémoires de l'Institut National de France. T. 32. P. 1. Paris, impr. nation., Klincksieck, 1887. 4⁰. (446 p. et album des planches.)

Mémoires présentés par divers savants à l'Académie des Sciences de l'Institut de France. 2. Sér. T. 29. Paris, impr. nation., 1887. 4⁰. (466 p.)

Mittheilungen der deutschen Gesellschaft für Natur- und Völkerkunde Ostasiens. Hrsg. von dem Vorstande. 35. Hft. Bd. 4. p. 205—244. Mit Taf. XXVII. Novbr. 1886. Yokohama. Berlin, Asher & Co. 4⁰. ℳ 6,—.

Mittheilungen der Naturforschenden Gesellschaft in Bern aus dem Jahre 1886. No. 1143—1168. Red. Dr. phil. J. H. Graf. Bern, Huber & Co. in Comm., 1887. 8⁰. (XXVIII, 208 p. 3 Taf.) ℳ 6,30.

Mittheilungen, mathematische und naturwissenschaftliche, aus den Sitzungsberichten der Kön. preufsischen Akademie der Wissenschaften zu Berlin. Jahrg. 1887. Berlin, G. Reimer in Comm., 1887. (1. Hft. p. 1—33). ℳ 8,—.

Mittheilungen, Monatliche, aus dem Gesammtgebiete der Naturwissenschaften. Organ des Naturwiss. Vereins des Reg.-Bez. Frankfurt. Hrsg. von Dr. Ernst Huth. 4. Jahrg. 1886/1887. No. 8. Novbr. No. 9. December. No. 10. Januar. Frankfurt a/O., 1887. 8⁰. (Berlin, Friedländer & Sohn.)

Naturalist, The Scottish. A Quarterly Magazine of Natural Science. Ed. by Prof. Jam. W. H. Trail. New Series. Vol. III. (4 Nos.) Perth, S. Cowan & Co., 1887. 8⁰.

Proceedings of the Academy of Natural Sciences of Philadelphia. 1886. P. II. Philadelphia, 1886. 8⁰. (Jan. 1887.)

Proceedings of the American Philosophical Society, held at Philadelphia for promoting useful knowledge. Vol. 23. No. 124. Dec. 1886. Philadelphia, McCalla & Stavely, 1886. 8⁰. (End of the Vol., Title etc.)

Proceedings of the Royal Physical Society. Session 1885—1886. (Vol. 9. P. 1.) Edinburgh, M'Farlane & Erskine, 1886. (Jan. 1887.)

Recueil des travaux de la Société libre d'agriculture, sciences, arts et belles-lettres de l'Eure. 4. Sér. T. 6. (Ann. 1882, 83, 84, 85). Paris, Martin, 1887. 8⁰. (CCLIX, 286 p.)

Recueil Zoologique Suisse comprenant l'embryologie, l'anatomie et l'histologie comparées etc. publ. sous la dir. du Dr. Herm. Fol. T. 4. No. 1 et No. 2. (Novbr. 1886 et March 1887.) Genève-Bale, H. Georg, 1886, 1887. 8⁰.

Записки Новороссійскаго Общества Естествоиспытателей. T. 11. Вып. 2. (Schriften der neurussischen Naturforscher-Gesellschaft. 11. Bd. 2. Hft.) Odessa, 1887. 8⁰.

Sitzungsberichte der Gesellschaft für Morphologie und Physiologie in München. II. 1886. 3. Hft. München, J. A. Finsterlin, 1887. 8⁰. (Tit. u. Inh., p. 101—120.) ℳ —,90.

Schriften des Naturwissenschaftlichen Vereins des Harzes in Wernigerode. 1. Bd. 1886. Wernigerode, Jüttner, 1886. 8⁰. (98 p.) ℳ 2,—.

Sitzungsberichte der Gesellschaft Naturforschender Freunde zu Berlin. Jahrg. 1887. 10. Nrn. Berlin, R. Friedländer in Comm., 1887. 8⁰. cplt. ℳ 4,—.

Sitzungsberichte der kaiserlichen Akademie der Wissenschaften. Math.-naturw. Cl. Jahrg. 1886. 94. Bd. 1./2. u. 3./5. Hft. 3. Abth. Wien, K. Gerold's Sohn in Comm., 1887. 8⁰.

Sitzungsberichte der physikalisch-medicinischen Societät zu Erlangen. 18. Hft. 1. Oct. 1885 bis 1. Oct. 1886. Erlangen, Besold in Comm., 1886. 8⁰. (XXII, 102 p.) ℳ 2,—.

Sitzungsberichte und Abhandlungen der Naturwissenschaftlichen Gesellschaft Isis in Dresden. Hrsg. vom Redactions-Comité. Jahrg. 1886. Juli bis December. Mit 6 Holzschn. Dresden, Warnatz & Lehmann in Comm. 1887. 8⁰. (94 p.) ℳ 3,—.

Skrifter, Det Kongelige Norske Videnskabers Selskabs. 1885. Throndhjem, 1886. (erh. Jan. 1887.) 8⁰.
(Nichts Zoologisches.)

Johns Hopkins University. Studies from the Biological Laboratory. Ed. H.

Newell Martin and W. K. Brooks. Vol. 3. No. 9. Baltimore, Johns Hopkins University, 1887. 8⁰. (Schluß des 3. Bds.)

Transactions and Proceedings of the New Zealand Institute. Ed. and publ. by J. Hector. Vol. 18. (N. Ser. Vol. 1.) 1885. Wellington, 1887. 8⁰. (20, 468 p.)

Transactions, The, of the Academy of St. Louis. Vol. 4. No. 4. 1878—1886. St. Louis, 1886. 8⁰. (End of the Vol., Index etc.)

Transactions of the Connecticut Academy of Arts and Sciences. Vol. 7. P. 1. New Haven, 1886. 8⁰.

Труды Общества Естествоиспытателей при Импер. Казанскомъ Университетѣ. Т. 15. Вып. 4. 5. 6. Т. 16. Вып. 1—5. Протоколы засѣданiй Общества etc. 1885—1886. 17. годъ. Казанъ, 1886. 8⁰. (Arbeiten der Naturforscher-Gesellschaft bei der Kais. Univ. Kasan. Bd. 15. 4.—6. Hft., Bd. 16. 1.—5. Hft. Sitzungsprotokolle, 1885—1886, 17. Jahr.)

Verhandlungen der kais.-kön. zoologisch-botanischen Gesellschaft in Wien. Hrsg. von der Gesellschaft. Jahrg. 1886. 36. Bd. 3. Quart. Mit 3 Taf. Ausgeg. im Sept. 1886. 4. Quart. Mit 8 Holzschn. Ausgeg. Ende Decbr. 1886. Wien, A. Hölder in Comm., 1886. 8⁰. (3.: p. 37—38, 295—372, 4.: Tit., XLVIII p., p. 39—54, 373—483.) 3.: ℳ 5,—; 4.: ℳ 5,—.

Verhandlungen des Naturforschenden Vereins in Brünn. 24. Bd. (2 Hfte.) Mit 5 Taf. Brünn, 1886. 8⁰. (29, 578 p.)

Zeitschrift des Ferdinandeums für Tirol und Vorarlberg. Hrsg. von dem Verwaltungs-Auschusse desselben. 3. Folge. 30. Hft. Innsbruck, Wagner in Comm., 1886. 8⁰. (XC, 407 p., 1 Lichtdr.) ℳ 10,—.

Zeitschrift für wissenschaftliche Zoologie. Hrsg. von A. v. Kölliker und E. Ehlers. 45. Bd. 1. Hft. Mit 10 Taf. u. 1 Holzschn. (31. Dec. 1886.) 2. Hft. mit 9 Taf. u. 14 Holzschn. 7. Apr. 1887. Leipzig, Engelmann, 1886/1887. 8⁰. 1: ℳ 15,—; 2: ℳ 14,—.

Zeitschrift, Jenaische, für Naturwissenschaft hrsg. von der medic.-naturwissenschaftl. Gesellschaft zu Jena. 20. Bd. N. F. 13. Bd. 1. Hft. Mit 9 Taf. Jena, G. Fischer, 1887. 8⁰. ℳ 6,—.

Zoologist, The. A Monthly Journal of Natural History. Ed. by J. E. Harting. 3. Ser. Vol. 11. (12 Nos.) London, Simpkin, Marshall & Co., 1887. 8⁰.

5. Zoologie: Allgemeines und Vermischtes.

Bronn's Klassen und Ordnungen des Thierreichs. 6. Bd. 3. Abth. Reptilien. Von C. K. Hoffmann. 56. Lief. 6. Bd. 4. Abth. Vögel: Aves. Von Hs. Gadow. 16./17. Lief. 6. Bd. 5. Abth. Säugethiere: Mammalia. Von W. Leche. 29. Lief. Leipzig u. Heidelberg, C. F. Winter'sche Verlagshandlg., 1887. 8⁰. à ℳ 3,—.

Colton, B. P., An Elementary Course in Practical Zoology. Boston, D. C. Heath & Co., 1886. 8⁰. (XVI, 185 p.)

Edwards, H. Milne, Curso elemental de Zoologia. Traducido de la 14. edicion francese por Elias Zerolo. Paris, Garnier frères, 1887. 18. (632 p.)

Encyklopädie der Naturwissenschaften hrsg. von W. Förster, A. Kenngott, etc. 1. Abth. 51. Lief. Handwörterbuch der Zoologie, Anthropologie u. Ethnologie. 20. Lief. Breslau, E. Trewendt, 1887. 8⁰. ℳ 3,—.

Knauer, Frdr., Handwörterbuch der Zoologie. Unter Mitwirkung von Prof. K. W. v. Dalla Torre. Mit 9 Taf. Stuttgart, Enke, 1887. 8⁰. (XIV, 828 p.) ℳ 20,—.

Marshall, A. Milnes, and C. Herbert Hurst, A Junior Course of Practical Zoology. London, Smith, Elder & Co., 1887. 8⁰. (421 p.)

Perrier, Edm., Notions de Zoologie. (Programme de 1886 pour l'enseignement secondaire spécial). 3. édit. Paris, Hachette & Co., 1887. 12⁰. (341 p., avec figg.) 2 Frcs. 50 cs.

6. Biologie, Vergl. Anatomie etc.

Haacke, Wilh., Biologie, Gesammtwissenschaft und Geographie. in: Biolog. Centralbl. 6. Bd. No. 23. p. 705—718.

Collins, F. Howard, Vitality and its Definition. in: Nature, Vol. 35. No. 912. p. 580—581.

—— Mr. Herbert Spencer's Definition of Life. ibid No. 908. p. 487.

Judd, John W., Vitality, and its Definition. in: Nature, Vol. 35. No. 909. p. 511.

La Cellule. Recueil de Cytologie et d'Histologie générale publié par J B. Carnoy, G. Gilson, J. Denys. T. 3. 1. Fasc. Louvain, Peeters; Gand, Engelcke; Liège, Jos. van In & Co., 1887. gr. 8⁰. ℳ 16,—.

Jaworowski, A., Endogenous Cell-multiplication. Abstr. in: Journ. R. Microsc. Soc. London, 1887. P. 1. p. 48—49.
(Akad. Krakov.) — s. Z. A. No. 224. p. 326.

Tenbaum, . ., Über die Gesetzmäßigkeit bei der Bewegung der Beine im Thierreich. in: Zool. Garten, 27. Jahrg. No. 12. p. 361—366.

Cattaneo, G., La Fisiologia comparata della digestione. in: Boll. Scientif. (Maggi, Zoja etc.) Ann. 9. No. 1. p. 22—28.

II. Wissenschaftliche Mittheilungen.

1. On the Eyes of Molluscs and Arthropods.

By W. Patten, Milwaukee, Wisc.

eingeg. 16. März 1887.

In the last number of the Quarterly Journal of Microscopical Science appears a »review« of my paper on the Eyes of Molluscs and Arthropods.

I have no desire to enter into any controversy with my critic about my laboratory associates in Europe, or to discuss with him matters of a personal nature in the pages of a scientific journal; nor is it my purpose to defend either my observations or my theoretical suggestions, but simply to indicate a few points in which my critic has failed to apprehend or represent clearly my position.

1) The larger portion of my observations, embracing discoveries which served as a guide in my studies upon the Arthropod eye, are

deliberately passed over without a word of comment, while nearly the whole critique is devoted to the theoretical part of my paper.

On p. 543, I warned the reader at considerable length not to regard the statement of my theoretical views as dogmatic assertions, explaining that while conscious of the uncertain ground upon which I trod, I desired to make my statements positive that the reader might clearly apprehend my interpretation of the facts. Moreover on p. 705, I took pains to say that the theoretical remarks of Chapter VI must be regarded as »suggestions« for which I could bring no proof. Had Prof. Lankester read these statements, I can hardly believe that he would have accused me of »laying down the law in a presumptuous manner« or of »making dogmatic statements apparently unconscious of my inability to prove them«.

2) On p. 290, Prof. Lankester quotes the following from my paper: »We must admit that the possibility of regarding the phaosphere, found in Euscorpius Italicus by Lankester, as an aborted nucleus is not so remote as he would have us believe.« Lankester then adds: »Whether the phaosphere can possibly be an aborted nucleus, or not, may be an open question. It is but another instance of Patten's extraordinary inaccuracy when he states that Lankester would have us believe anything on the subject. The matter was not discussed by Lankester at all.« Whether Prof. Lankester would have us believe anything on the subject, or not, may be seen from his own words. On p. 156 of his paper on the eyes of Scorpions, we find the following statement: »At the same time it is to be observed that the axial rod of the Spider's nerve-end cell must be considered as representing not only the phaosphere, but also the laterally placed rhabdomere of the nerve-end cells of the Scorpion's eye.«

3) In my paper, I referred to the five-fold colorless cells, or retinophorae, of the lateral eyes of Scorpions. Prof. Lankester says of this statement: »Patten quite recklessly attributes to other authorities on the Arthropod eye statements with regard to the presence or absence of pigment in the nerve-end cells which are the reverse of those made by the gentlemen in question.« Graber's name was mentioned to give him credit for having discovered the five-fold nature of the rod-bearing cells. The »nerve-end« cells of the central eyes were described and figured diagrammatically by Lankester as colorless, while he states that in the lateral eyes the pigment is confined to the surface of the »nerve-end« cells. My statement would have been entirely correct had I spoken of the colorless cells of the median eyes as described by Lankester. Prof. Lankester, in the fairminded spirit

characteristic of his whole criticism, has magnified the evident interchange of the word lateral for median into a gigantic mistake.

4) Prof. Lankester, in commenting on my statement that »the amount of energy absorbed by a heliophagous organ would depend upon the most perfect condensation of light upon a given area«, insinuates that I had no time to learn from some text-book the self evident fact that a lens can concentrate only those rays of light which fall upon its surface! Therefore, he adds, there is no necessity for a lens, according to my supposition, for a naked surface equal to that of a lens would absorb more light than would a retina with a lens in front of it. If my observations on the arrangement of nerve fibres are correct, it follows that it is necessary to regulate the direction of the rays of light; the lens is an important factor in bringing this result about. Moreover Prof. Lankester's objection rests upon the supposition that the surface of the retina, is as large or larger than that of the lens. There are some cases, however, in which the surface of the retina is considerably smaller than the surface of the lens.

Prof. Lankester declares that a »naked epidermic surface of an area equal to that of a lens would present a perfect instrument for the absorption of solar energy«. I have mentioned in my paper upon the »Eyes of Molluscs and Arthropods« numerous instances of just such »perfect instruments« as he describes.

5) On p. 291, Prof. Lankester describes another »melancholy instance« of Dr. Patten's unwarrantable adhesion to theory in the face of opposing facts«, in supposing that the lateral eyes of Scorpion and Limulus were provided with a vitreous body. I had good reasons for making that supposition, and in the case of Scorpions I had the authority of Graber as opposed to that of Lankester. It is not strange that my acceptance of Graber's statements should strike Prof. Lankester as a »melancholy« adhesion to theory. Indeed it must appear very »melancholy« now that Bertkau has also seen fit to doubt the accuracy of Prof. Lankester's observations on this point!

6) My criticism of Prof. Lankester's assertion that mesoblastic pigment cells were present in the ommateum of faceted Arthropod eyes, as was expected, met with scanty approval. I stated my objections to Prof. Lankester's hypothesis; in my opinion, his criticism does not in the least invalidate those objections. Prof. Lankester found a few branching pigment cells in the eyes of Scorpions, and concluded that they were of mesodermic origin, and forthwith divided Arthropod eyes into autochromic and exochromic.

Prof. Lankester now seeks to support his supposition that mesodermic pigment is present in the ommateum of the compound eye, by appealing to the observations of Kingsley, who, he claims, has actually seen the intrusion of mesodermic tissue into the eye. We find, on consulting Kingsley's short paper of about three pages, that he has described nothing of the kind, but clearly shows that the ommateal pigment is of ectodermic origin. We surely should expect that Prof. Lankester, who in language more forcible than courteous speaks of my »incapacity for accurate observation of books« and of »recklessly attributing to other authorities statements which are the reverse of those made by the gentlemen in question«, would at least avoid those errors which he criticises so severely in others.

7) On p. 289, Prof. Lankester states that one of the most important lines of inquiry into the minute study of Invertebrate eyes is to be found in a determination of the distribution of pigment in the retinal cells, and adds that »Dr. Patten has not given as much attention to this matter as we could wish. It is remarkable that while he indulges in such ,tall talk' about pigment and heliophagy he professes to have traced the chief optic nerve fibres of Arthropod eyes to the colorless cells«. The reader will be surprised to learn that the question of the presence of pigment in the retinal cells of Molluscs was the theme of my study upon the Molluscan eyes, and the one which furnished me with the most important results of my paper. Prof. Lankester would not have considered it »remarkable« that the »nerve-end« cells of the Arthropod eye were colorless, if he had taken pains to read that part of my paper devoted to Molluscs. I have shown that in the simplest Molluscan eyes most of the retinal cells, if not all, were pigmented, while in the higher forms the true sensitive elements were colorless; therefore the presence of colorless »nerve-end« cells in the Arthropod eye is exactly what we should expect. I, moreover, explained at length, and illustrated by numerous diagrams, the various steps in the phylogenetic development of the colorless cells and the degeneration of the pigmented ones, throughout the Molluscan and Arthropod groups.

8) Prof. Lankester, while commenting upon my observations of intercellular nerves in Molluscs, asserts the well known fact that such nerves have also been observed in Vertebrates. But, he adds, as though it were in conflict with my observations, it is also very generally held that, in organs of special sense, the nerve fibres terminate in the substance of special nerve-end cells. It is a sufficient comment on Prof. Lankester's criticism, that I have repeatedly regarded the presence of such intra-cellular nerve fibres as a criterion in determining what the special sense cells of the eyes were.

9) On p. 286, my assertion that nerves end between the cells in

the Molluscan hypodermis is claimed by Prof. Lankester to be contrary to my statements in reference to the Arthropod eye. It is astonishing that one who deplores the inability of other people to observe correctly the contents of books, should show such an imperfect knowledge of the paper he is criticising as Prof. Lankester does in this last remark. There is nothing whatever contradictory in my description of the nerve endings in Molluscs and Arthropods. In fact, the innervation of the Molluscan hypodermis, according to my description, is exactly the same as that in the Arthropod ommateum, a fact which I have explained in the text and illustrated by more than twenty diagrammatic drawings! Had Prof. Lankester understood the composition of the retinophorae, he would not have regarded the presence of an axial nerve in the crystalline cone cells as in any way contradictory to what I have described in Molluscs.

10) Prof. Lankester, in criticising my »treatment« of Grenacher, states: »On p. 728, this young American, after citing an opinion published by Prof. Grenacher, says: ,This he knows is absurd and cannot be true.'« The facts are these: Prof. Grenacher, in order to illustrate an opinion, compared a row of retinal cells to a line of soldiers. In my opinion this comparison led to an absurdity, i. e. to the supposition that each retinal cell had a rod, a pigmented and a colorless portion. This, I said, »he knows is absurd and cannot be true,« because, as everyone will admit, it is contrary to fact; some cells bear rods and some do not, some are deeply pigmented and others colorless. One, however, is led to infer from Prof. Lankester's criticism, that I said in so many words, that Prof. Grenacher knew his own opinion was absurd and could not be true, whereas my statement referred, not to Prof. Grenacher's opinion, but simply to an inference which I myself drew from his comparison.

11) Prof. Lankester declares that it is Dr. Patten's avowed intention to follow his own course, picking out such facts as suit his theories, and denying the existence of those which do not.« Prof. Lankester goes even farther and asserts that Dr. Patten »openly professes that he has made it his habit in constructing his views upon the structure of eyes« to pick out those facts which »support a favorite theory, or amplify a startling generalization, and ignoring or flatly denying, without troubling to bring them to the only test recognized by loyal students of nature, those which cannot be thus used!«

I did say, in reference to a single case in which the observations of two authors were diametrically opposed: »Since the doctors disagree, it is necessary for us to choose our own course, picking out those facts which seem to point in the right direction.« Moreover, in that instance, I gave good reasons for finally choosing the course I did. This is the only foundation Prof. Lankester has for bringing against me one of the most serious charges that could be made against a scientific worker.

I have not thought it necessary to consider here all the points noticed in this »review«, but enough has perhaps been said to give the reader a fair idea of its animus.

My reviewer closes his remarks with the assertion that I have shown in my paper »as great a lack of social as of scientific education«, and it is evident that Prof. Lankester, as a »master« and »teacher«, has written for my benefit what he regards as a model criticism.

In conclusion, I beg permission to express my thanks to Prof. Lankester for devoting so many pages of his valuable journal to the discussion of the theoretical suggestions contained in my »ill regulated production«, and also to assure him that, in spite of my »lack of social and scientific education«, I am still able to appreciate these qualities in others. I am, moreover, of the opinion that these very qualities are no less admirable, and no less to be expected, in an experienced and able investigator, than in a »novice«.

Milwaukee, Feb. 28.

2. Zur Abwehr.

Von J. Nusbaum, Warschau.

eingeg. 24. März 1887.

Wiewohl ich bis jetzt niemals in irgend eine Polemik mich eingelassen habe und einen Widerwillen gegen unnütze Streitigkeiten hege, so finde ich mich doch veranlaßt, die gegen mich von Herrn Samuel Grosglik aus Warschau in No. 245 des Zool. Anzeigers (»Enterocoel oder Schizocoel«) in Betreff der Embryologie der Arthropoden angeführten Angriffe mit folgenden Zeilen zurückzuweisen:

Da Herr Grosglik sich selbständig nie weder mit der Anatomie noch mit der Embryologie der Arthropoden beschäftigt hat, und sein Aufsatz in einem nicht wissenschaftlichen Tone gehalten, von Persönlichkeit geleitet ist, und obendrein Herr Grosglik sich Mangel an Gewissenhaftigkeit[1] zu Schulden kommen läßt, so betrachte ich es für überflüssig, mich mit diesem Herrn in eine wissenschaftliche Discussion einzulassen.

---

[1] Die Art der Zusammenstellung meiner polnischen und russischen Arbeit seitens dieses Herrn ist irreleitend; denn in beiden, die denselben Gegenstand be-

3. Further remarks upon Professor Perrier's historical errors.

By P. Herbert Carpenter, D.Sc., F.R.S., F.L.S., Assistant Master at Eton College.

eingeg. 30. März 1887.

Professor Perrier's reply to the questions which I have addressed to him on the subject of his historical criticisms is of a singularly futile character. Some questions he leaves unanswered, I hope, because he means to deal with them in his forthcoming memoir. He attempts to explain one of his erroneous statements by invoking a printer's error, and by a quibble as to the meaning of the words »vertical« and »transverse«. Lastly in defence of another incorrect statement he expresses his inability to understand that the term »section of a decalcified arm« meant that the arm was decalcified before it was cut into sections. He seems to consider that these paltry excuses are sufficient to justify his repeated misstatements about my father's work to which I have drawn attention. Let us consider his reply in more detail. 1) I must again ask him to furnish a definite proof of the assertion which he has thought fit to make respecting my motives for commencing the study of the Comatulae. I have explained already, and can refer to professor Semper for confirmation of my statement, that my object was to reconcile his own observations on a Philippine *Comatula* with those of my father on *Antedon rosacea*. My father had described the water-vessel of the latter type as lying immediately above what is now known as the ventral canal of the arm, while Semper (1874) found this position to be occupied by a cord which he called x and identified with Perrier's muscular band. My father therefore suggested that this might perhaps be the collapsed water vessel. Ludwig, writing in 1875, found, however, as Perrier had previously done, that both muscular band and water vessel are present in *Antedon rosacea*; and he therefore pointed out that the former could not be identical with the cord x which occupied in Semper's section the same position as the water-

---

treffen, ist die factische Seite absolut eine und dieselbe und nur in der polnischen, späteren, die Deutung der Thatsachen eine etwas differente. Daß die Isopoden zu den Pseudocoeliern (!) gehören, habe ich nirgends geschrieben und Niemand ein solches Absurdum gesagt, und Herr Wassiliew, dessen Zeugnis Herr Grosglik fälschlich anführt, autorisirt mich zu erklären, daß er nie von mir eine solche Meinung vernommen hat. Zieht aber Herr Grosglik allein einen solchen Schluß aus meinen Beobachtungen über *Oniscus* (Zool. Anzeiger No. 228) heraus, so ist das nur ein Beweis, daß Herrn Grosglik die ganze neuere embryologische Litteratur (seit dem Jahre 1881, d. h. seit der Erscheinung der Coelomtheorie) fremd ist.

vessel in *Antedon rosacea.* At the same time Ludwig, as other naturalists had privately done, expressed his inability to accept my father's views about the nervous system. The result was that nearly three months afterwards (March, 1876) I wrote a short paper containing the results of my own observations on the Philippine *Comatula*, which afforded me the means of reconciling the conflicting statements of my father, Semper, and Ludwig. At the same time I brought forward important additional evidence for the truth of my father's statements about the nervous system, which had been publicly called in question by Perrier and Ludwig, and also, though I did not then know it, by Greeff. My references to Perrier were of a studiously courteous character, and he has neglected to reply to my request that he would name one single passage which can possibly justify his assertion that I had formed the deliberate intention of attacking his work. He only refers his readers again to the preface to the Challenger report, and to his own interpretation of it. Unfortunately, however, he has made yet another incorrect statement upon which the whole question turns. Were this assertion only true, there might be some reason in his interpretation of my remarks that »some of my father's statements respecting the anatomy of the arms having been called in question, I was led to reinvestigate the matter«. Perrier has thought fit to interpret this passage as applying exclusively to himself. He is of course unaware of all the criticisms of my father's views which had been made in private both to him and to myself. But he entirely ignores Semper's work of 1874, but for which I should never have commenced to study the Comatulae at all, as I have already explained. He also forgets Greeff's observations at Naples in 1874, these were not published, however, till January, 1876, and that Ludwig wrote his first note in 1875; and he calmly states that he, Edmond Perrier, was »encore seul, en 1875, à avoir repris les observations de W. B. Carpenter sur les comatules«. His conclusion is that »Herbert Carpenter entrait donc dans la carrière scientifique en fourbissant soigneusement ses armes dans l'intention préméditée d'attaquer mon premier travaïl sur les Crinoïdes«.

I repeat again that his statement is untrue, and I challenge him to prove it. Had I been actuated by the unworthy motive which he ascribes to me, it would have been easy to fill, not one but half a dozen pages, by exposing his blunders. Did I do so? Will he name one single passage in my first publication of 1876 or in any subsequent one up to 1883 [1] which can possibly justify the statement that I have just

[1] I mention this date because Perrier now says that since 1883 I have been attacking his works. But he is silent as to 1875, the date he fixed at first.

quoted? He must prove it or withdraw it, and I leave him to decide which course he will take.

2) Let us now consider his reply on »le deuxième grief«.

He attempts to explain away his confusion of my father's observation with that of Müller by saying that one of two words (»vertical« or »transverse«) had been »défiguré à l'impression«; and he thinks it unfortunate that I did not percieve this. How should I? Which word is wrong? Does he mean to say that my father found the tentacular canal divided vertically by a vertical partition or transversely by a transverse partition? Will he quote a single passage in Dr. Carpenter's memoir of 1866 in which the tentacular canal is described as divided into two portions by any partition at all? He gave no reference in his memoir of 1873 in support of his statement, and I therefore ask him now to make good the deficiency. The only one partition mentioned by Müller is the vertical one in the tentacular canal; the only partition mentioned by my father is the horizontal one separating this canal from the coeliac canal below it. Until Perrier can bring forward previous proofs to the contrary I shall adhere to my statement that he did confuse these two structures. It is useless for him to attempt to explain the passage which I have quoted by the excuse that one of two words in it has been »défiguré à l'impression«. Whether this be the case or not, it does not alter the fact that Perrier attributed to my father a statement which he had never made, and then proceeded to criticise it unfavourably. I am quite ready to apologise to him if he can prove that he did not do so.

3) Perrier has stated as an excuse for his errors about the arm-canals that my father said nothing about having made any sections of the arms of Comatulae. In reply I directed his attention to three figures which are described as sections of »decalcified arms«. His rejoinder is a curious one. For he speaks of them as representing »préparations de parties dures, qu'on peut supposer decalcifiées apres coup«. Why should he suppose anything of the kind when it was clearly explained that the sections in question were those of decalcified arms, while another section of an arm with the pinnules attached to which he refers as an excuse for his error was not so described? Does he really wish his fellow-workers to believe him incapable of understanding the explanation in question to mean that the arm was decalcified before the sections were cut?

It is perfectly true that Dr. Carpenter only figured the dorsal portions of these sections; but it is none the less true that he spoke of having made them, though Perrier has incorrectly stated that he did not do so. In fact it was these very sections which enabled him to give his descriptions »de la forme et des rapports des canaux exclusivement contenus« in the soft ventral portions of the arm, descriptions of which Perrier now admits the accuracy, though he formerly denied it, owing to his not having taken the proper means to verify them.

Professor Perrier speaks of the long series of attacks which I have made upon his works since 1883. For these he has only himself to thank. Many of his observations, as no one knows better than myself, are of very great value; and I have always expressed myself to that effect whenéver I have had occasion to notice them, as for example, in the January number of the Quarterly Journal of microscopical science see pp. 382, 383. My criticisms have been chiefly directed against his frequent and flagrant misstatements, and against his too hasty generalisations; and so long as he continues to commit himself in this way, so long must he expect to be criticised.

If he will take the trouble in future to understand the essential characters of existing genera before proceeding to establish new ones; if he will also take the trouble to make himself thoroughly acquainted with the observations of his predecessors before venturing to criticise them, and will refrain from giving grossly incorrect versions of their statements; if he will abstain from attributing to me views which I have never held and from making sarcastic comments upon those views; and if he will cease to make showy generalisations which are in direct and absolute contradiction to established zoological truths, without offering one particle of evidence in their favour; he will then afford no grounds for severe criticism, either by myself or by any other of his fellow-workers.

4. Étude de la dent canine, appliquée au cas présenté par le genre Damanet complétée par les définitions des catégories de dents communes à plusieurs ordres de la classe des Mammifères.

Par Fernand Lataste, Paris.

eingeg. 5. April 1887.

I. Origine, but, méthode et plan de cette étude.

Au congrès tenu, l'an dernier, à Nancy, par l'Association française pour l'avancement des sciences, quand j'eus communiqué les résultats de mes recherches sur le système dentaire des Damans [1] et que je me fus efforcé de démontrer que la première dent

[1] Ces recherches ont été, depuis, publiées dans les Annali del Museo civico di Genova, s. 2, v. IV, 27 septembre 1886.

maxillaire supérieure de ces animaux, la dent accessoire de Pallas, caduque de Blainville, était une veritable canine, M. le Prof. Dareste m'objecta que j'aurais dû préalablement rechercher si cette dénomination de dent canine répondait bien à une réalité et, dans ce cas, établir une définition rigoureuse de cette dent. Je répondis à M. Dareste que tous les auteurs qui avaient traité du système dentaire des Damans et dont je combattais l'opinion, ayant affirmé que ces animaux n'avaient pas de canines, avaient, par là-même, implicitement admis l'existence de cette dent dans d'autres groupes de Mammifères; que, d'ailleurs, dans certains groupes, par exemple dans les ordres des Carnivores, des Chiroptères, des Quadrumanes et chez beaucoup d'espèces de l'ordre des Ongulés, cette dent était facile à reconnaître et à distinguer des autres; qu'au surplus, si je ne fournissais pas de cette dent une définition nouvelle et précise, je la concevais exactement de la même façon que l'avaient conçue, avant moi, tous les zoologistes, Blainville et Cuvier par exemple, et que, par conséquent, l'objection ne s'arrêtait pas à la communication que je venais de faire, mais visait, tout autant que le mien, les travaux odontographiques de mes illustres prédécesseurs. J'ajoutai que, tout en refusant à cette objection une semblable portée, je n'en reconnaissais pas moins sa valeur, comme indiquant un desideratum important de l'odontographie des Mammifères.

C'est ce desideratum que je vais essayer de combler ici. D'ailleurs, bien que je ne me propose, dans cette courte note, que l'étude de la dent canine, en vue de la solution du cas présenté par le genre Daman, la méthode dont je vais me servir, je pourrais peut-être dire que je vais inaugurer dans ces recherches spéciales, est susceptible d'applications nombreuses en odontographie, comme dans les autres branches de l'anatomie comparée et de l'anatomie générale. Cette méthode consiste essentiellement, comme on va voir, à descendre du point de vue absolu auquel on se tient d'ordinaire dans ces études et auquel j'étais resté moi-même dans le travail précité, pour se placer au point de vue positif, ce mot pris ici dans le sens qu'il a reçu d'Auguste Comte et de son École.

Une conception vraiment scientifique doit satisfaire à deux conditions: 1°, elle doit être d'accord avec les faits, qui sont sa base objective; 2°, pour atteindre son but, qui est subjectif, elle doit englober ou expliquer, d'une façon suffisamment simple, une quantité suffisante de faits. Je vais donc rechercher, d'abord, si la conception de la dent canine satisfait convenablement à ces deux conditions, et, en second lieu, si la dent litigieuse des Damans répond exactement à cette conception. Je serai naturellement amené par cette étude à définir la dent canine, et à déduire, de cette définition, celles des incisives et des molaires.

II. Étude de la dent canine appliquée au cas présenté par le genre Daman.

Pour pouvoir se diriger dans l'étude du système dentaire des Mammifères, dont les éléments, les dents, présentent une grande diversité de situation, de forme et de nombre, il a été de toute nécessité de classer ces éléments, c'est à-dire de les grouper en catégories dotées chacune d'une dénomination particulière. Voyons quels caractères assez généraux et assez fixes ont pu servir de base à cette classification. Nous procèderons, dans cet examen, des caractères les plus généraux, qui se trouvent être aussi les plus nets, jusqu'à ceux qui distinguent la dent canine; et, pour ne pas nous embarrasser dans des considérations inutiles au but spécial que nous poursuivons ici, nous ne nous occuperons que des dents implantées dans la machoire supérieure.

1) La demi machoire supérieure de tous les Mammifères étant composée de deux os, distincts au moins pendant une certaine durée de leur développement, l'implantation des dents sur l'un ou l'autre de ces os nous fournira le premier des caractères cherchés et nous permettra de distinguer les dents incisives, fixées sur l'os intermaxillaire ou incisif, des dents maxillaires, fixées sur l'os maxillaire. On voit combien cette première division est générale et nette. Dans un cas, cependant, quand l'alvéole d'une dent sera creusée à la fois dans l'os maxillaire et dans l'os incisif, et ce cas nous est présenté par la grande dent du Narval (Monodon monoceros Linné)[2], la considération du seul caractère objectif qui distingue les incisives des dents maxillaires nous laissera dans une indétermination dont nous ne pouvons nous tirer que par des considérations d'ordre subjectif. D'ailleurs, par sa nature même, la base objective de cette distinction n'est pas absolument parfaite; car, les dents ne dérivant pas de l'os qui les supporte mais de la gencive qui recouvre cet os, il pourrait se faire que deux dents, homologues à l'origine, cessassent de le paraître par la suite, ou inversement; mais nous pouvons négliger ici cette éventualité.

2) Il n'a pas paru possible ou convenable, juqu'à présent, de subdiviser les dents incisives; mais il n'en est pas de même des dents maxillaires. La plupart des Mammifères, ceux que Richard Owen[3] a appelés Diphyodontes, par opposition aux Monophyodontes

---

[2] P. Gervais, Mammifères, II.(1855), p. 326.

[3] On the development and homologies of the Molar Teeth of the Wart-Hogs (*Phacochoerus*), etc. (Philosoph. Transact., part II, 1850, p. 493). Les mots de Diphyodontes et Monophyodontes sont formés à l'aide des mots grecs μόνος ou δὶς, φύω et ὀδούς.

qui ne comprennent que les Monotrêmes, les Edentés[4] et les Cétacés, présentent, dans le cours de leur développement, une première série de dents qui tombent ensuite et sont remplacés par des dents d'une deuxième série, tandis que quelques autres dents, en nombre très-limité et fixe pour chaque espèce zoologique, poussent successivement l'une derrière l'autre dans la partie postérieure du maxillaire. On peut ainsi distinguer des dents de lait ou de première dentition et des dents permanentes ou de deuxième dentition, ces dernières toujours plus nombreuses que les premières; à un autre point de vue et en ne considérant que les dents de deuxième dentition, on peut diviser celles-ci en deux catégories, celles, de la partie antérieure de la machoire, qui ont remplacé des dents de lait, et celles, de la partie postérieure de la machoire, qui n'en ont pas remplacé[5]. Ces dernières ont été appelés molaires vraies. Parmi les autres, nous avons des dents incisives, déjà caractérisées par leur implantation sur l'os intermaxillaire, et des dents maxillaires antérieures[6], que nous allons subdiviser tout à l'heure.

Cette nouvelle division des dents est, comme on voit, presque aussi générale que la première, car elle s'applique à la presque totalité des Mammifères. Elle est également très-nette, puisqu'il suffit d'une

---

[4] Encore y a-t-il lieu de faire des réserves relativement aux Edentés, P. Gervais ayant observé une véritable dentition de lait chez le Cachicame (Mamm., II, 1855, p. 252 et fig. p. 254).

[5] A l'exemple de Richard Owen et à l'aide des deux premiers radicaux grecs (μόνος ou δὶς et φύω) qu'il a fait entre dans la composition des mots Monophyodontes et Diphyodontes, je crois utile de créer les épithètes monophysaires et diphysaires pour désigner, par la première, les dents qui ne se présentent qu'une fois, et, par la deuxième, celles qui se renouvellent dans le cours du développement d'un Mammifère. Ainsi, toutes les dents des Mammifères Monophyodontes et les vraies molaires des Mammifères Diphyodontes sont monophysaires; les autres dents des Mammifères Diphyodontes, qu'on les considère dans l'une ou l'autre dentition et sauf l'exception présentée par la première prémolaire des Chiens, sont diphysaires.

[6] Dans cette étude analytique de la dent canine, je dois suivre cette dent dans les catégories de moins en moins générales qui la comprennent et à l'envisager successivement comme dent maxillaire, comme dent maxillaire antérieure et comme dent canine. Cet ordre, malheureusement, ne coïncide pas avec l'ordre, à la fois logique et historique, qui convient à l'exposition synthétique de la classification des dents et avec lequel concorde le langage odontographique. C'est ainsi que, d'une part, faute d'un mot convenable, je suis conduit à désigner par la périphrase longue et insuffisante de dents maxillaires antérieures l'ensemble des dents maxillaires autres que les vraies molaires, et que, d'autre part, je ne pourrai distinguer les molaires qu'après avoir distingué, d'abord, les vraies molaires, et, en second lieu, les prémolaires ou fausses molaires. Quand, avec les matériaux fournis par cette analyse, j'aurai à construire les définitions des diverses catégories de dents, alors, conformément aux indications de la logique, de l'histoire et du langage, les définitions des incisives et des molaires, termes extrêmes, dériveront de celle de la canine, terme moyen, tandis que les prémolaires et les vraies molaires seront définies, en dernier lieu, comme résultant d'un dédoublement de la catégorie des molaires.

simple constatation de faits pour distinguer les vraies molaires des dents maxillaires antérieures. Sa base objective, cependant, est loin d'être aussi parfaite que le laisserait supposer un examen superficiel. Cette division, en effet, repose sur la concordance des deux caractères présentés par chaque dent d'une catégorie, celui d'avoir été précédée on non par une dent de lait et celui d'être implantée en avant on en arrière des dents de l'autre catégorie, le premier de ces caractères fournissant le point d'appui de la division et la rendant possible, tandis que le second la rend vraiment utile en la faisant porter sur des dents qui ne sont pas entremêlées au hazard, mais qui sont disposées en deux séries dont chacune est continue et garde toujours, par rapport à l'autre, une même situation; or la concordance de ces deux caractères, quoique très-générale, n'est pas absolument constante. Ainsi, chez les Chiens, d'après Huxley [7], la deuxième dent maxillaire de l'adulte n'a pas été précédée par une dent de lait, tandis que la précédente et les trois suivantes l'ont été. Dans ce cas, mis en demeure de choisir entre les deux caractères contradictoires qui sont offerts par cette dent et qui tendent à en faire, l'un, une dent maxillaire antérieure, l'autre, une vraie molaire, nous n'aurons pas à hésiter; sous peine d'aller directement contre le but de notre classification en y introduisant le désordre, nous sacrifierons le caractère de succession, malgré son importance objective, au bénéfice du caractère de situation; et, pour comprendre la dent en question dans la catégorie des dents maxillaires antérieures, nous élargirons la définition de celles-ci et nous regarderons comme telles toutes les dents maxillaires qui auront succédé à une dent de lait ou qui seront implantées en avant d'une dent ayant succédé à une dent de lait. Il n'en est pas moins vrai que, dans ce cas, nous aurons dû suppléer à l'insuffisance de la base objective de notre conception par la considération subjective du but proposé. Bien plus! La valeur de toutes nos homologies des dents maxillaires dépend de celle d'un véritable postulatum, par lequel nous admettons qu'un cas analogue à celui de la deuxième dent maxillaire des Chiens ne peut jamais être offert par la dernière des dents maxillaires antérieures d'aucun Mammifère.

3) Dans l'ordre des Carnivores, la plus antérieure des dents maxillaires antérieures se distingue des suivantes par des caractères de forme assez constants et assez nets pour que, même isolée, on puisse toujours la reconnaître sans hésitation : on la nomme canine; les autres ont reçu le nom de fausses molaires on prémolaires, et, par opposi-

---

[7] Huxley, Éléments d'Anatomie comparée, trad. par Mme Brunet, Paris, 1875, p. 432.

tion à la canine et aux incisives, on a réuni les prémolaires et les vraies molaires sous l'appellation commune de molaires. Cette coexistence constante des deux caractères, tirés respectivement de la situation et de la forme de la dent, fournit, à la conception de la canine, une base objective très-suffisante, quand on veut se borner à la considérer dans l'ordre des Carnivores. En outre, l'importance de cet ordre, dans la classe des Mammifères, donne à cette conception une valeur subjective également suffisante. D'ailleurs presque aussi rigoureusement qu'à l'ordre des Carnivores, elle peut s'appliquer à ceux des Chiroptères et des Quadrumanes; elle peut même être généralisée de façon à s'étendre à la plupart des Mammifères. Assurément, si les Mammifères ne se composaient que des Monophyodontes et des Rongeurs, la conception n'aurait pas d'object; s'ils comprenaient en outre seulement les Insectivores, elle n'aurait certainement pas surgi; si même les Ongulés seuls venaient s'ajouter aux ordres précédents, son utilité pourrait paraître encore contestable; mais, la conception une fois établie, il y a avantage évident à lui donner la plus grande généralité possible, et, comme on va voir, cette extension ne présente pas de difficultés insurmontables.

Les caractères de la dent canine, chez les Carnivores, sont tirés, avons-nous dit, de la situation et de la forme de la dent: 1°, la canine est la plus antérieure des dents maxillaires antérieures; 2°, elle a toujours une racine (sauf dans le cas unique présenté par la canine supérieure, à croissance indéfinie, du Morse), et cette racine est toujours simple; sa couronne est également simple, conique, aiguë, plus ou moins recourbée en arrière et toujours plus haute que la couronne des autres dents. Or, si nous voulons peser ces deux sortes de caractères, nous sentirons bien vite la nécessité de n'accorder qu'une valeur très-accessoire à ceux qui sont tirés de la forme. Considérons, en effet, celles de toutes les dents qui sont les mieux caractérisées et dont la détermination est toujours facile, les incisives supérieures; nous constatons que leur racine, d'ordinaire unique, peut disparaître (Eléphant, Hippopotame, Daman, Rongeurs) ou devenir multiple (troisième incisive, à racine double, du Hérisson et de beaucoup d'Insectivores); que leur couronne, généralement simple, peut se compliquer beaucoup (Musareignes); enfin que leurs dimensions sont encore plus variables que leurs formes et que ce sont tantôt celles d'une paire (premières incisives des Rongeurs duplicidentés du Daman, etc.), tantôt celles d'une autre paire (troisièmes incisives supérieures des Carnivores), qui dépassent les autres incisives, celles d'une même paire, de la première paire par exemple, pouvant, d'ailleurs, être aussi bien les plus grandes que les plus petites de toutes les dents. Nous pouvons donc légitimement élargir la notion trop étroite, puisée dans la considération exclusive de l'ordre des Carnivores, de la dent canine, et regarder comme telle une dent à croissance illimitée (canine des Porcins et des Chevrotins) dont le Morse, d'ailleurs, parmi les Carnivores, nous a déjà offert un exemple, et même une dent à deux racines (canine des Gymnures [8], des Hérissons [9], des Solénodons [10], etc.), quelle que soit, d'ailleurs, la forme de sa couronne et ses dimensions. Ces derniers cas, il est vrai et fort heureusement, sont rares et exceptionnels, et, le plus souvent, le caractère de la forme vient complèter celui de la situation pour la détermination de la dent. Ainsi la détermination, comme canine, de la première dent maxillaire des Porcins et des Chevrotins est suffisamment établie par sa ressemblance avec la canine du Morse; de même, la première dent maxillaire du Tapir, par exemple, diffère trop des autres dents maxillaires du même animal et présente trop d'analogies de forme avec la canine normale des Carnivores, pour que son interprétation nous présente quelque difficulté.

(à suivre.)

5. Sur les Pantopodes de l'expedition du „Vettor Pisani".

(Note préliminaire.)

Par Wladimir Schimkewitsch, Privat-docent de l'Univers. de Pétersbourg.

eingeg. 7. April 1887.

1) *Pallenopsis fluminensis* Kr. (sp.).

2) *Phoxichilus charybdaeus* Dohrn.

Variété locale du *Nymphon gracile* Leach.

3) *Ammothea Wilsoni* n. sp. La surface dorsale est pourvue de deux excroissances coniques médianes.

4) *Tanystylum* (*Clotenia* Dohrn) *calycirostre* n. sp. La trompe, élargie et gonflée dans sa partie basale, se prolonge dans un tube étroit et cylindrique.

5) *Tanystylum Dohrnii* n. sp. Les excroissances laterales des segments thoraciques sont munies chacune de deux tubercules arrondis, lesquels s'apposent à ceux des excroissances voisines.

6) *Tanystylum Cherchiae* n. sp. Les mandibules sont confondues par leurs bases.

7) Un specimen, malheureusement jeune, appartient a une espèce de *Phoxichilidium* évidemment inconnue. Le segment céphalothoracique

---

8 G. E. Dobson, Monograph Insectivora, I (1882), p. 20.

9 G. E. Dobson, ibid., p. 38.

10 G. E. Dobson, ibid., p. 90.

porte non seulement les rudiments des extrémités II, mais encore ceux des extrémités III.

Toutes ces espèces ont été trouvées près des côtes de l'Amérique du Sud.

Dans la collection (d'origine inconnue) du Musée Zoologique de l'Univ. de Moscou j'ai trouvé un specimen du *Tanystylum Hoekianum* n. sp. avec les mandibules (I) courbées vers l'intérieur. M. le Dr. Korotnew m'a prêté un specimen de *Nymphopsis* Haswell (*N. Korotnewi* n. sp.) trouvé près de la côte des Iles de la Sonde. L'étude de cette forme m'oblige de modifier profondément la diagnose de ce genre, donnée par M. Haswell[1], qui n'avait que la forme immaturée. Ce genre présente les mandibules (I) triarticulées[2], pas chéliformes, les extrémités II—10-articulées, les extrémités III—10-articulées, privées du crochet et des épines plumiformes; l'article tarsale (8) des extrémités IV—VII est muni d'épines basales et de crochets secondaires, tout-à-fait rudimentaires (au moins chez notre espèce).

Ce genre est évidemment voisin de l'*Eurycyde* Schiödte (*Ascor(r)hynchus* Sars, *Barana* Dohrn, *Scaeor(r)hynchus* Wilson, *Gnamptho-r(r)hynchus* Böhm, *Zetes* Kr.)[3].

Pétersbourg, 21. Mars 1887.

III. Mittheilungen aus Museen, Instituten etc.

1. Zoological Society of London.

19th April, 1887. — The Secretary called attention to a set of eleven photographs representing the principal objects of natural history collected by the celebrated traveller Przevalski during his four expeditions into Central Asia, and to an accompanying Catalogue of them which had been presented to the Society's Library by Dr. A. Strauch, F.M.Z.S., of the Imperial Museum, St. Petersburg. — Mr. T. D. A. Cockerell exhibited and made remarks on some specimens of rare British Slugs taken at Isleworth, Middlesex. — The Secretary read some extracts from a letter addressed to him by Mr. A. A. C. Le Souef, C.M.Z.S., giving an account of a successful attempt to keep the Duck-billed *Platypus*, or Water-Mole, alive in captivity in the Zoological Gardens at Melbourne. — Mr. J. Bland Sutton, F.Z.S., exhibited some specimens of diseased structures taken from Mammals that had died in the Society's Gardens, and made comments thereon. — Mr. J. Bland Sutton, F.Z.S., read a paper on the singular armglands met with in

---

[1] »First pair of appendages well-developed, cheliform. Second pair well-developed, palpiform with nine joints. Third pair with seven joints, none of them provided with compound spines.« Proc. Linn. Soc. of New South Wales. Vol. IX. 1885. p. 1025—1026.

[2] Biarticulées, d'après Haswell.

[3] v. Hansen, Z. A. IX. p. 638.

various species of the family Lemuridæ. — Mr. F. E. Beddard read a paper on the anatomy of Earthworms, being a further contribution to his researches on that subject. The present paper treated of the structure of *Eudrilus sylvicola*, the reproductive organs of *Acanthodrilus*, and the genital setæ of *Perichæta Houlleti*. — A communication was read from Mr. A. D. Bartlett, Superintendent of the Society's Gardens, containing remarks upon the mode of moulting of the Great Bird of Paradise (*Paradisea apoda*), as observed in a captive specimen. — A communication was read from Mr. J. Douglas Ogilby, of the Australian Museum, Sydney, containing the description of a rare Australian fish (*Girella cyanea*). — A second paper by Mr. Ogilby contained the description of an undescribed fish of the genus *Prionurus*, obtained in Port Jackson, which was proposed to be called *Prionurus maculatus*.

3rd May, 1887. — The Secretary read a report on the additions that had been made to the Society's Menagerie during the month of April 1887, and called attention to two young Polar Bears (*Ursus maritimus*) presented by Joseph Monteith, Esq.; and to two Crested Ducks (*Anas cristata*) from the Falkland Islands, presented by F. E. Cobb, Esq., C.M.Z.S. — Extracts were read from a letter addressed to the Secretary by Mr. Roland Trimen, F.Z.S., respecting the obtaining of a second example of *Laniarius atrocroceus* in South Africa. — Mr. J. Jenner-Weir, F.Z.S., exhibited and made remarks on a skull of a Boar from New Zealand. — A communication was read from Mr. G. A. Boulenger, containing the description of a new Snake of the genus *Lamprophis*, based on a specimen living in the Society's Gardens, which had been presented to the collection by the Rev. G. H. R. Fisk, C.M.Z.S. — A communication was read from Mr. J. H. Leech, F.Z.S., containing an account of the Diurnal Lepidoptera of Japan and Corea, based on a collection recently made by the author during a recent entomological expedition to those countries. The total number of species in Mr. Leech's list was 155. In Japan Mr. Leech had discovered one new species (*Papilio mikado*) and in Corea four others. — Mr. R. Bowdler Sharpe, F.Z.S., gave an account of a second collection of birds formed by Mr. L. Wray in the mountains of Perak, Malay Peninsula. This collection contained examples of about fifty species, of which ten were described as new to science. — Mr. H. J. Elwes, F.Z.S., pointed out the characters of some new species of Diurnal Lepidoptera, specimens of which had been obtained by him during his recent visit to Sikkim. — A communication was read from Mr. Lionel de Nicéville, containing an account of some new or little-known Indian Butterflies. — P. L. Sclater, Secretary.

2. Linnean Society of London.

7th April, 1887. — A series of photographs taken instantaneously from ife of the white Stork (*Ciconia alba*) were exhibited by Mr. Edward Bidwell. They most accurately represented the birds during the breeding season. Not only were the nests and young thereon and old birds well shown but the remarkable attitudes assumed preparatory to a lighting and commencing flight, as well as the peculiar twist of the neck in calling, &c were most instructive. — Dr. Francis Day exhibited and described some malformed Trout in an early stage of development.

21st April 1887. — Mr. P. Geddes read a paper »On the Nature and Causes of Variation in Plants and Animals.« The fact of organic evolution is no longer denied, but its physiological factors have not yet been adequately analyzed. Even those who regard natural selection as at once the most important and the only ascertained factor of the process admit that such an explanation being from the external standpoint, — the adaptation of the organism to survive the shocks of the environment — stands in need of a complementary explanation which shall lay bare the internal mechanism of the process, i. e. not merely account for the survival, but explain the origin of variations. The relative importance of the external and internal explanations will moreover vary greatly in proportion as variations are found to be »spontaneous«, i. e. in some given direction continuously. Avoiding any mere postulation of an »inherent progressive tendency« common to both pre- and post- Darwinian writers, the definite analysis of the problem starts with that conception of protoplasm which is the ultimate result of morphological and physiological analysis, viz: — to interpret all phenomena of form and function of cells, tissues, organs and individuals alike in terms of its constructive and destructive (»anabolic and katabolic«) changes. While the external or environmental explanation of evolution starts with the empirical study of the effect of human selection upon the variations of animals and plants under domestication, the internal or organismal one as naturally commences with the fundamental rhythm of variation in the lowest organism in nature. It also investigates the nature of the simple reproductive variation upon which the origin of species as well as individuals must depend, before attempting that of individual variation. The interpretation of all the phenomena of male and female sex as the outcome of katabolic and anabolic preponderance is shown largely to supersede the current one of sexual selection, and in some cases at least that of natural selection; e. g. the specially important one of the origin of such polymorphic communities as those of ants and bees. In such cases natural selection acts not as the cause of organic evolution, but as the check or limitation of it, and acquires importance rather as determining the extinction than the origin of species. The process of correlation, especially that between individuation and reproduction is mooted by the author, and its application to the origin and modification of flowers etc. outlined. A discussion is given of the embryologial and pathological factors of internal evolution, with an application of the whole argument to the construction of genealogical tree of plants and animals. — A report was read »On the Gephyreans of the Mergui Archipelago«, by Prof. Emil Selenka of Erlangen; this communication dealing chiefly with a technical description of the species, a few being new. — J. Murie.

3. Linnean Society of New South Wales.

23rd February, 1887. — The following papers were read: — 1) Botanical. — 2) Miscellanea Entomologica No. III. Revision of the Australian Scaritidæ. By William Macleay, F.L.S., &c. This paper deals only with one section of the Scaritidæ, those with more or less straight and blunt pointed maxillæ, though the numbers are given of the other section, and one new genus described. Several species of the first section (the Sub-family

Carenides) are described, and the entire number now known in Australia (179 species) is divided into the following 14 genera:— *Monocentrum*, *Teratidium*, *Carenidium*, *Conopterum*, *Neocarenum*, *Eutoma*, *Carenoscaphus*, *Carenum*, *Calliscapterus*, *Platythorax*, *Laccopterum*, *Philoscaphus*, *Euryscaphus* and *Scaraphites*. Of the other section only the number of Australian species known is mentioned—50—distributed among the four genera, *Geoscaptus*, *Dyschirius*, *Scolyptus* and *Clivina*, to which is added the new genus *Steganomma*. The genus *Gnathoxys* hitherto ranked with the Scaritidæ is omitted as belonging to a distinct group. — 3) Botanical. — 4) Notes on some Australian Fossils. By Felix Ratte, M.E. (i.) On *Jeanpaulia* or *Baiera palmata*, Ratte. The author remarks from the evidence given by de Saporta (Tome III., Flore Jurassique in Paléontologie Française), that this plant ought to be placed in the coniferous group Salisburiaceæ. (ii.) On the muscular impression of the genus *Notomya* (*Mæonia*) from the carboniferous sandstone of New South Wales. The remarkable denticulated muscular impressions presented by this genus, which were not represented by Prof. de Koninck, are well illustrated by some specimens in the Australian Museum, of which the author gives figures. — Dr. Ramsay exhibited a collection of insects from New England, containing some rare and choice specimens, among which were noticeable two new species of *Heteronympha*, *Epinephile Joannæ*, (Butl.), *Heteronympha phalarope*, and *Xenica lathoniella*, and several apparently new *Cicadæ*. Among the Coleoptera were some interesting species of *Schizorhina*, *S. Bakewellii*, *atropunctata*, *Bassii*, *palmata*, *Phillipsii*, *ocellata*, *frontalis*, *Bestii*, *dorsalis*, and a fine new species quite distinct from any other kind. Among the Buprestidæ were a bright blue and green *Curis*, a fine *Melobasis*, and some beautiful and rare *Stigmodera*, also two specimens of an apparently new form. Of longicorns there were *Tragocerus lepidoterus*, and a fine specimen of *Bimia*, which latter appears new. — Mr. Masters exhibited specimens of the common opossum (*Phalangista vulpina*) from New South Wales, and several specimens from other parts of the country of opossums which have been generally looked upon as local varieties of that species. Mr. Masters pointed out the marked differences in three of those exhibited, leaving little doubt of their being distinct species. 1) A specimen from King George's Sound of rather smaller size than *P. vulpina*, and with the tail shorter and the apical third white. 2) A Port Darwin Opossum, less than half the size of *P. vulpina* with the tail long, slender, and without conspicuous brush. 3) One from the interior of King George's Sound, much smaller than *P. vulpina*, of much softer fur, darker and more uniform colour, and with the tail brushy along its whole length. — Mr. Macleay exhibited, in connection with the paper read by him, a drawer of Australian Scaritidæ containing as he announced the largest and most complete collection of that group of insects in the world. — The President exhibited for Dr. Ramsay a block of Shale from the Gosford Cutting, on which there appeared, besides *Phyllotheca* and two fine examples of *Cleithrolepis*, a tadpole-like form about one inch long, and a quarter in greatest width. The head is remarkably similar to that of *Platyceps Wilkinsonii* from the same cutting, as described at a recent meeting, though it is not distinct enough for absolute identification. There are evident indications of a dorsal fin extending backwards from the head; and the posture of the animal compared with that of the accompanying fishes corresponds exactly with that of the other specimen. The whole aspect of the thing suggests the hypothesis that this is really an exceedingly early stage of some Labyrinthodont, perhaps of the very one previously described.

IV. Personal-Notizen.

Berlin. Dr. Eug. Korschelt, bisher Privatdocent und Assistent am Zoologischen Institut in Freiburg i. B. hat seine Stellung dort mit der gleichen in Berlin vertauscht.

Freiburg i/B. Assistent am Zoologischen Institut an Stelle Dr. E. Korschelt's ist Dr. E. Ziegler geworden.

Kiel. Zum interimistischen Director des Zoologischen Instituts ist Privatdocent Dr. Karl Brandt in Königsberg ernannt worden. Die definitive Besetzung der Professur der Zoologie wird erst Ostern 1888 stattfinden.

Necrolog.

Am 7. Mai 1886 starb in Leiden Dr. François P. L. Pollen, der erfolgreiche Erforscher Madagascars. Er war am 7. Jan. 1842 in Rotterdam geboren.

Am 23. September 1886 starb in Dale Park, bei Arundel, Mr. Arth. Edw. Knox, bekannt durch seine ornithologischen Schilderungen.

Am 11. November 1886 starb in Berlin Dr. G. A. Fischer, der bekannte Africareisende, welcher auch als Ornitholog einen verdienten Ruf hatte.

Im December 1886 starb in St. Andrews Dr. William Traill, ein durch malakologische Untersuchungen und Sammlungen bekannter Forscher.

Am 28. Jan. 1887 starb in Columbus, Ohio, Dr. John M. Wheaton, Professor der Anatomie am Starling Medical College, Verfasser eines umfassenden Berichts über die Vögel Ohios.

Am 11. Febr. 1887 starb in Cairo Dr. Adam Todd Bruce, Docent für Säugethier-Anatomie an der Johns Hopkins University, welcher durch embryologische Arbeiten über Limulus, Lepidopteren, Loligo u. A. reiche Hoffnungen erweckt hatte.

Am 18. Februar 1887 starb in Edinburg Mr. Robert Gray, Banquier, einer der Vice-Präsidenten der Royal Society of Edinburgh, bekannt als tüchtiger Ornitholog und Faunist.

Am 4. März 1887 starb in Hamburg Dr. Gustav Heinrich Kirchenpauer, Bürgermeister, einer der bedeutendsten Hydroidenkenner.

Am 19. März 1887 starb in Darlington John Sang, ein durch zahlreiche Aufsätze bekannt gewordener Entomolog, namentlich Lepidopterolog.

Am 14. April 1887 starb in Marburg Dr. Nathaniel Lieberkühn, Professor der Anatomie daselbst, bekannt durch seine Spongien-Untersuchungen u. v. A. Er war am 8. Juli 1822 geboren.

Berichtigung.

Auf p. 241 in No. 250 des Zool. Anz. muß die Überschrift des Aufsatzes von J. T. Cunningham heißen: »Herr Max Weber and the Sexual Organs of Myxine« anstatt »General« Organs.

Druck von Breitkopf & Härtel in Leipzig.

Zoologischer Anzeiger

herausgegeben

von Prof. **J. Victor Carus** in Leipzig.

Verlag von Wilhelm Engelmann in Leipzig.

X. Jahrg. 31. Mai 1887. No. 252.

Inhalt: I. **Litteratur.** p. 277—284. II. **Wissensch. Mittheilungen.** 1. **Lataste,** Étude de la dent canine appliquée au cas présenté par le genre Daman et complétée par les définitions des catégories de dents communes à plusieurs ordres de la classe des Mammifères. (Schluß.) 2. **Nathusius,** Die Kalkkorperchen der Eischalen-Uberzuge und ihre Beziehungen zu den Harting'schen Calcosphäriten. 3. **Ludwig,** Uber den angeblichen neuen Parasiten der Firoliden: *Trichoelina paradoxa* Barrois. III. **Mittheil. aus Museen, Instituten etc.** 1. **Linneau Society of London.** 2. **Linnean Society of New South Wales.** 3. Gesuch. IV. **Personal-Notizen.** Necrolog.

I. Litteratur.

1. Geschichte und Litteratur. (Nachtrag.)

Aristote, Traité de la génération des animaux. Traduit en français pour la première fois, et accompagné de notes perpétuelles, par J. Barthélemy-Saint-Hilaire. 2 Vols. Paris, Hachette, 1887. 8⁰. (1.: CCLXXXIII, 128 p. 2.: 557 p.) Frcs. 20,—.

Oswald Heer. Lebensbild eines schweizerischen Naturforschers. (I. Die Jugendzeit verfasst von J. Justus Heer. Mit d. Portr. O. Heer's in photogr. Lichtdr. Zürich, 1885.) II. und III. (Schluß des Werkes): O. Heer's Forscherarbeit und dessen Persönlichkeit. Von Dr. Carl Schröter, unter gef. Mitwirkung von Gust. Stierlin und Gtfr. Heer. Mit einem Vollbild in Farbendr. u. zahlr. Holzschn. aus d. »Urwelt d. Schweiz« von O. Heer. 1. Lief. [p. 1—80.] Zürich, Frdr. Schulthess, 1887. 8⁰. ℳ 1,40.

(s. Z. A. No. 205. p. 542.)

Bibliographies of American Naturalists. — I. The published Writings of Spencer Fullerton Baird, 1843—1882 by Geo. Brown Goode. Washington, Govt. Print. Off., 1883. 8⁰. (XVI, 377 p.; portrait distributed separately.) — Bull. U. S. Nation. Mus. No. 20. (Ser. Numb. 23.) — II. The published Writings of Isaac Lea, LLD. by Newton Pratt Scutter. ibid. 1885. 8⁰. (LIX, 278 p., portr.) — Bull. U. S. Nat. Mus. No. 23. (S. N. 29.) — III. Bibliography of publications relating to the Collection of Fossil Invertebrates in the United States National Museum, including complete lists of the Writings of Fielding B. Meek, Charl. A. White, and Ch. D. Walcott. By Joh. Belknap Marcou. ibid. 1885. 8⁰. (333 p.) — Bull. U. S. Nat. Mus. No. 30. (S. N. 40.)

2. Hilfsmittel und Methode. (Nachtrag.)

Catalogue of the Collection illustrating the scientific investigation of the sea and fresh waters. in: Descript. Catalog. Rep. Fish. Exhibit. U. S. p. 511—622 [p. 1—109].

3. Sammlungen, Stationen, Gärten etc. (Nachtrag.)

Herdman, W. A., On Ideal Natural History Museum. A Paper read before the Liter. and Philos. Soc. Liverpool, March 21, 1887. s. l. (21 p., 1 plan.)

4. Zeit- und Gesellschaftsschriften. (Nachtrag.)

Annales de la Société d'agriculture, histoire naturelle et arts utiles de Lyon. 5. Sér. T. 9. Avec planches et tableaux. Lyon, H. Georg; Paris, J. B. Baillière et fils, 1887. 8⁰. (CLVIII, 460 p.)

Bulletin de la Société Philomathique de Paris fondée en 1788. 7. Sér. T. 11. [4 Nrs.] Paris, Société, 1887. 8⁰.

Jahrbücher, Zoologische. Zeitschrift für Systematik, Geographie und Biologie der Thiere. Hrsg. von J. W. Spengel. 2. Bd. 2. Hft. Mit 8 Taf. u. 7 Holzschn. Jena, G. Fischer, 1887. (Mai.) 8⁰. ℳ 18,—.

Mittheilungen aus der Zoologischen Station zu Neapel, zugleich ein Repertorium für Mittelmeerkunde. 7. Bd. 2. Hft. Mit 9 Taf. Berlin, R. Friedländer & Sohn, 1887. 8⁰. ℳ 16,—.

Mittheilungen des naturwissenschaftlichen Vereins für Steiermark. Jahrg. 1886. (Der ganzen Reihe 23. Hft.) Unter Mitverantwortung der Direction red. von Prof. Dr. R. Hoernes. Mit 4 lith. Taf. u. 3 Holzschn. Graz, Naturwiss. Ver. f. Steiermark, 1887. 8⁰. (Tit., Inh., XC, 215 p.)

Proceedings of the Academy of Natural Sciences of Philadelphia. 1886. P. II. III. Apr. — Decbr. Ed. Edw. J. Nolan, Philadelphia, 1886. 1887. 8⁰. (p. 153—439, 3 pl.)

Report of the Council of the Zoological Society of London, for the year 1886. Read at the Annual General Meeting, Apr. 29. 1887. London, 1887. 8⁰. (55 p.)

Sitzungsberichte der kais. Akademie der Wissenschaften. Math. Nat. Cl. 3. Abth. 93. Bd. 1./5. Hft. Mit 9 Taf. Wien, K. Gerold's Sohn in Comm., 1886. 94. Bd. 1./2. Hft. Mit 1 Taf. u. 38 Holzschn. ibid. 1887. 8⁰. 93. 1/5 ℳ 6,—; 94. 1/2 ℳ 4,40.

5. Zoologie: Allgemeines und Vermischtes. (Nachtrag.)

Wolter, M., Kurzes Repetitorium der Zoologie für Studirende der Medicin, Mathematik u. Naturwissenschaft. Mit 8 Taf. Anklam, Hrm. Wolter, (1887). 8⁰. (77 p.) ℳ 2,—.

6. Biologie, Vergl. Anatomie etc.
(Fortsetzung.)

Drasch, Otto, Zur Frage der Regeneration und der Aus- und Rückbildung der Epithelzellen. Mit 1 Taf. in: Sitzgsber. kais. Akad. Wiss. Wien, 93. Bd. 3. Abth. p. 200—213. — Apart: ℳ —,50.

List, J. H., Die Rudimentzellentheorie und die Frage der Regeneration geschichteter Pflasterepithelien. in: Sitzungsber. kais. Akad. Wiss. Wien, Math. nat. Cl. 3. Abth. 93. Bd. p. 5—9.

Ranvier, L., Des vacuoles des cellules caliciformes, des mouvements de ces vacuoles et des phénomènes intimes de la sécrétion du mucus. in: Compt. rend. Ac. Sc. Paris, T. 104. No. 12. p. 819—822.

Giard, A., L'autotomie dans la série animale. in: Revue Scientif. (3.) T. 39. No. 20. p. 629—630.

Pouchet, F. A., Moeurs et instincts des animaux avec gravures. Paris, Hachette & Co., 1887. 8⁰. (320 p.) Frcs. 3,—.

Metschnikoff, E., On Germ-layers. Transl. by H. V. Wilson. With 4 figg. in: Amer. Naturalist, Vol. 21. No. 4. p. 334—350.

Ranvier, L., Le mécanisme de la sécrétion. (Suite.) in: Journ. de Microgr. T. 11. Janv. 1887. p. 7—15. Fevr. p. 62—70. Mars, p. 99—108; Avr., p. 142—150; Mai, p. 161—169.
(s. Z. A. No. 242. p. 27.)

List, J. H., Structure of Glandular Cells. Abstr. in: Journ. R. Microsc. Soc. London, 1887. P. 1. p. 47.
(Biolog. Centralbl.) — s. Z. A. No. 242. p. 26.

—— Goblet-cells. Abstr. ibid. p. 47—48.
(Arch. f. mikrosk. Anat.) — s. Z. A. No. 234. p. 584.

Haller, B., Dotted substance of Leydig. Abstr. in: Journ. R. Microsc. Soc. London, 1887. P. 2. p. 214.
(Morphol. Jahrb.) — s. Z. A. No. 241. p. 8.

Cattaneo, Giac., L'origine dei Sessi. Milano-Torino, frat. Dumolard, 1886. 8⁰. (15 p.) Estr. dalla Rivista da Filosof scientif. (2.) Ann. 5. Vol. 5. Dicbre. 1886.

Rees, J. van, Over oorsprong en beteekenis der sexueele voortplanting en over den directen invloed van den voedingstoestand op de cel-deeling. Redevoering etc. Amsterdam, Tj. van Holkema, 1887. 8⁰. (32 p.) fl. 0,50.

Hertwig, Osc., und Rich. Hertwig, Über den Befruchtungs- und Theilungsvorgang des thierischen Eies unter dem Einfluß äußerer Agentien. Mit 7 Taf. in: Jena. Zeitschr. f. Naturwiss. 20. Bd. 1. Hft. p. 120—241. Allgemeiner Theil. ibid. 2. Hft. p. 477—510. — Apart, auch u. d. Tit. Untersuchungen zur Morphologie u. Physiol. der Zelle. 5. Hft. Jena, G. Fischer, 1887. 8⁰. ℳ 8,—.

Maggiorani, Carlo, Influenza del magnetismo sulla embriogenesi. Contributo alle ricerche biologiche. Con 1 tav. in: Atti R. Accad. Linc. Mem. Sc. fis. Mat. e nat. (4.) Vol. 1. p. 123—143.
(Gallina.)

Haddon, Alfr. C., An Introduction to the Study of Embryology. London, 1887. 8⁰.

Schimkewitsch, W., Non-nucleated Blastoderm-cells. Abstr. in: Journ. R. Microsc. Soc. London, 1887. P. 2. p. 231.
(Arch. Slav. Biolog.) — s. Z. A. No. 242. p. 27.

Künstler, J., La Genitogastrula. in: Journ. de Microgr. T. 11. Janv. 1887. p. 28—35.

Salensky, W., Primitive form of Metazoa. Abstr. in: Journ. R. Microsc. Soc. London, 1887. P. 1. p. 46.
(From Biolog. Centralbl.) — s. Z. A. No. 242. p. 27.

Kölliker, A., Karyoplasm and Inheritance. Abstr. in: Journ. R. Microsc. Soc. London, 1887. P. 2. p. 209.
(Zeitschr. f. wiss. Zool.) — s. Z. A. No. 241. p. 9.

Richter, W., Zur Theorie von der Continuität des Keimplasmas. in: Biolog. Centralbl. 7. Bd. No. 2. p. 40—50. — 2. Stück. ibid. No. 3. p. 67—80. — No. 4. p. 97—108.

Hallez, Paul, Pourquoi nous ressemblons à nos parents? (Suite et fin.) in: Bull. Scientif. dép. du Nord, T. 9. No. 6. p. 236—248.
(s. Z. A. No. 234. p. 585.)

Handl, A., Über den Farbensinn der Thiere und die Vertheilung der Energie im Spectrum. in: Anzeiger kais. Akad. Wiss. Wien, 1886. No. XXVI. p. 235—236.

Düsing, C., Über die Färbung und Zeichnung der Thiere. (Schluß.) in: Kosmos, (Vetter), (1886. 2. Bd.) 19. Bd. 6. Hft. p. 453—463.

Roedel, H., Minimum Temperature consistent with Life. Abstr. in: Journ. R. Microsc. Soc. London, 1887. P. 1. p. 52.
(Zeitschr. f. Naturwiss.) — s. Z. A. No. 242. p. 31.

Instinctive Action. (Terrier pup). in: Nature, Vol. 35. No. 904. p. 392.

Brandt, Al., Жизнь и смерть [Leben u. Tod]. Charkow, Polujechtoff, 1886. 8⁰. (59 p).

7. Descendenztheorie.

Aveling, Edw., Die Darwinsche Theorie. 2. u. 3. Hft. Stuttgart, Dietz, 1887. 8⁰. (p. 73—222.) à *M* —, 50.
(Internationale Bibliothek.)

Chambers, R., Vestiges of the Natural History of Creation. With an Introduction by Henry Morley. London, Routledge, 1887. 8⁰. (282 p.) 1 s.

Cope, E. D., The Origin of the Fittest: Essays on Evolution. With illustr. New York; (London.) 1887. 8⁰. 15 s.

Curtis, G. T., Creation or Evolution? a Philosophical Inquiry. New York; London, Ward & Downey, 1887. 8⁰. (572 p.) 10 s 6 d.

Gadeau de Kerville, Henri, Causeries sur le transformisme. Paris, Reinwald, 1887. 8⁰. (475 p.) — V. Origine de l'homme. Conférence faite à Elbeuf. Elbeuf, 1887. 12⁰. (95 p.) VI. Résumé général, critiques et applications de la doctrine transformiste. Elbeuf, 1887. 12⁰. (88 p.)

Spencer, Herb., The Factors of Organic Evolution. London and Edinburgh, Williams & Norgate, 1887. 8⁰.

Vogt, Karl, Einige darwinistische Ketzereien. Sep.-Abdr. aus Hft. 364 von Westermann's Illustr. Monatshft. Jan. 1887. (13 p.)

—— On some Darwinistic Heresies. in: Ann. of Nat. Hist. (5.) Vol. 19. Jan. p. 57—61. — Abstr. in: Journ. R. Microsc. Soc. London, 1887. P. 2. p. 212—213.
(Arch. Sc. Phys. Nat. Genève.) — s. Z. A. No. 242. p. 28.

Romanes, Geo. J., Mr. Wallace on Physiological Selection. in: Nature, Vol. 35. No. 898. p. 247—248. No. 904. p. 390—391.

Wallace, A. R., Mr. Romanes on Physiological Selection. in: Nature, Vol. 35. No. 903. p. 366.

Varigny, H. de, La sélection physiologique. in: Revue Scientif. (3.) T. 39. No. 15. p. 449—456.

Nelson, Jul., The Significance of Sex. in: Amer. Naturalist, Vol. 21. No. 1. p. 1—42. No. 2. (With 3 pl.) p. 138—162. No. 3. (With 1 pl.) p. 219—238.

Weismann, A., Importance of Sexual Reproduction for the Theory of Selection. Abstr. in: Journ. R. Microsc. Soc. London, 1887. P. 1. p. 45.
(s. Z. A. No. 224. p. 329.)

Galton, Frcs., Pedigree Moth-breeding, as a means of verifying certain important Constants in the General Theory of Heredity. in: Trans. Entomol. Soc. London, 1887. P. 1. p. 19—28.

Sutton, J. Bland, On Atavism. A Critical and Analytical Study. in: Proc. Zool. Soc. London, 1886. IV. p. 551—558.

Huth, E., Neue Beobachtungen über Mimicry. Mit 2 Abbild. in: Monatl. Mittheil. aus d. Gesammtgeb. d. Naturwiss. Frankfurt a/O., 4. Jahrg. No. 8. p. 244—247. No. 9. p. 274—276.

Weismann, Aug., Über den Rückschritt in der Natur. Ausz. in: Der Naturforscher, 20. Jahrg. No. 18. p. 157—158.
(s. Z. A. No. 234. p. 586.)

Meunier, V., Avenir des Espèces: les Singes domestiques. Paris, Dreyfus, 1887. 8°. (VIII, 402 p.)

8. Faunen.

Schmarda, L. K., Bericht über die Fortschritte unserer Kenntnisse von der Verbreitung der Thiere. in: Geograph. Jahrb. 11. Jahrg. p. 147—206.

Heilprin, A., The geographical and geological distribution of Animals. New York, 1887. 8°. (435 p.) *M* 10,—.

Haacke, Wilh., Seeigelgewohnheiten, Tiefseefauna und Paläontologie. in: Biolog. Centralbl. 6. Bd. No. 21. p. 641—647. — Abstr. in: Journ. R. Microsc. Soc. London, 1887. P. 2. p. 246.

L'acclimatation des animaux dans la Nouvelle-Zélande. in: Revue Scientif. (3.) T. 39. No. 2. p. 59—60.
(d'après G. Thomson. [Science.])

Am Stein, G., Ein Ausflug nach Serneus (4.—27. IX. 1885). in: Jahres-Ber. Naturf. Ges. Graubünd. 29. Jahrg. p. 38—45.

Ball, J., Notes of a Naturalist in South America. London, Paul, 1887. 8°. (410 p.) 8 s 6 d.

Harvie-Brown, J. A., Further Notes on North Rona, being an Appendix to Mr. John Swinburne's Paper on that Island in the Proceedings of this Society 1883—1884. With 1 pl. in: Proc. R. Phys. Soc. Edinb. Vol. 9. P. 1. p. 284—299.

Jones, J. Matth., and Geo. Brown Goode, Contributions to the Natural History of the Bermudas. Vol. 1. Washington, Govt. Print. Off., 1884. 8°. (XXIII, 353 p., 12 pl.) — Bull. U. S. Nation. Mus. No. 25. (Serial Number 31.)
(Geology, Botany, Mammals, Birds, Notes on Birds, Reptiles, Annelids.)

Koenig-Warthausen, Frhr. Rich., Naturwissenschaftlicher Jahresbericht 1886. in: Jahreshfte. Ver. vaterländ. Naturk. Württemb. 43. Jahrg. p. 229—278.

MacCoy, F., Prodromus of the Zoology of Victoria; or figures and descriptions of the living species of all classes of the Victorian indigenous Animals. Decade 12./13. Melbourne, 1886. R.-8°. (p. 47—78, with 10 col. pl.)

Mojsisovics, Aug. von, Zoologische Übersicht der österreichisch-ungarischen Monarchie. Sep.-Abdr. aus: »Die Österreichisch-ungarische Monarchie in Wort u. Bild.« p. 249—328.

Nazarow, P. S., Recherches zoologiques des steppes des Kirguiz. Avec préface de M. Menzbier. in: Bull. Soc. Imp. Natural. Moscou, 1886. No. 4. p. 338—382.

Stuxberg, Ant., Faunan på och kring Novaja Semlja (härtill en karta). Ur »Vega-Expedit.« Vetenskap Jakttag. 5. Bd. (239 p.)

White, Gilb., Natural History of Selbourne. Vol. 1. 2. London, Cassel, 1887. 8⁰. (1.: 194 p., 2.: 190 p.) à 6 d.

The Zoology of British Burmah. Abstr. in: Amer. Naturalist, Vol. 21. No. 2. p. 189—191.

Gray, Rob., Notes on a Voyage to the Greenland Seas in 1886. in: The Zoologist, (3.) Vol. 11. Febr. p. 48—57. March, p. 94—100. Apr. p. 121—136.

Koehler, R., Supplément aux Recherches sur la faune marine des iles anglo-normandes. Nancy, 1887. 8⁰. (27 p.) Extr. Bull. Soc. Sc. Nancy.

Krause, Arth., Beitrag zur marinen Fauna des nördlichen Norwegen. Mit 1 Abbild. Berlin, R. Gaertner's Verlagshdlg., 1887. 4⁰. (24 p.) Wissenschaftl. Beilage z. Progr. d. Louisenstädt. Oberrealschule. Ostern, 1887. ℳ 1,—.

Marion, A. F., Étude des étangs saumâtres de Berre (Bouches-du-Rhone). Faune ichthyologique. in: Compt. rend. Ac. Sc. Paris, T. 104. No. 19. p. 1306—1308.

M'Intosh, W. C., On the Pelagic Fauna of our Shores in its Relation to the Nourishment of the Young Food-Fishes. in: Ann. of Nat. Hist. (5.) Vol. 19. Febr. p. 137—145.

Monaco, prince Alb. de, Sur les recherches zoologiques poursuivies durant la seconde campagne scientifique de l'Hirondelle, 1886. in: Compt. rend. Ac. Sc. Paris, T. 104. No. 7. p. 452—454.

(Atlantique d'Europe.)

Reinhardt, O., (Zur Fauna von Lohme, Rügen). in: Sitzgsber. Ges. Nat. Fr. Berlin, 1887. No. 3. p. 36—39.

Asper, G., und J. Heuscher, Zur Naturgeschichte der Alpenseen. Sep.-Abdr. aus: Jahresber. St. Gall. Naturwiss. Ges. 1885/1886. 8⁰. (43 p.)

Forel, F. A., Les micro-organismes pélagiques des lacs de la région subalpine. in: Revue Scientif. (3.) T. 39. No. 4. p. 113—115.

Graff, Ludw. von, Die Fauna der Alpenseen. in: Mittheil. Naturwiss. Ver. f. Steiermark, 1886. p. 47—68.

Imhof, O. E., Über die microscopische Thierwelt hochalpiner Seen (600—2780 m ü. M.). in: Zool. Anz. 10. Jahrg. No. 241. p. 13—17. No. 242. p. 33—42. — Transl. in: Ann. of Nat. Hist. (5.) Vol. 19. Apr. p. 276—286.

Zacharias, O., Zusammensetzung der pelagischen Fauna in den norddeutschen Seen. in: Biolog. Centralbl. 6. Bd. No. 21. p. 667—668.

(Naturforsch.-Versamml.)

—— Zur Kenntnis der pelagischen und littoralen Fauna norddeutscher Seen. Mit Beiträgen von S. A. Poppe. Mit 1 Taf. in: Zeitschr. f. wiss. Zool. 45. Bd. 2. Hft. p. 255—281.

(1 n. sp., 2 n. var.)

9. Invertebrata.

Balbiani, E., Évolution des Micro-organismes animaux et végétaux. Leçons faites au Collège de France. Suite. in: Journ. de Microgr. T. 11. No. 2. p. 54—62. No. 4. p. 134—142. No. 5. p. 170—177.

(s. Z. A. No. 242. p. 31.)

Nussbaum, M., Über die Lebenszähigkeit eingekapselter Organismen. in: Zool. Anz. 10. Jahrg. No. 247. p. 173—174.

Bedot, M., Recherches sur les cellules urticantes. Avec 2 pl. in: Recueil Zool. Suisse, T. 4. No. 1. p. 51—70.

Lendenfeld, R. von, The Function of Nettle cells. With fig. in: Quart. Journ. Micr. Sc. Vol. 27. P. 3. p. 393—399. — Abstr. in: Journ. R. Microsc. Soc. London, 1887. P. 2. p. 247—248. — With fig. in: Amer. Naturalist, Vol. 21. No. 3. p. 289—290.

Delage, Yves, New Function for Invertebrate Otocysts. Abstr. in: Journ. R. Microsc. Soc. London, 1887. P. 1. p. 52.
(Compt. rend.) — s. Z. A. No. 242. p. 31.

Dubois, R., La mer phosphorescente et les animaux lumineux. in: Revue Scientif. (3.) T. 39. No. 19. p. 603—604.

Rathbun, Rich., Collections of Economic Crustaceans, Worms, Echinoderms, and Sponges [London Fisheries Exhib.] in: Descript. Catalog. Rep. Exhib. U. S. p. 107—137 [p. 1—31].

10. Protozoa.

Gourret, Paul, et Paul Roeser, Les Protozoaires du vieux-port de Marseille. (suite et fin.) Avec 8 pl. in: Arch. Zool. Expérim. (2.) T. 4. No. 4. (Janv. 1887.) p. 449—534.
(20 n. sp.)

Künstler, J., La structure réticulée des Protozoaires. in: Compt. rend. Ac. Sc. Paris, T. 104. No. 14. p. 1009—1011.

Moniez, R., Sur des parasites nouveaux des Daphnies. in: Compt. rend. Ac. Sc. Paris, T. 104. No. 3. p. 183—185.

Parona, Corrado, Protistes parasites du Ciona intestinalis. (Fin.) in: Journ. de Micrregister. T. 11. Janv. 1887. p. 25—28. — Abstr. in: Journ. R. Microsc. Soc. London, 1887. P. 1. p. 106.
(n. g. *Elvirea.*)

Greenwood, Miss M., Digestive process in some Rhizopods. in: Journ. of Physiol. Vol. 7. 1886. p. 253—273. — Abstr. in: Journ. R. Microsc. Soc. London, 1887. P. 2. p. 251—252.

Brandt, K., Colonial Radiolarians. Abstr. in: Journ. R. Microsc. Soc. London, 1887. P. 1. p. 102—105.
(Monograph.) — s. Z. A. No. 224. p. 333.

—— idem. Abstr. in: Amer. Monthly Microsc. Journ. Vol. 8. No. 3. p. 46—49.
(From Journ. R. Microsc. Soc. [Abstr. of the Monograph.])

Burbach, O., Beiträge zur Kenntnis der Foraminiferen des mittleren Lias vom großen Seeberg bei Gotha. Mit 1 Taf. in: Zeitschr. f. Naturwiss. (Halle), 59. Bd. 5. Hft. p. 493—502.
(4 n. sp.)

Fabre-Domergue, .., Sur la structure réticulée du protoplasma des Infusoires. in: Compt. rend. Ac. Sc. Paris, T. 104. No. 11. p. 797—799.

Korschelt, Eug., Über die geschlechtliche Fortpflanzung der Einzelligen und besonders der Infusorien. Mit 5 Holzschn. in: Kosmos, (Vetter), (1886. 2. Bd.) 19. Bd. 6. Hft. p. 438—452.

Maupas, E., Sur la puissance de multiplication des Infusoires ciliés. in: Compt. rend. Ac. Sc. Paris, T. 104. No. 14. p. 1006—1008. — Ann. of Nat. Hist. (5.) Vol. 19. May, p. 394—396.

Stokes, Alfr. C., Notices of New Fresh-Water Infusoria. With 1 pl. in: Proc. Amer. Philos. Soc. Philad. Vol. 23. No. 124. p. 562—568.
(14 n. sp.; n. g. *Trentonia, Cyclonexis, Opisthostyla, Acinetactis.*)

Stokes, Alfr. C., Notices of American Fresh-water Infusoria. With 1 pl. in: Journ. R. Microsc. Soc. London, 1887. P. 1. p. 35—40.
(11 n. sp.)
Lindner, . ., Über eine neue Gattung von Peritrichen. in: Biolog. Centralbl. 6. Bd. No. 23. p. 733—734. — Abstr. in: Journ. R. Microsc. Soc. London, 1887. P. 2. p. 253—254.
(Berl. Naturforsch.-Vers.) — s. Z. A. No. 242. p. 32.
Möbius, K., Adoral ciliated organ of Infusoria. Abstr. in: Journ. R. Microsc. Soc. London, 1887. P. 1. p. 99—100.
(Biolog. Centralbl.) — s. Z. A. No. 242. p. 32.
Stokes, A. C., New Choano-flagellata. Abstr. in: Journ. R. Microsc. Soc. London, 1887. P. 2. p. 253.
(Amer. Monthly Microsc. Journ.) — s. Z. A. No. 242. p. 32.
Schlumberger, C., *Adelosina.* Abstr. in: Journ. R. Microsc. Soc. London, 1887. P. 2. p. 254.
(Bull. Soc. Zool. France.) — s. Z. A. No. 234. p. 591.
Holman, Lillie E., Multiplication of *Amoebae.* Abstr. in: Journ. R. Microsc. Soc. London, 1887. P. 2. p. 249—251.
(Proc. Acad. Nat. Sc. Philad.) — s. Z. A. No. 242. p. 32.
Schuberg, A., *Bursaria truncatella.* Abstr. in: Journ. R. Microsc. Soc. London, 1887. P. 1. p. 100—101.
(Morphol. Jahrb.) — s. Z. A. No. 242. p. 32.
Kerbert, C., *Chromatophagus parasiticus,* a Contribution to the Natural History of Parasites. With 1 pl. in: Rep. Comm. U. S. Fish Comm. P. XII. p. 1127—1136.
(Transl. by Hrm. Jacobson from Nederl. Tijdschr.) — s. Z. A. No. 173. p. 411.

II. Wissenschaftliche Mittheilungen.

1. Étude de la dent canine, appliquée au cas présenté par le genre Daman et complétée par les définitions des catégories de dents communes à plusieurs ordres de la classe des Mammifères.

Par Fernand Lataste, Paris.

(Suite et fin.)

Il n'en est pas moins vrai que notre conception de la dent canine n'a plus, comme base objective essentielle, que la situation de la dent, et cette base est évidemment très-insuffisante; car, si la canine est toujours la plus antérieure des dents maxillaires antérieures, la réciproque ne saurait être admise. En effet, le nombre total des dents maxillaires antérieures varie d'un groupe de Mammifères à l'autre et même, dans un groupe, d'une machoire à l'autre, et il serait arbitraire de convenir a priori que les variations de ce nombre porteront toujours sur les prémolaires, à l'exclusion de la canine, tandis que la convention inverse serait en outre insuffisante, ces variations dépassant fréquemment l'unité. Quelle règle suivrons-nous donc, pour considérer la première dent maxillaire antérieure, dans tel cas, comme une canine, et, dans tel autre, comme une prémolaire? Nous nous rappellerons, encore cette fois, que toute conception scientifique, indépendamment de sa base objective, a un but subjectif; les caractères objectifs de la conception de la dent canine nous laissant dans l'indétermination, nous prendrons pour guide des considérations subjectives, et nous regarderons la première dent maxillaire antérieure d'un Mammifère, soit comme une canine, soit comme une prémolaire, suivant que l'une ou l'autre de ces manières de voir fera rentrer le cas particulier dans la règle générale. Et ces considérations subjectives ne devront pas seulement suppléer aux caractères morphologiques, quand ceux-ci seront insuffisants; elles devront avoir la préférence, s'ils sont contradictoires. C'est ainsi que, dans la détermination de la première prémolaire des Chiens, nous avons sacrifié le caractère objectif de succession à la nécéssité subjective du groupement des dents en séries continues.

Ces principes posés, le cas particulier qui nous préoccupe est des plus simples. Dans la sous-classe des Mammifères placentaires, jamais, à la machoire supérieure, le nombre des dents maxillaires ne se trouve supérieure à huit, et, chaque fois que ce nombre maximum a été constaté, on n'a jamais dû admettre plus de sept molaires, la plus antérieure des dents maxillaires ayant toujours dû, en pareil cas, être considérée comme une canine[11]. Le genre Daman appartient incontestablement à la sous-classe des Placentaires et il présente huit dents maxillaires supérieures. Nous devons donc, pour le faire rentrer dans la règle générale, lui reconnaître aussi une canine et sept molaires.

Cette manière de voir est d'ailleurs confirmée par la considération des caractères morphologiques de la dent maxillaire antérieure, qui n'a qu'une racine, tandis que les suivantes en ont plusieurs, dont la couronne est simple et conique, tandis que la couronne des dents suivantes est plus ou moins compliquée, qui, dans la première dentition, est plus haute que les dents suivantes, et qui, avant que le développement ultérieur de l'os qui la supporte et la poussée des grosses molaires n'ait modifié ses rapports, se présente, comme fait d'ordinaire la canine

---

[11] »Premolars and true molars . . . , in the Diphyodont Mammals, do not exceed $\frac{7-7}{7-7} = 28$, *i. e.* seven on each side of both jaws. . . The exceptions, by way of excess to this typical number, are few and are confined to the Marsupial order, *e. g.* in the Myrmecobius.« Richard Owen, On the Development and Homologies of the Molar Teeth of the Wart-Hogs (Philosoph. Transact., 1850), p. 493. — La règle, comme on voit, est très-générale, et s'applique à l'une et à l'autre mâchoire de la plupart des Mammifères. Richard Owen, cependant, l'a formulée d'une façon trop absolue; car, indépendamment des exceptions qu'il signale dans la sous-classe des Aplacentaires, *Otocyon megalotis* Desmarets (*Cafer* Lichtenstein), dans la sous-classe des Placentaires, en fournit une autre: cette espèce présente, à la mâchoire inférieure, huit dents qui ne peuvent être interprétées que comme des molaires, puisque elles sont situées derrière la canine.

des Ongulés, celle du Tapir par exemple, voisine de la suture antérieure de cet os et séparée des dents suivantes par un intervalle. Mais, je le répète, dans le cas actuel, ces considérations sont accessoires, et, quand bien même, par ses caractères morphologiques, cette dent ne se distinguerait pas des suivantes, on n'en devrait pas moins, par cela seul qu'elle est suivie de sept autres dents maxillaires, l'interprêter comme une canine.

Telle est, je crois, la solution rigoureuse du problème présenté par la systéme dentaire du genre Daman. Mais l'étude que nous avons dû entreprendre. en vue de ce problème est susceptible d'une conclusion plus générale; car elle nous fournit tous les éléments d'une définition de la dent canine supérieure des Mammifères. Il nous sera d'ailleurs facile de généraliser cette définition, de façon à la rendre applicable aussi à la canine inférieure, ainsi que de déduire, de la définition complète de la canine, celles des incisives et des molaires, et, de celle des molaires, celles des prémolaires et des vraies molaires. Voici ces définitions.

III. Définitions de la dent canine et des autres catégories de dents communes à plusieurs ordres de la classe des Mammifères.

Canines.

On appelle canine la première dent maxillaire supérieure, voisine de la suture maxillo-intermaxillaire, et, aussi, la dent inférieure qui, la bouche fermée, est située immédiatement en avant de celle-ci, quand cette dent se distingue des dents suivantes, comme cela a lieu chez les Carnivores, par une racine simple ou nulle et une couronne simple, conique, saillante, recourbée en arrière, — ou quand sa forme et sa situation peuvent être ramenées à celles d'une canine typique à l'aide de modifications graduelles observées, soit dans le cours de son développement, soit dans la série zoologique intercalée, — ou, enfin, quand l'interprétation comme une canine de la dent considérée tend à faire rentrer la formule dentaire du groupe zoologique qui présente cette dent dans le type général de formule dentaire des groupes zoologiques voisins.

Incisives.

On appelle incisives les dents situées en avant de la place qu'occupe ou qu'occuperait la canine[12].

Molaires ou Mâchelières.

On appelle molaires ou mâchelières les dents situées en arrière de la place qu'occupe ou qu'occuperait la canine.

---

[12] Le caractère présenté par les dents incisives supérieures d'être implantées sur l'os intermaxillaire est implicitement contenu dans cette définition.

Prémolaires ou Fausses molaires.

On appelle prémolaires ou fausses molaires celles des molaires qui sont diphysaires (c'est-à-dire qui se renouvellent dans le cours du développement du Mammifère qui les présente) ou qui sont situées en avant d'une molaire diphysaire[13].

Vraies molaires ou arrière-molaires.

On appelle vraies molaires ou arrières molaires celles des dents molaires qui sont situées en arrière de la dernière prémolaire[14].

IV. Appendice.

I.

L'incisive supérieure gauche de lait d'un jeune *Hyrax Burtoni* Gray, appartenant au Musée de Gènes (crâne n⁰ 3, à dents de lait, la première vraie molaire pointant à peine), s'étant accidentellement détachée, j'ai pu faire les observations suivantes:

1⁰ L'incisive de remplacement ne se développe pas, comme je l'ai cru (Sur le système dentaire du genre Daman, p. 20, 24), dans la même alvéole que la dent de lait, mais dans l'épaisseur de l'os et immédiatement en arrière de cette alvéole, dans laquelle elle débouche tout près de son orifice. Ultérieurement, par sa croissance, la dent définitive provoque la résorption de la cloison osseuse qui séparait d'elle la dent de lait et même de la racine de cette dent, et elle finit par envahir complètement l'alvéole ancienne.

2⁰ L'incisive de lait est parfaitement radiquée; elle présente deux racines très-fines et incomplètement séparées; je me suis d'ailleurs assuré que, de toutes les dents, de l'une et l'autre dentition, du genre Daman, les incisives supérieures de deuxième dentition, seules, sont sans racines et à croissance illimitée.

Ainsi, des dents définitives à croissance illimitée sont précédées par des dents de lait radiquées. A priori, il était permis de supposer qu'il en était ainsi; car, s'il y a avantage évident, pour un animal, de pouvoir échanger des dents usées et hors de service contre des dents neuves, on ne voit pas ce que cet animal gagnerait ä remplacer, par d'autres dents semblables, des dents qui se renouvellent d'un bout à mesure qu'elles s'usent de l'autre et qui ne vieillissent pas. Sans doute, cette considération n'a rien de décisif, et je sais fort bien qu'on trouve, chez les animaux, des organes qui leur sont parfaitement inutiles; mais ces cas sont relativement peu nombreux, et, en quelque sorte, excep-

[13] Le caractère présenté par ces dents de former, dans chaque moitié de mâchoire, une série unique placée immédiatement derrière la canine, est implicitement compris dans cette définition.

[14] Le caractère présenté par ces dents d'être monophysaires est implicitement compris dans cette definition.

tionnels. Aussi, généralisant l'observation précédente, j'admets, jusqu'à preuve contraire, que toute dent de lait est radiquée[15].

Quoi qu'il en soit, dans l'hypothèse transformiste, la dent dépourvue de racine ne saurait être regardée, dans tous les cas, comme la dent primitive et ancestrale[16]; chez les Mammifères Diphyodontes, au contraire, cette dent serait dérivée, au moins immédiatement, de la dent radiquée. Par conséquent, dans l'arbre généalogique, les groupes zoologiques ä dents radiquées seraient moins éloignés du tronc que les groupes à dents sans racines; ainsi, chez les Rongeurs, le genre *Mus* Linné rappellerait le type ancestral de plus près que le genre *Microtus* Schranck (*Arvicola* Lacépède), et, dans ce dernier genre, le sousgenre *Myodes* (Pallas) Sélys serait moins modifié que les autres.

II.

Dans mon mémoire précité Sur le système dentaire du genre Daman, ayant remarqué que les traités généraux les plus classiques ou les plus récents n'indiquaient aucun progrès accompli dans la question depuis Blainville, j'ai cru pouvoir arrêter à cet auteur mes recherches historiques sur les travaux de mes devanciers. J'ai ainsi manqué l'occasion de relever une erreur professée par des zoologistes éminents et accréditée sous le couvert de leur autorité, erreur d'après laquelle les Damans auraient, non pas une paire, mais deux paires d'incisives supérieures.

Je ne puis concevoir que deux causes à une semblable erreur: 1°, la coexistence, à un certain âge, des incisives de lait et des incisives permanentes; j'ai suffisamment étudié ce cas, dans mon mémoire précité, pour n'avoir pas à y revenir ici; et, 2°, la présence, sur l'os intermaxillaire, en arrière de chaque incisive, d'un trou, qu'on a pu prendre pour l'alvéole d'une petite dent caduque, mais qui n'est qu'un trou nourricier de l'os; j'ai vu ce trou sur tous les nombreux crânes, d'âges très-differents, que j'ai eus à ma disposition, et, à la place qu'il occupe, je n'ai jamais pu trouver la moindre petite dent, bien que je l'aie soigneusement cherchée et bien que, sur beaucoup de crânes, quand je me suis livré à cet examen, la muqueuse fut demeurée en place et recouvrit cette partie du maxillaire; or il est clair que, si ce trou correspondait à une alvéole dentaire, la dent se montrerait en place au moins chez les très-jeunes sujets, tandis qu'il aurait disparu, sans laisser de trace, chez les plus vieux.

---

[15] Je me suis assuré, depuis, que les canines de lait du Sanglier sont également radiquées.

[16] »Les dents plus ou moins coniques, à racines ouvertes, telles que nous les trouvons dans le Dauphin par exemple, présentent la forme initiale et primitive qui se retrouve chez les Reptiles et les Amphibiens.« (Carl Vogt, Les Mammifères, 1884, p 12.)

C'est Giebel (Die Säugethiere, 1855, p. 211) qui parait avoir introduit dans la science l'erreur que je viens de relever. Il a pris pour une deuxième paire d'incisives les incisives permanentes, pointant à côté de celles de lait, d'un jeune Daman du Cap, et, pour les alvéoles de ces dents, les trous nourriciers d'un Daman de Syrie plus âgé que le premier. Huxley (Eléments d'anatomie comparée des animaux vertébrés, trad. par Mme Brunet, 1875, p. 445), sans doute sur la foi de Giebel, a cru aussi à l'existence d'une deuxième paire, externe, d'incisives supérieures très-petites et précocement caduques. J. F. Brandt (Untersuchungen über die Gattung der Klippschliefer, in Mem. Ac. Sc. St. Pétersbourg, 1869, p. 17), et, tout récemment, Jentink (On a new species of Hyrax, in Notes Leyden Museum, 1886, p. 212) sont tombés dans la même erreur.

Paris, 3 avril 1887.

III.

Les dents dites carnassières ne se rencontrent que dans l'ordre des Carnivores parmi les Mammifères placentaires, et chez quelques Marsupiaux; elles sont donc en dehors du cadre de cette étude. Peut-être cependant n'est-il pas inutile de faire remarquer que ce terme de carnassières s'applique, non pas, comme les termes plus haut définis, à une catégorie unique de dents, mais à des dents de trois catégories distinctes et non homologues les unes des autres. Cette conception est née, comme celles des incisives, de la canine et des molaires, de considérations purement morphologiques; mais elle se désagrège devant les considérations d'homologie qui valident et précisent les aûtres. Ainsi:

1⁰ La Carnassière supérieure de lait est l'avant dernière prémolaire supérieure de lait des Carnivores, homologue de l'avant dernière prémolaire, de l'une et de l'autre dentition comme de l'une et de l'autre mâchoire, de tous les Mammifères diphyodontes;

2⁰ La Carnassière inférieure de lait est la dernière prémolaire inférieure de lait des Carnivores, homologue de la dernière prémolaire, de l'une et de l'autre dentition comme de l'une et de l'autre mâchoire, de tous les Mammifères diphyodontes;

3⁰ La Carnassière supérieure permanente est la dernière prémolaire supérieure permanente des Carnivores, homologue de la dernière prémolaire, de l'une et de l'autre dentition comme de l'une et de l'autre mâchoire, de tous les Mammifères diphyodontes; elle est donc homologue de la carnassière inférieure de lait, mais non de la carnassière supérieure de lait ni de la carnassière inférieure permanente;

4⁰ La Carnassière inférieure permanente est la première vraie molaire inférieure permanente des Carnivores, homologue de la première vraie molaire, de l'une et de l'autre dentition comme de l'une et de l'autre mâchoire, de tous les Mammifères diphyodontes.

Richard Owen[17] a eu l'heureuse idée de représenter chaque dent par un symbole qui a le double avantage de désigner avec précision cette dent sur une mâchoire donnée et d'être commun à toutes les dents homologues dans la classe des Mammifères : ce symbole s'obtient, comme on sait, en ajoutant, à la lettre initiale du nom de la catégorie à laquelle appartient la dent considérée, un chiffre qui indique le rang qu'occupe cette dent dans sa catégorie. Owen numérotait les dents, dans chaque catégorie, de l'avant à l'arrière de la mâchoire. Il procédait ainsi même à l'égard des prémolaires, bien qu'il eut reconnu que les plus profondément situées dans la bouche sont celles dont la présence est la plus constante et qu'il recommandât expressément de compter ces dents de la dernière, qu'il appelait p_4, à la première, qu'il appelait p_1 ; mais quelques auteurs modernes[18] trouvent préférable de numéroter ces dents dans le même sens qu'on doit les compter, c. a. d. en allant des vraies molaires vers la canine. D'après le système de notation d'Owen, ainsi modifié, les diverses sortes de carnassières se trouvent représentées par les symboles suivants.

la carnassière supérieure de lait, par p_2;
la carnassière inférieure de lait, par p_1 ;
la carnassière supérieure permanente, par p_1 ;
la carnassière inférieure permanente, par m_1.

Owen a imaginé aussi de représenter, par une formule précise et générale, le système dentaire d'un Mammifère ou d'un groupe de Mammifères donné. Il faisait suivre le symbole de chaque catégorie dentaire de quatre chiffres indiquant le nombre de dents de cette catégorie présentées par l'un et l'autre côté de l'une et de l'autre mâchoire du Mammifère ou du groupe de Mammifères considéré; les deux chiffres relatifs à la mâchoire supérieure étaient placés au-dessus des deux chiffres relatifs à la mâchoire inférieure et séparés d'eux par un trait horizontal, et, dans chaque ligne horizontale, le chiffre relatif à un côté de la mâchoire était séparé par un tiret du chiffre relatif au côté opposé. Le système dentaire du genre Daman, par exemple, aurait été formulé ainsi :

$$i\,\frac{1-1}{2-2},\quad c\,\frac{1-1}{0-0},\quad p\,\frac{4-4}{4-4},\quad m\,\frac{3-3}{3-3}.$$

---

[17] loc. cit. p. 492.

[18] Voyez, par exemple, Wilh. Blasius, Der japanische Nörz, in XIII. Bericht naturf. Ges. Bamberg, 1884.

Cette formulation a été légèrement modifiée par différents auteurs. Blainville l'a simplifiée en ne considérant qu'un seul côté de chaque màchoire, l'autre côté, sauf anomalie, n'étant que la répétition du premier; il a aussi supprimé la première lettre symbolique et remplacé chacune des suivantes par le signe +, la catégorie de chaque formule particulière étant suffisamment indiquée par la place que celle-ci occupe dans la formule générale; en outre, il n'a considéré que trois catégories principales, réunissant en une seule les prémolaires et les vraies molaires; quand il y avait lieu de considérer isolément ces dernières, il réunissait par le signe + leurs deux formules particulières et les rattachait, à l'aide du pronom relatif dont, à la formule générale; celle-ci comprenait donc, non plus quatre, mais trois ou cinq termes. Blainville aurait, par exemple, formulé comme suit le système dentaire du Daman:

$$\frac{1}{2} + \frac{1}{0} + \frac{7}{7} \text{ dont } \frac{4}{4} + \frac{3}{3}.$$

La formulation de Blainville est, à son tour, susceptible d'être légèrement simplifiée, et la formule précédente peut être remplacée avec avantage par la suivante:

$$\frac{1}{2} + \frac{1}{0} + \frac{4+3}{4+3}.$$

D'ailleurs, entre ces diverses formules, il n'y a, comme on voit, que des différences accessoires. Les une et les autre présentent le même avantage important· celui de réunir, dans les mêmes formules particulières, toutes les dents des catégories homologues, et de séparer, dans des formules particulières différentes, les dents des catégories non homologues, que ces dents soient considérées dans la série zoologique ou sur un seul sujet, dans les diverses parties de l'armature buccale ou dans les deux dentitions. Ces formules sont avantageuses encore à un autre point de vue: elles représentent avec précision, aussi bien que le système dentaire complet de l'adulte, le système dentaire de lait du jeune, et il suffit, pour isoler ce dernier système, de supprimer, de la formule générale, la formule particulière relative aux vraies molaires [19]. Ainsi, déduite des formules précédentes, la formule du système dentaire de lait du Daman serait:

$$i\,\frac{1-1}{2-2},\quad c\,\frac{1-1}{0-0},\quad p\,\frac{4-4}{4-4},$$

ou

$$\frac{1}{2} + \frac{1}{0} + \frac{4}{4}.$$

---

[19] Dans le cas exceptionnel du genre Chien, la première prémolaire supérieure de l'adulte n'ayant pas été précédée par une dent de lait, la formule du système dentaire de lait ne peut être directement déduite de la formule générale.

Des explications qui précèdent il résulte clairement, et c'est là que j'en voulais venir, que la considération des dents carnassières, qui ne sont homologues les unes des autres ni dans les deux mâchoires ni dans les deux dentitions, n'a aucune place dans ces formules et n'y saurait être introduite sans les dénaturer et leur enlever leurs principaux avantages.

Il en est, sous ce rapport, des dents tuberculeuses, comme des dents carnassières. Les tuberculeuses, en effet, peuvent être rigoureusement définies par leur situation par rapport aux carnassières, qu'elles suivent immédiatement; leurs homologies, dans chaque mâchoire et dans chaque dentition, sont donc corrélatives des homologies de celles-ci.

Paris, 13 mai 1887.

2. Die Kalkkörperchen der Eischalen-Überzüge und ihre Beziehungen zu den Harting'schen Calcosphäriten.

Von W. v. Nathusius, Königsborn.

eingeg. 21. April 1887.

In Cabanis Journ. f. Ornithologie (No. 159, Juli 1882) und später in der zool. Section der Deutsch. Naturf.-Vers. in Magdeburg 1884 (Tageblatt p. 89 ff.) habe ich über die sog. Überzüge der Vogel-Eischalen und ihre Beziehungen zu den »Oberhäutchen« der Eischalen gewisser Vogel-Familien berichtet.

Nur ganz kurz darf ich hier resumiren, daß die bei den eigentlichen Hühnern, sowie bei den Schwänen, Gänsen und Enten sehr ausgesprochenen Oberhäutchen die chemischen Reactionen des Elastins haben, und in geeigneten Praeparaten bläschenförmige Hohlräume von weniger als 1 μ Durchmesser zeigen, welche im Centrum von runden Körperchen liegen, die wahrscheinlich eine Kalkschale besitzen. Die »Überzüge«, welche besonders bei den Steganopoden bekannt sind, aber auch bei *Crotophaga*, *Phoenicopterus*, *Spheniscus*, *Podiceps* und *Podilymbus* u. A. auftreten, sind weiter nichts als eine luxurirende Entwicklung des Oberhäutchens. Wo die verkalkten Körperchen, die keineswegs immer einen centralen Hohlraum enthalten, so massenhaft und gedrängt auftreten, daß das sie einschließende Gewebe in den Hintergrund tritt, wie bei den Steganopoden, haben die Überzüge die als »kreidig« bezeichnete Beschaffenheit. Wo die Körperchen vereinzelter und von kleineren Dimensionen sind, hat der Überzug, da das Grundgewebe kalkfrei ist, eine pergamentartige Beschaffenheit (*Spheniscus*). Hierin bestehen mannigfache Übergänge.

Eine membranöse oder fibrilläre Structur des Grundgewebes ist bisher nur in Andeutungen nachgewiesen; aber die zierliche, netzförmige Anordnung des weißen Überzuges auf der blau gefärbten Schale bei *Crotophaga guira* (— bei dem häufiger vorkommenden Ei von *C. ani* bedeckt der Überzug, wenn unverletzt, bei normalen Eiern die blaugefärbte Schalensubstanz vollständig —) dürfte als Beweis dafür genügen, daß es sich hier um ein organisch gewachsenes Gewebe und nicht, wie bisher meist angenommen wurde, um ein noch nicht geformtes Secret des Oviducts handelt.

Auch bei *Sula* und *Carbo*, deren Eier den »kreidigen« Überzug der übrigen Steganopoden besitzen, ist die große Masse der runden oder ovalen verkalkten Körperchen, welche der Überzug enthält, von kleinen Dimensionen, aber einzeln oder in Gruppen, auch als Zwillinge, kommen hier größere Körperchen vor. Ich habe sie bis 22 μ Durchmesser beobachtet. Dieser gestattet, ihre im Allgemeinen concentrisch geschichtete Structur, welche auch nach Entkalkung durch Säuren vollständig erhalten bleibt, und die Einwirkung von Tinctionen zu studiren. Hier ist namentlich die Tinction mit Goldchlorid instructiv, indem sich das Innere der Körperchen leicht in dunkelm Purpur färbt, während die peripherischen Schichten vollständig farblos bleiben können, bei stärkerer Färbung nur eine leichte diffuse Färbung in Rosenroth annehmen, und nur bei der stärksten Überfärbung, aber immer von innen nach außen das ganze Körperchen die Goldfärbung aufnimmt.

Dieses dem Verhalten des nicht organisirten kohlensauren Kalkes, — z. B. Marmorsplitterchen, sogar in Kreide —, gegen neutrales Goldchlorid direct entgegenstehende Verhalten der Überzugskörperchen ließ mich, in Verbindung mit der Erhaltung ihrer Structur bei Behandlung mit Säuren, dahin schließen, daß es sich um Organismen und nicht um Concremente handle.

Dem wurde in der Magdeburger Versammlung entgegengehalten, daß meine vorgelegten Zeichnungen und Praeparate nur eine Übereinstimmung mit den interessanten Gebilden zeigten, welche Harting schon vor längerer Zeit dargestellt hat, indem er kohlensauren Kalk im status nascens in Berührung mit verschiedenen eiweißhaltigen oder sonstigen Producten des thierischen Organismus (Galle, Gelatine etc.) brachte.

Dieser Discussion verdanke ich den Entschluß, die Harting-schen Experimente (Recherches de morphologie synthétique sur la production artificielle de quelques formations calcaires organiques. Sep.-Abdr. a. Naturk. Verh. der koninkl. Neerland. Akademie Deel XIII. Amsterdam, van der Post, 1872) wenigstens theilweis zu wiederholen, und namentlich die Calcosphäriten d. h. die concentrisch geschichteten und radiär gestreiften Kalkkügelchen bezüglich ihres Verhaltens gegen Reagentien und Färbemittel zu studiren, welcher Entschluß erst kürzlich zur Ausführung gelangen konnte.

Auch jetzt sehe ich den Zeitpunkt noch nicht ab, wo ich die erlangten Resultate zusammen mit denen, welche bezüglich der Überzugskörperchen schon vorlagen, nebst den erforderlichen Zeichnungen, vollständig werde veröffentlichen können, erlaube mir also die wesentlichsten Endresultate, schon um von Neuem die Aufmerksamkeit auf die von Harting erlangten interessanten Resultate zu lenken, vorläufig hier mitzutheilen.

Indem ich der Kürze halber die Harting'schen Calcosphäriten mit C. die Überzugskörperchen mit U. bezeichne, führe ich Folgendes an:

1) Färbung mit Goldchlorid: Ihre Wirkung auf U. ist im Wesentlichen schon angeführt. Bei C. ist sie die direct entgegengesetzte. Hier färben sich immer nur die äußeren Schichten, unter Umständen eine scharf abgegrenzte, durch Behandlung mit Kalilauge abhebbare, faltenschlagende Membran oder äußere Schale. Niemals dringt die Färbung in das Innere unverletzter Körperchen ein, wie sich dadurch u. A. bestimmt erweisen läßt, daß man die stark gefärbten C. durch Druck zersplittert und diese Splitter, in Canadabalsam eingelegt, beobachtet.

2) Färbung mit Methylgrün. Die Wirkung auf U. ist eine zweifelhafte, scheint aber wenigstens dahin zu gehen, daß der Canadabalsam nun weniger in die Hohlräumchen eindringt, welche häufig in concentrischen Lagen die innere Structur der Körperchen bezeichnen.

Bei C. färbt Methylgrün dieselbe äußere Schicht, welche sich auch mit Gold färbt, intensiv in Blauviolett, von da aus dringt zuweilen eine mattere Färbung, der radiären Structur entsprechend, strahlenförmig in das Innere ein. Wir werden weiterhin sehen, daß die radiäre Structur darauf beruht, daß Krystallnadeln von kohlensaurem Kalk, aus der Eiweiß haltenden Grundsubstanz angeschossen sind. Häufig wechseln in den peripherischen Schichten stark und schwach gefärbte Lagen.

3) Radiäre Structur. Von derselben fehlt bei U. auch jede Andeutung, während sie für die vollständig ausgebildeten Körperchen bei C. characteristisch ist.

4) Einwirkung von Säuren. Bei C. verschwindet die radiäre Structur vollständig; es ist also nicht ganz richtig, wenn gesagt wird' daß bei Entkalkung mit Säuren die Structur erhalten bleibe. Übrigens führt Harting dieses Verschwinden der radiären Structur ausdrück-

lich an, wie es auch seine Abbildungen zeigen; aber die concentrische Schichtung bleibt ähnlich wie bei U. erkennbar, so daß ich den Irrthum bekennen muß hierin früher ein ohne Weiteres anwendbares Kriterium für organische Hartgebilde gesehen zu haben.

5) Behandlung mit Kalilauge. Um U. aus dem einschließenden Gewebe isolirt darzustellen, ist das einfachste Mittel, mit dem Überzuge versehene Schalenstückchen in 15—20%iger Kalilauge so eindringlich zu kochen, daß sich auch die Membrana testae vollständig in der gebräunten Flüssigkeit auflöst. Aus dem an der Oberfläche großentheils noch haftenden Überzuge sind dann die Körperchen durch Auswaschen bequem zu gewinnen. Ihre glatte unversehrte Oberfläche zeigt ihre große Resistenz gegen Kalilauge.

Wird C. in ähnlicher Weise mit Kalilauge gekocht, so löst sich, namentlich bei Zusatz von Wasser, ein großer Theil der Calcosphäriten so weit auf, daß nur noch eine große Zahl feiner Bündelchen von Krystallnadeln in und auf der Flüssigkeit schwimmt, die sich ohne Rückstand in Essigsäure lösen. Die noch verbleibenden größeren Körperchen haben eine rauhe körnige Oberfläche erhalten und sind auch im Innern so alterirt, daß sie undurchsichtig geworden sind. Bei schwächerer Wirkung verdünnterer Lauge kann sich, wie schon sub 1 erwähnt, eine Art Membran oder zusammenhängende äußere Schale abheben.

6) U. kann in polarisirtem Licht verschiedene Färbung der concentrischen Lagen zeigen, nicht aber das bekannte Polarisationskreuz. Letzteres ist nach Harting durchaus characteristisch für C.

Die hier hervorgehobenen Unterschiede sind meiner Ansicht nach solche, daß sie auf Verschiedenheit der intimsten Structur beruhen, also eine wesentliche Verschiedenheit, die im tiefsten Grunde der Bildung liegt, andeuten. Dem gegenüber dürften äußere Ähnlichkeiten, wie die Kugelform und auch die bei beiden häufig vorkommenden Zwillingsbildungen wenig besagen. Vergrößern sich kugelförmige Körperchen wesentlich durch Anwachs an der Peripherie, so kann bei entsprechender Lage ein solches Zusammenwachsen nicht ausbleiben.

Endlich wäre doch noch geltend zu machen, daß wenn auch von vorn herein sich als nicht unwahrscheinlich darstellt, daß auch in Organismen ähnliche Vorgänge wie bei der Bildung der Calcosphäriten etc. eintreten können — wie ja auch wirkliche Krystallisationen innerhalb derselben stattfinden, — dieses am wenigsten bei den so rasch sich entwickelnden Eihüllen zu erwarten ist, da die Bildung der Harting'schen Körperchen eine allmähliche Entwicklung in verhältnismäßig langen Zeiträumen erfordert.

Einem von competenter Seite ausgegangenen, jedenfalls sehr beachtenswerthen Einwande gegenüber hielt ich mich für verpflichtet, meine damals ausgesprochene Ansicht näher zu begründen; aber es trat dieser specielle Gesichtspunkt immer mehr zurück gegen das Interesse, welches die Harting'schen Körper an und für sich erregten: namentlich die doch noch unklare Art ihres Entstehens.

(Schluß folgt.)

3. Über den angeblichen neuen Parasiten der Firoliden: Trichoelina paradoxa Barrois.

Von Prof. Dr. Hubert Ludwig in Bonn.

eingeg. 3. Mai 1887.

Das Januar-Februar-Heft des Journal de l'anatomie et de la physiologie enthält p. 1—17 (dazu 1 Doppeltafel) einen Artikel des derzeitigen Directors des zoologischen Laboratoriums zu Villafranca, J. Barrois, betitelt: Note sur une nouvelle forme parasite des Firoles, *Trichoelina paradoxa*. Der genannte Forscher fand auf der Körperoberfläche einer *Pterotrachea coronata* eine Anzahl rother, dreispitziger Gebilde und wenige Augenblicke genügten ihm, um dieselben als höchst merkwürdige, eigenartige Schmarotzer erkennen zu lassen, denen er den Namen *Trichoelina* (? soll wohl heißen *Tricoelina*, wegen der 3 »Mägen«) gab. Mit Hilfe von Längs- und Querschnitten untersuchte er den Bau des räthselhaften Wesens und giebt davon eine ausführliche Beschreibung, deren Hauptpuncte die folgenden sind:

1) Der Verdauungsapparat besteht aus drei getrennten Säcken (»Entodermsäcken«), von denen jeder für sich nach außen mündet und vermittels einer besonderen Musculatur als Saugmagen zu functioniren vermag.

2) Es ist ein vereinigtes Wasser- und Blutgefäßsystem (»appareil aquo-vasculaire«) vorhanden, welches sowohl mit dem Körperinneren als auch mit den drei Magensäcken in Verbindung steht. Dasselbe ist zusammengesetzt aus einem gekammerten Centralorgan und drei davon ausstrahlenden Canälen.

3) Das Nervensystem besteht aus drei kräftigen Nerven, welche sich mit drei Sinnesplatten in Verbindung setzen.

4) Zwei eigenthümliche Faserstränge begleiten von der Rückenmitte aus eine Strecke weit die Hauptachse des Körpers.

5) Über das etwa vorhandene Skelet ließ sich nichts Bestimmtes erforschen, da die *Pterotrachea* in Säure abgetödtet und dadurch das Skelet der *Trichoelina* — wenn es, wie Barrois vermuthet, von kalkiger Beschaffenheit war — aufgelöst war.

Schließlich bemüht sich Barrois, die verwandtschaftlichen Beziehungen dieses wunderbaren Geschöpfes ausfindig zu machen und gelangt zu der Meinung, die *Trichoelina* stamme von einer Form ab, welche sich durch den Besitz eines noch ungetheilten Entodermsackes und eines von diesem getrennten Gefäßsystems gekennzeichnet habe; später habe sich das Entoderm in drei Säcke gesondert und dann erst sei das Gefäßsystem mit jedem der drei Säcke in unmittelbare Communication getreten. Eine solche hypothetische Form habe einige Analogien mit den Echinodermen, wenigstens sei keine andere Thiergruppe zu finden, mit welchen die *Trichoelina* irgend welche Beziehungen habe. Man könne in der *Trichoelina* vielleicht ein durch Parasitismus umgestaltetes Echinoderm oder, wenn das nicht, dann den Vertreter einer neuen, den Echinodermen benachbarten und parallelen Abtheilung des Thierreiches sehen.

Was hätte bei dieser Schlußäußerung für Barrois näher gelegen, als einmal in der Echinodermen-Litteratur eine kleine Umschau zu halten und dort nach Dingen zu suchen, die der *Trichoelina* ähnlich sehen? Barrois brauchte nur die Arbeit von Sladen[1] über die Pedicellarien von *Sphaerechinus granularis* aufzuschlagen, um dort die Abbildungen eines Längs- und eines Querschnittes durch die gemmiformen (= globiferen) Pedicellarien zu finden, die seinen Schnitten durch die *Trichoelina* gleichen wie ein Ei dem anderen. Vielleicht sind ihm auch die Transactions of the Royal Society of Edinburgh zugängig, in welchen Geddes & Beddard[2] dieselben Organe von *Echinus sphaera* geschildert und abgebildet haben. Aber auch in der französischen Litteratur sind die gemmiformen Pedicellarien in Bezug auf ihren Bau in einer Weise beschrieben worden, die völlig ausreichend war, um Barrois über die wahre Natur seiner *Trichoelina* aufzuklären. Köhler[3] bildet jene Organe von *Echinus acutus* ab und beschreibt sie, in Bestätigung der Befunde Sladen's und Foettinger's, sowohl bei dem genannten Seeigel als auch bei *Echinus melo* und *Sphaerechinus granularis*. Schon vorher hatte Foettinger[4] über die histologische Structur dieser Organe, namentlich der Drüsensäcke (= die »Saug-

---

[1] W. Percy Sladen, On a remarkable Form of *Pedicellaria* etc. Ann. and Mag. Nat. Hist. Ser. 5. Vol. 6. 1880. p. 101—114; pl. XII—XIII.

[2] Geddes & Beddard, On the Histology of the Pedicellariae and the Muscles of *Echinus sphaera*. Transact. Roy. Soc. Edinburgh. Vol. XXX. 1881. p. 383—395; pl. XIX—XXI. Eine vorläufige Mittheilung über diese Arbeit erschien in den Compt. rend. der Pariser Acad. Febr. 1881.

[3] René Köhler, Recherches sur les Echinides des côtes de Provence. Ann. du Musée d'hist. nat. de Marseille. T. I. No. 3. 1883.

[4] Alexandre Foettinger, Sur la structure des pédicellaires gemmiformes de *Sphaerechinus granularis* et d'autres Échinides. Archives de Biologie. Vol. II. 1881. p. 455—496; pl. XXVI—XXVIII.

mägen« der Barrois'schen *Trichoelina*) eingehende Mittheilungen gemacht. Endlich hat erst vor Kurzem Hamann[5] seine Beobachtungen über den feineren Bau der schon Sladen und Köhler bekannten nervösen Polster (»Tastkissen« Sladen) an der Innenseite der Pedicellarien-Arme veröffentlicht.

Nach alledem kann an der Thatsache nicht gezweifelt werden, daß die Barrois'sche *Trichoelina paradoxa* gar nichts Anderes ist als das abgerissene Köpfchen einer gemmiformen Pedicellarie. Form, Farbe und Größe, sowie auch die Übereinstimmungen im inneren Baue lassen sogar fast sicher den *Sphaerechinus granularis* als den Übelthäter erkennen, mit dem eine *Pterotrachea coronata* ein unsanftes Zusammentreffen hatte. Im Einzelnen erweisen sich die von Barrois beschriebenen Organe der *Trichoelina* als folgende Theile der Pedicellarie:

1) Die drei »Entodermsäcke« oder »Saugmägen« sind die Drüsensäcke, deren Musculatur von Barrois allerdings ausführlicher geschildert wird als das durch die früheren Autoren geschah, während das Drüsenepithel schon von Foettinger viel genauer beschrieben wurde. Die »Saugmuskeln« der »Entodermsäcke« sind die Adductoren der drei Pedicellarienarme und der »hyaline Strang«, an welchen sich diese Muskeln ansetzen, ist ein Theil des entkalkten Skelettes.

2) Das »vereinigte Wasser- und Blutgefäßsystem« besteht zum Theile aus dem entkalkten Skeletgewebe der Pedicellarien, zum Theil auch aus dem die Basen der drei Skeletarme verbindenden Fasergewebe.

3) Die »Sinnesplatten« entsprechen den von Sladen, Foettinger, Romanes & Ewart, Köhler und Hamann erwähnten und beschriebenen Sinnesapparaten.

4) Die Faserstränge sind Theile des Gewebes, welches das Pedicellarienköpfchen mit seinem Stiele verbindet, und die von Barrois (p. 3 seiner Abhandlung) erwähnte faltige Stelle auf der Rückenmitte der *Trichoelina* ist die Stelle, an welcher die Abtrennung des Pedicellarienköpfchens von seinem Stiele stattgefunden hatte.

III. Mittheilungen aus Museen, Instituten etc.

1. Linnean Society of London.

5th May, 1887. — The following eminent Zoologists were elected Foreign Members of the Society: — Dr. Franz Steindachner, Conservator of Herpetology and Ichthyology, Royal Museum, Vienna, distinguished for

---

[5] Otto Hamann, Vorläufige Mittheilungen zur Morphologie der Echiniden. Sitzgsber. d. Jenaischen Gesellsch. f. Med. u. Naturwiss. 1886.

his numerous and important memoirs on Fish and Reptiles generally; and Dr. August Weismann, Professor of Zoology, University of Freiburg, Baden, whose Studies in the Theory of descent, and Embryological researches on Insects and Hydroids &c are acknowledged worthy biological contributions to science. — Mr. J. R. Willis Bund exhibited specimens in spirit of the Rainbow Trout (*Salmo irideus*) which had been reared at the hatcheries of the Fish Culture Establishment, Delaford Park. He pointed out the great difference in size of members of the brood which were of the same age having been reared from eggs of the same batch. He mentioned that circumstances tended to show that it was a migratory fish; hence as such the value of its introduction as a supposed Stream trout would materially be diminished. — A Report on the *Alcyonaria* and *Gorgoniae* of the Mergui Archipelago by Stuart O. Ridley was read. A number of new forms were described. From the present Collection the author believes that the Alcyonarian fauna of the Burmese Coast is in no way behind that of the Indian Ocean generally, so far as known. It would seem to be rich in the soft, fleshy Alcyonid section, *e. g. Spongodes* and *Lobophyton* &c; while the *Gorgoniae* are also fairly represented in new species and one new member of the family Melithaeidae is now added viz. *Mopsella plamtoca*. — J. Murie.

2. Linnean Society of New South Wales.

30th March, 1887. — 1) Bacteriological. 2) Contributions towards a knowledge of the Coleoptera of Australia. By A. Sydney Olliff, F.E.S. No. IV. Description of a new genus and species of Oedemeridæ. Mr. Olliff gives the name of *Ithaca anthina* to an insect captured by himself, about a year ago, in Tasmania. It is chiefly remarkable for the enormous dilatation of some of the joints of the antennae, and its spinous metasternum. — 3) Second Note on *Platyceps Wilkinsonii* and other fossils from Gosford. By Professor Stephens, M.A., F.G.S. A brief account, with measurements, is here given of two Labyrinthodont fossils, apparently belonging to the genus *Platyceps*, and possibly to *P. Wilkinsonii*, described last December. Some notice is made of the occurrence with them of *Ceratodus* (?), *Belonostomus*, &c., and of the conditions under which they were entombed. — 4) Additional evidence on Fossil *Salisburia* from Australia. By F. Ratte, M.E. — 5) On an undescribed Shark from Port Jackson. By E. Pierson Ramsay, F.R.S.E., &c., and J. Douglas-Ogilby. A detailed description, with measurements, is here given of a well-known Port Jackson Shark, generally known as the »Whaler«, and which has been hitherto looked upon as *Carcharias brachyurus*, Günth. It is named *Carcharias macrurus*. — 6) Continuation of list of Mr. Boyer-Bower's collection of Birds made in North West Australia. By Dr. E. P. Ramsay, F.R.S.E., &c. — Mr. Norton exhibited a specimen of one of the Myxomycetes, indentified by Mr. Whitelegge as *Stemonitis fusca*, or *ferruginea*, Ehrenb., found on the trunk of a tree at Springwood. Mr. Wilkinson exhibited a selection from the Gosford Collection of Fossils, now amounting to about 400 specimens, comprising a number of new and remarkable forms of Fishes, and he pointed out the importance of the evidence which is now accumulating in favour of the view that the Hawkesbury formation is of Triassic age. Dr. Ramsay exhibited an Egg of the Top-knot Pigeon *Lopholaimus antarcticus*, (Shaw), taken from the oviduct by Mr. McLennan. The egg is nearly perfectly oval, being only slightly pointed at the thin end, white, and without any gloss; length 1·85 × 1·25 inches. — Mr. Palmer exhibited six silk egg-bags made by the same spider (species uncertain) at different times, and attached to a branch. — Mr. Masters exhibited a living specimen of one of the »Sleeping Lizards« *Cyclodus nigro-luteus*, Q. and G., sent by Mr. J. D. Cox from Mt. Wilson — a species which is rare so far north, though common in Victoria and Tasmania. — Mr. Steel exhibited a specimen of *Bombyx* from Fiji, quite overgrown by a fungus, springing from all parts of the body. — Mr. Ogilby exhibited a living example of a rare Toad, *Notaden Benettii*, Günth., recently forwarded from Cobar to the Australian Museum. Also an example of the rare snake *Brachyurophis australis*, Krefft, hitherto only recorded from the Clarence and Burdekin Rivers. The locality of the present specimen is unknown. — Mr. Fletcher exhibited for Mr. A. G. Hamilton, of Guntawang, a large and remarkable frog, at present undetermined, recently captured by his son Charles, at Hartley, Blue Mountains, where it was found buried in the sand in the bed of a creek. It differs from any Australian frog at present described, by having a row of spines on the dorsal surface of each of the first three fingers, the seventh and last spine on the first finger of each hand being conspicuously larger and more formidable than the others.

3. Gesuch.

Dr. R. Köhler in Nancy (Faculté des Sciences) wünscht einige Alkohol-Exemplare zu anatomischen Untersuchungen von *Parodoxites* und *Echinorhynchus roseus* Diesing, von Lindemann bei *Strix passerina* und *Leuciscus* entdeckt und im Bulletin de la Soc. Impér. des Naturalistes de Moscou, Vol. 38, 1865. p. 484 beschrieben.

IV. Personal-Notizen.

Bonn. Prof. Hubert Ludwig ist von Gießen als Nachfolger R. Hertwig's nach Bonn berufen worden. Assistent am zoologischen Institut in Bonn ist Dr. Walter Voigt geworden, bisher in Würzburg.

Bremen. Zum Director der städtischen Sammlungen für Naturgeschichte und Ethnographie ist Dr. H. Schauinsland, bisher Privatdocent in München, gewählt worden.

Gießen. An Stelle Prof. Ludwig's ist Dr. J. G. Spengel, bisher Director der naturwissenschaftlichen Sammlungen in Bremen, als Professor der Zoologie nach Gießen berufen worden.

Würzburg. An Stelle Dr. W. Voigt's ist Dr. Franz Stuhlmann Assistent am zoologisch-zootomischen Institut in Würzburg geworden.

Necrolog.

Am 20. Mai starb in Freiburg i/Br. Professor Alexander Ecker, der Anatom und Anthropolog.

Druck von Breitkopf & Härtel in Leipzig.

Zoologischer Anzeiger

herausgegeben

von Prof. **J. Victor Carus** in Leipzig.

Verlag von Wilhelm Engelmann in Leipzig.

X. Jahrg. **13. Juni 1887.** No. 253.

Inhalt: I. **Litteratur.** p. 301—311. II. **Wissensch. Mittheilungen.** 1. **Nathusius**, Die Kalkkörperchen der Eischalen-Überzüge und ihre Beziehungen zu den Harting'schen Calcosphäriten. (Schluß.) 2. **Wolff**, Einiges über die Niere einheimischer Prosobranchiaten. 3. **Weber**, Erwiederung an Herrn Cunningham. 4. **Wolterstorff**, *Triton palmatus* am Harz. 5. **Faussek**, Zur Histologie des Darmcanals der Insecten. III. **Mittheil. aus Museen, Instituten etc.** 1. **Zoological Society of London.** 2. Versammlung Deutscher Naturforscher und Ärzte. IV. **Personal-Notizen.** Vacat.

I. Litteratur.

1. Geschichte und Litteratur. (Nachtrag.)

Erdmann, G. A., Geschichte der Entwicklung und Methodik der biologischen Naturwissenschaften (Zoologie und Botanik). Nebst zwei Anhängen, enthaltend ergänzende Anmerkungen zum Text und Nachweis über Litteratur und Veranschaulichungsmittel. Cassel u. Berlin, Th. Fischer, 1887. 8⁰. (VIII, 198 p.) ℳ 3, 60.

Clément, A. L., Notice nécrologique sur Depuiset (Louis-Marie-Alphonse). in: Ann. Soc. Entomol. France, (6.) T. 6. 4. Trim. p. 471—474.
(Entomologiste; n. 20. Sept. 1822, † 17. Mars 1886.)

Reichenow, Ant., Zur Erinnerung an Gustav Adolf Fischer. in: Journ. f. Ornithol. 34. Jahrg. 4. Hft. p. 613—622.
(geb. 4. März 1848, † 11. Nov. 1886.)

Death of Mr. John Gatcombe. in: The Zoologist, (3.) Vol. 11. June, p. 233.
(† 28. Apr.)

Poujade, G. A., Notice nécrologique sur Maurice Girard. in: Ann. Soc. Entomol. France, (6.) T. 6. 4. Trim. p. 475—480.
(Entomologiste; n. 13. Sept. 1822, † 8. Sept. 1886.)

Fairmaire, L., Notice nécrologique sur Mr. le baron Edgar de Harold. in: Ann. Soc. Entomol. France, (6.) T. 7. 1. Trim. p. 47—48.

Obituary of Rev. John Hellins. in: Entomol. Monthly Mag. Vol. 24. June, p. 20. Entomologist, Vol. 20. June, p. 167—168 (by E. A. Fitch).
(† 9. May.)

Mayet, Valéry, Notice nécrologique sur Jules Lichtenstein. in: Ann. Soc. Entomol. France, (6.) T. 7. 1. Trim. p. 49—58.

Bibliotheca Zoologica II. Verzeichnis der Schriften über Zoologie, welche in den periodischen Werken und vom Jahre 1861—1880 selbständig erschienen sind etc. Bearbeit. von Dr. O. Taschenberg. 3. Lief. Mit Tit. u. Inh. d. 1. Bdes. Leipzig, Engelmann, 1887. 8⁰. (Tit., Inh. XVII p., p. 641—960, der 1. Bd. 864 p.) ℳ 7, —; auf Velin ℳ 12, —.

2. Hilfsmittel, Methode etc. (Nachtrag.)

Castellarnau y de Lleopart, J. M. de, Procédés pour l'examen microscopique et la conservation des animaux à la station zoologique de Naples (Suite). in: Journ. de Microgr. T. 11. Mai, p. 215—217.

Cockerell, T. D. A., A Code of varietal Nomenclature. in: The Entomologist, Vol. 20. June, p. 150—152.

4. Zeit- und Gesellschaftsschriften. (Nachtrag.)

Annales des Sciences Naturelles. Zoologie et Paléontologie. Publ. sous la dir. de M. A. Milne Edwards. 7. Série. T. 1. No. 1. 2. Paris, G. Masson, 1887. 8°.

Bollettino dei Musei di Zoologia ed Anatomia comparata della R. Università di Torino. Vol. 2. No. 19—26. Con 3 tav. Torino, 1887. 8°.

Jahrbuch, Morphologisches. Eine Zeitschrift für Anatomie und Entwicklungsgeschichte. Hrsg. von C. Gegenbaur. 12. Bd. 4. Hft. Mit 4 Taf. u. 6 Figg. im Text. Leipzig, W. Engelmann, 1887. 8°. (Tit. u. Inh.) ℳ 9,—.

Journal of the College of Science, Imperial University, Japan. Vol. 1. P. II. Tokyo, Japan, 1887. 4°. (p. 113—209, 1 pl., II p. Errata.)

Mémoires de l'Académie des sciences, arts et belles-lettres de Dijon. 3. Sér. T. 9. (Années 1885—1886.) Dijon, 1887. 8°. (XXV, 431 p.)

Notes from the Leyden Museum. Edited by F. A. Jentinck. Vol. 9. [4 nos.] Leyden, Brill, 1887. 8°.

Précis analytique des travaux de l'Académie des sciences, belles-lettres et arts de Rouen, pendant l'année 1885—1886. Paris, Picard, 1887. 8°. (464 p.)

Proceedings of the United States National Museum. Vol. 10. 1887. Washington, 1887. 8°.
(Distributed in sheets.)

Schriften der physikalisch-ökonomischen Gesellschaft zu Königsberg i. Pr. 27. Jahrg. 1886. Königsberg, Koch & Reimer in Comm. 1887. 4°. (VII, 208, 83 p.) ℳ 6,—.

Труды Общества естествоиспытателей при Импер. Казанск. Универс. Т. 17. Вып. 4. (Arbeiten der naturforsch. Gesellschaft an d. Kais. Univ. Kasan.) Kasan, 1887. 8°.

5. Zoologie: Allgemeines und Vermischtes. (Nachtrag.)

Ramos Mexia, Matias, Cartilla de Zoologia evolucionista. (Con 9 tav.) Buenos Aires, 1886. 8°. (VI, 304 p.)

6. Biologie, Vergl. Anatomie etc. (Nachtrag.)

Kölliker, A. von, (Eröffnungsrede d. 1. Versamml. d. anatom. Gesellschaft). in: Anat. Anz. 2. Jahrg. No. 12. p. 326—345.
(Entwicklungsgeschichte, vergl. Anatomie, Gewebelehre, Anthropologie.)

Vogt, C., und Em. Yung, Lehrbuch der praktischen vergleichenden Anatomie. Mit zahlreich. Abbild. 10. u. 11. Lief. Braunschweig, Vieweg, 1887. 8°. à ℳ 2,—.

Renaut, J., Sur la formation cloisonnante (substance trabéculaire) du cartilage hyalin foetal. in: Compt. rend. Ac. Sc. Paris, T. 104. No. 21. p. 1452—1455.

List, J. H., Zur Frage der Secretion und der Structur der Becherzellen. in Arch. f. mikrosk. Anat. 28. Bd. 1. Hft. p. 48—53.

Paulsen, Ed., Bemerkungen über Secretion und Bau von Schleimdrüsen. in: Arch. f. mikrosk. Anat. 28. Bd. 4. Hft. p. 413—415.

Ranvier, L., Le mécanisme de la sécrétion (Suite.) in: Journ. de Microgr. T. 11. Mai, p. 205—211.

List, J. H., Zur Morphologie wandernder Leukocyten. Mit 1 Taf. in: Arch. f. mikrosk. Anat. 28. Bd. 3. Hft. p. 251—256.

Frenzel, Joh., Zum feineren Bau des Wimperapparats. in: Arch. f. mikrosk. Anat. 28. Bd. 1. Hft. p. 53—80.

Nelson, Jul., The significance of sex. With 4 pl. in: Amer. Naturalist, Vol. 21. No. 1. p. 16—42. No. 2. p. 138—162. No. 3. p. 219—238.

La Valette St. George, Ad. von, Spermatologische Beiträge. 4. Mittheil. Mit 4 Taf. in: Arch. f. mikrosk. Anat. 28. Bd. 1. Hft. p. 1—13.
(Käfer.)

Waldeyer, W., (Referat über) Bau und Entwicklung der Samenfäden. (Anatom. Ges.) in: Anat. Anz. 2. Jahrg. No. 12. p. 345—368.

Henneguy, . ., La vésicule de Balbiani. in: Bull. Soc. Philom. Paris, (7.) T. 11. No. 2. p. 116—119.

Artificial Parthenogenesis. Abstr. in: Amer. Naturalist, Vol. 21. No. 5. p. 484.
(*Bombyx*, *Rana*.)

Metschnikoff, E., On Germ-layers. Transl. by H. V. Wilson. (Contin.) in: Amer. Naturalist, Vol. 21. No. 5. p. 419—433.
(s. Z. A. No. 252. p. 279.)

Wolff, W., Die beiden Keimblätter und der Mittelkeim. Mit 1 Taf. in: Arch. f. mikrosk. Anat. 28. Bd. 4. Hft. p. 425—448.

Barfurth, D., Der Hunger als förderndes Princip in der Natur. Mit Abbild. in: Arch. f. mikrosk. Anat. 29. Bd. 1. Hft. p. 28—34.

Richet, Ch., L'instinct. in: Revue Scientif. (3.) T. 39. No. 21. p. 648—658.

7. Descendenztheorie. (Nachtrag.)

Münsterberg, Hugo, Die Lehre von der natürlichen Anpassung in ihrer Entwicklung, Anwendung und Bedeutung. Inaug.-Diss. Leipzig, G. Fock, 1887. 8⁰. (114 p.) ℳ 1, 80.

8. Faunen. (Nachtrag.)

Reichenow, A., Neue Gedanken über zoogeographische Regionen. in: Journ. f. Ornith. 34. Jahrg. 4. Hft. p. 549—551.

Res Ligusticae. I. Doria, Giac., I Chirotteri finora trovati in Liguria. II. Parona, Corr., Vermi parassiti in Animali della Liguria. Estr. dagli Ann. Mus. Civ. Genova. — v. spec.

Packard, A. S., On the Cave Fauna of North America, with remarks on the anatomy and origin of blind forms. Abstr. in: Amer. Naturalist, Vol. 21. No. 1. p. 82—83.

Nordhavs-Expedition, Den Norske. 1876—1878. XVII. Zoologi. Alcyonida ved D. C. Danielssen. Med 23 pl. og 1 Kart. Christiania, H. Aschehoug & Co. in Comm., 1887. 4⁰. (VIII, 169 p.)

9. Invertebrata. (Nachtrag.)

Nußbaum, Mor., Résistance vitale des organismes encapsulés. Trad. in: Arch. Slav. Biolog. T. 3. Fasc. 2. p. 265—267.
(Zool. Anz. No. 247. p. 173—174.)

Meyer, Otto, On Invertebrates from the Eocene of Mississippi and Alabama. With 1 pl. in: Proc. Ac. Nat. Sc. Philad. 1887. p. 51—56.
(7 n. sp. Mollusc., n. g. *Dentiterebra, Mikrola*, 9 sp. Moll.; 11 sp. Foraminifer.)

10. Protozoa. (Nachtrag u. Fortsetzung.)

Balbiani, E. G., Evolution des micro-organismes animaux et végétaux (Suite). in: Journ. de Microgr. T. 11. Mai, p. 196—205.

Danilewsky, B., Recherches sur le parasitologie du Sang (Suite). Avec 2 pl. in: Arch. Slav. Biolog. T. 3. Fasc. 1. p. 33—49. Fasc. 2. p. 157—176.
(IV. Les Hématozoaires des Tortues.)

—— Contribution à la question de l'identité des parasites pathogènes du sang chez l'homme avec les hématozoaires chez les animaux sains. in: Arch. Slav. Biolog. T. 3. Fasc. 2. p. 257—264.
(Centralbl. f. d. med. Wiss.)

Stokes, Alfr. C., The adoral cilia of the Hypotricha. in: Amer. Monthly Microsc. Journ. Vol. 8. May, p. 91.

Holman, Lillie E., Observations on multiplication in Amoebae. Abstr. in: Amer. Monthly Microsc. Journ. Vol. 8. May, p. 91—92.
(Proc. Ac. Nat. Sc. Philad.) — s. Z. A. No. 242. p. 32.

Schimkewitsch, W., O *Dithyridium lacertae*. [Mit Holzschn.] Aus: Труды зоологическ. отд. [Arbeit. zoolog. Abtheil. Moskau], p. 105—109.

Blanc, H., New Foraminifer [*Gromia Brunneri*]. Abstr. in: Journ. R. Microsc. Soc. London, 1887. P. 1. p. 102.
(Arch. Sc. Phys. Nat. Genève.) — s. Z. A. No. 242. p. 33.

Danysz, J., Un nouveau Péridinien et son évolution [*Gymnodinium musei* sp. n.]. in: Arch. Slav. Biolog. T. 3. Fasc. 1. p. 1—5.

Pouchet, G., *Gymnodinium polyphemus*. Abstr. in: Journ. R. Microsc. Soc. London, 1887. P. 1. p. 101—102.
(Compt. rend.) — s. Z. A. No. 242. p. 33.

Maupas, E., Multiplication of *Leucophrys patula*. Abstr. in: Journ. R. Microsc. Soc. London, 1887. P. 2. p. 252.
(Compt. rend.) — s. Z. A. No. 242. p. 33.

Balbiani, E., Observations relatives à une Note récente de M. Maupas, sur la multiplication de la *Leucophrys patula*. in: Compt. rend. Ac. Sc. Paris, T. 104. No. 1. p. 80—83. — Abstr. in: Journ. R. Microsc. Soc. London, 1887. P. 2. p. 253.

Maupas, E., Réponse à Mr. Balbiani à propos de la *Leucophrys patula*. in: Compt. rend. Ac. Sc. Paris, T. 104. No. 5. p. 308—320.

Canavari, M., Di alcuni tipi di Foraminifere appartenenti alla famiglia delle *Nummulinidae* raccolti nel Trias delle Alpi Apuane. in: Atti Soc. Tosc. Sc. Nat. Pisa, Proc. Verb. Vol. 5. p. 184—187.

Jones, T. Rup., Notes on *Nummulites elegans*, Sow., and other English Nummulites. in: Ann. of Nat. Hist. (5.) Vol. 19. March, p. 236—237.
(Geol. Soc. London.)

Warpachowsky, Nic., Eine neue Form von *Opalina* [*spiculata*]. in: Mélang. biolog. Bull. Ac. St. Pétersb. T. 12. Livr. 5. p. 577—579.
(Bull. T. 30. p. 512—514.) — v. Z. A. No. 235. p. 600.

Pouchet, G., Quatrième contribution à l'histoire des *Péridiniens*. Avec 2 pl. in: Journ. de l'Anat. et de la Phys. (Pouchet), T. 23. Mars/Avr. 1887. p. 87—112.

Stokes, A. C., Food habit of *Petalomonas*. in: Science Gossip, 1886. p. 273—274. — Abstr. in: Journ. R. Microsc. Soc. London, 1887. P. 1. p. 101.

Spencer, J., *Zoothamnium arbuscula*. With 1 pl. in: Journ. Queck. Micr. Club. Vol. 3. 1886. p. 5—7. — Abstr. in: Journ. R. Microsc. Soc. London, 1887. P. 2. p. 253.

11. Spongiae.

Lendenfeld, R. von, Der gegenwärtige Stand unserer Kenntnis der Spongien. in: Zool. Jahrbb. Spengel, 2. Bd. 2. Hft. p. 511—574.

—— On the Systematic Position and Classification of Sponges. in: Proc. Zool. Soc. London, 1886. IV. p. 558—662.

—— On the Structure and Life-History of Sponges. in: The Zoologist, (3.) Vol. 11. June, p. 223—232.

Johnston-Lavis, H. J., and G. C. J. Vosmaer, On Cutting Sections of Sponges and other similar structures with soft and hard tissues. in: Journ. R. Microsc. Soc. London, 1887. P. 2. p. 200—204.

Vosmaer, G. C. J., The Relationships of the Porifera (Transl. by Arth. Dendy). in: Ann. of Nat. Hist. (5.) Vol. 19. Apr. p. 249—260.
(From Bronn's Klassen u. Ordnungen.)

Carter, H. J., On the Position of the Ampullaceous Sac and the Function of the Water Canal-system in the Spongida. in: Ann. of Nat. Hist. (5.) Vol. 19. March, p. 203—212.

Bell, F. Jeffrey, The Nervous System of Sponges. in: Zool. Anz. 10. Jahrg. No. 250. p. 241.

Lendenfeld, R. von, Synocils, Sinnesorgane der Spongien. Mit 3 Figg. in: Zool. Anz. 10. Jahrg. No. 246. p. 142—145.

—— Sense-organs of Sponges. With fig. in: Amer. Naturalist, Vol. 21. No. 5. p. 485—486.
(Zool. Anz. No. 246. p. 142—145.)

Carter, H. J., On the Reproductive Elements of the Spongida. in: Ann. of Nat. Hist. (5.) Vol. 19. May, p. 350—360.

—— Report on the Marine Sponges, chiefly from King Island in the Mergui Archipelago, collected for the Trustees of the Indian Museum, Calcutta, by Dr. John Anderson. With 3 pl. in: Journ. Linn. Soc. London, Zool. Vol. 21. No. 127/128. p. 61—84.
(12 n. sp., n. g. *Amorphinopsis*.)

Fristedt, Konr., Meddelanden om Bohuslänska Spongior. in: Öfvers. Kgl. Vet.-Akad. Förhdlg. Stockholm, 44. Årg. 1887. No. 1. p. 25—29.
(4 [1 n.] sp.)

Hinde, G. J., On the Sponge-spicules from the Deposits of St. Erth. in: Quart. Journ. Geol. Soc. London, Vol. 42. p. 214.

Wierzejski, A., Bemerkungen über Süßwasserschwämme. in: Zool. Anz. 10. Jahrg. No. 245. p. 122—126.

Wierzejski, A., Observations on Freshwater Sponges. Transl. in: Ann. of Nat. Hist. (5.) Vol. 19. Apr. p. 298—302.
(Zool. Anz. No. 245. p. 122—126.)

Carter, H. J., *Carterius Stepanowii*, Petr. in: Ann. of Nat. Hist. (5.) Vol. 19. March, p. 247—248.

Carter, H. J., Description of *Chondrosia spurca*, n. sp., from the South Coast of Australia. ibid. Apr. p. 286—288.

Schulze, Frz. Eilh., Zur Stammesgeschichte der *Hexactinelliden*. G. Reimer, Berlin, 1887. 4. (35 p.) Aus: Abhdlg. Kön. Preuß. Akad. Wiss. 1887. ℳ 1,50.

Hinde, Geo. Jenn., On the Genus *Hindia*, Duncan, and the Name of its typical Species [*fibrosa* Roem.]. in: Ann. of Nat. Hist. (5.) Vol. 19. Jan. p. 67—79.

Duncan, P. Mart., A Reply to Dr. G. J. Hinde's Communication »On the Genus *Hindia*, Dunc., and the Name of its Typical Species«. in: Ann. of Nat. Hist. (5.) Vol. 19. Apr. p. 260—264.

Weltner, .., Über die Spongillen der Spree u. des Tegelsee's bei Berlin. in: Sitzgsber. Ges. Nat. Fr. Berlin, 1886. No. 10. p. 152—157.

Noll, F. C., *Spongilla glomerata*. Abstr. in: Journ. R. Microsc. Soc. London, 1887. P. 1. p. 99.
(Zool. Anz. No. 238. p. 682—684.)

Vejdovský, J., On *Spongilla glomerata* Noll. Abstr. in: Ann. of Nat. Hist. (5.) Vol. 19. Febr. p. 168.
(Zool. Anz. No. 239. p. 713.)

12. Coelenterata.

Fewkes, J. Walter, Report on the Medusae collected by the U. S. F. C. Steamer Albatross, in the region of the Gulf Stream, in 1883—1884. With 10 pl. in: Rep. Comm. U. S. Fish Comm. P. XII. p. 927—980. — Abstr. in: Journ. R. Microsc. Soc. London, 1887. P. 2. p. 248.
(10 n. sp., n. g. *Nauphantopsis*, *Ephyroides*, *Pterophysa*, *Angelopsis*; n. fam. *Halicreasidae*, *Angelidae*.) — s. Z. A. No. 243. p. 51.

Chun, C., Structure and Development of Siphonophora. Abstr. in: Journ. R. Microsc. Soc. London, 1887. P. 1. p. 96.
(Sitzgsber. Preuß. Akad. Wiss.) — s. Z. A. No. 235. p. 604.

Lendenfeld, R. von, Addendum (4.) to the Australian Hydromedusae. Abstr. in: Journ. R. Microsc. Soc. London, 1887. P. 2. p. 249.
(Proc. Linn. Soc. N. S. Wales.) — s. Z. A. No. 235. p. 605.

Studer, Theophil, Über Bau u. System der achtstrahligen Korallen. in: Mittheil. Naturforsch. Ges. 1886. p. XIII—XIV.

Koby, F., Monographie des Polypiers jurassiques de la Suisse. 6. partie. Avec 10 pls. in: Abhdl. Schweiz. Paläontol. Ges. 13. Bd. (p. 305—352.)
(41. n. sp., n. g. *Lithoseris*, *Dermoseris*.)

Danielssen, D. C., *Alcyonida*. (Den Norske Nordhavs-Expedit. 1876—1878. XVII.) Christiania, 1887. 4°. (VIII, 169 p.)
(31 n. sp.; n. g. *Voeringia*, *Drifa*, *Nannodendron*, *Fulla*, *Gersemiopsis*, *Barothrobius*, *Sarakka*, *Krystallofanes*, *Organidus*.)

Jungersen, H. F. E., Kara-Havets Alcyonider. Med 2 tavl. Kjobenhavn, 1886. 8. (8 p.) Saertr. af: Dijmphna-Togtets zool.-bot. Udbytte.
(1 n. sp.)

MacMunn, C. A., Notes on the Chromatology of *Anthea cereus*. With 2 pl. in: Quart. Journ. Microsc. Sc. Vol. 27. P. 4. p. 573—590.

Duncan, P. Mart., On the *Astrocoeniae* of the Sutton Stone and other Depo-

sits of the Infra-Lias of South Wales. With 1 pl. in: Quart. Journ. Geol. Soc. London, Vol. 42. p. 101—112.
(4 n. sp.)

Wilson, H. V., The parasitic *Cuninas* of Beaufort. in: Johns Hopkins Univ. Circ. Vol. 6. No. 54. p. 45. — Abstr. in: Journ. R. Microsc. Soc. London, 1887. P. 2. p. 248—249.

Hartlaub, Clem., Structure of *Eleutheria*. Abstr. in: Journ. R. Microsc. Soc. London, 1887. P. 1. p. 96—97.
(Zool. Anz. No. 239. p. 707—711.)

Martens, Ed. von, Eine recente Koralle aus Japan [*Endohelia japonica*]. in: Sitzgsber. Ges. Nat. Fr. Berlin, 1887. No. 2. p. 14—15.

Vine, G. R., Notes on a species of *Entalophora* from the Neocomian clay of Lincolnshire. in: Ann. of Nat. Hist. (5.) Vol. 19. Jan. p. 17—19.

Bourne, Gilb. C., The Anatomy of the Madreporarian Coral *Fungia*. With 3 pl. in: Quart. Journ. Micr. Sc. Vol. 27. P. 3. p. 293—324. — Abstr. in: Amer. Naturalist, Vol. 21. No. 4. p. 386—387.

Duncan, P. Mart., On a new Genus of Madreporaria — *Glyphastraea*, with remarks on the *Glyphastraea Forbesi* E. & H., sp., from the Tertiaries of Maryland, U. S. With 1 pl. in: Quart. Journ. Geol. Soc. London, Vol. 43. P. 1. p. 24—32. — Abstr. in: Ann. of Nat. Hist. (5.) Vol. 19. March, p. 235—236.

Nußbaum, M., Polypes turned outside in. Abstr. in: Journ. R. Microsc. Soc. London, 1887. P. 1. p. 95—96. Amer. Naturalist, Vol. 21. No. 4. p. 387—388.
(Biolog. Centralbl.) — s. Z. A. No. 243. p. 51.

—— Über die Theilbarkeit der lebendigen Materie. II. Mittheilung. Beiträge zur Naturgeschichte des Genus *Hydra*. Mit 8 Taf. in: Arch. f. mikrosk. Anat. 29. Bd. 2. Hft. p. 265—366.

Vogt, C., New sessile Medusa [*Lipkea Ruspoliana*]. Abstr. in: Journ. R. Microsc. Soc. London, 1887. P. 1. p. 98.
(Arch. Sc. Phys. Nat. Genève.) — s. Z. A. No. 243. p. 51.

Duncan, P. Mart., On the Structure and Classificatory Position of some *Madreporaria* from the Secondary Strata of England and South Wales. in: Quart. Journ. Geol. Soc. London, Vol. 42. p. 113—142.

Rathbun, Rich., Catalogue of the Species of Corals belonging to the genus *Madrepora* contained in the United States National Museum. in: Proc. U. S. Nation. Mus. 1887. p. 10—19.
(59 sp.)

Fewkes, Walter J., A new Rhizostomatous Medusa from New England [*Nectopilema* n. g. *Verrillii* n. sp.]. With 1 pl. in: Amer. Journ. Sc. (Silliman), (3.) Vol. 33. Febr. p. 119—125.

Lacaze-Duthiers, H. de, Sur le développement des Pennatules (*Pennatula grisea*) et les conditions biologiques que présente le laboratoire Arago pour les études zoologiques. in: Compt. rend. Ac. Sc. Paris, T. 104. No. 8. p. 463—469.

Kirkpatrick, R., Description of a new genus of *Stylasteridae* [*Phalangopora*]. With 1 pl. in: Ann. of Nat. Hist. (5.) Vol. 19. March, p. 212—214.

Bale, W. M., Genera of *Plumulariidae*. in: Trans. and Proc. R. Soc. Victoria, Vol. 22. 1886. (38 p.) — Abstr. in: Journ. R. Microsc. Soc. London, 1887. P. 2. p. 248.

Ussow, M., Ein neuer Süßwasserpolyp [*Polypodium hydriforme*]. Mit Abbild. Ausz. in: Humboldt, (Dammer), 1887. 1. Hft. p. 21—22.
(Morphol. Jahrb.) — s. Z. A. No. 243. p. 52.

Nicholson, H. All., On some new [3] or imperfectly-known Species of *Stromatoporoids*. P. III. With 3 pl. in: Ann. of Nat. Hist. (5.) Vol. 19. Jan. p. 1—17.

13. Echinodermata.

Schulze, F. E., Praeparate von Echinodermenskeletten. in: Sitzgsber. Ges. Nat. Fr. Berlin, 1887. No. 3. p. 30—31.

Carpenter, P. Herb., Notes on Echinoderm Morphology. No. X. On the Supposed Presence of Symbiotic Algae in *Antedon rosacea*. With fig. in: Quart. Journ. Micr. Sc. Vol. 27. P. 3. p. 379—391.

—— Professor Perrier's historical criticisms. in: Zool. Anz. 10. Jahrg. No. 243. p. 57—62. No. 244. p. 84—88.

—— Further Remarks upon Professor Perrier's historical errors. in: Zool. Anz. 10. Jahrg. No. 251. p. 262—265.

Perrier, Edm., Réponse à Mr. Herbert Carpenter. in: Zool. Anz. 10. Jahrg. No. 246. p. 145—147.

Sur la présence de l'hémoglobine dans le sang des Échinodermes (d'après W. H. Howell). in: Revue Scientif. (3.) T. 39. No. 8. p. 253—254.

Perrier, Edm., Sur le corps plastidogène on prétendu coeur des Échinodermes. in: Compt. rend. Ac. Sc. Paris, T. 104. No. 3. p. 180—182.

Simonelli, V., Echinodermi fossili di Pianosa. in: Atti Soc. Tosc. Sc. Nat. Pisa, Proc. verb. Vol. 5. p. 163—165.

Walther, Johs., Untersuchungen über den Bau der Crinoiden mit besonderer Berücksichtigung der Formen aus dem Solenhofer Schiefer und dem Kelheimer Diceraskalk. Mit 4 Taf. (Aus: Palaeontographica.) Stuttgart, Schweizerbart, 1887. 4°. (46 p.) *M* 12,—.

Wagner, Rich., Die Eucriniten des unteren Wellenkalkes. Mit 2 Taf. in: Jena. Zeitschr. f. Naturwiss. 20. Bd. 1. Hft. p. 1—32.

Carpenter, P. H., The Morphology of *Antedon rosacea*. in: Ann. of Nat. Hist. (5.) Vol. 19. Jan. p. 19—41.

Dendy, Arth., Description of a twelve-armed *Comatula* from the Firth of Clyde. With 1 pl. in: Proc. R. Phys. Soc. Edinb. Vol. 9. P. 1. p. 180—182. — Abstr. in: Journ. R. Microsc. Soc. London, 1887. P. 2. p. 247.

Carpenter, P. Herb., The Generic Position of *Solanocrinus*. in: Ann. of Nat. Hist. (5.) Vol. 19. Febr. p. 81—88.

Preyer, W., Über die Bewegungen der Seesterne. Zweite Hälfte. Mit 1 Taf. in: Mittheil. Zool. Stat. Neapel, 7. Bd. 2. Hft. p. 191—233.

—— Die Bewegungen der Seesterne. Berlin, Friedländer & Sohn, 1887. 8°. (144 p., 1 Taf.)
(Aus: Mittheil. Zool. Stat. Neapel. 7. Bd.) — s. Z. A. No. 243. p. 52.)

Romanes, Geo. J., The Locomotor System of Star-Fish. in: Nature, Vol. 36. No. 914. p. 20—21.

Cuénot, L., Formation des organes génitaux et dépendances de la glande ovoïde chez les Astérides. in: Compt. rend. Ac. Sc. Paris, T. 104. No. 1. p. 88—90. — Abstr. in: Journ. R. Microsc. Soc. London, 1887. P. 2. p. 246—247.

Fredericq, L., L'autotomie chez les étoiles de mer. in: Revue Scientif. (3.) T. 39. No. 19. p. 589—592.

Duncan, P. Mart., On the *Ophiuridae* of the Mergui Archipelago, collected for the Trustees of the Indian Museum, Calcutta, by Dr. John Anderson. With 3 pl. in: Journ. Linn. Soc. London, Zool. Vol. 21. No. 127/128. p. 85—106.

(9 n. sp.; n. g. *Ophiocampsis.*)

Duncan, P. Mart., On some parts of the Anatomy of *Ophiothrix variabilis* Dunc., and *Ophiocampsis pellucida*, Dunc., based on materials furnished by the Trustees of the Indian Museum, Calcutta. With 2 pl. in: Journ. Linn. Soc. London, Zool. Vol. 21. No. 127/128. p. 107—120.

Cotteau, G., Échinides nouveaux ou peu connus. Avec 2 pl. in: Bull. Soc. Zool. France, T. 11. No. 5/6. p. 708—728.

(Sp. No. 47—56; 7 n. sp.; n. g. *Coraster, Ornithaster, Brissopneustes, Microsoma.*)

Rathbun, Rich., Catalogue of the Collection of recent Echini in the United States National Museum (conclud.). in: Proc. U. S. Nat. Mus. Vol. 9. p. 289—293.

(s. Z. A. No. 243. p. 53.)

Prouho, Henri, Sur quelques points controversés de l'organisation des Oursins. in: Compt. rend. Ac. Sc. Paris, T. 104. No. 10. p. 706—708.

—— Sur le développement de l'appareil génital des Oursins. in: Compt. rend. Ac. Sc. Paris, T. 104. No. 1. p. 83—85. — Abstr. in: Journ. R. Microsc. Soc. London, 1887. P. 2. p. 245—246.

Duncan, P. M., and W. Percy Sladen, On some Points in the Morphology and Classification of the *Saleniidae*, Agassiz. in: Ann. of Nat. Hist. (5.) Vol. 19. Febr. p. 117—137.

Barrois, J., Note sur une nouvelle forme parasite des Firoles, *Trichoclina paradoxa*. Avec 1 pl. in: Journ. de l'Anat. et de la Physiol. 1887. No. 1/2. p. 1—17.

Ludwig, Hub., Über den angeblichen neuen Parasiten der Firoliden: *Trichoclina paradoxa* Barrois. in: Zool. Anz. 10. Jahrg. No. 252. p. 296—298.

(Pedicellarienköpfchen von *Sphaerechinus granularis.*)

Bell, F. Jeffrey, Holothurians or Sea Slugs. With 2 cuts. in: The Zoologist, (3.) Vol. 11. Febr. p. 41—47.

Swan, Jam. G., The Trepang Fishery. in: Bull. U. S. Fish Comm. Vol. 6. No. 21. p. 333—334.

Ludwig, Hub., Eine sechsstrahlige Holothurie [*Cucumaria Planci*]. in: Humboldt, 6. Jahrg. 3. Hft. p. 114.

(Zool. Anz. No. 229. p. 472—477.)

Bell, F. Jeffrey, On the Term *Muelleria* as applied to a genus of Holothurians. in: Ann. of Nat. Hist. (5.) Vol. 19. May, p. 392.

(Changed into ‚Jaegeria'.)

Semon, R., Beiträge zur Naturgeschichte der Synaptiden des Mittelmeeres. Mit 2 Taf. in: Mittheil. Zool. Stat. Neapel, 7. Bd. 2. Hft. p. 272—300.

14. Vermes.

Würmer aus der Ostsee. v. infra *Crustacea*, Krause.

Linstow, .. von, Helminthologische Beobachtungen. Mit 4 Taf. in: Arch. f.

Naturgesch. 52. Jahrg. 1. Bd. 2. Hft. p. 113—138. — Abstr. in: Journ. R. Microsc. Soc. London, 1887. P. 2. p. 242.
(3 n. sp.)

Zschokke, Fr., Helminthologische Bemerkungen. in: Mittheil. Zool. Stat. Neapel, 7. Bd. 2. Hft. p. 264—271.

Leidy, Jos., Notice of some parasitic worms. With figg. in: Proc. Acad. Nat. Sc. Philad. 1887. p. 20—24.
(3 [2 n. sp.] Nematod., 2 sp. Echinorhynch., 4 n. Cestod., 4 [2 n.] Trematod.)

Parona, Corr., Vermi parassiti in Animali della Liguria. Nota preventiva a contributo di una Elmintologia Ligura. in: Ann. Mus. Civ. Stor. Nat. Genova, (2.) Vol. 4. p. 483—501.

—— Elmintologia Sarda. Contribuzione allo studio dei Vermi parassiti in Animali di Sardegna. Con 3 tav. Genova, 1887. 8⁰. — Estr. dagli Ann. Mus. Civ. Stor. Nat. Genova, (2.) Vol. 4. p. 275—384.
(6 n. sp.; n. g. *Dittocephalus.*)

Rohon, J. N., and K. A. Zittel, On the Conodonts. in: Ann. of Nat. Hist. (5.) Vol. 19. Febr. p. 166—167.
(Sitzgsber. bayr. Akad.)

Zschokke, Fritz, Studien über den anatomischen u. histologischen Bau der Cestoden. in: Centralbl. für Bacteriol. u. Parasitenkde., 1. Jahrg. No. 6. p. 161—165. No. 7. p. 193—199.

Joseph, Gust., Über das centrale Nervensystem der Bandwürmer. in. Biolog. Centralbl. 6. Bd. No. 23. p. 733. — Abstr. in: Journ. R. Microsc. Soc. London, 1887. P. 2. p. 243.
(Berlin. Naturforsch.-Versamml.) — s. Z. A. No. 243. p. 54.

Linton, Edwin, Notes on two Forms of Cestoid Embryos. With 1 pl. in: Amer. Naturalist, Vol. 21. No. 2. p. 195—201.

Dewoletzky, R., Über das Seitenorgan der Nemertinen. Aus: Verhdlg. k. k. zool.-bot. Ges. Wien, 37. Bd. Sitzgsb. 1887. (1 p.)

Saint-Loup, Remy, Sur quelques points de l'organisation des Schizonemertiens. in: Compt. rend. Ac. Sc. Paris, T. 104. No. 4. p. 237—239.

Bergendal, D., Zur Kenntnis der Landplanarien. in: Zool. Anz. 10. Jahrg. No. 249. p. 218—224.

Leuckart, Rud., Neue Beiträge zur Kenntnis des Baues und der Lebensgeschichte der Nematoden. Mit 3 Taf. in: Abhandl. math.-phys. Cl. Kön. Sächs. Ges. d. Wiss. 13. Bd. No. VIII. p. 565—704.
(*Allantonema mirabile, Sphaerularia bombi, Atractonema* [*Asconema* antea] *gibbosum.*)

Carnoy, J. B., La cytodiérèse de l'oeuf; étude comparée du noyau et du protoplasme à l'état quiescent et à l'état cinétique (Seconde partie). La vésicule germinative et les globules polaires chez quelques Nématodes. Avec 4 pl. in: La Cellule, T. 3. 1. Fasc. p. 1—103 (et VI p).

Hallez, P., Nouvelles études sur l'embryogénie des Nématodes. in: Compt. rend. Ac. Sc. Paris, T. 104. No. 8. p. 517—520.

Girard, Aimé, Sur le développement des nématodes de la betterave, pendant les années 1885 et 1886, et sur leurs modes de propagation. in: Compt. rend. Ac. Sc. Paris, T. 104. No. 8. p. 522—524.

Jourdan, Et., Sur la structure des fibres musculaires de quelques Annélides polychètes. in: Compt. rend. Ac. Sc. Paris, T. 104. No. 11. p. 795—797. — Ann. of Nat. Hist. (5.) Vol. 19. Apr. p. 320—321.

Bourne, A. G., Budding in Oligochaeta. Abstr. in: Journ. R. Microsc. Soc. London, 1887. P. 1. p. 91.
(Rep. Brit. Assoc.) — s. Z. A. No. 235. p. 608.
Bergh, R. S., Die Entwicklungsgeschichte der Anneliden, mit besonderer Rücksicht auf das sog. mittlere Keimblatt und das Centralnervensystem. in: Kosmos, (Vetter), (1886. 2. Bd.) 19. Bd. 6. Hft. p. 401—417.
Benedict, Jam. E., Descriptions of ten species and one new genus of Annelids from the dredgings of the U. S. Fish Commission Steamer Albatross. With 6 pl. in: Proc. U. S. Nation. Mus. Vol. 9. p. 547—553.
(5 n. sp.; n. g. *Crucigera*.)
Webster, H. E., Annelida from Bermuda, collected by G. Brown Goode. With 6 pl. in: Jones and Goode, Contrib. Nat. Hist. Berm. Vol. 1. p. 305—327.
(13 n. sp.; n. g. *Protulides*.)
Allantonema mirabile. v. supra Nematodes, R. Leuckart.
Parona, Ern., L'Anchilostomiasi nelle zolfare di Sicilia. Milano, 1886. 8⁰. (7 p.) Estr. dagli Ann. Univ. di Medic. Vol. 277.
Carnoy, J. B., Oogenesis in *Ascaris*. Abstr. in: Journ. R. Microsc. Soc. London, 1887. P. 1. p. 92.
(La Cellule.) — s. Z. A. No. 243. p. 55.
Macé, . ., L'hétérogamie de l'*Ascaris dactyluris*. in: Compt. rend. Ac. Sc. Paris, T. 104. No. 5. p. 306—308.

II. Wissenschaftliche Mittheilungen.

1. Die Kalkkörperchen der Eischalen-Überzüge und ihre Beziehungen zu den Harting'schen Calcosphäriten.

Von W. v. Nathusius, Königsborn.

(Schluß.)

Wenn ich über die bei den Harting'schen Körperchen erlangten sonstigen Resultate kurze Mittheilung mache, muß ich eine Bemerkung vorausschicken: Werden in hier gebotener kurzer Form gegenüber einer so trefflichen und umfassenden Arbeit als die Recherches de morphologie synthétique einzelne und zwar tiefgehende Bedenken hervorgehoben, ohne daß zugleich die große Masse desjenigen erwähnt werden kann, wo nur freudige Anerkennung so sorgfältiger Untersuchung und objectiver Darstellung auszusprechen wäre, so kann dies den Eindruck einer sich überhebenden Kritik machen. Eine solche liegt mir fern. Ich habe aufrichtigen Respect vor einer so bedeutenden Arbeit; aber Harting selbst spricht es aus, daß es sich um die ersten Schritte auf einem unbekannten Felde handle: es kann nicht überraschen, wenn von solchen einzelne zurückgethan werden müßten.

Vor Allem ist zu bemerken, daß, wo das Weiße von Hühner-Eiern als das Medium verwendet wurde, in welchem die sich allmählich auflösenden Kalk- und Natronsalze sich begegnen sollten, in den Membranen des Eiweißes organisirte Bildungen schon vorhanden waren deren Einfluß Harting in seinen Schlußfolgerungen unbeachtet gelassen hat. Dies gilt für alle die membranösen Producte, welche auf Pl. II, Fig. 3—12 abgebildet sind, für die vermeintlich neugebildeten Anhäufungen von Membranen, welche sich um mit Eiweiß in Berührung gebrachte Chlorcalciumstücke auch ohne Gegenwart von kohlensauren Alkalien bildeten und bilden mußten, schon allein durch die begierige Anziehung der zwischen den Eiweißmembranen enthaltenen Lösungen durch das Chlorcalcium. Es gilt in gewissem Maße auch von dem Versuche die durch Säure aufgelöste Eischale zu reproduciren, da Mangels bestimmten Nachweises nicht angenommen werden kann, daß auch ein kräftiger Wasserstrom genügte, um die mit der Membrana testae so eng verwachsenen Reste des Substrats der Mammillen der Schale zu entfernen. Diese Reste konnten nicht ohne Einfluß auf die Form und Anordnung der sich absetzenden Calcosphäriten bleiben. Es gilt dies ferner in gewissem Grade sogar von den Conostaten[1], diesen in ihrer Regelmäßigkeit so auffallenden Gestalten, deren Bildung als Schwimmkörper Harting so scharfsinnig und ohne Zweifel zutreffend erklärt: es fehlt nur der Grund, warum sie schwammen. Als solchen muß ich eben das Vorhandensein der Eiweißmembranen betrachten, und glaube dieses nachweisen zu können.

Die sämmtlichen hier aufgeführten Gebilde hat Harting nur bei den Experimenten erlangt, wo Hühner-Eiweiß verwendet wurde. Sie sind nicht aufgetreten wo membranfreie Flüssigkeiten, wie Galle und Gelatinelösungen verwendet wurden.

Obgleich ich einen gewissen Zusammenhang auch der Calcosphäriten mit den Eiweißmembranen nicht unbedingt verneinen möchte, kann dieser nur ein nebensächlicher sein, denn diese haben sich ja mit allen ihren wesentlichen Eigenschaften nicht nur in den membranfreien organischen Flüssigkeiten, sondern auch — was mir bei manchen Citaten und versuchten Nutzanwendungen übersehen zu sein scheint — beim Zusammenbringen geeigneter Lösungen von Chlorcalcium mit kohlensauren Alcalien gebildet, wie Harting's Fig. 1, p. I zeigt. Gerade von diesen Experimenten sind ja seine Untersuchungen ausgegangen; sie zeigen also, daß die eiweißartigen Flüssigkeiten nur modificirend einwirken, aber nicht bestimmend für die Bildung der Calcosphäriten sind.

---

[1] Die Conostaten sind Halbkugeln, in ihrer Structur den Calcosphäriten entsprechend. Von dem Rande ihrer Fläche wächst ein Trichter aus; mittels der Ränder dieser Trichter sind sie, wenn ausgebildet, zu schwimmenden Krusten verwachsen. Ich finde, daß in ihren Jugendzuständen Zwischenräume vorhanden sind, welche durch eine sich schnell und stark färbende Membran (doch wohl eine präexistirende Eiweißmembran) ausgefüllt sind.

Letztere kamen für meine specielle Aufgabe hauptsächlich in Frage, und sind demnach besonders berücksichtigt. Dabei kann ich mich erstens mit Harting's Darstellung nicht ganz einverstanden erklären, wenn er p. 14 sagt: »Les veritables stries radiaires — — s'étendent dans le corps entier depuis le centre jusqu'à la surface .... Leur disposition est telle, qu'on pourrait considérer chaque globule comme composé d'un très grand nombre de pyramides très allongées et à base très etroite.«

Zweitens finde ich die Darstellung der concentrischen Schichtung sowohl im Text als in den Abbildungen nicht erschöpfend. Gern ist zuzugeben, daß die in den einzelnen Körperchen auftretende Mannigfaltigkeit der Structur schwer zu erschöpfen ist, und verschiedene Experimente etwas abweichende Producte geben können. Wahrscheinlich sind die von mir erhaltenen bezüglich der radiären Structur deutlicher geworden. Dagegen sind die concentrischen Schichtungen in meinen Fabrikaten weniger zahlreich.

Die Deutung der Bilder, welche die Calcosphäriten unter dem Mikroskop darbieten, wird erleichtert und gesichert, wenn wir den Gang ihrer Bildung zu verfolgen versuchen. Selbstverständlich ist es unmöglich dieses bei demselben Individuum zu thun. Sind durchschnittlich die größeren Individuen die älteren oder entwickelteren, so wird dies zwar nicht in allen Fällen zutreffen, hat man indes die Producte des Experiments nach ihrem localen Vorkommen fractionirt, so wird man doch an der Hand einzelner sich darbietender Anhaltspuncte unentwickelte Körperchen von entwickelteren unterscheiden, und mit einiger Zuverlässigkeit characteristische Individuen in genügender Zahl aussondern können, um zu einer Vorstellung über die Reihenfolge der Entwicklung zu gelangen. Daß diese nur so und nicht anders sein könne, dafür fehlt allerdings stricter Beweis; immerhin gestattet die Hypothese eine übersichtliche Darlegung der unendlichen Mannigfaltigkeit, deren regellose Aufzählung viel Raum erfordern und verwirren würde.

Mit Bestimmtheit tritt schon aus einem allgemeineren Überblick großer Zahlen hervor, daß so gut als niemals die Kerne der großen Körperchen identisch erscheinen mit den kleinen Körperchen. Hieraus geht hervor, daß nicht ein einfacher Ansatz von außen stattfindet, sondern zugleich moleculäre Umsetzungen in den früher gebildeten Schichten eintreten.

Aus den Harting'schen Untersuchungen haben wir zu entnehmen, daß sich der kohlensaure Kalk auch ohne die Gegenwart einer eiweißreichen Flüssigkeit in gelatinösem Zustande niederschlägt. Findet er im Medium Eiweiß vor, so geht er dabei mit diesem eine

Verbindung ein, deren Art ich zunächst nicht zu definiren weiß. Neben kleinsten Kügelchen, in welchen eine Structur nicht zu erkennen ist, finden wir schon von 2,5 μ Durchmesser solche, die ein ganz schwach lichtbrechendes Kernchen zeigen. Zuweilen sieht man statt des letzteren auch ein stark lichtbrechendes Körnchen. Schon von 4 μ Durchmesser an finde ich Körperchen mit deutlicher Schichtung, von 8 μ mit 4 Schichten, deren Refractionsvermögen verschieden ist, und die sich demgemäß auch bei der Tinction verschieden verhalten; aber es giebt auch Körperchen, von über 10 μ Durchmesser, welche Schichtung im Innern nicht zeigen.

Ob der geschichtete oder der ungeschichtete Zustand vorangeht, ob je nach Umständen nur der eine oder der andere eintritt, darüber wage ich nichts zu sagen. Daß die stärker lichtbrechenden Schichten an kohlensaurem Kalk, die schwächer lichtbrechenden eiweißreicher sind, darf man wohl mit Grund vermuthen, aber man tappt für diese frühesten Zustände der Calcosphäriten noch sehr im Dunkeln.

Bestimmter stellt sich die weitere Entwicklung dar. Bei geschichteten Körperchen füllt sich die innerste Schicht mit Körnchen. Diese wandeln sich vom Centrum her in eine radiär gerichtete Strichelung um. Bei nicht geschichteten Körperchen tritt im Centrum eine Gruppe stark lichtbrechender Körnchen auf, während einzelne nach der Peripherie gerichtete Krystallnadeln anschießen. Diese Krystallisation kann die vorhandene Schichtung vollständig durchbrechen, es können aber auch Andeutungen oder Reste der letzteren bleiben; sie kann sogar an ganz schwachen stärker lichtbrechenden Schichten Halt machen und außerhalb derselben wieder beginnen.

Solche in der Ausbildung begriffenen Körperchen, wie ich sie von 80—30 μ Durchmesser mehrfach zeichnete, haben dann an der Peripherie stärker und schwächer lichtbrechende Schichten im ein- und mehrfachen Wechsel. Häufig bilden sich nun die schon von Harting beschriebenen, vom Centrum ausgehenden Spalten oder daselbst ein undurchsichtiger Kern, der strahlenförmig ausläuft, aber auch scharf umschrieben sein kann.

In großer Zahl enthalten meine Praeparate ferner größere Calcosphäriten, welche bis auf eine äußere biegsame Haut von 4—1,5 μ Dicke, die sich stark tingirt, eine Masse aus radiär gestellten Krystallnadeln, eingebettet in eine Grundsubstanz von Eiweiß, darstellt. Die concentrische Schichtung ist häufig gar nicht und selten in mehr als Andeutungen vorhanden.

Auch diese Haut wird endlich durch Krystallisation verdrängt, wo sich dann die Calcosphäriten nicht mehr oder doch nur schwach färben; nun geht aber auch die regelmäßige Kugelgestalt verloren, indem mancherlei Vorsprünge und Rauhheiten entstehen, und diese sehr großen Körperchen (bis 230 μ Durchmesser) verwachsen häufig gruppenweise. Der größte Calcosphärit, welchen Harting aus Eiweißpräparaten abbildet, hat nur 110 μ, aus Galle 130 μ. Auch der Text scheint zu ergeben, daß er größere als 150 μ überhaupt nicht erhalten hat, und die aus der reinen Kugelform zu den beträchtlicheren Dimensionen herauswachsenden finde ich nicht abgebildet, und im Text, wenigstens nur im Vorübergehen, erwähnt. Im Übrigen wird das oben Gesagte, da es hier durch Abbildungen nicht erläutert werden konnte, durch Vergleich mit den Harting'schen Zeichnungen vorläufig verständlicher werden.

Auf die höchst interessanten Gestaltungen, die er u. a. Pl. I, Fig. 4 *m'*, *n*, *p* und *p'* so wie Pl. II, Fig. 18 abbildet, kann ich hier nicht näher eingehen, obgleich ich vielfach ihnen ähnliche gefunden habe, so interessant sie auch sind. Auch sie scheinen mir die Auffassung zu bestätigen, daß der naheliegende Gedanke: eine eigenthümliche chemische Verbindung von kohlensaurem Kalk mit Eiweiß folge morphologischen Gesetzen, welche einen Übergang zwischen denjenigen darstellen, die einerseits die anorganischen, andererseits die organischen Bildungen beherrschen — welchen Gedanken übrigens Harting selbst nicht so ausspricht — ein unzutreffender sein würde. In den unter Umständen vorkommenden, eine Zellmembran simulirenden hautartigen Schichten, und in der innern moleculären Umsetzung während der Entwicklung liegt etwas vor, das die Harting-schen Körperchen scheinbar den Organismen noch näher bringt. Aber dies ist nur eine »mimicry«.

Wirklich sind die hier vorliegenden Fabrikate nur darin Organismen ähnlich, daß sie nicht wie Krystalle homogen sind, sondern aus complicirten und wechselnden physischen und chemischen Actionen hervorgegangen, eine Structur besitzen, deren weitere Verfolgung allerdings ein großes Interesse hat. Aber Structur besitzen viele Fabrikate, ohne deshalb Organismen ähnlich zu werden.

Die Grundform geht, wie schon bemerkt, aus einem morphologischen Gesetz hervor, welchem der kohlensaure Kalk ohne jegliche Beimischung organischer Substanz in einer allerdings noch unverstandenen Weise folgt.

Werden, wozu meine leider sehr wenig umfassenden Mittheilungen vielleicht doch beitragen, die Harting'schen Experimente gründlich wieder aufgenommen, so scheint mir zunächst erwünscht, daß Baryt- und Strontian-Verbindungen verglichen werden, und daß man versucht, ob und wie man Calcosphäriten etc. auch aus von Membranen befreitem Eiweiß darstellen kann. Ferner wäre die physiologisch so sehr bedeutende Beobachtung, daß das Eiweiß durch seine temporäre Verbindung mit dem kohlensauren Kalk die Eigenschaften des Elastins — Harting nennt das so veränderte Eiweiß Calcoglobulin — erlangen solle, näher zu prüfen.

So unglaublich es erscheint, daß Experimente von solcher Bedeutung seit 15 Jahren nicht wiederholt und in ihren Lücken ergänzt sind, kann ich nichts hierüber auffinden; aber aus vagen Analogien weittragende Schlüsse abzuleiten, das ist freilich nicht unterlassen. Hierbei trifft Harting selbst durchaus kein Vorwurf. Er behandelt die Frage keineswegs als abgeschlossen, und wo er auf Analogien hinweist, geschieht es, durchaus berechtigt, nur als Anregung zu weiteren Forschungen.

Ohne für unwahrscheinlich zu halten, daß der Nachweis geführt werden könne, daß in einzelnen Fällen auch in Organismen ähnliche Vorgänge eintreten, daß übereinstimmende Structuren sich auch dort finden lassen, vermisse ich vollständig, daß er bis jetzt geführt sei. Wie hätte dies auch geschehen können, da die intime Structur der Calcosphäriten etc. selbst noch mindestens unklar geblieben war!

So weit Eischalen und Hartgebilde niederer Thiere bis jetzt genauer untersucht sind, haben sich Structuren gezeigt, für welche die Harting'schen Producte auch nicht entfernte Analogien darbieten, z. B. die Schalenkörperchen und dreieckigen Säulenbildungen der Eischale, in der Muschelschale die feinen Canäle (— in Pseudoperlmutter von *Ostrea* leicht und unzweifelhaft nachzuweisen —), die feine Structur der Membranen der sogenannten Säulenschicht bei *Avicula* und *Ostrea* etc. Dehnen wir den Vergleich nun gar auf die äußeren Gestaltungen aus, so wird die systematisch bedeutungsvolle Ausbildung der Porencanäle bei der Eischale, der Schalenbandwall bei *Mytilus* u. dgl. nicht tangirt, durch die Gestaltungen, mit welchen uns Harting bekannt gemacht hat.

Dies möchte ich kurz durch ein Beispiel erläutern. Wäre Harting's kühner Versuch die Verkalkung des Knorpels künstlich nachzuahmen besser gelungen, als mir der Fall zu sein scheint, so läge darin noch kein Beweis, daß der Bau des Knochens selbst, die Faserschichten, die Ausläufer der Knochenkörperchen, die Havers-schen Canäle etc. geschweige der Gesammtform, in ihrer Entstehung auf physikalische und chemische Vorgänge zurückgeführt werden könnte.

Die Structur der Hartgebilde niederer Thiere ist größtentheils noch so wenig studirt, daß hier die Phantasie freieren Spielraum hat; damit läßt sich aber kein Wissen begründen.

2. Einiges über die Niere einheimischer Prosobranchiaten.

(Vorläufige Mittheilung.)

Von Gustav Wolff, Karlsruhe.

eingeg. 14. Mai 1887.

Im Nachfolgenden seien in Kürze die hauptsächlichsten Resultate einer Untersuchung mitgetheilt, welche ich im zoologischen Institut der technischen Hochschule zu Karlsruhe auf Anregung des Herrn Professors Nüsslin über die Niere der mir zugänglich gewesenen Prosobranchiaten: *Paludina vivipara*, *Bithynia tentaculata* und *Valvata piscinalis* angestellt habe.

Meine Untersuchung strebte hauptsächlich nach der Auffindung der für die Beurtheilung der Homologie der Molluskenniere so wichtigen inneren Mündung, und es gelang mir, deren Vorhandensein bei sämmtlichen der drei Formen mit Sicherheit nachzuweisen.

Allerdings ist diese Mündung der Niere in's Pericardium bei den Prosobranchiaten in hohem Grade rückgebildet, sogar in noch höherem Grade, als bei den Pulmonaten, ein Umstand, der es erklärlich macht, daß dieselbe Leydig bei seiner Untersuchung über *Paludina* entgangen ist. Noch am wenigsten rückgebildet erscheint der Ductus renopericardialis bei *Valvata*. In diesem Puncte steht die letztgenannte Form offenbar den Pulmonaten am nächsten, an welche sie auch insbesondere durch die langen und starken Wimpern erinnert, mit denen das Epithel des Ductus, ganz im Gegensatz zu *Paludina* und *Bithynia* besetzt ist.

Bei *Paludina vivipara* liegt der Ductus reno-pericardialis an der Stelle, wo Pericardium, Niere und das die Excretion der Niere vermittelnde, von Leydig als »Wasserbehälter« bezeichnete Organ zusammenstoßen, ganz in der Nähe des Punctes, wo die Niere in den Wasserbehälter mündet. Ja, die pericardiale Mündung der Niere steht sogar mit der Mündung der Niere in den Wasserbehälter offenbar in physiologischem Zusammenhange, da die Muskelfasern, welche die pericardiale Mündung umschließen, mit dem Sphincter in Verbindung stehen, welcher die Mündung der Niere in den Wasserbehälter umgiebt.

Bei *Bithynia* ragt ein der Niere von *Paludina* entsprechender drüsiger Körper frei in das dem »Wasserbehälter« entsprechende Organ. Dieses Organ trägt übrigens bei *Bithynia* einzelne drüsige Lamellen und bietet außerdem die interessante Abweichung von *Paludina*, daß es zwei nach außen führende Öffnungen, eine obere und eine untere, besitzt. Ganz in der Nähe der oberen Öffnung in die Athemhöhle befindet sich die pericardiale Mündung.

Das Nähere über diesen Gegenstand, sowie die hypothetischen Schlußfolgerungen betreffs der Homologien behalte ich mir für eine ausführliche Bearbeitung vor.

3. Erwiederung an Herrn Cunningham.

Von Prof. Max Weber in Amsterdam.

eingeg. 14. Mai 1887.

In No. 250 des Zool. Anz. schreibt Herr Cunningham eine Vertheidigung, zu der ich in der That keinen Anlaß gegeben zu haben glaube. In einer der zweimonatlichen Zusammenkünfte der Nederl. Dierkundige Vereeniging erlaubte ich mir Fachgenossen Mittheilung zu machen über die schönen Resultate Cunningham's über die Geschlechtsorgane der Myxinen. Gewohnheitsgemäß wurde ein kleiner Bericht über das Gesprochene gedruckt, dem aber so wenig Wichtigkeit beigemessen wurde, daß mir nicht einmal eine Correctur zukam. Dieser Bericht schmälert in keinerlei Weise die Verdienste des Herrn Cunningham. Im Gegentheil, um meiner Freude über und meine Zustimmung zu den erwünschten Resultaten des englischen Forschers Ausdruck zu geben, gestattete ich mir über dieselben zu referiren. Selbstredend kamen hierbei die Resultate W. Müller's zur Sprache, die Herrn Cunningham entgangen waren. Er meint nun mir die Behauptung zuschreiben zu müssen, daß seine Resultate bereits durch W. Müller anticipirt seien; er endigt daher seinen Artikel mit dem Facit: »On the whole then I think it is proved that my results were not anticipated by W. Müller....« Ich muß dem gegenüber bemerken, daß es mir gar nicht in den Sinn kam, das Gegentheilige zu beweisen. In dem Bericht meiner Mittheilung heißt es nur: Te betreuren is het das C. onbekend gebleven is met de belangrijke onderzoekingen van W. Müller, die reeds het meerendeel der resultaten, doer C. verkregen in nuce bevatten.«

Selbst wenn W. Müller noch mehr gefunden hätte als er hat, sehe ich nicht ein, wie hierdurch Herrn Cunningham's Verdienste irgend wie geschmälert werden, der Alles unabhängig fand. Damals aber wie jetzt auch hatte es kein Interesse für mich, die Verdienste beider gegen einander abzuwägen; ich darf daher diesen Punct wohl ruhen lassen, um so eher, als Müller's Schrift in der Jenaischen Zeitschrift Jedem zugänglich genug ist, um sich bekannt zu machen mit seinem Antheil an unserer Kenntnis über die Geschlechtsorgane der Myxinen.

Herr Cunningham spricht weiter in scharfen Worten von meinen eigenen Untersuchungen und rügt, daß ich nichts bringe was nicht er oder Müller schon gewußt. Er übersieht aber ganz, daß ich an den gerügten Stellen gar nicht die Praetension hatte, Eigenes oder Neues zu bringen, sondern nur die bescheidene Rolle eines Referenten erfüllte, wie denn auch mein Bericht ausdrücklich damit anhebt, daß

Herrn Cunningham's und Anderer Untersuchungen mir als Leitfaden dienten. Ich kann Alles dies nur dadurch erklären, daß hier eine Reihe von Mißverständnissen vorliegt, die aus der für den Bericht gebrauchten, Herrn Cunningham weniger geläufigen holländischen Sprache entstanden.

Mit eigener Ansicht trat ich nur hervor anläßlich des Zeitpunctes der Eiablage. Diesen für verschiedene Orte festzustellen schien mir praktisch wichtig im Hinblick auf etwaige zukünftige Untersucher der Entwicklungsgeschichte von *Myxine*. Da Herr Cunningham für den Firth of Forth diesen Zeitpunct auf die Monate December, Januar, Februar und März setzte, basirend auf abgelaichte Weibchen, daneben aber hinzufügte: »Before recognising the specimens which had quite recently discharged their ova, I had frequently found corpora lutea in the ovaries of old females«; und da Herr Cunningham niemals ein gelegtes Ei gesehen hat, so meinte ich sagen zu dürfen: »Über die Fortpflanzungszeit — falls diese an eine feste Zeit gebunden ist — bin ich eben so wenig wie Cunningham zu einem sichern Resultate gekommen.« Ich erfahre jetzt, daß ich den Satz mißverstanden habe, was ich bedaure. Herr Cunningham ist jetzt zu der »certain conclusion« gekommen »that oviposition was limited in the neighbourhood of St. Abb's Head, to the time of year between the beginning of November and the beginning of April.« Also fast ein halbes Jahr.

Ich versuchte weiterhin zu einer Vermuthung zu kommen über die Eiablage in Alvärströmmen und dem viel südlicher gelegenen Bohuslän. Auch hier tadelt Herr Cunningham mich heftig, wohl auch nur wieder aus Mißverständnis. So heißt es unter Anderem mehr, daß ich das Stadium der Eientwicklung »so inadequately« beschreibe (»he describes«). Herr Cunningham übersieht ganz, daß ich überhaupt kein Entwicklungsstadium beschreibe, sondern nur die Bemerkung mache: »Etwas weiter entwickelt waren Eier von Weibchen, die Mitte Mai in Gåsö gefangen waren,« was für den Zweck genügte. Eine Beschreibung zu geben lag gar nicht in der Tendenz des Sitzungsberichtes.

Meine Vermuthung, daß die Eiablage in Bohuslän »ungefähr im August oder September« geschehe, gründete sich auf die einzig bekannte Schnur abgelegter Eier, die W. Müller aus dem Museum zu Göteborg beschrieb, Herrn Cunningham aber unbekannt blieb und von mir erwähnt wurde, nicht um Neues darüber mitzutheilen sondern um die Aufmerksamkeit darauf zu lenken; hauptsächlich aber wegen der Etiquette. Auf dieser findet sich nämlich, wie mein Bericht ausdrücklich hervorhebt, als Fundort »Lysekil (Bohuslän) und als Datum

»5. August 1854« (nicht 1884 wie Herr Cunningham citirt). Herr Cunningham endigt im Hinblick hierauf seinen Artikel: »That M. Weber has not made a single observation which modifies my conclusions in the least degree, excepting his statement of the date at which the Göteborg eggs were obtained, and of the accuracy of this date he gives no evidence.« Da Prof. A. W. Malm; der frühere Director des Göteborger Museums, todt ist, konnte wohl nicht mehr als die in der Flasche eingeschlossene Originaletiquette gegeben werden. — Sehr wohl kann *Myxine* in Bohuslän im August, in St. Abb's Head aber im November bis April reif werden; somit ist mir kein einziger Punct bekannt, in welchem mein Bericht, der ja der Hauptsache nach nur ein Referat der Resultate Cunningham's ist, eben diesen entgegengetreten wäre. Nur habe ich bezüglich seiner Schlüsse über die Männchen, bezüglich der »probability« (wie er es jetzt selbst nennt) of nearly all females being hermaphrodites when young« gesagt, daß meine Untersuchungen »noch nicht genügend sind, um für oder wider diese Auffassung mich auszusprechen« und auf »das Wünschenswerthe gewiesen einer neuen Untersuchung, bevor man diese beim ersten Anblick befremdenden Resultate annimmt«. Bei einer Sache von solcher Tragweite und bei der Schwierigkeit des Objectes, lag hierin doch wohl nichts Beleidigendes für Herrn Cunningham.

Schließlich hatte ich mir gestattet, darauf hinzuweisen, daß bei Cyclostomen die Thatsache noch nicht genug gewürdigt sei, daß eben so wie ihre Eier, so auch ihre Spermatozoen ohne Ausführungsgang entleert werden, da dies ein Zustand sei einzig unter Vertebraten, der an Verhältnisse bei Würmern erinnere. Denn wenn auch z. B. bei Muraeniden und Salmoniden die Eier gleichfalls ohne Ausführungsgang entleert werden, so ist das für die Spermatozoen nicht der Fall. Herr Cunningham bemerkt hierzu: »I was under the impression, like most other zoologists, that in the Muraenidae vasa deferentia were absent, as in the *Cyclostomata*.« Herr Cunningham hat aber ganz übersehen, daß im Anschluß an die Untersuchungen von Syrski (1873) Hermes Vasa deferentia von *Conger* im Zool. Anz. 1881 anzeigte; daß im gleichen Jahre die schöne Untersuchung von Brock erschien (Mittheil. Zoolog. Station Neapel 1881), in welcher die Vasa deferentia von *Conger*, *Anguilla*, *Myrus* und *Muraena* beschrieben werden. Auch populäre Schriften wie v. d. Borne's Handbuch der Fischzucht geben schon Abbildung davon.

Schließlich bedaure ich, ohne mein Zuthun, Anlaß gegeben zu haben, daß die Seiten des Zool. Anz. mit Stoff angefüllt wurden, der füglich durch besseren hätte eingenommen sein sollen. Ich würde hierzu nicht beigetragen haben, hätte ich mich nicht im Hinblick auf

Herrn Cunningham's Artikel genöthigt gesehen, öffentlich zu erklären, daß mein Bericht, der an einigermaßen verborgenem Orte und in weniger gebräuchlicher Sprache geschrieben wurde, nichts enthält, was die Verdienste des Herrn Cunningham auch nur im mindesten schmälert, solches auch nicht enthalten kann, da das Referat gerade das Gegentheil beabsichtigte.

Amsterdam, 12. Mai 1887.

4. Triton palmatus am Harz.

Von W. Wolterstorff, Halle.

eingeg. 14. Mai 1887.

Der Leistenmolch, *Triton palmatus* Schneid. (*helveticus* Razoum.), ist im westlichen Europa weit verbreitet. Er findet sich außer in ganz Frankreich auch in England, Belgien, Deutschland westlich vom Rhein und in der Schweiz.

Östlich vom Rhein tritt er nach allen Autoren nur ganz sporadisch auf. Leydig[1] beschreibt die Art aus der Umgegend von Tübingen, nach Kirschbaum[2] kommt sie bei Wiesbaden und Königstein/Taunus vor, endlich hat Brüggemann[3] ein Männchen der Art in Oberneuland bei Bremen entdeckt. Hier muß sie aber sehr selten sein.

Leydig stellt ihr Vorkommen in der Rhön, im Odenwald, Spessart, Tauberthal entschieden in Abrede, ich selbst habe sie in Thüringen und Bayern noch nicht bemerkt. Um so mehr war ich überrascht, am 1. Mai d. J. am Ramsenberge bei Wippra/Harz 24 Stück *Triton palmatus* zu erbeuten. Der niedrige Rückenkamm, der ungezackte Flossensaum am Schwanze und der scharf abgesetzte Schwanzfaden lassen in Verbindung mit dem breiteren Kopfe und den deutlich hervortretenden Seitenleisten eine Verwechslung mit *Triton taeniatus* nicht zu, auch die Färbung ist vollkommen typisch. — Herr Cand. phil. E. Schulze hat die Art im Heiligenthälchen bei Gernrode, ein anderer Herr wohl dieselbe Form bei Wernigerode gefunden, so daß *Triton palmatus* im Harz nicht ganz selten sein dürfte. Weitere Nachforschungen werden ergeben, ob die Art auch die umliegenden Gebirgsgegenden bewohnt.

Halle a|S., 13. Mai 1887.

---

[1] Molche der Württemberger Fauna. Arch. f. Naturgesch. 1867. p. 163 ff.

[2] Reptilien und Fische des Herzogthums Nassau. Jahrbb. d. Nassauer Ver. f. Naturk. Hft. 17. 18. p. 89.

[3] Amphibien der Umgegend von Bremen. Bremer Abhandl., IV. p. 205. Über *Triton helveticus*. Arch. f. Naturgesch. 1876. I. p. 19.

5. Zur Histologie des Darmcanals der Insecten.

Von Victor Faussek, a. d. zootom. Cabin. d. Univers. zu St. Petersburg.

eingeg. 16. Mai 1887.

Bei *Eremobia muricata* Pall. (aus der Fam. *Acridiodea*) sitzen zwischen den Zellen des Cylinderepithels im Mitteldarme eben solche drüsenartige Gebilde, wie die von Frenzel[1] unter dem Namen »Drüsenkrypten« beschriebenen. Dieselben haben die Gestalt von enghalsigen Flaschen und sind von einer Masse dicht liegender Kerne ausgefüllt, welche hinsichtlich der Structur von den Kernen der Epithelzellen in nichts abweichen, werden aber von Hämatoxylin intensiver tingirt. In diesen Kernen der Drüsen kann man mitotische Kerntheilung beobachten, die man nie zu sehen bekommt in den Kernen der jungen Epithelzellen, welche zwischen den Basaltheilen der cylindrischen Epithelzellen hervortreten. Der Zellensaum der Epithelzellen weist bei der Bearbeitung mit Alcohol absolut. eine porenartige Streifung. Das Epithel der Mitteldarmanhänge zeigt keine Differenzen von demjenigen des Mitteldarms selbst.

Der Enddarm besteht aus zwei mit einander durch eine schmale gewundene Röhre verbundenen Abschnitten. Diese Verbindungsröhre besitzt eine starke Muskelschicht und ist innen von einem in hohe Falten gelegten, sehr kleinzelligen und mit einer dicken Intima versehenen Epithel ausgekleidet. Bei der Contraction der Muskelelemente müssen diese Falten das Röhrenlumen verschließen. In dem über der Verbindungsröhre gelegenen Theile des Enddarmes besteht das Epithel aus niedrigen, breiten Zellen mit sehr großen Kernen; jeder derselben ist von einem hellen Hofe umgeben. Die Form vieler dieser Kerne scheint auf eine directe Kerntheilung hinzuweisen. Der andere Theil des Enddarms wird von sechs Längswülsten der Epithelschicht — den »Rectaldrüsen« — eingenommen. In dem Epithel dieser Rectaldrüsen finden sich zwei Zellenarten: eine Schicht hoher, cylindrischer eigentlicher Epithelzellen und dazwischen zerstreute kleinkernige sog. »Schleimzellen« (Leydig'sche Zellen), deren Grenzen nicht scharf hervortreten. Die Schleimzellen liegen immer höher (das heißt der Intima näher) als die Kerne der Epithelzellen. Ihre Kerne sind von geringer Größe und jeder nimmt die Mitte eines hellen blasenförmigen Raumes ein. Der Raum zwischen der Epithelschicht und der Muscularis der Rectaldrüse wird von einem lockeren faserigen Bindegewebe mit vielen kleinen Kernen ausgefüllt. Die Grenzen der einzelnen Bindegewebszellen sind nicht erhalten geblieben. In diesem

---

[1] J. Frenzel, Einiges über den Mitteldarm der Insecten. Arch. f. mikrosk. Anat. 1886.

Gewebe verästeln sich die Tracheen. Feine, nur aus einer kernhaltigen Matrix bestehende Tracheenästchen dringen zwischen die Epithelzellen ein und laufen hier in kleine blinde Erweiterungen aus.

Interessante Eigenthümlichkeiten bietet die Structur des Enddarms bei den *Aeschna-* und *Libellula*-Larven, Eigenthümlichkeiten, die von Chun[2] übersehen wurden. Der Enddarm wird mit dem Mitteldarm durch eine engere, gewundene Röhre verbunden, die aber keine klappenartigen Vorrichtungen, wie die oben bei *Eremobia* beschriebenen besitzt. Ihre Muscularis ist schwach, die Epithelschicht dagegen sehr stark entwickelt. Diese Epithelschicht wird in verschiedenen Theilen der Röhre aus zwei Zellenarten gebildet. Die eine besteht aus großen und großkernigen cylindrischen Zellen, deren Plasma sich mit Carmin färbt. Dieses Epithel bildet Falten, in welche ziemlich dicke Tracheenäste eindringen, und geht allmählich in das Epithel der zweiten Art mit kleinen und kleinkernigen Zellen über, deren Plasma durch Carmin gar nicht gefärbt wird. Die aus der letzteren Epithelart gebildete Schicht ist in zahlreiche, complicirte Falten gelegt und erscheint dadurch auf Querschnitten als dichte drüsenähnliche Zellencomplexe. Beide Epithelarten sind ganz unregelmäßig, fleckenartig in dem von ihnen eingenommenen Theile des Enddarms vertheilt.

Die in dem breiteren Theile des Enddarms befindlichen Darmkiemen sind eben so von den beiden beschriebenen Epithelarten unregelmäßig ausgekleidet. In dem allerletzten etwas verengten Theil des Enddarms verschwinden die Darmkiemen und werden durch typische (von Chun übersehene) Rectaldrüsen ersetzt. Das Vorkommen beiderartiger Gebilde in dem Darme der darmathmenden Insectenlarven spricht zu Gunsten Chun's Behauptung, daß die Rectaldrüsen keine durch Nichtgebrauch umgebildete Darmkiemen seien.

St. Petersburg, $\frac{\text{29. April}}{\text{11. Mai}}$ 1887.

III. Mittheilungen aus Museen, Instituten etc.

1. Zoological Society of London.

17th May, 1887. — The President read some extracts from a letter which he had received from Dr. Emin Pasha, dated Wadelai, November 3rd, relating to some skulls of the Chimpanzee from Monbottu, to some portions of the skeleton of individuals of the Akka tribe, and to some other objects of natural history which he had forwarded (*viâ* Uganda) to the British Museum of Natural History. — Mr. A. Thomson exhibited some specimens

---

2 C. Chun, Über den Bau, die Entwicklung und physiologische Bedeutung der Rectaldrüsen bei den Insecten. in: Abhandl. d. Senckenberg. Nat. Ges. 1876.

of a rare Papilio (*Papilio porthaon*) from Delagoa Bay, reared in the Society's Gardens. — Prof. Howes exhibited a drawing of a head of *Palinurus penicillatus*, received from M. A. Milne-Edwards, and remarked on the assumption of antenniform characters by the left ophthalmite shown in this specimen. — A paper was read by Mr. W. F. Kirby, F.E.S., Assistant in the Zoological Department, British Museum, entitled »A Revision of the Subfamily *Libellulinæ*, with descriptions of new Genera and Species«. The last compendium of this group was published by Dr. Brauer in 1868, in which 40 genera were admitted. Mr. Kirby now raised the number to 88, all fully tabulated and described in his paper, which likewise included descriptions of 52 new species. Mr. Kirby gave a short sketch of the characters of the *Libellulinæ*, and more especially of the neuration, which he considered to be of primary importance. — Mr. R. Bowdler Sharpe, F.Z.S., read the third part of his series of notes on the Hume Collection of Birds, which related to *Syrnium maingayi*, Hume, and to the various specimens of this Owl in the British Museum. — A communication was read from Mr. A. Smith Woodward, F.Z.S., on the presence of a canal-system, evidently sensory, in the shields of Pteraspidian fishes. Mr. Woodward described a specimen which seemed to prove that the series of small pits or depressions upon the shields of these ancient fishes, observed by Prof. Ray Lankester, are really the openings of an extensive canal-system traversing the middle layer of the shield. — A second communication from Mr. A. Smith Woodward contained some notes on the »lateral line« of *Squaloraja*, in which it was shown that the »lateral line« of this extinct Liassic Selachian was an open groove supported, as in the Chimæroids, by a series of minute ring-like calcifications. — P. L. Sclater, Secretary.

2. Versammlung Deutscher Naturforscher und Ärzte.

Von den Geschäftsführern der 60. Versammlung Deutscher Naturforscher und Ärzte, welche dahier vom 18. bis 24. September d. J. tagen wird, aufgefordert, haben Unterzeichnete es übernommen, für die

Section für Zoologie

die vorbereitenden Schritte zu thun. Um den Sitzungen unserer Section zahlreichen Besuch und gediegenen Inhalt zuzuführen, beehren wir uns, zur Theilnahme freundlichst einzuladen. Beabsichtigte Vorträge oder Demonstrationen bitten wir frühzeitig bei uns anzumelden. Die Geschäftsführer gedenken Mitte Juli allgemeine Einladungen zu versenden, und wäre es wünschenswerth, schon in diesen Einladungen das Programm der Sectionssitzungen wenigstens theilweise veröffentlichen zu können.

Wiesbaden, Anfang Mai 1887.

Dr. W. Kobelt,	L. Dreyfus,
Schwanheim a. M.,	Frankfurterstraße 44,
Schriftführer.	Einführender.

Druck von Breitkopf & Härtel in Leipzig.

Zoologischer Anzeiger

herausgegeben

von Prof. **J. Victor Carus** in Leipzig.

Verlag von Wilhelm Engelmann in Leipzig.

X. Jahrg. | 27. Juni 1887. | No. 254.

Inhalt: I. **Litteratur.** p. 325—335. II. **Wissensch. Mittheilungen.** 1. **v. Lendenfeld,** Errata in my paper on the Systematic Position and Classification of Sponges. 2. **Witlaczil,** Zur Kenntnis der Gattung *Halobates.* 3. **Nordqvist,** Die pelagische und Tiefsee-Fauna der größeren finnischen Seen. 4. **Gruber,** Über künstliche Theilung bei *Actinosphaerium.* III. **Mittheil. aus Museen, Instituten etc.** 1. **Zoological Society of London.** 2. **Linnean Society of New South Wales.** IV. **Personal-Notizen.** Necrolog.

I. Litteratur.

1. Geschichte und Litteratur.

Bidder, F., Gedächtnisrede auf K. E. von Baer. in: Sitzgsber. Naturf.-Ges. Dorpat, 8. Bd. 1. Hft. p. 26—29.

Bettany, G. T., Life of Charles Darwin. London, Walter Scott, 1887. 8⁰.

Buchenau, Frz., Naturwissenschaftlich-geographische Litteratur über das nordwestliche Deutschland. 1886. in: Abhandl. hrsg. v. Naturwiss. Ver. Bremen, 9. Bd. 4. Hft. p. 469—471.

2. Hilfsmittel, Methode etc.

Latteux, P., Manuel de technique microscopique ou Guide pratique pour l'étude et le maniement du microscope. 3. édit. rev. et considér. augm. Avec 385 figg. Paris, 1887. 8⁰. Frcs. 12,—.

4. Zeit- und Gesellschaftsschriften.

Abhandlungen herausgegeben vom naturwissenschaftlichen Vereine zu Bremen. 9. Bd. 4. (Schluß-) Heft. (Beigeheftet der 22. Jahresbericht.) Bremen, C. Ed. Müller, 1887. 8⁰. (Tit., Inh., p. 361—472; 28 p.) *M* 2,40.

Actes de la Société Linnéenne de Bordeaux, fondée le 9. Juillet 1818. Vol. 39. 4. Série: Tome 9. Bordeaux, impr. J. Durand, 1885. (reç. Juin, 1887.) 8⁰. (352, LXVIII p., 1 tabl. et 5 pl.)

Annali del Museo Civico di Storia Naturale di Genova pubbl. per cura di G. Doria e R. Gestro. Ser. 2. Vol. 3. (1886—1887.)

Arbeiten aus dem Zoologischen Institut zu Graz. 1. Bd. (No. 1—6 u. Biographie von Ed. O. Schmidt.) Leipzig, W. Engelmann, 1887. 8⁰. *M* 22,60. (Abdrücke aus: Zeitschr. f. wiss. Zool.)

Archiv für die Naturkunde Liv-, Esth- und Kurlands. Hrsg. von d. Dorpater Naturforscher-Gesellschaft. 9. Bd. 4. Lief. Zwanzigjährige Mittelwerthe aus den meteorologischen Beobachtungen von K. Weihrauch. 1866 bis 1885 für Dorpat. Dorpat, Gesellschaft, 1887. 8⁰. (p. 217—286.) *M* 1,—. (Auch apart.)

Archives de Zoologie expérimentale et générale publ. sous la dir. du Prof. H. de Lacaze-Duthiers. 2. Sér. T. 3bis, supplémentaire (année 1885). Paris, Ch. Reinwald, 1887. 8⁰. (750 p., 44 pls., 57 figg. dans le texte.) Frcs. 42,—.

Atti della Società dei Naturalisti in Modena. Ser. 3. Vol. 5. (Ann. 20.) Modena, 1886. 8⁰. (179 p.)

Atti della Società Toscana di Scienze Naturali, residente in Pisa. Memorie. Vol. 8. Fasc. 1. Pisa, 1887. 8⁰. (p. 1—253, 11 tav.)

Berichte des naturwissenschaftlich-medicinischen Vereins in Innsbruck. 16. Jahrgang. 1886/1887. Innsbruck, Wagner, 1887. 8⁰. (233 p.) ℳ 4,80.

Berichte, Mathematische und Naturwissenschaftliche, aus Ungarn. Mit Unterstütz. d. Ungar. Akad. d. Wiss. u. d. Kön. Ungar. Naturwiss. Gesellschaft hrsgeg. von Bar. v. Eötvös, Jul. König, Jos. v. Szabó, Kol. v. Szily, K. v. Than, redig. von J. Fröhlich. 4. Bd. (Juni 1885 bis Juni 1886.) Mit 3 Taf. Budapest, Fr. Kilian's Univers.-Buchhdlg., Berlin, R. Friedländer & Sohn, 1887. 8⁰. (X, 303 p.) ℳ 6,—.

Bulletin de la Société Vaudoise des Sciences Naturelles. 3. Sér. Vol. 22. No. 95. (Avec 4 pl., 12 tabl. météorol. et 1 carte.) Lausanne, F. Ronge, Mai 1887. 8⁰. (VIII, XXXVII, 11 p., p. 179—301, titree et table.)

Journal, The, of Morphology. Edit. by C. O. Whitman. 1. Year. 1887. [2 Nos.] Boston, 1887. 8⁰. Subscript. ℳ 27,—.
(No. 1. With 8 pl.)

Schriften der Naturforschenden Gesellschaft in Danzig. Neue Folge. 6. Bd. 4. Hft. Mit 4 Taf. Danzig, 1887. 4⁰. (46, 208 p.) ℳ 8,—.

Sitzungsberichte der Naturforscher-Gesellschaft bei der Universität Dorpat. redig. von G. Dragendorff. 8. Bd. 1. Hft. 1886. Dorpat, (Leipzig, K. F. Köhler in Comm.), 1887. 8⁰. ℳ 2,—.

Verhandlungen der K. K. zoologisch-botanischen Gesellschaft in Wien. Hrsg. von d. Gesellschaft. Redig. von R. v. Wettstein. 37. Bd. Jahrg. 1887. 1. Quartal März. Wien, A. Hölder in Comm., 1887. (16, 188 p., 4 Taf.) ℳ 6,50.

Verhandlungen des Naturhistorischen Vereins der preufsischen Rheinlande, Westfalens und des Reg.-Bez. Osnabrück. Hrsg. von Ph. Bertkau. 43. Jahrg. (5. Folge, 3. Jahrg.) 2 Theile. Bonn, Cohen & Sohn in Comm., 1887. 8⁰. (Verhdl. 207 p., Corresp.-Bl. 306 p., Sitzgsber. 136 p., 3 Taf. u. 30 Holzschn.) ℳ 9,—.

Zeitschrift für Naturwissenschaften. Originalabhandlungen und Berichte. Hrsg. im Auftr. d. naturwiss. Vereins für Sachsen u. Thüringen von Brass, Dunker, v. Fritsch, Garcke etc. Der ganzen Reihe 60. Bd. 4. Folge 6. Bd. [6 Hfte.] Halle, Tausch & Große, 1887. 8⁰. ℳ 16,—.

5. Zoologie: Allgemeines und Vermischtes.

Bronn's Klassen und Ordnungen. 4. Bd. Würmer: Vermes. Von A. Pagenstecher. 1. Lief. Leipzig & Heidelberg, C. F. Winter'sche Verlagshdl., 1887. 8⁰. ℳ 1,50.

Emery, Carlo, Introduzione allo studio della zoologia: quattordici lezioni dettate in nov. e dic. 1886. Torino, Em. Loescher, 1887. 8⁰. (56 p.)

Newton, E. T., A Classification of Animals being a Synopsis of the Animal Kingdom, with special reference to the fossil forms. London, 1887. 8⁰. (15 p.)

Torin, K., Grundlinier till Zoologiens Studium. Omarb. af S. Almquist. 7. Uppl. af C. Aurivillius. Stockholm, 1887. 8⁰. (279 p.)

Report on the Scientific Results of the Voyage of H.M.S. Challenger during the years 1873—1876. prepared under the superint. of the late Sir C. Wyville Thomson and now of John Murray. Zoology. Vol. 17. 18. 19. London, 1886, 1887. 4⁰. 17.: 40 s. 18.: £ 5 10 s. 19.: 25 s.

6. Biologie, Vergl. Anatomie etc.

Ranvier, L., Le mécanisme de la sécrétion (Suite). in: Journ. de Microgr. T. 11. No. 7. Juin, p. 225—233.

Hirn, G. A., La thermodynamique et le travail chez les êtres vivants. in: Revue Scientif. (3.) T. 39. No. 22. p. 673—684. No. 23. p. 714—718. No. 25. p. 779—783.

Renaut, J., Sur la bande articulaire, la formation cloisonnante et la substance chondrochromatique des cartilages diarthrodiaux. in: Compt. rend Ac. Sc. Paris, T. 104. No. 22. p. 1539—1542.

Royer, Mme. Clémence, L'évolution mentale dans la série organique. in: Revue Scientif. (3.) T. 39. No. 24. p. 749—758.

7. Descendenztheorie.

Canestrini, Giov., La teoria di Darwin criticamente esposta. 2. ediz. corretta ed ampl. Milano, Frat. Dumolard, 1887. 8⁰. (XI, 402 p. e fig.) £ 7,—.

—— La teoria dell' evoluzione esposta ne' suoi fondamenti come introduzione alla lettura delle opere del Darwin e de' suoi seguaci. 2. ediz. ampl. dall'autore. Torino, Unione tipogr.-editr., 1887. 8⁰. (258 p.) £ 5,—.

Schedel, Jos., Die Schutzfärbung der Thiere (mit Berücksichtigung der Fauna der Ostsee). in: Zoolog. Garten, 28. Jahrg. No. 4/5. p. 140—145.

8. Faunen.

Burmeister, H., Atlas de la description physique de la République Argentine. Le texte trad. en français avec le concours de E. Daireaux. 3. Livr. Osteologie der Gravigraden. 1. Abtheil. *Scelidotherium* und *Mylodon*. Pars I. Buenos Aires, 1886. Paris, E. Deyrolle, Halle, Anton in Comm., 4 u. Fol. (p. 65—125, p. VIII; pl. XII—XVI.) *M* 12,—.

Krüdener, A. von, Zoologisches aus Livland. in: Zoolog. Garten, 28. Jahrg. No. 4/5. p. 150—153.

Fauna und Flora des Golfes von Neapel und der angrenzenden Meeres-Abschnitte. Hrsg. von der Zoolog. Station zu Neapel. XIV. Monographie. Polygordius von Prof. Julien Fraipont. Mit 16 Taf. in Lithogr. u. 1 Holzschn. Berlin, Friedländer & Sohn, 1887. 4⁰. *M* 40,—.

Guerne, Jul. de, Notes sur l'histoire naturelle des régions arctiques de l'Europe (Suite et fin). in: Soc. R. Malacol. Belg. Proc. verb. 1886. p. CXXXIII—CXLIII.

(s. Z. A. No. 164. p. 184.)

Holm, Th., Almindelige Bemaerkninger om Kara-Havets Fauna. Kjøbenhavn, 1887. 8⁰. (Saertr. af »Dijmphna-Togtets zool.-bot. Udbytte«.) (16 p.)

Coup d'oeil sur la faune de la mer de Kara. Résumé de la partie zoologique. 8⁰. (27 p.) Extr. du même ouvrage.

Imhof, O. E., Microscopic Fauna of High Alpine Lakes. Abstr. in: Journ. Microsc. Soc. London, 1887. P. 3. p. 374.
(Zool. Anz. No. 241. 242.)

9. Invertebrata.

Bedot, M., Stinging Cells. Abstr. in: Journ. R. Microsc. Soc. London, 1887. P. 3. p. 410.
(Rec. Zool. Suisse.) — s. Z. A. No. 252. p. 283.

Varigny, H. de, Recherches sur la contraction musculaire chez les Invertébrés. Avec 35 figg. dans le texte. in: Arch. Zool. expérim. et gén. Lacaze-Duthiers, (2.) T. 3bis.

10. Protozoa.

Canestrini, Ricc., Prelezione al corso di Protistologia, tenuta nell' Università di Padova il 9. dicembre 1886. Venezia, 1887. 8⁰. (18 p.) (Estr. dall'Ateneo Veneto, Genn.-Febr. 1887.)

Künstler, J., Reticulated Structure of Protozoa. Abstr. in: Journ. R. Microsc. Soc. London, 1887. P. 3. p. 414.
(Compt. rend. Ac. Sc. Paris.) — s. Z. A. No. 253. p. 283.

Balbiani, E., Évolution des micro-organismes animaux et végétaux parasites. in: Journ. de Microgr. T. 11. No. 7. Juin, p. 233—240.

Milne, W., New Protozoa. With 1 pl. in: Proc. Phil. Soc. Glasgow, 1886. (8 p.) — Abstr. in: Journ. R. Microsc. Soc. London, 1887. P. 3. p. 417.
(3 n. sp.; n. g. *Stylostoma*.)

Parona, Corr., Parasitic Protozoa in Ciona intestinalis. Abstr. in: Journ. R. Microsc. Soc. London, 1887. P. 3. p. 419—420.
(Journ. de Microgr.) — s. Z. A. No. 252. p. 283.

Gourret, P., et P. Roeser, Protozoa of Marseille. Abstr. in: Journ. R. Microsc. Soc. London, 1887. P. 3. p. 415—417.
(Arch. Zool. Expérim.) — s. Z. A. No. 242. p. 31.

Haeusler, R., Notes sur quelques Foraminifères des marnes à bryozoaires du Valanginien de Ste-Croix. in: Bull. Soc. Vaud. Sc. Nat. (3.) Vol. 22. No. 95. p. 260—266.
(37 sp.)

Haeckel, E., Report on the Radiolaria collected by H.M.S. Challenger during the years 1873—1876. 1. Part. Porulosa (Spumellaria and Acantharia). 2. P. Osculosa (Nassellaria and Phaeodaria). With 140 pl. in: Rep. Scient. Results Challenger. Zool. Vol. 18. (P. XL.) (1.: *VIII*, CLXXVIII p. p. 1—888, 2. p. 889—1803.)
(3508 n. sp.; n. g. *Actissa*, subg. n. *Thalassicollarium*, *Thalassicollidium*, *Collodinium*, *Colloprunum*, *Collophidium*, *Collodiscus*, *Collodastrum*, subg. n. *Thalassoxanthella*, *Thalassoxanthomma*, n. g. *Lampoxanthium*, subg. n. *Lampoxanthella*, n. g. *Belonozoum*, n. subg. *Sphaerozonactis*, *Sphaerozonoceras*, *Sphaerozonura*, *Raphidonactis*, *Raphidoceras*, *Raphidonura*, *Circosphaera*, *Porosphaera*, n. g. *Stigmosphaera*, n. subg. *Ethmosphaerella*, *-romma*, *Phoenicosphaera*, *Melitomma*, *Craspedomma*, *Thecosphaerantha*, *Thecosphaerella*, *Thecosphaerina*, *Thecosphaeromma*, *Rhodosphaerella*, *-romma*, *Plegmosphaerantha*, *-rella*, *-romma*, *-rusa*, *Spongodictyoma*, *Eucollosphaera*, *Dyscollosphaera*, n. g. *Pharyngosphaera*, *Buccinosphaera*, *Odontosphaera*, *Choenicosphaera* (*-rula*, *-rium*), n. subg. *Holosiphonia*, *Merosiphonia*, n. g. *Trypanosphaera* (*-rula*, *-rium*), *Caminosphaera*, *Solenosphaera* (*-sphactra*, *-sphenia*, *-sphyra*), *Otosphaera*, *Coronosphaera*, n. subg. *Clathrosphaerula*, *-rium*, *Xipho-*

sphaerantha, -rella, -rissa,- romma, Xiphostylantha, -letta, -lissa, -lomma, Saturnalina, -lium, Stylosphaerantha, -rella, -rissa, -romma, Sphaerostylantha, -letta, -lissa, -lomma, Amphisphaerantha, -rella, -rissa, -romma, n. g. *Saturninus,* n. subg. *Staurosphaerantha, -rella, -rissa, -romma, Staurolonchantha, -chella, -chissa, -chura,* n. g. *Staurolonchidium, Stauroxiphos,* n. subg. *Stauracontarium, -tellium, -tidium, -tonium, Hexastylanthus, -lettus, lissus, lurus,* n. g. *Hexastylarium,* n. subg. *Hexalonchara, -chetta, -chilla, -chusa, Hexancora,* n. g. *Hexalonch
arium, Hexacontanna, -tella, -tosa, -tura,* n. g. *Hexacontarium, Cubosphaera, Cubaxonium,* n. subg. *Raphidocapsa, -dodrymus, Heliosphaerella, -romma,* n. g. *Coscinomma,* n. subg. *-arium, -idium, -onium, Cladococcalis, -ccinus, -ccodes, -ccurus, Elaphococcinus, -ulus, Haliommantha, -metta, -milla, -mura, Heliosomantha, -mura,* n. g. *Elatomma,* n. subg. *-mella, -mura,* n. g. *Leptosphaera,* n. subg. *-rella, -romma, Diplosphaerella, -romma, Drymosphaerella, -romma,* n. g. *Astrosphaera,* n. subg. *-rella, -romma, Actinommantha, -metta, -milla, -mura, Echinommetta, -mura, Cromyommetta, -mura,* n. g. *Caryomma, Arachnopila,* n. subg. *Arachnosphaerella, -romma,* n. g. *Spongiomma,* n. subg. *-mella, -mura,* n. g. *Spongothamnus,* n. subg. *Rhizoplegmarium, -midium,* n. g. *Centrocubus, Octodendron,* n. subg. *-dridium, -dronium, Spongosphaeromma,* n. g. *Cenellipsis,* n. subg. *-psium, -psula,* n. g. *Axellipsis, Ellipsidium,* subg. n. *Ellipsoxiphatta, -philla,* n. g. *Axoprunum, Ellipsostylus,* n. subg. *-letta, -lissa,* n. g. *Lithapium, Pipettella, Druppula,* n subg. *-letta, -lissa,* n. g. *Druppocarpus,* n. subg. *-petta, -pissa,* n. g. *Prunulum,* n. subg. *-letta, -lissa,* n. g. *Prunocarpus,* n. subg. *-petta, -pilla,* n. g. *Cromyodruppa,* n. subg. *-pium, -pula.* n. g. *Cromyocarpus, Lithatractus,* n. subg. *-tara, -tylis, -tona, -tium,* n. g. *Druppatractus,* n. subg. *-tara, -tylis, -tona, -tium,* n. g. *Stylatractus,* n. subg. *-tara, -tylis, -tona, -tium,* n. g. *Xiphatractus,* subg. n. *-tara, -tylis, -tona, -tium,* n. g. *Cromyatractus,* subg. *-tium, Caryatractus,* n. g. *Pipetta, Pipettaria, Spongellipsis,* n. subg. *-sarium, -sidium, Spongurantha, -roma, -rella,* n. g. *Spongocore,* n. subg. *-rina, -risca,* n. g. *Spongoprunum Spongodruppa,* n. subg. *-pula, pium,* n. g. *Spongatractus, Spongoliva,* n. subg. *-vetta, -vino,* n. g. *Spongoxiphus,* n. subg. *Artiscium, -idium, Stylartella, -tura,* n. g. *Cyphantha,* n. subg. *-thella, -tissa,* n. g. *Cyphonium,* n. subg. *Ommatocystis,* n. g. *Cyparsis, Cyphocolpus,* n. subg. *Cyphinoma, -nura,* n. g. *Cyphinidium,* n. subg. *-doma, -dura,* n. g. *Cannartiscus, Cannartidium,* n. subg. *-della, -dissa,* n. g. *Panartus,* n. subg. *-tella, -tissa, -tura, -toma,* n. g. *Peripanartus* (*-tula, -tium*), n. g. *Panicium* (*-cidium, Panartidium*), n. g. *Peripanicium* (*-icea, -cula, Panarelium, -romium*), n. g. *Peripanarium,* n. subg. *Ommatocampium, -pula, -tocorona, -tacantha,* n. g. *Desmocampe, Desmartus, Zygocampe, Cenodiscus, Stylodiscus,* n. subg. *Stylentodiscus, Stylexodiscus,* n. g. *Theodiscus* (*-scoma, -scura*), n. g. *Crucidiscus,* n. subg. *Staurentodiscus, Staurexodiscus,* n. g. *Trochodiscus,* n. subg. *-culus, Pristodiscus, Sethodiscinus, -culus, Phacodiscinus, -culus, Sethostylium, Phacostylium, Astrostylus, Sethostaurium, Phacostaurium,* n. g. *Distriactis,* n. subg. *Heliosestantha, -tilla, -tomma, Astrosestantha, -tilla, -tomma, Heliodiscetta, -cilla, -comma, -cura, Astrophacetta, -cilla, -comma, -cura, Diplacturium, -tinium, Trigonacturium, -tinium, Hymenacturium, -tinium, Astracturium, -tinium, Stauracturium, -tinium,* n. g. *Echinactura, Archidiscus,* n. subg. *Dioniscus, Trioniscus, Tetroniscus, Pentoniscus, Hexoniscus, Circoniscus,* n. g. *Axodiscus,* n. subg. *Ommatodiscinus, -culus,* n. g. *Stomatodiscus,* n. subg. *Xiphodictyon, Xiphospira, Staurodictyon, -spira, Stylodictyon, -tula, -tospira, Stylochlamys, -myum, Amphibrachella, -chidium, -choma, -ura, Ommathymenium, Amphirrhopalium, -pella, -poma, Amphicraspedon, -pedina, -pedula, Dictyastrella, -omma, Rhopalastrella, -romma, Hymenastrella, -omma, Chitonastrella, -romma,* n. g. *Trigonastrum,* n. subg. *-trella, -tromma,* n. g. *Stauralastrum,* n. subg. *-strella, -stromma, Hagiastrella, -omma, Histriastrella, -omma,* n. g. *Tessarastrum,* n. subg. *-rella, -romma, Stephanastrella, -romma, Dicranaster, Tetracranastrum, Myelastrella, -romma, Pentalastrella, -omma,* n. g. *Pentophiastrum,* subg. n. *Pento-*

phiastromma, n. g. *Triolena, Triodiscus, Pylolena, Pylodiscus, Discogonium, Discopyle*, n. subg. *Spongodisculus, Spongotripodiscus, -podium, Stylotrochiscus*, n. g. *Spongolena*, n. g. *Rhopalodictya*, n. subg. *Dictyocorynula, -rynium, Spongasteriscinus, -sculus, Spongastrella, -omma*, n. g. *Cenolarcus, Larcarium, Coccolarcus, Larcidium, Spongolarcus, Stypolarcus, Larnacilla, Larnacidium, Larnacalpis, Larnacantha, Larnacoma, Larnacospongus, Larnacostupa, Monogonium*, n. subg. *-naris, -nitis*, n. g. *Dizonium* (*-naris, -nitis*), *Trizonium* (*-naris, -nitis*), n. subg. *Amphipylissa, -lura, Tetrapylissa, -lura, Octopylissa, -lura, Polyonissa, -nura*, n. g. *Pylozonium, Tholactus* (*-tella, -tissa*), *Tholodes, Amphitholus* (*-lissa, -lura*), *Amphitholonium, Tholostaurus* (*-rantha, -roma*), *Tholoma* (*-mantha, -mura*), *Staurotholus* (*-lissa, -lura*), *Staurotholonium* (*-lodes, -loma*), *Tholocubus* (*-bulus, -bitus*), *Tholonium* (*-netta, -nilla*), *Cubotholus* (*-lissa, -lura*), *Cubotholonium, Zonarium, Zoniscus, Zonidium*, n. subg. *Spiremarium, -midium, Lithospira*, n. g. *Larcospira* (*-rema, -ronium*), *Pylospira* (*-rema, -ronium*), *Tholospira* (*-rema, -ronium*), *Spironium* (*-netta, -nilla*), *Streblonia, Streblacantha, Streblopyle*, n. subg. *Phortopyle, -larcus, Stypophorticium, Spongophorticium, Soreumium, -midium*, n. g. *Sorolarcus* (*-cium, -cidium*), n. subg. *Actinelarium, -lidium, -lonium*, n. g. *Actinastrum*, n. subg. *Litholopharium, -phidium, -phonium*, n. g. *Chiastolus*, n. subg. *Acanthometrella, Zygacantharium, -thidium, -thonium, Acanthonarium, -nidium, -olithium, Astroloncharium, -chidium, Xiphacanthonia, -thidium, Stauracanthonium, -thidium*, n. g. *Pristacantha*, n. subg. *Acostaurus*, n. g. *Belonostaurus, Zygostaurus, Quadrilonche* (*-arium, -idium*), n. subg. *Lithopteranna, -rella, -romma, Amphiloncharium, -chidium, Amphilithium, Amphibelonium, -belithium*, n. g. *Astrocapsa, Porocapsa, Cannocapsa, Cenocapsa*, n. subg. *Phractasparium- -pidium, Pleurasparium, -pidium, Doratasparium, -pidium*, n. g. *Diporaspis* (*-parium, -pidium*), n. subg. *Orophasparium, -pidium, Ceriasparium, -pidium*, n. g. *Hystrichaspis* (*-parium, -pidium*), *Coscinaspis* (*-parium, -pidium*), n. subg. *Acontasparium, -pidium, Staurasparium, -pidium*, n. g. *Zonaspis, Dodecaspis*, n. subg. *Tessarasparium, -pidium, Lychnasparium, -pidium, Icosasparium, -pidium*, n. g. *Hylaspis*, n. subg. *Phractopeltaris, -tidium*, n. g. *Pantopelta, Octopelta*, n. subg. *Dorypeltarium, -tidium, -tonium*, n. g. *Dictyaspis*, n. subg. *Phatnosparium, -splenium, -spidium*, n. g. *Hexalaspis* (*-parium, -pidium*), *Hexaconus* (*-narium, -nidium*), *Hexonaspis* (*-parium, -pidium*), *Hexocalpus* (*-parium, -pidium*), n. subg. *Diploconulus, -conium*, n. g. *Diplocolpus* (*-pulus, -pium*), *Nassella, Plagoniscus, Polyplagia, Plectaniscus, Archicircus*, subg. n. *Monostephus, Archistephus*, n. g. *Cortina, Stephanium, Semantis, Semantrum, Semantidium, Cortiniscus, Stephaniscus, Semantiscus*, n. subg. *Hexacoronis, Stylocoronis, Tricircarium, -conium, Tricyclarium, -clonium, Apocubus, Dipocubus, Tripocubus, Tetracubus*, n. g. *Toxarium* (*-xellium, -xidium, -xonium*), *Octotympanum, Tympaniscus*, n. subg. *Tympanura, nomma*, n. g. *Dystympanium, Pseudocubus, Circotympanum*, n. subg. *Tripospyrantha, -rella, -rissa, -romma, Triospyrium, -ridium, Tristylospyrula, -rium*, n. g. *Hexaspyris* (*-ridium, Hexacorethra*), *Cantharospyris*, n. subg. *Petalospyrantha, -rella, -rissa, -romma, Gorgospyrium, Dictyospirantha, -rella, -rissa, -romma, Tholospyrium, -ridium*, n. g. *Androspyris*, n. subg. *Amphispyrium, -ridium*, n. g. *Sphaerospyris, Botryopera*, n. subg. *Tristylocorys, Tripodiscinus, -culus*, n. g. *Euscenium* (*-narium, -nidium*), n. subg. *Litharachnidium, -noma*, n. g. *Cystophormis, Carpocanistrum, Phaenocalpis, Phaenoscenium*, n. subg. *Cornutellium, Colpocapsa, Dictyophinium*, n. g. *Tripocystis, Spongomelissa*, subg. n. *Clathrocanidium, Eucecryphalium, Lychnocanella, -nissa, -noma*, n. g. *Sethamphora*, n. subg. *Sestropyramis, Actinopyramis, Hexapleuris, Enneapleuris, Polypleuris*, n. g. *Spongopyramis*, n. subg. *Acanthocorallium, -coronium, -corythium, Arachnocorallium, -coronium, -corythium*, n. g. *Anthocyrtoma*, n. subg. *Anthocyrtella, -tissa, -tura*, n. g. *Anthocyrtium* (*-tarium, -tonium, -turium*), subg. n. *Carpocanarium, -nidium, -nobium*, n. g. *Sethocyrtis*, subg. n. *Lophophaenula, -noma, Pterosyringium, -corythium*, n. g. *Corocalyptra*, n. subg. *Pterocanarium*,

-nidium, Dictyocodella, -codoma, Podocyrtarium, -tecium, -tidium, -tonium, Lithochytrodes, tridium, n. g. *Phormocyrtis*, n. subg. *Polyalacorys, Lamptidium, -tonium, Cyclampterium, -ptidium, Calocycletta, -clissa, -cloma, -clura, Clathrocyclia, -cloma, Lamprocyclia, -cloma,* n. g. *Hexalatractus, Theoconus* (*-corax, -cortis*), *Lophoconus, Theocyrtis* (*-corypha, -corusca*), n. g. *Lophocyrtis*, n. subg. *Tricolocampium, -camptra, Theocoronium, -corythium,* n. g. *Theocampe* (*-pana, -ptra*), n. subg. *Theocapsetta, -psilla, -psomma, -psura, Tricolocapsula, -psium,* n. g. *Phrenocodon,* n. g. *Stichopilidium,* n. g. *Pteropilium,* n. subg. *Stichoperina, -lagena, Stichophormium, -miscus,* n. g. *Phormocampe, Cystophormis* (*-mium, -miscus, Acanthocyrtis*), n. subg. *Stichophaenidium, -noma, Conostrobus, Cornustrobus, Cyrtostrobus, Botryostrobus, Dictyomitrella, -trissa, -troma,* n. g. *Artostrobus* (*bulus, -bium*), n. subg. *Lithomitrella, -trissa, Artocyrtis, Eusyringartus, -goma, Siphocampula, -pium, Lithocampula, -pium, Spirocyrtidium -toma, Cyrtocapsella, psoma,* n. g. *Cannobelos, Catinulus, Cannopilus, Aulactinium,* n. subg. *Aulographanta, -phella, -phidium, -phonium,* n. g. *Auloceros* (*-ceraea, -ceratium*), *Aulospathis* (*-thessa, thilla*), *Aulodendron, Orona, Orosphaera* (*Oronium, Orothamnus*), *Oroscena* (*-nium, -dendrum*), *Oroplegma* (*-mium, Orodictyum*), *Sagena, Sagosphaera, Sagoscena, Sagmarium, Sagmidium, Sagoplegma, Aularia,* n. subg. *Aulosphaerantha, -rella, -rissa, -romma,* n. g. *Auloscenia* (*-nium, nidium*), *Aulophacus, Aulatractus, Aulonia, Aulastrum,* n. subg. *Challengerantha, -retta, -rilla, -romma, Challengeronium, -rebium, -ridium, -rosium,* n. g. *Pharyngella, Cortinetta, Medusetta, Euphysetta,* n. subg. *Gazellarium, -idium, -onium, -usium,* n. g. *Gorgonetta, Polypetta, Circogonia, Circorrhegma,* n. subg. *Tuscarantha, -retta, -rilla,* n. g. *Tuscarusa, Tuscaridium, Conchasma, Conchellium, Conchonia, Colodoras,* n. subg. *Coelodendridium, -dronium,* n. g. *Coelodasea, Coelotholus, Coelographis, Coelospathis, Coelodeces, Coelostylus, Coeloplegma, Coelagalma.*

Classification des Flagellés. D'après le professeur O. Bütschli. in: Journ. de Microgr. T. 11. No. 7. Juin, p. 246—249.

Roboz, Soltán, Beiträge zur Kenntnis der Gregarinen. Ausz. in: Math. u. naturw. Berichte aus Ungarn, 4. Bd. p. 146—147.

Fabre-Domergue, .., Reticular Structure of Protoplasm of Infusoria. Abstr. in: Journ. R. Microsc. Soc. London, 1887. P. 3. p. 414.
(Compt. rend. Ac. Sc. Paris.) — s. Z. A. No. 253. p. 283.

Maupas, E., Multiplication of ciliated Infusoria. Abstr. in: Journ. R. Microsc. Soc. London, 1887. P. 3. p. 414—415.
(Compt. rend. Ac. Sc. Paris.) — s. Z. A. No. 253. p. 283.

Kirk, T. W., [4] New Infusoria from New Zealand. in: Ann. of Nat. Hist. (5.) Vol. 19. June, p. 439—441.

Stokes, A. C., New Fresh-water Infusoria. Abstr. in: Journ. R. Microsc. Soc. London, 1887. P. 3. p. 417—418.
(Proc. Amer. Philos. Soc.) — s. Z. A. No. 253. p. 283.

—— New Hypotrichous Infusoria. Abstr. in: Journ. R. Microsc. Soc. London, 1887. P. 3. p. 418—419.
(Proc. Amer. Philos. Soc.) — s. Z. A. No. 224. p. 333.

Braun, M., Über eine neue Gattung parasitischer Infusorien [*Ascobium*]. in: Centralbl. f. Bacteriol. u. Parasit. 1. Jahrg. p. 204—205. — Abstr. in: Journ. R. Microsc. Soc. London, 1887. P. 3. p. 419.

Hübner, E., *Euglenaceen*-Flora von Stralsund. Mit 1 Taf. (20 p.) in: Progr. d. Realgymn. Stralsund, Ostern, 1886. 4⁰.
(4 n. sp.)

Maupas, E., *Leucophrys patula*. Abstr. in: Journ. R. Microsc. Soc. London, 1887. P. 3. p. 419.
(Compt. rend. Ac. Sc. Paris.) — s. Z. A. No. 253. p. 304.

11. Spongiae.

Carter, H. J., Position of the Ampullaceous Sac and Function of the Water-canal-system in Spongida. in: Journ. R. Microsc. Soc. London, 1887. P. 3. p. 413.
(Ann. of Nat. Hist.) — s. Z. A. No. 253. p. 305.

Lendenfeld, R. von, Synocils, Sensory Organs of Sponges. Abstr. in: Journ. R. Microsc. Soc. London, 1887. P. 3. p. 412—413.
(Zool. Anz. No. 246. p. 142—145.)

Wierzejski, A., Observations on Fresh-water Sponges. Abstr. in: Journ. R. Microsc. Soc. London, 1887. P. 3. p. 414.
(Zool. Anz. No. 245. p. 122—126.)

Zahálka, Č., Beitrag zur Kenntnis der *Phymatellen* der böhmischen Kreideformation. Mit 1 Taf. in: Bull. Acad. Imp. Sc. St. Pétersb. T. 31. No. 4. p. 464—473.

12. Coelenterata.

Heider, K. von, Coral-Studies. Abstr. in: Journ. R. Microsc. Soc. London, 1887. P. 3. p. 411.
(Zeitschr. f. wiss. Zool.) — s. Z. A. No. 243. p. 50.

Bourne, G. C., Anatomy of *Fungia*. Abstr. in: Journ. R. Microsc. Soc. London, 1887. P. 3. p. 411—412.
(Quart. Journ. Microsc. Sc.) — s. Z. A. No. 253. p. 307.

Haddon, A. C., On the arrangement of the Mesenteries in the parasitic larva of *Halcampa chrysanthellum* (Peach). With 1 pl. in: Proc. R. Soc. Dublin, Vol. 5. 1887. p. 473—481. — Abstr. in: Journ. R. Microsc. Soc. London, 1887. P. 3. p. 412.

Nußbaum, M., Natural History of *Hydra*. Abstr. in: Journ. R. Microsc. Soc. London, 1887. P. 3. p. 408—409.
(Arch. f. mikrosk. Anat.) — s. Z. A. No. 253. p. 307.

Gibson, R. J. Harvey, Nematocysts of *Hydra fusca*. With 1 pl. in: Proc. Lit. and Philos. Soc. Liverpool, Vol. 39. (1885.) p. 29—38. — Abstr. in: Journ. R. Microsc. Soc. London, 1887. P. 3. p. 409—410.

Fewkes, Walt. J., New Rhizostomatous Medusa [*Nectopilema*]. Abstr. in: Journ. R. Microsc. Soc. London, 1887. P. 3. p. 410.
(Amer. Journ. Sc.) — s. Z. A. No. 253. p. 307.

13. Echinodermata.

Perrier, E., So-called Heart of Echinoderms. Abstr. in: Journ. R. Microsc. Soc. London, 1887. P. 3. p. 406.
(Compt. rend. Ac. Sc. Paris.) — s. Z. A. No. 253. p. 308.

Barrois, J., Homologies of Larvae of *Comatulidae*. Abstr. in: Journ. R. Microsc. Soc. London. 1887. P. 3. p. 408.
(Compt. rend. Ac. Sc. Paris.) — s. Z. A. No. 243. p. 52.

Preyer, W., Movements of Star-fishes. Abstr. in: Journ. R. Microsc. Soc. London, 1887. P. 3. p. 406—408.
(Mittheil. Zool. Stat. Neapel.) — s. Z. A. No. 243. p. 52.

Meneghini, G., *Goniodiscus Ferrazzii* Mgh.: nuova Stelleride terziaria del Vicentino. in: Atti Soc. Tosc. Sc. Nat. Pisa, Mem. Vol. 8.

Cotteau, G., Sur les genres éocènes de la famille des *Brissides* (Echinides irreguliers). in: Compt. rend. Ac. Sc. Paris, T. 104. No. 22. p. 1532—1534.

Barrois, J., Singular Parasite on Firola. Abstr. in: Journ. R. Microsc. Soc. London, 1887. P. 3. p. 373.
(Journ. de l'Anat.) — s. Z. A. No. 253. p. 309.

14. Vermes. (Fortsetzung.)

Pagenstecher, A., Würmer: Vermes. (Bronn's Klassen und Ordnungen, 4. Bd.) 1. Lief. Leipzig & Heidelberg, C. F. Winter'sche Verlagshandl., 1887. 8⁰. ℳ 1,50.

Rohon, J. V., and K. A. von Zittel, Conodonts. Abstr. in: Journ. R. Microsc. Soc. London, 1887. P. 3. p. 400.
(Sitzgsber. Bayr. Akad. Wiss.)

Hallez, Paul, Sur la fonction de l'organe énigmatique et de l'utérus des Dendrocoeles d'eau douce. in: Compt. rend. Ac. Sc. Paris, T. 104. No. 22. p. 1529—1532.

Hubrecht, A. A. W., Report on the *Nemertea* collected by H. M. S. Challenger during the years 1873—1876. With 16 pl. in: Rep. Scient. Results Challenger, Zool. Vol. 19. No. I. (P. LIV.) (152 p.)
(12 n. sp.; n. g. *Carinina*, *Eupolia*.)

Saint-Loup, R., Anatomy of Schizonemertini. Abstr. in: Journ. R. Microsc. Soc. London, 1887. P. 3. p. 404—405.
(Compt. rend. Ac. Sc. Paris.) — s. Z. A. No. 253. p. 310.

Hallez, P., Embryology of Nematodes. Abstr. in: Journ. R. Microsc. Soc. London, 1887. P. 3. p. 400—401.
(Compt. rend. Ac. Sc. Paris.) — s. Z. A. No. 253. p. 310.

Jourdan, Et., Muscular Fibres of Polychaeta. Abstr. in: Journ. R. Microsc. Soc. London, 1887. P. 3. p. 396.
(Compt. rend. Ac. Sc. Paris.) — s. Z. A. No. 253. p. 310.

Haswell, W. A., Australian Polychaeta. Abstr. in: Journ. R. Microsc. Soc. London, 1887. P. 3. p. 399—400.
(Proc. Linn. Soc. N. S. Wales.) — s. Z. A. No. 235. p. 609.

Viguier, C., Pelagic Annelids of the Gulf of Algiers. Abstr. in: Journ. R. Microsc. Soc. London, 1887. P. 3. p. 398—399.
(Arch. Zool. Expérim.) — s. Z. A. No. 242. p. 31.

Laboulbène, Alex., Sur l'état larvaire des Helminthes nématodes parasites du genre *Ascaride*. in: Compt. rend. Ac. Sc. Paris, T. 104. No. 23. p. 1593—1595.
(Développement directe sans hôte intermédiaire.)

Zacharias, O., Über die feineren Vorgänge bei der Befruchtung des Eies von *Ascaris megalocephala*. in: Zool. Anz. 10. Jahrg. No. 247. p. 164—166.

Hallez, Paul, Anatomie de l'*Atractis dactylura* (Duj.) Avec 1 pl. Paris, Doin, 1887. 8⁰. (20 p.) — Extr. des Mém. Soc. Sc. Lille. (4.) T. 15.

Leuckart, R., New Nematoid [*Asconema*]. Abstr. in: Journ. R. Microsc. Soc. 1887. P. 2. p. 241—242.
(Zool. Anz. No. 240. p. 744—746.)

Atractonema gibbosum [*Asconema* antea]. v. etiam supra: Nematodes, R. Leuckart.

Haldeman, G. B., Notes on *Tornaria* and *Balanoglossus*. in: Johns Hopkins Univ. Circ. Vol. 6. No. 54. p. 44—45. — Abstr. in: Journ. R. Microsc. Soc. London, 1887. P. 2. p. 245.

Chatin, Joann., Sur l'anatomie de la *Bilharzie*. in: Compt. rend. Ac. Sc. Paris, T. 104. No. 9. p. 595—597. — Abstr. in: Journ. R. Microsc. Soc. London, 1887. P. 3. p. 403.

—— De l'appareil excréteur et des organes génitaux chez la *Bilharzie*. in: Compt. rend. Ac. Sc. Paris, T. 104. No. 14. p. 1003—1006. — Abstr. in: Journ. R. Microsc. Soc. London, 1887. P. 3. 403—404.

Schulze, F. E., Über lebende *Bipalium*. in: Sitzgsber. Ges. Nat. Fr. Berlin, 1886. No. 10. p. 159—160.

Beobachtungen, neuere, über *Bothriocephalus latus*. Ausz. in: Humboldt (Damm), 1887. 1. Hft. p. 22.

Braun, Max, Über den Zwischenwirth des breiten Bandwurms. in: Sitzgsber. Naturf.-Ges. Dorpat, 8. Bd. 1. Hft. p. 86—87.

—— Weitere Untersuchungen über den breiten Bandwurm. in: Humboldt, 6. Jahrg. 3. Hft. p. 102—104.

Leuckart, Rud., Zur *Bothriocephalus*-Frage. in: Centralbl. f. Bacteriol. 1. Bd. No. 1. p. 1—6. No. 2. p. 33—40.

Parona, Ern., Intorno la genesi del *Bothriocephalus latus* (Bremser) e la sua frequenza in Lombardia. Con 1 tav. Torino, 1887. 8⁰. — Estr. dall'Archivio per le Sc. Mediche, Vol. 11. No. 3. p. 41—95.

Zschokke, Fritz, Der *Bothriocephalus latus* in Genf. in: Zeitschr. f. Bacteriol. u. Parasitenkde., 1. Jahrg. 1. Bd. No. 13. p. 377—380. No. 14. p. 409—415.

Voigt, W., Anatomy and Histology of *Branchiobdella varians*. Abstr. in: Journ. R. Microsc. Soc. London, 1887. P. 2. p. 240—241.
(Arb. Zool. Inst. Würzburg.) — s. Z. A. No. 225. p. 359.

Stokes, Alfr. C., Observations sur les *Chaetonotus*. Avec 1 pl. in: Journ. de Microgr. T. 11. Févr. p. 77—85. Avr. p. 150—153.

Joyeux-Laffuie, J., Sur l'organisation des *Chlorémiens*. in: Compt. rend. Ac. Sc. Paris, T. 104. No. 20. p. 1377—1379.

Weltner, . ., *Clepsine tesselata* O. Fr. Müll. aus dem Tegelsee bei Berlin. in: Sitzgsber. Ges. Nat. Fr. 1887. No. 5. p. 85.

Benham, Will. Blaxland, Studies on Earthworms. No. III. *Criodrilus lacuum* Hoffmstr. With 1 pl. in: Quart. Journ. Microsc. Sc. Vol. 27. P. 4. p. 561—572.
(s. Z. A. No. 225. p. 360. No. 236. p. 621.)

Örley, L., Morphological and Biological Observations on *Criodrilus lacuum*, Hoffm. With figg. in: Quart. Journ. Microsc. Sc. Vol. 27. P. 4. p. 551—560.

Rosa, Dan., Sul *Criodrilus lacuum*. Studio zoologico ed anatomico. Con 1 tav. Torino, Erm. Loescher, 1887. 4⁰. (16 p.) Estr. dalle Mem. R. Accad. Torino, Cl. Fis. Nat. (2.) T. 38.

Scharff, Rob., On *Ctenodrilus parvulus*, nov. sp. With 1 pl. in: Quart. Journ. Microsc. Sc. Vol. 27. P. 4. p. 591—604.

Bousfield, E. C., Annelids of the genus *Dero*. Abstr. in: Journ. R. Microsc. Soc. London, 1887. P. 1. p. 90—91.
(Report Brit. Assoc.) — s. Z. A. No. 235. p. 610.

Ijima, Isao, Notes on *Distoma endemicum*, Baelz. With 1 pl. in: Journ. Coll. Sc. Imp. Univ. Japan, Vol. 1. P. 1. p. 47—59.

Bell, F. Jeffrey, Description of a new Species of *Distomum* [*halosauri*]. in: Ann. of Nat. Hist. (5.) Vol. 19. Febr. p. 116—117.

Moniez, R., *Distomum ingens*. Abstr. in: Journ. R. Microsc. Soc. London, 1887 P. 2. p. 242—243.
(Bull. Soc. Zool. France.) — s. Z. A. No. 235 p. 610.

Koehler, R., Recherches sur la structure et le développement des kystes de l'*Echinorhynchus angustatus* et de l'*E. proteus*. in: Compt. rend. Ac. Sc. Paris, T. 104. No. 710—712. — Abstr. in: Journ. R. Microsc. Soc. London, 1887. P. 3. p. 402.

—— Recherches sur les fibres musculaires de l'*Echinorhynchus gigas* et de l'*E. heruca*. ibid. No. 17. p. 1192—1194.

—— Sur la morphologie des fibres musculaires chez les *Echinorhynques*. ibid. No. 23. p. 1634—1636.

Michaelsen, W., Über Chylusgefäßsysteme bei *Enchytraeiden*. Mit 1 Taf. in: Arch. f. mikrosk. Anat. 28. Bd. 3. Hft. p. 293—304. — Abstr. in: Journ. R. Microsc. Soc. London, 1887. P. 1. p. 92.
(*Buchholzia* n. g. für *Enchytr. appendiculatus* Buchh.)

Drago, U., Un parassita della Telphusa fluviatilis, l'*Epitelphusa catanensis*, nuovo genere d'Oligochete. in: Bull. Soc. Entomol. Ital. Ann. 19. Trim. 1./2. p. 81—83.

Lang, A., *Gastroblasta Raffaelei*. Abstr. in: Journ. R. Microsc. Soc. London, 1887. P. 1. p. 97—98.
(Jena. Zeitschr. f. Nat.) — s. Z. A. No. 235. p. 605.

Camerano, Lor., Ricerche intorno alle specie italiane del genere *Gordius*. Con 1 tav. in: Atti R. Accad. Sc. Torino, Vol. 22. Disp. 2. p. 145—175. — Riassunto. in: Boll. Mus. Zool. Anat. comp. Torino, Vol. 2. No. 20. (4 p.)
(9 n. sp. [4 n. sp.])

—— Osservazioni sui caratteri diagnostici dei *Gordius* e sopra alcune specie di *Gordius* d'Europa. in: Boll. Mus. Zool. Anat. Comp. Torino, Vol. 2. No. 24. (10 p.)

II. Wissenschaftliche Mittheilungen.

1. Errata in my paper on the Systematic Position and Classification of Sponges[1].

By R. v. Lendenfeld.

eingeg. 22. Mai 1887.

In this paper there occur, besides ordinary printer's errors a few mistakes, which would, if left uncorrected, create some confusion. I therefore enumerate the three most important ones of these, here:

1) In the definitions of the group Spongiae and in other places the term »branching canalsystem« has been used. This is a wrong rendering of the term »durchgehendes Canalsystem« in my manuscript.

2) The hexact spicule-term »*Pinnulus*« which appears in that paper is wrong. It should he »*Pinulus*« (from *Pinus*).

3) »*Monaxonida*« on p. 583, l. 16 should be »*Monaxonia*« which is different from the *Monaxonida* in the sense of Sollas, Dendy and other authors.

The editor or the gentleman to whom the reading of the proofs of my paper was entrusted made alterations in it, some of which I did not approve of. These were however persisted in, although I protested repeatedly against these alterations in consecutive proofs. I must therefore disclaim any responsibility for those parts of my paper.

It was no doubt a difficult task for the editor to read the proofs of

[1] Proceedings of the Zoological Society of London for 1886. part 4.

the lengthy literature-list and to adapt my paper to the taste of the Zoological Society. As he has done that work carefully and conscientiously it is with regret that I feel myself forced to own that some of his alterations, amongst others particularly the perversions mentioned under 1 and 2, were somewhat unfortunate.

In the paper »Der gegenwärtige Stand unserer Kenntnis der Spongien[2]« which was written at the time when I was correcting the first proofs of my paper read before the Zoological Society and in which an abstract of the english paper is contained, none of these mistakes occur.

As this paper in the Zoologische Jahrbücher is a more true reproduction of my Manuscript, than the paper in the Proceedings of the Zoological Society, I would beg the reader who may find discrepancies between the two, to accept the former as the correct expression of my views.

London, May 19th, 1887.

2. Zur Kenntnis der Gattung Halobates.

Von Dr. Emanuel Witlaczil in Wien.

eingeg. 23. Mai 1887.

Von dem von »Vettor Pisani« auf seiner Erdumsegelung in den Jahren 1882—1885 gesammelten zoologischen Materiale wurde mir das von *Halobates* Vorhandene zur Untersuchung überlassen. Ich habe zunächst eine Bestimmung desselben vorgenommen, deren Resultat ich im Verein mit lebensgeschichtlichen Notizen an anderer Stelle[1] schon bekannt gemacht habe. Zum Vergleich konnte ich das seiner Zeit von der österreichischen Fregatte »Novara« und auch das von Schmarda bei seiner Reise um die Erde gesammelte Material heranziehen. Es stellte sich heraus, daß die vom »Pisani« gesammelten Thiere nur vier Arten angehören, wovon zwei die schon bekannten *Halobates Wüllerstorffi* Frfld. und *Halobates sericeus* Esch. sind, während zwei, nämlich *Halobates splendens* und *Halobates incanus*, als neu von mir an dem erwähnten Orte beschrieben wurden.

Marineofficier G. Chierchia, der Sammler an Bord des »Pisani«, hat die Thiere in Ätzsublimat conservirt, um sie für die Schnittmethode tauglich zu erhalten. Sie haben sich thatsächlich auch gar nicht schlecht gefärbt, nachdem dieselben angeschnitten worden waren. Es wurden also Schnittpraeparate der vier vorhandenen Arten nach der Neapler Methode mit einem Jung'schen Microtom im zoologischen

[2] Zoologische Jahrbücher. Bd. II.

[1] Die Ausbeute des »Pisani« an *Halobates* während der Erdumsegelung 1882—1885. Wien. Entomol. Zeit. V. 5. u. 6. Hft. 1886.

Institute der Wiener Universität angefertigt. Leider wiesen dieselben zahlreiche Bläschen auf. Sie genügten aber vollständig, um festzustellen, daß die Anatomie dieser Thiere jener der übrigen Hemipteren gleicht. Ich halte es daher nicht für nothwendig, eine ausführliche Beschreibung mit Abbildungen zu geben, welche nichts wesentlich Neues bieten könnten. Erscheint es doch für die Wissenschaft kaum sehr förderlich, wenn die Anatomie sich in allzu eingehende Detailbesprechung verliert, wobei großentheils schon Bekannntes wieder behandelt wird, da ja nicht die genaueste Einzelkenntnis sondern Zusammenfassung zu allgemeineren Thatsachen und Gesetzen das Ziel der Wissenschaft ist.

Das Nervensystem ist äußerlich und innerlich so gebaut, wie es sonst für die Hemipteren bekannt ist und wie ich es auch in meinen Arbeiten zur Anatomie der Phytophthires beschrieben habe. Das Gehirn ist ziemlich entwickelt, das Unterschlundganglion nur durch eine Einbuchtung von dem aus vier Ganglien verschmolzenen Bauchmark gesondert. — Die Musculatur ist im Meso- und Metathorax zur Bewegung der langen zwei hinteren Beinpaare stark entwickelt. Das zweite Beinpaar tritt durch Größe besonders hervor; es erscheint auch weit nach hinten gerückt, so daß die Ansatzstelle desselben knapp unter der des dritten Paares liegt. Doch verläuft die Musculatur zur Bewegung dieser Beine, welche Schuld trägt an der überwiegenden Entwicklung des Thorax, nur in den seitlichen Partien desselben; sie ist der Länge nach angeordnet und sammelt sich für jedes Bein in einer Sehne, die in den Trochanter läuft. Der mittlere Theil des ganzen Thorax erscheint angefüllt von einem Theil der Organsysteme, welche in der Regel im Abdomen lagern, nämlich dem Darm und besonders bei den Weibchen auch von den Geschlechtsorganen. Selbstverständlich liegen vorn im Prothorax auch das Bauchmark und die Speicheldrüsen, welche theilweise bis in den Mesothorax reichen.

Die Saugvorrichtung ist ganz ähnlich derjenigen, welche ich für die Phytophthires beschrieben habe. Zahlreiche Muskeln verlaufen vorn von der Wand des Vorderkopfes zum Schlund, durch dessen Ausdehnung sie offenbar das Saugen bewirken. Unter dem Schlund liegt die schon von P. Mayer[2] beschriebene Wanzenspritze, welche ganz vorn auf der Unterseite in denselben mündet. Hier mag es am Platze sein, das Erstaunen darüber auszudrücken, daß in einer Arbeit von List[3], welche auf fast hundert Seiten in sehr detaillirter Weise die Anatomie eines Coccidenweibchens bespricht, bezüglich des Saugens

[2] Zur Anatomie von *Pyrrhocoris apterus*. Arch. f. Anat. u. Physiol. 1874.

[3] *Orthezia cataphracta* Shaw, eine Monographie. Zeitschr. f. wiss. Zool. 45. 1886.

auf die Arbeit von Mark zurückgegriffen wird, während meine berichtigenden Arbeiten[4] mit keiner Silbe erwähnt werden. — Die Speicheldrüsen bilden auf jeder Seite der Speiseröhre eine kugelige Masse, welche aus mehreren lockeren Lappen zu bestehen scheint. Das Vorderstück des Mitteldarmes ist ungemein aufgetrieben und dickwandig, obwohl die Darmwand nur aus einer Zellschicht besteht. Dieses Stück, in welches vorn der Oesophagus mündet, durchläuft den ganzen Thorax. Auf Querschnitten erkennt man, daß dasselbe in der Mittellinie vom Rücken bis zum Bauche den ganzen Thorax ausfüllt und in Folge dessen mehr hoch als breit erscheint.

Die Geschlechtsorgane zeichnen sich bei den Weibchen durch ziemlich voluminöse Anhangsdrüsen aus. Das von mir bei den Psyllidenmännchen[5] entdeckte eigenthümliche Organ konnte ich hier nicht finden. Äußere Geschlechtsanhänge sind vorhanden; sie sind aber ziemlich unscheinbar. Die Ausbildung dieser Organe scheint bei den Larven in einer Höhle hinten im Abdomen zu geschehen, ganz ähnlich, wie ich dies in der eben citirten Arbeit für die Psylliden beschrieben habe. Auf Schnitten durch reifere Larven kann man dies erkennen. — Die Bildung der Eier und Samenfäden scheint auch so vor sich zu gehen, wie dies sonst für die Insecten bekannt ist und wie ich es auch für die Phytophthires beschrieben habe. Wenigstens stimmen die Bilder, welche die in Entwicklung begriffenen Eiröhren und Hodenschläuche (deren Zahl gering ist) geben, mit den entsprechenden Bildern bei den Psylliden und anderen Phytophthires fast genau überein.

Es muß hier wieder darauf hingewiesen werden, daß weder List noch die anderen Forscher, welche in allerneuester Zeit die Eibildung studiren, auf meine diesbezüglichen Mittheilungen Rücksicht zu nehmen für nothwendig erachtet haben. Freilich stimmen meine verhältnismäßig recht einfachen Beobachtungen mit ihren merkwürdigen Erfahrungen schlecht überein. Ihre so verschiedenen Resultate erklären sich wohl zum Theil durch die Schwierigkeit dieser Untersuchungen sowie dadurch, daß das frische Material sehr schnell während der Untersuchung einer destructiven Veränderung unterliegt. Gerade darum sollte man die Entwicklung der Eiröhren in den Embryonen und Larven, wie ich dies versucht habe, zur Beobachtung heranziehen. — Vom »Pisani« ist auch auf der See eine Vogelfeder gefischt worden, welche ganz mit Eiern bedeckt war, von denen sich herausstellte, daß sie *Halobates* angehören. Leider waren dieselben

---

[4] Zur Anatomie der Aphiden. Arbeit. a. d. zool. Instit. d. Univers. Wien, IV. 1882; und »Der Saugapparat der Phytophthires«. Zool. Anz. IX. 1886.

[5] Die Anatomie der Psylliden. Zeitschr. f. wiss. Zool. 42. 1885.

aber schon auf den letzten Entwicklungsstadien angelangt, so daß sie zu einer Untersuchung der Entwicklung dieser Thiere nicht verwendet werden konnten. Das Wichtigste über die äußeren morphologischen Verhältnisse der Embryonen sowie der Larven wurde von mir schon in der früher erwähnten kleinen Arbeit mitgetheilt.

Nach dem Auseinandergesetzten ist die besonders von Buchanan White[6] ausgesprochene Ansicht, daß wir es in der Gattung *Halobates*, welche pelagisch oft Hunderte von Meilen vom Festlande entfernt lebt, möglicherweise mit einer uralten Form zu thun haben, kaum haltbar, da diese Form in ihrem inneren Baue sehr gut mit den anderen Hemipteren übereinstimmt, die nicht als Stammformen betrachtet werden dürfen, sondern allem Anscheine nach einen durch Anpassung stark veränderten Typus darstellen. Als Urform müßte sich *Halobates* durch einfache Verhältnisse auszeichnen, was durchaus nicht zutrifft. *Halobates* ist daher bloß als eine Form der Hemipteren zu betrachten, welche der Lebensweise im Wasser besonders gut angepaßt ist. Die Flügel sind verloren gegangen und die Entwicklung der kräftigen zur Bewegung der zwei langen hinteren Beinpaare dienenden Musculatur hat die vorherrschende Ausbildung des Thorax zur Folge gehabt. Bezüglich dieser Dinge, namentlich in Bezug auf die Form, worüber etwa die Holzschnitte der von mir beschriebenen zwei neuen Arten anzusehen wären, findet man übrigens bei anderen tropischen im Wasser lebenden Wanzenarten mannigfaltige Übergangsformen. Man kann sich davon in jedem größeren Museum überzeugen.

3. Die pelagische und Tiefsee-Fauna der größeren finnischen Seen.

Von Dr. Osc. Nordqvist, Helsingfors.

eingeg. 25. Mai 1887.

Nachdem ich in den Sommern 1883, 1885 und 1886, und im vergangenen Winter die Crustaceen-Fauna Finnlands studirt habe, will ich hier eine kurze Übersicht der gewonnenen Resultate, in so weit dieselben sich auf die pelagische und Tiefsee-Fauna der größeren Seen beziehen, liefern, da die in schwedischer Sprache von mir früher darüber geschriebenen Abhandlungen[1] für den größten Theil des wissenschaftlichen Publicums nicht leicht zugänglich sind. Die Zahl der

---

[6] Report on the pelagic *Hemiptera* procured during the Voyage of H. M. S. Challenger, in the years 1873—1876. Zool. Ser. of Challenger Reports, XIX. 1883.

[1] Osc. Nordqvist, Om förekomsten af Ishafscrustacéer uti mellersta Finlands sjöar (Meddel. af Soc. pro Fauna et Flora fennica, 11. 1884). — Bidrag till kännedomen om crustacéfaunan i några af mellersta Finlands sjöar (Acta Soc. pro Fauna et Flora fenn., T. III. No. 2. 1886). — Bidrag till kännedomen om Ladoga sjös crustacéfauna (Meddel. af Soc. pro Fauna et Flora fennica, 14. 1887).

untersuchten Seen ist 19. Von diesen Seen haben die kleinsten einen Flächeninhalt von einigen Quadratkilometern. Von denselben sind zwei, der Ladoga- und der Lojosee, im südöstlichen und südlichen Finnland gelegen, vier, nämlich Päijänne, Kallavesi, Maaningajärvi und Pielisjärvi, im mittleren Finnland; alle übrigen liegen im nördlichen Finnland und in dem angrenzenden Theile Rußlands, zwischen dem nördlichen Ende des Bottnischen Meerbusens und dem Weißen Meere. Diese sind: Kostonjärvi, Oijusluoma, Kuusamojärvi, Muojärvi, Rukajärvi, Pyhäjärvi (in Kuusamo), Yli-Kitkajärvi, Kiitämä, Suininki, Tavajärvi und Pääjärvi[2].

In der pelagischen Region dieser Seen habe ich folgende Formen gefunden:

Acarina:	*Hydrachnidarum* sp.
Copepoda:	*Diaptomus gracilis* G. O. S.,
	Diaptomus laticeps G. O. S.,
	Temorella intermedia Nordqv.,
	Heterocope appendiculata G. O. S.,
	Heterocope saliens Lilljeb.,
	Limnocalanus macrurus G. O. S.,
	Cyclops mehrere zum größten Theil noch nicht untersuchte Arten.
Ostracoda:	*Cypris ovum* Jurine.
Cladocera:	*Sida crystallina* (O. F. M.),
	Limnosida frontosa G. O. S.,
	Daphnella brachyura Lièvin,
	Holopedium gibberum Zaddach,
	Daphnia galeata G. O. S.,
	Daphnia cucullata G. O. S.,
	Daphnia cristata G. O. S.,
	Daphnia cristata v. *Cederströmii* Schödl.,
	Bosmina longirostris (O. F. M.) P. E. M.,
	Bosmina cornuta (Jurine) P. E. M.,
	Bosmina brevirostris P. E. M.,
	Bosmina nitida G. O. S.,
	Bosmina longispina Leydig,
	Bosmina longispina v. *ladogensis* Nordqv.,
	Bosmina Kessleri Nordqv. (= *longicornis* Kessler),
	Bosmina Lilljeborgii G. O. S.,
	Bosmina recticornis Nordqv.,
	Polyphemus pediculus (De Geer),

[2] Außerdem habe ich in 21 anderen Seen nach pelagischen und Tiefsee-Thieren gefischt. Diese Sammlungen sind aber noch nicht untersucht.

	Bythotrephes longimanus Leydig,
	Leptodora hyalina Lilljeborg.
Rotatoria:	*Anuraea cochlearis* Gosse,
	Anuraea longispina Kell.,
	Asplanchna sp.,
	Conochilus volvox Ehr. (?).
Protozoa:	*Ceratium furca* Ehr.,
	Dinobryon 2 Species,
	Acineta sp.,
	Vorticella sp.

Aus diesem Verzeichnis erhellt schon erstens, daß die finnischen Seen eine große Anzahl mit den übrigen europäischen Seen gemeinsamer Formen enthalten und zweitens, daß jene Seen sich am nächsten an diejenigen von Schweden und Norwegen anschließen, so daß auch in dieser Beziehung Finnland mit dem übrigen Scandinavien ein naturhistorisches Gebiet darstellt.

Dieses wird noch deutlicher hervortreten, wenn die in den finnischen Seen lebenden Tiefsee-Crustaceen angeführt werden. Sie sind:

Schizopoda:	*Mysis oculata* v. *relicta* Lovén.
Amphipoda:	*Pallasea cancelloides* v. *quadrispinosa* (Esmark) G. O. S.,
	Gammaracanthus loricatus v. *lacustris* G. O. S.,
	Pontoporeia affinis Lindström.
Ostracoda:	*Candona candida* (O. F. M.).
Cladocera:	*Latona setifera* (O. F. M.),
	Ilyocryptus acutifrons G. O. S.,
	Eurycercus lamellatus (O. F. M.),
	Alona oblonga P. E. M.?,
	Alona sp.

Von diesen sind die vier ersten die von Lovén in einigen schwedischen und von Malmgren in einigen finnischen Seen entdeckten Relictenformen, welche als Süßwasserbewohner in Europa nur in den größeren Seen Scandinaviens, Finnlands und in dem nächstliegenden Theile des nördlichen Rußlands vorkommen.

Der genannte Theil Europas ist auch auf Grund anderer, sowohl zoologischer wie auch botanischer Forschungen als ein einheitliches naturhistorisches Gebiet aufgefaßt worden. Dieses Gebiet werden wir hier als Scandinavien bezeichnen.

Die Crustaceen, welche am schärfsten Scandinaviens pelagische und Tiefsee-Fauna von derjenigen des übrigen Europa unterscheiden, sind: *Mysis oculata* v. *relicta*, *Pallasea cancelloides* v. *quadrispinosa*, *Gammaracanthus loricatus* v. *lacustris*, *Pontoporeia affinis*, (*Idothea entomon* bis jetzt nur aus Wettern und dem Onegasee mit Sicherheit bekannt), *Limnocalanus macrurus* und *Heterocope appendiculata.* Die anderen Formen, welche nur aus Scandinavien bekannt sind und von welchen besonders viele *Bosmina-* und *Cyclops*-Species hervorzuheben wären, zähle ich absichtlich nicht auf, da sie noch nicht genügend untersucht sind.

Da es zu weit führen würde, alle die von mir untersuchten Seen hier zu characterisiren, so will ich nur drei auf verschiedener Meereshöhe gelegene große Seen als Beispiele anführen, um dadurch den Einfluß der Meereshöhe auf die Zusammensetzung der pelagischen und Tiefsee-Fauna anzudeuten. Ich wähle dazu Ladoga, Kallavesi und Yli-Kitkajärvi.

Ladoga. Flächeninhalt 18120 km. Meereshöhe 5,0 m[3]. Größte Tiefe 223 m. Die Untersuchung ist vom 15. bis zum 30. Juni 1885 ausgeführt, wobei folgende pelagische Species gefunden wurden:

Copepoda:	*Diaptomus gracilis,*
	Temorella intermedia,
	Limnocalanus macrurus,
	Heterocope appendiculata,
	Cyclops sp.
Cladocera:	*Sida crystallina,*
	Daphnella brachyura,
	Holopedium gibberum,
	Daphnia cristata,
	Bosmina brevirostris,
	Bosmina longispina v. *ladogensis,*
	Bosmina recticornis,
	Bythotrephes longimanus,
	Leptodora hyalina.
Rotatoria:	*Asplanchna* sp.
Protozoa:	*Acineta* sp. (auf *Limnocalanus*).

Von allen Thieren kamen am häufigsten und am regelmäßigsten vor im offenen Ladoga *Diaptomus gracilis* und demnächst, aber doch in bedeutend kleinerer Zahl, *Limnocalanus macrurus.* Außerdem habe ich einige Male im offenen See *Bosmina longispina* v. *ladogensis, B. recticornis, Leptodora hyalina, Bythotrephes longimanus, Daphnia cristata, Holopedium gibberum* und *Cyclops* sp., welche zu Ladogas eupelagischer (Pavesi) Fauna gezählt werden müssen, gefunden. Daß alle Cladoceren ziemlich spärlich und meistens nur in jungen Individuen vorkamen, muß der frühen Jahreszeit und dem kalten Wasser

[3] Nach der neuesten von Tillo gemachten Nivellirung.

— im tiefen Theile bis zum 30. Juni sowohl an der Oberfläche wie am Boden + 3,3° C. — zugeschrieben werden.

Temorella intermedia (wahrscheinlich auch eupelagisch), *Daphnella brachyura*, *Sida crystallina*, *Bosmina brevirostris* und *Asplanchna* sp. wurden in der Übergangszone zwischen pelagischen und Uferregionen getroffen. Diese Übergangszone habe ich als semipelagische Zone bezeichnet.

Zur Tiefsee-Fauna Ladogas gehören:

Schizopoda: *Mysis oculata* v. *relicta*.
Amphipoda: *Pallasea cancelloides* v. *quadrispinosa*,
Gammaracanthus loricatus v. *lacustris*,
Pontoporeia affinis.
Ostracoda: *Candona candida*.
Cladocera: *Ilyocryptus acutifrons*,
Alona oblonga?

und außerdem einige Oligochaeten. Von den Krebsthieren ist *Mysis oculata* v. *relicta* am weitesten verbreitet und kommt in größter Zahl vor. Ich habe dieselbe von 210 bis zu 9 m Tiefe gefunden. *Pallasea cancelloides* v. *quadrispinosa* ist auch häufig, aber geht nicht so tief hinab. Sie wurde von mir zwischen 64 und 6 m Tiefe erbeutet. *Gammaracanthus loricatus* v. *lacustris* und *Pontoporeia affinis* suchen die größten Tiefen auf, aber kommen auch da nur in geringerer Zahl vor. Von den drei Entomostraken, welche jede nur in einem einzigen Exemplar gefunden worden, ist *Ilyocryptus acutifrons* aus einer Tiefe von 198 m herausgeholt, die größte Tiefe, in welcher je eine Cladocere bis jetzt gefunden worden ist.

Kallavesi. Lage: 62° 30'—63° 7' n. Br. und 27° 9'—27° 57' E. Gr. Flächeninhalt ca. 1000 □km. Meereshöhe 82 m. Größte Tiefe 51 m. Die Untersuchungen wurden hauptsächlich in den Monaten August und September 1883 gemacht. Die pelagische Fauna besteht aus:

Acarina: *Hydrachnidarum* sp.
Copepoda: *Limnocalanus macrurus*,
Diaptomus gracilis,
Temorella intermedia,
Heterocope appendiculata,
Heterocope saliens,
Cyclops abyssorum?
Cyclops fennicus.
Cladocera: *Limnosida frontosa*,
Holopedium gibberum,
Daphnia cristata,

	Bosmina longispina,
	Bosmina Lilljeborgii,
	Bythotrephes longimanus,
	Leptodora hyalina.
Rotatoria:	*Anuraea cochlearis*,
	Asplanchna sp.,
	Conochilus volvox?
Protozoa:	*Ceratium furca*.

In größten Massen kommen *Limnocalanus macrurus* und *Daphnia cristata* vor. Mehr oder weniger zahlreich waren außerdem *Diaptomus gracilis*, *Heterocope appendiculata*, *Cyclops fennicus*, *C. abyssorum*, *Holopedium gibberum* und *Bosmina longispina*.

Von den Tiefsee-Formen wurden *Mysis oculata* v. *relicta* zahlreich, *Pallasea cancelloides* v. *quadrispinosa* und besonders *Gammaracanthus loricatus* v. *lacustris* in kleinerer Zahl gefunden. Diese letztgenannte sucht immer die größten Tiefen auf. Unter Mollusken kommt *Cyclas* sp. am Boden vor.

Yli-Kitkajärvi. Lage: 66° 2′—66° 14′ n. Br. 28° 5′—29° 0′ E. Gr. Flächeninhalt 219 □km. Meereshöhe 207 m. Größte Tiefe 29 m. Den 26. und 27. Juli 1886 untersucht.

Pelagische Fauna:

Acarina:	*Hydrachnidarum* sp.
Copepoda:	*Diaptomus gracilis*,
	Diaptomus laticeps,
	Temorella intermedia,
	Heterocope appendiculata,
	Cyclops sp.
Ostracoda:	*Cypris ovum*.
Cladocera:	*Sida crystallina*,
	Holopedium gibberum,
	Daphnia cucullata,
	Daphnia cristata,
	Bosmina longispina?,
	Bosmina nitida?,
	Polyphemus pediculus,
	Bythotrephes longimanus,
	Leptodora hyalina.
Rotatoria:	*Anuraea longispina*,
	Asplanchna sp.,
	Conochilus volvox?
Protozoa:	*Ceratium furca*,
	Dinobryon 2 Species.

In größten Massen kommen *Asplanchna* sp., *Bythotrephes longimanus* und *Daphnia cucullata* vor. Besonders merkwürdig ist das massenhafte Vorkommen von *Bythotrephes longimanus*. Wie bekannt, wird diese Species gewöhnlich nur in vereinzelten Individuen angetroffen. Um so mehr erstaunte ich, Massen davon zu bekommen an einer Stelle, wo die Tiefe nur 5—6 m betrug.

Von den aufgezählten Species sind wenigstens *Sida crystallina*, *Polyphemus pediculus*, *Cypris ovum* und der Hydrachnid tychopélagisch (Pavesi).

Von den Tiefsee-Formen wurden nur *Alona* sp., *Pisidium* sp. und eine Oligochaete aus einer Tiefe von 27—29 m gefunden.

Ich habe die drei Seen Ladoga, Kallavesi und Yli-Kitkajärvi hier als Beispiele aus folgenden Gründen angeführt: erstens hat man in diesen Seen eine Stufenleiter beinahe von der Meeresoberfläche bis zu den bedeutendsten Höhen Finnlands, auf welchen größere Seen überhaupt angetroffen werden; zweitens sind alle drei große Seen, wo man die pelagische und Tiefsee-Fauna rein oder mit nur wenigen littoralen Beimischungen begegnen kann, und drittens sind diese Seen unter den von mir am besten untersuchten.

Der Höhenunterschied zwischen dem Ladoga (absol. Höhe 5 m) und dem Kallavesi (absol. Höhe 82 m) macht keinen oder nur einen geringen Unterschied in der Zusammensetzung der pelagischen und Tiefsee-Faunen dieser Seen. Von den Verschiedenheiten ist am meisten hervorzuheben, daß von *Heterocope saliens* kein einziges Exemplar, von *H. appendiculata* nur ein Exemplar im Ladoga gefunden wurde, während beide im Kallavesi häufig, *H. appendiculata* sogar massenhaft vorkommen. Diese wie andere Abweichungen sind doch vielleicht auf die Verschiedenheit der Jahreszeiten, während welcher die genannten Seen untersucht wurden, zurückzuführen.

Viel größer ist der Unterschied zwischen den soeben genannten Seen einerseits und dem Yli-Kitkajärvi (absol. Höhe 207 m) andererseits. Ich will nur darauf aufmerksam machen, daß folgende Arten, welche in den niedriger gelegenen größeren Seen Finnlands häufig sind, hier fehlen, nämlich, *Mysis oculata* v. *relicta*, *Pallasea cancelloides* v. *quadrispinosa*, *Gammaracanthus loricatus* v. *lacustris*, *Pontoporeia affinis* und *Limnocalanus macrurus*. Daß dieses Fehlen nicht von dem Breitengrade sondern nur von der Meereshöhe abhängig ist, sieht man daraus, daß dieselben Species im Paanajärvi (Meereshöhe 112 m) und Pääjärvi (Meereshöhe 92 m), welche in der Nähe von Yli-Kitkajärvi, aber viel niedriger als der letztgenannte gelegen sind, vorkommen, in den höher gelegenen Seen aber fehlen.

(Schluß folgt.)

4. Über künstliche Theilung bei Actinosphaerium.

Notiz

von Prof. Dr. A. Gruber in Freiburg i/B.

eingeg. 2. Juni 1887.

Da die Versuche, welche ich über künstliche Theilung von Protozoen angestellt habe[1], in der letzten Zeit mehrfach besprochen worden sind, sehe ich mich veranlaßt, auf eine Beobachtung aufmerksam zu machen, die sich auf denselben Gegenstand bezieht, mir aber leider bisher entgangen war. Die diesbezügliche Stelle findet sich in einer Dissertation von K. Brandt aus dem Jahre 1877[2], und lautet wie folgt: »Man kann diese Theilung auch künstlich herbeiführen, indem man das Thier in beliebig viele Stücke zerschneidet. Jedes dieser Theilstücke ergänzt sich, wie schon Eichhorn beobachtet hat, in wenigen Stunden zu einem vollständigen Thier. Greeff führte die künstliche Vervielfältigung noch sehr viel weiter. Er theilte durch leisen Deckglasdruck ein einziges Exemplar in 20—30 Sprengstücke, die sich bald abrundeten, Pseudopodien aussendeten, ihre Masse in Rinde und Mark sonderten und schließlich den natürlich erzeugten jungen Individuen durchaus glichen[3]. Diese Änderung findet jedoch nur bei denjenigen Theilstücken statt, die mindestens *einen* Kern enthalten, solche ohne Kern oder isolirte Kerne selbst gehen zu Grunde. Ein einkerniges Individuum stellt eine einfache nackte Zelle dar, die alle wesentlichen Bestandtheile des Actinosphaeriumkörpers enthält und im Stande ist, sich weiter zu entwickeln und zu einem mehrzelligen Organismus heranzuwachsen.«

Diese Beobachtung Brandt's reiht sich also vollkommen den später von Nußbaum[4] und mir gemachten Versuchen an und dient denselben als weitere Stütze. Ich möchte aber hier bemerken, daß das Fehlen des Kerns in einem Theilstück nicht nothwendig dessen sofortigen Untergang bedingt und daß ich seiner Zeit gerade bei einem *Heliozoon*, dem mit *Actinosphaerium* nahe verwandten *Actinophrys* äußerlich scheinbar vollkommene und lebensfrische Individuen nachweisen konnte, die keinen Kern besaßen. Eine mehr oder weniger

---

1 Über künstl. Theilung bei Infusorien. in: Biolog. Centralbl. 4. Bd. No. 23 u. 5. Bd. No. 5. 1885. — Beitr. z. Kenntn. d. Physiol. u. Biol. d. Protozoen. in: Berichte d. Naturf. Ges. zu Freiburg i/B. 1. Bd. 2. Hft. 1886.

2 K. Brandt, Über *Actinosphaerium Eichhornii*. Dissertation. Halle a/S. 1877.

3 Dieser Beobachtungen von Eichhorn und Greeff habe ich in meinen betreffenden Abhandlungen auch gedacht.

4 Nußbaum, Über spontane u. künstl. Theilung. Sitzgsber. d. niederrh. Ges. Bonn, 1884. Über die Theilbarkeit d. lebendigen Materie. in: Arch. f. mikr. Anat. 26. Bd. 1886.

lange Fortexistenz ist also auch ohne Kern noch möglich, dagegen glaube ich, daß aus meinen Versuchen mit Bestimmtheit hervorgeht, daß Neubildungen ohne denselben nicht entstehen können[5].

III. Mittheilungen aus Museen, Instituten etc.

1. Zoological Society of London.

7th June, 1887. — The Secretary read a report on the additions that had been made to the Society's Menagerie during the month of May, and called attention to a Tooth-billed Pigeon (*Didunculus strigirostris*) brought home from the Samoan Islands, and presented to the Society by Mr. Wilfred Powell, C.M.Z.S.; to two Red-spotted Lizards (*Eremias rubro-punctata*) obtained at Moses' Well, in the Peninsula of Sinai, and presented to the Society by Mr. G. Wigan; and to a small scarlet Tree-Frog (*Dendrobates typographus*) from Costa Rica, presented to the Society by Mr. C. H. Blomefield. — Mr. Sclater called attention to examples of two North-American Foxes now living in the Society's Gardens, which he referred to *Canis velox* and *C. virginianus*. — A communication was read from Mr. A. O. Hume, C.B., F.Z.S., containing some notes on *Budorcas taxicolor*, the Gnu-goat or Takin of the Mishmee Hills, and some remarks on the question of the form of the horns in the female of this animal. — A communication was read from Mr. E. Symonds, containing notes on various species of Snakes met with in the vicinity of Kroonstadt, Orange Free State, specimens of which had been forwarded to Mr. J. H. Gurney, and determined by Dr. Günther. — Mr. Martin Jacoby, F.E.S., gave an account of a small collection of Coleoptera obtained by Mr. W. L. Sclater in British Guiana. — Prof. G. B. Howes, F.Z.S., read a paper on an hitherto unrecognized feature in the larynx of the Anurous Amphibians. This was the existence in many individuals of various species of a rudimentary structure, which appeared to correspond to the epiglottis of Mammals, and which in some instances attained a remarkable development as an organ of voice. — P. L. Sclater, Secretary.

2. Linnean Society of New South Wales.

27th April, 1887. — 1) Notes on the genera of Australian fresh-water Fishes. By E. P. Ramsay, F.R.S.E., &c., and J. Douglas-Ogilby. The genus *Lates* is here divided and re-described, the new genus formed from it, (*Percalates*) having for its type *Lates colonorum*, Günther. The genera *Psammoperca*, Richards., *Ctenolates*, Günther, and *Macquaria*, Cuv. and Val., are also re-described, and Castelnau's genera *Murrayia* and *Riverina* are made synonyms of *Macquaria*. — 2) 3) 4) Botanical. — Dr. Ramsay exhibited living specimens of the following snakes from Louth, N.S.W.: — *Aspidiotes Ramsayi*, Macl., *Dendrophis*, sp. (a beautiful snake with scarlet markings on the back), and a possibly new species of *Hoplocephalus*. — Mr. Steel exhibited a number of specimens of a pond-snail (*Physa gibbosa*, Gld.) abundant just now in an iron tank supplied with city water on the roof of the Pyrmont Refinery. — Mr. Ogilby shewed a specimen of *Solenognathus spinosissimus*,

---

[5] Kürzlich sind auch von botanischer Seite sehr interessante Versuche auf diesem Gebiete gemacht worden. s. Klebs, Über den Einfluß des Kerns in der Zelle. in: Biolog. Centralbl. 7. Bd. No. 6. 1887.

presented to the Australian Museum by Mr. Dunlop, of Bondi, and one of *Macquaria australasica* referred to in the paper by Dr. Ramsay and himself. — The following note was read on behalf of Mr. John Mitchell of Bowning. »In Nicholson's 'Manual of Palæontology' it is stated that trilobites of the genus *Acidaspis* have the eyes smooth and the facial suture continuous. Some of the species occurring in the Bowning series do not conform to this rule, for two species have the eyes distinctly facetted and the facial suture apparently discontinuous. In each of the cases in which the eyes are facetted, these organs are circular and highly convex (conoid).« — The President exhibited a specimen of *Archæocyathus* sp., from Silverdale, near Yass. — Mr. Macleay exhibited specimens of *Hoplocephalus nigrescens*, Günth., and *Hoplocephalus collaris*, Macleay, from Mount Wilson; also specimens of the same snakes from elsewhere, showing the great dissimilarity of colouring in the same species from different localities. The range of *H. nigrescens* he believed to be very wide, but the present was only the second specimen of *H. collaris* which he had seen; the first, described by him some months ago in the Proceedings of this Society, having been taken in the neighbourhood of Bega. — Mr. Brazier exhibited two specimens of *Ceratella fusca*, Gray, obtained at Coogee Bay, March 7th, after an easterly gale, one specimen being of a very dark brown colour, and 3 inches long, the other of a light yellowish brown, $2^1/_2$ inches long.

IV. Personal-Notizen.

Charkow. Professor Dr. Alexander Brandt, bisher Professor der Zootomie am Veterinär-Institut ist zum ordentlichen Professor der Zoologie und vergleichenden Anatomie an der Universität Charkow ernannt worden.

Córdoba (Argentinien). Zum Professor der Zoologie und Director des Zoologischen Museums in Córdoba ist Dr. Johannes Frenzel (Berlin) ernannt worden. Seine Abreise dahin wird am 20. Juli erfolgen.

Graz. Dr. Joseph Heinrich List hat sich an der Universität Graz für Zoologie, vergl. Anatomie und vergl. Entwicklungsgeschichte habilitirt.

Kiel. Dr. Fr. Dahl hat sich an der Universität Kiel für Zoologie als Privatdocent habilitirt.

Necrolog.

Am 23. Januar starb in Saint-Germain-en-Laye M. Henri Brisout de Barneville, ein vorzüglicher Entomolog.

Am 17. April starb in York Mr. Thomas Wilson, ein bekannter Lepidopterolog, Hymenopterolog und Localfaunistiker.

Am 28. April starb in Plymouth Mr. John Gatcombe im 68. Jahre, ein ausgezeichneter Beobachter und Kenner der Vögel der englischen Fauna.

Am 9. Mai starb in Exeter Mr. John Hellins, 58 Jahre alt, dessen Beiträge zur Kenntnis der Verwandlungsgeschichte englischer Lepidopteren ihm einen geachteten Namen erworben haben.

Am 30. Mai endete in München der bekannte und verdiente Reisende Moritz Wagner sein Leben. Er war am 3. Oct. 1813 in Bayreuth geboren.

Druck von Breitkopf & Härtel in Leipzig.

Zoologischer Anzeiger

herausgegeben

von Prof. J. Victor Carus in Leipzig.

Verlag von Wilhelm Engelmann in Leipzig.

X. Jahrg. 11. Juli 1887. No. 255.

Inhalt: I. Litteratur. p. 349—357. II. Wissensch. Mittheilungen. 1. Nordqvist, Die pelagische und Tiefsee-Fauna der größeren finnischen Seen. (Schluß.) 2. v. Wagner, *Myzostoma Bucchichii* (nova species). 3. Mayer, Über »Stielneubildung« bei *Tubularia*. 4. Chworostansky, Entwicklungsgeschichte des Eies bei den Hirudineen. 5. Reichenow, Neue Wirbelthiere des Zoologischen Museums in Berlin. III. Mittheil. aus Museen, Instituten etc. Vacat. IV. Personal-Notizen.

I. Litteratur.

8. Faunen.

Brischke, G., Bericht über eine zoologische Excursion nach Seeresen im Juni 1886. in: Schrift. Naturforsch. Ges. Danzig, N. F. 6. Bd. 4. Hft. p. 73—91.

(5 n. sp. Hymenopter.)

Zacharias, O., Faunistische Studien in westpreußischen Seen. Mit 1 Taf. in: Schrift. Naturforsch. Ges. Danzig, N. F. 6. Bd. 4. Hft. p. 43—72.

14. Vermes. (Fortsetzung.)

Camerano, Lor., Nota intorno alla struttura della cuticula del *Gordius tricuspidatus* (L. Duf.). Con 1 tav. in: Boll. Mus. Zool. Anat. Comp. Torino, Vol. 2. No. 25. (3 p.)

Schmidt, Ferd., Eine neue Species des Genus *Graffilla* v. Ihering [*Gr. Brauni*]. in: Sitzgsber. Naturf.-Ges. Dorpat, 8. Bd. 1. Hft. p. 144—146.

—— *Graffilla Brauni* n. sp. Mit 2 Taf. in: Arch. f. Naturgesch. 52. Jahrg. 1. Bd. 3. Hft. p. 304—318.

Strubell, Ad., Über den Bau und die Entwicklung von *Heterodera Schachtii* Schmdt. in: Zool. Anz. 10. Jahrg. No. 242. p. 42—46. No. 243. p. 62—66. — Abstr. in: Journ. R. Microsc. Soc. London, 1887. P. 3. p. 401—402.

Treub, A., Nematoid Parasite of Sugar-cane [*Heterodera javanica*]. Abstr. in: Journ. R. Microsc. Soc. London, 1887. P. 1. p. 93.

(Naturforscher.) — s. Z. A. No. 236. p. 621.

Dutilleul, Geo., Sur la genèse de la cuticule dans le groupe des Hirudinées. Extr. du Bull. Scientif. dépt. du Nord, (2.) T. 10. (8 p.)

Bourne, A. G., Sense of Taste or Smell in Leeches. in: Nature, Vol. 36. No. 919. p. 125.

Nusbaum, J., Organogeny of the Hirudinea. Abstr. in: Journ. R. Microsc. Soc. London, 1887. P. 1. p. 88—90.

(Arch. Slav. de Biol.) — s. Z. A. No. 236. p. 621.

Gibson, R. J. Harvey, An abnormal *Hirudo medicinalis*. in: Nature, Vol. 35. No. 904. p. 392.

Cunningham, J. T., The nephridia of *Lanice conchilega* Malmgren. in: Nature, Vol. 36. No. 920. p. 162—163.
(R. Soc. Edinb.)

Kleinenberg, N., Origin of Annelids from the larva of *Lopadorhynchus*. Abstr. in: Journ. R. Microsc. Soc. London, 1887. P. 1. p. 87—88.
(Zeitschr. f. wiss. Zool.) — s. Z. A. No. 243. p. 56.

Horst, R., Descriptions of Earthworms. With 1 pl. in: Notes Leyden Mus. Vol. 9. No. 1. Note II. p. 97—106.
(2 n. sp.)

Örley, Lad., Die Revision und die Verbreitung der palaearktischen Terricolen. Ausz. in: Math. u. naturw. Berichte aus Ungarn, 4. Bd. p. 7—8.

Wilson, Edm. B., Origin of the Excretory System in the Earth-worm. in: Proc. Ac. Nat. Sc. Philad. 1887. p. 49—50.

Schmidt, Ferd., Doppelmißbildung bei Lumbriciden. in: Sitzgsber. Naturf.-Ges. Dorpat, 8. Bd. 1. Hft. p. 146—147.

Knaus, Warren, Note on an Ice Worm [*Lumbricus* sp.]. in: Bull. Washburn Coll. Laborat. Nat. Hist. Vol. 1. No. 6. p. 186.

Leydig, Frz., Colossal Nerve-fibres of the Earthworm. Abstr. in: Journ. R. Microsc. Soc. London, 1887. P. 1. p. 90.
(Zool. Anz. No. 234. p. 591—597.)

Bergh, R. S., Structure and Development of the generative organs of Earthworms. Abstr. in: Journ. R. Microsc. Soc. London, 1887. P. 2. p. 238—240.
(Zeitschr. f. wiss. Zool.) — s. Z. A. No. 243. p. 56.

Bourne, Alfr. Gibbs, On Indian Earthworms. — P. I. Preliminary Notice of Earthworms from the Nilgiris and Shevaroys. in: Proc. Zool. Soc. London, 1886. IV. p. 662—672.
(15 n. sp.)

Rosa, Dan., Il *Lumbricus Eiseni* Levinsen in Italia. in: Boll. Musei Zool. Anat. Comp. Torino, Vol. 2. No. 22. (2 p.)

Schulze, F. E., Über Palolo-Würmer [*Lysidice viridis*]. in: Sitzgsber. Ges. Nat. Fr. Berlin, 1887. No. 2. p. 16. — E. von Martens, ibid. p. 17.

Rosa, D., *Microscolex modestus* n. g., n. sp. Con 3 fig. in: Boll. dei Musei Zool. ed Anat. comp. Torino, Vol. 2. No. 19. (1 p.)

Landsberg, Bernh., Über einheimische *Microstomiden*, eine Familie der rhabdocoeliden Turbellarien. Mit 1 Taf. 4⁰. (XII p.) Aus d. Osterprogr. d. Kgl. Gymn. zu Allenstein, O.-Pr.

Rywosch, D., Über die Geschlechtsverhältnisse und den Bau der Geschlechtsorgane der *Microstomiden*. in: Zool. Anz. 10. Jahrg. No. 243. p. 66—69. — Abstr. in: Journ. R. Microsc. Soc. London, 1887. P. 3. p. 404.

Carpenter, P. Herb., The Supposed *Myzostoma*-cysts in Antedon rosacea. in: Nature, Vol. 35. No. 910. p. 535.

Graff, L. von, Nye Arter af *Myzostomider* i Universitetets Zoologiske Museum i Kjøbenhavn. in: Vidensk. Meddel. Naturhist. Foren. Kjøbenh. 1884—1886. (1884.) p. 81—86.
(7 [5 n.] sp.)

Fraipont, J., Le genre *Polygordius*. Une Monographie. Mit 16 lith. Taf. (Fauna u. Flora des Golfes von Neapel. Hrsg. von der Zool. Station zu Neapel. 14. Monographie.) Berlin, R. Friedländer & Sohn, 1887. 4⁰. (XII, 130 p.) *M* 40,—.
(2 n. sp.)

Guerne, J. de, *Priapulidae* from Cape Horn. Abstr. in: Journ. R. Microsc. Soc. London, 1887. P. 2. p. 241.
(Compt. rend. Ac. Sc. Paris.) — s. Z. A. No. 243. p. 57.

Schauinsland, H., Zur Anatomie der *Priapuliden*. in: Zool. Anz. 10. Jahrg. No. 247. p. 171—173.

—— Excretory and Generative Organs of *Priapulidae*. Abstr. in: Journ. R. Microsc. Soc. London, 1887. P. 1. p. 91—92.
(Zool. Anz. No. 233. p. 574—577.)

Grassi, B., e R. Segrè, I. Nuove osservazioni sull' eterogenia del *Rhabdonema* (*Anguillula*) intestinale. II. Considerazioni sull' eterogenia. in: Atti R. Accad. Linc. (4.) Rendicont. Vol. 3. Fasc. 2. p. 100—108.

Vaillant, Léon, Remarques sur le genre *Ripistes* de Dujardin. in: Bull. Soc. Philom. Paris, (7.) T. 10. No. 4. p. 157—158.

Zschokke, F., *Scolex polymorphus*. Abstr. in: Journ. R. Microsc. Soc. London, 1887. P. 1. p. 93.
(Arch. Sc. Phys. Nat. Genève.) — s. Z. A. No. 244. p. 73.

Jourdan, Et., Étude anatomique sur le *Siphonostoma diplochaetos*, Otto. Avec 4 pl. Marseille 1887. 4°. (43 p.) in: Ann. Mus. d'Hist. Nat. Marseille, Zool. T. 3. Mém. No. 2.

Sphaerularia bombi. v. supra Nematodes, R. Leuckart.

Landsberg, Bernh., Über die Wimpergrübchen der Rhabdocoeliden-Gattung *Stenostoma*. in: Zool. Anz. 10. Jahrg. No. 247. p. 169—171.

Cobbold, T. S., *Strongylus Arnfieldi* and *S. tetracanthus*. Abstr. in: Journ. R. Microsc. Soc. London, 1887. P. 2. p. 241.
(Journ. Linn. Soc. London.) — s. Z. A. No. 244. p. 79.

François, P., *Syndesmis*. Abstr. in: Journ. R. Microsc. Soc. London, 1887. P. 2. p. 243.
(Compt. rend. Ac. Sc. Paris.) — s. Z. A. No. 244. p. 73.

Grassi, Batt., Come la *Tenia nana* arrivi nel nostro organismo. (3. Maggio, 1887.) s. 1. (3 p.)

Conn, H. W., Life-history of *Thalassema*. Abstr. in: Journ. R. Microsc. Soc. London, 1887. P. 3. p. 396—398.
(Johns Hopkins Univ. Stud. Biol. Lab.) — s. Z. A. No. 236. p. 623.

Reyburn, R., *Trichina spiralis*. in: Amer. Monthly Microsc. Journ. Vol. 8. No. 4. p. 67—69.

Bourne, A. G., Article »Rotifera«. in: Encyclop. Britan. Vol. 21. (1886.) p. 4—8. — Abstr. in: Journ. R. Microsc. Soc. London, 1887. P. 3. p. 405.

Gosse, P. H., Twenty-four new Species of Rotifera. With 2 pl. in: Journ. R. Microsc. Soc. London, 1887. P. 1. p. 1—7.

—— Twelve New Species of Rotifera. With 1 pl. ibid. P. 3. p. 361—367.

Plate, L., Über einige ectoparasitische Rotatorien des Golfes von Neapel. Mit 1 Taf. in: Mittheil. Zool. Stat. Neapel, 7. Bd. 2. Hft. p. 234—263.
(4 n. sp.; n. g. *Paraseison*.)

Stevens, T. S., A Key to the Rotifera. in: Journ. Trenton Nat. Hist. Soc. No. 2. Jan. 1887. p. 26—43. — Amer. Monthly Microsc. Journ. Vol. 8. No. 4. p. 64—67. — Abstr. in: Journ. R. Microsc. Soc. London, 1887. P. 3. p. 405.

Zelinka, C., Studies on Rotatoria. Abstr. in: Journ. R. Microsc. Soc. London, 1887. P. 2. p. 241—245.
(Zeitschr. f. wiss. Zool.) — s. Z. A. No. 244. p. 74.

—— Symbiose von Räderthieren und Lebermoosen. Ausz. in: Humboldt, 6. Jahrg. 3. Hft. p. 113—114.
(Zeitschr. f. wiss. Zool.) — s. Z. A. No. 244. p. 74.

Tessin, G., Ova and Development of Rotatoria. Abstr. in: Journ. R. Microsc. Soc. London, 1887. P. 1. p. 94—95. — Amer. Naturalist, Vol. 21. No. 1. p. 93—95.
(Zeitschr. f. wiss. Zool.) — s. Z. A. No. 244. p. 74.

Roberts, E., *Melicerta.* v. infra Crustacea, *Cypris*: E. Roberts.

15. Arthropoda.

Claus, C., On the Relations of the Groups of Arthropoda. in: Ann. of Nat. Hist. (5.) Vol. 19. May, p. 396.

Lankester, E. Ray, Last Words on Professor Claus. in: Ann. of Nat. Hist. (5.) Vol. 19. March, p. 225—227.

Schneider, A., Über den Darm der Arthropoden, besonders der Insecten. in: Zool. Anz. 10. Jahrg. No. 246. p. 139—140. — Abstr. in: Journ. R. Microsc. Soc. London, 1887. P. 3. p. 378—379.

Mark, E. L., Simple Eyes in Arthropods. With 5 pl. in: Bull. Mus. Comp. Zool. Harv. Coll. Vol. 13. No. 3. p. 49—105.

Patten, W., Eyes of Arthropoda. Abstr. in: Journ. R. Microsc. Soc. London, 1887. P. 1. p. 82—84.
(Mittheil. Zool. Stat. Neapel.) — s. Z. A. No. 238. p. 677. — v. etiam infra: Mollusca.

Kraepelin, K., Critical Remarks on the Literature of the Organ of Smell in Arthropods. (Abstr. by A. S. Packard.) in: Amer. Naturalist, Vol. 21. No. 2. p. 182—185.

Gilson, G., Spermatogenesis of Arthropods. Abstr. in: Journ. R. Microsc. Soc. London, 1887. P. 2. p. 222—223.
(La Cellule.) — s. Z. A. No. 244. p. 74.

Wielowiejski, H. de, Spermatogenesis of Arthropods. Abstr. in: Journ. R. Microsc. Soc. London, 1887. P. 1. p. 69—70.
(Arch. Slav. d. Biol.) — s. Z. A. No. 244. p. 75.

Balbiani, E. G., Bacteriological Studies in Arthropods. Abstr. in: Journ. R. Microsc. Soc. London, 1887. P. 1. p. 70. Amer. Naturalist, Vol. 21. No. 4. p. 383.
(Compt. rend. Ac. Sc. Paris.) — s. Z. A. No. 244. p. 75.

a) Crustacea.

Gourret, Paul, Sur quelques Crustacés parasites des Phallusies. in: Compt. rend. Ac. Sc. Paris, T. 104. No. 3. p. 185—187. — Abstr. in: Journ. R. Microsc. Soc. London, 1887. P. 3. p. 392.

Duns, E., On Abnormal Limbs of Crustacea. With 1 pl. in: Proc. R. Phys. Soc. Edinb. Vol. 9. P. 1. p. 75—78. — Abstr. in: Journ. R. Microsc. Soc. London, 1887. P. 1. p. 85.

May, Konr., Über das Geruchsvermögen der Krebse nebst einer Hypothese über die analytische Thätigkeit der Riechhärchen. Mit 1 Taf. Kiel, Lipsius & Tischer, 1887. 8⁰. (39 p.) ℳ 2,—.

Weismann, A., Polar Globules in the Crustacea. Abstr. by J. S. Kingsley. in: Amer. Naturalist, Vol. 21. No. 2. p. 203—204.
(Zool. Anz. No. 233. p. 570—573.)

Grosglik, S., Schizocoel oder Enterocoel? in: Zool. Anz. 10. Jahrg. No. 245. p. 116—118.

L'amputation spontanée des pattes chez les Crustacés. in: Revue Scientif. (3.) T. 39. No. 3. p. 92—93.
(d'après P. Hallez.)

Krause, . ., Einige Crustaceen und Würmer aus der Ostsee, die Herr Dr. O. Reinhardt bei Lohme an der Nordostküste von Rügen gesammelt hatte. in: Sitzgsber. Ges. Nat. Fr. Berlin, 1887. No. 3. p. 34—36.

Nordquist, Osc., Bidrag till Kännedomen om Crustacéfaunan i nagra af mellersta Finlands sjöar. in: Acta Soc. pro Fauna et Flora Fenn. T. 3. No. 2. (26 p.) Helsingfors, 1886. — Meddel. Soc. pro Fauna et Flor. Fenn. 14. Hft. p. 116—138.
(23 [1 n.] sp.)

Norman, A. M., On a *Crangon*, some Schizopoda, and Cumacea new to or rare in the British Seas. in: Ann. of Nat. Hist. (5.) Vol. 19. Febr. p. 89—103.

Ozorio, Balth., Liste des Crustacés des possessions portugaises d'Afrique occidentale dans les collections du Muséum d'Histoire Naturelle de Lisbonne. in: Jorn. Sc. Math. phys. Lisboa, T. 11. No. 44. p. 220—231.
(61 [5 n.] sp.)

Noetling, Fr., Crustaceen aus dem Sternberger Gestein. Mit 1 Taf. in: Arch. d. Ver. d. Fr. d. Naturgesch. Mecklbg. 40. Jahrg. p. 81—86.
(s. Z. A. No. 236. p. 624.)

Pascoe, Frc. P., Notes on Pycnogonida (from Engl. Mech. and World of Sc. 1886). in: Amer. Monthly Microsc. Journ. Vol. 8. No. 2. p. 26—27.

Schimkewitch, Wlad., Sur les Pantopodes de l'expédition du »Vettor Pisani«. in: Zool. Anz. 10. Jahrg. No. 251. p. 271—272.

Packard, A. S., On the Class Podostomata, a Group embracing the Merostomata and Trilobites. in: Ann. of Nat. Hist. (5.) Vol. 19. Febr. p. 164—165.

—— The Podostomata. Abstr. in: Journ. R. Microsc. Soc. London, 1887. P. 2. p. 238.
(Amer. Naturalist.) — s. Z. A. No. 244. p. 75.

Oehlert, D., Étude sur quelques Trilobites du groupe des Proetidae. Avec pls. Angers, 1887. 8⁰. (23 p.) — Extr. Bull. Soc. Étud. Scientif. Angers, 1885.

Simon, Eug., Étude sur les Crustacés du sous-ordre des Phyllopodes (fin). Avec 1 pl. in: Ann. Soc. Entomol. France, (6.) T. 6. 4. Trim. p. 433—460.
(6 n. sp.) — s. Z. A. No. 244. p. 76.

Sars, G. O., Report on the *Phyllocarida* collected by H.M.S. Challenger during the years 1873—1876. With 3 pl. in: Rep. Scient. Results Challenger, Zool. Vol. 19. No. III. (P. LVI.) (39 p.)
(1 n. sp.; n. g. *Nebaliopsis*.)

Richard, J., De la récolte et de la conservation des Entomostracés d'eau douce Cladocères et Copépodes. Extr. de la Feuille des Jeunes Naturalistes, 17. Année.

Zacharias, O., Zur Kenntnis der Entomostrakenfauna holsteinischer und mecklenburgischer Seen. in: Zool. Anz. 10. Jahrg. No. 248. p. 189—193.

—— Zur Entomostrakenfauna der Umgebung von Berlin. in: Biolog. Centralbl. 7. Bd. No. 5. p. 137—139.

Jones, T. Rup., Notes on the Palaeozoic Bivalved Entomostraca. No. XXIII. XXIV. On some Silurian Genera and Species. (Contin.) With 4 and 2 pl. in: Ann. of Nat. Hist. (5.) Vol. 21. March, p. 177—195. June, p. 400—416.
(23 and 12 n. sp.; n. g. *Octonaria*.) — s. Z. A. No. 244. p. 75.

Cann, Eug., Description de deux Copépodes nouveaux parasites des Synascidies. (Suite et fin.) Avec 2 pl. in: Bull. Scientif. dép. du Nord, T. 9. No. 11. p. 365—376.

(*Enteropsis pilorus* n. g.) — s. Z. A. No. 244. p. 76. (Aplostoma.)

Rathbun, Rich., Descriptions of parasitic Copepoda belonging to the genera *Pandarus* and *Chondracanthus*. With 7 pl. in: Proc. U. S. Nat. Mus. Vol. 9. p. 310—324. — Abstr. in: Journ. R. Microsc. Soc. London, 1887. P. 3. p. 395.

(4 n. sp.)

Urbanowicz, F., Development of Copepoda. Abstr. in: Journ. R. Microsc. Soc. London, 1887. P. 1. p. 86.

(Kosmos [Lemberg].) — s. Z. A. No. 244. p. 76.

Malcomson, S. M., Recent Ostracoda of Belfast Lough. With 1 pl. and table. Belfast, 1886. 8⁰. (6 p.)

Jones, T. Rup., and J. W. Kirkby, Notes on the Distribution of the Ostracoda of the Carboniferous Formations of the British Isles. in: Ann. of Nat. Hist. (5.) Vol. 19. March, p. 230—231. — Quart. Journ. Geol. Soc. London, Vol. 42. p. 496—514.

(n. g. *Beyrichiopsis, Phreatura, Youngia.*)

Koehler, R., Recherches sur la structure des fibres musculaires chez les Edriophthalmes (Isopodes et Amphipodes). Avec 1 pl. in: Journ. de l'Anat. et de la Phys. (Robin et Pouchet.) T. 33. p. 113—123. — Extr. in: Compt. rend. Ac. Sc. Paris, T. 104. No. 9. p. 592—595. — Abstr. in: Journ. R. Microsc. Soc. London, 1887. P. 3. p. 393.

Chevreux, Éd., Sur les Crustacés amphipodes de la côte ouest de Bretagne. in: Compt. rend. Ac. Sc. Paris, T. 104. No. 1. p. 90—93.

—— Description de trois espèces nouvelles d'Amphipodes du Sud-ouest de la Bretagne. in: Bull. Soc. Zool. France, T. 11. No. 5/6. Proc.-verb. p. XL—XLII.

Guerne, Jul. de, Sur quelques Amphipodes marins du nord de la France. in: Bull. Soc. Zool. France, T. 11. No. 5/6. Proc.-verb. p. XLII—XLIV.

Bovallius, Carl, Amphipoda. Synopidea. With 3 pl. Upsala, 1886. 4⁰. (36 p.) (Kgl. Vet. Selsk. Skr. Upsala.)

(3 n. sp.)

Brandt, Ed., Сравнительно-анатомическія изслѣдованія нервной системы Равноногихъ (Isopoda). [Vergl. anatom. Untersuchung des Nervensystems der Isopoden.] in: Horae Soc. Entom. Ross. T. 20. No. 3/4. p. 245—249.

Beddard, Frk. Evers, Report on the Isopoda collected by H.M.S. Challenger during the years 1873—1876. 2. Part. With 25 pls. and 1 map. in: Rep. Scient. Results Challenger, Zool. Vol. 17. No. I. (P. XLVIII.) (178 p.)

Norman, A. M., and T. R. R. Stebbing, On the Crustacea Isopoda of the ‚Lightning', ‚Porcupine' and ‚Valourous' Expeditions. With 12 pls. in: Trans. Zool. Soc. London, Vol. 12. P. 4. p. 77—141.

(13 n. sp.; n. g. *Sphyrapus, Alaotanais, Tanaella, Cyathura, Anthelura, Hyssura, Calathura.*)

Sars, G. O., Report on the *Cumacea* collected by H.M.S. Challenger during the years 1873—1876. With 11 pl. in: Rep. Scient. Results Challenger, Zool. Vol. 19. No. II. (P. LV.) (78 p.)

(14 n. sp.; n. g. *Paralamprops.*)

Brooks, W. K., ,Challenger' Stomatopoda. Abstr. in: Journ. R. Microsc. Soc. London, 1887. P. 2. p. 235—236.
(,Challenger' Reports.) — s. Z. A. No. 244. p. 76.

Giard, A., Parasitic Castration, and its Influence upon the External Characters of the Male Sex, in the Decapod Crustacea. Transl. by W. S. Dallas. in: Ann. of Nat. Hist. (5.) Vol. 19. May, p. 325—345.

Lovett, Edw., Notes and Observations on British Stalk-eyed Crustacea. Contin. in: Zoologist, (3.) Vol. 11. Apr. p. 145—151.
(s. Z. A. No. 225. p. 364.)

Skuse, F. A. A., British Stalk-eyed Crustacea and Spiders. London, Swan Sonnenschein, Lowrey & Co., 1886. 8⁰. (126 p.)

Carter, Jam., On the Decapod Crustacea of the Oxford Clay. in: Ann. of Nat. Hist. (5.) Vol. 19. March, p. 232. — With 1 pl. in: Quart. Journ. Geol. Soc. London, Vol. 42. p. 542—559.
(10 n. sp.)

Miers, Edw. J., Report on the Brachyura collected by H.M.S. Challenger during the years 1873—1876. With 29 pls. in: Rep. Scient. Results Challenger, Zool. Vol. 17. No. II. (P. XLIX.) (L, 362 p.)
(30 n. sp.; g. n. *Platymaia, Cystomaia, Echinoplax, Oxypleurodon, Pictoceroides*, subg. n. *Euryozius, Parathranides*, n. g. *Hypopeltarium, Paracyclois.*)

Herrick, F. H., Notes on the Embryology of *Alpheus* and other Crustacea and on the Development of the Compound Eye. With cut. in: Johns Hopkins Univers.-Circul. Vol. 6. No. 54. p. 42—44. — Abstr. in: Journ. R. Microsc. Soc. London, 1887. P. 2. p. 233—234.

Cann, E., New genus of parasitic Copepoda [*Aplostoma*]. Abstr. in: Journ. R. Microsc. Soc. London, 1887. P. 2. p. 238.
(Compt. rend. Ac. Sc. Paris.) — s. Z. A. No. 244. p. 76.

Fickert, .., Über das Zusammenvorkommen von *Apus* und *Branchipus*. in: Der Naturforscher, 20. Jahrg. No. 1. p. 5—6.

Claus, C., Über die morphologische Bedeutung der lappenförmigen Anhänge am Embryo der Wasserassel [*Asellus*]. in: Anzeiger kais. Akad. Wiss. Wien, 1887. No. 1. p. 21—23.

Schimkewitsch, W., О видовыхъ признакахъ и географическомъ распространенiи рода *Astacus*. [Über die Artmerkmale und geographische Verbreitung der Gattung *Astacus*.] Aus: Труды зоологич. отд. [Arbeit. zoolog. Abth. Moskau.] p. 9—23.

—— Des caractères spécifiques et de la distribution géographique du genre *Astacus*. (Revue.) in: Arch. Slav. Biolog. T. 3. Fasc. 2. p. 268—272.

Osborn, Henry L., Elementary histological studies of the Cray-fish. — I. in: Amer. Monthly Microsc. Journ. Vol. 8. May, p. 81—87.

Gulland, G. Lovell, The Sense of Touch in *Astacus*. With 2 pl. in: Proc. R. Phys. Soc. Edinb. Vol. 9. P. 1. p. 151—179. — Abstr. in: Journ. R. Microsc. Soc. London, 1887. P. 2. p. 234—235.

Reichenbach, H., Development of the Crayfish. Abstr. in: Journ. R. Microsc. Soc. London, 1887. P. 1. p. 79—82.
(Abhandl. Senckenb. Nat. Ges.) — s. Z. A. No. 236. p. 625.

Léger, Maur., Observations sur une pince monstrueuse d'*Astacus fluviatilis*. in: Bull. Soc. Philom. Paris, (7.) T. 11. No. 2. p. 112—116.

Giard, A., et J. Bonnier, Sur la phylogénie des *Bopyriens*. in: Compt. rend. Ac. Sc. Paris, T. 104. No. 19. p. 1309—1311.

Wierzejski, A., Krajowych Skorupiakach z rodziny *Calanidae* [Die ein-

heimischen Calaniden]. Mit 1 Taf. Kraków, 1887. Aus: Rozpr. i Spraw. Wydz. mat.-przyr. Akad. Umiej. T. 16. (13 p.)
(7 [4 n.] sp.)

Giard, Alfr., Sur un Copépode (*Cancerilla tubulata* Dalyell), parasite de l'Amphiura squamata Delle Chiaje. in: Compt. rend. Ac. Sc. Paris, T. 104. No. 117. p. 1189—1192.

Pelseneer, P., Note sur la présence de *Caridina Desmarestii* dans les eaux de la Meuse. in: Bull. Mus. R. Hist. Nat. Belg. T. 4. No. 4. p. 211—222.

Lucas, H., (Sur le *Cecrops Latreillii*). in: Ann. Soc. Entomol. France, (6.) T. 7. 1. Trim. Bull. p. XXXI—XXXII.

Giard, A., et J. Bonnier, *Cepon*. Abstr. in: Journ. R. Microsc. Soc. London, 1887. P. 3. p. 394.
(Compt. rend. Ac. Sc. Paris.) — s. Z. A. No. 244. p. 76.

Kingsley, J. S., Development of Compound Eye of *Crangon*. Abstr. in: Journ. R. Microsc. Soc. London, 1887. P. 1. p. 84—85.
(Zool. Anz. No. 234. p. 597—600.)

Sars, G. O., On *Cyclestheria Hislopi* (Baird), a new generic Type of bivalve Phyllopoda, raised from Dried Australian Mud. With 8 autograph. pls. Christiania, 1887. 8⁰. From: Christiania Vid. — Selsk. Forhdlg. 1887. No. 1. (65 p.)

Garbini, Adr., Contribuzione all' Anatomia ed alla Istologia delle *Cypridine*. Con 5 tav. in: Bull. Soc. Entomol. Ital. Ann. 19. Trim. 1/2. p. 35—51.

Stuhlmann, F., Anatomy of internal male organs of, and Spermatogenesis in *Cypridae*. Abstr. in: Journ. R. Microsc. Soc. London, 1887. P. 3. p. 394—395.
(Zeitschr. f. wiss. Zool.) — s. Z. A. No. 244. p. 77.

Roberts, E., *Cypris* and *Melicerta*. in: Science Gossip, 1886. p. 239. Abstr. in: Journ. R. Microsc. Soc. London, 1887. P. 1. p. 86—87.

Enteropsis v. supra Copepoda, E. Cann.

Giard, A., and J. Bonnier, The Genus *Entione*. Abstr. in: Journ. R. Microsc. Soc. London, 1887. P. 1. p. 85—86.
(Compt. rend.) — s. Z. A. No. 244. p. 77.

Giard, A., Sur la castration parasitaire chez l'*Eupagurus Bernhardus* Linné et chez la *Gebia stellata* Montagu. in: Compt. rend. Ac. Sc. Paris, T. 104. No. 16. p. 1113—1115.

Koehler, R., Recherches sur la structure du cerveau du *Gammarus pulex*. Avec 1 pl. in: Internat. Monatsschr. f. Anat. u. Physiol. 4. Bd. 1. Hft. p. 21—36.

Gebia stellata, Castration. v. *Eupagurus Bernhardus*, A. Giard.

Wright, J. M'nair, Fiddler-Crabs [*Gelasimus*]. in: Amer. Naturalist, Vol. 21. No. 5. p. 415—418.

Krause, Aurel, Über *Harpides*-Reste aus märkischen Silurgeschieben. in: Sitzgsber. Ges. Nat. Fr. Berlin, 1887. No. 4. p. 55—59.

Sye, Chrn. Geo., Beiträge zur Anatomie und Histologie von *Jaera marina*. Mit 3 Taf. (Aus d. Zoolog. Instit. Kiel.) Inaug.-Diss. Kiel, Lipsius & Tischer in Comm., 1887. 8⁰. (37 p.) ℳ 2,—.

Cornish, Thom., *Inachus dorynchus* at Penzance. in: The Zoologist, (3.) Vol. 11. March, p. 116.

Claus, C., Über *Lernaeascus nematoxys*, eine seither unbekannt gebliebene Lernaee. in: Anzeig. kais. Akad. Wien, 1886. No. XXV. p. 231—233. Ann. of Nat. Hist. (5.) Vol. 19. March, p. 241—242. — Abstr. in: Journ. R. Microsc. Soc. London, 1887. P. 3. p. 395—396.

Raffaele, Fed., e F. Sav. Monticelli, Descrizione di un nuovo *Lichomolgus* [*spinosus*] parassita del Mytilus gallo-provincialis Lk. Con 1 tav. in: Atti R. Accad. Linc. Mem. Sc. fis. mat. e nat. (4.) Vol. 1. p. 302—307.

Verslag, voorloopig, der *Limnoria*-Commissie. in: Versl. en Mededeel. Kon. Akad. Wet. Amsterd. Afd. Natuurk. (3.) 3. D. 1. St. p. 134—140.

Bovallius, C., *Mimonectes*, a new genus of Amphipoda Hyperidea. Abstr. in: Journ. R. Microsc. Soc. London, 1887. P. 1. p. 85.
(N. Acta. Soc. Ups.) — s. Z. A. No. 236. p. 627.

—— Mimicry in Amphipods [*Mimonectes*]. Abstr. in: Amer. Naturalist, Vol. 21. No. 2. p. 185—186.
(s. Z. A. No. 216. p. 96.)

Nusbaum, Jos., Zur Embryologie der Schizopoden (*Mysis Chamaeleo*). Mit Abbild. in: Biolog. Centralbl. 6. Bd. No. 21. p. 663—667. — Abstr. in: Journ. R. Microsc. Soc. London, 1887. P. 2. p. 235. — Amer. Naturalist, Vol. 21. No. 3. p. 293—294.

Barrois, Th., Note sur quelques points de la morphologie des *Orchesties* suivie d'une liste succincte des Amphipodes du Boulonnais. (Avec 1 pl.) Lille, 1887. 8⁰. (20 p.)

Henderson, J. R., A Synopsis of the British *Paguridae*. in: Proc. R. Phys. Soc. Edinb. Vol. 9. P. 1. p. 65—75.

Barrois, Th., Note sur le *Palaemonetes varians* Leach, suivie de quelques considérations sur la distribution géographique de ce Crustacé. Avec 1 pl. in: Bull. Soc. Zool. France, T. 11. No. 5/6. p. 691—707.

Léger, Maur., Note sur deux nouveaux cas de monstruosité observés chez les Langoustes. in: Ann. Sc. Nat. (7.) Zool. T. 7. No. 2. Art. No. 3. p. 109—(124).

Matthew, G. F., Great Acadian *Paradoxides*. With cut. in: Amer. Journ. Sc. (Silliman), (3.) Vol. 33. May, p. 388—390.
(*P. regina* n. sp.)

—— Kin of *Paradoxides* (*Olenellus*?) *Kjerulfi*. in: Amer. Journ. Sc. (Silliman), (3.) Vol. 33. May, p. 390—392.

Claus, C., Die *Platysceliden*. Mit 26 lith. Taf. Wien, A. Hölder, 1887. 4⁰. (77 p.) *M* 32,—.
(8 n. sp.)

Reinhard, W., Zur Ontogenie des *Porcellio scaber*. in: Zool. Anz. 10. Jahrg. No. 241. p. 9—13. — Abstr. in: Journ. R. Microsc. Soc. 1887. P. 3. p. 393—394.

Lucas, H., (Sur le *Sphaerifer cornutus* Rich.). in: Ann. Soc. Entomol. France, (6.) T. 7. 1. Trim. Bull. p. LI.

Mercanti, Ferruccio, Sur le développement post-embryonnaire de la *Telphusa fluviatilis*. in: Arch. Ital. Biol. T. 8. Fasc. 1. p. 58—65. — Abstr. in: Journ. R. Microsc. Soc. London, 1887. P. 3. p. 392.
(Boll. Soc. Entomol. Ital.) — s. Z. A. No. 216. p. 96.

b) **Myriapoda.**

Meinert, Fr., Myriapoda Musaei Hauniensis. III. Chilopoda. in: Vidensk. Meddel. Naturhist. Foren. Kjøbenh. 1884/1886. p. 100—150.
(24 n. sp.)

Grassi, B., I Progenitori dei Miriapodi. v. infra Orthoptera.

Haase, Er., Über Verwandtschaftsbeziehungen der Myriapoden. in: Biolog. Centralbl. 6. Bd. No. 24. p. 759—760. — Abstr. in: Journ. R. Microsc. Soc. London, 1887. P. 3. p. 384—385.
(Berlin. Naturforsch.-Vers.) — s. Z. A. No. 244. p. 77.

II. Wissenschaftliche Mittheilungen.

1. Die pelagische und Tiefsee-Fauna der gröfseren finnischen Seen.

Von Dr. Osc. Nordqvist, Helsingfors.

(Schluß.)

Die pelagische Fauna im Winter. Im Februar d. J. machte ich eine Reise nach dem (110 qkm) großen Lojo-See, um dort unter der Eisdecke nach pelagischen Thieren zu fischen. Der Landsee liegt 31 m über der Oberfläche des Meeres, die größte von mir gefundene Tiefe ist 59 m. Die höchste (mit einem Negretti & Zambra Tiefsee-Thermometer bestimmte) Temperatur des Wassers am Boden war + 3,4° C. Unter der ca. 30 cm dicken Eisdecke war die niedrigste beobachtete Temperatur des Wassers an der Oberfläche + 0,8 C. Das Fischen wurde in der Weise ausgeführt, daß ich ein gewöhnliches Schwebnetz durch ein Loch im Eise mehrere Male nach einander zum Boden senkte und dann wieder hinaufzog. Die auf 14 verschiedenen Stellen des Sees in dieser Weise gesammelten Thiere waren:

Tiefsee-Fauna:

Insecta: *Corethra*-Larven,
Chironomidarum sp.-Larven.
Schizopoda: *Mysis oculata* v. *relicta*.
Amphipoda: *Gammaracanthus loricatus* v. *lacustris*.

Pelagische Fauna:

Copepoda: *Diaptomus gracilis*,
Limnocalanus macrurus,
Cyclops sp.
Protozoa: ? *Vorticella*,
Acineta auf *Limnocalanus* sitzend.

Von diesen kam *Diaptomus gracilis* am häufigsten vor. Die Weibchen trugen nicht selten Eiersäckchen und Spermatophoren.

Durch die Güte des Herrn Magister J. E. Rosberg in Knopio erhielt ich eine Sendung von Proben mit pelagischen Thieren aus dem Kallavesi, welche in obengenannter Weise unter dem Eise am 16., 21. und 27. März und 3. April d. J. aufgefischt waren. Die Tiefe der Stellen, wovon die Proben stammten, wechselte zwischen 14 und 51 m. In diesen Proben habe ich folgende Thiere gefunden:

Copepoda: *Limnocalanus macrurus*,
Diaptomus gracilis,
Cyclops abyssorum?
Protozoa: *Acineta* sp. zahlreich auf *Limnocalanus* sitzend.

Das erste was in die Augen springt, wenn man diese Verzeichnisse liest, ist wohl, daß keine einzige Cladocere gefunden worden. Davon, daß auch im Finnischen Meerbusen bei Helsingfors keine Cladocere überwintert, habe ich mich durch mehrfache Untersuchungen während der Monate December v. J. und April d. J. überzeugt. Im Sommer kommt doch in dem schwach salzigen Wasser des hiesigen Meeres sowohl eine *Bosmina* als *Podon intermedius* zahlreich vor. Aus allem Diesen ersieht man, daß in Finnland keine Cladocere überwintert. Sie müssen also alle bei uns im Herbst Dauereier ablegen, und Arten, welche im südlichen und mittleren Europa acyclisch (Weismann) sind, werden hier monocyclisch.

Bemerkenswerth ist auch, daß keine *Heterocope* im Winter angetroffen worden, ungeachtet sowohl *H. saliens* als besonders *H. appendiculata* wenigstens im Kallavesi im Sommer sehr häufig sind. Diese Arten sterben also wahrscheinlich auch zum Winter aus, nachdem sie Dauereier gelegt haben. Wenn das richtig ist, erklärt sich auch die Thatsache, warum ich im Juni 1885 kein *H. saliens* und nur ein einziges Exemplar von *H. appendiculata* im Ladoga bekam. Sie waren noch nicht entwickelt.

Verbreitungsmittel der pelagischen Thiere. Allen Jenen, welche die pelagische Fauna studirt haben, ist es wohl nicht entgangen, daß ein großer Theil der zu dieser Fauna gehörigen Formen mit eigenthümlichen Bildungen, deren Bedeutung bis jetzt mehr oder weniger problematisch gewesen ist, ausgerüstet ist. Solche sind der lange Abdominalprocess bei *Bythotrephes longimanus*, die Spina bei den meisten pelagischen *Daphnia*-Arten, die langen, häufig gekrümmten Antennen des ersten Paares bei *Bosmina*, die langen Dornen und Stacheln bei *Anuraea* und *Ceratium*. Bei den Cladoceren sind diese Bildungen von dem dänischen Zoologen P. E. Müller als »Balancier-Organe« gedeutet. Auch ohne Rücksicht darauf zu nehmen, daß es schwer zu erklären ist, wie z. B. die vertical gestellten und unbeweglichen Antennen des ersten Paares bei der *Bosmina* als Balancier-Organe fungiren könnten, giebt es noch einen anderen Umstand, welcher gegen diese Deutung spricht. Diese Bildungen sind nämlich oft mit Dornen, Haken etc. versehen, deren Bedeutung für das Balancieren unerklärlich bleiben muß. Ich habe aus diesen Gründen eine andere Ansicht über die Bedeutung dieser Bildungen bekommen, nämlich daß sie Werkzeuge sind, welche die Verbreitung der Art erleichtern. Diese Deutung schließt natürlich nicht aus, daß sie den Thieren, bei welchen sie vorkommen, vielleicht auch andere Dienste leisten können.

Man kann sich davon leicht überzeugen, daß alle pelagischen Süßwasser-Arten mit großer geographischer Verbreitung — und die meisten pelagischen Arten haben eine solche — mit irgend einer Eigenschaft ausgerüstet sind, welche ihre Anheftung an vorbeischwimmende Gegenstände bewirkt. Diese Eigenthümlichkeit ihrer Organisation im Einzelnen zu untersuchen, ist hier nicht am Platze. Ich will nur hinzufügen, daß diese Eigenschaft nicht nur den Arten, welche mit Stacheln und Haken versehen sind, allein zukommt. Die Natur kann auch andere Mittel haben, um denselben Zweck zu erreichen. So haben z. B. einige Arten, wie *Leptodora hyalina* und *Asplanchna*, einen weichen und biegsamen Körper, so daß derselbe, wie nasses Papier, an Gegenständen, mit welchen er in Berührung kommt, sich anklebt.

Man kann gegen die hier ausgesprochene Ansicht anführen, daß eine weite Verbreitung nicht nur den pelagischen Thieren, sondern auch den Geschöpfen der kleinen Gewässer zukommt, ohne daß sie mit solchen Haken und Dornen wie jene ausgerüstet wären. Die Bewohner der austrocknenden Pfützen, welche nicht activ aus einem Wohnort zu einem anderen übersiedeln können, werden wahrscheinlich im Dauereierstadium erstens durch Winde und zweitens durch Vögel mit Lehm, schleimigen Pflanzen oder sonst wie an den Füßen, Schnäbeln und dem Gefieder angeklebt, übergeführt. Ihre Verbreitung wird schon hierdurch genügend erklärt. Dass sie im Allgemeinen nicht so reich wie die pelagischen Thiere mit Haken und Stacheln ausgerüstet sind, beruht wohl darauf, daß diese in den mit Pflanzen und anderen Gegenständen gefüllten kleinen Gewässern, wo sie vorkommen, hinderlich wären.

Die großen Seen, wo die pelagischen Thiere leben, trocknen nie aus, und somit ist die Verbreitung durch Winde hier ausgeschlossen. Da die pelagischen Arten sich gewöhnlich weit von den Ufern halten, können ihre Dauereier auch nicht durch Lehm oder andere fremde Klebmittel an vorbeischwimmenden Vögeln befestigt werden. Die Dauereier der pelagischen Arten müssen also durch das für das Anheften an fremde Gegenstände eingerichtete Mutterthier selbst verschleppt werden.

Die verschiedene weite Verbreitung der pelagischen Süßwasser-Copepoden scheint im ersten Augenblick ganz unerklärlich zu sein. Ich glaube jedoch, daß auch sie ziemlich leicht erklärt werden kann. Wie bekannt, erzeugen einige Copepoden Eiersäckchen, welche am Abdomen des Weibchens festsitzen. Solche sind die Gattungen *Cyclops* und *Diaptomus*, welche im Allgemeinen eine sehr große Verbreitung haben. Bei diesen werden die Eier tragenden Weibchen an Wasservögeln befestigt und von diesen verschleppt. Bei anderen Gattungen, wie *Limnocalanus* und *Heterocope*, bleiben die Eier nicht am Mutterthiere sitzen. Mit Ausnahme von *Heterocope saliens* sind diese auf die scandinavischen Seen beschränkt. Die Ursache ist wohl, daß die einzelnen Eier sich nicht an vorbeischwimmende Gegenstände ankleben können. Wahrscheinlich sinken sie außerdem zum Grunde, wo sie in den großen Tiefen keine Gelegenheit zum Ankleben an Vögel haben. Auch ist es möglich, daß die Eier dieser immer in großen Seen lebenden Arten (ausgenommen *H. saliens*) nicht das Eintrocknen vertragen. Daß *Heterocope saliens* eine weite Verbreitung hat, beruht wohl darauf, daß diese Art nicht nur in großen Seen, sondern auch in kleinen Gewässern lebt, aus welchen ihre Eier in genannter Weise mit Lehm und Schlamm durch Vögel verschleppt, vielleicht auch durch Winde übergeführt werden können.

Die Arten, welche immer und ausschließlich in großen Tiefen leben, haben natürlicherweise keine Gelegenheit verschleppt zu werden. Außerdem können wohl ihre Eier kaum das Austrocknen vertragen. Darum sind auch solche Arten wie z. B. *Gammaracanthus loricatus* und *Pontoporeia affinis* sichere Beweise dafür, daß die Seen, in welchen sie angetroffen werden, früher Theile eines Meeres gewesen sind.

Ursprung der pelagischen und Tiefsee-Fauna der scandinavischen Seen. — Die pelagische und Tiefsee-Fauna irgend eines beliebigen Sees kann auf drei verschiedene Weisen entstanden sein:

1) können die pelagischen und Tiefsee-Arten von den litoralen Arten in demselben See stammen;

2) können sie aus einem anderen See, wo solche schon existiren, oder in seltenen Fällen aus dem Meere verschleppt worden oder activ eingewandert sein;

3) können sie Reste der Fauna eines Meeres sein, von welchem der See selbst durch Verschiebungen der Küstenlinien getrennt und allmählich zum Süßwassersee umgewandelt worden ist.

Diese verschiedenen Entstehungsweisen sind schon längst von v. Martens, Lovén, Forel, Weismann und Pavesi hervorgehoben. Es fragt sich nun: in welcher Weise ist die pelagische und Tiefsee-Fauna der scandinavischen Seen entstanden?

Die meisten Arten, welche selbst am Ufer und in kleinen Gewässern vorkommen oder daselbst von nahen verwandten Arten repräsentirt werden, sind wahrscheinlich als Pfützen- und Uferbewohner anzusehen, welche, ihrer Lebensweise zufolge, entweder längs dem Grunde gewandert sind und sich zum Tiefsee-Leben accommodirt haben oder auch an der Oberfläche schwimmend sich zu pelagischen Formen verwandelt haben. Andere haben in den Pfützen- und Uferbewohnern keine nahen Verwandten, weshalb ihr Ursprung ein anderer sein muß und direct oder indirect nur im Meere gesucht werden kann. Als solche muß man von den in den scandinavischen Seen vorkommenden Evertebraten folgende ansehen: *Mysis oculata* v. *relicta*, *Pallasea cancelloides* v. *quadrispinosa*, *Gammaracanthus loricatus* v. *lacustris*, *Pontoporeia affinis*, *Idothea entomon*, *Temorella intermedia*, (?) *Heterocope appendiculata*, (?) *H. alpina*, (?) *H. saliens*, *Limnocalanus macrurus*, *Ceratium furca*, *Dinobryon*. Von diesen können doch *Idothea* (durch Fische), *Bythotrephes*, *Leptodora* und wahrscheinlich auch die *Heterocope*-Arten, *Temorella*, *Ceratium* und *Dinobryon* (durch Vögel) passiv verschleppt worden sein. Daß irgend eine von den oben als ursprünglich marin bezeichneten Formen, activ die Flüsse hinauf gewandert wäre, ist (mit Ausnahme der unserer *Temorella intermedia* nahe stehenden *T. affinis*) niemals beobachtet worden. Für *Mysis*, *Pallasea* und *Limnocalanus*, welche bisweilen auf Untiefen und nicht weit vom Ufer angetroffen werden, ist die Möglichkeit doch nicht ausgeschlossen, daß sie ganz langsam fließende Flüsse hinauf schwimmen könnten, obwohl es mir sehr unwahrscheinlich vorkommt, daß sie zu irgend welchem See in dieser Weise gekommen wären. Für Jeden, welcher die oft großartigen, fast immer an mehreren Stellen schäumenden und stark strömenden Flüsse Finnlands gesehen hat, erscheint es unerklärlich, daß sie diese Flüsse stromaufwärts activ gewandert wären. Da aber alle Seen (Ladoga ausgenommen), in welchen diese Thiere in Finnland angetroffen worden, durch Wasserfälle vom Meere getrennt sind, so muß man annehmen, daß sie sowohl wie die immer in großen Tiefen lebenden *Gammaracanthus* und *Pontoporeia*, in diesen Seen zurückgeblieben sind aus einem arctischen Meere, welches einen großen Theil von Scandinavien, Finnland und dem nördlichen Rußland in einer postglacialen Periode bedeckt hat, wie es Lovén zuerst ausgesprochen. Die Seen, welche diese Arten enthalten, sind also »Relictenseen« im Sinne R. Leuckart's und Oscar Peschel's. Der höchste bis jetzt in Finnland bekannte Relictensee ist Uleåträsk (abs. Höhe 122 m).

Erst nachdem Obiges schon fertig geschrieben war, ist mir Dr. Otto Zacharias' interessante Arbeit »Zur Kenntnis der pelagischen und littoralen Fauna norddeutscher Seen« (Zeitschr. f. wissenschaftliche Zoologie, 45. Bd. 2. Hft. 1887) zu Gesicht gekommen. Nach dem Durchlesen derselben finde ich, daß die von mir in meinem den 5. Februar d. J. der Societas pro Fauna et Flora fennica eingelieferten Aufsatze »Bidrag till kännedomen om Ladoga sjös crustacéfauna« kurz beschriebenen Formen *Temorella intermedia* m. mit *T. lacustris* Poppe identisch ist, *Bosmina longispina* v. *ladogensis* m. identisch mit oder sehr nahestehend zu *B. coregoni* v. *humilis* Lillj. und *B. recticornis* m. am nächsten mit *B. crassicornis* Lillj. verwandt ist.

Helsingfors, den 21. Mai 1887.

2. Myzostoma Bucchichii (nova species).

Von Dr. Franz von Wagner, Straßburg i. E.

eingeg. 6. Juni 1887.

Seit dem Erscheinen von v. Graff's Bearbeitung der Challenger-Myzostomen 1883, ist die Zahl der von der Ordnung der »Myzostomida« bis dahin bekannt gewordenen Arten vor etwas mehr als Jahresfrist durch F. Nansen's schöne Monographie[1] neuerlich um drei interessante und wichtige Formen bereichert worden. Nun habe auch ich im Folgenden von einer neuen Species dieser Thiergruppe aus dem Adriatischen Meere kurzen Bericht zu geben.

Als ich zu Ostern des Jahres 1885 in Gemeinschaft mit Prof. v. Graff einige Wochen auf der dalmatinischen Insel Lesina zoologischen Studien, welche zunächst nur einer allgemeinen Orientirung galten, oblag, fand ich einmal vom Dredgen bei der südlich von Lesina gelegenen kleinen Insel Clemente zurückgekehrt beim Durchmustern der mit der Ausbeute gefüllten Gläser am Boden eines derselben ein Exemplar eines kleinen, fast kreisrunden Thieres, welches sich bei näherer Untersuchung durch das Microscop als eine neue *Myzostoma*-Art erwies.

Bekanntlich sind bis jetzt aus dem Mittelmeere nur die beiden Arten *Myz. glabrum* und *cirriferum* als sogenannte Ectoparasiten von *Antedon rosacea* beschrieben worden; zu diesen würde sich nunmehr als dritte mediterrane Species das *Myzostoma* von Lesina gesellen, welches ich zu Ehren des Herrn Greg. Bucchich daselbst, der sich um die wissenschaftliche Erforschung jener Landes- und Meerestheile sowohl durch eigene ersprießliche Thätigkeit als auch durch thatkräftige Unterstützung und stets bereitwillige Förderung der Forschungen Anderer nicht unbedeutende Verdienste erworben hat, *Myz. Bucchichii* nennen will.

Da in der Gegend, wo ich an jenem Tage dredgte, *Antedon rosacea* häufig vorkommt, so glaubte ich, daß *Myz. Bucchichii* eben so wie seine Verwandten parasitisch auf denselben lebe und suchte daher wiederholt solche aus jener Gegend ab, ohne jedoch trotz aller darauf verwandten Mühe ein zweites Exemplar dieser Art finden zu können, während *Myz. cirriferum* in zahlreichen, *Myz. glabrum* wenigstens in einigen Exemplaren zu sehen waren.

Die folgenden Angaben stützen sich fast ausschließlich auf Beobachtungen, die am lebenden Thiere gemacht wurden; an dem in Alcohol conservirten ist kaum mehr als der allgemeine äußere Character zu erkennen.

---

[1] F. Nansen, Bidrag til Myzostomernes Anatomi og Histologi. Bergen, 1885.

Der scheibenförmige, etwa 3 mm im Durchmesser haltende, auf der Rückenfläche nur sehr wenig gewölbte Körper des Thieres entbehrt jeglicher Cirrenbildung, zeigt also glatten Rand, besitzt aber einen lichten, etwas durchscheinenden Randsaum, dessen Breite ungefähr dem zehnten Theile des Durchmessers der Scheibe gleichkommt. Das Characteristische von *Myz. Bucchichii* liegt in höckerartigen Auftreibungen (Tuberkeln), welche ähnlich wie die Fußstummelpaare der Ventralseite symmetrisch in fünf Gruppen auf der Rückenfläche angeordnet sind. Jeder einzelne dieser Tuberkelhaufen setzt sich aus 4—7 in ihrer Größe unter einander verschiedenen Papillen zusammen, welche in ihrem äußeren Ansehen keine Besonderheiten zeigen. Hierzu kommt noch, daß Saugnäpfe vollständig fehlen, eine Eigenthümlichkeit, welche bislang nur für drei Angehörige der Familie der »*Myzostomidae*« bekannt geworden ist (*Myz. folium*, *coronatum* und *carinatum*). Auch die Verbreitung des farbigen Pigmentes, welches vom dunklen Braun der Centraltheile bis zum lichten Braungelb des peripherischen Saumes die verschiedenartigsten Nüancen darbietet, unterscheidet *Myz. Bucchichii* von seinen Genossen im Mittelmeergebiet, indem bei ersterem nicht bloß die Rücken- sondern auch die Bauchfläche gleichartig gefärbt erscheint.

Die männlichen Geschlechtsorgane und ihre Ausführungsgänge sind wie bei *Myz. glabrum* und *cirriferum* paarig. Die Verzweigungen der Darmäste sind zahlreich und erstrecken sich bis an den peripheren Randsaum. Die Fußstummel sind in fünf Paaren symmetrisch über die Bauchfläche vertheilt, kräftig entwickelt und mit starken Klammerhaken versehen, überhaupt, so weit eine Beurtheilung ohne Quetschen oder Schneiden des Thieres zulässig ist, übereinstimmend mit den von *Myz. glabrum* beschriebenen.

Wenn auch die vorstehenden Angaben mangelhaft sind, so glaube ich doch, daß sie zur Artcharacteristik ausreichen. Auch war es mir lediglich darum zu thun, Fachgenossen, welche in jene Gegenden kommen und vielleicht glücklicher sind als ich es war, auf einen Gegenstand aufmerksam zu machen, dessen genaue Untersuchung gewiss von nicht geringem Werthe sein könnte[2]!

Zoologisches Institut der Universität Graz, Ostern 1887.

---

[2] Ich möchte hier nur darauf hinweisen, daß die Geschlechtsverhältnisse der Myzostomen erst jüngst im Anschlusse an J. Beard von F. Müller (Kosmos, Jahrgang 1885, 2. Bd. p. 327) für die Auffassung verwerthet wurden, daß der Hermaphroditismus im Thierreich das Abgeleitete, die Getrenntgeschlechtigkeit dagegen das Ursprüngliche sei!

3. Über „Stielneubildung" bei Tubularia.

Von Dr. Paul Mayer, Neapel.

eingeg. 12. Juni 1887.

Wirft man lebende, durchaus normale Tubularien in Picrinschwefelsäure, oder eine andere Säuremischung, so wird häufig der Weichkörper des Stieles in Folge der starken Contraction seiner Chitinhülle aus dieser eine Strecke weit herausgetrieben und bildet an der Basis des Köpfchens allerlei Hernien und Fortsätze. Letztere beschreibt H. Klaatsch (in: Arch. Mikr. Anat. 27. Bd. p. 632—650. T. 33) an Alcoholexemplaren sehr eingehend, sieht aber in ihnen neue Stiele, mit welchen sich vielleicht die Thiere, wenn ihr Periderm mit Diatomeen etc. zu sehr bewachsen sei, an einem ihnen besser zusagenden Orte anheften. Daß wir es indessen hier mit einem Kunstproducte zu thun haben, lehrt schon ein Blick auf die Abbildungen in jener Abhandlung, besonders auf Fig. 2 und 4; und meine Vermuthung über die Ursache desselben habe ich durch obiges Experiment sofort bestätigen können.

Auch dieser Fall zeigt, wie mißlich es zuweilen ist, lediglich an conservirtem Materiale Untersuchungen anzustellen.

Neapel, Zoologische Station, 9. Juni 1887.

4. Entwicklungsgeschichte des Eies bei den Hirudineen.

Von C. Chworostansky in St. Petersburg (Universit.).

eingeg. 13. Juni 1887.

Die Wand des Ovarium bei *Hirudo* und *Aulastoma* besteht aus dem äußeren Bindegewebshäutchen mit einer Menge Blutgefäßen, einer Muskelschicht, welche ein Netz bildet, und der inneren Zellschicht, welche bei *Nephelis* von Iijima[1] gefunden wurde; die letzte Schicht ist von innen mit flachen Epitheliumzellen bedeckt. Die von mir angenommenen drei Arten der Schichten kommen auch bei anderen Hirudineae (*Branchellion torped.*, *Pontobdella muricata*, *Clepsine sexocul.*, *Piscicola respir.*, *Nephelis vulg.*) vor. Aber die Blutgefäße, welche, wie im Bindegewebe, so auch zwischen den Muskelfasern vorkommen, halte ich nicht für eine aparte Schicht.

Diese Blutgefäße stellen verschiedene Übergänge zum Gefäßge-

---

[1] Iijima, The structure of the ovary and the origin of the eggs and the egg strings in *Nephelis*. in: Zool. Anz. 5. Jahrg. p. 12—14. — On the origin and growth of the eggs and egg strings in *Nephelis* with some observations on the spiral aster. in: Quart Journ. microsc. sc. 1882. T. XXII.

webe Lankester's[2] (vasofibrous tissue) dar. Die Muskeln sind von zweierlei Art: die eine breitere, mit dickem klar sichtbarem Plasma, deren Centraltheil aus feinkörnigem Plasma, mit großen elliptischen Kernen mit Kernchen in den ausgedehnten Stellen besteht.

Der Bau einer solchen Faser ist den Ringfasern, welche bei *Nephelis* von Iijima gefunden wurden, ähnlich. Die Fasern der anderen Art sind ohne deutlich körniges Plasma und mit kleinen Kernen. Die Muskeln der ersten Art verlaufen halbkreisartig, d. h. ziehen sich vom Oviduct querlaufend zur Spitze des Ovarium. Die Muskeln zweiter Art (Ringmuskeln) liegen tiefer.

Die Zellenschicht (subepitheliale), welche nur bei *Nephelis* von Iijima gefunden wurde, fand ich auch bei *Hirudo*, *Aulastoma*, *Nephelis*, *Clepsine*, *Piscicola*, *Pontobdella*, *Branchellion*; diese Schicht besteht aus Zellen gehöriger Größe mit Kernen und Kernchen, aber die Grenzen zwischen ihnen sind nicht immer sichtbar.

Diese Zellen kommen zuweilen zwischen den Muskeln der ersten und zweiten Art vor, aber ihre Hauptmasse liegt unter den Zellen des flachen Epitheliums.

Auf diese Weise kann man in der Wand des Ovariums alle die Schichten, welche Iijima bei *Nephelis* gefunden hat, wahrnehmen, nur mit dem Unterschiede, erstens, daß hier die Blutgefäße, welche verschiedene Übergänge zum Gefäßgewebe vorstellen, keine aparte Schicht bilden, sondern wie zwischen den Muskelfasern, so auch im Bindegewebe vorkommen. Zweitens in den Muskeln kann man nicht zwei aparte Schichten unterscheiden, weil die Muskeln der zweiten Art (Ringmuskeln) oft im Bindegewebe, wo die Muskeln erster Art liegen (mit klar sichtbarem körnigem Plasma) vorkommen. In der Wand des Ovarium bei *Branchellion* und *Piscicola* kommen Zellen drüsiger Eigenschaft vor; ihrer sind sehr viele besonders an der Stelle der Vereinigung der beiden Ovarien. Der Inhalt dieser Zellen, welcher aus klarem Plasma besteht, färbt sich nicht von Litioncarmin und hat einen großen Kern mit einem Kernchen; aber diese Zellen haben keine sichtbaren Mündungen. Sie sind kugelförmig oder elliptisch, unterscheiden sich von den einzelligen Drüsen der *Hirudo* durch ihr klares Plasma und von der Zellschicht (subepitheliale) durch ihren Habitus. Ich denke, daß dies einzellige Drüsen sind, wie bei *Hirudo*.

Im Ovarium bei *Hirudo* und *Aulastoma* befinden sich zwei Schnüre. Das Ende der Schnur, welches zur Spitze des Ovarium gewandt ist, ist birnförmig. Seine Wände bestehen aus einer gleichartigen dünnen, zarten Hülle mit flachem Epithelium. Die Schnüre

---

[2] E. Ray Lankester, On the connective and vasifactive tissue of the medicinal Leech. in: Quart. Journ. microsc. sc. T. XX.

schwimmen in der Flüssigkeit entweder frei, wie ich schon einmal gemeldet habe[3], oder bleiben in Verbindung mit der Stelle, wo sie entstanden sind.

Außer den Eierschnüren kann man im Ovarium drei Arten freier Zellen unterscheiden: einige von ihnen sind mit einem deutlichen Kern, bei den anderen färbt sich der Kern nicht mit Carmin; diese Zellen sind kleiner als die ersten. Die dritte Art der Zellen, welche deutlich an den Kern der Eierzellen erinnern — sind die zerstörten Eierzellen. Die Bildung der ersten Art der Zellen geschieht so: die innere Zellenschicht fängt an stark in's Innere des Ovarium zu schwellen. In einem solchen Ausläufer sind ein oder zwei Kerne zu sehen (ob dies durch die Theilung des Kerns in zwei entsteht, oder durch Invagination zweier Zellen der Zellenschicht, das weiß ich nicht, weil ich die karyolytischen Figuren, welche die Theilung characterisiren, nicht gesehen habe). Weiter erscheinen die Contouren der Zellen. Solch ein Ausläufer ist mit einer kaum sichtbaren Schicht flachen Epitheliums, welches von innen das Ovarium bedeckt, umgeben. Dieses Epithelium nimmt einen geringen Antheil an der Bildung der Zellen dieser Art. Die von der Wand des Ovarium sich abgerissen habenden Zellen schwimmen frei darin.

Die Zellen der zweiten Art sind kleiner und ohne sichtbare Kerne; zwischen ihnen und den Zellen der ersten Art, habe ich viele Übergangsformen gefunden (den Zellen der ersten Art gleich große, aber ohne sichtbaren Kern, kleine mit einem Kern etc.). Bei *Piscicola* fand ich Zellen der zweiten Art, die sehr ähnlich den Zellen der ersten waren mit einem deutlichen Kern, die nur durch die mindere Größe sich von ihnen unterscheiden. Dasselbe fand ich bei *Hirudo.*

Ich habe zuweilen bei *Aulastoma* freie blasse Zellen ohne Kerne bemerkt, welche sich nicht von den Zellen der ersten Art unterschieden. Diese Zellen kommen von der Wand des Ovarium her; aber Zellen mit deutlichem Kern habe ich nicht gefunden. Auf diese Weise bin ich überzeugt, daß die Zellen der ersten und zweiten Art gleich sind mit dem Unterschiede in der Größe und daß bei der zweiten Art keine Kerne sind. Bei *Piscicola Nephelis* sind freie Zellen an der Stelle des Entstehens der Schnur angesammelt (am rachidialen Ende); Zellen der zweiten Art habe ich aber bei diesen Gattungen nicht gefunden. Also kommen Zellen zweiter Art nur bei *Hirudo* und *Aulastoma* vor.

Zellen dritter Art — zerstörte Eierzellen. Bei der Zerstörung der Eierzellen verschwindet die Dottermasse und bleibt nur der Kern mit

---

[3] C. Chworostansky, Org. Genitaux de l'*Hirudo* et *Aul.* in: Zoolog. Anz. 9. Jahrg. No. 228.

dem Kernchen übrig. Ich unterscheide zwei Stellen der Zerstörung der Eier bei *Hirudo* und *Aulastoma*: einmal tritt sie ein, wenn das Ei noch in der Schnur ist, und man kann sie als Eierzellen ansehen, das andere Mal, wenn sie schon von der Schnur abgelöst sind.

In der Flüssigkeit des Ovarium fand ich Hüllen der zerstörten Zellen. —

Die Epithelialschicht, welche das Ovarium pflastert, spielt eine geringe Rolle bei der Bildung des Germogen, sie bedeckt das Germogen mit einer dünnen Schicht bei seinem Wachsthum.

Die Bildung des Germogen bei *Hirudo*, *Aulastoma*, *Nephelis*, *Pontobdella* geschieht auf folgende Weise: die Zellen der Unterepithelialschicht (cell stratum) nach dem Inneren des Ovariums herausdringend, verlieren ihren Contour, indem sie heraustreten; die Kerne dieser Zellen theilen sich. Bei *Nephelis*, *Clepsine*, *Piscicola*, *Pontobdella* bildet sich als Folge solcher Theilung eine Masse von Kernen ohne sichtbare Grenzen zwischen den Zellen. Wem man das Verschwinden der Contour der Zellen zuschreiben muß, weiß ich nicht. Solche Zellen, die ihren Contour verloren haben, bilden die protoplasmatische Matrix, in welcher die Kerne der ursprünglichen Zellen eingeschlossen sind.

Ich denke, daß das Germogen ein Product des Wachsthums der Unterepithelialschicht oder des »cell stratum« (der Zellenschicht) ist, und das flache Epithelium, welches das Ovarium von Innen auskleidet, bedeckt dasselbe als eine dünne Schicht.

Während des Wachsthums des Germogen mit den Subepithelialzellen (cell stratum) dringt hierher auch das Bindegewebe. Das Germogen selbst vergrößert sich als eine Schnur, welche zuweilen sich mit einer anderen verflicht (bei *Hirudo* und *Aulastoma* sind ihrer zwei in jedem Ovarium, bei *Piscicola* und *Branchellion* eine, bei *Pontobdella*[4] sind außer der Hauptschnur, einige kleine Schnüre, welche nicht weiter wachsen und in der Form eines Auswuchses bleiben). — Da das Germogen sich aus dem, dem Grundtheile nächsten Ende des Ovariums bildet, so hat Iijima dieses Ende das rachidiale Ende genannt. — Die Kerne der Zellen des Germogen (der Zellenschicht) theilen sich, eine große Masse von Kernen ohne sichtbare Zellgrenzen bildend.

In dieser Masse wird um einen Kern der protoplasmatische Contour der Zelle, und im Kern das Kernchen bemerkbar. (Also aus den Zellen des Germogen bildet sich eine Menge kleiner Eierzellen; die Contouren sind gewiß in Folge der schlechten Färbung unsichtbar.)

Bei *Hirudo*, *Aulastoma*, *Nephelis*, *Clepsine*, *Pontobdella*, fängt die Bildung der Eier an, wenn solche Zellen sich zu einer Eierzelle ent-

---

[4] Bei *Pontobdella* entwickeln sich aus jedem Auswuchs ein oder zwei Eier.

wickelt haben. Anfangs sind alle Eierzellen von gleicher Größe, aber die eine von ihnen wächst weiter, und die anderen, nahe liegenden, vermindern ihre Größe.

Bei *Nephelis* fand ich ein Ei, welches mit einer dicken Schicht von Protoplasma umgeben war und die nahe liegenden Eierzellen waren verschiedener Größe: die nächsten, elliptischen, kleiner; die entferntesten größer.

Die Schnur, welche aus Eierzellen besteht, ist mit flachem Epithelium bedeckt; bei den Eierzellen kommen Kerne mit Bindegewebsfäden vor. Diese Fäden kamen bei der Bildung des Germogen in die Schnur. — Die äußere Hülle des Eies (anhyste) bildet sich aus freien Zellen, von welchen sich das Ei nach dem Ausgange aus der Schnur nährt.

Bei *Aulastoma* fand ich im reifen, aus der Schnur herausgekommenen Eie einige freie Zellen zweiter Art, welche, wie im Ei, so auch um das Ei sich befanden; augenscheinlich erleidet die Dottermasse hier keine Umwandlung; unterdessen wird die Hülle (anhyste) merklich dicker; also geschieht hier das Wachsthum der Hülle, anhyste, außerhalb der Schnur.

5. Neue Wirbelthiere des Zoologischen Museums in Berlin.

Von Ant. Reichenow.

eingeg. 14. Juni 1887.

1) *Dipus microtis* Rchw. n. sp.

Das Berliner Museum besitzt eine angeblich von Samar in Nordostafrica stammende Springmaus, welche von allen bekannten Arten der Gattung *Dipus* durch auffallend kleine und zierliche Ohren und rein schwarze Schwanzspitze abweicht.

Das noch nicht völlig erwachsene Exemplar gehört zu der Section *Haltomys* Brandt (Bull. Ac. Imp. Sc. St. Pétersbourg, 1844. p. 215). Die weißen oberen Schneidezähne sind gefurcht, Backzähne $\frac{3}{3}$ vorhanden. Die oberen Backzähne sind innen und außen zweifaltig. Von den unteren ist der erste jederseits zweifaltig, der zweite zeigt außen drei, innen zwei Falten, der dritte außen zwei, innen keine Falte. Im Vergleich mit *D. hirtipes* Lcht. fallen am Schädel die verhältnismäßig viel breiteren Bullae osseae auf. Der Schnauzentheil ist verhältnismäßig kürzer als bei letzterer Art. Dem entsprechend sind die Nasenbeine kürzer und zeigen in ihrem mittleren Theile eine starke Depression. Der hintere Theil der Nasenbeine ist concav. Die Ohren sind im Ganzen kleiner und bedeutend schmäler als bei anderen *Dipus*-Arten, bei *D. hirtipes* fast doppelt so breit als bei der vorliegenden Species. Schwanz verhältnismäßig kürzer als bei *hirtipes*.

Die Färbung des Rückens ist isabellfarben, etwas dunkler als bei *hirtipes*; die Haarwurzeln sind fahl grau. Körper- und Kopfseiten blasser, Unterseite rein weiß. Der Schwanz hat die Farbe des Rückens, einen schmalen schwarzen Ring um die Basis und braunschwarze Spitze. Alle anderen *Dipus*-Arten haben die Schwanzspitze hingegen weiß und einen breiten schwarzen Ring vor derselben. Vollkommen erwachsen dürfte die Art kaum die Größe von *D. hirtipes* erreichen. Kopflänge 30, Schwanzlänge 130, Lauflänge 35 mm. Länge des Schädels 27, größte Breite 19, Breite über den Hinterrand der Stirnbeine 14, Länge der Nasenbeine 10, der Scheitelbeine 7 mm.

2) *Cinnyris Möbii* Rchw. n. sp.

Diese schöne Nectarinie, welche ich zu Ehren des Directors des Zoologischen Museums in Berlin benenne, ist der *C. notata* Müll. (*angaladiana* Shaw) am nächsten verwandt und vertritt diese Madagascar-Form auf den Comoren. Sie unterscheidet sich von derselben durch stahlblau (anstatt grün) glänzende Kehle, welche unter zurückgeworfenem Lichte prächtig violett schimmert. Der untere Saum der Kehle erscheint nicht stahlblau bei auffallendem Licht, sondern violett. Die kleinsten Deckfedern sind tief stahlblau mit violettem Schimmer, bei zurückgeworfenem Licht prächtig violett. Im Übrigen übereinstimmend mit *C. notata*; die Achselbüschel fehlen wie bei letzterer. Flügellänge 70, Schwanzlänge 50, Schnabellänge 29, Lauflänge 20 mm.

Das vorliegende Stück wurde von dem Africareisenden Dr. Schmidt auf Groß-Comoro erlegt.

3) *Chamaeleon sphaeropholis* Rchw. n. sp.

Ein von dem Africareisenden Dr. G. A. Fischer bei Kagehi am Victoria Njansa gesammeltes Chamaeleon, ein weibliches Individuum mit stark entwickeltem Eierstock. Dasselbe steht dem *Ch. senegalensis*, insbesondere der als *Ch. laevigatus* von Gray beschriebenen Jugendform dieser Art am nächsten. Kehle und Bauch sind durch eine Reihe weißer conischer Schuppen gesägt, welche auf der Kehle jederseits von einer Reihe ebenfalls conischer und weißer, aber bedeutend kleinerer Schuppen gesäumt wird und auf dem hinteren Theil des Bauches in eine Doppelreihe übergeht. Der Rücken zeigt keine Spur eines Kammes, auch keine durch Größe oder Form von der übrigen Körperbedeckung abweichende Schuppenreihe. Das Hinterhaupt bildet einen nach allen Seiten gleichmäßig abfallenden Höcker und hat keine scharf abgesetzte Hinterhauptskante. Auf seinem vorderen Theile zeigt der Hinterhauptshöcker eine schwache Medianleiste. Die Superciliarkanten setzen sich, allmählich schwächer werdend, hinter das Auge längs der Seite des Hinterhauptes fort. Die Hirngegend ist concav. Der ganze Körper ist mit gleichmäßigen, kugeligen Körnerschuppen bedeckt. Gleiche Schuppen finden sich auf dem Kopfe; nur der vordere Theil der Superciliarkanten zeigt eine Reihe flacher, hexagonaler bis vierkantiger Schuppen. Eine weiße Binde verläuft längs der Körperseite von der Achsel bis fast in die Leistengegend, eine zweite durchbrochene, vorn durch kurze Striche, hinten durch Flecke gebildete weiße Linie geht parallel mit der Rückenlinie von dem Halse, in der Mitte zwischen Rücken und Schulter beginnend, bis an die Hüfte. Längs der Innenseite der Gliedmaßen verläuft ebenfalls eine weiße Längsbinde. Auch die Zehensohlen sind weiß. Länge von der Schnauzenspitze bis zum After 74, Schwanzlänge 63, von der Schnauzenspitze bis zum Maulwinkel 15, Oberschenkel 13, Unterschenkel 12 mm.

4) *Chamaeleon Fischeri* Rchw. n. sp.

Auch diese Art befand sich in den Sammlungen des verstorbenen Reisenden Dr. G. A. Fischer und scheint in den Nguru-Bergen in der Landschaft Usagara gesammelt zu sein; doch steht der Fundort nicht zweifellos fest. Das vorliegende Exemplar ist ein Männchen mit stark entwickelten Hoden. Es steht dem *Ch. bifidus* Brongn. von Madagascar sehr nahe, unterscheidet sich von demselben aber in folgenden Puncten: Die ganze Körperform ist schlanker, der Kopf zierlicher. Die Nasenhörner sind blattartig dünn, mit fast messerscharfer Oberkante, und zwar von dem Grunde an derartig flach, daher ihr Abstand von einander so breit ist, daß am oberen Rande fünf, unten wenigstens zwei Schuppenreihen den dazwischen liegenden Stirntheil bedecken. Dabei convergiren die Nasenanhänge ein wenig. Bei *bifidus* hingegen sind dieselben dicker, namentlich an der Basis. Bei allen mir vorliegenden alten Individuen letzterer Art sind sie sogar am Grunde mit einander verwachsen und laufen gabelförmig aus einander, während bei jüngeren Individuen eine einzige Schuppenreihe den zwischenliegenden Stirntheil ausfüllt. Die Hinterhauptskante ist bei der neuen Art hinten breit abgerundet wie bei *bifidus*, aber sehr scharf, Occipitalcrista vorhanden, wenn auch schwach. Die Nackentuberkel sind durch 2—3 Schuppenreihen getrennt, während sie bei *bifidus* einander berühren oder durch nur eine Schuppenreihe getrennt sind. Die Stirngegend ist stark concav; die Superciliarkanten springen scharf vor. Der vordere Theil des Rückens ist gezähnelt, Kehle und Unterkörper gerundet, nicht gesägt. Die Körperbedeckung betreffend, fehlt die Reihe von Gruppen weißer Pflasterschuppen auf den Bauchseiten wie sie *Ch. bifidus* besitzt. Nur an den Rückenseiten zeigen die Schuppen ein gleichmäßiges Gepräge, sind dicht an einander gereiht, flach, vierkantig oder polygonal, selten rundlich. Auf den übrigen Theilen des Körpers stehen runde Körnerschuppen in kleinen Gruppen beisammen, während die bald mehr, bald minder weiten Zwischenräume von kleinen, unregelmäßig geformten Körnchen ausgefüllt werden. Länge von der Schnauzenspitze bis zum After 110, Schwanzlänge 150, Nasenhörner vom vorderen Augenrand an gemessen 17, Maulspalte 20, Kopflänge von der Schnauzenspitze bis zur Hinterhauptskante 32, Oberschenkel 18, Unterschenkel 17 mm.

5) *Zonurus vittifer* Rchw. n. sp.

Durch die sehr geringe Größe des Frontonasale von allen anderen Arten abweichend. Körperseiten mit denselben Schuppen bedeckt wie der Rücken. Keine Supranasalia. Unteres Augenlid undurchsichtig. Kopf stark depress, viel länger als breit. Nasalia breit, ziemlich in ihrer ganzen Breite an einander stoßend, da das Frontonasale nur wenig in den Hinterrand einspringt, wenig geschwollen, in ihrem hinteren Theile durchbohrt. Frontonasale sehr klein, vierseitig, von dem Rostrale durch die Nasalia getrennt, von den Praefrontalien eingeschlossen. Frontale hexagonal, vorn wenig breiter. Interparietale fünfseitig, von den vier Parietalien eingeschlossen, mit seinem vorderen verschmälerten Theile die Frontoparietalia berührend. Hintere Parietalia nur wenig größer als die vorderen. Temporalia schwach gekielt, ohne Stacheln, in vier Reihen. Vier Supraocularia, drei Superciliaria, kein Zügelschild. Kehlschilder klein. Rücken- Schwanz- und Bauchschilder von gleicher Form wie bei *Z. cordylus* L.; die breiteste Querreihe der ersteren enthält 20—22 Schuppen, die Bauchschilder zählen bis zu 16 Längsreihen. Seitenfalten vorhanden. Drei große Praeanalschuppen. 7—8 Femoralporen. Oberseits schwarzbraun und gelblich variirend; längs der Rückenmitte eine auf dem hinteren Theile mehrfach unterbrochene gelbliche Binde. Länge des Exemplars von der Schnauzenspitze bis zum After 55, Schwanz 57, Kopf 17 mm. Das vorliegende Stück wurde von dem Africareisenden Dr. Schmidt aus Transvaal heimgebracht.

IV. Personal-Notizen.

Bloomington, Indiana, U. S. A. Dr. J. S. Kingsley (in Malden, Mass.) übernimmt am 1. September die Professur für Biologie an der Indiana University.

Göttingen. Dr. von Linstow hat Hameln verlassen und lebt von nun an in Göttingen.

Druck von Breitkopf & Härtel in Leipzig.

Zoologischer Anzeiger

herausgegeben

von Prof. **J. Victor Carus** in Leipzig.

Verlag von Wilhelm Engelmann in Leipzig.

X. Jahrg. 18. Juli 1887. No. 256.

Inhalt: I. **Litteratur.** p. 373—381. II. **Wissensch. Mittheilungen.** 1. **Reinhard,** Antwort auf die Notiz des Herrn Ostroumoff in No. 247 der vorlieg. Zeitschr. 2. **Vialleton,** Développement de la Seiche (1ère partie). 3. **Korotneff,** Zur Anatomie und Histologie des *Veretillum*. 4. **Cunningham,** The Reproduction of *Myxine*. III. **Mittheil. aus Museen, Instituten etc.** 1. **Dewitz,** Filz-Eiweißplatten zur Befestigung zootomischer Praeparate. 2. **Zoological Society of London.** IV. **Personal-Notizen.**

I. Litteratur.

15. Arthropoda.

b) **Myriapoda.**

(Fortsetzung.)

Chalande, J., Recherches sur le mécanisme de la respiration chez les Myriapodes. in: Compt. rend. Ac. Sc. Paris, T. 104. No. 2. p. 126—127. — Abstr. in: Journ. R. Microsc. Soc. London, 1887. P. 2. p. 230. P. 3. p. 385—386.

Tömösváry, E., Special sensory organs of Myriopods. Abstr. in: Journ. R. Microsc. Soc. London, 1887. P. 2. p. 229—230.
(Math. u. nat. Ber. Ungarn.) — s. Z. A. No. 174. p. 438.

Plateau, Fél., Rôle des palpes chez les Myriopodes et les Aranéides. Ausz. von F. Moewes. in: Biolog. Centralbl. 6. Bd. No. 22. p. 673—675. — Abstr. in: Journ. R. Microsc. Soc. London, 1887. P. 2. p. 223—224. Amer. Naturalist, Vol. 21. No. 4. p. 384—385.
(Bull. Soc. Zool. France.) — s. Z. A. No. 236. p. 623.

—— Light-perception by Myriopods. Abstr. in: Journ. R. Microsc. Soc. London, 1887. P. 1. p. 76. Amer. Naturalist, Vol. 21. No. 4. p. 384.
(Journ. de l'Anat.) — s. Z. A. No. 244. p. 77.

Dubois, .., Les Myriapodes lumineux. Extr. in: Revue Scientif. (3.) T. 39. No. 16. p. 509.
(Soc. de Biol.)

Bollman, Ch. H., Preliminary descriptions of ten new North American Myriapods. in: Amer. Naturalist, Vol. 21. No. 1. p. 81—82.

Macé, .., Phosphorescence of *Geophilus*. Abstr. in: Journ. R. Microsc. Soc. London, 1887. P. 2. p. 230.
(Compt. rend.) — s. Z. A. No. 244. p. 78.

Tömösváry, E., Structure of spinning glands of *Geophilidae*. Abstr. in: Journ. R. Microsc. Soc. London, 1887. P. 2. p. 230.
(Math. u. nat. Ber. Ungarn.) — s. Z. A. No. 198. p. 364.

Lucas, H., Un cas d'ovoviviparité dans les Chilopodes [*Heterostoma Newporti*]. in: Ann. Soc. Entomol. France, (6.) T. 6. 1. Trim. Bull. p. XXXII—XXXIII.

Bollman, C. H., Description of new genera and species of North American

Myriapoda (*Julidae*). in: Entomolog. Amer. Vol. 2. No. 12. p. 225—229.

(9 n. sp.; n. g. *Nannolene.*)

Sedgwick, Adam, The Development of the Cape Species of *Peripatus*. P. III. On the Changes from Stage A to Stage F. With 4 pl. in: Quart. Journ. Microsc. Sc. Vol. 27. P. 4. p. 467—550.

(s. Z. A. No. 207. p. 593. No. 226. p. 383.)

Bollman, Ch. H., New genus and species of *Polydesmidae*. in: Entomolog. Amer. Vol. 3. No. 3. p. 45—46.

(3 n. sp.; n. g. *Chaetaspis.*)

Haase, Erich, Die Stigmen der *Scolopendriden*. in: Zool. Anz. 10. Jahrg. No. 246. p. 140—142. — Transl. in: Ann. of Nat. Hist. (5.) Vol. 19. Apr. p. 321—323. Abstr. in: Journ. R. Microsc. Soc. London, 1887. P. 3. p. 386.

Tömösváry, E., Respiratory organ of *Scutigeridae*. Abstr. in: Journ. R. Microsc. Soc. London, 1887. P. 2. p. 231.

(Math. u. nat. Ber. Ungarn.) — s. Z. A. No. 174. p. 439.

c) **Arachnida.**

Weissenborn, Brnh., Beiträge zur Phylogenie der Arachniden. in: Jena. Zeitschr. f. Naturwiss. 20. Bd. 1. Hft. p. 33—119. — Apart als Inaug.-Diss. Jena, G. Fischer, 1886. 8⁰. (71 p.)

Schimkewitsch, W., Affinities of Arachnida. Abstr. in: Journ. R. Microsc. Soc. London, 1887. P. 1. p. 77—78.

(Arch. Slav. de Biol.) — s. Z. A. No. 236. p. 628.

Koch, L., Die Arachniden Australiens nach der Natur beschrieben und abgebildet. Fortgesetzt von Graf E. Keyserling. 35. Lief. Nürnberg, Bauer & Raspe, 1887. 4⁰. *M* 9,—.

(19 n. sp. *Epeira.*)

Acari, n. sp., v. infra Diptera, *Cecidomyid.*, A. Targioni-Tozzetti.

Berlese, A., Acari dannosi alle piante coltivate. Padova, 1886. 4⁰. (31 p., fig., 5 tav. color.)

Kramer, P., Über Milben. Mit 1 Taf. in: Arch. f. Naturgesch. 52. Jahrg. 1. Bd. 3. Hft. p. 241—268.

(I. Zur Kenntnis einiger Gamasiden. [2 n. sp.; n. g. *Dinychus.*] II. Neue Milben aus anderen Familien. [3 n. sp.])

Hagen, H. A., A new Phytoptocecidium from North America, on Achillea. From: Canad. Entomolog. Sept., 1886.

Kieffer, J. J., Dritter Beitrag zur Kenntnis der in Lothringen vorkommenden Phytoptocecidien. in: Zeitschr. f. Naturwiss. (Halle), 59. Bd. 5. Hft. p. 409—420.

Löw, Frz., Neue Beiträge zur Kenntnis der Phytoptocecidien. aus: Verhandl. k. k. zool. bot. Ges. Wien, 1887. p. 23—38.

Henking, H., Untersuchungen über die Entwicklung der Phalangiden. 1. Theil. Mit 4 Taf. u. 1 Holzschn. in: Zeitschr. f. wiss. Zool. 45. Bd. 1. Hft. p. 86—175. 2. Hft. p. 400. — Abstr. in: Journ. R. Microsc. Soc. London, 1887. P. 3. p. 390—392.

Croneberg, A., Vorläufige Mittheilung über den Bau der Pseudoscorpione. in: Zool. Anz. 10. Jahrg. No. 246. p. 147—151. Ann. of Nat. Hist. (5.) Vol. 19. Apr. p. 316—320. Abstr. in: Journ. R. Microsc. Soc. London, 1887. P. 3. p. 389.

Lendl, Adf., Über die morphologische Bedeutung der Gliedmaßen bei den

Spinnen. in: Math. u. naturw. Berichte aus Ungarn, 4. Bd. p. 95—100.

Loman, J. C. C., Über die morphologische Bedeutung der sogenannten Malpighischen Gefäße der echten Spinnen. Mit 4 Holzschn. Aus: Tijdschr. Nederl. Dierkd. Vereen. (2.) D. 1. 1887. p. 109—113.

Plateau, Fél., Palpes des Aranéides. v. supra Myriapoda, F. Plateau.

Dönitz, . ., Über die Copulation von Spinnen. in: Sitzgsber. Ges. Nat. Fr. Berlin, 1887. No. 4. p. 49—51.

Morin, J., Zur Entwicklungsgeschichte der Spinnen. in: Biolog. Centralbl. 6. Bd. No. 21. p. 658—663. — Abstr. in: Journ. R. Microsc. Soc. London, 1887. P. 2. p. 231—232. Amer. Naturalist, Vol. 21. No. 3. p. 294—295.

Schimkevitch, Wlad., Étude sur le développement des Araignées. Avec 6 pl. in: Arch. de Biolog. T. 6. Fasc. 3. p. 515—584. — Abstr. in: Journ. R. Microsc. Soc. London, 1887. P. 3. p. 386—388.

Araneae, of Great Britain. v. supra. Crustacea, F. A. A. Skuse.

Göldi, Em. A., Araneologisches aus Brasilien. in: Zool. Anz. 10. Jahrg. No. 249. p. 224.

Karsch, F., *Acrosoma Stübeli* n. sp. in: Berlin. Entomol. Zeitschr. 30. Bd. 2. Hft. p. 340.

Trouessart, E. L., Diagnoses d'espèces nouvelles de Sarcoptides plumicoles (*Analgesinae*). (72 p.) Extr. du Bull. Soc. d'Étud. Scientif. d'Angers, Ann. 1886. p. 85—156.

(55 n. sp.; n. g. *Nealges*, n. subg. *Allanalges*.)

Kowalevsky, A., and M. Schulgin, Development of Scorpions [*Androctonus ornatus*]. Abstr. by J. S. Kingsley. in: Amer. Naturalist, Vol. 21. No. 2. p. 201—203.

—— —— Embryology of the Scorpion (*Androctonus ornatus*). Abstr. in: Journ. R. Microsc. Soc. London, 1887. P. I. p. 78—79.

(Biol. Centralbl.) — s. Z. A. No. 244. p. 79.

Karsch, F., Über die *Aranea notacantha* Quoi et Gaimard. in: Berlin. Entomol. Zeitschr. 30. Bd. 2. Hft. p. 300.

(*Tholia turrigera* L. Koch.)

Doenitz, . ., Über die Lebensweise zweier Vogelspinnen aus Japan [*Atypus Karschii* n. sp. und *Pachylomerus fragaria* n. sp.]. in: Sitzgsber. Ges. Nat. Fr. Berlin, 1887. No. 1. p. 8—10.

Trouessart, E., Sur la présence du genre des Sarcoptides psoriques *Chorioptes* ou *Symbiotes* chez les Oiseaux. in: Compt. rend. Ac. Sc. Paris, T. 104. No. 13. p. 921—923.

Croneberg, A., Über ein Entwicklungsstadium von *Galeodes*. Mit 2 Figg. in: Zool. Anz. 10. Jahrg. No. 247. p. 163—164. — Abstr. in: Amer. Naturalist, Vol. 21. No. 5. p. 486—487.

Mégnin, P., Anatomy and Physiology of *Glyciphagidae*. Abstr. in: Journ. R. Microsc. Soc. London, 1887. P. 2. p. 232.

(Compt. rend.) — s. Z. A. No. 244. p. 79.

Karsch, F., Über die geographische Verbeitung der Araneidengattung *Hemicloea* Thorell. in: Berlin. Entomol. Zeitschr. 30. Bd. 2. Hft. p. 151—152.

Pachylomerus fragaria. v. *Atypus Karschii*, Doenitz.

Bruce, A. T., Observations on the Nervous System of Insects and Spiders and some preliminary Observations on *Phrynus*. in: Johns Hopkins Univ. Circul. Vol. 6. No. 54. p. 47. — Abstr. in: Journ. R. Microsc. Soc. London, 1887. P. 2. p. 223.

Nalepa, Alfr., On the Anatomy and Classification of the *Phytopti*. in: Ann. of Nat. Hist. (5.) Vol. 19. Febr. p. 165—166. Abstr. in: Journ. R. Microsc. Soc. London, 1887. P. 3. p. 389—390.
(Anzeiger kais. Akad. Wien.)

Railliet, A., Étude zoologique du Sarcopte lisse (*Sarcoptes laevis* Rail.), nouvelle forme Acarienne parasite des oiseaux de basse-cour. Avec 1 pl. in: Bull. Soc. Zool. France, T. 12. 1. P. p. 127—136.

Houssay, F., Sur la lacune sanguine périnerveuse, dite artère spinale, chez les Scorpions, et sur l'organe glandulaire annexe. in: Compt. rend. Ac. Sc. Paris, T. 104. No. 8. p. 520—522. — Abstr. in: Journ. R. Microsc. Soc. London, 1887. P. 3. p. 389.

Bourne, A. G., Scorpion virus. in: Nature, Vol. 36. No. 916. p. 53.

Fayrer, J., Scorpion virus. in: Nature, Vol. 35. No. 908. p. 488.

Morgan, C. Lloyd, Scorpion virus. in: Nature, Vol. 35. No. 910. p. 535.

Bourne, Alfr. G., The reputed Suicide of the Scorpion. in: Proc. R. Soc. London, Vol. 42. No. 251. p. 17—22. — Abstr. in: Journ. R. Microsc. Soc. London, 1887. P. 3. p. 388.

Nathusius-Königsborn, W. von, Über die wirkliche Natur des fälschlich als Mauke bezeichneten Fußleidens der schweren Pferde. Sep.-Abdr. aus: Zeitschr. landwirthsch. Central.-Ver. d. Prov. Sachsen, 1887. Hft. 5. (14 p.)
(*Symbiotes equi.*)

Symbiotes. v. supra *Chorioptes*, Trouessart, E.

Karpelles, Ludw., Eine interessante Milbe (*Tarsonemus intectus* n. sp.). Mit 1 Taf. in: Math. u. naturw. Berichte aus Ungarn, 4. Bd. p. 45—61. — v. etiam: Journ. R. Microsc. Soc. London, 1887. P. 3. p. 390.

Lucas, H., Note relative à un Arachnide du g. *Trombidium*. in: Ann. Soc. Entomol. France, (6.) T. 7. 1. Trim. Bull. p. LXI—LXII.

Nalepa, A., Anatomy of the *Tyroglyphidae*. Abstr. in: Journ. R. Microsc. Soc. London, 1887. P. 2. p. 232—233.
(Sitzgsber. Wien. Akad.) — s. Z. A. No. 216. p. 98.

d) Insecta.

Annales de la Société Entomologique de Belgique. T. 30. Bruxelles & Leipzig, C. Muquardt, 1886. (Mai, 1887.) 8⁰. (226 p., Bull. ou Compt. rend. Ann. 1886. CCXLI p., 5 pls.)

Annales de la Société Entomologique de France. 6. Sér. T. 6. 1886. 4. Trim. Paris, 9. Mars, 1887. T. 7. 1887. 1. Trim. ibid., 25. Mai, 1887. 8⁰.

Bullettino della Società Entomologica Italiana. Anno 18. Trim. 4. Ann. 19. Trim. 1/2. (Marzo.) Firenze, 1887. 8⁰.

Entomologica Americana. [‚A Monthly Journal' left out on the Title] published by the Brooklyn Entomological Society of Brooklyn, N.Y. Ed. John B. Smith, ass. Edit. Geo. D. Hulst. Vol. II. Apr. 1886 to March 1887. Brooklyn, 1887. — Vol. III. (No. 1. Apr. 1887.) Ed. Geo. D. Hulst, ass. Ed. Chris. H. Roberts, Brooklyn, 1887. 8⁰.

Entomologist, The. An illustrated Journal of General Entomology. Ed. by John T. Carrington, with the assistance of T. R. Billups, Fred. Bond, E. A. Fitch, R. South, J. J. Weir, F. B. White. Vol. 20. (12 Nos.) London, Simpkin, Marshall & Co., 1887.

Труды Русскаго Энтомологическаго Общества въ С.-Петербургѣ. Horae

Societatis Entomologicae Rossicae variis sermonibus in Rossia usitatis editae. T. 20. No. 3 u. 4. Petersburg, 1887. 8⁰. ℳ 16,50.

Magazine, The Entomologist's Monthly. Conducted by C. G. Barrett, J. W. Douglas, W. W. Fowler, R. McLachlan, E. Saunders, H. T. Stainton. Vol. 23. (Jan.—May.) Vol. 24. June—Decbr. London, Gurney & Jackson (van Voorst succ.), 1887. 8⁰.

Meddelelser, Entomologiske, udgivne af Entomologisk Forening ved Fr. Meinert. 1. Bd. 1. Hfte. Kjøbenhavn, H. Hagerup, 1887. 8⁰. (p. 1—48.) ℳ 1,—.

Mittheilungen der Schweizerischen Entomologischen Gesellschaft. Bulletin de la Société Entomologique Suisse. Redig. von Dr. Gust. Stierlin. Vol. 7. Hft. No. 9. Schaffhausen, Huber & Co. in Comm., 1887. 8⁰. (p. 331—376; Coleoptera Helvet. p. 33—64.) ℳ 2,25.

Nachrichten, Entomologische. Begründet von F. Katter, hrsg. von F. Karsch. 13. Jahrg. (24 Nrn.) Berlin, R. Friedländer & Sohn, 1887. 8⁰. ℳ 6,—.

Psyche, A Journal of Entomology. Edited by B. Pickman Mann, G. Dimmock, Alb. J. Cook etc. Vol. 3. No. 103—104. Nov.—Decbr. 1882. Vol. 4. No. 135—137. July—Sept. 1885. Cambridge, Mass., (103/104:) Jan. 1887; (135/137:) Febr. 1887.

(Vol. 3. No. 103/104. ed. by Geo. Dimmock; Vol. 4. No. 135/137. edit. by the Cambridge Entomol. Club.)

Transactions of the Entomological Society of London for the year 1886. P. III. IV. for the year 1887. P. I. London, Longman, 1886, 1887. 8⁰. (1886: III. IV.: p. 189—468, Proc. CXIX p. 9 pl.; 1887: I.: 49, XX p., 4 pl.) I. 4 s 6 d.

Zeitschrift, Berliner Entomologische. Hrsg. vom Entomol. Verein in Berlin. 30. Bd. (1886.) 2. Hft. (Tit., Inh., p. XXI—XXXIV, 141—346.) ausgeg. Ende Jan. 1887. Mit 4 Taf. Berlin, R. Friedländer & Sohn in Comm., 8⁰. ℳ 13,—.

Zeitung, Stettiner Entomologische. Hrsgeg. von dem Entomologischen Vereine zu Stettin. 47. Jahrg. (1886.) No. 10/12. 48. Jahrg. (1887.) No. 1/3. R. Friedländer & Sohn, Berlin in Comm. 1886. 1887. 8⁰. (1886: p. 309—376, 2 Taf., u. Repertorium der 8 Jahrgänge 1879—1886: 91 p.; 1887: 112 p., 1 Taf.) p. cplt. ℳ 12,—.

Zeitung, Wiener Entomologische. Hrsg. Jos. Mik, Edm. Reitter, Fritz A. Wachtl. 6. Jahrg. [12 Hfte.] Wien, A. Hölder, 1887. 8⁰. p. cplt. ℳ 8,—.

Schlick, Will., Et Sigteapparat. in: Entomol. Meddel. 1. Bd. 1. Hft. p. 28.

Stainton, H. T., Notes on the second edition of Curtis' British Entomology. in: Entomol. Monthly Mag. Vol. 23. March, p. 221—223.

Dohrn, C. A., Wälsche Plaudereien [Museum Borgia]. in: Stettin. Entomol. Zeit. 48. Jahrg. 1887. No. 1/3. p. 103—105.

Meyrick, E., The Curtis Collection. in: Entomol. Monthly Mag. Vol. 23. March, p. 220.

Trois, H., Quelques expériences sur la conservation des larves des Insectes. in: Arch. Ital. Biol. T. 8. Fasc. 1. p. 37—39.

(Dagli Atti R. Istit. Ven. (6.) T. 3.

Des Gozis, Maur., Réponse a une Note de M. Abeille de Perrin relative à la nomenclature entomologique. in: Ann. Soc. Entomol. France, (6.) T. 6. 4. Trim. p. 469—470.

Sharp, Dav., On some proposed transfers of names of genera. in: Trans. Entomol. Soc. London, 1886. P. II. p. 181—188.

Haase, Er., Die Vorfahren der Insecten. Vortrag. in: Sitzgsber. u. Abhdlg. Naturf. Ges. Isis Dresden, 1886. Abhd. p. 85—91. Abstr. in: Journ. R. Microsc. Soc. London, 1887. P. 3. p. 384.

Bergroth, E., Entomologische Parenthesen. in: Entomol. Nachricht. (Karsch), 13. Jahrg. No. 10. p. 147—152.

(I. Zur Nomenclatur der Dipteren. II. Über Spinola's »Insetti artroidignati«.)

Lindeman, K., Entomologische Beiträge. in: Bull. Soc. Imp. Natural. Moscou, 1887. No. 1. p. 193—205.

Oberthür, Ch., Études d'Entomologie. Descriptions d'Insectes nouveaux ou peu connus. (Nouv. Série.) Livr. XI. Espèces nouvelles de Lépidoptères du Thibet. Rennes, 1887. 4⁰. (38 p. Avec 7 pls.) *M* 58,—.

Poulton, E. B., Protective value of Colour and Markings in Insects. in: The Entomologist, Vol. 20. Apr. p. 111—112.

(Zool. Soc. London.)

Grassi, B., Primitive Insects. Abstr. in: Journ. R. Microsc. Soc. London, 1887. P. 1. p. 75.

(Atti Acad. Gioen.) — s. Z. A. No. 226. p. 392.

Sclater, J. W., On the origin of colours in Insects. in: Trans. Entomol. Soc. London, 1886. Proc. p. XIX—XXIII.

Prognostication of weather by Insects. in: Psyche, Journ. of Entom. Vol. 4. No. 135/137. p. 327—328.

(From Nature and additions.)

Karsch, F., Über Insekten als Zwischenwirthe. in: Berlin. Entomol. Zeitschr. 30. Bd. 2. Hft. Sitzgsber. p. XXVIII—XXXI.

Barrois, . ., Rôle des Insectes dans la fécondation des Végétaux. Paris, O. Doin, 1886. 8⁰. (124 p., 25 fig.)

Slater, J. W., A question on the relation between Insects and Plants. in: Trans. Entomol. Soc. London, 1886. Proc. p. LIII—LV.

Beling, Th., Kleiner Beitrag zur Naturgeschichte der der Land- und Gartenwirthschaft schädlichen Insekten. in: Wien. Entomol. Zeit. 6. Jahrg. 2. Hft p. 61—63.

(1 n. sp.)

Borre, A. (Pr. de, (Sur des Insectes attaquant les bouchons dans les caves [*Oenophila, Tinea, Asopia* etc.]). in: Soc. Entomol. Belg. Compt. rend. (3.) No. 86. p. XXXVI—XXXVII. — Discussion, ibid. p. XXXVIII.

Ormerod, Eleanor A., Report of Observations of Injurious Insects and common Farm Pests during the year 1886, with Methods of Prevention and Remedy. 10. Report. London, Simpkin, Marshall & Co., 1887. 8⁰. (112 p.) 1 s 6 d.

Report of Experiments with various Insecticide Substances, chiefly upon Insects affecting Garden Crops. Washington, Govt. Print. Off. 1887. 8⁰. (34 p.) — U. S. Depart. of Agricult. Div. of Entomol. Bull. No. 11.

Riley, C. V., Our Shade Trees and their Insect Defoliators, being a consideration of the four most injurious species which affect the trees of the Capital; with means of destroying them. Washington, Govt. Print. Off., 1887. 8⁰. (69 p.) — U. S. Depart. of Agricult. Div. of Entomol. Bull. No. 10.

U. S. Department of Agriculture. Division of Entomology. Bulletin. No. 12.

Miscellaneous Notes on the Work of the Division of Entomology for the season of 1885, prepared by the Entomologist. With illustr. Washington, 1886. 8⁰. (46 p. 1 pl.)

Devereaux, W. L., A Dangerless, Vegetable Insecticide for Collecting Bottles. in: Entomolog. Amer. Vol. 2. No. 9. p. 177—179.

Liebel, Rob., Die Zoocecidien (Pflanzendeformationen) und ihre Erzeuger in Lothringen. in: Zeitschr. f. Naturwiss. (Halle), 59. Bd. 6. Hft. p. 531—579.

(Insecten [331 Cecidien] u. Würmer [5].)

Minot, Ch. Sedgw., Zur Kenntnis der Insectenhaut. Mit 1 Taf. in: Arch. f. mikrosk. Anat. 28. Bd. 1. Hft. p. 37—48.

Cholodkowsky, N., Morphology of Insects' wings. Abstr. in: Amer. Monthly Microsc. Journ. Vol. 8. No. 2. p. 27. Journ. R. Microsc. Soc. London, 1887. P. 1. p. 74. — E. Haase, ibid.

(Zool. Anz. No. 235. p. 615—618. No. 239. p. 711—713.)

Knüppel, Alfr., Über Speicheldrüsen von Insecten. Mit 2 Taf. in: Arch. f. Naturgesch. 52. Jahrg. 1. Bd. 3. Hft. p. 269—303. — Ausz. in: Sitzgsber. Ges. Nat. Fr. Berlin, 1887. No. 3. p. 28—30. Entomol. Nachricht. (Karsch), 13. Jahrg. No. 5. p. 67—69.

Nassonow, N., Thoracic salivary glands homologous with Nephridia. in: Journ. R. Microsc. Soc. London, 1887. P. 1. p. 73.

(Biolog. Centralbl.) — s. Z. A. No. 244. p. 81.

Viallanes, H., Sur la morphologie comparée du cerveau des Insectes et des Crustacés. in: Compt. rend. Ac. Sc. Paris, T. 104. No. 7. p. 444—447. — Abstr. in: Journ. R. Microsc. Soc. London, 1887. P. 3. p. 379.

Forel, Aug., Expériences et remarques critiques sur les sensations des Insectes. (1. Partie.) Avec 1 pl. in: Recueil Zool. Suisse, T. 4. No. 1. p. 1—50. — 2. partie. Nouvelles et anciennes expériences. ibid. p. 145—(160). No. 2. p. 161—240.

(1. partie trad. librement des Mittheil. Münch. Entomol. Verein, 1878. — Abstr. of P. 1. in: Journ. R. Microsc. Soc. London, 1887. P. 3. p. 379—380.)

Graber, Veit, Neue Versuche über die Function der Insectenfühler. in: Biolog. Centralbl. 7. Bd. No. 1. p. 13—19. — Abstr. in: Journ. R. Microsc. Soc. London, 1887. P. 3. p. 380.

Hauser, Gust., On the Organs of Smell in Insects. Abstr. by A. S. Packard. With 3 pl. in: Amer. Naturalist, Vol. 21. No. 3. p. 279—286.

(Zeitschr. f. wiss. Zool.) — s. Z. A. No. 63. p. 419.

Blochmann, F., Oogenesis of Insects. Abstr. in: Journ. R. Microsc. Soc. London, 1887. P. 1. p. 70—71.

(Biolog. Centralbl.) — s. Z. A. No. 244. p. 81.

Korschelt, Eug., Über einige interessante Vorgänge bei der Bildung der Insecteneier. Mit 2 Taf. u. 4 Holzschn. in: Zeitschr. f. wiss. Zool. 45. Bd. 2. Hft. p. 327—397.

—— Origin and Significance of Cellular Elements of Ovary of Insects. in: Journ. R. Microsc. Soc. London, 1887. P. 1. p. 71—72.

(Zeitschr. f. wiss. Zool.) — s. Z. A. No. 236. p. 631.

—— Zur Bildung der Eihüllen, der Mikropylen und Chorionanhänge bei den Insekten. Mit 5 Taf. und [3] in den Text eingedruckten Holzschnitten. Halle. (Leipzig, W. Engelmann in Comm.) 1887. 4⁰. aus: Nova Acta d. Kais. Leop.-Carol. Deutsch. Akad. 51. Bd. No. 3. p. 181—252. ℳ 9,—.

Wielowieyski, Henr., O budowie jajnika u owadów. z 4 tabl. Kraków, 1886. 8⁰. (111 p.) (Aus: Rozpraw i Saprow. Wydz. mat.-przyr. Akad.

Umiejętn. T. 15.) — Über den Bau des Insectenovariums. Résumé u. Tafelerklärung. (10 p.)

Tichomiroff, A., Chemical Composition of Ova. Abstr. in: Journ. R. Microsc. Soc. London, 1887. P. 1. p. 72.
(Zeitschr. f. phys. Chemie.) — s. Z. A. No. 207. p. 596.

Blochmann, F., Über die Richtungskörper bei Insekteneiern. Mit 2 Taf. in: Morpholog. Jahrb. 12. Bd. 4. Hft. p. 544—574.

—— Über die Richtungskörper bei Insecteneiern. in: Biolog. Centralbl. 7. Bd. No. 3. p. 108—111.

Hallez, P., Law of orientation of the Embryo in Insects. in: Journ. R. Microsc. Soc. London, 1887. P. 1. p. 72—73.
(Compt. rend. Ac. Sc. Paris.) — s. Z. A. No. 244. p. 81.

Tichomiroff, A., Die künstliche Parthenogenese bei Insecten. in: Arch. f. Anat. u. Physiol. Phys. Abth. Jahrg. 1886. Supplt.-Bd. p. 35—36.

Carrington, John T., Localities for beginners. XI. Thames Salt-Marshes. in: The Entomologist, Vol. 20. June, p. 145—149.
(s. Z. A. No. 236. p. 632.)

Cockerell, T. D. A., Captures at Chiswick. in: The Entomologist, Vol. 20. Febr. p. 43—44.

Eaton, A. E., Notes on the Entomology of Portugal. — IX. *Ephemeridae.* in: Entomol. Monthly Mag. Vol. 24. June, p. 4—6.

Horner, A. C., An Entomological Trip to Sherwood Forest. in: Entomol. Monthly Mag. Vol. 23. Febr. p. 212—213.

Brongniart, Ch., »Les Insectes fossiles des terrains tertiaires«. Analysis by H. Goss. in: Trans. Entomol. Soc. London, 1886. Proc. p. III—VIII.

α) Hemiptera.

Signoret, Victor, Liste des Hémiptères recueillis à Madagascar, aux environs de Tamatave, en 1885, par le rev. père Canboué et descriptions des espèces nouvelles. in: Ann. Soc. Entomol. France, (6.) T. 6. 1. Trim. p. 25—30.
(30 [4 n.] sp.)

Marquand, E. D., *Aëpophilus Bonnairei,* Signoret. in: Entomol. Monthly Mag. Vol. 23. Jan. p. 169—170.

Buckton, G. B., Notes on the occurrence in Britain of some undescribed *Aphides.* With 4 pl. in: Trans. Entomol. Soc. London, 1886. P. III. p. 323—328.
(4 n. sp.)

Kessler, H. F., Life-history of *Aphides.* Abstr. in: Journ. R. Microsc. Soc. London, 1887. P. 2. p. 227—228.
(Nova Acta Ac. Leop.-Carol.) — s. Z. A. No. 217. p. 122.

Lichtenstein, J., Note relative aux moeurs des Pucerons. in: Ann. Soc. Entomol. France, (6.) 1. Trim. Bull. p. XXX.

Garman, H., A Contribution to the Life History of *Aphis maidis* Fitch. in: Entomolog. Amer. Vol. 2. No. 9. p. 175—177.

Lemoine, Vict., Développement, organisation, métamorphoses et moeurs de l'*Aspidiotus.* in: Ann. Soc. Entomol. France, (6.) T. 6. 4. Trim. Bull. p. CXC—CXCII.

—— Structure and Metamorphosis of the *Aspidiotus* of the Rose-laurel. Abstr. in: Journ. R. Microsc. Soc. London, 1887. P. 1. p. 76.
(Compt. rend.) — s. Z. A. No. 244. p. 82.

Dimmock, Geo., *Belostomidae* and some other Fish-destroying Bugs. — From the Ann. Report Fish and Game Comm. Massach. 1886. p. 67—74.

Dimmock, Geo., *Belostomidae* and other Fish-destroying Bugs. in: Bull. U. S. Fish Comm. 1886. p. 353—359. The Zoologist, (3.) Vol. 11. March, p. 101—105.

Hart, Thos. H., Concerning *Brachyscelis munita*, Schrader, an Australian gall-making Coccid. (With prefatory Notes by R. McLachlan.) With cut. in: Entomol. Monthly Mag. Vol. 24. June, p. 1—3.

Uhler, P. R., Observations on some North American *Capsidae*. in: Entomolog. Amer. Vol. 2. No. 12. p. 229—231.
(2 n. sp.)

—— Observations on some *Capsidae* with descriptions of a few new species. No. 2. ibid. Vol. 3. No. 2. p. 29—35.
(6 n. sp.; n. g. *Pamillia, Diommatus, Bolteria.*)

Signoret, V., Sur des Cochenilles du Larrea mexicana [*Carteria Larreae*]. in: Ann. Soc. Entomol. France, (6.) T. 6. 1. Trim. Bull. p. LXII.
(Nom changé en *Tachardia* R. Blanch.)

Glaser, L., Die Überwinterung der Chermesläuse und die Lebensart der Lärchenlaus insbesondere. in: Entomol. Nachricht. (Karsch.) 13. Jahrg. No. 10. p. 152—156.

Edwards, Jam., A Synopsis of British Homoptera — *Cicadina*. With 1 pl. in: Trans. Entomol. Soc. London, 1886. P. II. p. 41—129.
(1 n. sp.)

Apgar, Ellis A., Some Observations on the Anatomy of *Cicada septemdecim*. With 2 cuts. in: Journ. Trenton. Nat. Hist. Soc. No. 2. Jan. 1887. p. 43—46.

Douglas, J. W., Note on some British Coccidae (No. 6). in: Entomol. Monthly Mag. Vol. 23. March, p. 239—(240); Apr. p. 241—243. — (No. 7.) ibid. Vol. 24. June, p. 21—24.
(1 n. sp.; n. g. *Ischnaspis.*)

Targioni-Tozzetti, Ad., Una *Diaspis* nociva ai gelsi [*D. pentagona* n. sp.]. in: Bull. Soc. Entom. Ital. Ann. 19. Trim. 1/2. p. 184—186.

Waterhouse, Ch. O., Some observations on the tea-bugs (*Helopeltis*) of India and Java. With 1 pl. in: Trans. Entomol. Soc. London, 1886. P. IV. p. 457—460.
(1 n. sp.)

Moniez, R., Les mâles de *Lecanium hesperidum* et la parthénogénèse. in: Compt. rend. Ac. Sc. Paris, T. 104. No. 7. p. 449—451. — Abstr. in: Journ. R. Microsc. Soc. London, 1887. P. 3. p. 383—384.

Townsend, C. K. T., On the Life-History of *Lygaeus turcicus* Fab. in: Entomolog. Amer. Vol. 3. No. 3. p. 53—55.

Westwood, J. O., Notice of a tube-making Homopterous Insect from Ceylon [*Machaerota guttigera* n. sp.]. With 1 pl. in: Trans. Entomol. Soc. London, 1886. P. III. p. 329—333.

Trimen, Roland, Notes on Insects apparently of the genus *Margarodes*, Lansd.-Guilding, stated to occur abundantly in the nests of White Ants, and also of true Ants in certain Western Districts of the Cape Colony. in: Trans. Entomol. Soc. London, 1886. P. IV. p. 461—463.

List, Jos. Hnr., *Orthezia cataphracta* Shaw. Mit 6 Taf. in: Zeitschr. f. wiss. Zool. 45. Bd. 1. Hft. p. 1—85. (Auch: Arbeiten a. d. Zoolog. Institut zu Graz, I. Bd. No. 5. Leipzig, W. Engelmann. *M* 7,—. — Abstr. in: Journ. R Microsc. Soc. London, 1887. P. 2. p. 228—229.

II. Wissenschaftliche Mittheilungen.

1. Antwort auf die Notiz des Herrn Ostroumoff in No. 247 der vorlieg. Zeitschrift.

Von Dr. W. Reinhard in Charkow.

eingeg. 14. Juni 1887.

In No. 247 des Zool. Anz. hat Herr Ostroumoff eine Notiz veröffentlicht, in welcher derselbe sich ohne Recht noch Grund Ausdrücke mich betreffend erlaubt, welche eine weitere Polemik unmöglich machen. Diese Manier ist nicht neu, und wird von Leuten gebraucht, welche ihren wissenschaftlichen Argumenten wahrscheinlich viel zu wenig Kraft geben. Ich bin vollkommen überzeugt, daß derartige Ausdrücke nur für denjenigen erniedrigend sind, der sie in einem wissenschaftlichen Streite zuläßt. Ich werde deshalb nur auf die mir vorgelegten Fragen antworten. Herr Ostroumoff fragt, in welchen Fällen er keine Bezugnahme auf meine Arbeit gemacht habe; 1) in seiner Notiz beschreibt er den Bau der Larve, ohne irgend welche Hinweise auf die in dieser Hinsicht von mir erhaltenen Resultate; 2) indem er sagt, daß ich bezüglich der Metamorphose der Larve nur den pathologischen Process beobachtet hätte, weist er nicht darauf hin, daß ich (wie dies von mir schon in No. 241 gesagt ist) Alles gesehen habe, was in dieser Beziehung von Nitsche beschrieben worden ist. Dabei hat Herr Ostroumoff selbst dem bereits Bekannten auch nicht ein neues Factum hinzugefügt. Ich bin somit gezwungen, das zu wiederholen, was von mir bereits erwähnt, aber von Herrn Ostroumoff ohne Beachtung gelassen worden ist. Die von Herrn Ostroumoff gewünschten Hinweise befinden sich bereits in meiner vorausgegangenen Notiz (No. 241). Herr Ostroumoff bemüht sich mir zu beweisen, wie sonderbar dies auch sein möge, daß ich die Verdickung des Ectodermes im hinteren Theile der Larve nicht gesehen hätte, während ich dieselbe doch auf meiner Fig. 26 (Taf. VI) dargestellt habe.

Wenn Herr Ostroumoff geäußert hätte, daß ich über diese Verdickung nichts sage, so wäre dies wahr gewesen. Habe ich doch darüber nichts gesagt, weil ich dieser Verdickung nicht die Bedeutung beimesse, welche ihr Herr Ostroumoff giebt. Ich glaube mich in allgemein verständlicher Sprache (in meiner Notiz No. 241) über den Anhang, welchen ich auf dem primären Zooecium beobachtet habe, auszudrücken: »gewöhnlich vermindert er sich nach einer bekannten Vergrößerungsperiode und wird ins Innere eingezogen. Manchmal ist, vielleicht in Folge ungünstiger Umstände, das ganze Zooecium zu Grunde gegangen. Somit hat die weitere Entwicklung des Zooeciums einen ganz normalen Verlauf genommen, und von pathologischen Processen kann hier keine Rede sein.« Unter totaler

Nichtbeachtung alles von mir Ausgeführten, spricht Herr Ostroumoff davon, was er im Allgemeinen pathologischen Process nennt. Dies ist aber Jedem auch ohne seine Erklärung bekannt. Herrn Ostroumoff gefallen einige meiner Zeichnungen nicht. Sie sind nach Durchschnitten, welche mit der Hand und nicht mit dem Microtom ausgeführt wurden, gemacht. Auf Fig. 35 ist die rechte Seite vielschichtig (der Durchschnitt war dick), während die linke, welche mir auch nöthig war, dünn ist, und es bedarf keines besonderen Scharfsinnes um sich (bei unparteiischer Betrachtung) die Zeichnung auf solche Weise zu erklären. Zeichn. 31 ist ebenfalls nach einem dicken Durchschnitt gemacht und deshalb müssen hier natürlich zwei oder drei eine über der andern liegende Reihen von Zellen des Entoderms sichtbar sein, wenn der Durchschnitt etwas schief gegangen ist. Dies zeigt auch die Zeichnung der Zellen, welche anders gemacht wäre, wenn die Zellen auf einer Fläche gelegen hätten. Herr Ostroumoff hätte jedoch den Text zu Rathe ziehen können, wenn er in Wirklichkeit sich die ihm unverständlichen Zeichnungen hätte erklären wollen. Hier hätte er lesen können (p. 91) daß ich auf den Zeichn. 31, 32, 33 nur drei Schichten sehe. Dies wird von mir auf Zeile 16 und 22 wiederholt und von einem mehrschichtigen Entoderm ist auch nirgends die Rede. Hiermit endige ich. Weitere wissenschaftliche Erklärungen sind in Rücksicht auf die von Herrn Ostroumoff gebrauchte Methode überflüssig, wie auch die oben angeführten Gründe mich außerdem zwingen, zu erklären, daß ich überhaupt in dieser oder einer andern Frage mit Herrn Ostroumoff nicht zu polemisiren wünsche und daß seine Bemerkungen, mögen sie auch noch ausfallender sein als die, welche er sich erlaubt hat, ohne Beantwortung bleiben werden.

2. Développement de la Seiche (1ère partie).

Par L. Vialleton.

eingeg. 14. Juni 1887.

Lorsque l'œuf abandonnant son follicule tombe dans la cavité du corps il a la forme d'un ovoïde avec un pôle aigu et un pôle mousse, et présente: 1⁰ le chorion, plus épais au pôle aigu où se trouve le micropyle, 2⁰ le vitellus nutritif qui forme presque toute sa masse, 3⁰ le vitellus formatif parfaitement distinct du vitellus nutritif qu'il recouvre dans toute l'étendue de l'hémisphère aigu sous la forme d'une lame facile ä isoler. A son centre (au dessous du micropyle), cette lame est épaisse, formée d'un protoplasma granuleux qui passe insensiblement dans la portion périphérique hyaline de plus en plus mince jusque vers l'équateur de l'œuf où on la perd. La vésicule germinative a disparu, et l'on trouve à peu près au centre de l'aire granuleuse du vitellus formatif, dans le voisinage du micropyle un petit fuseau, premier fuseau de direction.

Après la ponte, on observe que l'aire granuleuse du vitellus formatif s'est un peu déplacée en se portant au-dessous de la pointe de l'œuf. A sa périphérie, près du sommet de l'œuf, on trouve deux vésicules directrices (globules polaires), et dans son intérieur on voit deux noyaux tantôt assez petits et assez éloignés l'un de l'autre, tantôt plus gros et plus rapprochés, tantôt enfin fusionnés en un seul. Ce sont les pronuclei mâle et femelle. Ils sont de taille différente, et à quelque moment qu'on les considère ils présentent toujours la même différence de grandeur, de sorte qu'il est facile de les distinguer l'un de l'autre. Le plus petit est en même temps le plus rapproché des vésicules directrices, en outre ils se trouvent rarement tous deux sur la même ligne que ces dernières, mais au contraire une ligne menée par leurs centres, passe un peu à droite ou un peu ä gauche des vésicules directrices, ä une très petite distance de ces dernières.

Le plus petit des pronuclei, étant le plus rapproché du micropyle (qui est voisin des vésicules directrices) parait être le pronucleus mâle. Il n'est pas rare de trouver dans une même ponte des œufs dans lesquels les pronuclei sont voisins, d'autres dans lesquels ils sont fusionnés, d'autres enfin dans lesquels on trouve, ä leur place, un fuseau, le premier fuseau de segmentation. Le premier sillon apparaît, il divise l'aire granuleuse en deux parties, et se prolonge assez loin au delà de cette dernière dans le protoplasma hyalin, mais sans jamais le diviser dans toute son étendue, de sorte que les deux segments séparés à leur partie centrale, sont continus dans leur portion périphérique. Le premier sillon présente avec les vésicules directrices les mêmes rapports que la ligne qui passe par les pronuclei, c'est-à-dire qu'il passe un peu à droite ou un peu à gauche des vésicules directrices, ou plus rarement coïncide avec elles. On peut donc dire que le premier sillon a la même direction que les pronuclei marchant l'un vers l'autre.

Le second stade est obtenu par l'apparition de deux sillons très legèrement inclinés sur le premier, et qui déterminent la formation de 4 segments inégaux, deux plus grands et deux plus petits. De chaque côté du premier sillon il y a un grand et un petit segment, de sorte que le blastoderme est symétrique par rapport à un axe qui est le premier sillon. Les grands segments occupent la partie où se trouvent les vésicules directrices et que l'on peut appeler antérieure ou supérieure; les petits segments occupent la partie postérieure ou inférieure. Ussow a montré que l'axe du blastoderme est le même que l'axe du corps.

Au troisième stade apparaissent quatre sillons qui divisent les segments préexistants, de manière ä former deux segments étroits situés de part et d'autre de la partie inférieure du premier sillon et six autres segments ä peu près égaux.

Déjà ces divisions n'ont pas été absolument simultanées, les segments supérieurs commençant les premiers ä se diviser, mais dès maintenant (quatrième stade) cette différence va s'accentuer de sorte que la segmentation commençant toujours par les segments supérieurs, ceux-ci et les segments latéraux terminent leur division avant que les segments inférieurs étroits aient achevé la leur. On a ainsi un stade intermédiaire à 14 segments. Les deux segments inférieurs se divisent ä leur tour, seulement non plus longitudinalement comme cela avait lieu jusqu'ici, mais en travers, détachant leur sommet sous forme d'un petit élément qui prend place au centre du blastoderme. Le quatrième stade est ainsi accompli, et le blastoderme compte 16 éléments; mais il y a lieu dès lors de distinguer dans le blastoderme deux sortes d'éléments. Les uns sont limités, séparés les uns des autres, individualisés, je les appelerai blastomères, les autres, qui existaient seuls jusqu'ici, limités seulement dans une partie de leur étendue, sont continus par leur péripherie avec le vitellus formatif non segmenté, par lequel se fait l'accroissement de l'aire granuleuse, siège de la segmentation, ils engendrent les premiers par des divisions répétées de leur sommet, leur individualité est peu marquée, je les appelerai blastocones.

Au cinquième stade, la segmentation suit toujours le même ordre et procède de la façon suivante: le 1er segment (en comptant ä partir d'en haut) se divise en travers donnant un blastocone et un blastomère, le second se divise en long donnant deux blastocones — le 3ème en long, le 4ème en travers — le 5ème en travers, le 6ème en long. Or les segments 1 et 2 proviennent de la division du segment 1 d'un blastoderme à 8 segments, 3 et 4 du segment 2, — 5 et 6 du segment 3, on voit donc que chaque groupe de deux segments nés d'un segment préexistant se comporte de la même façon engendrant un blastomère et trois blastocones. Ces divisions achevées on a un stade intermédiaire avec 20 blastocones et 8 blastomères. Des éléments produits par le segment 4 du blastoderme à 8 segments le blastomère se dédouble et le blastocône se divise en travers, de sorte que le 5ème stade accompli, ce segment aura fourni 3 blastomères et un blastocone. Cette inversion à la règle donnée pour les autres segments tient seulement à la formation précoce des blastomères par ce segment, de sorte que l'on voit que les huits segments, que l'on trouve au troisième stade, se sont tous comportés de la même façon, c'est-à-dire ont produit des blastomères et des blastocones, aucun n'est resté en dehors du processus général, aucun ne s'est divisé un plus grand nombre de fois que les autres.

La segmentation continue ainsi par un dédoublement régulier des éléments, mais les divisions transversales qui produisent les blastomères deviennent beaucoup plus fréquentes, de sorte que dans un blastoderme à 112 segments (un peu avant la fin des divisions du 7ème stade) on trouve 32 blastocones et 80 blastomères.

Tous les éléments d'un blastoderme à 4 ou à 8 segments sont donc équivalents et les différences de forme et de grandeur qu'ils présentent sont liées seulement à la symétrie bilaterale du blastoderme. Au contraire les parties produites par un de ces segments (blastocones et blastomères) sont bien différentes. La segmentation des Céphalopodes, rappelle celle d'autres mollusques, les blastocones représentant les macromères et produisant comme eux par une sorte de bourgeonnement des blastomères = micromères. La séparation incomplète des macromères (blastocones) est sans doute secondaire.

Pendant la durée de la segmentation l'aire granuleuse s'est beaucoup étendue aux dépens de la lame hyaline, et il arrive un moment où elle dépasse la limite des sillons méridionaux qui, dès le principe, s'étendent assez loin sur le vitellus formatif. Alors les blastocones, qui étaient jusqu'alors séparés latéralement sur une certaine longueur par ces sillons méridionaux, se présentent sous un nouvel aspect. Les uns ont la forme de clous disposés en rayons autour du blastoderme, leur tête contigue avec les blastomères renferme un noyau, leur corps allongé repose sur la lame hyaline dans laquelle il se perd à la périphérie; les autres ne présentent qu'un prolongement très court ou sont arrondis. Entre tous la lame hyaline est parfaitement continue. A ce moment la segmentation est achevée, et les cellules situées un peu en dedans du bord du blastoderme commencent à se diviser suivant leur hauteur pour produire un strate profond qui est le mésoderme des auteurs.

En même temps les blastocones se divisent, formant des rayons assez larges autour du blastoderme, mais ä peine cette division est-elle achevée, les éléments qu'elle a produits s'éloignent les uns des autres, cheminent à la surface de la lame hyaline et se portent ä différents points de cette lame, puis lorsqu'ils sont arrivés ä une certaine distance, leur contour devient moins net, leur protoplasma se creuse de vacuoles et diffuse peu à peu dans la lame hyaline, de façon qu'à la place d'un élément de forme caracterisée, on ne trouve plus qu'un noyau entouré d'une très petite quantité de protoplasma granuleux. La division des blastocones a ainsi semé dans toute l'étendue de la lame hyaline un certain nombre de noyaux, et la différence que l'on observe dès le début entre les éléments du blastoderme (blastomères et blastocones) est arrivée à son maximum. Les blastomères ont formé une plaque circulaire (blastoderme) qui donnera le corps de l'embryon, les blastocones ont formé un plasmodium qui va devenir la membrane périvitelline. Il est clair que la membrane périvitelline forme tout d'abord une zone limitée, d'une part par le contour du blastoderme, et qui se continue d'autre part jusque vers l'équateur de l'œuf. Elle est très mince et adhérente au vitellus. Les cellules du blastoderme qui se multiplient trés rapidement augmentent la surface de ce dernier et pour prendre place doivent nécessairement empiéter sur la membrane périvitelline et la recouvrir peu à peu. Il en résulte que la membrane périvitelline est intercalée entre le blastoderme et le vitellus sur tous les bords du blastoderme, tandis qu'en dehors de ce dernier elle recouvre seule, et pour un temps encore assez long le vitellus. Elle ne s'étend pas encore sous le centre du blastoderme, mais bientôt ses noyaux se multiplient à son bord interne, et au bout de quelque temps elle est parfaitement continue, s'interposant partout entre le jaune et l'embryon et ne laissant aucun point de ce dernier en contact direct avec les substances nutritives. La disposition en plasmodium de la membrane périvitelline est sans doute secondaire, mais cette membrane n'en n'a pas moins une valeur importante, elle représente probablement une formation entodermique. Elle n'est pas comme la croyait Ray-Lankester formée par des noyaux vitellins, mais elle dérive comme tout l'embryon du reste, des deux premiers noyaux de segmentation.

Laboratoire du Prof. N. Kleinenberg. Messine, le 8 Juin 1887.

3. Zur Anatomie und Histologie des Veretillum.

Von Dr. Korotneff.

eingeg. 23. Juni 1887.

Der Güte und Liebenswürdigkeit des Herrn Professors de Lacaze-Duthiers dankend, habe ich aus seinem schön eingerichteten Laboratorium in Banyuls-sur-mer lebendige *Veretillum* bekommen. Die Größe dieser prächtigen Weichkorallen betrug im ausgedehnten Zustande bis 40 cm und deren einzelne Polypen hatten eine Länge von 3 cm. Der Körper des *Veretillum* besteht aus einem Fuße, der $^1/_3$ der ganzen Länge mißt, ganz nackt ist, und den eigentlichen Polypen tragenden Theil, der $^2/_3$ lang ist. Der Fuß sowohl, als der übrige Körper besteht aus einem schwammigen Gewebe, in dessen Innerem ein Achsenrohr vorkommt. Die Wände dieses Rohres sowohl, als deren zwei Nebenräume bestehen aus stark entwickelten Muskelfasern, die auch bündelförmig an der Peripherie der Colonie liegen.

Die Polypen sind, wie bekannt, zweierlei Art: echte, achtstrahlige, tentakelversehene, geschlechtliche Individuen, und ganz kleine punctförmige, reihenartig angeordnete Geschöpfe, die einen mittelstehenden tentakellosen Mund besitzen; dabei sind sie geschlechtslos. Die Bedeutung dieser kleinen, tentakellosen Polypen war bis jetzt ganz räthselhaft.

Am complicirtesten sind beim *Veretillum* die Polypen gebaut: an ihnen findet man ein gesondertes Nervensystem und besondere Zellelemente, welche die außerordentliche Beleuchtung des Thieres verursachen. Am tentakeltragenden Polyp unterscheiden wir den Kelch, die Tentakeln und den eigentlichen cylindrischen Körper. Überall ist gewiß Ectoderm, Stützlamelle und Entoderm zu finden; am Kelche hat das Ectoderm eine sehr complicirte Structur, es enthält hier ein Epithel, eine gesonderte Musculatur und ein Nervensystem, das innig mit Leuchtzellen verbunden ist. Die Epithelzellen sind sehr ausgezogen und verlängern sich in feine, verwickelte Fäden, welche die Muskelschicht quer durchdringen; im Epithel kommen auch spindelförmige, sensitive Zellen vor, die auch in feine Fäden auslaufen. Die Muskelschicht besteht aus Längsfasern, an denen selbständige Zellkörper sitzen. Zwischen dem Epithel und der Muskelschicht kommen bipolare und multipolare Nervenzellen vor, von denen feine knotige Nervenfäden sich in allen Richtungen hinziehen; dieses diffuse Nervensystem ist jenem zu vergleichen, das von den Brüdern Hertwig an der Mundplatte der Actinien als eine ununterbrochene Nervenschicht beschrieben war. Von einer selbständigen Schicht kann beim *Veretillum* keine Rede sein, eine Thatsache, die möglicherweise eine ganz natürliche Erklärung haben kann; nämlich die Polypen, welche von mir untersucht waren, befanden sich in einem ganz ausgestreckten Zustande, wäre das Thier zusammengeschrumpft, so hätten die vereinzelten Fasern, die sich als ein Nervennetz ausbreiten, eine Schicht gebildet.

Die Muskelschicht besteht aus Längsfasern, an denen selbstständige Zellkörper sitzen, welche eine verschiedene Entwicklung haben und oft so groß sind, daß sie an der Bildung des Ectodermepithels Theil nehmen; eine Thatsache, die beweist, daß die ursprüngliche Abtrennung der Muskelschicht vom Epithel sich nicht ganz vollzogen hat. Unter der Muskelschicht direct auf der Stützlamelle kommen noch Nervenelemente vor, die in einer Vereinigung mit den Nerven des Subepithels stehen. In dieser Weise bildet das Nervensystem des Kelches ein Netz, welches das ganze Ectoderm durchdringt und die Muskelschicht umflicht. Die Nervenelemente, die unter den Muskeln und auf der Stützlamelle vorkommen, haben eine besondere, ganz specifische Function. Kaum kann man eine Nervenzelle finden, an deren Seiten nicht zwei große, saftige, platte und ausgezogene Zellen vorkommen; diese Zellen haben einen deutlichen Kern und sind grobkörnig; sie umgeben, wie gesagt, nicht nur das Nervenelement selbst, sondern begleiten eine Strecke lang seine Ausläufer, die Nerven der Zelle. Wo diese großen, grobkörnigen Zellen vorkommen, leuchtet das Thier, und wo sie nicht vorhanden sind (so am Körper der Colonie selbst), da ist keine Phosphorescenz zu bemerken; wir müssen also annehmen, daß die großen, nervenbegleitenden Zellen der Beleuchtung dienen, es sind also Lichtzellen. Das Entoderm des Kelches ist musculös (ist mit einer Quermusculatur versehen), besteht aus platten, fetttragenden Zellen, unter denen ich aber keine Nervenelemente zu finden vermochte. Die Tentakeln sind der Structur nach dem Kelche ähnlich.

Die Scheidewände, deren Zahl, wie bekannt, acht ist, bestehen aus einer Stützlamelle, an deren einer Seite Längsmuskelfasern, an der anderen Querfasern vorkommen; hier sind auch große Leuchtzellen zu finden; zwischen den Muskelfasern verlaufen auch spindelförmige Nervenzellen.

Die Structur der Wand des Polypen ist viel primitiver; hier ist nur das Ectoderm muskulös, es besitzt eine Schicht von Querfasern, die aber keine selbständigen Zellkörper haben und dem bedeckenden Ectoderm-Epithel vollständig gehören; das Ectoderm ist also ein musculöses Epithel. Unter diesem kommen auch spindelförmige Nerven- und Leuchtzellen vor. Die Stützlamelle verbirgt ein stark ausgebildetes Netz von Bindegewebszellen. Das Entoderm besitzt Fettkugeln und enthält einzellige Drüsen.

Die geschlechtslosen Polypen haben eine ganz besondere Bedeutung und Structur: an diesen ist eine Mundscheibe zu unterscheiden, an deren innerer Oberfläche der Oesophagus mit den ausgespannten acht Scheidewänden befestigt ist; das eigentliche Mauerblatt ist also nicht vorhanden; seine Rolle wird von der Mundplatte übernommen, wenn diese hervorragt. Der Oesophagus ist ganz sonderbar gebaut; er besteht aus fadenförmigen Zellen, welche lange und dicke Geißeln tragen. Zwischen den Zellen sind außerordentlich kleine, längliche Nematocysten eingebettet; diese überfüllen die Oesophaguswand gänzlich. In dieser Weise bildet das Ganze eine wahre Nematocystenbatterie und der ungeschlechtliche Polyp ist als ein Nesselpolyp zu bezeichnen. Bei der Nesselentladung stülpt sich der Oesophagus aus.

Unter den Scheidewänden der geschlechtslosen Polypen sind zwei besonders entwickelt und tragen an ihrem freien inneren Rande einen schnurförmigen Wulst, der aus Geißelzellen zusammengesetzt ist.

Dieser Wulst geht von den Septen auf die Wände des schwammigen Gewebes, das, wie gesagt, den Körper der Colonie selbst bildet. In dieser Weise ist das Innere des *Veretillum*-Stammes von den erwähnten Wülsten durchzogen, was eine beständige Bewegung des Wassers, einen Kreislauf, bewirkt. Da aber in den Wänden, weder der Colonie selbst, noch der geschlechtlichen Polypen, wäre es nicht der Mund selbst, keine anderen Öffnungen zu finden sind, so müssen wir den geschlechtslosen Polypen eine Aufnahme und Abgabe des Wassers zuschreiben. Hier ist noch zu erwähnen, daß die Mundplatte jedes Polypen von Nervenelementen, deren Empfindlichkeit die Ausstülpung des Oesophagus bewirkt, versehen wird; es kommen hier auch kleine Leuchtzellen vor, die einigermaßen eine Phosphorescenz, obschon wohl viel schwächere, hervorrufen.

Etwas über Geschlechtsproducte. Die großen geschlechtlichen Polypen sind alle männlich; die Eier bilden sich aber im Stamme des *Veretillum* selbst, und kommen in der Form von vier Längssträngen vor, die äußerlich an vier Seiten des inneren Achsencanals angebracht sind.

Da die Eier näher zu den ungeschlechtlichen Polypen stehen, so kann man vielleicht annehmen, daß ursprünglich alle Polypen geschlechtlich waren; mit der Zeit aber reducirten und veränderten sich die früheren Functionen, die weiblichen Geschlechtsproducte rückten in's Innere der Colonie, was endlich eine Entstehung von geschlechtslosen Polypen hervorrief.

Villafranca, 20. Juni 1887.

4. The Reproduction of Myxine.

By J. T. Cunningham in Edinburgh.

eingeg. 23. Juni 1887.

Prof. Max Weber (Zool. Anz. No. 253) assures me that his purpose in his communication on *Myxine* at a certain meeting of the Nederl. Dierkundige Vereenigung was to make known to his fellow zoologists the results of my work, and to express his satisfaction at, and agreement with my observations. I gladly accept the assurance, but at the same time I cannot understand what significance he attaches to the sentence, which he quotes from himself, »Onderzoekingen van W. Müller, die reeds het meerendeel der resultaten, doer C. verkregen, in nuce bevatten.« I translate it thus — »which contained in nuce the greater part of the results furnished by Cunningham«. What is meant by »in nuce?« As I have shown Müller's paper in its account of many points which I dealt with was erroneous, while of many other important matters which I elucidated it gave no account at all. It still seems to me that I was entitled to object to the statement that Müller's paper contained the greater part of my results in nuce, or in any other manner. I do not agree with Prof. Weber that my merit would have been the same if I had simply rediscovered Müller's results independently. A scientific investigator almost daily, independently discovers things which as he afterwards finds have been made known before, but he takes no credit for, and does not if he can avoid it publish such rediscoveries. As Prof. Weber's says everyone can by comparing the two papers find out what was Müller's contribution, and what mine, to our knowledge of the sexual organs of *Myxine*.

With reference to the ova in the Göteborg Museum I have one or two things to say. The date 1884 quoted in my remarks in the Zool. Anz. as that of the taking of these eggs was a printer's error, or possibly a slip of my own. I meant to write 1854 as it stands in the report of Prof. Weber's communication. But with respect to the date »5. August« given on the label of the specimens in question, Dr. Anton Stuxberg informs me by letter that the late Professor A. W. Malm says in his »Vertebrate Fauna of Bohuslän«, that the ova were presented to the Museum of Göteborg in Aug. 5 1854, and that they had been found the year before: that they were taken from the stomach of a cod, but as to the time of year when they were found nothing is known, and the person who found them has been dead several years. It follows therefore that no conclusion whatever can be drawn from the label of the Göteborg specimens as to the time of year at which the oviposition of *Myxine* takes place. With regard to Prof. Weber's opinion that the time of year is at Alvärströmmen about October or November, I pointed out that the evidence he went upon, as he himself will readily admit, was inconclusive. I wished to insist upon the almost certain criterion of the occurrence of oviposition at a given time, which I had discovered, namely the capture of recently spent females. This year I have taken several females in this condition in April in May and in the first half of June, so that there are now 6 months of the year, Nov. to June inclusive, in which it is in my opinion certain that eggs of *Myxine* are deposited near St. Abb's Head. I ought not to have spoken on a previous occasion of oviposition being limited to a certain time of year. I meant that it was proved to take place during and to extend throughout a period mentioned. I now expect to find that recently spent females can be captured in any month of the year, and that oviposition is therefore not limited to a particular season.

As to the question of hermaphrodites and males the probability of all females being hermaphrodite when young was the least important of my results. I understand Prof. Weber to doubt the statements I had made concerning the abundance of hermaphrodites and the occurrence of living active spermatozoa in them. The report of Prof. Weber's communication which I received implied such a doubt, which, if it existed, could be dispelled by the examination of any dozen *Myxine* taken at random.

On the question of male efferent ducts in Teleostei I frankly confess to want of information, and on this point I have already made a complete acknowledgment to Prof. Weber privately.

I think I need not apologize for continuing this controversy. The personal question which is of course of little interest to anyone but myself, is not the major part of it, and I think no apology will be expected by the editor of the Zool. Anz. for discussing the question of the period of oviposition of *Myxine* when it is remembered that abundant as these animals are on the coasts of the North Sea deposited eggs have been obtained only twice, and we are still completely ignorant of the conditions in which the eggs are placed when undergoing development, and of means by which they may be obtained again.

III. Mittheilungen aus Museen, Instituten etc.

1. Filz-Eiweifsplatten zur Befestigung zootomischer Praeparate.

Von Dr. H. Dewitz in Berlin.

eingeg. 26. Juni 1887.

So elegant die Glasplatten sich ausnehmen und so brauchbar sie für viele Sachen (z. B. ganze Thiere) sind, so leiden doch feine Praeparate (die inneren Theile von Insecten, Mollusken etc.) gewaltig während des Trockenlegens und Aufklebens. Flottirende Theile, z. B. die Malpighischen Gefäße legen sich der Platte an und schwimmen nie mehr.

Die Herstellung und Anwendung durchbohrter Glasplatten ist für vielfach verzweigte Praeparate zu umständlich. Holz- und besonders Wachsplatten werden von Alcohol angegriffen.

Nach jahrelangen Versuchen (mit Leber, magerem Käse, getränkten Holz- und Torfplatten) ist es mir gelungen, Platten zu verfertigen, welche nach meinem Dafürhalten allen Ansprüchen genügen. Dieselben werden aus weißen Filzstücken, welche man mit Eiweiß tränkt, hergestellt.

Hühnereiweiß wird vom Gelben abgegossen und einige Tage an einem warmen Orte, z. B. am Herde in sehr dünner Schicht in flachen Tellern gehalten, bis es recht dickflüssig geworden ist. Will man es nicht gleich verwenden, so läßt man es ganz eintrocknen und löst es vor dem Gebrauch in kaltem Wasser. Natürlich darf die Temperatur beim Eindicken nie so hoch steigen, daß das Eiweiß gerinnt.

Ein Stück weißen, feinen »Wollfilzes« von der Größe, welche die Platte haben soll, tränkt man durch Drücken und Kneten vollständig mit dem eingedickten oder gelösten Eiweiß. Der »Wollfilz« ist nicht billig, doch werden die Platten viel glatter, als wenn man den groben Filz verwendet, welcher zu Sohlen etc. gebraucht wird. In Berlin führt den »Wollfilz« in den verschiedensten Stärken die Filzfabrik von Eisenberg & Struck, Neue Friedrichstr. 47. Steht nur grober weißer Filz zur Verfügung, so besengt man ihn über einer Spirituslampe und entfernt durch Schlagen mit der flachen Hand die vorstehenden verkohlten Haare.

Zwei Stücke von starkem Fensterglas, welche das Filzstück an Größe etwas überragen, werden auf einer Seite ganz dünn mit weißem Wachs überzogen. Man erwärmt hierzu die Glasstücke vorsichtig über der Spirituslampe, bestreicht mit einem Wachsstück und verreibt mit dem Finger. Ist das Wachs erkaltet, so legt man das mit Eiweiß getränkte Filzstück zwischen beide Glasstücke, so daß ersteres die mit Wachs überzogenen Seiten letzterer berührt und umwickelt so fest mit einem Bindfaden, daß keine Luftschicht zwischen Wachsschicht und Filz sich befindet. Das Ganze taucht man einige Male in kochendes Wasser, um das Glas nicht zu schnell auszudehnen und ein Springen zu verhindern, und wirft es in das Wasser, welches man eine Viertelstunde lang im Kochen erhält. Nach Durchschneidung des Bindfadens lassen sich die beiden Glasstücke leicht abschieben, worauf die Filzeiweißplatte mit Messer und Lineal beschnitten wird.

Statt mit Wachs kann man die Glasstücke auch mit einer dünnen Collodiumschicht überziehen, indem man sehr verdünntes Collodium übergießt.

Diese Filzeiweißplatten vertragen heißes und kaltes Wasser, Sublimat, Chromsäure, wie auch den stärksten Spiritus. Die Igelstacheln, mit denen die Praeparate auf den Platten befestigt werden, sitzen desto fester, je dickflüssiger das Eiweiß war.

Bequemer ist es, wenn das zu technischen Zwecken hergestellte Albumin zur Verfügung steht. In Berlin führt es Schering's Grüne Apotheke. Von dem aus Blut hergestellten kostet 1 kg 3 ℳ, das aus Eiern bereitete ist dreimal so theuer. Man löst das Albumin in kaltem Wasser; die Lösung muß dickflüssig sein und gar keine Stücke mehr enthalten. Doch giebt das käufliche Albumin, besonders das aus Blut hergestellte, mehr Farbstoff an den Alcohol ab, in den die Platten gesetzt werden, so daß man genöthigt ist, letzteren einige Male zu erneuern, bis der Farbstoff ausgezogen ist. Auch scheint es mir, als ob die von Hühnereiweiß bereiteten Platten weniger Unebenheiten auf der Oberfläche zeigen.

Eiserne Platten statt der Glasstücke zu verwenden empfiehlt sich nicht, da man nicht sehen kann, ob die gesammte Wachsfläche vom Eiweiß benetzt wird, die Zusammenschnürung durch den Bindfaden also stark genug ist. Ein zu starkes Zusammenpressen der eisernen Platten durch Schrauben drückt wieder zu viel Eiweiß heraus. Auch ereignet es sich bei der nöthigen Vorsicht selten, daß ein Glasstück springt.

Diese weißen Filzeiweißplatten sind nicht besonders ansehnlich. Ein besseres Aussehen erhalten sie schon, wenn man sie auf einige Stunden in heiße concentrirte Sublimatlösung legt. Am besten thut man jedoch, das Eiweiß mit einem Farbepulver zu verreiben. Natürlich dürfen nur Substanzen gewählt werden, welche im Alcohol nicht abfärben. Anilinfarben sind selbstverständlich unbrauchbar. Mit Ruß färbt man schwarz, mit Ocker gelb, mit Zinnober und Mennige roth etc.

Ist das weiße Filzstück in dem mit dem Farbstoff sehr gut verrührten Eiweiß geknetet, so bepudert man es noch mit dem Farbstoff und verreibt diesen auf ihm mit dem Finger, bevor man es zwischen die beiden Glasplatten bringt. Bei nicht vollkommener Durchtränkung des Filzes zeigt die beschnittene Platte weiße Ränder. Man bestreicht in diesem Falle letztere vor dem Überführen der Platte in den 95^0 Alcohol mit dem gefärbten Eiweiß. War das Albumin nicht vollständig gelöst und enthielt noch feste Stückchen, so zeigen sich nach dem Kochen weiße Flecken auf der gefärbten Platte. Die mit Ocker und Ruß gefärbten vertragen auch Chromsäure und Sublimat. Die weißen Platten lassen sich mit Hämatoxilin färben. Die der Platte anhaftenden geringen Wachsmengen werden durch abermaliges Kochen fortgebracht, bevor man mit Hämatoxilin behandelt. Doch erhalten die Platten meistens ein fleckiges Ansehen. Am meisten zu empfehlen ist die Anwendung von Ocker.

Die Aufbewahrung der Filzeiweißplatten bis zur Verwendung geschieht in 95^0 Alcohol. Vor dem Gebrauch werden sie einige Stunden gewässert, falls sie zum Einstecken der Igelstacheln zu hart geworden sein sollten. Gleich nach dem Kochen die Platten zu verwenden, ist nicht rathsam, da sie erst die nöthige Härte erhalten, wenn sie einige Tage in 95^0 Alcohol gelegen haben.

Sehr fest werden sie, wenn man ein Stück »Wollfilz« in dickflüssigem gefärbtem Eiweiß knetet, das Farbepulver aufstreut und verreibt. Das Filzstück wird dann auf einer nicht gewachsten Glasplatte ausgebreitet und festgestrichen, so daß keine Luftblasen zwischen Glas und Filz sichtbar sind. Bei gewöhnlicher Zimmerwärme läßt man trocknen. Ist die Filzplatte vollständig ausgetrocknet, so löst sie sich vom Glase ab. Sie wird mit dünner Collodiumlösung überzogen, nachdem diese getrocknet ist, in kochendes Wasser geworfen und durch Beschweren unter der Oberfläche gehalten. Das Eiweiß bekommt eine vollständig lederartige Consistenz. War die Platte nach dem Ablösen vom Glase nicht glatt genug, so bestreicht man sie beiderseits mit dickflüssiger gefärbter Eiweißmasse, läßt diese trocknen, und überzieht mit dünnflüssigem Collodium, um dann zu kochen. Die schwarzen mit Ruß gefärbten Platten werden meistens nur brauchbar, wenn sie nach dieser Methode hergestellt werden, indem sie bei der ersteren mehr oder weniger fleckig ausfallen.

2. Zoological Society of London.

23rd June, 1887. — Mr. Sclater exhibited the skin of a White-nosed Monkey of the genus *Cercopithecus*, lately living in the Society's Gardens, which appeared to be the *C. ascanias* of Schlegel. It had been obtained by the Rev. W. C. Willoughby from the west shore of Lake Tanganyika, East Africa. — Mr. Sclater also exhibited and made remarks on a specimen of the Pheasant from Northern Afghanistan lately described by him as *Phasianus principalis*. — An extract was read from a letter addressed to the Secretary by Mr. A. H. Everett, C.M.Z.S., of Labuan, reporting the return of Mr. John Whitehead from his expedition to Kina-Balu Mountain in Northern Borneo, with specimens of some fine new Birds, Mammals, and other objects of natural history. — Dr. Günther, F.R.S., exhibited and made remarks on a hybrid Pheasant, between a male Golden Pheasant (*Thaumalea picta*) and a female Reeves's Pheasant (*Phasianus Reevesi*). Dr. Günther also exhibited a living hybrid Pigeon, produced by a male white Fantail Pigeon and a female Collared Dove (*Turtur risorius*). — Dr. Günther, F.R.S., read a report on the zoological collections made by Capt. Maclear and the other Officers of H.M.S. ‚Flying Fish' during a short visit to Christmas Island. This island is situated in the middle of the Indian Ocean, south of Java, and had never been before visited by naturalists. The collection, which had been worked out by the staff of the British Museum, consisted of ninety-five specimens, amongst which were examples of two Mammals, two Birds, two Reptiles, two Mollusks, two Coleoptera, two Lepidoptera, and a sponge new to science. — Mr. F. E. Beddard, F.Z.S., read a paper on *Myrmecobius fasciatus*, in which he described a remarkable glandular structure stretched across the anterior region of the thorax of this Marsupial. — Prof. F. Jeffrey Bell, F.Z.S., read the sixth of a series of studies on the Holothuridea. The present paper contained descriptions of several new species belonging to the genera *Cucumaria*, *Bohadschia*, and *Holothuria*. — Mr. A. Smith-Woodward, F.Z.S., read a paper on the fossil teleostean genus *Rhacolepis*. The author gave a detailed description of this Brazilian fossil fish, which had been named and briefly noticed by Agassiz. Three species were defined, and the author showed that the genus had hitherto been erroneously associated with the

Percoids and Berycoids. He considered it an Elopine Clupeoid. — A communication was read from Mr. James W. Davis, F.G.S., containing a note on a fossil species of *Chlamydoselachus*. The author pointed out that some teeth from the Pliocene of Orciano, Tuscany, figured and described by R. Lawley in 1876, were referable to this newly-discovered genus of Sharks. He named the fossil species *C. Lawleyi*. — Mr. Frank E. Beddard read the fourth of a series of notes on the anatomy of Earthworms. The present communication treated of the structure of *Cryptodrilus Fletcheri*, a new species from Queensland. — A communication was read from Mr. Roland Trimen, F.Z.S., containing observations on *Bipalium kewense*, of which worm he had obtained many specimens from gardens at the Cape. — Dr. Günther gave the description of two new species of fishes from the Mauritius, proposed to be named *Platycephalus subfasciatus* and *Latilus fronticinctus*. — Mr. Sclater read a note on the Wild Goats of the Caucasus, in which he pointed out the distinctions between *Capra caucasica* and *C. Pallasi*, which had been until recently confounded together. — Mr. G. Boulenger made remarks on the skull and cervical vertebræ of *Meiolania*, Owen (*Ceratochelys*, Huxley), and expressed the opinion that these remains indicated a Pleurodiran Chelonian of terrestrial and herbivorous habits. The peculiar structure of the tail pointed to a distinct family (*Meiolaniidæ*). — A second paper by Mr. Boulenger contained remarks on a rare American freshwater Tortoise, *Emys Blandingii*, Holbrook, which was shown to be a close ally of *Emys orbicularis* of European fresh waters, but to present distinct differential characters. — Mr. A. Dendy read a paper on the West-Indian Sponges of the family *Chalininæ*, and gave descriptions of some new species. — Mr. H. Seebohm gave the description of a new species of Thrush, from Southern Brazil, proposed to be called *Merula subalaris*. — A communication was read from Mr. R. Bowdler Sharpe, containing the description of a new species of the genus *Calyptomena*, lately discovered by Mr. John Whitehead on the mountain of Kina-Balu, in Borneo, which he proposed to name *C. Whiteheadi*. — P. L. Sclater, Secretary.

IV. Personal-Notizen.

Landwirthschaftliche Institute.

1. Königl. Landwirthschaftliche Hochschule, Berlin.

Prof. Dr. ph. Alfr. Nehring, Docent für allg. Zoologie und vergl. Anatomie, sowie für Zoologie und Geschichte der Hausthiere; Vorstand der zoolog. Sammlung des kön. landwirthschaftlichen Museums. (Alt-Moabit, 98. II.)

Assistent: Dr. phil. Ernst Schäff.

Dr. ph. F. Karsch, Docent für Entomologie, Bienenzucht und Seidenbau.

Dr. med. N. Zuntz, Professor, Docent für Thierphysiologie, Vorstand des thierphysiologischen Instituts.

Assistent: Dr. ph. Curt Lehmann, Docent für Thierzucht, Fütterungslehre und Molkereiwesen.

Druck von Breitkopf & Härtel in Leipzig.

Zoologischer Anzeiger

herausgegeben

von Prof. **J. Victor Carus** in Leipzig.

Verlag von Wilhelm Engelmann in Leipzig.

X. Jahrg. | 1. August 1887. | No. 257.

Inhalt: I. **Litteratur.** p. 397—407. II. **Wissensch. Mittheilungen.** 1. **van Beneden,** Les Tuniciers sont-ils des Poissons dégénérés? 2. **Thiele,** Ein neues Sinnesorgan bei Lamellibranchiern. 3. **Kaiser,** Über die Entwicklung des *Echinorhynchus gigas*. III. **Mittheil. aus Museen, Instituten etc.** 1. **Società Entomologica Italiana in Firenze.** 2. **Linnean Society of New South Wales.** IV. **Personal-Notizen.** Vacat. — Bitte.

I. Litteratur.

15. Arthropoda.

d) Insecta.

α) Hemiptera.

(Fortsetzung.)

Donnadieu, A. L., Sur les deux espèces de *Phylloxeras* de la vigne. in: Compt. rend. Ac. Sc. Paris, T. 104. No. 19. p. 1246—1249.

—— Sur la ponte du *Phylloxera* pendant la saison d'hiver. in: Compt. rend. Ac. Sc. Paris, T. 104. No. 8. p. 483—485.

Balbiani, E. G., Observations au sujet d'une Note récente de M. Donnadieu sur les pontes hivernales du *Phylloxera*. in: Compt. rend. Ac. Sc. Paris, T. 104. No. 10. p. 667—669.

Donnadieu, A. L., Sur quelques points controversés de l'histoire du *Phylloxera*. in: Compt. rend. Ac. Sc. Paris, T. 104. No. 12. p. 836—839.

Goethe, Herm., Die Phylloxera und ihre Bekämpfung. Eine Abhandlung über den gegenwärtigen Stand der ganzen Phylloxerafrage in 10 Vorlesungen. Wien, Wilh. Frick, 1887. 8⁰. (VIII, 66 p. u. Inh.) ℳ 1,60.

Lafitte, P. de, L'oeuf d'hiver du *Phylloxera*. in: Compt. rend. Ac. Sc. Paris, T. 104. No. 15. p. 1044—1046.

—— Sur l'histoire du *Phylloxera* de la vigne. in: Compt. rend. Ac. Sc. Paris, T. 104. No. 21. p. 1419—1421.
(Contre Donnadieu.)

Lemoine, V., Sur le *Phylloxera punctata*. I. Développement des oeufs. in: Journ. de Microgr. T. 11. Févr. p. 85—87. II. Le système nerveux. ibid. Avr. p. 155—157.

—— (Ennemis du *Phylloxera*). in: Ann. Soc. Entomol. France, (6.) T. 7. 1. Trim. Bull. p. IV—V.

Bergroth, E., (Sur la *Ploearia bispinosa* Westw. et *P. madagascariensis* Westw.). in: Ann. Soc. Entomol. France, (6.) T. 7. 1. Trim. Bull. p. XVII.

Leidy, J., Parasite of a Bat [*Polyctenes fumarius*]. in: Proc. Acad. Nat. Sc. Philad. 1887. p. 38.

Löw, Frz., Waxy secretion of Psyllid larvae. Abstr. in: Psyche, Journ. of Entom. Vol. 4. No. 135/137. p. 310.

β) Orthoptera.

Grassi, B., I Progenitori dei Miriapodi e degli Insetti. Altre ricerche sui Tisanuri. in: Bull. Soc. Entom. Ital. Anno 19. Trim. 1/2. p. 52—74.

—— I Progenitori dei Miriapodi e degli Insetti. Mem. II e III. Estr. dal F. S. Monticelli. ibid. p. 148—152. — Mem. I. ibid. p. 156—159.

Cuccati, Giov., Sulla struttura del ganglio sopraesofageo di alcuni Ortotteri (*Acridium lineola* — *Locusta viridissima* — *Locusta* (specie?) — *Gryllotalpa vulgaris*). [Con 4 tav. (3 dopp.)] Bologna (autore), 1887. 4⁰. (27 p.)

Viallanes, H., La structure du cerveau des Orthoptères. in: Bull. Soc. Philom. Paris, (7.) T. 11. No. 2. p. 119—126.

Meinert, Fr., Catalogus Orthopterorum Danicorum. De Danske Insekter af Graeshoppernes Orden. in: Entomol. Meddel. 1. Bd. 1. Hft. p. 1—21.
(31 sp.)

Bruner, Lawr., Second Contribution to a knowledge of the Orthoptera of Kansas. in: Bull. Washburn Coll. Laborat. Nat. Hist. Vol. 1. No. 7. p. 193—200.

Cobbelli, Rugg., Gli Ortotteri genuini del Trentino. Rovereto, 1886. 8⁰. (99 p., con tav.)
(Decima pubblicazione fatta per cura del Museo Civico di Rovereto.)

Karsch, F., Verzeichnis der von Herrn Waldemar Belck 1885 im Damaralande gesammelten Orthopteren. in: Entomol. Nachricht. 13. Jahrg. No. 3. p. 39—46.
(1 n. sp.; n. g. *Conchotopoda*.)

Kraufs, Herm., Die Dermapteren und Orthopteren Siciliens. Wien, A. Hölder in Comm., 1887. 8⁰. in: Verhandl. k. k. zool. bot. Ges. Wien. 1887. p. 1—22.
(91 sp.)

Riccio, G., e F. Pajno, Primo saggio di un catalogo metodico degli Ortotteri, sinora osservati in Sicilia. Palermo, 1887. 8⁰. (17 p.)
(Estr. dal Natural. Sicil. Ann. 6. 1886/1887.)

Oudemans, Joh. Theod., Bijdrage tot de Kennis der Thysanura en Collembola Akad. Proefschr. Amsterdam, J. H. de Bussy, 1887. gr. 4⁰. (104 p., 3 pl., Tit. en Inh.)
(Mit Liste der niederländ. Arten; Thysanura: 5 sp.; Collembola: 36 sp.)

Parona, Corr., Note sulle Collembole e sui Tisanuri. I. Intorno ad alcune specie del genere *Achorutes*, Templ. etc. II. Collembole e Tisanuri raccolti nel Trentino. in: Ann. Mus. Civ. Stor. Nat. Genova, (2.) Vol. 4. p. 475—482.

Hagen, H. A., On a new library pest [*Lepisma*]. From: Canad. Entomolog. Vol. 18. 1886. p. 221—228.
(s. Z. A. No. 226. p. 392.)

Ein neuer Bücherfeind [*Lepisma*]. Ausz. in: Humboldt, 6. Jahrg. 3. Hft. p. 114—115.
(Stett. Entomol. Zeit.) — s. Z. A. No. 237. p. 647.

Grassi, B., Anatomy of *Machilis*. Abstr. in: Journ. R. Microsc. Soc. London, 1887. P. 1. p. 76.
(Atti Acad. Gioen.) — s. Z. A. No. 226. p. 392.

Krassilstschik, J. M., Саранча въ дельтѣ Дуная [Die Heuschrecke im Donau-

Delta]. Одесса, 1886. 8⁰. Aus: Труды Одесск. Энтомол. Комм. [Arbeiten der Odessaer Entomol. Commission]. (21 p.)

Pictet, Alph., et Henri de Saussure, Catalogue d'*Acridiens*. in: Mittheil. Schweiz. Entomol. Ges. Vol. 7. Hft. 9. p. 331—376.
(17 n. sp.; n. g. *Orestera, Draconota, Clarazella.*)

Shaw, Eland, Notes on the Identity of *Gryllus* (*Locusta*) *flavipes* Gmel. in: Trans. Entomol. Soc. London, 1887. P. I. Proceed. p. II—IV.

Bourgeois, J., (Sur l'*Hetrodes Guyoni* Serv.). in: Ann. Soc. Entomol. France, (6.) T. 7. 1. Trim. Bull. p. XXXVII—XXXVIII.

Demaison, L., *Mantis religiosa*, fréquence. in: Ann. Soc. Entomol. France, (6.) T. 6. 4. Trim. Bull. p. CLXXXI—CLXXXII.

McLachlan, R., *Periplaneta australasiae*, F., at Belfast. in: Entomol. Monthly Mag. Vol. 23. March, p. 235.

Pungur, Jul., Beiträge zur Naturgeschichte einer wenig bekannten Laubheuschrecken-Art [*Poecilimon Schmidti*]. Mit 1 Taf. in: Math. u. naturw. Berichte aus Ungarn, 4. Bd. p. 78—85.

Karsch, F., Zwei neue ostafrikanische Phaneropteriden [*Poecilogramma* n. g., 2 n. sp.]. in: Entomol. Nachricht. 13. Jahrg. No. 4. p. 52—54.

γ) **Pseudo-Neuroptera.**

Hagen, H. A., Monograph of the earlier stages of the *Odonata*. Subfamilies Gomphina and Cordulegastrina. in: Trans. Amer. Entomol. Soc. Vol. 12. Nov. Dec. 1885. p. 249—291.

—— *Embia minuta*, Costa. From: Canad. Entomolog. 1886. ($^1/_3$ p.)

Ephemeridae of Portugal. v. supra Insecta (Faunae), A. E. Eaton.

Halford, Fred. M., Note on the oviposition and the duration of the egg-stage of *Ephemerella ignita*. in: Entomol. Monthly Mag. Vol. 23. March, p. 235.

Martin, René, A hibernating Dragon-fly [*Sympycna fusca*]. in: Entomol. Monthly Mag. Vol. 23. March, p. 235.

Grassi, B., Nuove ricerche sulle *Termiti*. in: Bull. Soc. Entomol. Ital. Ann. 19. Trim. 1/2. p. 75—80.

Ihering, H. von, Generationswechsel bei Termiten. in: Entomol. Nachricht. 13. Jahrg. No. 1. p. 1—4.

Kolbe, H. J., Beobachtungen über Termiten und Leuchtkäfer (Lampyridae) im Caplande, nach brieflichen Mittheilungen des Hrn. Dr. med. Franz Bachmann. in: Entomol. Nachricht. (Karsch), 13. Jahrg. No. 5. p. 70—74.

Lindeman, K., Die am Getreide lebenden *Thrips*-Arten Mittel-Rußlands. Mit 20 Holzschn. in: Bull. Soc. Imp. Natural. Moscou, 1886. No. 4. p. 296—337.
(5 [2 n.] sp.)

Thrips, n. sp. v. infra Diptera, Cecidomyid., A. Targioni-Tozzetti.

δ) **Neuroptera.**

Hagen, H. A., The highest elevation for Neuroptera in the United States. From: Canad. Entomolog. 1886, Sept.

Kieffer, J. J., Verzeichnis der von 1880—1884 um Bitsch beobachteten Neuropteren. in: Entomol. Nachricht. 13. Jahrg. No. 4. p. 49—51.
(Pseudoneuroptera u. Neuroptera.)

MacLachlan, Rob., Note additionelle sur l'*Ascalaphus ustulatus*. in: Soc. Entomol. Belg. Compt. rend. (3.) No. 86. p. XXXIV—XXXV.

Comstock, J. H., On the emergence of a Caddis-Fly from the Water [*Hydropsyche*]. in: Amer. Naturalist, Vol. 21. No. 5. p. 480.

MacLachlan, Rob., Note concerning certain *Neuropteridae*. in: Trans. Entomol. Soc. London, 1886. Proc. p. LVII—LVIII.

(*Stenorrhachus* n. name for *Stenotaenia*.)

Morton, Kenneth J., On the Cases, etc., of *Oxyethira costalis*, Curt., and another of the Hydroptilidae. in: Entomol. Monthly Mag., Vol. 23. Febr. p. 201—203.

Brauer, Fr., Beitrag zur Kenntnis der Verwandlung der Mantispiden-Gattung *Symphrasis* Hg. Mit Abbild. in: Zool. Anz. 10. Jahrg. No. 249. p. 212—218.

ε) Diptera.

Bigot, J. M. F., Diptères nouveaux ou peu connus. in: Bull. Soc. Zool. France, T. 12. 1. P. p. 97—118.

(Leptidi. — 29 n. sp.)

—— Diptères nouveaux ou peu connus (30. partie). Liste synoptique des espèces appartenant au genre *Loxocera*. in: Ann. Soc. Entomol. France, (6.) T. 7. 1. Trim. p. 17—19. — (31. partie.) Descriptions de nouvelles espèces de *Stratomydi* et de *Conopsidi*. ibid. p. 20—46.

(17 sp. — 18 n. sp. *Stratiomyd.*, 18 n. sp. *Conopsid.*)

—— (Notes diptérologiques.) in: Ann. Soc. Entomol. France, (6.) T. 7. 1. Trim. Bull. p. XVIII. LX—LXI.

—— Diagnoses de trois genres nouveaux de Diptères. ibid. T. 6. 1. Trim. Bull. p. XIII—XIV.

(*Diplogaster*, *Strongyloneura*, *Synamphoneura* nn. gg., 3 n. sp.)

Girschner, Ernst, Dipterologische Studien. VIII. in: Entomol. Nachricht. (Karsch), 13. Jahrg. No. 5. p. 74—76. IX. X. ibid. No. 9. p. 129—132.

(Nachträgliches über *Alophora* [*Hyalomyia*] *obesa* Fbr. — Meigen'sche Typen von *Alophora*. — Zwei seltene Dipteren.)

Mik, Jos., Dipterologische Miscellen. IV. in: Wien. Entomol. Zeit. 6. Jahrg. 1. Hft. p. 33—36.

(s. Z. A. No. 245. p. 106.)

—— Über Dipteren. Mit 1 Taf. in: Verhdlg. d. k. k. zool.-bot. Ges. 37. Bd. p. 173—188.

(7 sp. [3 n. sp.])

—— Einige Worte zu meinem Referate über Dr. G. Joseph's Artikel: »Über Fliegen als Schädlinge und Parasiten des Menschen.« in: Wien. Entomol. Zeit. 6. Jahrg. 3. Hft. p. 87—98.

—— Diagnosen neuer Dipteren. in: Wien. Entomol. Zeit. 6. Jahrg. 5. Hft. p. 161—164.

(I. Zwei neue Arten aus dem alten Genus *Clinocera* Meig. II. Vier neue kaukasische Arten.)

Osten-Sacken, C. R., More about the luminous New Zealand larva. in: Entomol. Monthly Mag. Vol. 23. March, p. 230—231.

(*Mycetophilidae*: gen. *Sciophila* or allied genus.)

Dziedzicki, H., Beitrag zur Fauna der zweiflügligen Insecten. (7. Fortsetz. u. Schluß.) in: Wien. Entomol. Zeit. 6. Jahrg. 1. Hft. p. 37—43.

(7 n. sp.) — s. Z. A. No. 245. p. 106.)

Karsch, F., Dipterologisches von der Delagoabai. 1. *Ceratitis Rosa* n. sp. 2. Die africanischen *Toxophora*-Arten. 3. Über eine Gelse mit dichter, schimmelähnlicher Beschuppung (*Culex mucidus* n. sp.). in: Entomol. Nachricht. 13. Jahrg. No. 2. p. 22—26.

—— Dipteren von Pungo-Andongo, gesammelt von Hrn. Major Al. von Homeyer. Mit Holzschn. 3. Fortsetz. in: Entomol. Nachricht., 13. Jahrg. No. 1. p. 4—10. No. 7. p. 97—105.
(Sp. No. 29—39, 8 n. sp. — No. 40—48, 5 n. sp.)

Kowarz, Ferd., Beiträge zu einem Verzeichnisse der Dipteren Böhmens. VI. in: Wien. Entomol. Zeit. 6. Jahrg. 4. Hft. p. 146—154.
(4 n. sp.)

Mik, Jos., Verzeichnis der Arten-Namen, welche in Schiner's Fauna Austriaca (Diptera, Tom. I et II) enthalten sind. Wien, A. Pichler's Wittwe & Sohn, 1887. 8⁰. (Tit., Vorw., 57 p.) *M* 2,—.

Meade, R. H., Supplement to Annotated List of British *Anthomyidae*. in: Entomol. Monthly Mag. Vol. 23. Jan. p. 179—181. Apr. p. 250—253.
(1 n. sp.; 2 n. sp.)

Schnabl, J., Contributions à la faune diptérologique. Genre *Aricia*. Avec 6 pl. in: Horae Soc. Entom. Ross. T. 20. No. 3/4. p. 271—440.
(33 [4 n.] sp.)

Röder, V. von, *Asyndulum montanum* n. sp. in: Wien. Entomol. Zeit. 6. Jahrg. 4. Hft. p. 116.

Engel, E., Über Eigenthümlichkeiten im Baue des Flügelgeäders bei der Dipterenfamilie der Bombylarier. in: Entomol. Nachricht. 13. Jahrg. No. 3. p. 46—47.

Gercke, G., Einige Beobachtungen über die Eigenart der *Canace ranula* Loew. Mit Holzschn. in: Wien. Entomol. Zeit. 6. Jahrg. 1. Hft. p. 1—4.

Inchbald, Peter, Notes on *Cecidomyidae* during 1886. in: The Entomologist, Vol. 20. Febr. p. 34—36.

Targioni-Tozzetti, Ad., Notizie sommarie di due specie di Cecidomidei, una consociata ad un Phytoptus, ad altri Acari e ad una Thrips in alcune galle del Nocciòlo (Corylus avellana L.), una gregaria sotto la scorza dei rami di Olivo, nello stato larvale. Con. 1 tav. in: Bull. Soc. Entomol. Ital. Ann. 18. Trim. 4. p. 419—431.
(2 n. sp. Cecidomyid., 1 n. sp. Thrips., 3 n. sp. Acar.)

Lindeman, K., Die Hessenfliege (*Cecidomyia destructor* Say) in Rußland. in: Bull. Soc. Imp. Natural. Moscou, 1887. No. 2. p. 378—441.

Ormerod, Eleanor A., *Cecidomyia destructor*, Say, in Great Britain. With cuts. in: Trans. Entomol. Soc. London, 1887. P. I. p. 1—6.

—— The Hessian Fly [*Cecidomyia destructor*] in Britain: Life-history. With cuts. in: The Entomologist, Vol. 20. Jan. p. 9—13.

Hagen, H. A., On *Cecidomyia liriodendri*. From: Canad. Entomolog. Aug., 1886.

Conopidi, n. sp. v. supra Bigot, J. M. F., Dipt. nouv.

Raschke, W., Zur Anatomie und Histologie der Larve von *Culex nemorosus*. in: Zool. Anz. 10. Jahrg. No. 241. p. 18—19. Abstr. in: Journ. R. Microsc. Soc. London, 1887. P. 3. p. 383.

Mik, Jos., Über einige *Empiden* aus Kärnten. in: Wien. Entomol. Zeit. 6. Jahrg. 3. Hft. p. 99—103.
(3 [2 n.] sp.)

Röder, V. von, Über eine neue Art der Gattung *Gnoriste* Mg. [*Gn. Harcyniae*]. in: Wien. Entomol. Zeit. 6. Jahrg. 4. Hft. p. 155—156.

Röder, V. von, Über *Gonia fasciata* Mg. u. *Gonia Försteri* Mg. in : Entomol. Nachricht. (Karsch), 13. Jahrg. No. 6. p. 87—89.

—— Analytische Tabelle der *Hemerodrominae* mit Einschluß der Gattung *Synamphotera* Lw. (Ein dipterologischer Beitrag.) in: Wien. Entomol. Zeit. 6. Jahrg. 5. Hft. p. 169.

Loxocera. v. supra Bigot, J. M. F., Dipt. nouv.

Bigot, J. M. F., Nouveau genre de Diptères [*Macellopalpus*]. in: Ann. Soc. Entomol. France, (6.) T. 6. 1. Trim. Bull. p. XLVIII.

—— (Sur le genre *Megalemyia*). in: Ann. Soc. Entomol. France, (6.) T. 6. 4. Trim. Bull. p. CLXVII—CLXVIII.

Röder, V. von, Eine neue Art der Gattung *Melanochelia* Rond. [*M. maritima*]. in: Wien. Entomol. Zeit. 6. Jahrg. 4. Hft. p. 115—116.

Brauer, Fr., Nachträge zur Monographie der *Oestriden*. II. Zur Charakteristik und Verwandtschaft der Oestriden-Gruppen im Larven- und vollkommenen Zustande. in: Wien. Entomol. Zeit. 6. Jahrg. 1. Hft. p. 4—16. — III. Zusätze und Verbesserungen zur Litteratur der Oestriden. ibid. 2. Hft. p. 71—76.

(8 n. g.)

—— The larvae of *Oestridae*. in: Psyche, a Journ. of Entom. Vol. 4. No. 135/137. p. 305—310.

(Translat. by B. Pickm. Mann from the Monographie d. Oestriden.)

Joseph, Gust., Über Vorkommen und Entwicklung von Biesfliegenlarven im subcutanen Bindegewebe des Menschen. Breslau, 1887. 8⁰. Sep.-Abdr. aus Deutsche Medic.-Zeit. 1887. No. 5. (5 p.)

Röder, V. von, *Ramphomyia argentata* n. sp. (Ein dipterologischer Beitrag.) in: Wien. Entomol. Zeit. 6. Jahrg. 4. Hft. p. 113—114.

Weed, Clarence M., Dipterous Larvae in Sarracenia purpurea [*Sarcophaga sarraceniae*?]. in: Amer. Naturalist, Vol. 21. No. 4. p. 382—383.

Hagen, H. A., On the probable food of the larva of *Scenopinus*. From: Canad. Entomolog. Apr. 1886. (1 p.)

Cuccati, Giov., Intorno alla struttura del cervello della *Somomya erythrocephala*. (3 p.) Estr. dal Bull. Soc. Entomol. Ital. Anno 19. Apr. 1887.

Bigot, J. M. F., Genre nouveau et espèce nouvelle de Diptères [*Stomylomyia leonina*]. in: Ann. Soc. Entomol. France, (6.) T. 7. 1. Trim. Bull. p. XXXI.

Stratiomydi, n. sp. v. supra Bigot, J. M. F., Dipt. nouv.

Williston, S. W., Catalogue of the described species of South American *Syrphidae*. in: Entomolog. Amer. Vol. 3. No. 2. p. 27—28.

—— Synopsis of the North American *Syrphidae*. Washington, Govt. Print. Off., 1886. 8⁰. (XXX, 335 p., 12 pl.) — U. S. Nation. Mus. Bull. No. 31.

Osten-Sacken, C. R., Studies on *Tipulidae*. P. I. Review of the published genera of the Tipulidae longipalpi. in: Berlin. Entomol. Zeitschr. 30. Bd. 2. Hft. p. 153—188.

(n. g. *Brachypremna*, *Pselliophora*; n. nom. *Macromastix* [*Macrothorax* Jaennicke]).

Pokorny, E., Neue *Tipuliden* aus den österreichischen Hochalpen. Mit 1 Taf. in: Wien. Entomol. Zeit. 6. Jahrg. 2. Hft. p. 50—60.

(4 n. sp.; n. g. *Oreomyza*.)

Verrall, G. H., List of British *Tipulidae,* etc. (»Daddy-Longlegs«). Contin. in: Entomol. Monthly Mag. Vol. 23. Febr. p. 205—209. Apr. p. 263—264. May, p. 265—267.
(2 n. sp.)

Mik, Jos., Über die Artrechte von *Tipula oleracea* L. und *Tipula paludosa* Meig. Mit 4 Abbild. Aus: Verhandl. k. k. zool. bot. Ges. Wien, 1886. p. 475—483.

Sasaki, C., On the Life-History of *Ugimyia sericaria,* Rondani. With 6 pl. in: Journ. Coll. Sc. Imp. Univ. Japan, Vol. 1. P. 1. p. 1—46. — Abstr. in: Amer. Naturalist, Vol. 21. No. 5. p. 482—484.

Schimkewitsch, W., О новомъ родѣ семейства Sarcopsyllidae [*Vermipsylla alacurt* n. g., n. sp.]. [Mit Holzschn.] Aus: Труды зоологич. отд. [Arbeit. zoolog. Abtheil. der Извѣст. Имп. Общ.] Moskau, p. 163—168.

ζ) Lepidoptera.

Glaser, L., Catalogus etymolog. Lepidopter. v. infra Coleoptera.

Medicus, Wilh., Illustrirtes Schmetterlings- u. Raupenbuch. Anleitung zur Kenntnis der Schmetterlinge u. Raupen, nebst Anweisung zur praktischen Anlage von Sammlungen. Mit 87 naturgetreuen, fein color. Abbildgn. [auf 8 Taf.]. Kaiserslautern, Aug. Gotthold's Verlagsbuchh., (1887). 8⁰. (XIV, 104 p.) ℳ 1,50.

Costa, F. H. Perry, On Collections of Lepidoptera. in: The Entomologist, Vol. 20. Apr. p. 93—96.

Doll, Jac., A Hint to Rearers of Lepidoptera. in: Entomolog. Amer. Vol. 3. No. 2. p. 22.

Tutt, J. W., The preservation of Larvae by inflation. With fig. in: The Entomologist, Vol. 20. May, p. 132—134.

Dewitz, H., Praeparation und Aufbewahrung des entschuppten Schmetterlingsflügels. Mit Holzschn. in: Entomol. Nachr. (Karsch), 13. Jahrg. No. 11. p. 164—165.

Heylaerts, F. J. M., Notes lépidoptérologiques. in: Soc. Entomol. Belg. Compt. rend. (3.) No. 81. p. VII—X.

Hulst, Geo. D., Three new varieties and one new species of Lepidoptera. in: Entomolog. Amer. Vol. 2. No. 9. p. 182.

Mabille, P., Remarques synonymiques sur divers Lépidoptères. in: Ann. Soc. Entomol. France, (6.) T. 6. 4. Trim. Bull. p. CXCVII—CXCVIII.

Mémoires sur les Lépidoptères. Redig. par Nik. Michailow. Romanoff. T. 3. Avec 17 pls. color. et 2 cart. col. St. Pétersbourg, 1887. 4⁰. (419 p.) ℳ 50,—.

Millière, P., Lépidoptères nouveaux ou peu connus. Avec 1 pl. in: Ann. Soc. Entomol. France, (6.) T. 6. 1. Trim. p. 5—10.
(6 [2 n.] sp.)

Oberthür, Ch., Sur les aberrations, l'habitat et la synonymie de plusieurs Lépidoptères. in: Ann. Soc. Entomol. France, (6.) T. 6. 4. Trim. Bull. p. CLXV—CLXVII.

Standfuſs, M., Lepidopterologisches. in: Stettin. Entomol. Zeit. 47. Jahrg. 1886. No. 10/12. p. 318—322.

Weymer, Gust., Exotische Lepidopteren. IV. in: Stettin. Entomol. Zeit. 48. Jahrg. 1887. No. 1/3. p. 3—18.
(15 [12 n.] sp.) — s. Z. A. No. 217. p. 127.

Hase, Er., Scales of Lepidoptera. Abstr. in Journ. R. Microsc. Soc. London, 1887. P. 2. p. 226.
(Berlin. Naturforsch.-Versamml.) — s. Z. A. No. 245. p. 108.

Cholodkovsky, N., Über die Prothoracalanhänge bei den Lepidopteren. in: Zool. Anz. 10. Jahrg. No. 244. p. 102—103. Abstr. in: Journ. R. Microsc. Soc. London, 1887. P. 3. p. 381.

—— Sur la Morphologie de l'appareil urinaire des Lépidoptères. Avec 1 pl. in: Arch. de Biolog. T. 6. Fasc. 3. p. 497—514. — Abstr. in: Journ. R. Microsc. Soc. London, 1887. P. 3. p. 381—382.

Cockerell, T. D. A., On Melanism. in: The Entomologist, Vol. 20. March, p. 58—59.

Dobrée, N. F., On Melanism. in: The Entomologist, Vol. 20. Febr. p. 25—28.

Weir, J. Jenner, On Melanism. in: The Entomologist, Vol. 20. Apr. p. 85—87.

Poujade, G. A., Sur l'hivernation des Lépidoptères. in: Ann. Soc. Entomol. France, (6.) T. 7. 1. Trim. Bull. p. XXIX—XXX. — v. p. L.

Goossens, Th., Des Chenilles vésicantes. in: Ann. Soc. Entomol. France, (6.) T. 6. 4. Trim. p. 461—464.

Howgate, Edw., The process of skin-casting in a Lepidopterous larva. in: Psyche, a Journ. of Entom. Vol. 4. No. 135/137. p. 327.
(From: Naturalist.)

Kolbe, H. J., Über einige exotische Lepidopteren- u. Coleopterenlarven. in: Entomol. Nachricht. 13. Jahrg. No. 2. p. 17—22. No. 3. p. 33—39.

Poulton, Edw. B., Notes in 1885 upon Lepidopterous larvae and pupae, including an account of the loss of weight in the freshly-formed lepidopterous pupa. in: Trans. Entomol. Soc. London, 1886. P. II. p. 137—179. — Abstr. in: Journ. R. Microsc. Soc. London, 1887. P. 3. p. 382—383.

—— Experiments on the cause of pupal colour. in: Trans. Entomol. Soc. London, 1886. Proc. p. XLVI—XLVIII.

—— Cause and extent of Colour-relation between Lepidopterous Pupae and surrounding surfaces. in: Proc. R. Soc. London, Vol. 42. 1887. p. 94—108. — Abstr. in: Journ. R. Microsc. Soc. London, 1887. P. 3. p. 382.

—— Gilded Chrisalides. Abstr. of a Lecture. in: Nature, Vol. 35. No. 907. p. 470—471.

Weniger, J. Adph., On the sexes of Lepidopterous larvae. With 2 cuts. in: The Entomologist, Vol. 20. Apr. p. 87—89.

Werum, J. H., (On the emergence of Insects from pupae). in: Entomolog. Amer. Vol. 3. No. 2. p. 26.

Buckell, W. R., Malposition of Imago in Pupa-case. in: The Entomologist, Vol. 20. Febr. p. 43.

Barrett, Ch. G., Lepidoptera on Cannock chase. in: Entomol. Monthly Mag. Vol. 23. Febr. p. 195—198.

Bath, W. Harcourt, The Hemp Agrimony and Lepidoptera. in: The Entomologist, Vol. 20. June, p. 160—161.

Blatch, W. G., The Lepidoptera of the Birmingham District. in: Entomol. Monthly Mag. Vol. 23. Febr. p. 198—200.

Buckler, Will., The Larvae of the British Butterflies and Moths. Vol. 2. With 18 pl. London, Ray Society, 1886. 8[0].

Capronnier, J. B., Note sur des Lépidoptères recueillis en 1884, à l'île de Waigiou (Nouvelle Guinée) par M. van Renesse- van Duivenbode. in: Ann. Soc. Entomol. Belg. T. 30. p. 1—6.

(58 sp.)

Carrington, John T., Collecting British clear-winged Lepidoptera. in: The Entomologist, Vol. 20. Apr. p. 96—105.

Duurloo, H. P., Fra et Ophold paa Asserbo Overdrev, 19.—24. Juli 1886. in: Entomol. Meddel. 1. Bd. 1. Hft. p. 29—32.

Hall, A. E., Lepidoptera at Sheffield during 1886. in: The Entomologist, Vol. 20. Febr. p. 42.

Hudson, G. V., Notes on New Zealand Lepidoptera. in: The Entomologist, Vol. 20. Apr. p. 107—108.

Jones, A. H., Notes on Lepidoptera in Switzerland in 1885—1886. in: Entomolog. Monthly Mag. Vol. 23. Jan. p. 182—185.

Killias, E., Nachtrag zum Verzeichnis der Bündner Lepidopteren. in: Jahres-Ber. Naturf. Ges. Graubünd. N. F. 29. Jahrg. p. 3—24.

Klein, Sydney T., Thirty-six hours' hunting among the Lepidoptera and Hymenoptera of Middlesex. Bath, Jan. 1887. 8⁰. (18 p.) Reprinted from the »Journ. of Microscopy and Natural Science«.

Lea, John, Notes from Herefordshire. in: The Entomologist, Vol. 20. June, p. 160.

Lépidoptères rares capturés aux environs de Liège. in: Soc. Entomol. Belg. Compt. rend. (3.) No. 82. p. XVI—XVII.

(d'après de renseignements de MM. Duguet, Gérard et Hamal.)

Lutzau, C. von, Aus der Lepidopteren-Fauna der russischen Ostseeprovinzen. in: Stettin. Entomol. Zeit. 48. Jahrg. 1887. No. 1/3. p. 106—110.

Macmillan, W., Lepidoptera in Somerset. in: The Entomologist, Vol. 20. Febr. p. 42.

Meyrick, Edw., Descriptions of Lepidoptera from the South Pacific. in: Trans. Entomol. Soc. London, 1886. P. III. p. 189—296.

(174 sp. [108 n. sp.]; n. g. *Cretheis, Desmobathra, Stesichora, Anteia, Pythodora, Trichoclada, Perixera, Euippe, Mesopempta, Trieropis, Dracaenura, Trematarcha, Epimima, Nesolocha, Ptilaeola, Erebangela, Diplotyla, Strepsimela, Eurytorna, Anthaeretis. Macaretaera, Compsophila, Epichronistis, Exeristis, Hoploscopa, Autarotis, Hednota, Conobathra, Heteromicta, Crocanthes, Brachyacma, Atasthalistis, Copromorpha, Octasphales, Thylacopleura, Trachycentra, Cyathaula, Anastathma, Decadarchis, Phthinocola, Echinoscelis, Proterocosma, Persicoptila, Timodora.*)

Oberthür, Ch., (Note sur les Lépidoptères de la province d'Oran). in: Ann. Soc. Entomol. France, (6.) T. 6. 4. Trim. Bull. p. CLXXV—CLXXVI.

—— Deux Lépidoptères nouv. algériens [*Syrichthus Mohammed* et *Mamestra roseonitens*]. in: Ann. Soc. Entomol. France, (6.) T. 7. 1. Trim. Bull. p. XLVIII—XLIX. — Quatre nouv. esp. ibid. p. LVII—LIX.

—— Descriptions de [3] nouvelles espèces de Lépidoptères du Tibet et de la Chine. 1. partie. in: Ann. Soc. Entomol. France, (6.) T. 6. 1. Trim. Bull. p. XII—XIII. — 2. partie. [1 n. sp.] ibid. p. XXII—XXIII.

Petersen, W., Nachtrag zur lepidopterologischen Fauna der Ostseeprovinzen, insbesondere Esthlands. in: Sitzgsber. Naturf.-Ges. Dorpat, 8. Bd. 1. Hft. p. 149—154.

Poulton, E. B., Notes in 1886 on Lepidopterous Larvae etc. in: Trans. Entomol. Soc. London, 1887. P. I. Proceed. p. XV—XX.

Riesen, A., Lepidopterologische Mittheilungen aus Ostpreußen. in: Stettin. Entomol. Zeit. 48. Jahrg. No. 1/3. p. 42—46.

St. John, S. Seymour, Lepidoptera of South Buckinghamshire. in: The Entomologist, Vol. 20. Apr. p. 89—91.

Schöyen, W. M., Yderligere tillaeg til Lepidopterfauna. Christiania, 1887. 8⁰. (32 p.)

Schrenk, B. von, Verzeichnis der 1872—1885 in Merreküll gefundenen Rhopalocera, Sphinges, Bombyces u. Noctuae. in: Sitzgsber. Naturf.-Ges. Dorpat, 8. Bd. 1. Hft. p. 60—81.

Staudinger, O., Centralasiatische Lepidopteren. in: Stettin. Entomol. Zeit. 48. Jahrg. 1887. No. 1/3. p. 49—102.
(n. sp.)

Swinhoe, C., On the Lepidoptera of Mhow, in Central India. With 2 pl. in: Proc. Zool. Soc. London, 1886. IV. p. 421—465.
(37 n. sp.)

Hinneberg, C., (Besprechung von Sorhagen, Kleinschmetterlinge der Mark Brandenburg. Neue Localität.) in: Berlin. Entomol. Zeitschr. 30. Bd. 2. Hft. p. 341—345.

Kretschmer, F., Verzeichnis der in der Umgegend von Frankfurt a/O. vorkommenden Microlepidopteren (Schluß). in: Monatl. Mittheil. aus d. Gesammtgeb. d. Naturwiss. Frankfurt a/O. 4. Jahrg. No. 8. p. 236—239.

Fischer, H., Beiträge zur Kenntnis der Macrolepidopterenfauna der Grafschaft Wernigerode. in: Schrift. Naturwiss. Ver. Harz. Werniger. 1. Bd. (37 p.)

Edwards, Henry, Apparently new forms of N. American Heterocera. in: Entomolog. Amer. Vol. 2. No. 9. p. 165—171.
(11 n. sp.; 4 n. var.)

Butler, A. G., Descriptions of 21 new genera and 103 new species of Lepidoptera-Heterocera, from the Australian Region. With 2 pl. in: Trans. Entomol. Soc. London, 1886. P. IV. p. 381—441.
(n. g. *Xanthodule, Chionophasma, Leptocneria, Acritocera, Eurypsyche, Radinogoes, Leucocosmia, Dysbatus, Aporocosmus, Canthylidia, Eurythmus, Lophocoleus, Mataeomera, Eulocastra, Graphicopoda, Pseudephyra, Niphadaza, Hormatholepis, Leucophotis, Pterygisus, Aegitrichus.*)

Elwes, H. J., (Lepidoptera-Heterocera caught in the verandah of the Club at Darjeeling, in Sikkim, in one night). in: Trans. Entomol. Soc. London, 1887. P. I. Proceed. p. IX—XI.
(120 sp.)

Knatz, L., Relationship and relative age of Noctuae and Geometrae. Abstr. in: Journ. R. Microsc. Soc. London, 1887. P. 1. p. 75.
(Zool. Anz. No. 235. p. 610—612.)

Edwards, W. H., The Butterflies of North America. Third Series. P. I. Boston & New York, Houghton, Mifflin & Co., London, Trübner, 1887.

Maynard, C. J., Butterflies of New England. With 232 illustr. Boston, Mass., 1886. 4⁰. (72 p.)

Nicéville, Lion. de, The Butterflies of India, Burmah and Ceylon. A descriptive Handbook of all the known Species of Rhopalocerous Lepidoptera inhabiting that region, with Notices of allied Species occurring in the neighbouring Counties along the Border. With numerous Illustrations. Vol. 2. Calcutta; London, Quaritch, 1886. Roy.-8.

Smith, H. Grose, Descriptions of three new species of Butterflies from Burmah. in: Ann. of Nat. Hist. (5.) Vol. 19. Apr. p. 296—297.

Kirby, W. F., Descriptions of new Species of Papilionidae, Pieridae and Lycaenidae. in: Ann. of Nat. Hist. (5.) Vol. 19. May, p. 360—369.
(19 n. sp.; n. g. *Teriomima*, *Citrinophila*.)

Smith, H. Grose, Descriptions of nine new species of African Butterflies. in: Ann. of Nat. Hist. (5.) Vol. 19. Jan. p. 62—66.

Dewitz, H., Von Herrn Dr. Pogge in Mukenge (Central-Africa) und Umgegend gesammelte Rhopaloceren. Mit 1 Taf. in: Berlin. Entomol. Zeitschr. 30. Bd. 2. Hft. p. 301—302.
(2 n. sp.)

Distant, W. L., and W. P. Pryer, On the Rhopalocera of Northern Borneo. P. I. in: Ann. of Nat. Hist. (5.) Vol. 19. Jan. p. 41—56. P. II. ibid. Apr. p. 264—275.
(94 [3 n.] sp.; No. 95—196. 9 n. sp.)

Honrath, Ed. G., Neue Rhopalocera. V. Mit 1 Taf. in: Berlin. Entomol. Zeitschr. 30. Jahrg. 2. Hft. p. 294—296.
(5 [2 n] sp.; 2 n. var.)

Kane, W. F. de V., Some Notes on the Comparative Study of British and Continental Rhopalocera. in: Entomol. Monthly Mag. Vol. 23. Apr. p. 244—248.

Mathew, Gerv. F., Descriptions of some new species of Rhopalocera from the Solomon Islands. With 1 pl. in: Trans. Entomol. Soc. London, 1887. P. I. p. 37—49.
(16 n. sp.)

Grofs, Heinr., Zur Biologie der *Acidalia punctata* Tr. in: Stettin. Entomol. Zeit. 48. Jahrg. No. 1/3. p. 48.

II. Wissenschaftliche Mittheilungen.

1. Les Tuniciers sont-ils des Poissons dégénérés?

Quelques mots de réponse à Dohrn.

Par Edouard van Beneden.

eingeg. 28. Juni 1887.

J'ai publié en collaboration avec Ch. Julin les résultats de nos études communes sur l'organisation et le développement des Ascidiens. Ces recherches sont consignées dans quatre mémoires dont voici les titres:

1) La segmentation chez les Ascidiens, dans ses rapports avec l'organisation de la larve (Archives de Biologie. Vol. V).

2) Le système nerveux central des Ascidiens adultes et ses rapports avec celui des larves Urodèles. (Ibid. Vol. V.).

3) Le développement post-embryonnaire d'une Phallusie (*Phallusia scabroïdes*). (Ibid. Vol. V.)

4) Recherches sur la morphologie des Tuniciers. (Ibid. Vol. VI.)

La segmentation, la gastrulation, la formation des feuillets de l'embryon, la genèse et l'évolution du système nerveux, de la notocorde, du mésoblaste, du cœur, du péricarde et des organes épicardiques, du tube digestif, de l'appareil branchial, des vésicules rénales, de l'appareil sexuel et du système musculaire ont été successivement décrits et nous avons réservé pour un chapitre spécial, qui termine notre dernier mémoire, la discussion et l'interprétation des faits.

La comparaison des processus évolutifs, constatés chez les Ascidiens avec les données que l'on possède sur l'organisation et le développement des Vertébrés et de l'*Amphioxus*, nous a conduit à la conclusion, qu'il n'est pas possible de déduire l'organisme des Tuniciers de celui des Céphalochordes, moins encore de celui des Vertébrés, que les Urochordes, les Céphalochordes et les Vertébrés constituent trois rameaux indépendants, issus séparément du tronc commun des Chordés.

L'opinion que nous nous sommes faite quant aux affinités, en d'autres termes à la phylogénie des Tuniciers, se fonde sur l'étude de l'ensemble de l'organisation et sur la connaissance de l'organogenèse de chacun des appareils. Nous n'avions aucune idée arrêtée sur ces questions en commençant nos recherches.

Notre conclusion est le contrepied de la thèse que Dohrn a formulée il y a longtemps déjà et à la démonstration de laquelle il s'est attachée avec une activité et une énergie, qui ont singulièrement servi les progrès de la morphologie des Vertébrés.

Il importait donc de peser les arguments que Dohrn apporte à l'appui de son hypothèse de la dégénéréscence et de les soumettre à la critique. Car s'ils ont vraiment la portée que Dohrn leur attribue, si réellement ils démontrent que les Tuniciers sont des Poissons dégénérés, force nous eût été d'interpréter autrement que nous l'avons fait, en nous fondant sur le principe de la loi biogénétique, l'ontogénie des Ascidiens. C'est pourquoi nous avons consacré la dernière partie de notre mémoire à l'examen critique de ceux des travaux de Dohrn qui se rapportent à la question de l'origine des Tuniciers.

Dohrn n'a pas cherché jusqu'ici à interpréter conformément aux exigences de son hypothèse l'ensemble de l'organisme des Tuniciers. Les preuves qu'il invoque sont au nombre de deux. 1° Les gouttières dites pseudobranchiales des Lamproies, homologues aux gouttières péricoronales des Tuniciers, se développent aux dépens d'une paire de diverticules endodermiques, homodynames aux fentes branchiales et homologues aux évents des Sélaciens, aux pseudobranchies des Ganoïdes et des Téléostéens, à la trompe d'Eustache des vertébrés supérieurs. Le développement des sillons pseudobranchiaux chez l'Ammocète démontre que ces ébauches sont vraiment les restes d'une paire de fentes branchiales. Ces organes ont donc servi à la respiration, chez les formes ancestrales des Cyclostomes; leur transformation en gouttières pseudobranchiales a été déterminée par la perte de la fonction respiratoire; les fentes ont cessé de s'ouvrir à l'extérieur. Les animaux chez lesquels il existe des gouttières pseudobranchiales ou, ce qui revient au même, une gouttière péricoronale, les Cyclostomes et les Tuniciers dérivent donc de formes chez lesquelles ces mêmes organes fonctionnaient comme fentes branchiales, c'est-à-dire de Poissons. Tel est le premier raisonnement sur lequel repose le premier argument.

2º Voici le second: La glande thyroïde des Sélaciens est le reste d'une paire de fentes branchiales interposées, chez les formes ancestrales des poissons, entre l'évent et la fente hyoïdienne. Cette ébauche transmise aux Cyclostomes s'est adaptée, pendant le jeune âge, à une fonction secrétoire: elle a pris en même temps qu'une structure glandulaire la forme d'une gouttière; elle est devenue l'organe hypobranchial si énormément développé chez l'Ammocète. Cette glande est donc le résultat d'une interpolation larvaire, et puisque l'on trouve ce même organe glandulaire, sous la forme d'une bande hypobranchiale chez l'*Amphioxus*, d'une gouttière hypobranchiale chez les Tuniciers, il faut bien que ces animaux dérivent d'organismes constitués à la façon de l'Ammocète et devenus sexués avant la transformation de leur organe hypobranchial en un corps thyroïde proprement dit. Ici encore le prius est une paire de fentes branchiales, dont le résidu n'est devenu que secondairement un organe glandulaire, intéressant le plancher de la portion respiratoire du canal alimentaire.

L'argumentation repose donc toute entière sur deux affirmations: la première c'est que les gouttières pseudobranchiales des Cyclostomes dériveraient d'une paire de fentes branchiales homologues aux évents des Sélaciens; la seconde c'est que l'ébauche thyroïdienne des poissons, l'organe hypobranchial des Cyclostomes, la bande hypobranchiale de l'*Amphioxus* et l'endostyle des Tuniciers seraient les restes modifiés d'une autre paire de fentes branchiales.

A notre avis **les faits** invoqués par **Dohrn** ne justifient ni l'une ni l'autre de ces propositions et le raisonnement repose non sur des données positives mais sur des vües purement hypothétiques. Il n'y a plus dès lors de **démonstration** et nous terminons notre mémoire en disant, que, l'opinion de **Dohrn** est une hypothèse purement gratuite.

L'étude de l'innervation de l'appareil branchial de l'Ammocète suivantes qui ont été imprimées en post-scriptum:

»L'un de nous, Ch. Julin, a entrepris des recherches comparatives sur l'innervation de l'appareil branchial des Sélaciens et des Cyclostomes, afin de vérifier si le mode d'innervation des différentes fentes branchiales est conforme ä ce qu'il devrait être, si l'hypothèse émise par Dohrn, relativement à la valeur morphologique des gouttières dites pseudo-branchiales et du corps thyroïde, était exacte.«

»Ces recherches feront l'objet d'un mémoire qui paraîtra incessamment; voici les conclusions qui ressortent de ces recherches.«

1. »Le nerf facial se comporte chez l'Ammocète, vis-à-vis de la première fente branchiale définitive, absolument comme le facial des Sélaciens vis-à-vis de l'évent (*Scyllium catulus* et *Spinax acanthias*). De même que chez le Sélaciens le nerf facial, comme l'ont décrit Gegenbaur (*Hexanchus*) et Balfour (*Pristiurus*) se divise en deux branches dont l'une, la plus volumineuse, passe en arrière de l'évent, l'autre, beaucoup moins considérable, en avant de cette fente, de même, chez l'Ammocète, le nerf facial fournit à la première fente branchiale deux branches: la postérieure, plus importante, se distribue en arrière de la fente, l'antérieure, plus petite fournit en avant de cet organe. Il en résulte avec évidence que la première fente branchiale des Cyclostomes est homologue de l'évent des Sélaciens.«

2. »Chez l'Ammocète, le nerf glosso-pharyngien se comporte vis-à-vis de la seconde fente branchiale définitive de la même manière que

le glosso-pharyngien des Sélaciens vis-à-vis de la première fente branchiale proprement dite de ces animaux.«

3. »Les nerfs branchiaux proprement dits se comportent chez l'Ammocète absolument de la même manière que chez les Sélaciens, conformément à la description qu'en a faite Gegenbaur chez *Hexanchus*.«

4. »Enfin, le corps thyroïde, chez un embryon de *Spinax acanthias*, au moment de la naissance, reçoit plusieurs paires de nerfs disposés metamériquement. La première paire de ces nerfs thyroïdiens est fournie par les deux nerfs glosso-pharyngiens; la seconde paire, par les deux premiers nerfs branchiaux proprement dits. Nous ne pouvons encore affirmer d'une façon positive quel est le nombre de paires de nerfs thyroïdiens que reçoit le corps thyroïde; mais il y en a, à coup sûr, plus de deux, trois au moins.«

»On le voit, ce mode d'innervation du corps thyroïde du *Spinax acanthias* est en désaccord complet avec la manière de voir soutenue par Dohrn relativement à la signification morphologique du corps thyroïde: si l'on tient compte de l'innervation, il est clair que le corps thyroïde ne représente nullement une paire de fentes branchiales transformées, mais qu'il dépend, comme le montre le développement chez l'Ammocète, de plusieurs segments du corps. Si l'hypothèse de Dohrn était exacte, le corps thyroïde devrait être innervé par une paire unique de nerfs, qui prendraient naissance et chemineraient entre le facial et le glosso-pharyngien.«

Ainsi donc 1⁰ l'étude objective de la morphologie des Tuniciers nous conduit à la conclusion que l'organisme des Tuniciers ne peut se déduire de celui des Vertébrés. 2⁰ l'examen critique de l'argumentation de Dohrn montre que les preuves qu'il invoque pour soutenir sa thèse reposent sur des vues hypothétiques, non sur des données positives. 3⁰ l'étude faite par Julin de l'innervation de l'appareil branchial et du corps thyroïde tant chez l'Ammocète que chez *Spinax acanthias* démontre a) que les gouttières dites pseudo-branchiales des Lamproies ne sont pas homologues aux évents des Sélaciens, b) que le corps thyroïde est innervé par plusieurs paires de nerfs, trois au moins, qu'il n'est donc pas le reste d'une paire de fentes branchiales.

La démonstration de la fausseté de l'hypothèse, d'après laquelle les Tuniciers seraient des poissons dégénérés, repose donc sur trois ordres de considérations et de faits.

Dohrn vient de publier une brochure en réponse ä nos critiques. Avant d'examiner jusqu'à quel point elle peut être considérée comme une réfutation de notre opinion, je dois relever une insinuation que je ne puis laisser passer et un reproche absolument injustifié.

On lit à la première page de l'opuscule: »Obwohl die Herren Verfasser in diesem Nachwort von einem ‚Mémoire qui paraîtra incessamment' sprechen .... so will ich doch, nachdem ich das Erscheinen dieser zweiten Schrift mehrere Monate vergeblich erwartete, einige Gegenbemerkungen hier zur Veröffentlichung bringen.«

Plus loin l'auteur croit devoir expliquer une seconde fois comment il s'est fait qu'il a tardé à répondre ä nos critiques et répéter qu'il a attendu, mais en vain, le mémoire annoncé de Ch. Julin sur l'innervation de l'appareil branchial et de corps thyroïde de l'Ammocète.

Il est de mon devoir de déclarer, et c'est là la raison principale qui me détermine à prendre la plume, qu'il n'a pas dépendu de Julin que son mémoire n'ait paru depuis plusieurs mois. Il a remis à la direction des Archives de Biologie, au mois de Décembre dernier, le texte et les planches de son travail. Les planches exécutées par M. M. Werner et Winter sont achevées depuis le mois de mars dernier et si le texte n'a pas pu être livré à l'impression immédiatement, la faute en est, non pas ä Julin, mais à la rédaction des Archives. Diverses circonstances, et en particulier l'abondance de travaux antérieurement déposés, nous ont empêché de faire paraître aussi rapidement que nous l'eussions désiré le travail de Julin. L'auteur a pris soin, du reste, de publier, dans les Bulletins de l'Académie Royale de Belgique, une analyse détaillée de ses études, justifiant complètement les conclusions insérées dans le post-scriptum de notre mémoire sur la morphologie des Tuniciers, en termes assez explicites et assez clairs, pour qu'il ne puisse y avoir aucun doute quant à leur signification. Ces conclusions que nous avons reproduites plus haut, sont un exposé de faits et je ne me rends pas bien compte du motif pour lequel Dohrn aurait eu à attendre la publication du mémoire annoncé, avant de répondre à nos critiques, dès le moment où, comme il l'affirme, il était certain de la non-réalité des faits annoncés par Julin.

Le reproche que Dohrn nous adresse est d'avoir revoqué en doute les faits qu'il a avancés: »Sie (die Herren van Beneden und Julin) haben die Facta in Zweifel zu ziehen gesucht, auf die ich mich in den oben genannten Studien stützte.« Il faut s'entendre: nous n'avons pas émis le moindre doute sur l'exactitude des observations de Dohrn. Mais nous avons exprimé des doutes sur la valeur des interprétations qu'il donne à ses observations et sur la légitimité des conclusions qu'il en tire. Ce qu'il appelle une démonstration n'en est pas une pour nous et ce qu'il appelle des »Facta« nous a paru être non des faits mais des hypothèses.

C'est un fait pour Dohrn que les diverticules endodermiques de la première paire sont des fentes branchiales; un autre que ces diverticules se transforment chez l'Ammocète en les gouttières pseudobranchiales; un autre que l'ébauche du corps thyroïde se développe aux dépens du plancher de l'enteron, entre les diverticules pseudobranchiaux et les fentes branchiales de la première paire; c'est encore un fait pour lui que l'ébauche du corps thyroïde est le reste d'une paire de fentes branchiales. Tout cela, en effet, nous a paru douteux et nous parait encore douteux; j'y reviendrai plus loin.

(Schluß folgt.)

2. Ein neues Sinnesorgan bei Lamellibranchiern.

Vorläufige Mittheilung.

Von Dr. Johannes Thiele, Berlin.

eingeg. 30. Juni 1887.

Bei *Arca Noae* liegen neben und etwas vor der Afterpapille, hinter den Kiemen zwei Papillen von gelblicher Farbe. Sie haben etwa einen Millimeter im Durchmesser und sind von ovaler Form mit einem kleinen hinteren Fortsatze. Nach der Afterpapille ziehen von ihnen schmale Hautfältchen.

Schneidet man diese Papillen mit der Schere ab und bringt sie in Seewasser unter das Microscop, so sieht man dieselben von langen unbeweglichen Haaren dicht bedeckt, und zerlegt man sie nach entsprechender Behandlung in Querschnitte, so überzeugt man sich von der frappanten Ähnlichkeit des Epithels mit den von Eisig bei Capitelliden beschriebenen »Seitenorganen des Abdomen«[1]. Man unterscheidet zu innerst eine ansehnliche Schicht von »Körnern« (nach Eisig's Bezeichnung), zwischen welchen auch hin und wieder ein ähnliches Netz von »Fortsätzen« derselben sichtbar ist, wie es Eisig beschrieben hat, sodann die »Spindeln« und die »Stäbchen«. Auf eine Deutung dieser Elemente will ich hier nicht eingehen.

Diese »abdominalen Sinnesorgane«, wie man sie wohl nennen könnte, werden durch einen Nerv versorgt, der sich von dem mittelsten der von den Visceralganglien nach hinten ziehenden Nerven abzweigt. Derselbe bildet unter dem Organ ein kleines Ganglion, von welchem die einzelnen Nervenfasern sich zu den Sinneszellen begeben.

Ähnliche Sinneshügel habe ich nicht nur bei dem mit *Arca* so nahe verwandten *Pectunculus*, sondern auch bei den meisten der Muscheln gefunden, welche einen offenen Mantel haben, bei Aviculiden, Pectiniden und Ostreiden. Hier liegen dieselben meist auf den

---

[1] Vgl. Eisig, Die Seitenorgane und becherförmigen Organe der Capitelliden. Mittheil. aus der zoolog. Stat. zu Neapel, I. p. 280—292.

Fältchen, die von der Afterpapille ausgehen. Der Hauptunterschied von den Eisig'schen Organen besteht darin, daß diese retractil sind, diejenigen der Muscheln nicht. Das dürfte sich indessen durch die geschützte Lage im Mantelraume erklären lassen.

Bei den Siphoniaten habe ich bisher noch nicht ein ähnliches Sinnesorgan in der Umgegend des Afters aufgefunden. Obwohl ich das von vorn herein erwartet hatte, weil ein solches durch die Ausbildung des Analraumes und der Siphonen seine Function vermuthlich eingebüßt haben dürfte, so will ich doch nicht behaupten, daß keine siphoniate Muschel abdominale Sinnesorgane habe, da ich nur wenige und meist ziemlich ungenügend conservirte Exemplare untersuchen konnte.

Eingehendere Mittheilungen über den vorliegenden Gegenstand werde ich demnächst in einer größeren Arbeit machen.

3. Über die Entwicklung des Echinorhynchus gigas.

(Vorläufige Mittheilung.)

Von Johannes Kaiser.

eingeg. 13. Juli 1887.

Im Folgenden erlaube ich mir die Hauptresultate der Untersuchungen, die ich über die Entwicklungsgeschichte des *Echinorhynchus gigas* angestellt habe, in aller Kürze mitzutheilen. Bezüglich der Details verweise ich auf eine ausführliche, von zahlreichen Abbildungen begleitete Arbeit, die ich baldigst zu veröffentlichen gedenke.

Die Ovarien, welche sich soeben von ihrer Bildungsstätte, dem Ligamente, losgelöst haben, erscheinen als länglich ovale Plasmascheiben, in denen man außer zahllosen bald größeren, bald kleineren Körnchen, noch eine beträchtliche Menge fettartig glänzender Kerne zu unterscheiden vermag. Mit zunehmender Größe ändert sich das Verhalten der einzelnen Kerne. Ein Theil derselben wandert nach der Peripherie des Ovariums, vergrößert sich auf Kosten der übrigen und wandelt sich sammt dem umliegenden Plasma in eine einfache Schicht polyedrischer Zellen, die die Ovarialscheibe allseitig einhüllen, um. Das Centrum behält bis zum Untergange der Kerne seinen syncytialen Character bei; es bildet das Nahrungsmaterial der jungen Eier und wird von letzteren allmählich vollständig aufgebraucht.

Die Zellen des Epithelialbelages enthalten Anfangs ein vollkommen farbloses Plasma, das einen elliptischen Kern von liquider Beschaffenheit in sich einschließt. Mit dem weiteren Wachsthume gewinnt der protoplasmatische Inhalt nicht nur ein trübes, körniges

Aussehen, sondern er hebt sich auch von den Wandungen ab, so daß er als kugeliges Gebilde frei in der Zellkapsel umherschwimmt. Die nächsten Veränderungen bestehen darin, daß das junge Eichen in einem Durchmesser sich wesentlich streckt und seine ursprüngliche Kugelform mit der einer schlanken Spindel vertauscht. Auf dieser Entwicklungsstufe fällt das Ei in Folge des Berstens der Zellwände vom Ovarium ab, wodurch ihm Gelegenheit geboten wird, mit den in den Ligamentsäcken vorhandenen Spermatozoen in Berührung zu treten. Hat die Befruchtung stattgefunden, so umgiebt sich das Ei mit einer zarten, wasserhellen Membran. Der Nucleus verschwindet und der Dotter beginnt sich zu theilen. Es würde mich zu weit führen, eine genaue Darstellung der Klüftungsvorgänge zu geben. Ich will hier nur hervorheben, daß der ganze Proceß höchst unregelmäßig verläuft und mit den Angaben Hallez's sich nicht in Einklang bringen läßt.

Ist die Zahl der Blastomeren auf ein Dutzend herangewachsen, so sieht man unter der ersten Embryonalhaut, die sich um fast ein Drittheil des Eidurchmessers abgehoben hat, eine zweite Hülle entstehen. Der Lückenraum zwischen beiden Häuten wird vorläufig noch von einer wässerigen Flüssigkeit erfüllt. Späterhin aber entstehen in der Peripherie, also auf der Innenfläche der äußeren Membran, zahlreiche dunkel gefärbte linsenförmige Körper. Unter ihnen sammelt sich eine trübe, gelbbraune Secretmasse an, die zunächst sich auf die Äquatorialzone beschränkt, allmählich aber den gesammten Hohlraum, mit Ausnahme eines, am ovalen Pole gelegenen Spaltes ausfüllt. Zu dieser derben Schale gesellen sich im Laufe der Zeit zwei weitere Schutzhäute hinzu.

Während die Bildung der Embryonalhäute vor sich geht, hat auch die Entwicklung des Embryo weitere Fortschritte gemacht. Legen wir einen Längsschnitt durch den anscheinend soliden Dotterkugelhaufen, so werden wir uns überzeugen, daß die Blastomeren zu einer zweischichtigen (epibolischen) Gastrula zusammengetreten sind. Der Epiblast besteht aus einer großen Anzahl kleiner polyedrischer Kernzellen, die in einer einfachen Lage den Leib von der Schwanzspitze bis in die Nähe des Kopfendes überkleiden. An letzterem schwillt der Epiblast zu einem ansehnlichen Plasmazapfen an, der in seiner Mitte sechs bis acht Kerne trägt. Offenbar stellt dieses letzterwähnte Syncytium die Anlage des Nervencentrums vor. Ein ähnlicher aber nur unbedeutend entwickelter Zapfen entsteht späterhin am aboralen Leibespole. Unter dem Epiblast liegen die weit größeren und nur wenig abgeplatteten Hypoblastzellen, welche den Leib bis auf einen central gelegenen Dotterrest ausfüllen.

Auf dieser Entwicklungsstufe erhält der Embryo sein Stachelkleid. Zwischen je vier zusammenstoßenden Epiblastzellen entsteht als Absonderungsproduct derselben ein kleines dornartiges Zäpfchen, das mit seiner rückwärts gebogenen Spitze in den zwischen dem Embryo und der innersten Schutzhülle befindlichen Raum, hineinragt. Die Gestalt und Lage der Häkchen läßt sich weit besser an dem, von den Embryonalhäuten befreiten jungen *Echinorhynchus* studiren.

Ist die letzte Spur des centralen Dotters verschwunden, so erleidet der Embryo eine Histolyse. Selbige beginnt damit, daß die Zellwände verschwinden und die Plasmaleiber zusammenfließen. Die feine Granulation, welche den Einblick in die Structurverhältnisse verhinderte, ist gänzlich in Wegfall gekommen. Die Kerne haben sich mit dem stark lichtbrechenden Chromatin vollständig erfüllt und wandern, zu eckigen Gebilden zusammenschrumpfend, nach der Leibesmitte, woselbst sie sich zu dem sogenannten »embryonalen Körnerhaufen« vereinigen.

Auch das Syncytialplasma hat eine Umwandlung erfahren, in Folge deren es sich in zwei Schichten sondert. Die äußere derselben besteht aus einem zähen, wasserhellen Protoplasma, dem zweifellos allein die Contractionsfähigkeit inhärirt. Das innere Plasma hingegen besitzt einen geringen Consistenzgrad und trägt in seiner Mitte den embryonalen Kernhaufen. Beide Plasmamassen reichen bis an das mit Stacheln bewaffnete vordere Körperende heran.

Die so beschaffenen, hart beschalten Embryonen verlassen durch die Schluckbewegungen der Uterusglocke den mütterlichen Leib und werden mit den Kothmassen des Schweines auf dem Boden zerstreut. Von hier aus gelangen sie, sammt den noch vorhandenen organischen Überresten in den Darm der Rosenkäferlarven (*Cetonia aurata*).

Die Embryonen verlassen nun mit Hilfe ihres Bohrapparates die durch die Einwirkung der Verdauungssäfte erweichten Hüllen, bohren sich in die, das Darmlumen auskleidende Chitinhaut ein, durchsetzen die Drüsenschicht und gelangen in den darunter befindlichen Muskelhäuten zur Ruhe.

Der freie, äußerst agile Embryo hat die Gestalt einer weiten Flasche mit kugligem Boden. Außer den zahllosen kleinen Stacheln, welche in dichten Reihen den gesammten Leib bedecken, besitzen die Embryonen des Riesenkratzers noch fünf große krallenförmige Haken, die dem vorderen Körperende eingepflanzt sind und mit diesem trichterförmig nach innen eingezogen werden können. Haben die Embryonen sich in der muskulösen Darmwand festgesetzt, so schwellen sie, zumal in der mittleren Körperpartie, mächtig auf. Die ersten Veränderungen, die sich im Innern des Embryonalleibes wahrnehmen lassen, bestehen darin, daß vom vorderen Ende des aufgelockerten centralen Kernhaufens sich sechs Kerne ablösen. Sie umgeben sich mit einer gemeinschaftlichen Plasmamasse, die allmählich die Form eines gleichseitigen Kegelstumpfes annimmt. An jedem der sechs Kerne, die dicht an der Basis des Zapfens liegen, entsteht ein kleiner gebogener Haken, in dem man unschwer den Dornfortsatz des definitiven Haftorganes erkennen wird. Haben die Häkchen etwas an Größe zugenommen, so rücken sie nach vorn und an ihrer Bildungsstätte entstehen sechs neue Haken. Der eben geschilderte Vorgang wiederholt sich fünf bis siebenmal. Sodann verschwindet die vordere Begrenzungsfläche des Rüsselzapfens, die Plasmamassen fließen zusammen und der Rüssel wird, so weit dies noch nicht geschehen ist, nach außen umgestülpt. Der chitinige Überzug, dem die Haken ihre Festigkeit verdanken, ist ein Abscheidungsproduct der Hypodermiszellen; seine Entstehung fällt in eine sehr späte Periode des Larvenlebens.

Fast gleichzeitig mit dem Rüsselzapfen wird die Körperbedeckung des definitiven Wurmes in Gestalt eines großblasigen Syncytiums angelegt. Vom centralen Kernhaufen und zwar von dessen gesammter Peripherie trennen sich zahlreiche Kerne ab, welche eine Kugelform annehmen und unter rapider Vergrößerung in die äußerste Schicht des Leibesplasmas einwandern. Während im Hinterleibe die Kerne regellos neben einander liegen, ordnen sie sich in der Kopfregion zu zwei parallelen Gürteln. Der vordere derselben besteht aus sechs Kernen, die mit den Kernen des Rüsselsyncytiums fast in einer Höhe liegen. Etwas weiter nach hinten, und zwar an jener Stelle, wo die Lemnisken hervorsprossen, findet man den zweiten Ring, an dessen Constitution sich 14 Kerne betheiligen. Hat nun die Larve eine Länge von 4 bis 5 mm erreicht, so wandelt sich das Hauptsyncytium, dessen Kerne sich inzwischen sehr stark vermehrt haben, in eine einfache Schicht schöner hoher Cylinderzellen um. Letztere scheiden eine farblose zähe Secretmasse ab, die sich zwischen ihnen und der neu entstandenen Cuticula anhäuft und späterhin zu dem Fasergewebe der Subcuticula erhärtet. Bevor jedoch dies eintritt, gewahren wir an den senkrechten Wandungen der Cylinderzellen die ersten Primitivmuskelfasern. Ihre Zahl wächst aber sehr rasch, so daß schon nach kurzer Zeit der größte Theil der Zellen von ihnen erfüllt ist. Alsdann durchbrechen die Fibern die äußere Begrenzungsmembran der Cylinderzellen, und dringen in die noch weichen Fasergewebe der Subcuticula ein, woselbst sie sich bis zur Parallelfaserschicht verfolgen lassen. Haben diese Muskelfibrillen ihre vollkommene Ausbildung erlangt, so gehen die noch übrigen Zellgrenzen zu Grunde. Das Protoplasma, sowie der größte Theil der Kerne, fällt einer verflüssigenden Metamorphose anheim. Die restirenden Lückenräume zwischen den Faserbündeln functioniren als Gefäße.

Hat die Theilung der Hypodermiskerne begonnen, so sehen wir an der Stelle, wo der Kranz von 14 Kernen sich befand, einen ringförmigen Wulst entstehen, der sich an zwei diametral gegenüberliegenden Puncten in schlanke Zapfen auszieht und den größten Theil der Kerne in sich aufnimmt. Die Faserbildung verläuft in diesen Hypodermisanhängen, den Lemnisken, genau in derselben Weise, wie in der Haut.

Dicht hinter dem Rüsselzapfen bemerkt man bei Larven, die soeben in der Darmwand zur Ruhe gekommen sind, einen mächtigen Kernballen, der sich schon frühzeitig scharf gegen seine Umgebung abgrenzt. Es ist dies die Anlage des Ganglion cephalicum. In der Zeit, wo die Häkchen auf dem Rüsselzapfen entstehen, wandeln sich die Kerne in birnenförmige Zellen um, die an ihrem spitzen Ende sich in Fäden (Nervenfasern) ausziehen. Letztere vereinigen sich zu ansehnlichen Bündeln, durchsetzen das Leibesparenchym und wachsen gleich Pilzfäden an der Innenfläche der Längsmuskulatur, zwischen den seitlichen Kernschnüren herab. Die übrigen Nervenstränge, die das Ganglion nach vorn entsendet, werden erst später sichtbar; ihr Wachsthum hält mit dem der großen Rüsselretractoren gleichen Schritt.

Alle Organe, deren Bildungsweise im Voranstehenden Berücksichtigung gefunden hat, sind, wie man sich leicht durch einen Vergleich mit der Gastrula überzeugen kann, ectodermalen Ursprungs.

Aus dem Entoderm gehen die Leibesmusculatur, die Keimdrüsen und die Ausleitungswege der Geschlechtsproducte hervor.

Von dem unterhalb des Ganglions gelegenen Kernhaufen lösen sich an zwei diametral gegenüberliegenden Orten, die ich fortan als Seiten bezeichnen will, Ballen ab, die sich in drei Schichten sondern. Die Kerne der beiden äußeren haben eine ellipsoide Form und enthalten außer dem Nucleolus noch zwei bis drei kleinere Nebenkernkörperchen. Die Kerne der innersten Zone, welche sich leicht vermöge ihrer beträchtlichen Größe auffinden lassen, sind vollständig mit Chromatin erfüllt. Sie wandeln sich schon sehr frühe in eine Reihe cubischer Zellen um. Wenngleich auch die beiden äußeren Schichten noch längere Zeit ihren syncytialen Character beibehalten, so hat sich doch die Lage ihrer Kerne wesentlich geändert. Ein Theil der Kerne der äußeren Zone ist die calottenförmige Plasmahülle, die kurz nach der Abtrennung der Kerne vom Embryonalkerne gebildet wurde, eingetreten und sammt dieser nach der Rücken- und Bauchfläche gewandert. Die übrigen Kerne liegen alternirend in zwei Längsreihen hinter einander. Dicht oberhalb dieser Kernschnüre weicht das Plasma der mittleren Schicht, deren Kerne sich inzwischen über den gesammten Leib zerstreut haben, aus einander, so daß die Reihe cubischer Zellen direct auf die Kernschnüre zu liegen kommt. Aus der Anordnung der Kerne und der Gestaltung der Plasmamassen kann man jetzt mit aller Bestimmtheit voraussagen, daß das äußere Syncytium die Ringmusculatur, das innere aber die Längsmusculatur liefern wird. Über die Zukunft der cubischen Zellen läßt sich auf dieser Entwicklungsstufe noch kein sicheres Urtheil abgeben.

(Schluß folgt.)

III. Mittheilungen aus Museen, Instituten etc.

1. Società Entomologica Italiana in Firenze.

Adunanza del 10 Luglio 1887. — Horwath, G., Note emitterologiche. — Casagrande, D., Trasformazioni del sistema digerente dei Lepidotteri nel passaggio della larva alla imagine. — Cuccati, G., Struttura del cervello della *Somomyia erythrocephala*. — De Carlini, A., Rincoti del Sottoceneri, raccolti dal prof. Pavesi. — Emery, C., Nuove formiche. — Lostia di Santa Sofia, U., Su Coleotteri della Sardegna. — Magretti, P., Imenotteri pompilidei lombardi. — De Bertolini, S., Coleotteri del Trentino. — Berlese, A., Catalogo delle Tentredini italiane. — Targioni Tozzetti, A., Note entomologiche: Sulla biologia della *Eriocampa cerosi.* — Intorno alla *Psyllodes pulchella* Loew, dell' Asia minore, trovata in Italia sul *Cercis siliquastrum*. — Sulla *Trioza lauri*. — Sulla conformazione e la biologia delle larve di *Bibio hortulanus*. — Origine e struttura del pupario nella *Cecidomyia* del grano.

2. Linnean Society of New South Wales.

25th May, 1887. — 1) Botanical. — 2) The Insects of the Cairns District, Northern Queensland. By William Macleay, F.L.S., &c. This is the first of a series of Papers, descriptive of the many novelties contained in a very large collection of Insects made by Mr. W. W. Froggatt, in the Cairns district, during the year 1886. The present Paper contains descriptions of 50 species of the Coleopterous tribes of *Geodephaga*, *Lamellicornes*, and *Malacodermes*. — 3) Descriptions of New Australian Fishes. By Dr. E. P. Ramsay, F.R.S.E., &c., and J. Douglas-Ogilby. Two Labroid fishes are here described — *Chœrops Macleayi* found in Port Jackson, and *Labrichthys cyanogenys*, a fish of large size and magnificent colouring, taken in Broken Bay. — 4) Description of a new species of *Epimachus*, from New Guinea. By Dr. E. P. Ramsay, F.R.S.E., F.L.S., &c. In the description given of this species, Dr. Ramsay points out that it is allied to, but distinct from, *E. magnus*, and may be distinguished from all other known species by the light oil-brown colour of the chest and under surface, and the rosy-mauve reflections, also by the extreme length of some of the tail-feathers, which exceed $2\frac{1}{2}$ feet in length, the entire length of the bird exceeding

3 feet 6 inches. He proposed for this fine species the name of *Macleayanæ*. — Mr. Fletcher read a note on an introduced Planarian (*Bipalium* sp., very like and possibly identical with *B. Kewense*, Moseley) which has become well established in Sydney, and which, during the damp weather of last month, occasionally appeared in considerable numbers, so that in the mornings it was quite a common object on the pavements in Hyde Park, and in the Suburbs. A large specimen was exhibited, as well as a small one originally one of several portions into which a large one divided transversely, and which after about 30 days had already begun to develop the cheese-cutter-shaped anterior extremity so characteristic of the genus. — Dr. Ramsay exhibited the new Bird of Paradise described by him, and a specimen of each sex of *Paradisornis Rudolphi*, Finsch, which differs from all other species of the family in having rich ultra-marine blue wings and flank plumes; also examples of the orange-crested bower-bird (*Amblyornis subalaris*, Sharpe), and of *Charmosyna Josephinæ*. The exhibits, which were obtained near the base of the Astrolabe Range, and were brought from the S. E. coast of New Guinea by Mr. Goldie, have been secured for the Australian Museum. — Mr. Brazier exhibited photographs of two species of Polyzoa (*Idmonea Milneana*, and *I. interjuncta*) from Green Point, Port Jackson, (8 fathoms), taken by Mr. Arthur W. Waters. — Mr. A. Sidney Olliff of the Australian Museum, exhibited specimens of *Alectoria superba*, Brunner von Wattenwyl, a remarkable genus of Orthoptera having a large thoracic crest produced over the base of the elytra; those exhibited were obtained by Mr. K. H. Bennett, at Mossgiel, in the Western district. The species was originally described by Brunner from examples obtained at Peak Downs. — Mr. Palmer exhibited specimens of the spider, at present undetermined, which fabricates the remarkable egg-bags, examples of which he had exhibited at the March Meeting of the Society. — Mr. Macleay also exhibited some grass infested by a minute grub, which lived in the stem and caused a thickening of it. He stated that the grass had been sent for examination under the belief that the prevalence at the present season of large numbers of worms in sheep, might in some way be traceable to the minute worms in the grass. A microscopical investigation by Dr. Katz had shown however that the worms in the grass were not Entozoa but maggots of minute Dipterous Insects, probably *Cecidomyiadæ* or gall gnats, or possibly minute Muscidæ of the Oscinides group. The habit of the insect somewhat resembled that of *Cecidomyia destructor*, Say, the »Hessian Fly«, so destructive of wheat crops in America.

Bitte.

Denjenigen geehrten Herrn Fachgenossen, welchem ich im Febr. vorigen Jahres vom American Naturalist, Vol. XIX. 1885, die Hefte: Januar, Februar, Juni, Juli und November geliehen habe, ersuche ich dringend, mir diese Hefte schleunigst zurückzugeben. Für ihn haben sie einzeln keinen oder geringen Werth, mir wird durch ihr Fehlen der ganze Jahrgang werthlos.

Prof. J. Victor Carus.

Druck von Breitkopf & Härtel in Leipzig.

Zoologischer Anzeiger

herausgegeben

von Prof. **J. Victor Carus** in Leipzig.

Verlag von Wilhelm Engelmann in Leipzig.

X. Jahrg. | 15. August 1887. | No. 258.

Inhalt: I. **Litteratur.** p. 421—432. II. **Wissensch. Mittheilungen.** 1. **van Beneden,** Les Tuniciers sont-ils des Poissons dégénérés? (Schluß.) 2. **Kaiser,** Über die Entwicklung des *Echinorhynchus gigas*. (Schluß.) 3. **Engelmann,** Über die Function der Otolithen. III. **Mittheil. aus Museen, Instituten etc.** 60. Versammlung deutscher Naturforscher und Ärzte. IV. **Personal-Notizen.** Vacat.

I. Litteratur.

15. Arthropoda.

d) **Insecta.**

ζ) **Lepidoptera.**

(Fortsetzung.)

Butler, A. G., Notes on certain North American species of the group called by M. Guénée ‚*Acronycta*'. in: Entomolog. Amer. Vol. 3. No. 2. p. 35—36.

Smith, John B., Note on Preceding Paper. ibid. p. 36.

Anderson, Jos., *Agriopis aprilina*. in: The Entomologist, Vol. 20. May, p. 138—139.

Grapes, Geo. J., On breeding Varieties of *Angerona prunaria*. in: The Entomologist, Vol. 20. Febr. p. 36—38.

Billings, J. A., *Anosia Plexippus* (*Danais Archippus*) at Shanklin. in: Entomol. Monthly Mag. Vol. 23. Febr. p. 213—214.

Goss, H., *Anosia Plexippus*, L. (*Danais Archippus*, F.) in Portugal. in: The Entomologist, Vol. 20. Apr. p. 106.

Ragonot, E. L., Acclimatation de l'*Anosia Plexippus* L. (*Danais Archippus* F.) en Angleterre. in: Ann. Soc. Entomol. France, (6.) T. 6. 4. Trim. Bull. p. CLXXXII—CLXXXIII.

Weir, J. Jenner, *Anosia Plexippus* in the Isle of Wight. in: The Entomologist, Vol. 20. Febr. p. 39—40.

Fallou, J., Éducations de l'*Antheraea Pernyi* Guér.-Mén. dans la forêt de Sénart. in: Ann. Soc. Entomol. France, (6.) T. 6. 4. Trim. Bull. p. CLXXXIV.

Murtfeldt, Mary E., Vernal Habit of *Apatura*. in: Entomolog. Amer. Vol. 2. No. 9. p. 180—181.

Baker, G. T., *Aporia crataegi* in Devonshire. in: Entomol. Monthly Mag. Vol. 23. Apr. p. 256—257.

Goss, Herb., Is *Aporia crataegi* extinct in England. in: Entomol. Monthly Mag. Vol. 23. March, p. 217—220. Apr. p. 257—258. — Abstr. in: Zoologist, (3.) Vol. 11. May, p. 197.

Hellins, J., *Aporia crataegi* in England in the last century. in: Entomol. Monthly Mag. Vol. 23. May, p. 277.

Parfitt, Edw., *Aporia crataegi* in Devonshire. in: Entomol. Monthly Mag. Vol. 23. May, p. 277.

Tutt, J. W., The decadence of *Aporia crataegi* in Kent, and its probable cause. in: Entomol. Monthly Mag. Vol. 23. March, p. 220—221.

Sharp, H., Rearing varieties of *Arctia caja*. in: The Entomologist, Vol. 20. Apr. p. 109.

Hutchinson, E. S., *Arctia mendica*. in: Entomol. Monthly Mag. Vol. 23. Jan. p. 187.

Machin, Will., *Argyrolepia badiana*. in: The Entomologist, Vol. 20. Apr. p. 110—111.

Hulst, Geo. D., *Argynnis Diana* Cramer. in: Entomolog. Amer. Vol. 2. No. 9. p. 183.

Oberthür, Ch., (Sur la *Boarmia sublunaria* Gn.). in: Ann. Soc. Entomol. France, (6.) T. 7. 1. Trim. Bull. p. XLIX.

Butler, A. G., Descriptions of new Species of Bombycid Lepidoptera from the Salomon Islands. in: Ann. of Nat. Hist. (5.) Vol. 19. March, p. 214—225.

(22 n. sp.; n. g. *Hyalaethea, Sphragidium.*)

Graff, Edw. L., Some [7] new *Bombycidae*. in: Entomolog. Amer. Vol. 3. No. 3. p. 41—43.

Packard, A. S., New *Bombycidae* v. infra *Psychidae*.

Fallou, J., Observations sur l'éducation de diverses espèces de Vers à soie exotiques. in: Ann. Soc. Entomol. France, (6.) T. 6. 1. Trim. Bull. p. XXX—XXXII.

Wailly, Alfr., Notes on Silk-producing Bombyces. — 1885. in: The Entomologist, Vol. 20. May, p. 127—131. June, p. 152—156.

Crallan, T. E., *Bombyx quercus, callunae,* or *roboris*? in: The Entomologist, Vol. 20. Jan. p. 16—17.

Battersby, Frances J., *Bombyx quercus* or *callunae*. in: The Entomologist, Vol. 20. Apr. p. 109—110.

Jeffrey, W. R., Further Notes on the Development of the Embryo in Eggs of *Botys hyalinalis*. in: Entomol. Monthly Mag. Vol. 23. Jan. p. 173—178.

Millière, P., Nouv. esp. de Microlépidoptère [*Bucculatrix albiguttella*]. in: Ann. Soc. Entomol. France, (6.) T. 6. 1. Trim. Bull. p. XXIII—XXIV.

Bankes, E. R., Occurrence in Dorsetshire of *Butalis siccella*, Zeller, a species new to Britain. in: Entomol. Monthly Mag. Vol. 23. May, p. 275—276.

Smith, John B., New Species of *Callimorpha*. in: Entomolog. Amer. Vol. 3. No. 2. p. 25—26.

White, W., On the larva of two species of *Catocala*. in: Trans. Entomol. Soc. London, 1886. Proc. p. XVI—XVII.

Hulst, Geo. D., *Catocala badia*, G. & R. in: Entomolog. Amer. Vol. 3. No. 2. p. 27.

Poujade, G. A., *Catocala Davidi* n. sp. in: Ann. Soc. Entomol. France, (6.) T. 7. 1. Trim. Bull. p. XXXVIII—XXXIX.

Hulst, Geo. D., *Catocala marmorata*, Edw. in: Entomolog. Amer. Vol. 3. No. 1. p. 3.

White, Wm., On a specimen of *Chelonia caja.* in: Trans. Entomol. Soc. London, 1886. Proc. p. XLIX—LI.

Weeks, A. G., *Chionobas semidea,* Say. in: Entomolog. Amer. Vol. 3. No. 1. p. 12.

Tutt, J., *Chrysoclysta bimaculella* and *Gelechia osseella* in North Kent. in: The Entomologist, Vol. 20. Febr. p. 42.

Vaughan, Howard, Notes on *Cidaria suffumata,* with an account of an attempt to rear some of the more peculiar forms which the Dover specimens assume. in: Trans. Entomol. Soc. London, 1886. Proc. p. XXV—XXIX.

Fletcher, W. H. B., On the life-history of *Coleophora adjunctella,* Hodgkinson (Ent. Mo. Mag. XVIII, 189). in: Entomol. Monthly Mag. Vol. 24. June, p. 15.

—— Notes on the life-history of *Coleophora flavaginella,* Lienig. ibid. p. 13—14.

Hagen, H. A., *Coleophora laricella* Hb. very injurious to Larix europaea, in Massachusetts. From: Canad. Entomolog. July, 1886.

Stainton, H. T., *Coleophora Mühligiella* n. sp. (formerly known as *flavaginella* of Mühlig). in: Entomol. Monthly Mag. Vol. 24. June, p. 14—15.

Lewcock, G. A., *Colias edusa* in Essex. in: The Entomologist, Vol. 20. Febr. p. 40.

Colias edusa, captures. in: The Entomologist, Vol. 20. Jan. p. 15.

McLachlan, Rob., The occasional occurrence of *Cossus ligniperda* at »sugar«. in: Entomol. Monthly Mag. Vol. 24. June, p. 10.

Tutt, J. W., The *Crambus contaminellus* discussion; with the description of *Crambus salinellus,* mihi. in: The Entomologist, Vol. 20. March, p. 52—57.

Smith, John B., Antennal Structure of the genus *Cressonia.* in: Entomolog. Amer. Vol. 3. No. 1. p. 2—3.

Grapes, Geo. J., Larvae of *Crocallis elinguaria.* in: The Entomologist, Vol. 20. June, p. 158.

Cuisine, Henri de la, Remarques relatives au genre *Cydimon.* in: Ann. Soc. Entomol. France, (6.) T. 7. 1. Trim. Bull. p. LIX—LX.

Smith, H. Grose, Description of two new species of *Danainae.* in: Ann. of Nat. Hist. (5.) Vol. 19. May, p. 369.

Demaison, L., *Deiopeia pulchella,* près de Reims. in: Ann. Soc. Entomol. France, (6.) T. 6. 4. Trim. Bull. p. CLXXXII.

Fletcher, W. H. B., On the Life-history of *Depressaria ciniflonella.* in: Entomol. Monthly Mag. Vol. 23. Apr. p. 258.

Bruce, Dav., *Ecpanthera reducta,* Grote. in: Entomolog. Amer. Vol. 3. No. 1. p. 14—15.

Fletcher, W. H. B., On the Life-history of *Elachista scirpi.* in: Entomol. Monthly Mag. Vol. 23. Apr. p. 254—255.

Stainton, H. T., Description of a new species of *Elachista* [*scirpi*] allied to *Rhynchosporella,* Stt. in: Entomol. Monthly Mag. Vol. 23. Apr. p. 253—254.

Porritt, G. T., Description of the larva of *Ephestia ficella.* in: Entomol. Monthly Mag. Vol. 24. June, p. 9.

Meyrick, E., *Ephestia ficulella,* Barrett, = *desuetella,* Walker. in: Entomol. Monthly Mag. Vol. 24. June, p. 8—9.

Barrett, Ch. G., *Ephestia Kühniella,* Z., in England. in: Entomol. Monthly Mag. Vol. 23. Apr. p. 255—256.

May, p. 139.

Atmore, Edw. A., Notes on *Ephippiphora tetragonana.* in: Entomol. Monthly Mag. Vol. 23. Apr. p. 260.

Kirby, W. F., Descriptions of [7] new Species of *Epitola* from Cameroons etc. in the collection of Henley Grose Smith. in: Ann. of Nat. Hist. (5.) Vol. 19. June, p. 441—445.

Brown, Rob., (Sur l'*Erastria venustula*). in: Ann. Soc. Entomol. France, (6.) T. 7. 1. Trim. Bull. p. XXX— v. p. L.

Demaison, L., (Sur l'*Erastria venustula*). in: Ann. Soc. Entomol. France, (6.) T. 7. 1. Trim. Bull. p. VII.

Fallou, J., *Erastria venustula* Hb. à Champrosay (Seine-et-Oise). in: Ann. Soc. Entomol. France, (6.) T. 6. 4. Trim. Bull. p. CXCIII—CXCIV.

Seebold, Th., (Sur l'*Erastria venustula*). in: Ann. Soc. Entomol. France, (6.) T. 7. 1. Trim. Bull. p. LX.

Haylock, Sydney, *Euchloë cardamines* in autumn. in: The Entomologist, Vol. 20. March, p. 63.

Chitty, H., Retarded emergence of *Euchloë cardamines.* ibid. p. 63—64, Apr. p. 106.

Tutt, J. W., Late appearance of *Euchloë cardamines.* in: The Entomologist, Vol. 20. May, p. 135.

Bankes, Eust. R., Remarkable variety of *Eudorea pyralella.* in: Entomol. Monthly Mag. Vol. 23. Apr. p. 258.

Pearsall, R. F., Description of a new Cochliipod [*Euclea Elliotii* n. sp.]. in: Entomolog. Americ. Vol. 2. No. 11. p. 209.

Smith, John B., *Euerythra trimaculata,* new species. in: Entomolog. Amer. Vol. 3. No. 1. p. 17.

Bohatsch, Otto, Die Eupithecien Österreich-Ungarns. (III. Nachtrag und Schluß.) in: Wien. Entomol. Zeit. 6. Jahrg. 4. Hft. p. 117—129.
(s. Z. A. No. 188. p. 91.)

Hellins, J., *Eupithecia innotata* — an enigma solved. in: Entomol. Monthly Mag. Vol. 24. June, p. 10—11.

Machin, Will., *Eupoecilia udana.* in: The Entomologist, Vol. 20. June, p. 159—160.

Warren, W., Occurrence of another British example of *Euzophera oblitella,* Z. in: Entomol. Monthly Mag. Vol. 23. March, p. 233.

Threlfall, J. H., On the »Lita« Group of the *Gelechiidae.* in: The Entomologist, Vol. 20. March, p. 65—66.

Tutt, J. W., On the »Lita« Group of the *Gelechiidae.* in: The Entomologist, Vol. 20. Febr. p. 28—31.

Gelechia osseella. v. *Chrysoclysta bimaculella,* J. Tutt.

Threlfall, J. H., *Gelechia semidecandrella* (n. sp.). in: Entomol. Monthly Mag. Vol. 23. March, p. 233—234.

Bruce, Dav., Food plants of *Geometridae* with other Notes. in: Entomolog. Amer. Vol. 3. No. 3. p. 47—50.

Hulst, Geo. D., New Species of *Geometridae,* No. 3. in: Entomolog. Amer. Vol. 2. No. 10. p. 185—192. No. 11. p. 210—212. p. 221—224. Notes on some Species of Geometridae. No. 3. Vol. 3. No. 1. p. 9—11.
(31 n. sp., 5 n. var.; 9 n. sp., 1 n. var.) — s. Z. A. No. 245. p. 112.

Elisha, Geo., The life-history of *Geometra smaragdaria.* in: Trans. Entomol. Soc. London, 1886. P. IV. p. 465—468.

Butler, Arth. G., A new genus of Pierinae allied to Appias [*Glutophrissa*]. in: Entomol. Monthly Mag. Vol. 23. Apr. p. 244—245.

Tutt, J. W., The generic position of *Grapholitha* (?) *caecana*. in: The Entomologist, Vol. 20. Jan. p. 13—15.

Warren, W., The generic position of *Grapholitha* (?) *caecana*. in: The Entomologist, Vol. 20. Febr. p. 38—39.

Stainton, H. T., *Halonota obscurana* Steph. (1834) versus *ravulana*, H.-S. (1849). in: Entomol. Monthly Mag. Vol. 24. June, p. 8.

Balding, A., Description and Habits of the larvae of *Hedya lariciana* and *Paedisca occultana*. in: Entomol. Monthly Mag. Vol. 24. June, p. 12—13.

Robson, J. E., On the flight and pairing of *Hepialus hectus* and *humuli*. in: Entomol. Monthly Mag. Vol. 23. Jan. p. 186—187.

Balding, A., The flight and pairing of *Hepialus humuli*. in: Entomol. Monthly Mag. Vol. 24. June, p. 11—12.

Robson, John E., On the flight and pairing of *Hepialus sylvinus* and *lupulinus*. in: Entomol. Monthly Mag. Vol. 23. Febr. p. 214—215.

Stainton, H. T., Habits of *Hepialus velleda*. in: Entomol. Monthly Mag. Vol. 23. March, p. 234.

Barrett, Charl. H., Early History of *Lita Knaggsiella*. in: The Entomologist, Vol. 20. Apr. p. 111.

Druce, Hamilton H., Descriptions of four new Species of *Lycaenidae*. in: Entomol. Monthly Mag. Vol. 23. Febr. p. 203—205.

Sabine, E., Hybrid *Lycaenidae*. in: The Entomologist, Vol. 20. Febr. p. 40.

South, R., Notes on the genus *Lycaena*. With 2 pl. in: The Entomologist, Vol. 20. Jan. p. 1—8. March, p. 49—52. Apr. p. 73—85. May, p. 121—127.

Cameron, M., *Lycaena icarus* hermaphrodite (?). in: The Entomologist, Vol. 20. Apr. p. 106—107. — R. South, ibid. p. 107.

Jefferys, T. B., Hybernal Emergence of *Macroglossa stellatarum*. in: The Entomologist, Vol. 20. June, p. 157.

Scudder, Sam. Hubbard, Notes on *Melittia cucurbitae* and a related species. in: Psyche, a Journ. of Entom. Vol. 4. No. 135/137. p. 303—304.

Joannis, L. de, *Micropteryx berytella* n. sp. Lepidopt. in: Ann. Soc. Entomol. France, (6.) T. 6. 4. Trim. Bull. p. CLXXXIII—CLXXXIV.

Demaison, L., (*Nemeophila metelkana* trouvée près de Sillery). in: Ann. Soc. Entomol. France, (6.) T. 6. 1. Trim. Bull. p. LIV—LV.

Wood, John H., *Nepticula desperatella*, Frey (new to the British List), in Herefordshire. in: Entomol. Monthly Mag. Vol. 23. Jan. p. 188—189.

Fletcher, W. H. B., On the Life-history of *Nepticula headleyella*, Stn., and of *Phyllocnistis saligna*, Zell. in: Entomol. Monthly Mag. Vol. 23. Jan. p. 187—188.

Butler, Arth. G., Descriptions and Remarks upon five new Noctuid Moths from Japan. in: Trans. Entomol. Soc. London, 1886. P. II. p. 131—136.

—— Descriptions of [13] new Species of Moths (Noctuites) from the Solomon Islands. in: Ann. of Nat. Hist. (5.) Vol. 19. June, p. 432—439.

Delahaye, Jul., *Noctua variicollis* n. sp. d'Algérie. in: Ann. Soc. Entomol. France, (6.) T. 6. 1. Trim. Bull. p. LXIII—LXIV.

Poujade, G. A., Description d'un Lépidoptère de la famille des Lithosides, provenant du Tibet [*Nola flexuosa* Pouj.]. in: Ann. Soc. Entomol. France, (6.) T. 6. 4. Trim. Bull. p. CLXVII.

Smith, Bern., Notes on the *Notodontidae*. in: The Entomologist, Vol. 20. Apr. p. 91—93. June, p. 149—150.

Barrett, Charl. G., *Notodonta torva*, Hübn., in Great Britain. in: Entomol. Monthly Mag. Vol. 23. May, p. 276—277.

Jordan, R. C. R., The larva of *Notodonta torva*. in: Entomol. Monthly Mag. Vol. 24. June, p. 9—10.

Borre, A. Pr. de, Encore les ennemis des vins en bouteilles. in: Soc. Entomol. Belg. Compt. rend. (3.) No. 82. p. XIV—XV.

(*Oenophila V-flavum.*)

Riley, C. V., Variable Moulting in *Orgyia*. in: Entomol. Monthly Mag. Vol. 23. May, p. 274.

Smith, H. Grose, Description of the hitherto unknown male of *Ornithoptera Victoriae*, Gray. in: Ann. of Nat. Hist. (5.) Vol. 19. June, p. 445—446.

Chapman, T. A., On the moulting of the larva of *Orgyia antiqua*. in: Entomol. Monthly Mag. Vol. 23. March, p. 224—227.

Paedisca occultana, larva, v. *Hedya lariciana*, A. Balding.

Bath, W. Harc., Retarded emergence of *Papilio machaon*. in: The Entomologist, Vol. 20. May, p. 135.

Jenner, J. H. A., Retarded emergence of *Papilio Machaon*. in: The Entomologist, Vol. 20. Apr. p. 105—106.

Elwes, H. J., On Butterflies of the genus *Parnassius*. Ausz. von K. B. Möschler. in: Stettin. Entomol. Zeit. 48. Jahrg. No. 1/3. p. 22—41.

(Proc. Zool. Soc. London.) — s. Z. A. No. 237. p. 654.

Phyllocnistis saligna, Zell. v. *Nepticula headleyella*, Stn., W. H. B. Fletcher.

Perkins, R. C. L., Odour observable in males of *Pieris napi*. in: Entomol. Monthly Mag. Vol. 24. June, p. 11.

Carrington, J. T., *Pieris rapae* in Canada. in: The Entomologist, Vol. 20. March, p. 63.

Günther, J., Green pupa of *Plusia gamma*. in: The Entomologist, Vol. 20. May, p. 138.

Riley, C. V., Mr. Hulst's observations on *Pronuba yuccasella*. in: Entomol. Amer. Vol. 2. No. 12. p. 233—236.

Hulst, Geo. D., Remarks upon Prof. Riley's Strictures. ibid. p. 236—238.

Millière, P., Nouv. esp. de Lépidoptère [*Psilothrix incerta*]. in: Ann. Soc. Entomol. France, (6.) T. 6. 1. Trim. Bull. p. LIII—LIV.

Packard, A. S., Notes on certain *Psychidae* with descriptions of two new Bombycidae. in: Entomolog. Amer. Vol. 3. No. 3. p. 51—52.

(3 n. sp.)

Speyer, A., Ein Beitrag zur Kenntnis der *Psychiden* mit spiralig gewundenen Raupengehäusen. in: Stettin. Entomol. Zeit. 47. Jahrg. No. 10/12. p. 325—350.

Dimmock, Geo., Notes on *Pterophoridae* of North America. 2. in: Psyche, a Journ. of Entom. Vol. 3. No. 103/104. p. 413.

(s. Z. A. No. 176. p. 488.)

Bankes, Eust. R., Mutilation in the process of transformation. in: Entomol. Monthly Mag. Vol. 23. Jan. p. 187.

(*Pterophorus acanthodactylus.*)

Klein, Sydney T., Capture of *Ptilodontis palpina* at sugar. in: Entomol. Monthly Mag. Vol. 23. March, p. 234.

Fernald, C. H., North American *Pyralidae* . in: Entomolog. Amer. Vol. 3. No. 2. p. 37—38.
(5 n. sp.)

Hulst, Geo. D., Notes upon certain *Pyralidae*. in: Entomolog. Amer. Vol. 3. No. 2. p. 21—22.

Leech, J. Henry, British Pyralides, including the Pterophoridae. With 18 col. pl. London, R. H. Porter, 1886. 8^0. (121 p.) — (v. Entomol. Monthly Mag. Vol. 24. June, p. 17—18.)

Smith, John B., A revision of the Lepidopterous family *Saturniidae*. in: Proc. U. S. Nat. Mus. Vol. 9. p. 414—437.
(n. g. *Calosaturnia*.)

Oberthür, Ch., (Sur les *Saturnides* de Mantchourie). in: Ann. Soc. Entomol. France, (6.) T. 6. 1. Trim. Bull. p. XLVI—XLVIII.

Briggs, C. A., The genus *Scoparia*. in: The Entomologist, Vol. 20. Jan. p. 17.

Porritt, Geo. T., Description of the larva of *Scoparia resinea*. in: Entomol. Monthly Mag. Vol. 23. Apr. p. 248.

Galton, Frcs., Pedigree Moth-breeding v. supra Descendenztheorie. Z. A. No. 252. p 280.

Meldola, R., (On breeding *Selene illustraria*). in: Trans. Entomol. Soc. London, 1887. P. I. Proceed. p. V—VII.

Merrifield, Fred., Practical suggestions and enquiries as to the method of breeding *Selene illustraria* for the purpose of obtaining data for Mr. Galton. in: Trans. Entomol. Soc. London, 1887. P. I. p. 29—34.

Riley, C. V., Pedigree Moth-breeding. in: Entomol. Monthly Mag. Vol. 23. May, p. 277—278.

(South, Rich.), Pedigree Moths. in: The Entomologist, Vol. 20. March, p. 60—62.

Perkins, R. C. L., *Sesia andreniformis* in Gloucestershire. in: The Entomologist, Vol. 20. Apr. p. 108.

Atmore, Edw. A., Notes on *Sesia philanthiformis* in West Cornwall. in: Entomol. Monthly Mag. Vol. 23. Apr. p. 259.

Demaison, L., Abondance de certaines espèces de *Sphingides*. in: Ann. Soc. Entomol. France, (6.) T. 6. 1. Trim. Bull. p. LV.

Grote, A. Radcliffe, The Hawk Moths of North America. Bremen, 1886. 8^0. (63 p.)

Oberthür, Ch., (*Sphingides* de Mantchourie). in: Ann. Soc. Entomol. France, (6.) T. 6. 1. Trim. Bull. p. LV—LVI.

White, W., (On the caterpillar of *Sphingidae*). in: Trans. Entomol. Soc. London, 1886. Proc. p. XIII—XIV.

Sphinx convolvuli, occurrence. in: The Entomologist, Vol. 20. Jan. p. 16.

Warren, Will., Occurrence of both *Steganoptycha pygmaeana*, Hb., and *S. abiegana*, Dup., in England, and the latter identified as the *Tortrix subsequana* of Haworth. in: Entomol. Monthly Mag. Vol. 24. June, p. 6—8.

Warren, W., Occurrence of *Stigmonota pallifrontana*, Z., in England. in: Entomol. Monthly Mag. Vol. 23. March, p. 232—233.

Crowley, Phil., Description of a new species of *Synchloë* from Kilimanjaro. With 1 pl. in: Trans. Entomol. Soc. London, 1887. P. 1. p. 35.

Jefferys, T. B., *Tephrosia crepuscularia*. in: The Entomologist, Vol. 20. June, p. 159.

Norgate, Frk., *Thecla quercus* with an orange spot on each fore-wing. in: Entomol. Monthly Mag. Vol. 24. June, p. 9.

Poujade, G. A., *Thyatyra oblonga* Pouj. n. sp. in: Ann. Soc. Entomol. France, (6.) T. 7. 1. Trim. Bull. p. XLIX—L.

Barrett, Ch. G., Occurrence of *Tinea misella* in corn warehouses. in: Entomol. Monthly Mag. Vol. 23. March, p. 234.

Sheldon, W. G., On the *Tortrices* of Croydon and district. in: The Entomologist, Vol. 20. Febr. p. 31—33.

Nicholson, Will. Edw., *Trigonophora flammea* bred. in: The Entomologist, Vol. 20. Jan. p. 17—18.

Anderson, Jos., The Habits of *Triphaena interjecta.* in: The Entomologist, Vol. 20. Febr. p. 41.

Goss, H., The Habits of *Triphaena interjecta.* in: The Entomologist, Vol. 20. March, p. 64—65.

Butler, Arth. G., Description of a new Butterfly allied to *Vanessa Antiopa* [*V. Thomsonii* n. sp.]. in: Ann. of Nat. Hist. (5.) Vol. 19. Febr. p. 103—104.

Capper, S. J., *Vanessa Antiopa* with white borders. in: The Entomologist, Vol. 20. May, p. 135—136.

Dingwall, K., *Vanessa Antiopa* larvae in England. in: The Entomologist, Vol. 20. June, p. 156—157.

Rendall, Percy, *Vanessa Antiopa* with yellow borders. in: The Entomologist, Vol. 20. June, p. 156.

Hutchinson, E., *Vanessa C-album.* in: Entomol. Monthly Mag. Vol. 23. Jan. p. 186.

Dewitz, H., Ein neuer centralafricanischer Nymphalide [*Vanessula* n. g. *Buchneri* n. sp.]. Mit Abbild. in: Entomol. Nachricht. (Karsch), 13. Jahrg. No. 10. p. 145—146.

Chitty, H., *Zeuzera pyrina* (*aesculi*). in: The Entomologist, Vol. 20. May, p. 137.

Hall, A. E., *Zeuzera pyrina* in March. ibid. p. 137—138.

η) Hymenoptera.

Kriechbaumer, J., Frühlingsbeschäftigungen für den Insektensammler, besonders den Hymenopterologen. in: Entomolog. Nachricht. (Karsch), 13. Jahrg. No. 5. p. 65—67.

Cameron, P., Hymenopterological Notes. in: Entomol. Monthly Mag. Vol. 23. Febr. p. 193—195.
(1 n. sp.)

Müller, Fritz, Notes on Fig-Insects. in: Trans. Entomol. Soc. London, 1886. Proc. p. X—XII.

—— Zur Kenntnis der Feigenwespen. in: Entomol. Nachricht. (Karsch), 13. Jahrg. No. 11. p. 161—163.

Cragin, F. W., Hymenoptera collected in Barber County, in late July and Early August, 1886. in: Bull. Washburn Coll. Laborat. Nat. Hist. Vol. 1. No. 7. p. 211.

Hymenoptera of Middlesex. v. supra Lepidoptera, S. T. Klein.

Marlat, C. L., Fall collecting of Hymenoptera from Solidago sp. and its results. in: Entomolog. Amer. Vol. 2. No. 10. p. 202—203.

Newstead, R., Aculeate Hymenoptera of Cheshire. in: The Entomologist, Vol. 20. Apr. p. 112—114.

Insecta in itinere cl. N. Przewalskii in Asia centrali novissime lecta. I. *Apidae*. Von Dr. F. Morawitz. in: Horae Soc. Entom. Ross. T. 20. No. 3/4. p. 195—229.
(50 [23 n.] sp.)

Bulletin de la Société d'apiculture d'Eure-et-Loire. T. 1. Chartres, impr. Garnier, 1887. 8⁰. (396 p.)

Beck, Paul Alex., Anleitung zur Bienenzucht für kleine Landwirthe. Vom Wiener Bienenzüchter-Vereine preisgekrönte Arbeit. Versehen mit zahlreichen [26] Abbild. Wien, W. Frick in Comm., 1887. 8⁰. (32 p.) ℳ —,60.

Girard, M., Les Abeilles. Organes et fonctions; éducation et produits; miel et cire. 2. édit. Paris, 1887. 8⁰. (280 p., 1 pl. col., 30 fig.)

Pflips, Heinr., Praktisches Bienenbuch. Anleitung zum lohnenden Betriebe der Bienenzucht in Körben und Kasten. Mit besonderer Berücksichtigung der Eifeler Verhältnisse. Aachen, Ign. Schweitzer, 1887. 8⁰. (48 p.) ℳ —,20.

Schweickert, G. M., Grundriß der Bienenzucht; ein Leitfaden für den ersten Unterricht in der Bienenpflege. Karlsruhe, J. J. Reiff, 1887. 8⁰. (40 p.) ℳ —,40.

Planta, Ad. von, Apistische Mittheilungen. in: Jahres-Ber. Naturf. Ges. Graubünden. 29. Jahrg. p. 25—37.

Breithaupt, P. F., Anatomy and Physiology of Tongue of Bee. Abstr. in: Journ. R. Microsc. Soc. London, 1887. P. 2. p. 224—225.
(Arch. f. Naturgesch.) — s. Z. A. No. 237. p. 656.

Graber, Veit, Zu Dr. P. F. Breithaupt's Dissertationsschrift über die Bienenzunge. in: Zool. Anz. 10. Jahrg. No. 247. p. 166—168.

Buckland, A. H., Bees occupying a Bird's Nest. in: The Zoologist, (3.) Vol. 11. June, p. 238.

Friese, H., Bourdon nouveau de Sicile [*Bombus Fairmairei*]. in: Ann. Soc. Entomol. France, (6.) T. 7. 1. Trim. Bull. p. V—VII.

Pérez, J., (Sur le *Bombus Fairmairei* Friese). in: Ann. Soc. Entomol. France, (6.) T. 7. 1. Trim. Bull. p. XXXVII.
(Variété du *B. agrorum*.)

Dunning, Jos. W., On the importation of humble-bees [*Bombus terrestris*] into New Zealand. in: Trans. Entomol. Soc. London, 1886. Proc. p. XXXII —XXXIV.

Emery, Carlo, Mimetismo e costumi parassitari del *Camponotus lateralis*. in: Bull. Soc. Entomol. Ital. Ann. 18. Trim. 4. p. 412—413.

Schletterer, Aug., Die Hymenopteren-Gattung *Cerceris* Latr. mit vorzugsweiser Berücksichtigung der paläarctischen Arten. Mit 1 Taf. in: Zool. Jahrbb. Spengel, 2. Bd. 2. Hft. p. 349—510.
(15, 6, 10 n. sp.)

Lampert, Kurt, Die Maurerbiene [*Chalicodoma muraria*] und ihre Schmarotzer. Ausz. in: Der Naturforscher (Schumann), 20. Jahrg. No. 2. p. 15—16. — Abstr. in: Journ. R. Microsc. Soc. London, 1887. P. 2. p. 225—226.
(Württemb. Jahreshfte.) — s. Z. A. No. 227. p. 419.

Bormans, A. de, Notes sur les *Chrysidides* des environs de Bruxelles. in: Soc. Entomol. Belg. Compt. rend. (3.) No. 83—84. p. XX—XXIII.

Radoszkowski, le général, Revision du genre *Dasypoda* Lat. Avec 3 pl. in: Horae Soc. Entom. Ross. T. 20. No. 3/4. p. 174—194.
(2 n. sp.)

Bridgman, J. B., *Eumenes coarctata* and its Parasite. in: The Entomologist, Vol. 20. Jan. p. 18—19.

Delpini, Fed., Funzione mirmecofila nel regno vegetale: prodromo d'una monografia delle piante formicarie. Bologna, 1886. 4⁰. (111 p.) Estr. dalle Mem. R. Accad. Sc. Istit. Bologna, (4.) T. 7.

Emery, C., Catalogo delle Formiche esistenti nelle collezioni del Museo Civico di Genova. P. III. Con 2 tav. Estr. dagli Ann. Mus. Civ. Stor. Nat. Genova (2.) Vol. 4. p. 209—258.
(I.: ibid. [1.] Vol. 9. p. 263. II.: Vol. 12. p. 43. — 115 [30 n.] sp.; n. g. *Pseudolasius*.)

Forel, Aug., Études Myrmécologiques en 1886. in: Ann. Soc. Entomol. Belg. T. 30. p. 131—215.
(19 n. sp.; n. g. *Rhinomyrmex*.)

—— Indian Ants of the Indian Museum, Calcutta. No. 1. 2. Calcutta, 1885. 1886. 8⁰. (Journ. Asiat. Soc.)

Haacke, W., Über die geologische Thätigkeit der Ameisen. in: Zool. Garten, 27. Jahrg. No. 12. p. 373—375.

Comstock, J. H., Relation of Ants and Aphides. in: Amer. Naturalist, Vol. 21. No. 4. p. 382.

Richardson, Erving L., Ants and Sunflowers. in: Amer. Naturalist, Vol. 21. No. 3. p. 296—297.

Mayr, Gust., Die Formiciden der Vereinigten Staaten von Nordamerika. Aus: Verhandl. k. k. zool. bot. Ges. Wien, 1886. p. 419—464. — Apart mit Titel: Wien, A. Hölder in Comm., 1886. 8⁰.
(14 n. sp.)

Neuhaus-Storkow, G. H., Die Ameisenarten der Mark Brandenburg. in: Monatl. Mittheil. aus d. Gesammtgeb. d. Naturwiss. Frankfurt a/O., 4. Jahrg. No. 9. p. 268—272. No. 10. p. 296—300.

McCook, Henry C., Modification of Habit in Ants [*Formica sanguinea*] through fear of Enemies. in: Proc. Acad. Nat. Sc. Philad. 1887. p. 27—30.

Grassi, B., Sviluppo delle Api. Estr. dal Gius. Jatta. in: Bull. Soc. Entom. Ital. Ann. 19. Trim. 1/2. p. 152—156.

Bridgman, John B., Further additions to the Rev. T. A. Marshall's Catalogue of British *Ichneumonidae*. in: Trans. Entomol. Soc. London, 1886. P. III. p. 335—373.
(91 [31 n.] sp.; n. g. *Phrudus*.)

Pissot, Ém., Opération par laquelle une femelle d'Ichneumonien perce une branche d'arbre. in: Ann. Soc. Entomol. France, (6.) T. 6. 4. Trim. Bull. p. CXC.

Thomson, C. G., Notes hyménoptérologiques (3. partie). Observations sur le genre *Ichneumon* et descriptions de nouvelles espèces. No. I. in: Ann. Soc. Entomol. France, (6.) T. 6. 1. Trim. p. 11—24. 4. partie [Suite]. ibid. T. 7. 1. Trim. p. 5—16.
(Sp. No. 1—39. [11 n. sp.] No. 40—79. [9 n. sp.])

Comstock, J. H., The Joint-Worm [*Isosoma hordei*] in New York. in: Amer. Naturalist, Vol. 21. No. 4. p. 381—382.

Bignell, G. C., *Macrocentrus infirmus* bred from Hydroecia petasitis. in: The Entomologist, Vol. 20. Apr. p. 114.

Beijerinck, M. W., Over het Cecidium van *Nematus capreae* van Salix amygdalina. in: Versl. en Mededeel. Kon. Akad. Wet. Amsterd. Afd. Natuurk. (3.) 3. D. 1. St. p. 11—21.

Nomada. v. *Sphecodes*, R. C. L. Perkins.

Kriechbaumer, J., *Pimpliden*-Studien. in: Entomol. Nachricht. (Karsch), 13. Jahrg. No. 6. p. 81—87. — II. ibid. No. 8. p. 113—121.
(2 n. sp.)

Magretti, Paolo, Diagnosi di alcune specie nuove d'Imenotteri Pompilidei. in: Bull. Soc. Entomol. Ital. Ann. 18. Trim. 4. p. 402—405.
(5 n. sp.)

Lindeman, K., Die *Pteromalinen* der Hessenfliege (Cecidomyia destructor Say). in: Bull. Soc. Imp. Natural. Moscou, 1887. No. 1. p. 178—192. — Transl. in: Ann. of Nat. Hist. (5.) Vol. 19. May, p. 393—394.
(6 n. sp.)

Perkins, R. C. L., Notes on some habits of *Sphecodes*, Latr., and *Nomada*, Fabr. in: Entomol. Monthly Mag. Vol. 23. May, p. 271—274.

Brischke, C. G. A., Über Parthenogenesis bei den Blattwespen. in: Schrift. Naturforsch. Ges. Danzig, N. F. 6. Bd. 4. Hft. p. 168—172.

Jakowlew, Alex., Quelques matériaux pour servir à la connaissance de la distribution géographique des mouches à scie (*Tenthredinidae*) en Russie. in: Horae Soc. Entom. Ross. T. 20. No. 3/4. p. 236—241.

Konow, Fr. W., Neue griechische und einige andere Blattwespen. in: Wien. Entomol. Zeit. 6. Jahrg. 1. Hft. p. 19—28.
(10 n. sp.)

Stein, Rich. R. von, Tenthredinologische Studien. XII. in: Entomol. Nachr. (Karsch), 13. Jahrg. No. 11. p. 165—173.

Chapman, T. A., Scarcity of Wasps. in: Entomol. Monthly Mag. Vol. 23. Jan. p. 189.

ϑ) Coleoptera.

Glaser, L., Catalogus etymologicus Coleopterorum et Lepidopterorum. Erklärendes und verdeutschendes Namensverzeichnis der Käfer u. Schmetterlinge, für Liebhaber u. wissenschaftliche Sammler systematisch und alphabetisch zusammengestellt. Berlin, R. Friedländer & Sohn, 1887. 8°. (III, 396 p.) ℳ 4,80; geb. 5,60.

Borre, A. Pr. de, (Communications diverses coléoptérologiques). in: Soc. Entomol. Belg. Compt. rend. (3.) No. 85. p. XXVII—XXXI.

Brisout de Barneville, H., Notes coléoptérologiques. in: Ann. Soc. Entomol. France, (6.) T. 6. 1. Trim. Bull. p. XXIX.

Dohrn, C. A., Exotisches. in: Stettin. Entomol. Zeit. 47. Jahrg. 1886. No. 10/12. p. 311—317. p. 350—354.
(No. 334—342; 1 n. sp.; No. 343—346.)

—— Kurtka. ibid. p. 323—324.

Fairmaire, L., Coléoptères nouveaux ou peu connus du Musée de Leyde. in: Notes Leyden Mus. Vol. 9. No. 1. Note XII. p. 145—162.
(20 [17 n.] sp.; n. g. *Homoeorhipis*, *Dapsiloderus*.)

—— Notes synonymiques (Coléopt.). in: Ann. Soc. Entomol. France, (6.) T. 7. 1. Trim. Bull. p. XXXIV.

Heyden, L. von, Kleine coleopterologische Mittheilungen. in: Wien. Entomol. Zeit. 6. Jahrg. 3. Hft. p. 98.

Horn, Geo. H., Some critical Notes. in: Entomolog. Americ. Vol. 2. No. 11. p. 207—209.

Lansberge, J. W. van, Cinq espèces nouvelles de Coléoptères exotiques appartenant au musée de Leyde. in: Notes Leyden Mus. Vol. 9. No. 1. Note III. p. 107—112.

Olivier, E., (Notes coléoptérologiques). in: Ann. Soc. Entomol. France, (6.) T. 6. 1. Trim. Bull. p. XXXVIII—XXXIX.
(*Lampyrides.*)

Reitter, Edm., Coleopterologische Notizen. XX. in: Wien. Entomol. Zeit. 6. Jahrg. 1. Hft. p. 28—29 -- XXI. ibid. 2. Hft. p. 76—77. — XXII. ibid. 3. Hft. p. 104—107. — XXIII. ibid. 5. Hft. p. 171—173.
(s. Z. A. No. 246. p. 131.)

Thomson, C. G., Observations sur quelques Coléoptères et descriptions de nouvelles espèces. in: Ann. Soc. Entomol. France, (6.) T. 6. 1. Trim. Bull. p. IX—XI.
(17 [2 n.] sp.)

Waterhouse, Ch. O., Descriptions of new Coleoptera in the British Museum. in: Ann. of Nat. Hist. (5.) Vol. 19. Apr. p. 289—296.
(11 [10 n.] sp.; n. g. *Armenosoma, Maschalix, Callipyndax.*)

—— Characters of [5] undescribed Coleoptera in the British Museum. ibid. June, p. 446—449.
(n. g. *Mechanetes.*)

Haase, Erich, Holopneustie bei Käfern. in: Biolog. Centralbl. 7. Bd. No. 2. p. 50—54. — Abstr. in: Journ. R. Microsc. Soc. London, 1887. P. 3. p. 380.

Wilkins, A., The Beetle in Motion. in: Nature, Vol. 35. No. 905. p. 414.

Gazagnaire, J., Sur la gustation chez les Coléoptères. (Suite et Fin.) in: Bull. Soc. Zool. France, T. 11. No. 5/6. Proc.-verb. p. XXV—XXVI.

Coleopteren-Larven. v. supra Lepidopteren, H. J. Kolbe.

Gadeau de Kerville, Henri, Coléoptères monstrueux. in: Ann. Soc. Entomol. France, (6.) T. 6. 4. Trim. Bull. p. CLXXIX—CLXXX. — Fairmaire, L., Poujade, G. A., ibid. p. CLXXXIX.

Bedel, L., Fauna des Coléoptères du bassin de la Seine et de ses bassins secondaires. (Suite de la 2. partie du VI. Volume.) Rhynchophora. Catalogue des Curculionidae. (p. 313—328.) — v. Ann. Soc. Entomolog. France, (6.) T. 6. 4. Trim. p. 281—312. T. 7. 1. Trim.

Baer, G. A., Catalogue des Coléoptères des iles Philippines. in: Ann. Soc. Entomol. France, (6.) T. 6. 1. Trim. p. 97—128.
(Continuation v. Z. A. No. 246. p. 131.)

Bertolini, S., Contribuzione alla Fauna Trentina dei Coleotteri. in: Bull. Soc. Entom. Ital. Ann. 19. Trim. 1/2. p. 84—135.

Champion, G. C., On the priority of various generic names in use in British Coleoptera. in: Entomol. Monthly Mag. Vol. 23. March, p. 227—230.

Charpentier, .., Sur divers Coléoptères des Vosges. in: Ann. Soc. Entomol. France, (6.) T. 6. 4. Trim. Bull. p. CLXXX—CLXXXI.

Dugès, E., Métamorphoses de quelques Coléoptères mexicains. Avec 3 pl. in: Ann. Soc. Entomol. Belg. T. 30. p. 27—45.

Fairmaire, L., Coléoptères des voyages de M. G. Révoil chez les Somâlis et dans l'intérieur du Zanguebar (commencement). Avec 2 pl. [la 3. pas encore parue]. in: Ann. Soc. Entomol. France, (6.) T. 7. 1. Trim. p. 69—112.
(37 n. sp.)

II. Wissenschaftliche Mittheilungen.

1. Les Tuniciers sont-ils des Poissons dégénérés?

Quelques mots de réponse à Dohrn.

Par Edouard van Beneden.

(Schluß.)

Mais nous n'avons pas songé ä contester que les gouttières dites pseudobranchiales débouchent dans l'ouverture de la glande thyroïde. Nous n'avons pas non plus affirmé, et en cela Dohrn nous attribue une opinion que nous n'avons pas émise et que nous ne pouvions émettre, que le sillon médio-ventral du plancher de la cavité branchiale se bifferquerait en deux branches en avant et constituerait avec les sillons dits pseudobranchiaux une seule et unique formation. Nous avons fait observer seulement que, si l'on s'en rapporte à la description de Schneider, il paraît en être ainsi et nous avons exprimé le regret que Dohrn ne se soit pas prononcé catégoriquement sur la nature de ces rapports. Dohrn a oublié de rappeler dans sa brochure que, ayant cherché à nous éclairer par nous mêmes sur les liens qui, chez l'Ammocète, rattachent les uns aux autres, les gouttières pseudobranchiales, le sillon médio-ventral et l'embouchure de la glande thyroïde, nous avons reconnu l'exactitude de sa description. Voici comment nous nous sommes exprimés. »Depuis l'époque où le texte de notre mémoire a été envoyé à l'impression, nous avons fait une série de recherches sur le corps thyroïde, les gouttières dites pseudobranchiales et la gouttière médio-ventrale postérieure du sac branchial de l'Ammocète. Nos observations confirment entièrement la description qu'en ont donnée A. Dohrn et A. Schneider, et les images que nous avons obtenues sont identiques à celles qu'ont figuré ces deux auteurs.«

Dohrn aurait pu s'éviter la peine inutile de consacrer plusieurs pages de sa brochure à combattre une opinion qu'il nous attribue à tort.

J'en viens au fond de la brochure de Dohrn. Elle n'est rien moins qu'une réfutation de l'opinion que nous avons émise quant à l'origine des Tuniciers et à leurs affinités avec les Annélides, les Céphalochordes et les Vertébrés.

Nous avons signalé une série de faits ressortissant soit à l'organisation, soit au développement des Ascidiens, qui nous ont paru inconciliables avec l'hypothèse qui veut que les Urochordes soient des poissons dégénérés. Je me borne ä en rappeler deux qui nous ont paru avoir une importance décisive. La paroi du cœur des Ascidiens se développe aux dépens du plancher de la cavité branchiale et la cavité péricardique communique, par deux orifices distincts, pendant un temps plus ou moins long, avec la portion respiratoire du canal alimentaire. A moins de dénier toute importance à l'organogenèse, il faut en conclure que la paroi du cœur des Tuniciers est une formation totalement différente du myocarde des Vertébrés. Quant à l'*Amphioxus*, il est totalement dépourvu de cœur: il n'existe, chez cet animal, à l'extrémité postérieure de l'artère branchiale primaire, ni myocarde, ni péricarde. Est-il admissible que l'*Amphioxus* ait pu perdre le cœur ancestral si utile à ses ascendants supposés, si nécessaire, qu'un arrêt quelque peu prolongé des contractions cardiaques entraine inévitablement la mort. En quoi donc un cœur serait-il moins utile à un *Amphioxus* qu'à une Lamproie, à une Appendiculaire ou à une Ascidie. Mais il y a plus; après avoir perdu leur cœur ancestral, les premiers Tuniciers en auraient acquis un nouveau qui aurait subsisté, sans changer de caractères, chez tous les Tuniciers sans une exception, depuis les Appendiculaires jusqu'aux Ascidies simples et composées, les Salpes et les Pyrosomes, malgré les différences de taille, de genre de vie et d'habitudes, de forme et d'organisation.

Quant à l'appareil branchial nous avons soutenu, en nous basant sur l'existence d'une paire unique de canaux branchiaux chez les Appendiculaires, sur la formation des cavités péribranchiales des Ascidiens aux dépens d'une paire unique de canaux branchiaux chez les larves urodèles, sur le mode de formation et l'ordre d'apparitions des stigmates branchiaux chez les Ascidiens, que les stigmates sont des formations propres à certains groupes de Tuniciers, qu'ils ne sont pas homologues à des fentes branchiales et qu'il n'existe en réalité chez les Tuniciers qu'une paire unique de fentes branchiales (canaux branchiaux des Appendiculaires, orifices branchiaux des Salpes, cavités péribranchiales des Ascidiens). Il semble inadmissible que, si vraiment les Tuniciers dérivaient des poissons, l'appareil branchial ait pu se réduire à tel point que, pour suppléer à son insuffisance, de nouveaux organes aient du apparaître.

Dohrn n'a pas cru devoir répondre à ces objections; il n'a pas cherché ä montrer que nos conclusions ne ressortent pas nécessairement de nos observations; il se borne ä contester le rapprochement que nous avons établi entre la formation que nous avons appelée la vésicule préchordale des Ascidiens et la même formation des larves d'*Amphioxus*. Ces ébauches ne seraient pas homologues par ce qu'elles engendrent des organes différents, et il faut se garder d'une application dogmatique du principe de la loi biogénétique. Mais à ce compte, comment Dohrn peut-il soutenir que les diverticules qui, d'après lui, engendrent chez l'Ammocète les gouttières pseudobranchiales, sont homologues de ceux qui donnent naissance ä l'évent des Sélaciens, à l'oreille moyenne et à la trompe d'Eustache chez les Vertébrés supérieurs?

Moi aussi, je crois qu'il faut manier avec prudence la loi biogénétique; mais je ne pense pas que la prudence consiste à s'en servir quand son intervention peut nous aider à étayer des idées à priori, sauf à la rejeter quand elle conduit à la condamnation de nos hypothèses. Je crois à la cœnogenèse; mais je pense aussi qu'il faut de la prudence dans le maniement de ce facteur; l'on n'est en droit de l'invoquer que lorsque l'on est en mesure de démontrer son action.

La plus grande partie de la brochure de Dohrn est consacrée, non pas à la réfutation de notre opinion, basée sur l'étude du développement des Ascidiens, mais bien à la démonstration de la thèse d'après laquelle la gouttière pseudobranchiale des Cyclostomes serait homologue à l'évent des Sélaciens et l'organe hypobranchial, le résidu transformé d'une paire de fentes branchiales.

En ce qui concerne le corps thyroïde, aucun élément nouveau n'est introduit dans la discussion. L'auteur cherche à établir par le raisonnement que cet organe pourrait bien avoir la signification qu'il lui a attribuée; il est toujours convaincu de la vérité de son opinion; mais il accorde que cet organe pourrait bien avoir une autre origine et une autre valeur morphologique. C'est une concession importante.

Quant aux gouttières pseudobranchiales, nous avions fait observer que Dohrn n'a ni décrit ni figuré de stades du développement démontrant que ces gouttières dérivent bien réellement des diverticules endodermiques de la première paire. Cette lacune a été comblée dans la brochure qui vient de paraître. Les figures 1 à 9 de la Pl. IV représentent une série de coupes horizontales de larves d'âges différents, pour montrer la génèse des gouttières pseudobranchiales.

L'examen de ces figures me suggère les observations suivantes.

1⁰ La nature branchiale des diverticules endodermiques de la première paire ne me parait rien moins qu'établie par les images que Dohrn a reproduites. Les diverticules qui donnent naissance par la suite aux fentes branchiales de la première paire se forment ä une certaine distance en arrière de l'extrémité antérieure en cul de sac de l'enteron. L'ébauche du stomodæum, en refoulant le milieu de la paroi antérieure de ce cul de sac doit déterminer la formation de deux diverticules latéraux, comme ceux qui sont représentés fig. 1 et 2. Ces diverticules, quoique présentant une certaine analogie d'aspect avec les diverticules branchiaux ont probablement une toute autre valeur morphologique et ne sont pas homodynames des fentes branchiales.

2⁰ Il me parait bien difficile de reconaître encore ces diverticules dans les formations désignées par le chiffre 1 dans les figures 3 et 4. Ces diverticules, très apparents pendant la genèse de l'ébauche du stomodæum, s'effacent en grande partie au moment où le fond de cette formation est venu s'étaler contre la paroi du cul de sac entérique.

3⁰ Les figures 6, 7, 8 et 9 montrent que les gouttières pseudobranchiales se développent, non pas à la place qu'occupaient les diverticules, mais notablement plus en arrière, à la limite entre le cul de sac antérieur de l'enteron et les premières fentes branchiales définitives.

Il me parait donc douteux, si l'on s'en rapporte aux figures publiées par Dohrn lui-même, que les sillons pseudobranchiaux soient vraiment le résultat de la transformation des diverticules endodermiques de la première paire; il peut y avoir du doute aussi sur la question de savoir si cet diverticules sont vraiment homodynames de fentes branchiales.

Le point le plus important de la brochure de Dohrn, c'est la dénégation qu'il oppose aux affirmations de Ch. Julin, en ce qui concerne l'innervation de l'appareil branchial chez l'Ammocète. Dohrn s'appuie sur l'étude de larves de très petites dimensions: la figure reconstituée qu'il publie représente l'extrémité céphalique d'une larve de 20 jours, comptés à partir de l'éclosion. Julin a étudié au contraire des Ammocètes arrivées à leur complet développement ou à peu près. Dohrn ne dit pas s'il a vérifié, chez des Ammocètes développées, les faits signalés par Julin. Jusqu'au jour où il aura controlé, en s'adressant à des Ammocètes complètement développées, les résultats annoncés par Julin, Dohrn n'est pas en droit de nier l'exactitude de ces résultats.

L'on ne peut méconnaître cependant que les faits que Dohrn signale chez les jeunes larves paraissent inconciliables avec ceux que Julin a constatés chez des Ammocètes plus agées. Aussitôt qu'il a eu connaissance des résultats consignés dans la brochure de Dohrn, Julin a cherché à se procurer de toutes jeunes larves. Il a l'espoir fondé de se trouver prochainement en possession du matériel nécessaire pour étudier, non plus seulement le trajet des nerfs craniens chez l'Ammocète complètement développée, mais le développement progressif de ces nerfs. Il porte exclusivement la responsabilité des conclusions qu'il a formulées, en ce qui concerne l'innervation de l'appareil branchial et du corps thyroïde; il l'accepte toute entière et c'est à lui qu'il appartient de poursuivre, sur ce terrain, la discussion de l'hypothèse de Dohrn.

2. Über die Entwicklung des Echinorhynchus gigas.

(Vorläufige Mittheilung.)

Von Johannes Kaiser.

(Schluß.)

Die Längsmuskelzellen, die sich aus dem mittleren Syncytium heraus bilden, haben anfangs eine eiförmige Gestalt, vertauschen selbige aber bald mit der eines abgeplatteten, schlanken Cylinders. Auf der äußeren Begrenzungsfläche entstehen feine Fibrillen, die sich zu kleinen Bündeln vereinigen. Der Faserbildungsproceß findet nicht allerorten im gleichen Umfange statt. In mehr oder minder großer Ausdehnung sieht man die fibrillentragende Außenwand sich in Gestalt einer Falte erheben. Letztere wird höher und höher, bis sie endlich die innere Zellwand erreicht. Die Ränder der Falte weichen aus einander und auf diese Weise entstehen die Lücken und Spalten, die der Muskelzelle der Echinorhynchen das eigenartige Aussehen verleihen. Inzwischen ist aber auch an den seitlichen Wänden der Fasern die fibrilläre Substanz emporgewachsen; die Muskelfaser ist aus dem platymyaren Zustand in den coelomyaren eingetreten. Die völlige Umwandung der Faser mit fibrillärer Substanz gehört zu den allerletzten Vorgängen der Entwicklung.

Der Bildungsgang, den die Ringmusculatur durchläuft, stimmt bis auf die Gestalt der Kernbeutel mit obiger Beschreibung völlig überein. Während nämlich bei der Längsmusculatur der Kern in einer flachen, buckelförmigen Auftreibung ruht, hebt sich der Nucleus der Ringfaser schon frühzeitig von letzterer ab und schnürt sich an der Übergangsstelle halsartig ein.

Schon in der Periode, wo das Ganglion von seiner Umgebung sich abgrenzt, finden wir in unmittelbarer Nähe desselben zahlreiche Kerne, die den musculösen Bewegungsapparat des Rüssels aus sich hervorgehen lassen.

Dicht hinter dem Rüsselzapfen liegen in gleichen Abständen sechs Kerne, die einem kreisförmigen Ringe, welcher mit seinem vorderen, gespaltenen Rande an der letzten Hakenreihe sich inserirt, seine Entstehung geben. Dicht neben diesem Ringe liegen dorsal und ventral zwei spindelförmige Zellen, die bis zum Ganglion cephalicum herabreichen und späterhin die Muskelmasse des Protrusor receptaculi dorsalis und ventralis liefern. Sehr ähnlich gestaltet sind die Protrusores receptaculi laterales. Sie laufen zu den Seiten des Ganglions herab, und enthalten im unteren Ende zwei große Kernblasen. Etwas abseits liegen dicht neben einander zwei Zellen, die zu den breiten Muskelplatten der Retractores colli auswachsen. Unmittelbar hinter den Kernen der Protrusores receptaculi laterales findet man zwei Nuclei, die dem Receptaculum proboscidis angehören und den vorderen ligamentösen Theil desselben geliefert haben. Nach hinten setzt sich die Rüsselscheide in einen hohlen Zapfen fort, der zwei, im Grunde gelegene Kerne in sich einschließt. Der Hohlraum des Rüsseltaschenzapfens wird von den Retractores proboscidis, die vier Zellen entsprechen, vollkommen ausgefüllt. Selbige wachsen über das Ganglion hinaus und drängen sich zwischen dieses und die Rüsselanlage hinein. Mit dem hinteren Ende der Retractores proboscidis verbinden sich die vier spindelförmigen Zellen der Retractores receptaculi, welche in diagonaler Richtung den Leibesraum durchsetzen und ventral und dorsal an der Leibeswand sich inseriren.

Auch die hintere Hälfte des von dem Hautmuskelschlauche umschlossenen Kernhaufens hat eine Umwandlung erfahren.

Hinter dem Rüsselsacke ist ein Plasmaprisma, in dessen Achse acht bis zehn kugelförmige Kerne liegen, entstanden. An den Rändern desselben heften sich vier dünne Blätter an, die den Leibesraum in eben so viele Sectoren theilen. Die beiden lateralen Sectoren sind vollkommen mit kleinen Kernzellen, die von den cubischen Zellen abstammen, erfüllt. Nach der Bildung der Keimdrüsen gehen die Füllzellen zu Grunde; die restirenden triangulären Lücken repräsentiren die Leibeshöhle. Beim Weibchen vereinigen sich in den dorsalen und ventralen Sectoren die, von der centralen Plasmasäule ausgehenden Blätter, zu den mächtigen Ligamentsäcken. Beim Männchen gehen die Blätter des einen Sector zu Grunde.

Der axiale Plasmastreifen bildet den Mutterboden für die Keimdrüsen.

Beim Männchen treten an zwei hinter einander gelegenen Orten einige Kerne an die Oberfläche heran und verwandeln sich in zwei ansehnliche Haufen glänzender Kernzellen. Dicht unterhalb eines jeden dieser Ballen, die offenbar die Hodenanlage vorstellen, erblickt man eine Zelle, die durch wiederholte Quertheilung in einen langen Zellstrang (Vas deferens) auswächst.

Die Ligamentkerne wandeln sich beim Weibchen in rosettenförmige Zellhäufchen um. Aus den Theilstücken entstehen kleine Syncytien, die allmählich zu ovalen Scheiben heranwachsen, vom Ligamente sich loslösen und als »freie Ovarien« in den Ligamentsäcken umherschwimmen.

Unterhalb des Vas deferens findet man fünf Zellschichten. Die oberste setzt sich aus sechs birnenförmigen Zellen (Kittdrüsen), die ein körniges, trübes Plasma enthalten, zusammen. Schon frühzeitig wachsen sie in hohle Stränge aus und dringen, sammt dem Vas deferens, in die zweite Zellschicht, welche die musculöse Umhüllung des Ductus ejaculatorius liefert, hinein. Die dritte Zone besteht aus den Ganglien des Genitalnervensystemes und ist rein ectodermalen Ursprungs. Die birnenförmigen Zellen der vierten Schicht gruppiren sich zu drei concentrischen Kreisen. Die Zellen des Centrums verschmelzen zu dem conischen Penis, der mit seiner Spitze zwischen die Zellleiber der fünften Gruppe hineinragt. Um den Penis herum liegen Füllzellen, die späterhin verloren gehen und den oberen Theil der Bursalhöhle liefern. Der peripherische Zellkreis wandelt sich zum Bursalmuskel um, dessen kugelförmige Höhlung von den Zellen der fünften Zone ausgefüllt wird. Nachdem letztere zu Grunde gegangen sind, stülpt sich die Hypodermis ein und versieht die Bursa copulatrix mit einem schützenden Überzuge.

Weit einfacher ist die Entwicklung der weiblichen Ausleitungswege.

Am aboralen Leibespole befinden sich zwei concentrische Muskelröhren, in denen man sofort die späteren Sphincteren der Vagina erkennen wird. Ein Uterus ist noch nicht vorhanden; seine Stelle nimmt ein solider Plasmazapfen ein, dessen Mitte zwei ovale Kerne trägt. Die Zellen des Glockengrundes sind schon in der definitiven Zahl und Lage vorhanden. Auf sie folgt die röhrige Uterusglocke, die über zwei Füllzellen geformt wird. Auf jeder Seite liegen drei Zellen, die schon frühzeitig durch ihre beträchtliche Entwicklung in die Augen fallen. Aus ihnen gehen die eigenartigen Polster oder Flocken, die am oberen Rande der Uterusglocke gefunden werden, hervor.

3. Über die Function der Otolithen.

Von Th. W. Engelmann in Utrecht.

eingeg. 15. Juli 1887.

Der mir soeben zugegangene interessante Aufsatz von Yves Delage (Arch. de Zool. expérim. etc. (2.) T. 5. 1887. p. 1.) veranlaßt mich, einige Betrachtungen über die Function des sogenannten Otolithen im »Sinneskörper« der Ctenophoren, wie der Otolithen überhaupt, mitzutheilen, Betrachtungen, die ich bereits vor 8 Jahren niederschrieb, aber bisher zurückhielt, da ich auf eine Gelegenheit hoffte, sie durch Versuche ihres hypothetischen Characters entkleiden zu können. Sie finden in den Resultaten [1] des französischen Forschers

---

[1] Die Versuche von Delage erstrecken sich auf Cephalopoden (*Octopus*) und Crustaceen (*Mysis, Palaemon, Gebra, Corystes*), leider nicht auf Ctenophoren und Medusen. In wie weit die Vorstellungen des Verf. sich mit den meinigen berühren, wird zur Genüge die folgende wörtliche Anführung der wichtigsten Resultate desselben lehren. »La déstruction des otocystes product une désorientation locomotrice

eine sehr erwünschte Stütze und seien nun wie diese den Fachgenossen, die an lebenden Ctenophoren und anderen für die Frage geeigneten Seebewohnern Versuche anzustellen in der Lage sind, zu weiterer Prüfung empfohlen.

Ich halte den allgemein als Otolithen bezeichneten, am aboralen Pol des Ctenophorenkörpers gelegenen Kalkkörper für einen die Erhaltung des Körpergleichgewichts vermittelnden Apparat. Wie namentlich durch Carl Chun's sorgfältige Untersuchungen bekannt, ruht dieser, im Allgemeinen kugelige, Körper, auf vier gleichen, ihn in regelmäßigen Abständen im Umkreis umstellenden, federartigen, elastischen Wimperplättchen derart, daß er, »inmitten der Glocke nach allen Seiten frei beweglich in den vier Federn pendelt« (Fauna und Flora des Golfes von Neapel. I. Chun, Ctenophorae. 1880. p. 75). Die vier Federn wurzeln in eigenthümlichen Epithelzellen des »Sinneskörpers«, von welchen aus acht als Flimmerrinnen bezeichnete Epithelstreifen in meridionaler Richtung zu den acht die Ruderplättchen tragenden Rippen ausstrahlen.

In der Norm schreitet der Anstoß zur Bewegung der Schwimmplättchen wellenförmig vom aboralen nach dem oralen Pole hin fort, wobei nach den Versuchen von Chun die Flimmerrinnen als Nerven wirken, indem sie nach dem, zuerst von mir für Flimmerepithelien aufgestellten Princip der Reizleitung durch Zellencontact, einen die Bewegung der Cilien, bez. der Ruderplättchen auslösenden molecularen Proceß von Zelle zu Zelle fortpflanzen[2].

Im unversehrten Thier laufen, wie Chun hervorhebt, die Wellen

---

chez les animaux qui l'ont subie. — Ce résultat est dû à l'abolition des fonctions de l'organe et non à son excitation ou à une irritation du nerf correspondant. — Les otocystes, outre leur fonction auditive, jouent le rôle d'organes régulateurs de la locomotion, probablement en provoquant par voie réflexe les actes musculaires correcteurs qui maintiennent le corps sur la trajectoire voulue et dans son orientation normale pendant toute la durée du mouvement. — Il y a de fortes raisons de croire que ces organes envoyent aussi aux ganglions cérébroïdes des sensations véritables qui renseignent l'animal sur les mouvements de rotation accomplis activement ou passivement par son corps. — Ces sensations, ainsi que les actions réflexes précedantes, peuvent être provoquées par l'action mécanique exercée pendant les mouvements, par le liquide ou par les otolithes sur les terminaisons nerveuses de la paroi« (l. c. p. 24).

[2] Dem mechanischen Act der Bewegung der Cilien eine Mitwirkung bei der Reizleitung zuzuschreiben, wie Chun zu thun geneigt ist, scheint mir nicht gerechtfertigt. Vermuthlich ist auch der Reizungs- und Leitungsvorgang in den Flimmerrinnen von electrischen Veränderungen begleitet. Sollte es, was ich für sehr wahrscheinlich halte, gelingen, diese zu beobachten und im Besonderen ihren zeitlichen Verlauf zu messen, so wird sich vermuthlich herausstellen, daß wie in den Muskeln auch in diesen Epithelstreifen die electrische Reizwelle der mechanischen vorausläuft. Vgl. hierüber noch Pflüger's Arch. f. d. ges. Physiol. II. 1869. p. 278, und Hermann, Handb. d. Physiol. I. 1879. p. 388.

stets gleichzeitig über die beiden Rippen desselben Quadranten ab. Ein vom Pol ausgehender Anstoß theilt sich also nicht nothwendig allen vier Rippenpaaren mit, sondern jedes von diesen ist für sich von dort aus reizbar. Dabei können Frequenz, Energie, Form, Richtung des Stützeffectes des Ruderschlages mannigfach variirt werden.

Wird hierdurch die Möglichkeit einer Regulirung der Bewegungen der Schwimmplättchen vermittels des »Sinneskörpers« einleuchtend, das Aufhören der Regulirung nach Wegschneiden des Sinneskörpers (wonach die Thiere — *Eucharis* — noch viele Tage am Leben bleiben können) beweist, daß eine solche Regulirung in Wirklichkeit durch denselben vermittelt wird.

Ich wüßte nicht, was man gegen diese von Chun entwickelte Auffassung der physiologischen Bedeutung des Sinneskörpers und der Flimmerrinnen einwenden könnte[3]. Ob und in welcher Weise der »Otolith« für diese Regulirung der Bewegungen seitens des Sinneskörpers Bedeutung haben könne, darüber äußert sich Chun nicht, und so viel ich weiß, sind auch von anderen Seiten darüber noch keine Vermuthungen aufgestellt. Für die althergebrachte Annahme, daß der Otolith Gehörsempfindungen vermittele, findet Chun keine irgend zuverlässige Stütze.

Mir scheint nun die Bedeutung des Otoliths einfach darin gesucht werden zu müssen, daß er die Hauptachse des Körpers unter allen Umständen mittels der Schwimmplättchen in der normalen senkrechten Lage zu erhalten strebt.

Bei verticaler Lage der Hauptachse drückt der Otolith gleich stark auf jede der vier Federn. Neigt sich die Achse nach irgend einer Seite, so drückt er die auf dieser Seite gelegenen Federn stärker und zwar muß sich dieser stärkere Druck, je nach dem Winkel, den die Neigungsebene mit den durch Hauptachse und Federn (nebst Rippen) gelegten Meridianebenen bildet, auf die zwei Federn in der Weise vertheilen, daß diejenige die meiste Drucksteigerung erfährt, für welche jener Winkel der kleinere ist. Umgekehrt erfahren natürlich die auf der gegenüber liegenden Körperhälfte gelegenen Federn eine entsprechende Entlastung.

Diese bei Abweichung der Hauptachse aus der senkrechten Lage nothwendig erfolgenden Druckänderungen könnten nun vermittels der von den Federn ausgehenden, als Nerven fungirenden, Zellstränge das

[3] Die wie es scheint verbürgte Thatsache, daß eine Beeinflussung der Bewegung der Schwimmplättchen unter Umständen auch von anderen Stellen als dem aboralen Pole her stattfinden kann, ist, wie schon Chun bemerkt, hier irrelevant. Sie verdient aber, wie auch die Frage nach den Bahnen, welche diese Einflüsse vermitteln, dringend weitere Untersuchung.

Spiel der Wimperplättchen so beeinflussen, daß eine compensatorische Körperbewegung herbeigeführt, der normale verticale Stand also wieder hergestellt wird.

Dies könnte auf verschiedene Weise geschehen. Einmal so, daß Steigerung des Druckes ein energischeres Schlagen der von der entsprechenden Feder aus innervirten Reihe von Schwimmplättchen im Sinne einer Rotation der gleichen Körperhälfte nach der aboralen Seite hin veranlaßte. Es könnte die Erhöhung des Druckes denselben Zweck aber auch durch Hemmung des die entgegengesetzte Bewegung verursachenden Ruderschlags der gleichseitigen Rippen erreichen. Die gleichzeitige Entlastung der gegenüber liegenden Federn könnte den entgegengesetzten, hemmenden oder erregenden Erfolg auf den Ruderschlag der anderen Körperhälfte haben, würde die zweckmäßige Wirkung der ersten also unterstützen.

Man ersieht sofort, daß auf diese Weise, durch einen Reflexproceß elementarster Art, eine höchst einfache und vollkommene Selbstregulirung des Gleichgewichts möglich sein muß, eine Regulirung, bei der weder bewußte Empfindung noch Wille mitzuspielen brauchten, sondern die durchaus maschinenmäßig stattfinden könnte.

Es würde nun Aufgabe des Versuchs sein, zu ermitteln, welchen Einfluß eine irgend wie hervorgebrachte Neigung der Hauptachse auf das Spiel der Ruderplättchen hat, ob Reizung auf der gesenkten, Hemmung auf der gehobenen Körperhälfte oder umgekehrt, wobei näher auf Änderung der Frequenz Form, Amplitude, Geschwindigkeit und Richtung des Nutzeffects des Schlags der einzelnen Plättchen der verschiedenen Rippen zu achten wäre. Die Abhängigkeit der Erscheinungen von der Richtung der Ablenkung der Hauptachse in Bezug auf die Meridianebenen der Rippen, von der Größe des Neigungswinkels, von der Geschwindigkeit und Dauer der Neigung wäre zu prüfen, Versuche über den Einfluß der Entfernung bezüglich Zerstörung des Otolithen, einzelner Federn, der Durchschneidung und Reizung der Flimmerrinnen etc. wären anzustellen, Aufgaben, deren Lösung keine unüberwindlichen Schwierigkeiten bieten dürfte. Erst dann könnte entschieden werden, ob die hier gegebene Vorstellung stichhaltig und zu einer brauchbaren Theorie auszugestalten sei.

Wenn dies, wie ich glaube, der Fall, so würde weiter zu prüfen sein, ob dasselbe oder doch ein wesentlich ähnliches Princip automatischer Regulirung des Gleichgewichts auch anderwärts im Thierreich Anwendung finde, im Besonderen also ob die Bedeutung der sogenannten Otolithen allgemein in der angegebenen Richtung zu suchen sei.

In der That scheinen mir schon jetzt einige Gründe für diese Erwartung angeführt werden zu können. Ich erwähne das sehr allgemeine Vorkommen von Otolithen bei frei beweglichen Thieren, ihr Fehlen bei vielen (wo nicht den meisten?) festsitzenden oder träge kriechenden Formen, ihre Rückbildung (Schwinden oder Zerfall) namentlich bei festsitzenden Formen, die in ihren freibeweglichen Jugendzuständen ansehnliche Otolithen besitzen, das häufige Eingebettetsein der Gehörbläschen in weiches, unelastisches, für Übertragung von Schallwellen durchaus ungeeignetes Gewebe (viele Mollusken), die sehr allgemeine Verbindung der Otolithen mit, bezüglich ihre Lagerung auf oder zwischen den Spitzen elastischer, haar- oder borstenförmiger Zellauswüchse, welche als lange Hebelarme die mit Abweichung des Körpers aus der Gleichgewichtslage nothwendig verbundenen Änderungen des vom Otolithen auf sie ausgeübten Druckes verstärkt auf die mit Nerven verbundenen Zellkörper, in denen sie wurzeln, zu übertragen geeignet scheinen.

Auch da, wo wie auf den sogenannten Maculae acusticae im häutigen Labyrinth der meisten Knorpelfische, der Amphibien, Reptilien, Vögel und Säuger anstatt eines einzigen größeren Otolithen oder einer fest verwachsenen Gruppe von Gehörsteinen, zahllose kleine, durch ein weiches Medium zu einer Art Platte verbundenen Steinchen auf dem Haarbesatz des Nervenepithels lagern, wobei allgemein die Haare tief in die Platte einzudringen scheinen, darf man Ähnliches erwarten. Daß das häutige Labyrinth, speciell der Utriculus und wohl auch der Sacculus, für die Regulirung des Körpergleichgewichts von Bedeutung ist, darf nach den von Goltz wieder aufgenommenen und von ihm und Anderen weiter verfolgten Flourens'schen Versuchen nicht bezweifelt werden. Wenn andererseits demselben Theil des Labyrinthes, wie es scheint, mit gleicher Bestimmtheit die Vermittelung specifischer Gehörsempfindungen zugeschrieben werden muß, so liegt der Gedanke nahe, es möchten die Cristae acusticae, welche der Otolithenbedeckung entbehren, der acustischen, die Maculae acusticae der äquilibrischen Function dienen, womit der bisher unverständliche Unterschied im Bau beider physiologisch einleuchtender würde. Die bisherigen, auf die Function der halbkreisförmigen Canäle bezüglichen Versuchsergebnisse reden freilich gerade dieser Arbeitstheilung nicht das Wort.

Von unserm Standpunkt aus verliert auch die merkwürdige, von Hensen (Zeitschr. f. wiss. Zool. 13. Bd. 1863. p. 329 ff.) experimentell festgestellte Thatsache ihr Befremdliches, daß die Otolithen bei gewissen Krebsen (*Palaemon antennarius*) nichts Anderes sind als Sandkörnchen, Steinchen, Krystalle beliebiger Art, welche das Thier nach jeder Häutung mittels seiner Scheren vom Boden auf liest und »instinctmäßig« in die mit einer Öffnung nach außen versehene

»Gehörblase« einschiebt, wo sie dann auf die Hörhaare zu liegen kommen. Daß ein derart roh und wechselnd aufgebauter Steinhaufen für Umsetzung von Schallwellen in etwas unseren Gehörsempfindungen Entsprechendes nicht besonders geeignet sein kann, dünkt mich kaum zweifelhaft. Auch scheint mir durch Hensen's bekannte Versuche ein eigentliches Hören der Krebse nicht streng bewiesen zu sein. Nur so viel steht fest, daß diese Thiere auf manche Arten von Schallwellen mit Bewegungen (Springen) reagiren. Dies könnte aber immerhin ein einfacher motorischer Reflex sein, ohne jede begleitende bewußte specifische Empfindung. Daß letztere fehle, will ich natürlich keineswegs behaupten. Die Natur bedient sich des für Erhaltung und Vervollkommnung thierischen Lebens so überaus wirksamen Mittels bewußter Empfindung auch in dem wichtigen Falle der Regulirung des Gleichgewichts ohne Zweifel sehr allgemein. Doch scheinen nach den vorliegenden Versuchen das Tastgefühl und namentlich bei höheren Formen auch der Gesichtssinn hier eine Hauptrolle zu spielen.

Immerhin wird man den Vortheil nicht verkennen, der darin liegt, wenn eine der elementarsten Bedingungen ungestörter Vollziehung der wichtigsten Functionen, die Erhaltung der Gleichgewichtslage des Körpers durch einen eigenen, eventuell auch ohne Betheiligung des Bewußtseins, blind, wirkenden Reflexmechanismus garantirt wird.

Utrecht, 13. Juli 1887.

III. Mittheilungen aus Museen, Instituten etc.

60. Versammlung deutscher Naturforscher und Ärzte.

Die Geschäftsführung der 60. Versammlung deutscher Naturforscher und Ärzte zu Wiesbaden beginnt soeben mit der Versendung der Programme. An sämmtliche Ärzte Deutschlands gelangt das Programm durch Vermittelung des ärztlichen Centralanzeigers. An die Vertreter der Naturwissenschaften an Universitäten, Polytechniken, landwirthschaftlichen Hochschulen, Versuchsstationen, in der practischen Pharmacie und in der Industrie wird das Programm unter Streifband verschickt, so weit sich die Adressen mit Hilfe der Universitätskalender etc. ermitteln lassen. Nicht in allen Fällen wird dies möglich sein. Diejenigen Interessenten, welchen etwa das Programm nicht zugehen sollte, werden deshalb gebeten, sich wegen Zusendung an die Geschäftsführung in Wiesbaden (Kapellenstraße 11) zu wenden, welche jedem Anfragenden das Programm gern unentgeltlich zuschickt.

Druck von Breitkopf & Härtel in Leipzig.

Zoologischer Anzeiger

herausgegeben

von Prof. **J. Victor Carus** in Leipzig.

Verlag von Wilhelm Engelmann in Leipzig.

X. Jahrg. | 29. August 1887. | No. 259.

Inhalt: I. **Litteratur.** p. 445—456. II. **Wissensch. Mittheilungen.** 1. **Heckert,** Zur Naturgeschichte des *Leucochloridium paradoxum.* 2. **Mortensen,** Die Begattung der *Lacerta vivipara* Jacq. (und *Lacerta agilis* Wolf). 3. **Zelinka,** Studien über Räderthiere. II. III. **Mittheil. aus Museen, Instituten etc.** Vacat. IV. **Personal-Notizen.** Vacat.

I. Litteratur.

15. Arthropoda.

d) Insecta.

ϑ) Coleoptera.

(Fortsetzung.)

Fairmaire, L., Notes sur les Coléoptères recueillis par M. Raffray, à Madagascar et descriptions des espèces nouvelles. 2. partie. Avec 1 pl. in: Ann. Soc. Entomol. France, (6.) T. 6. 1. Trim. p. 31—96.

(88 n. sp.; n. g. *Stenianthe, Amalthocus, Xamerpus, Enoplioides, Myrmecomaea, Rhopaloclerus, Liostylus, Asidobothris, Leptoscapha* [nom. nov. loco *Stenosaphae*], *Hoplobrachium, Brachycystus, Brachyleptops, Prionopsis, Pseudosyagrus, Malaconida.*) — s. Z. A. No. 209. p. 648.

Fleutiaux, Ed., Descriptions de Coléoptères nouveaux de l'Annam rapportés par Mr. le capitaine Delaunay. Avec 1 pl. (pas encore parue). in: Ann. Soc. Entomol. France, (6.) T. 7. 1. Trim. p. 59—68.

(18 n. sp.)

Fowler, W. W., The Coleoptera of the British Islands. A descriptive accoun of the Families, Genera and Species indigenous to Great Britain and Ireland; with Notes as to Localities, Habitats etc. Vol. 1. Adephaga-Hydrophilidae. With 2 pl. London, Lovell Reeve, 1887. 8⁰. (XXII, 269 p.)

Ganglbauer, L., Über einige von Herrn Eberh. v. Oertzen in Griechenland gesammelte Käfer. in: Stettin. Entomol. Zeit. 1886. No. 10/12. p. 309—310.

(4 [2 n.] sp.)

Henshaw, Sam., First Supplement to the List of Coleoptera of America, North of Mexico. in: Entomolog. Amer. Vol. 2. No. 11. p. 213—220.

Schwarz, E. A., A few corrections to Henshaw's Check List. in: Entomolog. Amer. Vol. 3. No. 1. p. 13—14.

Junack, O., Koleopterologisches aus der Mark. in: Berlin. Entomol. Zeitschr. 30. Bd. 2. Hft. p. 328—329.

Kirsch, Th., Neue südamerikanische Käfer. 4. Stück. in: Berlin. Entomol. Zeitschr. 30. Jahrg. 2. Hft. p. 331—340.

(16 n. sp.) — s. Z. A. No. 218. p. 156.

Kolbe, H. J., Beiträge zur Kenntnis der Coleopteren-Fauna Koreas, bearbeitet auf Grund der von Herrn Dr. C. Gottsche während der Jahre 1883 u. 1884 in Korea veranstalteten Sammlung; nebst Bemerkungen über die zoogeographischen Verhältnisse dieses Faunengebietes und Untersuchungen über einen Sinnesapparat im Gaumen von *Misolampidius morio*. Mit 2 Taf. in: Arch. f. Naturgesch. 52. Jahrg. 1. Bd. 2. Hft. p. 139—240.
(142 [28 n.] sp.; n. g. *Lamiomimus*.)

—— Beiträge zur Zoogeographie Westafrikas nebst einem Bericht über die während der Loango-Expedition von Herrn Dr. Falkenstein bei Chinchoxo gesammelten Coleoptera. Mit 3 Taf. Halle, 1887. (Leipzig, Engelmann in Comm.) 4⁰. — in: Nova Acta Leop. Carol. dtsch. Akad. d. Naturf. 50. Bd. No. 3. p. 153—364. — Apart: schwarz: ℳ 15,—; color. ℳ 18,—.
(310 [1 n.] sp.)

Liegel, E., Verzeichnis der in den Jahren 1881—1885 bei Feldkirchen und Gnesau beobachteten Coleopteren. Klagenfurt, 1887. 8⁰. (43 p.)

Logan, R. F., Scottish Coleoptera. in: Entomol. Monthly Mag. Vol. 23. Jan. p. 189.

Meinert, Fr., Catalogus Coleopterorum (Eleutheratorum) Danicorum. Additamentum tertium. Fortegnelse over de i Danmark levende Coleoptera (Eleutherata). Tredie Tillaeg. in: Entomol. Meddel. 1. Bd. 1. Hft. p. 33—48.

Oertzen, E. von, Verzeichnis der Coleopteren Griechenlands und Cretas, nebst einigen Bemerkungen über ihre geographische Verbreitung und 4 die Zeit des Vorkommens einiger Arten betreffenden Sammelberichten. in: Berlin. Entomol. Zeitschr. 30. Bd. 2. Hft. p. 189—293.

Quedenfeldt, G., Verzeichnis der von Herrn Major a. D. von Mechow in Angola und am Quango-Strom 1878—1881 gesammelten *Anthothribiden* und *Bostrychiden*. Mit 1 Taf. in: Berlin. Entomol. Zeitschr. 30. Bd. 2. Hft. p. 303—328.

Ricciardi, L., Catalogo dei Coleotteri dei dintorni di Termini-Imerese, posseduti e raccolti da S. Ciofalo. in: Atti Accad. Gioenia Sc. Nat. Catania, (3.) T. 19. 1886.

Sharp, D., On New Zealand Coleoptera. With descriptions of new genera and species. With 2 pl. Dublin, 1886. 4⁰. (106 p.) (Separ.?)

Walker, Jam. J., Coleoptera at Portland. in: Entomol. Monthly Mag. Vol. 23. Jan. p. 170—173.

Wüstnei, W., Verzeichnis der in der näheren Umgebung Sonderburgs bisher aufgefundenen Käfer. 2. Hälfte. Sonderburg, 1887. 8⁰. (56 p.)

Borre, A. Pr. de, Liste des Lamellicornes laparostictiques recueillis par feu Camille Van Volxem pendant son voyage dans le midi de la peninsule hispanique et au Maroc, en 1871. in: Ann. Soc. Entomol. Belg. T. 30. p. 98—102.
(72 sp.)

—— Liste des Lamellicornes laparostictiques recueillis par feu Camille Van Volxem pendant son voyage au Brésil et à La Plata en 1872 suivie de la description de dix-huit espèces nouvelles et un genre nouveau. ibid. p. 103—120.
(*Metachaetodus* n. g.)

Harold, E. von, Coprophage Lamellicornien. in: Berlin. Entomol. Zeitschr. 30. Jahrg. 2. Hft. p. 141—149.
(12 [9 n.] sp.)

Borre, A. Preudh., Liste de trois cent quarante espèces de Coléoptères Carnassiers terrestres actuellement authentiquement capturées en Belgique avec le tableau synoptique de leur distribution géographique dans le pays. in: Ann. Soc. Entomol. Belg. T. 30. p. 7—18.

—— Liste de cent dix-sept espèces de Coléoptères Carnassiers aquatiques actuellement authentiquement capturées en Belgique avec le tableau synoptique de leur distribution géographique dans le pays. ibid. p. 19—23.

Johnson, W. F., Adephaga in the Armagh district. in: Entomol. Monthly Mag. Vol. 24. June, p. 16—17.

Morawitz, Aug., Zur Kenntnis der Adephagen Coleopteren. St. Petersburg, 1886. (Leipzig, Voss' Sortiment.) 4⁰. (88 p.) Aus: Mém. Acad. Imp. Sc. St. Pétersbourg, (7.) T. 34. No. 9.
(19 n. sp.; n. subg. *Acoptolabrus, Pagocarabus, Paraplesius, Axinocarabus, Alogocarabus.*)

Borre, A. Pr. de, Description de deux espèces nouvelles du genre *Aegidium* Westwood suivies de la liste des *Orphnides* du Musée Royal d'Histoire naturelle. in: Ann. Soc. Entomol. Belg. T. 30. p. 24—26.

Lansberge, J. W. van, Description d'une espèce nouvelle de Cérambycide de Sumatra [*Aegosoma granuliferum*]. in: Notes Leyden Mus. Vol. 9. No. 1. Note XI. p. 143—144.

Beling, Th., Metamorphose des *Agrilus pilosus* Fabr. in: Berlin. Entomol. Zeitschr. 30. Bd. 2. Hft. p. 297—300.

Beling, Th., Metamorphose des *Agriotes pilosus* Fabr. in: Berlin. Entomol. Zeitschr. 30. Bd. 2. Hft. p. 297—300.

Göldi, E. A., Biologische Miscellen aus Brasilien. V. Die Metamorphose von *Alurnus marginatus*, einem Schädling der Fächerpalme (Latania borbonica). Mit 7 Fig. in: Zool. Jahrbb. Spengel, 2. Bd. 2. Hft. p. 584—587.

Sallé, A., Monographie du genre *Ancistrosoma*. Avec 1 pl. in: Ann. Soc. Entomol. France, (6.) T. 6. 4. Trim. p. 465—468.
(7 [2 n.] sp.)

Brandt, Al., u. P. Ssokoloff, Стѣнныя таблицы вредныхъ насѣкомыхъ. No. 1. Хлѣбный жукъ или кузка (*Anisoplia austriaca*). Auch deutsch: Wandtafeln schädlicher Insekten. 1. Der österreichische Getreidelaubkäfer (*Anisoplia austriaca*). Charkow, 1885. Leipzig, K. F. Koehler in Comm. Fol.

Fiori, Andr., Note Entomologiche. — Alcune osservazioni sul genere *Ancylopus*. — Alcune osservazioni sul *Podabrus Majori* Pic. — in: Bull. Soc. Entomol. Ital. Ann. 18. Trim. 4. p. 414—418.

Grilat, R., *Anthicus cyanipennis* n. sp. Coleopt. in: Ann. Soc. Entomol. France, (6.) T. 6. 4. Trim. Bull. p. CLXXXVII—CLXXXVIII.

Quedenfeldt, G., Verzeichnis der von Herrn Major a. D. von Mechow in Angola und am Quango-Strom 1878—1881 gesammelten *Anthothribiden* und *Bostrychiden*. in: Berlin. Entomol. Zeitschr. 30. Jahrg. 2. Hft. p. 303—328.
(Anth. 25 [12 n.], B. 10 [2 n.] sp.; n. g. *Aulodes.*)

Wood, Theod., *Aphodius consputus*, Cr., near Margate. in: Entomol. Monthly Mag. Vol. 23. Apr. p. 261.

Fairmaire, L., Diagnose de l'*Aphrodisium De la Touchii* n. sp. in: Ann. Soc. Entomol. France, (6.) T. 6. 4. Trim. Bull. p. CLXII.

Smith, John B., Notes on *Apion*, with description of a new species. in: Entomolog. Amer. Vol. 3. No. 3. p. 56.

Koch, V. (Architekt), *Attelabus curculionides*. in: Entomolog. Meddel. 1. Bd. 1. Hft. p. 22—25.

Bostrychidae. v. *Anthothribidae*, G. Quedenfeldt.

Künckel d'Herculais, J., Goliathide nouveau [*Bothrorrhina radama*]. in: Ann. Soc. Entomol. France, (6.) T. 7. 1. Trim. Bull. p. XXVI.

Pascoe, Frcs. P., Descriptions of some [18] new species of *Brachycerus*. With 2 pl. in: Trans. Entomol. Soc. London, 1887. P. 1. p. 7—18.

Logan, R. F., Capture of *Bradycellus collaris*. in: Entomol. Monthly Mag. Vol. 23. March, p. 235.

Wood, Theod., On *Bruchus*-infested Beans. in: Trans. Entomol. Soc. London, 1886. P. III. p. 375—380.

Jacquet, . ., *Bruchus Leprieuri* n. sp. in: Ann. Soc. Entomol. France, (6.) T. 6. 4. Trim. Bull. p. CLXXI—CLXXII.

Kerremans, Ch., Six *Buprestides* nouveaux de l'Amérique du Sud. in: Soc. Entomol. Belg. Compt. rend. (3.) No. 81. p. VI—VII.

Fowler, W. W., *Bythinus glabratus*, Rye, at Sandown, Isle of Wight. in: Entomol. Monthly Mag. Vol. 23. March, p. 236.

Fairmaire, L., Nouv. esp. de Longicorne, *Callichroma Provostii*. in: Ann. Soc. Entomol. France, (6.) T. 7. 1. Trim. Bull. p. LIV.

Kolbe, H. J., Eine von Herrn Dr. med. Drake in Paraguay entdeckte neue *Canistra*-Art [*C. Drakei*]. in: Entomol. Nachricht. 13. Jahrg. No. 2. p. 27.

Fumouze, . ., (*Cantharides* dans la depouille d'une larve de Cigale). in: Ann. Soc. Entomol. France, (6.) T. 7. 1. Trim. Bull. p. XXXIV—XXXV.

Bellier de la Chavignerie, E., Capture en France de deux Carabiques intéressants. in: Ann. Soc. Entomol. France, (6.) T. 6. 1. Trim. Bull. p. XLIV—XLV.

(*Bembidium inustum* Duval, *Olisthopus anomalus* Perris.)

Kolbe, H. J., Carabologische Auseinandersetzung mit Herrn Dr. G. Kraatz. in: Entomol. Nachricht. (Karsch), 13. Jahrg. No. 6. p. 90—94. No. 7. p. 105—109. No. 8. p. 122—127. No. 9. p. 132—141.

Fairmaire, Léon, Deux variétés intéressantes de *Carabes*. in: Ann. Soc. Entomol. France, (6.) T. 6. 1. Trim. Bull. p. XXI—XXII.

Ganglbauer, L., Zwei neue *Caraben*. in: Horae Soc. Entom. Ross. T. 20. No. 3/4. p. 268—270.

(*C. Dokhtouroffii*, *C. Koenigi*.)

Séménow, Andr., Notice sur quelques *Carabes* russes. in: Horae Soc. Entom. Ross. T. 20. No. 3/4. p. 230—235.

(1 n. sp. [*C. miles*].)

Leng, Ch. W., Synopses of *Cerambycidae*. Contin. in: Entomolog. Amer. Vol. 2. No. 10. p. 193—200. Vol. 3. No. 1. p. 4—8. No. 2. p. 23—24. No. 3. p. 44.

Ganglbauer, L., Die Bockkäfer der Halbinsel Korea. in: Horae Soc. Entomol. Ross. T. 20. No. 3/4. p. 131—138.

(6 n. sp.; n. g. *Sieversia*.)

Loman, J. C. C., Freies Jod als Drüsensecret [*Cerapterus* 4-*maculatus* Westw.]. Aus: Tijdschr. Nederl. Dierkd. Vereen. (2.) D. 1. 1887. (3 p.)

Lewis, Geo., On the *Cetoniidae* of Japan, with Notes of new Species, Synonymy, and Localities. in: Ann. of Nat. Hist. (5.) Vol. 19. March, p. 196—202.

(2 n. sp.)

Ritsema, C. Cz., A new species of the Longicorn genus *Chloridolum*, Thoms. [*Ch. Klaesii*]. in: Notes Leyden Mus. Vol. 9. No. 1. Note VII. p. 127—128.

Ellis, John W., *Chrysomela cerealis*, etc., on Snowdon. in: Entomol. Monthly Mag. Vol. 23. Febr. p. 210—211.

Demoor, J., Liste des *Cicindélides* décrits postérieurement au Cataloque de Munich. in: Ann. Soc. Entomol. Belg. T. 30. p. 46—53.

Knaus, Warren, Notes on Salt Marsh *Cicindelidae* of Kansas. in: Bull. Washburn. Coll. Laborat. Nat. Hist. Vol. 1. No. 6. p. 186.

Dimmock, Geo., The Cocoons of *Cionus scrophulariae*. in: Psyche, a Journ. of Entom. Vol. 3. No. 103/104. p. 411—413.

Waterhouse, Ch. O., Note on two Species of Lucanoid Coleoptera, allied to *Cladognathus bison*. in: Ann. of Nat. Hist. (5.) Vol. 19. May, p. 381—382.

(1 n. sp.)

Bourgeois, J., (Sur le *Cleonus betavorus*). in: Ann. Soc. Entomol. France, (6.) T. 6. 4. Trim. Bull. p. CLXXII—CLXXIV.

Reitter, Edm., Übersicht der bekannten Arten der Coleopteren-Gattung *Clidicus* Casteln. in: Wien. Entomol. Zeit. 6. Jahrg. 2. Hft. p. 64.

Lefèvre, Ed., Quatre espèces nouvelles de *Clytrides* et *Eumolpides* de la Chine. in: Ann. Soc. Entomol. France, (6.) T. 7. 1. Trim. Bull. p. LIV—LVII.

Waterhouse, Ch. O., Descriptions of two new Species of *Coptengis* (Coleoptera, Erotylidae). in: Ann. of Nat. Hist. (5.) Vol. 19. May, p. 382—383.

Fairmaire, L., *Coptolabrus gemmifer* n. sp. in: Ann. Soc. Entomol. France, (6.) T. 7. 1. Trim. Bull. p. XXVI—XXVII.

Paszlavsky, Jos., Über den von einem seltenen Käfer [*Coraebus bifasciatus* Ol.] in Ungarn angerichteten Schaden. (Ausz.) in: Math. u. naturw. Berichte aus Ungarn, 4. Bd. p. 249.

Matthews, A., New Genera and Species of *Corylophidae* in the Collection of the British Museum. in: Ann. of Nat. Hist. (5.) Vol. 19. Febr. p. 105—116.

(23 n. sp.; n. g. *Oligarthrum, Catoptyx, Lepadodes.*)

Bargagli, Piero, Rassegna biologica di Rincofori europei. Contin. in: Bull. Soc. Entomol. Ital. Ann. 18. Trim. 4. p. 369—401. Ann. 19. Trim. 1 p. 3—34. (fine.)

(s. Z. A. No. 238. p. 672.)

Faust, J., Verzeichnis der von den Herren Wilkins und Grumm-Grshimaïlo. in Turkestan, Buchara und im Pamir gesammelten *Curculionides*. in: Horae Soc. Entom. Ross. T. 20. No. 3/4. p. 141—178.

(23 n. sp.; n. g. *Xylinophorus, Heteronyx, Thecorhinus.*)

Insecta in itinere cl. N. Przewalskii in Asia centrali novissime lecta. II. *Curculionidae*. Von J. Faust. in: Horae Soc. Entom. Ross. T. 20. No. 3/4. p. 250—267.

(24 [9 n.] sp.; n. g. *Eutinopus, Cryptocerus.*)

Faust, J., Neue Rüsselkäfer aus Syrien und Turkmenien. in: Wien. Entomol. Zeit. 6. Jahrg. 1. Hft. p. 30—32.

(4 n. sp.)

Faust, J., Neue Rüsselkäfer. ibid. 2. Hft. p. 65—70. 3. Hft. p. 81—86.
(7 u. 7 n. sp.)

Pascoe, Frcs. P., Descriptions of some new genera and species of *Curculionidae*, mostly Asiatic. P. III. With 1 pl. in: Ann. of Nat. Hist. (5.) Vol. 19. May, p. 370—380.
(19 sp.; n. g. *Epizorus, Dinichus, Exarcus, Neoxides.*)

Retowski, O., Neue Curculioniden aus der Krim und dem Kaukasus nebst Bemerkungen über einige schon bekannte Arten. in: Wien. Entomol. Zeit. 6. Jahrg. 4. Hft. p. 130—134.
(2 n. sp.)

Westwood, J. O., Observations upon species of *Curculionidae* injurious to Cycadeae, especially to plants of the genus Zamia. With 1 pl. in: Ann. Soc. Entomol. Belg. T. 30. p. 125—130.

Baly, J. S., Descriptions of [26] uncharacterised species of *Diabrotica*. in: Trans. Entomol. Soc. London, 1886. P. IV. p. 443—455.

Linell, M. L., Note on *Dytiscus*. in: Entomolog. Amer. Vol. 3. No. 2. p. 27.

Sharp, D., Three new Water-Beetles. in: Wien. Entomol. Zeit. 6. Jahrg. 5. Hft. p. 170—171.

Borre, A. Pr. de, (Sur la larve du *Dytiscus latissimus*). in: Soc. Entomol. Belg. Compt. rend. (3.) No. 82. p. XV—XVI.

Borre, A. Pr. de, Note sur le genre *Ectinohoplia* Redtenbacher. in: Ann. Soc. Entomol. Belg. T. 30. p. 83—87.
(3 n. sp.)

Dubois, Raph., Recherches sur la fonction photogénique. in: Compt. rend. Ac. Sc. Paris, T. 104. No. 21. p. 1456—1458.
(*Elateridae.*)

Du Buysson, H., Notes sur quelques *Élatérides* d'Europe. in: Ann. Soc. Entomol. France, (6.) T. 6. 1. Trim. Bull. p. XXVII—XXIX.

Wood, Theod., Wireworms in winter. in: Entomol. Monthly Mag. Vol. 23. Apr. p. 261.
(*Elaters.*)

Lucas, H., *Eletica ornatipennis* n. sp. in: Ann. Soc. Entomol. France, (6.) T. 7. 1. Trim. Bull. p. XXVII—XXVIII.

Erotylidae. v. *Languriidae*, E. Fleutiaux.

Sharp, Dav., On *Eucnemis capucina*, Ahr., and its larva. in: Trans. Entomol. Soc. London, 1886. P. III. p. 297—302.

Sharp, D., Note on the genus *Eudectus*. in: Entomol. Monthly Mag. Vol. 23. Febr. p. 209—210.

Eumolpides, n. sp. v. *Clytridae*, E. Lefèvre.

Lefèvre, Éd., Description d'un nouveau genre et de [3] nouvelles espèces de Coléoptères de la famille des *Eumolpides* [*Dicolectes*]. in: Ann. Soc. Entomol. France, (6.) T. 6. 1. Trim. Bull. p. LX—LXI.

Baly, J. S., Notes on *Gallerucinae*, and descriptions of two new species of *Hispidae*. in: Entomol. Monthly Mag. Vol. 23. May, p. 268—270.

Key to genus *Grynus* [i. e. *Gyrinus*]. in: Amer. Monthly Microsc. Journ. Vol. 8. No. 2. p. 25.

Fairmaire, L., Quatre espèces nouvelles du genre *Gyriosomus*. in: Ann. Soc. Entomol. France, (6.) T. 6. 4. Trim. Bull. p. CLXX—CLXXI.

Borre, A. Pr. de, Note sur les genres *Hapalonychus* Westwood et *Trichops* Mannerh. (inédit.) in: Ann. Soc. Entomol. Belg. T. 30. p. 121—124.

Kuwert, A., Vier neue *Helophorus*-Arten. in: Wien. Entomol. Zeit. 6. Jahrg. 5. Hft. p. 165—168.

Hispidae, two n. sp. v. *Gallerucinae*, J. S. Baly.

Reitter, Edm., Tabelle zur Bestimmung der europäischen Arten der Coleopteren-Gattung *Homaloplia*. in: Wien. Entomol. Zeit. 6. Jahrg. 4. Hft. p. 135—139.

Logan, R. F., *Homalota cavifrons*, Sharp. in: Entomol. Monthly Mag. Vol. 23. Apr. p. 260.

Wood, Theod., *Hydnobius punctatissimus*, Steph., etc. near Margate. in: Entomol. Monthly Mag. Vol. 23. Apr. p. 260—261.

Neervoort van de Poll, J. R. H., Nova species Cucujidarum [*Inopeplus Olliffii*]. in: Notes Leyden Mus. Vol. 9. No. 1. Note IX. p. 140.

Fairmaire, L., Nouvelle espèce de Mélyride, *Julistus constrictus*. in: Ann. Soc. Entomol. France, (6.) T. 6. 4. Trim. Bull. p. CLXXVIII—CLXXIX.

Dubois, Raph., De la fonction photogénique dans les oeufs du *Lampyre*. in: Bull. Soc. Zool. France, T. 12. 1. P. p. 137—144.

Olivier, E., Deux *Lampyrides* nouveaux. in: Ann. Soc. Entomol. France, (6.) T. 6. 1. Trim. Bull. p. LVIII—LIX.

Emery, Carlo, La luce negli amori delle Lucciole. in: Bull. Soc. Entomol. Ital. Ann. 18. Trim. 4. p. 406—411.

Lampyridae am Cap. v. supra Termiten, H. J. Kolbe.

Fleutiaux, E., Supplément au Catalogue des Coléoptères de MM. Gemminger et de Harold: *Languriides* et *Erotylides*. in: Ann. Soc. Entomol. Belg. T. 30. p. 216—224.

Fowler, W. W., New genera and species of *Languriidae*. With 1 pl. in: Trans. Entomol. Soc. London, 1886. P. III. p. 303—322.

(19 n. sp.; n. g. *Crotchia, Paracladoxena, Microcladoxena, Compsolanguria, Ortholanguroides, Tetralanguroides*.)

—— A new genus and new species of *Languriidae* from the Collection of the Leyden Museum. in: Notes Leyden Mus. Vol. 9. No. 1. Note V. p. 121—125.

(4 n. sp.; n. g. *Trapezidistes*.)

Belon, Marie Jos., Liste des *Lathridiides* décrits postérieurement au Catalogue de Munich. in: Ann. Soc. Entomol. Belg. T. 30. p. 88—97.

Fairmaire, L., Nouvelle espèce du genre *Leptomorpha, prolongata*. in: Ann. Soc. Entomol. France, (6.) T. 6. 4. Trim. Bull. p. CLXXIX.

Lucas, H., Ravages causés par la *Lina tremulae*. in: Ann. Soc. Entomol. France, (6.) T. 6. 4. Trim. Bull. p. CLXXXI.

Bath, W. Harc., The Stag-beetle (*Lucanus cervus*) in the Midlands. in: The Entomologist, Vol. 20. Febr. p. 44—45.

White, Wm., On *Lucanus cervus*. in: Trans. Entomol. Soc. London, 1886. Proc. p. XXXVIII—XL.

Fairmaire, L., *Lucanus Delavayi* n. sp. in: Ann. Soc. Entomol. France, (6.) T. 7. 1. Trim. Bull. p. XXVII.

Bourgeois, J., Sur quelques espèces de *Lycides* rapportées du Brésil par E. Gounelle. in: Ann. Soc. Entomol. France, (6.) T. 6. 4. Trim. Bull. p. CLXIV—CLXV. CLXXXVIII—CLXXXIX. T. 7. 1. Trim. Bull. p. LIII—LIV.

(1 n. sp.)

Lucas, H., Note relative au *Lyctus canaliculatus* et au *Tarsostenus unifasciatus*. in: Ann. Soc. Entomol. France, (6.) T. 6. 4. Trim. Bull. p. CLXXIV —CLXXV.

Lucas, H., (Sur la larve d'un coléoptère de la famille des *Malacodermes* de

Bankok). in: Ann. Soc. Entomol. France, (6.) T. 7. 1. Trim. Bull. p. XXXV—XXXVII.

Fairmaire, L., *Malchinus holomelas* n. sp. in: Ann. Soc. Entomol. France, (6.) T. 6. 4. Trim. Bull. p. CLXII.

Dugès, Eug., Addition à la Note pour servir à la classification des *Méloïdes* de Mexique. in: Bull Soc. Zool. France, T. 11. No. 5/6. p. 680. (s. Z. A. No. 238. p. 673.)

Sharp, D., (On the larva of *Meloë proscarabaeus*). in: Trans. Entomol. Soc. London, 1886. Proc. p. XXX—XXXI.

Borre, A. Pr. de, (Remarques sur le *Micropoecila Breweri*). in: Soc. Entomol. Belg. Compt. rend. 3.) No. 81. p. X—XI.

Lewis, Geo., On a new genus of Erotylidae [*Microsternus*]. With figg. in: Entomol. Monthly Mag Vol. 24. June, p. 3—4.

Baudi, Flamin., Rassegna dei *Milabridi* (*Bruchidi* L.) della fauna europea e regioni finitime. Palermo, 1886. 8⁰. (136 p.) Estr. dal Natural. Sicil. Anno 5/6. 1886.

Hamilton, John, (Note on *Neoclytus scutellaris*). in: Entomolog. Amer. Vol. 3. No. 3. p. 44.

Dubois, Mich., Le *Niptus hololeucus*. in: Bull. Scientif dép. du Nord, T. 9. No. 11. p. 394—395.

Reitter, Edm., Eine neue europäische Curculioniden-Gattung aus der Gruppe der Acalyptini Bedel [*Ochrinulus* n. g.]. in: Wien. Entomol. Zeit. 6. Jahrg. 1. Hft. p. 17—18.

Orphnidae. v. supra *Aegidium*, Westw., A Pr. de Borre.

Lewis, Geo., Note on a new species of *Osmoderma* [*opica*] and a *Trichius* [*viridiopacus* n. sp.] from Japan. in: Wien. Entomol. Zeit. 6. Jahrg. 2. Hft. p. 49.

Lefèvre, Ed., Deux esp. nouv. de *Pachnephorus*. in: Ann. Soc. Entomol. France, (6.) T. 7 1. Trim. Bull. p. LVII.

Neervoort van de Poll, J. R. H., Description of a new genus [*Paradistichocera*] and four new species of Longicorns. in: Notes Leyden Mus. Vol. 9. No. 1. Note IV. p. 113—120.

Peringuey, Louis, Notes on some Coleopterous Insects of the family *Paussidae*. in: Trans. Entomol. Soc. London, 1886. Proc. p. XXXIV—XXXVII.

Wood, Theod., *Pelophila borealis*: abnormal tarsi. in: Entomol. Monthly Mag. Vol. 24. June, p. 16.

Riley, C. V., (On luminous larvae of *Phengodes*). in: Entomolog. Amer. Vol. 2. No. 10. p. 203—204.

Berg, C., *Phengodes urugayensis* n. sp. in: Ann. Soc. Entomol. France, (6.) T. 6. 1. Trim. Bull. p. LIX—LX.

Fairmaire, L., (Deux esp. nouv. de Scolytides, du g. *Phloeoborus*, Er.). in: Ann. Soc. Entomol. France, (6.) T. 7. 1. Trim. Bull. p. XV—XVI.

Sénac, .., Diagnoses de trois espèces nouvelles du g. *Pimelia*. in: Ann. Soc. Entomol. France, (6.) T. 6. 1. Trim. Bull. p. XLV—XLVI.

Seitner, M., Ein neuer Borkenkäfer aus Tirol [*Pityophthorus Henscheli* n. sp.]. in: Wien. Entomol. Zeit. 6. Jahrg. 1. Hft. p. 44—45.

Ricksecker, L. E., *Pleocoma fimbriata*, Lec. in: Entomolog. Amer. Vol. 2. No. 10. p. 201—202.

Podabrus Majori. v. supra *Ancylopus*, A. Fiori.

Kolbe, H. J., Beziehungen unter den Arten von *Poecilaspis* (Cassididae) nebst

Beschreibung einer von Herrn R. Rohde in Paraguay entdeckten neuen Species dieser Gattung [*P. miniata*]. in: Entomol. Nachricht. 13. Jahrg. No. 1. p. 10—13.

Tschitchérine, T., Remarques sur une espèce déja connue et description d'une espèce nouvelle du genre *Poecilus* Bon. in: Horae Soc. Entom. Ross. T. 20. No. 3/4. p. 242—244.

Ganglbauer, Ludw., Ein neuer *Pogonochaerus* aus dem Kaukasus [*P. Sieversii*]. in: Horae Soc. Entom. Ross. T. 20. No. 3/4. p. 139—140.

Thomson, C. G., *Polygraphus grandiclava* n. sp. in: Ann. Soc. Entomol. France, (6.) T. 6. 1. Trim. Bull. p. LXI—LXII.

Lewis, Geo., A new species of *Polyphylla* from Japan [*P. laticollis*]. in: Entomol. Monthly Mag. Vol. 23. March, p. 231—232.

Borre, A. Pr. de, (Sur le *Proagosternus Reichei*). in: Soc. Entomol. Belg. Compt. rend. (2.) No. 81. p. XI.

Lansberge, J. W. van, Description d'une espèce nouvelle de Buprestide de l'Afrique [*Psiloptera monoglypta*]. in: Notes Leyden Mus. Vol. 9. No. 1. Note X. p. 141—142.

Hagen, H. A., On the previous stages of *Ptinidae* and allied groups. From: Canad. Entomolog. 1886. (3 p.)

—— The larva of *Ptinus latro* Fab. in: Entomolog. Amer. Vol. 2. No. 12. p. 232.

Behrens, W. J., Zwei neue *Pythiden*. Mit 1 Taf. in: Stettin. Entomol. Zeit. 48. Jahrg. 1887. No. 1/3. p. 18—22.

(2 n. sp. et g.: *Thatassogeton, Chorimerium.*)

Fallou, J., Sur les moeurs du *Saperda scalaris*, L. in: Ann. Soc. Entomol. France, (6.) T. 7. 1. Trim. Bull. p. XVII.

Lansberge, J. W. van, Description d'un genre nouveau et de six espèces nouvelles de *Scarabaeides* des Indes Orientales. in: Notes Leyden Mus. Vol. 9. No. 1. Note XIII. p. 163.

(n. g. *Gnorimidia.*)

Reitter, Edm., Revision der Gattung *Scydmaenus* Latr. (*Eumicrus* Lap. et auct.) aus Europa und den angrenzenden Ländern. in: Wien. Entomol. Zeit. 6. Jahrg. 4. Hft. p. 140.

(9 n. sp.)

Wood, Theod., *Sitones* and their time of feeding. in: Entomol. Monthly Mag. Vol. 24. June, p. 15—16.

Schlick, Will., Yngleforhold hos *Spercheus emarginatus*. in: Entomol. Meddel. 1. Bd. 1. Hft. p. 26—27.

Pissot, Ém., Larve de *Staphylinus olens*. in: Ann. Soc. Entomol. France, (6.) T. 6. 4. Trim. Bull. p. CLXXXIX—CXC.

Meinert, Fr., Die Unterlippe der Käfer-Gattung *Stenus*. in: Zool. Anz. 10. Jahrg. No. 246. p. 136—139. — Abstr. in: Journ. R. Microsc. Soc. London, 1887. P. 3. p. 380—381.

—— Tungens Udskydelighed hos *Steninerne*. en Slaegt af Staphylinernes Familie. Med 2 Tavl. og Traesn. in: Vidensk. Meddel. Naturhist. Foren. Kjøbenh. 1884/1886. p. 180—207.

Lucas, H., Nouvelle espèce de Buprestide du genre *Sternocera*, *S. Campanae* Luc. in: Ann. Soc. Entomol. France, (6.) T. 6. 4. Trim. Bull. p. CLXIII.

Tarsostenusu nifasciatus. v. *Lyctus canaliculatus*, H. Lucas.

Neervoort van de Poll, J. R. H., Nova species Buprestidarum [*Trachys Frenchi*]. in: Notes Leyden Mus. Vol. 9. No. 1. Note VI. p. 126.

Trichius viridiopacus n. sp., v. *Osmoderma opica*, G. Lewis.

Trichops. v. *Hapalonychus*, A. de Borre.

Borre, A. Pr. de, Catalogue des *Trogides* décrits jusqu'à ce jour, précédé d'un synopsis de leurs genres et une esquisse de leur distribution géographique. Avec 1 pl. in: Ann. Soc. Entomol. Belg. T. 30. p. 54—82.

16. Molluscoidea.

Kräpelin, K., Phylogeny and Ontogeny of the Polyzoa. Abstr. in: Journ. R. Microsc. Soc. London, 1887. P. 1. p. 66—67.
(Biolog. Centralbl.) — s. Z. A. No. 246. p. 136.

Vigelius, W. J., Zur Morphologie der marinen Bryozoen. in: Zool. Anz. 10. Jahrg. No. 250. p. 237—240.

Busk, Geo., Report on the Polyzoa. P. II. With 10 pl. in: Rep. Scient. Res. ‚Challenger'. Zool. Vol. 17. No. III. (P. L.) (47 p.)
(14 n. sp.)

Hincks, Thom., Critical Notes on the Polyzoa. in: Ann. of Nat. Hist. (5.) Vol. 19. Febr. p. 150—164. — Abstr. in: Journ. R. Microsc. Soc. London, 1887. P. 3. p. 377—378.
(n. g. *Thalamoporella*.)

Vine, G. R., Recent Marine Polyzoa. Abstr. in: Journ. R. Microsc. Soc. London, 1887. P. 1. p. 67—68.
(Report, Brit. Assoc.) — s. Z. A. No. 238. p. 675.

Barrois, J., Mémoire sur la métamorphose de quelques Bryozoaires. Avec 4 pl. in: Ann. Sc. Nat. Zool. (7.) T. 7. No. 1. 2. Art. No. 1. p. 1—94.

Hincks, Thom., The Polyzoa of the Adriatic: a Supplement to Prof. Heller's »Die Bryozoen des adriatischen Meeres«. 1867. With 1 pl. (Conclud.) in: Ann. of Nat. Hist. (5.) Vol. 19. Apr. p. 302—316.
(4 n. sp.)

Ostroumoff, A., Zur Entwicklungsgeschichte der cyclostomen Seebryozoen. Mit 1 Taf. in: Mittheil. Zool. Stat Neapel, 7. Bd. 2. Hft. p. 177—190.

—— Опытъ изслѣдованія мшанокъ севастопольской бухты etc. (Mit 5 Taf.) Die Bryozoen der Bucht von Sebastopol. Vollständigere Ausgabe mit einem ganz neuen Theile über die Morphologie der Bryozoen. Kasan, 1886. in: Труд. Общ. (Arbeit. Naturforsch.-Ges. Kasan), 16. Bd. 2. Hft. (124 p.)
(4 n. sp.)

—— Contribution à l'étude zoologique et morphologique des Bryozoaires du Golfe de Sébastopol (Suite et fin). Avec 5 pl. in: Arch. Slav. Biolog. T. 2. Fasc. 2. p. 184—190. Fasc. 3. p. 329—355.

—— Polyzoa of the Black Sea. Abstr. in: Journ. R. Microsc. Soc. London, 1887. P. 1. p. 68—69.
(Arch. Slav. Biol.) — s. Z. A. No. 238. p. 675.

Pergens, Ed., Pliocäne Bryozoen von Rhodos. Mit 1 Taf. in: Ann. k. k. naturhist. Hofmus. 2. Bd. No. 1. p. 1—34. — Apart: Wien, A. Hölder, 1887. 8⁰. *M* 3,20.
(1 n. sp.)

Waters, Arth. W., On Tertiary Chilostomatous Bryozoa from New Zealand. With 3 pl. in: Quart. Journ. Geol. Soc. London, Vol. 43. P. 1. p. 40—72. — Abstr. in: Ann. of Nat. Hist. (5.) Vol. 19. March, p. 236.
(78 [7 n.] sp.)

Key, Analytical, to the Fresh-Water Polyzoa. in: Journ. Trenton Nat. Hist. Soc. No. 2. Jan. 1887. p. 59—67.

Reinhard, W., Zur Kenntnis der Süßwasser-Bryozoen. (Aus Anlaß einer Bemerkung des Herrn Ostroumoff). in: Zool. Anz. 10. Jahrg. No. 241. p. 19—20.

Ostroumoff, A., Erwiederung auf den Artikel Herrn Reinhard's »Zur Kenntnis der Süßwasserbryozoen« (Zool. Anz. No. 241). in: Zool. Anz. 10. Jahrg. No. 247. p. 168—169.

Korotneff, A., Zur Entwicklung der *Alcyonella fungosa.* in: Zool. Anz. 10. Jahrg. No. 248. p. 193—194.

Rominger, C., Description of a new form of Bryozoa [*Patellipora stellata*]. With fig. in: Proc. Acad. Nat. Sc. Philad. 1887. p. 11.

Harmer, S. F., Life-history of *Pedicellina.* Abstr. in: Journ. R. Microsc. Soc. London, 1887. P. 1. p. 67.
(Quart. Journ. Micr. Sc.) — s. Z. A. No. 247. p. 153.

Joubin, L., Note sur l'anatomie des Brachiopodes articulés. Avec 1 pl. in: Bull. Soc. Zool. France, T. 12. 1. P. p. 119—126.

Lahille, F., Sur le système vasculaire colonial des Tuniciers. in: Compt. rend. Ac. Sc. Paris, T. 104. No. 4. p. 239—242. — Abstr. in: Journ. R. Microsc. Soc. London, 1887. P. 3. p. 377.

Herdman, W. A., New Organ of Respiration in Tunicata. Abstr. in: Journ. R. Microsc. Soc. London, 1887. P. 3. p. 377.
(Proc. Lit. Philos. Soc. Liverpool, Vol. 39. [1885.] p. 39—46.) — s. Z. A. No. 219. p. 185.

Sluiter, C. Ph., Einfache Ascidien aus der Bai von Batavia. Mit 3 Taf. Batavia, 1887. 8⁰. Sep.-Abdr. aus: Naturk. Tijdskr. v. Nederl. Ind. 46. Bd. p. 242—266.
(9 n. sp.)

Traustedt, M. P. A., Ascidiae simplices fra det stille Ocean. Med 4 Tavl. in: Vidensk. Meddel. Naturk. Foren. Kjøbenh. 1884/1886. p. 1—60.
(s. Z. A. No. 200. p. 429.)

Giard, A., Synascidians new to the French Coast. Abstr. in: Journ. R. Microsc. Soc. London, 1887. P. 2. p. 221—222.
(Compt. rend.) — s. Z. A. No. 247. p. 154.

Van Beneden, Ed., and Ch. Julin, Morphology of Tunicata. Abstr. in: Journ. R. Microsc. Soc. London, 1887. P. 1. p. 62—65.
(Arch. de Biolog.) — s. Z. A. No. 238. p. 676.

Jourdain, S., Blastogenesis of *Botrylloides rubrum.* Abstr. in: Journ. R. Microsc. Soc. London, 1887. P. 1. p. 65—66.
(Compt. rend.)

Poirier, J., The *Diplostomidae.* Abstr. in: Journ. R. Microsc. Soc. London, 1887. P. 1. p. 93—94.
(Arch. Zool. Expérim.) — s. Z. A. No. 243. p. 56.

Brooks, W. K., The Salpa-chain. Abstr. in: Journ. R. Microsc. Soc. London, 1887. P. 2. p. 221.
(Stud. Johns Hopkins Labor.) — s. Z. A. No. 247. p. 154.

Todaro, F., Studi ulteriori sullo sviluppo delle Salpe. P. I. Con 3 tav. e 6 figg. in: Atti R. Accad. Linc. Mem. Sc. fis. mat. e nat. (4.) Vol. 1. p. 641—680.

17. Mollusca.

Revue biographique de la Société Malacologique de France, sous la direction de MM. C. F. Ancey, J. R. Bourguignat, G. Coutagne, P. Fagot etc. T. 2. 1886. (1887 Bibl. de la France.) 8⁰. (123 p., portr.) Frcs. 15,—.

Kobelt, W., Das Molluskensammeln in den Mittelmeerländern. in: Nachrichtsbl. d. d. Malakozool. Ges. 18. Jahrg. 1886. No. 7/8. p. 111—118.
(Aus: »Der Sammler«, 8. Bd. p. 282.)

Blätter, Malakozoologische. Als Fortsetzung der Zeitschrift für Malakozoologie. Hrsg. von S. Clessin. N. F. 9. Bd. Hft. 2. (Schluß.) 10. Bd. Hft. 1. Kassel u. Berlin, Th. Fischer, 1887. 8⁰. (9. Bd. 2. Hft.: p. 49—180, Tit. u. Inh. XI p., 3 Taf.; 10. Bd. 1. Hft.: p. 1—64.)

Jahrbücher der Deutschen Malakozoologischen Gesellschaft nebst Nachrichtsblatt. Redig. von Dr. W. Kobelt. 14. Jahrg. 1887. 1. Hft. Frankfurt a/M., Mor. Diesterweg, 1887. 8⁰. p. cplt. ℳ 24,—.

Journal, The, of Conchology. Established in 1874 as The Quarterly Journal of Conchology. Vol. 5. No. 5. 6. Jan. Apr. 1887. Leeds, Taylor Bros, 1887. 8⁰.

Nachrichtsblatt der deutschen Malakozoologischen Gesellschaft. 19. Jahrg. No. 1/2. Jan.—Febr. 1887. (Frankfurt a/M., M. Diesterweg, 1887.) 8⁰.
(Nur mit den Jahrbüchern käuflich.)

Martini und Chemnitz, Systematisches Conchylien-Cabinet. Fortges. von W. Kobelt. 343.—347. Lief. Nürnberg, Bauer & Raspe, 1887. ℳ 9,—.
(343: 4. Bd. Hft. XXVII. *Cancellaria*, p. 57—80; Taf. 16—20. 344: 8. Bd. Hft. IV. *Tichogonia*, p. 13—28; Taf. 7—12. 344: 8. Bd. Hft. V. id. p. 29—60; Taf. 13—18. 345: 4. Bd. Hft. XXVIII. *Cancellaria*, p. 81—104, Tit.; Taf. 20—24. 347: 8. Bd. Hft. VI. *Mytilus*, p. 61—76; Taf. 19—21; und 11. Bd. 3. Hft. *Solen*, p. 1—8; Taf. 1. 2. 4.)

Paetel, Fr., Catalog der Conchylien-Sammlung von —. Mit Hinzufügung der bis jetzt publicirten recenten Arten, sowie der ermittelten Synonyma. 1. Lief. Berlin, Gebr. Paetel, 1887. 8⁰. (Tit., Vorrede, 80 p.) ℳ 2,70.

Winslow, Franc., Catalogue of the Economic Mollusca and the apparatus and appliances used in their capture and preparation for the market. in: Descript. Catalog. Rep. Exhib. U. S. p. 185—270. [p. 1—86.]

II. Wissenschaftliche Mittheilungen.

1. Zur Naturgeschichte des Leucochloridium paradoxum.

(Vorläufige Mittheilung.)

Von G. Heckert, Stud. rer. nat. Lips.

eingeg. 18. Juli 1887.

Unter einer größeren Anzahl im Sommer 1885 eingesammelter *Succinea amphibia*, fand sich ein Exemplar, welches sich auf den ersten Blick als mit *Leucochloridium paradoxum* behaftet erwies; in den stark aufgetriebenen Fühlern zeigten sich die bekannten, grün und weiß gefärbten Schläuche in lebhaft stoßender Bewegung.

Bei weiterem Nachsuchen stellte sich nun heraus, daß das Vorkommen dieses Parasiten in den sumpfigen Waldungen Leipzigs ein nicht seltenes sei. Durchschnittlich fand sich auf 50—70 Individuen der Schnecke ein inficirtes Exemplar. Da also an Material kein

Mangel zu befürchten war, beschloß ich die Anatomie und Entwicklungsgeschichte dieses interessanten Parasiten einer eingehenderen Untersuchung zu unterwerfen, deren Ergebnis ich in Folgendem kurz mittheilen will.

Der unter dem Namen »*Leucochloridium paradoxum*« zuerst von Carus[1] beschriebene Parasit gehört, wie bekannt, dem Entwicklungskreise des *Distomum macrostomum* an, und repräsentirt eine Entwicklungsform, die der Sporocyste der übrigen Trematoden als homolog zu betrachten ist; er hat seinen Sitz in der Leber der Schnecke und bildet dort ein Gerüst vielfach verästelter Schläuche, die mit einer serösen Flüssigkeit, Keimballen und den aus diesen sich entwickelnden Larven der Distomen erfüllt sind.

Diese Schläuche durchsetzen die Leber ihres Wirthes nach allen Richtungen hin; einige von ihnen erreichen eine bedeutendere Länge und treten unter der Athemhöhle hinweg bis in den vorderen Körpertheil der Schnecke, wo sie mächtig anschwellen, sowie die auffallende, den Insectenlarven so ähnliche Färbung erlangen.

Während das in der Leber gelegene Nestwerk von Schläuchen die eigentliche Brutstätte repräsentirt, in der die Distomen ihre Entstehung und Entwicklung nehmen, sind die letzterwähnten dicken und gefärbten Theile, welche später die Fühler erfüllen, nichts als Sammelapparate für die reifen Formen, in denen dieselben bis auf Weiteres aufbewahrt werden.

Sporocyste sowie Schlaüch stehen beide unter sehr hohem Druck und würden bei einer Verletzung ihren Inhalt schnell nach außen entleeren, und somit aufhören functionsfähig zu sein. Da aber die Schläuche gefressen, also von der Sporocyste abgerissen werden müssen sofern die Distomen in den Vogeldarm gelangen sollen, so muß zwischen beiden eine Einrichtung vorhanden sein, welche jeden Theil möglichst selbständig macht; es entsteht zwischen beiden eine stielartige Abschnürung, die nach Art eines Quetschhahnes dieselben gegen einander absetzt.

Schon die jungen Schläuche zeigen Contraction, ein Factor, der wahrscheinlich wichtig für die Beförderung des Stoffwechsels wird. Die großen Schläuche verursachen mit ihrer Bewegung jedoch nicht dieses allein, bei ihnen ist neben der Farbe die Bewegung ein Hauptmoment, welches sie dem Vogel als lebende Fliegenlarve erscheinen läßt. Die Musculatur ist bei ihnen in Folge dessen stark ausgebildet. Sie besteht in einer Längs-, Ring- und Diagonalmusculatur-

[1] C. G. Carus, Beobachtung über *Leucochl. par.* etc. Nov. Act. 17. Bd. 1835. p. 91.

lage, von denen die Ringmuskelschicht die am stärksten ausgebildete ist.

Unter der Hautmuskelschicht des Schlauchkörpers befindet sich ringweise angeordnet und in Zellen eingeschlossen lebhaft grünes Pigment, welches die so characteristische Färbung der ausgewachsenen Schläuche bedingt. An der Spitze derselben erheben sich starke, dunkel pigmentirte buckelartige Erhebungen, unter denen in den Innenraum des Schlauches polsterartige Zellhaufen hineinragen. Die Elemente derselben sind auffallend helle, mit homogenem Protoplasma erfüllte und deutlichem großen Kern und Kernkörperchen ausgestattete Zellen, welche sämmtlich nach der Peripherie des Schlauches zu lang ausgezogen sind. Was die Function dieser Polster sein mag, darüber bin ich noch außer Stande eine Entscheidung zu treffen.

Neben grünen traten, wenn auch selten, braune Schläuche auf; beide gehörten jedoch, sofern es mit Sicherheit festgestellt werden konnte, verschiedenen Sporocysten an; dem entsprechend finden sich auch inficirte Schnecken, in deren Fühlern nur braungefärbte Schläuche pulsiren.

Sporocyste und Schlauch sind histologisch im Allgemeinen gleich gebaut. Nach außen findet sich eine Cuticula, hierunter die Hautmuskelschicht; auf diese folgt eine Zellschicht, die je nach dem Wachsthumsstadium von größerer oder geringerer Stärke ist; den Abschluß bildet nach innen eine Membran mit deutlich zelligen Elementen.

In dieser Zellschicht der Sporocyste nehmen die Keimballen ihren Ursprung als locale Wucherungen; diese grenzen sich gegen die umgebenden Theile durch eine zarte Membran ab, lösen sich hierauf von der Wandung los und fallen in die die Sporocyste erfüllende Nahrungsflüssigkeit. In ihrer Hauptmasse bestehen diese Gebilde aus kleinen Zellen mit verhältnismäßig großen Kernen und deutlichen Kernkörperchen; nur im Centrum finden sich einige größere Zellen.

Der Keimballen hat anfangs die Gestalt einer Linse, streckt sich dann aber unter stetiger Größenzunahme in die Länge, wird oval und läßt allmählich die verschiedenen Organe erkennen. Zuerst dürfte der Genitalapparat in jenen im Centrum liegenden Zellen angelegt werden; hierauf erfolgt die Anlage der Saugnäpfe, welche leicht durch die dieselben gegen das übrige Körperparenchym absetzende Membran zu constatiren sind. Bald folgen Pharynx und Darm, sowie Excretionsorgan und Nervensystem.

Jetzt tritt die Larve in ein neues Stadium, indem sie einen doppelten Häutungsproceß eingeht. Die abgestoßene Cuticula geht jedoch nicht verloren, sondern umhüllt schützend das Distom. bis es in den Darm des Vogels gelangt ist. Zwischen demselben und der

Cuticula sammelt sich eine seröse Flüssigkeit, welche bewirkt, daß die letztere prall aufgetrieben wird; hierdurch wird das Thier elastisch und schlüpfrig und befähigt die Insulten, welchen es im Vogelmagen ausgesetzt ist, zu überwinden. Auf diesem Stadium verharrt die Larve, bis sie gefressen wird.

Behufs Erziehung geschlechtsreifer Distomen stellte ich vielfache Fütterungsversuche an. Die Körnerfresser erwiesen sich durchweg als untauglich für diesen Zweck. Aber auch die Insectenfresser entsprachen nicht immer den gehegten Erwartungen. Ich benutzte in Folge dessen, dem Beispiel Zeller's[2] folgend, junge Nestvögel und machte hier die Erfahrung, daß die Sylvien die eigentlichen Träger des *Distoma macrostomum* sind.

Wenige Stunden nach der Fütterung findet man die Distomen, ihrer Hüllen entledigt, im Darm der Vögel und nach 1—2 Tagen in der Cloake, wo sie ihren definitiven Sitz haben; dort angekommen, sind die Thiere schon beträchtlich gewachsen, und mit Geschlechtsdrüsen (Ovarium und Hoden) versehen, die bedeutend an Umfang zugenommen haben. Ungefähr am 8. Tage beginnt die Eiproduction, und nach 14 Tagen ist das Distomum so mit Eiern erfüllt, daß man es zur weiteren Verwendung dem Vogel entnehmen kann.

Die Anatomie des *Distomum macrostomum* ist durch Zeller[3] bereits ausführlich geschildert worden, so daß ich hier verzichten kann, darauf einzugehen.

Große Schwierigkeiten boten sich der Untersuchung der ersten Entwicklungsstadien im Ei. Es gelang mir jedoch festzustellen, daß dieselben in der von Schauinsland[4] beobachteten Art und Weise vor sich gehen. Es ist eine Eizelle vorhanden, die sich unter Aufnahme der Dottermassen fortgesetzt theilt. Das Endresultat dieses Processes ist ein Embryo, dessen Gestalt in Folge der Dicke der Schale nicht zu erkennen ist, und der sich aus demselben Grunde nur schwer durch Druck auf das Deckgläschen unverletzt isoliren läßt.

Der Embryo von *Distoma macrostomum* ist ungefähr $^1/_{30}$ mm groß, lichtschwach und besteht nur aus wenigen Zellen; über $^3/_4$ der hinteren Rückenfläche erstreckt sich eine schmale, kammartige Erhöhung, besetzt mit wenigen starken Flimmerhaaren, welche ich jedoch bei Praeparaten, die den Eiern entnommen waren, nie in Bewegung beobachten konnte; am vorderen Körperpol des Thierchens findet sich

---

[2] E. Zeller, Über *Leucochl. par.* u. die weitere Entwickl. s. Distomenbrut. Zeitschr. f. wiss. Zool. 24. Bd. 1874. p. 567.

[3] l. c.

[4] H. Schauinsland, Beiträge zur Kenntnis der Embryonalentwicklung der Trematoden. Jena. Zeitschr. f. Naturwiss. 16. Bd. 1883.

ein stark lichtbrechender Kopfzapfen und am hinteren Ende des Flimmerkammes ein kräftiger Fleischzapfen, den dasselbe, wie ich später beobachten konnte, beim Schwimmen sehr lang und dünn ausstreckt und als Steuer benutzt.

Um möglichst viel Eier zur weiteren Beobachtung zu gewinnen und die Embryonen womöglich zum Ausschlüpfen zu bringen, wurden die 14 Tage alten Distomen zerzupft und die den Eiern anhängenden Körpertheile thunlichst entfernt; die so erzielten Eier brachte ich, da dieselben ein Eintrocknen nicht vertragen, zuerst in Wasser, welches durch Lemna frisch erhalten wurde. Hier blieben sie zwar gesund, jedoch ein Ausschlüpfen der Embryonen konnte ich nicht constatiren. Ich setzte in Folge dessen einen Theil der Eier in einem Brutofen einer constanten Temperatur von 20° Cels. aus. Aber auch hier war der Erfolg ein negativer.

Es blieb jetzt nur noch die Annahme übrig, daß ein selbständiges Ausschlüpfen der Embryonen im Freien überhaupt nicht stattfinde, vielmehr die Eier, wie dies auch von Leuckart für *D. ovocaudatum* und andere Arten hervorgehoben wird, von der Schnecke gefressen werden müssen und im Darm derselben in Folge mechanischer oder chemischer Einflüsse die Embryonen frei werden.

Ich brachte daher möglichst viel Eier auf ein kleines Stückchen Salat und ließ dieses von Succineen, die 12—24 Stunden gehungert hatten, fressen.

In den Faeces derselben zeigte sich alsbald, daß die mit reifen Embryonen erfüllt gewesenen Eier leer und abgedeckelt waren, während die übrigen jüngeren Eistadien anscheinend unberührt geblieben waren. Der nun untersuchte Darminhalt zeigte dasselbe; auch hier war keine Spur von freien Embryonen zu bemerken.

In Folge dieser Befunde blieb nur noch die Möglichkeit, daß die Embryonen ganz im Anfang des Darmtractus die Eischale verlassen haben und sofort in die Gewebe der Schnecke eingedrungen sein mußten.

Daraufhin untersuchte ich die Schnecken 10—15 Minuten nach dem Fressen und constatirte im Mageninhalt wiederholt mehrere freie Embryonen, wie ich sie schon früher mittels Druck auf das Deckgläschen gelegentlich erlangt hatte. Während jedoch die den Eiern direct entnommenen Embryonen absolut kein Leben zeigten, auch im Ei eine Contraction nicht erkennen ließen, schwammen diese mit der Lebhaftigkeit und Unstätigkeit eines Infusors umher; als Distomenembryonen characterisirten sie sich schon dadurch, daß sie die sich ihnen entgegenstellenden Hindernisse unter vermehrter Thätigkeit der Flimmerbewegung mit dem Kopfzapfen zu durchbohren versuchten.

Im Blute, eben so wie in der Leber der inficirten Succineen konnte ich die Embryonen wohl hauptsächlich ihrer Kleinheit wegen nicht nachweisen. Jedoch schon nach 8 Tagen gelang es mir in der Leber die ersten Stadien der sich entwickelnden Sporocyste wiederholt zu finden. Dieselben sind kleine rundliche Ballen, mit mehr oder weniger starken Auftreibungen, den ersten Anfängen der beginnenden Verästelung.

Eine genauere Darlegung des hier kurz geschilderten, sowie der weiteren Entwicklungsvorgänge, hoffe ich binnen Kurzem in einer ausführlicheren Arbeit geben zu können.

(Aus dem Zoologischen Institut der Universität Leipzig.)

2. Die Begattung der Lacerta vivipara Jacq. (und Lacerta agilis Wolf).

Von H. Chr. C. Mortensen, Gymnasiallehrer in Copenhagen.

eingeg. 25. Juli 1887.

In den Jahren 1885 und 1886 hielt ich zur Förderung biologischer Studien 20—30 lebendige Exemplare von unsern beiden Eidechsenarten, *Lacerta vivipara* und *agilis* gefangen, und hatte mehrmals die Gelegenheit, ihrem Paarungsacte beizuwohnen. Da diese Paarungen in einem — wie es mir scheint — nicht unwesentlichen Puncte differiren von dem, was ich gelesen habe bei verschiedenen Verfassern, die über diese Sache geschrieben, werde ich unten eine kurze Darstellung einer Begattung der *Lacerta vivipara* mittheilen. Ich bemerke en passant, daß meine Terrarien Glaswände hatten und oben offen waren; der Boden war mit ca. 10 cm feuchter Erde bedeckt; darüber lag in dem einen Ende des Terrariums feuchtes Moos eben so in ca. 10 cm Höhe und in der anderen dürre Buchenblätter und Holzstückchen, auf welche die Eidechsen emporkletterten, wenn sie sich sonnten. Die Thierchen waren wohlbeleibt, munter und so. zahm, daß sie alle aus meiner Hand fraßen und ruhig sich aus dem Terrarium herausnehmen ließen. Ich hielt die beiden Geschlechter von einander getrennt.

Eine Begattung der *Lacerta vivipara* fand den 25. Mai 1885 statt. Zwei Weibchen lagen neben einander, um sich zu sonnen, als ich ein Männchen in etwa 20 cm Entfernung von ihnen herunterließ. (Es war um 5 Uhr Nachmittags; die Lufttemperatur des Terrariums war 19° C.) Wenn ich sonst das Männchen von meiner Hand in sein eigenes Terrarium setzte, rannte es schnell eine kleine Strecke davon und lag dann still auf dem Moose; jetzt aber schlich es sich zuerst vorsichtig kriechend fort, das Zünglein dann und wann hervorstreckend; darauf kroch es langsam und wie suchend unter das Moos. An den Bewegungen desselben ersah man, daß es da drunten nach den Weibchen hin daherkroch und bald erschien das Köpfchen, sich langsam aus dem Moose heraufdrängend. Es kroch ganz hervor, stürzte sich dann plötzlich über eins der Weibchen her und packte das Köpfchen desselben fest zwischen seine beiden Kiefer. Das Weibchen fieng an zu gehen und schleppte dabei das Männchen mit sich unter das Moos. Als ich dieses aufhob, gewahrte ich, wie das Männchen seine Kiefer die Seite des Weibchens entlang bewegte: es ließ das Weibchen einen Augenblick los und faßte dasselbe sogleich wieder bissig mehr nach hinten mit den Kiefern. Als es das Weibchen dicht vor dem rechten Hinterbeine gegriffen hatte — sein Körper bildete noch fortwährend einen rechten Winkel mit dem des Weibchens — biß es wiederholt an dieser Stelle (ohne sie aus dem Munde los zu lassen) seinen Körper für jeden Biß links gegen das Weibchen krümmend; dies letztere setzte erwartungsvoll die Spitze des Schwanzes in eine zitternde Bewegung. Sobald der Körper des Männchens unter die Schwanzwurzel des Weibchens gelangt war, fuhr sein Anus plötzlich gerade gegen den des weiblichen Thieres und danach lagen sie beide unbeweglich. — Es waren jetzt 3 Minuten verlaufen seit ich das Männchen in das Terrarium heruntergelassen hatte.

Die Stellungen der Eidechsen während der Begattung waren folgende:

1) Das Männchen hatte sich — wie erwähnt — in die Seite des Weibchens unmittelbar vor dem rechten Hinterbeine desselben festgebissen. Es hatte den Mund so weit aufgesperrt, daß seine Schnauzenspitze sich auf der linken Seite des Weibchens befand (nämlich bei der obersten Grenze des dunkelbraunen Seitenbandes); eine Falte der Haut desselben lag in seinem Mundwinkel. Die Augen waren jetzt geschlossen. Die Vorderfüße waren von dem Boden gehoben (die Handflächen mit diesem parallel) und nahmen Stellungen ein, als ob sie sich auf denselben stützten. Der Körper war links gekrümmt, aber so gedreht, daß die rechte Seite des Hinterleibes auf dem Boden ruhte. Das linke Hinterbein lag der Quere nach über des Weibchens Schwanzwurzel (welche dadurch gegen die seinige hart gedrückt ward); sein Schenkel war gegen die rechte Seite der Schwanzwurzel seiner Gefährtin, die Wade gegen ihr Kreuz fest gepresst; die Klaue des Daumens war in ihre Medianlinie geschlagen und die übrigen Zehen erreichten die Oberseite ihres linken Schenkels. Die linke Seite der Schwanzwurzel war — wie oben angedeutet — unter den Anus des Weibchens geschoben und es war nur der linke Zweig des doppelten Penis, der in die Cloake eingebracht war.

Der rechte Peniszweig war nicht ausgestülpt. Das rechte Hinterbein befand sich mit ein bischen gekrümmten Zehen zwischen denjenigen des Weibchens ohne sich irgend wo zu stützen. Der Schwanz, der zur linken Seite des Weibchens erschien, machte einen fast verticalen Bogen und es war beinahe die Mittelpartie, die sich auf dem höchsten Puncte befand.

2) Das Weibchen schloß nur dann und wann die Augen. Es stand auf den Vorderfüßen. Der Körper machte einen horizontalen Bogen nach rechts. Die Hinterbeine waren ein bischen nach hinten gerichtet in der Weise, daß die Fußsohlen sich gegen einander wendeten. Der Schwanz lag zur linken Seite und machte einen Bogen dergestalt, daß die Spitze vorwärts gerichtet war [1].

Die Thierchen athmeten kräftiger aber nicht schneller als gewöhnlich. 30 Minuten lagen sie so ohne ihre Stellungen im geringsten zu ändern. Dann fieng das Weibchen an die Hinterfüße ein wenig zu bewegen. 35 Minuten nach dem Anfange der Begattung kroch es in das Moos hinab und suchte das Männchen abzustreifen; dies hielt sich aber fortwährend fest mit den Kiefern und dem Hinterbeine. Das Weibchen wälzte und krümmte sich. Dann ließen die Kiefer des Gatten es los; der Griff des Hinterbeines löste sich auch und es hieng nun nur mittels des Penis fest. In einer halben Minute war das Weibchen seiner los und sie giengen langsam von einander. Auf der linken Seite des Männchens sah ich einen Augenblick ein bischen des rothen Peniszweiges; auf der rechten war nichts zu sehen.

Bei drei Begattungen, die ich von anderen Paaren sah, benahmen sich die Thierchen ganz eben so wie oben erzählt und ihre Stellungen waren wesentlich dieselben; eine kleine Variation traf hin und wieder ein: das Weibchen krümmte den Körper so sehr seitwärts gegen das

---

[1] In L'accouplement et la ponte chez les lézards de France par M. V. Collin de Plancy (Bull. de la Soc. Zool. de France, 1877. p. 325) giebt uns M. Juillerat ein Bild von der Begattung der *Lacerta viridis* Daud. und es geht aus diesem hervor, daß diese Art wesentlich dieselben Stellungen wie *L. vivipara* einnimmt. Doch hatte keines meiner Eidechsenweibchen bei der Begattung das Köpfchen so sehr emporgerichtet, wie die *L. viridis* ♀ auf dem Bilde es thut; sie hatten aber den Körper mehr gegen das Männchen gekrümmt (übrigens schreibt Collin de Plancy auch p. 342: »Le mâle ... ses deux pattes antérieures étaient placées sur le dos de la compagne«, aber auf der Tafel ist dem nicht so). Die Knie der *L. viridis* ♀ sind nach vorn gerichtet, während meine Eidechsenweibchen sie nach hinten gestreckt haben und es scheint als stände sie auf den Hinterfüßen, weil die Schwanzwurzel des Männchens noch nicht unter die ihrige gebracht ist (wenn dies geschieht, können die Hinterfüße die Erde mit den Sohlen nicht erreichen). Der Unterleib des Männchens ruht auch noch nicht auf der Seite, was nothwendig ist um den Penis, der seitwärts ausgestülpt wird, empor in die Cloake des Weibchens zu bringen. Ich fasse also die Figur auf, als stelle sie die Thierchen vor der Begattung, nicht während derselben dar.

Männchen hin, daß dies den Vorderfuß darauf setzte (den rechten, wenn es die rechte, den linken aber, wenn es die linke Seite gegriffen hatte; dies habe ich nämlich auch gesehen, und in diesem Falle wurde der rechte Peniszweig benutzt), oder das Weibchen stützte einen Hinterfuß auf des Männchens Schwanzwurzel etc. Es ist gewiß nicht gewöhnlich, daß das Männchen nach der vollendeten Begattung mit dem Penis hängen bleibt. — Der Begattungsact dauerte, wie der oben beschriebene, ca. eine halbe Stunde.

Die Begattungen der *Lacerta agilis* giengen wie bei *L. vivipara* vor sich; nur war das Männchen leidenschaftlicher, klopfte z. B. nervös die Seite des Weibchens mit dem Vorderfuße, stöhnte hörbar beim gewaltsamen Aushauchen etc.; es gebrauchte auch nur den einen Zweig des Penis. Die Begattung war schon in 1—5 Minuten fertig; doch darf ich nicht sagen, ob ich vielleicht die Thierchen (sie in die Hand heraufnehmend) gestört habe[2].

Dem anhaltenden Beißen des Männchens zufolge erscheinen auf den Bauchplatten des Weibchens vor den Hinterbeinen blaue Abzeichen von seinen Unterkieferzähnen; recht oft bilden sie eine Figur wie ein Hufeisen (am schönsten habe ich sie auf *L. vivipara* gesehen). Diese Begattungszeichen bleiben den Sommer hindurch sichtbar, sind aber am deutlichsten im Anfange des Frühlings. Von acht *L. vivipara* ♀, die ich am 23. April 1886 in Jonstrup Vang (einem Walde nahe Copenhagen) erhaschte, trugen fünf das Abzeichen in der linken, eins in der rechten und zwei in den beiden Seiten. Es ist also ein Zufall, ob das Männchen seine Gattin links oder rechts packe, es gebraucht den rechten Peniszweig eben sowohl wie den linken[3]. Ich nehme an, daß das Männchen durch das feste Drücken der einen Seite der Schwanzwurzel gegen das Weibchen den in dieser vorborgenen Peniszweig hervorpreßt; jedenfalls geht es so, wenn man den einen oder anderen Penisknoten einer soeben getödteten Eidechse drückt.

Copenhagen, 22. Juli 1887.

---

[2] Übrigens schreibt Wolff (in Sturm's Deutschlands Fauna), daß die Begattung nur einen Augenblick währt; nach M. Mailles (vide Coll. de Plancy l. c. p. 344) dauert sie »au plus une minute«. Was die Dauer der Begattung bei anderen Arten betrifft, so giebt Gachet (nach de Plancy l. c. p. 346) »environ une minute« für *L. muralis* Laur. an, Glückselig etwa drei Minuten für *L. viridis* Gessn. (Verhandl. d. zool. bot. Ges. in Wien 1863, p. 1135; vgl. de Plancy l. c. p. 342—343) und Otth (Zeitschr. f. Physiol. 1833. p. 103) ca. eine Stunde für *L. ocellata* Daud. — Sollten die Arten sich wirklich so verschieden verhalten?

[3] Ich habe bei den Verfassern nur die Angabe gefunden, daß die Eidechsen sich der beiden Zweige des Penis auf einmal bedienen; siehe z. B. Leydig, Die in Deutschland lebenden Arten der Saurier p. 148 (die Anm. mitten auf der Seite). Auch de Plancy schreibt (über *L. agilis*, l. c. p. 344): »il .. introduit ses pénis dans le cloaque de la femelle«, und was *L. muralis* betrifft, erwähnt er (ibid. p. 346) Bewegungen »qui sans doute étaient destinés à faciliter l'introduction du double pénis«.

3. Studien über Räderthiere.

II. Der Raumparasitismus und die Anatomie von Discopus Synaptae nov. gen. nov. spec.

Vorläufige Mittheilung.

Von Dr. Carl Zelinka, Privatdocenten an der Univers. Graz.

eingeg. 25. Juli 1887.

Das Räderthier, welches E. Ray Lankester (Note on the Synaptae of Guernsey etc. and a new parasitic Rotifer. Quart. Journ. of microsc. sc. N. S. Vol. VIII. p. 53. 1868) als einen Parasiten in der Leibeshöhle der *Synapta digitata* und *S. inhaerens* mit wenigen, nur von einem Holzschnitte begleiteten Worten beschreibt und von welchem er vermuthet, daß es ein neues Genus darstellen dürfte, kommt auch an den Synapten der Adria vor, wie ich im Frühjahr 1885 in Triest constatiren konnte.

Die Angabe, daß dieses Rotator ein Endoparasit sei, beruht auf einem Irrthum; es lebt nicht in der Leibeshöhle, sondern zeitlebens als »freier Raumparasit« in kleinen Grübchen auf der Haut der Synapten, von wo man es in großen Mengen mit einer Pincette herabstreifen kann.

Die Ergebnisse der anatomischen Untersuchung sind in gedrängter Kürze folgende:

Der in der vorderen Hälfte abgeplattete, hinten cylindrische wurmförmige Körper ist von einer in 15 Segmente getheilten weichen, mit 12 Längsfalten versehenen Haut umschlossen. Das Vorderende läuft in einen beweglichen »Rüssel« aus und trägt einen dorsalen Taster. Die Kiefer sind halbmondförmige Platten mit je zwei convergirenden Zahnleisten. Das Räderorgan ist zweitheilig. Nach dem Vorstehenden gehört das Thier in die Familie der Philodiniden. Augen fehlen. Was unseren *Discopus* aber von allen bekannten Genera dieser Familie unterscheidet, sind nachstehende Merkmale: Der Fuß endet in einen Saugnapf mit breiter runder Scheibe und zwei kurzen Zangenspitzchen; eine contractile Blase fehlt; die Klebdrüsen sind nicht aus hinter einander, sondern aus neben einander in zwei halbkreisförmigen Reihen an der Bauchwand befestigten Zellen zusammengesetzt, deren Ausführungsgänge unter vielfachen Verschlingungen sich fortwährend theilen und schließlich am letzten Fußgliede, welches den Stempel des Saugnapfes bildet, mittels kleiner im Kreise gestellter Poren münden. Auch im Centrum dieses Porenkreises sind einzelne Mündungen zu sehen.

Die Bewegungen des Thieres sind viererlei:

1. Gangbewegung (blutegelartiges Kriechen);
2. Tastbewegung bei gestrecktem Körper;

3. Tastbewegung bei halbgestrecktem Körper, nämlich ein pendelartiges nach links und rechts Schwingen mit Abbiegen des Vorderendes;
4. Schwimmbewegung bei eingezogenem Fuße und gestrecktem Räderorgan.

Die Thiere wurden in Sublimat- oder Picrinchromsäure conservirt, in Alauncarmin oder Hämatoxylin gefärbt und dann entweder in Glycerin untersucht, oder nach Einbettung in Paraffin in Längs- und Querschnittserien zerlegt.

Die Haut ist wie bei den Callidinen beschaffen und ist aus der Cuticula und der syncytialen Hypodermis von sehr geringer Dicke zusammengesetzt, welche nur im Räderorgane, im Rüssel und im Fuße beträchtlich stärker wird.

Der Hautmuskelschlauch besteht aus 11 schmalen Ringmuskeln und einem dorsalen Paare von Längsmuskeln, welche ganz den Bau der Callidinenhautmuskeln haben. Fuß und Rüssel entbehren der Hautmuskeln.

Sehr entwickelt sind die Leibeshöhlenmuskeln, deren man über 20 Paare von ganz bestimmten Functionen zählt und welche nie quergestreift sind. Man kann sie zunächst in vordere und hintere Muskeln theilen, wobei die Grenze dafür die Haut in der Nähe des 6. Ringmuskels bildet.

Von den ersteren ziehen je zwei Paare zum Rüssel, zum Taster und zum Räderorgan, ein Paar läuft vom Rücken zur Schlundröhre, 2 Paare begeben sich zur ventralen Haut und 2 Paare inseriren sich an der ventralen Seite der Schlund- beziehungsweise Mundröhre. Einige davon sind am Ende getheilt.

Von den nach hinten gerichteten Muskeln ziehen 2 Paare an der Bauchseite an die Haut des letzten Rumpfgliedes, ein Paar an das erste Fußsegment. Dorsal ist ein Paar Rückzieher des Hinterdarmes vorhanden.

Im Rumpfe sind noch zwei Paare dorsoventraler Fasern zu finden. Die Muskeln des Fußes sind so angelegt, daß sie zum Ansetzen und Befestigen des Saugnapfes dienen.

Das Nervensystem besteht aus dem Gehirne, welches vor und zum Theile auf dem Pharynx liegt, aus in der Nähe desselben gelegenen und mit ihm in Verbindung stehenden »periencephalischen« Ganglien und Ganglienzellen, sowie aus den in die Peripherie laufenden Nerven, welche mit Ganglienzellen, Muskeln und Sinneszellen in Verbindung stehen. Im Gehirne ist auch durch die Lage der Zellen die bilaterale Symmetrie ausgedrückt. Die Punktsubstanz liegt central.

In der Nähe des Gehirns finden sich an dessen Hinterende ein mit seitlichen Nervenfasern versehenes mehrzelliges Ganglion, ferner zahlreiche, theils auf Muskeln, theils an der Schlundröhre anliegende mehrzellige oder einzellige Ganglien, welche unter einander in Verbindung stehen und eine Leitung herstellen einerseits zwischen Gehirn und einem großen suboesophagealen Ganglion, andererseits zwischen Gehirn und den beiden Nervi laterales, welche an den Seiten des Darmes gegen das Hinterende zu daselbst gelegenen Ganglien laufen.

Von zwei dorsalen periencephalischen Ganglien entspringen zwei dorsale feine Nerven, welche zu Ganglienzellen am Mitteldarme und Hinterdarme sich begeben.

Vom Nervus lateralis trennt sich ein kleiner Nerv, dessen Weg zu einem, an einem ventralen Muskel sitzenden Ganglion führt. Indem nun aus diesem Ganglion zwei am Bauche hinziehende Nervenfasern, welche wohl dem Nervus ventralis bei *Callidina* entsprechen, hervorgehen, finden wir im Rumpfe im Ganzen 3 resp. 4 Paare von Nerven, von welchen die seitlichen am stärksten sind.

Das eben erwähnte Ganglion sendet auch eine Faser zum suboesophagealen Ganglion, so daß dasselbe nunmehr eine zweifache, allerdings mittelbare, den Schlund beziehungsweise Oesophagus umgreifende Verbindung mit dem Gehirne, eine Andeutung eines Schlundringes besitzt.

An dem 4.—10. Ringmuskel sitzt seitlich je eine große Ganglienzelle; jede sendet zu der hinter ihr befindlichen Zelle und zum Nervus lateralis je eine Faser.

Direct, ohne Vermittelung von periencephalischen Zellen, entspringen aus dem Gehirne nur 3 Paare von Nerven, sowie der Tasternerv, welche alle nach vorn ziehen; davon laufen zwei Paare zum Rüssel und eines zum Räderorgan.

Am vorderen Ende des Schlundrohres befindet sich an seiner ventralen Fläche ein einzelliges Ganglion, welches Fasern nach drei Richtungen, nach vorn in den Rüssel, seitlich zu einem Muskel und nach hinten zum suboesophagealen Ganglion sendet.

Der Taster ist eingliedrig, hat eine kragenartige Erweiterung und wenige, kurze, steife Borsten am Ende. An seiner Basis ist ein mehrzelliges Ganglion gelegen, von welchem nach vorn zu einem medialen Rüsselganglion zwei feine Fasern und nach unten zu den zwischen der Schlundröhre und den Räderorganzipfeln befindlichen Nervenzellen ebenfalls zwei feine Fibrillen ziehen.

Der Rüssel ist ein aktives Tastorgan und enthält Sinnes- und Stützzellen, sowie zwei vielkernige laterale und ein mediales zweikerniges Ganglion, welche mit den erwähnten Nerven in Verbindung stehen. Die Hypodermis ist am Rücken des Rüssels verdickt und hängt mittels eines getheilten Zipfels sowohl mit den Rüsselzellen. als auch mit dem medialen Ganglion zusammen. Der Rüssel wird wie bei den Callidinen beim Ausstrecken des Räderorganes eingezogen. Das Räderorgan ist abgesehen von der abweichenden mehr eckigen Form der Halbkugeln im Allgemeinen so gebaut, wie ich es bei *Callidina* beschrieben habe; doch besitzt die wimperlose Kuppe keinen vorspringenden Hügel, sondern eine Grube, und sind die Stiele des Organes kürzer.

Die Plasmazipfel des Räderorganes sind kein Syncytium, sondern aus mehreren Theilen zusammengesetzt.

Der geöffnete Mund zeigt zwei Wimperpolster, sowie eine schnabelartige ventrale Vorziehung der Unterlippe. Die Oberlippe besitzt zwei rundliche Zacken.

Die Schlundröhre ist cylindrisch und von großen Wimperzellen gebildet; von ihr geht ein Hypodermiswulst zum Rüssel.

Der Pharynx ist kugelig und von 5 großen ventralen und mehreren kleineren seitlichen Speicheldrüsen umgeben. Der Oesophagus ist ein dünnes kurzes cylindrisches Rohr zwischen der oberen hinteren Fläche des Pharynx und dem oberen vorderen Ende des Mitteldarmes. Zu beiden Seiten des Oesophagus mündet jederseits eine Bauchspeicheldrüse; eine dritte liegt ventral.

Der Mitteldarm ist eine rundliche mit zwei Fasern an der Rückenhaut befestigte syncytiale Masse, in welcher das Darmlumen in bestimmten Schlingen zieht, welche nie aufgerollt und ausgestreckt werden.

Der Hinterdarm besteht wie bei den Callidinen aus Blasendarm und Rectum.

In das Rectum münden ohne contractile Blase die beiden an einer Stelle der lateralen Leibeswand befestigten Excretionsröhren, an welchen keine flimmernden Trichter gefunden wurden.

Die Geschlechtsorgane sind Keimdotterstöcke. Die Eier entwickeln sich in der Leibeshöhle.

Entgegen den Anschauungen neuerer Untersucher bin ich zur Überzeugung gelangt, daß: 1) das zweitheilige Räderorgan der Philodiniden auf die Wimperkränze der Trochosphaera zurückgeführt werden kann, daß 2) das Vorderende des gestreckten Thieres, nämlich der Rüssel, dem Vorderende der *Trochophora* und zwar einem Theile der Scheitelplatte homolog ist, und daß 3) das Gehirn der Räderthiere entstanden ist zum Theile durch Ablösung von der Scheitelplatte, zum Theile durch Einfügung ehemals peripherer Ganglienzellen.

Druck von Breitkopf & Härtel in Leipzig.

Zoologischer Anzeiger

herausgegeben

von Prof. **J. Victor Carus** in Leipzig.

Verlag von Wilhelm Engelmann in Leipzig.

X. Jahrg. | 12. September 1887. | No. 260.

Inhalt: I. **Litteratur.** p. 469—479. II. **Wissensch. Mittheilungen.** 1. **Grobben,** Die Pericardialdrüse der Opisthobranchier und Anneliden, sowie Bemerkungen über die perienterische Flüssigkeit der letzteren. 2. **Böhmig,** *Planaria Iheringii,* eine neue Triclade aus Brasilien. 3. **Böhmig,** Zur Kenntnis der Sinnesorgane der Turbellarien. 4. **Reichel,** Über das Byssusorgan der Lamellibranchiaten. III. **Mittheil. aus Museen, Instituten etc.** 1. **Linnean Society of New South Wales.** IV. **Personal-Notizen.** Vacat.

I. Litteratur.

17. Mollusca.

(Fortsetzung.)

Heimburg, H. von, Abbildung und Beschreibung [3] neuer Arten. Mit 1 Taf. in: Jahrbb. deutsch. Malakoz. Ges. 14. Jahrg. 1. Hft. p. 1—4.

Hirc, Dragutin, Malacologische Mittheilungen. Aus: Verhandl. k. k. zool. bot. Ges. Wien, 1886. p. 377—390.

Mabille, P., Diagnoses Testarum novarum. (Suite.) in: Bull. Soc. Philom. Paris, (7.) T. 10. No. 4. p. 182—183.
(1 n. sp.) — s. Z. A. No. 247. p. 155.

Maltzan, H. von, Diagnosen neuer Arten. in: Nachrichtsbl. d. d. malakazool. Ges. 18. Jahrg. 1886. No. 5/6. p. 85—87.
(3 n. sp., 4 n. var.)

Sarasin, P., u. F. Sarasin, Zwei parasitische Schnecken. Ausz. in: Humboldt, 6. Jahrg. 3. Hft. p. 114.
(Zool. Anz. No. 213. p. 19—21.

Kobelt, W., Muschelschmuck in der Steinzeit. in: Nachrichtsbl. d. d. malakozool. Ges. 18. Jahrg. 1886. No. 9/10. p. 146—149.

Mann, A., Kauri, das Muschelgeld. in: Zoolog. Garten, 28. Jahrg. No. 4/5. p. 157.

Reinhardt, . ., Abnormitäten von Schneckengehäusen. in: Sitzgsber. Ges. Nat. Fr. Berlin, 1887. No. 4. p. 60—62.

Frenzel, J., Histology of the Mollusc Liver. Abstr. in: Journ. R. Microsc. Soc. London, 1887. P. 2. p. 215.
(Nova Acta Acad. Leop. Carol.) — s. Z. A. No. 228. p. 445.

—— »Liver« of Mollusca. Abstr. in: Journ. R. Microsc. Soc. London, 1887. P. 1. p. 57.
(Boll. Soc. Adriat. Sc. Nat. Triest, T. 9. p. 226—239.)

Patten, W., On the Eyes of Molluscs and Arthropods. in: Zool. Anz. 10. Jahrg. No. 251. p. 256—261.

—— Eyes of Mollusca. Abstr. in: Journ. R. Microsc. Soc. London. 1887. P. 1. p. 53—57.
(Mittheil. Zool. Stat. Neapel.) — s. Z. A. No. 238. p. 677.

Ashford, Ch., Land and Freshwater Mollusca round Christchurch, South

Hants. in: Journ. of Conchol. Vol. 5. No. 5. p. 153—160. — No. 6. p. 161—163.

Baillie, Will., Colonizing Land and Freshwater Shells in East Sutherland. in: Journ. of Conchol. Vol. 5. No. 6. p. 192

Binney, W. G., A Manual of American Land Shells. Washington, Govt. Print. Off., 1885. 8⁰. (528 p., 516 cuts.) — Bull. U. S. Nation. Mus. No. 28. (Ser. Number 38.)

—— A Second Supplement to the fifth Volume of the terrestrial air-breathing Mollusks of the United States and adjacent territories. With 3 pl. in: Bull. Mus. Comp. Zool. Harv. Coll. Vol. 13. No. 2. p. 23—48. — Abstr. in: Journ. R. Microsc. Soc. London, 1887. P. 3. p. 376—377.
(3 n. sp.)

Boettger, O., Verschleppung von Schnecken mit Farbholz. in: Nachrichtsbl. d. d. malakozool. Ges. 18. Jahrg. 1886. No. 3/4. p. 58.

—— Abbildungen und Beschreibungen von Binnenmollusken aus dem Talysch-Gebiet im Südwesten des Caspisees (XI). Mit 1 Taf. in: Jahrbb. d. d. Malakoz. Ges. 13. Jahrg. 3. Hft. p. 241—258.

—— Neuntes Verzeichnis (IX.) von Mollusken der Kaukasusländer. Mit 1 Taf. in: Jahrbb. d. d. Malakoz. Ges. 13. Jahrg. 1886. 2. Hft. p. 121—156.
(71 sp.)

Bucquoy, Dautzenberg et Dollfufs, Les Mollusques marins du Roussillon. Fasc. 13. (T. 1. Gastropodes, fin.) Avec 6 pls. photogr. Paris, 1886. 8⁰. (p. 487—570.) à ℳ 5,—.

Call, R. Ellsw., Fifth Contribution to a knowledge of the Fresh-water Mollusca of Kansas. in: Bull. Washburn Coll. Laborat. Nat. Hist. Vol. 1. No. 6. p. 177—184.

—— Notes on the Land Mollusca of the Washburn College Biological Survey of Kansas. ibid. No. 7. p. 201—206.

Chia, M. de, Catalogo de los Molluscos terrestres y fluviatiles de la Comarca de Gerona. Gerona, 1886. 8⁰. (43 p.)

Clessin, S., Beitrag zur Fauna der Binnenmollusken Dalmatiens. [Fortsetz. u. Schluß.] in: Malakozool. Blätt. N. F. 9. Bd. 2. Hft. p. 49—65.
(Sp. No. 5—83.) — 5 n. sp.

—— Binnenmollusken aus Kleinasien. ibid. p. 164—166.
(15 sp.)

—— Binnenconchylien von Pola in Istrien. ibid. p. 66.
(5 sp.)

—— Die Mollusken-Fauna Österreich-Ungarns und der Schweiz. 1. Lief. Nürnberg, Bauer & Raspe (E. Küster), 1887. 8⁰. (A. u. d. Tit.: Die Mollusken-Fauna Mitteleuropas. II. Theil.) (160 p., 72 Fig.) ℳ 3,—.

Cockerell, T. D. A., Marine Mollusca of Kerry. in: The Zoologist, (3.) Vol. 11. March, p. 115—116.

—— Notes on some Species of Inland Mollusca. in: Ann. of Nat. Hist. (5.) Vol. 19. March, p. 174—176.

—— Marine Mollusca at Land's End, Cornwall. in: Journ. of Conchol. Vol. 5. No. 5. p. 151.

Collecting Mollusca in the Celtic region (on the Coast of France), near Brest. in: Journ. of Conchol. Vol. 5. No. 6. p. 177—179.

Dall, W. H., Supplementary notes on some species of Mollusks of the Bering sea and vicinity. in: Proc. U. S. Nat. Mus. Vol. 9. p. 297—309.
(9 n. sp.)

Esmark, Birgithe, On the Land and Freshwater Mollusca of Norway. (Contin.) in: Journ. of Conchol. Vol. 5. No. 5. p. 129—131.
(s. Z. A. No. 239. p. 693.)

Godwin-Austen, H. H., Land- and Fresh-water-Mollusca of India including South Arabia, Afghanistan, Burmah, Ceylon etc. P. 5. (Text.) London, 1886. 8⁰. (p. 165—205.)

Gottschalk, P., u. R. Schröder, Beitrag zur Kenntnis der Molluskenfauna der Grafschaft Wernigerode. in: Schrift. Naturwiss. Ver. Harz. Werniger. 1. Bd. (8 p.)

Gredler, Vinc., Excursion in's Val Vestino. in: Nachrichtsbl. d. d. malakozool. Ges. 18. Jahrg. 1886. No. 9/10. p. 134—140.

—— Zur Conchylien-Fauna von China. X. Stück. Übersicht der continentalen chinesischen Binnenschnecken. in: Malakozool. Blätt. N. F. 9. Bd. 2. Hft. p. 121—163.

Gregorio, Ant. de, Nota intorno ad alcune conchiglie mediterranee. Palermo, 1886. 8⁰. (16 p.) Estr. dal Natural. Sicil. Ann. 5/6.

Guerne, Jul. de, Notes sur l'histoire naturelle des regions arctiques de l'Europe. Le Varangerfjord. Catalogue des Mollusques testacés recueillis pendant la mission de Laponie. Bruxelles, 1886. 8⁰. Extr. du Bull. Soc. R. Malacol. de Belg. T. 18. (1883) et 21 (1886). (16 p.)

James, J. H., Land and Freshwater Shells collected about Newquay, Cornwall, Sept. 1886. in: Journ. of Conchol. Vol. 5. No. 6. p. 164—166.

Kobelt, W., Prodromus Faunae Molluscorum Testaceorum maria europaea inhabitantium. Fasc. 2. 3. Nürnberg, Bauer & Raspe, 1887. 8⁰. (p. 129—256, 257—368).

—— Iconographie der schalentragenden europäischen Meeresconchylien. Hft. 6. Mit 4 Taf. Cassel, Theod. Fischer, 1887 (err. 1883!). 4⁰. ℳ 6,—.

—— Excursionen in Nord-Africa. in: Nachrichtsbl. d. d. malakozool. Ges. 18. Jahrg. 1886. No. 3/4. p. 34—50. — (Schluß.) ibid. No. 7/8. p. 97—111.

—— Die Binnenmolluskenfauna von Neu-Guinea. ibid. No. 11/12. p. 161—179. (Schluß). ibid. 19. Jahrg. No. 1/2. p. 1—12.

—— Die geographische Verbreitung der englischen Molluskenfauna. ibid. 18. Jahrg. No. 5/6. p. 82—84.

Letourneux, A., et J. R. Bourguignat, Prodrome de la Malacologie terrestre et fluviatile de la Tunisie. Paris, impr. nation., 1887. 8⁰. (170 p.)
(Extr. de l'Exploration scientifique de la Tunisie. Zoologie; Malacologie.)

Marshall, J. T., On some new British Shells. With 1 pl. in: Journ. of Conchol. Vol. 5. No. 6. p. 186—192.

Martens, E. von, Neue Landschnecken aus Mittel- und Süd-Amerika. in: Sitzgsber. Ges. Nat. Fr. Berlin, 1886. No. 10. p. 161—162.

Möllendorff, O. F. von, Die Landschnecken von Korea. Mit Abbild. in: Jahrbb. deutsch. malakoz. Ges. 14. Jahrg. 1. Hft. p. 9—22.
(26 [5 n.] sp.)

—— Von den Philippinen. Mit 1 Taf. ibid. p. 85—97.
(6 n. sp.)

Möllendorff, O. F. von, Materialien zur Fauna von China. Mit 2 Taf. ibid. 13. Jahrg. 1886. 2. Hft. p. 156—210.
(12 n. sp.)
Molluschi fluviatili di Vicenza. v. infra Pisces, G. B. Torossi.
Pfeffer, Geo., Übersicht der im Jahre 1881 vom Grafen Waldburg-Zeil im Karischen Meere gesammelten Mollusken. Mit 1 Taf. (Aus: Abhandl. aus d. Gebiete d. Naturwiss. Hamburg.) Hamburg, Friedrichsen & Co., 1886. 4⁰. (14 p.) ℳ 1,20.
Pollonera, Carlo, Aggiunte alla Malacologia terrestre del Piemonte. in: Boll. Musei Zool. Anat. Comp. Torino, Vol. 1. No. 17. (4 p.)
Reinhardt, . ., Ägyptische Schnecken. in: Sitzgsber. Ges. Nat. Fr. Berlin, 1887. No. 5. p. 79—80.
Reuleaux, Carl, Resultate einer Molluskensammeltour in Oberkärnthen — Villach und Pontafel als Standorte. in: Nachrichtsbl. d. d. malakozool. Ges. 18. Jahrg. No. 11/12. p. 183—187.
Rolle, Herm., Auf Corsica. Eine naturwissenschaftliche Reise nebst specieller Beschreibung des Molluskenfangs an den Küsten bei Bonifacio im Monat Mai—Juni 1886. in: Jahrbb. deutsch. Malakoz. Ges. 14. Jahrg. 1. Hft. p. 51—83.
Roſsmäſsler's Iconographie der Europäischen Land- und Süßwasser-Mollusken. Fortgesetzt von W. Kobelt. Neue Folge, 3. Bd. 1. u. 2. Lief. Mit 10 Taf. Wiesbaden, Kreidel, 1887. 4⁰. Schwarz: ℳ 9,20; color. ℳ 12,—.
Ruddy, Thom., Contribution towards a list of the shells of Merioneth. in: Journ. of Conchol. Vol. 5. No. 6. p. 184—185.
Sampson, F. A., Notes on the Distribution of Shells. in: Amer. Naturalist, Vol. 21. No. 1. p. 83—86.
Schedel, J., Verzeichnis der Land- und Süßwasser-Mollusken Bamberg's. in: Nachrichtsbl. d. d. malakozool. Ges. 18. Jahrg. 1886. No. 9/10. p. 129—134.
Schumann, E., Zur Kenntnis der Weichthiere Westpreußens. in: Schrift. Naturforsch. Ges. Danzig, N. F., 6. Bd. 4. Hft. p. 159—167.
Scott, Thom., Some Conchological Notes of a Visit to Fifeshire, N. B. in: Journ. of Conchol. Vol. 5. No. 6. p. 173—176.
Silva e Castro, José da, Contributions à la faune malacologique du Portugal. in: Jorn. Sc. Math. Phys. Lisboa, T. 11. No. 44. p. 232—249.
(15 n. sp.)
Smith, Edg. A., Notes on some Land-Shells from New Guinea and the Solomon Islands, with descriptions of [13] new Species. in: Ann. of Nat. Hist. (5.) Vol. 19. June, p. 416—426.
Sowerby, G. B., Illustrated Index of British Shells: containing Figures of all the recent Species, with Names and other Informations. 2. edit. rev. and enlarg. London, Simpkin, Marshall & Co., 1887. 8⁰. 35 s.
Sterki, V., Die Mollusken der Umgebung von Neu-Philadelphia, O. (Schluß.) in: Nachrichtsbl. d. d. malakozool. Ges. 18. Jahrg. 1886. No. 3/4. p. 54—58.
(s. Z. A. No. 229. p. 463.)
Thamm, W., Die Molluskenfauna von Bad Landeck in Schlesien. in: Nachrichtsbl. d. d. malakozool. Ges. 18. Jahrg. 1886. No. 9/10. p. 149—151.
Tomlin, J. R. B., Land Shells of Ilfracombe and neighbourhood. in: Journ. of Conchol. Vol. 5. No. 6. p. 181—183.

Fontannes, F., Faune malacologique des terrains néogènes de Roumanie. Avec 2 pls. in: Arch. Mus. d'Hist. Nat. Lyon, T. 4. p. 321—365.

Kobelt, W., Fossile u. subfossile Schnecken in Nordamerica. in: Nachrichtsbl. d. d. malakozool. Ges. 18. Jahrg. 1886. No. 9/10. p. 141—145.
(Nach Cooper in: Bull. Californ. Acad. Sc. 1886. No. 4.)

Loriol, P. de, Études sur les Mollusques des couches coralligènes de Valfin (Jura). Précédées d'une Notice stratigraphique par l'abbé E. Bourgeat. 1. Partie. Avec 2 pls. de coupes et 11 pls. de fossiles. in: Abhandlg. Schweiz. Paläontol. Ges. 13. Bd. (p. 1—120.)

Bellardi, Lu., I Molluschi dei terreni terziari del Piemonte e della Liguria. P. V. (Mitridae.) Torino, Loescher, 1887. 4⁰. (Con 1 tav., 88 p.) — Estr. dalle Mem. R. Accad. Sc. Torino, (2.) T. 38.

Frauscher, Karl Ferd., Das Unter-Eocän der Nordalpen. I. Th. Lamellibranchiaten. Mit 12 Taf., 1 Holzschn. u. 3 Tab. in: Denkschr. d. kais. Akad. Wien, Math. nat. Cl. 51. Bd. 2. Abth. p. 37—270.

White, Charl. A., On new generic forms of Cretaceous Mollusca and their relation to other forms. in: Proc. Acad. Nat. Sc. Philad. 1887. p. 32—37.
(3 n. sp.; n. g. *Dalliconcha, Stearnsia, Aguileria.*)

Osborn, H. L., The byssal organ in Lamellibranchs. (Abstr. from Barrois.) in: Amer. Monthly Microsc. Journ. Vol. 8. No. 2. p. 27—28.
(Amer. Naturalist.)

Thiele, J., Mouth-lobes of Lamellibranchs. Abstr. in: Journ. R. Microsc. Soc. London, 1887. P. 2. p. 220.
(Zeitschr. f. wiss. Zool.) — s. Z. A. No. 247. p. 157.

Rawitz, Bernh., Das centrale Nervensystem der Acephalen. Mit 5 Taf. in: Jena. Zeitschr. f. Naturwiss. 20. Bd. (N. F. 13. Bd.) 2/3. Hft. p. 384—460. — Apart: Jena, G. Fischer, 1887. 8⁰. *M* 5,—.

Watson, A. B., ,Challenger' Scaphopoda and Gastropoda. Abstr. in: Journ. R. Microsc. Soc. London, 1887. P. 2. p. 219.
(,Challenger' Reports.) — s. Z. A. No. 247. p. 158.

Bouvier, E. L., Sur la torsion et la symétrie primitive des Gastéropodes. in: Bull. Soc. Philom. Paris, (7.) T. 11. No. 2. p. 128—130.

Lacaze-Duthiers, H. de, Considérations on the Nervous System of the Gasteropoda. in: Ann. of Nat. Hist. (5.) Vol. 19. March, p. 243—245.
(Compt. rend.) — s. Z. A. No. 247. p. 158.

Dybowski, W., Die Gasteropoden-Fauna des Kaspischen Meeres. Nach der Sammlung des Akademikers Dr. K. E. von Baer. Mit 3 Taf. in: Malakozool. Blätt. N. F. 10. Bd. 1. Hft. p. 1—(64).
(26 [14 n.] sp.; n. g. *Caspia, Clessinia.*)

Klebs, Rich., Gastropoden im Bernstein. (Aus: Jahrb. d. k. preuß. geolog. Landesanstalt.) Berlin, 1886. (Königsberg, Hübner & Matz in Comm.) 8⁰. (30 p., 1 Taf.) *M* 2,—.

Ihering, Herm. von, Zur Kenntnis der Nudibranchien der brasilianischen Küste. Mit 1 Taf. in: Jahrbb. d. d. malakoz. Ges. 13. Jahrg. 1886. 3. Hft. p. 223—240.
(2 n. sp.; n. g. *Etidoris, Aporodoris.*)

Bouvier, E. L., Système nerveux et morphologie des Cyclobranches. in: Bull. Soc. Philom. Paris, (7.) T. 11. No. 1. p. 34—35.

Bouvier, E. L., Typical nervous system of Prosobranchs. Abstr. in: Journ. R. Microsc. Soc. London, 1887. P. 2. p. 218.
(Compt. rend.) — s. Z. A. No. 247. p. 158.

—— Résumé d'observations faites sur le système nerveux des Prosobranches et formation du système nerveux typique des Cténobranches. in: Bull. Soc. Philom. Paris, (7.) T. 11. No. 1. p. 42—45.

Bouvier, E. L., Sur le système nerveux chiastoneure des Prosobranches senestres. ibid. p. 45—48.

—— Observations sur le système nerveux des Prosobranches ténioglosses. in: Compt. rend. Ac. Sc. Paris, T. 104. No. 7. p. 447—448. — Abstr. in: Journ. R. Microsc. Soc. London, 1887. P. 3. p. 374—375.

McMurrich, J. Pl., Embryology of Prosobranch Gasteropods. Abstr. in: Journ. R. Microsc. Soc. London, 1887. P. 2. p. 217—218.
(Studies Johns Hopkins Labor.) — s. Z. A. No. 247. p. 158.

Malard, .., La structure des glandes salivaires sécrétrices d'acide sulfurique chez les Ténioglosses carnassiers. in: Bull. Soc. Philom. Paris, (7.) T. 11. No. 2. p. 95—99.

—— Le système glandulaire oesophagien des Taenioglosses carnassiers. ibid. p. 108—111.

Pollonera, Carlo, Appunti anatomici in appoggio ad una classificazione dei Molluschi geofili del Piemonte. Con 1 tav. Modena, 1887. 8⁰. Estr. dal Bull. Soc. Malacolog. Ital. Vol. 12. p. 102—122.

Simroth, Heinr., Über bekannte und neue palaearktische Nacktschnecken. Mit 2 Taf. in: Jahrbb. d. d. Malakoz. Ges. 13. Jahrg. 1886. 4. Hft. p. 311—342.
(3 n. sp.)

—— Steierische Nacktschnecken (eine thiergeographische Studie). in: Nachrichtsbl. d. d. malakozool. Ges. 18. Jahrg. No. 5/6. p. 65—80.

Pelseneer, Paul, Report on the Pteropoda collected by H.M.S. Challenger during the years 1873—1876. P. I. The Gymnosomata. With 3 pl. in: Rep. Scient. Results Challenger, Zool. Vol. 19. No. IV. (P. LVIII.) (74 p.)
(5 n. sp.)

Hoyle, Will. E., A Catalogue of Recent Cephalopoda. in: Proc. R. Phys. Soc. Edinb. Vol. 9. P. 1. p. 205—267.

—— ‚Challenger' Cephalopoda. in: Journ. R. Microsc. Soc. London, 1887. P. 2. p. 216.
(Challenger Reports.) — s. Z. A. No. 247. p. 158.

Hyatt, Alpheus, On Primitive forms of Cephalopods. Abstr. in: Amer. Naturalist, Vol. 21. No. 1. p. 64—66.

Riefstahl, Erich, Die Sepienschale und ihre Beziehungen zu den Belemniten. Inaug.-Diss. Mit 2 Taf. (Aus »Palaeontographica«.) Stuttgart, 1886. 4⁰. (14 p.) ℳ 4,—.

Crick, Walter D., *Achatina acicula* in Northamptonshire. in: Journ. of Conchol. Vol. 5. No. 5. p. 151.

Kobelt, W., Eine neue *Admete* [*cancellata*]. in: Nachrichtsbl. deutsch. Malakoz. Ges. 19. Jahrg. No. 1/2. p. 12.

Quenstedt, Fr. Aug., Die Ammoniten des Schwäbischen Jura. Hft. 14/15. Mit einem Atlas enth. Tab. 79—90. Stuttgart, E. Schweizerbart'sche Verlagshdlg. (E. Koch), 1887. 8⁰ u. Fol. Mit Atlas ℳ 20,—.
(Schluß von Bd. II. Der braune Jura. 1886. 1887. [815 p., Tab. 55—90.])

Reinhardt, .., Zwillingseier von Schnecken [*Amphipeplea glutinosa* Müll.]. in: Sitzgsber. Ges. Nat. Fr. Berlin, 1887. No. 5. p. 78—79.

Bouvier, E. L., Sur la morphologie de l'*Ampullaire*. in: Bull. Soc. Philom. Paris, (7.) T. 11. No. 1. p. 92—93.

Garbini, Adr., Intorno ad un nuovo organo dell' *Anodonta*. Con 1 fig. in: Zool. Anz. 10. Jahrg. No. 245. p. 114—115.

Heilprin, A., A new species of *Aplysia* [*Willcoxi*]. in: Proc. Acad. Nat. Sc. Philad. 1886. p. 364.

Pollonera, Carlo, Specie nuove o mal conosciute di *Arion* europei. Con 1 tav. in: Atti R. Accad. Sc. Torino, Vol. 22. Disp. 5. p. 299—313.
(6 n. sp.)

Call, R. Ellsw., and Ch. E. Beecher, Description of a new Rissoid Mollusk [*Bythinella Aldrichii*]. With cut. in: Bull. Washburn Coll. Laborat. Nat. Hist. Vol. 1. No. 7. p. 190—192.

Kobelt, W., *Calyptraea spirata* Nardo. in: Nachrichtsbl. d. d. malakozool. Ges. 18. Jahrg. 1886. No. 11/12. p. 187—188.

Call, R. Ellsw., On the genus *Campeloma*, Rafinesque, with a Revision of the Species, Recent and Fossil. With 4 pl. in: Bull. Washburn Coll. Laborat. Nat. Hist. Vol. 1. No. 5. p. 149—165.

Bouvier, E. L., Observations sur le genre *Ceratoptilus* [n. g.] créé dans la famille des Cérithidés. in: Bull. Soc. Philom. Paris, (7.) T. 11. No. 1. p. 36—38.

Boettger, O., Erste Oligoptychie der Crucita-Gruppe aus Kleinasien [*Clausilia* (*Oligoptychia*) *Amaliae* n. sp.]. in: Nachrichtsbl. d. d. malakozool. Ges. 18. Jahrg. 1886. No. 5/6. p. 81—82.

Tschapeck, Hippolyt, Altes und Neues über *Clausilia Grimmeri* (Parr.) A. Schm. in: Nachrichtsbl. d. d. malakozool. Ges. 18. Jahrg. 1886. No. 11/12. p. 179—183.

Böttger, Osk., Drei neue *Conus* aus dem Miocaen von Lapugy und Bordeaux. Mit Abbild. in: Jahrbb. deutsch. Malak. Ges. 14. Jahrg. 1. Hft. p. 4—8.

Clessin, S., Neue Arten des Genus *Corbicula* Mühlf. aus Vorder- und Hinterindien, Borneo und Sumatra. Mit 2 Taf. in: Malakozool. Blätt. N. F. 9. Bd. 2. Hft. p. 67—80.
(16 [13 n.] sp.)

Osborn, H. Leslie, Osphradium in *Crepidula*. in: Zool. Anz. 10. Jahrg. No. 245. p. 118—119. — Abstr. in: Amer. Naturalist, Vol. 21. No. 5. p. 486. Journ. R. Microsc. Soc. London, 1887. P. 3. p. 376.

—— Spengel's olfactory organ, or osphradium in *Crepidula*. in: Amer. Monthly Microsc. Journ. Vol. 8. No. 4. p. 61—64.
(Indiana Acad. Sc.)

Cooke, A. H., On the genus *Cuma*. in: Journ. of Conchol. Vol. 5. No. 6. p. 167—172.

Garnault, P., Sur la glande à concrétions du *Cyclostoma elegans*. in: Compt. rend. Ac. Sc. Paris, T. 104. No. 10. p. 708—709. — Abstr. in: Journ. R. Microsc. Soc. London, 1887. P. 3. p. 376.

Bouvier, E. L., Sur le système nerveux et les deux cordons ganglionnaires pédieux et scalariformes des *Cyprées*. in: Bull. Soc. Philom. Paris, (7.) T. 11. No. 2. p. 127—128.

Remelé, .., Ein neuer Cephalopoden-Typus [*Cyrtendoceras*]. in: Naturforscher (Schumann), 20. Jahrg. No. 6. p. 55.
(Naturforscher-Versamml.)

Boettger, O., Ein Fundort von *Daudebardia brevipes* Fér. westlich des Rheins. in: Nachrichtsbl. d. d. malakozool. Ges. 18. Jahrg. 1886. No. 9/10. p. 145—146.

Pelseneer, P., Sur la présence de *Dreissena cochleata*, Kickx, à Amsterdam. in: Soc. R. Malacol. Belg. Proc. verb. 1886. p. CXVI.

Möllendorff, O. F. von, Über die *Ennea*-Arten Chinas. in: Jahrbb. deutsch. malakoz. Ges. 14. Jahrg. 1. Hft. p. 22—30.
(12 sp.)

Boutan, L., Recherches sur l'anatomie et le développement de la *Fissurelle*. Avec 14 pls. in: Arch. Zool. Expérim. et gén. Lacaze-Duthiers, (2.) T. 3bis. — Apart: Thèse. (Fac. d. Sc.) Paris, 1887. — Abstr. in: Journ. R. Microsc. Soc. London, 1887. P. 3. p. 370.

Haller, B., Erwiederung an Herrn Dr. L. Boutan [*Fissurella*]. in: Zool. Anz. 10. Jahrg. No. 249. p. 207—212.

Call, R. Ellsw., Description of a new Strepomatid Mollusk of the genus *Goniobasis* [*G. ozarkensis*]. With figg. in: Bull. Washburn Coll. Laborat. Nat. Hist. Vol. 1. No. 7. p. 189—190.

Trinchese, Salv., Ricerche anatomiche sul genere *Govia*. Memoria. Bologna, 1886. 4⁰. (11 p.) Estr. dalle Mem. Accad. Sc. Istit. Bologna, (4.) T. 7.

Dybowski, W., Über die Zahnplatten der *Gulnaria*-Arten. in: Bull. Soc. Imp. Natural. Moscou, 1887. No. 1. p. 206—215.
(v. etiam *Limnaea*.)

—— Studien über die Mundwerkzeuge der *Gulnaria peregra* Müll. Mit 1 Taf. in: Sitzgsber. Naturf.-Ges. Dorpat, 8. Bd. 1. Hft. p. 2—8.

Dutilleul, Geo., Essai comparatif sur les organes copulateurs et leurs annexes dans les genres *Helix* et *Zonites*. Avec 1 pl. in: Bull. Scientif. dép. du Nord, T. 9. No. 12. p. 397—407.

Hadfield, Henry, Muscular Power of Snails [*Helix*]. in: The Zoologist, (3.) Vol. 11. March, p. 114—115.

Sandberger, F. von, Bemerkungen über einige Heliceen im Bernstein der preußischen Küste. Mit 1 Taf. in: Schrift. Naturforsch. Ges. Danzig, N. F. 6. Bd. 4. Hft. p. 137—141.
(1 n. sp.)

Grieb, A., Ricerche intorno ai nervi del tubo digerente dell' *Helix aspersa*. Con 2 tav. Napoli, 1887. 4⁰. (13 p.)

Borcherding, Fr., *Helix aspersa* Müller am Fuße des Tafelberges bei Capstadt. in: Nachrichtsbl. d. d. malakozool. Ges. 18. Jahrg. 1886. No. 11/12. p. 188—189.

Taylor, Ino. W., *Helix hortensis* monstr. *sinistrorsum* and *H. aspersa* var. *exalbida* in Pembrokeshire. in: Journ. of Conchol. Vol. 5. No. 6. p. 166.

Trambusti, Arn., Sull' innervazione del cuore nell' *Helix pomatia*: ricerche istologiche. Pisa, 1886. 8⁰. (4 p.) Estr. dalla Rivista internaz. med e chir.

Biétrix, E., Observation sur un cas de monstruosité de l'appareil génital chez l'*Helix pomatia*. Avec 1 pl. in: Ann. Sc. Nat. (7.) Zool. T. 1. No. 2. Act. No. 2. p. 95—108.

Pelseneer, Paul, Sur l'aire de dispersion de *Lasaea rubra*. in: Bull. Scientif. dép. du Nord, T. 9. No. 6. p. 235—236.

Marion, A. F., and A. Kowalevsky, *Lepidomenia hystrix*. Abstr. in: Journ. R. Microsc. Soc. London, 1887. P. 2. p. 218—219.
(Compt. rend.) — s. Z. A. No. 247. p. 159.

Kobelt, W., Diagnosen [7] neuer philippinischer *Leptopomen*. in: Nachrichtsbl. d. d. malakozool. Ges. 18. Jahrg. 1886. No. 3/4. p. 50—54.

Rawitz, B., Über den Mantelrand der Feilenmuschel [*Lima*]. in: Anatom. Anz. 2. Jahrg. No. 12. p. 398—399.

Pollonera, Carlo, Intorno ad alcuni *Limacidi* europei poco noti. Con 1 tav. in: Bollett. Musei Zool. Anat. comp. Torino, Vol. 2. No. 21. (4 p.)

—— Sulla classificazione dei *Limacidi* del sistema europeo. Con 1 tav. in: Boll. Mus. Zool. Anat. comp. Torino, Vol. 2. No. 23. (6 p.)

Dybowski, W., Studien über die Mundwerkzeuge der *Limnaea palustris*. Mit 1 Taf. in: Sitzgsber. Naturf.-Ges. Dorpat, 8. Bd. 1. Hft. p. 8—12.

Nelson, Will., Notes on the Limnaeidae. *Limnaea peregra* var. *Burnetti* (Alder). in: Journ. of Conchol. Vol. 5. No. 6. p. 180.

Limnaea peregra v. etiam *Gulnaria peregra*.

Ganong, W. F., Is *Litorina litorea* introduced or indigenous? in: Amer. Naturalist, Vol. 21. No. 3. p. 287—288.

Litorina litorea in Neu England. (Nach W. F. Ganong.) in: Nachrichtsbl. deutsch. Malakoz. Ges. 19. Jahrg. No. 1/2. p. 16—17.

(Amer. Natural.) — s. Z. A. No. 247. p. 160.

Bruce, A. T., Segmentation of the Egg and Formation of the Germ Layers of the Squid (*Loligo Pealii*). in: Johns Hopkins Univ. Circul. Vol. 6. No. 54. p. 45—46. — Abstr. in: Journ. R. Microsc. Soc. London, 1887. P. 2. p. 216.

Weber, M., Pearls and Pearl Fisheries. in: Bull. U. S. Fish Comm. Vol. 6. No. 21. p. 321—328.

(Transl. from the Danish [Norsk Fiskeritidende] by Hrm. Jacobson.)

Kobelt, W., Eine nassauische Perlenmuschel [*Margaritana Freytagi* n. sp.]. in: Nachrichtsbl. d. d. malakoz. Ges. 18. Jahrg. 1886. No. 5/6. p. 88—90.

Bergh, Rud., ‚Challenger' *Marseniidae*. Abstr. in: Journ. R. Microsc. Soc. London, 1887. P. 2. p. 219.

(‚Challenger' Reports.) — s. Z. A. No. 247. p. 160.

Brot, A., Note sur quelques espèces de *Mélanies* nouvelles on imparfaitement connues. Avec 3 pl. in: Recueil Zool. Suisse, T. 4. No. 1. p. 87—109.

(23 [9 n.] sp.

Kobelt, W., Catalog der Familie *Melanidae*. in: Jahrbb. d. d. Malokoz. Ges. 13. Jahrg. 1886. 4. Hft. p. 275—310.

Pantanelli, D., La *Melania curvicosta* Desh. dell' Abissinia. in: Atti Soc. Tosc. Sc. Nat. Pisa, Proc. verb. Vol. 5. p. 204—206.

Kobelt, W., Die Wilhelmshavener Giftmuschel [*Mytilus edulis*]. in: Jahrbb. d. d. Malakoz. Ges. 13. Jahrg. 1886. 3. Hft. p. 259—272.

Möllendorff, O. F. von, Revision der chinesischen *Naniniden*. Mit 1 Taf. in: Jahrbb. deutsch. Malakoz. Ges. 14. Jahrg. 1. Hft. p. 31—50.

(80 [3 n.] sp.)

Boettger, O., Zur Kenntnis der *Neritinen* Chinas. in: Jahrbb. d. d. malakoz. Ges. 18. Jahrg. 1886. 3. Hft. p. 211—223.

Pelseneer, Paul, Description d'un nouveau genre de Ptéropode Gymnosome (avec figures) [*Notobranchaea*]. in: Bull. Scient. dép. du Nord, T. 9. No. 6. p. 217—227.

—— Description of a new Genus of Gymnosomatous Pteropoda [*Notobranchaea*]. With 2 fig. in: Ann. of Nat. Hist. (5.) Vol. 19. Jan. p. 79—80. — Abstr. in: Journ. R. Microsc. Soc. London, 1887. P. 2. p. 217.

Smart, R. W. J., New Habitat for *Odostomia pallida*. in: Journ. of Conchol. Vol. 5. No. 5. p. 152.

Möbius, K., Schlußbericht über den Versuch des deutschen Fischereivereins, kanadische Austern in der Ostsee anzusiedeln und: Kann an der deutschen

Nordseeküste künstliche Austernzucht mit Gewinn betrieben werden? Sonderabdr. aus: Mittheil. aus d. Section f. Küsten- u. Hochseefischerei, 1887. No. 1 u. 2. Berlin, 1887. 8⁰. (12 p.)

Thamm, W., Austernbänke in der Ostsee. in: Nachrichtsbl. d. d. malakozool. Ges. 18. Jahrg. 1886. No. 11/12. p. 188.
(Fehlgeschlagen.)

Martens, Ed. von, Austern von der Guadiana-Mündung [*Ostrea angulata*]. in: Sitzgsber. Ges. Nat. Fr. Berlin, 1887. No. 2. p. 13—14.

Ryder, John A., On a Tumor in the Oyster. in: Proc. Acad. Nat. Sc. Philad. 1887. p. 25—27.

Bourguignat, J. R., Étude sur les noms génériques des petites *Paludinidées* à opercule spirescent, suivie de la description du nouveau genre *Horatia*. Paris, 1887. 8⁰. (56 p., 1 pl.)

Gibson, R. J. Harvey, Anatomy of *Patella vulgata*. With 5 pl. in: Trans. R. Soc. Edinburgh, Vol. 32. p. 601—638. — Abstr. in: Journ. R. Microsc. Soc. London, 1887. P. 3. p. 375—376.

Wegmann, H., Notes sur l'organisation de la *Patella vulgata* L. Avec 2 pl. in: Recueil Zool. Suisse, T. 4. No. 2. p. 269—303.

Bütschli, O., Morphology of Eye of *Pectens*. Abstr. in: Journ. R. Microsc. Soc. London, 1887. P. 2. p. 220—221.
(Heidelberg. Festschr.) — s Z. A. No. 239. p. 694.

Kobelt, W., Ein neuer *Pecten* [*Amaliae*]. in: Jahrbb. deutsch. Malakoz. Ges. 14. Jahrg. 1. Hft. p. 84.

Regelsperger, Gust., Déformations remarquables de *Physa acuta* observées à Rochefort-sur-mer. in: Actes Soc. Linn. Bordeaux, Vol. 39. p. 117 —128.

Pilsbry, Harry A., Notes on the Larger Florida *Planorbes*. in: Amer. Naturalist, Vol. 21. No. 3. p. 286—287.

Merkel, E., *Planorbis corneus* als Gärtnergehilfe. in: Nachrichtsbl. d. d. Malakozool. Ges. 18. Jahrg. 1886. No. 9/10. p. 151.

Koch, F. E., Die *Ringicula* des norddeutschen Tertiär. Mit 2 Taf. in: Arch. d. Ver. d. Freund. d. Naturgesch. Mecklenburg, 40. Jahr, p. 15—32, 87—89.
(14 sp.)

Mazyck, Will. G., A new land shell from California [*Selenites caelata*], with note on *Selenites Duranti*, Newcomb. (With figg.) in: Proc. U. S. Nat. Mus. Vol. 9. p. 460—461.

Steenstrup, Jap., Notae Teuthologicae. 6. Species generis *Sepiolae* Maris Mediterranei. in: Overs. Kon. Dansk. Vid. Selsk. Forhdl. 1887. p. 47 —66.

Vincent, G., Note sur un gite fossilifère quaternaire observé à Veeweyde, près de Duysbourg. Avec 4 fig. in: Soc. R. Malacol. Belg. Proc.-verb. 1886. p. CXXIV—CXXVI.
(*Succinea antiqua* n. sp. J. Colb.)

Poulton, Edw. B., Habits of *Testacella haliotidea*. in: The Zoologist, (3.) Vol. 11. Jan. p. 29.

List, J. H., Zur Kenntnis der Drüsen im Fuße von *Tethys fimbriata* L. Mit 1 Taf. in: Zeitschr. f. wiss. Zool. 45. Bd. 2. Hft. p. 308—326. — Auch als: Arbeit. Zool. Instit. Graz. 1. Bd. No. 6.

Smith, Edg. A., Note on *Tudicula inermis* etc. in: Ann. of Nat. Hist. (5.) Vol. 19. June, p. 465—466.

Dybowski, W., Über zwei neue sibirische *Valvata*-Arten. Mit 1 Taf. in: Jahrbb. d. d. Malakoz. Ges. 13. Jahrg. 1886. 2. Hft. p. 107—121.

Merkel, E., *Vertigo Ronnebyensis* in Deutschland. in: Nachrichtsbl. deutsch. Malakoz. Ges. 19. Jahrg. No. 1/2. p. 13—16.

Bouvier, E. L., L'Organisation des *Volutes* comparée à celle des Toxiglosses. in: Bull. Soc. Philom. Paris, (7.) T. 11. No. 2. p. 102—107.

Zonites, organes copulateurs. v. *Helix*, G. Dutilleul.

18. Vertebrata.

Schweri, Joh., Unsere freilebenden Wirbelthiere (Vögel, Säugethiere und Reptilien) nach ihrem Nutzen und Schaden betrachtet. Den Landwirthen, Schulen und Vereinen kurz geschildert. Zürich, Verlags-Magaz. (J. Schabelitz), 1887. 8⁰. (XVI, 170 p.) ℳ 2,—.

Albrecht, P., Vergleichend anatomische Untersuchungen. 1. Bd. 2. u. 3. Hft. Hamburg, Selbstverlag, (Leipzig, Steinacker in Comm.) 1886. 1887. 8⁰. (p. 43—88, 89—205, mit eingedr. Fig. u. 2 Tab.) 3.: ℳ 12, —.
(s. Z. A. No. 239. p. 697.)

Wiedersheim, R., Lehrbuch der vergleichenden Anatomie der Wirbelthiere. Besproch. von B. Solger. in: Biolog. Centralbl. 7. Bd. No. 5. p. 139—145.

Dohrn, A., Studien zur Urgeschichte des Wirbelthierkörpers. (Mit 2 Taf.) XII. Thyroidea und Hypobranchialrinne, Spritzlochsack und Pseudobranchialrinne bei Fischen, Ammocoetes und Tunicaten. in: Mittheil. Zool. Stat. Neapel, 7. Bd. 2. Hft. p. 301—337.

Baraldi, G., Appunti sull' omologia tra l'anello nervoso esofageo dei Vermi e l'encefalo dei Vertebrati craniati. in: Atti Soc. Tosc. Sc. Nat. Pisa. Proc. verb. Vol. 5. p. 120—135.

Hubrecht, A. A. W., The Relation of the Nemertea to the Vertebrata. With 1 pl. in: Quart. Journ. Microsc. Sc. Vol. 27. P. 4. p. 605—644.

Chiarugi, Giul., Di alcune minute particolarità delle cellule ossee e di un metodo per metterle in evidenza. Siena, Enr. Torrini, 1886. 8⁰. (6 p.) — Estr. dal Bull. Soc. Cult. Sc. med. Ann. 4⁰. No. 8/9.

Roux, W., Über eine in Knochen lebende Gruppe von Fadenpilzen (*Mycelites ossifragus*). Mit 1 Taf. in: Zeitschr. f. wiss. Zool. 45. Bd. 2. Hft. p. 227—254.

Shufeldt, R. W., Specific variations in the skeletons of Vertebrates. in: Science, Vol. 9. No. 221. Apr. 29. p. 414—416.

II. Wissenschaftliche Mittheilungen.

1. Die Pericardialdrüse der Opisthobranchier und Anneliden, sowie Bemerkungen über die perienterische Flüssigkeit der letzteren.

Von Professor Dr. Carl Grobben in Wien.

eingeg. 29. Juli 1887.

In einer vorläufigen Mittheilung über »die Pericardialdrüse der Lamellibranchiaten und Gastropoden« (Zool. Anz. No. 225, 1886) habe ich in Kürze die Resultate einer ausgedehnteren Untersuchung dieses bisher nicht gewürdigten Organes aufgeführt.

Der Mangel eigener Erfahrung und die bloße Kenntnis eines Falles (*Aplysia*) aus der Litteratur, bestimmten mich damals, die Opisthobranchier unerwähnt zu lassen. Es kommt jedoch eben so in dieser Gastropodengruppe — worauf mich auch Herr Prof. Dr. Spengel rücksichtlich *Doriopsis* brieflich aufmerksam zu machen so freundlich war — einigen Formen eine Pericardialdrüse zu. Nach den mir bekannten Angaben in der Litteratur und den bisherigen eigenen Untersuchungen findet sich ein solches Organ bei *Phyllidia* und *Doriopsis* in Form fächerartig angeordneter Falten der dorsalen Pericardwand, die von Bergh als »Pericardialkiemen« bezeichnet wurden. Bei *Pleurobranchus* treten dagegen an der ventralen Pericardwand verschiedengestaltige Faltungen auf. *Aplysia* endlich besitzt drüsige Lappen oberhalb des an der Pericardwand verlaufenden vorderen Aortenastes.

Sonach habe ich meine frühere Mittheilung im Wesentlichen dahin zu ergänzen.

Worauf ich in Kürze hier hinweisen will, ist die Homologie der Pericardialdrüse der Mollusken mit Bildungen bei den Anneliden.

Die Pericardialdrüse der Mollusken ist eine locale drüsige Entwicklung des Epithels der secundären Leibeshöhle, für welche der Pericardialraum der Mollusken betrachtet werden muß. Drüsige Differenzirungen des Leibeshöhlenepithels gleicher Art sind nun in den Chloragogenzellen verschiedener Anneliden, sowohl Oligochaeten als Polychaeten, zu erkennen, welche auch hier über den Blutgefäßen sich vorfinden. So lange solche drüsige Differenzirungen sich nicht als besondere Gebilde absetzen, wird man sie bloß als Anfänge von Pericardialdrüsen zu betrachten haben; dieselben sind den einfachen Verhältnissen dieser drüsigen Entwicklung des Vorhofüberzuges bei *Arca* unter den Lamellibranchiaten zu vergleichen. In einigen Fällen unter den Anneliden jedoch tritt die Pericardialdrüse als besonderes Organ auf. Am mächtigsten entfaltet in den bekannten schlauchförmigen, contractilen, mit Chloragogenzellen bedeckten Anhängen des Rückengefäßes der Lumbriculiden (*Lumbriculus*, *Claparedilla*, *Rhynchelmis*), welche sich in zahlreichen Rumpfsegmenten wiederholen, und sehr reich verästeln können. Bei *Claparedilla* treten auch an den Seitengefäßen, da wo dieselben in das Bauchgefäß einmünden, drei bis vier pulsirende in die Leibeshöhle hineinragende Blindgefäße auf. Als solche Bildungen dürften ferner die bei *Lumbricus* von Claparède beschriebenen, zuweilen sich findenden Zellwucherungen anzusehen sein, welche besonders an Gefäßschlingen von den Dissepimenten aus in die Leibeshöhle vorragen, Bildungen, die in gleicher Art nach Vejdovský bei *Rhynchelmis* und *Tubifex* sich vorfinden. Die Zellenhaufen, welche Kückenthal an dem Blutgefäß der Segmentalorgane bei *Nereis* und *Polymnia* nachwies, gehören gleichfalls hierher. Wahrscheinlich würde eine weitere Nachforschung bei zahlreichen Anneliden solche drüsige Bildungen auffinden lassen.

In allen angeführten Fällen handelt es sich um besondere Gebilde, um Vergrößerungen des Peritonealüberzuges im Zusammenhange mit Gefäßvergrößerungen. Es besteht somit die volle Berechtigung, in allen genannten Fällen von einer Pericardialdrüse zu sprechen.

Die excretorische, der Nierenfunction am nächsten stehende Bedeutung der Pericardialdrüse und des Pericardialepithels überhaupt bei den Mollusken findet in allen Thatsachen Stützen. Es werden auch Zellen, welche sich mit Concrementen stark beladen haben, abgestoßen und diese sowohl als auch die in den Pericardialraum abgeschiedene Flüssigkeit kaum auf anderem Wege als durch die Niere nach außen befördert. Dasselbe gilt rücksichtlich der die Leibeshöhle auskleidenden Zellen, somit eben so rücksichtlich der Chloragogenzellen der Anneliden, welche abgestoßen die Körperchen der perienterischen, die Leibeshöhle erfüllenden Flüssigkeit vorstellen. Auch bei den Anneliden führen, wie kaum großem Zweifel unterliegt, die Segmentalorgane diese Flüssigkeit mit den Zellen nach außen, daneben sind zuweilen (Oligochaeten) besondere Poren vorhanden, welche die Leibeshöhle mit dem umgebenden Medium direct in Communication setzen. Daß die Flüssigkeit, welche den Pericardialraum der Mollusken erfüllt und in der gleichfalls die abgestoßenen Zellen des Pericardialepithels, wenn auch nicht in so reichlicher Menge wie unter den Anneliden, flottiren, in gleicher Weise die Bezeichnung »perienterische Flüssigkeit« verdiente, erscheint als Folge des Vorstehenden.

Ist die Bedeutung des Epithels der secundären Leibeshöhle als excretorische durch alle Beobachtungen ziemlich sichergestellt, wobei es zuweilen wie bei sehr zahlreichen Mollusken und einigen Anneliden zur Entwicklung größerer drüsiger Gebilde kommt, so erscheint es ausgeschlossen, die sogenannte perienterische Flüssigkeit mit ihren Körperchen in eine Beziehung mit der Lymphe oder dem Chylus zu bringen. Die perienterische Flüssigkeit ist ihrer ursprünglichen Bedeutung nach keine ernährende, sondern, wenn auch Blutplasma-haltig, eine ausgeschiedene, die nach außen geführt wird. Um den alten Begriff nicht mit der alten Bezeichnung zu wecken, würde sich statt der Benennung »perienterische Flüssigkeit« die Bezeichnung »Leibeshöhlenflüssigkeit« oder besser »Coelomflüssigkeit« empfehlen.

Wien, am 27. Juli 1887.

2. Planaria Iheringii, eine neue Triclade aus Brasilien.

Von Dr. L. Böhmig, Assistenten am zoolog. Univers.-Institut in Graz.

eingeg. 29. Juli 1887.

Diese Planarie erhielt ich durch die Güte des Herrn Prof. Dr. v. Graff zur Bearbeitung. Sie stammt aus Brasilien aus dem Guahybabache, wo sie von Herrn Dr. v. Ihering gesammelt wurde. Zu Ehren des letztgenannten Herrn habe ich ihr den Speciesnamen »*Iheringii*« beigelegt.

Ich gebe hier nur eine kurze Beschreibung der systematisch wichtigsten Merkmale, da ich den feineren Bau an einem anderen Orte veröffentlichen werde.

Die meisten Exemplare sind von platter, ovaler Form, am vorderen Körperende etwas zugespitzt, am hinteren abgerundet; wenige von ihnen besitzen eine mehr lanzettförmige Gestalt. Die Länge der Thiere beträgt 3,5—5 mm, der größte Breitendurchmesser 2—3 mm, die Dicke $^1/_2$—$^3/_4$ mm.

Die Grundfarbe von *Planaria Iheringii* ist ein helles Gelbbraun oder schmutziges Weißgelb. Die Rückenfläche erscheint bei Betrachtung mit bloßem Auge schwarzbraun, bis auf zwei weißliche Flecke am Kopfrand. Diese zwei weißen Flecke sind die beiden Auricularfortsätze, welche des Pigmentes gänzlich entbehren und um ein Geringes über den Rand des Körpers hervorragen.

Bei Betrachtung mit der Lupe erkennt man, daß am Kopftheil das Pigment, welches von unter Epithel und Hautmuskelschlauch gelegenen Pigmentzellen herrührt, ziemlich gleichmäßig vertheilt ist. Nur die Auricularfortsätze entbehren desselben, ferner ein schmaler Randsaum und ein kleiner ovaler Hof um die Augen. Über den größeren Theil der Rückenfläche ist es in Form eines grobmaschigen Netzwerkes angeordnet. Am größten sind diese Maschenräume, in denen die helle Grundfarbe zu Tage tritt, gegen den Rand des Körpers, am engsten auf der Mitte des Rückens, und hier oft zum Theil noch von Pigment erfüllt, demgemäß diese Partie als die dunkelste erscheint.

Ungefähr in einer Entfernung von 0,6 mm vom vorderen Körperpol finden wir jederseits eine der unter den Namen der Auricularfortsätze bekannten ohrförmigen Falten. Ihre Entfernung von einander beträgt ca. 1 mm. Auf der Basis des sich hieraus ergebenden gleichschenkeligen Dreiecks liegt jederseits von der Medianlinie in einem Abstand von ca. 0,1 mm ein Auge. Der Pigmentbecher ist nierenförmig, von schwarzer Farbe und oben und seitlich von dem schon erwähnten hellen ovalen Hof umgeben.

Die Ventralfläche erscheint gleichmäßig grau, das Pigment findet sich hier in Gestalt zahlreicher kleiner Pünctchen vertheilt.

Im hinteren Körperdrittel liegen auf der Bauchseite zwei Öffnungen, die vordere, deren Abstand vom hinteren Körperpol fast immer 1 mm beträgt, führt in die Schlundtasche. Die Länge eines vollständig ausgestreckten und vorgestülpten Pharynx betrug 1,4 mm. Durch den Pharynx gelangen wir in den dreiästigen Darm. Der vordere unpaare Ast besaß bei den von mir untersuchten Exemplaren jederseits 7 bis 8 Seitenäste, die hinteren Darmäste je 13 bis 15.

Da die äußere Gestalt der Tricladen durch das Conserviren im Allgemeinen sehr beeinträchtigt wird, so ist es nothwendig constantere Charactere zu suchen und zu beschreiben und als solche betrachte ich den Bau und die Lagerung der Geschlechtsorgane.

Die hintere der beiden Öffnungen ist die Genitalöffnung. Sie führt in einen schmalen Spalt, welcher eine Länge von 0,2 mm besitzt und in einen Raum einmündet, dessen größter Theil von einem runden, kolbigen Organ eingenommen wird, dem Penis.

Jener Raum ist das Atrium genitale. In seinem unteren frei in das Atrium hängenden Theil ist der Penis außerordentlich muskulös. Der obere weniger muskulöse Abschnitt enthält eine geräumige Höhle, in welche die Vasa deferentia münden. Zahlreiche Falten, welche aus Bindegewebe und Epithel bestehen, springen in das Penislumen vor.

Der Uterus ist von bedeutender Größe, sackförmig, und liegt zwischen der Wandung des Atrium resp. des Penis und der des Pharyngealraumes. Mit dem Atrium steht der Uterus durch einen Gang in Verbindung, welcher dorsalwärts über den Penis hinwegzieht und direct oberhalb der Einmündungsstelle des Canalis genitalis sich in das Atrium öffnet. Der Uterusgang ist durch eine geradezu enorm entwickelte Muskulatur, Rings- und Längsmuskeln, seiner Wandung ausgezeichnet. Die beiden Oviducte münden getrennt in den Uterusgang und zwar kurz unterhalb des Knies, welches der Uterusgang bilden muß, um zum Atrium zu gelangen.

Die paarigen weiblichen Keimstöcke liegen ca. 0,8 mm vom vorderen Körperpol entfernt; die Dotterstöcke und Hoden finden wir sowohl vor als hinter dem Begattungsapparat, die ersteren oberhalb und unterhalb des Darmes, die Hoden hingegen nur auf der Dorsalseite.

Dem Bau des Geschlechtsapparates nach ist *Planaria Iheringii* in die Nähe von *Planaria polychroa* O. Sch. zu stellen. Hier wie dort hängt der Penis frei in das Atrium, ohne daß es zur Bildung einer Penisscheide käme; die Oviducte münden bei beiden direct in den Uterusgang, endlich ist die Lagerung der Hoden eine übereinstimmende.

Die Herren Fachgenossen, welche mich in meinem Bestreben, eine möglichst vollständige Übersicht über den Bau und die Systematik der Tricladen zu erlangen, durch Übersendung von Material, auch schon gut bekannter Arten unterstützen wollen, werden mich zu großem Danke verpflichten.

Graz, im Juli 1887.

3. Zur Kenntnis der Sinnesorgane der Turbellarien.

Von Dr. L. Böhmig, Assistent am zoolog. Univers.-Institut zu Graz.

eingeg. 29. Juli 1887.

Mit Studien über dendrocoele und rhabdocoele Turbellarien beschäftigt, möchte ich das, was ich bis jetzt über die Sinnesorgane derselben erforscht, an dieser Stelle mittheilen, da die Veröffentlichung der größeren, den allgemeinen Bau betreffenden Arbeiten sich in Folge des anwachsenden Materiales und der Anfertigung der Zeichnungen noch einige Zeit verzögern dürfte.

Ein Vergleich meiner Praeparate von *Planaria gonocephala* Duj. mit den Abbildungen und Beschreibungen, die J. Carrière (J. Carrière, Die Augen von *Planaria polychroa* O. Schm. und *Polycelis nigra* Ehrb. im Archiv f. microsc. Anat. 20. Bd. 2. Hft. und J. Carrière, Die Sehorgane der Thiere) für die Augen von *Planaria polychroa* und *Dendrocoelum lacteum* gegeben, überzeugte mich, daß ich einige neue Details mitzutheilen in der Lage bin.

Die Lage der Augen ist bei *Planaria gonocephala* dieselbe wie bei allen mir bekannten Tricladen, nämlich in dem als Kopf bezeichneten vorderen Körperende. *Planaria gonocephala* hat einen dreieckigen Kopf, die Augen liegen in der Mitte desselben. Der Längendurchmesser der Augen beträgt ca. 0,18 mm, der der Breite und Höhe ca. 0,1 mm. Schnitte durch die Augen lassen Folgendes erkennen:

Jedes Auge besteht aus einer Pigmentschale und einem Nervenapparat. Die Pigmentschale, deren größerer Durchmesser der Längsachse des Thieres parallel ist, besteht aus kleinen schwarzbraunen Kügelchen. Die convexe Seite der Schale wird von einem schmalen Saum eines feinkörnigen Plasma umgeben, in welchem eine Anzahl deutlicher runder Kerne nachweisbar sind. Die größere Kernzahl weist darauf hin, daß die Pigmentschale aus mehreren Zellen hervorgegangen ist, im Gegensatz zu den Augen der Polycladen, wo sich immer nur ein Kern in jenem Plasmasaum findet.

Vor der Öffnung der Pigmentschale findet sich das sogenannte Ganglion opticum, welches aus einem centralen Ballen Punctsubstanz besteht, um den peripherisch Ganglienzellen (Retinazellen) gruppirt sind. Das Centralnervensystem steht durch den Nervus opticus mit dem Punctsubstanzballen in Verbindung. Dieser entspringt aus einer Partie des Gehirns, wo sich die Punctsubstanz durch größere Feinheit und homogeneres Aussehen auszeichnet. Eben so verhält es sich auch bei manchen Schnecken, z. B. *Helix pomatia*, wo sich auch der Theil der Punctsubstanz, aus welcher die Sinnesnerven und speciell auch der N. opticus hervorgehen durch die genannten Eigenschaften von der übrigen unterscheidet.

Die Zellen des Ganglion opticum besitzen einen großen Kern, welcher von einem nur schmalen Plasmarand umgeben ist. Sie sind unipolar, jedoch theilt sich dieser Fortsatz alsbald in eine Anzahl kleinerer, welche, so weit ich eruiren konnte, bis auf einen in den Punctsubstanzballen eintreten, um hier wohl mit einander und mit den Fasern des N. opticus in Verbindung zu treten. Eine der Fasern nun, welche aus der Theilung eines Zellenausläufers hervorgegangen, wendet sich gegen die Öffnung der Pigmentschale und erfährt vor dem Eintritt eine mehr oder minder starke Knickung. In der Höhlung der Pigmentschale schwillt sie zu dem sogenannten Endkolben an. Diese Endkolben füllen die Pigmentschale vollständig aus. Bisher wurden sie als hyaline structurlose Gebilde beschrieben, bei *Planaria gonocephala* zeigen sie einen complicirteren Bau. Die in Rede stehenden Fasern verdicken sich zunächst zu einem kleinen stempelartigen Gebilde, welches zuweilen eine feine Längsstreifung zeigt. Auf diesem sitzt kappenförmig ein halbmondförmiges fein granulirtes Endstück, zwischen beide schiebt sich noch eine dünne hyaline Mittelplatte ein. Bei *Planaria Iheringii* vermisse ich die Zwischenplatte; hier umhüllte das Endstück den Kolben bis auf eine gewisse Entfernung.

Linsen oder linsenartige Gebilde habe ich nicht wahrnehmen können. Ich vermuthe, daß die Function der Linse von dem zwischen Retina und Epithel liegenden Parenchymgewebe, welches im Leben zähflüssig und durchsichtig, übernommen wird. Als Retina bezeichne ich, wie dies auch schon von anderer Seite geschehen ist, das Ganglion opticum und die Endkolben.

Von den rhabdocoelen Turbellarien habe ich jetzt den Alloiocoelen besonders meine Aufmerksamkeit geschenkt. Unter diesen besitzen die Plagiostomiden im Gegensatz zu den Monotiden complicirtere Augen und zwar zwei oder vier.

Vorticeros auriculatum besitzt zwei Augen, welche dem Gehirn direct aufliegen, wie dies auch bei allen übrigen Formen der Fall ist. Das Pigment des Pigmentbechers steht bei den Plagiostomiden sehr häufig mit dem Körperpigment durch Pigmentstränge in Verbindung, so auch bei *Vorticeros auriculatum*. Die Öffnung des Pigmentbechers ist nach der Seite gerichtet, die größere Achse desselben steht senkrecht zur Längsachse des Körpers.

Der Pigmentbecher jedes Auges wird durch eine mittlere Pigmentscheidewand in eine vordere und hintere Kammer zerlegt. Das Pigment besteht aus kleinen röthlichen Körnchen. Einen Plasmasaum mit Kernen um den Pigmentbecher habe ich nicht auffinden können, doch soll damit nicht gesagt sein, daß er in der That fehle. Durch die Pigmentscheidewand ist natürlich bedingt, daß der Pigmentbecher zwei Öffnungen besitzt, von denen jede durch eine eigene vor ihr liegende Zelle von linsenförmiger Gestalt mit deutlichem Kern und Kernkörperchen geschlossen wird. Diese Zelle legt sich jedoch nicht dicht an den Rand des Bechers an, sondern läßt einen schmalen Raum frei. Die Cavität jeder Pigmentbecherhälfte wird von feinen Stäbchen erfüllt, welche senkrecht zur Längsachse des Bechers stehen. Sie lassen einen centralen kleinen Canal frei, in dem ich an einzelnen Praeparaten äußerst feine Fäserchen bemerkte. Zwischen den Stäbchen befindet sich eine zarte homogene Zwischensubstanz. In der Umgebung besonders am Rand des Bechers finden sich zahlreiche kleine Zellen, welche den Ganglienzellen des Gehirnes sehr ähnlich sind und sich nur durch eine geringe Differenz in der Größe von jenen unterscheiden. Sie besitzen feine Ausläufer, von denen ich vermuthe — gesehen habe ich es nicht — daß sie mit den Stäbchen in Verbindung treten. Diese Zellen müßten wir dann als Retinazellen ansprechen.

Enterostoma striatum besitzt vier Augen, zwei kleine vordere und zwei größere hintere. Sie liegen alle dem Gehirn auf, welches im Gegensatz zu allen anderen von mir untersuchten Alloiocoelen durch eine sehr scharfe feine Contour gegen das umliegende Gewebe abgeschlossen ist. *Enterostoma striatum* zeigt überhaupt viele Eigenthümlichkeiten, so besitzt es z. B. ein unpaares dorsalwärts gelegenes Ovarium. In dem nierenförmigen Pigmentbecher liegen zwei kugelige blasse Gebilde neben einander, welche an sehr gut conservirten Exemplaren eine deutliche Längsstreifung erkennen lassen. Diese Streifung rührt von äußerst zarten Stäbchen her, welche in eine zarte Zwischensubstanz eingeschlossen sind. Vor der Öffnung des Pigmentbechers sehe ich hier zwei größere Zellen, welche einen ähnlichen Abschluß bedingen, wie die linsenförmigen Zellen von *Vorticeros auriculatum*. Kleine Zellen, an denen ich hin und wieder feine Ausläufer constatiren konnte, liegen vor und in der Umgebung der großen. Die kleinen Zellen färben sich besonders mit Osmium-Carmin weit stärker als die großen, auch intensiver als die Ganglienzellen des Gehirnes. In einem Fall konnte ich solch einen feinen Ausläufer bis in die Nähe der gestreiften kugeligen Gebilde verfolgen — ich betrachte sie demnach auch in diesem Fall als Retinazellen. Die größeren blassen Zellen sowohl bei *Vorticeros auriculatum* als auch bei *Enterostoma striatum* können vielleicht als Linsenzellen bezeichnet werden, da es ja immerhin möglich, daß sie wirklich als lichtbrechende Medien wirken, oder wenigstens den Linsen anderer Rhabdocoelenaugen der Anlage nach homolog sind.

Die Augen von *Plagiostoma ochroleucum, maculatum, reticulatum* und *sulphureum* schließen sich in ihrem Bau im Wesentlichen an den der Augen von *Enterostoma striatum* an.

Unterschiede geringen Grades sind natürlich vorhanden und werden sich bei weiterer Untersuchung vielleicht noch ergeben. So besteht z. B. der Inhalt des Pigmentbechers bei *Plagiostoma ochroleucum* nicht aus zwei kugeligen Gebilden wie bei *Enterostoma striatum*, sondern nur aus einem. Bekannt ist ferner die Neigung zum Zerfall in mehrere Stücke an den Augen von *Plagiostoma sulphureum.*

Speciell muß ich noch die Augen von *Plagiostoma Girardi* erwähnen. Bei diesem Thier besteht der Inhalt des Pigmentbechers aus zwei deutlich unterscheidbaren Substanzen. Der größere und hintere Theil des Bechers wird von einer vollständig homogenen, sich mit Reagentien nur schwach färbenden Substanz erfüllt. Vor ihr liegt ein schmaler Streif, welcher sich gar nicht färbt; aber eine deutliche horizontale Streifung erkennen läßt. Die Grenze dieses Streifens ist sowohl nach innen als außen eine sehr scharfe und deutliche. Vor dem Pigmentbecher liegt ein Haufen Zellen, von denen die centralen größer sind als die peripheren. Auch in ihrem Verhalten gegen Farbstoffe zeigen sie sich verschieden, die kleineren färben sich stärker als die großen centralen. Die Abbildung, welche von Graff in seiner Turbellarien-Monographie von den Augen von *Plagiostoma Girardi* gegeben, stimmt nicht mit meiner Darstellung überein. Nach meiner Ansicht haben von Graff wenig gut conservirte Exemplare vorgelegen, und Quetschpraeparate veranlassen in diesem Fall nur zu leicht Täuschungen.

Was von Graff als Linse bezeichnet, ist zweifellos der beim Conserviren geschrumpfte Inhalt des Pigmentbechers, den ich, wie ich glaube mit einigem Recht als Nervenendapparat auffasse.

A. Lang (Das Nervensystem der Tricladen) und I. Iijima (Untersuchungen über den Bau und die Entwicklungsgeschichte der Süßwasser-Dendrocoelen) erwähnen bei den von ihnen untersuchten Planarien einen Nervenplexus, der besonders auf dem Rücken der Thiere leicht nachweisbar ist. Auch bei *Planaria gonocephala* findet sich sowohl auf der Rücken- als auch auf der Bauchseite ein subcutaner Nervenplexus, der besonders im Kopfabschnitt und hier wiederum sehr deutlich in den Auricularfortsätzen wahrgenommen werden kann. In Verbindung mit diesem subcutanen Nervenplexus habe ich in den Auricularfortsätzen einen Apparat beobachtet, der wohl als Nervenendapparat aufzufassen ist.

Auf der dorsalen Fläche der Aurikeln findet sich eine ca. 0,03 mm tiefe und ca. 0,025 mm lange und breite nach unten verjüngte Grube, welche durch eine scharfe und feine Contour gegen die Umgebung abgeschlossen ist. In den Grund der Grube treten aus dem subcutanen Nervenplexus zahlreiche Nervenfasern ein und begeben sich zu einem nierenförmigen Körper, welcher das mittlere Drittel der Vertiefung ausfüllt. Dieses Gebilde ist von faseriger Structur, die dasselbe bildenden Fasern liegen scheinbar wirr durch einander. Mit Picrocarmin färbt es sich gelbroth und weit intensiver als die sonst ihm ähnlich aussehende Punctsubstanz. Von der freien Oberfläche dieses Körpers erheben sich eine Anzahl ca. 0,025 mm hoher und 0,002 mm dicker runder Borsten, welche über die Flimmerhaare der umgebenden Epithelzellen ragen. An ihrem freien Ende sind diese Fäden mit kleinen Köpfchen versehen. Das untere Drittel der Grube wird nur zum Theil von den eintretenden Nervenfasern ausgefüllt, den Rest nimmt eine ca. 0,008 mm im Durchmesser große Zelle, welche einen deutlichen Kern, der sich nur schwach färbt, besitzt.

Über die Function, welche diesem Organ zukommt, bin ich noch vollständig im Unklaren, vielleicht ist es ein Tastorgan.

Weitere Endapparate der Nerven habe ich bis nun weder bei Tricladen noch bei Rhabdocoelen auffinden können, mit Ausnahme des von mir bei *Graffilla muricicola* ausführlich beschriebenen Tastapparates am vorderen Körperende, obwohl ich die Nerven oft bis an das Epithel verfolgen konnte.

Nur kleiner blasser Stifte möchte ich noch Erwähnung thun, welche ich bei *Planaria gonocephala* zwischen den Epithelzellen der Auricularfortsätze gefunden, und welche vielleicht mit Nervenfasern n Verbindung stehen.

Graz, im Juli 1887.

4. Über das Byssusorgan der Lamellibranchiaten.

Von stud. rer. nat. Ludwig Reichel.

(Aus dem zoologischen Institut zu Breslau.)

eingeg. 31. Juli 1887.

Meine Untersuchungen über das Byssusorgan führten mich zu folgenden, von den bisherigen Angaben abweichenden Ergebnissen.

Auf Grund der Beobachtungen von Réaumur und A. Müller galt es allgemein für erwiesen, daß Muscheln, welche einmal durch einen Byssus festgeheftet sind, dadurch zeitlebens an der Ortsveränderung gehindert bleiben, wenn sie nicht durch äußere Kräfte zufällig abgerissen werden. Die Thiere können jedoch zeitweilig ihre freie Beweglichkeit wieder erlangen; allerdings nicht dadurch, daß sie die Byssusfäden zerreißen oder ablösen, wie es die beiden genannten Forscher für möglich gehalten hatten, sondern dadurch, daß sie den Byssus in seiner Gesammtheit, d. h. mit Stamm und Wurzel abstoßen, worauf das Organ durch eine Neubildung ersetzt wird. Diese Abstoßung des Byssus ist ein der Häutung der Arthropoden ganz analoger Vorgang. Bei *Dreyssena polymorpha* findet ein solcher Wechsel des Byssus regelmäßig statt mit dem Eintritt der kälteren Jahreszeit. Im Sommer sitzen nämlich die Thiere dicht unter der Oberfläche des Wassers, so daß sie vom Ufer aus leicht mit der Hand erreichbar sind. Im Spätherbst jedoch ziehen sie sich unter Zurücklassung ihres Byssus in die Tiefe zurück.

Was die Bildung des Byssus anlangt, so wird derselbe fast allgemein für das Secret besonderer Drüsen angesehen. Dieser Ansicht kann ich mich eben so wenig anschließen, wie der von v. Nathusius-Königsborn vertretenen, daß der Byssus aus dem Gewebe des Thierkörpers hervorwachse. Der Byssus entsteht vielmehr als ein Cuticulargebilde, und zwar der Stamm mit den Wurzeln in der Byssushöhle, die Fäden in der Fußrinne. Bei denjenigen Lamellibranchiaten nämlich, welche mit einem Byssus versehen sind, ist die Unterseite des Fußes von einer ziemlich tiefen Längsfurche durchzogen, welche an der Basis des Fußes in eine Höhle, die sogenannte Byssushöhle, einmündet. Nach der Ansicht derer, welche der Secretionstheorie anhängen, sind nun der Fuß und die Wandungen der Byssushöhle von Drüsenzellen erfüllt, welche ihr Secret in die Furche resp. in die Höhle eintreten lassen und das Material für die Bildung des Byssus liefern.

Solche Drüsenzellen sind jedoch, wie ich in meiner ausführlichen Arbeit eingehender darlegen werde, nicht vorhanden.

Die Furche, welche den Fuß durchzieht, läßt zwei Abschnitte unterscheiden, einen äußeren von einfach spaltartiger Form und einen inneren von halbmondförmigem Querschnitt. Dieser steht durchweg mit dem Spalt in offener Verbindung und ist lediglich als die nach beiden Seiten gehende plötzliche Verbreiterung des Spaltes anzusehen. Durch Aneinanderlegen der Ränder des Spaltes kann er zu einem vollständigen Canal geschlossen werden, welcher nach der Gestalt seines Querschnittes halbmondförmiger Canal heißt. Ausschließlich in diesem Abschnitt der Furche entstehen die Byssusfäden als Cuticularbildung des Epithels, welches den Canal auskleidet. Dieses ist kein Flimmerepithel wie dasjenige, welches die Oberfläche des Spaltes bildet, die Fortsätze, welche den Epithelzellen des Canals aufsitzen, sind vielmehr die von ihnen gebildete Byssussubstanz aber keine Flimmerhaare, wofür sie bisher gehalten worden sind.

Zwei Merkmale machen den Unterschied zwischen dem Epithel des Canals und dem Flimmerepithel des Spaltes augenfällig. Bei diesem sitzen die Flimmerhaare einer Zellmembran auf, welche auf dem Querschnitt durch eine doppelte Contour deutlich kenntlich ist. Bei jenem aber zeigt sich unter den Fortsätzen nur eine einfache Linie, welche die Grenze darstellt zwischen der Byssussubstanz und den Epithelzellen. Außerdem trägt jede dieser Epithelzellen im Canal nur einen Fortsatz, während bei dem Flimmerepithel jeder Zelle eine ganze Anzahl von Flimmern aufsitzen.

Wie schon oben angedeutet besteht ein Byssus aus einem Stamme mit seiner Wurzel und den an dem Stamme sitzenden Byssusfäden.

Nach der Secretionstheorie entstehen Fäden erst dann, wenn der Stamm theilweise oder vollständig entwickelt ist, und werden an ihm befestigt, angeklebt. Auch wird dem Stamm häufig eine andere Entstehungsweise als den Fäden insofern zugeschrieben, als er von Drüsenzellen gebildet werden soll, welche von denen, die der Fuß enthält, abweichen. Diese Ansicht wird jedoch durch die Beobachtung widerlegt. Stamm und Fäden des Byssus entstehen gleichartig, gleichzeitig und in unmittelbarem Zusammenhange mit einander. Dies ist auch ganz natürlich. Denn der halbmondförmige Canal mündet in die Byssushöhle, verflacht sich in derselben allmählich, so daß seine Wandung in die der Höhle übergeht. Findet nun eine Cuticularbildung statt, so wird sie sich über die ganze Oberfläche der Höhle und der Rinne erstrecken, und in Folge dessen der in dem Canal entstehende Faden mit der Bildung in der Höhle verbunden sein.

Mit der Abstoßung des Byssus ist eine Rückbildung der Byssushöhle verbunden. Diese ist in normalem Zustande auf ihrem Grunde durch eine größere Anzahl von senkrechten, in der Längsrichtung des Thieres stehenden Scheidewänden in eben so viele Fächer oder secundäre Höhlungen getheilt.

Bei der Abwerfung des Byssus werden diese Scheidewände reducirt. Aus der vorher so complicirt gestalteten Byssushöhle entsteht eine einfache nur geringe Falten in der Wandung zeigende Höhle. Erst mit der Neubildung des Byssus entstehen auch jene Scheidewände allmählich von Neuem, deren Epithel die Byssuswurzel entstehen läßt, welche lamellenförmig die Fächer zwischen jenen Scheidewänden ausfüllt.

III. Mittheilungen aus Museen, Instituten etc.

1. Linnean Society of New South Wales.

29th June, 1887. — The following papers were read: — 1) On a Trilobite from Reefton N. Z., new to Australasia. By Professor F. W. Hutton, F.G.S. The Trilobite here described is a species of *Homalonotus* very closely resembling, and perhaps identical with, *H. Herschelii*, Murchison, from S. Africa, described and figured by Mr. Salter (Trans. Geol. Soc. [2], VII. p. 215, pl. 24, f. 1-7). The greatest breadth of the specimen is 3·25 inches, total length was probably about 8 in. or even more. It belongs to a group highly characteristic of the Lower Devonian, and it appears to be new to New Zealand. — 2) Botanical. — 3) Notes on Australian Land-Planarians, with descriptions of some new species. By J. J. Fletcher, M.A., B.Sc., and A. G. Hamilton. By systematically collecting Planarians in the neighbourhoods where the authors are resident, or in localities visited during vacation trips, they have, in the course of eighteen months, acquired sufficient material to give in this paper descriptions of fourteen new species, none of which however belong to the Australian genus *Cænoplana* of Moseley. Six of the new species are characterized by the possession of two eyes, and, pending histological investigation, are referred to the genus *Rhynchodemus* of Leidy, hitherto unkown from Australia. The others are species of *Geoplana*, F. Müll. In addition to these, two other species have been frequently met with, which agree exactly with the descriptions of *C. cærulea* and *C. subviridis* of Moseley, except that, instead of eyes being absent from the anterior extremity, there is a single closely set row of them extending right round it, connecting the crowded patches, one on each side, substantially the same as Moseley himself describes in the New Zealand *Geoplana Traversii*. Hence the authors conclude that Mr. Moseley, probably from an indifferent or insufficient supply of material, overlooked the presence of these eyes; and they therefore propose to do away with *Cænoplana* as a separate genus, and to merge it in *Geoplana*. The third species described by Moseley has not yet been met with. Remarks are made upon the habits and distribution of the species described, and as they have all been obtained from a relatively very small area of this colony, there is every reason to suppose that further search will prove this section of our fauna to be a very rich one. — 4) On the Insects of the Cairns District, Northern Queensland. By William Macleay, F.L.S., &c. This is the continuation of a Paper read at the last meeting of the Society. The new species described are of the families *Tenebrionidæ*, *Cistelidæ*, *Lagriidæ*, *Mordellidæ*, *Rhipiphoridæ*, *Pedilidæ*, *Cantharidæ*, *Oedemeridæ*, and *Erotylidæ*; in all 45 species. — 5) 6) 7) Bacteriological and Botanical. — 8) Notes on some Australian Polyzoa. By T. Whitelegge. This paper deals with the following species: — *Lunulites cancellata*, Busk, *L. Philippinensis*, Busk, *Conescharellina depressa*, Hasw., *Cupularia crassa*, Tenison-Woods, *Lunulites angulopora*, Ten.-Wds., (= *C. conica*, Hasw., = *L. incisa*, Hincks), *Eschara umbonata*, Haswell, and a species from Port Jackson which Mr. A. W. Waters thinks may be identical with *Flabellopora elegans*, d'Orb. It is shown that the species have nothing in common with the family *Selenaridæ* to which most of them have been assigned, and that they form a very closely allied series, and a new genus, named *Bipora*, is made to receive them. The following are the chief characters: Zoarium growing by intercalation; Zooecia directed towards the primary portion of the Zoarium; Peristomial orifice formed by the gradual extension of a semi-lunar slit to a circular form, and the excision of a circular portion of the calcareous lamina; Oral aperture immersed with a well-formed sinus in the lower lip; Oœcia external globose. — 9) Notes on Australian Earthworms, Part III. By J. J. Fletcher, M.A., B.Sc. Descriptions are here given of a new species of *Eudrilus* (?) possibly introduced, of a new genus characterised by the possession of three gizzards but different from the genus *Trigaster* of Benham, of a new species of *Cryptodrilus*, and of a number of species of *Perichæta*, two of which are of interest, one as being normally intraclitellian, the other as occasionally presenting this character as a sport. Remarks and corrections are also made in reference to certain introduced earthworms. — 10) Description of a new species of *Hoplocephalus*. By William Macleay, F.L.S., &c. The Snake here described, and named *Hoplocephalus Carpentariæ* is from Norman Town in the Gulf of Carpentaria, and was presented by Dr. Cox, Vice-President of the Society. — 11) Notes on Nests and Eggs of some Australian Birds. By A. J. North. Detailed descriptions are given of the eggs of twelve species of birds. Mr. North exhibited the eggs of the following species of Birds, *Artamus melanops*, Gld., *Strepera intermedia*, Gld., *S. melanoptera*, Gld., *Rhipidura diemenensis*, Sharpe, *Malurus cyanochlamys*, Sh., *Acanthiza inornata*, Gld., *Poëphila acuticauda*, Gld., *Acanthorhynchus dubius*, Gld., *Sitella pileata*, Gld., *Zosterops flavogularis*, Masters, and *Megaloprepia assimilis*, Gld. — Mr. A. Sidney Olliff exhibited the insects obtained by Messrs. W. A. Harper and J. A. Millington, during a short residence in Norfolk Island. He called attention to *Papilio Ilioneus*, Don., *Danais plexippus*, Linn., *Pyrameis Itea*, Fab., a Pierid new to the Australian fauna, several introduced species of Heterocera, and amog the Coleoptera, to some Longicorns belonging to the genus *Xyloteles*; but he refrained from entering into particulars as he intended on some future occasion to submit to the Society a detailed report on the collection. — The Hon. James Norton exhibited two pieces of wood carved in a remarkable manner, in the one case by a Black Cockatoo in extracting a grub, in the other by white-ants. — Mr. Mitchell exhibited and made remarks upon a number of well preserved and recently obtained fossils from Bowning, including *Pleurodictyum*, *Calymene Blumenbachii*, *Cromus* sp., *Turrilepas* sp., *Psilophyton* sp., *Phacops caudatus*, *Acidaspis* sp., and *Entomus*, some of which have not hitherto been recorded from Australia. — Mr. Macleay exhibited two fine and unusually large-sized specimens of the very remarkable fish *Leptocephalus tænia*, obtained by the Rev. Tenison-Woods in the China Sea. — Mr. Masters exhibited for Mr. Prince a specimen of a very beautiful Wood Moth of an undescribed species of *Pielus* taken at Lawson (Blue Mountains) a short time ago. The Insect is five inches across the wings, the upper wings reddish brown with bright silver markings, the underwings deeply purple. Dr. Lucas remarked that he had seen a specimen of this Insect from Gippsland, Victoria.

Druck von Breitkopf & Härtel in Leipzig.

Zoologischer Anzeiger

herausgegeben

von Prof. **J. Victor Carus** in Leipzig.

Verlag von Wilhelm Engelmann in Leipzig.

X. Jahrg. | **26. September 1887.** | No. 261.

Inhalt: I. **Litteratur.** p. 493—504. II. **Wissensch. Mittheilungen.** 1. **Villot,** Sur le développement et la détermination spécifique des Gordiens vivant à l'état libre. 2. **Giglioli,** Nota intorno ad una nuova specie di Cercopiteco dal Kaffa (Africa centrale). 3. **Chun,** Zur Morphologie der Siphonophoren. 4. **Zelinka,** Über eine in der Harnblase von *Salamandra maculosa* gefundene Larve derselben Species. III. **Mittheil. aus Museen, Instituten etc.** Vacat. IV. **Personal-Notizen.** Vacat.

I. Litteratur.

18. Vertebrata.

(Fortsetzung.)

Lvoff, B. N., Сравнительно-анатомическое изслѣдованiе хорды и оболочки хорды. Съ 3 табл. in: Bull. Soc. Imp. Natural. Moscou, 1887. No. 2. p. 227—342. Vergleichend-anatomische Studien über die Chorda und die Chordascheide. Auszug aus d. russ. Aufsatz. ibid. p. 442—482.

Albrecht, P., Die zwischen Gehirn und Hypophysis liegenden Wirbelcentrencomplexe. in: Anatom. Anz. 2. Jahrg. No. 12. p. 405—406.

Lavocat, A., Des tiges jugale et ptérygoide chez les Vertébrés. in: Compt. rend. Ac. Sc. Paris, T. 104. No. 5. p. 303—305.

Albrecht, P., Ist — ja oder nein? — bei den Wirbelthieren der Eingang in das Nasengrübchen dem äußern Nasenloche, der ventrale Nasengrübchenwall dem Interlabium internum + Interlabium externum, der ventrale Oberkieferfortsatzrand dem Supralabium homolog? in: Dessen Vergl. anat. Untersuchgg. 1. Bd. 3. Hft. p. 89—91.

—— Entstehung der freien Gliedmaßen aus Radii branchiostegi der Extremitätengürtelrippen des Schädels. in: Anatom. Anz. 2. Jahrg. No. 12. p. 406.

Emery, C., Über die Beziehungen des Cheiropterygiums zum Ichthyopterygium. in: Zool. Anz. 10. Jahrg. No. 248. p. 185—189.

Renaut, J., Sur l'évolution épidermique et l'évolution cornée des cellules du corps muqueux de Malpighi. in: Compt. rend. Ac. Sc. Paris, T. 104. No. 4. p. 244—247.

Wortman, J. L., Comparative Anatomy of the Teeth of the Vertebrata. Reprinted from The American System of Dentistry. (1.?) 1886. 8^{0}. (153 p.)

Rückert, J., Über den Ursprung des Herzendothels. in: Anat. Anz. 2. Jahrg. No. 12. p. 396—397.

Liefsner, E., Untersuchungen betreffend die Entwicklung der Kiemenspalten bei Vertretern der drei oberen Wirbelthierclassen. in: Sitzgsber. Naturf. Ges. Dorpat, 8. Bd. 1. Hft. p. 30—31.

Albrecht, P., Über den praeoralen Darm der Wirbelthiere, nebst einem Nachweise, daß der Unterkiefer dieser Thiere nicht der 1., sondern der 2. postorale Bogen ist, vor welchem ursprünglich als 1. die Protomandibula lag. Mit 14 Holzschn. u. 2 Tabell. in: Dessen Vergl. anatom. Untersuchungen, 1. Bd. 3. Hft. p. 92—190.

Julin, Ch., Quelle est la valeur morphologique du corps thyroïde des Vertébrés? in: Bull. Acad. R. Sc. Bruxell., (3.) T. 13. No. 3. p. 293—300.

His, W., Über den Sinus praecervicalis und über die Thymusanlage. Mit 1 Taf. in: Arch. f. Anat. u. Phys. Anat. Abth. 1886. Hft. 5/6. p. 421—427. — Nachtrag p. 428—433.

Wiedersheim, R., Neue Wachsmodelle [Gehirne] aus dem Atelier des Herrn Dr. A. Ziegler in Freiburg i/B. Mit Abbild. in: Anat. Anzeig. 2. Jahrg. No. 11. p. 322—324.

Edinger, L., Vergleichend-entwicklungsgeschichtliche Studien im Bereich der Gehirn-Anatomie. Mit 5 Abbild. in: Anat. Anzeig. 2. Jahrg. No. 6. p. 145—153.

Osborn, Henry F., The origin of the Corpus callosum, a contribution upon the cerebral commissures of the Vertebrata. Part II. With 1 pl. and 5 figg. in: Morpholog. Jahrb. 12. Bd. 4. Hft. p. 530—543.

Kowalewsky, N., Современное состоянiе вопроса о происхожденiи мозговыхъ извивинъ. (Mit 1 Taf.) Der gegenwärtige Stand der Lehre von der Entstehungsweise der Hirnwindungen. Kasan, 1886. in: Труд. Общ. (Arbeit. d. Naturforsch. Ges. Kasan.) 15. Bd. 6. Hft. (22 p.)

Saint Remy, G., Recherches sur la portion terminale du canal de l'ependyme chez les Vertébrés. Avec 1 pl. Paris, F. Savy, 1887. 8⁰. (54 p.)

Graaf, Henri W. de, Über die Bedeutung der Epiphyse (Zirbeldrüse). Ausz. in: Der Naturforscher (Schumann), 20. Jahrg. No. 3. p. 22—23.

(Amphibia et Reptilia.) — v. Z. A. No. 239. p. 705.

Rochas, F., De la signification morphologique du ganglion cervical supérieur et de la nature de quelques-uns des filets qui y aboutissent on en émanent chez divers Vertébrés. in: Compt. rend. Ac. Sc. Paris, T. 104. No. 12. p. 865—868.

Jegorow, J., О глазномъ узлѣ. Анатомо-физiологическое изслѣдованiе. (Mit 5 Taf.) Das Ganglion ophthalmicum. Kasan, 1886. in: Труд. Общ. (Arbeit. Naturforsch. Ges. Kasan.) 16. Bd. 3. Hft. (136 p., 5 Bl. Taf.-Erkl., 1 Bl. Err.) — Trad. in: Arch. Slav. Biolog. T. 2. Fasc. 3. p. 376—399.

Schiefferdecker, P., Studien zur vergleichenden Histologie der Retina. Mit 3 Taf. in: Arch. f. mikrosk. Anat. 28. Bd. 4. Hft. p. 305—396.

Moennich, Paul, Neue Untersuchungen über das Lichtbrechungsvermögen der geschichteten Krystalllinse der Vertebraten. Mit 1 Taf. in: Pflüger's Arch. f. d. ges. Physiol. 40. Bd. 9./10. Hft. p. 397—437.

Würdinger, L., Über die vergleichende Anatomie des Ciliarmuskels. Wiesbaden, Bergmann, 1887. 8⁰. (19 p.) ℳ —; 80.

Motais, .., Anatomie de l'appareil moteur de l'oeil de l'homme et des vertébrés. Déductions physiologiques et chirurgicales (Strabisme). Avec figg. et pls. Paris, 1887. 8⁰. Frcs. 10,—.

Steiner, J., Sur la fonction des canaux sémicirculaires. in: Compt. rend. Ac. Sc. Paris, T. 104. No. 16. p. 1116—1117.

Viguier, C., Sur les fonctions des canaux sémi-circulaires. in: Compt. rend. Ac. Sc. Paris, T. 104. No. 12. p. 868—870.

Haddon, A. C., Origin of segmental duct. With 1 pl. in: Proc. R. Soc. Dublin, Vol. 5. 1887. p. 463—472. — Abstr. in: Journ. R. Microsc. Soc. London, 1887. P. 3. p. 369—370.

Benda, C., Zur Spermatogenese und Hodenstructur der Wirbelthiere (Anatom. Ges.). in: Anat. Anz. 2. Jahrg. No. 12. p. 368—370.

Künstler, .., La génération alternante chez les animaux vertébrés. in: Revue Scientif. (3.) T. 39. No. 1. p. 11—14.

Cleland, John, »Culminating Sauropsida«. in: Nature, Vol. 35. No. 904. p. 391—392.

Browne, Mont., Notes on the Vertebrate Animals of Leicestershire. Contin. in: The Zoologist, (3.) Vol. 11. Febr. p. 57—61.
(s. Z. A. No. 239. p. 699.)

Lataste, F., Vertébrés de Barbarie. v. infra Mammalia.

Depéret, Charl., Sur la faune de Vertébrés miocènes de la Grive-Saint-Alban (Isère). in: Compt. rend. Ac. Sc. Paris, T. 104. No. 6. p. 379—381.

—— Recherches sur la succession des faunes des Vertébrés miocènes de la vallée du Rhone. Avec 14 pls. in: Arch. Mus. Hist. Nat. Lyon, T. 4. p. 41—313.
(8 n. sp.; n. g. *Protragocerus*.)

Lydekker, R., Note on some Vertebrata of the Red Crag. in: Ann. of Nat. Hist. (5.) Vol. 19. March, p. 231. — Quart. Journ. Geol. Soc. London, Vol. 42. p. 364—368.

Meli, R., Sopra alcune ossa fossili rinvenute nelle ghiaie alluvionali presso la via Nomentano, al 3. chilometro da Roma. Roma, tip. nazion., 1886. 8⁰. (18 p.) Estr. dal Boll. R. Comit. Geolog. Ann. 1886. No. 7 e 8.

a) **Pisces.**

Wrasse, Bl., Eine neue Methode, Fische und Reptilien in der Weise auszustopfen, daß sie ihre natürliche Farbe behalten. in: Zool. Anz. 10. Jahrg. No. 247. p. 175—176.

Günther, Alb. C. L. G., Handbuch der Ichthyologie. Übersetzt von Gust. von Hayek. Mit 363 Originalholzschn. Wien, C. Gerold's Sohn, 1886. 8⁰. (XI, 527 p.) *M* 14,—.

Jordan, Dav. Starr, Notes on typical specimens of Fishes described by Cuvier and Valenciennes and preserved in the Musée d'histoire naturelle in Paris. in: Proc. U. S. Nat. Mus. Vol. 9. p. 525—546.

Thominot, .., Sur quelques [7] Poissons nouveaux appartenant à la collection du Muséum d'Histoire naturelle. in: Bull. Soc. Philom. Paris, (7.) T. 10. No. 4. p. 161—168.

Giglioli, Enr. H., Earthquake in the Western Riviera [Deep sea Fishes thrown up]. in: Nature, Vol. 36. No. 914. p. 4.

Vaillant, Léon, Considérations sur les Poissons des grandes profondeurs. in: Compt. rend. Ac. Sc. Paris, T. 104. No. 2. p. 123—126.

Catalogues, descriptive, constituting a Report upon the Exhibit of the Fisheries and Fish Culture of the United States of America, made at the London Fisheries Exhibition, 1883. Prepared under the direction of G. Brown Goode. Washington, Govt. Print. Off., 1884. 8⁰. (LIV, 1279 p.) — Bull. U. S. Nat. Mus. No. 27. (Ser. Numb. 33.)

Bean, Tarleton H., Catalogue of the Collection of Fishes. in: Descript. Catalog. Rep. Exhibit. U. S. p. 387—510. [p. 1—124.]

Day, Frcs., British Sea Fisheries. (27 p.) 8⁰. s. l. c. a. (Ausschnitt).

Egloffstein, Osk. Frhr. von u. zu, Fischerei und Fischzucht. Ein Mahnruf an den kleinen und größeren Grundbesitz zur Theilnahme an der Hebung unserer Binnenfischerei. Mit Abbildgg. Neue Ausgabe. Berlin, O Tesmer, 1887. 8⁰. (X, 80 p.) ℳ 1,80.

Harnisch, Rud., Die Preußische Fischereigesetzgebung. Zusammenstellung der auf das Fischereiwesen bezüglichen gesetzlichen Bestimmungen, behördlichen Verordnungen und gerichtlichen Entscheidungen. Mit Erläuterungen hrsgeg. Düsseldorf, Aug. Bagel, 1887. 8⁰. (VII, 93 p.) ℳ 1,80.

Laurent, Pierre, Étude sur les pêcheries françaises. in: Revue Scientif. (3.) T. 39. No. 15. p. 456—463.

Statistique des pêches maritimes et de l'ostréiculture pour l'année 1885. France et Algérie. Paris, impr. nation., 1887. 8⁰. (230 p.)

United States Commission of Fish and Fisheries. P. XII. Report of the Commissioner for 1884. A. Inquiry into the decrease of Food-fishes. B. The Propagation of Food-Fishes in the Waters of the United States. Washington, 1886. 8⁰. (LXXI, 1204 p., 46 pl., figg.)

Maitland, Sir J. Ramsay Gibson, The History of Howietown. P. I. Stirling, N. B., J. R. Guy, Secretary Howietown Fishery, 1887.

Vescovi, Pietro de, Note preliminari sulle funzioni cromatiche dei Pesci. (12 p.) Estr. dagli Atti R. Istit. Venet. (6.) T. 4.

Ryder, John A., On the Origin of Heterocercy and the Evolution of the Fins and Fin-rays of Fishes. With 8 figg. and 11 pl. in: Rep. Comm. U. S. Fish Comm. P. XII. p. 981—1107.

Charbonnel-Salle, L., Sur les fonctions hydrostatiques de la vessie natatoire. in: Compt. rend. Ac. Sc. Paris, T. 104. No. 19. p. 1330—1333.

Cattaneo, Giac., Ulteriori ricerche sulla struttura delle glandule peptiche dei Selaci, Ganoidi e Teleostei. II. Sul significato fisiologico delle glandule da me trovate nello stomaco dello Storione ecc. in: Boll. Scientif. Anno 8. No. 3/4. Vol. 2. 1886. p. 90—99. p. 105—110.

Fritsch, G., Über die Elemente des Centralnervensystems der electrischen Fische. in: Biolog. Centralbl. 6. Bd. No. 23. p. 735—736. (Berlin. Naturforsch.-Versamml.)

Dogiel, Alex., Строеніе обонятельнаго органа у ганоидъ, костистыхъ рыбъ и амфибій. (Mit 1 Taf.) Über den Bau des Geruchsorgans bei Ganoiden, Knochenfischen und Amphibien. Kasan, 1886. in: Труд. Общ. (Arbeit. Naturforsch. Ges. Kasan), 16. Bd. 1. Hft. (82 p.)

—— Über den Bau des Geruchsorgans bei Ganoiden, Knochenfischen und Amphibien. Mit 3 Taf. in: Arch. f. mikrosk. Anat. 29. Bd. 1. Hft. p. 74—139.

Schiefferdecker, .., Über das Fischauge (Anat. Ges.). in: Anat. Anz. 2. Jahrg. No. 12. p. 381—382.

Weber, Max, Über Hermaphroditismus bei Fischen. 2. Mittheil. Aus: Tijdschr. Nederl. Dierkd. Vereen. (2.) D. 1. 1887. (7 p.)

Chittenden, R. H., and Geo. W. Cummins, On the relative digestibility of Fish Flesh in gastric juice. in: Rep. Comm. U. S. Fish Comm. P. XII. p. 1109—1122.

Wright, R. Ramsay, *Argulus* and Mortality of Fishes. in: Amer. Naturalist, Vol. 21. No. 2. p. 188.

Bollman, Charl. H., Notes on a Collection of Fishes from the Escambia river, with description of a new species of *Zygonectes* (*Zygonectes Escambiae*). in: Proc. U. S. Nat. Mus. Vol. 9. p. 462—465.

Boulenger, G. A., On [3] new Fishes from the Lower Congo. in: Ann. of Nat. Hist. (5.) Vol. 19. Febr. p. 148—149.

Collins, J. W., Notes on an investigation of the great fishing banks of the western Atlantic. Abstr. in: Bull. U. S. Fish Comm. 1886. p. 369—381.

Evermann, Barton W., and Morton W. Fordice, List of Fishes collected in Harvey and Cowley Counties, Kansas. in: Bull. Washburn Coll. Laborat. Nat. Hist. Vol. 1. No. 6. p. 184—186.

Fische, chilenische v. infra Seeschildkröten, R. A. Philippi.

Gilbert, Ch. H., Third Series of Notes on Kansas Fishes. in: Bull. Washburn Coll. Laborat. Nat. Hist. Vol. 1. No. 7. p. 207—211.
(1 n. sp.)

Howden, Jam., Report on the Fishes of the North-East of Scotland. in: The Scott. Naturalist, N. S. Vol. 3. Jan. p. 4—18.

Jordan, Dav. Starr, and Ch. H. Gilbert, Synopsis of the Fishes of North America. Washington, Govt. Print. Off., 1882. 8⁰. (LVI, 1018 p.) — Bull. U. S. Nation. Mus. No. 16.
(487 gen., 1340 sp. and Addenda.)

—— and Barton W. Everman, Description of six new species of Fishes from the Gulf of Mexico, with Notes on other Species. in: Proc. U. S. Nat. Mus. Vol. 9. p. 466—476.
(12 sp.; n. g. *Steinegeria.*)

—— A preliminary list of the Fishes of the West Indies. ibid. p. 554—608.
(875 and 51 sp.)

Lanz, H., Eine Vermehrung der Fischfauna des Bodensees. in: Jahreshefte Ver. vaterländ. Naturk. Württemb. 43. Jahrg. p. 446—448.
(*Lucioperca sandra.*)

Martinet, Ludovic, La péche au boeuf, à la Sardine et à l'anchois dans le Roussillon. in: Revue Scientif. (3.) T. 39. No. 21. p. 658—661.

Petersen, C. G. Joh., Nye Bidrag til den danske Hav-Fiskefauna. in: Vidensk. Meddel. Naturhist. Foren. Kjøbenh. 1884/1886. p. 151—160.

Pisces from the West-Indies. v. infra Reptilia, Th. W. Lidth de Jeude.

Ruzsky, M. D., Бассейнъ рѣки Свіяги и его рыбы (Das Bassin des Flusses Swijaga und seine Fische). in: Труды. общ. естествоисп. универс. Казан. (Arb. d. naturforsch. Ges. Kasan). T. 17. 4. Hft. (67 p.)
(33 sp.)

Torossi, G. B., I Pesci e i Molluschi fluviatili della provincia di Vicenza. Con 4 tav. Vicenza, 1887. 8⁰. (32 p.)

Vaillant, Léon, Matériaux pour servir à l'histoire ichthyologique des Archipels de la Société et des Pomotous. in: Bull. Soc. Philom. Paris, (7.) T. 11. No. 1. p. 49—62.
(24 sp.)

Warpachowski, N., Рыбы озера Ильменя и рѣки Волхова, Новгородской Губерніи. (Die Fische der Ilmenj und des Flusses Wolchow, Gouvernement Nowgorod). Mit 1 Figur. St. Petersburg, 1886. 8⁰. Sep.-Abdr. aus den Записк. Импер. Акад. Наукъ. (Bull. Acad. Impér. Sc.) T. 53. p. 31—68.
(32 sp.)

—— Очеркъ Ихтіологической ѳауны Казанской Губерніи (Skizze der

ichthyologischen Fauna des Kaspischen Gouvernement). Mit 1 Karte. St. Petersburg, 1886. 8⁰. — Приложеніе (Beilage zum 52. Bd. des Bull. [Записк.] Acad. Imp. Sc.). (70 p.)
(46 [1 n.] sp.)

Warpachowski, N., und S. Herzenstein, Замѣтки по ихтіологіи бассейна р. Амура и прилежащихъ странъ (Notizen über die Fischfauna des Amur-Beckens und der angrenzenden Gebiete). Mit 1 Taf. Sep.-Abdr. aus: Труды С.-Петерб. Общ. Естествоисп. (Arbeit. d. St. Petersburg. Naturf. Ges. 18. Bd. St. Petersburg, 1887. 8⁰. (58 p.) (Mit deutschem Résumé.)
(40 [6 n.] sp.; n. g. *Octonema*.)

Wettstein, A., Über die Fischfauna des tertiären Glarnerschiefers. Mit 6 Taf. in: Abhdl. Schweiz. Paläontol. Ges. 13. Bd. (103 p.)

Julin, Charl., Les deux premières fentes branchiales des Poissons Cyclostomes sont-elles homologues respectivement à l'évent et à la fente hyobranchiale des Sélaciens? Avec 1 pl. in: Bull. Acad. R. Sc. Bruxell. (3.) T. 13. No. 3. p. 275—293.

—— Des origines de l'aorte et des carotides chez les poissons Cyclostomes. Mit 4 Abbild. in: Anat. Anz. 2. Jahrg. No. 8. p. 228—238.

Zograff, Nik., Über die Zähne der Knorpel-Ganoiden. in: Biolog. Centralbl. 7. Bd. No. 6. p. 178—183. — Nachtrag ibid. No. 7. p. 224.

Beddard, Frk. E., Observations on the Development and Structure of the Ovum in the Dipnoi. With 3 pl. in: Proc. Zool. Soc. London, 1886. IV. p. 505—527.

Rosenberg, Em., Über das Kopfskelet einiger Selachier. in: Sitzgsber. Naturf.-Ges. Dorpat, 8. Bd. 1. Hft. p. 31—34.

Mayer, P., Über die Entwicklung des Herzens und der großen Gefäßstämme bei den Selachiern. Mit 2 Taf. in: Mittheil. Zool. Stat. Neapel, 7. Bd. 2. Hft. p. 338—370.

Rückert, J., Über die Gastrulation der Selachier. in: Biolog. Centralbl. 6. Bd. No. 22. p. 697—698.

Fusari, Romeo, Ricerche intorno alla Fina Anatomia dell' Encefalo dei Teleostei. in: Atti R. Accad. Linc. (4.) Rendicont. Vol. 3. Fasc. 3. p. 148—150.

Steiner, J., Über das Großhirn der Knochenfische. in: Biolog. Centralbl. 6. Bd. No. 22. p. 675—678. — Humboldt (Dammer), 1887. 1. Hft. p. 11—12.
(Sitzgsber. Berlin. Akad.)

Bellonci, G., Intorno all' apparato olfattivo e olfattivo-ottico (nuclei rotondi, Fritsch) del cervello dei Teleostei. Con 1 tav. in: Atti R. Accad. Linc. Mem. Sc. fis. mat. e nat. (4.) Vol. 1. p. 318—323.

Brook, Geo., On the Relation of Yolk to Blastoderm in Teleostean Fish Ova. in: Proc. R. Phys. Soc. Edinb. Vol. 9. P. 1. p. 187—193. — Abstr. in: Journ. R. Microsc. Soc. (2.) 1887. P. 1. p. 43.

Henneguy, L. F., Sur le mode d'accroissement de l'embryon des Poissons osseux. in: Compt. rend. Ac. Sc. Paris, T. 104. No. 1. p. 85—87. — Abstr. in: Journ. R. Microsc. Soc. London, 1887. P. 2. p. 211.

Kowalewski, Mieczysław von, Über die ersten Entwicklungsprocesse der Knochenfische. Inaug.-Diss. (Erlangen.) Leipzig, 1886. 8⁰. (49 p. Mit 1 Taf.)
(Aus: Zeitschr. f. wiss. Zool.) — s. Z. A. No. 239. p. 701.

Selenka, Em., Über Gastrulation der Knochenfische. in: Biolog. Centralbl. 6. Bd. No. 22. p. 696—697.
(Berlin. Naturforsch.-Versamml.)

Wenckebach, H. F., Beiträge zur Entwicklungsgeschichte der Teleosteer. Mit 2 Taf. in: Arch. f. mikrosk. Anat. 28. Bd. 3. Hft. p. 225—251. — Abstr. in: Journ. R. Microsc. Soc. London, 1887. P. 1. p. 42—43.

Cattaneo, Giac., Sull' esistenza delle glandule gastriche nell' *Acipenser sturio* e nella *Tinca vulgaris*. Con 1 tav. Estr. dai Rendicont. R. Istit. Lomb. (2.) Vol. 19. Fasc. 15/16. (6 p.)

Collett, R., *Aphanopus minor*, en ny Dybvandsfisk af Trichiuridernes Familie fra Grönland. Christiania, 1887. 8⁰. (7 p.)

Hermes, Otto, The Migrations of Eels. (From Circul. No. 2. 1884 des Deutsch. Fischerei-Ver., transl. by Herm. Jacobson). in: Rep. Comm. U. S. Fish Comm. P. XII. p. 1123—1126.

Jordan, Dav. S., and **Morton W. Fordyce**, A review of the American species of *Belonidae*. in: Proc. U. S. Nat. Mus. Vol. 9. p. 339—361.
(*Belone* 1 sp., *Tylosurus* 19 sp., *Potamorrhaphis* 1 sp.)

Bökler, Herm., Die Gattung *Ceratodus*. in: Jahreshfte. Ver. vaterländ. Naturk. Württemb. 43. Jahrg. p. 76—81.

Boulenger, G. A., Descriptions of [3] new South-American *Characinoid* Fishes. in: Ann. of Nat. Hist. (5.) Vol. 19. March, p. 172—174.

Schulze, F. E., Über Garman's *Chlamydoselachus anguineus*. in: Sitzgsber. Ges. Nat. Fr. Berlin, 1887. No. 4. p. 59—60.

Ewart, J. C., On the Hatching of Herring Ova in Deep Water. in: Proc. R. Phys. Soc. Edinb. Vol. 9. P. 1. p. 47—54.

Pölzam, Eman., Біологическій очеркъ сельдевыхъ рыбъ Каспійскаго бассейна. Отчетъ зоологической экскурсіи по Волгѣ. (Biologische Übersicht über die kaspischen Heringe.) Kasan, 1886. in: Труд. Общ. (Arbeit. d. Naturforsch. Ges. Kasan,) 15. Bd. 5. Hft. (43 p.)

Launette, .., Sur la péche de la Sardine. in: Compt. rend. Ac. Sc. Paris, T. 104. No. 6. p. 373—378.

Monaco, Prince Alb. de, La pêche de la Sardine sur les côtes d'Espagne. in: Revue Scientif. (3.) T. 39. No. 17. p. 513—519.

Pouchet, G., L'industrie de la Sardine et le laboratoire de Concarneau. ibid. p. 519—520.

Ferrari, H., L'industrie de la Sardine dans la baie de Douarnenez. ibid. p. 520—522.

Guerne, Jul. de, Sur la nourriture de la Sardine. in: Compt. rend. Ac. Sc. Paris, T. 104. No. 10. p. 712—715.

Pouchet, G., et **J. de Guerne**, On the Food of the Sardine. Transl. in: Ann. of Nat. Hist. (5.) Vol. 19. Apr. p. 323—324.

—— La question de la Sardine. in: Revue Scientif. (3.) T. 39. No. 24. p. 737—746.

Ewart, J. C., On Whitebait. in: Proc. R. Phys. Soc. Edinb. Vol. 9. P. 1. p. 78—81.
(Herring and sprat.)

Thominot, .., Sur deux Poissons de la famille des Labyrinthiformes appartenant au genre *Ctenotoma* Peters. in: Bull. Soc. Philom. Paris, (7.) T. 10. No. 4. p. 158—161.
(2 n. sp.)

Cornish, Thom., *Cyclopterus lumpus* at Scilly. in: The Zoologist, (3.) Vol. 11. May, p. 196—197.

Trois, Enr. F., Considerazioni sul *Dentex gibbosus*. (6 p.) Estr. dagli Atti R. Istit. Venet. (6.) T. 5.

Gilbert, Ch. H., Descriptions of new and little known *Etheostomoids*. in: Proc. U. S. Nation. Mus. Vol. 10. 1887. p. 47—64.
(19 sp. [11 n. sp., 2 subsp. n.])

Jordan, Dav. S., and Carl H. Eigenmann, A review of the *Gobiidae* of North America. in: Proc. U. S. Nat. Mus. Vol. 9. p. 477—518.
(57 sp.)

Schulze, F. E., Über Schwarzbarsch und Forellenbarsch [*Grystes salmonoides* und *Dolomieui*]. in: Sitzgsber. Ges. Nat. Fr. Berlin, 1887. No. 2. p. 15—16.

Lockwood, Sam., More about the Sea-horse [*Hippocampus heptagonus* Raf.]. in: Amer. Naturalist, Vol. 21. No. 2. p. 111—114.

Heilprin, Aug., A new species of Catfish (*Ictalurus* [*Okeechobeensis*]). in: Proc. Acad. Nat. Sc. Philad. 1887. p. 9.

List, Jos. Heinr., Über die Variation der Laichzeit bei *Labriden*. in: Biolog. Centralbl. 7. Bd. No. 2. p. 64.

—— Über Bastardirungsversuche bei Knochenfischen (*Labriden*). ibid. No. 1. p. 20—21.

—— Zur Herkunft des Periblastes bei Knochenfischen (*Labriden*). ibid. No. 3. p. 81—88. — Abstr. in: Journ. R. Microsc. Soc. London, 1887. P. 3. p. 371—372.

Eigenmann, Carl H., and Elizabeth G. Hughes, A Review of the North American Species of the Genera *Lagodon*, *Archosargus* and *Diplodus*. in: Proc. U. S. Nation. Mus. Vol. 10. 1887. p. 65—74.
(7 sp.)

Cornish, Thom., Scabbard Fish [*Lepidopus argyreus*] on the Cornish Coast. in: The Zoologist, (3.) Vol. 11. March, p. 114.

Baur, G., Über *Lepidosiren paradoxa* Fitzinger. in: Zool. Jahrbb. Spengel, 2. Bd. 2. Hft. p. 575—583.

Giglioli, Henry H., »*Lepidosiren paradoxa*«. in: Nature, Vol. 35. No. 902. p. 343.

Smith, W. Anderson, Notes on the Sucker Fishes, *Liparis* and *Lepadogaster*. With 1 pl. in: Proc. R. Phys. Soc. Edinb. Vol. 9. P. 1. p. 143—151.

Elliot, Edm., Plain Surmullet [*Mullus barbatus*] on the Devonshire Coast. in: The Zoologist, (3.) Vol. 11. Apr. p. 155.

Ficalbi, E., Sulla conformazione dello scheletro cefalico dei pesci *Murenoidi* italiani. in: Atti Soc. Tosc. Sc. Nat. Pisa, Mem. Vol. 8.

Parker, T. Jeffery, On the Blood-vessels of *Mustelus antarcticus*. A Contribution to the Morphology of the vascular system in the Vertebrata. With 4 pl. in: Phil. Trans. R. Soc. London, Vol. 177. (1886.) P. 2. p. 685—732.

Renevier, E., Squelette fossile de *Myliobates* [*Gazolai* Zign.]. in: Arch. Sc. Phys. Nat. (Genève), (3.) T. 17. Mai, p. 452.

Cunningham, J. T., Herr Max Weber and the Genital Organs of *Myxine*. in: Zool. Anz. 10. Jahrg. No. 250. p. 241—244.

Weber, Max, Mededeelingen over den bouw der Geslachtsorganen van *Myxine glutinosa*. Aus: Tijdschr. Nederl. Dierkd. Vereen. 1887. Versl. (4 p.) (2.) D. 1. Afl. 3/4.

Julin, Ch., De la valeur morphologique du nerf latéral du *Petromyzon*. in: Bull. Acad. R. Sc. Bruxelles, (3.) T. 13. No. 3. p. 300—309.

Shipley, Arth. E., On some Points in the Development of *Petromyzon fluviatilis*. With 4 pl. in: Quart. Journ. Micr. Sc. Vol. 27. P. 3. p. 325—370. — Abstr. in: Journ. R. Microsc. Soc. London, 1887. P. 2. p. 212.

Julin, Charl., Le système nerveux grand sympathique de l'*Ammocoetes* (*Petromyzon Planeri*). in: Anat. Anz. 2. Jahrg. No. 7. p. 192—201.

Warpachowsky, N., Notiz über die in Rußland vorkommenden Arten der Gattung *Phoxinus*. in: Bull. Acad. Imp. Sc. St. Pétersb. T. 31. No. 4. p. 533—536.
(6 n. sp.)

Ogilby, J. Douglas, On an undescribed *Pimelepterus* from Port Jackson [*P. meridionalis* n. sp.]. in: Proc. Zool. Soc. London, 1886. IV. p. 539—540.

Waldschmidt, Jul., Beitrag zur Anatomie des Centralnervensystems und des Geruchsorgans von *Polypterus bichir*. Mit 13 Figg. in: Anat. Anzeig. 2. Jahrg. No. 11. p. 308—322.

Jordan, Dav. S., and **Eliz. G. Hughes**, A review of the species of the genus *Prionotus*. in: Proc. U. S. Nat. Mus. Vol. 9. p. 327—338.
(15 sp.)

Woodward, A. Smith, On the Dentition and Affinities of the Selachian Genus *Ptychodus*, Agassiz. in: Ann. of Nat. Hist. (5.) Vol. 19. March, p. 237.
(Geol. Soc. London.)

Grieg, Jam. A., Note on *Regalecus glesne*, Ascanius. in: Ann. of Nat. Hist. (5.) Vol. 19. March, p. 246—247.
(Nyt Mag. f. Naturvid.)

Facciolà, Lu., Sullo stato giovanile del *Rhomboidichthys mancus*. Palermo, 1887. 8⁰. (10 p.) Estr. dal Natural. Sicil. Ann. 5/6. 1887.

Smitt, F. A., Kritisk Förteckning öfver de i Riksmuseum befindliga Salmonider. Med 13 Tab. og 16 Tavl. Stockholm, 1887. Fol. (219 p.) *M* 30, —.

Day, Frc., The British Salmonidae. s. l. c. a. 8⁰. (23 p.)

Lefebvre, A., Récolte d'oeufs de Saumons à l'île Sainte-Aragone. in: Bull. Scientif. dép. du Nord, T. 9. No. 12. p. 426—428.

Dames, W., Über die Gattung *Saurodon* Hays. in: Sitzgsber. Ges. Nat. Fr. Berlin, 1887. No. 5. p. 72—78.

Iwanzow, Nik., Der *Scaphirhynchus*. Vergleichend-anatomische Beschreibung. Mit 2 Taf. in: Bull. Soc. Imp. Natural. Moscou, 1887. No. 1. p. 1—41.

Boulenger, G. A., On new Siluroid Fishes from the Andes of Columbia. in: Ann. of Nat. Hist. (5.) Vol. 19. May, p. 348—350.
(3 n. sp.)

Woodward, A. Smith, On the Anatomy and Systematic Position of the Liassic Selachian, *Squaloraja polyspondyla*, Agassiz. With 1 pl. in: Proc. Zool. Soc. London, 1886. IV. p. 527—538.

Gill, Theod., The Characteristics and Relations of the Ribbon Fishes [*Taeniosomi*]. in: Amer. Naturalist, Vol. 21. No. 1. p. 86.
(*Regalecus* and *Trachypterus*.)

Pavesi, Pietro, Le Migrazioni del Tonno. Milano, 1887. 8⁰. Estr. dai Rendiconti R. Istit. Lomb. (2.) Vol. 20. Fasc. 8. (18 p.) — Analyse par Silvio Calloni. in: Arch. Sc. Phys. Nat. (Genève.) (3.) T. 17. No. 6. p. 536—542.

Tinca vulgaris. v. supra *Acipenser sturio*, Giac. Cattaneo.

Dames, W., *Titanichthys Pharao* n. g. n. sp. aus der Kreideformation Ägyptens. Mit Abbild. in: Sitzgsber. Ges. Nat. Fr. Berlin, 1887. No. 5. p. 69—72.

Rückert, J., Über die Anlage des mittleren Keimblattes und die erste Blutbildung bei *Torpedo.* in: Anat. Anzeig. 2. Jahrg. No. 4. p. 97—112. No. 6. p. 154—176.

Perényi, Jos., Beiträge zur Entwicklung der Chorda dorsalis und der perichordalen Gebilde bei *Torpedo marmorata.* in: Math. u. naturw. Berichte aus Ungarn, 4. Bd. p. 214—216.

Howden, Jam., Description of *Trachypterus arcticus*, or Dealfish. in: The Scott. Naturalist, N. S. Vol. 3. Jan. p. 16—18.

Trois, Enr. F., Annotazione sopra un esemplare di *Trygon violacea* preso nel l'Adriatico. (3 p.) Estr. dagli Atti R. Istit. Venet. (6.) T. 5.

Zygonectes Escambiae. v. supra p. 497. Ch. H. Bollman.

b) **Amphibia.**

List, J. H., Über einzellige Drüsen (Becherzellen) im Blasenepithel der Amphibien. Mit 1 Taf. in: Arch. f. mikrosk. Anat. 29. Bd. 1. Hft. p. 147—156.

Schulgin, M., Строеніе цереброспинальной системы амфибій и рептилій (Bau des Cerebrospinalsystems der Amphibien u. Reptilien). (Mit 3 Taf.) in: Записк. Новоросс. Общ. (Schrift. d. Neuruss. Naturf.-Ges.) T. 9. 1. Hft. p. 149—229.

Bellonci, Gius., Sulle commissure cerebrali anteriori degli Anfibî e dei Rettili. Con tav. Bologna, 1887. 4⁰. (10 p.) — Estr. dalle Mem. Accad. Sc. Istit. Bologna, (4.) T. 8.

Amphibien, Geruchsorgan. v. supra Pisces, A. Dogiel.

Bellonci, G., Sui nuclei polimorfi delle cellule sessuali degli Anfibi. Bologna, 1886. 4⁰. (Mem. Accad. Istit. Bologna.) (14 p., 2 tav.)

Schultze, O., Untersuchungen über die Reifung und Befruchtung des Amphibieneies. Mit 3 Taf. in: Zeitschr. f. wiss. Zool. 45. Bd. 2. Hft. p. 177—226.

Born, G., Hybridization between Amphibia. Abstr. in: Journ. R. Microsc. Soc. London, 1887. P. 3. p. 370—371.
(Arch. f. mikrosk. Anat.) — s. Z. A. No. 239. p. 704.

Héron-Royer, . ., Notice sur les moeurs des Batraciens. Fasc. 2. Angers, 1886. 8⁰. (45 p.) Extr. du Bull. Soc. Étud. Scient. Angers, 1885.

Amphibia from the West-Indies. v. infra Reptilia, Th. W. Lidth de Jeude.

Batrachia, North American. v. infra Reptilia, H. C. Yarrow.

Boulenger, G. A., On new Batrachians from Malacca. With 1 pl. in: Ann. of Nat. Hist. (5.) Vol. 19. May, p. 345—348.
(5 n. sp.; n. g. *Phrynella.*)

Mitrophanow, P., Zur Entwicklungsgeschichte und Innervation der Nervenhügel der Urodelenlarven. Mit Holzschn. in: Biolog. Centralbl. 7. Bd. No. 6. p. 174—178.

(Fischer, Joh. v.), Weiße Froschlurche im Freien. in: Humboldt (Dammer), 1887. 1. Hft. p. 22—23.

Cope, E. D., The Classification of the Caecilians. (Abstr.) in: Nature, Vol. 35. No. 899. p. 280.
(Amer. Philos. Soc.)

Waldschmidt, Jul., Zur Anatomie des Nervensystems der Gymnophionen. Mit 2 Taf. in: Jena. Zeitschr. f. Naturwiss. 20. Bd. (N. F. 13. Bd.) 2./3. Hft. p. 461—476.

Waldschmidt, Jul., Über das Gymnophionen-Gehirn. in: Biolog. Centralbl. 6. Bd. No. 23. p. 731—732.
(Berlin. Naturforsch.-Versamml.)

Héron-Royer, .., Sur la reproduction de l'albinisme par voie héréditaire chez l'*Alyte* accoucheur et sur l'accouplement de ce Batracien. in: Bull. Soc. Zool. France, T. 11. No. 5/6. p. 671—679.

Nehring, A., Über das Vorkommen von *Alytes obstetricans* östlich der Weser. in: Sitzgsber. Ges. Nat. Fr. Berlin, 1887. No. 4. p. 48—49.

—— Zur geographischen Verbreitung von *Alytes obstestricans*. in: Zool. Garten, 28. Jahrg. No. 2. p. 61—62.

Cope, E. D., The Hyoid Structure in the *Amblystomid* Salamanders. With figg. in: Amer. Naturalist, Vol. 21. No. 1. p. 87—88.

Boulenger, G. A., On two European Species of *Bombinator*. With 1 pl. in: Proc. Zool. Soc. London, 1886. IV. p. 499—501.

Rana, North American Species. v. *Bufo*, E. D. Cope.

Smith, Herb. H., On Oviposition and nursing in the Batrachian genus *Dendrobates*. With 2 figg. in: Amer. Naturalist, Vol. 21. No. 4. p. 307—311.

Boulenger, G. A., Description of a new Tailed Batrachian from Corea [*Hynobius Leechii*]. With cut. in: Ann. of Nat. Hist. (5.) Vol. 19. Jan. p. 67.
(*Anaides* Baird changed in *Autodax*.)

Sarasin, P., und F. Sarasin, Einige Puncte aus der Entwicklungsgeschichte von *Ichthyophis glutinosus* (*Epicrium gl.*) in: Zool. Anz. 10. Jahrg. No. 248. p. 194—196.

Boulenger, G. A., Description of a new Frog of the genus *Megalophrys* [*Feae*]. in: Ann. Mus. Civ. Stor. Nat. Genova, (2.) Vol. 4. p. 512—513.

Macallum, A. B., The Termination of Nerves in the Liver. With figg. in: Quart. Journ. Micr. Sc. Vol. 27. P. 4. p. 439—460.
(*Menobranchus*.)

—— On the Nuclei of the Striated Muscle-Fibre in *Necturus* (*Menobranchus*) *lateralis*. With figg. in: Quart. Journ. Microc. Sc. Vol. 27. P. 4. p. 461—466.

Cope, E. D., Synonymic List of the North American Species of *Bufo* and *Rana*, with descriptions of some new Species of Batrachians from specimens in the National Museum. in: Proc. Amer. Philos. Soc. Philad. Vol. 23. No. 124. p. 514—526.
(1 n. sp. *Bufo*, 2 n. sp. *Rana*, 4 n. sp. Urodel.)

Morgan, C. Lloyd, Abnormality in the Urostyle of the Common Frog. With fig. in: Nature, Vol. 35. No. 902. p. 344.

Bassi, Gius., Modificazioni morfologiche dei globuli rossi del sangue di *Rana*: note preventiva. Modena, 1887. 8°. (2 p.) Estr. dalla Rassegna di Sc. med. Ann. 2. No. 3.

Braun, Aug., Über die Varietäten des plexus lumbo-sacralis von *Rana*. Inaug.-Diss. Bonn, 1886. 8°. (26 p.)

Steiner, J., Untersuchungen über die Physiologie des Froschhirns. Ausz. vom Verf. in: Biolog. Centralbl. 7. Bd. No. 3. p. 88—93.
(s. Z. A. No. 211. p. 704.)

Tarchanoff, J. R., Zur Physiologie des Geschlechtsapparates des Frosches. in: Pflüger's Arch. f. d. ges. Physiol. 40. Bd. 7./8. Hft. p. 330—351.

Thin, G., Nucleus in Frog's Ovum. Abstr. in: Journ. R. Microsc. Soc. London, 1887. P. 1. p. 42.

Dewitz, J., Kurze Notiz über die Furchung von Froscheiern in Sublimatlösung. in: Biolog. Centralbl. 7. Bd. No. 3. p. 93—94. — Abstr. in: Journ. R. Microsc. Soc. London, 1887. P. 3. p. 370.

Roux, Wilh., Beiträge zur Entwicklungsmechanik des Embryo. No. 4. Die Richtungsbestimmung der Medianebene des Froschembryo durch die Copulationsrichtung des Eikernes und des Spermakernes. Mit 1 Taf. in: Arch. f. mikrosk. Anat. 29. Bd. 2. Hft. p. 157—212.

Barfurth, D., Versuche über die Verwandlung der Froschlarven. in: Arch. f. mikrosk. Anat. 29. Bd. 1. Hft. p. 1—28.

—— Die Rückbildung des Froschlarvenschwanzes und die sogenannten Sarcoplasten. Mit 2 Taf. ibid. p. 34—60.

Ballou, W. H., Migration of Frogs. in: Amer. Naturalist, Vol. 21. No. 4. p. 388.

Perényi, J. von, Die ectoblastische Anlage des Urogenitalsystems bei *Rana esculenta* und *Lacerta viridis*. in: Zool. Anz. 10. Jahrg. No. 243. p. 66.

Betta, E. de, Sulla questione delle Rane rosse d'Europa. Venezia, 1887. 8⁰. (9 p.)

Héron-Royer, .., À propos de la question des grenouilles rousses soulevée en Italie par Edoardo Betta. — *Rana fusca* et *Rana agilis* et les principaux caractères qui les différencient à la période embryonnaire et branchiale. Avec 1 pl. in: Bull. Soc. Zool. France, T. 11. No. 5/6. p. 681—690.

Camerano, Lor., La *Rana Latastii* Bouleng. nel Veneto. in: Boll. Musei Zool. Anat. Comp. Torino, Vol. 2. No. 26. (1 p.)

Holl, H., Zur Anatomie der Mundhöhle von *Rana temporaria*. in: Anzeiger Kais. Akad. Wiss. Wien, 1887. No. I. p. 1—5.

Cattaneo, Giac., Sviluppo e disposizione delle cellule pigmentali nelle larve dell' Axolotl. (7 p.) Estr. dal Boll. Scientif. Giugno, 1886.

Greiff, J., Zähes Leben eines Axolotl. in: Zool. Garten, 28. Jahrg. No. 3. p. 95—96.

Fischer, Joh. von, Der Höhlenmolch oder Erdtriton (*Spelerpes* [*Geotriton*] *fuscus* Gené) in der Gefangenschaft. Mit 2 Abbild. in: Zoolog. Garten, 28. Jahrg. No. 2. p. 33—39.

Fischer, Joh. von, Der Blasius'sche Triton (*Triton Blasii* de l'Isle) und über die Haltung der europäischen Tritonen im Allgemeinen. in: Zool. Garten, 28. Jahrg. No. 1. p. 11—20.

c) Reptilia.

Reptilien, Methode sie auszustopfen. v. Pisces, Bl. Wrasse.

Hoffmann, C. K., Reptilien (Bronn's Klassen u. Ordnungen. 6. Bd. 3. Abth.) 56. Lief. Leipzig und Heidelberg, C. F. Winter'sche Verlagshandlg., 1887. 8⁰. ℳ 1,50.

Barboza du Bocage, J. V., Mélanges erpétologiques. in: Jorn. Sc. Math. Phys. Nat. Lisboa, T. 11. No. 44. 1887. p. 177—211.

Hoyle, Will. E., Contributions to a Bibliography of the ‚Sea Serpent'. in: Proc. R. Phys. Soc. Edinb. Vol. 9. P. 1. p. 202—205.

Bemmelen, J. F. van, Die Halsgegend der Reptilien. in: Zool. Anz. 10. Jahrg. No. 244. p. 88—96.

Baur, G., Osteologische Notizen über Reptilien. Fortsetzung II. in: Zool. Anz. 10. Jahrg. No. 244. p. 96—102.

Reptilien, Cerebrospinalsystem. v. Amphibia, M. Schulgin.

Rettili, commissure cerebr. v. Amphibia, G. Bellonci.

II. Wissenschaftliche Mittheilungen.

1. Sur le développement et la détermination spécifique des Gordiens vivant à l'état libre.

Par A. Villot, Grenoble.

eingeg. 2. August 1887.

J'ai montré dans ma Revision des Gordiens[1]: 1⁰ que ces vers parasites peuvent sortir de leur hôte à des états de développement très divers; 2⁰ que la chitinisation de la cuticule détermine chez les individus adultes, libres ou parasites, des changements de coloration, de forme et de structure; 3⁰ que les individus d'une même espèce peuvent, même à l'état de complet développement, présenter des différences de taille très considérables. Ces faits étant d'une grande importance et ayant été encore tout récemment méconnus par le Dr. L. Camerano[2], il me parait utile d'appeler de nouveau sur eux l'attention des observateurs.

I.

Le parasitisme et l'état libre ont chez les Gordiens une signification très précise. Le parasitisme permet aux larves de se développer et de devenir adultes, ce qu'elles ne pourraient faire à l'état libre, en raison de l'insuffisance de leur réserve vitelline. D'autre part, l'état libre est nécessaire pour que l'accouplement et la ponte puissent s'effectuer dans le milieu où les embryons doivent se développer. Il devrait donc être de règle que le parasitisme des Gordiens soit limité au temps nécessaire pour amener les larves à l'état adulte. Mais il est facile de comprendre qu'il ne peut toujours en être ainsi. La durée du parasitisme d'un Gordien peut être abrégée par la mort de son hôte. Je ne fais pas seulement allusion à la mort accidentelle de l'hôte, mais aussi à sa mort naturelle. Il peut arriver, en effet, que la durée de l'existence totale de l'hôte soit inférieure au laps de temps nécessaire pour le développement du parasite. Dans ce cas, celui-ci sortira nécessairement de son hôte incomplètement développé. Ceci n'est point une

---

[1] Mémoire présenté au Congrès des Sociétés savantes, à Paris, le 29 avril 1886, et publié dans les Annales des Sciences naturelles, Zool., 7e Série, T. I, p. 271—318. Pl. 13—15.

[2] Ricerche intorno alle specie italiane del genere *Gordius* (Estr. dagli Atti della R. Accad. delle Scienze di Torino, Vol. XXII. Adunanza del 28 Novembre 1886) — Osservazioni sui caratteri diagnostici dei *Gordius* e sopra alcune specie di *Gordius* d'Europa (Boll. dei Musei di Zool. ed Anat. comp. della R. Università di Torino, Vol. II, No. 24, pubblicato il 23 Aprile 1887).

pure hypothèse. Il n'est pas rare de trouver à l'état libre des *Gordius* encore jeunes, c'est-à-dire ayant encore une cuticule annelée et un appareil digestif complet. Inversement, il peut aussi arriver qu'un *Gordius* depuis longtemps parvenu au terme de son développement dans le corps de son hôte soit obligé d'attendre la réalisation des conditions favorables à sa mise en liberté. Je veux parler du cas, assez fréquent, où l'hôte est un animal terrestre. Par exemple, s'il s'agit d'un Carabe, il faut que cet insecte tombe accidentellement dans un ruisseau ou qu'il y soit entraîné par une pluie violente. J'ai trouvé, ainsi que je l'ai dit dans ma Revision des Gordiens, un *G. violaceus* non seulement adulte, mais présentant déjà tous les signes de la vieillesse, et qui était encore à moitié engagé dans l'abdomen de son hôte (*Procrustes coriaceus*). Je crois donc être parfaitement en droit d'affirmer que les Gordiens peuvent sortir du corps de leur hôte à dès états de développement très divers. Le fait qu'un *Gordius* a été trouvé à l'état libre ne prouve nullement que ce *Gordius* ait achevé son développement, ni même qu'il soit adulte.

II.

Le développement des organes génitaux est très précoce chez les Gordiens. J'ai observé à l'état parasite, quatre ou cinq mois avant l'époque de la reproduction, des larves de *Gordius violaceus* dont les ovaires contenaient déjà de nombreux ovules. Ces larves avaient un appareil digestif complet et une trompe rétractile, armée de ses trois stylets embryonnaires; mais elles étaient encore dépourvues de cuticule fibreuse et n'avaient qu'un appareil musculaire rudimentaire[3]. Ces inégalités de développement, que l'on observe entre les divers appareils des larves parasites, persistent chez les adultes vivant à l'état libre. Ceux-ci sont aptes à la reproduction et peuvent par le fait se reproduire bien avant que leur cuticule soit entièrement chitinisée. Or, un des résultats les plus importants de mes dernières recherches a été précisément de constater que la chitinisation de la cuticule modifie à

---

3 Cette imperfection des téguments et du système musculaire explique parfaitement comment, chez ces larves, des groupes d'ovules peuvent venir faire hernie à la surface du corps. Il n'est nullement nécessaire de supposer, comme le fait Camerano, que ces ovules se sont développés dans l'hypoderme. Quant au dessin que j'ai donné dans ma Monographie des Dragonneaux (Pl. IX, fig. 7), il ne se rapporte nullement à une larve parasite, mais bien à un jeune *Gordius* trouvé à l'état libre, ce qui est fort différent au point de vue du développement des téguments et de l'appareil musculaire. Qu'il me soit aussi permis d'ajouter que si j'attribue certaines cicatrices observées sur la cuticule des Gordiens à la rupture du pédicule de ces groupes d'ovules, je n'entends nullement lui attribuer toutes les cicatrices de ce genre. Il va de soi que des cicatrices absolument semblables peuvent être produites par des causes bien différentes.

beaucoup d'égards la morphologie des individus adultes. La cuticule, en se chitinisant, change de couleur et subit même des modifications profondes de structure (plissement du derme, rides et boursouflures de l'épiderme chez les espèces à cuticule lisse). Cette chitinisation de la cuticule ne s'effectuant pas en même temps sur toute la surface du corps, produit sur certains points des différences de consistance qui changent la forme des parties. Celle des deux extrémités n'est point identique chez tous les individus adultes d'une même espèce. Aussi ne puis-je admettre cette conclusion du Dr. L. Camerano: »Io credo che quando un *Gordius* ha le uova o gli spermatozoi completamente maturi e pronti ad essere emessi; e sopratutto poi quando è già avvenuto l'accoppiamento (il che si riconosce nelle femmine esaminando il receptaculum seminis) esso debba venir considerato come interamente adulto e che quindi i caratteri che egli presenta debbano avere importanza di caratteri specifici.« Des individus entièrement adultes, appartenant à la même espèce, peuvent avoir une cuticule très inégalement chitinisée, et présenter dans la structure de leurs téguments, dans la forme de leurs deux extrémités, des caractères très différents. Pour s'assurer de l'état complet du développement, ce n'est pas l'état des organes génitaux qu'il faut examiner, mais bien celui de la cuticule. Les individus adultes entièrement développés sont ceux dont la cuticule est entièrement chitinisée. Delà la nécessité de distinguer, parmi les individus adultes de chaque espèce, des jeunes et des vieux. Les jeunes sont ceux dont la cuticule est encore en voie de chitinisation[4]; les vieux, ceux dont la cuticule est entièrement chitinisée.

III.

J'arrive maintenant aux différences de taille. C'est à l'état parasite et aux dépens de leur hôte que les larves des Gordiens prennent la plus grande partie de leur accroissement et passent d'une taille microscopique à une longueur qui atteint quelquefois près d'un mètre. Mais les individus d'une même espèce peuvent se développer chez des animaux de tailles très différentes; et il est à peine besoin de faire remarquer que, dans les divers cas, l'espace et la quantité des éléments nutritifs offerts par l'hôte à son parasite sont nécessairement très divers. Les individus d'une même espèce pourront donc, en sortant du corps de leurs hôtes, présenter de grandes différences de taille. Mais les Gordiens, une fois devenus libres, peuvent-ils encore prendre de l'accroissement? Oui, très certainement, si leur cuticule n'est pas encore entièrement chitinisée. Et pour s'expliquer ce nouvel accroissement,

---

[4] Cette dénomination convient aussi, et à plus forte raison, aux individus non encore adultes, mais déjà libres.

il n'est pas nécessaire, comme le croit le Dr. L. Camerano, de faire intervenir une nutrition tégumentaire, que je n'ai admise qu'à titre d'hypothèse[5]; l'élongation peut résulter tout simplement de la disparition des plis annulaires que présentent encore beaucoup de *Gordius* en sortant de leur hôte et même après avoir vécu quelque temps à l'état libre. Les observateurs qui ont eu l'occasion de recueillir des *Gordius* à l'état parasite ont aussi pu constater que ces vers prennent un très rapide accroissement dès qu'on les plonge dans l'eau. Ce rapide accroissement est très certainement dû à la pénétration de l'eau dans l'appareil aquifère. L'accroissement à l'état libre ne saurait d'ailleurs compenser toujours les différences de taille provenant des conditions de nutrition imposées par l'hôte; et il arrive souvent que le parasite, même à l'état de complet développement, reste nain pour ainsi dire. D'autres individus, au contraire, ont déjà à l'état de larve parasite une taille bien supérieure à celle qu'atteignent ordinairement les individus adultes complètement développés. On voit par là combien est minime la valeur qu'il faut attribuer à des différences de ce genre. Elles n'ont rien de constant, et ne peuvent même pas nous renseigner sur l'état du développement, sur l'âge des individus.

IV.

L'ensemble de ces faits relatifs au développement des Gordiens vivant à l'état libre a, pour la détermination des espèces, une importance sur laquelle je crois devoir insister. Il faut avoir soin: 1º de n'opposer les uns aux autres que des individus de même sexe et de même âge, c'est à dire ayant leur cuticule au même degré de chitinisation; 2º de subordonner entre elles les diverses phases de la chitinisation de la cuticule des individus appartenant à la même espèce[6]. L'application de ces deux règles taxonomiques m'a permis, dans ma Revision des Gordiens, de rattacher le *G. Preslii* de Vejdovský au *G. violaceus* de Baird, et de réunir sous le nom de *G. aquaticus* de nombreuses formes considérées jusqu'ici comme autant d'espèces distinctes: le *G. subspiralis* de Diesing [7], les *G. setiger* et *impressus* de

---

[5] La chose n'est pas aussi impossible que le pense Camerano. Des éléments nutritifs peuvent très bien être introduits dans le corps des individus libres par l'appareil aquifère et venir s'accumuler dans la cavité de régression de l'intestin, où ils se trouveraient mis en réserve pour servir ensuite à la nutrition de tous les tissus. La chitinisation complète de la cuticule, en fixant les formes, pourrait seule mettre obstacle à ce mode d'accroissement.

[6] Il est facile de reconnaître le degré de chitinisation à la coloration plus ou moins claire, plus ou moins foncée, de la cuticule.

[7] Ce nom de *G. subspiralis* est celui qu'il faut adopter, si l'on rejette comme insuffisantes les descriptions données par Dujardin, Meißner et von Siebold sous le nom de *G. aquaticus*.

Schneider, le *G. inermis* de Kessler, les *G. aquaticus, subareolatus* et *impressus* de ma Monographie, ainsi que mon *G. emarginatus* décrit en 1885. Mais ce travail de réduction synonymique n'est malheureusement pas terminé. Camerano vient encore de donner de nouveaux noms (*G. Perronciti, G. Rosæ, G. Pioltii*) aux diverses phases du développement de cette espèce polymorphe. Le *Gordius Perronciti* ne diffère du *Gordius Villoti* de Rosa que par son extrémité antérieure, qui, par suite d'un arrêt de développement, est restée à l'état larvaire[8]; et le *Gordius Villoti* de Rosa, ainsi que je l'ai reconnu, n'est autre chose qu'un synonyme du *Gordius subareolatus* de ma Monographie. Le *Gordius Rosæ* et le *Gordius Pioltii* correspondent au *Gordius aquaticus* de ma Monographie; mais il existe entre ces deux formes une différence d'âge bien marquée, le *G. Rosæ* étant beaucoup plus jeune que le *G. Pioltii*. Je me trouve aussi en désaccord avec le savant naturaliste italien sur d'autres points relatifs à la nomenclature, à la synonymie, à l'interprétation de quelques images microscopiques et à la manière de représenter par le dessin les divers caractères des *Gordius*. Je réserve la discussion de toutes ces questions de détail pour mon second Mémoire sur la revision des Gordiens. Je me permets seulement, en terminant la présente Note, de faire une remarque générale. Il me parait bien difficile, bien chanceux, d'établir des espèces nouvelles quand on n'a pas à sa disposition un grand nombre d'échantillons. L'étude d'une série complète d'individus adultes, d'âges différents, est indispensable pour arriver à la connaissance de l'ensemble des caractères propres à une espèce. Je répéterai donc ici ce que je disais en 1874, dans l'Introduction de ma Monographie des Dragonneaux: »Je prie les naturalistes qui voudraient vérifier mes observations de ne pas se laisser décourager par les premières difficultés, de réunir d'abord des matériaux suffisants, puis de consacrer à leur étude le temps nécessaire.«

Grenoble, le 31 Juillet 1887.

2. Nota intorno ad una nuova specie di Çercopiteco dal Kaffa (Africa centrale).

Del Enrico H. Giglioli, Firenze.

eingeg. 4. August 1887.

Il R. Museo di Firenze ha recentemente ricevuto dal dott. Leopoldo Traversi il quale si trova attualmente allo Scioa a scopo

[8] J'ai observé une semblable anomalie chez le *Gordius tolosanus*.

di ricerche scientifiche, importanti collezioni; tra esse è una scimmia appartenente evidentemente a specie non ancora descritta; è una femmina adulta e proviene dal Kaffa; il dott. Traversi mandò la pelle e lo scheletro completo.

Questa scimmia appartiene al gruppo VI dei *Cercopithecus*, creato dallo Schlegel (Monogr. d. Singes, p. 82. Leide, 1876), gruppo che include specie col pelame nero »annelé sur le dessus du tronc, sur les joues et sur la partie basale de la queue, de blanc grisâtre ou roussâtre«; lo Schlegel vi poneva due specie: *C. leucampyx*, Fischer e *C. neglectus*, Schleg. La prima vive in Angola ed al Congo, ha la fronte bianca ed ebbe dal Gray il nome di *C. pluto* (P. Z. S. 1848, p. 57). La seconda abita la regione del Nilo bianco, venne creduta la vera *C. leucampyx* dal Gray (Cat. Monkeys Lemurs etc. B. M. p. 22. London, 1870), ma ne differisce come notò benissimo lo Schlegel (Op. cit. p. 70) per avere il margine anteriore delle coscie ed una fascia attraverso le ánche di color bianco.

La specie in esame differisce nettamente dalle due sopracitate per mancare delle fascie bianche attraverso la fronte, sul margine anteriore delle coscie e attraverso le ánche. Ha invece la parte anteriore del collo, i scarsi peli del labbro superiore e quelli più lunghi ed abbondanti del mento di un bianco gialliccio. Le inanellature bigie, di un bigio verdiccio in qualche punto, si notano: sui peli della fronte, su quelli allungati delle gote, sui peli che ornano il margine esterno del l'orecchio, su tutta la parte inferiore del dorso e sul terzo basale della coda. Il vertice, la nuca, la parte superiore del dorso, gli arti e la porzione terminale della coda hanno il pelame di un nero intenso; questo si volge al bruno fuligginoso sul petto, sull' addome e sulle parti interne delle coscie e delle gambe. La pelle nuda della faccia era evidentemente di color azzurrognolo nel vivente.

Nell' individuo tipo i peli sono scarsi verso l'estremità della coda e sulle dita. Eccone le dimensioni: Lungh. tot. (vertice ad estremità della coda) 0,880 m; coda 0,390 m; Braccio (dall' ascella all' estremità del dito medio) 0,170 m; Gamba (dall' inguine all' estremità delle dita) 0,270 m. Le ossa non presentano caratteri differenziali; il cranio è come quello dei Cercopiteci di uguali dimensioni, mostra i denti al completo, ma non logori; i canini, trattandosi di una femmina, non sono grandi. Propongo per questa specie il nome di

Cercopithecus Boutourlinii

avendo voluto dedicare la più importante novità risultante sinora dalla spedizione Boutourline-Traversi, al mecennate di essa il mio carissimo amico conte Augusto Boutourline di Firenze.

Firenze, R. Museo Zoologico dei Vertebrati, 31 Luglio 1887.

3. Zur Morphologie der Siphonophoren.

Von Carl Chun, Prof. der Zoologie, Königsberg i|Pr.

eingeg. 8. August 1887.

1) Der Bau der Pneumatophoren.

Die neueren Untersuchungen über den Bau der Pneumatophoren zeigen einerseits, daß sie complicirter gebildet sind, als man früherhin annahm, während sie andererseits mit Evidenz darthun, daß die Pneumatophore eine modificirte Meduse repräsentirt. Letztere Auffassung stützt sich nicht nur auf die Entwicklung, sondern auch auf die definitive Gestalt der Pneumatophore. Wie Metschnikoff[1] zuerst zeigte und wie ich nach eigenen Untersuchungen durchaus bestätigen kann, wird die Anlage der Pneumatophore durch eine Ectodermeinstülpung bedingt, welche das unterliegende Entoderm vor sich hertreibt. Daß diese ursprünglich solide, späterhin sich aushöhlende Einstülpung dem Knospenkern der Medusenanlage entspricht, hebt bereits Leuckart[2] mit Recht im Gegensatz zu Metschnikoff hervor, der in der Pneumatophore eine Meduse mit umgestülptem Schirm erblickt. Da der Knospenkern die Subumbrella der Meduse bildet, so würde der innere mit Luft erfüllte Hohlraum der Subumbrellarhöhle homolog sein: ein Vergleich, der von Claus[3] noch dahin erweitert wird, daß die bei manchen Siphonophoren durch Septen zwischen äußerer und innerer Pneumatophorenwand abgegrenzten Canäle den Radiärgefäßen der Medusen entsprechen.

Um den Vergleich zu vervollständigen, so sei erwähnt, daß die Umgrenzung der bei *Rhizophysa* und *Physalia* am Scheitel der Pneumatophore auftretenden Öffnung dem Schirmrande und der bei den meisten Physophoriden den Scheitel umkreisende, nicht von Septen abgegrenzte Gefäßraum dem Ringcanal der Meduse entspringen.

Korotneff[4] sucht neuerdings sogar ein weiteres Vergleichsmoment anzuziehen, indem er die überraschende Angabe macht, daß im Grunde der Luftflasche ein rudimentärer Magen vorkomme, welcher dem Magen der Meduse homolog sei. Er stellt sich mit seinen Darlegungen in strikten Gegensatz zu den früheren und speciell auch meinen[5] Beobachtungen, nach denen die im Inneren der Luftflasche auftretende Zellenlage als ein Ectoderm gedeutet wurde. Ganz abge-

---

[1] Studien über Entw. d. Medusen und Siphonophoren. Zeitschr. f. wiss. Zool. 24. Bd. 1874.

[2] Bericht über d. wiss. Leist. in d. Naturgesch. wirbell. Thiere 1872—1875. Arch. f. Naturgesch. 41. Bd. 1875. p. 458.

[3] Über *Halistemma Tergestinum*. Arb. Zool. Inst Wien. 1. Bd. p. 19.

[4] Zur Histologie der Siphonophoren. Mittheil. Zool. Stat. Neapel. 5. Bd. p. 269—276.

[5] Die Gewebe der Siphonophoren. Zool. Anz. 1882. No. 117.

sehen davon, daß das Auftreten eines Magenraumes für die Rückführung der Pneumatophore auf einen medusoiden Anhang eines polymorphen Thierstaates irrelevant ist, — entbehren doch die Schwimmglocken jeglicher Andeutung desselben, — so wird weder durch die Entwicklungsgeschichte der Nachweis erbracht, daß ein Durchbruch des Entodermes nach dem mit Luft erfüllten Raume erfolge, noch auch vermögen seine etwas unklar gehaltenen Darlegungen zu überzeugen, daß die Deutung eine glückliche ist[6].

Ich muß meine früheren Angaben im Gegensatz zu Korotneff durchaus aufrecht erhalten, und gestatte mir im Folgenden dieselben zu begründen und auf Structurverhältnisse aufmerksam zu machen, welche bisher übersehen oder irrig gedeutet wurden.

Bekanntlich besteht die Pneumatophore (Luftkammer) aus zwei Lamellen: einer äußeren, welche die Fortsetzung des Stammes repräsentirt und einer inneren, welche die Luft abscheidet. Für letztere behalte ich die von Claus angewendete Bezeichnung »Luftsack« bei, zumal dieselbe die Homologie mit dem Schwimmsack der Meduse zum Ausdruck bringt. Für die äußere Lamelle könnten wir, um die Homologie mit dem Medusenschirm anzudeuten, die Bezeichnung »Luftschirm« wählen. Beide Lamellen bestehen aus Ectoderm und Entoderm, welche durch eine (in dem Luftschirm stets kräftige) Stützlamelle getrennt werden. Da der Luftsack eine Einstülpung des apicalen Stammendes repräsentirt, so ist seine Innenfläche mit Ectoderm ausgekleidet. Sind Septen zwischen beiden Lamellen entwickelt, so steht die Stützlamelle des Luftschirmes mit jener des Luftsackes durch die zwischen den beiden Entodermlagen eines Septums ausgebildete Stützlamelle in Verbindung. Die Septen ragen allmählich verstreichend noch in den oberen Stammabschnitt herein.

Bei sämmtlichen Arten tritt an dem unteren (dem Stamme zugekehrten) Pole des Luftsackes eine Einschnürung auf, durch welche ein trichterförmiger oder halbkugeliger Abschnitt abgegrenzt wird. Ich bezeichne diesen wichtigen Theil des Luftsackes als »Lufttrichter«. Den durch die Einschnürung markirten Eingang zu demselben benenne ich »Trichterpforte«. Die in dem Luftsack enthaltene Luftblase läßt daher bei den größeren Arten eine schon mit bloßem Auge sichtbare Zweitheilung erkennen; der obere größere Abschnitt der Blase ist in dem Luftsack, der untere kleinere ist in dem Lufttrichter gelegen.

Die innere, den Luftsack auskleidende Ectodermlage bildet sich frühzeitig zu einem Plattenepithel aus und scheidet bereits an dem

[6] Um nur ein Beispiel anzuführen, so sei erwähnt, daß Korotneff die Auskleidung des Gastrovascularraumes in der Umgebung der Luftflasche auf den Figg. 91 und 92 als Ectoderm bezeichnet!

Embryo eine zarte Chitinlamelle ab, welche von Claus »Luftflasche« benannt wird. An der Trichterpforte findet die Secretion des Chitins so rege statt, daß hier ein förmlicher Chitinring als die Trichterpforte verengender Basaltheil der Luftflasche auftritt. Nie wird in dem Lufttrichter eine Chitinlamelle abgeschieden; die chitinige Luftflasche findet also ihren Abschluß mit dem Chitinring. Bei *Rhizophysa* findet sich außer dieser dem Stamme zugekehrten weit klaffenden Öffnung der Flasche noch eine zweite kleinere Öffnung am oberen Pole, da hier der Luftraum mit der Außenwelt durch einen Porus communicirt.

Stets ist die Ectodermbekleidung des Lufttrichters mehrschichtig. Die den Luftraum begrenzenden Zellen sind klein und von einem feingranulirten Plasma erfüllt; an dem lebenden Thiere besitzt diese Zellenlage einen characteristischen Stich in das Grünlich-Gelbe. Die unterliegenden vacuolisirten Ectodermzellen nehmen allmählich an Größe zu und pressen sich, Pflanzenparenchym gleichend, polyedrisch ab. Die den Trichter nach der Leibeshöhle begrenzenden Entodermzellen sind bei fast allen Arten von cylindrischer Form. Da eine Chitinlage in dem Trichter fehlt, so giebt es sich leicht, daß bei starkem Druck auf den Luftsack das Zellenpolster reißt. Hieraus erklären sich die irrigen Angaben mancher früherer Beobachter über eine freie Communication zwischen Luftflasche und dem Hohlraum des Stammes.

Im Übrigen bietet der Bau des Lufttrichters mannigfache und für die einzelnen Arten sehr characteristische Abweichungen dar. Ich schildere seine Structur, wie sie sich aus Längs- und Querschnitten ergiebt[7] von einigen typischen Physophoriden.

Am einfachsten ist sein Bau bei *Apolemia uvaria*. Ihr fehlen bekanntlich die Septen, und der Luftsack hängt frei in der Leibeshöhle. Die Entodermbekleidung des Trichters und des untersten Theiles des Luftsackes besteht aus langen, gelegentlich in Gruppen fächerförmig ausstrahlenden Entodermzellen, deren freie abgerundete Kuppen mit feinkörnigem Plasma erfüllt sind. Die durch eine zarte Stützlamelle getrennten Ectodermzellen des Trichters bilden ein dickes mehrschichtiges Polster. Die Zellen nehmen allmählich gegen die Stütz-

[7] Die übliche Einbettung in Paraffin bedingt meist derartige Schrumpfungen, daß Zerrbilder entstehen. Weit schonender wirkt die leider fast ganz außer Gebrauch kommende Einbettung in Alkoholseife. Ein Theil der irrigen Angaben von Korotneff ist durch die bei Paraffineinbettung eintretenden Veränderungen bedingt, ein anderer Theil allerdings auch dadurch, daß er einzelne Querschnitte ohne Controlle an Längsschnitten der Beschreibung zu Grunde legt. Wenn er z. B. die Luftflasche der *Forskalia* als auffällig dickwandig im Vergleich mit jener von *Halistemma* schildert, so rührt diese Angabe daher, daß der abgebildete Querschnitt zufällig gerade durch den Chitinring geführt wurde.

lamelle an Größe zu, doch stecken auch zwischen den oberflächlichen fein granulirten Zellen hier und da merklich größere Ectodermzellen.

Ein Theil dieses Ectodermpolsters beginnt schon bei jungen Thieren secundär sich über den Chitinring vorzuschieben und bildet bei den erwachsenen Exemplaren eine mehrschichtige Zellenlage, welche, allmählich sich verflachend, das untere Viertel der Luftflasche auskleidet. Dieses secundär über den Chitinring sich wegschiebende, den unteren Theil der Luftflasche auskleidende und die Luft abscheidende Ectoderm hat Korotneff als rudimentären Magen gedeutet. Daß die Deutung eine verfehlte ist, brauche ich nicht besonders zu betonen; das secundäre Ectoderm ist nicht durch eine Stützlamelle von dem Ectodermpolster des Lufttrichters getrennt, sondern geht eben so allmählich in dasselbe über, wie andererseits das letztere wieder allmählich unterhalb des Chitinringes in das ectodermale Plattenepithel verstreicht.

Indem ich kurz erwähne, daß auch bei den Gattungen *Forskalia* und *Agalma* das mehrschichtige secundäre Ectoderm in ähnlicher Weise wie bei *Apolemia* entwickelt ist, so schildere ich eingehender den Bau des Lufttrichters bei *Stephanomia picta* (=*Halistemma Tergestinum* Claus). Nur bei den Embryonen besitzt der Trichter eine durch die Trichterpforte mit der Luftflasche communicirende Höhlung. Letztere ist bei dem erwachsenen Thiere mit großen saftreichen Ectodermzellen erfüllt, die sich gegenseitig polyedrisch abplatten oder über den Chitinring kolbenförmig ausgezogen in den Luftsack hereinragen. Ziemlich scharf heben sich von ihnen die übrigen feinkörnigen kleinen Ectodermzellen ab, die als oberflächlicher Belag der großen Zellen das untere Viertel der Luftflasche decken. Doch noch eine weitere Eigenthümlichkeit zeichnet *Stephanomia* aus. Schon an dem lebenden Thiere fällt es auf, daß die Septen in der Höhe des Lufttrichters kolbig angeschwollen sind. Claus giebt an, daß acht Septen auftreten, während ich bei dem in Querschnitte zerlegten Exemplare deren sieben finde. Es scheint also die Zahl der Septen, ähnlich wie bei den vorher erwähnten Gattungen, schwankend zu sein. Die eben erwähnte Anschwellung an der Basis der Septen, wird nun dadurch bedingt, daß die großen Ectodermzellen des Lufttrichters zwischen die Entodermzellen eindringen und einen soliden Zellenpfropf bilden, der durch die Stützlamelle von den cylindrischen Entodermzellen getrennt ist.

Die eben erwähnten Structurverhältnisse bieten den Schlüssel zum Verständnis des eigenthümlichen und bisher unrichtig beurtheilten Baues der Pneumatophore von *Physophora hydrostatica* dar.

Die Zahl der Septen ist schwankend, doch scheint die Grundzahl acht die herrschende zu sein. Wie Claus und Korotneff angeben, so bergen die Septen ein secundäres System von ramificirten Gefäßen, welche nach Korotneff auch in dem sogenannten Magen sich verzweigen. Diese vermeintlichen »Septencanäle« repräsentiren verästelte solide Zellenschläuche, welche aus Ectodermzellen gebildet von dem Lufttrichter aus zwischen die Septen sowohl, wie zwischen die feinkörnigen secundär in das untere Viertel der Luftflasche wuchernden Ectodermzellen vordringen. Sie sind durchaus homolog den Zellschläuchen, welche soeben von *Stephanomia* erwähnt wurden. Übergangsformen zwischen den großen Zellen und dem feinkörnigen Epithel finden sich reichlich in dem Lufttrichter. Da diese Zellenschläuche in den Septen häufig aus einem kleinzelligen Wandbelag und aus großen centralen Zellen bestehen, welch' letztere von Korotneff übersehen wurden, so erklärt sich seine Angabe, daß sie gefäßartige Räume repräsentiren.

(Schluß folgt.)

4. Über eine in der Harnblase von Salamandra maculosa gefundene Larve derselben Species.

Von Dr. C. Zelinka, Privatdocenten an der Universität Graz.

eingeg. 8. August 1887.

Im Frühjahre 1886 fand ich bei der Section eines weiblichen Exemplares von *Salamandra maculosa*, welches mittels Chloroform getödtet worden war, in der Harnblase eine lebende Larve derselben Art. Die herzförmige Harnblase war prall gefüllt, groß und hatte einen Längendurchmesser von $3^1/_2$ cm, und eine Breite von 4 cm. Außer dem bei Amphibien bekannten Blutgefäßreichthum der Blase fiel der Blasenhals durch seine entzündete rothe Farbe auf, welche durch zahlreiche radiär verlaufende und stark entwickelte Gefäße bewirkt wurde. Die Blase war unverletzt, wie ihr stark gefüllter Zustand bewies.

Die Ovarien waren groß, traubig, also sehr entwickelt, es fehlten aber in den Oviducten sowohl Eier wie Embryonen; auch in dem undurchsichtigen Uterus waren keine Eier und keine Embryonen zu finden, sondern dieser Theil des Oviductes zeigte sich, ohne die characteristische Erweiterung zu besitzen, nur wenig dicker als dessen obere Partie. Das secirte Thier war schon mehr als acht Tage in Gefangenschaft gehalten worden, in welcher Zeit ein Absetzen von Embryonen nicht stattgefunden hatte.

Die aufgefundene Larve wurde von mir nach Eröffnung der Harnblase in frisches Wasser gesetzt, lebte aber nur kurze Zeit, da, wie ich vermuthe, die Einwirkung des zur Tödtung des Mutterthieres verwendeten Chloroforms durch das Blut auch auf den flüssigen Inhalt der Harnblase und auf die darin befindliche Larve sich erstreckte.

Die Larve war $2^1/_2$ cm lang, pigmentirt, vollständig normal entwickelt, mit Kiemen und vier Füßen versehen, also so beschaffen, wie alle lebendig geborenen Larven von *Salamandra maculata*. Der Aufenthalt in der Harnblase ist jedenfalls so zu erklären, daß während des Ausstoßens des Embryo nach Platzen der Eihaut die Larve zufällig durch den engen Blasenhals in die Blase gedrängt und daselbst zurückbehalten wurde, indem sie selbst nicht im Stande war, den Ausweg zu finden und zu erzwingen. Die vorausgegangene Ausstoßung der Embryonen hatte aber nach dem Zustande der Oviducte zu urtheilen und wie die Beobachtung während der mehr als achttägigen Gefangenschaft lehrte, schon vor dieser Zeit stattgefunden. Es liegt demnach die Thatsache vor, daß die mit Kiemenathmung versehene Larve jedenfalls längere Zeit in der klaren, nur schwach gefärbten Blasenflüssigkeit lebte.

Der Einwurf, welchen man meiner Vermuthung über die Zeitdauer des Aufenthaltes der Larve in der Harnblase machen könnte, daß nämlich diese Larve allein erzeugt und erst kurz vor der Tödtung des Thieres in diesen Raum gepreßt worden sein könnte, erfährt dadurch eine Widerlegung, daß nach den Angaben zahlreicher Beobachter die Menge der gleichzeitig ausgestoßenen »larvenreifen« Eier oder Embryonen zwar sehr verschieden, jedoch im Minimum 10—12, im Maximum ca. 100, im Mittel 30—50 betrage, wie z. B. Fatio in seiner »Faune des vertébrés de la Suisse« T. 3. p. 497 und Andere angeben. Das gänzliche Fehlen von Eiern und Embryonen im Oviducte beweist daher, daß die Legeperiode schon vorüber war, als das Thier gefangen wurde.

Ob nun das Leben der Larve in der Flüssigkeit der Blase nur auf Rechnung der Lebenszähigkeit des Thieres oder in der Respirabilität der Flüssigkeit gelegen sei, müßten Experimente, vor Allem aber die genaue Untersuchung des Harnblaseninhaltes auf seine Zusammensetzung und seinen Gehalt an Gasen darlegen, wodurch die Frage entschieden würde, ob der Amphibienharn bei dem beachtenswerthen Umstande, daß die Ureteren mit der Harnblase nicht in Verbindung stehen, sondern der Harn erst durch Vermittelung der Cloake in die Blase gelangen kann, wo er doch aus der Cloake eben so rasch den Körper verlassen könnte, in seiner Bestimmung dem Harne höherer Thiere vollkommen gleichwerthig ist.

Druck von Breitkopf & Härtel in Leipzig.

Zoologischer Anzeiger

herausgegeben

von Prof. **J. Victor Carus** in Leipzig.

Verlag von Wilhelm Engelmann in Leipzig.

X. Jahrg. | 10. October 1887. | No. 262.

Inhalt: I. **Litteratur.** p. 517—528. II. **Wissensch. Mittheilungen.** 1. **Weliky,** Über die Lymphherzen bei *Triton taeniatus.* 2. **Chun,** Zur Morphologie der Siphonophoren. 1. (Schluß.) 3. **Leichmann,** Über Bildung von Richtungskörpern bei Isopoden. 4. **Leydig,** Das Parietalorgan der Wirbelthiere. III. **Mittheil. aus Museen, Instituten etc.** 1. **Linnean Society of New South Wales.** IV. **Personal-Notizen.** Necrolog.

I. Litteratur.

18. Vertebrata.

c) Reptilia.

(Fortsetzung.)

Cope, E. D., Brazilian Reptilia. Abstr. in: Amer. Naturalist, Vol. 21. No. 4. p. 388—389.

Dollo, L., Note on the Reptiles and Batrachians collected by Captain Em. Storms in the Tanganyika Region. in: Ann. of Nat. Hist. (5.) Vol. 19. Febr. p. 167—168.
(Bull. Mus. Roy. Belg.) — s. Z. A. No. 248. p. 184.

Garman, Sam., The Reptiles of Bermuda. in: Jones and Goode, Contrib. Nat. Hist. Berm. Vol. 1. p. 285—303.
(5 sp. — With a List of the Sea Turtles (Chelonioidae), with Synonymy.)

Lidth de Jeude, Th. W., On a collection of Reptiles and Fishes from the West-Indies. With 1 pl. in: Notes Leyden Mus. Vol. 9. No. 1. Note VIII. p. 129—139.
(Reptil.: 15 [3 n] sp.; Amphib.: 5 sp.; Pisc.: 9 [1 n.] sp.)

Yarrow, H. C., Check List of North American Reptilia and Batrachia, with Catalogue of Specimens in U. S. National Museum. Washington. Govt. Print. Off., 1882. 8⁰. (VI, 249 p.) — Bull. U. S. Nation. Mus. No. 24. (Serial Number 30.)

Lydekker, R., On some Dinosaurian Vertebrae from the Cretaceous of India and the Isle of Wight. in: Ann. of Nat. Hist. (5.) Vol. 19. March, p. 240—241.

Boulenger, G. A., Catalogue of the Lizards in the British Museum (Natural History). 2. edit. Vol. 3. Lacertidae, Gerrhosauridae, Scincidae, Anelytropidae, Dibamidae, Chamaeleontidae. With 40 pl. London, 1887. 8⁰. (XII, 575 p.)
(Vol. 1. 2. 1885, 1886.)

Cope, E. D., American Triassic Rhynchocephalia. in: Amer. Naturalist, Vol. 21. No. 5. p. 468.

Koken, E., Über das Quadratojugale der Lacertilier. in: Sitzgsber. Ges. Nat. Fr. Berlin, 1887. No. 3. p. 33—34.

Cope, E. D., An Analytical Table of the Genera of Snakes. in: Proc. Amer. Philos. Soc. Philad. Vol. 23. No. 124. p. 479—499.

Carlsson, Albertina, Untersuchungen über Gliedmaßen-Reste bei Schlangen. Mit 3 Taf. Meddel. från Stockholms Högskola, No. 41. Stockholm, 1886. 8⁰. (38 p.) — Bihang till K. Svensk. Vet.-Akad. Handl. 11. Bd. No. 11.

Ficalbi, E., Nota istologica sugli spazi intersquamosi della pelle dei serpenti. in: Atti Soc. Tosc. Sc. Nat. Pisa, Proc. verb. Vol. 5. p. 223—224.

Boulenger, G. A., A Synopsis of the Snakes of South Africa. in: The Zoologist, (3.) Vol. 11. May, p. 171—182.

Mocquard, F., Sur les Ophidiens rapportés du Congo par la mission de Brazza. in: Bull. Soc. Philom. Paris, (7.) T. 11. No. 1. p. 62—92.
(21 [4 n.] sp.)

Baur, G., On the Morphogeny of the Carapace of the Testudinata. in: Amer. Naturalist, Vol. 21. No. 1. p. 89.

List, J. H., Zur Kenntnis des Blasenepithels einiger Schildkröten (*Testudo graeca* und *Emys europaea*). Mit 1 Taf. in: Arch. f. mikrosk. Anat. 28. Bd. 4. Hft. p. 416—421.

Lortet, L., Observations sur les Tortues terrestres et paludines du bassin de la Méditerranée. Avec 8 pls. in: Arch. Mus. d'Hist. Nat. Lyon, T. 4. p. 1—26.

Philippi, R. A., Vorläufige Nachricht über die chilenischen Seeschildkröten und einige Fische der chilenischen Küste. in: Zool. Garten, 28. Jahrg. No. 3. p. 84—88.

Pilliet, Alex., Plaques osseuses dermiques des Tortues et des Tatoues (Suite et fin.) in: Bull. Soc. Zool. France, T. 11. No. 5/6. p. 649—651.
(s. Z. A. No. 239. p. 705.)

Vaillant, Léon, Sur la coloration des petits au moment de l'éclosion chez la Vipère (*Bothrops glaucus*, Linn.). in: Bull. Soc. Philom. Paris, (7.) T. 11. No. 1. p. 48—49.

Boulenger, G. A., Description of a new Snake, of the genus *Calamaria* [*C. Lovii*] from Borneo. in: Ann. of Nat. Hist. (5.) Vol. 19. March, p. 169—170.

Boulenger, G. A., On a new Family of Pleurodiran Turtles [*Carettochelydidae*]. in: Ann. of Nat. Hist. (5.) Vol. 19. March, p. 170—172.

Hay, O. P., The Massasauga [*Caudisona tergemina*] and its habits. in: Amer. Naturalist, Vol. 21. No. 3. p. 211—218.

Huxley, Thom. H., Preliminary Note on the fossil remains of a Chelonian Reptile, *Ceratochelys sthenurus*, from Lord Howe's Island, Australia. With 6 figg. in: Nature, Vol. 35. No. 913. p. 615—617.

Boulenger, G. A., Remarks on Prof. W. K. Parker's paper on the Skull of the Chamaeleons. in: Proc. Zool. Soc. London, 1886. IV. p. 543.

Davis, Will. T., Color of the Eyes as a sexual characteristic in *Cistudo*. in: Amer. Naturalist, Vol. 21. No. 1. p. 88—89.

Lydekker, R., On a new Emydine Chelonian from the Pliocene of India [*Clemmys Watsoni* n. sp.]. With 1 pl. in: Quart. Journ. Geol. Soc. London, Vol. 42. p. 540—541.

Mocquard, F., Sur une nouvelle espèce d'*Elaps* (*E. heterochilus*). in: Bull. Soc. Philom. Paris, (7.) T. 11. No. 1. p. 39—41.

Owen, Sir Rich., On the Skull and Dentition of a Triassic Saurian, *Galesaurus planiceps.* With 1 pl. in: Quart. Journ. Geol. Soc. London, Vol. 43. P. 1. p. 1—6. — Abstr. in: Ann. of Nat. Hist. (5.) Vol. 19. March, p. 232 —233.

Strauch, Alex., Bemerkungen über die *Geckoniden*-Sammlung im Zoologischen Museum der Kaiserlichen Akademie der Wiss. zu St. Petersburg. Mit 1 lith. Taf. St. Petersburg, 1887. 4⁰. (72, II p.) in: Mém. Acad. Imp. Sc. St. Pétersb. T. 35. No. 2. — ℳ 2, 30.
(13 n. sp.; n. g. *Cnemaspis.*)

Boulenger, G. A., Remarks on Dr. Strauch's Catalogue of the Geckos in the Zoological Museum of the Imperial Academy of St. Petersburg. With 5 cuts. in: Ann. of Nat. Hist. (5.) Vol. 19. May, p. 383—388.

Fischer, Joh. von, Über einige Geckonen der circummediterranen Fauna in der Gefangenschaft und im Freileben. in: Zoolog. Garten, 28. Jahrg. No. 4/5. p. 118—128.

Mocquard, F., Du genre *Heterolepis* et des espèces qui le composent, dont trois nouvelles. in: Bull. Soc. Philom. Paris, (7.) T. 11. No. 1. p. 5 —34.

Koken, E., Zwei Schädel von *Jacare nigra* Gray. in: Sitzgsber. Ges. Nat. Fr. Berlin, 1887. No. 3. p. 31—33.

Hulke, J. W., On the Maxilla of *Iguanodon.* With 1 pl. in: Quart. Journ. Geol. Soc. London, Vol. 42. p. 435—436. — Abstr. in: Ann. of Nat. Hist. (5.) Vol. 19. March, p. 230.

Strahl, H., Die Dottersackswand und der Parablast der Eidechse. Mit 1 Taf. und 10 Holzschn. in: Zeitschr. f. wiss. Zool. 45. Bd. 2. Hft. p. 282 —307.

Picaglia, Lu., e Pa. Parenti, Della distribuzione delle tre specie di lucertole, esistenti nel Modenese. (Modena, 1886. 8⁰. 1 p.) Estr. dagli Atti Soc. Natural. Modena, (3.) Vol. 3. Rendicont.

Lacerta viridis, Urogenitalsystem. v. supra Amphibia: *Rana esculenta,* J. v. Perényi.

Oldham, R. D., Supposed suicide of the Cobra. in: Nature, Vol. 35. No. 911. p. 560.

Boulenger, G. A., Notes on the Osteology of the genus *Platysternum.* With 2 pl. in: Ann. of Nat. Hist. (5.) Vol. 19. June, p. 461—463.

Fischer, J. von, *Plestiodon Aldrovandi* Dum. & Bibr. Früchte fressend. in: Humboldt (Dammer), 1887. 1. Hft. p. 24—25.

Hulke, J. W., Supplementary Note on *Polacanthus Foxii,* describing the Dorsal and some parts of the Endoskeleton, imperfectly known in 1881. in: Proc. R. Soc. London, Vol. 42. No. 251. p. 16.

Seeley, H. G., On *Proterosaurus Speneri* (von Meyer). in: Proc. R. Soc. London, Vol. 42. No. 252. p. 86.

Fritsch, Ant., Berichtigung betreffend die Wirbelsäule von *Sphenodon* (*Hatteria*). in: Zool. Anz. 10. Jahrg. No. 245. p. 115—116.

Baur, G., Erwiederung an Herrn Dr. A. Günther [*Sphenodon* betr.]. in: Zool. Anz. 10. Jahrg. No. 245. p. 120—121.

Boulenger, G. A., On the South-African Tortoises allied to *Testudo geometrica.* With 2 pl. in: Proc. Zool. Soc. London, 1886. IV. p. 540—542.
(7 sp., 3 n. sp.)

Poulton, Edw. P., The Gecko [*Tarantola mauritanica*] moves its upper jaw. With fig. in: Nature, Vol. 35. No. 909. p. 511—512.

Lydekker, R., On the occurrence of the Crocodilian genus *Tomistoma* in the

Miocene of the Maltese Islands. With 1 pl. in: Quart. Journ. Geol. Soc. London, Vol. 42. p. 20—21.

Tropidosaura algira. v. *Zerzumia Blanci,* Joh. v. Fischer.

Lachmann, H., Gefangenleben der Kreuzotter. in: Zool. Garten, 28. Jahrg. No. 1. p. 29—30.

Larken, E. P., Varieties of the Viper [*Pelias berus*]. in: The Zoologist, (3.) Vol. 11. June, p. 237.

Snape, Mart., Adders [*Vipera*] in Winter. in: The Zoologist, (3.) Vol. 11. Apr. p. 154—155.

Fischer, Joh. von, Über die Kielechsen (*Zerzumia Blanci* Lataste und *Tropidosaura algira* L.) und eine Varietät der letzteren, *Trop. alg.* var. *Nollii* v. F. Mit 2 Abbild. in: Zool. Garten, 28. Jahrg. No. 3. p. 65—74.

d) **Aves.**

Auk, The. A Quarterly Journal of Ornithology. Vol. 4. 1887. (4 Nos.) Printed for the American Ornithologists' Union. New York, L. S. Foster, 1887. 8⁰.

Ibis, The, a Quarterly Journal of Ornithology. Ed. by Phil. L. Sclater and How. Saunders. 5. Ser. Vol. 5. No. 17. Jan. No. 18. Apr. 1887. London, van Voorst, 1887. 8⁰. à 6 s.

Journal für Ornithologie. Deutsches Centralorgan für die gesammte Ornithologie. In Verbindung mit der Allgemeinen Deutschen Ornithologischen Gesellschaft zu Berlin.. hrsg. von J. Cabanis. 34. Jahrg. 4. Folge. 14. Bd. 3. Hft. Juli, 1886 [Jan. 1887]. Mit 1 col. Taf. 4. Hft. October, 1886 [März 1887]. Mit 1 col. Taf. 35. Jahrg. 4. F. 15. Bd. 1. Hft. Mit 1 col. Taf. Leipzig, Kittler, 1886 [1887]. 1887. 8⁰. cplt. ℳ 20,—. (3.: p. 409—544, 4.: VI p., p. 545—637, 1.: p. 1—112.)

Mittheilungen des ornithologischen Vereins in Wien. Blätter für Vogelkunde, Vogel-Schutz u. -Pflege. Red. Frdr. Knauer. 11. Jahrg. 1887. (12 Nrn.) Wien, Frick in Comm., 1887. gr. 4⁰. ℳ 12,—.

Ornis. Internationale Zeitschrift für die gesammte Ornithologie. Organ des permanenten internationalen ornithologischen Comité's. Hrsg. von R. Blasius und G. von Hayek. 2. Jahrg. 1886. 4. Hft. Mit 3 Taf. 3. Jahrg. 1887. 1. Hft. Wien, C. Gerold's Sohn, 1887. 8⁰. pro Jahrg. ℳ 8,—.

Zeitschrift für Ornithologie und praktische Geflügelzucht. Organ des Verbandes der ornithologischen Vereine Pommerns. Hrsg. vom Vorstande des ornithologischen Vereins zu Stettin. 6. (11.) Jahrg. 12 Nrn. Stettin, Frz. Wittenhagen, 1887. 8⁰. ℳ 2,50.

Gadow, Hs., Vögel. (Bronn's Klassen und Ordnungen, 6. Bd. 4. Abth.) 16./17. Lief. Leipzig & Heidelberg, C. F. Winter'sche Verlagshandlg. 1887. 8⁰. à ℳ 1,50.

Schalow, Herm., Der ornithologische Nachlaß Dr. Richard Böhm's. Gesichtet u. herausgegeben. in: Journ. f. Ornithol. 34. Jahrg. 3. Hft. p. 409—436.

Reichenow, Ant., und Hrm. Schalow, Compendium der neu beschriebenen Gattungen und Arten. (Fortsetz.) in: Journ. f. Ornithol. 34. Jahrg. 3. Hft. p. 436—452.

(s. Z. A. No. 230. p. 492.)

Carazzi, Dav., Appunti ornitologici. Estr. dal Bull. Soc. Natural. Napoli, 1. Ser. Vol. 1. Anno 1. Fasc. 1. 1887. (3 p.)

Clodius, G., Ornithologische Mittheilung. in: Arch. d. Ver. d. Fr. d. Naturgesch. Mcklbg. 40. Jahr. p. 136.

Soldat, J. F., Ornithologische Mittheilungen. in: Arch. d. Ver. d. Fr. d. Naturgesch. Mcklbg. 40. Jahr. p. 100.

Leverkühn, Paul, Über Farbenvarietäten bei Vögeln. I. Aus den Museen in Hannover, Hamburg und Kopenhagen. in: Journ. f. Ornithol. 35. Jahrg. (4. F. 15. Bd.) 1. Hft. p. 79—86.

Shufeldt, R. W., The Camera and Field Ornithology. in: The Auk, Vol. 4. No. 2. p. 168—169.

Ridgway, Rob., Catalogue of the Aquatic and Fish-eating Birds exhibited by the U. S. National Museum. in: Descript. Catalog. Rep. Exhib. U. S. p. 139—184 [p. 1—46].

Boecker-Wetzlar, W., Unsere beliebtesten einheimischen Stubenvögel, ihre Wartung und Pflege. Nebst Nachrichten über An- und Verkauf etc. Ilmenau und Leipzig, A. Schröter's Verlag, 1887. 8⁰. (VIII, 224 p.) ℳ 2,—.

Parker, W. K., On the Morphology of Birds. (Abstr.) in: Nature, Vol. 35. No. 901. p. 331—333.

Postma, G., Bijdrage tot de Kennis van den bouw van het darmkanal der Vogels. Leiden, 1887. 8⁰. (132 p.)

Cazin, Maur., Glandes gastriques à mucus et à ferment chez les Oiseaux. in: Compt. rend. Ac. Sc. Paris, T. 104. No. 9. p. 590—592.

—— Le développement embryonnaire de l'estomac des Oiseaux. in: Bull. Soc. Philom. Paris, (7.) T. 11. No. 2. p. 99—102.

Bird, Maur. C. H., On the Wing-spur of the Coot, Moorhen and Water Rail. in: The Zoologist, (3.) Vol. 11. March, p. 107—108.

Marey, E. J., Mouvements de l'aile de l'oiseau représentés suivant les trois dimensions de l'espace. Avec 5 figg. in: Compt. rend. Ac. Sc. Paris, T. 104. No. 6. p. 323—330.

Magnien, L., Étude des rapports entre les nerfs craniens et le sympathique céphalique chez les Oiseaux. in: Compt. rend. Acad. Sc. Paris, T. 104. No. 1. p. 77—79.

Canfield, Will. B., Vergleichende anatomische Studien über den Accommodationsapparat des Vogelauges. Mit 3 Taf. in: Arch. f. mikrosk. Anat. 28. Bd. 2. Hft. p. 121—170.

Gruenhagen, A., Über den Einfluß des Sympathicus auf die Vogelpupille. in: Pflüger's Arch. f. d. ges. Physiol. 40. Bd. 1./2. Hft. p. 65—68.

Studer, Th., Über Embryonalformen einiger antarctischer Vögel. in: Mittheil. Naturforsch. Ges. Bern, 1886. p. XXV—XXVI.

Liebermann, Leo, Embryo-chemische Untersuchungen. in: Math. u. naturw. Berichte aus Ungarn, 4. Bd. p. 66—77.
(Hühnerei.)

Nathusius, W. von, Die Kalkkörperchen der Eischalen-Überzüge und ihre Beziehungen zu den Harting'schen Calcosphaeriten. in: Zool. Anz. 10. Jahrg. No. 252. p. 292—296.

Krohn, H., Eiformen. in: Zool. Garten, 28. Jahrg. No. 4/5. p. 115—118.

Goss, N. S., What constitutes a Full Set of Eggs? in: The Auk, Vol. 4. No. 2. p. 167—168.

Seebohm, Henry, Birds' Nests and Eggs. in: The Zoologist, (3.) Vol. 11. Apr.

p. 137—139. — [Abstr. of a Lecture.] in: Nature, Vol. 35. No. 897. p. 236—237.

Rope, G. T., Birds which Sing or Call at Night. in: The Zoologist, (3.) Vol. 11. Febr. p. 73—74.

Meyer, A. B., Über den Fang der Sturmvögel auf hoher See. in: Zoolog. Garten, 28. Jahrg. No. 4/5. p. 97—101.

Aplin, Oliver V., Birds observed in North Devon. in: The Zoologist, (3.) Vol. 11. Febr. p. 71.

Backhouse, Jam., Observations in the Eastern Pyrenees. in: The Ibis, (5.) Vol. 5. No. 66—74.

Barboza du Bocage, J. V., Oiseaux nouveaux [2] de l'ile St. Thomé. in: Jorn. Sc. Math. Phys. Lisboa, T. 11. No. 44. p. 250—253.

Beckham, Ch. Wickl., Scarcity of adult Birds in Autumn. in: The Auk, Vol. 4. No. 1. p. 79—80.

—— Additional Notes on the Birds of Pueblo County, Colorado. ibid. No. 2. p. 120—125.

Berlepsch, Hs. von, Systematisches Verzeichnis der von Herrn Ricardo Rohde in Paraguay gesammelten Vögel. Mit 1 Taf. in: Journ. f. Ornithol. 35. Jahrg. (4. F. 15. Bd.) 1. Hft. p. 1—37.
(116 [1 n.] sp.)

Bianchi, V., Zur Ornis der westlichen Ausläufer des Pamir und des Alai. in: Bull. Acad. Imp. Sc. St. Pétersbg. T. 31. Déc. 1886. p. 337—396. — Mélang. biolog. T. 12. Livr. 5. p. 599—683.
(136 sp.)

Blakiston, T. W., Water-Birds of Japan. in: Proc. U. S. Nation. Mus. Vol. 9. 1886. p. 652—656. (publ. 1887.)

Bowker, J. H., Notices on the migration of birds in Durban, Natal. in: Ornis, Internat. Zeitschr. f. d. ges. Ornith. 2. Jahrg. 4. Hft. p. 615—617.

Brewster, Will., Three new forms of North American Birds. in: The Auk, Vol. 4. No. 2. p. 145—149.

Büttikofer, J., On a collection of Birds made by Dr. C. Klaesi in the Highlands of Padang (W. Sumatra) during the winter 1884—1885. in: Notes Leyden Mus. Vol. 9. No. 1. Note I. p. 1—96.
(189 [1 n.] sp.)

Chadbourne, Arth. P., A List of the Summer Birds of the Presidential Range of the White Mountains, N. H. in: The Auk, Vol. 4. No. 2. p. 100—108.
(47 sp.)

Chapman, Alfr. Crawhall, On the Habits and Migrations of Wildfowl. in: The Zoologist, (3.) Vol. 11. Jan. p. 3—21.

Cooper, J. G., Additions to the Birds of Ventura County, California. in: The Auk, Vol. 4. No. 2. p. 85—94.

Cory, Ch. B., The Birds of the West Indies, including the Bahama Islands, the Greater and the Lesser Antilles, excepting the islands of Tobago and Trinidad. Contin. in: The Auk, Vol. 4. No. 1. p. 37—51. No. 2. p. 108—120.
(s. Z. A. No. 249. p. 204.)

—— A List of the Birds collected by Mr. W. B. Richardson, in the Island of Martinique, West Indies. ibid. No. 2. p. 95—96.

Deditius, Carl, Die ornithologischen Ergebnisse der N. Przewalsky'schen Reisen von Saisan über Chami nach Tibet u. am obern Lauf des Gelben

Flusses in den Jahren 1879 u. 1880. Aus dem russischen Originalwerke des Reisenden ausgezogen u. übersetzt. in: Journ. f. Ornithol. 34. Jahrg. 3. Hft. p. 524—543.

Drummond Hay, H. M., Report on the Ornithology of the East of Scotland. Additional Remarks. in: The Scott. Naturalist, N. S. Vol. 3. Jan. p. 18—19.

Dubois, A., Compte rendu des observations ornithologiques faites en Belgique pendant l'année 1885. in: Bull. Mus. R. Hist. Nat. Belg. T. 4. No. 4. p. 177—210.

Dwight, Jonath., Summer Birds of the Bras d'or region of Cape Breton Island, Nova Scotia. in: The Auk, Vol. 4. No. 1. p. 13—16.

Ellison, Allan, Albino Birds in Co. Wicklow. in: The Zoologist, (3.) Vol. 11. May, p. 193.

Evermann, W., Some rare Indiana Birds. in: Amer. Naturalist, Vol. 21. No. 3. p. 290—291.

Feilden, H. W., Additions to the Avifauna of the Faeroe Islands. in: The Zoologist, (3.) Vol. 11. Febr. p. 73.

Ferragni, Odoardo, Supplemento all' avifauna cremonese. Cremona, Tip. Rongi e Signori, 1886. 8⁰. (11 p.)
(v. Z. A. No. 222. p. 266.)

Fitzgerald, J. R., Albino Birds observed in the Harrogate District. in: The Zoologist, (3.) Vol. 11. March, p. 110.

Goss, N. S., Additions to the Catalogue of the Birds of Kansas. in: The Auk, Vol. 4. No. 1. p. 7—11.

Gröndal, Bened., Ornithologischer Bericht von Island (1886). in: Ornis, Internat. Zeitschr. f. d. ges. Ornith. 2. Jahrg. 4. Hft. p. 601—614.

Gurney, John Henry, A List of Birds collected by Mr. Walter Ayres in Transvaal and in Umzeilla's Country lying to the North-east of Transvaal, between the 23. and 24. degrees of South Latitude and the 32. and 33. of East Longitude, with Notes by the Collector. in: The Ibis, (5.) Vol. 5. No. 17. p. 47—64.

—— Ornithological Notes from North Norfolk. in: The Zoologist, (3.) Vol. 11. Apr. p. 140—142.

Hanf, Blas., Ornithologische Beobachtungen am Furtteiche und dessen Umgebung von Juni bis December 1886. in: Mittheil. Naturwiss. Ver. Steiermark, 1886. p. 69—73.

Hartert, Ernst, Ornithologische Ergebnisse einer Reise in den Niger-Benuë-Gebieten. in: Journ. f. Ornithol. 34. Jahrg. 4. Hft. p. 570—613.
(187 [1 n.] sp.)

Hartlaub, G., Dritter Beitrag zur Ornithologie der östlich-aequatorialen Gebiete Africas. Mit 4 Taf. in: Zoolog. Jahrbb. Spengel, 2. Bd. 2. Hft. p. 303—348.
(4 n. sp.)

Hartwig, W., Die Vögel Madeiras. in: Journ. f. Ornithol. 34. Jahrg. 3. Hft. p. 452—486.

König, A., Die Vogelwelt auf der Insel Capri. in: Journ. f. Ornitholog. 34. Jahrg. 3. Hft. p. 487—524.

Langdon, F. W., August Birds of the Chilhowee Mountains, Tennessee. in: The Auk, Vol. 4. No. 2. p. 125—133.

Löwis, Osk. von, Unsere bemerkenswerthesten Singvögel. in: Baltische Monatsschr. 34. Bd. 3. Hft. p. 200—222. 4. Hft. p. 294—335.

Lucas, Fred. A., Notes of a Bird Catcher. in: The Auk, Vol. 4. No. 1. p. 1—6.

MacFarlane, J. R. H., Notes on Birds in the Western Pacific, made in H. M. S. ,Constance', 1883—1885. in: The Ibis, (5.) Vol. 5. No. 18. Apr. p. 201—215.

McIlwraith, Thom., The Birds of Ontario. Hamilton, Ontario, 1887. 8⁰. (320 p.)

Macpherson, H. A., The Birds of Skye, with special reference to the parish of Duirinish. P. I. 1886. in: Proc. R. Phys. Soc. Edinb. Vol. 9. P. 1. p. 118—143.

Marshall, Will., Deutschlands Vogelwelt im Wechsel der Zeit. Hamburg, J. F. Richter, 1887. 8⁰. (Virchow u. Holtzendorff, Samml. gemeinverst. wiss. Vorträge, N. F. 1. Serie, Hft. 16.) (48 p.; p. 601—648.) ℳ 1,—.

Martin, Réné, Catalogue des Oiseaux de la Brenne. Ornithologie de l'arrondissement du Blanc. in: Bull. Soc. Zool. France, T. 12. 1. P. p. 1—96.

Maynard, C. J., Corrected descriptions of five new Species of Birds from the Bahamas. (Abstr. from ,The American Exchange and Mart and Household Journal' Vol. 3. No. 6. p. 69.) in: The Auk, Vol. 4. No. 2. p. 155.

Menzbier, M. A., Die Zugstraßen der Vögel im europäischen Rußland. Ausz. in: Naturforscher (Schumann), 20. Jahrg. No. 8. p. 68—69.

Meyer, A. B., und F. Helm, I. Jahresbericht (1885) der ornithologischen Beobachtungsstationen im Königreich Sachsen. Mit 1 Karte d. Kgr. Sachsen. Dresden, v. Zahn und Jaensch, 1886 [Jan. 1887]. 8⁰. (VIII, 82 p.) ℳ 5,—.

—— Liste der im Dresdner Museum sich befindenden, im Königr. Sachsen erlegten Vögel. Königl. Zoolog. Museum zu Dresden. Circular No. 6. (101 sp.)

Merriam, Clinton Hart, On a Bird new to Bermuda, with Notes upon several Species of rare or accidental occurrence. in: Jones and Goode, Contrib. Nat. Hist. Berm. Vol. 1. p. 281—284.

Mojsisovics, A. von, Über einige seltenere Erscheinungen in der Vogelwelt Österreich-Ungarns. in: Mittheil. Naturwiss. Ver. Steiermark, 1886. p. 74—86.

Müller, W., Die Vogelfauna des Großherzogthums Hessen. in: Journ. f. Ornithol. 35. Jahrg. (4. F. 15. Bd.) 1. Hft. p. 86—91.

Nielsen, P., Ornithologische Beobachtungen zu Eyrarbakki in Island. in: Ornis, Internat. Zeitschr. f. d. ges. Ornith. 3. Jahrg. 1. Hft. p. 157.

Olphe-Galliard, L., Contributions à la Faune ornithologique de l'Europe occidentale. Recueil comprenant les espèces d'oiseaux qui se reproduisent dans cette région ou qui s'y montrent régulièrement de passage, augmenté de la description des principales espèces exotiques les plus voisines des indigènes ou susceptibles d'être confondues avec elles ainsi que l'énumération des races domestiques. Fasc. VIII—XI. Anseres pinnipedes; Procellariidae; Stercorariinae; Larinae; Sterninae. XXXVII—XL. Gallinae, Tetraonidae, Perdicidae, Cursores. (255, 268 p.) Berlin, R. Friedländer & Sohn in Comm., 1886. 8⁰. ℳ 6,40; ℳ 5,60.

Platt, Franklin, A List of the Birds of Meriden, Conn. in: Trans. Meriden Scientif. Assoc. Vol. 2. 1885/1886. p. 30—53.

Ralph, Will. L., and Egbert Bagg, Annotated List of the Birds of Oneida

County, N. Y., and its immediate vicinity. in: Trans. Oneida Hist. Soc. Vol. 3. 1886. p. 101—147.

Reichenow, Ant., Dr. Fischer's Ornithologische Sammlungen während der letzten Reise zum Victoria Njansa. in: Journ. f. Ornithol. 35. Jahrg. (4. F. 15. Bd.) 1. Hft. p. 38—78.
(263 [22 n.] sp.)

Reid, Savile G., The Birds of Bermuda. in: Jones and Goode, Contrib. Nat. Hist. Berm. Vol. 1. p. 163—279.
(186 sp.)

Salvadori, Tomm., Catalogo delle collezioni ornitologiche fatte presso Siboga in Sumatra e nell' isola Nias del Signor Elio Modigliani. Genova, 1887. 8⁰. — Estr. dagli Ann. Mus. Civ. Stor. Nat. (2.) Vol. 4. p. 514—563.
(62 sp. dall' isola Nias [8 n. sp.].)

—— Elenco degli Uccelli italiani. in: Atti Mus. Civ. Stor. Nat. Genova, (2.) Vol. 3. (331 p.)

Scott, W. E. D., On the Avifauna of Pinal County, with Remarks on some Birds of Pima and Gila Counties, Arizona. With Annotations by J. A. Allen. Contin. in: The Auk, Vol. 4. No. 1. p. 16—24.
(s. Z. A. No. 249. p. 206.)

—— The present condition of some of the Bird Rookeries of the Gulf Coast of Florida. 1. Paper. ibid. No. 2. p. 135—144.

—— Some rare Florida Birds. ibid. p. 133—135.

Seebohm, Henry, Notes on the Birds of the Loo-choo Islands. With 1 pl. in: The Ibis, (5.) Vol. 5. Apr. p. 173—182.
(46 sp. [1 n. sp., 1 n. subsp.])

—— On the Breeding of Arctic Birds in Scotland. in: The Zoologist, (3.) Vol. 11. Jan. p. 21—23.

Sennett, Geo. B., Some undescribed plumages of North American Birds. in: The Auk, Vol. 4. No. 1. p. 24—28.

Sousa, Jos. Aug. de, Aves de Dahomey. in: Jorn. Sc. Math. phys. Lisboa, T. 11. No. 44. p. 217—219.
(16 sp.)

Stejneger, Leon., On a Collection of Birds made by Mr. M. Namiye in the Liu Kiu Islands, Japan, with descriptions of [4] new species. in: Proc. U. S. Nation. Mus. 1886. p. 634—651. (1887 publ.)
(4 n. sp.; n. g. *Icoturus*.)

—— Review of Japanese Birds. II. Tits and Nuthatches. ibid. Vol. 9. p. 374—394. III. Rails, Gallinules and Coots. ibid. p. 395—408.
(II.: n. g. *Remiza*.)

—— Review of Japanese Birds. ibid. Vol. 10. 1887. p. 4—5.
(IV. Synopsis of the genus *Turdus*. [1 n. sp.])

—— Birds of Kauai Island, Hawaiian Archipelago, collected by Mr. Valdemar Knudsen, with descriptions of new species. ibid. p. 75—(96).
(4 n. sp.)

Styan, F. W., On a Collection of Birds from Foochow. in: The Ibis, (5.) Vol. 5. No. 18. Apr. p. 215—234.
(143 sp.)

Sundevall, C. J., och J. G. H. Kinberg, Svenska Foglarna (Aves Scandinaviae). Häft 36—40. (Schluß.) Stockholm, 1887. qu.-4⁰. (p. 1165—1570.) ℳ 15,—.
(Das vollständige Werk 1846—1887 mit 84 col. Taf. ℳ 108,—.)

Swinburne, Spearman, Notes on Birds observed on various voyages between

England and the Cape of Good Hope. in: Proc. R. Phys. Soc. Edinb. Vol. 9. P. 1. p. 193—201.

Tait, Will. C., A List of the Birds of Portugal. in: The Ibis, (5.) Vol. 5. No. 17. p. 77—96. No. 18. p. 182—201.
(No. 1—45. — No. 46—110.)

Theobald, F. V., Phalaropes, Fulmar Petrel, and Montagu's Harrier near Hastings. in: The Zoologist, (3.) Vol. 11. Jan. p. 28.

Townsend, Ch. H., List of the Midsummer Birds of the Kowak River, Northern Alaska. in: The Auk, Vol. 4. No. 1. p. 11—13.

Treat, Willard E., Capture of three Rare Birds near Hartford, Conn. in: The Auk, Vol. 4. No. 1. p. 78.

Tristram, H. B., The Polar Origin of Life considered in its bearing on the Distribution and Migration of Birds. P. I. in: The Ibis, (5.) Vol. 5. No. 18. Apr. p. 236—242.

Tschusi zu Schmidhoffen, Vict. Ritter von, und Karl von Dalla-Torre, III. Jahresbericht (1884) des Comité's für ornithologische Beobachtungs-Stationen in Österreich-Ungarn. in: Ornis, Internat. Zeitschr. f. d. ges. Ornithologie. 3. Jahrg. 1. Hft. p. 1—156.

Wells, John Grant, A Catalogue of the Birds of Grenada, West Indies, with Observations thereon. in: Proc. U. S. Nation. Mus. Vol. 9. p. 609—633.

Williams & Son, Rare Birds in Ireland. in: The Zoologist, (3.) Vol. 11. Febr. p. 75—76.

Wilson, Scott B., Notes on some Swiss Birds. in: The Ibis, (5.) Vol. 5. No. 18. Apr. p. 130—150.

Winge, Oluf, III. Report on Birds in Danmark in 1885. in: Ornis, Internat. Zeitschr. f. d. ges. Ornith. 2. Jahrg. 4. Hft. p. 551—600.

Müller, Aug., Die antetertiären Vorfahren unserer Vögel. in: Journ. f. Ornith. 34. Jahrg. 4. Hft. p. 555—569.

Meyer, A. B., Notiz über in Ostsee-Bernstein eingeschlossene Vogelfedern. Mit 2 Holzschn. in: Schrift. Naturforsch. Ges. Danzig, N. F. 6. Bd. 4. Hft. p. 206—208.

Shufeldt, R. W., Classification of the Macrochires. in: The Auk, Vol. 4. No. 1. p. 80—82.

Stejneger, Leon., Classification of the Macrochires (Letter). in: The Auk, Vol. 4. No. 2. p. 170—171.

Shufeldt, R. W., Additional Notes upon the Anatomy of the *Trochili*, *Caprimulgi*, and *Cypselidae*. in: Proc. Zool. Soc. London, 1886. IV. p. 501—503.

Coester, C., Beobachtungen am Horst. in: Zool. Garten, 28. Jahrg. No. 3. p. 90—93.

Brewster, Will., The Redpolls [*Acanthis*] of Massachusetts. in: The Auk, Vol. 4. No. 2. p. 163—164.

Stejneger, Leonh., Further Notes on the genus *Acanthis*. in: The Auk, Vol. 4. No. 1. p. 30—35.

—— Supplementary Notes on the genus *Acanthis*. ibid. No. 2. p. 144—145.

Clarke, Wm. Eagle, Occurrence of *Agelaius phoeniceus* (L.) on the West Coast of England. in: The Auk, Vol. 4. No. 2. p. 162—163.

Alca torda. v. infra *Uria troile*, W. Brewster.

Maar, A., Illustrirtes Muster-Enten-Buch. Enthaltend das Gesammte der

Zucht und Pflege der domestizirten und der zur Domestikation geeigneten wilden Entenarten. In ca. 20 monatl. Liefer. (mit je 2 Farbendruck-Taf.). Hamburg, J. F. Richter, 1887. 4⁰. à Lief. ℳ 1,20.

Cordeaux, John, Distribution of the White-bellied Brent Goose [*Anser bernicla*]. in: The Zoologist, (3.) Vol. 11. Apr. p. 152.

Macpherson, H. A., Distribution of the White-bellied Brent-Goose [*Anser bernicla*]. in: The Zoologist, (3.) Vol. 11. Jan. p. 29.

Haigh, G. H., Variety of the Wild Duck [*Anas boschas*]. in: The Zoologist, (3.) Vol. 11. Febr. p. 69—70.

Whitaker, J., Varieties of Common Wild Ducks. in: The Zoologist, (3.) Vol. 11. March, p. 111.

Davison, J. L., *Ardea egretta* in Niagara County, N. Y. in: The Auk, Vol. 4. No. 2. p. 159.

Purdy, R. J. W., Bittern [*Botaurus stellaris*] in Norfolk. in: The Zoologist, (3.) Vol. 11. Febr. p. 75.

Cabanis, J., *Bradyornis* (*Dioptrornis*) *brunnea* n. sp. in: Journ. f. Ornithologie. 35. Jahrg. (4. F. 15. Bd.) 1. Hft. p. 92—93.

Stone, Witmer, A Migration of Hawks [*Buteo* sp.]. in: The Auk, Vol. 4. No. 2. p. 161.

Brewster, Will., Capture of a Third Specimen of the Short-tailed Hawk (*Buteo brachyurus*) in Florida. in: The Auk, Vol. 4. No. 2. p. 160.

Goodale, Jos. L., Occurrence of *Calcarius ornatus* in Maine. in: The Auk, Vol. 4. No. 1. p. 77.

Ridgway, Rob., The Imperial Woodpecker [*Campephilus imperialis*] in Northern Sonora. in: The Auk, Vol. 4. No. 2. p. 161.

Ridgway, Rob., Description of the adult female of *Carpodectes Antoniae* Zeledon; with critical remarks, notes on habits etc. by José C. Zeledon. in: Proc. U. S. Nation. Mus. 1887. p. 20.

Barrows, Walt. B., The Sense of Smell in *Cathartes aura*. in: The Auk, Vol. 4. No. 2. p. 172—174.

Sayles, Ira, The Sense of Smell in *Cathartes aura*. in: The Auk, Vol. 4. No. 1. p. 51—56.

Barboza du Bocage, J. V., Note sur la découverte en Portugal d'une variété de la »*Certhilauda Duponti*«. Extr. du Jorn. Sc. Math. Phys. Nat. Lisboa, T. 11. No. 44. 1887. p. 214—216.

Lucas, Fred. A., (Comments of Mr. Shufeldt on the footnotes of his paper on the Affinities of *Chaetura*). in: The Auk, Vol. 4. No. 2. p. 171—172.

Becher, W., Montagu's Harrier [*Circus pygargus*] in Notts. in: The Zoologist, (3.) Vol. 11. Jan. p. 26—27.

Chase, Rob. W., Harlequin Duck [*Clangula histrionica*] on the Northumbrian Coast. in: The Zoologist, (3.) Vol. 11. May, p. 196.

Tuck, Julian, Harlequin Duck [*Cosmonetta histrionica*] on the Northumbrian Coast. in: The Zoologist, (3.) Vol. 11. Febr. p. 70—71.

Fitzgerald, F. R., The Hawfinch at Harrogate [*Coccothraustes vulgaris*]. in: The Zoologist, (3.) Vol. 11. Apr. p. 153.

Allen, J. A., A Further Note on *Colinus Ridgwayi*. in: The Auk, Vol. 4. No. 1. p. 74—75.

Brewster, Will., Further Notes on the Masked Bob-white (*Colinus Ridgwayi*). in: The Auk, Vol. 4. No. 2. p. 159—160.

Tenney, Sanborn Gove, The nesting of *Collyrio ludovicianus* (Baird). in: Amer. Naturalist, Vol. 21. No. 1. p. 90.

Evans, Will., (*Columba oenas* in East Lothian). in: Proc. R. Phys. Soc. Edinb. Vol. 9. P. 1. p. 186.

Pow, G., Nesting of the Stock Dove (*Columba oenas*) in East Lothian. in: The Zoologist, (3.) Vol. 11. June, p. 235.

Blagg, E. W. H., Wood Pigeons casting up pellets. in: The Zoologist, (3.) Vol. 11. June, p. 236.

Mann, T. J., Wood Pigeons casting up pellets. in: The Zoologist, (3.) Vol. 11. May, p. 193—194.

Ussher, R. J., Red-throated Diver [*Colymbus septentrionalis*] breeding in Co Donegal. in: The Zoologist, (3.) Vol. 11. Jan. p. 27—28.

Sclater, Ph. L., On an apparently new Parrot of the Genus *Conurus*. [*rubritorquis* n. sp.] living in the Society's Gardens. With 1 pl. in: Proc. Zool. Soc. London, 1886. IV. p. 538—539.

Koenig-Warthausen, Frhr. Rich., Über die Schädlichkeit und die Nützlichkeit der Rabenvögel. in: Jahreshefte Ver. vaterländ. Naturk. Württemb. 43. Jahrg. p. 279—289.

Bath, W. Harcourt, Usefulness of the Rook in destroying Caterpillars. in: The Zoologist, (3.) Vol. 11. March, p. 109—110.

Brewster, Will., Capture of a Fish Crow (*Corvus ossifragus*) at Wareham, Massachusetts. in: The Auk, Vol. 4. No. 2. p. 162.

Ridgway, Rob., Description of a new species of *Cotinga* [*Ridgwayi* Zeledon Ms.] from the Pacific Coast of Costa Rica. in: Proc. U. S. Nation. Mus. 1887. p. 1—2.

Crex porzana. v. infra *Tringa subarquata*, J. T. Garriock.

Jex, C., Über *Cuculus canorus*. in: Journ. f. Ornithol. 34. Jahrg. 4. Hft. p. 622.

Bird, Maur. C. H., Blue-throat [*Cyanecula suecica*] in Norfolk. — Correction of Error. in: The Zoologist, (3.) Vol. 11. Febr. p. 70.

Ridgway, Rob., Description of a new subspecies of *Cyclorhis* [*flaviventris yucatanensis*] from Yucatan. in: Proc. U. S. Nat. Mus. Vol. 9. p. 519.

Buxbaum, L., Seltene Gäste [*Cygnus musicus*]. in: Zool. Garten, 28. Jahrg. No. 3. p. 90.

Loomis, Leverett M., Remarks on Four Examples of the Yellow-throated Warbler [*Dendroica dominica*] from Chester County, S. C. in: The Auk, Vol. 4. No. 2. p. 165—166.

Brewster, Will., Discovery of the Nest and Eggs of the Western Warbler (*Dendroica occidentalis*). in: The Auk, Vol. 4. No. 2. p. 166—167.

Haast, Jul. von, On *Dinornis Owenii*, a new species of the Dinornithidae, with some remarks on *D. curtus*. With 2 pl. in: Trans. Zool. Soc. London, Vol. 12. P. 5. p. 171—182.

Estimated duration of life in an Albatross [*Diomedea exulans*]. in: The Zoologist, (3.) Vol. 11. Febr. p. 76.

Meyer, A. B., Alter eines Albatroß. in: Zoolog. Garten, 28. Jahrg. No. 4/5. p. 153.

Dioptrornis brunnea. v. supra *Bradyornis*.

Ridgway, Rob., On a probable hybrid between *Dryobates Nuttalli* (Gamb.) and *D. pubescens Gaertnerii* (Aud.). in: Proc. U. S. Nat. Mus. Vol. 9. p. 521—522.

II. Wissenschaftliche Mittheilungen.

1. Über die Lymphherzen bei Triton taeniatus.

Von N. Weliky in St. Petersburg.

eingeg. 6. Juli 1887[1].

In Anschluß an meine früheren Untersuchungen über die Lymphherzen bei verschiedenen Thierarten muß ich zufügen, daß es mir jetzt gelungen ist, die Vielzähligkeit der Lymphherzen auch bei *Triton taeniatus* aufzuweisen. Die Herzen lagern beim *Triton* ganz eben so wie bei Salamandern und Axolotln, dem Sulcus lateralis entlang, in den Bindegewebsschichten der Rippenmuskeln in Form einzelner Bläschen eine Längsreihe bildend, die auf der Höhe der Cloakenöffnung ihren Anfang nimmt und sich bis zu den vorderen Extremitäten erstreckt. — Jedes einzelne dieser Herzen steht mit der Seitenvene in Verbindung. Das Pulsiren derselben läßt sich leicht auch durch die unversehrte Hautschicht beobachten, nur muß das Thier entkopft werden, damit die herzlähmende Einwirkung der Centra aufgehoben sei. Schlitzt man die Haut vorsichtig auf und schneidet man einen Seitenmuskelstreifen Herzenreihe und Seitenvene einschließend, aus, so läßt sich, mehrere Minuten hindurch, unterm Microscop bei 70facher Vergrößerung ein energisches, wenn auch ziemlich unregelmäßiges Pulsiren der Herzen deutlich wahrnehmen.

2. Zur Morphologie der Siphonophoren.

Von Carl Chun, Prof. der Zoologie, Königsberg i|Pr.

1) Der Bau der Pneumatophoren.

(Schluß.)

Denkt man sich nun, daß die Septen in Wegfall kommen, während allein die zwischen ihnen sich verästelnden ectodermalen Zellenstränge übrig bleiben, so erhalten wir die merkwürdige Structur der Pneumatophore von *Rhizophysa filiformis.* Meinen früheren Angaben über dieselbe füge ich noch folgende Bemerkungen hinzu.

Die Pneumatophore der jugendlichen *Rhizophysa* besitzt einen achtstrahligen Bau, insofern von dem Lufttrichter acht ectodermale Riesenzellen von kolbenförmiger Gestalt in die Leibeshöhle zwischen der äußeren und inneren Lamelle der Pneuma-

[1] Durch Zufall verspätet.

tophore hereinragen. Eben so inseriren sich an der Basis des Trichters acht Riesenzellen, welche in den Anfangstheil des Stammes sich erstrecken. Zwischen diesen beiden Kränzen von je acht Zellen knospt in der Höhe des Trichters ein dritter Kranz von wiederum acht großen Zellen. Indem diese 24 Riesenzellen, deren Kerne nach der Tinction mit bloßem Auge deutlich wahrnehmbar sind, sich theilen, so entsteht allmählich das wurzelähnliche Zellpolster, welches durchaus den eben erwähnten ectodermalen Zellsträngen von *Stephanomia* und *Physophora* homolog ist. Die Kerne dieser Riesenzellen sind oval oder keilförmig gestaltet; die eine Breitseite färbt sich intensiv, da hier ein fein granulirtes Plasma gelegen ist, welches durch den nicht färbbaren Kernsaft pseudopodienartig sich verästelnde und anastomosirende Fäden von Kernsubstanz entsendet.

Die mit entodermalem flimmerndem Plattenepithel überzogenen Riesenzellen gehen in die mehrschichtige Wand des Lufttrichters über, indem allmählich die Zellen von der Peripherie nach dem Lumen des Trichters zu an Größe abnehmen. Frühzeitig schiebt sich das secundäre Ectoderm über den relativ schmächtigen Chitinring weg und tapezirt bei jungen Thieren das untere Drittel, bei älteren volle zwei Drittel der Luftflasche aus. Die ungemein fein granulirten Zellen liegen meist in mehrschichtiger Lage polyedrisch sich pressend über einander; oft lassen sie Lücken zwischen sich oder überbrücken sie größere Hohlräume.

Das rothbraune Pigment, welches am oberen Pole der Pneumatophore auftritt, wird eben so, wie bei allen übrigen Physophoriden von den Entodermzellen das Luftsackes gebildet. Obwohl in der Umgebung des Luftporus die Stützlamellen der inneren und äußeren Pneumatophorenwand verschmelzen, so dringen doch die entodermalen Pigmentzellen strahlenförmig in dieselbe bis in die Nähe des Porus vor.

Was nun die physiologische Bedeutung der einzelnen in den Pneumatophoren auftretenden Zellschichten anbelangt, so ist unzweifelhaft die dem Lumen des Lufttrichters zugekehrte feinkörnige ectodermale Zellenlage und die von mir als »secundäres Ectoderm« bezeichnete Auskleidung der Luftflasche dazu bestimmt, die Luft zu secerniren. Das secundäre Ectoderm gewinnt eine um so mächtigere Ausbreitung, je ansehnlicher die Pneumatophore heranwächst.

Während es bei den mit kleiner Pneumatophore ausgestatteten Physophoriden nur das untere Drittel der Luftflasche auskleidet, erfüllt es in der großen Luftflasche von *Rhizophysa* zwei Drittel des Innenraumes. In der mächtigen Pneumatophore der *Physalia*, über deren Entwicklung ich noch berichten werde, breitet es sich sogar zu einer handbreiten Scheibe aus, die merkwürdigerweise bisher von allen Beobachtern übersehen wurde.

Eine Aufnahme der Luft von außen ist nur den Velellen und Porpiten vermittels ihrer zahlreichen Luftporen ermöglicht. Ihnen fehlt das secundäre Ectoderm und der Lufttrichter; ihre gekammerte Pneumatophore ist völlig von dicker Chitinlage ausgekleidet und selbst die wurzelförmigen Zellstränge, welche den oben erwähnten Ectodermsträngen von *Physophora* und *Rhizophysa* homolog sind, besitzen einen mit Chitin ausgekleideten, mit Luft erfüllten Hohlraum. Bekanntlich umspinnen sie, in Structur und physiologischem Werthe den Tracheen der luftathmenden Arthropoden vergleichbar, die Basis des centralen und der kleinen peripheren Polypen.

Obwohl *Rhizophysa* und *Physalia* einen Luftporus besitzen, so dient dieser nur dem Austritt der secernirten Luft, nicht aber der Einfuhr von Luft. Durch einen kräftigen Sphincter kann er geschlossen werden und der Luft den Austritt verwehren. Eine Einfuhr von Luft würde, da die Pneumatophore wegen der schwachen Ausbildung der chitinigen Luftflasche (*Rhizophysa*) oder wegen des Mangels einer solchen (*Physalia*) collabirt, einen Schluckact mit entsprechendem complicirtem Mechanismus voraussetzen.

Was nun die von dem Lufttrichter ausgehenden ectodermalen Zellstränge anbelangt, so ist zunächst zu berücksichtigen, daß sie in ihrer Structur von den übrigen die Luft secernirenden ectodermalen Zellenlagen sich unterscheiden. Ihnen fehlt das fein granulirte, für Drüsenzellen characteristische Plasma; sie sind vacuolisirt und gleichen Pflanzenparenchymzellen. Offenbar kommt ihnen, wie ich das früherhin schon betonte, eine mechanische Bedeutung zu, insofern sie elastische Apparate repräsentiren, die zur Verdickung der Septenwände beitragen, oder, wie bei *Rhizophysa*, als Puffer zwischen die beiden Wandungen der Pneumatophore eingeschaltet sind.

Bei dem energischen Druck, der bei Contraction der Musculatur auf die Pneumatophore ausgeübt wird und bei den raschen Contractionen des Stammes, verhüten sie eine Sprengung des Luftsackes.

Es erübrigt zum Schlusse noch einige Worte über die morphologische Bedeutung der Pneumatophore hinzuzufügen. Daß sie einen medusoiden Anhang des Siphonophorenstockes repräsentirt, wurde schon oben hervorgehoben und bedarf keiner weiteren Begründung. Allerdings treten manche Structurverhältnisse hervor, welche den Medusen und medusoiden Anhängen in Form von Schwimmglocken und Gonophoren fremd sind und welche als secundäre Anpassungen an die Umwandlung zu einem hydrostatischen Apparat aufzufassen sind. So kennen wir einstweilen bei Medusen keine Homologa für den Lufttrichter, die Luftflasche, das secundäre Ectoderm und die ectodermalen Zellstränge.

Den Calycophoriden fehlt bekanntlich jede Andeutung einer Pneumatophore; ihre physiologische Rolle übernimmt bei ihnen der Saft- oder Ölbehälter. Bei den Physophoriden repräsentirt sie ursprünglich einen relativ unbedeutenden Anhang, der bei *Rhizophysa*, *Physalia*, *Velella* und *Porpita* gewaltige Dimensionen erreicht und mit der Anpassung an eine passive Bewegung eine Verkürzung des Stammes und den Ausfall der Schwimmglocken bedingt.

Es fragt sich nun, ob die Pneumatophore als characteristische Auszeichnung der höheren Siphonophoren einen selbständigen Erwerb derselben repräsentirt oder ob bei den Calycophoriden ein medusoider Anhang als Homologon der Pneumatophore auftritt. Bei den nahen Beziehungen, welche zwischen den Polyphyiden (wie ich die mit mehr als zwei Schwimmglocken ausgestatteten Calycophoriden bezeichne) und den einfacheren Physophoriden obwalten, dürfte es sich immerhin der Mühe verlohnen, einen der Pneumatophore homologen medusoiden Anhang nachzuweisen.

Was die postembryonale Entwicklung der Calycophoriden anbelangt, so haben meine Beobachtungen gezeigt, daß wahrscheinlich bei sämmtlichen Calycophoriden den definitiven Schwimmglocken eine heteromorphe primäre Glocke vorausgeht, die abgestoßen wird, nachdem die definitiven Glocken knospten. Wie ich in einer soeben erscheinenden Abhandlung[8] darlege, so tritt auch bei den in größeren Tiefen lebenden Larven des *Hippopodius* eine monophyesähnliche primäre Schwimmglocke auf, die abgestoßen wird, nachdem die völlig heteromorphen, pferdehufähnlichen definitiven Glocken geknospt wurden. Ohne an dieser Stelle auf die nahen Beziehungen einzugehen, welche zwischen *Hippopodius* und den einfacheren Physophoriden obwalten, so glaube ich doch besonderen Nachdruck darauf legen zu dürfen, daß nun auch für die Polyphyiden ein heteromorpher medusoider Anhang nachgewiesen wurde.

Diese heteromorphe primäre Schwimmglocke der Calycophoriden ist homolog der Pneumatophore der Physophoriden. Mit anderen Worten: Sämmtliche Siphonophoren besitzen am Anfang des Stammes einen heteromorphen

---

[8] Die pelagische Thierwelt in größeren Meerestiefen und ihre Beziehungen zu der Oberflächenfauna. Cassel, Th. Fischer, 1887. p. 14—15.

medusoiden Anhang, der bei den Calycophoriden zu einer Schwimmglocke mit Ölbehälter sich ausbildet und späterhin abgeworfen wird, während er bei den übrigen Siphonophoren in Form einer Pneumatophore persistirt.

An dem Embryonalleib der Siphonophoren bildet sich als erste medusoide Knospe mit dem characteristischen Knospenkern entweder die primäre heteromorphe Schwimmglocke oder die Pneumatophore aus. Der Embryo eines Calycophoriden gestattet einen directen Vergleich mit jenem der Physophoriden.

Wenn wir davon absehen, daß bei manchen Embryonen der Physophoriden primäre heteromorphe Deckstücke auftreten, die später abgeworfen werden, so zeigen die am einfachsten gebauten Embryonen der Physophoriden, z. B. jene von *Halistemma* (*Stephanomia*) *pictum*, genau wie die Embryonen der Calycophoriden drei Anhänge: einen Magenpolypen, eine Fangfadenknospe und eine medusoide Knospe. Ob letztere sich zu einer Schwimmglocke (Calycophoriden) oder zu einer Pneumatophore (Physophoriden) entwickelt, ist auf den ersten Stadien nicht zu entscheiden. Ihre durch Anpassung an differente Leistungen späterhin sich ergebenden Eigenthümlichkeiten in dem Bau können uns nicht hindern, die sowohl bei den Embryonen der Calycophoriden wie bei jenen der Physophoriden auftretenden primären medusoiden Anhänge als homologe aufzufassen.

3. Über Bildung von Richtungskörpern bei Isopoden.

Von G. Leichmann, Königsberg i/Pr.

eingeg. 8. August 1887.

Im Anschluß an die in neuester Zeit vielfach veröffentlichten Beobachtungen über die Reifungserscheinungen des Arthropodeneies erlaube ich mir, die vorläufige Mittheilung zu machen, daß es mir bei Gelegenheit einer Untersuchung über die Bildung und Reifung der Geschlechtsproducte bei Isopoden gelungen ist, an den Eiern von *Asellus aquaticus* auf Schnitten die Bildung einer Richtungsspindel und Abschnürung zweier Richtungskörper zu beobachten. Da wir, abgesehen von den unsicheren Angaben von Henneguy und Hoek, lediglich durch die Beobachtungen von Grobben an den durchsichtigen und dotterarmen Eiern von *Cetochilus septentrionalis* und von Weismann an jenen der Daphniden und Ostracoden sichere Beispiele von Richtungskörperbildung unter Crustaceen besitzen, so dürfte es von Interesse sein, hierdurch den Nachweis geführt zu haben, daß auch an dem dotterreichen Ei eines Malacostraken der Reifungsvorgang in derselben Weise verläuft, wie es früher für zahlreiche andere Thiergruppen und neuerdings auch von Blochmann für die Eier der Insecten dargestellt ist.

Gleichzeitig hat sich mir die Gewißheit ergeben, daß das Ei von *Asellus* auf jedem Stadium einen Kern besitzt. Ich betone dies im Hinblick auf die negativen Befunde von Henking und Stuhlmann. Allerdings nimmt der Kern während der Bildung der Richtungskörper eine so winzige Größe an, daß man gelegentlich an ungünstig geführten Schnittserien keine Spur davon zu entdecken im Stande ist. Der Kern rückt später, nachdem er die Richtungskörper abgeschnürt hat, in die Mitte des Dotters und scheint durch seine Theilung den ersten Embryonalzellen die Entstehung zu geben.

4. Das Parietalorgan der Wirbelthiere.

Bemerkungen

von F. Leydig in Würzburg.

eingeg. 14. August 1887.

Zu den Gegenständen morphologischer Forschung, welche im Augenblick Antheil erregen, gehört das Parietalorgan der Saurier, seitdem Graaf[1] und Spencer[2] dasselbe für das dritte Auge der Wirbelthiere erklärt haben und Kölliker[3], Korschelt[4], Kupffer[5] und Wiedersheim[6], zum Theil gestützt auf eigene Nachprüfung, dieser Auffassung zustimmen.

Mir will scheinen, wie wenn die Deutung des Organs als »drittes Auge« nicht völlig zutreffend wäre, und möchte vorziehen, das Gebilde zwar ein augenähnliches zu nennen, aber zu den Hautsinnesorganen zu bringen, weshalb ich mir hierüber einige Worte gestatte.

Als ich vor 15 Jahren das Dasein eines solchen Organs bei *Lacerta* und *Anguis* ankündigte[7], habe ich es der durch Stieda[8] beschriebenen »Stirndrüse« der Batrachier zugesellt, welch' letztere ich bereits früher bei der von mir aufgestellten Gruppe der Organe des sechsten Sinnes

---

[1] Henri de Graaf, Bouw en de Ontwikkeling der Epiphyse bij Amphibien en Reptilien. 1886.

[2] Balduin Spencer, The parietal eye of *Hatteria*. Nature. 1886. (Kenne ich nur aus zweiter Hand.)

[3] A. v. Kölliker, Über das Zirbel- oder Scheitelauge. Sitzgsber. d. Würzbg. Phys. med. Ges. 1887.

[4] E. Korschelt, Über die Entdeckung eines dritten Auges bei Wirbelthieren. Zeitschr. Kosmos. 1886.

[5] C. Kupffer, in der Beilage zur Allgem. Ztg. (Nur aus der Erinnerung hier angezogen.)

[6] R. Wiedersheim, Über das Parietalorgan der Saurier. Anat. Anz. 1886.

[7] F. Leydig, Die in Deutschland lebenden Arten der Saurier. 1872.

[8] L. Stieda, Über d. Bau d. Haut d. Frosches. Arch. f. Anat. u. Phys. 1865.

untergebracht hatte[9]. Schon gelegentlich der Untersuchung der einheimischen Saurier konnte mir nicht entgehen, daß das Parietalorgan der Eidechse und der Blindschleiche Ähnlichkeit mit Stirnaugen der Hexapoden darbietet; doch ließ ich davon nichts verlauten, weil ich es für richtiger hielt, das nächst Verwandte nicht bei den ferner stehenden Arthropoden, sondern im Kreis der Wirbelthiere zu suchen; ferner auch weil von der »Stirndrüse« der Batrachier aus, in jener Zeit eine Verknüpfung mit einem Sehorgan unmöglich war.

Jahre nachher hat indessen Rabl-Rückhard[10], welcher gleich Ehlers[11] wichtige Aufschlüsse über Form und Entwicklung der Zirbel bei Fischen zu geben vermochte, Gedanken über »Zirbel, Punctauge und Brücke zwischen Articulaten und Wirbelthieren« geäußert, von derselben Art, wie sie mich im Stillen beschäftigt hatten. Der gewissenhafte Forscher setzt aber ausdrücklich hinzu, daß er mit solchen Betrachtungen »ins Bereich der Speculation aufsteige«. Im Thatsächlichen bleibt auch Rabl-Rückhard dabei stehen, daß meine Vermuthung, es möge sich um ein Organ des sechsten Sinnes handeln, durch die Befunde über die Entwicklung der Zirbel wesentlich gestützt werde; später nochmals darauf zurückgreifend, erklärt er sich für die Vorstellung, daß die Leistung des Organs nicht sowohl die eines Sehwerkzeuges sein möge, als vielmehr die eines Organs des Wärmesinnes[12].

Ich möchte jetzt zu begründen versuchen, warum ich, wie angedeutet, immer noch nicht die Meinung preisgebe, daß das Parietalorgan eher als Hautsinnesorgan und weniger als drittes Auge der Wirbelthiere anzusehen sei.

1.

Durch Götte[13] sind wir belehrt worden, daß die Stirndrüse der Batrachier ein abgeschnürter Endtheil der Zirbel ist; eben so haben Strahl[14] und Hoffmann[15] ermittelt, daß das Parietalorgan der Saurier ursprünglich ein Endstück der Schläuche darstellt, in welche sich die Zirbel zum Schädeldach verlängert.

Diese Beobachtungen bleiben, wenn sie unanfechtbar sich er-

---

9 F. Leydig, Nov. acta Acad. Leop.-Carol. nat. curios. 1868.

10 Rabl-Rückhard, Zur Deutung u. Entwicklung des Gehirns d. Knochenfische. Arch. f. Anat. u. Phys. 1882.

11 Ehlers, Die Epiphyse am Gehirn der Plagiostomen. Zeitschr. f. wiss. Zool. 30. Bd. Suppl.

12 Rabl-Rückhard, Zur Deutung der Zirbeldrüse. Zool. Anz. 1886.

13 Götte, Entwicklungsgeschichte der Unke. 1875.

14 H. Strahl, Das Leydig'sche Organ bei Eidechsen. Sitzungsber. d. Ges. d. Naturwiss. in Marburg. 1884.

15 C. K. Hoffmann, Weitere Untersuchungen zur Entwicklungsgeschichte der Reptilien. Morphol. Jahrb. 11. Bd.

weisen, die Hauptstütze für die Auffassung, wonach das Parietalorgan den seitlichen Augen als »drittes« Auge anzuschließen sei, da ja die Zirbel nach Rabl-Rückhard und Ahlborn bei Fischen wie »eine unpaare Augenanlage« sich entwickelt.

Die späteren Verhältnisse wollen jedoch hierzu nicht stimmen, indem die an das Stirnorgan herantretenden Nervenfäden, was ich bereits vor 20 Jahren bezüglich der Batrachier erwähnte, Ausläufer des Nervus trigeminus sind, und also nicht auf einer Linie stehen mit dem aus dem Stiel der Augenblase sich entwickelnden Nervus opticus. Die Stirndrüse rückt vielmehr durch ihre Nerven und ohne auch sonst augenähnlich zu werden, in die Reihe der Hautorgane.

2.

Bei den Scopelinen unter den Fischen ist, wie ich[16] ebenfalls gemeldet, eine Stirndrüse vorhanden, welche dem Schädeldach angeheftet ist, und für die Betrachtung mit der Lupe — anders habe ich sie dazumal nicht untersucht — sich gerade so ausnimmt, wie eines der über den Körper verbreiteten »Nebenaugen« dieser Thiere: sie ist von demselben braunen Pigment umsponnen, mit Freilassung einer hellen Mitte. »Man könnte zu dem Glauben verleitet werden, es handle sich wirklich um ein dem Schädel angehöriges Nebenauge.«

Sollte es nicht, gegenüber den jetzigen Erfahrungen, richtiger sein, den Zweifel fallen zu lassen und die damals beanstandete Deutung anzunehmen? Wir würden dadurch in der That eine Verknüpfung von einem augenähnlichen Scheitelorgan zu den augenähnlichen Hautorganen der Fische gewinnen.

3.

Bekannt geworden mit den Nebenaugen des *Chauliodus* hatte ich[17] sie für Bildungen angesprochen, welche den Organen des Seitencanalsystems beizurechnen seien; später kam ich davon ab, da bei Untersuchung der Scopelinen es sich zeigte, daß hier in der Hautdecke eines und desselben Thieres die Linea lateralis mit den Nervenknöpfen, zugleich mit den augenähnlichen Organen, vorhanden sein könne.

Auch diese Thatsache wäre jetzt wohl aus verändertem Gesichtspuncte zu betrachten, indem ich dafür halten möchte, daß doch die beiderlei Organgruppen durch ein verwandtschaftliches Band umgriffen seien; wobei freilich der große Unterschied sich erhält, daß die Endtheile des Seitencanalsystems dem Epithel oder Ectoderm an-

[16] F. Leydig, Die augenähnlichen Organe der Fische. 1881. p. 79.

[17] F. Leydig, Über die Nebenaugen des *Chauliodus*. Archiv für Anat. und Phys. 1879.

gehören, die augenähnlichen und andere Bildungen der zweiten Gruppe aber in der Lederhaut oder dem Mesoderm eingeschlossen bleiben.

4.

Die »fein differenzirte Retina« des Scheitelauges anbelangend, so meine ich, daß sich uns ein Bild ähnlicher histologischer Anordnung darbieten könne, wenn wir die freie Fläche eines Seitenorgans uns eingestülpt denken und jene Sonderungen der den epithelialen Theil des Organs zusammensetzenden Zellen berücksichtigen, wie ich sie zuletzt dargelegt habe[18]. Die Zellen sind nach oben hin stabförmig verschmälert und aus diesem Endtheile erhebt sich noch die Sinnesborste. Lassen wir die Zellen als Ganzes noch von Pigment durchsetzt sein, so wird kaum geleugnet werden können, daß eine etwelche Ähnlichkeit mit der Retina des Scheitelauges zugegen ist.

Und was die Linse betrifft, so könnte, abgesehen von linsenartigen Bildungen zelliger Natur in gewissen Formen von Nebenaugen der Fische, daran erinnert werden, daß selbst in Organen des Seitencanalsystems, nach den Angaben von P. und F. Sarasin, festere Innenkörper vorkommen, welche die genannten Beobachter den Otolithen vergleichen[19].

5.

Kehren wir dahin zurück, wo die erste Anknüpfung des Scheitelorgans der Saurier als möglich zu liegen schien, zu den Stirnaugen der Hexapoden nämlich, so ist doch recht merkwürdig, daß wir, diesen Weg der Vergleichung einschlagend, von Neuem und bald wieder bei Organen des sechsten Sinnes anlangen.

Die von Linné eingeführte Bezeichnung Stemma geht bekanntlich nicht auf ein Sehorgan. Indessen lassen die Untersuchungen Anderer und von mir doch kaum zweifelhaft, daß die Stemmata der Insecten den Bau von Augen besitzen können[20]. Immerhin hatte ich im Hinblick auf Orthopteren bereits vor Längerem zu berichten, daß hier an den Nebenaugen Eigenthümlichkeiten zum Vorschein kommen, wodurch sie sich von den Ocellen anderer Insecten entfernen[21], und durch Carrière[22] erfahren wir jetzt, daß bei gewissen Orthopteren,

---

[18] F. Leydig, Hautdecke und Hautsinnesorgane der Fische. Festschrift d. naturf. Ges. in Halle. 1879. — Derselbe, Zelle und Gewebe. 1885.

[19] Paul und Fritz Sarasin, Einige Puncte aus der Entwicklungsgeschichte von *Ichthyophis glutinosus*. Zool. Anz. 1887.

[20] F. Leydig, Tafeln zur vergl. Anatomie. 1864. (Stirnaugen der Biene, der Ameise auf Taf. IX.)

[21] F. Leydig, Das Auge der Gliederthiere. 1864.

[22] Justus Carrière, Fortgesetzte Untersuchungen über das Sehorgan. Zool. Anz. 1886.

anstatt wirklicher Ocellen, an entsprechendem Orte Organe sich finden, die »in ihrer ganzen Beschaffenheit mit den Knospenorganen der Wirbelthiere verglichen werden können«. Und betrachtet man ferner die Abbildung, welche ein anderer gründlicher Kenner des Insectenauges, Ciaccio, über die Elemente des Stirnauges von *Chrysops* giebt[23], so wird man abermals nicht umhin können, an Form und Gliederung der zelligen Elemente der Becherorgane zu denken.

Also: Becher- oder Knospenorgane können die Stelle von Punctaugen vertreten.

6.

Nicht bloß die Punctaugen der Arthropoden sind es, welche durch ihren Bau zu den Becher- oder Knospenorganen hinüberführen; auch sonst giebt es bei Wirbellosen Fälle, in denen ein ähnliches Hin- und Wiederspiel, nach Form und Structur dieser Bildungen statt hat. Becher- und augenartige Organe sehen wir da und dort so unter einander zusammenhängen, daß man, um sich dieses Verhältnis zu verdeutlichen, zur Aufstellung des Begriffes von »Übergangssinnesorganen« seine Zuflucht genommen hat.

Beispielsweise sei erinnert an die Becherorgane und Augen der Hirudineen[24]; an die Seitenorgane und Seitenaugen von *Polyophthalmus*[25]; an die Augen und Hautsinnesorgane in der Schale von Chitonen[26]; und man könnte fragen, ob nicht auch die Rückenaugen von *Onchidium*[27] und selbst die Mantelaugen von *Pecten* in Erwägung gezogen werden dürfen.

Die Mannigfaltigkeit in Gestaltung und Bau der Organe, welche hier zusammengefaßt werden können, ist schon bei Wirbelthieren so groß, fast verwirrend, daß sich noch Niemand im Stande fühlen wird, dieselben mit sicherer Hand zu ordnen; aber des Eindruckes kann man sich, indem man Alles überblickt, doch kaum erwehren, daß die Becherorgane und das System des Seitencanals mit den Nebenaugen und Scheitelaugen, sowie gewissen Organen des *Chauliodus*, der Urodelen

---

[23] G. V. Ciaccio, Minuta fabbrica degli occhi de' Ditteri. 1880. Tab. XII. Fig. 8.

[24] F. Leydig, Augen und neue Sinnesorgane der Egel. Arch. f. Anat. u. Phys. 1861. — Derselbe, Tafeln z. vergl. Anatomie. 1864. — J. Ranke, Zur Lehre von den Übergangssinnesorganen. Zeitschr. f. wiss. Zool. 25. Bd.

[25] Eduard Meyer, Zur Anatomie und Histologie von *Polyophthalmus pictus*. Arch. f. mikrosk. Anat. 21. Bd. — Mario Lessona, Sull' anatomia dei Polioftalmi. Mem. della Accad. d. Sc. di Torino. 1883.

[26] H. N. Moseley, On the presence of eyes in the shells of certain Chitonidae. Quart. Journ. of microsc. Soc. 1885.

[27] C. Semper, Schneckenaugen von Wirbelthiertypus. Arch. f. mikrosk. Anat. 1880. — Derselbe, Existenzbedingungen der Thiere. 1880.

und noch Anderes, im Großen und Ganzen Sonderungen eines einheitlichen Zuges der Organisation sein mögen.

Fortgesetzte Untersuchungen, an denen ich mich selbst noch zu betheiligen hoffe, werden vielleicht Klarheit darüber bringen, ob oder in wie weit die vorgetragene Meinung Stich hält. »Opinionum commenta delet dies.«

III. Mittheilungen aus Museen, Instituten etc.

1. Linnean Society of New South Wales.

27th July, 1887. — 1) Botanical. — 2) Pathological. — 3) Note on the Discovery of *Peripatus* in Victoria. By J. J. Fletcher, M.A., B.Sc. Until Mr. Tryon announced the re-discovery of *Peripatus* in Queensland last year, the Australian species appears to have been known only from the type specimen (or specimens) of *P. Leuckartii* described by Sänger, in 1869, as from New Holland. The occurrence of what is probably Sänger's species, so far south as Gippsland, where a specimen was obtained a few weeks ago by Mr. R. T. Baker, is therefore of sufficient interest to be recorded as showing its wide distribution at any rate in Eastern Australia. It has fifteen pairs of claw-bearing appendages, in which respect and also in having a distinct but short conical tail apparently with the anal opening terminal, it resembles *P. Novæ-Zelandiæ*. — 4) On some new Trilobites from Bowning, N.S.W. By John Mitchell. Descriptions of a new species of each of the genera *Cyphaspis*, *Bronteus*, and *Proetus* are here given, together with the particulars about their occurrence in the Bowning beds, which are of Silurian age. — 5) On the Oology of the Austro-Malayan and Pacific regions. By A. J. North. The eggs of twenty-six species of birds from the above regions are here described. — 6) Notes on a Species of Rat (*Mus Tompsoni*, Rams.), infesting the Western portion of N. S. W. By K. H. Bennett. An account is here given of the countless swarms of rats which in April last infested the whole country west of the main road from Booligal to Wilcannia. They were all travelling in a southerly direction, journeying by night, and hiding by day in rabbit warrens, fissures in the ground, &c.: flooded rivers did not turn them from their course. In 1864 the same part of the colony was similarly invaded by rats. — Dr. Ramsay exhibited the following birds: — *Collocalia spodiopygia*, Peale, with its nest, from New Guinea; *Acanthylis Novæ-Guineæ*, from the Aird River, collected during Mr. Bevan's recent Expedition; *Pycnoptilus floccosus*, Gld., from near Sydney; and a remarkable variety of *Amadina Lathami*, Gld., with the upper tail-coverts orange, also from the neighbourhood of Sydney. — Mr. Masters exhibited specimens of *Platycercus eximius*, Vig. and Horsf., and *P. Pennantii*, Gld., and a specimen of what he believed to be an undoubted hybrid between these species. This bird, which was shot at Wingelo near Goulburn out of a flock of *P. Pennantii*, has the general plumage of *P. eximius* with the blue cheeks and broad bill of the other species. — Mr. Macleay exhibited for the Rev. J. E. Tenison-Woods, some specimens of edible birds nests from Culion, Calamianes Group, Philippines. The nests were the productions of a small swallow — *Collocalia Philippina*, and the collection of them for the Chinese market, formed an important industry of the races inhabiting these Islands. Also, a massive specimen of Stibnite (Sulphide of Antimony), procured by Mr. Tenison-Woods on the Island of Sado, North Borneo. Also, a fine collection of *Coleoptera*, *Hemiptera* and *Orthoptera* from Perak, Malay Peninsula, and some gigantic specimens of Scorpions and *Julus* from the same locality. Mr. Macleay stated that these exhibits were all from extensive collections made by the Rev. J. E. Tenison-Woods during four years of travel and exploration in Java, the Malay Peninsula, China, Japan, the Philippines and Borneo. He regretted to say that the reverend gentleman's health had suffered very much from his prolonged stay in these unhealthy countries, and that he was utterly unable for the present to attend the meetings of this Society. — Mr. A. Sidney Olliff exhibited a specimen of *Epidesmia tricolor*, Westw., a rare moth which he had recently captured at Double Bay. On several occasions specimens of this moth have been taken in Mr. Macleay's garden, but Mr. Olliff said that he believed it had not been seen for some years past. — Mr. Whitelegge exhibited a beautiful preparation of *Tubularia gracilis*, R. v. L., showing the polyps fully expanded; and specimens of the stalked larvæ of an undetermined species of *Comatula*, from Port Jackson. — Mr. Macleay also exhibited specimens of a species of *Ascaris* from the stomach of a Kangaroo. He stated that with the exception of the *Ascaris tentaculata* of Rudolphi, which inhabits the cæcum of the American opossums (*Didelphys*) no *Ascaris* had ever been described as parasitic in Marsupials, but Dr. Cobbold mentions having seen two undescribed species, procured from the stomachs of an *Halmaturus* and *Macropus*. It would be interesting to know if this *Ascaris* ever became parasitic in sheep and cattle. He would be glad to receive specimens of all *Entozoa* found in any of the graminivorous animals.

IV. Personal-Notizen.

Universität Graz.

Zoologisch-zootomisches Institut.

Vorstand: Prof. ord. Dr. Ludw. von Graff.
Assistent: Dr. L. Böhmig.
Praeparator: Privatdocent Dr. Jos. Hnr. List.
Demonstrator: Th. Pintner.
Privatdocenten: Prof. extraord. am Polytechnicum Dr. Aug. Mojsisovics Edl. von Mojsvár.
Dr. A. Ritter von Heider.
Dr. K. Zelinka.

Necrolog.

Am 19. August starb in Wood's Holl, Mass., Prof. Spencer Fullerton Baird, der verdienstvolle, liebenswürdige, unermüdlich thätige Secretair der Smithsonian Institution in Washington, der erfolgreiche Leiter der americanischen Fischerei-Commission, der hauptsächliche Gründer und Förderer des U. S. National Museum, der ausgezeichnete Zoolog, namentlich Ornitholog.

Druck von Breitkopf & Härtel in Leipzig.

Zoologischer Anzeiger

herausgegeben

von Prof. **J. Victor Carus** in Leipzig.

Verlag von Wilhelm Engelmann in Leipzig.

X. Jahrg. 24. October 1887. No. 263.

Inhalt: I. **Litteratur.** p. 541—557. II. **Wissensch. Mittheilungen.** 1. **Chun,** Zur Morphologie der Siphonophoren. 2. 2. **Verson,** Der Bau der Stigmen bei *Bombyx mori*. 3. **Selvatico,** Die Aorta im Brustkasten und im Kopfe des Schmetterlings von *Bombyx mori*. 4. **Mortensen,** Die Begattung der *Lacerta vivipara* (und *agilis*). III. **Mittheil. aus Museen, Instituten etc.** 1. **Linnean Society of New South Wales.** IV. **Personal-Notizen.** Necrolog.

I. Litteratur.

18. Vertebrata.

d) **Aves.**

(Fortsetzung.)

Macpherson, H. A., Reported occurrence of *Emberiza melanocephala* in Scotland. in: The Zoologist, (3.) Vol. 11. May, p. 193.

Sclater, P. L., On *Empidonax brunneus* and its allied Species. in: The Ibis, (5.) Vol. 5. No. 17. p. 64—66.

Gurney, John Henry, On *Falco babylonicus* and *Falco barbarus*. in: The Ibis, (5.) Vol. 5. No. 18. Apr. p. 158—166.

Aplin, Ol. V., Plumage of the Kestrel [*Falco tinnunculus*]. in: The Zoologist, (3.) Vol. 11. March, p. 112—113.

Frere, H. T., Plumage of the Kestrel [*Falco tinnunculus*]. in: The Zoologist, (3.) Vol. 11. Apr. p. 154.

Weir, J. Jenner, Hybrid Finches. in: The Zoologist, (3.) Vol. 11. March, p. 113—114.

Greiff, J., Fruchtbarkeit eines Kanarienvogelpaares. in: Zoolog. Garten, 28. Jahrg. No. 2. p. 63.

Sibeth, Paul, Frechheit eines Kanarienvogels. in: Zool. Garten, 27. Jahrg. No. 12. p. 386—387.

Harting, J. E., Reported Occurrence of the Citril Finch [*Fringilla citrinella*] near Brighton. in: The Zoologist, (3.) Vol. 11. Febr. p. 72—73.

Gurney, J. H., jun., Varieties of the Brambling [*Fringilla montifringilla*]. in: The Zoologist, (3.) Vol. 11. Febr. p. 74—75.

Hartwig, W., Der Lorbeerfink (*Fringilla tintillon* Webb. et B.). in: Zoolog. Garten, 28. Jahrg. No. 4/5. p. 132—135.

Howard, R. J., On a Hybrid between *Fuligula cristata* and *F. ferina*. in: Proc. Zool. Soc. London. 1886. IV. p. 550—551.

Macpherson, H. A., Plumage of the Tufted Duck [*Fuligula cristata*]. in: The Zoologist, (3.) Vol. 11. March, p. 112.

Whitaker, J., Plumage of the Tufted Duck [*Fuligula cristata*]. in: The Zoologist, (3.) Vol. 11. June, p. 235—236.

Moor, E. C., Moorhen [*Gallinula chloropus*] nesting in a disused punt. in: The Zoologist, (2.) Vol. 11. Febr. p. 77.

Morris, Rob. O., Occurrence of the Florida Gallinule [*Gallinula galeata*] at Springfield, Mass. in: The Auk, Vol. 4. No. 1. p. 72—73.

Schuster, M. J., Das Huhn im Dienste der Land- und Volkswirthschaft sowie des Sports. 2. Aufl. Ilmenau, Aug. Schröter's Verlag, 1887. 8⁰. (VII, 160 p.) *M* 2,—.

Béraneck, E., Étude sur les replis médullaires du poulet. Avec 1 pl. in: Recueil Zool. Suisse, T. 4. No. 2. p. 305—(320).

Budge, Albr., Untersuchungen über die Entwicklung des Lymphsystems beim Hühnerembryo. Aus des Verf.'s hinterlassenen Papieren zusammengestellt von W. His. Mit 2 Taf. in: Arch. f. Anat. u. Phys. Anat. Abth. 1887. 1. Hft. p. 59—88.

Laulanié, F., Development and Significance of the Germinal Epithelium in the Testicle of the Chick. (Bull. Soc. d'Hist. Nat. Toulouse, Vol. 20. 1886. p. 13—16.) Abstr. in: Journ. R. Microsc. Soc. London, 1887. P. 2. p. 210.

Mall, Franklin P., Entwickelung der Branchialbogen und -Spalten des Hühnchens. Mit 3 Taf. in: Arch. f. Anat. u. Phys. Anat. Abth. 1887. I. Hft. p. 1—34.

Ravn, Ed., Über die mesodermfreie Stelle in der Keimscheibe des Hühnerembryo. Mit 1 Taf. in: Arch. f. Anat. u. Physiol. Anat. Abtheil. 1886. Hft. 5/6. p. 412—420.

Newton, E. T., On the remains of a Gigantic Species of Bird (*Gastornis Klaessenii* n. sp.) from the Lower Eocene Beds near Croyton. With 2 pl. in: Trans. Zool. Soc. London, Vol. 12. P. 5. p. 143—160.

Hargitt, Edw., Notes on Woodpeckers. No. XIII. On *Gecinus Gorii* [n. sp.] and on the male of *Poliopicus Ellioti*. in: The Ibis, (5.) Vol. 5. No. 17. p. 74—76.

(s. Z. A. No. 250. p. 229.)

Shufeldt, R. W., Contributions to the Anatomy of *Geococcyx californianus*. With cuts and 4 pl. in: Proc. Zool. Soc. London, 1886. IV. p. 466—491.

Ridgway, Rob., Description of a recently-new Oyster-catcher (*Haematopus galapagensis*) from the Galapagos Islands. in: Proc. U. S. Nation. Mus. Vol. 9. p. 325—326.

Bailey, H. B., The Brown Thrush [*Harporhynchus rufus*] laying in the Nest of the Wood Thrush. in: The Auk, Vol. 4. No. 1. p. 78.

Brewster, Will., An overlooked specimen of Bachman's Warbler [*Helminthophila Bachmani*]. in: The Auk, Vol. 4. No. 2. p. 165.

Lawrence, Geo. N., The Rediscovery of Bachman's Warbler, *Helminthophila Bachmani* (Aud.), in the United States. in: The Auk, Vol. 4. No. 1. p. 35—37.

Browne, F. C., The New England Glossy Ibises of 1850. [*Ibis falcinellus* Audub.] in: The Auk, Vol. 4. No. 2. p. 97—100.

Macpherson, H. A., The alleged existence of Ptarmigan [*Lagopus*] in Cumberland. in: The Zoologist, (3.) Vol. 11. Apr. p. 153.

—— The Ptarmigan [*Lagopus mutus*] in South West Scotland. in: The Zoologist, (3.) Vol. 11. Apr. p. 194.

Service, Rob., On the former existence of Ptarmigan [*Lagopus mutus*] in South West Scotland. in: The Zoologist, (3.) Vol. 11. March, p. 81—89.

Henke, G. K., Schneehuhnbastard oder partieller Albinismus der Birkhenne. in: Zeitschr. f. d. ges. Ornithol. 3. Jahrg. p. 267—269.

Whyte, Jam., Object of the Shrike in Impaling its Prey. in: The Auk, Vol. 4. No. 1. p. 77.

Smith, Geo., The Mediterranean Black-headed Gull [*Larus melanocephalus*] on the Norfolk Coast. in: The Zoologist, (3.) Vol. 11. Febr. p. 69.

Chapman, Abel, Little Gull [*Larus minutus*] in Co. Durham. in: The Zoologist, (3.) Vol. 11. Jan. p. 26.

Marey, E., Figures en relief representant les attitudes successives d'un goéland [*Larus*] pendant une révolution de ses ailes. in: Compt. rend. Ac. Sc. Paris, T. 104. No. 12. p. 817—819.

Gurney, J. H., (On *Limnaëtus ceylonensis*). in: The Ibis, (5.) Vol. 5. No. 18. Apr. p. 258.

Vian-Williams, H., Singular Nesting-place of Linnets. in: Nature, Vol. 36. No. 920. p. 154.

Croasdaile, Anna, Crossbills [*Loxia curvirostris*] at Rynn, Queen's County. in: The Zoologist, (3.) Vol. 11. March, p. 111.

Dutcher, Will., *Megalestris skua*. in: The Auk, Vol. 4. No. 2. p. 158.

Haast, Jul. von, On *Megalopteryx Hectori*, a new Gigantic Species of Apterygian Bird. in: Trans. Zool. Soc. London, Vol. 12. P. 5. p. 161—170.

Caton, John Dean, The Origin of a small race of Turkeys. in: Amer. Naturalist, Vol. 21. No. 4. p. 350—354.

Shufeldt, R. W., Observations upon the Habits of *Micropus melanoleucus*, with Critical Notes on its Plumage and External Characters. With 1 pl. in: The Ibis, (5.) Vol. 5. No. 18. Apr. p. 151—158.

Evans, Will., (*Motacilla alba* in East Lothian). in: Proc. R. Phys. Soc. Edinb. Vol. 9. P. 1. p. 186.

Ridgway, Rob., Description of a new species of *Myiarchus* [*Coalei*], presumably from the Orinocco district of South America. in: Proc. U. S. Nat. Mus. Vol. 9. p. 520.

Blasius, R., Der Wanderzug der Tannenheher [*Nucifraga caryocatactes*] durch Europa im Herbste 1885 und Winter 1885/1886. in: Ornis. Internat. Zeitschr. f. d. ges. Ornith. 2. Jahrg. 4. Hft. p. 437—550.

Webster, Fred. S., The Saw-whet Owl [*Nyctale acadica*] in the District of Columbia. in: The Auk, Vol. 4. No. 2. p. 161.

Goodale, Jos. L., Additional Occurrences of the Connecticut Warbler in Maine [*Oporornis agilis*]. in: The Auk, Vol. 4. No. 1. p. 77—78.

Pow, Geo., Notes on the occurrence of the Shorelark (*Otocorys alpestris*) in East Lothian. in: Proc. R. Phys. Soc. Edinb. Vol. 9. P. 1. p. 183—184.

Bianchi, V., Über einen neuen Würger aus der Untergattung *Otomela* (*Otomela Bogdanowi*). in: Mélang. biolog. Bull. Ac. St. Pétersbg. T. 12. Livr. 5. p. 581—588.

(s. Z. A. No. 240. p. 725.)

Stejneger, Leonh., Notes on species of the Australian genus *Pardalotus*. in: Proc. U. S. Nat. Mus. Vol. 9. p. 294—296.

Sennett, Geo. B., Descriptions of two new Subspecies of Titmice [*Parus*] from Texas. in: The Auk, Vol. 4. No. 1. p. 28—30.

A Sparrow chasing two Pigeons. in: Nature, Vol. 35. No. 910. p. 536.

Bath, W. Harc., A Sparrow chasing Pigeons. in: Nature, Vol. 36. No. 914. p. 4—5.

Aplin, Oliver V., Partridges with white »Horse-shocs«. in: The Zoologist, (3.) Vol. 11. March, p. 108—109.

Green, Morris M., Occurrence of *Phalaropus lobatus* at Syracuse, N. Y. in: The Auk, Vol. 4. No. 1. p. 73.

Ussher, R. J., Grey Phalaropes [*Phalaropus lobatus*] in Ireland. in: The Zoologist, (3.) Vol. 11. Febr. p. 75.

Seebohm, Henry, On *Phasianus colchicus* and its Allies. in: The Ibis, (5.) Vol. 5. No. 18. Apr. p. 168—173.

Wayne, Arth. T., *Phoenicopterus ruber* as a South Carolina Bird. in: The Auk, Vol. 4. No. 1. p. 72.

Vian, Alex., Notice sur les espèces asiatiques du genre Pouillot (*Phyllopseuste*) capturées dans l'ile d'Helgoland. in: Bull. Soc. Zool. France, T. 11. No. 5/6. p. 652—670.

Härter, Ed., Wie die Elster ihr Nest verborgen hält. in: Zoolog. Garten, 28. Jahrg. No. 4/5. p. 147—148.

Ridgway, Rob., Description of an apparently new species of *Picolaptes* from the lower Amazon [*P. Rikeri*]. in: Proc. U. S. Nat. Mus. Vol. 9. p. 523.

Bryant, Walter E., *Piranga rubriceps* and *Tringa fuscicollis* in California. in: The Auk, Vol. 4. No. 1. p. 78—79.

Shelley, G. E., A Review of the Species of the Family *Ploceidae* of the Ethiopian Region. P. II. *Ploceinae*. With 2 pl. in: The Ibis, (5.) Vol. 5. No. 17. p. 1—47.
(Sp. No. 108—184.) — s. Z. A. No. 250. p. 229.

Tristram, H. B., On the Breeding Plumage of *Podiceps occidentalis*, Lawrence. in: The Ibis, (5.) Vol. 5. No. 17. Jan. p. 98—99. No. 18. Apr. p. 258—259.

Gurney, J. H., The green-backed Porphyrio (*Porphyrio chloronotus*). in: The Zoologist, (3.) Vol. 11. May, p. 195.

Baird, Sp. F., Occurrence of Cory's Shearwater (*Puffinus borealis*) and several species of Jaegers in Large Numbers in the Vicinity of Gayhead, Mass., during the Autumn of 1886. in: The Auk, Vol. 4. No. 1. p. 71—72.

Seebohm, Henry, On the Bullfinches [*Pyrrhula*] of Siberia and Japan. in: The Ibis, (5.) Vol. 5. No. 17. p. 100—103.

Stejneger, Leonh., Description of *Rallus Jouyi*, with remarks on *Rallus striatus* and *Rallus gularis*. in: Proc. U. S. Nat. Mus. Vol. 9. p. 362—364.

Walter, .. (Cassel), *Regulus ignicapillus* in der Mark nistend. in: Journ. f. Ornithol. 35. Jahrg. (4. F. 15. Bd) 1. Hft. p. 98—99.

Hancock, Jos. L., The relative weight of the Brain of *Regulus satrapa* and *Spizella domestica* compared to that of Man. in: Amer. Naturalist, Vol. 21. No. 4. p. 389.

Cory, Ch. B., Description of a new species of *Rhamphocinclus* [*Sanctae Luciae* n. sp.] from St. Lucia, West-Indies. in: The Auk, Vol. 4. No. 2. p. 94—95.

Smith, G., Nesting of the Sedge Warbler [*Salicaria phragmitis*]. in: The Zoologist, (3.) Vol. 11. Jan. p. 28.

Loomis, Leverett M., On an Addition to the Ornithology of South Carolina [*Scolecophagus cyanocephalus*]. in: The Auk, Vol. 4. No. 1. p. 76.

Hoffmann, Jul., Die Waldschnepfe. Ein monographischer Beitrag zur Jagdzoologie. 2. verm. Aufl. Mit 1 Bild in Lichtdr. Stuttgart, Jul. Hoffmann, 1887. 8°. (VIII, 196 p.) *M* 4,—.

Webster, Fred. S., A Fern-eating Woodcock [*Scolopax*]. in: The Auk, Vol. 4. No. 1. p. 73—74.

Birley, F. H., Woodcock and Pheasant laying in the same Nest. in: The Zoologist, (3.) Vol. 11. May, p. 194.

Evans, Will., On the occurrence of the Great Snipe (*Scolopax major*) near Glasgow in May, 1885. in: Proc. R. Phys. Soc. Edinb. Vol. 9. P. 1. p. 184—186.

Salvin, Osb., Description of a new Species of the Genus *Setophaga* [*S. flavivertex*]. With 1 pl. in: The Ibis, (5.) Vol. 5. No. 18. Apr. p. 129—130.

Murdoch, John, Note on Eider Ducks [*Somateria*]. in: The Zoologist, (3.) Vol. 11. March, p. 108.

Ridgway, Rob., A Singularly Marked Specimen of *Sphyrapicus thyroideus*. in: The Auk, Vol. 4. No. 1. p. 75—76.

Ridgway, Rob., Description of a new form of *Spindalis* [*Sp. zena Townsendi* n. subsp.] from the Bahamas. in: Proc. U. S. Nation. Mus. 1887. p. 3.

Spizella domestica, brain. v. *Regulus satrapa*, Jos. L. Hancock.

Ussher, R. J., Blackcap [*Sylvia atricapilla*] in Co. Waterford in December. in: The Zoologist, (3.) Vol. 11. Jan. p. 27.

White, J. N., Blackcap [*Sylvia atricapilla*] in Co. Waterford in January. in: The Zoologist, (3.) Vol. 11. June, p. 236.

Stejneger, Leonh., On the status of *Synthliboramphus Wumizusume* as a North American Bird. in: Proc. U. S. Nat. Mus. Vol. 9. p. 524.

Ussher, R. J., Ruddy Sheldrake [*Tadorna vulpanser*] in Ireland. in: The Zoologist, (3.) Vol. 11. Jan. p. 25—26.

Kutter, .., Verwandtschaftsbeziehungen der *Thinocoridae*. in: Journ. f. Ornithol. 35. Jahrg. (4. F. 15. Bd.) 1. Hft. p. 103—104.

Tringa fuscicollis. v. *Piranga rubriceps*, W. E. Bryant.

Garriock, J. T., Curlew Sandpiper [*Tringa subarquata*] and Spotted Crake [*Crex porzana*] in Shetland. in: The Zoologist, (3.) Vol. 11. Febr. p. 72.

Haigh, G. H. Caton, Habits of the Green Sandpiper [*Totanus ochropus*]. in: The Zoologist, (3.) Vol. 11. March, p. 110—111.

Styan, F. W., On a new Species of *Trochalopteron* from China [*Tr. cinereiceps* n. sp.] from China. With 1 pl. in: The Ibis, (5.) Vol. 5. No. 18. Apr. p. 166—168.

Gould, J., Supplement to the *Trochilidae* or Humming Birds. Part 5., completing the work. London, Sotheran, 1887. Fol. £ 3, 3 s.

Macfarland, Wm., Nesting Habits of the Humming-bird, *Trochilus colubris*. in: Journ. Trenton Nat. Hist. Soc. No. 2. Jan. 1887. p. 55—58.

Ridgway, Rob., The Coppery-tailed Trogon [*Trogon ambiguus*] breeding in Southern Arizona. in: The Auk, Vol. 4. No. 2. p. 161—162.

Turdus, japanese. v. Japanese Birds, L. Stejneger.

Stejneger, Leonh., On *Turdus alpestris* and *Turdus torquatus*, two distinct species of European Thrushes. in: Proc. U. S. Nat. Mus. Vol. 9. p. 365—373.

Aplin, Oliver V., Scarcity of Fieldfares [*Turdus pilaris*]. in: The Zoologist, (3.) Vol. 11. Febr. p. 71—72.

Leverkühn, Paul, Die Wachholderdrossel (*Turdus pilaris*) als Brutvogel in Schleswig-Holstein. in: Zoolog. Garten, 28. Jahrg. No. 4/5. p. 146—147.

Prentis, Walter, Immigration of Fieldfares [*Turdus pilaris*]. in: The Zoologist, (3.) Vol. 11. Jan. p. 28—29.

Brewster, Will., The common-Murre (*Uria troile*) and the Razor-bill Auk

(*Alca torda*) on the New England Coast. in: The Auk, Vol. 4. No. 2. p. 158.

Gurney, J. H., On an apparently undescribed Hawk of the Asturine Subgenus *Urospizias*, proposed to be called *Urospizias Jardinei*. With 1 pl. in: The Ibis, (5.) Vol. 5. No. 17. p. 96—98.

Cory, Ch. B., A new *Vireo* [*caymanensis* n. sp.], from Grand Cayman, West Indies. in: The Auk, Vol. 4. No. 1. p. 6—7.

Nehrling, H., Der Buschfink, *Zonotrichia albicollis* Bp. in: Zoolog. Garten, 27. Jahrg. No. 12. p. 381—385.

Tristram, H. B., On an apparently new Species of *Zosterops* from Madagascar [*Z. Hovarum* n. sp.]. in: The Ibis, (5.) Vol. 5. No. 18. Apr. p. 234—235.

e) Mammalia.

Leche, W., Säugethiere (Bronn's Klassen u. Ordnungen, 6. Bd. 5. Abth.) 29. Lief. Leipzig & Heidelberg, C. F. Winter'sche Verlagshdlg., 1887. 8⁰.

Westermann, Geo., Übersicht der Säugethier-Geburten im zoologischen Garten zu Leipzig, von dessen Eröffnung im Jahre 1878 bis September 1886. in: Zoolog. Garten, 28. Jahrg. No. 4/5. p. 158.

Coleman, J., Englische Viehrassen: Rinder, Schafe und Schweine. Unter Mitwirkung der bedeutendsten englischen Züchter herausgegeben. Ins Deutsche übertragen und mit Anmerk. versehen von Geo. Zöppritz jun. Mit 27 Vollbildern in Holzschn. nach Zeichnungen von Harrison Weir. [In 10 monatl. Liefgg.] Stuttgart, Jul. Hoffmann, 1887. 4⁰. à ℳ 1,20. (Lief. 1—5.)

Hohe Kaufpreise für edle Zuchtthiere. in: Zoolog. Garten, 28. Jahrg. No. 4/5. p. 139—140.

Weber, Max, Über die cetoide Natur der Promammalia. in: Anat. Anzeig. 2. Jahrg. No. 2. p. 42—55.

Kobelt, W., Die Pelzthiere in Alaska. in: Zool. Garten, 27. Jahrg. No. 12. p. 378—381.

Southwell, Thom., Notes on the Seal and Whale Fishery of 1886. in: The Zoologist, (3.) Vol. 11. May, p. 182—189.

True, Fred. W., Catalogue of the Aquatic Mammals. in: Descript. Catalog. Rep. Exhibit. U. S. p. 623—644 [p. 1—22].

Albrecht, Paul, Zwei Fragen zur Hebung der von Hrn. Geh. Med.-R. Prof. Dr. Virchow in Berlin auf p. 274 d. 18. Jahrg. d. Zeitschr. f. Ethnologie gegen die von mir aufgestellten Theorien über Hyperdaktylie, Penischisis, Epi- u. Hypospadie erhobenen Bedenken: — 1. Giebt es bei Säugethieren eine auf Wiederentwickelung phylogenetisch verloren gegangener Finger beruhende wahre und eine auf wieder erfolgter Spaltung phylogenetisch nicht mehr zur Spaltung gelangender Finger beruhende scheinbare Hyperdaktylie? 2. Sind die an Penis und Clitoris der Säugethiere auftretenden Spaltungen »pathologisch« oder atavistisch? Mit 2 Holzschn. Hamburg, Selbstverlag, 1887. 8⁰. (19 p.) Aus dessen Vergleich.-anatom. Untersuchungen. 1. Bd. 3. Hft. p. 191—205. ℳ 1,20.

Baur, G., Über das Quadratum der Säugethiere. in: Biolog. Centralbl. 6. Bd. No. 21. p. 648—658.

Lataste, Fern., Étude de la dent canine, appliquée au cas présenté par le genre Daman et completée par les définitions des catégories de dents communes à plusieurs ordres de la classe des Mammifères. in: Zool. Anz. 10. Jahrg. No. 251. p. 265—271. No. 252. p. 284—292.

Chiarugi, G., Appunti da servire alla storia del sistema delle vene azigos dei Mammiferi. Con 3 fig. in: Atti Soc. Tosc. Sc. Nat. Pisa, Proc. verb. Vol. 5. p. 187—194.

Kowalenskaja, Kathar. von, Beiträge zur vergleichenden mikroskopischen Anatomie der Hirnrinde des Menschen und einiger Säugethiere. Mit 1 Taf. in: Mittheil. Naturforsch. Ges. Bern, 1886. p. 59—90.

Meynert, Theod., Die anthropologische Bedeutung der frontalen Gehirnentwicklung, nebst Untersuchungen über den Windungstypus des Hinterhauptlappens der Säugethiere etc. [Aus: Jahrbb. f. Psychiatrie.] Wien, Toeplitz & Deuticke, 1887. 8⁰. (42 p.) ℳ 2,—.

Lothringer, Salom., Untersuchungen an der Hypophysis einiger Säugethiere und des Menschen. Mit 2 Taf. in: Arch. f. mikrosk. Anat. 28. Bd. 3. Hft. p. 257—292.

Jegorow, J., Recherches anatomo-physiologiques sur le ganglion ophthalmique. Avec 3 pl. in: Arch. Slav. Biolog. T. 2. Fasc. 3. p. 376—399. T. 3. Fasc. 1. p. 50—129. Partie physiologique. ibid. Fasc. 2. p. 227—243.

Rosenberg, Ludw., Über Nervenendigungen in der Schleimhaut und im Epithel der Säugethierzunge. Mit 2 Taf. in: Sitzgsber. kais. Akad. Wiss. Wien, 93. Bd. 3. Abth. p. 164—199. — Apart: ℳ 1,—.

Dostoiewsky, A., Über den Bau des Corpus ciliare und der Iris von Säugethieren. Mit 2 Taf. in: Arch. f. mikrosk. Anat. 28. Bd. 2. Hft. p. 91—121.

Hache, Edm., Sur la structure de la choroide et sur l'analogie des espaces conjonctifs et des cavités lymphatiques. in: Compt. rend. Ac. Sc. Paris, T. 104. No. 14. p. 1014—1017.

Bulle, Herm., Beiträge zur Anatomie des Ohres. Mit 1 Taf. in: Arch. f. mikrosk. Anat. 29. Bd. 2. Hft. p. 237—264.

Baginski, Benno, Zur Entwicklung der Gehörschnecke. Mit 2 Taf. in: Arch. f. mikrosk. Anat. 28. Bd. 1. Hft. p. 14—37.
(Säugethiere.)

Canalis, Pietro, Contributo allo studio dello sviluppo e della patologia delle capsule soprarenali. Con 1 tav. in: Atti R. Accad. Sc. Torino, Vol. 22. Disp. 12/13. p. 747—767.

Klaatsch, .., Über die Morphologie der Tastballen [der Säugethiere]. in: Anatom. Anz. 2. Jahrg. No. 12. p. 400—401.

Prenant, A., Étude sur la structure du tube séminifère des Mammifères. Avec 3 pl. Paris, 1887. 8⁰. (128 p.)

Van Beneden, Ed., Erste Entwicklungsstadien von Säugethieren. Ausz. in: Biolog. Centralbl. 6. Bd. No. 23. p. 734—735.
(Berlin. Naturforsch.-Versamml.)

Tafani, Aless., La circulation dans le placenta de quelques Mammifères. in: Arch. Ital. Biol. T. 8. Fasc. 1. p. 49—57.
(Dallo »Sperimentale«, Agosto, 1885.)

Jones, J. Matth., The Mammals of Bermuda. in: Jones and Goode, Contrib. Nat. Hist. Berm. Vol. 1. p. 143—161.
(9 sp.)

Lataste, Fern., Étude de la faune des Vertébrés de Barbarie (Algérie, Tunisie

et Maroc). I. Catalogue provisoire des Mammifères apélagiques sauvages de Barbarie. in: Actes Soc. Linn. Bordeaux, Vol. 39. p. 129—299.
(83 [2 n.] sp.; n. g. *Bifa, Massoutiera, Nanger.*)

Noack, Th., Beiträge zur Kenntnis der Säugethier-Fauna von Ost- und Central-Africa. Mit 3 Taf. in: Zool. Jahrbb. Spengel, 2. Bd. 2. Hft. p. 193—302.
(112 [8 n.] sp.)

Gregorio, A. de, Intorno a un deposito di roditori e di carnivori sulla vetta di Monte Pellegrino. in: Atti Soc. Tosc. Sc. Nat. Pisa, Mem. Vol. 8.

Lydekker, Rich., Catalogue of the Fossil Mammalia in the British Museum (Natural History), Cromwell Road. P. IV. Containing the Order Ungulata, Suborder Proboscidea. London, 1886.

—— On the fossil Mammalia of Maragha, in North-western Persia. in: Ann. of Nat. Hist. (5.) Vol. 19. March, p. 227. — Quart. Journ. Geol. Soc. London, Vol. 42. p. 173—176.

Marsh, O. C., American Jurassic Mammals. With 4 pl. in: Amer. Journ. Sc. (Silliman). (3.) Vol. 33. Apr. p. 327—348.
(7 n. sp.; n. g. *Asthenodon, Laodon, Enneodon, Menacodon, Priacodon, Paurodon.*)

Caldwell, W. H., The Embryology of Monotremata and Marsupialia. P. I. Abstr. [Proc. R. Soc.] in: Nature, Vol. 35. No. 909. p. 524—525.
(Amer. Naturalist, Vol. 21. No. 5. p. 489—492.)

Haacke, W., Eierlegende Säugethiere. Mit 2 Abbild. in: Humboldt, 6. Jahrg. 6. Hft. p. 215—218.

Vinciguerra, D., Les Mammifères ovipares. Trad. par V. Brandicourt. in: Bull. Scientif. dép. du Nord, T. 9. No. 12. p. 407—415.
(Giorn. della Soc. di lett. e conversaz. scient. di Genova. Avr. 1885.)

Giard, A., Observations sur la Note précédente. ibid. p. 415—416.

Brown, Jam. Temple, The Whale Fishery and its appliances. in: Descript. Catalog. Rep. Exhib. U. S. p. 271—386. [p. 1—116].

Hansen, Armauer, La septicémie inoculée à des Baleines par les flèches dont se servent les pêcheurs. in: Arch. de Biolog. T. 6. Fasc. 3. p. 585—587.

Leboucq, H., La nageoire pectorale des Cétacés au point de vue phylogénique. in: Anat. Anz. 2. Jahrg. No. 7. p. 202—208.

Lydekker, R., The Cetacea of the Suffolk Crag. With 1 pl. in: Quart. Journ. Geol. Soc. London, Vol. 43. P. 1. p. 7—18. — Abstr. in: Ann. of Nat. Hist. (5.) Vol. 19. March, p. 234.
(Geol. Soc. London.)

Newton, E. Tulley, A Contribution to the History of the Cetacea of the Norfolk »Forest-bed«. With 1 pl. in: Quart. Journ. Geol. Soc. London, Vol. 42. p. 316—324. — Abstr. in: Ann. of Nat. Hist. (5.) Vol. 19. March, p. 229.

Pavlow, Marie, Études sur l'histoire paléontologique des Ongulés en Amérique et en Europe. Avec 1 pl. in: Bull. Soc. Imp. Natural. Moscou, 1887. No. 2. p. 343—373.

Schlosser, M., Erwiederung gegen E. D. Cope [Hufthiere]. in: Morpholog. Jahrb. 12. Bd. 4. Hft. p. 575—580.

Burmeister, H., Osteologie der Gravigraden. v. supra Faunen. Z. A. No. 254. p. 327.

Pohlig, H., Über die wild lebenden Wiederkäuer Nordpersiens, und Einiges über die dortige Landwirthschaft. Sep.-Abdr. aus: Ber. physiol. Labor. u. Versuchsanst. landwirth. Inst. Univ. Halle, 7. Hft. (14 p.)

Vaerst, Gst., Über Vorkommen, anatomische und histologische Entwicklung, sowie physiologische Bedeutung der Herzknochen bei Wiederkäuern. Mit 3 Taf. Inaug.-Diss. (Erlangen), Leipzig, 1886. 8⁰. (28 p.)

Ranvier, L., Des muscles rouges et des muscles blancs chez les rongeurs, in: Compt. rend. Ac. Sc. Paris, T. 104. No. 1. p. 79—80.

Cope, E. D., Some new Taeniodonta of the Puerco. in: Amer. Naturalist, Vol. 21. No. 5. p. 469.

Fleischmann, Alb., Zur Entwicklungsgeschichte der Raubthiere. in: Biolog. Centralbl. 7. Bd. No. 1. p. 9—12. — Abstr. in: Amer. Naturalist, Vol. 21. No. 4. p. 394—396.

—— Über die erste Anlage der Placenta bei den Raubthieren. Aus: Sitzgsb. physik. med. Soc. Erlangen, Nov. 1886. (3 p.)

Nehring, A., Die Seehunds-Arten der deutschen Küsten. Mit 7 Holzschn. Berlin, 1887. 8⁰. (16 p.) Sonderabdr. aus: Mittheil. der Section für Küsten- u. Hochseefischerei, 1887. No. 2, 3 u. 4.

Brazenor, C. W., Natterer's Bat and the Barbastelle in Sussex. in: The Zoologist, (3.) Vol. 11. Apr. p. 151—152.

Doria, Giac., I Chirotteri trovati finora in Liguria. Genova, 1887. 8⁰. — Res Ligusticae. I. — Estr. dagli Ann. Mus. Civ. Stor. Nat. Genova, (2.) Vol. 4. p. 385—474.

Haigh, G. H. Caton, Notes on Bats in North Lincolnshire. in: The Zoologist, (3.) Vol. 11. Apr. p. 142—144.

Harting, J. E., Remarks on British Bats. With 1 pl. in: The Zoologist, (3.) Vol. 11. May, p. 161—171.

Lilford, Lord, A few words on European Bats. in: The Zoologist, (3.) Vol. 11. Febr. p. 61—67.

Parrott, F. Hayward, Bats in Captivity. in: The Zoologist, (3.) Vol. 11. March, p. 106—107.

Deniker, J., Recherches anatomiques et embryologiques sur les Singes Anthropoides. Avec 22 figg. dans le texte et 9 pls. in: Arch. Zoolog. Expérim. et Gén. Lacaze-Duthiers, (2.) T. 3bis. — Apart: Thèse. Paris, 1887. 8⁰.

Ruge, G., Untersuchungen über die Gesichtsmusculatur der Primaten. Mit 8 lith. Taf. Leipzig, W. Engelmann, 1887. Imp.-4⁰. (III, 130 p.) ℳ 24,—.

Alces v. *Cervus*.

Sclater, Ph. L., On two Species of *Antelopes* from Somali-Land [*Gazella naso* n. sp. and *Neotragus* sp.]. With 1 pl. in: Proc. Zool. Soc. London, 1886. IV. p. 504—505.

Keller, F. C., Die Gemse. Ein monographischer Beitrag zur Jagdzoologie. Mit Titelholzschn. Klagenfurt, Joh. Leon sen., 1887. 8⁰. (VIII, 516 p.) ℳ 10,—.

Girtanner, A., Die Murmelthier-Kolonie in St. Gallen und das Anlegen von Murmelthier-Kolonien. in: Zool. Garten, 28. Jahrg. No. 1. p. 20—27. No. 2. p. 46—54.

Nehring, A., Über fossile *Arctomys*-Reste vom Süd-Ural und vom Rhein. in: Sitzgsber. Ges. Nat. Fr. Berlin, 1887. No. 1. p. 1—7.

Trabucco, Giac., Considerazioni paleo-geologiche sui resti di *Arctomys mar-*

mota, scoperti nelle tane del colle di S. Pancrazio presso Silvano d'Olba (Alto Monferrato). Pavia, tip. frat. Fusi, 1887. 8⁰. (38 p., con 1 tav.)

Cocks, Alfr. Hen., The Finwhale Fishery of 1886 on the Lapland Coast. in: The Zoologist, (3.) Vol. 11. June, p. 207—222.

Delage, Y., Histoire du *Balaenoptera musculus*. Avec 21 pls. doubl. in: Arch. Zool. expér. et gén. Lacaze-Duthiers, (2.) T. 3bis.

Southwell, T., Common Rorqual [*Balaenoptera musculus*] at Skegnes. in: The Zoologist, (3.) Vol. 11. May, p. 190—191.

Neuner, Rich., Über angebliche Chordareste in der Nasenscheidewand des Rindes. Mit 1 Taf. Inaug.-Diss. (München), Leipzig, 1886. 8⁰. (19 p.)

Cuccati, G., Contributo all' anatomia microscopica della retina del Bue e del Cavallo. Con 1 tav. Bologna, 1886. 4⁰. (7 p.) (Mem. Accad. Istit. Bologna.)

Schmidt, Hs., Mißbildung bei einem Kalbe. in: Zoolog. Garten, 28. Jahrg. No. 4/5. p. 154—155.

Sigel, W. L., Die junge Giraffe des Zoologischen Gartens in Hamburg. in: Zool. Garten, 28. Jahrg. No. 3. p. 80—83.

Fredericq, Léon, Sur la physiologie du coeur chez le chien. in: Bull. Acad. R. Belg. 55. Ann. (3.) T. 12. No. 12. p. 661—665.

Lothringer, Sigism., Über die Hypophyse des Hundes. in: Mittheil. Naturf. Ges. Bern, 1886. p. 45—58.

Herzen, A., et **N. Loewenthal**, Un cas d'extirpation du gyrus sigmoïde chez un chien. Avec 1 pl. in: Recueil Zool. Suisse, T. 4. No. 1. p. 71—86.

Kühn, Jul., Fruchtbarkeit der Bastarde von Schakal u. Haushund. (Mittheil. d. landwirthsch. Instit. Univ. Halle.) (2 p.) Sep.-Abz. aus: Zeitschr. d. landwirthsch. Central-Ver. Provinz Sachsen. 1887. 3. Hft. — Biolog. Centralbl. 7. Bd. No. 5. p. 158—160.

Noack, Th., Wolfsbastarde. in: Zoolog. Garten, 28. Jahrg. No. 4/5. p. 106—111.

Nehring, A., Schädel eines *Canis jubatus* aus Argentinien. in: Sitzgsber. Ges. Nat. Fr. Berlin, 1887. No. 4. p. 47—48.

Dinnik, H., On the Caucasian Mountain-Goat (*Capra caucasica*, Güld.). With 1 pl. in: Ann. of Nat. Hist. (5.) Vol. 19. June, p. 450—461.

Grevé, C., Auch Einiges über das Elchwild. in: Zoolog. Garten, 28. Jahrg. No. 4/5. p. 112—115.

Matthiesen, Ludw., Über den physikalisch-optischen Bau des Auges von *Cervus alces* mas. Mit 1 Taf. in: Pflüger's Arch. f. d. ges. Physiol. 40. Bd. 7./8. Hft. p. 314—323.

Moellendorff, O. F. von, Über die Sika-Hirsche von China und Japan. in: Zool. Jahrb. Spengel, 2. Bd. 2. Hft. p. 588—590.

Capellini, G., Del Zifoide fossile (*Choneziphius planirostris*) scoperto nelle sabbie plioceniche di Fangonero presso Siena. (Con 1 tav.) in: Atti R. Accad. Linc. Mem. Sc. fis. mat. e nat. (4.) Vol. 1. p. 18—29.

Nehring, A., Über eine *Ctenomys*-Art aus Rio Grande do Sul (Süd-Brasilien). in: Sitzgsber. Ges. Nat. Fr. Berlin, 1887. No. 4. p. 45—47.

Nehring, A., Über *Cuon rutilans* von Java und *Lupus japonicus* von Nippon. ibid. No. 5. p. 66—69.

Dasypus, Plaques osseuses. v. supra Reptilia, Chelonia, A. Pilliet. Z. A. No. 262. p. 518.

Ihering, H. von, The Gestation of Armadilloes. in: Amer. Naturalist, Vol. 21. No. 1. p. 95—96.
(Biolog. Centralbl.) — s. Z. A. No. 250. p. 231.

True, Fred. W., A new Study of the genus *Dipodomys*. in: Proc. U. S. Nat. Mus. Vol. 9. p. 409—413.

Stephens, F., Description of a new species of *Dipodomys* [*D. deserti*]; with some account of its habits. With 1 pl. in: Amer. Naturalist, Vol. 21. No. 1. p. 42—49.

Osborn, Henry F., Observations upon the upper triassic Mammals, *Dromatherium* and *Microconodon* [n. g.]. With cuts. in: Proc. Acad. Nat. Sc. Philad. 1886. p. 359—363.

Der Milu (*Elaphurus Davidianus*) im Zoologischen Garten zu Berlin. Mit Holzschn. in: Zoolog. Garten, 28. Jahrg. No. 4/5. p. 101—105.

Armandi, P., Histoire des Éléphants dans les guerres et les fêtes des peuples anciens jusqu'à l'introduction des armes à feu. Limoges, E. Ardant & Co., 1887. 8⁰. (304 p.)

Pohlig, H., On Fossil Elephant Remains of Caucasia and Persia, and on the Results of a Monograph of the Fossil Elephants of Germany and Italy. in: Quart. Journ. Geol. Soc. London, Vol. 42. p. 179—182.

Altum, .., Über den Baumschläfer (*Eliomys dryas* Schreb.). in: Zoolog. Garten, 28. Jahrg. No. 4/5. p. 135—139.

Wrangel, Graf C. G., Das Buch vom Pferde. Ein Handbuch für jeden Besitzer und Liebhaber von Pferden. Mit vielen Abbild. Lief. 1.—3. Stuttgart, Schickhardt & Ebner, 1887. 8⁰. à *M* 1,—.

Hoffmann, L., Das Exterieur des Pferdes. Allgemeines über die Pferdegattung und über den Pferdekörper. Die einzelnen Körpertheile. Statik und Mechanik des Pferdekörpers. Pferdekauf und Handel. Mit 64 Abbild. Berlin, Hirschwald, 1887. 8⁰. (X, 370 p.) *M* 7,—.

Wilckens, M., Über ein fossiles Pferd Persiens. in: Anzeiger kais. Akad. Wiss. Wien, 1887. I. p. 42—43.
(*Equus fossilis persicus.*)

Lydekker, R., On a molar of a Pliocene type of *Equus* from Nubia. in: Ann. of Nat. Hist. (5.) Vol. 19. March, p. 238.
(Geol. Soc. London.)

Nörner, C., Über den feineren Bau des Pferdehufes. Mit 1 Taf. in: Arch. f. mikrosk. Anat. 28. Bd. 2. Hft. p. 171—224.

Equus, Retina. v. *Bos*, G. Cuccati.

Maw, Geo., Wolves, mares and foals. in: Nature, Vol. 35. No. 900. p. 297. — The Zoologist, (3.) Vol. 11. Apr. p. 151.

Mathew, Murray A., Hedgehog attacking a Hare. in: The Zoologist, (3.) Vol. 11. June, p. 233.

Lydekker, R., Description of the Cranium of a new species of *Erinaceus* [*Oeningensis*] from the Upper Miocene of Oeningen. With 1 pl. in: Quart. Journ. Geol. Soc. London, Vol. 42. p. 23—25.

Ryder, J. A., On the first and second sets of Hair Germs developed in the skin of foetal Cats. in: Proc. Ac. Nat. Sc. Philad. 1887. p. 56—(..).

Stowell, T. B., The Trigeminus Nerve in the Domestic Cat (*Felis domestica*). With cut. in: Proc. Amer. Philos. Soc. Philad. Vol. 23. No. 124. p. 459—478.

—— The Facial Nerve of the Domestic Cat. With 1 pl. ibid. Vol. 24. No. 125. p. 9—19.

Przybylski, J., Sur les nerfs dilatateurs de la pupille chez le Chat. in: Arch. Slav. Biolog. T. 2. Fasc. 3. p. 400—401.

Nehring, A., Über den Sohlenfleck am Hinterfuße der Wildkatze. Mit Holzschn. in: Deutsche Jägerzeit. 8. Bd. No. 27. p. 557—558.

—— Über die Sohlenfärbung am Hinterlauf der Hauskatze und ihrer wilden Stammart. Mit Holzschn. ibid. No. 35. p. 691—692.

—— Über die Sohlenfärbung am Hinterfuße von *Felis catus*, *F. caligata*, *F. maniculata* und *F. domestica*. in: Sitzgsber. Ges. Nat. Fr. Berlin, 1887. No. 3. p. 26—27.

Claypole, E. W., Abnormal Cats' Paws. in: Nature, Vol. 35. No. 902. p. 345.

Hagen, H. A., The same. ibid. p. 345.

Berg, Graf .., Über eine der Wildkatze ähnliche Katze. in: Sitzgsber. Naturf.-Ges. Dorpat, 8. Bd. 1. Hft. p. 154—155.

Apgar, Austin C., The Muskrat [*Fiber zibethicus*] and the Unio. in: Journ. Trenton. Nat. Hist. Soc. No. 2. Jan. 1887. p. 58—59.

Galera macrodon und *Galictis crassidens*. v. infra *Lutra brasiliensis*, A. Nehring.

Menges, J., Bemerkungen über die *Gazella Walleri* des nördlichen Somalilandes. in: Zool. Garten, 28. Jahrg. No. 2. p. 54—59.

Nehring, A., Über das Gefangenleben der Kegelrobbe (*Halichoerus grypus* Nilss.). Mit 2 Abbild. in: Zool. Garten, 28. Jahrg. No. 1. p. 1—10. No. 2. p. 40—45. No. 3. p. 74—79.

Thomas, Oldf., Diagnosis of a new Species of *Hesperomys* [*Taylori*] from North America. in: Ann. of Nat. Hist. (5.) Vol. 19. Jan. p. 66.

Seefeld, Alfr., (Geburt eines Nilpferdes in St. Petersburg). in: Zool. Garten, 28. Jahrg. No. 3. p. 89.

Lydekker, R., On a Jaw of *Hyotherium* from the Pliocene of India. in: Quart. Journ. Geol. Soc. London, Vol. 43. P. 1. p. 19—23. — Abstr. in: Ann. of Nat. Hist. (5.) Vol. 19. March, p. 234—235.
(Geol. Soc. London.)

Turner, Sir Will., On the Occurrence of the Bottle-nosed or Beaked Whale (*Hyperoodon rostratus*) in the Scottish Seas, with Observations on its external characters. in: Proc. R. Phys. Soc. Edinb. Vol. 9. P. 1. p. 25—47.

Weber, Max, Über *Lagenorhynchus albirostris*, Gray. Mit 1 Taf. aus: Tijdschr. Nederl. Dierk. Vereen. (2.) D. 1. 1887. (14 p.)

Thomas, Oldf., On the Wallaby commonly known as *Lagorchestes fasciatus*. With 1 pl. in: Proc. Zool. Soc. London, 1886. IV. p. 544—547.

Nehring, A., Über einen in der Gefangenschaft gezüchteten täckel-beinigen Hasen. in: Sitzgsber. Ges. Nat. Fr. Berlin, 1886. No. 10. p. 141—143.

Lincke, J. G., Die rationelle Kaninchenzucht und ihr volkswirthschaftlicher Werth. Mit 10 Abbild. im Text. Leipzig, Ed. Wartig's Verlag (E. Hoppe), 1887. 8⁰. (VII, 80 p.) ℳ 1,20.

Lupus japonicus. v. *Cuon rutilans*, A. Nehring.

Corbin, G. B., Young Otters in August. in: The Zoologist, (3.) Vol. 11. Febr. p. 67—68.

Nehring, A., Über *Lutra brasiliensis*, *Lutra paranensis*, *Galictis crassidens* und *Galera macrodon*. in: Sitzgsber. Ges. Nat. Fr. Berlin, 1886. No. 10. p. 144—152.

—— Über die Gray'schen Fischotter-Gattungen *Lutronectes*, *Lontra* und *Pteronura*. ibid. 1887. No. 3. p. 21—25.

True, Fred. W., Some distinctive cranial characters of the Canada *Lynx*. in: Proc. U. S. Nation. Mus. 1887. p. 8—9.

Carpenter, Alfr., Monkeys [*Macacus cynomolgus*] opening Oysters. in: Nature, Vol. 36. No. 916. p. 53.

Backhouse, Jam., On a Lower Jaw of *Machaerodus* from the »Forest-bed,« Kessingland. in: Ann. of Nat. Hist. (5.) Vol. 19. March, p. 229. — With 1 pl. in: Quart. Journ. Geol. Soc. London, 42. Vol. p. 309. Appendix by R. Lydekker, ibid. p. 309—311.

Schäff, Ernst, Über die Größe der Dachsschädel. in: Zool. Garten, 28. Jahrg. No. 2. p. 59—60.

Microconodon. v. supra *Dromatherium*, H. F. Osborn.

Lataste, Fern., Observations sur quelques espèces du genre Campagnol (*Microtus* Schranck, *Arvicola* Lacépède). Estr. dagli Ann. Mus. Civ. Stor. Nat. Genova, (2.) Vol. 4. No. 259—274.
(n. subgen. *Lasiopodomys*.)

True, Fred. W., and F. A. Lucas, On the West Indian Seal (*Monachus tropicalis*, Gray). With 3 pl. in: Ann. Rep. Smithson. Instit. 1884. P. II. p. 331—335.

Ward, Henry L., Notes on the Life-History of *Monachus tropicalis*, the West Indian Seal. With 1 pl. in: Amer. Naturalist, Vol. 21. No. 3. p. 257—264.

—— The West Indian Seal (*Monachus tropicalis*). in: Nature, Vol. 35. No. 904. p. 392. — The Zoologist, (3.) Vol. 11. May, p. 191—192.

Benda, C., Ein interessantes Structurverhältnis der Mäuseniere. in: Anatom. Anz. 2. Jahrg. No. 13. p. 425.

Baum, J. Croll, Remarkable Intelligence of a Rat. in: Amer. Naturalist, Vol. 21. No. 3. p. 295—296.

Geisenheymer, L., Vorkommen der Hausratte. in: Zool. Garten, 27. Jahrg. No. 12. p. 386.

Struck, C., Die Abnahme der Hausratte (*Mus rattus* L.) in Mecklenburg. in: Arch. d. Ver. d. Fr. d. Naturgesch. Mcklbg., 40. Jahr, p. 146—148.

Blagg, E. W. H., Change of Habits in the Brown Rat. in: The Zoologist, (3.) Vol. 11. June, p. 234—235.

Harting, J. E., Change of Habits in the Brown Rat [*Mus decumanus*]. in: The Zoologist, (3.) Vol. 11. May, p. 189—190.

Rope, G. T., On the Habits of the Long-tailed Field Mouse [*Mus sylvaticus*]. With 1 pl. in: The Zoologist, (3.) Vol. 11. June, p. 201—207.

Cook, Ch., Habits of the Weasel. in: The Zoologist, (3.) Vol. 11. Jan. p. 24—25.

Rope, G. T., Weasels killing Moles. in: The Zoologist, (3.) Vol. 11. Febr. p. 68.

Phillips, E. Cambridge, Marten Cat [*Mustela martes*] in Breconshire. in: The Zoologist, (3.) Vol. 11. May, p. 190.

Langkavel, B., Hermeline nördlich vom Polarkreise. in: Zoolog. Garten, 28. Jahrg. No. 4/5. p. 145—146.

Nehring, A., Zur Nahrung des Zobels. in: Zool. Garten, 28. Jahrg. No. 4/5. p. 156.

Nill, Ad., Das Hermelin ein willkommener Gast im Thiergarten. in: Zool. Garten, 28. Jahrg. No. 3. p. 93—94.

True, Fred. W., The Florida Muskrat (*Neofiber Alleni*, True). With 3 pl. in: Ann. Rep. Smithson. Instit. 1884. P. II. p. 325—330.

Merriam, C. Hart, Description of a new species of Wood-Rat [*Neotoma Bryanti* n. sp.] from Cerros Island, off Lower California. in: Amer. Naturalist, Vol. 21. No. 2. p. 191—193.

Neotragus sp. v. *Gazella Naso* n. sp. Ph. L. Sclater.

Thomas, Oldf., Diagnoses of two new Fruit-eating Bats from the Solomon Islands [*Nesonycteris* n. g. *Woodfordi* and *Pteropus grandis*]. in: Ann. of Nat. Hist. (5.) Vol. 19. Febr. p. 147.

Thomas, Oldf., Description of a second Species of Rabbit-Bandicoot (*Peragale*) [*P. leucura*]. in: Ann. of Nat. Hist. (5). Vol. 19. June, p. 397—399.

Krause, Ernst H. L., Beitrag zur Kenntnis des Komba (*Otolicnus agisymbanus*). in: Abhandl. hrsg. v. Naturwiss. Ver. Bremen, 9. Bd. 4. Hft. p. 397—400.

Thomas, Oldf., On the specimens of *Phascologale* in the Museo Civico, Genova, with Notes on the allied species of the genus. in: Ann. Mus. Civ. Stor. Nat. Genova, (2.) Vol. 4. p. 502—511.

Collett, Rob., On *Phascologale virginiae*, a rare Pouched Mouse from Northern Queensland. With 1 pl. in: Proc. Zool. Soc. London, 1886. IV. p. 548—549.

Owen, Sir Rich., On the Premaxillaries and Scalpriform Teeth of a large extinct Wombat (*Phascolomys curvirostris*, Ow.). With 1 pl. in: Quart. Journ. Geol. Soc. London, Vol. 42. p. 1—3.
(s. Z. A. No. 232. p. 539.)

Baraldi, G., Apparato femminile della generazione nel Nilgau [*Portax picta*]. in: Atti Soc. Tosc. Sc. Nat. Pisa, Mem. Vol. 8.

True, Fred. W., On a spotted Dolphin apparently identical with the *Prodelphinus Doris* of Gray. With 6 pl. in: Ann. Rep. Smithson. Instit. 1884. P. II. p. 317—324.

Thomas, Oldf., Description of a new Papuan Phalanger [*Pseudochirus Forbesii*]. in: Ann. of Nat. Hist. (5.) Vol. 19. Febr. p. 146—147.

Pteronura, Gray. v. *Lutronectes*, A. Nehring.

Pteropus grandis. v. *Nesonycteris Woodfordi*, O. Thomas.

Townsend, Charl. H., Present condition of the California Gray Whale Fishery [*Rhachianectes glaucus* Cope]. in: Bull. U. S. Fish Comm. 1886. p. 346—350.

Harting, J. E., Horse-shoe Bats [*Rhinolophus*]. With 1 pl. in: The Zoologist, (3.) Vol. 11. Jan. p. 1—3.

Kelsall, J. E., The Distribution in Great Britain of the Lesser Horse-shoe Bat [*Rhinolophus hipposideros*]. in: The Zoologist, (3.) Vol. 11. March, p. 89—93.

Lortet, L., Note sur le *Rhizoprion Bariensis* de Jourdan. Avec 2 pl. in: Arch. Mus. d'Hist. Nat. Lyon, T. 4. p. 315—319.

Lydekker, R., Description of three species of *Scelidotherium*. With 4 pl. in: Proc. Zool. Soc. London, 1886. IV. p. 491—498.

Josephy, Geo., Das Eichhorn (*Sciurus vulgaris*) in der Gefangenschaft. in: Zoolog. Garten, 28. Jahrg. No. 4/5. p. 148—150.

Dobson, G. E., Description of new species of *Soricidae* in the collection of the Genoa Civic Museum. Estr. dagli Ann. Mus. Civ. Stor. Nat. Genova, (2.) Vol. 4. p. 564—567.
(3 n. sp.)

Barboza du Bocage, J. V., Sur un mammifère nouveau de l'Ile St. Thomé [*Sorex* (*Crocidura*) *thomensis* n. sp.]. in: Jorn. Sc. Math. Phys. Nat. Lisboa, T. 11. No. 44. 1887. p. 212—213.

Nehring, A., Halb domesticirte Schweine in Neuguinea. Ausz. in: Humboldt (Dammer), 1887. 1. Hft. p. 23.

Török, Aur. von, Über den Schädel eines jungen Gorilla. Mit 3 Taf. u. zwei Maßtabellen. in: Internat. Monatsschr. f. Anat. u. Physiol. 4. Bd. 4. Hft. p. 137—152. 5. Hft. p. 153—176. 6. Hft. p. 227—246.

Ruge, Georg, Die vom Facialis innervirten Muskeln des Halses, Nackens und des Schädels eines jungen Gorilla (»Gesichtsmuskeln«). Mit 1 Taf. in: Morpholog. Jahrb. 12. Bd. 4. Hft. p. 459—529.

Anutschin, D., Über die Reste des Höhlen-Bären aus Transkaukasien. in: Bull. Soc. Imp. Natural. Moscou, 1887. No. 1. p. 216—221. —— des Höhlenbären und des Menschen aus Transkaukasien. ibid. No. 2. p. 374 —377.

Gaudry, Alb., Le petit *Ursus spelaeus* de Gargas. in: Compt. rend. Ac. Sc. Paris, T. 104. No. 11. p. 740—744.

True, Fred. W., Description of a new species of Bat, *Vespertilio longicrus*, from Puget Sound. in: Proc. U. S. Nation. Mus. 1887. p. 6—7.

Dale, C. W., Reported Occurrence of *Vespertilio murinus* in Dorsetshire. in: The Zoologist, (3.) Vol. 11. June, p. 234.

Southwell, T., The supposed Serotine in the Newcastle Museum. in: The Zoologist, (3.) Vol. 11. June, p. 234.
(is Noctule.)

19. Anthropologie.

Mittheilungen der Anthropologischen Gesellschaft in Wien. Red. Jos. Szombathy. 16. Bd. (Der neuen Folge 6. Bd.) 1. u. 2. Hft. Mit 7 Taf. u. 31 Figg. 3./4. Hft. Mit 3 Taf. u. 86 Figg. im Text. 17. Bd. (N. F. 7. Bd.) 1. Hft. Mit 16 Abbild. im Text. Wien, A. Hölder in Comm., 1886. 1887. 4⁰. à ℳ 4,—.

Cleuziou, Enr. Du, La creazione dell' uomo e i primi tempi dell' umanità. Disp. 1—12. Milano, Ed. Sonzongo, 1886. 8⁰. (p. 1—96.)

Saint-Loup, Remy, L'Homme au point de vue zoologique. Marseille, impr. Barlatier-Feissat, 1887. 8⁰. (16 p.)

Wiedersheim, R., Der Bau des Menschen als Zeugnis für seine Vergangenheit. Freiburg i/B., Akad. Verlagshdlg. von J. C. B. Mohr, 1887. 8⁰. (114 p.) ℳ 2,40. — Aus: Ber. Naturforsch. Ges. Freiburg. 2. Bd. 4. Hft.

Cogels, P., et O. van Ertborn, Note sur un gisement de bois de rennes incisés par l'homme dans les argiles quaternaires de la campine. in: Soc. R. Malacol. Belg. Proc.-verb. 1886. p. CI—CIII.

Keane, A. H., The European Prehistoric Races. in: Nature, Vol. 35. No. 911. p. 564—565.

Phisalix, C., Sur l'anatomie d'un embryon humain de trente-deux jours. in: Compt. rend. Ac. Sc. Paris, T. 104. No. 11. p. 799—802.
(38 vertèbres.)

Ajutolo, Giov. d', Su di un osso odontoideo in un uomo di trentatrè anni. Memoria. Con tav. Bologna, 1886. 4⁰. (26 p.) Estr. dalle Mem. Accad. Sc. Istit. Bologna, (6.) T. 7.

Giacomini, .., De l'existence de l'os odontoide chez l'homme. Avec 1 pl. in: Arch. Ital. Biol. T. 8. Fasc. 1. p. 40—48.

Chiarugi, Giul., Di alcune varietà muscolari della nuca e del dorso. Siena, Enr. Torrini, 1886. 8⁰. (11 p.) Estr. dal Bull. Soc. Cult. di Sc. med. Ann. 4. No. 2.

20. Palaeontologie.

Abhandlungen der Schweizerischen Paläontologischen Gesellschaft. Mémoires de la Société paléontologique Suisse. Vol. 13. (1886.) Basel und Genf, H. Georg, 1886. 4⁰. *M* 32,—.

White, C. A., Inter-relation of Contemporaneous Fossil Faunas. in: Amer. Journ. Sc. (Silliman), (3.) Vol. 33. May, p. 364—374.

Haas, Hippol. J., Die Leitfossilien. Synopsis der geologisch wichtigsten Formen des vorweltlichen Thier- u. Pflanzenreichs. Mit mehr als tausend Holzschnitten im Text. Leipzig, Veit & Co., 1887. 8⁰. (VIII, 328 p.) *M* 7,—.

Getz, Alfr., Graptolitførende Skiferzoner i det Trondhjemske. in: Nyt. Mag. f. Naturvidensk. 31. Bd. 1. Hft. (3. R. 5. Bd.) p. 31—42.

Spencer, J. W., Niagara Fossils. P. I. Graptolitidae of the Upper Silurian System. P. II. Stromatoporidae of the Upper Silurian System. P. III. Fifteen new Species of Niagara Fossils. With 9 pl. in: Trans. Acad. St. Louis, Vol. 4. No. 4. p. 555—610.
(28 n. sp. Graptolit., n. g. *Cyclograptus*; 4 n. sp. of Stromatopor.)

Rominger, C., Description of primordial fossils from Mount Stephens, N. W. Territory of Canada. in: Proc. Acad. Nat. Sc. Philad. 1887. p. 12—19.
(Trilobites 5 n. sp.; n. g. *Embolimus*.)

Picard, K., Über zwei interessante Versteinerungen aus dem untern Muschelkalk bei Sondershausen. Mit Holzschn. in: Zeitschr. f. Naturwiss. (Halle), 60. Bd. 1. Hft. p. 72—79.
(*Conchorhynchus gammae* n. sp., *Ophioderma? asteriformis* n. sp.)

Gioli, G., Fossili della Oolite di San Vigilio. in: Atti Soc. Tosc. Sc. Nat. Pisa, Proc. verb. Vol. 5. p. 195—196.

Gourret, Paul, Description de quelques espèces jurassiques de la Basse-Provence. Avec 3 pl. in: Recueil Zool. Suisse, T. 4. No. 2. p. 241—267.
(18 n. sp., 2 var. n.)

Seguenza, G., I Calcari con *Stephanoceras* (*Sphaeroceras*) *Brongniartii* Sow. presso Taormina. in: Atti R. Accad. Linc. (4.) Rendicont. Vol. 3. Fasc. 5. p. 186—195.

De Stefani, Carlo, Studi paleozoologici sulla creta superiore e media dell' Apennino settentrionale. Con 2 tav. in: Atti R. Accad. Linc. Mem. Sc. fis. mat. e nat. (4.) Vol. 1. p. 73—121.
(5 n. sp.)

Cappelle, Herm. van, jr., Het Karakter van de Ned.-indische Tertiaire Fauna. Acad. Proefschr. (Leiden). Sneek, J. F. van Druten, 1885. 8⁰. (198 p., Tit., Inh.)

Cope, E. D., Mesozoic and Caenozoic Realms of the Interior of North America. in: Amer. Naturalist, Vol. 21. No. 5. p. 445—462.

Lemoine, V., Sur l'ensemble des recherches paléontologiques faites dans les terrains tertiaires inférieurs des environs de Reims. in: Compt. rend. Ac. Sc. Paris, T. 104. No. 7. p. 403—405.

Benoist, E. A., Description géologique et paléontologique des communes de Saint-Estèphe et de Vertheuil. Avec 4 pl. et 1 tabl. in: Actes Soc. Linn. Bordeaux, Vol. 39. p. 79—115. 301—352.

Davies, Will., On the Animal Remains from Ffynnon Beuno and Cae Gwyn Caves. in: Quart. Journ. Geol. Soc. London, Vol. 42. p. 17—19.

Meneghini, G., Sulla fauna del Capo di S. Vigilio illustrata dal Vacek. in: Atti Soc. Tosc. Sc. Nat. Pisa, Proc. verb. Vol. 5. p. 152—162.
(s. Z. A. No. 240. p. 733.)

Bureau, Ed., Sur le mode de formation des Bilobites striés. in: Compt. rend. Ac. Sc. Paris, T. 104. No. 7. p. 405—407.
(Sont des pistes des pattes.)

II. Wissenschaftliche Mittheilungen.

1. Zur Morphologie der Siphonophoren.

Von Prof. Carl Chun, Königsberg i/Pr.

eingeg. 8. August 1887.

2. Über die postembryonale Entwicklung von *Physalia*.

Unter dem reichhaltigen Materiale von Physalien, welche auf der Erdumsegelung des »Vettor Pisani« von dem verdienten Marineofficier Chierchia gesammelt wurden, fand ich bei genauerer Untersuchung zahlreiche Larvenstadien vor, welche über die Entwicklung der Physalien in mehrfacher Hinsicht Aufklärung geben. Sie wurden theils im Atlantischen, theils im Pacifischen Ocean gesammelt und dürften zwei verschiedenen Arten von Physalien angehören. Es ist freilich eine Sisyphus-Arbeit, genauer zu bestimmen, welchen von den zahllosen vermeintlichen Arten, die von älteren und neueren Reisenden beschrieben wurden, sie zugehören mögen. Kein Beobachter versäumt es dem pompösesten und auffälligsten aller pelagischen Thiere seinen Tribut der Bewunderung zu zollen, aber auch fast jeder sieht sich veranlaßt, die von ihm beobachteten Formen mit neuen Artnamen zu belegen.

Geringfügige Differenzen in der Größe, abweichende Färbung, verschiedene Contractionszustände der Blase und der Anhänge, vor Allem aber verschiedene Entwicklungsstadien geben vermeintlich berechtigte Motive ab, um besondere Arten zu gründen.

So weit ich bis jetzt Gelegenheit fand, die Schilderungen über die Physalien zu prüfen und sie mit dem mir vorliegenden Materiale zu vergleichen, so sehe ich mich veranlaßt, zwei große Faunengebiete zu umgrenzen, welche je eine wohl characterisirte Art von *Physalia* beherbergen. Es sind dies der Atlantische Ocean und der Pacifisch-Indische Ocean. Die atlantische *Physalia* (*Physalia Caravella* Müll. Eschsch., *Ph. Arethusa* Tiles. Cham., *Ph. pelagica* Lam., *Ph. atlantica*

Lesson), welche auch in das Mittelmeer vordringt, ist nicht nur größer und stattlicher als die pacifische, sondern auch leicht von ihr durch das Auftreten mehrerer großer Tentakel ausgezeichnet. Die pacifische *Physalia* (*Physalia utriculus* La Mart. Eschsch., *Ph. megalista* Pér. Les, *Ph. tuberculosa* Lamk., *Ph. australis* Less.) ist bedeutend kleiner und besitzt nur einen Haupttentakel. Sie bewahrt zeitlebens die Charactere der jugendlichen *Ph. Caravella*, welch' letztere wiederum unter zahlreichen Namen beschrieben wurde.

Man würde die maßlose Verwirrung in der Nomenclatur der Physalien gern hinnehmen, wenn sie wenigstens der Erkenntnis des anatomischen Baues förderlich gewesen wäre. Allein heute noch besteht zu Recht, was Linné über die *Holothuria physalis* schrieb: »In structura externa conquiescendum«. Auffällige Structurverhältnisse, welche für den Vergleich der Physalien mit den verwandten Siphonophoren nicht unwichtig sind, blieben bisher unbeachtet und über den histologischen Bau, der eine Fülle des Interessanten bietet, liegen einstweilen nur die kurzen Bemerkungen vor, welche ich über den Bau der Fangfäden und Nesselzellen sowie über das von mir aufgefundene Nervensystem machte.

Was nun die postembryonale Entwicklung der *Physalia* anbelangt, so besitzen wir über dieselbe lediglich die Beobachtungen Huxley's[1], dessen zutreffende Beschreibung der *Physalia utriculus* im Verlaufe der letzten dreißig Jahre überhaupt nicht erweitert wurde. Huxley bildet zwei sehr junge Stadien ab, von denen das eine lediglich die Anlage der Pneumatophore, eines Magenschlauches und eines Fangfadens aufweist. Zwischen dem Magenpolypen und der Pneumatophore liegt ein distincter, etwas ausgebuchteter Abschnitt, den ich als Homologon eines Stammes auffasse. Das zweite abgebildete Stadium ist älter und zeigt zwischen dem primären Magenschlauch und dem Porus der Pneumatophore die Anlage von mehreren Magenpolypen und einem Fangfaden mit seinem Taster. Die betreffenden Stadien geben leider keinen Aufschluß über die eigenthümlichen Wachsthumsvorgänge der Pneumatophore und über die spätere Gruppirung der polymorphen Anhänge.

Um so willkommener war mir das Auffinden zahlreicher Larven, welche in lückenloser Serie ein Bindeglied zwischen den von Huxley beschriebenen Larven und den geschlechtsreifen Physalien darstellen. Sie gehören theils zu *Physalia Caravella*, theils (in reicher Zahl) zu *Physalia utriculus*. Letztere wurden fast durchweg zwischen den Galapagos und Honolulu erbeutet.

---

[1] Oceanic Hydrozoa Ray Soc. 1858. p. 104. Taf. 10 Fig. 1. 2.

Dem älteren von Huxley geschilderten Stadium reiht sich zunächst eine 5 mm große Larve der *Ph. utriculus* an, welche einen noch völlig radiär gebauten ovalen Luftsack (die innere Lamelle der Pneumatophore) aufweist. Letzterer hat sich ansehnlich vergrößert und ragt weit in jenen Abschnitt des Körpers herein, welcher als ein verbreiterter Stamm aufzufassen ist. Das untere Drittel des Luftsackes ist durch eine ringförmige Einschnürung als Lufttrichter abgesetzt. Die einschichtige Ectodermauskleidung desselben besteht aus Cylinderepithel. Eine chitinisirte Luftflasche ist nicht nachweisbar. Seitlich von dem Porus zieht sich der Luftschirm (die dickwandige äußere Lamelle der Pneumatophore) zu einem stumpfen Fortsatz aus, der die erste Anlage des schnabelförmigen vor dem Luftporus gelegenen Vorderendes der Pneumatophore repräsentirt. Von der Anlage des Kammes ist noch keine Spur vorhanden.

Die polymorphen Anhänge des Stammes sind deutlich in zwei Gruppen gesondert: in eine hintere kleinere, dem Luftporus gegenüberliegende, und in eine vordere größere, welche bis in die Nähe des eben erwähnten vor dem Porus gelegenen Fortsatzes ragt. Die größere Gruppe weist in der Mitte einen bereits kräftig entwickelten Fangfaden mit seinem Taster auf; er bildet sich zu dem einzigen großen Fangfaden aus, der für *Ph. utriculus* characteristisch ist. Zu beiden Seiten neben dem Tentakel inseriren sich je zwei resp. drei Magenpolypen und zwar sind die dem Fangfaden näher stehenden größer als die entfernteren. Auch die Anlage eines kleinen Tentakels mit dem entsprechenden Taster tritt hervor. Die hintere Gruppe zeigt ebenfalls einen Fangfaden mit dem Taster, einen Magenpolyp und drei Polypenknospen.

Ein ähnliches Stadium beobachtete ich von *Ph. Caravella.* Die Larve mißt 4 mm und besitzt ebenfalls zwei Gruppen von Anhängen. Ihr Luftsack hat nicht mehr die ovale Form, sondern ist asymmetrisch, indem er den Stammtheil bereits völlig ausfüllend der Außenwand sich anschmiegt. Das Entoderm des Luftsackes ist in der Umgebung des Porus rosa pigmentirt.

Alle späteren Stadien sind nun einerseits durch die gewaltige Ausdehnung der Luftflasche, welche den ursprünglich als Stamm characterisirten Abschnitt durchsetzte, andererseits durch die Ausbildung des Kammes und durch die Vermehrung der Anhänge ausgezeichnet.

Ein besonderes Interesse nimmt die weitere Entwicklung der Luftflasche und die Ausbildung des Kammes in Anspruch. Die Luftfiasche durchwächst in schräger Richtung die Leibeshöhle des erweiterten Stammes derart, daß der Lufttrichter dicht neben der vorderen größeren Gruppe von Anhängen an die Körperwandung anstößt und sich dort zu einer scharf umschriebenen Platte abflacht. Diese »Luftplatte«, wie ich den modificirten Lufttrichter nennen will, besteht aus einer einschichtigen Lage von ectodermalem Cylinderepithel, welches an dem Rande in das Plattenepithel der Innenwand des Luftsackes übergeht. Durch eine Stützlamelle wird es von dem Entoderm getrennt, das ebenfalls im Bereiche der Luftplatte als Cylinderepithel auftritt. Kurz nachdem der Lufttrichter sich zu einer mit bloßem Auge deutlich kenntlichen Scheibe von 1 mm Durchmesser abgeplattet hat, beginnen allseitig vom Rande der Scheibe aus die feinkörnigen Ectodermzellen über die anstoßenden ectodermalen Epithelmuskelzellen zu wuchern und entsprechend der Größe der Pneumatophore sich auszudehnen. Bei jungen Exemplaren der *Physalia utriculus* und *Caravella* mit 2 cm großer Pneumatophore mißt die Scheibe 4 mm, bei erwachsenen Exemplaren der *Ph. utriculus* erreicht sie einen Durchmesser von 1—1,5 cm. Gewaltige Dimensionen nimmt die Luftplatte bei der erwachsenen *Ph. Caravella* an, insofern sie die gesammte dem Kamm gegenüber liegende Hälfte der Luftflasche auskleidet und je nach der Größe derselben eine Länge von 1—1,5 Decimeter bei etwa der halben Breite erreicht. Die zu ansehnlichen Dimensionen heranwachsende, von allen Beobachtern übersehene Luftplatte ist homolog dem secundären Ectoderm in der Pneumatophore der Physophoriden und vermittelt wie dieses die Secretion des im Luftsack enthaltenen Gasgemenges. Die mächtige Entwicklung des secundären Ectoderms erklärt auch die rasche Erneuerung der Luft in der Blase; wie Blainville berichtet, so vermag eine *Physalia*, welche die ganze Luft aus dem Porus austrieb, sie innerhalb einer Viertelstunde zu erneuern.

Der Nachweis einer dem Lufttrichter homologen Bildung ermöglicht es, die Pneumatophore der Physalien in allen Entwicklungsphasen leicht zu orientiren. Eine Linie, welche man sich von dem Centrum der Luftplatte durch den Porus gezogen denkt, entspricht der Hauptachse der Physophoriden-Pneumatophore; um also die Blase der Physalien in eine der letzteren entsprechende Stellung zu bringen, so müßte man sie schräg mit nach oben gewendetem Porus aufrichten. Übrigens liegt auch bei *Rhizophysa*, sobald sie ruhig an der Oberfläche schwebt, die Pneumatophore schräg oder horizontal.

Die Asymmetrie der Physalienblase prägt sich schon an jungen Larven, noch markanter durch die Anlage des Kammes aus. Sie erfolgt zu jener Zeit, wo der Lufttrichter sich scheibenförmig abplattet, auf einer der Scheibe ungefähr gegenüber liegenden Zone des Luftschirmes. Genauer gesagt wird eine Linie, die man von dem Luftporus nach der vorderen Grenze der hinteren Anhangsgruppe zieht, die Firste des Kammes bezeichnen (wenn man sich den Kamm in natürlicher Haltung nach oben und den Porus nach vorn gekehrt denkt.) Die Anlage der Septen wird durch eine Verdickung der Stützlamelle eingeleitet, welche quer zu der Längsrichtung des Kammes erfolgt. Diese Querfalte dringt, rasch sich verschmälernd, als Septum vor. Auf einem Querschnitte durch ein Septum ergiebt es sich, daß das Ectoderm des Luftschirmes an der Faltung sich nicht betheiligt. Der frei gegen die Luftflasche vorragende Rand des Septums zeigt eine kräftige Entwicklung der entodermalen Musculatur, die hier in Form ramificirter Muskelblätter in der verdickten Stützlamelle gelegen sind. An den jüngsten Larven werden drei bis vier Septen erster Ordnung und eben so viele zweiter Ordnung gleichzeitig angelegt. Ihnen folgt dann sowohl nach vorn wie nach hinten die Anlage weiterer Septen. Späterhin treten zwischen den genannten Septen diejenigen dritter und vierter Ordnung auf. Sämmtliche Septen üben einen Druck auf die unterliegende Luftflasche aus; letztere giebt demselben nach und schmiegt sich der Septenwandung an. Längs des frei vorspringenden Randes der Septen verdickt sich die Wandung der Luftflasche und zeigt hier ebenfalls eine kräftige Entwicklung der ringförmig verlaufenden entodermalen Musculatur.

(Schluß folgt.)

2. Der Bau der Stigmen bei Bombyx mori.

Von E. Verson in Padua.

eingeg. 14. August 1887.

Alle neueren Arbeiten über den Verschlußapparat der Stigmen bei den Insecten überhaupt, lassen denselben nach Art einer Quetschpincette auf die hinter dem Stigma liegende Luftröhre einwirken. Krancher, welcher sich speciell auch mit dem Seidenspinner *Bombyx mori* befaßt (Zeitschr. f. wiss. Zool. 35. Bd.), schließt sich dieser Anschauung vollkommen an, und unterscheidet am bekannten Muskel, der sich am Schließapparat inserirt, zwei verschiedene Portionen welchen die Function eines Schließers, resp. eines Öffners zukommen sollte. Meinen Praeparaten zufolge ist jedoch das Verhältnis beim Seidenspinner ein ganz anderes. Zunächst will ich hervorheben, daß hinter dem Filznetz, welches äußerlich die Stigmen des *Bombyx mori* begrenzt, das Hypoderma sich seitlich bis fast zur Mittellinie der ovalen Spalte in zwei innere Klappen verlängert, die sich mit ihren Lippen berühren und theilweise verschmelzen: der sog. Verschlußhebel und das Verschlußband sind integrirende Bestandtheile der Klappen selbst, deren Hypodermazellen sich eben zur Bildung derselben an geeigneter Stelle vergrößern und verlängern. Andererseits ist der Verschlußbügel so gelagert, daß er im günstigsten Falle von der Tracheenerweiterung, in welche jedes Stigma mündet, nur ein wandständiges und ganz zweigloses Stück abschnüren könnte, welches somit für die Lufteinfuhr ganz ohne Einfluß bleiben muß.

In Wirklichkeit ist der Verschlußbügel nur dadurch thätig, daß er vermittels seiner federnden Curve die freien verdickten Ränder der oben erwähnten Klappen (Verschlußband und senkrechten Theil des Hebels) in Spannung und hiermit geschlossen erhält. Der sog. Verschlußmuskel der Autoren greift am horizontalen Hebelarm ein, und zieht die mit demselben zusammenhängende Klappe nach innen. Dadurch erst wird das in der Ruhe geschlossene Stigma eröffnet, und gleichzeitig werden die Inspirationsbewegungen durch die Tracheenerweiterung selbst (den vestibolo von *Cornalia*) secundirt, deren Wände durch einen besonderen, bisher der Beobachtung entgangenen Muskel ausgedehnt und gespannt werden.

Padua, R. Stazione Bacologica Sperimentale.

3. Die Aorta im Brustkasten und im Kopfe des Schmetterlings von Bombyx mori.

Von S. Selvatico in Padua.

eingeg. 14. August 1887.

Indem ich den Verlauf der Aorta im Brustkasten und im Kopfe des Schmetterlings beim Seidenspinner näher verfolgte, fand ich, daß dieselbe auch hier, wie schon für andere Lepidopteren von Burgess angegeben wurde, unter der dorsalen Hautdecke eine Krümmung beschreibt und sich zu einer Art Kammer erweitert. Jenseits des Oesophagealringes gelegen, und der Stirne zugekehrt, nimmt der Querschnitt dieser Kammer ungefähr die Form eines gleichschenkligen Dreiecks an, dessen Spitze sich nach unten wendet. Aber von den Basalwinkeln desselben zweigen sich je zwei Gefäße ab, von welchen eines zum Ganglium opticum und zu den Augen selbst sich begiebt, bevor es sich in die lacunären Bahnen öffnet; während das andere in den Fühler eindringt und denselben in seiner ganzen Länge durchläuft. Ganz neu dürfte es auch sein, daß an der Ursprungsstelle des Fühlers dieses letztere Gefäß sich erweitert und eine eigenthümliche sphärische Bildung in sich beherbergt, welche, durch besondere Fasern an die Wände geheftet, nach Art eines Kugelventils das Lumen des Gefäßes zu verschließen geeignet erscheint. Die Existenz dieser Frontalkammer sammt den vier sich abzweigenden Gefäßen und den Kugelventilen innerhalb der Antennalgefäße, wurde auch für *Syntomis phegea* und *Macroglossa stellatarum* sichergestellt.

Bei dieser Gelegenheit will ich endlich erwähnen, daß beim Seidenspinner der Nervus supraintestinalis zeitweise in das Innere der Aorta eindringt, und eine Weile im Lumen derselben verläuft; dasselbe findet eben so im Larvenzustande wie bei der Imago statt, wenn auch mit jenen Modalitäten, welche die verschiedene Endigungsweise der Aorta in beiden Entwicklungssphasen mit sich bringt.

Padua, R. Stazione Bacologica Sperimentale.

4. Die Begattung der Lacerta vivipara (und agilis).

Von H. Chr. C. Mortensen.

eingeg. 13. September 1887.

Leider sind in meiner kleinen Mittheilung über diese Sache (s. Zool. Anz. 1887, No. 259) während des Reinschreibens einige Worte ausgefallen, welche die Herren Zoologen gütigst p. 464 hinzufügen wollen, so daß da zu stehen kommt:

»Diese Begattungszeichen bleiben lange (nämlich bis zum nächsten Hautwechsel) — oft Monate, in einzelnen Fällen fast den Sommer hindurch sichtbar.«

Copenhagen, 10. September 1887.

III. Mittheilungen aus Museen, Instituten etc.

1. Linnean Society of New South Wales.

31st August, 1887. — 1) Botanical. — 2) Notes on *Zelotypia Stacyi*, and an account of a Variety. By A. Sidney Olliff, F.E.S. This paper contains a few notes on the larva and pupa of the magnificent Hepialid described by the late Mr. A. W. Scott, under the name *Zelotypia Stacyi*, and a description of a variety which is named var. *sinuosa* on account of certain differences in its markings. The specimens were obtained by Mr. Thornton at Newcastle, and the larva and pupa are now in the collection of the Australian Museum. — 3) A Revision of the Staphylinidæ of Australia. Part III. By A. Sidney Olliff, F.E.S., Assistant Zoologist, Australian Museum. This paper contains descriptions of the genera and species belonging to the subfamily Staphylininæ. A number of species are characterized as new, and several genera are added to the Australian list, of which *Actinus*, *Mysolius*, and *Colonia* (n. g.) are perhaps the most interesting. Many new localities for known forms are recorded. — 4) Miscellanea Entomologica, No. 4. »The Helæides.« By William Macleay, F.L.S., &c. In this paper the winged genera of the subfamily only are included: the apterous genera are to form the subject of another paper. All the known species of *Encara* and *Pterohelæus* are re-described and grouped in sections and subsections, and a number of new species are described. — 5) Description of three new species of Mammals from North West Australia. By E. P. Ramsay, F.R.S.E. In this paper are described (1) A new species of *Antechinus* (*A. Froggatti*, (2) A new Bandicoot (*Perameles auratus*), and (3) a *Mus* (*M. Burtoni*). The *Perameles* is allied to *P. obesula*, but is even shorter in the head, and of a rich golden-brown with black pencillings. The *Mus* may be distinguished chiefly by its uniform colour and dense soft fur. — 6) Description of two species of Australian Birds' Eggs. By A. J. North. The eggs here described are those of *Eudynamis Flindersi*, and of *Melanodryas picata*: the paper is supplementary to that of last month by the same author. — Mr. Macleay exhibited two Snakes which Mr. Froggatt had lately sent him from Port Darwin, (1) *Brachysoma simile*, Macleay, and (2) *Furina textilis*, Dum. & Bibr. This last species he stated had been described by Dumeril and Bibron many years ago as Australian, but had been omitted from Krefft's and subsequent lists, from a mistaken idea originating, he believed, with Mr. Krefft, that it was identical with the young barred specimens of the common brown Snake *Diemenia superciliosa*. This rediscovery of the species by Mr. Froggatt terminates all doubt on this subject. — Mr. Macleay also exhibited a small *Hoplocephalus* from Cooma, almost identical in appearance with *Hoplocephalus flagellum*, M'Coy, a Melbourne species, but differing in the number of subcaudal plates, and the form of the head shields. It would be necessary to examine a number of specimens before venturing to constitute it a distinct species. — Mr. Masters exhibited a collection of Insects from Derby, King's Sound, made by Mr. Froggatt in May last. Of Coleoptera there were 240 species, more than half of them new, but, with very few exceptions, of typical Australian genera. Small *Carabidæ* were numerous, but *Buprestidæ*, *Cetoniidæ* and other Anthophilous beetles were very few. He also exhibited from the same collection some Orthoptera, Hemiptera and Homoptera of peculiar form and appearance.

IV. Personal-Notizen.

Paris. Professor Alfr. Giard, bis jetzt in Lille, ist als Professor der Zoologie an die École Normale supérieure in Paris berufen worden. Sein Nachfolger in Lille ist noch nicht ernannt.

Necrolog.

Am 1. März starb in Wolfelee bei Hawick, N. B., Sir Walter Elliot, ein ausgezeichneter Kenner der Naturgeschichte, Ethnologie und Archäologie Ost-Indiens, welcher auch als Zoolog rühmlich bekannt ist.

Am 16. April starb in Berlin der Hof-Portraitmaler Max Mützell, als Lepidopterolog bekannt und geschätzt.

Am 29. Mai starb in Cannes der bekannte und verdiente Entomolog Pierre Millière in seinem 74. Jahre.

Am 28. Juli starb in Spylaw, Colinton, bei Edinburg Robert Francis Logan, Entomolog, besonders Lepidopterolog.

Am 7. October starb in Leipzig Professor von Cienkowsky, der rühmlichst bekannte Forscher auf dem Gebiete niederer Organismen. Geboren am 1./13. October 1822 in Warschau, bekleidete er nach einander Professuren am Lyceum zu Jaroslaw, dann in St. Petersburg, Odessa und bis zu seinem Tode in Charkow.

Druck von Breitkopf & Härtel in Leipzig.

Zoologischer Anzeiger

herausgegeben

von Prof. **J. Victor Carus** in Leipzig.

Verlag von Wilhelm Engelmann in Leipzig.

X. Jahrg. | 7. November 1887. | No. 264.

Inhalt: I. **Litteratur.** p. 565—574. II. **Wissensch. Mittheilungen.** 1. **Chun,** Zur Morphologie der Siphonophoren. 2. (Schluß.) 2. **Imhof,** Notizen über die pelagische Fauna der Süßwasserbecken. 3. **Dohrn,** Erwiederung an E. van Beneden. 4. **Keller,** Die Wirkung des Nahrungsentzuges auf *Phylloxera vastatrix*. III. **Mittheil. aus Museen, Instituten etc.** Vacat. IV. **Personal-Notizen.** Vacat.

I. Litteratur.

1. Geschichte und Litteratur.

Stricker, W., Sprachwissenschaft und Naturwissenschaft. (XVIII.) in: Zoolog. Garten, 28. Jahrg. No. 6/7. p. 187—189.
(s. Z. A. No. 251. p. 249.)

Hehn, Vict., Kulturpflanzen und Hausthiere in ihrem Übergang aus Asien nach Griechenland und Italien, sowie in das übrige Europa. Historisch-linguistische Skizzen. 5. Aufl. Berlin, Gebr. Bornträger, 1887. 8⁰. (IV, 522 p.) ℳ 10,—.

Keller, O., Thiere des classischen Alterthums in culturgeschichtlicher Beziehung. Innsbruck, Wagner, 1887. 8⁰. (IX, 488 p., illustr.) ℳ 10,80.

Spencer Fullerton Baird. Obituary. in: Amer. Journ. of Sc. (Silliman), (3.) Vol. 34. Oct. p. 319—322.

Dohrn, C. A., Ein Nachruf [Max Gemminger]. in: Stettin. Entomol. Zeit. 48. Jahrg. No. 4/6. p. 206—207.

Oswald Heer. Lebensbild eines schweizerischen Naturforschers. [II. u. III.] O. Heer's Forscherarbeit und dessen Persönlichkeit. 2. u. 3. Lief. Zürich, Fr. Schulthess, 1887. 8⁰. (p. 81—240.) à ℳ 1,40.
(s. Z. A. No. 252. p. 277.)

Rebel, H., Johann von Hornig. aus: Sitzgsber. k. k. zool.-bot. Ges. Wien, 1887. 8⁰. (4 p.)

Pruvot, G., Lucien Joliet. [Nécrologue.] in: Arch. Zool. Expérim. (2.) T. 5. 1887. No. 1. Notes et Rev. p. V—VI.

Fest-Schrift. Albert von Kölliker zur Feier seines siebenzigsten Geburtstages gewidmet von seinen Schülern. Mit 17 Taf. Leipzig, W. Engelmann, 1887. 4⁰. (Tit., Dedic. in Chromolith., Inh., 444 p.) ℳ 40,—.

Hommage à Mr. H. de Lacaze-Duthiers. Avec portr. in: Arch. Zool. Expérim. (2.) T. 5. 1887. No. 1. (XXVII p.)

Stricker, W., Worte der Erinnerung an Professor G. Lucae. Mit Portrait. in: Ber. Senckenb. Naturf. Ges. 1885. p. 85—94.
(Schriftenverzeichnis p. 91—94.)

Schmidt, Heinr., Gedächtnisrede auf Dr. Eduard Rüppell. Mit 1 Titelbild [Portrait] und 2 Karten. in: Ber. Senckenb. Naturf. Ges. 1885. p. 95—160.

Lefèvre-Pontalis, Eug., Bibliographie des sociétés savantes de la France. Paris, impr. nation., 1887. 4⁰. (VIII, 142 p.)

Lehmann, F. X., I. Nachtrag zur Litteratur für vaterländische Naturkunde im Großherzogthum Baden. Karlsruhe, Braun'sche Hofbuchhdlg., 1887. 8⁰. (30 p.) ℳ —, 80.
(s. Z. A. No. 223. p. 298.)

Litteraturbericht pro 1886. 1. Die zoologische Litteratur der Steiermark. Von Aug. von Mojsisovics. 2. Die geologische und palaeontologische Litteratur der Steiermark. Von V. Hilber. aus: (?) Jahresber. Ver. f. Steierm. 1887. p. LXXXIII—LXXXIX.

Katalog der Bibliothek d. Kaiserl. Leopoldinisch-Carolinischen Deutschen Akademie der Naturforscher. Lief. 1. Halle; Leipzig, W. Engelmann in Comm., 1887. 8⁰. (XIV, 174 p.) ℳ 2,25.

2. Hilfsmittel und Methode.

Thery, A., Note sur la préparation et l'envoi des collections zoologiques. Montpellier, 1887. 8⁰. (39 p.)

Comstock, J. H., New Form of Vial for Alcoholic Specimens. With fig. in: Amer. Naturalist, Vol. 21. No. 8. p. 771—772.

Dewitz, H., Filz-Eiweißplatten zur Befestigung zootomischer Praeparate. in: Zool. Anz. No. 256. p. 392—395.

Castellarnau y de Lleopart, J. M. de, Procédés pour l'examen microscopique et la conservation des animaux de la Station zoologique de Naples (Suite). in: Journ. de Microgr. T. 11. Août, p. 376—381.
(s. Z. A. No. 253. p. 302.)

Romiti, G., Presentazione di un microtomo. in: Atti Soc. Tosc. Sc. Nat. Pisa, Proc. verb. Vol. 5. p. 250—251.

Whitman, C. O., Biological Instruction in Universities. in: Amer. Naturalist, Vol. 21. No. 6. p. 507—519.

3. Sammlungen, Stationen, Gärten etc.

Australian Museum. (Report of the Trustees for 1886.) 1887. Second Session. [Parliamentary Paper.] Sydney. Fol. (20 p.)

The British Museum (Natural History Branch). in: Nature, Vol. 36. No. 928. p. 345—347.

Wallace, Alfr. R., The British Museum and American Museums. in: Nature, Vol. 36. No. 936. p. 530—531.

Mott, F. T., On Provincial Museums, their Work and Value. in: Rep. Brit. Assoc. 56. Meet. p. 686.

Rapports annuels de MM. les professeurs et chefs de service du Muséum d'Histoire naturelle (1886). Paris, impr. P. Dupont, 1887. 8⁰. (95 p.)

McIntosh, W. C., Notes from the St. Andrews Marine Laboratory (under the Fishery Board of Scotland). — No. VII. in: Ann. of Nat. Hist. (5.) Vol. 20. Aug. p. 97—104. — No. VIII. ibid. Oct. p. 300—304.
(1. On a post-larval *Labrus* etc. 2. On the post-larval condition of *Liparis Montagui*. 3. On a peculiar Teleostean Yolk-sac. 4. On post-larval food-fishes.)

Mozziconacci, A., Le laboratoire de zootechnie à l'école d'agriculture de Montpellier. Montpellier, 1887. 8⁰. (19 p.)

Ninni, A. P., Venezia e la Stazione Zoologica. Venezia, 1887. 8⁰. (7 p.)

Bericht des Verwaltungsrathes der Neuen Zoolog. Gesellschaft zu Frankfurt a/M. in: Zoolog. Garten, 28. Jahrg. No. 9. p. 283—288.

Hagmann, . ., Mittheilungen aus dem Zoologischen Garten in Basel. in: Zool. Garten, 28. Jahrg. No. 6/7. p. 214—217.

Vinciguerra, Decio, Per la solenne inaugurazione dello Acquario Romano avvenuta il 29. Maggio 1887. Roma, stab. Bontempelli, 1887. 8⁰. (13 p.)

Hoffmann, Reinh. Ed., Seewasser-Aquarien im Zimmer. Für den Druck bearbeitet u. herausgeg. von K. Ruß. Mit 28 Abbild. im Text. Magdeburg, Creutz'sche Verlagsbuchhandl., 1887. 8⁰. (215 p.) ℳ 3,—.

To purify Water in an Aquarium. in: The Zoologist, (3.) Vol. 11. Aug. p. 292—293.
(From ‚Norsk Fiskeritidende'.)

4. Zeit- und Gesellschaftsschriften.

Abhandlungen der naturforschenden Gesellschaft zu Görlitz. Görlitz, Remer in Comm., 1887. 8⁰. (III, 286 p.) ℳ 4,—.

Abhandlungen und Berichte des K. zoologischen und anthropologisch-ethnographischen Museums zu Dresden. 1886/1887. Hrsg. von A. B. Meyer. No. 5. Haase, Er., Die indisch-australischen Myriopoden. I. Chilopoden. Berlin, R. Friedländer & Sohn, 1887. 4⁰. ℳ 20,—. (118 p.)

Acta, Nova, Academiae Caesareae Leopoldino-Carolinae Germanicae Naturae Curiosorum. Verhandlungen d. Kais. Leopold.-Carolin. Deutschen Akademie der Naturforscher. 49. Bd. Mit 10 Taf. (480 p.) 50. Bd. Mit 46 Taf. (540 p.) 51. Bd. Mit 49 Taf. (395 p.) Halle; Leipzig, W. Engelmann in Comm., 1887. 4⁰. 49. Bd.: ℳ 30,—; 50. Bd.: ℳ 45,—; 51. Bd.: ℳ 40,—.

Actes de l'Académie Nationale des Sciences, belles-lettres et arts de Bordeaux. 3. Sér. 48. Ann. 2. Trim. 1886. Bordeaux, 1887. 8⁰. (p. 191—351.)

Anales de la Sociedad Española de Historia Natural. T. 16. (Cuad. 1.) Madrid, 1887. 8⁰.

Annalen des k. k. Naturhistorischen Hofmuseums. Red. von Frz. Ritter von Hauer. 2. Bd. No. 2—5. Wien, A. Hölder, 1887. 8⁰.

Annales de la Société académique de Nantes et du département de la Loire-Inférieure. Vol. 7 de la 6. Sér. (1886. 2. sem.) Nantes, 1887. 8⁰. (p. 229—576.)

Annales des Sciences Naturelles. Zoologie et Paléontologie. publ. sous la dir. de Mr. A. Milne Edwards. 7. Sér. T. 1. No. 3—6. T. 2. No. 1—4. Paris, G. Masson, 1887. 8⁰.

Annales du Musée Royal d'Histoire Naturelle de Belgique. Série Paléontologique. T. XIII. Van Beneden, P. J., Description des Ossements fossiles des Environs d'Anvers. 5. Partie. Avec un atlas de 75 pls. in plano. Cétacés. Genres: Amphicetus, Heterocetus, Mesocetus, Idiocetus, et Isocetus. Bruxelles, 1886. (reç. Juill. 1887.) 4⁰. et Fol. (139 p.)

Annals of the New York Academy of Sciences, late Lyceum of Natural History. Vol. 4. No. 1/2. June, 1887. New York, 1887. 8⁰.

Arbeiten aus dem Zoologischen Institute der Universität Wien und der Zoolog. Station in Triest. Herausg. von C. Claus. T. 7. 2. Hft. Mit 13 Taf. u. 2 Holzschn. Wien, A. Hölder, 1887. 8⁰. (Tit., p. 133—315.) ℳ 22,—.

Arbeiten aus dem Zoologischen Institut in Graz. 2. Bd. No. 1. 2. Leipzig, W. Engelmann, 1887. 8⁰. 1.: ℳ 4,—; 2.: ℳ —,60.
(1.: List, Z. Entwicklgsgesch. d. Labriden. 2.: Kerschner, Keimzelle u. Keimblatt.)

Arbeiten aus dem Zoologisch-zootomischen Institut in Würzburg. Hrsg. von C. Semper. 8. Bd. 2. Hft. Mit 5 Taf. Wiesbaden, Kreidel, 1887. 8⁰. ℳ 12,—.

Archiv für mikroskopische Anatomie hrsg. von A. v. La Valette St. George u. W. Waldeyer. 29. Bd. 4. Hft. Mit 12 Taf. 30. Bd. 1. Hft. Mit 10 Taf. (p. 1—182.) 2. Hft. Mit 6 Taf. (p. 183—326.) 3. Hft. Mit 10 Taf. (p. 327—494.) Bonn, Cohen & Sohn, 1887. 8⁰. (IV p., p. 471—629.) ℳ 13,—; 12,—; 10,—.

Archiv für Naturgeschichte. Hrsgeg. von E. von Martens. 51. Jahrg. 6. Hft. Berlin, Nicolai, 1885 [erschien. Juli 1887]. — Hrsgeg. v. F. Hilgendorf. 53. Jahrg. 1. Bd. 1. Hft. [132 p.; 4 Taf.] Berlin, Nicolai, 1887. 8⁰. 51. 6: ℳ 9,—; 53. 1: ℳ 8,—.

Archives de Zoologie expérimentale et générale. publ. sous la dir. de Henri de Lacaze-Duthiers. 2. Sér. T. 5. Année 1887. No. 1. [Avec 6 pl.] Paris, Reinwald, 1887. 8⁰.

Archives Slaves de Biologie dirigées par Maur. Mendelssohn et Henry de Varigny. T. 3. Fasc. 3. T. 4. Fasc. 1. Paris, 1887. 8⁰.

Atti della Reale Accademia dei Lincei. Anno CCLXXXIV. 1887. Serie 4. Vol. 3. 1. Semestre. Roma, 1887. 4⁰. (597, CLXXXVI, 12 p.)

Atti della Società dei Naturalisti di Modena. Memorie. Ser. 3. Vol. 5. Anno 20. Modena, 1886. (ricev. 1887, Sept.) 8⁰. (179 p.)

Atti della Società Italiana di Scienze Naturali. Vol. 29. Fasc. 1. (Giugno, 1886.) 2./3. (Agosto, 1886.) 4⁰. (Dicbre., 1886.) Milano, U. Hoepli, 1886. 8⁰. (534 p., 14 tav.)

Beiträge, Zoologische. Hrsgeg. von Ant. Schneider. 2. Bd. 1. Hft. Mit 11 Taf. u. 1 Holzschn. Breslau, J. U. Kern's Verlag, 1887. 8⁰. (105 p.) ℳ 18,—.

Bericht der Wetterauischen Gesellschaft für die gesammte Naturkunde zu Hanau über den Zeitraum vom 1. April 1885 bis 31. März 1887, erstattet von F. Becker. Hanau, 1887. 8⁰. (XXXII, 170 p.) ℳ 3,—.

Bericht über die Senckenbergische Naturforschende Gesellschaft in Frankfurt am Main. 1885. 1886. 1887. Frankfurt a/M., M. Diesterweg, 1886, 1887. 8⁰. (1885: 265, 42 p., 5 Taf.; 1886: 90, 181 p., 3 Taf.; 1887: 74, 189 p., je 1 Bl. Inh.) à ℳ 4,—.

Bericht über die Sitzungen der Naturforschenden Gesellschaft zu Halle im Jahre 1886. Halle, Niemeyer, 1886. 8⁰. (48 p.) ℳ 1,—.

Bericht, 10., d. naturwissenschaftlichen Gesellschaft zu Chemnitz, umfassend die Zeit vom 1. Sept. 1884 bis 31. Decbr. 1886. Mit 3 Taf. Abbild. u. 1 Holzschn. Chemnitz, Bätz, 1887. 8⁰. (C, 162 p.) ℳ 6,—.

Bericht, 25., der oberhessischen Gesellschaft für Natur- und Heilkunde. Mit 2 lith. Taf. Gießen, Ricker in Comm., 1887. 8⁰. (IV, 172 p.) ℳ 3,—.

Berichte der Naturforschenden Gesellschaft zu Freiburg i. B. 2. Bd. (1887.) Mit 4 Holzschn. im Text u. 6 Taf. Freiburg, Akadem. Verlagsbuchhdlg. von J. C. B. Mohr (P. Siebeck), 1887. 8⁰. (Tit., Inh., 278 p.) ℳ 10,—.

Berichte über die Sitzungen der Naturforschenden Gesellschaft zu Halle im Jahre 1886. Halle, M. Niemeyer, 1886. 8⁰. (48 p.) ℳ 1,—.

Bibliothèque de l'École des Hautes Études. Section des Sciences Naturelles. T. 33. Paris, 1886. 8⁰. *M* 30,—.

Bijdragen tot de Dierkunde. Uitgegeven door het Genootschap Natura Artis Magistra te Amsterdam. 13. Aflev. Onderzoeckingstochten van de Willem Barents. 4. Gedeelte. Amsterdam, Jj. van Holkema, 1887. 4⁰.

Boletin de la Academia Nacional de Ciencias en Cordoba (Republica Argentina). Oct. 1886. T. 9. Entr. 1/2. 3. Buenos Ayres, 1886. 8⁰.
(s. Z. A. No. 241. p. 4.)

Bollettino dei Musei di Zoologia ed Anatomia comparata della R. Università di Torino. Vol. 2. No. 27. 28. 29. Torino, 1887. 8⁰.

Bollettino della Società di Naturalisti in Napoli. Serie 7. Vol. I. Anno I. Fasc. I. II. 1887. Napoli, Stabil tipogr. Ferrant, 1887. 8⁰. (I. : 58, II p. 1 tav., II.: p. 59—118, p. III—IV. 1 tav., Tit. e ind. del Vol. I.)

Bollettino scientifico red. dal Leop. Maggi, Giov. Zola, e Ach. De Giovanni. Anno IX. No. 2. Giuguo. Pavia, 1887. 8⁰.

Bulletin de l'Académie delphinale pour 1885. (3. Sér. T. 20.) Grenoble, impr. Allier père & fils, 1887. 8⁰. (XXV, 400 p.)

Bulletin de l'Académie de Nîmes. Année 1886. Nimes, 1886. 8⁰. (167 p.)

Bulletin de la Société d'agriculture, sciences et arts du département de la Haute-Saône. 3. Sér. No. 17. 1. Fasc. Vesoul, impr. Suchaux, 1887. 8⁰. (XLVIII, 124 p. et pls.)

Bulletin de la Société des Sciences Naturelles de Neuchatel. T. 15. Neuchatel, 1886. 8⁰. (256, 56, 27, 31, 44 p., 2 pl., 9 tabl.)

Bulletin de la Société Philomathique Vosgienne. 12. Ann. (1886—1887). Saint-Dié, impr. Humbert, 1887. 8⁰. (391 p., pls.)

Bulletin de la Société Vaudoise des Sciences Naturelles. 3. Sér. Vol. 23. No. 96. publ. par F. Roux. Avec 5 pl. Lausanne, F. Rouge, 1887. 8⁰. (128 p.) Frcs. 3, 50.

Bulletin de la Société Zoologique de France pour l'année 1887. 12. Vol. 2./4. P. Avec 2 pl. Paris, 1. Août, 1887. 8⁰. (p. 145—512, p. IX—XVI.)

Bulletin of the Buffalo Society of Natural Sciences. Vol. 5. No. 1. 2. Buffalo, 1886. 8⁰. (p. 1—46, 47—98, with 3 and 1 pl.)

Bulletin of the California Academy of Sciences. Vol. 2. No. 5. Sept. 1886. No. 6. Jan. 1887. s. l. 8⁰.

Bulletin of the Museum of Comparative Zoology, at Harvard College. Vol. 13. No. 4. Cambridge, May 1887. 8⁰.

Bulletin Scientifique du Nord de la France et de la Belgique publ. sous la dir. de Mr. Alfr. Giard. 2. Sér. 10. Ann. [12 Nos.] Paris, O. Doin, 1887. 8⁰.

Bullettino della Società Veneto-Trentina di Scienze Naturali red. dal Segret. Ricc. Canestrini. Anno 1887. T. 4. No. 1. Padova, 1887. 8⁰.

Compte-rendu de la quinzième session de l'Association française pour l'avancement des sciences tenue à Nancy en 1886. Deuxième partie: Notes et Mémoires. Paris, Masson, 1887. 8⁰. (1116 p., figg. et pls.)

Compte rendu des Travaux de l'Académie des sciences, belles-lettres et arts de Savoie en 1886. par L. Moraud. Chambéry, 1887. 8⁰. (47 p.)

Denkschriften der kaiserlichen Akademie der Wissenschaften. Math.-naturwiss. Cl. 53. Bd. Mit 1 Karte, 42 Taf. u. 19 Holzschn. Wien, C. Gerold's Sohn in Comm., 1887. 4⁰. (296, 212 p.) *M* 49, 40.

Festschrift zum fünfzigjährigen Jubiläum des Naturwissenschaftlichen Vereins der Provinz Posen, 1837—1887. Posen, 1887. 8⁰. (239 p.) ℳ 5,—.

Jahrbuch, Morphologisches. Eine Zeitschrift für Anatomie und Entwicklungsgeschichte. Hrsg. von C. Gegenbaur. 13. Bd. 1. Hft. Mit 5 Taf. u. 8 Figg. im Text. Leipzig, W. Engelmann, 1887. 8⁰. ℳ 12,—.

Jahrbücher, Zoologische. Zeitschrift für Systematik, Geographie und Biologie der Thiere. Hrsg. von J. W. Spengel. 2. Bd. 3./4. Hft. Mit 12 Taf. u. 12 Holzschn. Jena, G. Fischer, 1887. (15. Sept.) 8⁰. (Schluß d. Bd.: IV, p. 591—982.) ℳ 15,—.

Jahresbericht der Gesellschaft für Natur- und Heilkunde in Dresden. Sitzungsperiode 1886—1887. (Sept. 1886 bis Apr. 1887.) Mit 2 Holzschn. Dresden, G. A. Kaufmann's Sortim.-Buchhdlg. (R. Heinze). 1887. 8⁰. (IV, 184 p.) ℳ 3,—.

Jahresbericht der zoologischen Section des Westfälischen Provinzial-Vereins für Wissenschaft und Kunst. 1886—1887. Von F. Westhoff. Münster, 1887. 8⁰. (79 p., 1 Plan.) ℳ 2,—.

Jahresbericht, 64., der Schlesischen Gesellschaft für vaterländische Cultur. Enthält den Jahresbericht über die Arbeiten und Veränderungen der Gesellschaft im Jahre 1886. Nebst einem Ergänzungsheft etc. Breslau, Aderholz, 1887. 8⁰. (VII, XL, 327, 121 p.) ℳ 6,—.

Journal, The, of Morphology. Edited by C. O. Whitman, with the cooperation of Edw. Phelps Allis jr. Vol. 1. Sept. 1887. No. 1. Boston, Ginn & Co., 1887. 4⁰. (226 p., 8 pl. and cuts.)

Journal of the College of Science, Imperial University, Japan. Vol. 1. P. III. Tōkyō, Japan, 1887. 4⁰.

Journal, The, of the Linnean Society. Zoology. Vol. 20. No. 117. Vol. 21. No. 129. London, Longmans, Williams & Norgate, 1887. (June 30.) 8⁰.

Извѣстія Императ. Общества Любителей Естествознанія, Антропологіи и Этнографіи. Московск. Универс. Т. 50. Вып. 2. Т. 51. Вып. 1. Т. 52. Вып. 1. 3. Москва, 1887. 4⁰.

T. 50. Вып. 2. (1. Beilage.) Проток. Засѣд. Зоологич. Отдѣленія. Т. 1. Вып. 2. (Protokolle d. Zoolog. Abtheilung. 1. Bd. 2. Hft. 1. Beilage: A. A. Tichomiroff, Zur Entwicklungsgeschichte der Hydroiden.)

T. 51. Вып. 1. Протоколы Засѣданій Импер. Общ. съ 15. Окт. 1886. (Protokoll der Jahresversammlung, Statut u. Mitgliederverzeichnis.)

T. 52. Вып. 1. Труды лабораторіи Зоологич. Музея Московскаго Университета. Т. 3. Вып. 1. (Arbeiten d. Laboratoriums d. zoolog. Museums der Univers. Moskau: J. B. Nassonoff, Zur Entwicklungsgesch. von *Balanus* u. *Artemia*; Derselbe, Zur Entwicklungsgesch. d. niedersten Insecten *Lepisma, Campodea* u. *Podura*.)

T. 52. Вып. 3. Dieselben. (N. J. Sograff, Materialien zur Kenntnis d. Organisation des Sterlets. 1. Hft.)

Lotos. Jahrbuch für Naturwissenschaft. Im Auftrage des Vereins »Lotos« hrsg. von F. Lippich u. Sgm. Mayer. N. F. 8. Bd. (d. ganz. Reihe 36. Bd.) Mit 2 lith. Taf. u. mehrer. Holzschn. Wien, Prag, Tempsky; Leipzig, G. Freytag, 1887. [Oct. 1887.] 8⁰. (82 p.) ℳ 2,—.

Mémoires de la Société académique du Nivernais. (2. Ann.) Avec 3 pl. Nevers, 1887. 4⁰. (96 p.)

Mémoires de la Société d'émulation de Montbéliard. 16. Vol. (Suite.) Année 1886. Avec 2 pls. 18. Vol. Année 1887. Avec 5 pl. Montbéliard, 1887. 8⁰. (16.: 49 p., 18.: XXXI, 135 p.)

Mémoires de la Société des Sciences et lettres de Loire-et-Cher. T. 11. 2 Vols. Blois, (1886/1887.) 8⁰. (1. partie: XV, 240 p. et pls., 2. p.: p. 241 —654 et pls.).

Mémoires de la Société historique, littéraire, artistique et scientifique du Cher. Année 1887. 4. Sér. 3. Vol. Bourges, 1887. 8⁰. (352 p.)

Mémoires de la Société Nationale d'agriculture, sciences et arts d'Angers (ancienne Académie d'Angers). Nouv. période. T. 28. 1886. Angers, impr. Lachèse et Dolbeau, 1887. 8⁰. (439 p.)

Memoirs of the National Academy of Sciences. Vol. 3. P. I. II. Washington, Gov. Print. Off., 1885, 1886. 4⁰. (I.: 110 p., 14 pl.; II.: 169 p., 50 pl.)

Mittheilungen aus dem naturwissenschaftlichen Verein für Neu-Vorpommern und Rügen in Greifswald. Redig. von Fr. Schmitz. 18. Jahrg. 1886. Mit 1 Taf. Berlin, R. Gaertner's Verlagsbuchhdlg. Hrm. Heyfelder, 1887. 8⁰. (XX, 76, 18 p.) ℳ 3,—.

Mittheilungen aus der Zoologischen Station zu Neapel. Zugleich ein Repertorium für Mittelmeerkunde. 7. Bd. 3. Hft. Mit 5 Taf. Berlin, R. Friedländer & Sohn, 1887. 8⁰. (p. 371—472.) ℳ 10,—.

Mittheilungen der deutschen Gesellschaft für Natur- und Völkerkunde Ostasiens. 36. Hft. Bd. 4. p. 245—304. Juli 1887. Yokohama; Berlin, Asher & Co., 1887. 4⁰. ℳ 6,—.

Orvos-termeszettudományi Ertesitö. (Naturwiss.-med. Mittheilungen. Organ d. med.-naturw. Section d. Siebenbürg. Museumvereins. Ungar. mit deutscher Revue.) Klausenburg, 1887. 8⁰. (Hft. 1. 2. p. 1—272, 8 Taf.)

Proceedings and Transactions of the Natural History Society of Glasgow. New Ser. Vol. 1. P. 3. (1885—1886.) Glasgow, 1887. 8⁰. (Trans. p. 263 —406, Proc. p. 53—120; 3 pl.)

Proceedings and Transactions of the Royal Society of Canada for the year 1886. Vol. 4. Mémoires et Comptes-rendus de la Société Royale du Canada. Montreal, Dawson brs., 1887. 4⁰. (XXXV, 84, 126, 97, 184 p., 1 and 11 pl.)

Proceedings, The, of the Linnean Society of New South Wales. 2. Series. Vol. I. P. 1. With 6 pl. P. 2. With 3 pl. P. 3. With 4 pl. P. 4. With 9 pl. Sydney, F. Cunninghame & Co., 1886, 1886, 1886, 1887. 8⁰. (1.: p. 1 —238; 2.: 239—578; 3.: 579—974; 4.: VIII, p. 975—1237, p. I —XXXV. Index.) 1.: 10 s 6 d. 2.: 12 s. 3.: 13 s. 4.: 12 s 6 d.

Proceedings of the Scientific Meetings of the Zoological Society of London for 1887. London, Society; Longmans, 1887. 8⁰.
(P. I. June 1., P. II. Aug. 1., P. III. Oct. 1., P. IV. April 1. 1888.)

Proceedings of the United States National Museum. Vol. 8. 1885. Vol. 9. 1886. Washington, Gov. Print. Off., 1886, 1887. 8⁰. (VIII, 729 p., 25 pl., VIII, 714 p., 25 pl.)

Publikationen d. physikalisch-ökonomischen Gesellschaft zu Königsberg i. Pr. 1860—1884. Generalregister, zusammengestellt von A. Jentzsch. Königsberg, (Koch & Reimer), 1887. 4⁰. (32 p.) ℳ —, 90.

Recueil Zoologique Suisse, publ. sous la direction de H. Fol. T. 4. No. 3. (Juin, 1887.) Genève-Bâle, 1887. 8⁰.

Rendiconto delle sessioni della R. Accademia delle Scienze dell' Istituto di Bologna. Anno accad. 1886—1887. Bologna, 1887. 8⁰. (168 p.)

Report of the Fifty-sixth Meeting of the British Association for the Advancement of Science held at Birmingham in September 1886. London, J. Murray, 1887. 8⁰. (XCII, 912, 112 p., 11 pl.)

Записки Новороссійскаго Общества Естествоиспытателей. Т. 12. Вып. 1. Одесса, 1887. 8⁰. (Denkschriften der neurussischen Naturforscher-Gesellschaft. 12. Bd. 1. Hft. Odessa, 1887.)

Schriften der Gesellschaft zur Beförderung der gesammten Naturwissenschaften. 12. Bd. 2. Abth. Marburg, Elwert, 1887. 8⁰. (108 p.)

Schriften des Vereins zur Verbreitung naturwissenschaftlicher Kenntnisse in Wien. 27. Bd. A. u. d. Tit.: Populäre Vorträge aus allen Fächern der Naturwissenschaft. Hrsgeg. vom Vereine z. Verbr. nat. Kenntn. 27. Cyclus. Wien, Selbstverlag d. Ver., in Comm. W. Braumüller & Sohn, 1887. 8⁰. (LV, 658 p., 1 Taf., 72 Figg.) ℳ 8,—.

Sitzungsberichte der Gesellschaft für Morphologie und Physiologie in München. III. 1887. 1. Hft. München, Finsterlin, 1887. 8⁰. (64 p.) ℳ 2,40.

Sitzungsberichte der kais. Akademie der Wissenschaften. Math.-nat. Cl. 94. Bd. 1. Abth. 1./5. Hft. Jahrg. 1886. Juni–Decbr. Mit 5 Taf. u. 2 Holzschn. 3. Abth. 3./5. Hft. Mit 8 Taf. u. 1 Holzschn. 95. Bd. 3. Abth. 1./5. Hft. Jahrg. 1887. Jan.—Mai. Mit 12 Taf. u. 1 Holzschn. Wien, K. Gerold's Sohn in Comm., 1887. 8⁰.

Sitzungsberichte und Abhandlungen der Naturwissenschaftlichen Gesellschaft Isis in Dresden. Hrsg. von d. Redact.-Comité. Jahrg. 1887. Jan.—Juni. (Mit 1 Holzschn.) Dresden, Warnatz & Lehmann in Comm., 1887. 8⁰. (30, 30 p., 4 Tabell.) ℳ 3,—.

Société agricole et scientifique de la Haute-Loire. Mémoires et procès-verbaux, 1883—1885. T. 4. Le Puy, 1887. 8⁰. (440 p.)

Société agricole, scientifique et littéraire des Pyrénées-Orientales. 23. Vol. Perpignan, 1887. 8⁰. (348 p.)

Johns Hopkins University, Baltimore. Studies from the Biological Laboratory. Editor: H. Newell Martin, Assoc. Edit.: W. K. Brooks. Vol. 4. No. 1. 2. Baltimore, N. Murray, 1887. 8⁰. à 75 Cents.

Tablettes Zoologiques publiées sous la direction de Aimé Schneider. T. 2. (No. 1 et 2.) Poitiers, Blanchier, 1887. 8⁰. (104 p., 16 pl. 10bis, il n'y a pas de pl. 13.) frcs. 22,50.

Természetrajzi Füzetek. Vierteljahrschrift für Zoologie, Botanik, Mineralogie und Geologie. Nebst einer Revue für das Ausland. Hrsgeg. vom Ungar. National-Museum in Budapest. Vol. X. No. 1. 2/3. 4. Budapest, 1886, 1886. 1887. 8⁰. 1./4. ℳ 8,—.

Vezeték a Természetrajzi Füzetek elsö tiz évi folyamának foglalatjához. 1877—1886. Készititte Schmidt Sándor. Budapest, (Berlin, Friedländer in Comm.), 1887. 8⁰. (420 p.) ℳ 6,—.

(Index voluminum 10 primorum.)

Tijdschrift der Nederlandsche Dierkundige Vereeniging onder red. van A. van Bemmelen, P. C. Hoek, C. K. Hoffmann en W. J. Vigelius. 2. Ser. D. 1. (4 Afl.) Leiden, 1887. 8⁰. (217 p., mit 3 Taf.) pro cplt. fl. 6,—.

Transactions of the Norfolk and Norwich Naturalists' Society. Vol. 18: for 1886—1887. Norwich, 1887. 8⁰.

Transactions of the Royal Dublin Society. New Ser. Vol. 3. P. 11. 12. 13. With 27 pl. Dublin, 1887. 4⁰.

Transactions of the Wagner Free Institute of Science of Philadelphia. Published under the direction of the Faculty. Philadelphia, May, 1887. 4⁰.

Brunner von Wattenwyl, C., Bericht (über die k. k. zool.-botan. Gesellschaft im J. 1886.) aus: Sitzgsber. k. k. zool.-bot. Ges. Wien, 1887. 8⁰. (5 p.)

Verhandlungen der physikalisch-medicinischen Gesellschaft zu Würzburg. Hrsg. von d. Redactions-Comm. Gr. Schmitt, W. Reubold, Fr. Decker. N. F. 20. Bd. Mit 8 Taf. in Lith. u. Farbendr. Würzburg, Stahel'sche Univers.-Buch- & Kunsthdlg., 1887. 8⁰. (Tit., Dedic. [A. v. Kölliker, 70. Geburtstag], Inh., 235 p.) ℳ 14,—.

Verhandlungen des Vereins für naturwissenschaftliche Unterhaltung zu Hamburg. 1883—1885. Im Auftrage d. Vorstandes veröffentlicht von Dr. Geo. Pfeffer. 6. Bd. Mit 1 Karte. Hamburg, L. Friederichsen & Co., 1887. 8⁰. (XXVIII, 177 p.) ℳ 6,—.

Vierteljahrschrift der Naturforschenden Gesellschaft in Zürich. Red. von Rud. Wolf. 32. Jahrg. 1. Hft. Zürich, S. Höhr in Comm., 1887. 8⁰. (p. 1—128, 5 Taf.) ℳ 3,60.

Zeitschrift für wissenschaftliche Zoologie. Hrsg. von A. v. Kölliker und Ernst Ehlers. 45. Bd. 3. Hft. Mit 11 Taf. u. 9 Holzschn. 4. Hft. Mit 8 Taf. u. 12 Holzschn. Leipzig, W. Engelmann, 1887. (28. Juni, 30. Sept.) 8⁰. 3.: ℳ 13,—; 4.: ℳ 12,—.

Zeitschrift, Jenaische, für Naturwissenschaft hrsgeg. von d. medic.-naturwiss. Ges. Jena. 20. Bd. (N. F. 13. Bd.) 4. Hft. Mit 7 Taf. 21. Bd. (N. F. 14. Bd.) 1./2. Hft. Mit 18 Taf. u. 2 Holzschn. Jena, G. Fischer, 1887. 8⁰. 20. 4.: ℳ 6,—. 21. 1./2.: ℳ 12,—.

5. Zoologie: Allgemeines und Vermischtes.

Blanchard, R., Traité de Zoologie médicale. Avec 350 fig. Paris, 1887. 8⁰. (800 p.) ℳ 10,50.

Boas, J. E. V., Zoologi. 1. Hfte. Kjøbenhavn, 1887. 8⁰. (240 p.)

Bronn's Klassen u. Ordnungen d. Thierreichs. Fortges. von H. A. Pagenstecher. 4. Bd. Würmer. Vermes. 2./4. Lief. Leipzig u. Heidelberg, C. F. Winter'sche Verlagshandl. 1887. 8⁰. à ℳ 1,50.

Carlet, G., Précis de Zoologie médicale. 2. édit. entièrement refondue. Avec 512 fig. Paris, 1887. 12. (636 p.)

Del Lupo, M., Elementi di Zoologia. Torino, 1887. 8⁰. (100 p., 145 fig.) £ 2,50.

Encyklopädie der Naturwissenschaften hrsg. von W. Förster, A. Kenngott etc. 1. Abth. 53. Lief. Handwörterbuch der Zoologie, Anthropologie u. Ethnologie. 21. Lief. [5. Bd. p. 257—384. Magyaren-Merkaken.] Breslau, E. Trewendt, 1887. 8⁰. ℳ 3,—.

Gervais, P., Cours élémentaire de zoologie (programme du 22. Janv. 1885). 4. édit. revue par Henry P. Gervais. Avec 240 fig. Paris, Hachette, 1887. 12. (455 p.) Frcs. 3,—.

Histoire naturelle extraite de Buffon et de Lacépède. Quadrupèdes, oiseaux, serpents, poissons et cétacés. Avec grav. Tours, Mame et fils, 1887. 8⁰. (368 p.)

Leuckart, R., und H. Nitsche, Zoologische Wandtafeln zum Gebrauche an Universitäten und auf Schulen. 17.—22. Lief. Taf. 40—51. à 4 Blatt.

Mit deutsch., franz. u. engl. Text. Kassel, Fischer, 1887. Imp. Fol. u. 4⁰. ℳ 36,—.

Leunis, Johs., Schul-Naturgeschichte. 1. Th. Zoologie. 10. Aufl. neu bearb. von Hub. Ludwig. Hannover, Hahn'sche Buchhdlg., 1887 8⁰. (VIII, 581 p.) ℳ 4,—.

Nicholson, H. All., A Manual of Zoology for the Use of Students. 7. edit. re-written and enlarged. London & Edinburgh, Blackwood, 1887. 8⁰. (956 p.) 18 s.

Perrier, Edm., Éléments de zoologie (programme du 22. janv. 1885.) 3. édit. Avec 328 grav. Paris, Hachette, 1887. 12. (392 p.) Frcs. 3,—.

Pruvot, G., Conférences de zoologie faites pendant l'année 1885—1886. Vers et Arthropodes. Paris, à la Sorbonne, Assoc. amic. d. elèves Fac. Sc., 1886. 8⁰. ([Vers] 166 p. autograph. avec 24 fig.) — Deux. sem. Arthropodes. Autographié. Paris, 1887. 4⁰. (Avec 253 figg.)

Riehm, G., Repetitorium der Zoologie. Zum Gebrauch für Studirende der Medicin u. Naturwissenschaft. Mit 243 in d. Text gedr. Fig. Göttingen, Vandenhoeck & Ruprecht, 1887. 8⁰. (IV, 169 p.) ℳ 3, 60.

Report on the Scientific Results of the Voyage of H. M. S. Challenger during the years 1873—1876. . prepared under the superintendence of Ch. Wyv. Thomson and J. Murray. Zoology. Vol. 20. London, Longmans, 1887. 4⁰. (68, 388 p., 63 pl.) ℳ 41, 50.

Noack, Th., Neues aus der Thierhandlung von Karl Hagenbeck, sowie aus dem Zoologischen Garten in Hamburg. in: Zoolog. Garten, 28. Jahrg. No. 6/7. p. 194—203. No. 9. p. 273—279.

Robertson, Dav., Jottings from my Notebook. in: Proc. and Trans. Nat. Hist. Soc. Glasgow, N. S. Vol. 1. P. 3. p. 290—294.
(*Pagurus, Amphidotus, Scaphander.*)

Balfour, Edw., The Agricultural Pests of India, and of Eastern and Southern Asia, Vegetable and Animal, injurious to Man and his Products. London, B. Quaritch, 1887. 8⁰.

Thiere, ihre Mutter verzehrend. in: Humboldt, 6. Jahrg. 8. Hft p. 309.
(Nematod., Dipter.)

II. Wissenschaftliche Mittheilungen.

1. Zur Morphologie der Siphonophoren.

Von Prof. Carl Chun, Königsberg i/Pr.

2. Über die postembryonale Entwicklung von *Physalia.*

(Schluß.)

Der Bau des entwickelten Kammes ist übrigens complicirter als bisher angegeben wurde. Während die einzelnen Beobachter lediglich der Quersepten und der durch sie abgegrenzten Luftkammern Erwähnung thun, so hebe ich hervor, daß die Firste des Kammes durch ein Längsseptum in zwei Hälften getheilt wird. Dasselbe springt gelegentlich nahezu bis zum freien Rande der Septen zweiter Ordnung vor. Dazu gesellen sich dachförmig verlaufende Septen, welche an dem freien Rande des Längsseptums entspringend auf die Quersepten erster und zweiter Ordnung übergreifen und bis zum Luftschirm verstreichen. Sie bedingen einen allerdings nur unvollkommenen Abschluß der Luftkammern gegen die Pneumatophore, da sie den Raum zwischen dem freien Rande des Längsseptums und dem Luftschirm nicht völlig überbrücken.

Was den feineren Bau der Pneumatophore anbelangt, so begnüge ich mich an dieser Stelle mit wenigen Bemerkungen. Bekanntlich ist die Musculatur so kräftig entwickelt, daß die mannigfachsten Formänderungen dem lebenden Thiere ermöglicht sind. Bald wird der Kamm aufgebläht, bald wird die Luft nach dem vorderen oder hinteren Theil der Blase gedrängt. So complicirt nun auch der Verlauf der Fasern in dem Kamme sich gestaltet, so läßt er sich doch auf das für alle Pneumatophoren allgemein gültige Schema zurückführen. Die Ausläufer der ectodermalen Epithelmuskelzellen verstreichen in der Längsrichtung (wie sie durch die vom Centrum der Luftplatte nach dem Porus gezogenen Achse angedeutet wird), während die entodermalen Muskelfibrillen senkrecht zu den ectodermalen einen ringförmigen Verlauf nehmen. Der Porus kann durch einen Sphincter geschlossen und durch einen Dilatator erweitert werden. Besonders kräftig ist die ectodermale Musculatur der Außenwand entwickelt; sie springt in Form zierlich gefalteter Muskelblätter gegen die Stützlamelle vor. Weit schwächer ist die ectodermale Musculatur des Luftsackes und die entodermale Musculatur beider Wandungen ausgebildet. Nur an den oben bezeichneten Stellen der Septen bedingt die entodermale Musculatur das Auftreten von Muskelblättern.

Die Stützlamelle des Luftschirmes verbreitert sich späterhin zu einer ansehnlichen Schicht, die auf Schnitten concentrisch gestreift ist. Sie wird offenbar von den Entodermzellen abgeschieden; würden die Ectodermzellen ebenfalls an der Verdickung der Lamelle sich betheiligen, so müßten die concentrischen Streifen den Contouren der vorspringenden Muskelblätter parallel laufen, was aber nicht der Fall ist. Das Entoderm entsendet an mittelgroßen Exemplaren Zellpfropfen gegen die Stützlamelle, die sich wie Besenreiser in spindelförmige, gegen die ectodermalen Muskelblätter ausstrahlende Zellen auflösen. An großen Physalien weitet sich der der Leibeshöhle zugekehrte Basaltheil der Zellstränge zu einem Lumen aus und repräsentirt somit Gefäße, die allmählich sich verengend durch die Spindelzellen geschlossen werden. Am complicirtesten ist das ramificirte Gefäßnetz in dem schnabelförmigen Fortsatz vor dem Luftporus gestaltet. Eine ähnliche Abgabe von ramificirten Gefäßen und Zellsträngen, deren letzte Ausläufer spindelförmig gestaltet sind, beobachtet man übrigens auch an dem durch die Fangfäden verlaufenden Längsgefäßstamm. Das ganze System erinnert durchaus an die Verästelungen der Radiärgefäße auf der Pneumatophore der Velellen und Porpiten. Durch Einlagerung von Gefäßen und entodermalen Zellsträngen wird die Stützlamelle des Luftschirmes zu einem Mesoderm umgewandelt. In weit schwächerer Entwicklung treten die Zellstränge in der Stützlamelle der Luftflasche auf.

Frühzeitig schon nimmt die Pneumatophore der Physalien eine characteristische dreieckige Form an, die bei *Ph. utriculus* zeitlebens besonders deutlich hervortritt. Betrachtet man die Blase von oben, indem man die natürliche Haltung berücksichtigt, und als obere oder Rückenseite den Kamm bezeichnet und den Luftporus mit dem schnabelförmigen Fortsatz sich nach vorn gerichtet denkt, so lassen sich drei Zipfel unterscheiden: ein vorderer, der mit dem Porus und dem schnabelförmigen Fortsatz endet, ein seitlicher, welcher hauptsächlich durch die kräftige Entwicklung des einen großen Fangfadens mit seinem Taster bedingt wird, und ein hinterer, an dessen Rande die hintere Anhangsgruppe sich inserirt. Man überzeugt sich nun leicht, daß die polymorphen Anhänge entweder an der rechten oder an der linken Seite der Pneumatophore auftreten. Der seitliche Zipfel der letzteren liegt entweder rechts oder links von der Luftplatte.

Schon Eschscholtz und späterhin Leuckart haben auf diese Inversion aufmerksam gemacht. Eschscholtz verwerthet sie sogar als systematisches Merkmal, jedoch mit Unrecht. Die Lagerung der Anhänge auf der linken oder rechten Seite bedingt durchaus keine Änderung in der Structur; sowohl die atlantische als auch pacifische *Physalia* zeigt linksseitige und rechtsseitige Ausbildung. Ich habe 32 junge Exemplare der *Ph. utriculus* geprüft, welche gemeinsam an demselben Orte und an demselben Tage gefischt wurden. Unter diesen waren 18 rechtsseitig und 14 linksseitig ausgebildet. Bei der atlantischen *Physalia* fand ich die Mehrzahl der Individuen linksseitig entwickelt; etwa ein Drittel des mir vorliegenden Materiales zeigt rechtsseitige Ausbildung.

Was schließlich die Entwicklung der polymorphen Anhänge anbelangt, so fasse ich mich kurz, da eine detaillirte Schilderung ohne Beihilfe begleitender Abbildungen, wie ich sie in einer Monographie der Siphonophoren geben werde, mir nicht zweckentsprechend scheint. Wenn man sich, von der natürlichen Haltung ausgehend, den Kamm dorsal, die Luftplatte ventral gelagert denkt, so kommen die vorderen und hinteren Anhangsgruppen seitlich, der Luftplatte etwas genähert, zu liegen. Im Allgemeinen entwickeln sich die Magenschläuche und Fangfäden im Umkreise des Haupttentakels der vorderen Gruppe vorwiegend an der Dorsalseite, während auf der Ventralfläche die Genitaltrauben angelegt werden. Letztere bilden sich successive nur an der großen vorderen Anhangsgruppe aus und zwar entwickeln sich die zuerst auftretenden vor und hinter dem Basaltheil des großen Fangfadens. Zeitlebens sind bei *Ph. utriculus* vordere und hintere Anhangsgruppen deutlich getrennt und zugleich persistirt nur der eine Hauptfangfaden. In dieser Hinsicht wahrt sie die Charactere der jugendlichen *Ph. Caravella.* Bei letzterer hingegen bilden sich neben dem primären großen Tentakel eine Reihe von weiteren, zu erstaunlicher Länge dehnbaren Haupttentakeln aus (bei großen Exemplaren zähle ich deren 20—23), und zugleich fließen die vorderen und hinteren Anhangsgruppen zusammen. Ein Ersatz der zuerst gebildeten Fangfäden durch heteromorphe Tentakel, wie er bei den Physophoriden beobachtet wird, kommt nicht vor. Dagegen ist schon von vorn herein der Größenunterschied zwischen den Haupttentakeln und den zahlreichen kleineren Tentakeln deutlich ausgeprägt, wenn auch letztere in Form und Structur der Nesselbatterien von den ersteren nicht abweichen.

2. Notizen über die pelagische Fauna der Süſswasserbecken.

Von Dr. Othmar Emil Imhof, Zürich.

eingeg. 23. August 1887.

Die fortgesetzten Studien über die Mitglieder der pelagischen Fauna der Süßwasserbecken ergeben heute ein bedeutend vermehrtes Verzeichnis. Sowohl die Liste der frei herumschwimmenden, als die der auf pelagischen Arten festsitzenden Formen ist erweitert worden. Ca. 30 Protozoen, besonders aus den Abtheilungen der Flagellaten und Dinoflagellaten, sind zu notiren. Auch die Zahl der Räderthierchen ist nunmehr auf ca. 15 Formen herangewachsen, unter denen eine ziemliche Zahl in das Genus *Anuraea* gehört. Wir sind aber auch jetzt noch nicht am Abschlusse angelangt und bin ich selbst in der Lage wieder neue Mitglieder der pelagischen Thierwelt vorzuführen.

Im Sommer d. J. fand ich eine bisher übersehene sehr kleine Rotatorie, die am zweckmäßigsten wohl in das Genus *Ascomorpha* Perty einzuordnen wäre. Die Gestalt zeigt uns einen dorso-ventral abgeplatteten durchsichtigen, annähernd elliptischen Beutel, am Rande mit einer nach innen vorspringenden Falte versehen, vermöge welcher der Körper erweitert und contrahirt werden kann. Das Vorderende des Körpers besteht in einer breiten verschließbaren Spalte, aus der der Flimmerapparat hervorgestülpt werden kann. Auffällig ist die Farbenpracht der inneren Organe, die ganz an die bunte violett und röthlich tingirte *Nassula ornata* unter den holotrichen Infusorien erinnert. Es wurde dieses Räderthierchen, über das ich in meinem größeren Werke genauer berichten werde, in zahlreichen Exemplaren im Zürichsee gefunden, und es soll dasselbe nach einer Mittheilung von Forel auch im Genfersee beobachtet worden sein.

Im Juni d. J. gelang es mir endlich das Männchen der *Asplanchna helvetica* aus dem Zürichsee zu erhalten. Die Eier, aus denen Männchen entstehen, sind beträchtlich kleiner als die, aus denen Weibchen hervorgehen.

Durch die Güte von Herrn Weltner am zoologischen Museum in Berlin erhielt ich auf mein Ansuchen hin Material aus einigen norddeutschen Seen, um besonders die Protozoen und Rotatorien genauer zu prüfen. Ein eigenartiger *Brachionus* kam dabei zum Vorschein, der neu sein dürfte, ich nenne ihn *Brachionus amphifurcatus.* Das breite Vorderende des Körpers sowohl als das verengte Hinterende tragen je zwei längere, eine Gabel bildende Dornen. Die Spitzen der vorderen Gabel sind einander genähert, während die der hinteren Gabel aus einander treten. Auch dieser *Brachionus*, mit ziemlich langem, einziehbarem Fuß, trägt dic Eier am hinteren Körperende angeheftet herum.

Diese interessante microscopische Thierwelt der Süßwasserbecken läßt sich von verschiedenen Gesichtspuncten aus in fruchtbare Bearbeitung ziehen. Bei Anlaß der schweizerischen Naturforscherversammlung vom 7.—10. August in Frauenfeld wollte ich in einer der beiden allgemeinen Sitzungen in einem Vortrage ein Gesammtbild über unser bisheriges Wissen und die ferner einzuschlagenden Bearbeitungsweisen geben. Leider wurde ich wegen Verkürzung der zugesagten Zeit daran verhindert und konnte nur einige Puncte berühren und meine Apparate vorweisen. Auch in der zoologischen Section besprach ich dieses Thema. Es mögen hier die wesentlicheren neuen Ergebnisse, als nothwendigste Ergänzung zu dem in meiner kürzlich erschienenen Publication [1] gegebenen Berichte niedergelegt werden.

Die Vertheilung der pelagischen Thiere in ein und demselben Wasserbecken war im Jahre 1882 folgendermaßen präcisirt worden:

Die pelagischen Thiere führen täglich Wanderungen aus. Während der Nacht schwimmen sie an der Oberfläche, während des Tages steigen sie in die Tiefe.

Schon wiederholt wurde die Allgemeingültigkeit dieser Sentenz in Abrede gestellt. Heute glaube ich nun im Stande zu sein, die Erklärung

---

[1] Studien über die Fauna hochalpiner Seen. Jahresber. 1886/1887 der Naturf. Ges. Graubündens.

für die seither in dieser Richtung gemachten Erfahrungen zu geben. Beobachten wir in einem entsprechenden Gefäß die pelagischen Thiere, so sehen wir dieselben allerdings mit Hilfe ihrer Gliedmaßen resp. Körperanhänge Ortsveränderungen vornehmen, aber wir erkennen, daß diese Locomotion im Ganzen genommen keine ausgiebige ist und daß dieselbe erst dann auffällig wird, wenn eine Verfolgung eintritt. Die raschere und ausgiebigere Bewegung ist aber nur eine momentane, vorübergehende. Im Allgemeinen und gewöhnlich lassen sich die pelagischen Thiere vom Wasser, mit dem sie ein annähernd gleiches specifisches Gewicht haben, tragen, und wenn wir in dem Gefäße Strömungen durch künstlich herbeigeführte Temperaturdifferenzen hervorrufen, so werden die pelagischen Organismen durch dieselben fortgeführt und ihre Locomotionskraft und Energie ist kaum im Stande, sie auf die Dauer gegen dieselben ankämpfen zu lassen, sie müssen mit dem Strome schwimmen. Sobald die, namentlich auf Ausgleichung der stets vorhandenen Temperaturdifferenzen beruhenden Strömungen in den Süßwasserbecken vom physikalischen Standpuncte aus einer genaueren Prüfung gewürdigt werden, so wird uns damit die Erklärung für die horizontale und verticale Vertheilung der pelagischen Fauna und das zeitweise Auftreten von grundbewohnenden Formen in deren Gebiet in den Hauptmomenten gegeben sein. Die wichtigsten causalen Factoren für die Strömungen dürften sein: Zuflüsse (Bäche, Flüsse, sublacustre Quellen etc.), Abfluß, Erdwärme, chemische Beschaffenheit des Wassers, Insolation, Luft-Strömungen und -Temperaturen.

Das Resultat meiner zahlreichen Untersuchungen ergiebt allgemein gefaßt Folgendes: Die an Individuen manchmal ganz unglaublich reiche pelagische Thierwelt erfährt in einem einzelnen Wasserbecken Dislocationen. Dieselben sind aber zum geringsten Theil activer, sondern vielmehr passiver Natur, beruhend auf Strömungen, und die Folge davon ist, daß die Vertheilung der pelagischen Organismen keine gleichmäßige aber auch keine constante Distribution ist, da die oben angeführten, die Bewegung des Wassers bedingenden Ursachen zum Theil variiren und damit die Strömungen stets wechselnde Verhältnisse aufweisen. Kurz gesagt: die Vertheilung der pelagischen Fauna in einem Wasserbecken ist bedingt durch Strömungsverhältnisse, die das Resultat zahlreicher Factoren in ziemlich schwer zu erkennender Combination repräsentiren.

Im Anschluß an die Betrachtungen über die Möglichkeit der Fortexistenz von thierischen Organismen in Seen, die von Gletschern überbrückt sind — Abschnitt 7, Studien über die Fauna hochalpiner Seen — sei hier ergänzt: Die Schwierigkeit, ob genügend oder überhaupt Nahrung in solche subglaciale Wasserbecken gelange, ist dadurch eliminirt, daß der Gletscher nicht aus compactem, reinem gefrorenem Wasser besteht, daß er vielmehr durch manchmal ganz ansehnliche Massen von anorganischen und organischen Körpern, die durch Winde in das Sammelgebiet der Gletscher getragen und dort deponirt werden, durchsetzt und verunreinigt ist, die dann durch das Abschmelzen an der Unterseite des Gletschers in das Wasser gelangen.

Zürich, den 22. August 1887.

Nachtrag. Gegenwärtig mit fortgesetzten Studien über die microscopische und macroscopische Thierwelt der hochalpinen Seen beschäftigt, habe ich unter Anderem einen höchst interessanten Fund zu melden, der sich an die auffallenden Vorkommnisse der *Heterocope* anreiht. Am 21. September fischte ich in einem kleinen See ohne oberirdischen Abfluß im Bergell im Val Campo, zwischen Piz Duan und Piz Campo, in einer Höhe von ca. 2370 m ü. M. das äußerst zierliche Räderthierchen, *Pedalion mira* Hudson, in zahlreichen Exemplaren. Gerade wie die Cyclopiden und Diaptomiden in den hochalpinen Seen war auch die Rotatorie mit intensiv ziegelrother Farbe der inneren Organe ausgestattet. Von den ca. 150 Seen, die ich bisher auf die pelagische Fauna untersucht hatte, fand sich nur in zweien dieses *Pedalion*, nämlich in den beiden kleinen oberitalienischen Seen, Annone und Varese.

Dieser Fund liefert uns ein ausgezeichnetes Beispiel dafür, wie ein und dieselbe Thierform unter außerordentlich verschiedenen Existenzbedingungen leben kann. Dieses hochgelegene Thal Campo, dessen Richtung annähernd von Nord nach Süd geht, präsentirt sich dem kalten Nordwinde, der über den Septimer oft mit unglaublicher Kraft und beißendster Kälte hereinkommt, als unausweisliche Passage. Am genannten Tage fegte die Bise bei wolkenlosem Himmel durch dieses Thal, so daß es keine Kleinigkeit war, ganz allein unter solchen Umständen diesen höchst interessanten Studien obzuliegen. Doch solche Entdeckungen belohnen alle Opfer und Strapazen, und spornen zu unentwegter Ausdauer und Fortsetzung dieser Forschungen an.

Bei dieser Gelegenheit mögen noch einige Momente, die für die Herkunft der pelagischen Fauna und besonders in Bezug auf Annahmen von gewisser Seite über die Art und Weise, wie unsere Seen bevölkert wurden, von Bedeutung sind, die ich schon früher in meinen Vorträgen im Sommersemester 1885 und auch in diesem Jahre in Frauenfeld hervorgehoben habe, hier besprochen werden. Es betrifft dies die Annahmen des zufälligen Transportes, gegen die wir, gestützt auf ein reiches Beobachtungsmaterial, Opposition machen müssen. In Bezug auf den Transport durch Vögel müssen wir sagen: Ein solcher könnte eventuell stattfinden, wenn außen am Körper beim Verlassen des Wassers etwas hängen bleibt, oder wenn in den Verdauungstractus eine Aufnahme erfolgt, und bei der Entleerung die Keimkraft bewahrt geblieben ist. Die erstere Möglichkeit kann mit ziemlicher Bestimmtheit in Abrede gestellt werden, da die einfache Beobachtung der Wasservögel lehrt, daß beim Verlassen des Wassers, dasselbe in Perlen über das intacte eingefettete Gefieder hinwegrollt. Während des Fluges eines Vogels dürfte, was zufälligerweise an Schnabel oder Beinen hängen geblieben wäre, wovon sich aber der Vogel, wenn immer möglich, entledigen wird, abfallen. Was den zweiten Punct anbelangt, so wird man, wenn man sich die chemische und mechanische Behandlung, die die aufgenommene Nahrung im Verdauungssystem des Vogels erfährt, lebhaft vor Augen hält, demselben ebenfalls keine große Bedeutung für diesen Transport beilegen wollen und dürfen, so lange wenigstens nicht positive Beobachtungen dafür vorliegen. Was möglicherweise in Bezug auf Pflanzensamen nach dieser Richtung beobachtet wurde, erlaubt in Anbetracht der Fortpflanzungskeime der Thiere noch keine Übertragung. Daß derartiger zufälliger Transport absolut nicht vorkommen könne, sind wir weit entfernt anzunehmen, aber jedenfalls können solche Vorkommnisse zur Erklärung eines Phänomens, wie die Verbreitung der pelagischen Thierwelt der Süßwasserbecken zu bezeichnen ist, nicht als genügend, wenn auch lange Zeiträume zur Disposition stehen, worüber aber namentlich in Bezug auf die Gletscherperioden, die hier ins Gewicht fallen, nur Vermuthungen vorliegen, und zur Beantwortung der Herkunft und Ursache der Vertheilung dieser Organismen nicht als berechtigend angesehen werden.

Schon früher habe ich gelegentlich die Verbreitung der Arten des Genus *Bosmina* als von besonderer Wichtigkeit betont. Bei den *Bosmina*-Species findet keine Bildung von sog. Wintereiern statt, die einen zufälligen Transport begünstigen würden. Ferner besitzen nicht alle im pelagischen Gebiete gefundenen Daphnien die Fähigkeit, Ephippien zum Schutze der Eier zu erzeugen. In diesen Fällen müßten also die Mutterthiere mit den Jungen im Brutraume transportirt werden. Eine Beobachtung, die bisher nirgends erwähnt worden ist, dürfte von besonderer Bedeutung sein. Wenn nämlich eine *Daphnia* oder eine *Bosmina* derart an die Oberfläche des Wassers gelangt, so daß sie in directen Contact mit der Luft tritt, so ist sie nicht mehr im Stande, wieder ganz in das Wasser hineinzugehen, und sie muß absterben.

Andererseits möchte ich hier noch die Aufmerksamkeit auf die außerordentliche Widerstandsfähigkeit der Süßwasserbewohner lenken.

Die Mehrzahl ist nämlich im Stande, auch in der geringsten Quantität Wasser unter sehr verschiedenen äußeren Umständen ihr Leben zu bewahren. Ich erinnere hierbei namentlich an die früher schon erwähnten Aufbewahrungsmethoden, wie ich sie in meiner letzten Abhandlung wiederholt habe.

Obige Notizen sind vorläufige Mittheilungen, die demnächst in einer ausführlichen kritischen Beleuchtung der betreffenden Fragen und Hypothesen ihre Ergänzung erfahren werden.

Sils-Maria, Ober-Engadin, den 25. September 1887.

3. Erwiederung an E. van Beneden.

Von Anton Dohrn.

eingeg. 1. September 1887.

In den Nrn. 257 und 258 d. Bl. hat E. van Beneden unter dem Titel »Les Tuniciers sont-ils des Poissons degénérés? Quelques mots de reponse ä Dohrn«, im Wesentlichen dieselben Einwürfe wiederholt, die er gegen meine Auffassung der phylogenetischen Beziehungen der Tunicaten schon in der, mit Julin gemeinschaftlich publicirten Schrift »Recherches sur la morphologie des Tuniciers« geltend gemacht hat. Ich hatte auf diese Schrift mit der XII. Studie zur Urgeschichte des Wirbelthierkörpers geantwortet, und in dieser Antwort einige der hauptsächlichsten Ergebnisse jener »Recherches etc.« recapitulirt, meine Zweifel an ihrer Haltbarkeit ausgedrückt, vor Allem aber die mir gemachten Einwürfe über die Natur und morphologische Bedeutung der Pseudobranchialrinne des *Ammocoetes* zurückzuweisen gesucht.

Jene »Recherches etc.« kamen durch die Güte der beiden Herren Verfasser zu meinen Händen, als ich eben im Begriffe war, die XI. Studie über die Pseudobranchie der Teleosteer abzuschließen. Ich ließ sofort die Zeichnungen der XII. Studie anfertigen und schrieb den Text dazu nieder. Und da ich eine Figur der Pseudobranchie und Kiemendeckelkieme eines *Accipenser*-Embryo nicht mehr auf den bereits fertigen Tafeln der XI. Studie anbringen konnte, so setzte ich sie auf die eine Tafel der XII. Studie, da es meine Absicht war, beide zugleich zu publiciren. Seitens Julin's war aber das Erscheinen seiner ausführlicheren Arbeit über die Innervation der *Ammocoetes*-Kiemen und Thyreoidea als »unmittelbar bevorstehend« angemeldet: ich hielt es also für passend, nach weiterer Überlegung, das Erscheinen derselben abzuwarten und verschob die Publication der XII. Studie, trotzdem ich dadurch Verwirrung in die Numerirung der Tafeln des VII. Bandes der »Mittheilungen etc.« brachte und die

Zeichnungen der *Accipenser*-Kiemen von dem Erscheinen des betreffenden Textes trennte.

Ich hielt es für geboten, diese Verspätung zu rechtfertigen, und habe das an zwei Stellen der XII. Studie gethan.

Wie van Beneden hierin eine »Insinuation« erblicken kann, ist mir schwer begreiflich: ich weiß mich nicht nur frei von der Absicht, zu insinuiren, — ich bin sogar in Verlegenheit, zu entdecken, worin die Insinuation bestehen soll. Van Beneden erklärt aber noch dazu, er habe hauptsächlich darum zur Feder gegriffen, um Julin gegen diese vermeintliche Insinuation zu vertheidigen. Wenn dem so ist, so bin ich wohl gerechtfertigt, mich an dieser Stelle auf das Vorstehende zu beschränken, — auf die sachlichen Differenzen, betreffen sie nun Facta oder Hypothesen, wird sich Gelegenheit genug finden, in den folgenden »Studien zur Urgeschichte etc.« einzugehen.

Tarvis (Kärnthen), Ende August 1887.

4. Die Wirkung des Nahrungsentzuges auf Phylloxera vastatrix.

Von Dr. C. Keller, Zürich.

eingeg. 12. September 1887.

Wenn wir auch zahlreiche Beobachtungen über die so verhängnisvoll gewordene *Phylloxera* unserer Weinrebe besitzen, so sind wir doch noch weit entfernt, über alle Einzelnheiten in der Biologie dieses Thieres aufgeklärt zu sein. Scheint doch erst jetzt durch die neuesten Beobachtungen von Donnadieu nach und nach einiges Licht in die scheinbar so complicirten Entwicklungsverhältnisse der *Phylloxera* zu kommen. Beobachtungen über das physiologische Verhalten gegenüber veränderten Lebensbedingungen sind bisher kaum gemacht worden, sofern das Experiment hierfür zur Verwendung gelangt.

Die Anregung zu neuen Untersuchungen erhielt ich von zwei ganz verschiedenen Seiten.

Zunächst von der Seite der Praktiker, welche in der Nähe meiner Laboratorien eine starke Invasion der *Phylloxera* zu bekämpfen hatten, sodann von dem ideenreichen Werke von Carl Düsing[1] über die Regulirung der Geschlechtsverhältnisse in der Thierwelt.

Seine Auffassung über die physiologischen Bedingungen bei der Bildung der Geschlechter, sein Versuch, die Abhängigkeit des Geschlechtes von gewissen Ernährungsverhältnissen herzuleiten, schien mir so naturgemäß und gleichzeitig so fruchtbar, daß ich mich veranlaßt fühlte, seine Theorie an unserer *Phylloxera* eingehender zu prüfen,

[1] Dr. Carl Düsing, Die Regulirung des Geschlechtsverhältnisses bei der Vermehrung der Menschen, Thiere und Pflanzen. Jena, 1884.

und zwar aus dem einfachen Grunde, weil das Ergebnis unter Umständen eine gewisse Tragweite für die Praxis erlangen mußte.

Es hält schwer, das nöthige Material zu bekommen, weil derartige Versuche bei dem Publicum wie bei den Behörden auf großen Widerstand stoßen. Und dies mit Recht, denn die Gefahr, den Wohlstand einer ganzen Gegend möglicherweise zu bedrohen, liegt eben sehr nahe.

Da aber aus praktischen Gründen gewisse Thatsachen festgestellt werden mußten, so erhielt ich vorigen Sommer vom schweizerischen Landwirthschafts-Departement die ausnahmsweise Erlaubnis, Versuche anzustellen.

Ich gebe hier das Resultat, weil es in überraschender Weise eine Bestätigung der Düsing'schen Anschauungen ergeben hat.

Der genannte Autor kommt auf Grund der bisher bekannt gewordenen Beobachtungen zu dem Schlusse, daß die Erscheinung ausschließlicher Production von Weibchen (Thelytokie) eine ganz andere Ursache hat, als das überwiegende oder exclusive Auftreten von Männchen (Arrenotokie).

Bei den Thieren ist eine Mehrproduction von Weibchen als ein für die Erhaltung der Art nützliches Anpassungsverhältnis aufzufassen, und ist eine Folge reichlich vorhandener Nährmaterialien.

Bei den Gliederthieren kommt sogar der extreme Fall wiederholt vor, daß nur Weibchen entstehen, welche unbefruchtet neue Generationen von Weibchen erzeugen.

»Der Überfluß ist die Bedingung und die Ursache der thelytokischen Parthenogenesis (Düsing, p. 190).« Erst mit dem Eintritt weniger günstiger Nährbedingungen, also gegen den Herbst zu, wechselt die Art der Vermehrung, und es treten neben Weibchen auch Männchen auf.

Die bisherigen Zuchtversuche, welche beispielsweise an Blattläusen vorgenommen wurden, weisen darauf hin, daß die Parthenogenesis mit dem Nahrungsüberfluß entsteht und vergeht.

Nachdem schon um die Mitte des vorigen Jahrhunderts der Genfer Charles Bonnet die ungeschlechtliche Fortpflanzung bei Blattläusen entdeckt und durch neun Generationen hindurch verfolgt hatte, mußten die Zuchtversuche von Pastor Kyber im Anfang dieses Jahrhunderts ein besonderes Interesse gewinnen, da es ihm gelang, unter günstigen Nährbedingungs- und Temperaturverhältnissen Blattlauscolonien von *Aphis rosae* und *A. dianthi* vier Jahre hindurch auf parthenogenetischem Wege zu züchten.

Die Vermehrnng erfolgte bei den Kyber'schen Versuchen nicht zu allen Zeiten gleich stark, sie nahm ab mit der kühleren Witterung, aber die Abnahme der Temperatur vermochte doch nicht die Parthenogenesis zu sistiren, weil stets ausreichendes Nährmaterial vorhanden war.

Wenn Nahrungsüberschuß die Bedingungen für die Parthenogenese der Blattläuse enthält, wie es nach obigen Versuchen den Anschein hat, so läßt sich dies durch Controlversuche in sehr einfacher Weise prüfen.

Solche Versuche liegen vor.

Nachdem schon Landois im Jahre 1867 es in klarer Weise ausgesprochen, daß mit der Änderung der Lebensbedingungen zur Herbstzeit eine Änderung in den Geschlechtsverhältnissen der Blattläuse eintritt, und erstere die Ursache der letzteren bilden, hat kürzlich E. A. Göldi[2] mehrfache Versuche in dieser Richtung angestellt.

Seinen Angaben zufolge giengen durch Nahrungsentzug *Pemphigus xylostei*, *P. bumeliae* und *Lachnus* sp. in die geflügelte Form über. Er giebt an, durch künstliche Züchtung schon im Juni das geflügelte Weibchen der Blutlaus (*Schizoneura lanigera*) erzogen zu haben. Dieses führt nun aber unmittelbar zur sexuirten Generation hin.

Göldi kommt zu ähnlichen Schlußfolgerungen wie Düsing, scheint aber dessen Arbeit noch nicht gekannt zu haben.

Es ist nach diesen Angaben nicht ganz unwahrscheinlich, daß derartige Versuche auch für Wurzelläuse gelingen.

Vom Standpuncte der Praxis aus muß es keineswegs bedeutungslos sein zu wissen, ob auch für die auf Nodositäten lebende *Phylloxera* durch Nahrungsmangel die geflügelte Form und die darauf folgende Geschlechtsgeneration beschleunigt wird oder nicht.

Wenn Düsing angiebt, daß Experimente bisher noch nicht angestellt wurden, so ist es richtig, daß wir auch heute noch über diesen Punct im Unklaren sind. Aber es sind in der Litteratur einzelne wenige Angaben zerstreut, welche nunmehr von gewissem Interesse sind.

So finde ich in dem amtlichen Berichte[3] über die *Phylloxera* im Canton Neuenburg aus dem Jahre 1878 auf p. 91 folgende Notiz von J. C. Roulet:

»J'ai produit chez moi, dans des tubes exposés au chaud des myriades d'insectes ailés, tandis-que sur des racines provenant de mèmes pieds et maintenues au froid, il ne s'en formait aucune.«

Über die Dauer des Versuches wird keine nähere Angabe gemacht,

---

[2] E. A. Göldi, Aphorismen, neue Resultate und Conjecturen zur Frage nach den Fortpflanzungs-Verhältnissen der Phytophthiren enthaltend. Schaffhausen, 1885.

[3] J. C. Roulet, Le *Phylloxera* dans le canton de Neuchâtel. Rapports et documents officiels. Neuchâtel, 1878.

eben so wenig darüber, ob die Versuche im Kühlen längere Zeit fortgesetzt wurden. Auf die Deutung des Ergebnisses werde ich zurückkommen.

Ferner finde ich in einem kürzlich veröffentlichten Artikel von A. L. Donnadieu[4] die Bemerkung hinzugefügt:

»On n'a jamais pu faire produire une galle par un insecte des racines et, d'autre part, parceque, si l'on avait suivi assez longtemps les insectes des galles transporté sur les racines, on aurait pu voir qu'ils finissent par se transformer tous en ailés.«

Die erwähnte Erscheinung bezieht sich jedoch nur auf die in Blattgallen lebende *Phylloxera* und darf zunächst nicht auf die an Nodositäten lebende Wurzelform übertragen werden.

Nach den jüngst erfolgten Angaben ist es nämlich wahrscheinlich, daß die Wurzelformen und die in Blattgallen lebenden Formen specifisch verschieden sind. Letztere werden daher von Donnadieu als *Phylloxera pemphigoides* abgetrennt.

Auf Grund der in meinen Sammlungen vorhandenen Praeparate möchte ich diese Trennung nicht ganz ablehnen.

Klare Versuche über das Verhalten der Wurzelform besitzen wir also zur Zeit nicht.

Ich habe im vergangenen Juli zwei größere *Phylloxera*-Zuchten eingerichtet. Das lebende Material stammte aus einem *Phylloxera*-Herde im zürcherischen Glattthal, welcher am 11. Juli entdeckt wurde.

Am 17. Juli begann ich beide Zuchten einer systematischen Hungerkur zu unterwerfen, indem ich die Nodositäten langsam austrocknen ließ.

Die Zimmertemperatur wurde möglichst niedrig gehalten und die Einwirkungen des Tageslichtes durch einen großen schwarzen Schirm abgehalten. Bis zum 23. Juli war nichts Auffälliges zu beobachten. Andeutungen von Nymphenzuständen waren nirgends zu entdecken.

Da inzwischen die Nodositäten der Rebwurzeln eingetrocknet waren, so wanderten nach einer Woche die Rebläuse in großer Zahl aus und liefen an den Wänden der Zuchtgefäße herum.

Schon am 27. Juli waren dieselben bereits verschwunden und ich hielt mein Experiment für mißlungen. Die Folge lehrte jedoch, daß sie sich nur zum Zwecke der Verwandlung in Verstecke begeben hatten, denn am 1. August erschien ein zahlreicher Schwarm von geflügelten Phylloxeren. Am 2., 3. und 6. August erschienen weitere Nachschübe geflügelter Weibchen. Anstatt in Folge von Nahrungs-

---

[4] A. L. Donnadieu, Sur quelques points controversés de l'histoire du *Phylloxera*. Compt. rend. Mars, 1887.

mangel unterzugehen, hatten sich die noch nicht ausgewachsenen Rebläuse in geflügelte verwandelt — ein Beweis für die große Anpassungsfähigkeit des Thieres.

Man kann den Einwand erheben, daß ich sterile Kunstproducte erzeugt habe, aber dieser Einwand wird dadurch hinfällig, daß in den Zuchtgefäßen bereits die Eier der Geschlechtsgeneration abgelegt wurden, welche sich als vollkommen entwicklungsfähig erwiesen. Da in beiden Zuchten die gleichen Erscheinungen auftraten, so geht daraus hervor, daß eine systematische Hungerkur einen allgemeinen Übergang der noch nicht ausgewachsenen Wurzelläuse zur Folge hat, und das Auftreten der sexuirten Generation beschleunigt wird.

Nahrungsentzug bedingt ein Aufhören der Parthenogenese.

Ist dieses Resultat im Grunde nur eine neue Bestätigung der von Landois und Düsing versuchten Erklärung der eigenthümlichen Fortpflanzungserscheinungen bei Pflanzenläusen, so hat doch gerade dieser Versuch eine Bedeutung für die Praxis, auf welche aufmerksam zu machen wohl nicht überflüssig erscheint.

Er bedingt nämlich eine Abänderung der bei uns üblichen Methode der Bekämpfung der Reblausinfection. Die einzige Desinfectionsmethode, welche überall anwendbar ist und Erfolge aufzuweisen vermochte, ist die Behandlung der Reben mit Schwefelkohlenstoff.

In unserem Lande wird sie seit 12 Jahren geübt. Man injicirt so viel Schwefelkohlenstoff in den Boden, bis die Weinrebe abzusterben beginnt. Diese Operation erfolgt im Juli und August.

Dann wartet man bis zum Eintritt des Winters, um ein gründliches Rigolen des Bodens vorzunehmen, gräbt das Wurzelwerk der inficirt gewesenen Reben aus, und vernichtet dasselbe. Man betrachtet daher die Periode zwischen der Injection und dem Rigolen als eine Art indifferente Periode, in welcher keine neuen Ansteckungen erfolgen.

Allein Jahr für Jahr treten in der Nähe der alten Herde vereinzelte kleinere Infectionen auf und diese ließen sich nur ungenügend erklären. Meine Versuche machen deren Entstehung vollkommen verständlich.

Etwa 4—5 Tage nach der Schwefelkohlenstoffinjection welkt die Rebe. Die Blätter vertrocknen und der Boden ist einer intensiveren Beleuchtung, also auch einer stärkeren Erwärmung ausgesetzt. Die Nodositäten, welche keine neue Nahrungszufuhr mehr erhalten, beginnen abzusterben. Es treten jetzt genau diejenigen Bedingungen für diejenigen Rebläuse auf, welche vom Schwefelkohlenstoff nicht erreicht wurden, welche ich bei meinen Versuchen vorgesehen habe.

Es wird nämlich, wie die Erfahrung lehrt, auch bei sorgfältiger Desinfection nicht möglich, alle Rebläuse und Eier zu vernichten.

Was überlebt, vollendet die Eiablage, oder, sofern das Wachsthum noch unvollendet ist, geht über in die geflügelte Form, und kommt an die Oberfläche, um durch Winde in die Nachbarschaft verbreitet zu werden. Wie aus der Beobachtung von Roulet hervorgeht, beschleunigt die Wärme diesen Übergang. Wenn diese Folgerung richtig ist, dann müssen die mit Schwefelkohlenstoff behandelten Reben relativ rasch von Rebläusen verlassen werden.

Ich hätte streng genommen noch einen Controlversuch anzustellen und den Beweis zu erbringen, daß schon mit Beginn des Winters solche Reben von Phylloxeren verlassen sind.

Dieser Versuch würde jedoch nur mit Aufwand großer Mittel auszuführen sein.

Aber der Versuch ist in zuverlässiger Weise und in dem gewünschten Umfange bereits ausgeführt.

Da man in Zürich einige Zweifel mit Bezug auf die durchschlagende Wirkung der Desinfection hatte, wurde das Wurzelwerk bei den Winterarbeiten im vorigen Jahre genau controlirt, aber lebende Rebläuse wurden nicht mehr vorgefunden.

Diese Winterarbeiten, welche ich als zuverlässiges Experiment in Anspruch nehmen darf, wurden mit einem Aufwand von 32,000 Frcs. durchgeführt.

Meine Folgerung wird noch durch eine längst bekannte Thatsache unterstützt.

Im Centrum alter *Phylloxera*-Herde sind die Rebläuse bereits ausgewandert. Schon die Entdeckungsgeschichte der *Phylloxera* führte auf diese Thatsache.

Man war über die Ursache des Absterbens der Reben in Südfrankreich so lange im Unklaren, bis Planchon und Sahut auf die Idee kamen, nicht mehr im Centrum der *Phylloxera*-Herde der Ursache des Absterbens nachzugehen, sondern die relativ jungen Ansteckungen an der Peripherie einer näheren Prüfung zu unterziehen.

Wenn ich auch aus Mangel an Material keine directen Beobachtungen anstellen konnte, so glaube ich doch auch für solche Fälle die Vermuthung aussprechen zu dürfen, daß die *Phylloxera* die absterbende Rebe vorwiegend oberirdisch in geflügeltem Zustande verläßt.

Für die Desinfectionspraxis ergiebt sich der bedeutsame Wink, daß das Schwefelkohlenstoffverfahren nur dann befriedigende Resultate ergeben kann, wenn unmittelbar nach dessen Anwendung die Oberfläche des Bodens inficirter Stellen noch mit einer Schutzdecke versehen wird, welche das Entweichen der geflügelten Formen verhindert.

Druck von Breitkopf & Härtel in Leipzig.

Zoologischer Anzeiger

herausgegeben

von Prof. **J. Victor Carus** in Leipzig.

Verlag von Wilhelm Engelmann in Leipzig.

X. Jahrg. | 21. November 1887. | No. 265.

Inhalt: I. **Litteratur.** p. 589—599. II. **Wissensch. Mittheil.** 1. **P. u. F. Sarasin,** Aus der Entwicklungsgeschichte der ceylonesischen *Helix Waltoni* Reeve. 2. **Camerano,** Nuove osservazioni intorno ai caratteri diagnostici dei *Gordius*. 3. **Imhof,** Notizen über die pelagische Fauna der Süßwasserbecken. 4. **Döderlein,** Über schwanzlose Katzen. 5. **Leydig,** Zur Kenntnis des thierischen Eies. III. **Mittheil. aus Museen, Instituten etc.** 1. **Linnean Society of New South Wales.** IV. **Personal-Notizen.** Vacat.

I. Litteratur.

1. Geschichte und Litteratur. (Nachtrag.)

Gill, Theod., Zoology (Record of scientific progress in 1885). in: Ann. Rep. Smithson. Instit. 1885. P. 1. p. 761—813.

2. Hilfsmittel und Methode. (Nachtrag.)

Förster, C., Praktische Anleitung zum Ausstopfen von Thieren nebst Bemerkungen über die Anlegung von Käfer- u. Schmetterlingssammlungen, sowie Herbarien. Osnabrück, H. Meinders, (1887). 8⁰. (46 p.) ℳ 1,—.

3. Sammlungen, Stationen, Gärten etc. (Nachtrag.)

Schubert, G., Aus dem Berliner Aquarium. in: Zoolog. Garten, 28. Jahrg. No. 10. p. 314—316.

4. Zeit- und Gesellschaftsschriften. (Nachtrag.)

Abhandlungen des naturwissenschaftlichen Vereins von Magdeburg. Jahrg. 1886. Magdeburg, 1887. 8⁰.

Académie des Sciences et Lettres de Montpellier. Mémoires de la Section des Sciences. T. 11. Fasc. 1. Ann. 1885—1886. Montpellier, 1886. 1887. 4⁰.

Annales de la Société d'émulation du départ. des Vosges. 1887. Paris, Doin, 1887. 8⁰. (CXIV, 505 p., pls.)

Annali della Accademia degli Aspiranti Naturalisti dirett. da Ach. Costa. Era 3. Vol. 1. Con 9 tav. Napoli, 1887. 8⁰. (22, 95 p.)

Archives de Biologie publiées par Éd. Van Beneden et Ch. Van Bambeke. T. 7. Fasc. 1. Gand, Clemm; Paris, Masson, 1887. 8⁰. (248 p., 7 pls.) p. cplt. ℳ 32,—.

Archives de Zoologie expérimentale et générale .. publ. sous la dir. de H. de Lacaze-Duthiers. (2.) T. 5. 1887. No. 2. Paris, Reinwald, 1887. 8⁰.

Association française pour l'avancement des Sciences. Compte rendu de la 15. Session. Nancy, 1886. 2 Vols. Paris, 1887. 8⁰. (1148 p., 18 pls.)

Bulletin de la Société des Sciences de Nancy. Série 2. T. 8. Fasc. 20. (19. Ann. 1886.) Avec pls. et figs. Nancy, Berger-Levrault, 1887. 8⁰. (XL, 176 p.)

Bulletin de la Société d'Histoire Naturelle de Metz. Cahier 17. Metz, 1887. 8⁰.

Bulletin of the Essex Institute. Vol. 18. 1886. Salem, Mass., 1887. 8⁰.

Jahresbericht, Einundsiebenzigster, der Naturforschenden Gesellschaft in Emden. 1885/1886. Emden, 1887. (W. Haynel in Comm.) 8⁰. (106 p.) ℳ 1,50.

Mémoires de l'Académie de Stanislas. 5. Série. T. 4. Année 1886. Nancy, 1887. 8⁰.

Mémoires de la Société académique d'agriculture, des sciences, arts et belles-lettres du départ. de l'Aube. 3. Sér. T. 23. Année 1886. Troyes, 1887. 8⁰.

Mémoires de la Société d'agriculture, commerce, sciences et arts de la Marne. Année 1885—1886. Chalons s/Marne, 1887. 8⁰.

Mémoires de la Société d'émulation de Roubaix. T. 6. (1879—1882.) (511 p.) T. 7. (1883—1884.) (277 p.) 2. Sér. T. 1. (1885.) (291 p.) Roubaix, 1882, 1884, 1886. 8⁰.

Mémoires de la Société des lettres, sciences et arts de l'Aveyron. T. 13. 1881—1886. Rodez, 1887. 8⁰. (438 p.)

Mémoires et Procès-verbaux de la Société agricole et scientifique de la Haute-Loire. T. 4. 1883—1885. Le Puy, 1887. 8⁰. (440 p.)

Mittheilungen aus dem Embryologischen Institute der k. k. Universität Wien. Von S. L. Schenk. Hft. 1887. (Der ganzen Reihe 9. Heft, der zweiten Folge 2. Heft.) Mit 7 Taf. Wien, A. Hölder, 1887. 8⁰. (232 p.) ℳ 9,—.

Mittheilungen, Monatliche, aus dem Gesammtgebiete der Naturwissenschaften. Organ des Naturwiss. Vereins des Regierungsbez. Frankfurt. Hrsg. von Ernst Huth. 5. Jahrg. [12 Hfte.] Berlin, R. Friedländer & Sohn, 1887. 8⁰. ℳ 4,—.

Notes et documents publiés par la Société d'agriculture, d'archéologie et d'histoire naturelle du départ. de la Manche. 7. Vol. Saint-Lô, 1887. 8⁰. (187 p.)

Proceedings of the Academy of Natural Sciences of Philadelphia. 1887. P. 1. Jan.—Apr. Philadelphia, Acad., 1887. 8⁰.

Proceedings of the American Philosophical Society, held at Philadelphia, for promoting useful knowledge. Vol. 24. No. 125. Jan. to June, 1887. Philadelphia, 1887. 8⁰.

Report, Annual, of the Board of Regents of the Smithsonian Institution showing the Operations, Expenditure and Condition of the Institution to July, 1885. Part I. Washington, Gov. Print. Off., 1886. (eingeg. Oct. 1887.) 8⁰. (XVIII, 996 p.)

Société Agricole, Scientifique et Littéraire des Pyrenées-Orientales. Vol. 28. Avec 8 pls. Perpignan, 1887. 8⁰. (348 p.)

Tageblatt der 60. Versammlung deutscher Naturforscher und Ärzte in Wiesbaden. Redig. von W. Fresenius und E. Pfeiffer. Wiesbaden, 1887. 4⁰.

Travaux de l'Académie Nationale de Reims. 79. Vol. Année 1885—1886. T. 1. Reims, Michaud, 1887. 8⁰. (323 p., pls.)

6. Biologie, Vergl. Anatomie etc.

Kölliker, A. von, Der jetzige Stand der morphologischen Disciplinen mit Bezug auf allgemeine Fragen. Rede .. bei d. Versamml. [d. anat. Gellsch.] in Leipzig. Jena, G. Fischer, 1887. 8⁰. (25 p.) ℳ —, 60.

Newton, Alfr., Opening Address to Section D. (Brit. Assoc.) in: Nature, Vol. 36. No. 933. p. 462—465.

Morgan, C. L., Animal Biology. An Elementary Textbook. With illustrat. London, Rivingtons, 1887. 8⁰. (394 p.) 8 s. 6 d.

Perrier, E., Les principaux types des êtres vivants des cinq parties du monde (races d'hommes animaux et végétaux). Atlas in-4⁰ conten. 582 grav. avec un vol. de texte explicatif in-16. Paris, 1887. *M* 5, 50.

Cellule, La. Recueil de Cytologie et d'Histologie générale, publié par J. B. Carnoy, G. Gilson, J. Denys. T. 3. Fasc. 2. Avec 1 pl. Louvain, Peeters; Gand, Engelcke, 1887. gr. 8⁰. *M* 10,—.

Flemming, W., Neue Beiträge zur Kenntnis der Zelle. Mit 4 Taf. in: Arch. f. mikrosk. Anat. 29. Bd. 3. Hft. p. 389—463.
(Spermatocyten von *Salamandra maculosa*.)

Korschelt, Eug., Über die Bedeutung des Kernes für die thierische Zelle. in: Sitzgsber. Ges. Nat. Fr. Berlin, 1887. No. 7. p. 127—136.

Ranvier, L., Cup-shaped Cells. Abstr. in: Journ. R. Microsc. Soc. London, 1887. P. 4. p. 564.
(Compt. rend. Ac. Sc. Paris.) — s. Z. A. No. 252. p. 278.

Stöhr, Phil., Über Schleimdrüsen. Mit 1 Taf. in: Festschrift, A. v. Kölliker, p. 421—444.

Ranvier, L., Le mécanisme de la sécrétion. (Suite.) in: Journ. de Micr9gr. T. 11. Juin, p. 261—269. Juill. (No. 9.) p. 289—299. (No. 10.) p. 327—334. Août, p. 357—364. Sept. p. 385—393. Oct. p. 421—434. Nov. p. 453—463.
(s. Z. A. No. 253. p. 303.)

Lendenfeld, R. von, Die Nesselzellen. in: Biolog. Centralbl. 7. Bd. No. 8. p. 225—232. — Abstr. in: Journ. R. Microsc. Soc. London, 1887. P. 5. p. 765.

Marshall, C. F., Observations on the Structure and Distribution of Striped and Unstriped Muscle in the Animal Kingdom, and a Theory of Muscular Contraction. With 1 pl. in: Quart. Journ. Microsc. Soc. Vol. 28. P. 1. p. 75—107.

Allen, Harrison, A Prodrome of a Memoir on Animal Locomotion. in: Proc. Acad. Nat. Sc. Philad. 1887. p. 60—67.

Marey, E. J., Étude de la locomotion animale par la chromo-photographie. Avec 34 figg. Nancy, impr. Berger-Levrault; Paris, sécrétariat de l'association franç., 1887. 8⁰. (26 p.)

Richet, Charl., Le système nerveux et la chaleur animale. in: Revue Scientif. (3.) T. 40. No. 12. p. 353—360.

Rouget, Ch., Sur les grains ou boutons des terminaisons dites en grappe des nerfs moteurs. in: Compt. rend. Ac. Sc. Paris, T. 105. No. 3. p. 173—175.

Delage, Yves, Sur une fonction nouvelle des otocystes comme organes d'orientation locomotrice. in: Arch. Zool. Expérim. (2.) T. 5. 1887. No. 1. p. 1—26. — Abstr. in: Journ. R. Microsc. Soc. London, 1887. P. 5. p. 732—733.

Engelmann, Th. W., Über die Function der Otolithen. in: Zool. Anz. No. 258. p. 439—444.

Geddes, Patrick, Theory of Sex and Reproduction. in: Proc. R. Soc. Edinburgh, 1886. p. 911—931. — Abstr. in: Journ. R. Microsc. Soc. London, 1887. P. 5. p. 728—729.

Geddes, Patrick, On the Theory of Sex, Heredity and Reproduction. in: Rep. Brit. Assoc. 56. Meet. p. 708—709.

—— and **J. Arth. Thomson,** History and Theory of Spermatogenesis. With 1 pl. in: Proc. R. Soc. Edinburgh, 1886. p. 803—823. — Abstr. in: Journ. R. Microsc. Soc. London, 1887. P. 5. p. 729.

La Valette St. George, Ad. v., Spermatologische Beiträge. 5. Mittheilung. (Über die Bildung der Spermatocysten bei den Lepidopteren.) Mit 1 Taf. in: Arch. f. mikrosk. Anat. 30. Bd. 3. Hft. p. 426—434.

Haddon, A. C., An Introduction to the Study of Embryology. With num. illustr. London, Griffin, 1887. 8⁰. (366 p.) 18 s.

Henneguy, L. F., Vesicle of Balbiani. Abstr. in: Journ. R. Microsc. Soc. London, 1887. P. 4. p. 565.
(Bull. Soc. Philom. Paris.) — s. Z. A. No. 253. p. 303.

Kerschner, L., Keimzelle und Keimblatt. in: Zeitschr. f. wiss. Zool. 45. Bd. 4. Hft. p. 671—693. — Apart: a. u. d. Tit.: Arb. aus d. zoolog. Inst. zu Graz, 2. Bd. No. 2. *M* —,60.

Weismann, Aug., Über die Zahl der Richtungskörper u. über ihre Bedeutung für die Vererbung. Jena, G. Fischer. 1887. 8⁰. (VIII, 75 p.) *M* 1,50.

Fokker, A. P., Untersuchungen über Heterogenese. I. Protoplasmawirkungen. II. Die Haematocyten. Groningen, P. Noordhoff, 1887. 8⁰. (53, 87 p., 1 Karte.) fl. 0,60.

Brock, J., Ein Fall von Abänderung des Instincts. in: Zoolog. Jahrbb. (Spengel), 2. Bd. 3./4. Hft. p. 979—980.
(*Coenobita.*)

Pouchet, F. A., Moeurs et instincts des animaux. Nouv. édit. Paris, Hachette & Co., 1887. 8⁰. (320 p. et grav.) Frcs. 3,—.

Romanes, G. J., L'intelligence des animaux. Avec une préface de E. Perrier. 2 Vols. Paris, 1887. 8⁰.

Royer, Mme. Clémence, L'évolution mentale dans la série organique. Avec figg. in: Revue Scientif. (3.) T. 40. p. 70—79.

Handl, Alois, Über den Farbensinn der Thiere u. die Vertheilung der Energie im Spectrum. in: Sitzgsber. k. Akad. Wiss. Wien, Math.-nat. Cl. 94. Bd. 2. Abth. p. 935—946. — Apart: *M* —,25.

7. Descendenztheorie.

Asperheim, O., Darwinismen eller Evolution og evolutions-theorier. Christiania, Cammermeyer, 1887. 8⁰. (Tit., Vorw., 99 p.) Kr. 1,—.

Brauer, Friedr., Beziehungen der Descendenzlehre zur Systematik. in: Schrift. Ver. z. Verbr. nat. Kenntn. Wien, 27. Bd. p. 577—614.

Hodoly, Ludw., Studien über die Descendenztheorie. Lemberg, Wien und Leipzig, A. Pichler's Wtwe. & Sohn, 1887. 8⁰. (43 p.) — Wissenschft. Abhdlgn. No. 113.

Romanes, G. J., Physiological Selection. in: Nature, Vol. 36. No. 928. p. 341.

Rusden, H. K., Physiological Selection. in: Nature, Vol. 36. No. 925. p. 268—269.

Romanes, Geo. J., The Factors of Organic Evolution. in: Nature, Vol. 36. No. 930. p. 401—407.

Geddes, P., Proposed Contributions to the Theory of Variation. (Brit. Assoc.) in: Nature, Vol. 36. No. 938. p. 592.

Detmer, W., Zum Problem der Vererbung. in: Arch. f. d. ges. Physiol., Pflüger, 41. Bd. 5./6. Hft. p. 203—215.

Dingfelder, Joh., Beitrag zur Vererbung erworbener Eigenschaften. in: Biolog. Centralbl. 7. Bd. No. 14. p. 427—432.

Orth, J., Über die Entstehung und Vererbung individueller Eigenschaften. in: Festschrift, A. von Kölliker, p. 157—183.

Richter. W., Continuity of Germinal Protoplasm. Abstr. in: Journ. R. Microsc. Soc. London, 1887. P. 4. p. 561.
(Biolog. Centralbl.) — s. Z. A. No. 252. p. 279.

Sutton, J. Bland, Atavism. Abstr. in: Journ. R. Microsc. Soc. London, 1887. P. 4. p. 565.
(Proc. Zool. Soc. London.) — s. Z. A. No. 252. p. 281.

Döderlein, L., Phylogenetische Betrachtungen. in: Biolog. Centralbl. 7. Bd. No. 13. p. 394—402.

Gruber, Aug., Die Urahnen des Thier- und Pflanzenreichs. Mit Abbild. in: Humboldt, 6. Jahrg. No. 7. p. 254—257. 8. Hft. p. 296—298.

8. Faunen.

Godman, F. D., and O. Salvin, Biologia Centrali-Americana; or Contributions to the knowledge of the Fauna and Flora of Mexico and Central America. Zoology. 58 parts. London, 1881—1887. 4°. à *M* 22,—.

Mammalia, by E. R. Alston. Complete. (240 p., 22 col. pl.)

Aves, by O. Salvin and F. D. Godman. Vol. I. Complete. (512 p., 35 col. pl.)

Reptilia, by A. Günther. (p. 1—56, 25 pl.)

Arachnida Acaridea, by O. Stoll. (p. 1—16, 9 pl.)

Coleoptera: Vol. I. P. 1. Adephaga etc., by H. W. Bates. Complete. (X, 316 p.)
Vol. I. P. 2. Staphylinidae, by D. Sharp. (p. 1—744.)
Vol. II. P. 1. Pselaphidae, by D. Sharp. (p. 1—64.)
Vol. II. P. 2. Pectinicornia, Lamellicornia, by H. W. Bates. (p. 1—88, 5 pls.)
Vol. III. P. 1. Serricornia, by Ch. O. Waterhouse. (p. 1—32.)
Vol. III. P. 2. Malacodermata (with Supplt.) by H. S. Gorham. Complete. (X, 372 p.)
Vol. IV. P. 1. Heteromera, by G. C. Champion. (p. 1—320, 12 pls.)
Vol. V. Longicornia, Bruchidae, by H. W. Bates and D. Sharp. Complete. (XII, 526 p.)
Vol. VI. P. 1. Phytophaga, by M. Jacoby. (p. 1—544, 30 p.)
Vol. VI. P. 2. Phytophaga, by J. S. Baly. (p. 1—124.) — Coleoptera with 124 pl.

Hymenoptera by P. Cameron. 16 col. pl. (p. 1—416.)

Lepidoptera Rhopalocera, by F. D. Godman and O. Salvin. Vol. I. Complete. (487 p., 47 pl.) Vol. II. (p. 1—64. 5 pl.)
Lepidoptera Heterocera, by H. Druce. (256 p., 25 col. pl.)
Diptera, by C. R. Osten-Sacken. (p. 1—216, 3 col. pl.)
Rhynchota Heteroptera, by W. L. Distant. (p. 1—304, 28 col. pl.)
Rhynchota Homoptera, by W. L. Distant. (p. 1—32, 4 col. pl.)

Carter, T., Notes from Western Australia. in: The Zoologist, (3.) Vol. 11. Sept. p. 352—353.

Exploration scientifique de la Tunisie, publiée sous les auspices du ministère de l'instruction publique. Zoologie. Mammifères. v. infra: Mammalia, F. Lataste.

Flinsch, Edg., Das Thierleben im bayrischen Hochgebirge. in: Zool. Garten, 28. Jahrg. No. 9. p. 288—290.

Gundlach, Juan, Apuntes para la Fauna Puerto-Riqueña. 6. P. in: Anal. Soc. Españ. Hist. Nat. T. 16. Cuad. 1. p. 115—199.
(VI. Crustacea, VII. Myriapoda, VIII. Insecta.)

Heilprin, Angelo, Explorations on the West Coast of Florida and in the Okeechobee Wilderness. With Special Reference to the Geology and Zoology of the Floridian Peninsula. Philadelphia, Wagner Free Instit. of Sc., 1887. in: Transact. Wagner Free Instit. Sc. Vol. I. (134, II p., 23 pl. [1—16, 16[a], 16[b], 17—19, and 2 landscapes].)
(75 n. sp. and n. g. *Wagneria*, Mollusc., 1 n. sp. Fish, 1 n. sp. Aplysia.)

Heyden, L. von, Die Ausstellung der zoologischen Sammlungen des berühmten Reisenden in Centralasien, General N. M. Przewalski. in: Zoolog. Garten, 28. Jahrg. No. 6/7. p. 210—214.

Lilljeborg, W., Contributions to the Natural History of the Commander Islands. No. 9. On the Entomostraca collected by Mr. Leonh. Stejneger on Bering Island, 1882—1883. in: Proc. U. S. Nation. Mus. Vol. 10. 1887. p. 153.
(5 [2 n.] sp.)

Maxwell, W. J., The Destruction of Beasts and Birds of Prey. in: Scott. Naturalist, Vol. 9. (N. S. Vol. 3.) July, p. 102—105.

Schnitzer, Emin-Pascha, Zoogeographische Notizen. Mit 1 Karte. in: Mittheil. Ver. Fr. d. Erdkund. Leipzig, 1886. 1. Hft. p. 19—32.

Notes on the Fauna of Beaufort, North Carolina. in: Stud. Biolog. Laborat. J. Hopk. Univ. Vol. 4. No. 2. p. 55—94.

Sarasin, Paul, und Fritz Sarasin, Ergebnisse naturwissenschaftlicher Forschungen auf Ceylon in den Jahren 1884—1886. 1. Bd. 1. Hft. Die Augen und das Integument der Diadematiden. Über zwei parasitische Schnecken. Mit 5 Taf. 2. Bd. 1. Hft. Zur Entwicklungsgeschichte und Anatomie der ceylonesischen Blindwühle *Ichthyophis glutinosus*. Mit 5 Taf. 2. Bd. 2. Hft. Zur Entwicklungsgeschichte u. Anatomie d. ceylonesischen Blindwühle *Ichthyophis glutinosus*. 2. Theil. Mit 6 Taf. Wiesbaden, Kreidel, 1887. 4⁰. (1., 1.: 31 p., 2., 1.: 40 p., 2., 2.: p. 41—94.) à ℳ 14,—.

Scott, Jam., Natural History Notes from Tarbert. in: Proc. and Trans. Nat. Hist. Soc. Glasgow, N. S. Vol. 1. P. 3. p. 369—378.
(Crustacea and Mollusca.)

Semper, K., Reisen im Archipel der Philippinen. 2. Th. Wissenschaftliche Resultate. 2. Bd. Malacologische Untersuchungen von Rud. Bergh. Supplt.-Hft. IV. Die Marseniaden. 2. Hälfte. Mit 8 Taf. 2. Th. 5. Bd.

2. Lief. Die Tagfalter — Rhopalocera — von Georg Semper. Mit Adernetzen im Texte u. 8 col. Taf. Wiesbaden, Kreidel 1887. 4⁰. ℳ 26,—. ℳ 24,—.

(5. Bd. 2.: 10 n. sp.) — s. Z. A. No. 224. p. 331.)

Stejneger, Leonh., Contributions to the Natural History of the Commander Islands. — 7. Revised and annotated Catalogue of the Birds inhabiting the Commander Islands. in: Proc. U. S. Nation. Mus. Vol. 10. 1887. p. 117—145.

(143 sp.)

Štolc, Antoniu, Příspěvky k fauně Šumavské (Beiträge zur Fauna d. Böhmerwaldes). aus: Sitzgsber. k. böhm. Ges. Wiss. 1887. p. 191—198.

Troil, Uno von, Notes on the Fauna of Iceland. in: The Zoologist, (3.) Vol. 11. July, p. 254—257.

(Extr. from »Lettres on Iceland, 1772, by Sir Jos. Banks, Dr. Sölander, Dr. Lind and Dr. von Troil [ed. 1780].)

White, Gilb., Natural History and antiquities of Selborne. Ed. with Notes by Sir W. Jardine. With num. illustr. London, Routledge, 1887. 8⁰. (480 p.) 2 s.

—— The Natural History of Selborne. With a Naturalist's Calendar and Additional Observations by Gilbert White. With a preface by Rich. Jefferies. London, W. Scott, 1887. 12. (354 p.) 1 s.

Dawson, Sir J. Will., Address [Brit. Assoc.] (on the North Atlantic). in: Rep. Brit. Assoc. 56. Meet. 1886. p. 4—36.

Giard, Alfr., Synopsis de la Faune marine de la France septentrionale. (Suite.) in: Bull. Scientif. du Nord de la France, (2.) T. 10. No. 3/4. p. 142—146.

(s. Z. A. No. 234. p. 587.)

Holm, Th., Almindelige Bemaerkninger om Kara-Havets Fauna. in: Dijmphnatogt. zool.-bot. Udbytte, p. 473—488. Coup d'oeil sur la faune de la mer de Kara. ibid. p. 489—515.

Nordhavs-Expedition, Den Norske. 1876—1878. XVIII A. XVIII B. Mohn, H., Nordhavets Dybder, Temperatur og Strøminger. Med 48 Plader og Karter samt 3 Traesnit i Texten. Christiania, H. Aschehoug in Comm., (Leipzig, K. F. Köhler in Comm.) 1887. 4⁰. (Tit. u. Inh. 1 Bog., 212 p.) [Auch mit engl. Titel u. Text.]

The Norwegian North Atlantic Expedition. in: Nature. Vol. 36. No. 930. p. 390—391.

(Abstr. of the Part on *Alcyonida* by D. C. Danielssen.)

Pouchet, G., La faune de l'Atlantique: de Lorient à Terre-neuve. in: Revue Scientif. (3.) T. 40. No. 16. p. 492—497.

Udbytte, Dijmphna-Togtets zoologisk-botaniske. Med Bidrag af R. Bergh, J. S. Deichmann Branth, J. Collin, U. J. Hansen, Th. Holm, C. Jensen, H. Jungersen, G. M. R. Levinsen, C. F. Lütken, L. Kolderup, Rosenvinge, M. P. A. Traustedt, og N. Wille. [Med] 1 Kart og 41 Tafl. Avec des résumés en français. Udg. af Kjøbenh. Univ. zool. Museum ved Chr. F. Lütken. Kjøbenhavn, H. Hagerup in Komm., 1887. 8⁰. (XXI, 515 p.) ℳ 21,—.

Hæckel, Ernst, Über Tiefsee-Boden. in: Jena. Zeitschr. f. Nat. 20. Bd. 4. Hft. Sitzgsb. 1886. p. 139—143.

Credner, Rud., Die Reliktenseen. Eine physisch-geographische Monographie. I. Theil: Über die Beweise für den marinen Ursprung der als Reliktenseen bezeichneten Binnengewässer. Mit 2 Übersichtskarten. (Ergänzungsheft No. 86 zu Petermann's Mittheilungen.) Gotha, J. Perthes, 1887. 4⁰. (Tit., Inh., 110 p.) ℳ 5,60.

La faune pélagique lacustre dans l'ile San Miguel (Açores) (d'après J. de Guerne). in: Revue Scientif. (3.) T. 40. No. 14. p. 442.

Forel, F. A., La pénétration de la lumière dans les lacs d'eau douce. in: Festschrift A. v. Kölliker, p. 147—156.

Imhof, Othm. Em., Studien über die Fauna hochalpiner Seen insbesondere des Kantons Graubünden. Sep.-Abdr. aus: Jahresber. Naturf. Ges. Graubündens. 30. Jahrg. p. 45—164. Mit 2 Tabellen.

Nordquist, Osc., Die pelagische und Tiefsee-Fauna der größeren finnischen Seen. in: Zool. Anz. No. 254. p. 339—345. No. 255. p. 358—362.

Zacharias, O., Pelagic and litoral fauna of North German Lakes. Abstr. in: Journ. R. Microsc. Soc. London, 1887. P. 5. p. 733—734.

(Zeitschr. f. wiss. Zool.) — s. Z. A. No. 252. p. 282.

—— Über die niedere Thierwelt holsteinischer Seen. [Schluß.] in: Monatl. Mittheil. E. Huth, 5. Jahrg. No. 7. p. 155—157.

9. Invertebrata.

Bericht über die wissenschaftlichen Leistungen in der Naturgeschichte der niederen Thiere. Begründet von R. Leuckart. Neue Folge. Bd. 1. 1880—1885. Von Dr. M. Braun, von Linstow, K. Kraepelin u. W. Weltner. Berlin, Nicolai, 1887. 8⁰. (214 p.) ℳ 9,—.

Sluiter, C. Ph., Die Evertebraten aus der Sammlung des königl. Naturwissenschaftlichen Vereins in Niederländisch Indien in Batavia. Zugleich eine Skizze der Fauna des Java-Meeres, mit Beschreibung der neuen Arten. Mit 2 Taf. Batavia, Ernst & Co., 1887. 8⁰. Sep.-Abdr. aus: Natuurk. Tijdschr. voor Nederl. Ind. 47. Bd. p. 181—220.

(61 [12 n.] sp., Holothur.)

Whiteaves, J. F., On some marine Invertebrata dredged or otherwise collected by Dr. G. M. Dawson, in 1885, in the northern part of the Strait of Georgia, in Discovery Passage, Johnstone Strait and Queen Charlotte and Quastino Sounds, British Columbia; with a supplementary list of a few land and fresh water shells, fishes, birds etc. of the same region. With cuts. in: Proc. and Trans. R. Soc. Canada, Vol. 4. Sect. 4. p. 111—137.

(2 n. sp. Mollusc.)

Khawkine, Mard. Wolf. Wold., Законы наслѣдственности въ примѣненіи къ одноклѣтнымъ организмамъ. (Lois de l'hérédité appliquées aux organismes unicellulaires.) Avec 1 pl. in: Записки Новоросс. Общ. Естествоисп. T. 12. Вып. 1. p. 237—258.

Nussbaum, M., Vitality of encapsuled organisms. Abstr. in: Journ. R. Microsc. Soc. London, 1887. P. 4. p. 568.

(Zool. Anz.) — s. Z. A. No. 247. p. 173—174.

Varigny, H. de, (Einfluß des Mediums auf wirbellose Thiere). (Soc. de Biol.) in: Biolog. Centralbl. 7. Bd. No. 4. p. 127—128. Abstr. in: Journ. R. Microsc. Soc. London, 1887. P. 4. p. 568.

10. Protozoa.

Braun, Max, Bericht über die wissenschaftlichen Leistungen in der Naturgeschichte der Protozoen in den Jahren 1882 u. 1883. in: Arch. f. Naturgesch. 51. Jahrg. 2. Bd. 3. Hft. p. 45—116. — Auch in: Bericht üb. d. wiss. Leist. in d. Naturg. d. nied. Thiere, N. F. Bd. 1. p. 45—116.

Hæckel, E., El Reino de los Protistas. Versión española por R. G. Fragoso. Madrid, 1887. 8⁰. (116 p.)

Gruber, Aug., Kleinere Mittheilungen über Protozoen-Studien. Mit 1 Taf. in: Ber. Naturforsch. Ges. Freiburg i. B. 2. Bd. p. 149—164.

Pouchet, G., et J. de Guerne, Protozoa as food of Sardines. Abstr. in: Journ. R. Microsc. Soc. London, 1887. P. 4. p. 603.
(Compt. rend. Ac. Sc. Paris.) — s. Z. A. No. 261. p. 499.

Dangeard, P. A., Researches on Lower Organisms. Abstr. in: Journ. R. Microsc. Soc. London, 1887. P. 5. p. 769. (Ann. Sc. Nat. (6.) Botan. T. 4. p. 241—275. 5 pls.)

McIntosh, W. C., On the Occurrence of Peculiar gelatinous Bodies in Profusion. in: Ann. of Nat. Hist. (5.) Vol. 20. Aug. p. 97—99.

Balbiani, E. G., Évolution des Micro-organismes animaux et végétaux parasites. (Suite.) in: Journ. de Microgr. T. 11. Août, p. 365—373. Sept. p. 393—406. Oct. p. 434—446. Nov. p. 463—476.
(s. Z. A. No. 254. p. 328.)

Moniez, R., Sur des parasites nouveaux des Daphnies. Sunto. in: Bull. Soc. Adriat. Sc. Nat. Vol. 9. 1887.
(Compt. rend. Ac. Sc. Paris.) — s. Z. A. No. 252. p. 283.

Parona, Corr., Protisti parassiti nella *Ciona intestinalis*, L. del porto di Genova. Con 1 tav. in: Atti Soc. Ital. Sc. Nat. Vol. 29. Fasc. 4. p. 416—426.

Blanchard, Raph., Bibliographie des Hématozoaires. in: Bull. Soc. Zool. France, Vol. 12. P. 2/4. p. 500—507.

Danilewsky, B., Parasitologie du Sang (Suite). IV. Les Hématozoaires des Tortues (fin). Avec 2 pl. in: Arch. Slav. Biol. T. 3. Fasc. 3. p. 370—417. — Abstr. in: Journ. R. Microsc. Soc. London, 1887. P. 4. p. 603.
(v. Z. A. No. 253. p. 304.)

Schneider, Aimé, Description de Rhizopodes nouveaux on peu connus. Avec figg. in: Tablett. Zool. T. 2. No. 1/2. p. 1—3.
(2 sp.)

Fielde, Adele M., Notes on Fresh-water Rhizopods of Swatow, China. in: Proc. Acad. Nat. Sc. Philad. 1887. p. 122—123.

Terrigi, Gugl., I Rizopodi (Reticolari) viventi nelle acque salmastre dello Stagno di Orbetello. in: Atti R. Accad. Linc. Rendicont. (4.) Vol. 3. 1. Sem. Fasc. 13. p. 579—581.

Whitelegge, Thom., List of the Freshwater Rhizopoda of N. S. Wales. P. I. in: Proc. Linn. Soc. N. S. Wales, (2.) Vol. 1. P. 2. p. 497—504.

Jones, Th. Rup., and C. Davies Sheldon, Remarks on the Foraminifera, with especial reference to their Variability of Form, illustrated by the Cristellarians. P. II. in: Journ. R. Microsc. Soc. (2.) 1887. P. 4. p. 545—557.

Neumayr, M., Die natürlichen Verwandtschaftsverhältnisse d. schalentragenden Foraminiferen. in: Anzeig. kaiserl. Akad. Wien, Math.-nat. Cl. 1887. No. X. p. 103. — Mit 1 Tabelle. in: Sitzgsber. k. Akad. Wiss. Wien, Math.-nat. Cl. 95. Bd. 1. Abth. p. 156—184. — Apart: ℳ —,60.

Deecke, W., Les Foraminifères de l'Oxfordien des environs de Montbéliard (Doubs). Avec 2 pl. in: Mém. Soc. Émul. Montbéliard, (3.) Vol. 16. (47 p.) 1886.

Haeusler, Rud., Notes on some Foraminifera from the Hauraki Golf. in: Trans. N. Zeal. Instit. Vol. 19. p. 196—200.
(41 sp.)

Hæckel, E., ,Challenger' Radiolaria. Abstr. in: Journ. R. Microsc. Soc. London, 1887. P. 4. p. 603—605.
(Reports.) — s. Z. A. No. 254. p. 328.)

Rüst, . ., Über neu entdeckte Radiolarien der Kreide und einiger älteren Schichten. in: Jena. Zeitschr. f. Nat. 20. Bd. 4. Hft. Sitzgsber. 1886. 3. Hft. p. 143—145.

Schneider, Aimé, Grégarines nouvelles on peu connues. Avec 2 pl. in: Tablett. Zoolog. T. 2. No. 1/2. p. 67—85.
(4 n. sp.; n. g. *Pterocephalus*, *Anthocephalus*.)

Henneguy, L. F., Spore-formation in Gregarines. (Compt. rend. Soc. Biol. Paris, 1887.) Abstr. in: Journ. R. Microsc. Soc. London, 1887. P. 5. p. 770.

Roboz, Z. von, Structure of Gregarines. Abstr. in: Journ. R. Microsc. Soc. London, 1887. P. 5. p. 769—770.
(Math. u. Nat. Ber. aus Ungarn.) — s. Z. A No. 254. p. 331.)

Schneider, Aimé, Coccidies nouveaux on peu connus. Avec 6 pl. in: Tablett. Zool. T. 2. No. 1/2. p. 5—18.
(5 [1 n.] sp.)

Kirk, T. W., New Infusoria from New Zealand. Abstr. in: Journ. R. Microsc. Soc. London, 1887. P. 4. p. 603.
(Ann. of Nat. Hist.) — s. Z. A. No. 254. p. 331.

Maskell, W. M., On the freshwater Infusoria of the Wellington District. With 3 pl. in: Trans. N. Zeal. Instit. Vol. 19. p. 49—61. — Abstr. in: Journ. R. Microsc. Soc. 1887. P. 5. p. 767.
(83 [15 n.] sp.)

Stokes, Alfr. C., Some new Hypotrichous Infusoria from American Fresh Waters. With 1 pl. in: Ann. of Nat. Hist. (5.) Vol. 20. Aug. p. 104—114.
(15 n. sp.; n. g. *Onychodromopsis*, *Tachysoma*.)

—— Notices of new fresh-water Infusoria. VI. With figg. in: Amer. Monthly Microsc. Journ. Vol. 8. Aug. p. 141—147.

Maupas, E., Théorie de la sexualité des Infusoires ciliés. in: Compt. rend. Ac. Sc. Paris, T. 105. No. 7. p. 356—359.

—— Sur la conjugaison des Ciliés. ibid. No. 3. p. 175—177. — Abstr. in: Journ. R. Microsc. Soc. London, 1887. P. 5. p. 766—767.

Gruber, Aug., Über künstliche Theilung bei *Actinosphaerium*. in: Zool. Anz. No. 254. p. 346—347. — Abstr. in: Journ. R. Microsc. Soc. London, 1887. P. 5. p. 768—769.

Entz, G., Beitrag zur Kenntnis d. feineren Baues der *Amoeben*. in: Naturwiss.-med. Mittheil. Klausenburg, 1887.

Holman, Lillie E., Observation on Multiplication in *Amoebae*. in: Ann. of Nat. Hist. (5.) Vol. 20. Oct. p. 316—318.
(Proc. Acad. Nat. Sc. Philad.) — s. Z. A. No. 242. p. 32.

Khawkine, W., Recherches biologiques sur l'*Astasia ocellata* n. s. et l'*Euglena viridis* Ehbg. 2. partie. L'*Euglena viridis* Ehr. Avec 1 pl. in: Ann. Sc. Nat. (Zool.) (7.) T. 1. p. 319—376. — Abstr. in: Journ. R. Microsc. Soc. London, 1887. P. 4. p. 601—602.
(1. partie. v. Z. A. No. 224. p. 334.)

Dinophysis, n. sp. v. *Scyphidia*, J. G. Grenfell.

Künstler, J., *Diplocystis Schneideri* (n. g. n. sp.). Avec 1 pl. in: Tablett. Zoolog. T. 2. No. 1/2. p. 25—66.

Euglena viridis. v. *Astasia ocellata*, W. Khawkine.

Blochmann, F., Zur Kenntnis der Fortpflanzung von *Euglypha alveolata* Duj. Mit 1 Taf. u. 1 Holzschn. in: Morpholog. Jahrb. 13. Bd. 1. Hft. p. 173—183.

Möbius, K., Directe Theilung des Kernes bei der Quertheilung von *Euplotes harpa* Stn. in: Sitzgsber. Ges. Nat. Fr. Berlin, 1887. No. 6. p. 102—103.

Danysz, J., New Peridinian [*Gymnodinium musei*]. Abstr. in: Journ. R. Microsc. Soc. London, 1887. P. 4. p. 602.
(Arch. Slav. Biol.) — s. Z. A. No. 253. p. 304.

Moniez, R., Note sur le genre *Gymnospora*, type nouveau de Sporozoaires. Sunto in: Bull. Soc. Adriat. Sc. Nat. Vol. 9. 1887.
(Bull. Soc. Zool. France.) — v. Z. A. No. 235. p. 601.)

Weldon, W. F. R., On the structure of *Haplodiscus piger*. (Brit. Assoc.) in: Nature, Vol. 36. No. 938. p. 592.

Bell, F. Jeffrey, Description of a new Species of *Nucleolites* [*occidentalis*], with Remarks on the Subdivisions of the Genus. in: Ann. of Nat. Hist. (5.) Vol. 20. Aug. p. 125—127.

Philippson, Alfr., Über das Vorkommen der Foraminiferen-Gattung *Nummoloculina* Steinmann in der Kreideformation der Ostalpen. Mit 7 Holzschn. in: Neu. Jahrb. f. Mikr. 1887. 2. Bd. 2. Hft. p. 164—168.

Gruber, Aug., Der Conjugationsprocess bei *Paramaecium Aurelia*. Mit 2 Taf. in: Ber. Naturforsch. Ges. Freiburg i. B. 2. Bd. p. 43—60.

II. Wissenschaftliche Mittheilungen.

1. Aus der Entwicklungsgeschichte der ceylonesischen Helix Waltoni Reeve.

Von DDr. P. und F. Sarasin.

eingeg. 17. September 1887.

Helix Waltoni gehört in den regenreichen Districten von Ceylon zu den häufigsten Schnecken, sie legt weiße, hartschalige Eier, etwa so groß wie die eines Sperlings, und vergräbt sie im Wurzelwerk alter Bäume. In diesen Eiern entwickelt sich der Embryo zu sehr beträchtlicher Größe; die ältesten erreichen nahezu diejenige unserer *Helix nemoralis*. Hand in Hand mit diesem so sehr verlängerten Aufenthalt im Ei erhalten sich zwei dem Embryonalleben angehörige Organe, und entwickeln sich zu mächtiger Größe, die Schwanzblase und die Urniere. Erstere wächst in gleichem Verhältnis wie der Embryo heran und bildet schließlich einen etwa $1^1/_2$ cm langen, pulsirenden Lappen, der wie eine Mütze über die Schale gestülpt ist; sie ist zweifellos, wie schon Gegenbaur aussprach, das embryonale Respirationsorgan. Erst gegen das Ende des Eilebens geht sie zurück, und die Lungenhöhle tritt in Function. Hand in Hand mit der Schwanzblase wächst auch die Urniere heran, bis sie schließlich ein großes, schon vom bloßen Auge (auf Schnitten) erkennbares, heberförmig gekrümmtes Organ darstellt; in den Haemolymphraum mündet sie mit einem Trichter, nach außen mit deutlicher Öffnung. In späten Stadien schließt sich ihr Ausführgang, und das Organ wird resorbirt. Die Urniere scheint das Excretionsorgan des embryonalen Kreislaufs zu sein, wie die Schwanzblase das embryonale Athemorgan darstellt.

Seitenorgane. An jungen Embryonen erkennt man im Körperepithel an einigen Stellen, so namentlich in den seitlich über dem Mund am Kopfe gelegenen Sinnesplatten und ihrer Umgebung kleine, knospenförmige Gebilde, die sich bei näherer Untersuchung als Sinnesorgane herausstellen; sie bestehen aus einer kleinen Anzahl großer, birnförmiger, mit rundem, grobgranulirtem Kern versehener, einen hellen, starren Fortsatz tragender Sinneszellen, welche von langen Stützzellen mantelartig umschlossen werden. Sie liegen meist in kleinen, bald seichteren, bald tieferen Einsenkungen des Epithels, und in dem dadurch entstehenden Ausführgang sammelt sich öfters etwas Secret an, das wohl von den Stützzellen herrühren dürfte. Die Sinneszelle zeigt denselben Bau wie diejenige in den Seitenorganen der Wirbelthiere, und es erinnert überhaupt das ganze Gebilde aufs lebhafteste an die Hügelorgane der Amphibien, zumal an die etwas in die Epidermis eingesenkten Formen derselben; darum haben wir diese Organe Seitenorgane genannt. Die von Haller bei Rhipidoglossen entdeckten und als Seitenorgane bezeichneten Nervenpolster scheinen uns von diffuserer Natur zu sein als die Organe der *Helix*-Embryonen. Gebilde vom Bau der bei Wirbelthieren bekannten Geschmacksknospen, wie sie Boll, Haller, Flemming, Drost u. A. von Mollusken beschrieben haben, sind uns bis jetzt an unsern Embryonen noch keine begegnet. Wir halten die Seitenorgane von *Helix* für vergängliche Larvenorgane, da sie bei ausgewachsenen Heliciden sonst sicherlich schon wären gefunden worden.

Die Cerebraltuben. Das Centralnervensystem legt sich sehr frühe an; in einem Stadium, wo die Tentakel noch nicht sichtbar waren, fanden wir bereits die Cerebralganglien vor als rundliche Zellenhaufen, die noch in Verbindung standen mit einer starken Wucherung des Epithels der Sinnesplatten. Später, wenn die Cerebralmasse schon eine hohe Ausbildung erreicht hat, treten auf den Sinnesplatten jederseits zwei unter einander liegende Einstülpungen auf, die zu langen Röhren mit blindsackartig erweiterten Enden auswachsen. Wir nennen sie die Cerebraltuben. Die obere übertrifft die untere an Größe. Das blinde innere Ende der Cerebraltuben verlöthet sich jederseits mit dem

Gehirne, und es findet hier von der dicken Wandung der Blindsäcke aus eine lebhafte Wucherung von Zellen zum Gehirn hin statt. Untersucht man noch spätere Stadien, so findet man an der Cerebralmasse jederseits einen großen Lappen, der durch seine Structur vom übrigen Gehirn sich unterscheidet, und den wir Lobus accessorius nennen wollen. In diesem Lobus accessorius findet man lateralwärts zwei halbmondförmige Spalträume, von denen wenigstens einer durch einen langen Ausführgang noch mit der Außenwelt communicirt. Die zwei Spalträume sind nichts Anderes als die Höhlungen der beiden Blindsäcke der Cerebraltuben, welche sich halbmondförmig um eine, wie wir denken, von ihren Wandungen aus durch Wucherung gelieferte Ganglienmasse herumgelegt haben. Die beiden Hohlräume, wie auch der Ausführgang verschwinden später.

Wir haben somit das merkwürdige Resultat gewonnen, daß ein Lappen des Gehirns auf eine ganz besondere Weise seine Entstehung nimmt; er geht hervor aus Einstülpungen der Sinnesplatten, welche sich an das schon vorgebildete Gehirn anlegen und einen eigenen Lobus erzeugen.

Durch die ganze Litteratur über die Entwicklung des Nervensystems der Mollusken zieht sich ein immer wiederkehrender Widerspruch. Die einen Autoren lassen das Gehirn durch Wucherung, die anderen durch Einstülpung des Ectoderms sich bilden. Unsere eben auseinander gesetzten Befunde geben uns, so glauben wir, den Schlüssel zur Lösung dieser Widersprüche. Wir sind der Ansicht, daß diejenigen Autoren, welche das ganze Gehirn durch Wucherung sich bilden lassen, frühe Stadien untersucht haben, wo die Sinnesplatten reichliches Zellenmaterial zum Aufbau des Gehirns liefern; die andern Autoren, welche Alles aus Einstülpungen hervorgehen lassen, dürften zu späte Stadien vor sich gehabt haben, wo das eigentliche Gehirn schon angelegt war und die Cerebraltuben nach innen wucherten, um ihrerseits einen Theil des Gehirns aufzubauen.

Am Cerebralganglion der ausgewachsenen Pulmonaten kennt man seit lange schon einen Lappen, der durch besondere Structur und Farbe den Beobachtern aufgefallen ist; dies ist zweifellos unser Lobus accessorius, dessen eigenthümliche Entstehungsweise wir oben geschildert haben.

Wir haben Grund, anzunehmen, daß die Cerebraltuben der Mollusken nichts Anderes sind, als die Geruchsorgane der Anneliden, welche, wie Kleinenberg bei *Lopadorhynchus* nachwies, ebenfalls als Einstülpungen der Sinnesplatten entstehen und dann durch Wucherung einen Theil des Gehirns liefern. Während nun aber bei Anneliden diese Einstülpungen zu bleibenden Organen sich entwickeln,

Musculatur erhalten, ein- und ausstülpbar werden, und einer besonderen Sinnesfunction dienen, geben sie bei Mollusken ihren Rapport mit der Außenwelt bald auf, bilden sich nicht zu functionirenden Organen aus, sondern gehen in toto im Gehirne auf, einen eigenen Lappen desselben bildend. Vielleicht erhalten sich die Cerebraltuben bei den Cephalopoden in Function und bilden dort die sogenannten Geruchsorgane. Vielleicht ist auch das Organ hierher zu ziehen, welches *Umbrella* an der hinteren Basis ihres oberen Fühlerpaares aufweist.

Für alles Weitere verweisen wir auf die definitive Arbeit, welche in Kürze in unseren Ergebnissen naturwissenschaftlicher Forschungen auf Ceylon, 1. Bd., 2. Hft., erscheinen wird.

Berlin, 15. September 1887.

2. Nuove osservazioni intorno ai caratteri diagnostici dei Gordius.

Del dottor Lorenzo Camerano, R. Museo Zoologico di Torino.

eingeg. 9. October 1887.

Il Signor A. Villot pubblicò nel No. 261 di questo periodico una nota[1] in risposta ad alcuni appunti che io aveva fatto[2] alle sue precedenti pubblicazioni relative ai *Gordius*.

Il Villot mandò la sua nota al Zoologischer Anzeiger il 2 Agosto 1887.

Nella seduta del 19. Giuguo 1887 della R. Accademia delle Scienze di Torino venne approvata per la stampa una mia memoria intitolata: Ricerche intorno al parassitismo ed al polimorfismo dei *Gordius*. In questo lavoro di cui la stampa procede lentamente per cause indipendenti da me[3] appoggiato da numeroso materiale io studiai varie delle questioni relative al variare delle dimensioni e alla correlazione di queste cogli altri caratteri dei *Gordius* facienti vita libera. Sono lieto di vedere che in parecchi punti le mie conclusioni concordano con quelle del Villot. Io conchiudevo infatti cosi per quanto riguardo il *Gordius Villoti* Rosa[4].

»1⁰ E indubitato[5] che si trovano nell' acqua allo stato filiforme

[1] Sur le développement et la détermination spécifique des Gordiens vivant à l'état libre. Zool. Anz. 1887. No. 261.

[2] L. Camerano, Ricerche intorno alle specie italiane del genere *Gordius*. Atti R. Acc. Sc. di Torino. Vol. XXII. 1886. — Osservazioni sui caratteri diagnostici dei *Gordius* etc. Bull. dei Musei di Zool. ed Anat. Comp. della R. Universita di Torino. Vol. II. No. 24. 1887.

[3] Un sunto di questo lavoro venne pubblicato negli Atti della R. Accademia di Torino. Vol. XXII. dispensa 15a. 1887. p. 820—822.

[4] Persisto a credere che questa sia la denominazione migliore per ovviare alla confusione che ne risolta seguendone altre come sostiene il Villot.

[5] Atti R. Acc. Sc. di Torino. Vol. XXII. p. 822. 1887.

individui di Gordii (ad esempio di *G. Villoti* Rosa) che sono propriamente giovani; ma che cio non costituisce la regola e che anzi e probabile che quando gli individui escono dall' ospite troppo giovani non arrivino al loro completo sviluppo.

2⁰ Che negli individui adulti, vale a dire, con organi riproduttori maturi esiste, sopratutto nei maschi, un polimorfismo assai spiccato, per cui si hanno variazioni di colore, di dimensioni e anche di forma senza che fra questi caratteri ci sia una vera correlazione.

3⁰ Che il variare delle dimensioni dipende dalla mole dell' ospite e dal tempo, durante il quale il verme rimase nell' ospite stesso e non[6] dalla profondita e dal volume delle acque in cui vive, come è stato asserito.

4⁰ Che in alcuni casi l'animale presenta veri fenomeni di neotenia cioè giunge ad avere gli organi riproduttori maturi senza assumere tutti i caratteri degli individui interamente sviluppati.«

Si vede da cio ripeto che in fondo le conclusioni che io pubblicava nel Giugno del corrente anno e che, forse per ritardo della spedizione degli Atti della Accademia di Torino no vennero a cognizione del Villot, concordano con quelle che nell' Agosto cor. an. il Villot spediva per essere stampate nel Zoologischer Anzeiger. A queste conclusioni io sono sicuro arrivera chiunque studii i *Gordius* con un materiale numeroso.

Sopra un punto, a mio avviso importante sul quale il Villot insiste nella sua ultima pubblicazione, io non vado d'accordo col naturalista di Grenoble. Il Villot dice: »Pour s'assurer de l'état complet du développement ce n'est pas l'état des organes genitaux qu'il faut examiner; mais bien celui de la cuticule. Les individus adultes entièrement développés sont ceux dont la cuticule est entièrement chitinisée. Delà la nécessité de distinguer, parmi les individus adultes de chaque espèce, des jeunes et des vieux. Les jeunes sont ceux dont la cuticule est encore en voie de chitinisation, les vieux, ceux dont la cuticule est entièrement chitinisée.«

Se io interpreto bene le parole de Villot mi pare che il Villot stabilisce lo stadio di animale adulto e lo suddivide in individui giovani e vecchi. Per stabilire le distinzioni dei giovani e dei vecchi prende per base lo stato di chitinizzazione degli integumenti ma non stabilisce nettamente in quale stadio di sviluppo il *Gordius* deve considerarsi come adulto (si credi bene non vecchio). Ora io insisto di nuovo su quanto io dissi nei mei precedenti lavori a questo proposito: Lo stadio

---

[6] Nel sunto sopracitato a p. 822 venne dimenticato per errore di stampa un non nella seconda parte del periodo.

adulto dei *Gordius* è raggiunto soltanto dal completo sviluppo e dal funzionare degli organi riproduttori. Tutti gli altri caratteri debbono essere subordinati a questi. Ciò mi pare tanto più sostenibile in quanto che il ciclo evolutivo dei *Gordius* ha molta rassomiglianza con quello di molti insetti che hanno un periodo di vita parassitica ma che allo stato adulto hanno vita libera.

Sono d'accordo col Villot, come già dissi sopra, nell' ammettere un polimorfismo fra gli individui sessualmente adulti: ma mi pare che il Villot lo estende troppo e sopratutto poi che non si abbiano prove sufficienti per riunire sotto uno stesso nome specifico tutte le forme che riunisce il Villot.

Io credo tale questione non potra essere risolta che con uno studio completo delle larve. Fino a che questo studio non sia stato fatto credo che non solo i *Gordius* appartenenti al gruppo del *G. Villoti* Rosa si devono considerare come provvisoriamente separati in varie specie: ma anche altri, con cuticola areolata descritti recentemente e dal Villot considerati come giovani di altre specie:

Non nego l'importanza dei caratteri dedotti dalla struttura degli strati cuticolari: ma non credo che n'abbia, fino ad ora, il diritto di dar loro un valore assoluto.

Il *Gordius impressus* Schn.[7] il *G. Perroncitii* Camer., il *G. Rosae* Camer. e il *G. Pioltii* Camer., il *G. Preslii* Vejd. contrariamente a quanto dice il Villot, io li conserverei, per ora, come specie distinte.

3. Notizen über die pelagische Fauna der Süſswasserbecken.

Von Dr. Othm. Em. Imhof.

eingeg. 14. October 1887.

Die fortgesetzten Untersuchungen namentlich in hochalpinen Seen, ergaben nicht unbedeutende Ergänzungsmaterialien zu den besonders im Jahresbericht der naturforschenden Gesellschaft Graubündens niedergelegten Resultaten über die niedere Thierwelt des Süßwassers.

In die früher über die Fauna oberitalienischer Seen gegebenen Verzeichnisse und Tabellen sind folgende Beobachtungen einzureihen.

Comersee. In den Jahren 1883 und 1885 wurde das Material in den beiden Armen von Como und Lecco gesammelt. Am 1. October untersuchte ich den Arm von Colico. *Ceratium hirundinella*, in zwei Formen, und die *Asplanchna helvetica* waren an Individuenzahl weit-

[7] Nella memoria sopracitato sul Parassitismo e sul polimorfismo dei *Gordius*. Mem. Acc. Sc. Torino. 1887. ne dissi le ragioni

aus am reichlichsten vorhanden. Auch die *Codonella acuminata mihi* fand sich hier. Auffallend zahlreich war unter den Entomostraken die *Daphnella brachyura*. Als neu beobachtete Formen sind zu nennen: *Rhaphidiophrys pallida* und die in meiner letzten Mittheilung angeführte *Ascomorpha* (?).

Luganersee (z. Th. zu Italien gehörend). Bis jetzt waren von Protozoen und Rotatorien in diesem See nur folgende angetroffen worden:

Protozoa: *Acanthocystis viridis*; *Dinobryon divergens*; *Ceratium longicorne* (?) (Pavesi).

Rotatoria: *Anuraea longispina*.

Die am 1. und 2. October vorgenommenen Untersuchungen bereichern unser Verzeichnis um folgende Arten:

Protozoa: *Dinobryon elongatum* Imh.,
Codonella cratera Leidy.

Rotatoria: *Conochilus volvox* Ehrbg.,
Polyarthra platyptera Ehrbg.,
Anuraea cochlearis Gosse,
Asplanchna helvetica Imh.

Die eine der beiden Formen des *Ceratium hirundinella* wies die größte Individuenzahl auf. Auffallend zahlreich von Microphyten zeigten sich Fragillarienketten.

Lago d'Emet. ca. 2100 m ü. M. (Madesimopaß; Campodolcino-Andeer.) Im pelagischen Gebiete fischte das Netz bedeutende Mengen des *Diaptomus bacillifer* Kölbel, von intensiv ziegelrother bis rothbrauner Farbe und einer *Cyclops*-Species. Am Ufer unter Steinen traf ich zahlreiche Exemplare der *Hydra rhaetica* und der Turbellarie *Planaria abscissa* Iijima.

Im Piorathal bei Airolo im Canton Tessin ist früher schon der Ritomsee (1829 m ü. M.) von Pavesi und Asper besucht worden.

Am 6. October untersuchte ich drei Seen in diesem Thale, Ritom, Cadagno und Tom.

Im Ritomsee ergab das Resultat drei neue Aufenthalter, *Ceratium hirundinella*, *Asplanchna helvetica*, beide in unzähligen Mengen, und *Anuraea longispina* Kell. weniger zahlreich. Der hier vorkommende *Diaptomus* ist nicht *D. castor*, sondern eine neue Form. Im nördlichen Ende erkannte das bloße Auge ganze Schwärme dieses braunroth gefärbten Copepoden.

Lago Cadagno (1921 m ü. M.). Durch Hinausschleudern des Netzes wurden gefangen: *Ceratium hirundinella*, *Anuraea aculeata* var. *regalis*, *Cyclops* spec. und *Diaptomus* spec. Über die grundbewohnende Fauna werde ich später berichten.

Lago Tom (2023 m ü. M.). In diesem sehr seichten Wasserbecken war die Untersuchung über pelagische Organismen beinah resultatlos. Dagegen constatirte ich das Vorkommen zahlreicher Limnaeen und des *Cottus gobio*. Dieser Fisch erreicht im Ritomsee ganz ansehnliche Dimensionen, und soll, ehe Forellen eingesetzt worden sind, in ungeheuren Mengen dagewesen und centnerweise gefangen worden sein.

An dieser Stelle reihe ich noch das am 7. October gewonnene interessante Ergebnis im Lowerzer- oder Seewensee (461 m ü. M.) an.

Protozoa: *Dinobryon divergens* Imh.,
Dinobryon elongatum Imh.,
Peridinium spec.,
Ceratium cornutum Ehrbg.,
Ceratium hirundinella O. F. Müller.

Rotatoria: *Synchaeta pectinata* Ehrbg.,
Polyarthra platyptera Ehrbg.,
Anuraea cochlearis Gosse,
Anuraea longispina Kell.,
Pedalion mira Hudson,
Asplanchna helvetica Imh.,
Ascomorpha nov. spec.

Cladocera: *Daphnella brachyura* Liévin,
Daphnia spec.,
Bosmina spec.,
Leptodora hyalina Lillj.

Copepoda: *Cyclops* spec.,
Diaptomus spec.

Unter diesen aufgeführten Arten ist das Vorkommen von *Pedalion mira* von besonderem Interesse. *Ascomorpha* ist dieselbe Form wie oben erwähnt.

Zürich, den 13. October 1887.

4. Über schwanzlose Katzen.

Von Dr. L. Döderlein in Straßburg i/E.

eingeg. 15. October 1887.

Auf der jüngst in Wiesbaden tagenden Naturforscherversammlung demonstrirte in einer Sitzung der Zoologischen und Anatomischen Section Herr Dr. Otto Zacharias zwei junge Kätzchen, die vollkommen schwanzlos zur Welt gekommen waren (Tageblatt der Naturf.-Vers. p. 92). Der Mutter dieser Thierchen soll der größte Theil des

Schwanzes vor Jahren gewaltsam abhanden gekommen sein, wahrscheinlich, wie Herr Dr. Zacharias mittheilte, durch Überfahren. Derselbe zieht nun daraus den Schluß, daß hier ein Fall von Vererbung gewaltsam herbeigeführter Veränderung der Organisation vorliege, ein Fall, der »verhängnisvoll« sei für die Weismann'sche [und Goetteschel] Theorie, nach welcher eine Vererbung von im Lauf des individuellen Lebens erworbenen Abänderungen unmöglich sei.

Nach meiner Ansicht hat nun obiger Fall in dieser Richtung gar keine Beweiskraft, da die Beobachtung desselben große Lücken zeigt und gerade der kritische Punct, die gewaltsame Entfernung des Schwanzes bei der alten Katze, nur auf Hypothese beruht. Als sicher scheint nur festzustehen, daß die alte Katze im Verlauf ihres Lebens einen Theil des Schwanzes verloren hat, sowie daß eine Anzahl von ihren Jungen, beim letzten Wurf sogar alle, mit einem Schwanzdefect zur Welt kamen. Ob die Mutter vor dem Verluste des Schwanzes normale Junge hatte, weiß Niemand; auch hat Niemand den Unglücksfall, der ihr den Schwanz gekostet haben soll, mit angesehen. Die Katze gehörte einem einfachen Bauer, und es ist leicht begreiflich, daß derselbe, als er eines Tages das Thier schwanzlos herumlaufen sah, auf den gewiß nicht fernliegenden Gedanken kam, der Schwanz ist abgefahren worden. Ist aber dies die einzige Möglichkeit, den Verlust zu erklären? Eben so viel Wahrscheinlichkeit hätte doch z. B. die Annahme einer constitutionellen Krankheit, in Folge deren der größere Theil der Schwanzwirbelsäule abstarb und eines Tages abfiel. Daß eine solche Anlage sich vererben, sogar progressiv sich vererben kann, ist wohl bekannt. Und damit ließe es sich auch erklären, daß den Jungen jede Spur eines Schwanzes fehlen konnte, während die Mutter sich doch noch einen Stummel gerettet hatte, eine Thatsache, die bei der anderen Erklärung doch eine zweite Merkwürdigkeit sein müßte.

Selbst aber bei der Annahme, es sei hier die gewaltsame Entfernung des Schwanzes sicher beobachtet, liegt, wie von anderer Seite hervorgehoben wird, kein zwingender Grund vor, sich der Zacharias-schen Anschauung über die Vererbung anzuschließen. Die Fälle sind nicht allzu selten, in denen durchaus normal gebaute Thiere die Neigung zeigen, Junge zur Welt zu bringen, die mit einer bestimmten Eigenthümlichkeit, z. B. Schwanzlosigkeit behaftet sind, ohne daß eine zufällig erlittene Verstümmelung des Mutterthieres etwas damit zu thun hat.

Übrigens werden solche zufällig gemachte Beobachtungen, wie der obige Fall, niemals im Stande sein, die entgegenstehende Theorie im geringsten zu erschüttern, da es wohl stets unmöglich sein wird, alle wichtigen, dabei in Frage kommenden Puncte nachträglich mit absoluter Sicherheit festzustellen. Es ist durchaus nothwendig, daß eine Vererbung künstlich hervorgerufener Abänderungen experimentell nachgewiesen wird, ehe das Verlangen ernstlich gestellt werden kann, eine solche als erwiesen anzunehmen. Abfahren und Abzwicken von Schwänzen, Brechen von Gliedmaßen u. dgl. läßt sich mit mehr oder weniger Grausamkeit (es wird nämlich die Ansicht ausgesprochen, daß lebhaftes Schmerzgefühl dabei sehr wesentlich sei) aufs leichteste nachahmen; wie fallen denn die Nachkommen aus? Hic Rhodus, hic salta! Bisher steht nur fest, daß die mancherlei durch viele Generationen besonders bei Mensch und Hund geübten künstlichen Verstümmelungen sich nicht vererbt haben.

Schwanzlose Katzen sind übrigens in verschiedenen Gegenden der Welt als fest eingebürgerte Rassen zu beobachten. Unter andern trifft man diese Rasse in Japan. Den Schwanz fand ich dort bei solchen Katzen nur rudimentär, die Schwanzwirbel zu einer kurzen, dünnen und unbeweglichen Spirale verkümmert, die mit Haaren bedeckt als dicker Knollen dem Hintertheil der Katze aufsitzt. Die Japaner schätzen diese schwanzlosen Katzen sehr viel höher als geschwänzte, theils vielleicht aus Vorliebe für Absonderliches, theils weil sie überzeugt sind, daß solche Katzen den Beruf der Mäusetödtung viel energischer betreiben, als gewöhnliche Katzen. Es läßt sich nun leicht erklären, daß in Folge davon geschwänzte Katzen in vielen Gegenden von Japan geradezu zu den Seltenheiten gehören, während wieder in anderen Gegenden daselbst die schwanzlose Katze noch ganz fehlt. Es ist in Japan eine allgemein bekannte Erscheinung, daß in demselben Wurfe neben Thierchen mit verkümmertem Schwanze ziemlich regelmäßig solche mit normal ausgebildetem Schwanze sich befinden; die letzteren werden aber z. B. in Tokio nur selten aufgezogen.

Straßburg i/E., im October 1887.

5. Zur Kenntnis des thierischen Eies.

Von F. Leydig in Würzburg.

eingeg. 22. October 1887.

Seit Längerem mit Studien über die Eizelle beschäftigt, erlaube ich mir einige der gewonnenen Ergebnisse herauszuheben und in Kürze hier vorzulegen; die ausführliche Arbeit, begleitet von Tafeln, hoffe ich anderweitig erscheinen lassen zu können.

I. Keimanlage und Eifollikel.

1) Verschiedene Beobachter der früheren und späteren Zeit wollen gesehen haben, daß das Ei in seiner ersten Anlage ein Kern sei, um

den sich alsdann die Zellsubstanz herumlege. Im Ovar der neugeborenen Ratte schien auch mir (im Jahre 1854) das Ei sich auf diese Weise zu bilden. Später indessen, und auch bei gegenwärtigen Untersuchungen ist mir nichts vor die Augen gekommen, was auf ein solches nachträgliches Umfaßtwerden des Keimbläschens von Seiten des Dotters hingewiesen hätte. Überall vielmehr bei Würmern, Arthropoden und Wirbelthieren ist, wie von la Valette St. George vor Jahren bereits mit Bestimmtheit ausgesprochen hat, das Ei von Anfang an als Zelle zu erkennen: nirgends ist das Keimbläschen das erst Sichtbare, sondern Eikern und Zellleib sind zeitlich zugleich da, wie in jeder anderen Embryonalzelle. Daß dieses Verhalten nicht immer erkannt wurde, läßt sich begreifen aus der geringen Menge der Zellsubstanz, welche zuweilen nur wie eine plasmatische Umrandung des Kerns sich ausnimmt, und daher, zumal bei schwächerer Vergrößerung, übersehen werden kann.

2) Für die Frage, ob eine engere Verwandtschaft zwischen Anneliden, Arthropoden und Wirbelthieren anzunehmen sei, scheint es mir von Bedeutung, daß die Keimstränge von Hirudineen, die Endfäden sammt Endkammern im Eierstock der Insecten mit den Keimsträngen im Eierstock der Säugethiere, was die wesentlichen Züge des Baues betrifft, durchaus übereinstimmen. Denken wir uns einen Keimstrang aus dem Stroma des Eierstockes eines Säugethieres ausgeschält, so herrscht in Form und Structur nahezu Gleichheit mit den von vorn herein frei liegenden Keimsträngen, z. B. des Blutegels.

3) Die erste Sonderung der bis dahin aus indifferenten Zellen bestehenden Keimanlage zeigt sich dadurch, daß die Zellenmasse in Keimzellen und Matrixzellen aus einander geht. Die Keimzellen wachsen zu Ureiern aus; die Matrixzellen erzeugen die Umhüllung der Ureier, also die Follikel- oder Kapselzellen. Ein Blick auf die vorhandenen Beschreibungen junger Eier setzt außer Zweifel, daß die Follikelzellen nicht selten für Elemente einer Membrana granulosa erklärt und als »Follikelepithel« aufgefaßt wurden.

Die Matrixzellen scheiden cuticulare Lagen ab, wodurch unter Vermehrung sowohl der Zellen, wie der homogenen Schichten, die Follikelwand dicker wird und bindegewebige Natur erhält. Das Verhältnis der einscheidenden Matrixzellen und der von ihnen abgesonderten homogenen Haut oder Cuticula zu den Ureiern ist genau dasselbe, welches etwa zwischen der Ganglienkugel eines Spinalganglions und ihrer aus Matrixzellen und cuticularer Lage bestehenden Umhüllung herrscht.

4) Eine Membrana granulosa oder die Zellschicht zwischen

dem Ei und der Follikelwand wird bei verschiedenen Thiergruppen ständig vermißt. Da wo aber diese zellige Lage zugegen ist, stellt sie sicher ein späteres Hinzukommnis vor. His hat schon lange das Vorhandensein einer Membrana granulosa für die ersten Stadien der Fischeier geleugnet und das Gleiche ist von Pflüger bezüglich des Froscheies geschehen.

Ich habe mich jetzt durch genaueres Eingehen auf den Bau junger Eifollikel bei mehreren Arten von Wirbelthieren ebenfalls überzeugt, daß die Behauptung, es mangle ursprünglich die gedachte Zellenlage, richtig ist, und danach entgegenstehende Angaben, auch von mir, zu verbessern sind.

5) Anbelangend nun das Herkommen der Zellen der Membrana granulosa, so lenken meine Wahrnehmungen auf Leukocyten und Bindesubstanz- oder Matrixzellen hin. Bei manchen Wirbellosen (z. B. *Lithobius* und *Geophilus*) ist mir das Einwandern von Leukocyten, vom Stiel des Follikels her, zweifellos geworden; und was die Wirbelthiere betrifft, so sprechen meine Beobachtungen an Säugethieren dafür, daß die Elemente der Granulosa von den Matrix- und Bindesubstanzzellen des Follikels abstammen. Läßt man nun nicht außer Erwägung, daß Leukocyten und Bindesubstanzzellen nächst verwandte Gebilde sind, so gelangt man wieder auf den von His vertretenen Standpunct, wonach die Entstehung der Granulosa aus Wanderzellen abzuleiten sei.

Schwierigkeiten bereiten der Verallgemeinerung der eben ausgesprochenen Aufstellung die Eiröhren der Insecten, wenn wir nämlich von der Voraussetzung ausgehen, daß hier das »Eiröhrenepithel« mit einer Membrana granulosa im vorigen Sinn auf gleicher Linie stehe. Die Zellenlage, welche bei Insecten das Ei umgiebt, entsteht in der That so, wie man früher glaubte, daß das »Follikelepithel« bei Wirbelthieren zu Stande komme. Denn ich vermochte vor Jahren zu zeigen, daß bei Insecten die Eizelle und das sogenannte Follikelepithel ursprünglich Eins und Dasselbe sind, was jüngst wieder von Korschelt und A. Schneider bestätigt wurde. Man darf bei dieser Sachlage daher Bedenken tragen, die Membrana granulosa z. B. eines Säugethieres und das »Follikelepithel« eines Insectes, für gleichwerthige Bildungen anzusehen.

II. Eizelle.

1) Es lassen sich Keimflecke von doppelter Natur unterscheiden: die einen haben den Character von blaßrandigen Amöben und zeigen im feineren Bau, wie diese, eine Zusammensetzung aus Spongioplasma. Hyaloplasma und kernartigem Fleck; die andern sind dunkelrandige

Körper, welche eine fettähnliche Rinde und eine blassere Innensubstanz aufweisen. So sehr auch die beiden Arten von Keimflecken unter einander verschieden zu sein scheinen, so deuten doch mehrere meiner Wahrnehmungen dahin, daß die amöboide Form sich in jene mit fettähnlicher Umrandung verwandeln könne. — Abgesehen hier von anderen Sonderungen innerhalb der Substanz der dunkelrandigen Keimflecke, sei nur erwähnt, daß bei Myriopoden an der letzteren Art von Keimflecken eine, nicht künstliche, Öffnung in der Rinde klar beobachtet werden konnte, durch welche die Innensubstanz nach außen hervortrat.

Die Entstehung der Keimflecke geht von den Knotenpuncten des Kerngerüstes aus. Bei der Vermehrung erzeugt der einzelne größere Keimfleck eine Brut seines Gleichen durch Knospung und Theilung, wobei, nach Allem was zu erkennen war, die Vorgänge der Vermehrung in den einzelnen Thiergruppen Besonderheiten darbieten. Man hat in dem einen Falle das Bild einfacher Zerlegung vor sich, dann auch wieder eine Differenzirung in Stränge oder Wülste, die ausgebreitet und verästigt sind, oder in Knäuel zusammengeschoben, oder wenigstens in Schlingen gebogen, immer aber ausgezeichnet durch Querlinien, welche auf weitere Zerfällung Bezug haben (*Nephelis*, *Argulus*, *Phalangium*, *Stenobothrus*). Liegt es im Plane der Organisation, daß die Zahl der Keimflecke hoch ansteigt, wie z. B. bei Amphibien, so kommen gleichsam Nachschübe von den Knotenpuncten des Kerngerüstes hinzu. Von der Mitte des Keimbläschens weg gehen die kleinen Körper unter stetigem Wachsen in die größeren Keimflecke der Peripherie über (*Triton*, *Bufo*).

Zufolge ihrer amöboiden Natur können Keimflecke, die sich abgelöst haben, und dadurch selbständig geworden sind, doch wieder zu kurzen, geldrollenähnlichen Säulchen oder auch zu längeren Strängen zusammenschließen, woraus wir abnehmen, daß die querstreifigen Fäden oder Stränge keineswegs immer lediglich auf Vermehrung der Keimflecke bezogen werden dürfen (Myriopoden, Amphibien).

2) Die Membran des Keimbläschens vermag man ebenfalls bei einem und demselben Thier in verschiedenen Zuständen anzutreffen. Bei *Triton* z. B. kann sie uns als eine verhältnismäßig dicke Haut erscheinen, welche eine auf Porengänge auszulegende Strichelung besitzt; dann in einem andern Zeitabschnitt zeigt sie sich dünn, und von Poren ist nichts mehr sichtbar; ja es gewinnt weiterhin das Ansehen, als ob diese Beschaffenheit zu einer Auflösung der Membran überhaupt die Einleitung bilde.

3) Für recht der Aufmerksamkeit werth halte ich eine Lage um das Keimbläschen, welche wohl zuerst Eimer als eine »Verdickung«

der Membran dieses Eitheiles bei Reptilien beschrieben hat. Ich will sie Mantelschicht nennen, da sie als eine von der Membran des Keimbläschens bestimmt verschiedene Lage zu erkennen ist. Nur zeitweilig vorhanden, wie ich es bei Arten von Säugern, Amphibien, Fischen, mehreren Arthropoden und Würmern gesehen, unterliegt auch ihre Ausdehnung um das Keimbläschen herum mancherlei Verschiedenheiten. Die Substanz dieser Mantelschicht betreffend, so besteht sie aus Körnern oder Krümeln, die vom Aussehen der Keimflecke sind und dabei öfters so gruppirt, daß dadurch eine strahlige Streifung zu Tage kommt. Ich werde Beobachtungen mitzutheilen haben, welche in hohem Grade wahrscheinlich, um nicht zu sagen gewiß machen, daß besagte Schicht um das Keimbläschen mit dem Austreten von Keimflecken im Zusammenhang steht.

(Schluß folgt.)

III. Mittheilungen aus Museen, Instituten etc.

1. Linnean Society of New South Wales.

28th September, 1887. — 1) Descriptions of new Australian Fishes. By E. P. Ramsay, LL.D., F.R.S.E., and J. Douglas-Ogilby. The fishes described are (1) *Opisthognathus inornatus* from Derby, King's Sound, N. W. Australia; (2) *Neopempheris pectoralis* taken by Mr. Theodore Bevan in the Aird River, New Guinea; (3) *Trichiurus Coxii* from Broken Bay; and (4) *Cossyphus bellis* from Shoalhaven. — 2) and 3) Botanical. — 4) Notes on Australian Earthworms. Part IV. By J. J. Fletcher. A preliminary account is here given of six new species of earthworms, of which four (*Notoscolex Gippslandicus*, *N. tuberculatus*, *Perichaeta Bakeri*, and *P. dorsalis*) are from Gippsland, Victoria, one (*Notoscolex Tasmanianus*) is from Tasmania, and one (*Cryptodrilus mediterreus*) from the interior of New South Wales. The first-named species comprises very large worms with about 500 body-segments; and as, among other points of difference, a girdle of the ordinary character is present, commencing with the posterior portion of segment XIII and including XXI (the male pores being on XVIII), the species is perfectly distinct from *Megascolides australis* from the same district, described by Prof. McCoy. The Tasmanian *Notoscolex* though smaller is still a large worm, with about 200 body-segments. — 5) Observations on early Stages in the Development of the Emu. By W. A. Haswell, M.A., D.Sc. Though much has been written on the embryology of birds, no member of the Ratite or Struthionid sub-class has hitherto been made the subject of investigation. The subjects mainly dealt with in this Paper are the history of the primitive streak, the mode of origin of the mesoblast and of the notochord, and the neurenteric canals. — Mr. Macleay exhibited a specimen of *Erythrichthys nitidus* of Richardson, described in the ,Voyage of the Erebus and Terror', from West Australia. He had received the fish from Mr. Morton of the Hobart Museum. It had been captured on the South Coast of Tasmania.

Druck von Breitkopf & Härtel in Leipzig.

Zoologischer Anzeiger

herausgegeben

von Prof. **J. Victor Carus** in Leipzig.

Verlag von Wilhelm Engelmann in Leipzig.

X. Jahrg. | 28. November 1887. | No. 266.

Inhalt: I. **Litteratur.** p. 613—624. II. **Wissensch. Mittheilungen.** 1. **Leydig,** Zur Kenntnis des thierischen Eies. II. (Schluß.) 2. **vom Rath,** Über die Hautsinnesorgane der Insecten. 3. **Fiedler,** Über die Entwicklung der Geschlechtsproducte bei *Spongilla*. III. **Mittheil. aus Museen, Instituten etc.** 1. **Linnean Society of London.** IV. **Personal-Notizen.** Necrolog.

I. Litteratur.

10. Protozoa.

(Fortsetzung.)

Schneider, Aimé, *Pericometes digitatus* [n. g. et n. sp.]. Avec 2 pl. in: Tablett. Zool. T. 2. No. 1/2. p. 19—23.

Danysz, J., Contribution à l'étude de l'évolution des *Péridiniens* d'eau douce. in: Compt. rend. Ac. Sc. Paris, T. 105. No. 4. p. 238—240.

Schlumberger, C., Note sur le genre *Planispirina*. Avec 1 pl. et 8 figg. en texte. in: Bull. Soc. Zool. France, Vol. 12. P. 2/4. p. 475—488.

Moniez, R., Note sur une nouvelle forme de Sarcodine, le *Schizogenes parasiticus*. Avec 1 pl. in: Journ. de l'Anat. et de la Physiol. T. 22. 1886. — Sunto: Bull. Soc. Adriat. Sc. Nat. Vol. 9. 1887.

Grenfell, J. G., On new Species of *Scyphidia* and *Dinophysis*. With 1 pl. in: Journ. R. Microsc. Soc. London, 1887. P. 4. p. 558—560.

Eberth, C. J., Über *Thalassicolla coerulea*. Mit 1 Taf. in: Arch. f. mikrosk. Anat. 30. Bd. 1. Hft. p. 27—32. — Abstr. in: Journ. R. Microsc. Soc. 1887. P. 5. p. 767—768.

11. Spongiae.

Weltner, W., Bericht über die Leistungen in der Spongiologie für die Jahre 1880 und 1881. (Nachtrag.) in: Arch. f. Naturgesch. 51. Jahrg. 2. Bd. 3. Hft. p. 197—214. — Auch in: Ber. üb. d. wiss. Leist. in d. Naturg. d. nied. Thiere, N. F. Bd. 1. p. 197—204.

(s. Z. A. No. 196. p. 315.)

Key to the recent families of Sponges [taken from R. von Lendenfeld]. in: Amer. Naturalist, Vol. 21. No. 10. p. 935—938.

Vosmaer, G. C. L., The Systematic Position of Sponges. Abstr. in: Amer. Naturalist, Vol. 21. No. 6. p. 581—582.

—— Relationships of the Porifera. Abstr. in: Journ. R. Microsc. Soc. London, 1887 p. 600—601.

(Bronn's Klassen u. Ordnungen.)

Lendenfeld, R. von, Systematic position and classification of Sponges. Abstr. in: Journ. R. Microsc. Soc. London, 1887. p. 599—600.
(Proc. Zool. Soc. London.) — s. Z. A. No. 253. p. 305.

—— Errata in my paper on the Systematic Position and Classification of Sponges. in: Zool. Anz. No. 254. p. 335—336.

Dendy, Arth., The Sponge-fauna of Madras. A Report on a Collection of Sponges obtained in the Neighbourhood of Madras by Edgar Thurston, Esq. With 4 pl. in: Ann. of Nat. Hist. (5.) Vol. 20. Sept. p. 153—165.
(5 n. sp.)

Levinsen, G. M. R., Kara-Havets Svampe (Porifera). Hertil 3 Tavl. in: Dijmphna-Togt. zool.-bot. Udbytte, p. 339—372.
(19 [6 n.] sp.)

Petr, Fr., Nové dodatky ku fauně českých hub sladkovodních (Neue Beiträge zur Fauna d. böhmischen Süßwasserschwämme). Mit 1 Taf. Aus: Sitzgsber. k. böhm. Ges. d. Wiss. 1887. p. 203—214.

Potts, Edw., Contributions towards a Synopsis of the American forms of Fresh Water Sponges with descriptions of those named by other Authors and from all parts of the World. With 8 pl. in: Proc. Acad. Nat. Sc. Philad. 1887. p. 158—279.

Hull, Edw., Note on Dr. G. J. Hinde's Paper »On Beds of Sponge-remains in the Lower and Upper Greensand of the South of England«. (Philos. Trans. 1885. p. 403.) in: Proc. R. Soc. London, Vol. 42. No. 254. p. 304—308.

Hardman, Edw. T., Note on Professor Hull's Paper. ibid. p. 308—310.

Ebner, V. von, Über den feineren Bau der Skelettheile der Kalkschwämme, nebst Bemerkungen über Kalkskelete überhaupt. in: Anzeig. kais. Akad. Wien, Math.-nat. Cl. 1887. No. IX. p. 93—94. — Mit 4 Taf. in: Sitzgsber. kais. Akad. Wiss. Wien, Math.-nat. Cl. 95. Bd. 1. Abth. p. 55—149. — Apart: *M* 3, 20.

Noll, Fr., Die Naturgeschichte der Kieselschwämme. in: Ber. Senckenberg. nat. Ges. 1887. p. 69—71.

Ebner, V. von, *Amphoriscus Bucchichii* n. sp. Mit Holzschn. in: Zoolog. Jahrbb. (Spengel), 2. Bd. 3./4. Hft. p. 981—982.

Dendy, Arth., The new System of *Chalininae*, with some brief observations on zoological Nomenclature. in: Ann. of Nat. Hist. (5.) Vol. 20. Novbr. p. 326—337.

Lendenfeld, R. von, Die *Chalineen* des australischen Gebietes. Mit 10 Taf. in: Zoolog. Jahrbb. (Spengel), 2. Bd. 3./4. Hft. p. 723—828.
(über 100 n. sp.; n. g. *Chalinella, Chalinissa, Ceraochalina, Antherochalina, Euplacella, Spirophora, Euchalinopsis, Euchalina, Chalinodendron, Arenochalina, Chalinorhaphis, Hoplochalina.*)

Dendy, Arth., On a remarkable new Species of *Cladorhiza* [*pentacrinus*] obtained by H. M. S. ‚Challenger'. With 1 pl. in: Ann. of Nat. Hist. (5.) Vol. 20. Oct. p. 279—282.

Kellicott, D. S., *Hydreomena traversata*, n. sp. in: Bull. Buffalo Soc. Nat. Hist. Vol. 5. No. 1. p. 45—46.

Ridley, St. O., and A. Dendy, Report on the *Monaxonida* collected by H. M. S. Challenger, during the years 1873—1876. With 51 pl. and 1 map. in: Rep. Scient. Res. Challenger, Zool. Vol. 20. 68 p. and p. 1—275.

Roemer, Ferd., *Trochospongia*, eine neue Gattung silurischer Spongien. Mit 1 Taf. in: Neu. Jahrb. f. Miner. 1887. 2. Bd. 2. Hft. p. 174—177.

12. Coelenterata.

Lendenfeld, R. von, Notes on Australian Coelenterates. in: Rep. Brit. Assoc. 56. Meet. p. 709—710.

Tichomiroff, A. A., Къ исторiи развитiя Гидроiдовъ (Zur Entwicklungsgeschichte der Hydroiden). Mit 2 Taf. in: Извѣст. Имп. Общ. Любит. Естест. Москв. Т. 50. Вып. 2. (69 p.)
(1 n. sp.)

Bétencourt, A., Les Hydroida du Pas-de-Calais. in: Bull. Scientif. Nord de la France, (2.) T. 10. No. 1/2. p. 66—67.
(37 sp.)

Bergh, R. S., Goplepolyper (Hydroider) fra Kara-Havet. Met 1 Tav. in: Dijmphna-Togt. zool.-bot. Udbytte, p. 329—338.
(28 [3 n.] sp.)

Hydroida from the Mergui Archipelago. v. infra *Molluscoidea* (Bryozoa). Th. Hincks.

Lapworth, Ch., Preliminary Report on some Graptolites from the Lower Palaeozoic Rocks on the South Side of the St. Lawrence from Cape Rosier to Tartigo River, from the North Shore of the Island of Orleans, one mile above Cap Rouge, and from the Cove Fields, Quebec. in: Proc. and Trans. R. Soc. Canada, Vol. 4. Sect. 4. p. 167—184.

Chun, C., Zur Morphologie der Siphonophoren. 1. Der Bau der Pneumatophoren. in: Zool. Anz. No. 261. p. 511—515. No. 262. p. 529—533. 2. Über die postembryonale Entwicklung von *Physalia*. ibid. No. 263. p. 557—561. No. 264. p. 574—577.

Haacke, Wilh., Die Scyphomedusen des St. Vincent Golfes. Mit 3 Taf. in: Jena. Zeitschr. f. Nat. 20. Bd. 4. Hft. p. 588—638.
(3 n. sp.: n. g. *Monorhiza*.)

Lendenfeld, R. von, Farbenvarietäten bei Medusen. in: Humboldt (Dammer), 6. Jahrg. 10. Hft. p. 394.
(Proc. Linn. Soc. N. S. Wales, Brit. Assoc.)

Perrier, E., Les Coralliaires et les Îles madréporiques. Avec fig. Paris, 1887. 8°. (26 p.)
(Assoc. franç. Avanc. Sc. Nancy, 1886.)

Ortmann, A., Die systematische Stellung einiger fossiler Korallengattungen, und Versuch einer phylogenetischen Ableitung der einzelnen Gruppen der lebenden Steinkorallen. Mit 1 Taf. in: Neu. Jahrb. f. Mineral. Geol. u. Palaeont. 1887. 2. Bd. 3. Hft. p. 183—205.

McMurrich, J. Playf., Notes on Actiniae obtained at Beaufort, N. C. in: Stud. Biolog. Laborat. J. Hopk. Univ. Vol. 4. No. 2. p. 55—63.
(9 [2 n.] sp.)

Haddon, A. C., Parasitic Sea-Anemones. Abstr. in: Amer. Naturalist, Vol. 21. No. 6. p. 582—583.
(Proc. R. Soc. Dublin.)

Danielssen, D., North Sea *Alcyonida*. Abstr. in: Journ. R. Microsc. Soc. London, 1887. P. 4. p. 597.
(Norske Nordhavs Exped.) — s. Z. A. No. 253. p. 306.

Jungersen, H. F. E., Kara-Havets *Alcyonider*. Hertil 2 Tab. in: Dijmphna-Togt. zool.-bot. Udbytte, p. 373—380.
(3 [1 n.] sp.)

Studer, Th., Versuch eines Systemes der *Alcyonaria*. Mit 1 Taf. in: Arch. f. Naturgesch. 53. Jahrg. 1. Bd. 1. Hft. p. 1—74.
(n. g. *Paranephthya*, *Scleronephthya*, *Chironephthya*, *Platygorgia*; n. fam. *Dasygorgidae*; n. subf. *Primnoisidinae*.)

MacMunn, C. A., Chromatology of *Anthea cereus*. Abstr. in: Journ. R. Microsc. Soc. London, 1887. P. 4. p. 598—599.
(Quart. Journ. Micr. Sc.) — s. Z. A. No. 253. p. 306.

Walcott, Ch. D., Note on the Genus *Archeocyathus* of Billings. in: Amer. Journ. Sc. (Silliman), (3.) Vol. 34. Aug. p. 145—146.

Brazier, John, Notes on the Distribution of *Ceratella fusca*, Gray, [from the Coast of N. S. W.]. in: Proc. Linn. Soc. N. S. Wales, (2.) Vol. 1. P. 2. p. 575—576.

Pfeffer, Geo., *Chirobelemnon*, eine neue, nicht festgewachsene Alcyonide. in: Verhdlg. Ver. f. naturwiss. Unterhalt. Hamburg, 6. Bd. p. 99—101.
(n. g., 1 n. sp.)

Wilson, H. V., The Structure of *Cunoctantha octonaria* in the adult and larval stages. With 3 pl. in: Stud. Biolog. Laborat. J. Hopk. Univ. Vol. 4. No. 2. p. 95—107.

Ishikawa, C., Über die Abstammung der männlichen Geschlechtszellen bei *Eudendrium racemosum* Cav. Mit 3 Holzschn. in: Zeitschr. f. wiss. Zool. 45. Bd. 4. Hft. p. 669—670.

Euphyllia. v. infra *Mussa*, G. C. Bourne.

Bourne, Gilb., The Anatomy of the Madreporarian Coral *Fungia*. Extr. par l'auteur. in: Arch. Zool. Expérim. (2.) T. 5. No. 2. Note, p. XXII—XXVII.
(Quart. Journ. Micr. Sc.)

Pfeffer, Geo., *Gorgonia ornata* n. sp. von West-Africa. in: Verhdlg. Ver. f. naturwiss. Unterhalt. Hamburg, 6. Bd. p. 106—107.

—— Über *Gorgonia pinnata*. ibid. p. 104—106.

Mitsikuri, K., Turning *Hydra* inside out: a Correction. in: Amer. Naturalist, Vol. 21. No. 8. p. 773.

Fewkes, J. Walter, A Hydroid Parasitic on Fish [*Hydrichthys mirus* n. g. et n. sp.]. in: Nature, Vol. 36. No. 939. p. 604—605.

Itephitrus. v. *Nidalia*, G. Pfeffer.

Fowler, G. Herb., The Anatomy of *Madreporaria*: III. With 2 pl. in: Quart. Journ. Microsc. Sc. Vol. 28. P. 1. p. 1—19.
(s. Z. A. No. 235. p. 605.)

Bourne, G. C., On the Anatomy of *Mussa* and *Euphyllia*, and on the Morphology of the Madreporarian Skeleton. With 2 pl. in: Quart. Journ. Microsc. Sc. Vol. 28. P. 1. p. 21—51.

Fewkes, J. W., New Rhizostomatous Medusa [*Nectopilema Verrillii*]. Abstr. in: Journ. R. Microsc. Soc. London, 1887. P. 5. p. 765.
(Amer. Journ. Sc. [Silliman.]) — s. Z. A. No. 253. p. 307.

Pfeffer, Geo., Über die Alcyoniden-Gattungen *Nidalia* Gray u. *Itephitrus* Koch. in: Verhdlg. Ver. f. naturw. Unterhalt. Hamburg, 6. Bd. p. 101—104.
(wohl synonym.)

McIntosh, W. C., On the commensalistic Habits of the Larval forms of *Peachia*. in: Ann. of Nat. Hist. (5.) Vol. 20. Aug. p. 101—102.

Korotneff, A., Zwei neue Coelenteraten [*Polyparium ambulans* und *Tubularia parasitica*]. Mit 1 Taf. u. 4 Holzschn. in: Zeitschr. f. wiss. Zool. 45. Bd. 3. Hft. p. 468—490.

—— *Polyparium ambulans*, a new Coelenterate. With 1 pl. (Transl.) in: Ann. of Nat. Hist. (5.) Vol. 20. Sept. p. 203—222.

Ehlers, E., Zur Auffassung des *Polyparium ambulans* (Korotneff). in: Zeitschr. f. wiss. Zool. 45. Bd. 3. Hft. p. 491—498. — Transl. in: Ann. of Nat. Hist. (5.) Vol. 20. Oct. p. 273—279.

Rathbun, Rich., Annotated Catalogue of the Species of *Porites* and *Synaraea* in the United States National Museum, with a description of a new species of *Porites* [*Brauneri*]. With 5 pl. in: Proc. U. S. Nation. Mus. Vol. 10. p. 354—366.

Synaraea. v. *Porites*, R. Rathbun.

McIntosh, W. C., On *Syncoryne decipiens*, Dujardin. in: Ann. of Nat. Hist. (5.) Vol. 20. Aug. p. 99—101.

McIntosh, W., Note on a peculiar Medusa from St. Andrew's Bay [? *Thaumantias melanops*]. in: Rep. Brit. Assoc. 56. Meet. 1886. p. 710—711.

Mayer, Paul, Über Stielneubildung bei *Tubularia*. in: Zool. Anz. No. 255. p. 365.

Tubularia parasitica. v. *Polyparium ambulans*, A. Korotneff.

Korotneff, A., Zur Anatomie und Histologie des *Veretillum*. in: Zool. Anz. No. 256. p. 387—390. — Abstr. in: Journ. R. Microsc. Soc. London, 1887. P. 5. p. 765—766.

13. Echinodermata.

Pfeffer, Geo., Über Rechtschreibung des Wortes »Echinoderma«. in: Verhandl. d. Ver. f. naturwiss. Unterhalt. Hamburg, 6. Bd. p. 107—109.

Hamann, Otto, On the Phylogeny and Anatomy of the Echinodermata. Transl. in: Ann. of Nat. Hist. (5.) Vol. 20. Nov. p. 361—378.
(Jena. Zeitschr. f. Nat.)

Loriol, P. de, Notes pour servir à l'étude des Échinodermes. Avec 4 pl. in: Rec. Zool. Suisse, T. 4. No. 3. p. 365—407.

Hamann, Otto, Beiträge zur Histologie der Echinodermen. Mit 13 Taf. in: Jena. Zeitschr. f. Nat. 21. Bd. 1./2. Hft. p. 87—266.

—— Beiträge zur Histologie der Echinodermen. Hft. 3. Anatomie u. Histologie der Echiniden und Spatangiden. Mit 13 Taf. u. 2 Holzschn. Jena, G. Fischer, 1887. 8⁰. (VI, 176 p.) ℳ 15,—.
(1.: s. Z. A. No. 185. p. 7. [No. 186. p. 29]; 2. Die Asteriden, anatomisch u. histologisch untersucht. Mit 7 Taf. u. 3 Holzschn. ibid. 1885.)

Hartog, Marc. M., The true nature of the ‚Madreporic System' of Echinodermata, with Remarks on Nephridia. in: Ann. of Nat. Hist. (5.) Vol. 20. Novbr. p. 321—326.

Pfeffer, Geo., Über Abweichungen von der Fünfzahl bei Echinodermen. in: Verhdlg. d. Ver. f. naturwiss. Unterhalt. Hamburg, 6. Bd. p. 110.

Levinsen, G. M. R., Kara-Havets Echinodermata. Hertil 2 Tab. in: Dijmphna-Togt. zool.-bot. Udbytte, p. 381—418.
(27 sp.)

Nachtrieb, H. F., Notes on Echinoderms obtained at Beaufort, N. C. in: Stud. Biolog. Laborat. J. Hopk. Univ. Vol. 4. No. 2. p. 81—82.

Wachsmuth, Ch., and Frank Springer, The Summit Plates in Blastoids, Crinoids and Cystids, and their morphological relations. With 1 pl. in: Proc. Acad. Nat. Sc. Philad. 1887. p. 82—114. — Abstr. in: Journ. R. Microsc. Soc. London, 1887. P. 5. p. 763.

Koenen, A. von, Beitrag zur Kenntnis der Crinoïden des Muschelkalkes. Mit 1 Taf. Göttingen, Dietrich, 1887. 4⁰. (Abhandl. k. Gesellsch. d. Wiss. Göttingen, 34. Bd. (44 p.) ℳ 2,—.
(6 sp.)

Carpenter, P. Herb., The *Comatulae* of the »Willem Barents« Expeditions, 1880—1884. (12 p., 1 pl.) in: Bijdr. tot de Dierkde., 13. Aflev.
(4 [1 n.] sp.)

Fritsch, C. Frhr. v., (Über *Eucrinus Carnalli* Beyr.). in: Zeitschr. f. Naturw. (Halle), 60. Bd. 1. Hft. p. 83—84.

Ratte, F., Second Note on *Tribrachiocrinus corrugatus*, Ratte, and on the place of the genus among Palaeocrinoidea. With 1 pl. in: Proc. Linn. Soc. N. S. Wales, (2.) Vol. 1. P. 4. p. 1069—1077.

Preyer, W., Movements of Star-fishes. Abstr. in: Journ. R. Microsc. Soc. London, 1887. P. 5. p. 758—761.
(Mittheil. Zool. Stat. Neapel.) — s. Z. A. No. 253. p. 308.

Blake, J. F., On a Starfish from the Yorkshire Lias [*Solaster* sp.]. (Brit. Assoc.) in: Nature, Vol. 36. No. 938. p. 591.

Koehler, R., Recherches sur l'appareil circulatoire des Ophiures. Avec 3 pl. in: Ann. Sc. Nat. Zool. (7.) T. 2. No. 1/2. 3/4. p. 101—158. — Abstr. in: Journ. R. Microsc. Soc. London, 1887. P. 5. p. 761—762.

Cuénot, L., Sur le système nerveux et l'appareil vasculaire des Ophiures. in: Compt. rend. Ac. Sc. Paris, T. 105. No. 18. p. 818—820.

Duncan, P. M., Mergui Ophiurids. Abstr. in: Journ. R. Microsc. Soc. London, 1887. P. 4. p. 598.
(Journ. Linn. Soc. London.) — s. Z. A. No. 253. p. 309.

Ophioderma (?) *asteriformis* n. sp. v. infra Mollusca (Cephalopod.). K. Picard.

Haacke, Wilh., Die Radiärthiernatur der Seeigel. in: Biolog. Centralbl. 7. Bd. No. 10. p. 289—294. — Abstr. in: Journ. R. Microsc. Soc. London, 1887. P. 5. p. 762—763.

Doederlein, Ludw., Die japanischen Seeigel. 1. Theil. Familie *Cidaridae* und *Saleniidae*. Mit Taf. 1—11. Stuttgart, Schweizerbart (E. Koch), 1887. 4⁰. (Tit., Inh. 59 p.) *M* 24,—.

Cotteau, G., Catalogue raisonnée des Échinides jurassiques recueillis dans la Lorraine. Paris, sécrétariat de l'Assoc. franç., 1887. 8⁰. (9 p.) — Extr. de l'Assoc. franç. pour l'avanc. d. Sc. Congrès de Nancy, 1886.

Döderlein, L., Eine Eigenthümlichkeit triassischer Echinoideen. Mit 1 Taf. Aus: Neu. Jahrb. f. Mineral. 1887. 2. Bd. (4 p.)

Koch, .., Echiniden der obertertiären Ablagerungen Siebenbürgens. Mit 1 Taf. in: Naturwiss.-med. Mittheil. Klausenburg, 1887.

Sarasin, P., u. Fr. Sarasin, Die Augen und das Integument der *Diadematiden*. Mit 3 Taf. in: Deren Ergebn. naturwiss. Forsch. Ceylon, 1. Bd. 1. Hft. p. 1—18.
(n. sp. *Astropyga Freudenbergi*.)

Prouho, Henri, Recherches sur le *Dorocidaris papillata* et quelques autres Echinides de la Méditerranée. Avec 4 pl. in: Arch. Zool. Expérim. (2.) T. 5. No. 2. p. 213—(288).

Kolesch, Karl, Über *Eocidaris Keyserlingi* Gein. Mit 1 Taf. in: Jena. Zeitschr. f. Nat. 20. Bd. 4. Hft. p. 639—665.

Gauthier, V., Recherches sur l'appareil apical dans quelques espèces d'Échinides appartenant au genre *Hemiaster*. Paris, Sécrétariat de l'Assoc. franç., 1887. 8⁰. (8 p.) — Assoc. franç. pour l'avanc. d. Sc. Congrès de Nancy, 1886.

Pfeffer, Geo., Über *Parasalenia gratiosa* A. Agassiz und *Parasalenia Pöhlii* n. sp. in: Verhdlg. Ver. f. naturwiss. Unterhalt. Hamburg, 6. Bd. p. 110—113.

Groom, T. T., On some new Features in *Pelanechinus corallinus*. in: Ann. of Nat. Hist. (5.) Vol. 20. Aug. p. 143.
(Geol. Soc. London.)

Hérouard, E., Sur la formation des corpuscules calcaires chez les Holothuries. in: Compt. rend. Ac. Sc. Paris, T. 105. No. 19. p. 875—876.

Herouard, Ed., Sur le *Colochirus Lacazii* n. sp. ibid. No. 4. p. 234—236.

Bell, F. Jeffrey, Further Note on the Generic Name *Muelleria*. in: Ann. of Nat. Hist. (5.) Vol. 20. Aug. p. 148.

(*Actinopyga*, Holoth.)

Semon, R., Beiträge zur Naturgeschichte der *Synaptiden* des Mittelmeeres. 2. Mittheil. Mit 1 Taf. in: Mittheil. Zool. Stat. Neapel, 7. Bd. 3. Hft. p. 401—422.

—— *Synaptidae* of the Mediterranean. Abstr. in: Journ. R. Microsc. Soc. London, 1887. P. 5. p. 764—765.

(Mittheil. Zool. Stat. Neapel.) — s. Z. A. No. 253. p. 309.

14. Vermes.

Braun, Max, Die Orthonectiden. in: Centralbl. f. Bakteriol. u. Parasitenkde., 1. Jahrg. 2. Bd. No. 9. p. 255—261.

—— Über Dicyemiden. Zusammenfassender Bericht. ibid. No. 13. p. 386—390.

Reinhard, W., Kinorhyncha (Echinoderes), ihr anatomischer Bau und ihre Stellung im System. Mit 3 Taf. u. 2 Holzschn. in: Zeitschr. f. wiss. Zool. 45. Bd. 3. Hft. p. 401—467.

(Aus: Arbeit. Ges. Naturf. Charkow.) — s. Z. A. No. 235. p. 610.

Pagenstecher, H. A., Würmer. Vermes [Bronn's Klassen u. Ordnungen]. 2./4. 5./6. Lief. Leipzig und Heidelberg, C. F. Winter'sche Verlagshandl., 1887. 8⁰. à Lfg. *M* 1, 50.

Linstow, .. von, Bericht über die wissenschaftlichen Leistungen in der Naturgesch. der Helminthen im Jahre 1885. in: Arch. f. Naturgesch. 51. Jahrg. 2. Bd. 3. Hft. p. 1—44. — Auch in: Bericht üb. d. wiss. Leist. in d. Naturg. d. nied. Thiere, N. F. Bd. 1. p. 1—44.

Moniez, R., Sunto di alcuni lavori sopra Parassiti. Estr. dal Bull. Soc. Adriat. Sc. Nat. Trieste, Vol. 9. 1887. 8⁰. (6 p.)

Monticelli, Fr. Sav., Note elmintologiche. Sul nutrimento e sui parassiti della sardina del Golfo di Napoli. in: Boll. Soc. Natural. Napoli, Vol. I. Fasc. II. p. 85—88.

Sievers, L., Schmarotzer-Statistik aus den Sectionsbefunden des pathologischen Instituts zu Kiel vom Jahre 1877 bis 1887. Inaug.-Diss. Kiel, Lipsius & Tischer, 1887. 8⁰. (24 p.) *M* 1,—.

Zschocke, F., Helminthological Observations. Abstr. in: Journ. R. Microsc. Soc. London, 1887. P. 5. p. 757.

(Mittheil. Zool. Stat. Neapel.) — s. Z. A. No. 253. p. 310.

Kirk, J. W., Note on a curious double worm. With 1 pl. in: Trans. N. Zeal. Instit. Vol. 19. p. 54—55.

Stossich, Mich., Brani di Elmintologia tergestina. Seria quarta. Con 1 tav. Estr. dal Boll. Soc. Adr. Sc. Nat. Trieste, Vol. 9. 1887. 8⁰. (7 p.) Ser. 5. Estr. dello stesso. (9 p., 1 tav.)

(5 n. sp.; 20 sp.)

Schauinsland, .., Über das Urogenitalsystem der Würmer. in: Sitzgsber. Ges. Morph. u. Phys. München, III. 1887. 1. Hft. p. 13—17.

Böhmig, L., Zur Kenntnis der Sinnesorgane der Turbellarien. in: Zool. Anz. No. 260. p. 484—488. — Transl. in: Ann. of Nat. Hist. (5.) Vol. 20. Oct. p. 308—312.

Sekera, Emil, Příspěvky ku známostem o turbellariích sladkovodních (Beiträge zur Kenntnis der Süßwasser-Turbellarien). Mit 1 Tab. aus: Sitzgsber. k. böhm. Ges. Wiss. 1887. p. 239—258.

Bergendal, D., Contribution to the knowledge of the Land-Planariae. in: Ann. of Nat. Hist. (5.) Vol. 20. July, p. 44—50. — Abstr. in: Journ R. Microsc. Soc. London, 1887. P. 4. p. 596—597.
(Transl. from Zool. Anz. No. 249. p. 218—224.)

Braun, Max, Über parasitische Strudelwürmer. Zusammenfassender Bericht. in: Centralbl. f. Bakteriol. u. Parasitenkde., 1. Jahrg. 2. Bd. No. 15. (11 p.)

Hallez, P., Sur les premiers phénomènes du développement des Dendrocoeles d'eau douce. in: Compt. rend. Ac. Sc. Paris, T. 104. No. 24. p. 1732—1735. — Abstr. in: Journ. R. Microsc. Soc. London, 1887. P. 5. p. 757.

—— Function of Uterus or Enigmatic Organ in Fresh-water Dendrocoela. Abstr. in: Journ. R. Microsc. Soc. London, 1887. P. 4. p. 597.
(Compt. rend. Ac. Sc. Paris.) — s. Z. A. No. 254. p. 333.

Hubrecht, A. A. W., Relation of the Nemertea to the Vertebrata. Abstr. in: Journ. R. Microsc. Soc. London, 1887. P. 5. p. 754—755.
(Quart. Journ. Microsc. Sc.) — s. Z. A. No. 260. p. 479.

Dewoletzky, Rud., Das Seitenorgan der Nemertinen. Mit 2 Taf. u. 1 Holschn. in: Arbeit. Zoolog. Instit. Wien, T. 7. 2. Hft. p. 233—280. — Apart.: Wien, A. Hölder, 1887. 8⁰. (48 p.) *M* 4,80.

Lee, Arth. Bolles, La spermatogénèse chez les Némertiens, à propos d'une théorie de Sabatier. Avec 1 pl. in: Rec. Zool. Suisse, T. 4. No. 3. p. 409—430. — Abstr. in: Journ. R. Microsc. Soc. London, 1887. P. 5. p. 755—756.

Hubrecht, A. A. W., Embryogénie des Némertes. Extr. par L. Joubin. in: Arch. Zool. Expérim. (2.) T. 5. 1887. No. 1. Notes etc. p. XIII—XV.
(Quart. Journ. Microsc. Sc.) — s. Z. A. No. 225. p. 358.

Caruccio, Ant., Sur deux cas d'inclusion de parasites Nématodes dans des oeufs de ponte. in: Journ. de Micrògr. T. 11. Sept. p. 407—412.

Girard, A., Les Nématodes de la Betterave; caractères, découverte et développement des Nématodes etc. Avec 2 pls. Paris, 1887. 8⁰. (32 p.)

Monticelli, Fr. Sav., Osservazioni intorno ad alcune specie di Acantocefali. in: Boll. Soc. Natural. Napoli, Vol. 1. Fasc. 1. p. 19—29.

Rohde, Em., Histologische Untersuchungen über das Nervensystem der Chaetopoden. Mit 7 Taf. in: Zoolog. Beitr. 2. Bd. 1. Hft. p. 1—81.

Haddon, A. C., Suggestion respecting the Epiblastic Origin of the Segmental Duct. With 1 pl. in: Scientif. Proc. R. Dublin. Soc. Vol. 5. P. 6. 1887. p. 463—472. — Abstr. in: Amer. Naturalist, Vol. 21. No. 6. p. 587—590.

Anneliden, Pericardialdrüse. v. infra Mollusca, Opisthobranchier, C. Grobben.

Salensky, M., Études sur le développement des Annélides. 2. Partie. in: Arch. de Biolog. (Gand.) T. 6. Fasc. 4. p. 589—654.

Saint-Joseph, le baron, Les Annélides polychètes des côtes de Dinard. Avec 6 pl. in: Ann. Sc. Nat. (Zool.) (7.) T. 1. p. 127—270. — Abstr. in: Journ. R. Microsc. Soc. London, 1887. P. 4. p. 588—590.
(14 n. sp.; 1 n. sp. Infusor.)

Carnoy, J. B., Les globules polaires de l'*Ascaris clavata*. Avec 1 pl. in: La Cellule, T. 3. Fasc. 2. p. 247—273.

Boveri, Th., Über Differenzirung der Zellkerne während der Furchung des Eies von *Ascaris megalocephala.* in: Anat. Anz. 2. Jahrg. No. 22. p. 688—693.

Beneden, Éd. Van, et Ad. Neyt, Nouvelles recherches sur la fécondation et la division mitosique chez l'*Ascaride mégalocéphale*. Avec 6 pl. in: Bull. Ac. R. Sc. Belg. 56. Ann., (3.) T. 14. No. 8. p. 215—295.

Zacharias, Otto, Neue Untersuchungen über die Copulation der Geschlechtsproducte und den Befruchtungsvorgang bei *Ascaris megalocephala*. Mit 3 Taf. in: Arch. f. mikrosk. Anat. 30. Bd. 1. Hft. p. 111—182.

—— Process of fertilization in *Ascaris megalocephala*. Abstr. in: Journ. R. Microsc. Soc. London, 1887. P. 4. p. 593.

Hallez, P., Anatomie de l'*Atractis dactylura* (Duj.). Paris, Doin, 1887. 8⁰. (20 p. et pl. double.) — Extr. des Mém. Soc. Sc. Lille, (4.) T. 15. 1886.

Weldon, W. F. R., Preliminary Note on a *Balanoglossus* larva from the Bahamas. With 3 cuts. in: Proc. R. Soc. London, Vol. 42. No. 253. p. 146—150. — Abstr. in: Journ. R. Microsc. Soc. London, 1887. P. 4. p. 597—598. Amer. Naturalist, Vol. 21. No. 7. p. 669—670.

Richters, Ferd., *Bipalium Kewense* Moseley, eine Landplanarie des Palmenhauses zu Frankfurt a/M. Mit Abbild. in: Zoolog. Garten, 28. Jahrg. No. 8. p. 231—234.

Parona, Ern., Intorno la genesi del *Bothriocephalus latus* (Bremser) e la sua frequenza in Lombardia. Con 1 tav. in: Arch. per le Sc. Med. Torino, Vol. 11. Fasc. 1. p. 41—95.

Joyeux-Laffuie, J., Recherches sur l'organisation du *Chétoptère*. in: Compt. rend. Ac. Sc. Paris, T. 105. No. 2. p. 125—127. — Ann. of Nat. Hist. (5.) Vol. 20. Aug. p. 146—147.

Joyeux-Laffuie, J., Organization of *Chloraemidae*. Abstr. in: Journ. R. Microsc. Soc. London, 1887. P. 4. p. 590—591.
(Compt. rend. Ac. Sc. Paris.) — s. Z. A. No. 254. p. 334.

—— Sur le *Chloraema Dujardini* et le *Siphonostoma diplochaitos*. in: Compt. rend. Ac. Sc. Paris, T. 105. No. 2. p. 179—180.

Whitman, C. O., A Contribution to the History of the Germlayers in *Clepsine*. With 3 pl. in: Journ. of Morphol. Vol. 1. No. 1. p. 105—182.

Bentham, W. B., *Criodrilus lacuum*. Abstr. in: Journ. R. Microsc. Soc. London, 1887. P. 4. p. 592.
(Quart. Journ. Microsc. Sc.) — s. Z. A. No. 254. p, 334.

Oerley, Lad., *Criodrilus lacuum*. Abstr. in: Journ. R. Microsc. Soc. London, 1887. P. 4. p. 591—592.
(Quart. Journ. Microsc. Sc.) — s. Z. A. No. 254. p. 334.

Scharff, R., *Ctenodrilus parvulus*. Abstr. in: Journ. R. Microsc. Soc. London, 1887. P. 5. p. 751—752. Amer. Naturalist, Vol. 21. No. 7. p. 669.
(Quart. Journ. Microsc. Sc.) — s. Z. A. No. 254. p. 334.

Crety, Ces., Intorno ad alcuni Cisticerchi dei Rettili. in: Boll. Soc. Natural. Napoli, Vol. I. Fasc. II. p. 89—92.

Roule, Louis, Sur la formation des feuillets blastodermiques chez une Annélide polychète (*Dasychone lucullana* D. Ch.). in: Compt. rend. Ac. Sc. Paris, T. 105. No. 4. p. 236—237.

Bousfield, Edw. C., The Natural History of the Genus *Dero*. With 3 pl. in: Journ. Linn. Soc. London, Zool., Vol. 20. No. 107. p. 91—107. — Abstr. in: Journ. R. Microsc. Soc. London, 1887. P. 5. p. 752.
(1 n. sp.)

Weltner, W., *Dendrocoelum punctatum*, Pallas, bei Berlin. Mit 1 Taf. in: Sitzgsber. d. k. Preuß. Akad. Wiss. Berlin, 1887. XXXVIII. p. 795—804.

Korschelt, Eug., Die Gattung *Dinophilus* und der bei ihr auftretende Geschlechtsdimorphismus. Eine kritische Zusammenfassung neuerer und älterer Forschungsergebnisse. in: Zoolog. Jahrbb. (Spengel), 2. Bd. 3./4. Hft. p. 955—967.

Fielde, Adele M., Note on the Multiplication of *Distoma*. in: Proc. Acad. Nat. Sc. Philad. 1887. P. 1. p. 111.

Ijima, J., *Distoma endemicum*. Abstr. in: Journ. R. Microsc. Soc. London, 1887. P. 4. p. 596.
(Journ. Coll. Sc. Tokio.) — s. Z. A. No. 254. p. 334.

Heckert, G., Zur Naturgeschichte des *Leucochloridium paradoxum*. in: Zool. Anz. No. 259. p. 456—461.
(*Distomum macrostomum.*)

Bomford, .., Note on eggs of *Distoma* (*Bilharzia*) *haematobium* found in transport cattle. With 1 pl. in: Scientif. Mem. Medic. Officers Army of India, P. II.: 1886. Calcutta, 1887.

Moniez, R., Description du *Distoma ingens* n. sp. et remarques sur quelques points de l'anatomie etc. des Trématodes. Sunto. in: Bull. Soc. Adriat. Sc. nat. Vol. 9. 1887.
(Bull. Soc. Zool. France.) — v. Z. A. No. 235. p. 610.

Linton, Edwin, Notes on a Trematode from the White of a newly-laid Hen's Egg [*Distomum ovatum* Rud.]. With fig. in: Proc. U. S. Nation. Mus. Vol. 10. p. 367—369.

Poirier, J., Note sur une nouvelle espèce de Distome parasite de l'homme, le *Distomum Rathonisi*. Avec 1 pl. in: Arch. Zool. Expérim. (2.) T. 5. No. 2. p. 203—211.

Fürbringer, Rud., Die Häufigkeit des Echinococcus in Thüringen. Inaug.-Diss. Jena, 1887. 8⁰. (28 p.) *M* —, 80.

Weber, Rob., Beitrag zur Statistik der Echinokokkenkrankheit. Inaug.-Diss. Kiel, 1887. (Lipsius & Tischer.) 8⁰. (20 p.) *M* 1,—.

Koehler, R., Muscular fibres of *Echinorhynchus*. Abstr. in: Journ. Microsc. Soc. London, 1887. p. 594. — Morphology of muscular fibres in *Echinorhynchus*. Abstr. ibid. p. 594—595.
(Compt. rend. Ac. Sc. Paris.) — s. Z. A. No. 254. p. 334.

Kaiser, Johs., Über die Entwicklung des *Echinorhynchus gigas*. in: Zoolog. Anz. No. 257. p. 414—419. No. 258. p. 437—439.

Rietsch, Max, Étude sur les Géphyriens armés on Echiuriens. Thèse. Paris, 1887. — Extr. in: Revue Scientif. (3.) T. 40. No. 14. p. 436—438.

Michaelsen, W., *Euchytraeiden*-Studien. Mit 1 Taf. in: Arch. f. mikrosk. Anat. 30. Bd. 3. Hft. p. 366—378.
(2 n. sp.)

Jourdan, Et., Études histologiques sur deux espèces du genre *Eunice* (commencement). in: Ann. Sc. Nat. Zool. (7.) T. 2. No. 3/4. p. 239—(256).

Brock, J., (Über einen neuen Trematoden, *Eurycoelum Sluiteri*). in: Götting. Nachricht. 1886. p. 543—547. Abstr. in: Journ. R. Microsc. Soc. London, 1887. P. 4. p. 595.

Grassi, B., *Filaria inermis* n. sp. in: Centralbl. f. Bacteriol. u. Parasitkde. 1. Jahrg. p. 617—623. — Abstr. in: Journ. R. Microsc. Soc. London, 1887. P. 4. p. 594.

Camerano, Lor., Ricerche intorno al parassitismo ed al polimorfismo dei *Gordii*. Torino, Loescher, 1887. 4⁰. Estr. dalle Mem. Accad. Sc. Torino, (2.) Vol. 38. (21 p.)

—— —— Relazione dal Tom. Salvadori. in: Atti R. Accad. Sc. Torino, Vol. 22. Disp. 15. p. 820—822.

Villot, A., Revision des *Gordiens*. Avec 3 pl. in: Ann. Sc. Nat. (Zool.) (7.) T. 1. p. 271—318. — Abstr. in: Journ. R. Microsc. Soc. London, 1887. P. 4. p. 593—594.

—— Sur l'Anatomie des Gordiens. in: Ann. Sc. Nat. Zool. (7.) T. 2. No. 3/4. p. 189—212.

—— Sur le développement et la détermination spécifique des Gordiens vivant à l'état libre. in: Zool. Anz. No. 261. p. 505—509.

Camerano, Lor., Del *Gordius tricuspidatus* (L. Dufour.) in Italia. in: Boll. dei Mus. di Zool. ed Anat. comp. Torino, Vol. 2. No. 28. (2 p.)

Garman, S., (*Gordius* infesting an Amblystoma). From ‚Science Observer'. (1887.) (½ p.)

Jourdan, Et., Structure histologique des téguments et des appendices sensitifs de l'*Hermione hystrix* et du *Polynoe Grubiana*. Avec 2 pl. in: Arch. Zool. Expérim. (2.) T. 5. p. 91—122. — Abstr. in: Journ. R. Microsc. Soc. 1887. P. 5. p. 752—753.

Chatin, J., Sur les kystes bruns de l'Anguillule de la betterave [*Heterodera Schachtii*]. in: Compt. rend. Ac. Sc. Paris, T. 105. No. 2. p. 130—132. Bull. Soc. Philomath. Paris, (7.) T. 11. No. 3. p. 144—145.

Dutilleul, Geo., Sur la génèse de la cuticule dans le groupe des Hirudinées. in: Bull. Scientif. du Nord de la France, (2.) T. 10. No. 3/4. p. 147—154.

Chworostansky, C., Development of Ovum in *Hirudinea*. Abstr. in: Journ. R. Microsc. Soc. London, 1887. P. 5. p. 750—751.
(Zool. Anz. 10. Jahrg. No. 255. p. 365—369.)

—— Entwicklungsgeschichte des Eies bei den *Hirudineen*. in: Zool. Anz. No. 255. p. 365—369.

Dutilleul, Geo., Sur quelques points de l'anatomie des Hirudinées rhynchobdelles. in: Compt. rend. Ac. Sc. Paris, T. 105. No. 2. p. 128—130. — Ann. of Nat. Hist. (5.) Vol. 20. Aug. p. 150—152.

Whitman, C. O., Les Sangsues du Japon. La Sangsue terrestre. Extr. par L. Joubin. in: Arch. Zool. Expérim. (2.) T. 5. 1887. No. 1. Notes etc. p. X—XIII.
(Quart. Journ. Microsc. Sc.) — s. Z. A. No. 225. p. 359.

Bertelli, D., Glandule salivari nella *Hirudo medicinalis* L. in: Atti Soc. Tosc. Sc. Nat. Pisa, Proc.-verb. Vol. 5. p. 284—285.

Joubin, L., Note sur l'anatomie d'une Némerte d'Obock (*Langia obockiana*). Avec 2 pl. in: Arch. Zool. Expérim. (2.) T. 5. No. 1. 1887. p. 61—90. — Abstr. in: Journ. R. Microsc. Soc. London, 1887. P. 5. p. 756—757.

Cunningham, J. T., Nephridia of *Lanice conchilega*. Abstr. in: Journ. R. Microsc. Soc. London, 1887. P. 4. p. 591.
(Nature.) — s. Z. A. No. 255. p. 350.

Horst, R., Descriptions of Earthworms. II. With 1 pl. in: Notes Leyden Museum, Vol. 9. No. 3. Note XXXII. p. 247—258.
(I. s. Z. A. No. 255. p. 350.)

Borelli, Alfr., Sul rapporto fra i nefridii e le setole nei *Lombrici* anteclitelliani. in: Boll. Mus. Zool. ed Anat. comp. Torino, Vol. 2. No. 27. (6 p.)

Neuland, O., Ein Beitrag zur Kenntnis der Histologie und Physiologie der Generationsorgane des Regenwurms. Mit 1 Taf. Bonn, 1886. 8⁰. (24 p.) *M* 1,80.

Wilson, E. B., The Germ-bands of *Lumbricus*. With 1 pl. in: Journ. of Morphol. Vol. 1. No. 1. p. 183—192.

—— Origin of excretory system of Earthworms. Abstr. in: Journ. R. Microsc. Soc. London, 1887. P. 4. p. 588.
(Proc. Ac. Nat. Sc. Philad.) — s. Z. A. No. 255. p. 350.

Atkinson, Geo. F., A remarkable case of Phosphorescence in an Earth Worm. in: Amer. Naturalist, Vol. 21. No. 8. p. 773—774.

Fletcher, J. J., Notes on Australian Earthworms. P. I. With 2 pl. in: Proc. Linn. Soc. N. S. Wales, (2.) Vol. 1. P. 2. p. 523—574. — P. II. With 1 pl. ibid. P. 3. p. 943—973.
(9 [5 n.] sp.; n. g. *Notoscolex, Didymogaster, Cryptodrilus*; 10 n. sp.)

Smith, W. W., Notes on New Zealand Earthworms. in: Trans. N. Zeal. Instit. Vol. 19. p. 123—139.

Urquhart, A. T., On the work of Earthworms in New Zealand. in: Trans. N. Zeal. Instit. Vol. 19. p. 119—123.

Parona, Corr., Intorno al *Monostomum orbiculare* Rud. del Box salpa. Torino, 1887. 8⁰. (15 p.) Estr. dagli Ann. R. Accad. Agricolt. Torino, Vol. 19. Dicbre., 1886.

Graff, L. von, Report on the *Myzostomida* [Supplement] collected by H. M. S. Challenger during the years 1873—1876. With 4 pl. in: Rep. Scient. Res. Challenger, Zool. Vol. 20. (16 p.)

II. Wissenschaftliche Mittheilungen.

1. Zur Kenntnis des thierischen Eies.

Von F. Leydig in Würzburg.

II. Eizelle.

(Schluß.)

4) Zu den Bauverhältnissen allgemeiner Art im Eikörper ist es zu rechnen, daß um das Keimbläschen eine Höhlung zieht, welche vom Spongioplasma des Dotters abgesteckt erscheint und mit hellem, sehr weichem, dem Flüssigen sich nähernden Plasma erfüllt wird. Von dem Raum weg gehen ferner Ausbuchtungen oder Hohlgänge in die Substanz des Dotters hinein, unter mancherlei Verschiedenheit in Form und Richtung.

Die erste Beobachtung, welche auf diesen Hohlraum um das Keimbläschen und die von ihm ausstrahlenden Hohlgänge zielt, rührt von Pflüger her. Anläßlich seiner Studien über das Ei der Säugethiere spricht genannter Physiologe von einem blassen, ringförmigen Hof, der scharf umgrenzt das Keimbläschen umgebe, und sagt dann wörtlich: »Man könnte dies auch so auffassen, es bestände im Ei um das Keimbläschen eine Höhle, welche durch radiär verlaufende, sich allmählich verjüngende Canäle mit der Zona pellucida zu communiciren scheint.«

5) Das Keimbläschen, für gewöhnlich von rein kugeliger Form, kann schon in frischem Zustande Einbuchtungen und Vortreibungen oder Gruben und Lappen zeigen, was doch wohl nur auf Bewegungszustände sich zurückführen läßt. Allein unentschieden muß es bleiben, ob diese Gestaltveränderung mehr von der Bewegungsfähigkeit des Keimbläschens selber, oder von Zusammenziehungen des ganzen Eikörpers abhängt. Ein ebenfalls allgemeiner und mit dem Vorigen vielleicht zusammenhängender Vorgang ist es auch, daß das Keimbläschen anfangs in der Mitte des Eies gelegen, später dem Rande des Dotters sich genähert hat.

6) Der Dotter zerlegt sich in ein Schwammgerüst, Spongioplasma, und darin eingeschlossene homogene Substanz oder Hyaloplasma. Dazu kommen als anscheinende Neubildungen Dotterkörner und Dotterkugeln.

In der Anordnung des Spongioplasma treten Verschiedenheiten in der Weise auf, daß dasselbe zumeist ein Netzwesen von feiner, dichtfilziger Beschaffenheit darstellt, ohne eigentlich regelmäßigen Verlauf. In anderen Fällen ist es ein solches, welches einigermaßen concentrische Linien zieht; endlich kommen Züge vor, welche eine strahlige Richtung einhalten. Die allzeit dadurch hervorgerufenen Zwischenräume sind wieder von wechselndem, oft sehr winzigem Umfang. Daneben aber können sich auch die vorhin erwähnten größeren Hohlgänge einstellen, welche von dem Raum um das Keimbläschen ausgehend, strahlig den Dotter durchziehen, und dabei auch unter sich zusammenhängen. Meine Erfahrungen bezüglich der letzteren fußen, in so weit Wirbelthiere in Betracht kommen, auf der Untersuchung des Eies vom Maulwurf, Gartenschläfer, Stichling und Wassersalamander.

Reichert hat vor vielen Jahren dieses System von Hohlgängen im Dotter bei einheimischen Knochenfischen entdeckt, und ich muß es für einen Irrthum erklären, wenn Andere behaupten zu können glaubten, daß die Angaben des Genannten auf Gerinnungsbildern des Dotters beruhten. Selbständig hat später Pflüger, wie schon bemerkt, für das Ei der Säugethiere einen derartigen Bau des Dotters als wahrscheinlich bezeichnet. In Mittheilungen van Bambeke's über kleine Grübchen an der Oberfläche des Dotters von *Pelobates*, welche Mündungen feiner Canäle seien, meine ich ebenfalls Abschnitte dieser Hohlgänge erblicken zu dürfen.

Aber auch bei Wirbellosen, so am Ei von manchen Würmern und Arthropoden habe ich Beobachtungen gemacht, die hier anzureihen sind und es mag einstweilen nur erwähnt sein, daß der von Balbiani im Ei von *Geophilus* erkannte und beschriebene Trichter oder Canal nicht minder hierher gehört.

7) Mit dem Auftreten der größeren Dotterkugeln und ihrer Ansammlung in bestimmtem Bezirk entsteht ein Gegensatz im Dotter, der schon öfters von Anderen hervorgehoben wurde, so von Pflüger im Hinblick auf das Ei der Säugethiere, von His, Hoffmann und van Bambeke bezüglich des Eies der Fische. Das gemeinte Verhalten zeigt sich darin, daß die nähere Umgebung des Keimbläschens von groben Dotterkugeln frei bleibt, während die letzteren peripherisch im Eikörper sich ansammeln, man also danach von innerem und äußerem Dotter sprechen könnte.

Paul Sarasin und Fritz Sarasin finden, daß bei *Ichthyophis* von dem inneren Dotter ein Strang aus der Mitte des Eies zum Rande sich erhebt und dort das hierher gewanderte Keimbläschen umgebend, die »Keimscheibe« bildet und so im Ganzen der Latebra und dem Dotterstiel des Vogeleies entspreche. Vergleichen wir die Angaben und Abbildungen, welche Calberla über das Ei von *Petromyzon* veröffentlicht hat, so darf man einen ursprünglichen Zusammenhang des »Dotterstieles« mit der das Keimbläschen umgebenden Lichtung annehmen. Diese Höhlung ist es, welche den nach auswärts ziehenden Gang entsendet, und damit erhalten wir einiges Recht, nicht bloß die Latebra, wie ich es früher schon gethan, sondern auch den Dotterstiel mit dem vorigen System der Hohlgänge in Verbindung zu bringen.

8) Oftmals schon ist behauptet worden, daß im Dotter, noch vor Eintritt der Furchung, kern- und zellenartige Bildungen vorhanden seien. Ohne der älteren Angaben hier zu gedenken, so hat doch erst von der Zeit an die Frage größere Aufmerksamkeit erregt, als His mit Entschiedenheit für die Anwesenheit von Kernbildungen im Dotter der Fische sich aussprach. Und die Anregung zum Verfolgen des Gegenstandes steigerte sich, als Balbiani, Fol, Roule und Sabatier auch im Dotter bei Myriopoden und Ascidien solche »corps intra-vitellins« aufzuzeigen in der Lage waren.

Aus Untersuchungen des Eies verschiedener Thiere hat sich auch mir unzweifelhaft ergeben, daß kern- und selbst zellenartige Körper im Dotter des unbefruchteten Eies zugegen sind. Dabei glaube ich ferner bemerkt zu haben, daß die Körper von zweierlei Art seien, wovon die einen im Aussehen mit Keimflecken übereinstimmen, während die anderen wie Verdichtungen der Knotenpuncte des Spongioplasma sich darstellen. Betreffend die ersteren, so werde ich Beobachtungen anzuführen haben, welche darauf hinweisen, daß wirklich die Keimflecke es sind, die in den Dotter übertretend, zu solchen intravitellinen Körpern werden. Das Herkommen der zweiten Art muß nach Vorigem in den Dotter selbst verlegt werden. Sie sind gleich meinen »Nebenkernen« in anderen Gewebszellen und im Ei von *Ascaris megalocephala*.

Die Frage, was aus den intravitellinen Körpern wird, läßt sich einstweilen nicht wohl mit Bestimmtheit beantworten. Nur darüber glaube ich sicher zu sein, daß die aus den Keimbläschen stammenden Elemente so wenig wie die im Dotter selbst sich bildenden Körper das Material für die Membrana granulosa liefern. Nußbaum läßt im Ei der Batrachier maulbeerförmige Kerne zum Rande des Dotters gelangen und dort zu den Zellen der Membrana granulosa werden; auch die vorgenannten Beobachter französicher Zunge sind der Ansicht, daß aus den intravitellinen Körpern die Granulosa zuwege komme.

Dasjenige, was ich zu ermitteln im Stande war, leitet zu dem Gedanken, daß die betreffenden Elemente nach dem Umfang des Dotters hin zusammenrückend, dort eine zellige Lage erzeugen, meist mit nur schwacher Abgrenzung der einzelnen Zellbezirke. Es will mich bedünken, daß die Mittheilungen, welche Heider und Blochmann über das Ei einiger Arthropoden gegeben haben, sich mit dem von mir Gesehenen vereinigen lassen.

Und so wird man es auch in der Ordnung finden, wenn ich zum Schluß die Meinung äußere, es möchte das von Clark, Eimer und Klebs beschriebene »Binnenepithel«, dessen Dasein so sehr bestritten worden ist, denn doch eine thatsächliche Unterlage haben und zu den aus dem Keimbläschen stammenden intravitellinen Körpern in Beziehung stehen.

Aber welche Rolle mag den von mir unterschiedenen Körpern zweiter Art zugetheilt sein?

2. Über die Hautsinnesorgane der Insecten.

Vorläufige Mittheilung.

Von Otto vom Rath, in Straßburg i/E.

eingeg. 25. October 1887.

Als ich mich früher mit den Antennen und Mundwerkzeugen der Chilognathen beschäftigte und die an denselben befindlichen Sinnesorgane untersuchte[1], wurde ich zum genaueren Studium der ähnlichen Sinnesorgane der Insecten veranlaßt. Ich habe seither die Untersuchungen an Insecten fortgesetzt und sowohl die bisher schon bekannten Sinnesorgane der Antennen[2] an vielen Formen auf Schnitten

---

[1] O. v. Rath, Die Sinnesorgane der Antenne und der Unterlippe der Chilognathen. Arch. f. mikrosk. Anat. 27. Bd. 1886. Auch abgedr. in O. v. Rath, Beiträge zur Kenntnis der Chilognathen. Inaug.-Diss. Bonn, 1886.

[2] Kraepelin, Über die Geruchsorgane der Gliederthiere. Hamburg, 1883.

verfolgt, als auch die an den Palpen der Maxillen und Unterlippen befindlichen Sinnesorgane studirt, über deren histologischen Bau bisher, so viel ich weiß, nichts bekannt war. Auch habe ich die Sinnesorgane an dem Dipterenrüssel, welche Kraepelin[3] schon beschrieben hat, nachuntersucht, und eben so auch die auf der Unterseite der Maxillen und der Zunge bei Hymenopteren gelegenen Sinnesorgane, von denen Will[4] eine im Wesentlichen richtige Darstellung gab.

Als allgemeinstes Resultat meiner Untersuchungen konnte ich feststellen, daß alle Sinnesorgane der Insecten, mit Ausnahme der Seh- und Hörorgane, sich als Modificationen eines einzigen, und zwar des folgenden Typus auffassen lassen.

Bei dem starren Chitinpanzer der Arthropoden wird die Sinnesperception durch mehr oder weniger modificirte Haare vermittelt. Theils unterscheiden sich die Sinneshaare äußerlich so wenig von gewöhnlichen Haaren, daß nur die an der Basis derselben befindlichen Sinneszellen sie zu solchen stempeln, theils besitzen sie die eigenthümlichen Formen, die als Kegel[5], Zapfen, Kolben, Borsten etc. beschrieben sind, ja es kann durch Verflachung des Basaltheiles und Reduction des eigentlichen Haares eine membranartige Chitinplatte entstehen, welche den die Chitinschicht durchbrechenden Canal oben verschließt. Das Letztere ist der Fall bei den sogenannten geschlossenen Gruben der Hymenopteren und ähnlichen Organen, die ich an den Antennen bei Käfern, z. B. *Cetonia*, gefunden habe; da von einer Grube nicht wohl die Rede sein kann, sondern einfach von einem durch eine Membran geschlossenen Porencanal, möchte ich die Bezeichnung Membrancanal vorschlagen.

Die Haargebilde können auf der Fläche der Cuticula aufsitzen oder aber im Grunde einer mehr oder weniger tiefen Einsenkung des Chitins (offene Grube mit Sinneskegel der Autoren) sich erheben. Es kann auch eine Grube zwei oder mehrere Sinneskegel enthalten (Antenne vieler Dipteren, Palpe von *Bibio*); von besonderem Interesse sind diejenigen Fälle, in welchen ein ganzes mit vielen Sinneshaaren besetztes Feld sich zu einer großen blasenförmigen Grube eingestülpt hat. Hierhin gehören sowohl die großen Gruben der Antennen der

---

[3] Kraepelin, Über die Mundwerkzeuge der saugenden Insecten. Zool. Anz. 5. Jahrg. 1882. No. 125.

[4] Will, Das Geschmacksorgan der Insecten. Zeitschr. f. wiss. Zoologie. 1885. 42. Bd.

[5] In meiner früheren Arbeit habe ich nach dem Vorgang von Sazepin die mit deutlicher Öffnung versehenen Sinneshaare Kegel und die geschlossenen Zapfen genannt. Da die Entscheidung über die Existenz einer Öffnung häufig nahezu unmöglich ist, so habe ich diese Unterscheidung aufgegeben, und gebrauche den Ausdruck Kegel ohne Rücksicht darauf ob seine Spitze eine Öffnung besitzt oder nicht.

Musciden, als auch die großen flaschenförmigen Gruben, welche ich an der Spitze des Lippentasters der Schmetterlinge gefunden habe. Durch eine derartige Einsenkung eines Sinnesfeldes können in einer einzigen großen schüsselförmigen Chitingrube viele einfache Chitingruben vereinigt werden, in deren jeder ein Sinneshaar sich erhebt, wie dies bei den »vergesellschafteten Gruben« der Maikäferantenne der Fall ist.

An der Basis jedes Sinneshaares findet man in manchen selteneren Fällen eine einzige Sinneszelle, meist aber eine Gruppe von Zellen (Ganglion der Autoren). Das erstere ist z. B. in dem eben erwähnten Organ der Schmetterlingspalpe der Fall, wo in jedes Sinneshaar ein deutlicher Fortsatz einer einzigen großen Sinneszelle eintritt. In den meisten anderen Fällen, auch da wo Hauser[6] eine große Stäbchenzelle von ovaler Form mit großem Kerne und vielen Kernkörperchen annimmt, ist eine längliche Gruppe von Sinneszellen vorhanden, welche runde Kerne zeigt. An die Sinneszellen vertheilt sich der von hinten herantretende Nerv, während dieselben lange feine Fortsätze nach vorn in das Haargebilde entsenden; diese legen sich zu einem Bündel, dem Terminalstrang zusammen, welcher häufig seine Zusammensetzung aus einzelnen Fasern deutlich erkennen läßt. Die Sinneszellengruppe ist von einer bindegewebigen Hülle umkleidet, die aus flachen Zellen mit abgeplatteten Kernen besteht; dieselbe Hülle umgiebt den Terminalstrang und schließt sich an die Hypodermis an. Wenn die Sinneshaare zahlreich auf einem Felde vereinigt sind, so können die zu den einzelnen Haaren gehörigen Sinneszellengruppen zu einer compacten Masse zusammengedrängt werden. In diesem scheinbar »einzigen Ganglion« assen sich leicht die einzelnen in die Länge gestreckten Gruppen unterscheiden und findet man zwischen denselben die flachen Kerne ihrer Bindegewebshülle; auch die Terminalstränge sind einander genähert und zwischen denselben liegen flache Kerne, welche der bindegewebigen Hülle der Terminalstränge oder zwischenliegenden Hypodermiszellen angehören, keinesfalls aber, wie dies schon geschehen ist, zur Annahme eines weiteren vorderen Ganglions im Sinne Sazepin's[7] berechtigen. Die eben erwähnte Zusammenlagerung der Sinneszellengruppen tritt besonders bei Käferpalpen hervor, z. B. bei *Melolontha* und *Coccinella*.

Der Lage nach könnten noch eigenthümliche Zellen mit den Sinnesorganen in Beziehung gebracht werden, welche sich in manchen

[6] Hauser, Physiologische und histologische Untersuchungen über das Geruchsorgan der Insecten. Zeitschr. f. wiss. Zool. 34. Bd. 1880.

[7] Sazepin, Über den histologischen Bau und die Vertheilung der nervösen Endorgane auf den Fühlern der Myriopoden. St. Petersburg, 1884.

Fällen hinter der Gruppe der Sinneszellen finden. Bei den Antennen mancher Insecten, den Palpen von *Coccinella*, *Chrysomela*, *Cetonia*, ferner den »Geschmacksorganen« der Hymenopteren (auf der Unterseite der Maxillen und der Zunge), trifft man unterhalb der Sinneszellengruppen, in der Umgebung des Nerven, aber ohne jede nachweisbare Beziehung zu demselben, einen Haufen eigenthümlicher großer Zellen. Ganz ähnliche Zellen sind schon an den Sinnesorganen der Antennen der Chilognathen beobachtet und habe ich früher die Ansicht ausgesprochen, daß sie ihrer Bedeutung nach dem Fettkörper nahe stehen. Ich habe auch jetzt bei Insecten keine Veranlassung gefunden, von dieser Auffassung abzugehen. Will hat dieselben bei den »Geschmacksorganen« der Hymenopteren gesehen und als Drüsenzellen aufgefaßt. Ich will dieser Deutung keineswegs entgegentreten, aber eben so wenig wie Will ist es mir gelungen mich mit Sicherheit von der Existenz von Ausführungsgängen zu überzeugen. So viel steht wohl fest, daß sie zum eigentlichen Sinnesapparat nicht gehören, und möchte ich zum Beweise dafür noch die Beobachtung beiziehen, daß bei *Coccinella* nicht allein das die Sinnesorgane enthaltende Endglied der Palpe, sondern auch vorhergehende Glieder die fraglichen Zellen mit großer Deutlichkeit zeigten.

Im Folgenden will ich kurz angeben, welche Sinnesorgane ich bei den Vertretern der einzelnen Ordnungen der Insecten[8] beobachtet und genauer untersucht habe.

Thysanura. Aus der Familie der Lepismidae untersuchte ich auf Schnitten die Antennen und Palpen von *Machilis*. Am Vorderrande jedes Fühlergliedes fand ich einige etwas gebogene Sinneskegel, welche sich von den anderen Haaren durch ihre geringe Größe, ihr abgestumpftes Ende und ihren blasseren Ton unterscheiden. Chitingruben bemerkte ich nicht. Auf den vielgliederigen Palpen der Maxillen fand ich auf den Endgliedern zwischen den übrigen Haaren vereinzelte blasse Kegel zerstreut, deren zugehörige Sinneszellengruppen ich bis jetzt nicht mit der nöthigen Sicherheit nachweisen konnte. Die Palpe der Unterlippe, die schon äußerlich sehr von der Palpe der Maxille verschieden ist, aber sehr an die Antennenspitze mancher Chilognathen erinnert, zeigt auf der Spitze eine Anzahl relativ großer Kegel, deren Sinneszellengruppen ich auf Längsschnitten sehr deutlich sah. Am

---

8 Beiläufig will ich hier die Sinnesorgane der Kämme der Scorpione erwähnen, auf welche mich Herr Prof. Dr. Carrière aufmerksam machte. Man findet auf den einzelnen Blättern der Kämme viele kleine Kegel, deren nervöser Endapparat sehr an die Befunde bei Insecten, z. B. der Palpen von *Coccinella* erinnert. Die Kegel stehen dicht gedrängt, die zugehörigen Gruppen von Sinneszellen, welche unter der Hypodermis liegen, sind langgestreckt und liegen dicht beisammen.

Kopfe, zumal an den Mundwerkzeugen, finden sich übrigens noch zahlreiche kleine Sinneshaare vor. Gelegentlich will ich erwähnen, daß die Antennen sowohl als die Palpen außer dem Haarkleide noch mit kleinen Schuppen bedeckt sind, welche den Schmetterlingsschuppen gleichen.

Orthoptera. Bei den Forficuliden bemerkte ich an der Antenne auf Längs- und Querschnitten nur auf der Fläche stehende Sinneshaare; Chitingruben fehlen. Auf der Spitze der Palpe der Unterlippe und der Maxille fand ich einen cylinderförmigen Aufsatz, dessen oberes weniger stark chitinisirtes Ende eine Anzahl winzig kleiner Kegel trägt, und welcher sowohl nach dem äußeren Ansehen, wie nach dem Bau des nervösen Endapparates eine große Ähnlichkeit mit den Sinnesorganen an der Unterlippe der Chilognathen zeigt, die ich in meiner früheren Arbeit abgebildet habe. An der Außenseite der Palpe der Unterlippe steht außerdem eine Reihe kleiner Sinneskegel zwischen den gewöhnlichen Haaren.

(Schluß folgt.)

3. Über die Entwicklung der Geschlechtsproducte bei Spongilla.

Von Karl Fiedler in Zürich.

eingeg. 30. October 1887.

Seitdem Lieberkühn[1] im Jahre 1856 bei *Spongilla* sowohl die Samenkörper als die Eier entdeckte und damit für die Schwämme überhaupt das Vorhandensein dieser wichtigen Gebilde zum ersten Male nachwies, ist ihre Entstehungsgeschichte in einer ganzen Reihe spongiologischer Arbeiten berührt worden. Auch die weitere Entwicklung des Süßwasserschwammes wurde in den letzten Jahren mehrfach zum Gegenstand der Untersuchung gemacht. Die Ergebnisse der beiden neuesten Beobachter, Ganin[2] und Goette[3], stimmen jedoch in vielen Punkten nicht überein.

Als mir daher mein hochverehrter Lehrer, Herr Prof. Dr. F. E. Schulze, eine nochmalige Untersuchung in Vorschlag brachte, gieng ich gern darauf ein, in der Hoffnung, womöglich Einiges zur Klärung

---

[1] N. Lieberkühn, Beiträge zur Entwicklungsgeschichte der Spongillen. Müller's Arch. f. Anat. u. Physiol. 1856. p. 17. — Ders., Zusätze zur Entwicklungsgeschichte der Spongillen. Ebenda p. 501.

[2] M. Ganin, Zur Entwicklung der *Spongilla fluviatilis*. Zool. Anz. I. 1878. p. 195—199. — Ders., Beiträge zur Kenntnis des Baues und der Entwicklung der Schwämme. Warschau (russisch).

[3] A. Goette, Untersuchungen zur Entwicklungsgeschichte von *Spongilla fluviatilis*. (Abhandlungen z. Entwicklgsgesch. d. Thiere. 3. Heft.) Hamburg und Leipzig. 1886.

der Sachlage beizutragen. Der Haupttheil der Arbeit wurde während des Sommersemesters dieses Jahres im Zoologischen Institut der Universität Berlin ausgeführt, und ich möchte auch an dieser Stelle Herrn Prof. Schulze für die vielfache Förderung derselben meinen aufrichtigsten Dank aussprechen. Als Material stand mir die in der Spree häufige *Spongilla fluviatilis* zu Gebote. Eine ausführliche Darstellung meiner Ergebnisse hoffe ich in kurzer Zeit veröffentlichen zu können; hier sei nur das auf die Ei- und Spermabildung Bezügliche kurz hervorgehoben.

Zunächst muß ich, gegenüber der Auffassung Goette's, an der Einzelligkeit des Spongillen-Eies festhalten. Die eigenen Abbildungen Goette's sprechen nicht mit zwingender Beweiskraft für seine Ansicht, nach welcher aus einem Urei mehrere Zellen hervorgehen, deren eine zu bedeutender Größe heranwächst, während von den anderen einige an der Follikelbildung Theil nehmen, die übrigen mit jener großen Zelle wieder verschmelzen. Damit »ist erst die Anlage des Eies vollendet«. Ich habe bei der Eizelle stets deutliche Zellgrenzen und, was ausschlaggebend erscheint, auch stets nur einen Kern gefunden. Ich lege auf letzteren Umstand um so mehr Gewicht, als es mir gelungen ist, die Kern- und die Dotterbildungen durch Doppelfärbung scharf aus einander zu halten. Bei Einfachfärbungen sind hierin Verwechslungen kaum vermeidbar, und auch Goette dürfte auf solche Weise irre geführt worden sein. Die durch Blochmann[4] neuerdings verwerthete, von Maurice und Schulgin[5] eingeführte Methode der Doppelfärbung mit Picrocarmin und Bleu de Lyon liefert, nach kurzem Auswaschen der Schnitte mit etwas ammoniacalischem Alcohol, eine schöne Rothfärbung der Kerne und eine leuchtende Blaufärbung selbst der kleinsten Dottertheile.

So ergab sich ferner, daß nicht, wie Goette meint, im Ei zuerst die großen runden Dotterkugeln auftreten, sondern daß dieselben durch alle möglichen Stadien kleinerer Dotterelemente vorbereitet werden. Eine gesetzmäßige Lagerung, etwa in der Art, daß die Dotterkugeln von der Peripherie nach dem Centrum zunähmen, ist jedoch nicht zu beobachten.

Die Follikelzellen fasse ich einfach als durch den Druck des wachsenden Eies gegen einander gedrängte und daher an einander abgeplattete Parenchymzellen auf. Einzelne derselben möchte ich als

---

[4] F. Blochmann, Über die Reifung der Eier bei Ameisen und Wespen. Festschr. z. Feier des 500jähr. Bestehens d. Ruperto-Carola, dargebr. v. Naturhist. Ver. Heidelberg. p. 148. 1886.

[5] Ch. Maurice et Schulgin, Embryogénie de l'*Amaroecium proliferum*. Ann. des sc. nat. Zool. 6. sér. t. XVII. p. 6. 1884.

specifische Nährzellen bezeichnen, wobei ich jedoch diesen Begriff mehr im Sinne F. E. Schulze's, Keller's u. A. fasse, als in dem Goette's. Bei Conservirung mit dem Flemming'schen Chrom-Osmium-Essigsäure-Gemisch erfahren nämlich außer den Dotterkörnern des Eies auch manche der das Ei umgebenden Zellen eine intensive Schwärzung ihres Inhaltes. Die Zahl der Zellen dieser Art, welche vereinzelt auch im übrigen Schwammkörper vorkommen, nimmt gerade in der Umgebung der Eizellen bis zu einem gewissen Zeitpunkte stetig zu. Manchmal dringen sie mit ihren amoeboiden Fortsätzen zwischen den gewöhnlichen Follikelzellen und gegen das Ei hin vor, jedoch ohne mit letzterem zu verschmelzen. Fertigen Dotter enthalten sie nicht, da der erwähnte blaue Farbstoff in ihnen nicht die entsprechende Reaction hervorruft wie im Ei. Dagegen bereiten sie in ihrem Körper wohl einen Stoff, welcher als Vorstufe des Dotters anzusehen ist und der auf dem Wege der Diffusion an das Ei abgegeben wird. Schon nach den ersten Furchungen bemerkt man eine deutliche Verringerung in der Zahl solcher schwarz gefärbter Zellen und auch die gewöhnlichen Follikelzellen werden schmächtiger, wenn ich mich so ausdrücken darf. Schließlich sind die Furchungsproducte nur von einer sehr zarten Follikelmembran umgeben, die jedenfalls keine activ ernährende Function mehr hat. Wenn aber Anfangs auch mehrere Zellen zur Ernährung des Eies beitragen, so verliert doch, wie Korschelt[6] in einem ähnlichen Falle treffend bemerkt, das Ei »durch die Aufnahme von Abscheidungsproducten anderer Zellen seine Zellennatur nicht, eben so wenig wie eine Amoebe durch Aufnahme von Nahrung ihre Einzelligkeit einbüßt. Das Characteristische ist das lebende Assimilationsvermögen beider gegenüber den gebotenen Nahrungsstoffen«.

Von den geschilderten Nährzellen sind gewisse amoeboide Wanderzellen anderer Art zu unterscheiden, deren Körper nicht mit unregelmäßigen Körnelungen, sondern mit ziemlich ansehnlichen Partikelchen völlig gleichmäßig erfüllt ist; nur bisweilen tritt eine ganz hyaline Randzone auf. Sie entsprechen den von Polejaeff in seinen Challenger-Calcarea[7] beschriebenen Zellen, welchen er »nutritive Function« und zwar im Sinne von »Nahrungsaufnahme« zuspricht. Bei *Spongilla* wurden sie zuerst von Weltner (in Berlin), später, jedoch unabhängig, auch von mir beobachtet. Sie sind ebenfalls durch den

---

[6] E. Korschelt, Über die Entstehung und Bedeutung der verschiedenen Zellenelemente des Insectenovariums. Zeitschr. f. wiss. Zool. Bd. XLIII. p. 690. 1886.

[7] N. Polejaeff, Report on the Calcarea, dredged by H. M. S. Challenger. Report Vol. VIII. p. 6. 1883.

ganzen Schwammkörper verbreitet, finden sich aber besonders häufig unter und selbst zwischen den Zellen der Oberhaut und hier wiederum oft in der Nähe der Einströmungsöffnungen. Ihr regelmäßig gekörntes Plasma führt dann noch unregelmäßig gestaltete, intensiver färbbare Theilchen. Sind die letzteren, wie am wahrscheinlichsten, aufgenommene Nahrungsbestandtheile, so wäre dies mit der angeführten Auffassung Polejaeff's im Einklange und würde auch die v. Lendenfeld'schen[8] Angaben bezüglich der Nahrungsaufnahme durch die äußeren Oberflächen der Schwämme erklären, ohne dass die Ectodermzellen dabei betheiligt zu sein brauchten. Da Weltner über die Eigenthümlichkeiten dieser Zellen weitere Mittheilungen zu machen gedenkt, möchte ich mich auf diese Andeutungen beschränken. Nur noch so viel, daß die Eizellen nicht auf diese gleichartig gekörnten, sondern auf die Wanderzellen der gewöhnlichen Art zurückzuführen sind.

Das wachsende Ei, welches in früheren Stadien bisweilen eine bemerkenswerthe radiäre Plasmastrahlung zeigt, füllt sich nun immer mehr mit Dotterkörnern. Der Kern verschwindet indessen niemals vollständig. Nimmt er aber anfänglich stets die Mitte des Eies ein, so findet man ihn jetzt des öftern dicht an die Oberfläche gerückt. In beiden Fällen umgiebt ihn ein verhältnismäßig dotterarmer Plasmahof. Es unterliegt keinem Zweifel, dass diese auffällige Lagenveränderung des Kernes mit der Ausstoßung der sogenannten Richtungskörperchen zusammenhängt. Mehrmals beobachtete ich in der That in der Nähe des Kernes zwei bedeutend kleinere, aber nicht minder lebhaft gefärbte Chromatinpartikelchen, welche wohl als die abgeschnürten Richtungskörperchen zu bezeichnen sind. Damit ist dieser wichtige, von Weismann[9] neuerdings so geistvoll gedeutete Vorgang auch für die niederste Metazoengruppe wahrscheinlich gemacht. Leider glückte es mir nicht, die Bildung der Richtungsspindeln einerseits, den Befruchtungsvorgang andererseits zu verfolgen. Deutlich ist aber weiterhin, dass der Kern des reifen Eies kleiner und chromatinärmer ist als der des unreifen. Zu einem »völlig homogenen Bläschen« (Goette) wird er aber selbst bei ersterem nie; er enthält stets ein deutliches Kernkörperchen in einem allerdings großen und hellen Kernraum.

Ähnliche Kerne lassen sich mit Hilfe der Doppelfärbung in allen Furchungskugeln nachweisen. Selbst in ziemlich dicken Schnitten

---

[8] R. v. Lendenfeld, Neue Coelenteraten der Südsee. II. Neue Aplysinidae. Zeitschr. f. wiss. Zool. XXXVII. p. 234. 1883.

[9] A. Weismann, Über die Zahl der Richtungskörper und über ihre Bedeutung für die Vererbung. Jena 1887.

jüngerer Stadien leuchten sie roth aus den blauen Dottermassen hervor. In älteren Stadien sind sie um so leichter sichtbar, als nur eine einfache Schicht von Dotterkugeln sie umgiebt. Schließlich verringert sich nicht nur die Anzahl, sondern auch die Größe der Dotterelemente durch Zerfall noch mehr. Aber eine Neubildung von Kernen durch directe Umbildung von Dotterkugeln muß ich entschieden in Abrede stellen. Die Zellkerne der jungen *Spongilla* leiten sich vielmehr in ununterbrochener Folge von dem Kerne des befruchteten Eies ab und auch hier gilt, wie schon Ganin vermuthete, der Satz: omnis nucleus e nucleo.

Konnte ich im Verlaufe des Furchungsprocesses keine karyokinetischen Figuren beobachten — jedenfalls eine Folge des Dotterreichthums der Eier —, so drängten sie sich mir in größter Menge und Mannigfaltigkeit bei der Spermatogenese auf. Die außerordentliche Kleinheit der Objecte erschwerte zwar die Untersuchung bedeutend, dennoch ließen sich neben der häufigsten Knäuelform auch Repräsentanten der Stern-, Spindel- und Tonnenform nachweisen. Ohne hier auf Einzelnheiten näher einzugehen, bemerke ich, daß die Spermabildung nach dem zweiten von Polejaeff[10] für die Schwämme aufgestellten Typus erfolgt. Ich kann somit die kurze, in den classischen »Untersuchungen über den Bau und die Entwicklung der Spongien« gemachte Angabe F. E. Schulze's bestätigen, wonach sich *Spongilla* in Bezug auf diese Verhältnisse an *Halisarca* anschließt[11]. Es kommt also nicht zur Bildung einer besonderen Deckzelle und einer Ursamenzelle. Vielmehr theilt sich eine zur Spermamutterzelle umgewandelte, durch ihren besonders großen, stark färbbaren Kern ausgezeichnete Zelle wiederholt und zwar immer unter Mitosenbildung, während umgebende Parenchymzellen wie beim Ei zu einem Follikel zusammenschließen. Letzterer ist indessen nicht so fest gefügt wie dort, und wenn seine Zellen den Spermazellen Nahrungsmaterial liefern, so beschränkt sich ihre Bedeutung wohl auf die einer »Durchgangsstation«. Nach der letzten Theilung geht die Knäuelform des Kernes in eine völlig dichte Chromatinkugel über. Dieselbe wird zum Kopf des Spermatozoons und das spärliche, helle Protoplasma, welches sie umgiebt, zieht sich zum Faden aus. Bisweilen schreitet innerhalb desselben Follikels die Ausbildung der Samenkörper verschieden rasch vorwärts, so daß beispielsweise die eine Hälfte desselben mit fertigen Spermatozoen erfüllt erscheint, deren Schwänze sämmtlich gegen das

---

[10] N. Polejaeff, Über das Sperma und die Spermatogenese bei *Sycandra raphanus*. Sitzgsber. d. k. Acad. d. Wiss. Wien. Jahrg. 1882. LXXXVI. p. 276.

[11] F. E. Schulze, Untersuchungen über den Bau und die Entwicklung der Spongien. II. Die Gattung *Halisarca*. Zeitschr. f. wiss. Zool. XXXVIII. 1877.

Centrum gerichtet sind, während die andere noch verschiedenartige Theilungsstadien aufweist.

Die Entwicklung der Eier wie der Samenkörper von *Spongilla* schließt sich somit in befriedigender Weise an die bei höheren Thieren vielfach beobachteten Vorgänge an, wenn auch manche Besonderheiten nicht zu verkennen sind.

Zürich, den 28. October 1887.

III. Mittheilungen aus Museen, Instituten etc.

1. Linnean Society of London.

3^d^ Nov. 1887. — The President commented on the loss the Society had sustained by the deaths of Prof. Julius von Haast, N.Z., Dr. Spencer Baird, U.S. and Prof. Caspary of Königsberg. — Mr. H. N. Ridley gave an account of his Natural History Collection in Fernando Noronha. The group of islands in question is in the S. Atlantic 194 miles East of Cape San Roque. The largest is about 5 miles long and 2 miles across at broadest part. Although chiefly basaltic, phonolite rocks crop up here and there. The cliffs are steep, but otherwise the soil is fertile; there is an absence of sandy bays on the south side. Generally speaking the specific animal forms differ on the opposite sides of the main island. The indigenous fauna and flora seems to have been much modified, and in some cases extirpated by human agency. Of mammals the cat is reported to have become feral, and rats and mice swarm; Cetacea occasionally frequent the coast. The Land Birds comprise a species of Dove, a Tyrant and a Greenlet (*Virio*). Sea Birds are numerous but by no means so abundant as they were formerly when the island was first discovered. Among the reptiles were found a species of *Amphisbaena*, a Scink (*Euprepes punctatus*) and a Gecko; turtles are also frequently seen in the bays. Batrachians and fresh water fish are entirely absent. One butterfly, a well known Brazilian species was plentiful; but insects though abundant were poor in number of species. Two species of *Trochi*, called for remark as having a southern distribution, the remainder of the marine shells and indeed most of the marine fauna and flora show affinities to that of the West Indies. — A paper was read viz. — Report on the Pennatulida of the Mergui Archipelago by Prof. A. Milnes Marshall and Dr. J. Herbert Fowler. The Collection made by Dr. John Anderson was from shallow water and mud flats exposed to spring tides. Of 10 species, 2 are new and there are several varieties not hitherto recorded. — J. Murie.

IV. Personal-Notizen.

Necrolog.

Am 6. November starb in New Haven Professor Oscar Harger, Palaeontolog und Zoolog an der Yale Universität, besonders bekannt durch seine Isopoden-Arbeiten. Er war in Oxford, Conn., am 12. Januar 1843 geboren

Druck von Breitkopf & Härtel in Leipzig.

Zoologischer Anzeiger

herausgegeben

von Prof. **J. Victor Carus** in Leipzig.

Verlag von Wilhelm Engelmann in Leipzig.

X. Jahrg. 12. December 1887. No. 267.

Inhalt: I. **Litteratur.** p. 637—645. II. **Wissensch. Mittheilungen.** 1. **vom Rath**, Über die Hautsinnesorgane der Insecten. (Schluß.) 2. **Boettger**, Diagnoses Reptilium Novorum ab ill. viro Paul Hesse in finibus fluminis Congo repertorum. 3. **Hartlaub**, Zur Kenntnis der Cladonemiden. III. **Mittheil. aus Museen, Instituten etc.** 1. **Zoological Society of London.** 2. **Linnean Society of London.** IV. **Personal-Notizen.** Vacat.

I. Litteratur.

14. Vermes.

(Fortsetzung.)

Wagner, Frz. von, *Myzostoma Bucchichii* (nova species). Zool. Anz. No. 255. p. 363—364. — Abstr. in: Journ. R. Microsc. Soc. London, 1887. P. 5. p. 758.

Štolc, Antoniu, Příspěvky ku studiu *Naidomorph* (Beiträge zur Kenntnis der Naidomorphen). Mit 1 Taf. aus: Sitzgsber. k. böhm. Ges. Wiss. 1887. p. 227—238.

Rosa, D., Il *Neoenchytraeus bulbosus* n. sp. in: Boll. dei Mus. di Zool. ed Anat. comp. Torino, Vol. 2. No. 29. (3 p.)

Emery, Carlo, Intorno alla muscolatura liscia e striata della *Nephthys scolopendroides* D. Ch. Con 1 tav. in: Mittheil. Zool. Stat. Neapel, 7. Bd. 3. Hft. p. 371—380.

Kückenthal, Willy, Über das Nervensystem der *Opheliaceen*. Mit 3 Taf. in: Jena. Zeitschr. f. Nat. 20. Bd. 4. Hft. p. 511—581.

Schneider, Aimé, Sur l'Ophélie du Pouliguen [*O. neglecta*]. Avec 1 pl. in: Tablett. Zoolog. T. 2. No. 1/2. p. 95—104.

Giard, A., Sur un nouveau genre de Lombriciens phosphorescents et sur l'espèce type de ce genre, *Photodrilus phosphoreus*. in: Compt. rend. Ac. Sc. Paris, T. 105. No. 19. p. 872—874.

Böhmig, L., *Planaria Iheringii*, eine neue Triclade aus Brasilien. in: Zool. Anz. No. 260. p. 482—484.

Polynoe Grubiana. v. *Hermione hystrix*, Et. Jourdan.

Schauinsland, H., Anatomy of *Priapulidae*. Abstr. in: Journ. R. Microsc. Soc. London, 1887. P. 4. p. 592—593.
(Zool. Anz. No. 247. p. 171—173.)

Ludwig, .., Ein Verwandter des Essigälchens in den Gährungsproducten der Eichenrinde [*Rhabditis dryophila*]. in: Monatl. Mittheil. Huth. 5. Jahrg. No. 7. p. 160.

Simonelli, V., Sulla struttura-microscopica della *Serpula spirulaea*. in: Atti Soc. Tosc. Sc. Nat. Proc.-verb. Vol. 5. p. 293—295.
(Forse referibile ad altra classe.)

Wright, R. Ramsay, and A. B. Macallum, *Sphyranura Osleri*, a Contribution to American Helminthology. With 1 pl. in: Journ. of Morphol. Vol. 1. No. 1. p. 1—48.

Künstler, .., Observations sur le *Siphonostoma diplochaetos* Otto. in: Compt. rend. Ac. Sc. Paris, T. 104. No. 25. p. 1809.

Siphonostoma diplochaitos. v. *Chloraema Dujardini*, Joyeux-Laffuie. Zool. Anz. No. 266. p. 621.

Landsberg, B., Ciliated pits of *Stenostoma*. Abstr. in: Journ. R. Microsc. Soc. London, 1887. P. 4. p. 595—596.
(Zool. Anz. No. 247. p. 169—171.)

Cunningham, J. T., *Stichocotyle nephropis* n. sp. With 1 pl. in: Trans. R. Soc. Edinburgh, Vol. 32. p. 273—280. — Abstr. in: Journ. R. Microsc. Soc. London, 1887. P. 4. p. 595.

Haswell, W. A., Sur la structure du prétendu ventricule glandulaire des *Syllis*. Extr. in: Arch. Zool. Expérim. (2.) T. 5. No. 2. Notes, p. XXX.
(Quart. Journ. Micr. Sc.)

Walker, H. D., The Gape Worm of Fowls (*Syngamus trachealis*): The Earthworm (*Lumbricus terrestris*), its original host. Also, on the prevention of the disease in Fowls called the Gapes, which is caused by this parasite. in: Bull. Buffalo Soc. Nat. Hist., Vol. 5. No. 2. p. 47—71. — Ausz. in: Humboldt (Dammer), 7. Jahrg. 1. Hft. (Nov. 1887.) p. 25.

Grobben, Carl, Über eine Mißbildung der *Taenia saginata* Goeze. Mit 1 Abb. in: Verhdlg. k. k. zool.-bot. Ges. Wien, 1887. p. 679—682.

Gavoy, .., Non-identité du Cysticerque ladrique et du *Taenia solium*. in: Compt. rend. Ac. Sc. Paris, T. 105. No. 18. p. 827—828.

Ritzema, Bos. J., Untersuchungen über *Tylenchus devastatrix* Kühn. in: Biolog. Centralbl. 7. Bd. No. 8. p. 232—243. No. 9. p. 257—271. — Abstr. in: Journ. R. Microsc. Soc. London, 1887. P. 5. p. 753—754.

Zelinka, C., Studien über Räderthiere II. Der Raumparasitismus und die Anatomie von *Discopus Synaptae* nov. gen. nov. spec. in: Zool. Anz. No. 259. p. 465—468.

Stevens, L. C., Key to the Rotifera (Contin.). in: Amer. Monthly Microsc. Journ. Vol. 8. June, p. 106—109. III. ibid. July, p. 125—128.

Plate, L., Ectoparasitic Rotifers from the Bay of Naples. Abstr. in: Journ. R. Microsc. Soc. London, 1887. P. 5. p. 757—758.
(Mittheil. Zool. Stat. Neapel.) — s. Z. A. No. 255. p. 351.

Leidy, J., *Asplanchna Ebbesbornii*. in: Proc. Acad. Nat. Sc. Philad. 1887. p. 157.

Daday, Eug., Morphologisch-physiologische Beiträge zur Kenntnis der *Hexarthra polyptera*, Schm. Mit 2 Taf. in: Természetr. Füzet. Vol. X. No. 2/3. p. (142—174) 214—249.

15. Arthropoda.

Claus, C., Relations of Groups of Arthropoda. Abstr. in: Journ. R. Microsc. Soc. London, 1887. P. 4. p. 573—574.
(Arb. Zool. Inst. Wien.) — s. Z. A. No. 255. p. 352.

Dönitz, .., Neue und auffallende Beispiele von Anpassung und Nachahmung bei Arthropoden, bez. bei Schmetterlingen und Spinnen. in: Sitzgsber. Ges. Nat. Fr. Berlin, 1887. No. 6. p. 97—102.

Göldi, Em. A., Beiträge zur Kenntnis der kleinen und kleinsten Gliederthierwelt Brasiliens. in: Mittheil. Schweiz. Entomol. Ges. 7. Bd. 6. Hft. p. 231—255.

Schneider, Ant., Über den Darmcanal der Arthropoden. Mit 3 Taf. in: Zool. Beitr. 2. Bd. 1. Hft. p. 82—96.

Arthropods, Eyes of. v. infra Mollusca, W. Patten.

Beddard, Frk. E., Note on a new type of Compound Eye. With cut. in: Ann. of Nat. Hist. (5.) Vol. 20. Sept. p. 233—236.

Mark, E. L., Simple Eyes in Arthropods. Abstr. in: Journ. R. Microsc. Soc. London, 1887. P. 5. p. 742—743.
(Bull. Mus. Comp. Zool.) — s. Z. A. No. 255. p. 352.

Patten, Will., Studies on the Eyes of Arthropods. 1. Development of the Eyes of *Vespa*, with Observations on the Ocelli of some Insects. With 1 pl. in: Journ. of Morphol. Vol. 1. No. 1. p. 193—226.

a) **Crustacea.**

Miers, Edw. J., Crustacea from the Channel Islands. in: The Zoologist, (3.) Vol. 11. Nov. p. 433—434.

Underwood, L. M., Fresh-Water Crustacea [of N. America]. Abstr. in: Amer. Naturalist, Vol. 21. No. 7. p. 670—672.
(With Addenda to the Bibliographical List.)

Pohlman, Jul., Fossils from the Water-lime Group near Buffalo, N. Y. With 1 pl. in: Bull. Buffalo Soc. Nat. Hist. Vol. 5. No. 1. p. 23—32.
(Crustac.)

Fritsch, Ant., und Jos. Kafka, Die Crustaceen der Böhmischen Kreideformation. Mit 10 Taf. in Farbendruck und 72 Textfiguren. Prag, Selbstverlag, Řivnáč in Comm., 1887. 4⁰. (Tit., Vorw., 53 p.) ℳ 30,—.
(16 n. sp.; n. g. *Schlüteria, Stenocheles, Lissopsis.*)

Ratte, F., Note on some Trilobites new to Australia. With fig. (Notes on Australian Fossils.) in: Proc. Linn. Soc. N. S. Wales, (2.) Vol. 1. P. 4. p. 1065—1069.
(7 [1 n.] sp.)

Packard, A. S., On the Carboniferous Xiphosurous Fauna of North America. With 4 pl. in: Mem. Nation. Acad. Sc. Wash. Vol. 3. P. 2. p. 143—157.

Etheridge, R., Woodward, H., and T. Rup. Jones, Fourth Report of the Committee .. on the Fossil Phyllopoda of the Palaeozoic Rocks. in: Rep. Brit. Assoc. 56. Meet. 1886. p. 229—234.

Lilljeborg, W., Entomostraca of Bering Island. v. supra Faunen. Z. A. No. 265. p. 594.

Örley, Lad., Über die Entomostrakenfauna von Budapest. Mit 1 Taf. in: Természetr. Füzet. Vol. X. No. 1. p. (7—14) 98—105.
(1 n. sp.)

Selys-Longchamps, E. de, Note sur deux Crustacés Entomostracés de Belgique. in: Soc. Entom. Belg. Compt. rend. (3.) No. 88. p. LIV—LV.

Weltner, W., Die von Dr. Sander 1883—1885 gesammelten Cirripedien (*Acasta scuticosta* sp. n.). Mit 2 Taf. in: Arch. f. Naturgesch. 53. Jahrg. 1. Bd. 1. Hft. p. 98—117.
(31 sp.)

Jones, T. Rup., and J. W. Kirkby, A list of the Genera and Species of bivalved Entomostraca found in the Carboniferous Formations of Great Britain and Ireland, with Notes on the Genera and their Distribution. in: Proc. Geologists' Assoc. Vol. 9. No. 7. 1887. (21 p.)

Sars, G. O., Nye Bidrag til Kundskaben om Middelhavets Invertebratfauna. IV. Ostracoda mediterranea (Sydeuropaeiske Ostracoder). Med 29 autogr.

Planch. Kristiania, Cammermeyer, 1887. 8^{0}. (152 p.) Separataftr. af Arch. f. Mathem. og Naturvid.
(I. Div. Myodocopa. — 14 [7 n.] sp.)

Monlez, R., Liste des Copépodes, Ostracodes, Cladocères et de quelques autres Crustacés recueillis à Lille en 1886. in: Bull. Soc. Zool. France, Vol. 12. P. 2/4. p. 508—(512).

Richard, J., Liste des Cladocères et des Copépodes d'eau douce observés en France. in: Bull. Soc. Zool. France, Vol. 12. P. 3/4. p. 156—164.
(40 sp.)

Koehler, R., Muscular fibres of Edriophthalmata. Abstr. in: Journ. R. Microsc. Soc. London, 1887. P. 4. p. 587.
(Journ. de l'Anat. et de la Phys.) — s. Z. A. No. 255. p. 354.

Packard, A. S., On the Structure of the Brain of the Sessile-eyed Crustacea. With 5 pl. in: Mem. Nation. Acad. Sc. Wash. Vol. 3. P. 1. p. 99—110.

Bovallius, Carl, New or imperfectly known Isopoda. P. III. With 4 pl. Stockholm, 1887. 8^{0}. (23 p.) Bihang till K. Svensk. Vet.-Akad. Handl. 12. Bd. IV. Afd. No. 4.
(5 n. sp., 1 n. var.)

Leichmann, G., Über Bildung von Richtungskörpern bei Isopoden. in: Zool. Anz. 10. Jahrg. No. 262. p. 533—534.

Miani, J., Di alcuni Crostacei Isopodi terrestri, osservato nel Veneto. Padova, 1887. 8^{0}. (6 p.) Estr. dagli Atti Soc. Ven.-Trent. Sc. Nat. Vol. 11. Fasc. 1.

Bovallius, C., Ein Fall von Mimicry bei Amphipoden. Ausz. in: Naturforscher (Schumann), 20. Jahrg. No. 32. p. 288—289.
(*Mimonectes*. — N. Acta Upsal.) — s. Z. A. No. 216. p. 96.

Amphipodes du Boulonnais. v. infra *Orchestia*, H. Barrois.

Chevreux, Éd., Catalogue des Crustacés Amphipodes marins du Sud-Ouest de la Bretagne, suivi d'un Aperçu de la distribution géographique des Amphipodes sur les côtes de France. Avec 1 pl. in: Bull. Soc. Zool. France, Vol. 12. No. 2/4. p. 288—340.
(123 [3 n.] sp.; n. g. *Guernea* [*Helleria* Norman]; 2 n. sp.)

Bovallius, Carl, Systematic list of the Amphipoda *Hyperiidea*. Stockholm, 1887. 8^{0}. (50 p.) Bihang till K. Svensk. Vet.-Akad. Handl. 11. Bd. No. 16.
(54 n. sp.; n. g. *Cyllias*, *Julopsis*, *Hyperoche*, *Hyperiella*, *Themistella*, *Dairella*, *Thamneus*, *Glossocephalus*, *Tullbergella*, *Rhabdonectes* [n. nom.].)

—— Arctic and antarctic Hyperids. With 8 pl. Ur: Vega-Expedit. Vetensk. Jakttag. 4. Bd. Stockholm, 1887. p. 545—582.

Bonnier, Jul., Catalogue des Crustacés Malacostracés recueillis dans la baie de Concarneau. in: Bullet. Scientif. du Nord de la France, (2.) T. 10. No. 5/6. p. 199—262.

Cattaneo, G., Sulla struttura dell' intestino dei Crostacei Decapodi e sulle funzioni delle loro glandule enzimatiche. in: Boll. Scientif. (Maggi, Zoja etc.). Anno IX. No. 2. p. 60—61.

Giard, A., La castration parasitaire et son influence sur les caractères extérieurs du sexe mole chez les Crustacés décapodes. in: Bull. Scientif. du Nord de la France, (2.) T. 10. No. 1/2. p. 1—28. — Ausz. in: Naturforscher, (Schumann), 20. Jahrg. No. 41. p. 367—369. — Journ. R. Microsc. Soc. London, 1887. p. 586.
(Trad.) — v. Z. A. No. 255. p. 355.

Gourret, Paul, Sur quelques Décapodes macroures nouveaux du golfe de Marseille. in: Compt. rend. Ac. Sc. Paris, T. 105. No. 21. p. 1033—1035.
(4 n. sp., 2 n. var.)

Henderson, J. R., The Decapod and Schizopod Crustacea of the Firth of Clyde. in: Proc. and Trans. Nat. Hist. Soc. Glasgow, N. S. Vol. 1. P. 3. p. 315—354.

Bittner, A., Neue Brachyuren des Eocäns von Verona. Mit 1 Taf. in: Sitzgsber. K. Akad. Wiss. Wien, Math.-nat. Cl. 94. Bd. 1. Abth. p. 44—55. — Apart: *M* —, 50.

Kirk, T. W., On a new Species of *Alpheus* (*A. Halesii*). With 1 pl. in: Trans. N. Zeal. Instit. Vol. 19. No. 194—196.

Packard, A. S., On the *Anthracaridae*, a family of Carboniferous Macrurous Decapod Crustacea. With 2 pl. in: Mem. Nation. Acad. Sc. Wash. Vol. 3. P. 2. p. 135—139.

Claus, C., Über den Organismus der *Apseudiden*. in: Anzeig. kais. Akad. Wien, Math.-nat. Cl. 1887. No. XIV. p. 156—161.

—— Über *Apseudes Latreillei* Edw. und die Tanaiden. II. Mit 7 Taf. in: Arbeit. Zoolog. Instit. Wien, T. 7. 2. Hft. p. 139—220. — Apart: Wien, A. Hölder, 1887. 8⁰. (80 p.) *M* 12,—.

Dollfus, Adr., Diagnoses d'espèces nouvelles et Catalogue des espèces françaises de la tribu des *Armadilliens* (Crustacés isopodes terrestres). Rennes, Paris, 1887. 8⁰. (7 p.)
(Extr. du Bull. Soc. Étud. scientif. Paris, 9. Ann. 2. sem. 1887.)

Schneider, Rob., Ein bleicher *Asellus* in den Gruben von Freiberg im Erzgebirge. Ausz. von von Gellhorn. in: Monatl. Mittheil. E. Huth, 5. Jahrg. No. 7. p. 158—160.

Rank, O. F., Der Flußkrebs, seine Beschreibung und Zucht. Wien, Osc. Frank, 1887. 8⁰. (19 p.) 30 kr.
(Bibliothek für Naturfreunde, No. 3.)

Osborn, Henry L., Elementary histological studies of the Cray-fish. II. in: Amer. Monthly Microsc. Journ. Vol. 8. June, p. 101—105. III. ibid. July, p. 121—125. IV. ibid. Aug. p. 149—152. V. ibid. Sept. p. 167—169.
(s. Z. A. No. 255. p. 355.)

Biedermann, Wilh., Über die Innervation der Krebsschere. Beiträge zur allgemeinen Nerven- u. Muskelphysiologie. 20. Mittheil. in: Sitzgsber. Kais. Akad. d. Wiss. Wien, 95. Bd. 3. Abth. p. 7—46. — Apart: *M* 2,—.

Grobben, Carl, Die grüne Drüse des Flußkrebses. in: Arch. f. mikrosk. Anat. 30. Bd. 2. Hft. p. 323—326.

Rawitz, Bernh., Über die grüne Drüse des Flußkrebses. Mit 2 Taf. in: Arch. f. mikrosk. Anat. 29. Bd. 4. Hft. p. 471—494. — Abstr. in: Journ. R. Microsc. Soc. London, 1887. P. 5. p. 748—750.

Ninni, A. P., Sul gambero fluviale italiano [*Astacus pallipes*]. in: Atti Soc. Ital. Sc. Nat. Vol. 29. Fasc. 2/3. p. 323—326.

Nassonoff, N. B., Къ исторіи развитія ракообразныхъ *Balanus* и *Artemia* (Zur Entwicklungsgeschichte der Krebsformen Balanus und Artemia). Mit 35 Figg. in: Извѣст. Имп. Общ. Естест. Москв. T. 52. Вып. 1. p. 1—14.

Giard, A., and J. Bonnier, On the Phylogeny of the *Bopyrinae*. in: Ann. of Nat. Hist. (5.) Vol. 20. July, p. 76—78. — Abstr. in: Journ. R. Microsc. Soc. London, 1887. P. 4. p. 587.
(Compt. rend. Ac. Sc. Paris.) — s. Z. A. No. 255. p. 355.

—— On a copepod (*Cancerilla tubulata*, Dalyell) parasitic upon Amphiura squamata, Delle Chiaje. in: Ann. of Nat. Hist. (5.) Vol. 20. Aug. p. 148—150. — Abstr. in: Journ. R. Microsc. Soc. London, 1887. P. 4. p. 587—588.
(Compt. rend. Ac. Sc. Paris.) — s. Z. A. No. 255. p. 356.

Kingsley, J. S., The Development of the Compound Eyes of *Crangon*. With 1 pl. in: Journ. of Morphol. Vol. 1. No. 1. p. 49—66.

—— The Development of *Crangon vulgaris*. 2. paper. With 2 pl. in: Bull. Essex Instit. Vol. 18. No. 7/9. p. 99—153.
(1. paper. v. Journ. of Morphol.)

Lütken, C. F., Tillaeg til: Bidrag til Kundskab om arterne of slaegten *Cyamus* Latr. eller Hvallusene. Avec résumé franç. Avec 1 pl. Kjøbenhavn, 1887. 4⁰. (8 p.)

Giard, A., Sur les *Danalia*, genre [n.] de Cryptonisciens parasites des Sacculines. in: Bull. Scientif. Nord de la France, (2.) T. 10. No. 1/2. p. 47—53.

Eylmann, E., Beitrag zur Systematik der europäischen *Daphniden*. Mit 3 Taf. in: Ber. Naturforsch. Ges. Freiburg i. B. 2. Bd. p. 61—148.
(1 n. sp.)

Hoek, P. P. C., On *Dichelaspis pellucida*, Darwin, from the scales of an Hydrophid obtained at Mergui. With 1 pl. in: Journ. Linn. Soc. London, Zool. Vol. 21. No. 129. p. 154—155.

Giard, A., On Parasitic Castration in *Eupagurus Bernhardus*, Linné, and in *Gebia stellata*, Montagu. in: Ann. of Nat. Hist. (5.) Vol. 28. July, p. 78—80. — Abstr. in: Journ. R. Microsc. Soc. London, 1887. p. 750.
(Compt. rend. Ac. Sc. Paris.) — s. Z. A. No. 255. p. 356.

Guerne, Jul. de, Sur les genres *Ectinosoma* Boeck et *Podon* Lilljeborg, à propos de deux Entomostracés (*Ectinosoma atlanticum* G. S. Brady et Robertson, et *Podon minutus* G. O. Sars), trouvés à la Corogne dans l'estomac des Sardines. Avec 1 pl. in: Bull. Soc. Zool. France, Vol. 12. P. 2/4. p. 341—367.

Packard, A. S., On the *Gampsonychidae*, an undescribed family of fossil Schizopod Crustacea. With 2 pl. in: Mem. Nation. Acad. Sc. Wash. Vol. 3. P. 2. p. 129—133.

Claus, C., Über *Lernaeascus nematoxys* Cls. und die Familie der Philichtyden. Mit 4 Taf. in: Arbeit. Zoolog. Instit. Wien, T. 7. 2. Hft. p. 281—315. — Apart: Wien, A. Hölder, 1887. 8⁰. (35 p.) ℳ 6,—.

—— Schlußwort zu Prof. E. Ray Lankester's Artikel »Limulus an Arachnid« u. die auf denselben gegründeten Prätensionen u. Anschuldigungen. in: Arb. Zool. Instit. Wien, T. 7. 2. Hft. p. 133—138. — Apart: Wien, A. Hölder, 1887. 8⁰. ℳ —, 30.

Nusbaum, Ossip, Къ эмбріологіи *Mysis Chamaeleo* Thompson (Zur Entwicklungsgeschichte d. *Mysis Cham*. Thomp. Mit 8 Taf. u. 3 Holzschn. im Text). in: Записки Новоросс. Общ. Естествоисп. Т. 12. Вып. 1. p. 149—236.

—— L'embryologie de *Mysis chamaeleo* (Thompson). Avec 8 pl. (Fin.) in: Arch. Zool. Expérim. (2.) T. 5. No. 1. p. 123—144. No. 2. p. 145—202.

Koehler, R., Recherches sur la structure du cerveau de la *Mysis flexuosa*. Avec 2 pl. in: Ann. Sc. Nat. Zool. (7.) T. 2. No. 3/4. p. 159—188.

Schimkewitsch, Wlad., Über eine von Dr. Korotnew auf den Sunda-Inseln gefundene Pantopoden-Form [*Nymphopsis Korotnewi* n. sp.]. Mit 1 Taf. in: Zool. Jahrbb. (Spengel), 3. Bd. 1. Hft. p. 127—133.

Barrois, Th., Note sur quelques points de la morphologie des *Orchesties*, suivie d'une liste succincte des Amphipodes du Boulonnais. Avec fig. et pls. Lille, 1887. 8⁰. (20 p.)

—— *Palaemonetes varians*. Abstr. in: Journ. R. Microsc. Soc. London, 1887. P. 4. p. 586—587.
(Bull. Soc. Zool. France.) — s. Z. A. No. 255. p. 357.

Parker, T. Jeffery, Remarks on *Palinurus Lalandii*, M. Edw., and *P. Edwardsii*, Hutton. With 1 pl. in: Trans. N. Zeal. Instit. Vol. 19. p. 150—155.

Cornish, Thom., Livid Swimming Crab [*Portunus marmoreus*] at Penzance. in: The Zoologist, (3.) Vol. 11. Aug. p. 309—310.

de Man, J. G., Übersicht der indo-pacifischen Arten der Gattung *Sesarma* Say, nebst einer Kritik der von W. Hess und E. Nauck in den Jahren 1865 und 1880 beschriebenen Decapoden. Mit 1 Taf. in: Zool. Jahrbb. (Spengel), 2. Bd. 3./4. Hft. p. 639—722.
(4 n. sp.)

Packard, A. S., On the *Syncarida*, a hitherto undescribed synthetic group of extinct Malacostracous Crustacea. With 2 pl. in: Mem. Nation. Acad. Sc. Wash. Vol. 3. P. 2. p. 123—128.
(1 n. sp.)

b) **Myriapoda.**

Voges, Ernst, Die Athmungsorgane der Tausendfüßer. II. Mit Abbild. in: Humboldt, 6. Jahrg. 11. Hft. p. 411—414.

Bollmann, Ch. H., New North American Myriapods. in: Entomolog. Amer. Vol. 3. No. 5. p. 81—83.
(5 n. sp.; n. subg. *Paraiulus*, *Archilithobius*.)

Haase, Er., Die indisch-australischen Myriopoden. I. Chilopoden. Mit 6 Taf. in: Abhandl. u. Ber. d. Kön. zool. u. anthrop.-ethnogr. Mus. Dresden, 1886/1887. No. 5. Berlin, R. Friedländer & Sohn, 1887. 4⁰. (118 p.)
(26 n. sp.; n. g. *Otocryptops* [Scolop.].)

McNeill, Jerome, List of the Myriapods found in Escambia County, Florida, with descriptions of six new species. With 1 pl. in: Proc. U. S. Nation. Mus. Vol. 10. 1887. p. 323—327.

—— Descriptions of twelve new Species of Myriapoda, chiefly from Indiana. With 1 pl. ibid. p. 328—334.
(n. g. *Hexaglena*.)

Pocock, R. Innes, On the classification of the Diplopoda. in: Ann. of Nat. Hist. (5.) Vol. 20. Oct. p. 283—295.

Haase, Er., Schlesiens Diplopoda. 2. Hälfte. in: Zeitschr. f. Entomol. (Breslau), N. F. 12. Bd. 1887. p. 1—46.

Plateau, Fél., Observations sur les moeurs du *Blaniulus guttulatus* Bosc et expériences sur la perception de la lumière par ce Myriopode aveugle. in: Soc. Entomol. Belg. Compt. rend. (3.) No. 91. p. LXXXI—LXXXV.

Bollman, Ch. H., Notes on North American *Julidae*. in: Ann. N. York Acad. Sc. Vol. 4. No. 1/2. p. 25—44.
(19 [8 n.] sp.; subg. n. *Pseudojulus*, n. g. *Nannolene*.)

Bollman, Ch. H., Notes on the North American *Lithobiidae* and *Scutigeridae*. in: Proc. U. S. Nation. Mus. Vol. 10. 1887. p. 254—266.
(6 n. s .)

Bell, F. Jeffrey, Habitat of *Peripatus Leuckarti*. in: Ann. of Nat. Hist. (5.) Vol. 20. Sept. p. 252.

Sedgwick, A., Development of Cape Species of *Peripatus*. Abstr. in: Journ. R. Microsc. Soc. London, 1887. P. 4. p. 582—584.
(Quart. Journ. Microsc. Sc.) — s. Z. A. No. 256. p. 374.

Pocock, R. Innes, Description of a new Genus and Species of *Polyzonidae* [*Pseudodesmus*]. With 1 pl. in: Ann. of Nat. Hist. (5.) Vol. 20. Sept. p. 222—226.

Plateau, Fél., Observations sur une grande *Scolopendre* vivante. in: Soc. Entom. Belg. Compt. rend. (3.) No. 89. p. LXX—LXXIV.

Underwood, Lucien M., The *Scolopendridae* of the United States. in: Entomol. Amer. Vol. 3. No. 4. p. 61—65.

Bachelier, Louis, Le *Scolopendre* et sa piqûre. Des accidents qu'elle détermine chez l'homme. Paris, 1887. 8⁰. (56 p.)

Scutigeridae, North American. s. *Lithobiidae*, Ch. H. Bollman.

c) Arachnida.

Lendl, A., Homologues of Arachnid Appendages. Abstr. in: Journ. R. Microsc. Soc. London, 1887. P. 5. p. 747.
(Math. u. Nat. Ber. aus Ungarn.) — s. Z. A. No. 256. p. 374.

Koch, L., Die Arachniden Australiens, nach der Natur beschrieben und abgebildet. Fortgesetzt von Graf E. Keyserling. 36. Lief. Nürnberg, Bauer & Raspe, Em. Küster, 1887. 4⁰. *M* 9,—. (p. 193—232, Taf. XVII—XX.)
(17 n. sp.)

Simon, E., Arachnides recueillis à Obock en 1886 par Mr. le Dr. L. Faurot. in: Bull. Soc. Zool. France, Vol. 12. P. 2/4. p. 452—455.
(2 n. sp.)

—— Liste des Arachnides recueillis en 1881, 1884 et 1885, par Mr. J. de Guerne et C. Rabot, en Laponie (Norvège, Finlande et Russie). in: Bull. Soc. Zool. France, Vol. 12. P. 2/4. p. 456—465.
(2 n. sp.)

Thorell, T., Primo Saggio sui ragni Birmani. Viaggio di L. Fea in Birmania e regioni vicine. II. Genova, 1887. 8⁰. (417 p.) Estr. dagli Ann. Mus. Civ. Stor. Nat. Genova, (2.) Vol. 5.
(145 [90 n.] sp.; n. g. *Camptotursus*, *Aracus*, *Phanoptilus*, *Atalia*, *Ascena*, *Philoponus*, *Seramba*, *Camaricus*, *Ocylla*, *Massuria*, *Rhynchognatha*, *Zantheres*, *Stasippus*, *Telamonia*.)

Gourret, Paul, Recherches sur les Arachnides tertiaires d'Aix en Provence (1. partie). Avec 4 pl. in: Rec. Zool. Suisse, T. 4. No. 3. p. 431—496.
(23 n. sp.; n. g. *Megameropsis*, *Pseudopachygnathus*, *Attopsis*, *Lycosoides*, *Protolycosa*, *Amphithomisus*, *Pseudothomisus*, *Cercidiella* *Eresoides*, *Herselioides*, *Amphiclotho*, *Protolachesis*, *Clubionella*, *Protochersis*, *Prodysdera*, *Amphitrogulus*, *Phalangillum*.)

Goyen, P., Descriptions of [6] new Spiders. in: Trans. N. Zeal. Instit. Vol. 19. p. 201—212.

Urquhart, A. T., On new Species of Araneidea. With 2 pl. in: Trans. N. Zeal. Instit. Vol. 72—118.
(38 sp., all new.)

Loman, J. C. C., Morphological Significance of so-called Malpighian Vessels of two Spiders. in: Tijdschr. Nederl. Dierk. Vereen. D. 1. (1886—1887.) p. 109 —113. — Abstr. in: Journ. R. Microsc. Soc. London, 1887. P. 4. p. 584.
Schneider, Aimé, Système stomato-gastrique des Aranéides. Avec 2 pl. in: Tablett. Zoolog. T. 2. No. 1/2. p. 87—94.
van Hasselt, A. W. M., (Uitwendige Generatie-organen bij de Spinnen-wijfjes). in: Tijdschr. v. Entom. Nederl. Entom. Vereen. 29. D. 2. Afl. Versl. p. XCVII—C.

II. Wissenschaftliche Mittheilungen.

1. Über die Hautsinnesorgane der Insecten.

Vorläufige Mittheilung.

Von Otto vom Rath, in Straßburg i/E.

(Schluß.)

Bei Grylliden sah ich an der Antenne ziemlich große Kegel an der Oberfläche vertheilt, und außerdem einfache Chitingruben mit je einem kleinen Sinneskegel; die Gruppe der Sinneszellen wurde hier wie dort auf Schnitten nachgewiesen. Bei den Fühlern von *Blatta* und *Periplaneta* fanden sich nur die Sinneskegel und fehlten die Chitingruben. Die Palpen der Grylliden und Locustiden zeigen ein mit vielen kurzen Sinnesborsten besetztes Chitinfeld; bei *Periplaneta* liegt dasselbe auf der Palpe der Unterlippe an der Spitze des Endgliedes, auf der Palpe der Maxillen an der etwas concaven inneren Fläche des Endgliedes. Auch sind noch zahlreiche lange spitze Sinneshaare an anderen Theilen der Maxillen und Unterlippe vorhanden, zu welchen deutliche Gruppen von Sinneszellen gehören und welche vielleicht als Tastorgane dienen. Eben so bemerkte ich bei den meisten Orthopteren an der Zunge und der Unterseite der Maxillen z. B. bei *Locusta*, *Periplaneta* und *Forficula* eine Anzahl winzig kleiner Kegel, welche der Lage nach an diejenigen der Hymenopteren erinnern, und, wie ich vermuthe, ebenfalls Sinneskegel sind. Wahrscheinlich wäre unter den Sinnesorganen auch das eigenthümliche rundliche Feld aufzuzählen, welches bei *Periplaneta* und *Blatta* neben der Einlenkungsstelle der Antenne liegt; dasselbe erscheint schon bei der Betrachtung mit bloßem Auge als weißer Fleck, und erinnert seiner Lage nach an das hufeisenförmige Organ bei *Glomeris*. An den Caudalanhängen bei *Periplaneta* und Grylliden fand ich zwischen den gewöhnlichen Haaren lange, sehr feine Haare zerstreut, unter welchen ich jeweilig eine einzige große Zelle erkannte, die ich ihrem Habitus nach für eine Sinneszelle halten möchte.

Neuroptera und *Trichoptera*. Bei *Sialis*, *Panorpa* und *Phryganea* sah ich nur kegelförmige Sinneshaare auf der Antennenfläche stehen. Chitingruben mit Sinneskegeln konnte ich nicht bemerken. Die Palpen von *Panorpa* haben auf ihrer Spitze eine Gruppe sehr kleiner Kegel.

Bei *Sialis* fand ich auf den Palpen der Unterlippe wie der Maxillen auf der Innenseite des concav eingebuchteten Endgliedes, nahe an der Spitze, eine mit kleinen Kegeln bedeckte Ausstülpung; eben solche kleine Kegel entdeckte ich auf dem Lobus externus der Maxille desselben Thieres, und zwar auf der etwas gewölbten Vorderfläche und an der Außenseite; alle diese Gebilde habe ich auf Schnitten untersucht und die dazu gehörigen Sinneszellengruppen nachweisen können.

Strepsiptera. Auf der Antenne eines *Stylops*-Männchen sah ich eine große Anzahl einfacher, kleiner Chitingruben mit je einem Haargebilde. Auf Schnitten habe ich die *Stylops*-Antenne nicht untersuchen können, da ich nur ein in Canadabalsam eingeschlossenes Exemplar zur Verfügung hatte.

Aptera und *Hemiptera.* Auf den Antennen von *Pyrrhocoris aptera* bemerkte ich nur auf der Fläche stehende Sinneskegel von verschiedener Größe, deren zugehörige Sinneszellengruppen ich auf Schnitten deutlich erkannte. Bei demselben Thiere fand ich auf der Spitze des Rüssels (Unterlippe) eine Gruppe kleiner Kegel, deren langgestreckte Sinneszellengruppen zu einem Complex vereinigt sind. Bei *Haematopinus suis*, so wie bei *Pediculus vestimenti* stehen auf der Spitze des Endgliedes der Antenne Gruppen von Kegeln; außerdem bemerkte ich auf den Fühlern einige wenige Chitingruben mit je einem Sinneskegel.

Diptera. Die Mannigfaltigkeit der Chitingruben mit Sinneskegeln auf der Antenne sowohl der *Nematocera* als der *Brachycera* ist eine ganz außerordentliche, sowohl was die äußere Form der Gruben, als die Zahl der Sinneskegel angeht. Auf derselben Antenne kommen neben großen Gruben mit vielen Kegeln oft einfache Chitingruben mit nur einem Sinneskegel vor. Manchmal ist die Einsenkung der Grube nur unbedeutend, und kommt die Tiefe derselben durch Erhöhung der Ränder zu Stande. Es finden sich Gruben mit wenigen Kegeln, welche einen Übergang von den einfachen Gruben zu den großen blasenförmigen vermitteln. Die großen Gruben mit vielen Sinneskegeln sind auf den Antennen der Fliegen bald in der Einzahl, bald in größerer Zahl vorhanden. Von den Palpen der Dipteren will ich nur diejenigen von *Bibio* erwähnen, wo ich außer Sinneshaaren, die über die sämmtlichen Glieder der Palpe vertheilt sind, am dritten Gliede Chitingruben mit mehreren Sinneskegeln gefunden habe. Die kleinen Kegel auf dem Labellenkissen bei *Musca* zwischen den Pseudotracheen sind schon von Kraepelin[9] beschrieben und als Geschmacksorgan gedeutet worden.

---

[9] Kraepelin, Zur Kenntnis der Anatomie und Physiologie des Rüssels von *Musca*. Zeitschr. f. wiss. Zool. 39. Bd. 1883.

Ob die von Kraepelin als Drüsenhaare bezeichneten Haargebilde, die gleichfalls auf dem Fliegenrüssel vorkommen, nicht auch als Sinnesorgane, etwa als Tastorgane, aufzufassen sind, möchte ich hier nicht entscheiden. Stets ist ein Nerv deutlich wahrnehmbar, welcher an die Zellengruppe antritt, die an der Basis dieser Haare gelegen ist.

Lepidoptera. Wie bei den Dipteren ist auch bei den Lepidopteren die große Mannigfaltigkeit der Chitingruben auf den Antennen zu constatiren. Die Chitingrube ist mehr oder weniger tief; manchmal ragt der Sinneskegel kaum bis zur halben Höhe der Grube hinauf, und sind eigenthümliche, reusenartig nach der Mündung der Grube hin convergirende, haarartige Fortsätze vorhanden, die ohne Zweifel das Eindringen von fremden Körpern verhindern sollen. Bei einigen Species von *Bombyx* trifft man außer den einfachen Gruben mit einem Sinneskegel, die über die ganze Antenne vertheilt sind, am Vorderrande jedes Gliedes einige große Chitingruben mit vielen Sinneskegeln. Außer den Gruben fand ich hin und wieder zwischen dem meist sehr dichten Haarkleide stehende lange, blasse Sinnesborsten. Vor Allem beansprucht die Lepidopterenpalpe ein besonderes Interesse, da ich an der Spitze sämmtlicher untersuchter Tagfalter, Schwärmer und Nachtfalter eine große, meist flaschenförmige Grube mit vielen Sinneskegeln im Grunde wahrnahm. Die Grubenöffnung ist von dicht stehenden Schuppen umstellt und ist der Grubenhals mit schräg nach vorn gerichteten gewöhnlichen Haaren reichlich besetzt, so daß die Grube gegen störende Einflüsse von außen gut geschützt wird. Zu den Sinneskegeln der Grube gehört je eine einzige große Sinneszelle, welche zwischen den Hypodermiszellen gelegen ist; an der Grube vertheilt sich ein sehr starker Nerv.

Coleoptera. Auf den Antennen der Käfer fand ich auf der Fühlerfläche stehende Sinneskegel und Sinnesborsten, ferner Chitingruben mit einem Sinneskegel, sodann »vergesellschaftete Gruben« mit einem Complex von gemeinsam in die Antenne eingesenkten Einzelgruben und schließlich Membrancanäle. Bei *Cetonia* kommen einfache Chitingruben mit einem kleinen Sinneskegel neben Membrancanälen vor; letztere Organe sind aber bei Weitem am häufigsten. Bei *Melolontha* ist die äußere Form der einfachen Chitingruben eine sehr verschiedene. Bei *Geotrupes* bemerkte ich nur Sinneskegel, die einem weiten, nach vorn verbreitertem Porencanal aufsitzen, während bei *Necrophorus* zu den Sinneskegeln ein ganz enger Porencanal gehört. In allen diesen Fällen sind Sinneszellen nachgewiesen. In gewissen grubenförmigen Durchbrechungen der Cuticula der Antenne, z. B. bei *Necrophorus,* fehlt das Haargebilde, und die unterhalb der Grube gelegenen größeren Zellen mit undeutlichen Kernen erinnern dem Habitus nach mehr an

Drüsenzellen als an Sinneszellen; ich möchte daher keine Sinnesfunction vermuthen. Auf sämmtlichen Palpen der Käfer fand ich auf der Spitze des Endgliedes ein mit mehr oder weniger großen Kegeln besetztes Sinnesfeld, dessen Lage und Form mit der Form des Endgliedes der Palpe wechselt. Dasselbe trägt bei *Melolontha*, *Cetonia*, *Chrysomela*, *Staphylinus* und anderen nur verhältnismäßig wenige Kegel, während es bei *Carabus* sowohl an den Palpen der Unterlippe, als der Maxillen mit einer außerordentlich großen Anzahl kleiner Kegel besetzt ist. Bei *Coccinella* trägt die Spitze der Palpe der Unterlippe nur wenige Kegel, hingegen erscheint das keulenförmig verbreiterte Endglied der Palpe der Maxille mit unzähligen, winzig kleinen, blassen Kegeln wie übersät. Da die Kegel mancher Palpen sehr gedrängt stehen, so erscheinen die Sinneszellengruppen der einzelnen Kegel in der oben genauer bezeichneten Weise zusammengelagert. In einzelnen Fällen bemerkte ich, daß die starken Haare auf den Maxillen z. B. bei *Coccinella* je mit einer deutlichen Gruppe von Sinneszellen versorgt werden, wie die Haare der Maxillen bei Orthopteren und Hymenopteren.

Bei Käferlarven tragen die Palpenspitzen ebenfalls eine Gruppe von Kegeln; ich untersuchte auf Schnitten die Palpen der Unterlippe und eben so der Maxille der Larve von *Tenebrio molitor*. Die Sinnesorgane erinnern sehr an die oben erwähnten Aufsätze der Palpen von *Forficula*.

Hymenoptera. Auf den Antennen findet man außer gedrungenen Sinneskegeln, die bei *Vespa* eine deutliche Öffnung zeigen, blasse, spitz endigende Sinneshaare und in großer Anzahl Membrancanäle. Was die bei Ameisen und Hummeln beschriebenen Forel'schen Flaschen angeht, so bin ich geneigt, dieselben wie Kraepelin für Ausführungsgänge von Drüsenzellen zu halten; die an der Basis dieser Chitinröhren gelegenen Zellen haben nicht den Habitus von Sinneszellen und konnte ich nie einen Nerven an diese Zellen antreten sehen. Über die Champagnerpfropforgane will ich noch keine bestimmte Ansicht aussprechen und nur erwähnen, daß Kraepelin dieselben den Gruben mit Kegeln der übrigen Insecten anreihen möchte.

Auf den Palpen der Ichneumoniden, Wespen und Ameisen fand ich außer den gewöhnlichen Haaren blasse längere Sinneshaare, mit je einer deutlichen Sinneszellengruppe. Die auf der Unterseite der Maxillen und der Zunge von Forel und Will bei Hymenopteren beschriebenen Sinneskegel habe ich ebenfalls auf Schnitten untersucht, und kann ich die Angaben der genannten Autoren im Großen und Ganzen bestätigen.

Kraepelin fand bei *Bombus* außer den Tastborsten eigenthümliche keulenförmig endigende Borsten an der Spitze des Rüssels, im sogenannten Löffelchen, die er als Geruchs- oder Geschmacksorgane in Anspruch nehmen möchte. Ich habe den nervösen Endapparat dieser Sinneshaare nicht auf Schnitten verfolgt.

Die vorstehenden anatomischen Angaben, insbesondere der Nachweis der Sinnesorgane der Palpen, scheinen mir für das Verständnis der über Geruchs- und Geschmacksempfindung der Insecten vorliegenden physiologischen Versuche besonders wichtig zu sein. Ich habe mich mit physiologischen Experimenten nicht beschäftigt, und möchte hinsichtlich der physiologischen Deutung nur das hervorheben, daß die anatomische Lage der Sinneshaare manchmal ihre Verwendbarkeit als Tastorgane ausschließt, und auch eine Geschmacksfunction unwahrscheinlich erscheinen läßt; dies gilt insbesondere von den Sinneskegeln, welche in tiefen Chitingruben stehen, wie sie auf den Antennen bei Dipteren und Lepidopteren beobachtet sind, am sichersten aber von den vielen, Sinneskegel enthaltenden flaschenförmigen Organen der Palpen der Lepidopteren; diese können wohl nur Geruchsorgane sein.

Zoologisches Institut der Universität Straßburg, den 24. October 1887.

2. Diagnoses Reptilium Novorum ab ill. viro Paul Hesse in finibus fluminis Congo repertorum.

Auctore Dr. O. Boettger, Francofurti ad Moenum.

eingeg. 1. November 1887.

Amphisbaenidae.

Monopeltis Boulengeri n. sp.

Valde affinis *M. Guentheri* Blgr., sed rostro distincte minus acutato, scutis in regione oculi ternis nec binis, i. e. praeoculari altiore, oculari latiore, postoculari minuto; oculus nullo modo perspicuus. Annuli corporis 250, caudae 28. Annulus quisque in medio corpore supra 22, infra 16 segmentis compositus. — Flavido-alba, scutis capitis flavobrunnescentibus, cauda supra semiannulo parum distincto griseo et apice nigro-cinereo tincta.

Long. tota 187, usque ad anum 165, caudae 22 mm. Lat. corporis 5,5 mm.

Hab. Kinshassa prope Stanley-Pool, Congo (1 spec.).

Scincidae.

Sepsina Hessei n. sp.

Membra parva, tridactyla; anterius $^2/_5$—$^1/_2$ longitudinis posterioris aequans; digitus medius plerumque longior, rarius bini externi aequales. Interparietale multo angustius quam frontale. Squamae in series 20—22 dispositae. Supraocularia 4—4, supraciliaria 5—5, tertio caeteris minore. — Supra griseo-fulva, strigis longitudinalibus tenuibus 12 nigricantibus, ad latera distinctioribus ornata; subtus albida unicolor.

Long. tota 108, 130, capitis usque ad meatum audit. 6,25, 8, trunci 60,25, 64, membri anter. 2, 3,5, membr. poster. 5,5, 7, caudae 41,5, 58 mm. Lat. capitis 5,5, 6 mm. — Ratio long. membr. anter.: poster.: capitis + trunci = 1 : 2 : 20,57 usque ad 1 : 2,75 : 33,33.

Hab. Kinshassa prope Stanley-Pool nec non Povo Netonna et Povo Nemlao prope urbem Banana, Congo (4 spec.).

Anelytropidae.

Feylinia macrolepis n. sp.

Affinis *F. Curror*i Gray, sed scuto frenali nullo, oculari supralabiale secundum nec tertium attingente, squama postoculari inferiore oculare a supralabiali tertio prorsus separante, seriebus longitudinalibus squamarum 18. Differt a *F. eleganti* (Hall.) pariter scuto frenali deficiente. — Brunnea, marginibus squamarum clarioribus, mento gulaque albidis, brunneo maculatis, regione anali alba.

Long. tota 92, 100, usque ad anum 67, 72, caudae 25, 28 mm. Lat. corporis 4,25, 4,5 mm.

Hab. Massabe, Loango (2 spec.).

Typhlopidae.

Typhlops (*Onychocephalus*) *Congicus* n. sp.

Aff. *T. Hallowelli* Jan, sed multo major et magis elongatus, supralabialibus quaternis nec ternis, supraoculari minus angusto; colore et habitu similis *T. mucruso* Pts., sed rostro minus acute marginato, oculis nullo modo perspicuis. — Species magna et crassa, caput collumque distincte minus crassa quam abdomen caudaque; truncus subcompressus; longitudo corporis pro latitudine modica (1/28). Caput depressum, rostro valde protracto, turgidulo, subtruncato, margine rotundato-acuto. Rostrale supra magnum, late ovatum, postice subtruncatum; scuta verticis 7 duplo majora quam squamae corporis. Nares magni, inferi, sulcus nasalis nares non transgrediens, prope basin rostralis in initio supralabialis primi acute terminatus. Nasofrontale, praeoculare, oculare fere aequilata, praeoculari solum parum angustiore. Oculi nulli. Supralabialia 4—4. Series longitudinales squamarum in medio trunco 26, squamae mediae seriei tergi distincte latiores quam caeteri; series transversae 341. Squamae praeanales caeteris vix majores. Cauda brevissima, teres, obtusissime conica, distincte involuta, basi solum 5 seriebus transversis squamarum tecta, apice mucrone brevi, corneo terminata. — Supra ex flavido griseus, suturis scutorum capitis albidis, subtus ex luteo flavescens, undique strigis longitudinalibus parum distinctis griseis, subtus vix conspicuis strigatus.

Long. tota 450, caudae ab ano usque ad apicem 5 mm. Lat. occipitis 10,5 trunci 16, baseos caudae 12,5 mm.

Hab. Povo Netonna prope urbem Banana, Congo (1 spec.).

Elapidae.

Elapsoidea Hessei n. sp.

Differt ab omnibus (3) speciebus generis primo pari infralabialium inter se non contiguo, semiannulis nigris distincte angustioribus quam interstitia grisea. — Superne grisea, fasciis ad ventralia interruptis nigris, leviter albido marginatis, 22 in trunco, 3 in cauda dispositis ornata. Sutura communis parietalium nec non macula singula media inter fascias ad latera ventralium sita nigra.

Squ. 13; G. 1, V. 147, A. 1, Sc. 22/22.

Long. tota 160, capitis ca. 10, trunci 138, caudae 12 mm. Lat. capitis 6,5 trunci 5,5, baseos caudae 4 mm.

Hab. Povo Netonna prope urbem Banana, Congo (1 spec.).

Viperidae.

Atheris laeviceps n. sp.

Differt ab *A. squamigera* Hall. nasali simplici, squamis ca. 10 medii verticis haud carinatis, seriebus binis squamarum infraorbitalium inter oculum et supralabialia positis, seriebus in medio trunco 23—25, scutis ventralibus 154—157, subcaudalibus 49—54.

Squ. 23; G. 3/4, V. 154, A. 1, Sc. 54,
» 25; » 4/4, » 157, » 1, » 1/1 + 48.

Long. tota 594, usque ad anum 495, caudae 99 mm.

Hab. Povo Netonna prope urbem Banana, Congo (2 spec.).

31. Oct. 1887.

3. Zur Kenntnis der Cladonemiden.

Zweite vorläufige Mittheilung.

Von Dr. Clemens Hartlaub, Bremen.

eingeg. 2. November 1887.

Unter den Familien der Craspedoten dürften wohl wenige in solchem Grade geeignet sein unser Interesse zu fesseln, als die der Cladonemiden. Die Beziehungen, welche sie augenscheinlich zu den

Ctenophoren zeigen, die Homologien ferner, die Hæckel[1] und nach ihm Chun[2] auf Grund der merkwürdigen Gattung *Ctenaria* zwischen beiden glaubten annehmen zu dürfen, fordern uns auf, dieser Gruppe eine besondere Beachtung zuzuwenden. Die von den genannten Autoren gezogenen Vergleichungen gewisser Organe der beiden Coelenteraten-Formen bedurften im Einzelnen genauerer Begründung, und es hat sich bereits durch meine Untersuchung der Gattung *Eleutheria*[3] herausgestellt, daß z. B. die von ihnen angestellte Homologisirung der Scheitelhöhle der Cladonemiden und der Trichterhöhle der Ctenophoren, wenigstens was die zuletzt genannte Gattung angeht, durchaus nicht zutrifft. Ich war in der Lage nachzuweisen, daß die Entstehung dieses über dem Magen mancher Cladonemiden gelegenen Raumes nicht die von Hæckel vermuthete sei, sondern bei *Eleutheria* vielmehr sich vom Ectoderm der Subumbrella aus bilde, von einem ectodermalen Epithel ausgekleidet würde und mit der Glockenhöhle durch sechs Canäle in dauernder Verbindung bleibe. Ist nun auch durch diese Beobachtungen eine jener Homologien in Frage gestellt worden, so haben sich doch auch neue ergeben. Sie betreffen die Entstehung der Geschlechtsproducte und den von mir zuerst bei *Eleutheria* und nunmehr auch von *Cladonema* constatirten Hermaphroditismus.

Leider liegen die Verhältnisse für das Studium der Cladonemiden wenig günstig. Von den sieben Gattungen derselben gehören nur vier den europäischen Gewässern an, und von diesen erfreuen sich nur zwei einer größeren Verbreitung. Man ist also vorwiegend auf *Eleutheria* und *Cladonema* angewiesen. Ich habe meine Untersuchung der ersteren Gattung in Villefranche, wo ich von Seiten des Herrn Professor J. Barrois die liebenswürdigste Aufnahme fand, fortzusetzen versucht, muß aber gestehen, daß dieselben nicht eben von Erfolg gekrönt waren. Weder wollte es gelingen, die *Planula*-Larven zu weiterer Entwicklung zu bringen, noch auch die als *Clavatella prolifera* Hinks bekannte Polypengeneration aufzufinden. Auch Herr S. Lobianco in Neapel, der in dankenswerther Weise sich seit zwei Jahren in dieser Richtung bemühte, erhielt nicht ein einziges Exemplar derselben.

Die außerordentliche Seltenheit des Polypen hat vielleicht seinen Grund in der ungemein schwachen geschlechtlichen Vermehrung der Meduse. Ihre Scheitelhöhle dient nicht nur der Brutpflege, sondern zugleich als Gonade, d. h. der Entstehung der Sexualproducte, während die bei andern Anthomedusen und so auch bei *Cladonema* reichlich entwickelten Geschlechtsstoffe am Manubrium gänzlich fehlen. Die

[1] E. Hæckel, Das System der Medusen. Jena, 1879.
[2] C. Chun, Monographie der Ctenophoren. p. 259. Leipzig, 1880.
[3] Cl. Hartlaub, Über den Bau der *Eleutheria*. in: Zool. Anz. No. 239. 1886.

Sexualproducte entstehen somit in einem sehr beschränkten Raume, der obendrein noch als Bruthöhle functionirt, und sind in ihrer Menge dem entsprechend reducirt. Während man bei *Cladonema* eine außerordentlich entwickelte Spermagenese beobachtet, sind rein männliche Exemplare bei *Eleutheria* überhaupt nicht gesehen. Bei den wenigen zwitterigen aber, die man erhält, beschränkt sich die Samenbildung auf einen ganz kleinen Fleck der Bruthöhle (vgl. l. c. Fig.).

Wie bei so geringer Spermaentwicklung die Befruchtung erfolgen möge, bleibt noch dahingestellt. Wahrscheinlich kommt sie durch Selbstbefruchtung oder eine Art von Begattung zu Stande, denn daß sie durch Vermittelung des Seewassers mehr oder weniger dem Zufall überlassen sei, ist kaum annehmbar.

Wir haben jedenfalls in *Eleutheria* ein Thier vor uns, bei welchem die geschlechtliche Vermehrung gegenüber der Knospung in den Hintergrund getreten, ja vielleicht noch in Rückbildung begriffen ist. Dafür spricht sowohl die außerordentlich geringe Menge der Sexualstoffe bei geschlechtsreifen Individuen, als auch der Umstand, daß die Zahl der letzteren einen relativ kleinen Procentsatz bildet und wenigstens die Hälfte auch der ausgewachsenen Individuen selbst zur Hauptfortpflanzungszeit überhaupt keine Bruthöhle besitzt. Letztere ist also — und dies habe ich in meiner letzten Mittheilung genügend hervorzuheben versäumt, — gewissermaßen als ein temporäres Organ aufzufassen. Die Anlage aber der sechs interradiären Canäle, welche sie mit der Glockenhöhle verbinden, entwickelt sich bereits in der Knospe und ist permanent. Die ungeschlechtliche Vermehrung durch Knospung vom Ringcanal ist eine sehr intensive. Auch für die jüngsten Exemplare gilt als Regel, daß zwischen je zwei Tentakeln eine Knospe liegt. Ehe sich diese jedoch ablöst, brechen häufig schon wieder neue hervor, so daß zweie neben einander liegen, ja selbst die Knospen sind im Stande, schon wieder Tochterindividuen zu treiben. Vielleicht dürfen wir die Variabilität der Tentakelzahl darauf zurückführen, daß die Meduse die Tendenz angenommen hat, möglichst viele Knospungspuncte zu erlangen. Die gewöhnliche Tentakelzahl ist sechs, sie kann aber auch bis neun betragen, so daß damit drei Knospungspuncte gewonnen wären. Bei der erwähnten Reducirung der sexuellen Fortpflanzung muß darin für das Thier ein entschiedener Vortheil liegen; eine pernemale Knospung am Ringcanal aber ist vielleicht deshalb ausgeschlossen, weil der Strom der ernährenden Flüssigkeit sich bei dieser Lage zwischen Tentakel und junger Meduse zu theilen hätte.

Ehe ich zu meinen Beobachtungen über *Cladonema*, die den eigentlichen Zweck dieser Zeilen bilden, übergehe, möchte ich mir noch ein Wort über die von Hæckel l. c. eingeführte Systematik der Cladonemiden erlauben. Der Autor zerlegt dieselben in zwei Subfamilien:

I. Pteronemiden.

Vier einfache Radiärcanäle, selten sechs bis acht. Vier Mundlappen (keine Mundgriffel).	*Pteronema* *Zanclea* *Gemmaria* *Eleutheria.*

II. Dendronemiden.

Vier (selten fünf) gabelspaltige Radiärcanäle. Mundgriffel, keine Mundlappen	*Ctenaria* *Cladonema* *Dendronema.*

Wenn wir nun annehmen dürfen, wie es bis jetzt auch geschehen ist, daß die Scheitelhöhlen der Cladonemiden unter sich homologe Bildungen sind, so scheint uns die Frage erlaubt, ob wir nicht diese der systematischen Eintheilung zu Grunde legen müssen, ob wir also nicht die Cladonemiden ohne Scheitelhöhle von denen mit Scheitelhöhle zu trennen haben. Hæckel hielt diese Cavität für einen Rest des Stielcanals der Knospe, legte ihr also eine ontogenetisch ganz untergeordnete Bedeutung bei. Nachdem aber einmal nachgewiesen ist, daß sie eine Bildung durchaus origineller Art ist, eine Erwerbung, die nur ein ganz kleiner Bruchtheil der Medusen besitzt, so scheint es angemessen, diese wenigen wenigstens zusammenzufassen und sie als Subfamilie den Cladonemiden ohne Scheitelhöhle gegenüberzustellen. Demnach würde ich folgende Eintheilung vorschlagen:

Familie Cladonemiden Hæckel.

Erste Subfamilie: Eleutheriden Scheitelhöhle.	*Eleutheria* *Pteronema* *Ctenaria* *Dendronema.*
Zweite Subfamilie: Cladonemiden s. str. Keine Scheitelhöhle.	*Cladonema* *Zanclea* *Gemmaria.*

Meine Untersuchung des *Cladonema* wurde an einem in Neapel von Herrn S. Lobianco conservirten reichen Materiale ausgeführt. Ich konnte die dort so häufige Meduse in Villefranche, wo sie auch vorkommt, nicht erhalten, sammelte aber hier einige Exemplare der Polypengeneration, die sich in einem Aquarium entwickelt hatten. Von diesen unterschieden sich einige dadurch, daß sie nicht vier, sondern fünf Tentakel besaßen, ein Verhalten, das dadurch an Bedeutung gewinnt, daß an den von mir untersuchten Medusen ebenfalls als Grundzahl fünf herrscht. Die dem *Cladonema radiatum* Dujard.[4] von Hæckel l. c. zugeschriebene Variabilität hat sich an meinem Materiale durchaus nicht bestätigt, vielmehr war hier mit nur einer einzigen Ausnahme folgender Character constant:

Manubrium fünfkantig mit fünf perradialen Mundgriffeln und fünf perradialen Aussackungen der Gonade. Fünf Radiärcanäle, von denen sich nach nebenstehendem Schema drei einfach gabelig spalten, so daß acht Canäle zweiter Ordnung in den Ringcanal münden. Acht Tentakel.

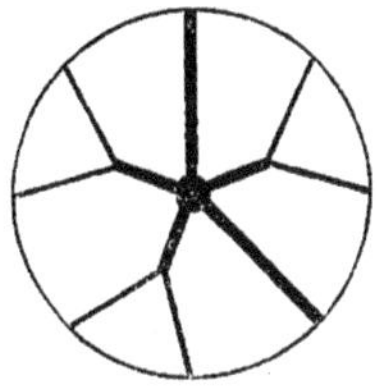

Die erwähnte Ausnahme bildet ein Exemplar mit vierkantigem Manubrium, entsprechend vielen Mundgriffeln und Genitalsäcken, sieben secundären Radiärcanälen und sieben Tentakeln. Die Zahl der primären Radiärcanäle, die ich wegen starker Schrumpfung nicht genau feststellen konnte, wird ohne Zweifel vier betragen haben. Dieses Exemplar, dessen Zahlenverhältnisse übrigens auf keine der von Hæckel l. c. aufgestellten vier Subspecies von *Cladonema radiatum* passen, halte ich der an seinem Manubrium herrschenden Vierzahl wegen für eine Varietät der bekannten Art; die erstere Form dagegen scheint mir in Anbetracht der beständig herrschenden Grundzahl fünf und des Umstandes, daß Polypen mit fünf Tentakeln gefunden wurden, eine noch unbeschriebene eigene Species zu sein. Bei den Hæckel'schen Subspecies aber dürften wohl Beobachtungsfehler eine Rolle spielen; wenigstens gilt dies, wie ich glaube, von *Cladonema Dujardinii* Hæck. mit fünf Gonaden, fünf Mundgriffeln, vier (?) gabelspaltigen Radiärcanälen. Acht Tentakel.

Die Beobachtungen, die ich jetzt mittheilen möchte, betreffen ausschließlich das Manubrium von *Cladonema*. Es hat die Form eines mehr oder minder scharf ausgeprägten Prismas, dessen fünf Kanten perradial gelegen sind, d. h. in die Ebenen der fünf Radiärcanäle erster Ordnung fallen. Man unterscheidet an ihm zwei getrennte Abschnitte, nämlich den Centralmagen und ein schmächtigeres Mundrohr, welches mit fünf ebenfalls perradial gelegenen Mundgriffeln ausgestattet ist und etwa ein Viertel der Totallänge des ganzen Organs besitzt. An der Entwicklung der Sexualproducte betheiligt sich nur die erstere Partie, und zwar wird der Magen, ähnlich dem der Codoniden, von einer zusammenhängenden Gonade umgeben. Die bisherige Auffassung, daß *Cladonema* vier (5) — jedenfalls müßte es für unser Material fünf (4) heißen — getrennte Gonaden besäße, be-

[4] Dujardin, 1843. Ann. d. Sc. Nat. XX. p. 370.

gründet sich darauf, daß das Manubrium in der unteren Gonadenregion fünf (4) sackartige Ausstülpungen bildet, die bei oberflächlicher Betrachtung leicht für einzelne Gonaden gehalten werden können, in Wahrheit aber diese Bedeutung nicht besitzen. Auf Schnitten an jungen Exemplaren zeigt sich deutlich, daß die Sexualzellen-Production an der ganzen Peripherie der unteren Zweidrittel des Centralmagens gleichzeitig gleich stark beginnt, sehr bald aber auch schon das proximale Drittel bis an sein oberes Ende in Mitleidenschaft gezogen wird. Erst mit zunehmender Menge der Sexualstoffe entstehen die fünf perradial gelegenen Ausstülpungen, doch bleibt die Bildung der Geschlechtsproducte zwischen ihnen eher stärker als schwächer.

Den fünf Flächen des Manubriums entsprechen in ihrer Lage fünf entodermale Längsleisten, die gegen das Lumen der Magenhöhle stark vorspringen und fünf perradiale Rinnen zwischen sich lassen, welche ihrerseits am proximalen Ende des Organes in die fünf Radiärcanäle übergehen. Das Lumen des Manubriums ist also überall auf dem Querschnitt ausgeprägt sternförmig, und ganz besonders gilt dies für seinen oralen Abschnitt.

Das Mundrohr, welches sich äußerlich durch den gänzlichen Mangel an Sexualzellen von dem Centralmagen deutlich absetzt, thut dies auch innerlich durch das differente Verhalten seines Entoderms. Die erwähnten Längsleisten sind hier wulstartig verdickt; sie verengen das Lumen stark, und die zwischen ihnen liegenden Rinnen erscheinen als feine Spalten. Auch histologisch ist das Entoderm des Mundrohres in interessanter Weise ausgezeichnet. Am Munde besteht es zunächst aus Drüsenzellen von einem feinkörnigen sich tief färbenden Protoplasma, weiter oberhalb aber fast ausschließlich aus Cnidoblasten, so daß wir die Längsleisten im Mundrohre als fünf Nesselwülste bezeichnen können. An einer von mir geschnittenen Knospe, die bereits die erste Anlage der Tentakel besitzt, ist die Differenzirung dieser Cnidoblastzellen bereits vollzogen, und die innere Auskleidung des Manubriums getrennt in einen proximalen Abschnitt mit typischen Nährzellen und einem oralen, sich anders färbenden Theile, der bereits mit einzelnen Nesselzellen durchsetzt ist. Entodermale Nesselzellen sind ja an sich nichts Ungewöhnliches, dagegen dürfte eine derartige Localisirung, solche entodermale Nesselwülste, wohl ziemlich vereinzelt dastehen. — Ich will bei dieser Gelegenheit eine Thatsache erwähnen, die ebenfalls nicht ohne Interesse ist, die nämlich, daß das Entoderm der Planula von *Eleutheria* eine große Menge Nesselzellen enthält.

Betrachten wir jetzt den proximalen Hauptschnitt des Manubriums, den Centralmagen! Wie schon hervorgehoben wurde, ist derselbe von einer zusammenhängenden Gonade umgeben, die in ihrem unteren Theile fünf perradiale Aussackungen besitzt. Die Eigenthümlichkeiten dieses Geschlechtsorganes sind im Allgemeinen von Weismann[5] beschrieben worden; Beobachtungen, denen ich als Resultat eigner Untersuchung hinzufüge, daß *Cladonema* hermaphroditisch ist.

Der Hermaphroditismus ist ein successiver, und zwar derart, daß die Production der Geschlechtsstoffe sowohl mit dem männlichen, wie mit dem weiblichen Character beginnen kann. In den Zwittergonaden, der auf dem Übergange befindlichen Exemplare, liegen die beiderlei Sexualproducte zuweilen bunt durch einander zerstreut, während in anderen Fällen eine mehr gruppenweise Vertheilung vorherrscht.

Mehrere junge Eizellen von manchmal schon ansehnlicher Größe können zu einer einzigen verschmelzen. Obwohl Fälle, die dies zweifellos bestätigen, nicht selten sind, glaube ich nicht, daß die von Weismann l. c. erwähnten kernartigen Gebilde im Körper der größeren Eizellen Reste von Kernen repräsentiren. Vielmehr dürfte es sich hier wohl um Kunstproducte handeln.

Die Gonade wird stets von hohen Stützzellen des Ectoderms durchsetzt.

Die Spermatoblasten und die oft mitten zwischen ihnen liegenden jüngsten Stadien deutlich erkennbarer Eizellen unterscheiden sich ausschließlich durch ihre Größe. Bei Färbung mit Kleinenberg'schem Haematoxylin oder Boraxcarmin zeigen sie ein feinkörniges Protoplasma und einen klaren, ungefärbt bleibenden Kern mit wandständigem Nucleolus und einer Menge Nucleinkörperchen. In den nicht zwitterigen Gonaden und als fast einzige Form bei den ganz jungen Medusen beiden Geschlechts findet man aber auch Keimzellen verschiedener Größe, die ein gewissermaßen umgekehrtes Verhalten zeigen, indem ihr Kern tief gefärbt ist, während ihr Zellkörper heller bleibt; die letztere Art, aus deren eigener Vermehrung vermuthlich die erstere hervorgeht, interessirt uns besonders aus folgenden Gründen:

Man findet im Entoderm der Magenhöhle unter den gewöhnlichen Nährzellen tief gefärbte Körper, welche mit einer Menge noch tiefer gefärbter Kugeln gefüllt sind. Zwischen diesen Kugeln glaubt man in vielen Fällen deutliche Zellgrenzen wahrzunehmen, so daß dann also die besagten Körper als Zellhaufen und die Kugeln als Kerne aufzufassen sein würden. Das eventuell als Zelle zu betrachtende Gebilde gleicht in Größe und Färbung täuschend den jungen, eben beschrie-

---

[5] A. Weismann, Die Entstehung der Sexualzellen bei den Hydromedusen. Jena, 1883.

benen Keimzellen. Zuweilen liegen einzelne von ihnen frei neben dem Zellhaufen, wie von diesem abgelöst. Auch findet man gelegentlich unzweifelhafte Eizellen im Entoderm. Ferner sind die betreffenden entodermalen Zellhaufen stets in ihrer Lage an die Sexualproducte geknüpft. Dieses Verhältnis zeigt sich namentlich eclatant bei den allerjüngsten Exemplaren, bei denen der oberste Abschnitt des Manubriums noch keine Geschlechtsproducte entwickelt. Hier entbehrt auch das Entoderm jener Zellhaufen fast vollständig, an denen es später eben so reich ist wie das übrige; das dorsale Entoderm aber bleibt immer fast ganz frei von ihnen.

Eine der Keimzellenbildung vorausgehende Wucherung von noch indifferentem Ectodermmaterial findet weder bei *Cladonema* noch auch vor Allem bei *Eleutheria* statt, bei welcher letzteren das Entoderm jene Zellhaufen ebenfalls besitzt, wenn auch, — ganz im Verhältnis zu der viel geringeren Production von Geschlechtsstoffen, — in viel kleinerer Menge. Habe ich früher die Entstehung der Sexualproducte bei *Eleutheria* dem ectodermalen Epithel der Scheitelhöhle zugeschrieben, so beruhte dieses Urtheil ausschließlich auf Analogisirung mit dem Verhalten der übrigen Craspedoten, aber durchaus nicht auf irgend welcher Beobachtung. Die genannten Verhältnisse bei *Cladonema* und eine nochmalige Vergleichung der *Eleutheria* aber zwingen mich einstweilen zu dem Glauben, daß die Sexualzellen der Cladonemiden nicht im Ectoderm, sondern im Entoderm entstehen. Sollte die Fortsetzung meiner Studien dies bestätigen, so ständen wir vor einer weiteren Übereinstimmung mit den Ctenophoren.

Nizza, Pension Suisse.

III. Mittheilungen aus Museen, Instituten etc.

1. Zoological Society of London.

15th November, 1887. — The Secretary read a report on the additions that had been made to the Society's Menagerie during the months of June, July, August, September, and October, 1887, and called attention to certain interesting accessions which had been received during that period. Amongst these were specially noted a Red-and-White Flying Squirrel (*Pteromys alborufus*), from the province of Szechuen, in the interior of China, presented by Percy Montgomery, Esq., of Ichang, China; and an Urva Ichneumon (*Herpestes urva*) and a young male Gorilla (*Anthropopithecus gorilla*), being the first Gorilla acquired by the Society, obtained by purchase. — A communication was read from Herr W. v. Nathusius, of Königsborn, on *Symbiotes equi*, a parasite of the horse, causing what is called "greesy-foot", of which he sent specimens for exhibition. — The Secretary read a letter addressed to him by Dr. Emin Pacha, dated Wadelai, 15th April, 1887, referring to some communications which he was proposing to offer to the Society. — A letter was read from Surgeon-General George Bidie, C.M.Z.S., referring to a case of the breeding of the Elephant in captivity. — Prof. Bell made some observations on the "British Marine Area", as proposed to be defined by the Committee of the British Association. Prof. Bell opposed the idea of omitting the Channel Islands from the British area. — Prof. A. Newton, F.R.S., exhibited (on behalf of Mr. W. Eagle Clarke) a specimen of Bulwer's Petrel (*Bulweria columbina*), believed to have been picked up dead in Yorkshire. — Mr. H. E. Dresser exhibited (on behalf of Lord Lilford) specimens of a new species of Titmouse allied to the Marsh-Tit (*Parus ater*), obtained by Dr. Guillemard in Cyprus, which he proposed to designate *Parus cypriotes*. — Mr. Boulenger exhibited a living specimen of a rare African Batrachian (*Xenopus laevis*), which had been sent to him by Mr. Leslie, F.Z.S., of Port Elizabeth. — Prof. Flower exhibited a photograph of a specimen of Rudolphi's Whale (*Balaenoptra borealis*), taken in October last, in the Thames near Tilbury. — Mr. G A. Boulenger, F.Z.S., read an account of the Reptiles and Batrachians collected by Mr. H. H. Johnston on the Rio del Rey, West Africa. Amongst these were examples of two species of Batrachians new to science. — Mr. Edgar A. Smith read some notes on three Species of Shells obtained by Mr. H. H. Jobnston at the Rio del Rey, Cameroons. — Mr. A. G. Butler, F.L.S., read a paper containing an account of two small Collections of African Lepidoptera obtained by Mr. H. H. Johnston at the Cameroons and the Rio del Rey. — A communication was read from Mr. G. E. Dobson, F.R.S., on the genus *Myosorex*. The paper contained the description of a new species from the Rio del Rey (Cameroons) district, which he proposed to call *Myosorex Johnstoni*, after Mr. H. H. Johnston, who had sent home the specimens. — Mr. G. A. Boulenger gave the description of a new species of *Hyla* from Port Hamilton, Corea, living in the Society's Gardens, which he proposed to name *Hyla Stepheni*, after its discoverer. — P. L. Sclater, Secretary.

2. Linnean Society of London.

17th November, 1887. — There was exhibited for Surg. Gen. Bidie of Madras a photograph of the Indian Elephant in coitu, taken at Thayetmys, Burmah. This disposes of the traditional statements of the old traveller De Varthema and others as to the unusual position in the act of copulation which in fact as is shown by the photograph is as in other Pachyderms. — A paper was read by Mr. Patrick Geddes, on certain Factors of Variation in Plants and Animals. In this part of the memoir he more especially dealt with plants and the shortening of the axes in leaf and flower etc. According to him the origin of species is to be found in soil and climate on the one hand, and in a more or less distinct ebbing of the vegetative activities back from the growing point. Modification by descent is seen to take place along a definite line of change within which the action of natural selection can at best somewhat accelerate its journey, when it does not actually retard or exterminate it. — There followed a communication on the Copepoda of Madeira and the Canary Islands, with descriptions of new genera and species of Mr. Isaac C. Thompson. Sixty five species in all were obtained. Of these six are new to science and three are possibly of generic significance. Of the total number twenty three are known in British Waters, and of these fourteen belong to the family *Harpacticidae.* The material from the various islands shows considerable identity of species obtained but their numbers vary greatly in the different islands.

1st Dec., 1887. — There was exhibited for Mr. O. Fraser of Calcutta a specimen of a supposed weather worn seed of a palm, picked up on the Madras Coast. Opinions given referred it to the consolidated roe of a fish, doubts being thrown on its vegetable nature. — Sir John Lubbock read a paper in continuation of his previous memoirs, on ,,The Habits of Ants, Bees, and Wasps''. He said that it was generally stated that our English slave-making ant (*Formica sanguinea*), far from being entirely dependent on their slaves, as was the case with *Polyergus rufescens*, the slave-making ant ,,par excellence'', was really able to live alone, and that the slaves were only, so to say, a luxury. Some of his observations appeared to throw doubt on this. In one of his nests the ants were prevented from making any fresh capture of slaves. Under these circumstances, the number of slaves gradually diminished, and at length the last died. At that time there were some 50 of the mistresses still remaining. These, however, rapidly died off, until at the end of June, 1886, there were only six remaining. He then placed near the door of the nest some pupæ of *Formica fusca*, the slave ant. These were at once carried in, and soon came to maturity. The mortality among the mistresses at once ceased, and from that day to this only two more have died. This seems to show that the slaves perform some indispensable function in the nest, though what that is still remains to be discovered. As regards the longevity of ants, he mentioned that the old queen ant, which had more than once been mentioned to the Society, was still alive. She must now be fourteen years old, and still laid fertile eggs; to the important physiological bearing of which fact he called special attention. He discussed the observations and remarks of Graber as regards the senses of ants, with special reference to their sensibility towards the ultra violet rays, and referred to the observations of Forel, which confirmed those he had previously laid before the Society. Professor Graber had also questioned some of his experiments with reference to smell. He, however, maintained the accuracy of his observations, and pointed out that Graber had overlooked some of the precautions which he had taken; his experiments seemed to leave no doubt as to the existence of a delicate sense of smell among ants. As regards the recognition of friends, he repeated some previous experiments with the same results. He took some pupæ from one of his nests (A) and placed these under charge of some ants from another nest (B) of the same species. After they had come to maturity he placed some in nest A and some in nest B. Those placed in their own nest were received amicably, those in the nests of their nurses were attacked and driven out. This showed that the recognition is not by the means of a sign or password, for in that case they would have been recognised in nest B and not in nest A. Dr. Wassmann had confirmed his observations in opposition to the statement of Lespès, that white ants are enemies to those of another nest, even belonging to the same species; the domestic animals, on the other hand, can be transferred from one nest to another, and will be amicably received. In conclusion, he discussed the respective functions of the eyes and ocelli, and referred to several other observations on various interesting points in the economy of the Social Hymenoptera. — J. Murie.

Druck von Breitkopf & Härtel in Leipzig.

Zoologischer Anzeiger

herausgegeben

von Prof. **J. Victor Carus** in Leipzig.

Verlag von Wilhelm Engelmann in Leipzig.

X. Jahrg. | 29. December 1887. | No. 268.

Inhalt: I. **Litteratur.** p. 661—674. II. **Wissensch. Mittheilungen.** 1. **P. u. F. Sarasin,** Knospenbildung bei Seesternen. 2. **Beddard,** On the so called prostate glands of the *Oligochaeta.* 3. **Beddard,** Note on the Reproductive organs of *Moniligaster.* 4. **Vejdovský,** Das larvale und definitive Excretionssystem. 5. **Schill,** Antony van Leeuwenhoek's Entdeckung der Microorganismen. III. **Mittheil. aus Museen, Instituten etc.** 1. **Zoological Society of London.** 2. **Linnean Society of New South Wales.** IV. **Personal-Notizen.** Necrolog.

I. Litteratur.

1. Geschichte und Litteratur.

Laboulbène, A., Harvey et la circulation du sang. in: Revue scientif. (3.) T. 40. No. 22. p. 673—687.

Bibliotheca Zoologica II. Verzeichnis der Schriften über Zoologie, welche in den periodischen Werken enthalten und vom Jahre 1861—1880 selbständig erschienen sind. Bearbeitet von O. Taschenberg. 4. Lief. Sign. 121—160. Leipzig, W. Engelmann, 1887. 8°. (p. 961—1280.) ℳ 7,—.

Pauly, A., Bericht über die Veröffentlichungen auf forstzoologischem Gebiete während des Jahres 1886. Sep.-Abdr. aus: Allg. deutsch. Forst- u. Jagdzeitg. (Lorey und Lehr.) 1887. Dec. (9 p.) 4°.

2. Hilfsmittel und Methode.

Schulze, F. E., Eine von Hrn. Westien in Rostock angefertigte Doppelloupe. in: Sitzgsber. Ges. Nat. Fr. Berlin, 1887. No. 8. p. 146—147.

—— Über eine binoculäre Präparirloupe. in: Tagebl. 60. Vers. deutsch. Naturf. No. 5. p. 112.

Selenka, Em., Die elektrische Projectionslampe. Mit Abbild. Aus: Sitzgsber. phys.-med. Soc. Erlangen, 19. Hft. Jan. 1887. (8 p.)

Pouchet, G., et .. Chabry, Sur un filet fin de profondeur. Avec fig. Extr. des Compt. rend. Soc. Biol. Paris, 1887. (Oct., Nov.) (3 p.)

3. Sammlungen, Stationen, Gärten etc.

Report, Annual, of the Curator of the Museum of Comparative Zoology at Harvard College, to the President and Fellows of Harvard College for 1886—1887. (Cambridge), 1887. 8°. (35 p.)

McIntosh, W. C., Report on the St. Andrews Marine Laboratory. No. IV. from 1. Jan. 1886 to 31. Dec. 1886. in: Fifth Rep. Fishery Board for Scotland, Appendix F. No. XV. p. 354—360.

Mitsukuri, Kakichi, The Marine Biological Station of the Imperial University at Misaki. With 2 pl. in: The Journ. Coll. Sc. Imp. Univers. Japan, Vol. 1. P. 4. p. 381—384.

4. Zeit- und Gesellschaftsschriften.

Aarsberetning, Bergens Museum, for 1886. Bergen, Joh. Grieg's Bogtrykk., 1887. 8⁰. (Tit., Inh., 288 p., 25 Taf.)

Actas de la Academia Nacional de Ciencias de la República Argentina en Córdoba. T. 5. Entr. 3. Buenos Aires, 1886. 4⁰.

Archives Italiennes de Biologie ... sous la dir. de A. Mosso. T. 8. Fasc. 3. Turin, H. Loescher, 1887. 8⁰.

Bollettino dei Musei di Zoologia ed Anatomia comparata della R. Università di Torino. Vol. 2. No. 30. 31. 32. Torino, 1887. 8⁰.

Bulletin de la Société Belge de Microscopie. 14. Année. No. 1. (12 Nos.) Bruxelles, Manceaux, 1887. (Oct.) 8⁰.

Bulletin of the California Academy of Sciences. Vol. 2. No. 7. June, 1887.

Bulletin of the Washburn College Laboratory of Natural History. Vol. 2. No. 8. Topeka, Kausas, 1887. 8⁰.

Jahrbuch, Morphologisches. Hrsg. von C. Gegenbaur. 13. Bd. 2. Hft. Mit 8 Taf. u. 13 Figg. Leipzig, W. Engelmann, 1887. 8⁰. ℳ 15,—.

Jahrbücher des Nassauischen Vereins für Naturkunde. Hrsg. von Arn. Pagenstecher. 40. Jahrg. Mit 6 Taf. Wiesbaden, Niedner, 1887. 8⁰. (IV, 349 p.) ℳ 7,—.

Jahrbücher, Zoologische. Abtheilung für Systematik, Geographie und Biologie der Thiere. Hrsg. von J. W. Spengel. 3. Bd. 1. Hft. Mit 5 Taf. u. 8 Holzschn. Jena, G. Fischer, 1887. 8⁰. ℳ 8,—,

Jahresbericht der naturforschenden Gesellschaft Graubündens. N. F. 30. Jahrg. 1885—1886. Chur, Hitz in Comm., 1887. 8⁰. (XXXII, 216 p.) ℳ 3,—. (Nebst Inhaltsübersicht der Berichte 21.—30.)

Journal, The, of the College of Science, Imperial University, Japan. Vol. 1. P. 4. Tokio, Japan, 1887. 4⁰.

Mémoires de l'Académie des sciences, belles-lettres et arts de Clermont-Ferrand. T. 28. (59. Vol. de la Collection des Annales.) Année 1886. Clermont-Ferrand, Bellet et fils., 1887. 8⁰. (595 p.)

Mémoires de l'Académie des Sciences et Lettres de Montpellier (Section des Sciences). T. 11. 1. Fasc. Ann. 1885—1886. Montpellier, Boehm, 1887. 4⁰. (242 p., pls.)

Mémoires de la Société archéologique, artistique, littéraire et scientifique de l'arrondissement de Valognes. T. 4. (1885—1886.) Valognes, 1887. 8⁰. (143 p.)

Mémoires de la Société d'archéologie, littérature, sciences et arts des arrondissements d'Avranches et de Mortain. T. 8. Avranches, 1887. 8⁰. (XVI, 351 p.)

Procès-verbaux des séances de la Société des lettres, sciences et arts de l'Aveyron. XIV. Du 29. Juin 1884 au 20 Mars 1887. Rodez, 1887. 8⁰. (225 p.)

Revista Cientifica mensual de la Universidad Central de Venezuela. Año 1. T. 1. No. 1. 2. [Sept. Oct.] Caracas, 1887. 4⁰.

Sitzungsberichte der Kaiserlichen Akademie der Wissenschaften. Math.-naturw. Cl. 95. Bd. 1. Abth. 1./5. Hft. 1887. Mit 12 Taf. u. 1 Tabelle. Jan. bis Mai. Wien, C. Gerold's Sohn in Comm., 1887. 8⁰. ℳ 9,—.

Tageblatt der 60. Versammlung deutscher Naturforscher und Aerzte in Wiesbaden vom 18. bis 24. September 1887. Red. von W. Fresenius und Em. Pfeiffer. Wiesbaden, Bergmann, 1887. 4⁰. (XX, 379 p.) ℳ 8,—.

Verhandlungen der kais.-kön. zoologisch-botanischen Gesellschaft in Wien. Hrsg. von der Gesellschaft. Red. von R. v. Wettstein. Jahrg. 1887. 37. Bd. 3. Quart. Mit 1 Taf. u. 1 Zinkogr. Wien, A. Hölder in Comm., 1887. 8⁰. ℳ 5,—.

Verhandlungen des naturhistorisch-medicinischen Vereins zu Heidelberg. N. F. 4. Bd. 1. Hft. Mit 15 Holzschnitten. Heidelberg, C. Winter's Univers.-Buchhdlg., 1887. 8⁰. (237 p.) ℳ 7,40.

Zeitschrift für wissenschaftliche Zoologie. Hrsg. von A. v. Kölliker und E. Ehlers. 46. Bd. 1. Hft. Mit 13 Taf. u. 12 Holzschnitten. Leipzig, W. Engelmann, 1887. 8⁰. ℳ 19,—.

Zeitschrift, Jenaische, für Naturwissenschaft hrsg. von d. med.-phys. Gesellschaft zu Jena. 21. Bd. 3./4. Hft. Mit 10 Taf. Jena, G. Fischer, 1887. 8⁰. ℳ 10,—.

5. Zoologie: Allgemeines und Vermischtes.

Bronn's Klassen und Ordnungen des Thier-Reiches. 1. Bd. Protozoa. Neu bearb. von O. Bütschli. 35./37. 38./40. Lief. Leipzig u. Heidelberg, C. F. Winter'sche Verlagshandl., 1887. 8⁰. à ℳ 1, 50.

Claus, Carl, Lehrbuch der Zoologie. 4. umgearb. u. verm. Aufl. Mit 792 Holzschn. Marburg & Leipzig, N. G. Elwert'sche Verlagsbuchhandlung, 1887. 8⁰. (XII, 886 p.) ℳ 18,—.

Koehne, E., Repetitions-Tafeln für den Zoologischen Unterricht an höheren Lehranstalten. I. Hft. Wirbelthiere, 4. Aufl. (12 p., 5 Taf.) II. Hft. Wirbellose Thiere, 3. Aufl. (11 p., 5 Taf.) Beilage zu Hft. II. (5 p., 1 Taf.) Berlin, H. W. Müller, 1887. 8⁰. à ℳ —, 80.

6. Biologie, Vergl. Anatomie etc.

Dangeard, P. A., Sur l'importance du mode de nutrition au point de vue de la distinction des animaux et des végétaux. in: Compt. rend. Ac. Sc. Paris, T. 105. No. 22. p. 1076—1078.

Ranvier, L., Le mécanisme de la sécrétion. Leçons. (Suite.) in: Journ. de Microgr. T. 11. No. 15. Nov. p. 489—499. Déc. p. 527—534.
(s. Z. A. No. 265. p. 591.)

Boveri, Theod., Zellen-Studien. Mit 4 Taf. in: Jena. Zeitschr. f. Nat. 21. Bd. 3./4. Hft. p. 423—515.

Latour, Rob. de, La circulation capillaire et la chaleur animale réponse a Mr. Ch. Richet. in: Revue Scientif. (3.) T. 40. No. 18. p. 564.

Gehuchten, A. van, Étude sur la structure intime de la cellule musculaire striée. in: Tagebl. 60. Vers. deutsch. Naturf. No. 8. p. 256—257. — Avec 9 figg. in: Anat. Anz. 2. Jahrg. No. 26. p. 792—802.

Marshall, C. F., Structure and Distribution of Striped and Unstriped Muscle. Abstr. in: Journ. R. Microsc. Soc. London, 1887. P. 6. p. 935—937.
(Quart. Journ. Micr. Sc.) — v. Z. A. No. 265. p. 591.

Amans, .., Généralités sur les organes de locomotion aquatique. in: Compt. rend. Ac. Sc. Paris, T. 105. No. 21. p. 1035—1037.

Nansen, Fridtj., Central Nervous System. v. Invertebrata.

Delage, Y., Die Bedeutung der sog. Otolithen. in: Der Naturforscher, 20. Jahrg. No. 51. p. 454—455.
(Compt. rend. Ac. Sc. Paris.)

Engelmann, F. W., Function of Otoliths. Abstr. in: Journ. R. Microsc. Soc. London, 1887. P. 6. p. 938—939.
(Zool. Anz. No. 265. p. 591.)

Korotneff, Alexis de, Sur la spermatogénèse. in: Compt. rend. Ac. Sc. Paris, T. 105. No. 20. p. 953—955.
(*Alcyonella fungosa.*)

Hamann, Otto, Die Urkeimzellen (Ureier) im Thierreich und ihre Bedeutung. in: Jena. Zeitschr. f. Nat. 21. Bd. 3./4. Hft. p. 516—538.

Leydig, Frz., Zur Kenntnis des thierischen Eies. in: Zool. Anz. 10. Jahrg. No. 265. p. 608—612. No. 266. p. 624—627.

Gerlach, Leo, Über neuere Methoden auf dem Gebiete der experimentellen Embryologie. in: Biolog. Centralbl. 7. Bd. No. 19. p. 588—605.

Hertwig, O., and R. Hertwig, Fertilization and Segmentation of the Animal Ovum. Abstr. in: Journ. R. Microsc. Soc. London, 1887. P. 6. p. 929—932.
(Jena. Zeitschr.) — v. Z. A. No. 252. p. 279.

Roux, W., Über Selbstdifferenzirung der Furchungskugeln. in: Anat. Anz. 2. Jahrg. No. 25. p. 763—764.
(Naturforschervers.)

Weismann, Aug., Theory of Polar Bodies. Abstr. by G. Herb. Fowler. in: Nature, Vol. 37. No. 945. p. 134—136.

—— On the signification of the polar globules [Brit. Assoc.]. in: Nature, Vol. 36. No. 939. p. 607—609.

—— Polar Bodies and Theory of Heredity. Abstr. in: Journ. R. Microsc. Soc. London, 1887. P. 6. p. 934—935.
(v. Z. A. No. 265. p. 592.)

Keibel, Frz., Van Beneden's Blastoporus und die Rauber'sche Deckschicht. Mit 5 Abbild. in: Anat. Anz. 2. Jahrg. No. 25. p. 769—773.

Holder, Ch. Fred., Living Lights; a popular Account of phosphorescent Animals and Vegetables. London, Sampson Low etc., 1887. 8°. (XV, 187 p., 27 pl.)

McIntosh, W. C., Phosphorescence of Marine Animals. Address to biolog. Sect. Brit. Assoc. Aberdeen, 1885. 8°. (11 p.)

Möbius, K., Über das Wahlvermögen der thierischen Instinkte. in: Sitzgsber. Ges. Nat. Fr. Berlin, 1887. No. 9. p. 192.

Royer, Mlle. Clém., Les notions de nombre chez les animaux. in: Revue Scientif. (3.) T. 40. No. 21. p. 649—658.

Seitz, Adalb., Betrachtungen über die Schutzvorrichtungen der Thiere. in: Zool. Jahrbb. (Spengel). 3. Bd. 1. Hft. p. 59—96.

7. Descendenztheorie.

Un passage d'Aristote à propos de la lutte pour l'existence. in: Revue Scientif. (2.) T. 40. No. 18. p. 572.

Detmer, W., Mittel und Wege phylogenetischer Erkenntnis. in: Der Naturforscher (Schumann), 20. Jahrg. No. 52. p. 462—463.

Doederlein, L., Phylogenetische Betrachtungen. Ausz. in: Der Naturforscher, 20. Jahrg. No. 51. p. 455—456.
(Biol. Centralbl.) — s. Z. A. No. 265. p. 593.

Düsing, C., Die Weiterentwicklung des Darwinismus. in: Humboldt, 6. Jahrg. 11. Hft. p. 417—423.

Lang, Arn., Mittel und Wege phylogenetischer Erkenntnis. Jena, G. Fischer, 1887. 8⁰. (63 p.) ℳ 1,50.

Virchow, Rud., Über den Transformismus. Vortrag. in: Tagebl. 60. Vers. deutsch. Naturf. No. 6. p. 136—144. — in: Biolog. Centralbl. 7. Bd. No. 18. p. 545—561.

Kollmann, J., Vererbung erworbener Eigenschaften. Mit Zusatz von J. Rosenthal. in: Biolog. Centralbl. 7. Bd. No. 17. p. 531—534.

8. Faunen.

Marshall, Will., Atlas der Thierverbreitung (Berghaus' Physicalischer Atlas, Abtheil. VI.) 9 color. Karten in Kupferstich mit 45 Darstellungen. Mit 2 Karten von Dr. Ant. Reichenow, unter Mitwirkung von Dr. G. Hartlaub. Gotha, Justus Perthes, 1887. Fol. (10 p.) ℳ 12,40.
(In 13 Liefg. à 1 ℳ.)

Archiv für naturwissenschaftliche Landesdurchforschung von Böhmen. 6. Bd. No. 2. Prag, Rivnač in Comm., 1887. 8⁰. (73 p.)

Grevé, C., Zoologisches aus Moskaus Umgebung. in: Zool. Garten, 28. Jahrg. No. 10. p. 316—318.

Guerne, Jul. de, Sur la faune des iles de Fayal et de San Miguel (Açores). in: Compt. rend. Ac. Sc. Paris, T. 105. No. 17. p. 764—767.

Holm, Th., Beretning om de paa Fylla's Togt i 1884 foretagne zoologiske Undersøgelser i Grønland. (Sep.-Abdr. aus? p. 153—171.)

Kolbe, H. J., Die zoogeographischen Elemente in der Fauna Madagascar's. in: Sitzgsber. Ges. Nat. Fr. Berlin, 1887. No. 8. p. 147—178.

Mabille, P., Histoire physique, naturelle et politique de Madagascar, publ. par A. Grandidier. Vol. 18. Histoire Naturelle des Lépidoptères. T. 1. Texte. 1. Partie, 15. Fasc. Paris, Hachette, 1887. 4⁰. (VI, 365 p.)

Noll, F. C., Meine Reise nach Norwegen im Sommer 1884. in: Ber. Senckenb. Naturf. Ges. 1885. Anhang. (42 p.)

Note di Biologia alpina. I. Camerano, Lor., Sviluppo degli Anuri. II. Rosa, D., Distribub. vertic. dei Lombrichi. in: Boll. Musei Zool. Vol. 2. No. 30. 31. Torino, 1887. 8⁰.

Schleiden, M. J., Das Meer. 3. Aufl. bearbeitet von Ernst Voges. Mit dem Portrait Schleiden's in Lichtdr., 12 farbigen Taf. u. Vollbildern u. über 500 Holzschn. im Texte. Braunschweig, Otto Salle, 1887. 8⁰. (VIII, 624 p.)

Pouchet, G., Note sur la prétendue obscurité du fond de l'Océan. Extr. des Compt. rend. Soc. Biol. Paris, 1887. (Oct., Nov.) (2 p.)

—— Les eaux vertes de l'Océan. ibid. ($2^1/_2$ p.)

Monaco, le prince Alb. de, La deuxième campagne scientifique de l',Hirondelle'. Dragages dans le Golfe de Gascogne. Assoc. franç. Avancem. Sc. Nancy, 1886. (5 p.) — Troisième campagne etc. in: Compt. rend. Ac. Sc. Paris, T. 105.

Barrois, Th., Matériaux pour servir à l'étude de la faune des eaux douces des Açores. I. Hydrachnides. Lille, 1887. 8⁰. (16 p.)
(2 [1 n.] sp.)

Forel, A., Faune e flore del Lago di Ginevra. Estr. in: Boll. Scientif. (Maggi, Zoja), Ann. 9. No. 3. p. 86—92.

Guerne, Jul. de, La faune des eaux douces des Açores et le transport des animaux à grande distance par l'intermédiaire des Oiseaux. Extr. des Compt. rend. hebdom. Soc. Biolog. 1887. (4 p.)

—— Notes sur la Faune des Açores. Diagnoses d'un Mollusque, d'un Rotifère et de trois Crustacés nouveaux. Paris, 1887. 8⁰. (7 p.) — Extr. du ,Naturaliste', 1887. Nov. 1.

Imhof, Othm. Em., Notizen über die pelagische Fauna der Süßwasserbecken. in: Zoolog. Anz. 10. Jahrg. 1887. No. 264. p. 577—582. No. 265. p. 604—606.

Richard, J., Sur la faune pélagique de quelques lacs d'Auvergne. in: Compt. rend. Ac. Sc. Paris, T. 105. No. 20. p. 951—953. — Extr. Revue Scientif. (3.) T. 40. No. 22. p. 697.

Zacharias, O., Ergebnisse einer faunistischen Excursion an dem süßen und salzigen See bei Halle a. S. in: Tagebl. 60. Vers. deutsch. Naturf. No. 8. p. 255.

9. Invertebrata.

Dangeard, P. A., Recherches sur les organismes inférieurs. (Thèse de la fac. d. Sc. Paris.) Extr. in: Revue Scientif. (3.) T. 40. No. 20. p. 629—630.

Yung, Em., Physiologie comparée des animaux invertébrés [Digestion]. Extr. in: Arch. Sc. Phys. et Nat. (Genève), (3.) T. 18. No. 11. p. 428—429.

Biedermann, Wilh., Zur Kenntnis der Nerven und Nervenendigungen in den quergestreiften Muskeln der Wirbellosen. Mit 2 Taf. in: Sitzgsber. kais. Akad. Wiss. Wien, Math. nat. Cl. 96. Bd. 3. Abth. p. 8—39. — Apart: ℳ 1, 60.

Nansen, Fridtj., The Structure and Combination of the Histological Elements of the Central Nervous System. With 11 pl. in: Bergens Mus. Aarsber. f. 1886. p. 27—215.
(chiefly Invertebrates.)

Steiner, . ., Über die Physiologie des Nervensystems einiger wirbelloser Thiere. in: Tagebl. 60. Vers. deutsch. Naturf. No. 8. p. 254.

Imhof, O. E., Animaux microscopiques des eaux douces. Extr. in: Arch. Sc. Phys. et Nat. (Genève), (3.) T. 18. No. 11. p. 429—431.

Cragin, F. W., First Contribution to a knowledge of the Lower Invertebrata of Kansas. in: Bull. Washburn Coll. Labor. Nat. Hist. Vol. 2. No. 8. p. 27—32.
(4 n. sp. Infusor.; 3 n. sp. Verm.)

10. Protozoa.

Bütschli, O., Die Protozoen (Bronn's Klass. u. Ordn.). 35./37. 38./40. Lief. Leipzig u. Heidelberg, C. F. Winter'sche Verlagshdl., 1887. à ℳ 1, 50.

Balbiani, E. G., Évolution des Microorganismes animaux et végétaux parasites.

Leçons (Suite). in: Journ. de Microgr. T. 11. No. 15. Nov. p. 499 —511. Déc. p. 534—544.
(s. Z. A. No. 265. p. 597.)

Danilewsky, B., Parasites in the Blood. Abstr. in: Journ. R. Microsc. Soc. London, 1887. P. 6. p. 977—978.
(Arch. Slav. Biol.) — s. Z. A. No. 265. p. 597.

Grassi, B., Les Protozoaires parasites de l'homme. in: Arch. Ital. de Biolog. T. 9. Fasc. 1. p. 4—5.

Gruber, Aug., Sexuelle Fortpflanzung und Conjugation. Mit Holzschn. in: Humboldt, 7. Bd. 1. Hft. (3 p.)

Brady, Henry B., A Synopsis of the British Recent Foraminifera. in. Journ. R. Microsc. Soc. London, 1887. P. 6. p. 872—927.
(1 n. sp.)

Haeckel, Ernst, Die Radiolarien (Rhizopoda, Radiolaria). Eine Monographie. Zweiter Theil. A. u. d. Tit.: Grundriß einer allgemeinen Naturgeschichte der Radiolarien. Mit 64 Taf. Berlin, G. Reimer, 1887. gr. 4⁰. (XVIII, 248 p., 1 Karte, 64 Bl. Tafelerkl.) ℳ 60, —.
(Karte u. Taf. aus dem ‚Challenger Report'.)

Pfeiffer, L., (Neuer Parasit des Pockenprocesses aus der Gruppe der Sporozoen). Mit 2 Taf. in: Corresp.-Bl. ärztl. Ver. Thüringen, 1887. No. 2. (12 p.) — Abstr. in: Journ. R. Microsc. Soc. London, 1887. P. 6. p. 978.

Gruber, Aug., Weitere Beobachtungen an vielkernigen Infusorien. Mit 2 Taf. Freiburg i. B. 1887. Aus: Ber. Naturf. Ges. Freiburg, 3. Bd. p. 57—70.

Kellicott, D. S., [4] New Infusoria. With 4 figg. in: Microscope, Vol. 7. 1887. p. 226—233. — Abstr. in: Journ. R. Microsc. Soc. London, 1887. P. 6. p. 974.

Stokes, A. C., New Hypotrichous Infusoria from American Fresh Waters. Abstr. in: Journ. R. Microsc. Soc. London, 1887. P. 6. p. 975—976.
(Ann. of Nat. Hist. and Amer. Monthly Microsc. Journ.) — s. Z. A. No. 265. p. 598.

Maupas, E., Theory of Sexuality. Abstr. in: Journ. R. Microsc. Soc. London, 1887. P. 6. p. 973—974.
(Compt. rend. Ac. Sc. Paris.) — s. Z. A. No. 265. p. 598.

Blochmann, F., Reproduction of *Euglypha*. Abstr. in: Journ. R. Microsc. Soc. London, 1887. P. 6. p. 976—977.
(Morphol. Jahrb.) — s. Z. A. No. 265. p. 599.

Schewiakoff, Wlad., Über die karyokinetische Kerntheilung der *Euglypha alveolata*. Mit 2 Taf. u. 4 Figg. in: Morphol. Jahrb. 13. Bd. 2. Hft. p. 193—258.

Jones, T. Rup., On *Nummulites elegans*, Sow., and other English Nummulites. in: Quart. Journ. Geol. Soc. London, Vol. 43. P. 2. p. 132—149.

Maupas, E., Sur la conjugaison du *Paramaecium bursaria*. in: Compt. rend. Ac. Sc. Paris, T. 105. No. 20. p. 955—957.

Danysz, J., Development of Fresh-water *Peridineae*. Abstr. in: Journ. R. Microsc. Soc. London, 1887. P. 6. p. 976.
(Compt. rend. Ac. Sc. Paris.) — s. Z. A. No. 266. p. 613.

Schlumberger, C., *Planispirina*. Abstr. in Journ. R. Miscrosc. Soc. London, 1887. P. 6. p. 977.
(Bull. Soc. Zool. France.) — s. Z. A. p. 266. p. 613.

11. Spongiae.

Noll, F., Über die Silicoblasten der Kieselschwämme. in: Tagebl. 60. Vers. deutsch. Naturf. No. 8. p. 254—255. — in: Anat. Anz. 2. Jahrg. No. 25. p. 764—765.

Lendenfeld, R. von, Mr. Dendy on the *Chalininae*. in: Ann. of Nat. Hist. (5.) Vol. 20. Dec. p. 428—432.

Dendy, A., *Cladorhiza pentacrinus*. Abstr. in: Journ. R. Miscrosc. Soc. London, 1887. P. 6. p. 972—973.
(Ann. of Nat. Hist.) — s. Z. A. No. 266. p. 614.

Schlüter, Clem., Über *Scyphia* oder *Receptaculites cornu copiae* Goldf. sp. und einige verwandte Formen. Mit 2 Taf. in: Zeitschr. d. deutsch. Geol. Ges. 39. Bd. 1. Hft. p. 1—26.
(5 n. sp.)

Potts, Edw., Fresh Water Sponges Including »Diagnoses of European *Spongillidae*«. By Prof. Franz Vejdovský. With 8 pl. Philadelphia, Acad. Nat. Sc., 1887. 8⁰. (IV p., p. 157—279.)
(Reprint. from Proc. Ac. Nat. Sc. Philad.) — s. Z. A. No. 266. p. 614.

Fiedler, Karl, Über die Entwicklung der Geschlechtsproducte bei *Spongilla*. in: Zool. Anz. 10. Jahrg. 1887. No. 266. p. 631—636.

—— On the development of the Sexual Products in *Spongilla*. in: Ann. of Nat. Hist. (5.) Vol. 20. Dec. p. 435—440.
(Zool. Anz. 10. Jahrg. No. 266.)

12. Coelenterata.

Chun, C., Morphology of Siphonophora. Abstr. in Journ. R. Miscrosc. Soc. London, 1887. P. 6. p. 970—971.
(Zool. Anz. No. 266. p. 615.)

Haacke, W., New Scyphomedusae. Abstr. in: Journ. R. Microsc. Soc. London, 1887. P. 6. p. 971.
(Jena. Zeitschr. f. Nat.) — s. Z. A. No. 266. p. 615.

Argyll, Duke of, On the Coral Islands of the Pacific. in: Nineteenth Century Review, 1887. Sept.

Bildung der Corallenriffe. Ausz. in: Humboldt, (Dammer), 6. Jahrg. 12. Hft. p. 472—473.

Penecke, K. Alph., Über die Fauna und das Alter einiger paläozoischer Korallriffe der Ostalpen. Mit 1 Taf. in: Zeitschr. d. deutsch. Geol. Ges. 39. Bd. 2. Hft. p. 267—276.
(20 [2 n.] sp.)

Studer, Th., Système des *Alcyonaires*. Extr. in: Arch. Sc. Phys. et Nat. (Genève), (3.) T. 18. No. 11. p. 431—432.

Grieg, James A., Bidrag til de norske *Alcyonarier*. Med 9 Tavl. in: Bergens Mus. Aarsber. f. 1886. p. 1—26.
(6 n. sp.; n. g. *Danielssenia*, *Stichoptilum*.)

Hartlaub, Clem., Zur Kenntnis der *Cladonemiden*. Mit 1 Fig. in: Zool. Anz. 10. Jahrg. No. 267. p. 651—658.

Wilson, H. V., Structure of *Cunoctantha octonaria* in adult and larval stages. Abstr. in: Journ. R. Microsc. Soc. London, 1887. P. 6. p. 967—968.
(Studies Biol. Labor. Johns-Hopkins Univ.) — s. Z. A. No. 266. p. 616.

Ishikawa, C., Origin of Male Generative Cells of *Eudendrium racemosum*. Abstr. in: Journ. R. Microsc. Soc. London, 1887. P. 6. p. 968.
(Zeitschr. f. wiss. Zool.) — s. Z. A. No. 266. p. 616.

Marenzeller, Em. von, Über das Wachsthum der Gattung *Flabellum* Lesson. in: Zool. Jahrbb. (Spengel), 3. Bd. 1. Hft. p. 25—50.
(2 [1 n.] sp.)

Duncan, P. M., On a new Genus of Madreporaria (*Glyphastraea*) and on the Morphology of *Glyphastraea Forbesii*, Ed., sp., from the Tertiaries of

Maryland. With 1 pl. in: Quart. Journ. Geol. Soc. London, Vol. 43. P. 1. p. 24—32.

Vogt, Carl, Sur un nouveau genre de Médusaire sessile, *Lipkea Ruspoliana* C. V. Avec 2 pl. Genève, H. Georg, 1887. 4⁰. (53 p.) — Extr. des Mém. Instit. Nation. Genev. T. 17.

Fowler, G. H., Anatomy of the *Madreporaria*. Abstr. in: Journ. R. Microsc. Soc. London, 1887, P. 6. p. 971.
(Quart. Journ. Microsc. Sc.) — s. Z. A. No. 266. p. 616.

Bourne, G. C., Anatomy of *Mussa* and *Euphillia*, and the Morphology of the Madreporarian Skeleton. Abstr. in: Journ. R. Miscros. Soc London, 1887. P. 6. p. 972.
(Quart. Journ. Microsc. Sc.) — s. Z. A. No. 266. p. 616.

Roemer, Ferd., Über die Gattungen *Pasceolus* und *Cyclocrinus*. in: Neu. Jahrb. f. Miner. Geol. u. Palaeont. Jahrg. 1888. 1. Bd. 1. Hft. (Dec. 1887.) p. 74—75.
(identisch, *Cyclocrinus* d. ältere Name.)

Korotneff, A., *Polyparium* and *Tubularia*. Abstr. in: Journ. R. Miscrosc. Soc. London, 1887. P. 6. p. 968—969.
(Zeitschr. f. wiss. Zool.) — s. Z. A. No. 266. p. 616.

Ehlers, E., *Polyparium ambulans*. Abstr. in: Journ. R. Microsc. Soc. London, 1887. P. 6. p. 969.
(Zeitschr. f. wiss. Zool.) — s. Z. A. No. 266. p. 616.

13. Echinodermata.

Hamann, Otto, Die wandernden Urkeimzellen und ihre Reifungsstätten bei den Echinodermen. Mit 1 Taf. in: Zeitschr. f. wiss. Zool. 46. Bd. 1. Hft. p. 80—98.

Loriol, P. de, Notes pour servir à l'étude des Echinodermes. II. Avec 4 pl. in: Rec. Zool. Suisse, T. 4. No. 3. p. 365—407. — Ausz. von Dames. in: Neu. Jahrb. f. Miner. Geol. u. Palaeont. 1888. 1. Bd. 1. Hft. (Dec. 1887.) p. 129—131.

Rathbun, Rich., Description of the species of *Heliaster* (a genus of Star-Fishes) represented in the U. S. National Museum. in: Proc. U. S. Nation. Mus. 1887. p. 440—(448).

Marktanner-Turneretscher, Glieb., Beschreibung neuer Ophiuriden und Bemerkungen zu bekannten. Mit 2 Taf. in Lichtdr. Wien, A. Hölder, 1887. 8⁰. Aus: Ann. k. k. Naturhist. Hofmus. 2. Bd. p. 291—316.
(8 n. sp.; n. g. *Ophiolophus*.)

Fewkes, J. Walter, On the development of the calcareous plates of *Amphiura*. With 3 pl. in: Bull. Mus. Compar. Zool. Vol. 13. No. 4. p. 107—150.

Bell, F. Jeffrey, Note on the Variations of *Amphiura Chiajii*, Forbes. in: Ann. of Nat. Hist. (5.) Vol. 20. Dec. p. 411—413. — Abstr. in: Journ. R. Microsc. Soc. London, 1887. P. 6. p. 966—967.

Carpenter, P. Herb., Notes on Echinoderm Morphology. No. XI. On the Development of the Apical Plates in *Amphiura squamata*. With 4 cuts. in: Quart. Journ. Microsc. Sc. Vol. 20. P. 2. p. 303—307.

Cotteau, G., Échinides nouveaux on peu connus. 5. Art. Ausz. von Dames. in. Neu. Jahrb. f. Miner. Geol. u. Palaeont. 1888. 1. Bd. 1. Hft. (Dec. 1887.) p. 128—129.
(Bull. Soc. Zool. France.) — s. Z. A. No. 266. p. 618.

Duncan, P. M., On the Cretaceous Echinoidea of the Lower Narbadá Region. in: Quart. Journ. Geol. Soc. London, Vol. 43. P. 2. p. 150—155. — Ausz. von Th. Ebert. in: Neu. Jahrb. f. Miner. Geol. u. Palaeont. 1888. 1. Bd. 1. Hft. (Dec. 1887.) p. 127.

Duncan, P. M., On the Echinoidea from the Australian Tertiaries. in: Quart. Journ. Geol. Soc. London, Vol. 43. P. 3. p. 411—430.

Koch, A., Die Echiniden der obertertiären Ablagerungen Siebenbürgens. in: Orvos-Term. tudom. Ertes. XII. 1887. p. 255. — Ausz. von Th. Fuchs. in: Neu. Jahrb. f. Miner. Geol. u. Palaeont. 1888. 1. Bd. 1. Hft. (Dec. 1887.) p. 128.

Bell, F. Jeffrey, Description of a new Species of *Evechinus* [*rarituberculatus*]. With figg. in: Ann. of Nat. Hist. (5.) Vol. 20. Dec. p. 403—405.

Bell, F. Jeffrey, New Holothurians. With 1 pl. in: Proc. Zool. Soc. London, 1887. P. II. p. 531—534. Abstr. in: Journ. R. Microsc. Soc. London, 1887. P. 6. p. 967.

Hérouard, Edg., On the formation of the calcareous corpuscles in Holothuria. in: Ann. of Nat. Hist. (5.) Vol. 20. Dec. p. 450.
(Compt. rend. Ac. Sc. Paris.) — s. Z. A. No. 266. p. 618.

14. Vermes.

Reinhard, W., Anatomy and Systematic Position of *Echinoderes*. Abstr. in: Journ. R. Microsc. Soc. London, 1887. P. 6. p. 964—965.
(Zeitschr. f. wiss. Zool.) s. Z. A. No. 266. p. 619.

Linstow, .. von, Helminthologische Untersuchungen. Mit 1 Taf. in: Zool. Jahrbb. (Spengel), 3. Bd. 1. Hft. p. 97—114.
(9 n. sp.)

Böhmig, L., Sense-organs of Turbellarie. Abstr. in: Journ. R. Microsc. Soc. London, 1887. P. 6. p. 962—963.
(Zool. Anz. No. 260. p. 484.)

Ijima, Isao, Über einige Tricladen Europas. With 1 pl. in: The Journ. Coll. Sc. Imp. Univers. Japan, Vol. 1. P. 4. p. 337—358.
(1 n. sp.)

Kühn, Jul., Bericht über weitere Versuche mit Nematoden-Fangpflanzen. in: Ber. physiol. Labor. d. landwirthsch. Inst. Halle, 6. Hft. p. 103—175.

—— Anleitung zur Bekämpfung der Rüben-Nematoden. Mit 1 Taf. ibid. p. 176—184.

Cunningham, J. T., On some Points in the Anatomy of Polychaeta. With 3 pl. in: Quart. Journ. Microsc. Sc. Vol. 28. P. 2. p. 239—278.

Rohde, E., Histology of Nervous System of Polychaeta. in: Journ. R. Miscrosc. Soc. London, 1887. P. 6. p. 954—955.
(Zool. Beitr.) — s. Z. A. 266. p. 620.

Marenzeller, Em. von, Polychäten der Angra Pequena-Bucht. Mit 1 Taf. in: Zool. Jahrbb. (Spengel), 3. Bd. 1. Hft. p. 1—24.
(16 [1 n.] sp.)

Leuckart, Rud., Über *Allantonema mirabile*. Ausz. in: Entomol. Nachr. 13. Jahrg. No. 22. p. 350.

Gehuchten, A. van, Nouvelles observations sur la vésicule germinative et les globules polaires de l'*Ascaris megalocephala*. in: Tagebl. 60. Vers. deutsch. Naturf. No. 8. p. 250—251. — Avec 11 figg. in: Anat. Anz. 2. Jahrg. No. 25. p. 751—760.

Zacharias, O., Über die feineren Vorgänge bei Befruchtung des thierischen Eies. in: Tagebl. 60. Vers. deutsch. Naturf. No. 8. p. 249—250.
(*Ascaris megalocephala*.)

—— Die Befruchtungserscheinungen am Ei von *Ascaris megalocephala*. in: Anat. Anz. 2. Jahrg. No. 26. p. 787—792.

Parona, Ern., Sulla questione del *Bothriocephalus latus* (Bremser) e sulla priorità nello studio delle sue larve in Italia. Milano, 1887. 8⁰. (13 p.) — Estr. dalla Gazz. Med. Ital.-Lomb. Anno 1887.

Joyeux-Laffuie, J., Organization of *Chaetopterus*. Abstr. in: Journ. R. Microsc. Soc. London, 1887. P. 6. p. 956.
(Compt. rend. Ac. Sc. Paris.) — s. Z. A. No. 266. p. 621.

Roule, L., Formation of Germinal Layers in *Dasychone lucullana*. Abstr. in: Journ. R. Miscrosc. Soc. London, 1887. P. 6. p. 955—956.
(Comp. rend. Ac. Sc. Paris.) — s. Z. A. No. 266. p. 621.

Repiachoff, W., *Dinophilus gyrociliatus*. Abstr. in: Journ. R. Miscrosc. Soc. London, 1887. P. 6. p. 965—966.
(Schrift. Neuruss. Ges. Odessa.)

Mégnin, P., Anatomy of Echinorhynchi. Abstr. in: Amer. Naturalist, Vol. 21. Febr. p. 187—188. Journ. R. Microsc. Soc. London, 1887. P. 6. p. 960.
(Congrès scientif. Paris.)

Kaiser, J., Development of *Echinorhynchus gigas*. Abstr. in: Journ. R. Miscrosc. Soc. London, 1887. P. 6. p. 960—961.
(Zool. Anz. No. 257. p. 414. No. 258. p. 437.

Michaelsen, W., Studies on the *Enchytraeidae*. Transl. by W. S. Dallas. in: Ann. of Nat. Hist. (5.) Vol. 20. Dec. p. 417—427.
(Arch. f. mikr. Anat.) — s. Z. A. No. 254. p. 335.

Jourdan, E., Histology of *Eunice*. Abstr. in: Journ. R. Miscrosc. Soc. London, 1887. P. 6. p. 956—957.
(Ann. Sc. Nat.) — s. Z. A. No. 266. p. 622.

Camerano, L., Observations sur les *Gordius*. in: Arch. Ital. de Biolog. T. 9. Fasc. 1. p. 59.

—— Nuove osservazioni intorno ai caratteri diagnostici dei *Gordius*. in: Zool. Anz. 10. Jahrg. No. 265. p. 602—604.

Villot, A., Development and Determination of free *Gordii*. Abstr. in: Journ. R. Miscrosc. Soc. London, 1887. P. 6. p. 959.
(Zool. Anz. No. 261. p. 505.)

—— Anatomy of *Gordiidae*. Abstr. in: Journ. R. Miscrosc. Soc. London, 1887. P. 6. p. 958—959.
(Ann. Sc. Nat.) — s. Z. A. No. 266. p. 623.

Schmidt, F., *Graffilla Brauni*. Abstr. in: Journ. R. Microsc. Soc. London, 1887. P. 6. p. 963—964.
(Arch. f. Naturg.) — s. Z. A. No. 255. p. 349.

Chatin, J., Brown Cysts of the Beetroot [*Heterodera Schachtii*]. Abstr. in: Journ. Microsc. Soc. London, 1887. P. 6. p. 959—960.
(Compt. rend. Ac. Sc. Paris.) — s. Z A. No. 266. p. 623.

Dutilleul, G., Anatomy of Hirudinea Rhynchobdellida. Abstr. in: Journ. R. Microsc. Soc. London, 1887. P. 6. 954.
(Compt. rend. Ac. Sc. Paris.) — s. Z. A. No. 266. p. 623.

Rosa, D., *Hormogaster Redii* n. g. n. sp. in: Boll. Musei Zool. Anat. comp. Torino, Vol. 2. No. 32. (1 p.)

Beddard, F. E., New Species of Earthworms [*Cryptodrilus Fletcheri*]. Proc. Zool. Soc. London, 1887. P. II. p. 544—548. — Abstr. in: Journ. R. Microsc. Soc. London, 1887. P. 6. p. 954.

—— Anatomy of Earthworms. With 1 pl. ibid. p. 372—891. — Abstr. ibid. p. 953—954.

Horst, R., Descriptions of Earthworms. III. With 1 pl. in: Notes Leyden Mus. Vol. 9. No. 4. Note XLI. p. 291—299.
(2 [1 n.] sp.)

Lehmann, Otto, Beiträge zur Frage von der Homologie der Segmentalorgane und Ausführgänge der Geschlechtsproducte bei den Oligochaeten. Mit 1 Taf. in: Jena. Zeitschr. f. Nat. 21. Bd. 3./4. Hft. p. 322—360.

Rosa, D., Note di Biologia alpina. II. La distribuzione verticale dei Lombrichi sulle Alpi. ibid. p. No. 31. (3 p.)

Keller, O., (Formation de la terre végétale par l'activité de certains animaux). Extr. in: Arch. Sc. Phys. et Nat. (Genève), (3.) T. 18. No. 11. p. 429.
(*Geophagus Darwini*, Lumbric.; Crustacés.)

Nansen, Fridtj., Anatomie und Histologie des Nervensystems der *Myzostomen*. Mit 1 Taf. in: Jena. Zeitschr. f. Nat. 21. Bd. 3./4. Hft. p. 267—321.

Kükenthal, Willy, Die *Opheliaceen* der Expedition des »Vettor Pisani«. Mit 1 Taf. in: Jena. Zeitschr. f. Nat. 21. Bd. 3./4. Hft. p. 361—373.
(7 n. sp.)

—— Nervous Sytem of *Opheliaceae*. Abstr. in: Journ. R. Microsc. Soc. London, 1887. P. 6. p. 957—958.
(Jena. Zeitschr. f. Nat.) — s. Z. A. No. 267. p. 637.

Giard, A., On a new genus of Phosphorescent Lumbricidae, and on the Type-species of that genus, *Photodrilus phosphoreus*, Dugès. in: Ann. of Nat. Hist. (5.) Vol. 20. Dec. p. 446—449.
(Compt. rend. Ac. Sc. Paris.) — s. Z. A. No. 267. p. 637.

Böhmig, L., *Planaria Iheringii*. Abstr. in: Journ. R. Miscrosc. Soc. London, 1887. P. 6. p. 963.
(Zool. Anz. No. 260. p. 482.

Fabre-Domergue, .., Sur l'influence parasite de la cavité générale du *Sipunculus nudus*. Avec 1 pl. (Paris, 1887.) 8⁰. (4 p.)
(Assoc. franç. Avanc. Sc. Nancy, 1886.

Graff, L. von, Die Annelidengattung *Spinther*. Mit 9 Taf. u. 10 Holzschn. in: Zeitschr. f. wiss. Zool. 46. Bd. 1. Hft. p. 1—66. — Apart als Grazer Arbeiten II. 3. gr. 8⁰. *M* 10,—.

Grassi, B., Developmental Cycle of *Taenia Nana*. Abstr. in: Journ. R. Microsc. Soc. London, 1887. P. 6. p. 961—962.

Haswell, Will. A., On *Temnocephala*, an Aberrant Menogenetic Trematode. With 3 pl. in: Quart. Journ. Microsc. Sc. Vol. 28. P. 2. p. 279—302.

Gosse, P. H., Twenty-four more New Species of Rotifera. With 2 pl. in: Journ. R. Microsc. Soc. London, 1887. P. 6. p. 861—871.
(n. g. *Dispinthera*.)

15. Arthropoda.

Plateau, Fél., Recherches expérimentales sur la vision chez les Arthropodes (1. partie). — a. Résumé des travaux effectués jusqu'en 1887 sur la structure et le fonctionnement des yeux simples. b. Vision chez les Myriopodes. Avec 1 pl. in: Bull. Acad. R. Sc. Belg. (3.) T. 14. No. 9/10. p. 407—448.

a) Crustacea.

Packard, A. S., On the class Podostomata, a Group embracing the Merostomata and Trilobites. Ausz. von Dames. in: Neu. Jahrb. f. Miner. Geol. u. Palaeont. 1888. 1. Bd. 1. Hft. p. 122—123.
(Ann. of Nat. Hist.) — s. Z. A. No. 255 p. 353.

Sars, G. O., Australian Cladocera. Abstr. in: Journ. R. Microsc. Soc. London, 1887. P. 6. p. 953.
(Christiania.) — s. Z. A. No. 216. p. 94.

Jones, T. Rup., Notes on some Silurian Ostracoda from Gotland. Stockholm, 1887. 8⁰. (8 p.) — Ausz. von Dames. in: Neu. Jahrb. f. Miner. Geol. u. Palaeont. 1888. 1. Bd. 1. Hft. (Dec. 1887.) p. 123—125.

Gourret, P., Sur la faune des Crustacés podophthalmes du golfe de Marseille. Extr. in: Revue scientif. (3.) T. 40. No. 24. p. 759.
(Compt. rend. Ac. Sc. Paris.)

Matthews, J. Duncan, *Aega crenulata*, Lütken [from the Scottish Coast]. in: Ann. of Nat. Hist. (5.) Vol. 20. Dec. p. 444—445.

Terfve, O., Recherches sur la Spermatogénèse chez *Asellus aquáticus*. Avec 3 pl. Bruxelles, 1887. 8⁰. (27 p.)

Schneider, R., Pale variety of *Asellus aquaticus*. Abstr. in: Journ. R. Microsc. Soc. London, 1887. P. 6. p. 952.
(Berlin. Akad. Sitzgsber. — Huth Mitth.) — s. Z. A. No. 267. p. 641.

Osborn, Henry L., Elementary histological Studies of the Cray-fish. VI. (Contin.) in: Amer. Monthly Microsc. Journ. Vol. 8. No. 10. p. 181—185. VII. ibid. No. 11. p. 201—203.

Grobben, C., Green Gland of Crayfish. Abstr. in: Journ. R. Microsc. Soc. London, 1887. P. 6. p. 950.
(Arch. f. mikrosk. Anat.) — s. Z. A. No. 267. p. 641.

Verworn, M., Zur Entwicklungsgeschichte der *Beyrichien*. Mit 1 Taf. in: Zeitschr. deutsch. geol. Ges. Bd. 39. 1887. p. 27—31. — Ausz. von Dames. in: Neu. Jahrb. f. Miner. Geol. u. Palaeont. 1888. 1. Bd. 1. Hft. (Dec. 1887.) p. 125—126.

Nusbaum, J., Embryology of *Mysis Chamaeleo*. Abstr. in: Journ. R. Microsc. Soc. London, 1887. P. 6. p. 950—951.
(Arch. Zool. Expérim.) — s. Z. A. No. 267. p. 642.

Koehler, R., Brain of *Mysis flexuosa*. Abstr. in: Journ. R. Microsc. Soc. London, 1887. P. 6. p. 951.
(Ann. Sc. Nat.) — s. Z. A. No. 267. p. 643.

b) **Myriapoda.**

M'Neill, J., New Species of Myriapoda. Abstr. in: Journ. R. Miscrosc. Soc. London, 1887. P. 6. p. 949.
(Proc. U. S. Nat. Mus. [2].) — s. Z. A. No. 267. p. 643.

Sheldon, Lilian, On the Development of *Peripatus Novae-Zealandiae*. With 5 pl. in: Quart. Journ. Microsc. Sc. Vol. 28. P. 2. p. 205—237.

Dugès, A., Sur les moeurs d'une grande espèce de *Scolopendre* mexicaine. in: Soc. Entom. Belg. Compt. rend. (3.) No. 93. p. CI—CIV.

c) **Arachnida.**

Underwood, Lucien M., The Progress of Arachnology in America. in: Amer. Naturalist, Vol. 21. Nov. p. 963—975.

Weissenborn, B., Phylogeny of Arachnida. Abstr. in Journ. R. Microsc. Soc. London, 1887. P. 6. p. 949—950.
(Jena. Zeitschr.) — s. Z. A. No. 256. p. 374.

Plateau, Fél., Recherches expérimentales sur la vision chez les Arthropodes (deuxième partie). Vision ches les Arachnides. Avec 1 pl. in: Bull. Ac. Sc. Bruxelles, (3.) T. 14. No. 11. p. 545—595.

Simon, E., Mission scientifique du Cap Horn (1882—1883). T. 6. Zoologie: Arachnides. Paris, Gauthier-Villars, 1887. 4⁰. (42 p. et 2 pl.) Frcs. 4,—

Hasselt, A. W. M. van, Araneae exoticae quas collegit, pro Museo Lugdunensi, J. R. H. Neervoort van de Poll insulis Curaçao, Bonaire et Arubâ. in: Tijdschr. v. Entomol. Nederl. Entom. Vereen. 30. D. 4. Afl. p. 227—244.
(2 n. sp.)

—— Waarnemingen omtrent anomaliën van de geslachtsdrift bij Spinnenmares. ibid. 27. D. 3. Afl. p. 197—206.

Schimkewitsch, Wl., The Development of Spiders. Abstr. in Amer. Naturalist, Vol. 21. No. 7. p. 674—677.
(Zool. Anz. No. 174. p. 451.)

Lyster, C. D., A Spider allowing for the Force of Gravity. in: Nature, Vol. 36. No. 929. p. 366—367.

Spinnen, Anpassung u. Mimicry. v. supra Arthropoda, E. Dönitz.

Hasselt, A. W. M. van, Spinnen door Dr. H. Tenkate jr. in noordlijk Lapland verzameld. in: Tijdschr. v. Entom. Nederl. Entom. Vereen. 27. D. 4. Afl. p. 251—252.

—— Catalogus Aranearum hucusque in Hollandia inventarum. ibid. 28. D. 3. Afl. p. 113—188. 29. D. 2. Afl. p. 51—110.

II. Wissenschaftliche Mittheilungen.

1. Knospenbildung bei Seesternen.

Von P. u. F. Sarasin.

eingeg. 30. October 1887.

Die im indischen Ocean und rothen Meere überall häufige *Linckia multifora* Lam. ist längst bekannt für ihre außerordentliche Regenerationsfähigkeit. Abgelöste Arme vermögen von sich aus eine ganze neue Scheibe mit neuen Armen und neuen Madreporenplatten zu erzeugen. Die Abschnürung der Arme geschieht in der Regel in einiger Entfernung von der Scheibe, und der an der Scheibe zurückbleibende Armstummel ergänzt sich dann wieder eine neue Spitze. Er verhält sich hierin also anders als das abgetrennte Armstück, welches aus seiner vernarbenden Wundfläche einen ganzen neuen Seestern zu reproduciren im Stande ist.

Zuweilen aber führt die Regeneration des an der Scheibe zurückgebliebenen Armstummels nicht bloß zur Bildung einer neuen Spitze, sondern geht etwas anders vor sich. Einmal kommt es vor, daß statt einer Spitze zweie getrieben werden, und dann erhält man dichotomisch getheilte Arme, wie man sie schon bei vielen Seesternen gelegentlich gefunden hat.

Die Regeneration kann aber auch zur Bildung eines ganzen neuen Sternes führen, wie der vorstehende Holzschnitt ein Beispiel in natürlicher Größe wiedergiebt; in diesem Falle bekommt man zwei mit einander verbundene Sterne, also das Bild eines echten Thierstockes. An dem jungen Sterne des abgebildeten Exemplars fehlen noch die Madreporenplatten, auch war kein Mund von außen sichtbar; um seine Anwesenheit festzustellen, hätten wir den Stern zerstören müssen, und dies wollten wir nicht thun. Wer will aber bezweifeln, daß hier ein neuer Seestern mit allen seinen Organen sich bilden wird? An einem anderen Exemplar, wo ein Armstummel drei neue Arme getrieben hatte, und diese bereits eine beträchtliche Länge (ca. 2 cm) erreicht hatten, glauben wir uns von der Anwesenheit einer ganz kleinen, runden Mundöffnung überzeugen zu können.

Im Ganzen haben wir unter mehr als zweitausend untersuchten Linckien nur drei Exemplare gefunden, welche aus zwei mit einander verbundenen Sternen bestanden. Diese Stockbildungen sind also bei der *Linckia* äußerst seltene Erscheinungen und gewiß als Abnormitäten anzusehen. Da aber zwischen Pathologie und Variabilität keine scharfe Grenze gezogen werden kann (Darwin, Virchow), so gewinnen solche Fälle immerhin Bedeutung. Wenn man sich z. B. vorstellt, die Tendenz zur Stockbildung würde sich bei gewissen Seesternen vererben, so könnten sich im Laufe der Zeit aus solitären Asteriden coloniebildende Formen entwickeln. (Die definitive Arbeit wird demnächst im vierten Hefte unseres Reisewerkes erscheinen.)

Berlin, 28. October 1887.

2. On the so called prostate glands of the Oligochaeta.

By F. E. Beddard, London.

eingeg. 2. November 1887.

The vasa deferentia of some earthworms (*Lumbricus*, *Urochaeta*, *Microchaeta*, etc.) are not furnished with any special glands, and undergo no modification in structure at their external aperture. In other worms however the terminal extremity of the vas deferens is a highly muscular organ and is furnished with certain glandular appendages. There are two principal forms of glands connected with the orifices of the vasa deferentia.

(1) In *Acanthodrilus*, *Trigaster*, *Pontodrilus* and *Typhocus* these organs take the form of an elongated often contorted tube, of an opaque white colour.

(2) In *Perichaeta*, *Perionyx*, *Megascolex* and some other genera

the glands in question are composed of numerous lobules, more or less loosely connected together, and opening by a number of ductules into a common duct.

By the majority of those, who have occupied themselves with the anatomy of the *Oligochaeta*, these glands have in every case been termed »prostates«.

The questions which are attempted to be answered in the present note are (1) Do these various structures correspond to each other? (2) Are they homologous with any organs found among the lower *Oligochaeta*?

Vejdovský has expressed the opinion[1] that the tubular gland of *Pontodrilus* and of *Eudrilus* is the atrium of the lower *Oligochaeta*; with some little hesitation he suggests that the »prostate« of *Perichaeta* may be the equivalent of the prostates (Cement-Drüsen) of the Tubificidae etc., and therefore by implication not homologous with the gland of *Acanthodrilus*. With the former suggestion I fully agree, but I believe that the »prostate« of *Perichaeta* is the homologue of that of *Acanthodrilus*.

In *Eudrilus* there are a pair of »prostate« glands which I have recently shown to have a minute structure identical with that of *Acanthodrilus*, and, I may add, of *Trigaster*, *Pontodrilus* and *Typhocus*, as regards the epithelial lining; this ressemblance is masked by a great development of muscular fibres giving to these organs their peculiar nacreous appearance. In a less degree the same development of muscles has been found by Benham upon the »prostates« of *Trigaster*. In *Eudrilus*[2] therefore there are a pair of organs which seem to be homologous with the »prostates« of *Acanthodrilus* etc. but the vasa deferentia open into them at about their middle. They are in fact not diverticula of the vas deferens, but for the greater part represent merely a dilatation of the vas deferens on its way to the exterior.

In *Eudrilus* the terminal part of the male efferent apparatus is highly specialised; the vasa deferentia enter the glandular body already referred to, and become continuous with its lumen. The glandular body is divided by a longitudinal septum into two halves[3] which are identical in structure and enclosed in a common muscular sheath; they on their part terminate in two muscular tubes which unite to form a projecting penis lodged in a secondary invagination of the integument

---

[1] System und Morph. der *Oligochaeten*.

[2] Contributions to the Anatomy of Earthworms. No. I. Proc. Zool. Soc. 1887. p. 383.

[3] Proc. Zool. Soc. l. c.

(»Bursa copulatrix« Perrier). This latter I regard as the equivalent of the »penis sheath« of the Tubificidae. The muscular penis evidently corresponds to the penis in the Tubificidae, while the muscular tube leading to it is the homologue of the muscular region of the atrium in these and other »Limicolae«. Vejdovský has rightly pointed out that the glandular part corresponds to the »vesicula seminalis« which is sometimes (e. g. in *Psammoryctes*) sharply marked off from the non-glandular region of the atrium. The condition which characterizes *Pontodrilus* can be derived from *Eudrilus* on the supposition that the vas deferens, which in *Eudrilus* opens some way down the vesicula and not at its apex, has moved still further down, so that the vesicula comes to be a diverticulum, opening in common with the vas deferens into the muscular atrium. In *Typhocus*, I am able to record here for the first time, the vesicula and vas deferens are still further divorced; they penetrate the body wall independently and only unite just beneath the epidermis. This latter fact is to a certain extent confirmatory of Vejdovský's opinion[4] that a long sac like structure in *Ocnerodrilus*, which opens in common with the vas deferens, is really the atrium.

The identity of structure between the glandular bodies appended to the termination of the vas deferens in *Eudrilus*, *Typhocus* etc. leads to the inference that they are homologous, while the relations of the vas deferens to this body in *Eudrilus* clearly favours the supposition that it corresponds to the atrium in the »Limicolae«. The so called »prostate« of *Perichaeta* undoubtedly present certain ressemblances to the prostates of many Limicolae e. g. Tubificidae; it consists of groups of glandular cells, each cell furnished with a long prolongation, attached to a series of branching ductules which unite and open into a muscular atrium. In the Limicolae however and in *Moniligaster*[5] the prostates are formed by a metamorphosis of certain peritoneal cells. In *Perichaeta* the supposed prostate is covered by a continuous layer of peritoneal cells; this disproves any homology between the prostates of *Perichaeta* and those of the »Limicolae«; it is this peritoneal covering of the so called »prostate« in *Perichaeta* which is the real homologue of the prostate of *Moniligaster* and the lower *Oligochaeta*. A peritoneal layer also covers the atrium of *Eudrilus*, *Acanthodrilus* etc. but is nowhere modified to form a prostate. The structure of the gland in question in *Perichaeta* only differs from the atrium of *Acanthodrilus* in the fact that

---

[4] l. c. p. 144. Woodcut fig. IV.

[5] See last paper.

the glandular cells, which in *Acanthodrilus* form a continuous covering to the lining epithelium, are segregated into groups; and this is accompanied by a branching of the cavity; it is important to notice that the vas deferens opens into the conjoined ducts of the glands before the latter becomes continuous with the muscular atrium.

These facts lead to the conclusion that the so called »prostate« of *Perichaeta* is the homologue of the atrium in other earthworms and in the Limicolae. In earthworms therefore there are two organs which have been termed »prostates«. (1) The atrium of *Acanthodrilus*, *Perichaeta* etc. (2) The atrium + prostate of *Moniligaster*[6].

3. Note on the Reproductive organs of Moniligaster.

By F. E. Beddard, London.

eingeg. 2. November 1887.

The reproductive organs of this remarkable Lumbricid have been described in three apparently different species by Perrier[1], Horst[2], and myself[3]. My description agrees in the main with that of Horst; while we both differ in many important particulars from Perrier.

According to Perrier *M. Deshayesi* is provided with two pairs of male sexual pores, each furnished with its own prostate, vas deferens and testis; the structure of these various organs is described in some detail. Horst and myself find only a single pair of male sexual orifices which correspond in position to the hindermost of the two pairs which Perrier believes to exist in this genus; in the species described by myself these orifices are between segments 9—10, in that of Horst between 11—12.

The anterior pair of orifices, that which opens between segments 7 and 8, is connected in *M. Barwelli* with a spermatheca and not with an anterior pair of vasa deferentia and testes; moreover in that species the aperture is on the boundary line between segments 6 and 7; in *M. Houteni* the structure of the reproductive organs is in this respect more like that of *M. Barwelli* than *M. Deshayesi*. Horst describes a single »kidney shaped pouch« on each side of the intestine in segment 9, which is connected »with a long, slender, coiled tube, communicating with the exterior by ... the pores between the 8th and 9th ring«. There is, it appears to me, an unlikelihood, from what we know of the structure of

[6] For the present I do not consider the »atrium« of *Criodrilus*.

[1] Nouv. Arch. d. Mus. t. VIII. (1872.) p. 133.

[2] Notes fr. Leyden Mus. Vol. IX. p. 98.

[3] Ann. and Mag. Nat. Hist. Feb. 1886. p. 95.

the *Oligochaeta*, that Perrier's observations on the male reproductive system should be correct; and this improbability is very greatly increased by the observations of Horst and myself. Furthermore it seems to me that Perrier's description can be construed in a different sense, and one which brings his observations more into accord with those of Horst and myself.

The »testes« of the 8th segment are described by Perrier as forming each »une petite masse ovoide d'un blanc crayeux«; the ovoid shape and the white colour distinguish also the spermathecae of *M. Barwelli*. The »vas deferens« (entortillée comme serait un *Gordius*) I have already identified[4] with the much convoluted stalk of the spermatheca in my species. I have since investigated this region of the body by transverse and longitudinal sections. I found that the spermatheca is lined by tall columnar cells as in other earthworms, outside which are muscular layers abundantly supplied with bloodvessels; the stalk is lined by a cubical epithelium but has the same muscular coat; I could discover no trace of cilia. It would be impossible, I think, from the minute structure of this organ to regard it as anything but a spermatheca. Perrier however describes the termination of the »vas deferens« in a funnel; the only structure with which I can identify this is the mesenterial fold which supports the spermatheca.

The supposed anterior pair of prostate glands of *Moniligaster Deshayesi* are identified by Horst[5] with the spermatheca of our species; I would myself suggest that they correspond to acessory spermathecal pouches which are so commonly present in Lumbricidae; the fact that they lie in a segment anterior to that which contains the spermatheca is quite reconcileable with such an hypothesis as to their nature; while their peculiar structure as depicted in Perrier's figures[6] is paralleled in the case of *Acanthodrilus Novae-Zelandiae*[7].

With regard to the apertures lying between segments 9—10) in *M. Barwelli*) — the posterior pair of orifices — there is practically no difference between the statements of Perrier, Horst and myself. We all agree that the vas deferens opens on the one hand into a »prostate« gland and is connected on the other with seminal reservoirs. The form of the so called »prostate« however differs somewhat in the three species; in *M. Deshayesi*, *M. Houteni* the »prostate« is a long tubular body similar in general appearance to a corresponding structure in *Acanthodrilus*. In *M. Barwelli* the »prostate« is a small oval body into

---

[4] l. c. p. 97.
[5] l. c. p. 100.
[6] l. c. Vol. IV. fig. 79.
[7] Proc. Zool. Soc. 1885. Vol. LIII. figs. 3 *cp*, 8.

one end of which the vas deferens opens; this body is lined throughout with a single layer of glandular looking cells, outside which are several layers of muscular fibres and outside these again peculiarly modified peritoneal cells. The structure of this body is in fact identical with that of the atrium in *Stylaria lacustris*[8]. There is thus an additional ressemblance to the vasa deferentia of the lower *Oligochaeta*.

The receptacula seminis (seminal vesicles) appear on dissection to lie partly in segment 8 and partly in segment 9. Longitudinal sections appeared to show that this was produced by the bulging of the thin septum lying between segments 8 and 9; the funnel of the vas deferens which I have not hitherto been able to describe[9] is situated in the interior of the receptaculum seminis[10] as in many other Lumbricidae; it is a simple disc-shaped expansion as in many of the lower *Oligochaeta*; among earthworms the vas deferens funnel is usually much plicated.

I have already called attention to the fact that the vasa deferentia of *Moniligaster* ressemble those of the *Naidomorpha* in being single and in being contained in two segments, the external aperture in one and the internal funnel in the other. I am not however quite certain that this is really the case; the appearances presented by longitudinal sections would seem to indicate that the vas deferens as well as the receptaculum seminis are contained in a single segment. If this is really the case the condition is paralleled in *Stylaria* where the funnels open into the same segment as that which bears the external aperture, close to its anterior mesentery. Finally the position of the male pores on the boundary line between two segments though not found in any other earthworm is common among the Limicolae.

Dr. Horst describes a receptaculum ovorum attached to the posterior side of segment 13 which evidently corresponds to the ovary of *M. Deshayesi*[11] I would point out that the justice of Horst's surmise that this structure is really a receptaculum ovorum is borne out by Perrier's figure of the minute structure of the corresponding organ in *M. Deshayesi*[12]; in this figure the organ is seen to be divided up into

---

[8] Vejdovský, System u. Morphol. d. Oligochaeten. Vol. IV. fig. 10.

[9] Ann. and Mag. Nat. Hist. l. c.

[10] This term is used to correspond with receptaculum ovorum. The term vesicula seminalis, which has been used in the same sense, is better restricted to the glandular portion of the atrium.

[11] l. c. Vol. IV. figs. 77, 81 *o*.

[12] l. c. Vol. IV. fig. 82.

numerous compartments by trabeculae; in these compartments lie mature ova. This is exactly the structure of the receptaculum, and not of the ovary, in other Lumbricidae. The apertures of the oviduct are situated according to Horst upon the 11th segment i. e. behind the male apertures. This again is a character unknown in any other earthworm, but very usual among the »Limicolae«. (e. g. *Rhynchelmis, Phreabothrix.*)

Even supposing that the external pores only exist, and that the oviducts have disappeared as Horst thinks may possibly be the case in his species, the ressemblances of this part of the reproductive system will still be with the »Limicolae«; for in the Enchytraeidae etc. there are simply pores which function as oviducts and these pores are situated behind the male orifices.

In fact the genus *Moniligaster* in respect of its reproductive organs is widely different from any other earthworm[13], but presents numerous points of ressemblance to certain Limicolous forms. These facts therefore militate against any such division of the *Oligochaeta* as that suggested by Claparède, and which has found its way into many textbooks of Zoology.

London, Oct. 28, 1887.

4. Das larvale und definitive Excretionssystem.

Von Franz Vejdovský in Prag.

eingeg. 3. November 1887.

Nachdem ich meine Untersuchungen über die Embryologie der Oligochaeten zu einem gewissen Abschlusse gebracht habe, erlaube ich mir an dieser Stelle vorläufig einige Angaben über die Entwicklung des Excretionssystems mitzutheilen, wobei ich mich vornehmlich auf die Bildung der besprochenen Organe der Lumbriciden und der von *Rhynchelmis* berufe.

Sämmtliche untersuchten Lumbriciden (7 einheimische Arten) durchlaufen ein Larvenstadium, welches durch nachfolgende Merkmale characterisirt ist:

Von der Bauch- oder Rückenseite betrachtet, sind die Larven mehr oder weniger ovoid, bei anderen Arten ellipsoidisch, bei *Dendrobaena* kugelig. Das einschichtige Epiblast ist auf der Bauchseite bewimpert, wodurch die Larven nach der Beschaffenheit der Eiweißflüssigkeit mehr oder weniger lebhaft rotirende Bewegungen ausüben

[13] In other features of its organization *Moniligaster* agrees with many other earthworms.

können. Das Vorderende der Larven ist ausgezeichnet durch drei (seltener durch vier bis fünf) große Drüsenzellen, die man bisher unrichtig als »Schluckzellen« bezeichnete, die man aber ihrer physiologischen Function nach, als zum larvalen Excretionssystem angehörige contractile Epiblastzellen deuten muß. Sie entstehen sehr frühzeitig und sind bei einigen Arten (*Allurus*, *Allolobophora carnea* etc.) bereits während der Furchung durch ihr inneres (intracelluläres) Canälchennetz erkennbar. Später werden sie von den kleineren Epiblastzellen umwachsen und befinden sich am vorderen Körperpole zwischen dem Epi- und Hypoblast. Mit diesen Drüsenzellen hängen sehr feine, wimpernde Canälchen zusammen, die in dem engen Leibesraume, mehr auf der Rückenseite zwischen Epi- und Hypoblast verlaufen und nur nach dem lebhaften Schwingen der Wimpern zu verfolgen sind. Bei *Lumbricus rubellus* findet man meist nur ein Paar derartiger Excretionscanälchen, die mit je einem Wimperläppchen in dem engen Leibesraume endigen, andererseits mit den Drüsenzellen in Verbindung stehen. Die Excretionsflüssigkeit sammelt sich allmählich in den intracellulären, verschieden bei einzelnen Arten, aber wahrscheinlich nach einer bestimmten Regel sich schlingenden Gängen der erwähnten Drüsenzellen, so daß dieselben bedeutend anschwellen, um schließlich die klare Flüssigkeit durch eine rasche Contraction mittels einer dorsal befindlichen Öffnung nach außen zu entleeren.

Die larvalen Canälchen fungiren bereits zur Zeit, als die zwei großen, auf der hintersten Rückenfläche des Hypoblastes befindlichen Mesoblasten sich erst zu theilen beginnen, und können demnach nicht aus den Elementen der Keimstreifen ihren Ursprung haben; sie gehören entwicklungsgeschichtlich thatsächlich nur dem Epiblast.

Die Bildung des Annulaten aus der Larve erfolgt durch die Einstülpung des Blastoporus-Restes zur Bildung des Stomodaeums. Unterhalb desselben haben sich die vorderen Keimstreifenenden vereinigt und wachsen nun zu beiden Seiten des Stomodaeums gegen die Rückenseite, um hierdurch das erste Segment entstehen zu lassen. Die sich vermehrenden Elemente dieses ersten Segmentes (»Kopfes«) verdrängen allmählich die hier befindlichen Drüsenzellen des larvalen Excretionsapparates ein wenig rückwärts in die Medianlinie der Rückenseite, wobei aber die Canälchen nach wie vor fungiren und diese Function manifestirt sich auch noch, wenn die Kopfhöhle ganz entwickelt ist, und auch auf der Bauchseite die vereinigten Keimstreifen in eine Reihe von Segmenten zerfallen sind. Die larvalen Excretionscanälchen sammt den contractilen Drüsenzellen gehen erst zu Grunde, wenn das zweite und dritte Segment vollständig entwickelt sind, d. h. wenn sich die Segmenthöhlen auch auf der Rückenseite vereinigt haben.

Unabhängig von diesen larvalen Excretionsorganen bildet sich in der dorsalen Leibeshöhle des bisher des »Kopflappens« entbehrenden ersten Segmentes ein Paar gerader, lebhaft wimpernder, aber auch (bei *Allolobophora cyanea*) nicht bewimperter Excretionscanäle, die nicht selten auch in das zweite, selbst dritte Segment hineinragen können, und die ich in meinem »System und Morphologie der Oligochaeten« bei *Rhynchelmis* als »embryonale« oder »provisorische« Excretionsorgane bezeichnet habe. Dieselben entwickeln sich auch bei Lumbriciden nicht weiter, um die Form und den complicirten Bau der in den übrigen Körpersegmenten später vorkommenden Nephridien (Segmentalorgane) zu erreichen. Sie degeneriren spurlos, während in den nachfolgenden Segmenten sich die Excretionsorgane entwickeln. Es vergrößern sich nämlich auf der hinteren Seite der Dissepimente eines jeden Segmentes ein Paar »Mesoblastzellen«, die sich bald theilen und je einen kurzen, soliden Strang produciren, der aber sehr rasch gegen die Dorsalseite der Segmenthöhlen in eine voluminöse Zellgruppe auswächst, so daß die genaueren Vorgänge der Nephridienbildung bei Lumbriciden nur schwierig zu erkennen sind.

Dagegen läßt sich an jungen Würmern von *Rhynchelmis*, die ihr Leben noch in den Cocons fristen, die ganze Entwicklung der Nephridien sehr verläßlich und Schritt für Schritt verfolgen. Nachdem nämlich die Dotterelemente im Darme verdaut wurden, wird der Wurm sehr durchsichtig, und die in der Entwicklung begriffenen Organe und Gewebe der hinteren Segmente treten sehr deutlich hervor; unter anderen auch die Nephridien.

Ich habe früher[1] die ersten Anfänge der Nephridien als solide, unabhängig von einander in jedem Segment entstehende Stränge erkannt, die später eine Schlingenform annehmen sollen. Die Entstehung dieser Schlinge ist mir aber unklar geblieben. Nach der Untersuchung der *Rhynchelmis*-Embryonen kann ich nun über die fraglichen Vorgänge ganz verläßliche Angaben mittheilen.

Ein jedes Nephridium von *Rhynchelmis* durchläuft ein merkwürdiges strangförmiges Stadium, welches ich als »Pronephridium« bezeichnen will, und welches folgenderweise entsteht:

Wie bei Lumbriciden bildet es sich aus einer Zelle, die sich bald nach hinten theilt und einen soliden Strang producirt. Nach vorn entsteht eine große Zelle, die in das vorhergehende Segment hineinragt und bald ein Lumen enthält, in welchem eine sehr lange, lebhaft schwingende Wimper erscheint. Diese geschlossene Wimperzelle fehlt den Pronephridien der Lumbriciden. Somit stellt der ganze Strang

[1] System und Morphologie der Oligochaeten.

sammt seinem geschlossenen Trichter ein selbständiges Organ dar, das functioniren kann, und thatsächlich eine ziemlich lange Zeit functionirt. Es verdient den Namen Pronephridium eben so, wie dessen Trichter die Bezeichnung »Pronephrostom«; denn wie aus dem Strange sich der characteristische Drüsentheil des definitiven Nephridiums bildet, so entsteht aus dem Pronephrostom das bekannte wimpernde Nephrostom. Dies in nachfolgender Weise:

Dicht hinter dem Dissepimente vermehren sich die Zellen des Stranges, und bilden allmählich einen Lappen, der gegen die Dorsalseite der Segmenthöhle heranwächst und die Schlinge vorstellt, die ich früher an den sich bildenden Excretionsorganen hervorgehoben habe. Dieser Lappen entspricht auch der dorsalen Zellgruppe an den soliden Strängen der Lumbriciden.

Die geschlossene Wimperzelle des Pronephrostoms hat sich inzwischen zu wiederholten Malen getheilt und sich schließlich in ein tellerförmiges Gebilde umgewandelt, an dessen Rande feine und kurze Wimpern zu schlagen beginnen, gleichzeitig aber fungirt auch das innere lange Wimperläppchen. So hat sich das Pronephrostom in den bekannten Trichter der definitiven Excretionsorgane umgewandelt, welcher sich jetzt aushöhlt und in dem Gang fortschreitet, der den dorsalen Lappen nach und nach durchlöchert. Zuletzt erhält auch der Rest des ursprünglichen geraden Stranges sein Lumen, und nachdem die contractile Endblase durch die Einstülpung der Hypodermis zu Stande kam, befindet sich das fertige Nephridium in voller Thätigkeit. Die lange Wimper kann aber noch lange in dem Nephrostom der Nephridien persistiren und geht ziemlich spät zu Grunde.

Nach dieser Darstellung müssen wir nachfolgende Excretionsorgane der Annulaten unterscheiden:

1) Die larvalen Excretionsorgane, die mit den definitiven nichts gemeinschaftlich haben.

2) Die Pronephridien des sich entwickelnden Segmentes, welche jedoch nur eine kurze Zeit fungiren. Die »provisorischen« oder »embryonalen« Organe des ersten Segmentes sind jedenfalls mit den Pronephridien der nachfolgenden Segmente homolog, vervollkommnen sich jedoch nicht zu definitiven.

3) Nephridien, welche aus den Pronephridien entstehen, im zweiten bis sechsten Segment der meisten Oligochaeten degeneriren, in den übrigen Segmenten aber, auch das letzte nicht ausgenommen, sich wiederholen.

In wie fern die Pronephridien des sich bildenden Segmentes mit den larvalen Excretionsorganen in Einklang zu bringen sind, fällt nicht in den Raum dieser Betrachtungen, eben so wie die verschiedenen

Angaben, die in der neusten Zeit über die Nephridien mitgetheilt wurden. Ich hoffe diese, eben so wie die älteren Beobachtungen in meiner späteren Arbeit einer kritischen Beleuchtung unterziehen zu können. Derzeit will ich nur bemerken, daß an den definitiven Nephridien der Oligochaeten der ursprüngliche strangförmige Theil der Pronephridien persistirt; es ist derjenige, den ich in meinem Werke als »Ausführungsgang« der Excretionsorgane bezeichne, welcher zwischen dem Drüsentheile und der contractilen Endblase hinzieht und bei allen sorgfältig untersuchten Nephridien der Oligochaeten in übereinstimmenden Gestaltsverhältnissen vorkommt.

5. Antony van Leeuwenhoek's Entdeckung der Microorganismen.

Von J. F. Schill im Haag.

eingeg. 8. November 1887.

Die folgenreiche Entdeckung der Microorganismen durch Leeuwenhoek wurde früher von Ehrenberg u. A. in den Monat April des Jahres 1675 versetzt. Haaxman aber zeigte in seiner Biographie (A. v. Leeuwenhoek, &c. Leiden, 1875, p. V—VII), daß diese Zeitbestimmung entschieden irrig sei, und erörterte daselbst ausführlich die Gründe, weshalb das wichtige Ereignis erst Mitte September desselben Jahres 1675 stattgefunden haben könnte. Seitdem galt nun letztere Angabe als die officielle, und wurde darauf hin auch am 8. September 1875 in seiner Vaterstadt Delft dem Andenken dieses Altmeisters der Microscopie mit einem schwungvollen Feste gehuldigt und die goldene Leeuwenhoek-Medaille gestiftet, welche jede zehn Jahre dem tüchtigsten Forscher auf dem Gebiete der kleinsten Lebensformen verabreicht wird.

Ich glaube aber, daß man bisher eine Stelle aus einem Briefe Leeuwenhoek's (Philos. transact. IX, 108, p. 181—821 [lies: 182]) übersehen hat, welche den Zeitpunct der Entdeckung vielmehr etwas weiter hinaufschiebt. Die No. der Transactions ist mit »Novemb. 23 1674« vermerkt, der betreffende Brief mit »More Observations from Mr. Leeuwenhoek, in a Letter of Sept. 7 1674 sent to the Publisher« überschrieben.

Der Passus lautet buchstäblich: »About two Leagues from this Town« (Delft) »there lyes an Inland-Sea, called Berkelse-Sea, whose bottom in many places is very moorish. This water is in Winter very clear, but about beginning or in the midst of Summer it grows whitish, and there are then small green clouds permeating it, which the Country-men, dwelling near it, say is caused from the Dews then falling, and call it Hony-dew. This water is abounding in Fish, which is very good and savoury. Passing lately over this Sea at a time, when it blew a fresh gale of wind, and observing the water as above-described, I took up some of it in a Glass-vessel, which having view'd the next day, I found moving in it several Earthy particles, and some green streaks, spirally ranged, after the manner of the Copper or Tin-worms, used by Distillers to cool their distilled waters; and the whole compass of each of these streaks was about the thickness of a man-hair on his head: Other particles hat but the beginning of the said streak; all consisting of small green globuls interspersed; among all which there crawled abundance of little animals, some of which were roundish; those that were somewhat bigger than others, were of an Oval figure: On these latter I saw two leggs near the head, and two little fins on the other end of their body: Others were somewhat larger than an Oval, and these were very slow in their motion, and few in number. These animalcula had divers colours, some being whitish, others pellucid; others had green and very shining little scales; others again were green in the middle, and before and behind white. others grayish. And the motion of most of them in the water was so swift, and so various, upwards, downwards, and round about, that I confess I could not but wonder at it. I judge, that some of these little creatures were above a thousand times smaller than the smallest ones, which I have hitherto seen in chees, wheaten flower, mould, and the like.«

In den älteren Briefen Leeuwenhoek's ist von diesen Animalculis noch nicht die Rede; Anfang September 1674 scheint also die Entdeckung der microscopischen Lebewesen, welche damals nur unglaubliches Staunen erregte, gemacht worden zu sein. Die Beobachtung derselben in Regenwasser wurde dann Mitte September 1675 wiederholt, wie sich aus den Phil. trans., XII, 133, p. 826 und aus einem ungedruckten Schreiben an C. Huygens vom 7. November 1676 ergiebt. Doch sind wir damit wieder auf bekanntem Boden angelangt; vgl. Haaxman l. c.

Haag, 5. November 1887.

III. Mittheilungen aus Museen, Instituten etc.

1. Zoological Society of London.

6th December, 1887. — Mr. Howard Saunders, F.Z.S., exhibited (on behalf of the Rev. H. A. Macpherson) a specimen of the Isabelline Chat (*Saxicola isabellina*) shot in Cumberland, being the first recorded occurrence of this species in Great Britain. — Prof. Bell, F.Z.S., exhibited and made remarks on specimens of the tegumentary glands from the head of the Rocky Mountain Goat (*Haplocerus montanus*). — A communication was read from Prof. H. H. Giglioli, C.M.Z.S., and Count T. Salvadori, C.M.Z.S, containing notes on the fauna of Corea and the adjoining coast of Manchuria. These notes were founded on a large collection, principally of Vertebrates, made by order of H.R.H. Prince Thomas of Savoy, Duke of Genoa, whilst he was in command of the ‚Vettor Pisani', on a voyage round the world, 1878—81. The collection was stated to be now deposited in the Royal Zoological Museum at Florence. — A communication was read from Mr. L. Taczanowski, C.M.Z.S., containing a list of the birds collected in Corea by M. J. Kalinowski between September 1885 and March 1887. A Woodpecker in the collection was considered to be new to science, and named *Thriponax Kalinowskii.* — Prof. W. H. Flower read a paper on the Pigmy Hippopotamus of Liberia (*Hippopotamus liberiensis*), and its claims to distinct generic rank. The specimen of this animal in the National Collection possessed two incisor teeth on one side of the lower jaw. This and other considerations induced the author to question the advisability of separating it generically from *Hippopotamus.* — Mr. Francis Day, F.Z.S., communicated a paper by Mr. J. Douglas-Ogilby, of the Australian Museum, Sydney, on a new genus and species of Australian Mugilidae, which he proposed to designate *Trachystoma multidens.* — Mr. Day also read a second paper by Mr. Ogilby, giving the description of a new genus of Percidae based on examples taken in the Gulf of St. Vincent, South Australia, which the author proposed to describe as *Chthamalopteryx melbournensis.* — A communication was read from Dr. M. Menzbier, C.M.Z.S., of Moscow, describing a third species of Caucasian Wild Goat. This he proposed to call *Capra Severtzovi*, being the *C. caucasica* of Dinnik, but not of Guldenstaedt. — Mr. Blanford read some critical notes on the nomenclature of Indian Mammals, in which he treated of *Macacus ferox*, Shaw (*M. silenus*, auct., *nec* Linn.), *M. irus*, Cuv. (*M. cynomolgus*, auct., *nec* Linn.), *M. rhesus*, *Presbytes thersites*, Blyth, *Semnopithecus chrysogaster*, *Felis bengalensis*, *F. Jerdoni*, *Herpestes mungo* (*H. griseus*, auct., *nec* Geoffr.), *Vulpes vulgaris*, *V. alopex*, and the genera *Putorius*, *Mustela*, *Xantharpyia*, *Cynonycteris*, *Hipposiderus*, and *Phyllorhina.* — P. L. Sclater, *Secretary.*

2. Linnean Society of New South Wales.

26th October, 1887. — 1) Bacteriological. — 2) On a new Genus and Species of Labroid Fish from Port Jackson. By Dr. Ramsay, F.R.S.E., &c., and J. Douglas-Ogilby. The generic name of *Eupetrichthys* and the specific one of *angustipes* are here given to a very beautiful Labroid Fish, described as being allied to *Labrichthys.* It was taken in Rose Bay, and presented to the Australian Museum by the proprietors of the Royal Aquarium, Bondi. — 3) Miscellanea Entomologica, No. 5. The Helaeides, continued. By William Macleay, F.L.S., &c. — This paper completes the revision of the Helaeides, the first part of which was read at the August Meeting of the Society. Over 130 species are characterised in all, and of these a considerable number are named and described for the first time. — 4) Descriptions of a new species of *Philemon* and of *Gerygone.* By Dr. E. P. Ramsay, F.R.S.E., &. The specific name of *occidentalis* is given to the *Philemon* described. It was got by the late Mr. Thomas Boyer-Bower near Derby, King's Sound, North-West Australia. The *Gerygone*, to which the specific name of *Thorpei* is given, was brought by Mr. Etheridge from Lord Howe's Island. — 5) Descriptions of the Eggs of three species of Sea-birds from Lord Howe's Island. By Dr. E. P. Ramsay,

F.R.S.E., &c. Accurate and detailed descriptions are here given of the eggs of *Anous cinereus, Sula fiber*, and *Onychoprion fuliginosa*. — Mr. Whitelegge exhibited specimens of *Porina inversa*, a species of Polyzoa from Port Jackson, described by Mr. Waters, and in reference thereto read a Note (which will appear *in extenso* in the Proceedings) pointing out that the peculiarity of this species is that the position of the oral aperture, not its shape as Mr. Waters supposed, is the reverse of that usually met with in the genus *Porina*. — Mr. Prince shewed a collection of Wood-moths, including fine examples of *Zelotypia Stacyi*, Scott, of two species of *Pielus*, and of two of *Charagia*. — Mr. Skuse exhibited a collection of Diptera taken at Berowra on the 10th of September, by Mr. Masters and himself. It contained 250 specimens, chiefly distributed amongst the families *Cecidomyidae, Chironomidae, Culicidae, Tipulidae, Mycetophilidae, Sciaridae, Simulidae, Rhyphidae, Ephydrinidae*, and *Muscidae*, and included at least fifty species of which the majority were new. — Mr. Masters exhibited a fine and well-preserved collection in spirits of all the species of snakes of the genus *Hoplocephalus* in the Macleay Museum. The nineteen species exhibited were: — *H. assimilis*, Macleay, Herbert River, Queensland; *H. Bransbyi*, Macl., Sutton Forest; *H. Carpentariae*, Macl., Gulf of Carpentaria; *H. collaris*, Macl., Bega and Mount Wilson; *H. coronatus*, Schleg., K. G. Sound; *H. coronoides*, Günth., S. E. Australia; *H. curtus*, Schleg., all Australia; *H. flagellum*, McCoy, Melbourne; *H. Gouldii*, Gray, W. Australia; *H. minor*, Günth., W. Australia; *H. nigrescens*, Günth., Port Jackson; *H. nigriceps*, Günth., Liverpool Plains; *H. nigrostriatus*, Krefft, Port Denison; *H. pallidiceps*, Günth., Port Stephens; *H. signatus*, Jan, Coast of N. S. Wales; *H. Stephensii*, Krefft, Richmond River; *H. superbus*, Günth., Tasmania and N. S. Wales; *H. temporalis*, Günth., K. G. Sound; and *H. variegatus*, Dum. & Bibr., Sydney. The species not exhibited are:—*H. ater*, Krefft, South Australia; *H. Damelii*, Günth., Rockhampton; *H. maculatus*, Steind., Rockhampton; *H. Mastersii*, Krefft, S. Australia; *H. Ramsayi*, Krefft, Braidwood; and *H. spectabilis*, Krefft, S. Australia. — Dr. Cox exhibited a splendid cast of a fine specimen of the Hobart Town Trumpeter (*Latris hecateia*) coloured from life. He had received it from Mr. Saville Kent, by whom it had been modelled. — Mr. Woodford exhibited a fine collection of Diurnal Lepidoptera collected by himself at Guadalcanar, Solomon Group. Among the most remarkable were *Ornithoptera Victoriae* ♀ and ♂, *O. D'Urvilleana* ♂ and ♀, *Papilio Polydorus, P. Agamemnon, P. Ulysses, P. Erskinei, P. Codrus, Charaxes Jupiter, Rhinopalpa algina*. — Mr. Woodford likewise exhibited some birds also from Guadalcanar, among which were *Alcedo bengalensis, Cyanalcyon leucopygialis, Ceyx solitarius, Collocalia* sp., *Hirundo titulica, Erythrura* sp. (a beautiful species with deep blue forehead and ear-coverts, probably new), *Pionias heteroclitus, Nasiterna Finschii*.

IV. Personal-Notizen.

Necrolog.

Im August starb in Southport Mr. Thomas Glover, 92 Jahre alt, ein tüchtiger Kenner und Sammler von Conchylien.

Druck von Breitkopf & Härtel in Leipzig.

CPSIA information can be obtained
at www.ICGtesting.com
Printed in the USA
BVHW081116231118
533754BV00024B/1443/P